U0317486

1. 国家重点研发计划项目“亚洲中部干旱区气候变化影响与丝路文明变迁研究”第三课题“多时间尺度气候-水文变化机制”(2018YFA0606403)
2. 科技部公益类行业(气象)专项《中亚低涡活动特点及对新疆强降水的影响》(GYHY201506009)
3. 中央级公益性科研院所基本科研业务费专项资金项目“新疆暴雪年鉴”(IDM2018002)

新疆暴雪年鉴
(1953—2017)

主　编:杨莲梅
副主编:陈　方

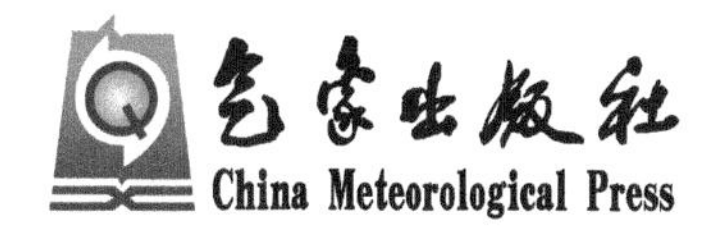

内容简介

本年鉴分为四个部分。第 1 章为单站暴雪，统计出 1953 年至 2017 年共 256 次暴雪天气，给出了每次降雪量和降雪落区图。第 2 章为区域性暴雪，应用 1958 年至 2017 年新疆 105 个气象观测站逐日降水资料，筛选出 126 次区域性暴雪天气过程，简要描述了每次暴雪过程的大尺度环流背景、关键环流系统配置和水汽输送特征。第 3 章为连续性暴雪，应用 1964 年至 2010 年天山山区及其以北地区 45 个气象观测站逐日降水资料，统计出 36 次持续性暴雪过程，将其分为北疆型、北疆西部北部型、北疆沿天山型、北疆西部型四种类型，并列出这四种持续性暴雪过程发生和持续时间。重点分析了北疆型、北疆西部北部型暴雪的大尺度环流背景、关键环流系统配置和水汽输送特征。第 4 章为重大暴雪事件，列出了 23 次因暴雪或大暴雪天气引发的灾情，并给出降雪落区图。

本年鉴比较全面地反映和记录了 1953—2017 年新疆暴雪状况，既可为新疆气象部门开展暴雪的监测预报、科技攻关、灾害评估、预报总结等提供基础检索资料，也可供新疆和其他省（自治区、直辖市）从事气象、水文、农业、生态、环境等方面的科研业务、教育培训、决策管理及相关人员参考。

图书在版编目（CIP）数据

新疆暴雪年鉴 ：1953—2017 / 杨莲梅主编. —北京 ：气象出版社，2018.9
ISBN 978-7-5029-6827-4

Ⅰ. ①新… Ⅱ. ①杨… Ⅲ. ①雪暴-新疆-1953—2017-年鉴 Ⅳ. ①P426.63-54

中国版本图书馆 CIP 数据核字（2018）第 186207 号

XINJIANG BAOXUE NIANJIAN（1953—2017）

新疆暴雪年鉴（1953—2017）

出版发行：气象出版社
地　　址：北京市海淀区中关村南大街 46 号　　**邮政编码**：100081
电　　话：010-68407112（总编室）　010-68408042（发行部）
网　　址：http://www.qxcbs.com　　**E-mail**：qxcbs@cma.gov.cn
责任编辑：王萃萃　李太宇　　**终　　审**：吴晓鹏
责任校对：王丽梅　　**责任技编**：赵相宁
封面设计：博雅思企划
印　　刷：北京建宏印刷有限公司
开　　本：889 mm×1194 mm　1/16　　**印　　张**：35.5
字　　数：1107 千字
版　　次：2018 年 9 月第 1 版　　**印　　次**：2018 年 9 月第 1 次印刷
定　　价：220.00 元

本书编委会

主　　编：杨莲梅

副 主 编：陈　方

参编人员：丑士连　胡顺起　孙秀博　刘　雯　张俊兰

李建刚　陈　静　李亚云　毛列尼

前　言

新疆维吾尔自治区位于我国西北部，地域广阔，地形复杂，是我国冬季降雪的高频区。随着全球气候变暖，新疆的暴雪日数呈增加趋势，且冬季降水异常也进一步加剧。新疆的暴雪天气对交通、农牧业、电力、通信、建筑等行业造成的灾害损失涉及面广、程度深，是政府和公众每年冬季最关心的灾害性天气气候事件之一，也是气象预测预报的难点和重点。

长期以来，新疆气象科研业务人员主要针对一次典型性暴雪或暴雪过程进行诊断分析，个例选择有限。为了让广大气象科研业务人员清晰地认识和全面地把握新疆的暴雪天气规律，本书编写人员统计并梳理出新疆有暴雪记录以来至2017年所有的暴雪天气过程，对新疆区域性暴雪和持续性暴雪进行了客观定义。《新疆暴雪年鉴(1953—2017)》将为新疆的科研业务、教育培训提供参考，也可为暴雪监测预报、防灾减灾、决策管理等提供服务。

《新疆暴雪年鉴(1953—2017)》包含四章内容。

第1章为单站暴雪，统计出1953—2017年256次暴雪天气，给出每次降雪实况和降雪落区图。

第2章为区域性暴雪，给出区域性暴雪的客观定义。按照定义，应用1958—2017年新疆105个气象观测站逐日降水资料，统计出126次区域性暴雪天气过程，简要地描述了每次暴雪过程的大尺度环流背景、关键环流系统配置和水汽输送特征，并给出24小时降雪落区图、暴雪前一日20时200百帕高度场和急流图、500百帕温压场图、700百帕温压场和急流图、700百帕水汽通量图以及850百帕温度、风、地面气压图。

第3章为连续性暴雪，给出持续性暴雪过程的客观定义。按照定义，应用1964—2010年天山山区及其以北地区45个气象观测站逐日降水资料，统计出36次持续性暴雪过程，并将其分为北疆型、北疆西部北部型、北疆沿天山型、北疆西部型四种类型。同时，列出四种持续性暴雪过程发生和持续时间。其中，重点分析了北疆型、北疆西部北部型暴雪的大尺度环流背景、关键环流系统配置和水汽输送特征。

第4章为重大暴雪事件，该部分列出23次因暴雪或大暴雪天气引发的灾情，并配有降雪落区图。

本书在编写过程中，参阅了大量相关文献资料，由于受编写篇幅所限，故大多没有标明出处。在此，对这些作者和编者表示衷心的感谢和诚挚的歉意。

本书是在新疆维吾尔自治区气象局和黑龙江省气象局的大力支持下完成的。中国气象局乌鲁木齐沙漠气象研究所承担本书撰写工作，该所中亚天气气候室的同事们和新疆维吾尔自治区气象台张俊兰、张云惠、陈春艳等首席预报员在本书编撰过程中给予了热情支持和帮助，气象出版社对本书的编写和出版提出了诸多建议和支持。在此，对以上单位和同仁致以衷心的感谢！

由于我们水平有限和编写时间仓促，书中不妥之处在所难免，敬请读者批评和指正。

作者

2018年3月于乌鲁木齐

目 录

第1章　单站暴雪

1.1　阿克苏地区

1.1.1　库车县暴雪

1954年11月27日，阿克苏地区库车县出现暴雪，24小时降雪量为16.6毫米（图1-1-1）。

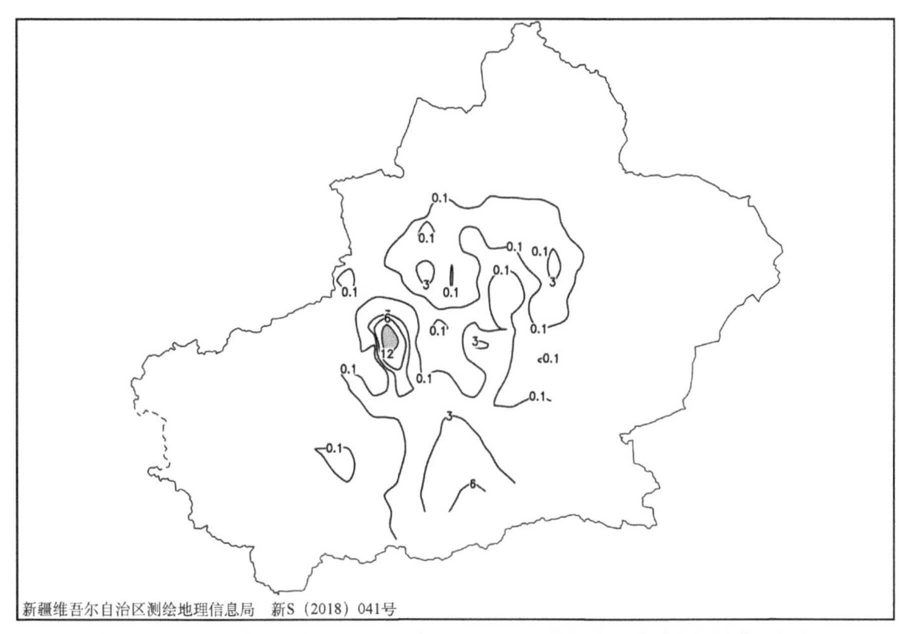

图1-1-1　1953年2月26日20时—27日20时降雪量分布图（单位：毫米）

1.1.2　拜城县暴雪

1959年3月5日，阿克苏地区拜城县出现暴雪，24小时降雪量为14.6毫米（图1-1-2）。

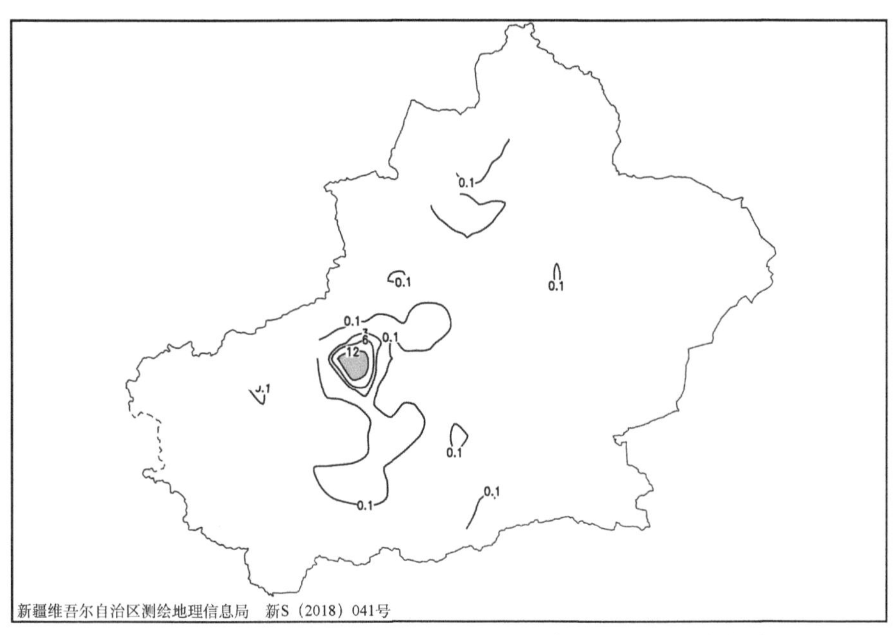

图1-1-2　1959年3月4日20时—5日20时降雪量分布图（单位：毫米）

1973 年 2 月 28 日，阿克苏地区拜城县出现暴雪，24 小时降雪量为 19.4 毫米(图 1-1-3)。

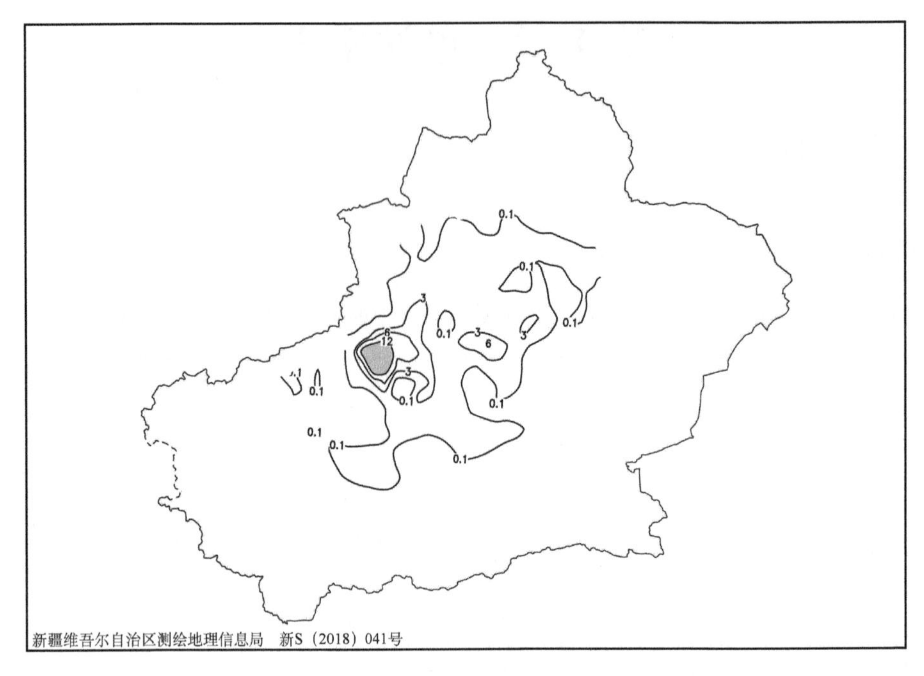

图 1-1-3　1973 年 2 月 27 日 20 时—28 日 20 时降雪量分布图(单位：毫米)

1.1.3　柯坪县、乌什县暴雪

1993 年 2 月 18 日，阿克苏地区柯坪县和乌什县出现暴雪，24 小时降雪量为 18.1 毫米、18.7 毫米(图 1-1-4)。

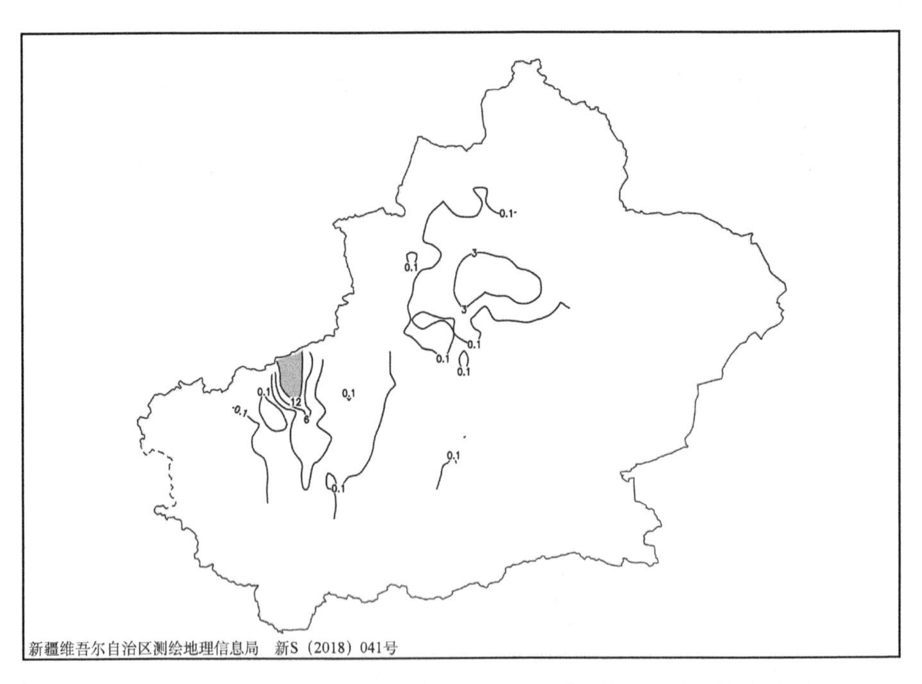

图 1-1-4　1993 年 2 月 17 日 20 时—18 日 20 时降雪量分布图(单位：毫米)

1.1.4　阿克苏市暴雪

1994 年 12 月 10 日，阿克苏市出现暴雪，24 小时降雪量为 17.0 毫米(图 1-1-5)。

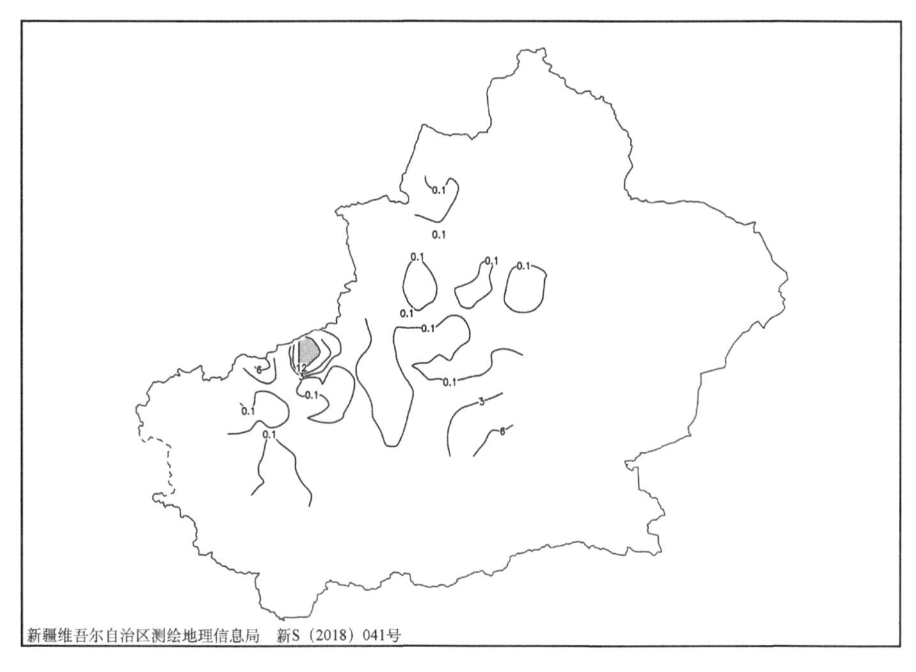

图 1-1-5　1994 年 12 月 9 日 20 时—10 日 20 时降雪量分布图(单位:毫米)

1.2　阿勒泰地区

1.2.1　富蕴县暴雪

1957 年 11 月 14 日,阿勒泰地区富蕴县出现暴雪,24 小时降雪量为 12.7 毫米(图 1-2-1)。

图 1-2-1　1957 年 11 月 13 日 20 时—14 日 20 时降雪量分布图(单位:毫米)

1959 年 2 月 3 日,阿勒泰地区富蕴县出现暴雪,24 小时降雪量为 14.1 毫米(图 1-2-2)。

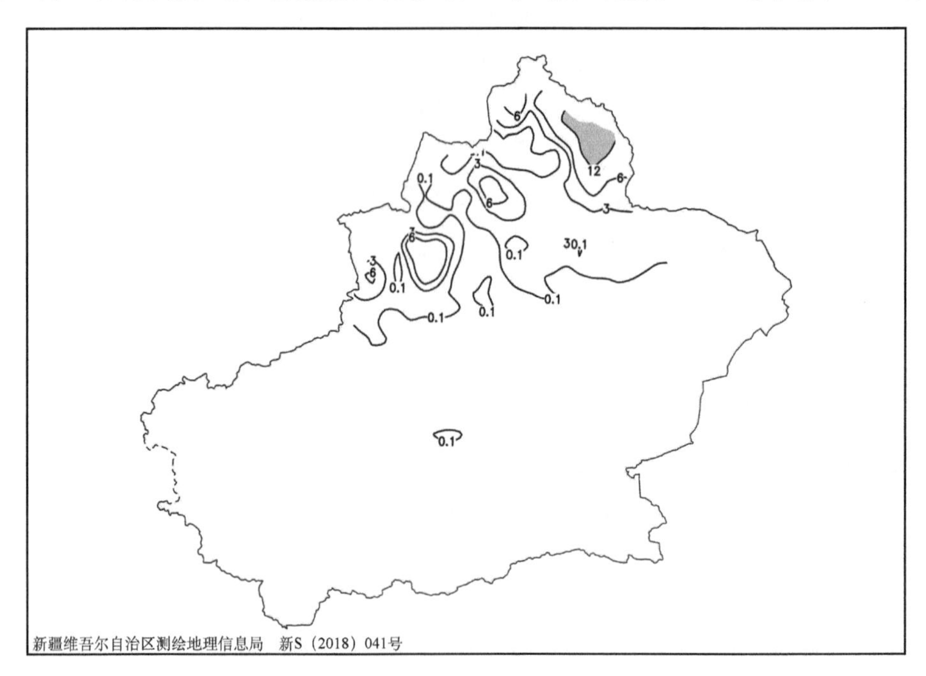

图 1-2-2　1959 年 2 月 2 日 20 时—3 日 20 时降雪量分布图(单位:毫米)

1966 年 12 月 16 日,阿勒泰地区富蕴县出现暴雪,24 小时降雪量为 14.9 毫米(图 1-2-3)。

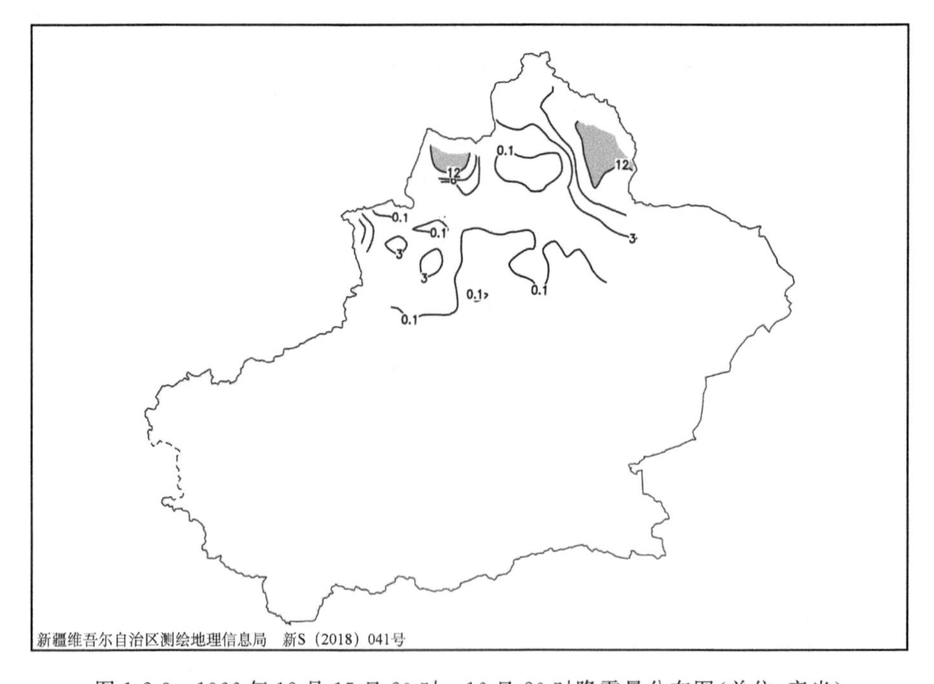

图 1-2-3　1966 年 12 月 15 日 20 时—16 日 20 时降雪量分布图(单位:毫米)

1970年12月15日,阿勒泰地区富蕴县出现暴雪,24小时降雪量为20.6毫米(图1-2-4)。

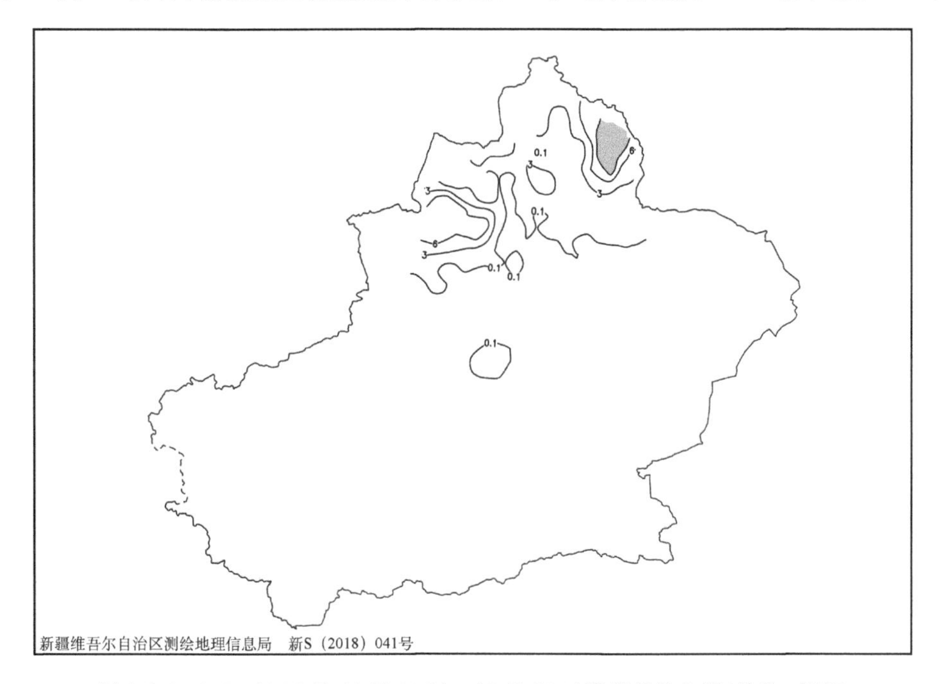

图1-2-4 1970年12月14日20时—15日20时降雪量分布图(单位:毫米)

1972年11月1日,阿勒泰地区富蕴县出现暴雪,24小时降雪量为14.0毫米(图1-2-5)。

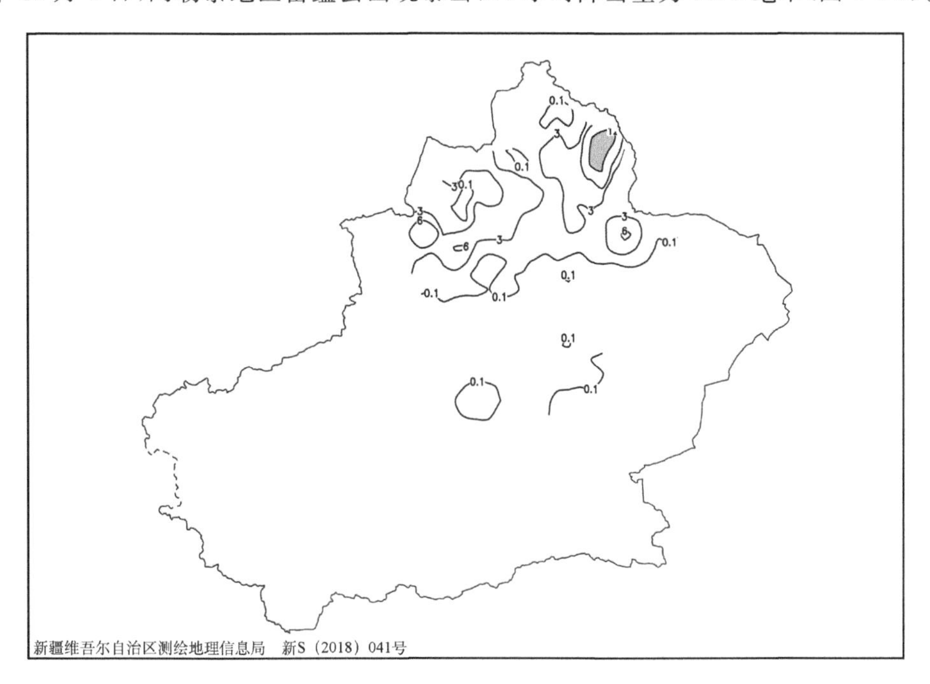

图1-2-5 1972年10月31日20时—11月1日20时降雪量分布图(单位:毫米)

1987 年 11 月 16 日，富蕴县出现暴雪，24 小时降雪量为 14.7 毫米(图 1-2-6)。

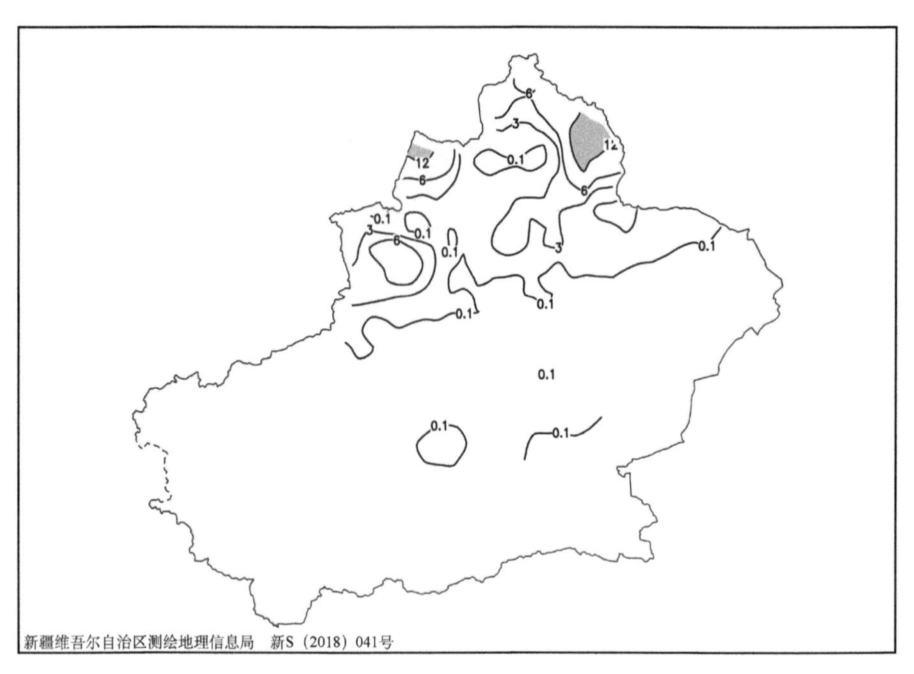

图 1-2-6　1987 年 11 月 15 日 20 时—16 日 20 时降雪量分布图(单位:毫米)

1992 年 12 月 16 日，阿勒泰地区富蕴县出现暴雪，24 小时降雪量为 12.3 毫米(图 1-2-7)。

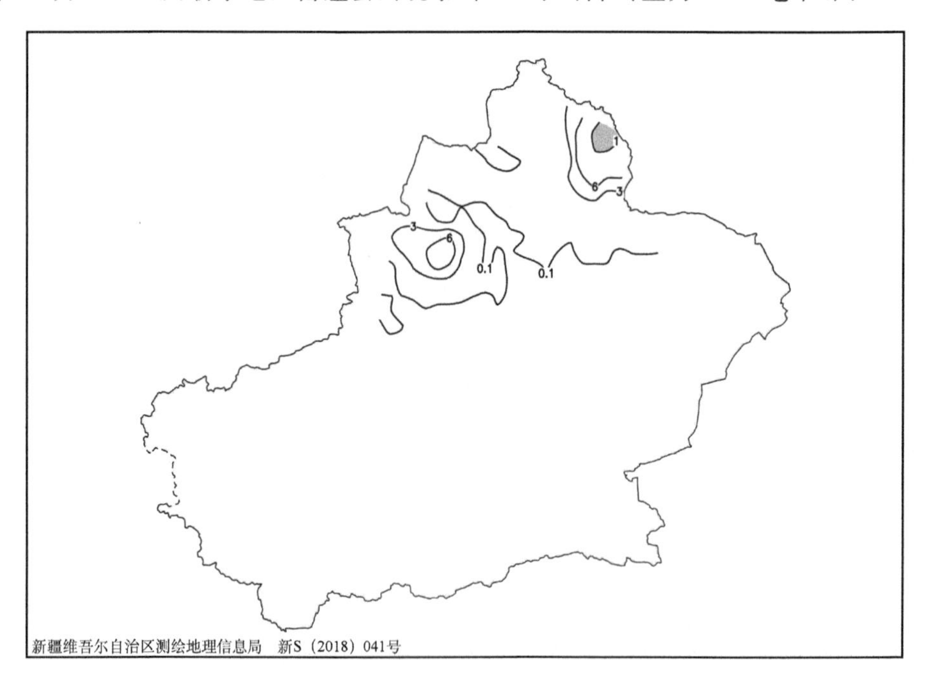

图 1-2-7　1992 年 12 月 15 日 20 时—16 日 20 时降雪量分布图(单位:毫米)

2000 年 12 月 7 日，阿勒泰地区富蕴县出现暴雪，24 小时降雪量为 14.4 毫米(图 1-2-8)。

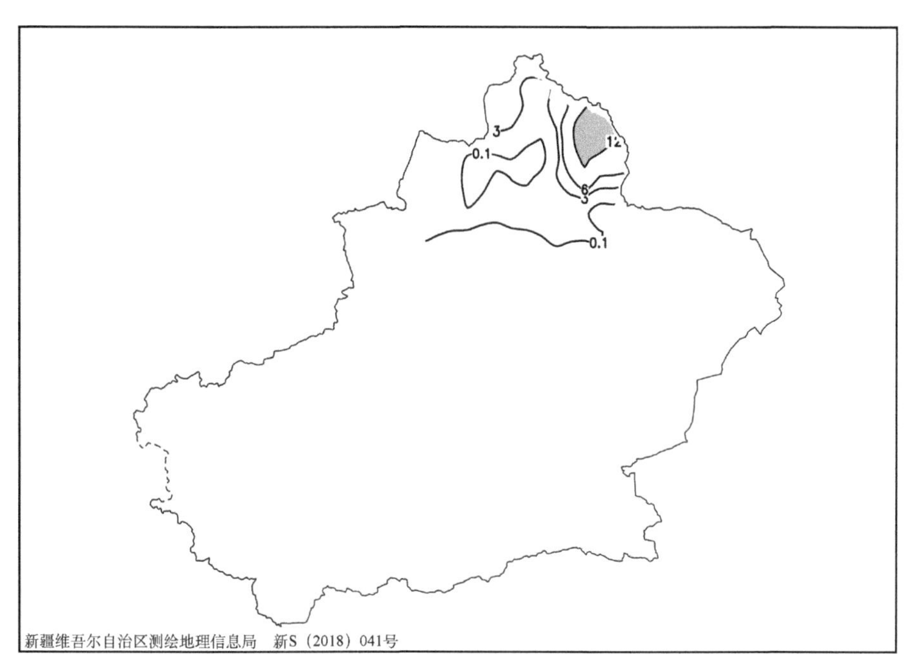

图 1-2-8　2000 年 12 月 6 日 20 时—7 日 20 时降雪量分布图(单位:毫米)

2000 年 12 月 16 日，阿勒泰地区富蕴县出现暴雪，24 小时降雪量为 12.5 毫米(图 1-2-9)。

图 1-2-9　2000 年 12 月 15 日 20 时—16 日 20 时降雪量分布图(单位:毫米)

2008 年 3 月 17 日,阿勒泰地区富蕴县出现暴雪,24 小时降雪量为 13.2 毫米(图 1-2-10)。

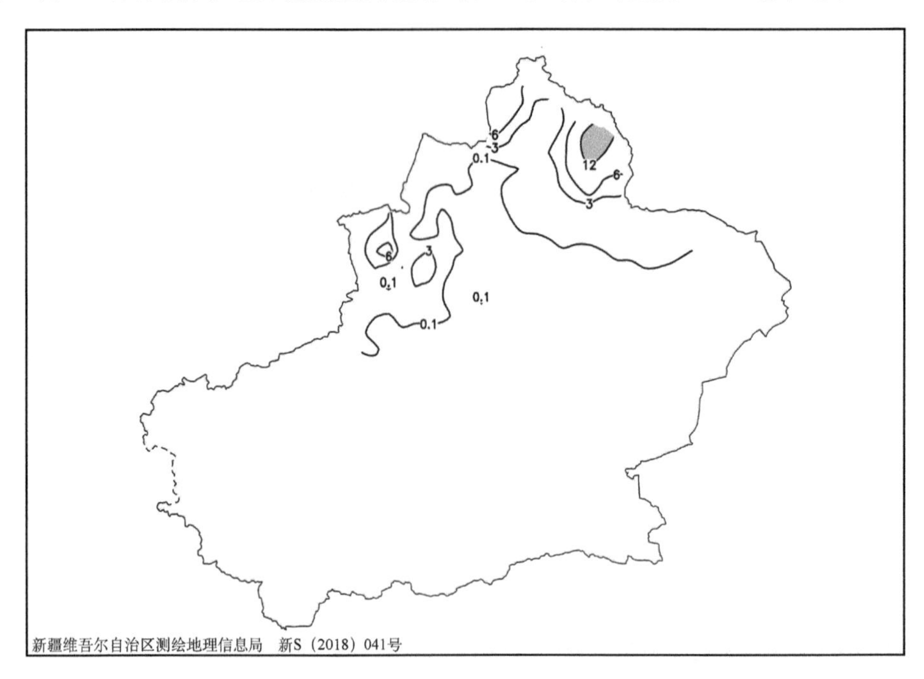

图 1-2-10　2008 年 3 月 16 日 20 时—17 日 20 时降雪量分布图(单位:毫米)

2010 年 1 月 16 日,阿勒泰地区富蕴县出现暴雪,24 小时降雪量为 12.1 毫米(图 1-2-11)。

图 1-2-11　2010 年 1 月 15 日 20 时—16 日 20 时降雪量分布图(单位:毫米)

2016 年 12 月 5 日，阿勒泰地区富蕴县出现暴雪，24 小时降雪量为 15.5 毫米(图 1-2-12)。

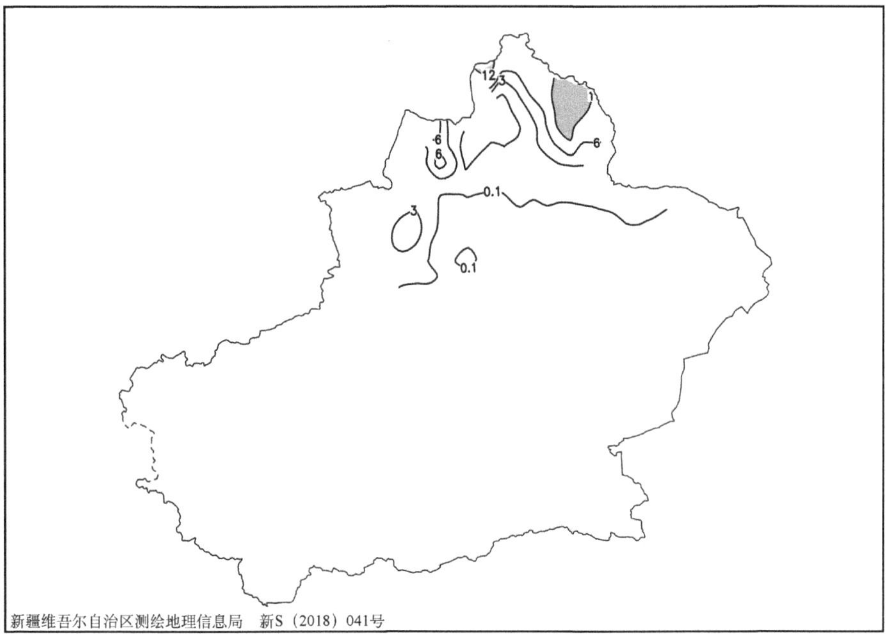

新疆维吾尔自治区测绘地理信息局　新S（2018）041号

图 1-2-12　2016 年 12 月 4 日 20 时—5 日 20 时降雪量分布图(单位:毫米)

1.2.2　哈巴河县暴雪

1962 年 12 月 11 日，阿勒泰地区哈巴河县出现暴雪，24 小时降雪量为 13.0 毫米(图 1-2-13)。

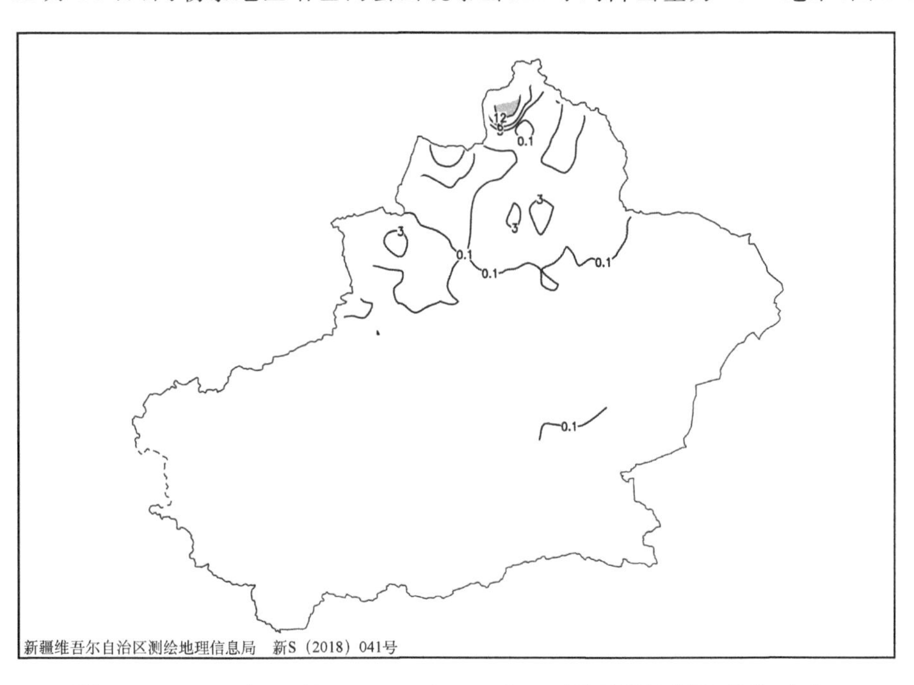

图 1-2-13　1962 年 12 月 10 日 20 时—11 日 20 时降雪量分布图(单位:毫米)

1990 年 11 月 14 日,阿勒泰地区哈巴河县出现暴雪,24 小时降雪量为 16.3 毫米(图 1-2-14)。

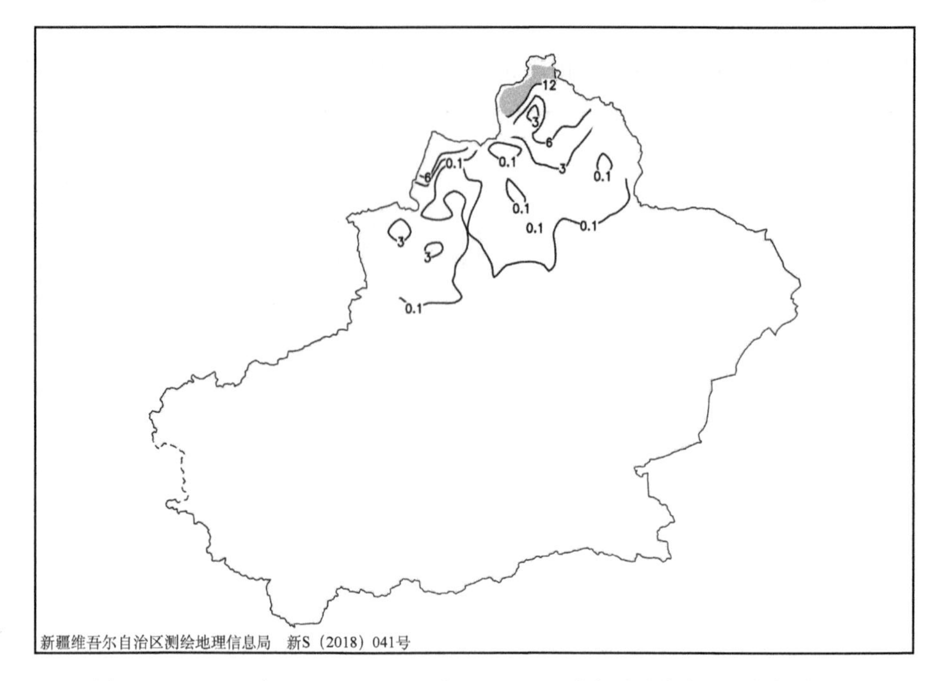

图 1-2-14　1990 年 11 月 13 日 20 时—14 日 20 时降雪量分布图(单位:毫米)

2013 年 3 月 7 日,阿勒泰地区哈巴河县出现暴雪,24 小时降雪量为 14.2 毫米(图 1-2-15)。

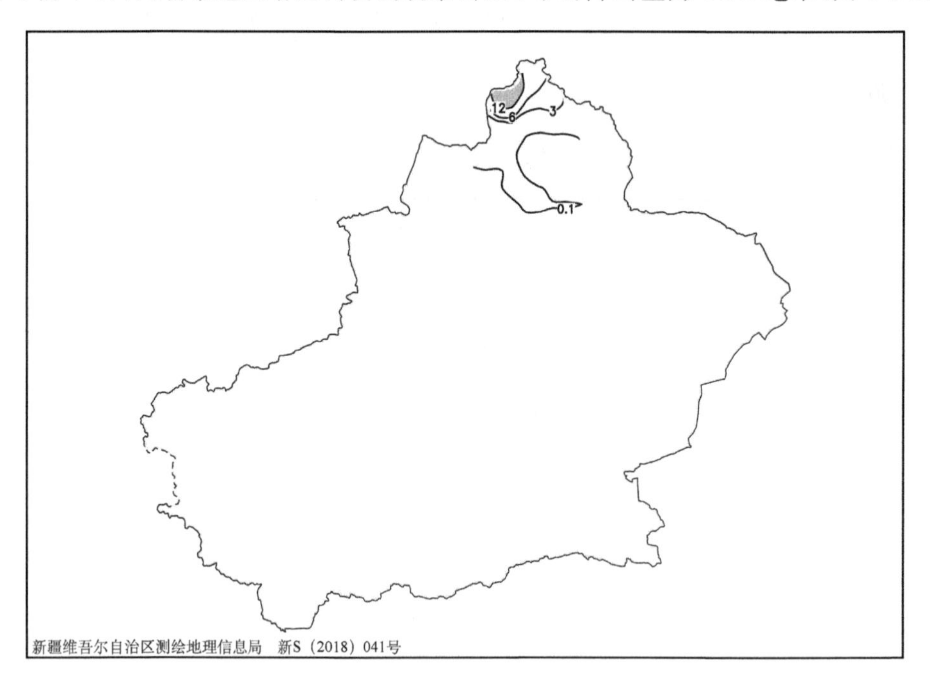

图 1-2-15　2013 年 3 月 6 日 20 时—7 日 20 时降雪量分布图(单位:毫米)

1.2.3　青河县、阿勒泰市暴雪

1966 年 2 月 27 日,阿勒泰地区青河县和阿勒泰市出现暴雪,24 小时降雪量分别为 15.3 毫米、15.1 毫米(图 1-2-16)。

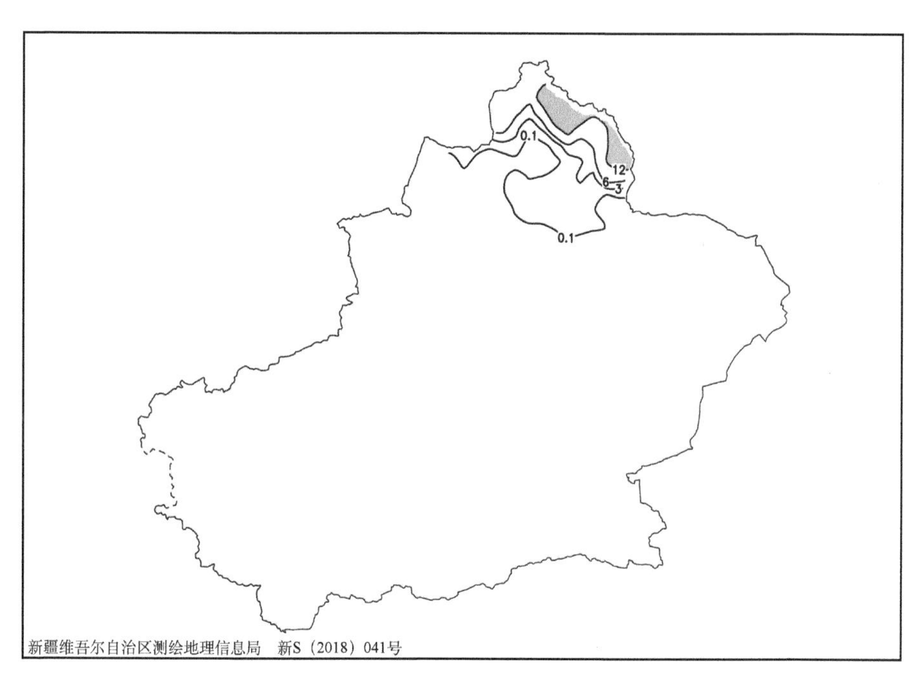

图 1-2-16　1966 年 2 月 26 日 20 时—27 日 20 时降雪量分布图(单位:毫米)

1.2.4　阿勒泰市暴雪

1966 年 2 月 28 日,阿勒泰市出现暴雪,24 小时降雪量为 13.7 毫米(图 1-2-17)。

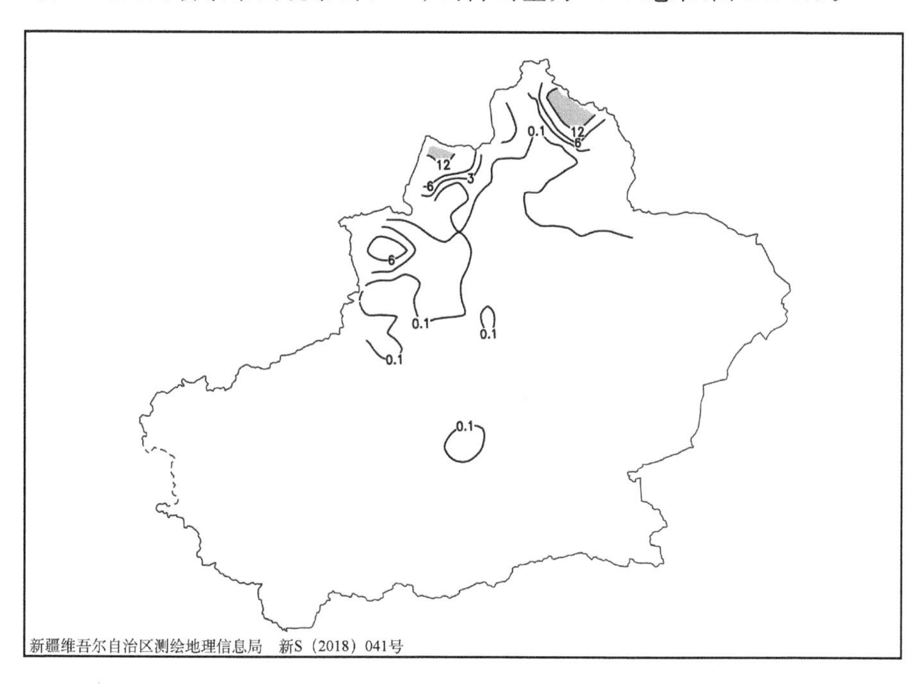

图 1-2-17　1966 年 2 月 27 日 20 时—28 日 20 时降雪量分布图(单位:毫米)

1976 年 11 月 7 日,阿勒泰市出现暴雪,24 小时降雪量为 13.2 毫米(图 1-2-18)。

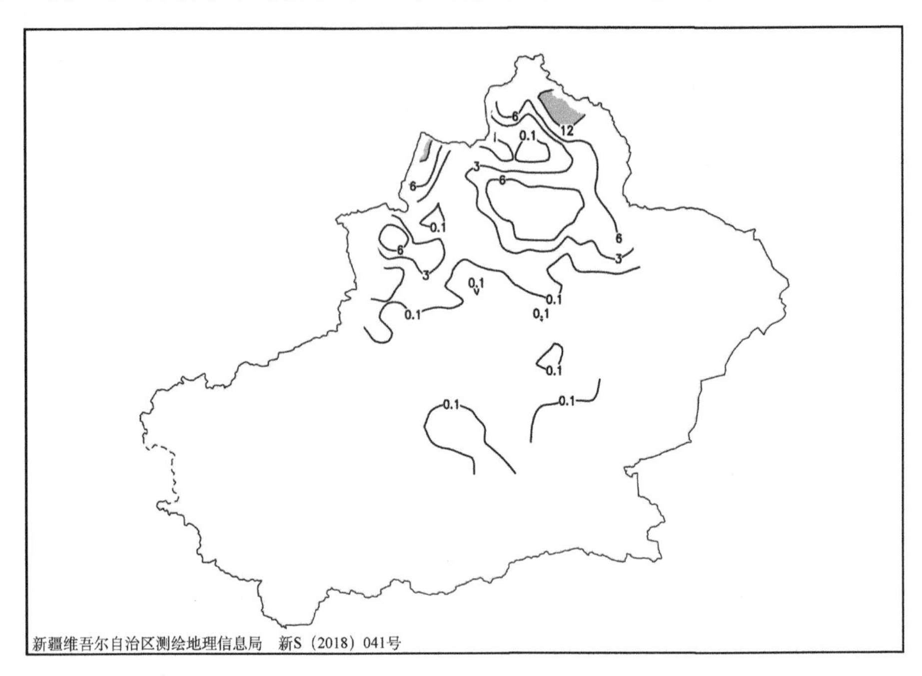

图 1-2-18　1976 年 11 月 6 日 20 时—7 日 20 时降雪量分布图(单位:毫米)

1987 年 12 月 22 日,阿勒泰市出现暴雪,24 小时降雪量为 15.0 毫米(图 1-2-19)。

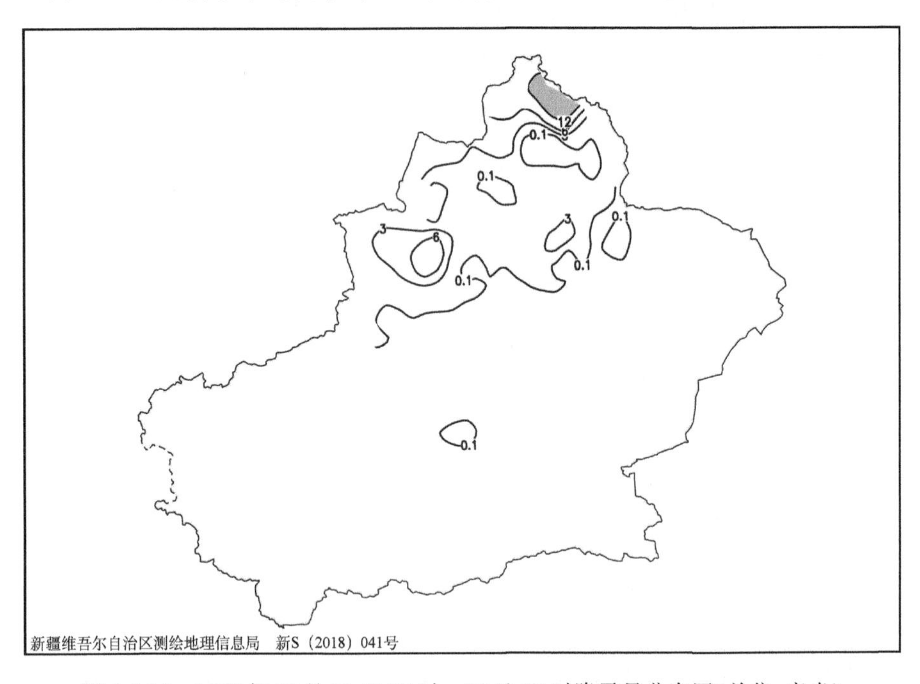

图 1-2-19　1987 年 12 月 21 日 20 时—22 日 20 时降雪量分布图(单位:毫米)

2002年2月22日，阿勒泰市出现暴雪，24小时降雪量为12.5毫米(图1-2-20)。

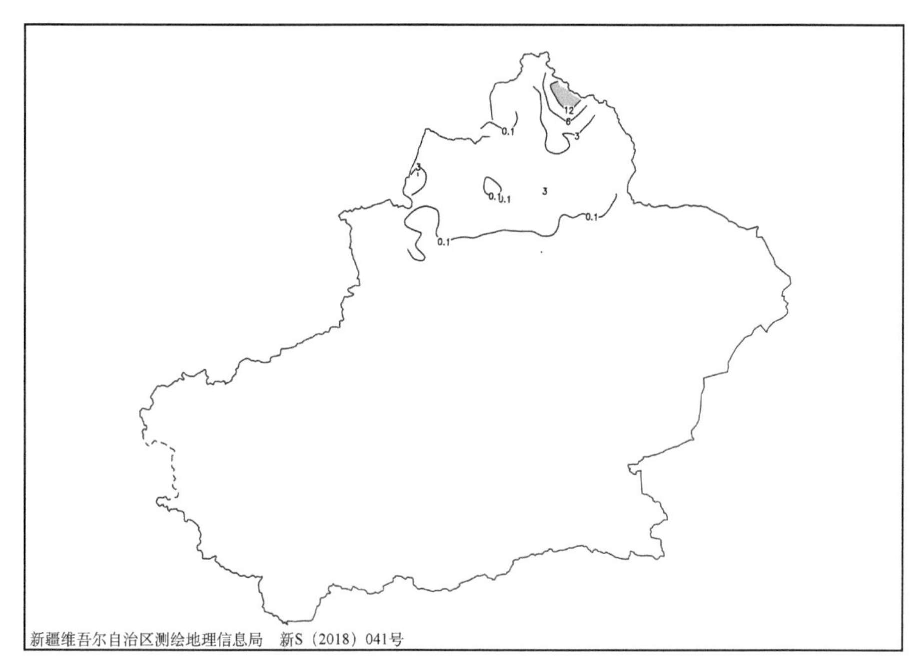

图1-2-20　2002年2月21日20时—22日20时降雪量分布图(单位:毫米)

2003年1月16日，阿勒泰市出现暴雪，24小时降雪量为15.0毫米(图1-2-21)。

图1-2-21　2003年1月15日20时—16日20时降雪量分布图(单位:毫米)

2006 年 1 月 1 日,阿勒泰市出现暴雪,24 小时降雪量为 13.2 毫米(图 1-2-22)。

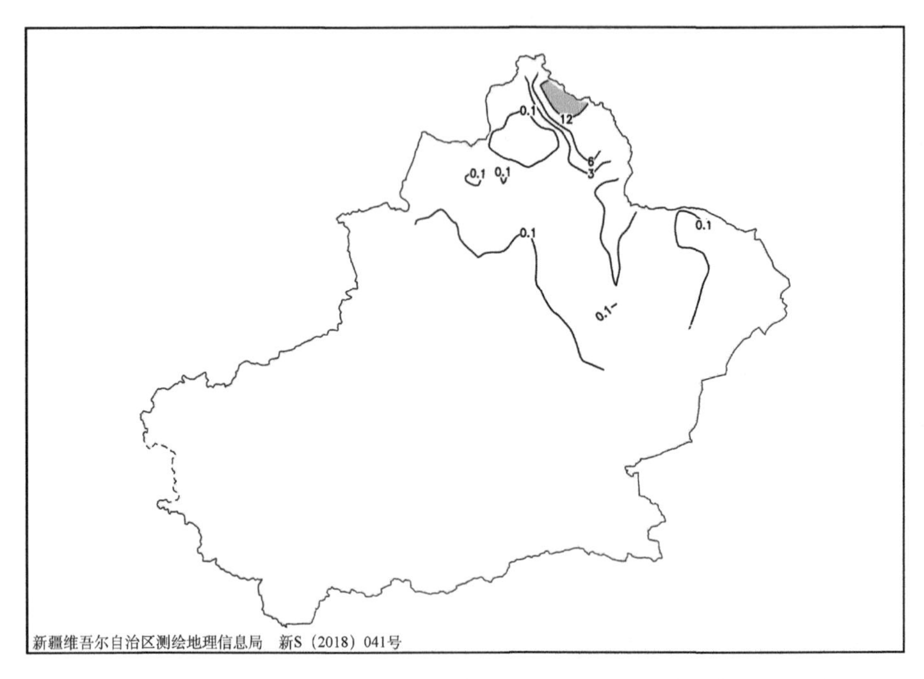

图 1-2-22　2005 年 12 月 31 日 20 时—2006 年 1 月 1 日 20 时降雪量分布图(单位:毫米)

2006 年 1 月 26 日,阿勒泰市出现暴雪,24 小时降雪量为 16.9 毫米(图 1-2-23)。

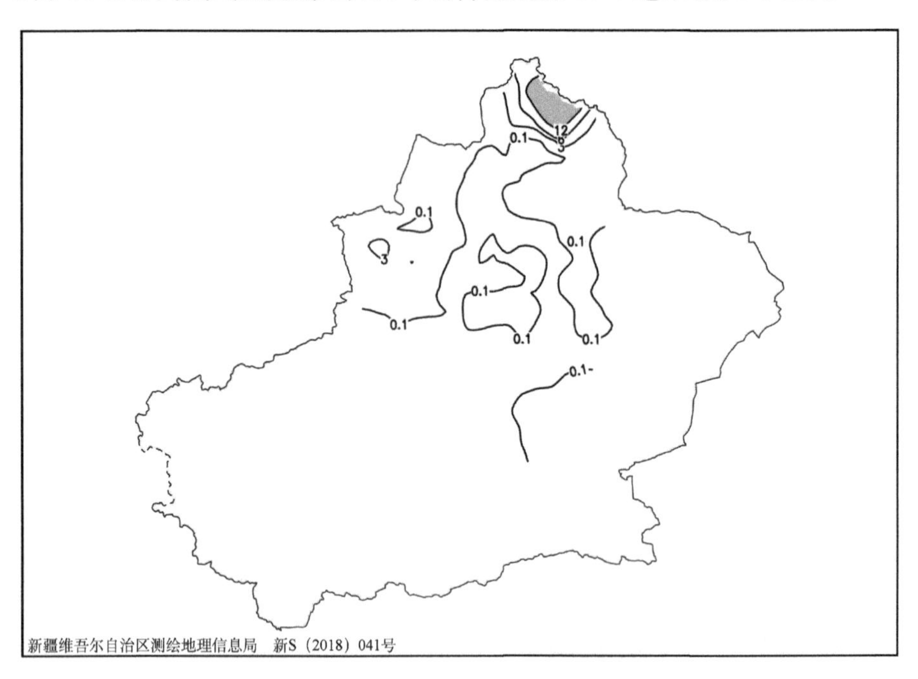

图 1-2-23　2006 年 1 月 25 日 20 时—26 日 20 时降雪量分布图(单位:毫米)

2010年1月17日，阿勒泰市出现暴雪，24小时降雪量为14.5毫米（图1-2-24）。

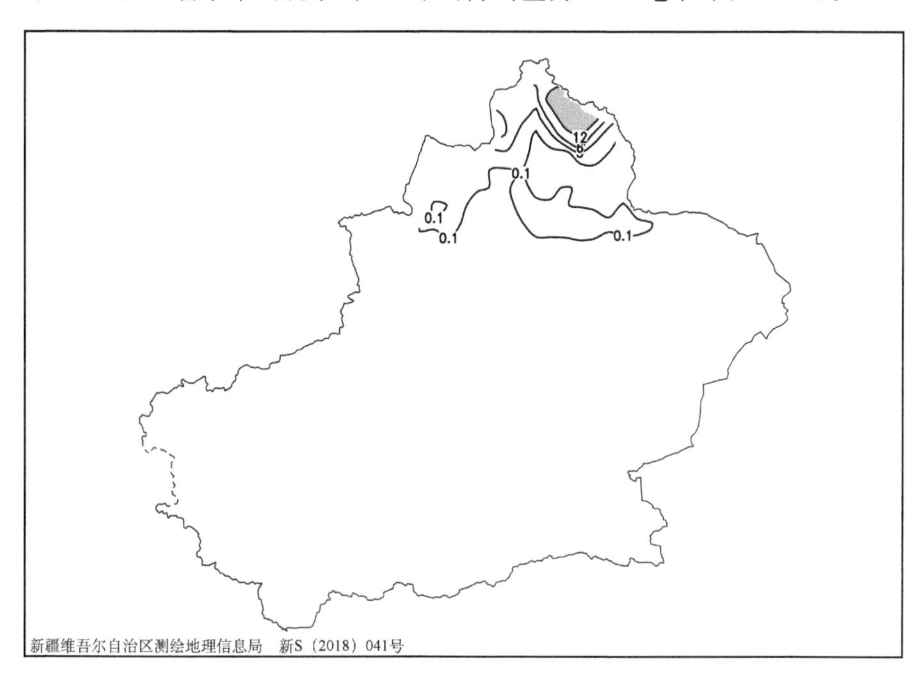

图1-2-24　2010年1月16日20时—17日20时降雪量分布图（单位：毫米）

2011年11月14日，阿勒泰市出现暴雪，24小时降雪量为14.8毫米（图1-2-25）。

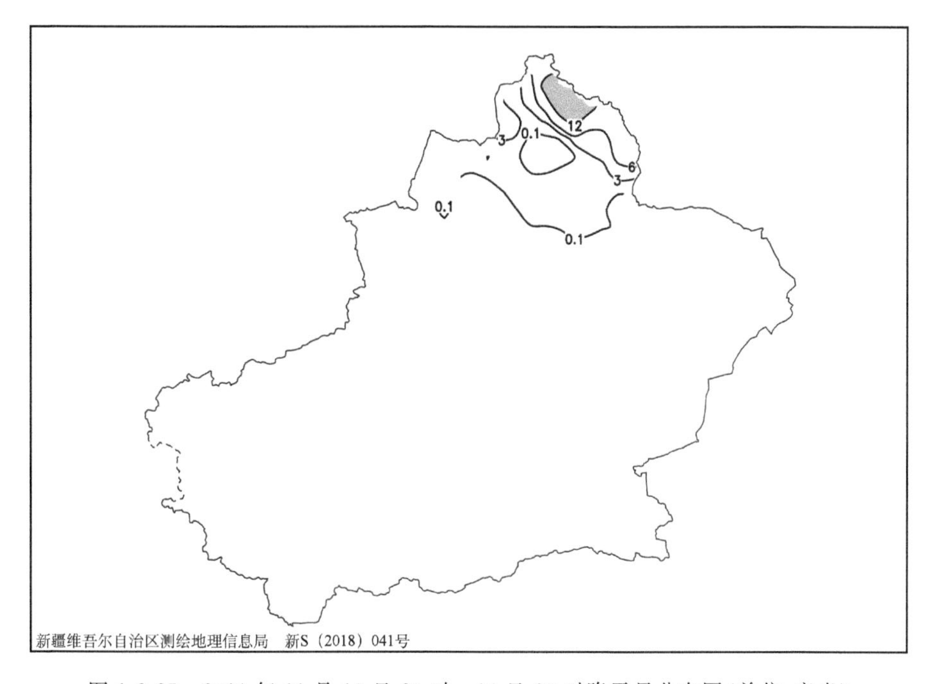

图1-2-25　2011年11月13日20时—14日20时降雪量分布图（单位：毫米）

2015 年 12 月 8 日,阿勒泰市出现暴雪,24 小时降雪量为 13.0 毫米(图 1-2-26)。

图 1-2-26　2015 年 12 月 7 日 20 时—8 日 20 时降雪量分布图(单位:毫米)

1.2.5　吉木乃县暴雪

1980 年 11 月 30 日,阿勒泰地区吉木乃县出现暴雪,24 小时降雪量为 12.5 毫米(图 1-2-27)。

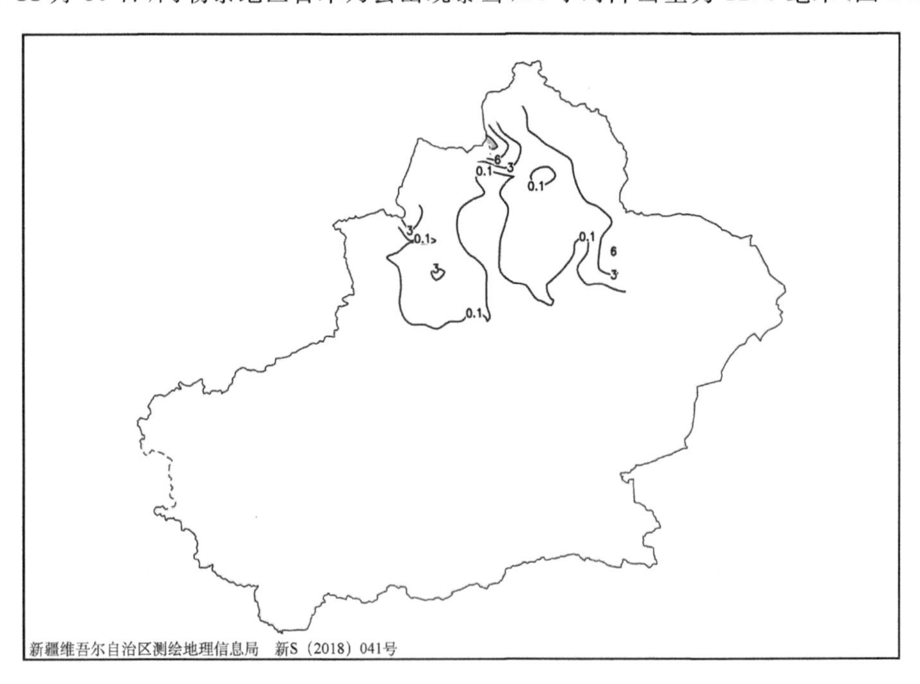

图 1-2-27　1980 年 11 月 29 日 20 时—30 日 20 时降雪量分布图(单位:毫米)

2013 年 3 月 8 日，阿勒泰地区吉木乃县出现暴雪，24 小时降雪量为 13.0 毫米(图 1-2-28)。

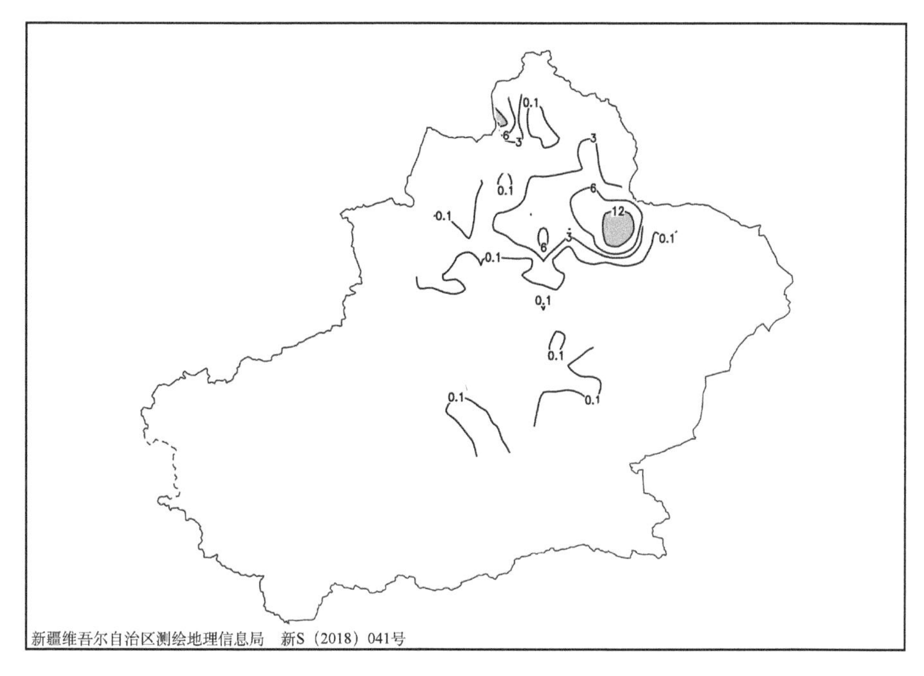

图 1-2-28　2013 年 3 月 7 日 20 时—8 日 20 时降雪量分布图(单位:毫米)

1.2.6　富蕴县、阿勒泰市暴雪

1986 年 12 月 28 日，阿勒泰地区富蕴县和阿勒泰市出现暴雪，24 小时降雪量分别为 16.7 毫米、15.8 毫米(图 1-2-29)。

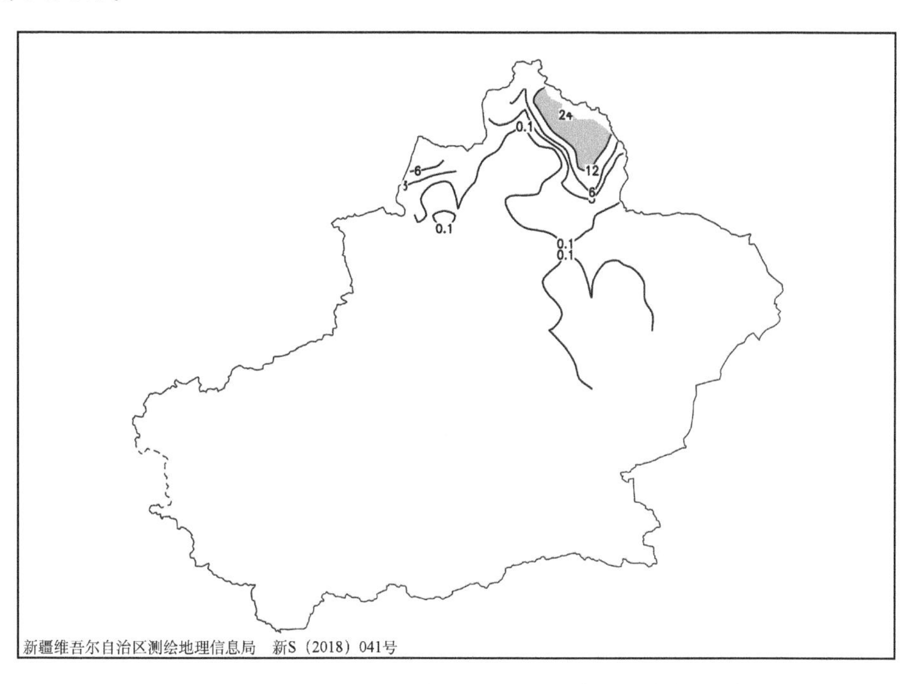

图 1-2-29　1986 年 12 月 27 日 20 时—28 日 20 时降雪量分布图(单位:毫米)

1.2.7　富蕴县、青河县暴雪

1990 年 11 月 26 日，阿勒泰地区富蕴县和青河县出现暴雪，24 小时降雪量分别为 12.4 毫米、16.5 毫米(图 1-2-30)。

图 1-2-30　1990 年 11 月 25 日 20 时—26 日 20 时降雪量分布图(单位:毫米)

1997 年 11 月 23 日,阿勒泰地区富蕴县和青河县出现暴雪,24 小时降雪量分别为 12.2 毫米、17.3 毫米(图 1-2-31)。

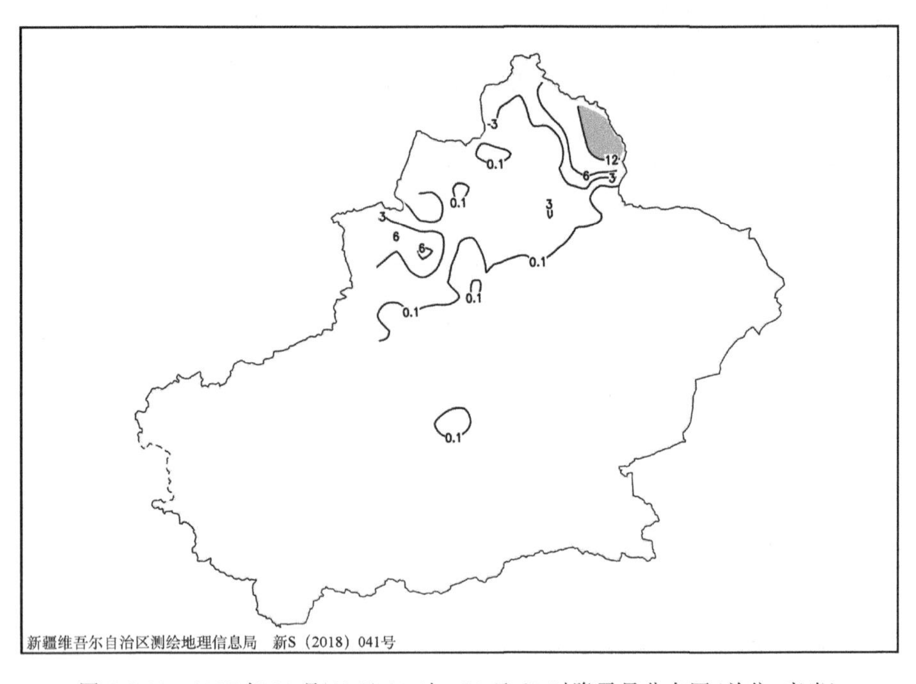

图 1-2-31　1997 年 11 月 22 日 20 时—23 日 20 时降雪量分布图(单位:毫米)

1.3　巴音郭楞蒙古自治州

2000 年 2 月 22 日,巴音郭楞蒙古自治州和硕县出现暴雪,24 小时降雪量为 13.1 毫米(图 1-3-1)。

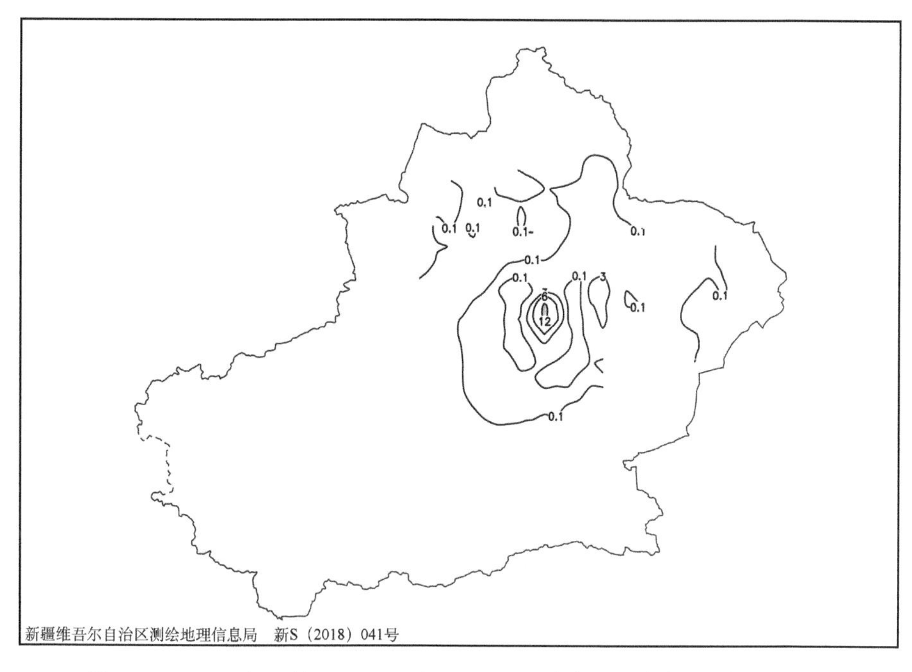

图 1-3-1 2000 年 2 月 21 日 20 时—22 日 20 时降雪量分布图(单位:毫米)

1.4 博尔塔拉蒙古自治州

1.4.1 精河县暴雪

1958 年 3 月 29 日,博尔塔拉蒙古自治州精河县出现暴雪,24 小时降雪量为 13.3 毫米(图 1-4-1)。

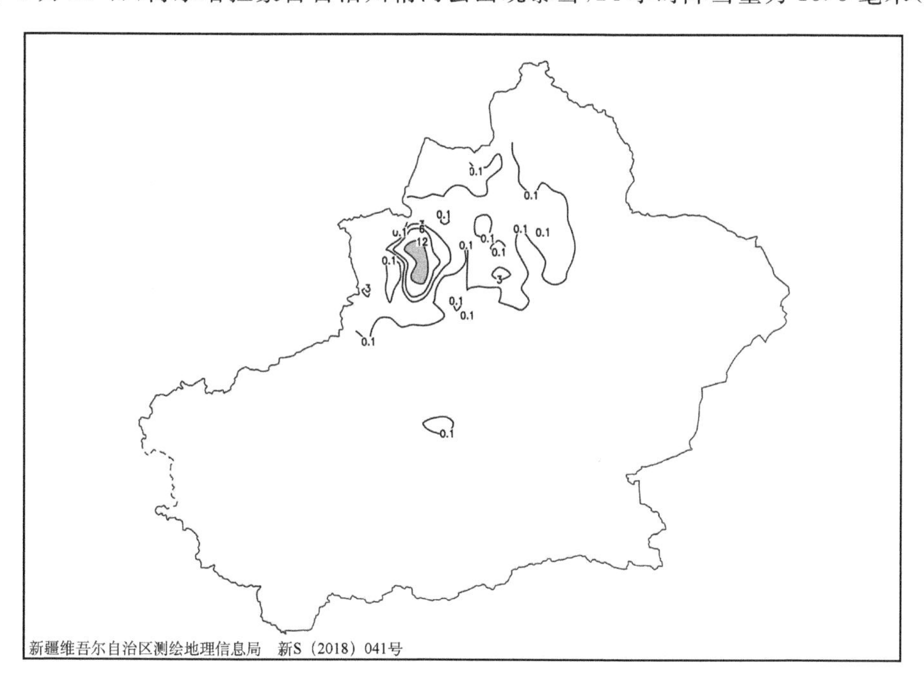

图 1-4-1 1958 年 3 月 28 日 20 时—29 日 20 时降雪量分布图(单位:毫米)

1.4.2　博乐市暴雪

1963 年 3 月 24 日,博尔塔拉蒙古自治州博乐市出现暴雪,24 小时降雪量为 13.7 毫米(图 1-4-2)。

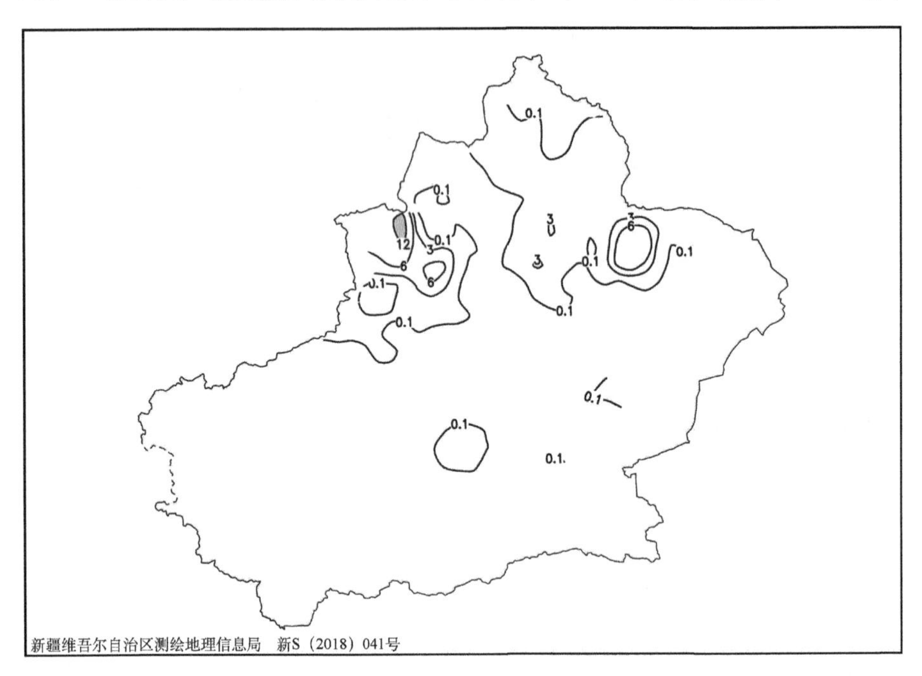

图 1-4-2　1963 年 3 月 23 日 20 时—24 日 20 时降雪量分布图(单位:毫米)

1968 年 3 月 16 日,博尔塔拉蒙古自治州博乐市出现暴雪,24 小时降雪量为 15.5 毫米(图 1-4-3)。

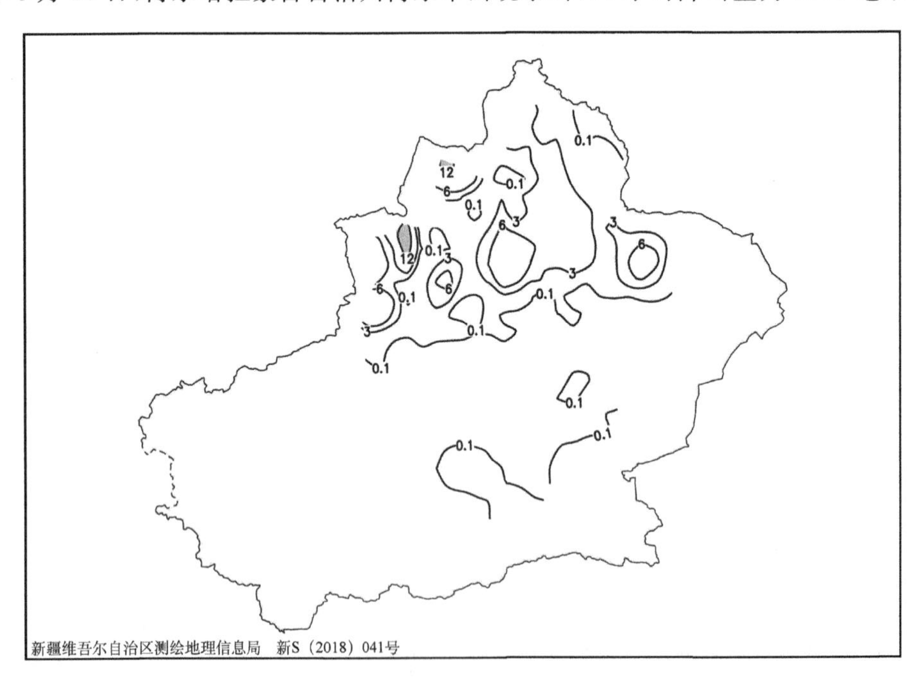

图 1-4-3　1968 年 3 月 15 日 20 时—16 日 20 时降雪量分布图(单位:毫米)

1972年3月29日，博尔塔拉蒙古自治州博乐市出现暴雪，24小时降雪量为13.6毫米(图1-4-4)。

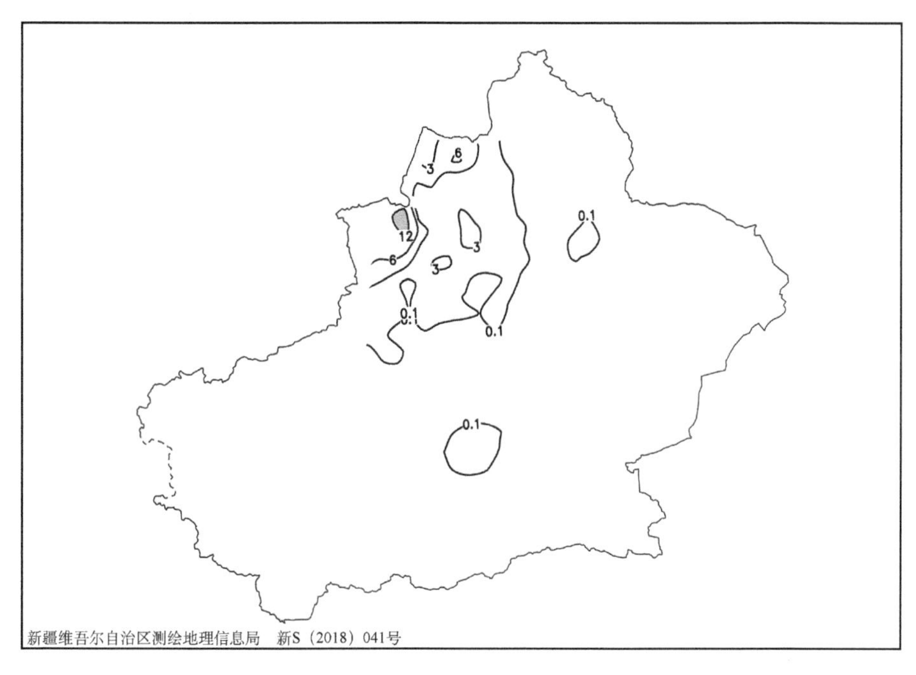

图1-4-4　1972年3月28日20时—29日20时降雪量分布图(单位:毫米)

1986年12月7日，博尔塔拉蒙古自治州博乐市出现暴雪，24小时降雪量为13.4毫米(图1-4-5)。

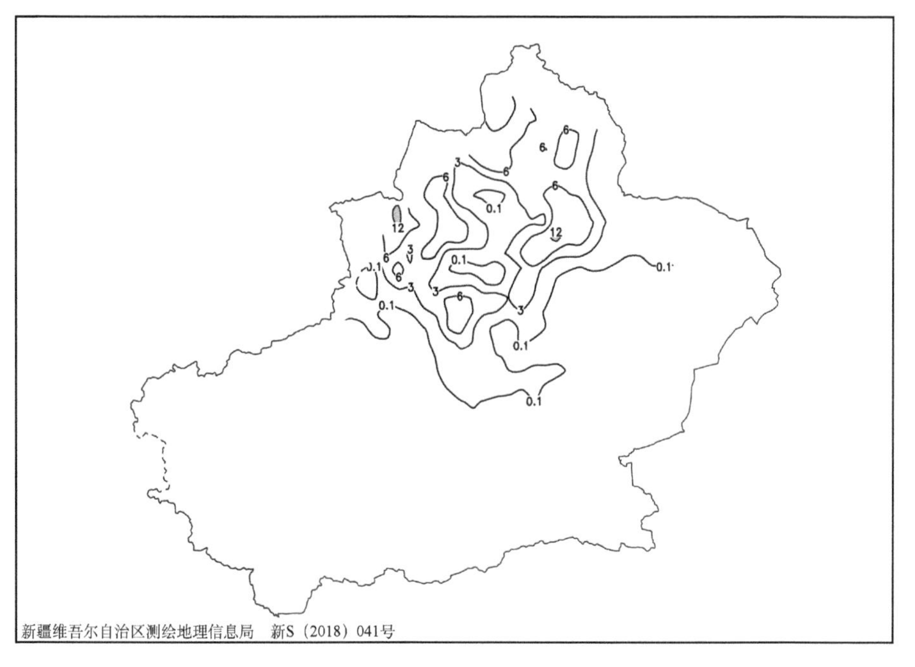

图1-4-5　1986年12月6日20时—7日20时降雪量分布图(单位:毫米)

1.4.3　阿拉山口市暴雪

1966 年 2 月 1 日,博尔塔拉蒙古自治州阿拉山口市出现暴雪,24 小时降雪量为 13.1 毫米(图 1-4-6)。

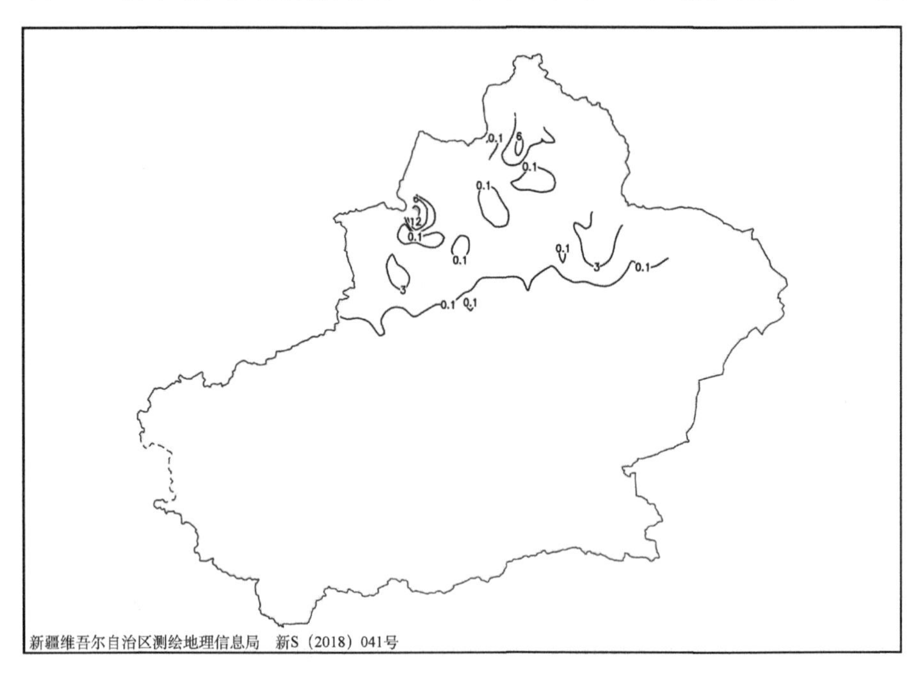

图 1-4-6　1966 年 1 月 31 日 20 时—2 月 1 日 20 时降雪量分布图(单位:毫米)

1980 年 1 月 24 日,博尔塔拉蒙古自治州阿拉山口市出现暴雪,24 小时降雪量为 17.6 毫米(图 1-4-7)。

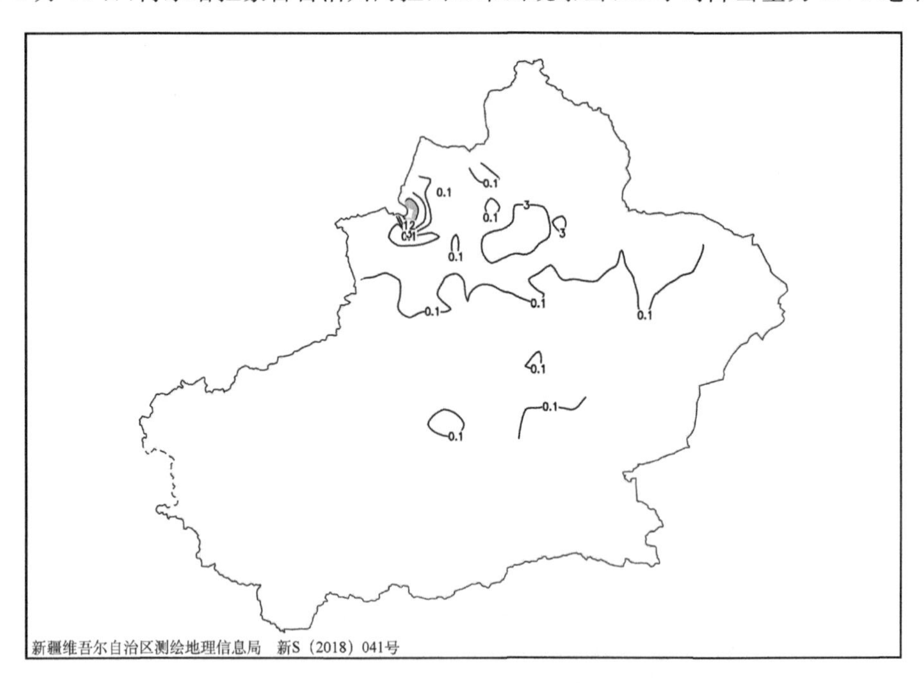

图 1-4-7　1980 年 1 月 23 日 20 时—24 日 20 时降雪量分布图(单位:毫米)

1981 年 1 月 21 日，博尔塔拉蒙古自治州阿拉山口市出现暴雪，24 小时降雪量为 20.6 毫米(图 1-4-8)。

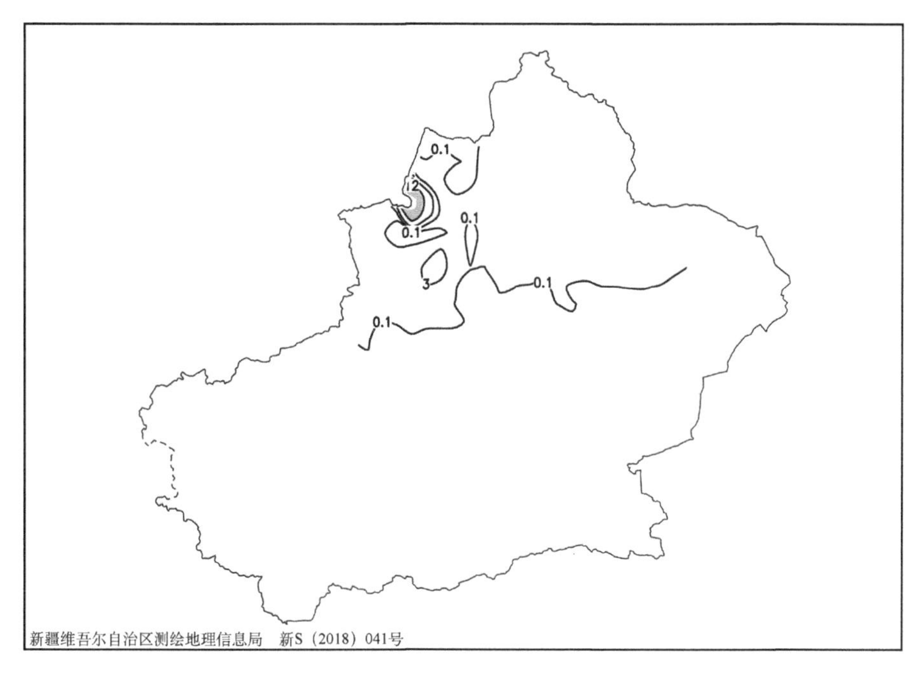

图 1-4-8　1981 年 1 月 20 日 20 时—21 日 20 时降雪量分布图(单位:毫米)

1986 年 2 月 22 日，博尔塔拉蒙古自治州阿拉山口市出现大暴雪，24 小时降雪量 33.1 毫米(图 1-4-9)。

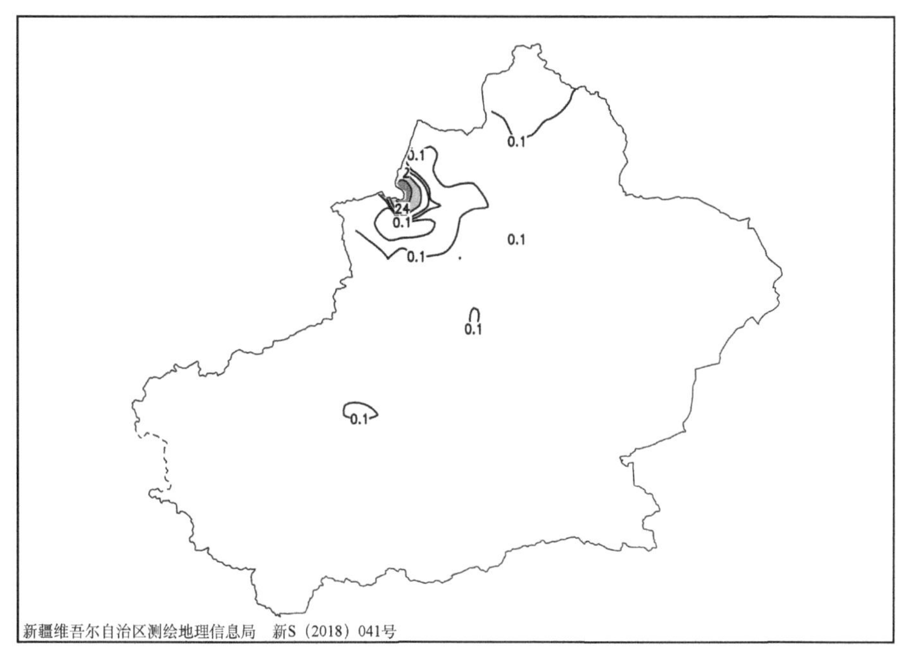

图 1-4-9　1986 年 2 月 21 日 20 时—22 日 20 时降雪量分布图(单位:毫米)

1986 年 2 月 23 日,博尔塔拉蒙古自治州阿拉山口市出现暴雪,24 小时降雪量 21.7 毫米(图 1-4-10)。

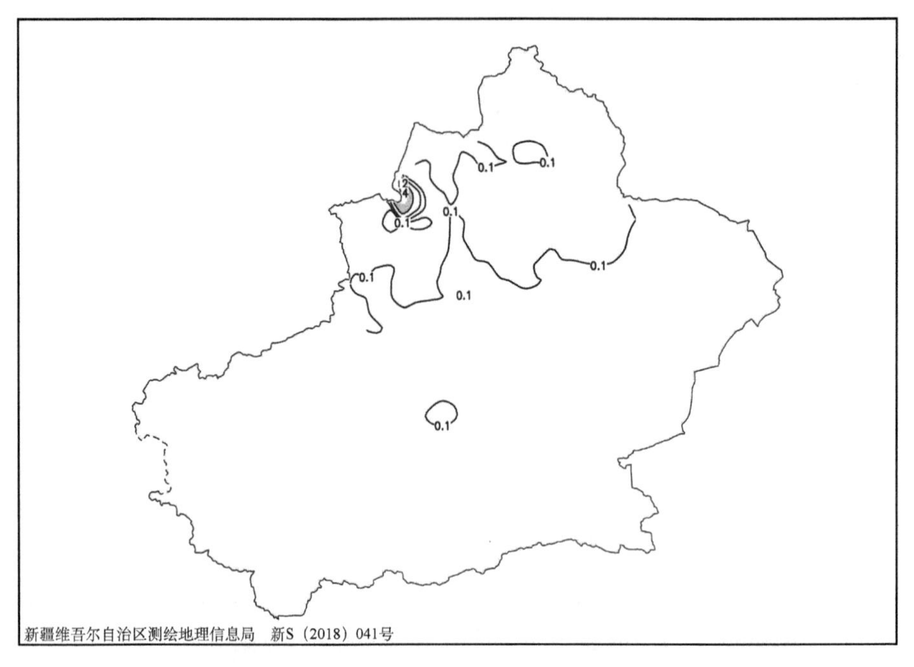

图 1-4-10 1986 年 2 月 22 日 20 时—23 日 20 时降雪量分布图(单位:毫米)

1987 年 1 月 14 日,博尔塔拉蒙古自治州阿拉山口市出现暴雪,24 小时降雪量为 14.1 毫米(图 1-4-11)。

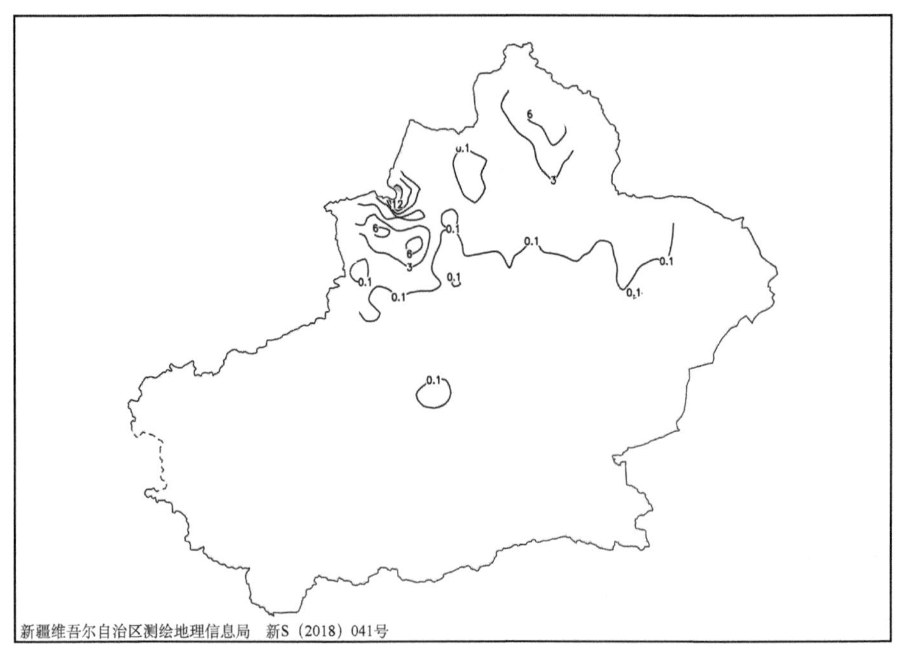

图 1-4-11 1987 年 1 月 13 日 20 时—14 日 20 时降雪量分布图

2007年12月26日，博尔塔拉蒙古自治州阿拉山口市出现暴雪，24小时降雪量为14.8毫米（图1-4-12）。

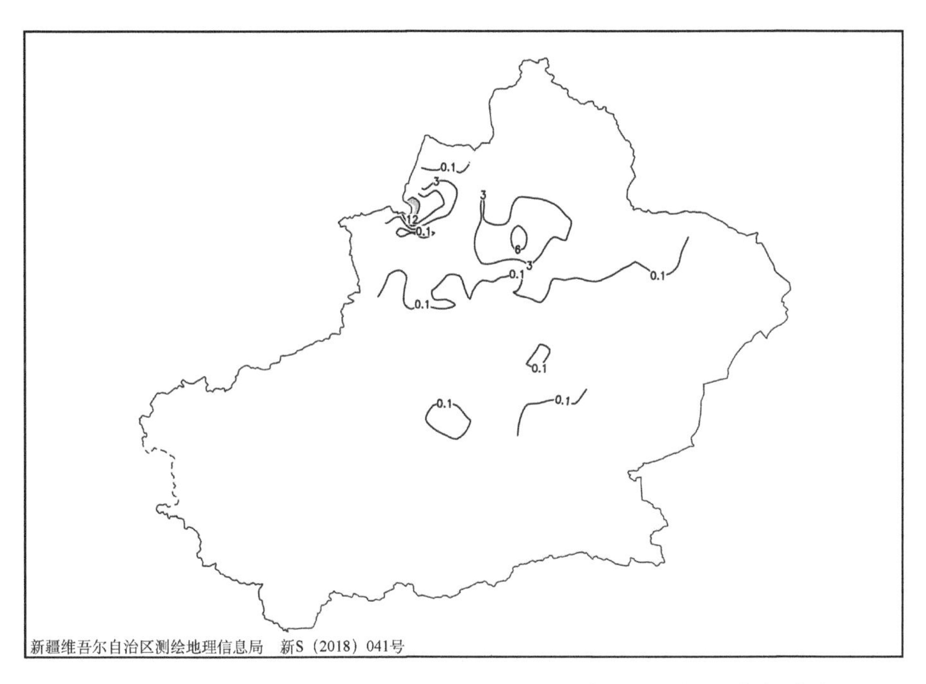

图1-4-12　2007年12月25日20时—26日20时降雪量分布图（单位：毫米）

1.4.4　温泉县暴雪

1978年1月13日，博尔塔拉蒙古自治州温泉县出现暴雪，24小时降雪量为12.4毫米（图1-4-13）。

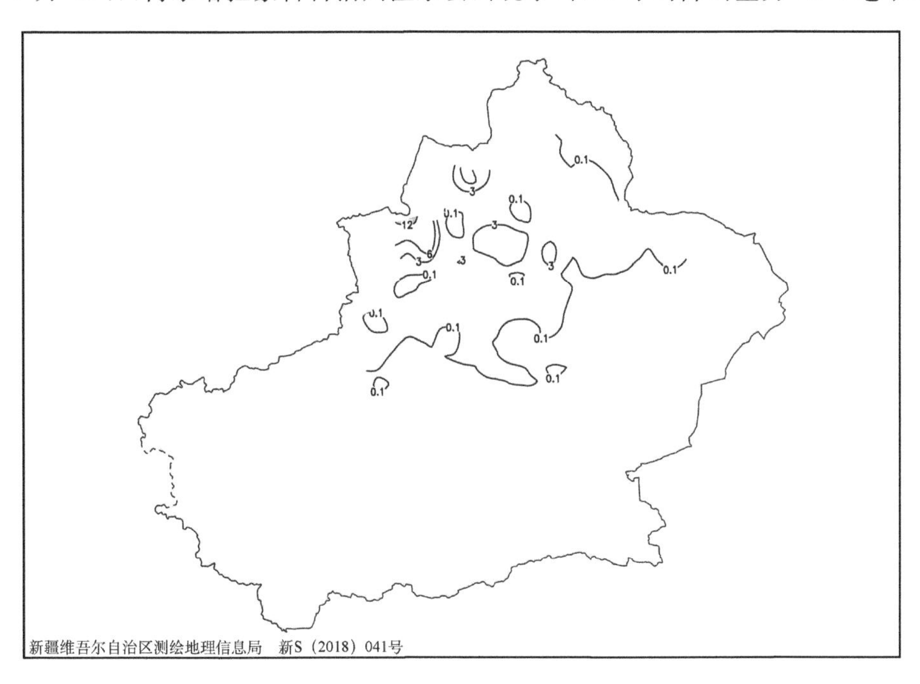

图1-4-13　1978年1月12日20时—13日20时降雪量分布图（单位：毫米）

1991 年 1 月 29 日,博尔塔拉蒙古自治州温泉县出现暴雪,24 小时降雪量为 12.6 毫米(图 1-4-14)。

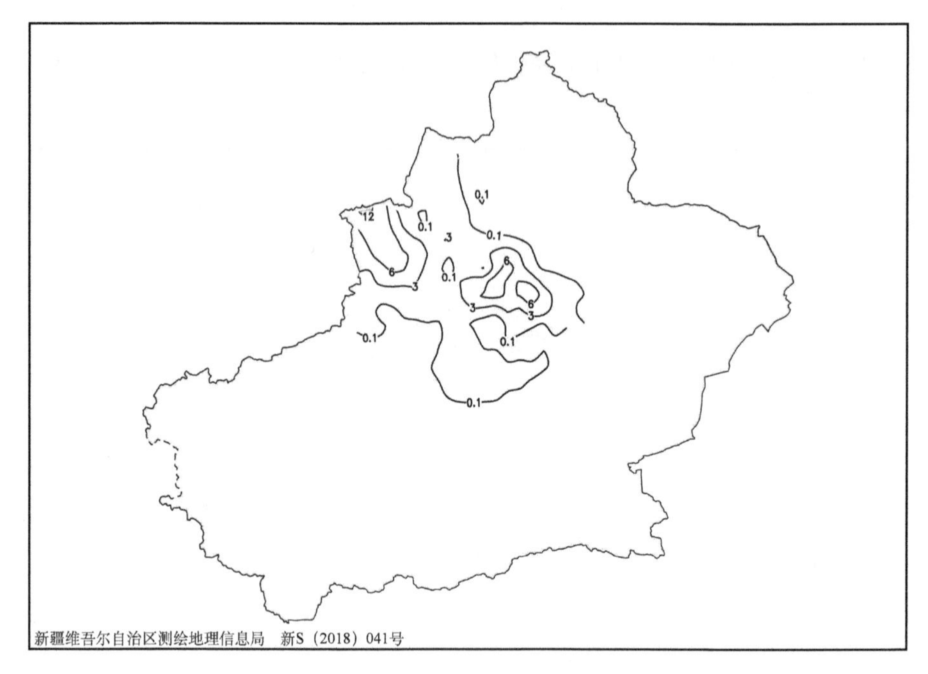

图 1-4-14 1991 年 1 月 28 日 20 时—29 日 20 时降雪量分布图(单位:毫米)

1.5 昌吉回族自治州

1.5.1 奇台县暴雪

1953 年 3 月 28 日,昌吉回族自治州奇台县出现暴雪,24 小时降雪量为 13.4 毫米(图 1-5-1)。

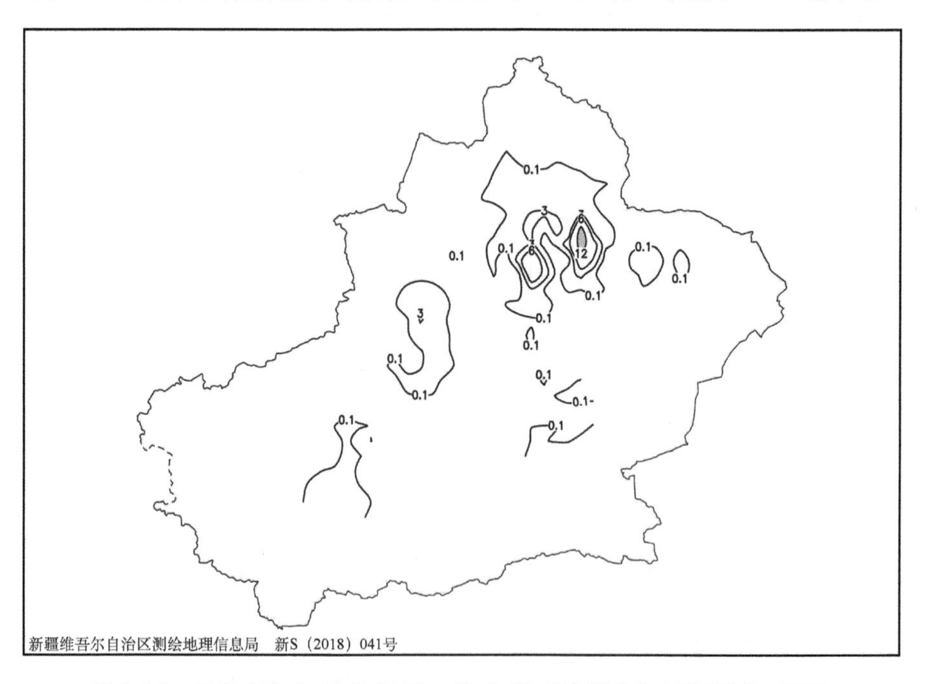

图 1-5-1 1953 年 3 月 27 日 20 时—28 日 20 时降雪量分布图(单位:毫米)

1.5.2 昌吉市暴雪

1953年11月28日，昌吉回族自治州昌吉市出现暴雪，24小时降雪量为12.5毫米(图1-5-2)。

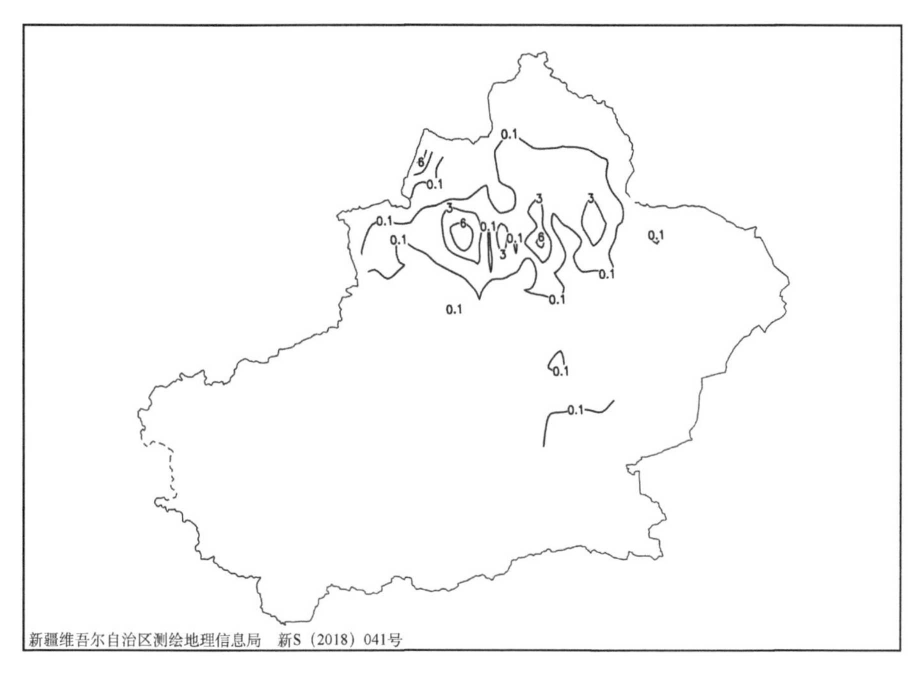

图1-5-2 1953年11月27日20时—28日20时降雪量分布图(单位:毫米)

1.5.3 天池暴雪

1958年12月17日，昌吉回族自治州天池出现暴雪，24小时降雪量为14.2毫米(图1-5-3)。

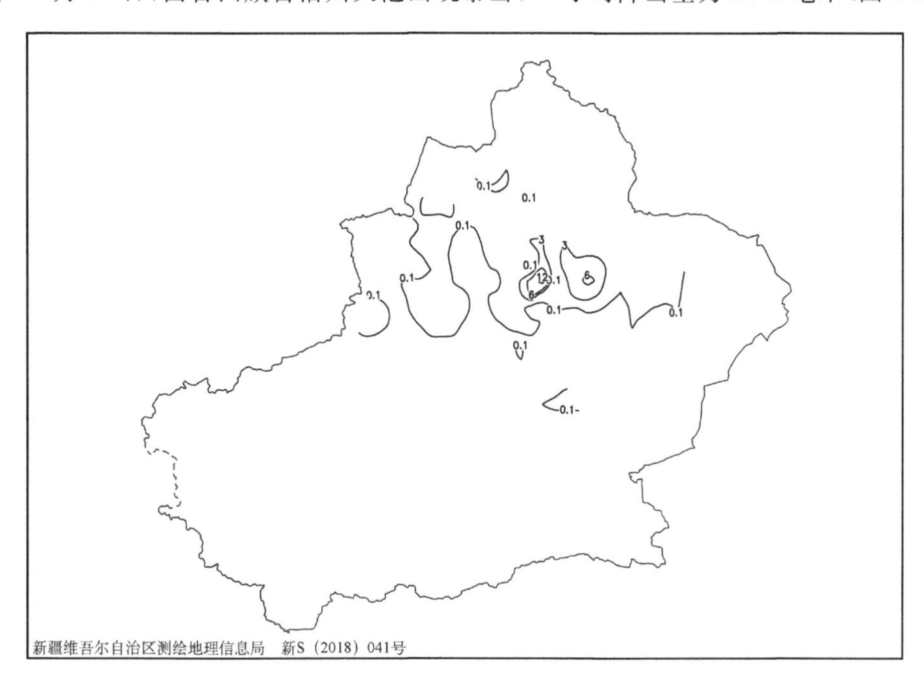

图1-5-3 1958年12月16日20时—17日20时降雪量分布图(单位:毫米)

1959 年 3 月 18 日，昌吉回族自治州天池出现暴雪，24 小时降雪量为 15.2 毫米(图 1-5-4)。

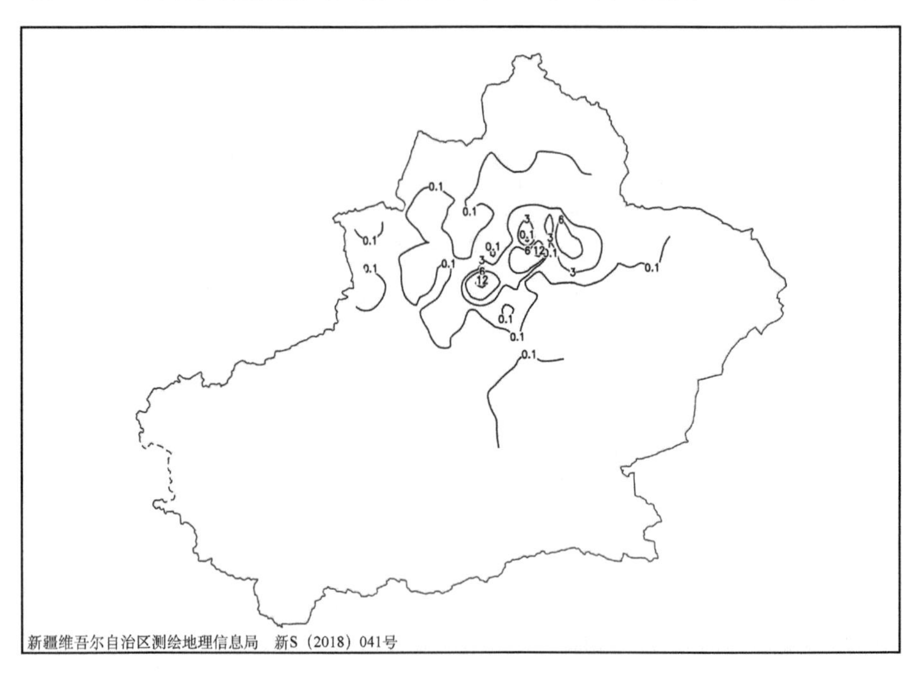

图 1-5-4 1959 年 3 月 17 日 20 时—18 日 20 时降雪量分布图(单位：毫米)

1961 年 1 月 21 日，昌吉回族自治州天池出现暴雪，24 小时降雪量为 12.3 毫米(图 1-5-5)。

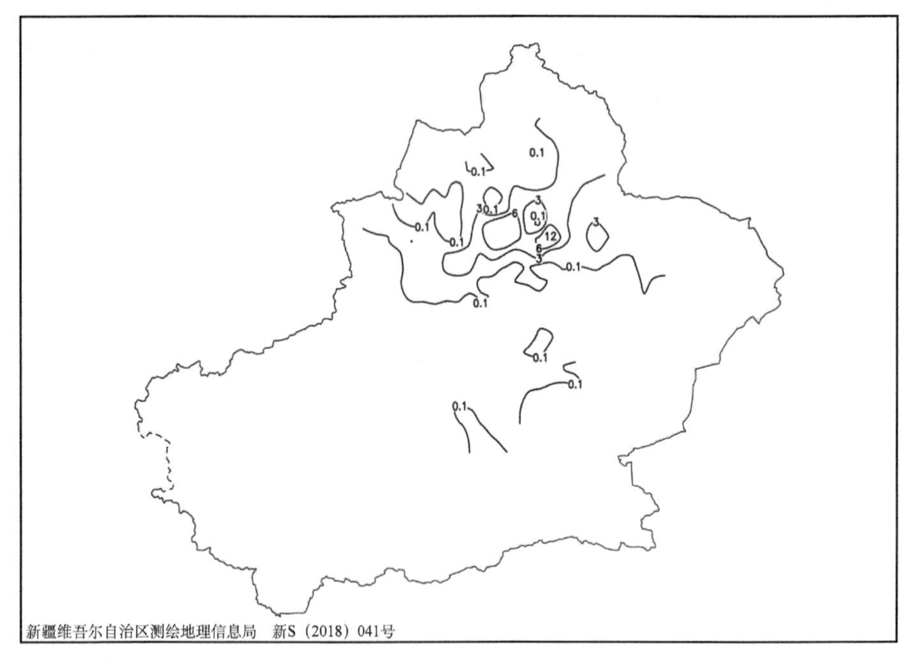

图 1-5-5 1961 年 1 月 20 日 20 时—21 日 20 时降雪量分布图(单位：毫米)

1974 年 3 月 21 日，昌吉回族自治州天池出现暴雪，24 小时降雪量为 15.2 毫米(图 1-5-6)。

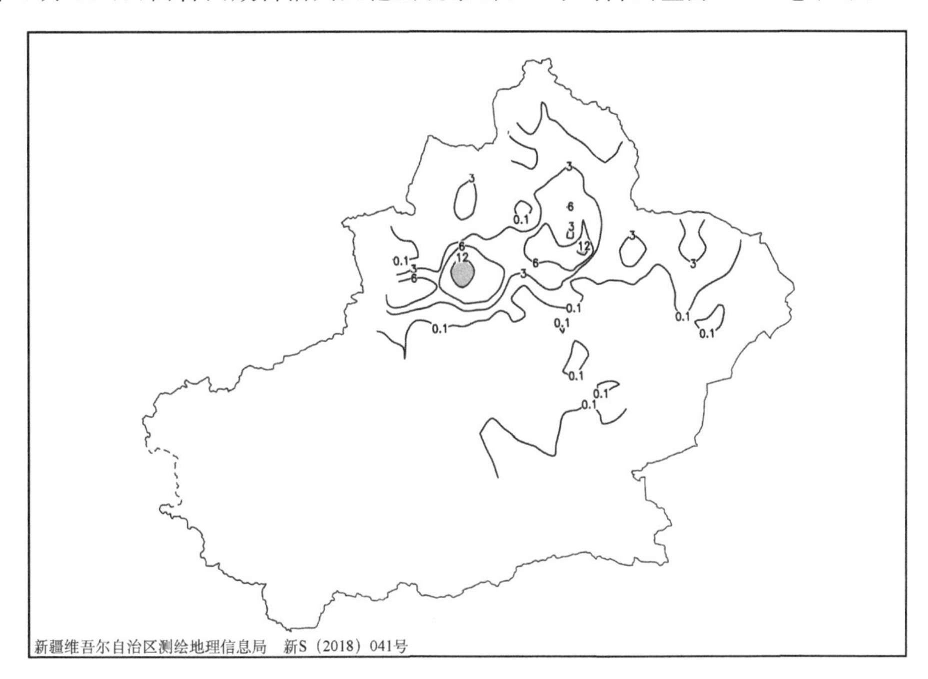

图 1-5-6　1974 年 3 月 20 日 20 时—21 日 20 时降雪量分布图(单位:毫米)

1986 年 12 月 7 日，昌吉回族自治州天池出现暴雪，24 小时降雪量为 13.4 毫米(图 1-5-7)。

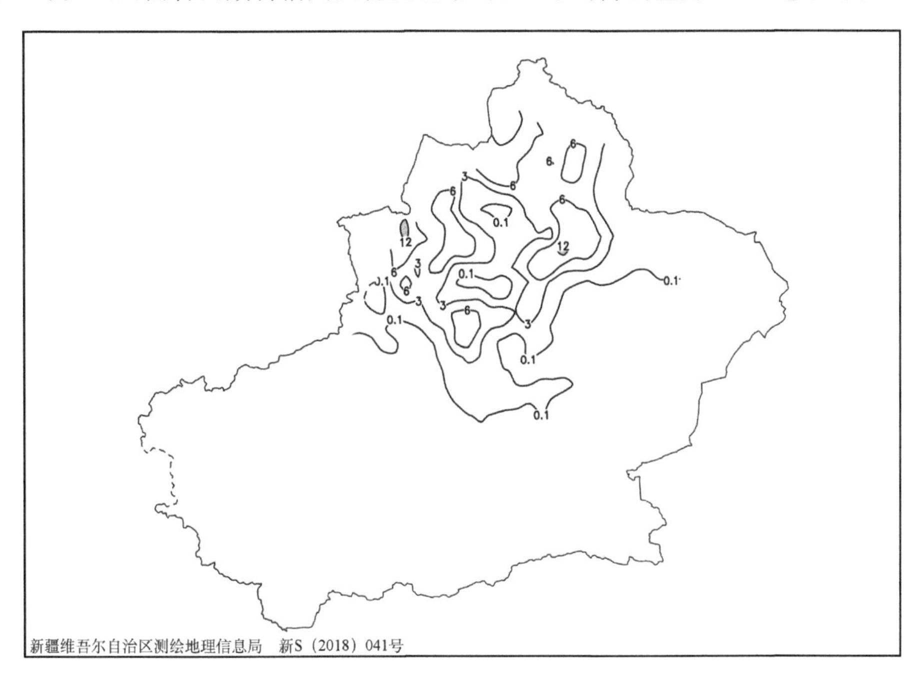

图 1-5-7　1986 年 12 月 6 日 20 时—7 日 20 时降雪量分布图(单位:毫米)

1.5.4 玛纳斯县暴雪

1961 年 1 月 8 日,昌吉回族自治州玛纳斯县出现暴雪,24 小时降雪量为 13.9 毫米(图 1-5-8)。

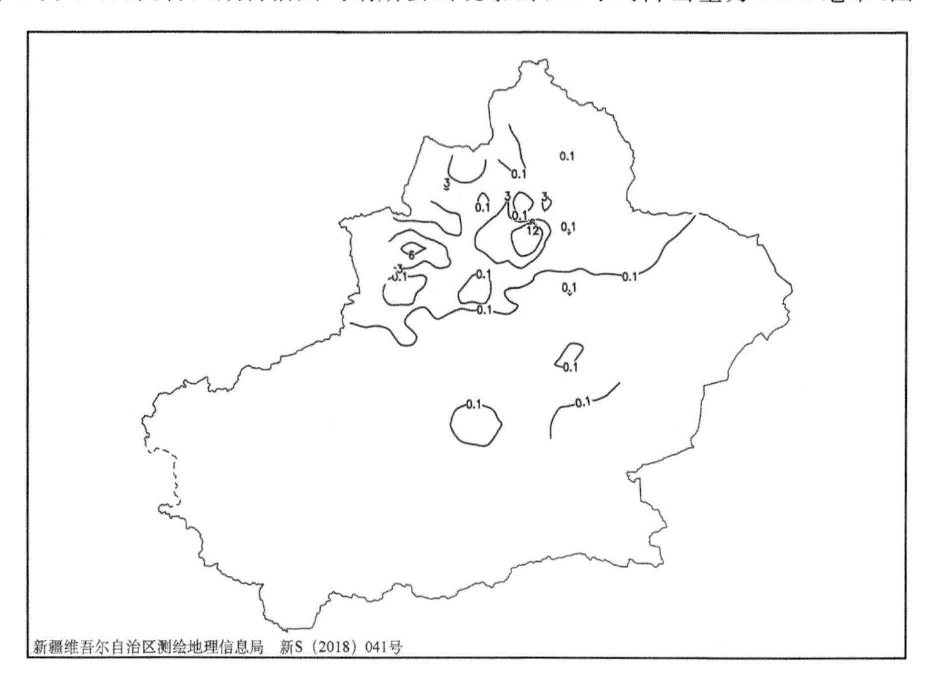

图 1-5-8　1961 年 1 月 7 日 20 时—8 日 20 时降雪量分布图(单位:毫米)

1.5.5 呼图壁县暴雪

1970 年 11 月 18 日,昌吉回族自治州呼图壁县出现暴雪,24 小时降雪量为 13.0 毫米(图 1-5-9)。

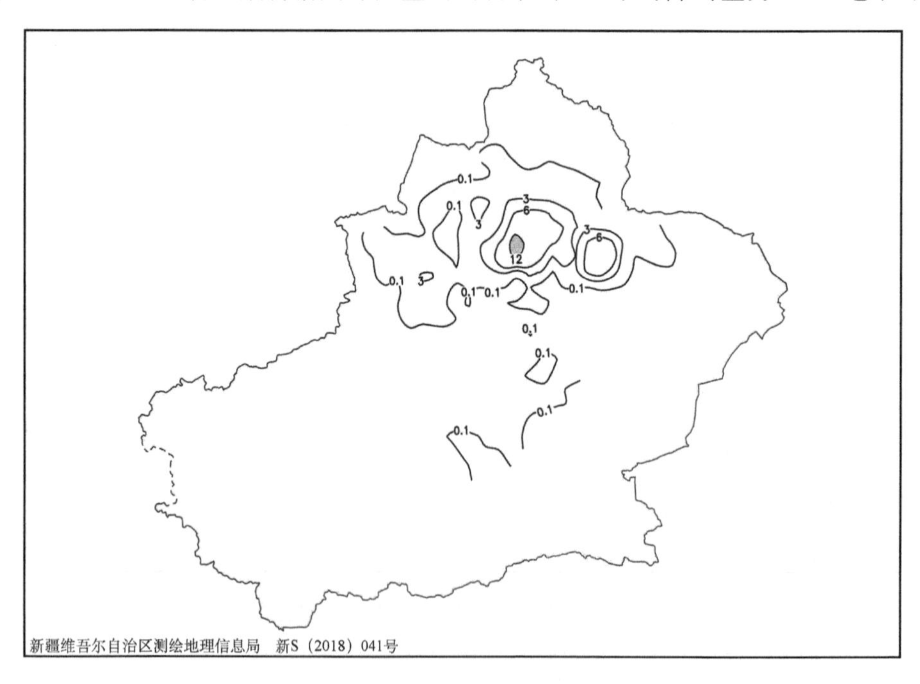

图 1-5-9　1970 年 11 月 17 日 20 时—18 日 20 时降雪量分布图(单位:毫米)

1.5.6　木垒哈萨克自治县暴雪

1978 年 12 月 12 日，昌吉回族自治州木垒哈萨克自治县出现暴雪，24 小时降雪量为 13.5 毫米（图 1-5-10）。

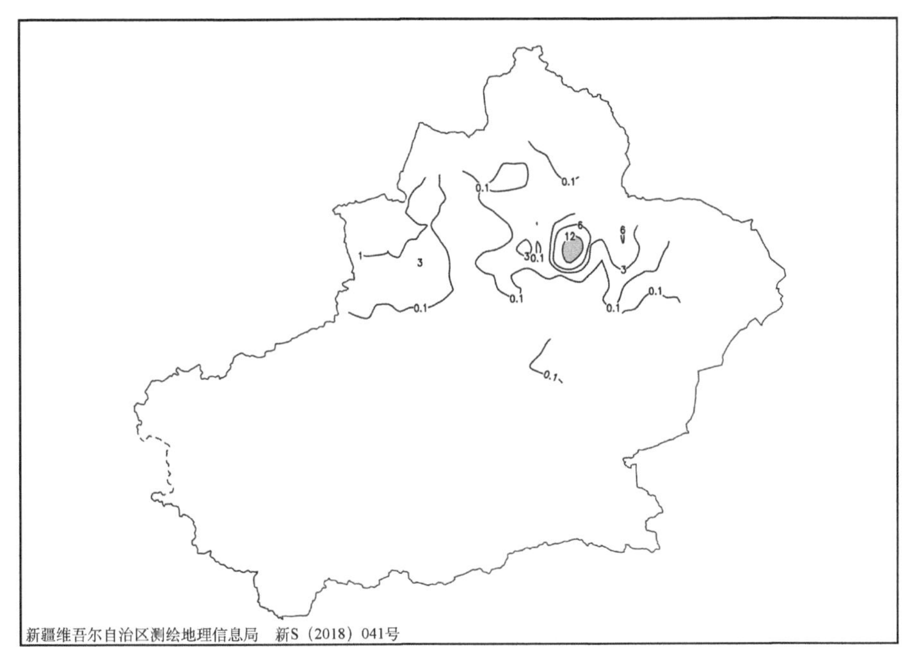

图 1-5-10　1978 年 12 月 11 日 20 时—12 日 20 时降雪量分布图（单位：毫米）

2002 年 3 月 19 日，昌吉回族自治州木垒哈萨克自治县出现暴雪，24 小时降雪量为 14.4 毫米（图 1-5-11）。

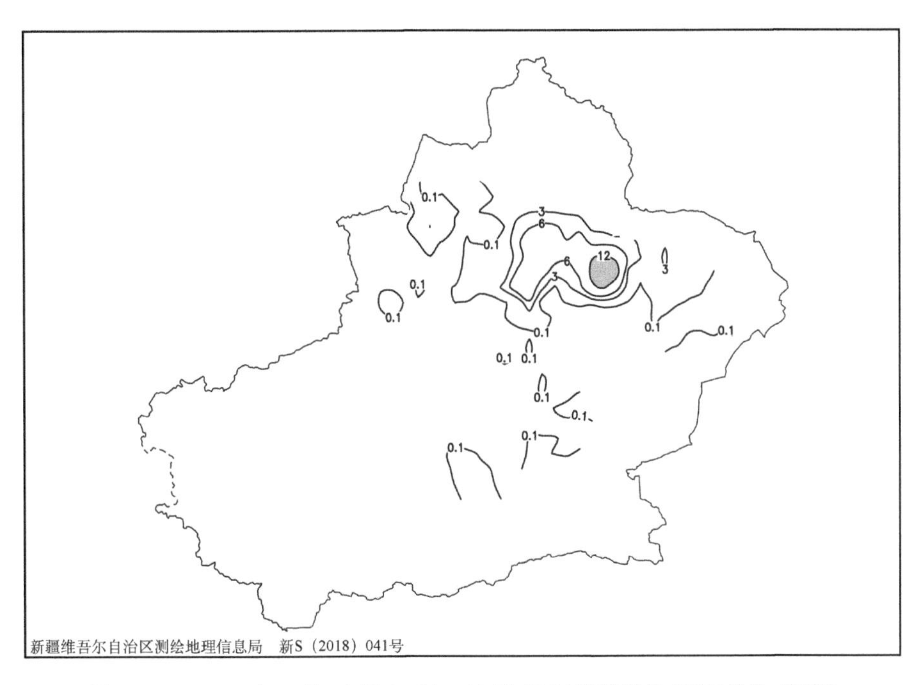

图 1-5-11　2002 年 3 月 18 日 20 时—19 日 20 时降雪量分布图（单位：毫米）

2013 年 3 月 8 日,昌吉回族自治州木垒哈萨克自治县出现暴雪,24 小时降雪量为 15.3 毫米(图 1-5-12)。

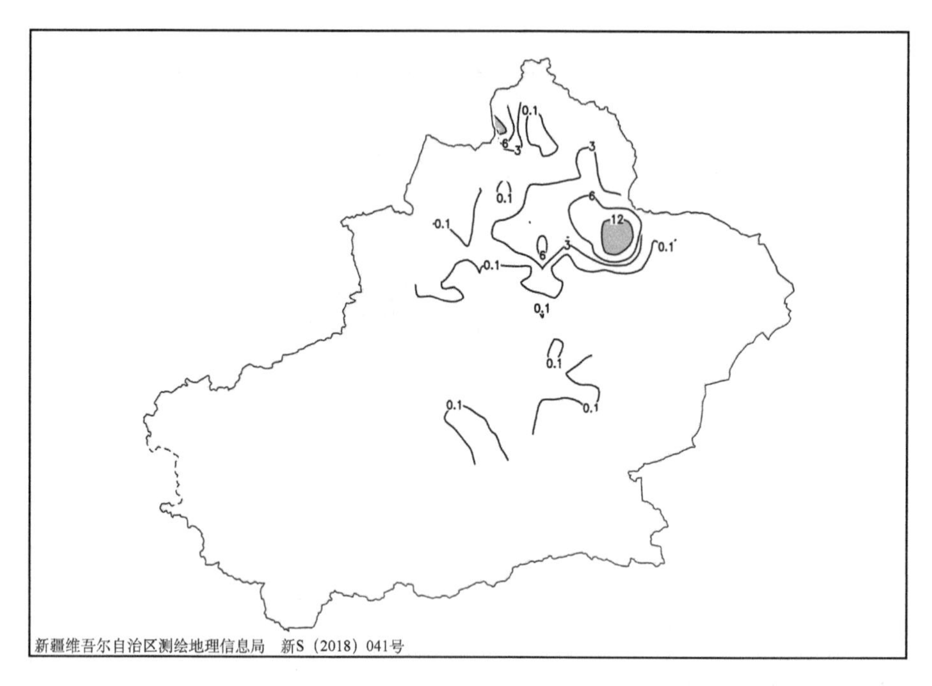

图 1-5-12　2013 年 3 月 7 日 20 时—8 日 20 时降雪量分布图(单位:毫米)

1.5.7　呼图壁县、木垒哈萨克自治县暴雪

1992 年 11 月 5 日,昌吉回族自治州呼图壁县和木垒哈萨克自治县出现暴雪,24 小时降雪量分别为 12.2 毫米、12.1 毫米(图 1-5-13)。

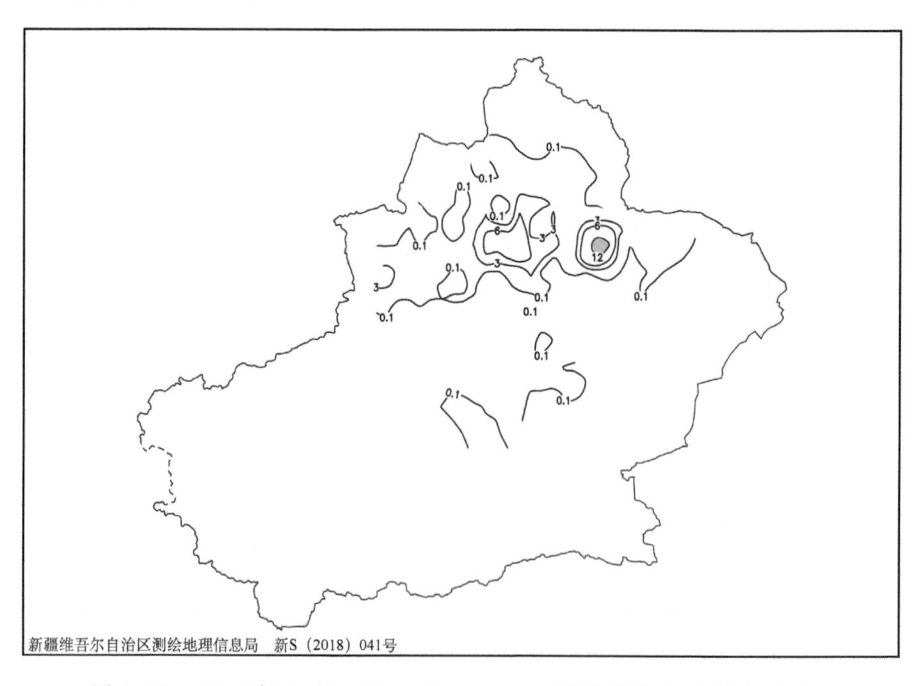

图 1-5-13　1992 年 11 月 4 日 20 时—5 日 20 时降雪量分布图(单位:毫米)

1.6　哈密市

1953年2月27日，哈密市红柳河站出现暴雪，24小时降雪量为14.0毫米(图1-6-1)。

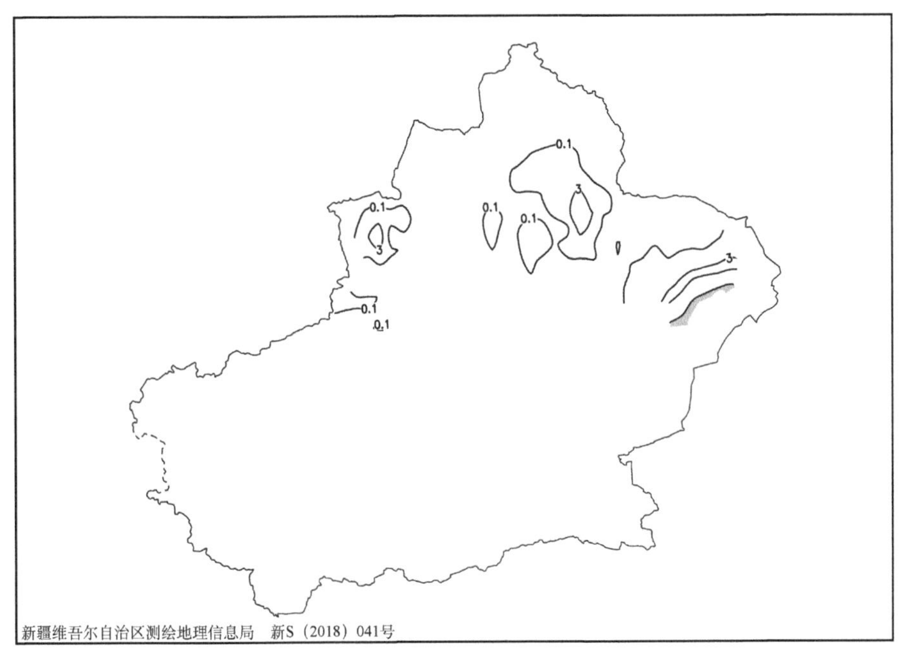

图1-6-1　1953年3月26日20时—27日20时降雪量分布图(单位:毫米)

1.7　和田地区

1.7.1　于田县暴雪

1957年1月27日，和田地区于田县出现暴雪，24小时降雪量为12.3毫米(图1-7-1)。

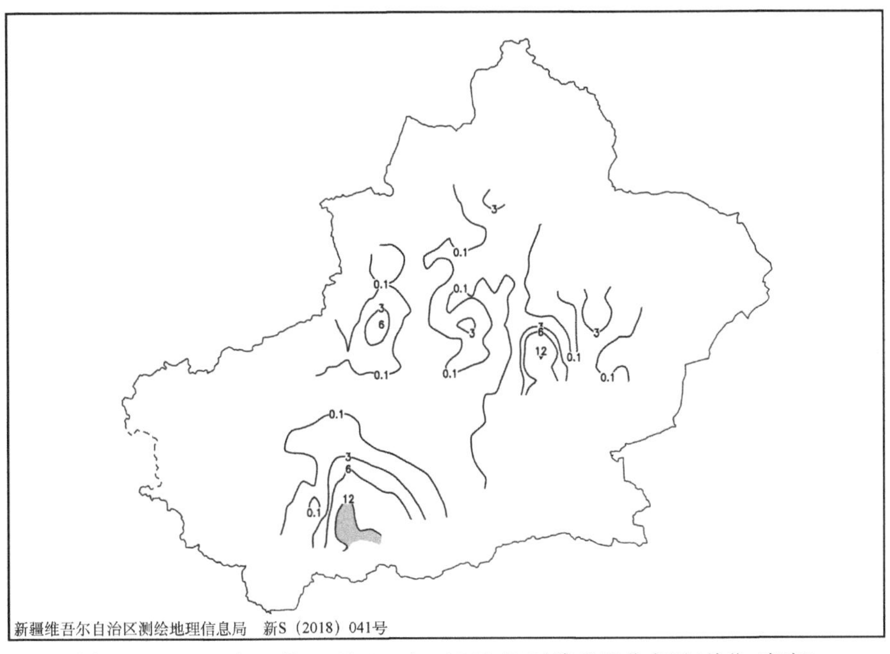

图1-7-1　1957年1月26日20时—27日20时降雪量分布图(单位:毫米)

1.7.2　皮山县暴雪

1967 年 2 月 21 日，和田地区皮山县出现暴雪，24 小时降雪量为 15.4 毫米(图 1-7-2)。

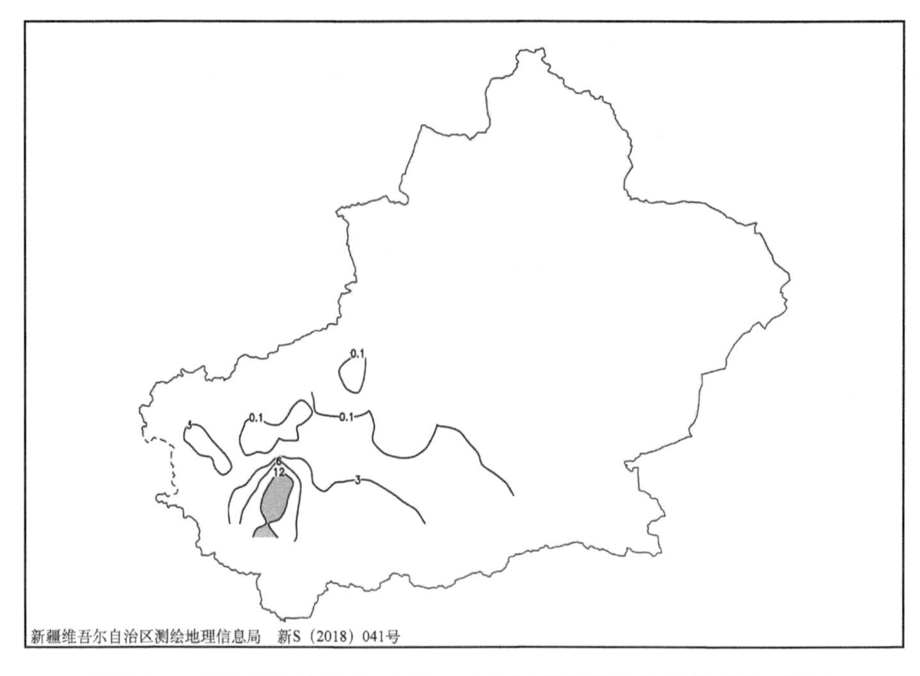

图 1-7-2　1967 年 2 月 20 日 20 时—21 日 20 时降雪量分布图(单位:毫米)

1.8　喀什地区

1.8.1　塔什库尔干塔吉克自治县暴雪

1973 年 1 月 20 日，喀什地区塔什库尔干塔吉克自治县出现暴雪，24 小时降雪量为 14.6 毫米(图 1-8-1)。

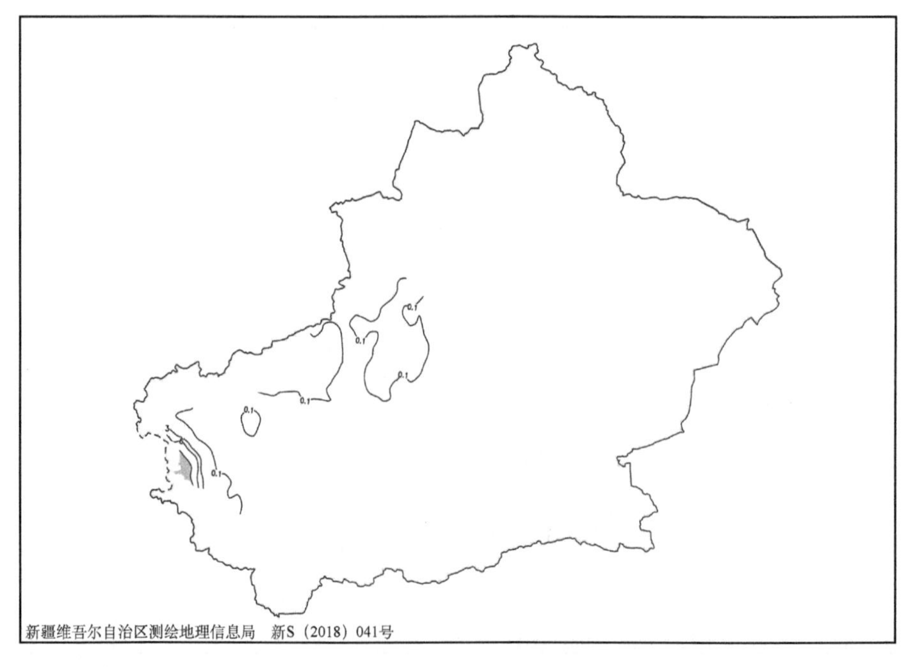

图 1-8-1　1973 年 1 月 19 日 20 时—20 日 20 时降雪量分布图(单位:毫米)

2011年2月7日，喀什地区塔什库尔干塔吉克自治县出现暴雪，24小时降雪量为15.9毫米（图1-8-2）。

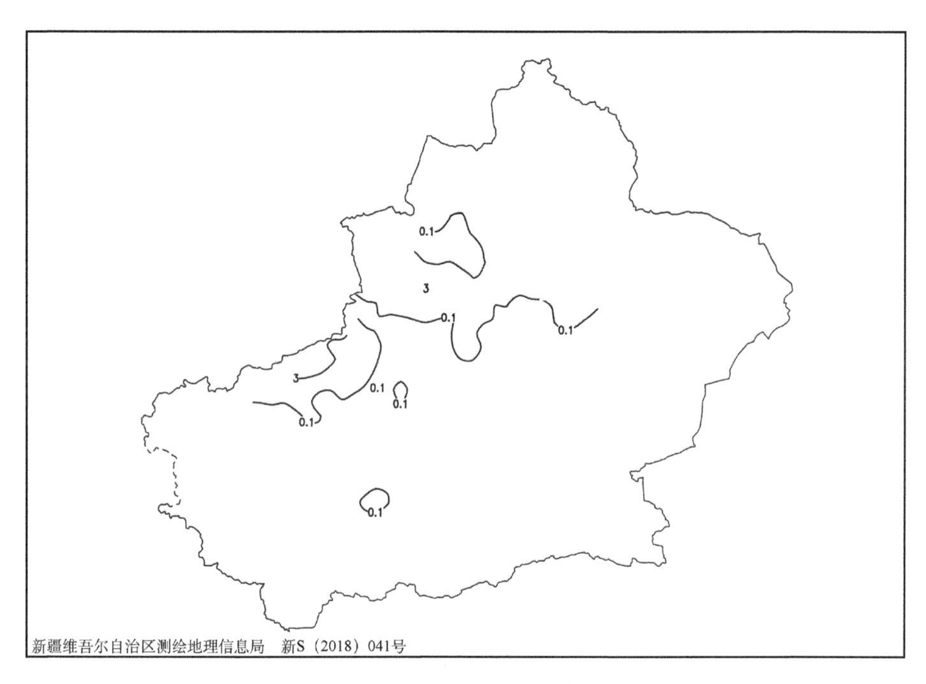

图1-8-2　2011年2月6日20时—7日20时降雪量分布图（单位：毫米）

1.8.2　喀什市暴雪

1976年2月22日，喀什地区喀什市出现暴雪，24小时降雪量为16.7毫米（图1-8-3）。

图1-8-3　1976年2月21日20时—22日20时降雪量分布图（单位：毫米）

2017 年 2 月 21 日,喀什地区喀什市出现暴雪,24 小时降雪量为 14.1 毫米(图 1-8-4)。

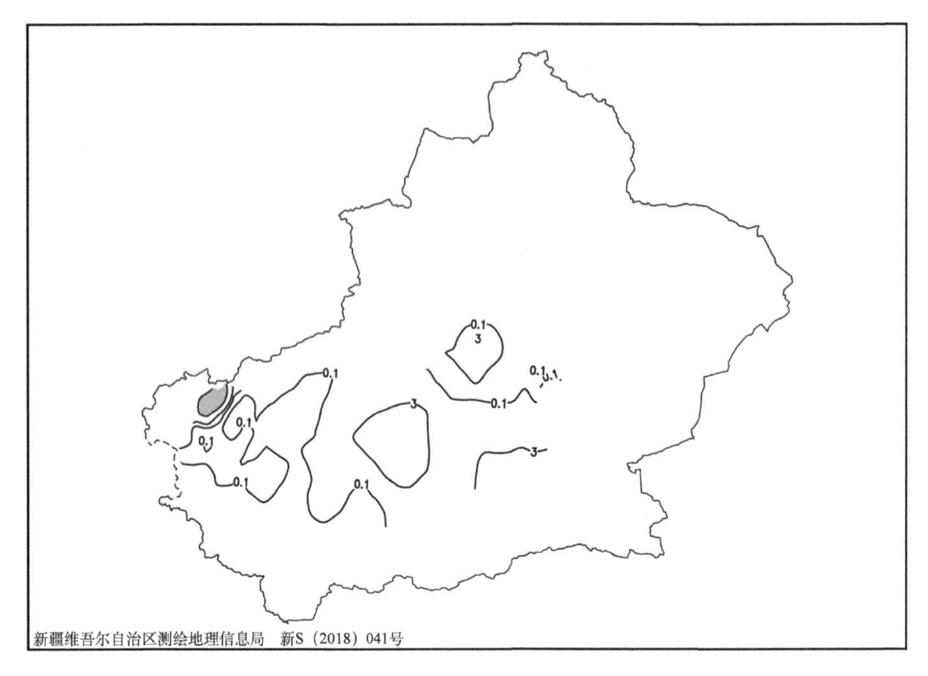

图 1-8-4　2017 年 2 月 20 日 20 时—21 日 20 时降雪量分布图(单位:毫米)

1.8.3　吐尔尕特暴雪

2008 年 12 月 26 日,喀什地区吐尔尕特出现暴雪,24 小时降雪量为 12.6 毫米(图 1-8-5)。

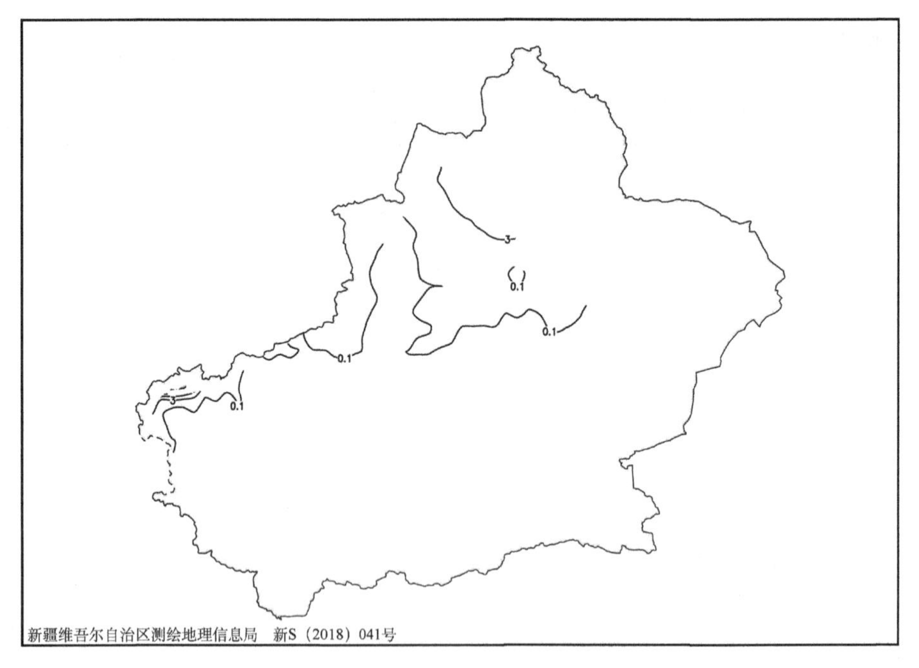

图 1-8-5　2008 年 12 月 25 日 20 时—26 日 20 时降雪量分布图(单位:毫米)

1.8.4　英吉沙县暴雪

2017 年 3 月 12 日,喀什地区英吉沙县出现暴雪,24 小时降雪量为 12.9 毫米(图 1-8-6)。

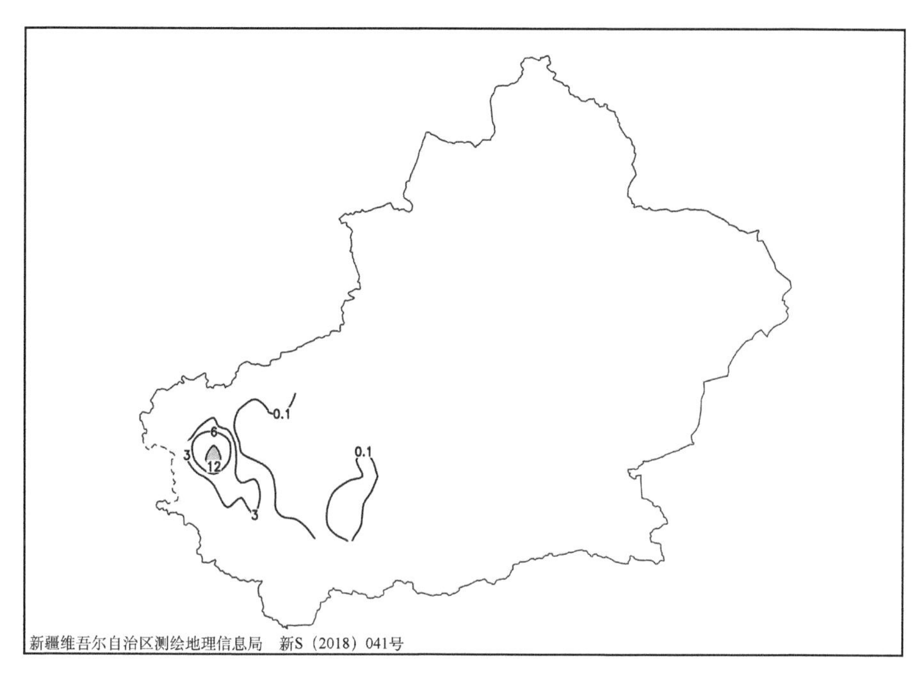

图1-8-6　2017年3月11日20时—12日20时降雪量分布图(单位:毫米)

1.9　克孜勒苏柯尔克孜自治州

1.9.1　阿图什市暴雪

1966年2月11日,克孜勒苏柯尔克孜自治州阿图什市出现暴雪,24小时降雪量为14.2毫米(图1-9-1)。

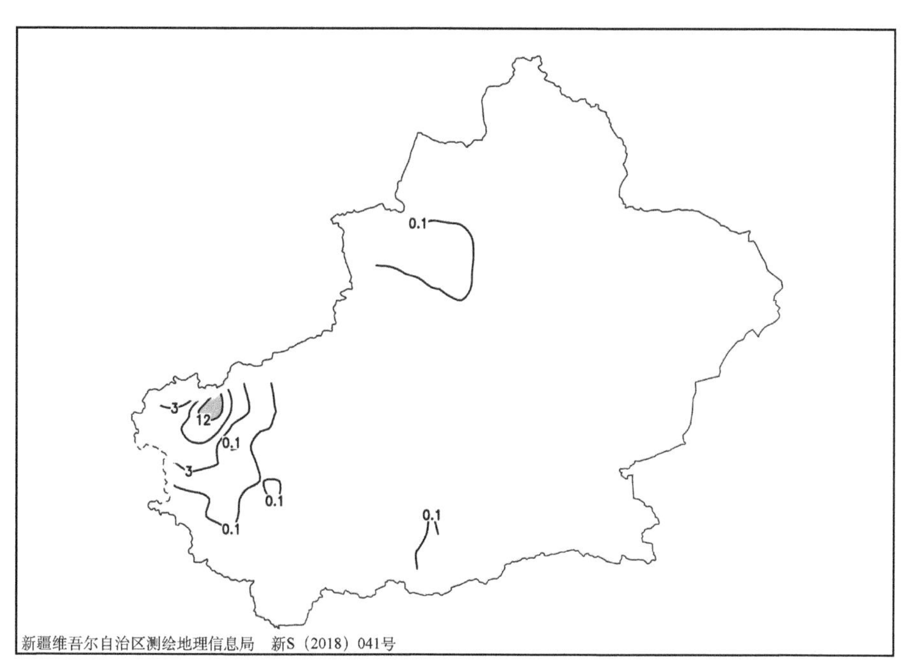

图1-9-1　1966年2月10日20时—11日20时降雪量分布图(单位:毫米)

1974 年 12 月 3 日,克孜勒苏柯尔克孜自治州阿图什市出现暴雪,24 小时降雪量为 13.0 毫米(图 1-9-2)。

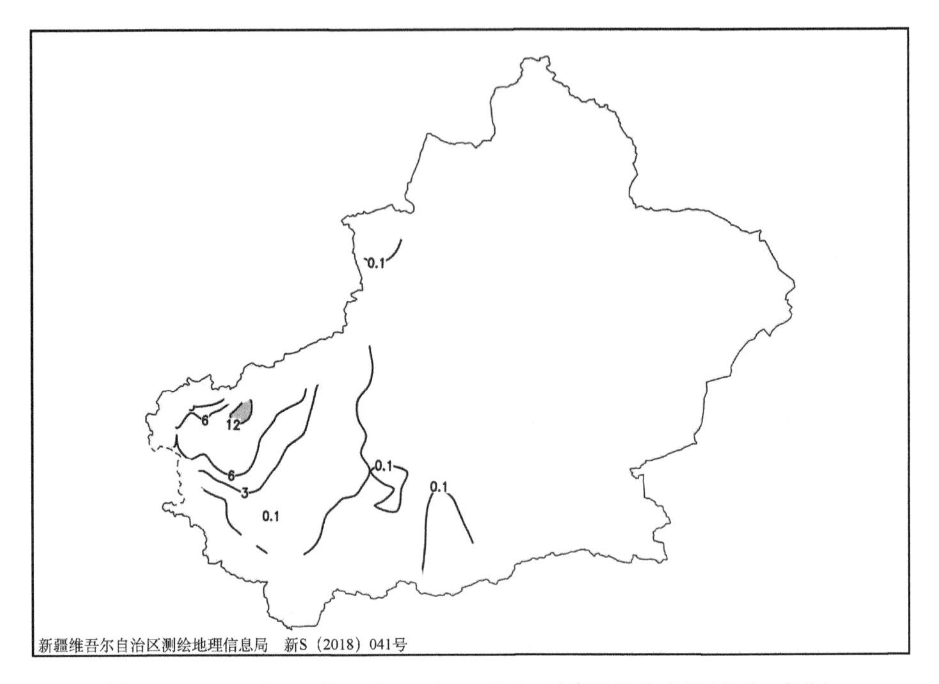

图 1-9-2　1974 年 12 月 2 日 20 时—3 日 20 时降雪量分布图(单位:毫米)

1976 年 2 月 22 日,克孜勒苏柯尔克孜自治州阿图什市出现暴雪,24 小时降雪量为 16.7 毫米(图 1-9-3)。

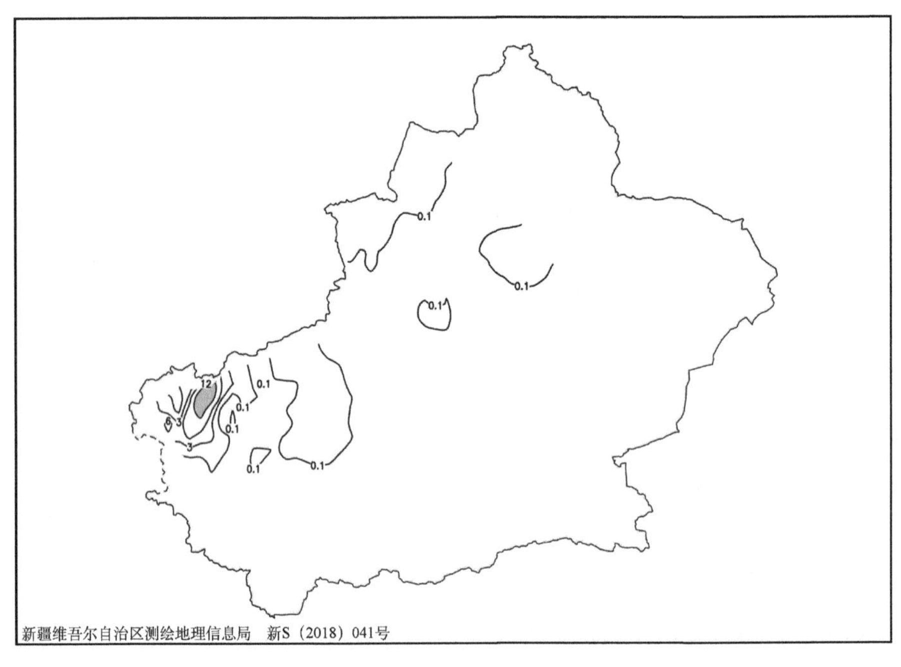

图 1-9-3　1976 年 2 月 21 日 20 时—22 日 20 时降雪量分布图(单位:毫米)

1987 年 2 月 17 日，克孜勒苏柯尔克孜自治州阿图什市出现暴雪，24 小时降雪量为 12.2 毫米(图 1-9-4)。

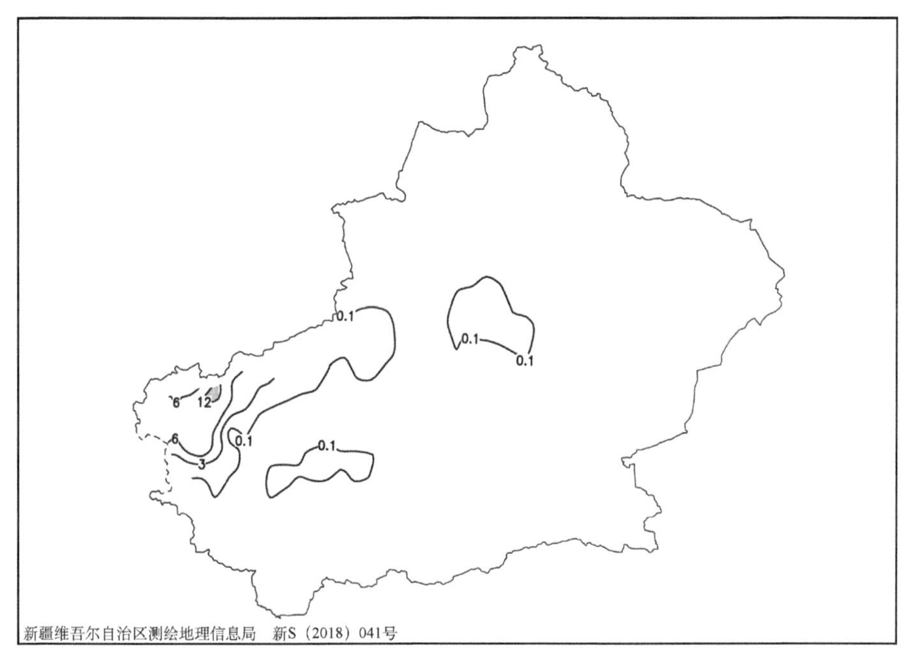

图 1-9-4　1987 年 2 月 16 日 20 时—17 日 20 时降雪量分布图(单位：毫米)

2017 年 2 月 21 日，克孜勒苏柯尔克孜自治州阿图什市出现暴雪，24 小时降雪量为 16.8 毫米(图 1-9-5)。

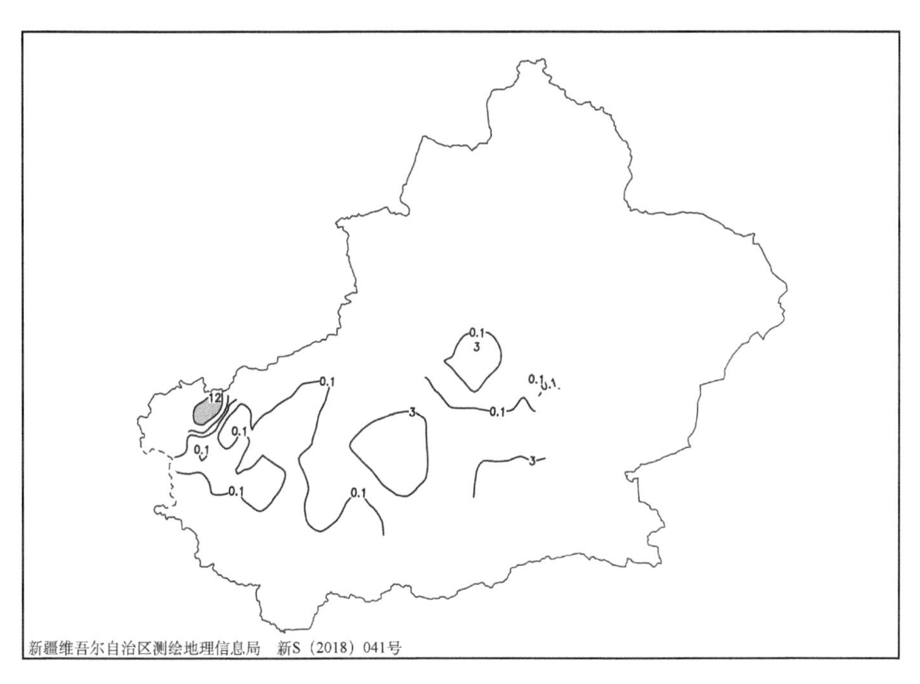

图 1-9-5　2017 年 2 月 20 日 20 时—21 日 20 时降雪量分布图(单位：毫米)

1.9.2　乌恰县暴雪

2017 年 3 月 4 日,克孜勒苏柯尔克孜自治州乌恰县出现暴雪,24 小时降雪量为 18.6 毫米(图 1-9-6)。

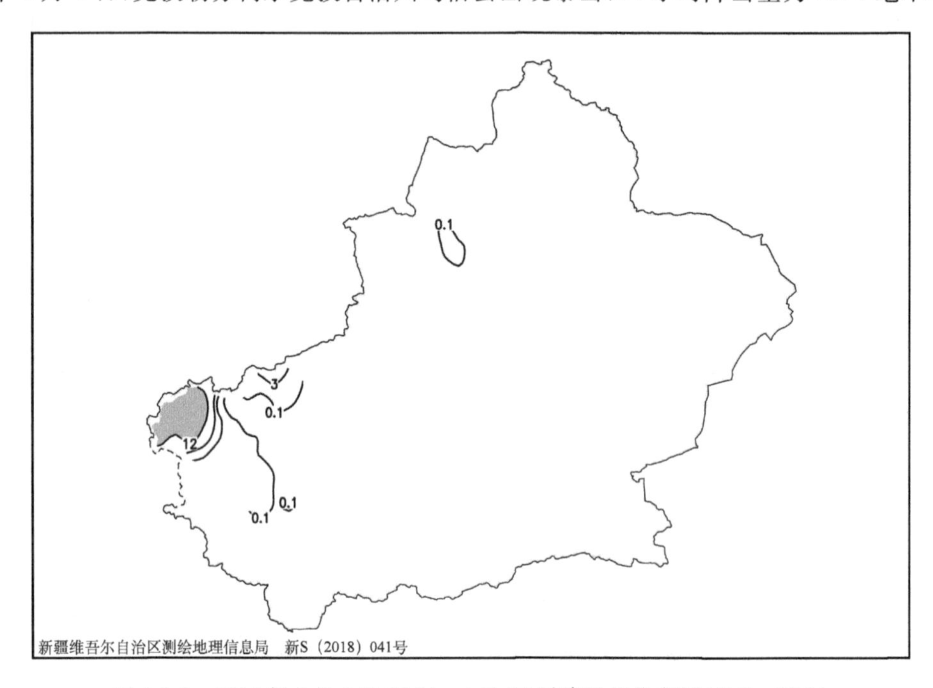

图 1-9-6　2017 年 3 月 3 日 20 时—4 日 20 时降雪量分布图(单位:毫米)

2017 年 3 月 5 日,克孜勒苏柯尔克孜自治州乌恰县出现暴雪,24 小时降雪量为 15.0 毫米(图 1-9-7)。

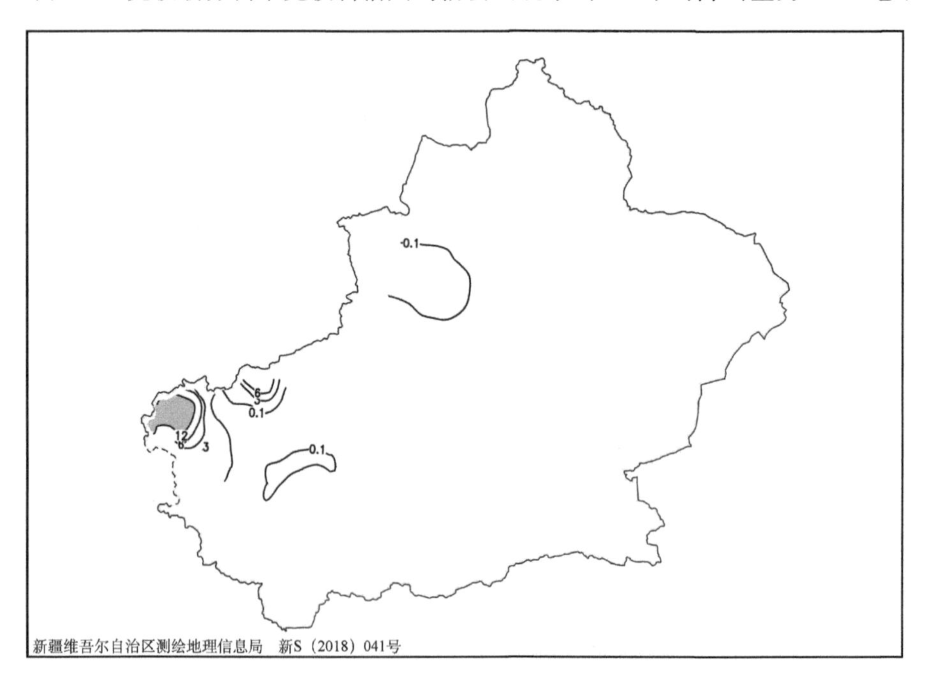

图 1-9-7　2017 年 3 月 4 日 20 时—5 日 20 时降雪量分布图(单位:毫米)

2017年3月14日，克孜勒苏柯尔克孜自治州乌恰县出现暴雪，24小时降雪量为12.4毫米(图1-9-8)。

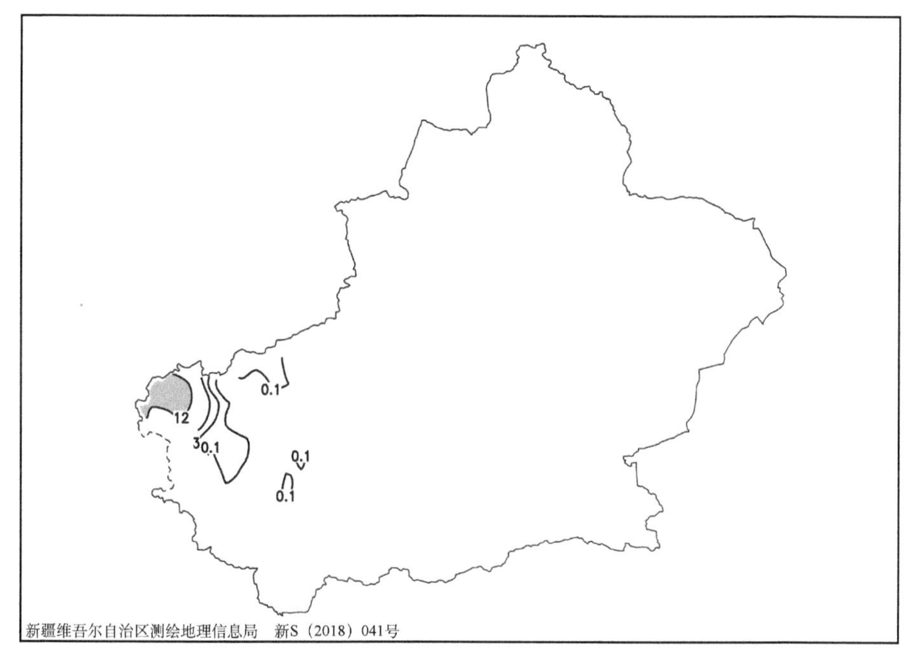

图1-9-8 2017年3月13日20时—14日20时降雪量分布图(单位:毫米)

1.10 原石河子地区

1.10.1 炮台镇暴雪

1954年11月21日，原石河子地区炮台镇出现暴雪，24小时降雪量为12.7毫米(图1-10-1)。

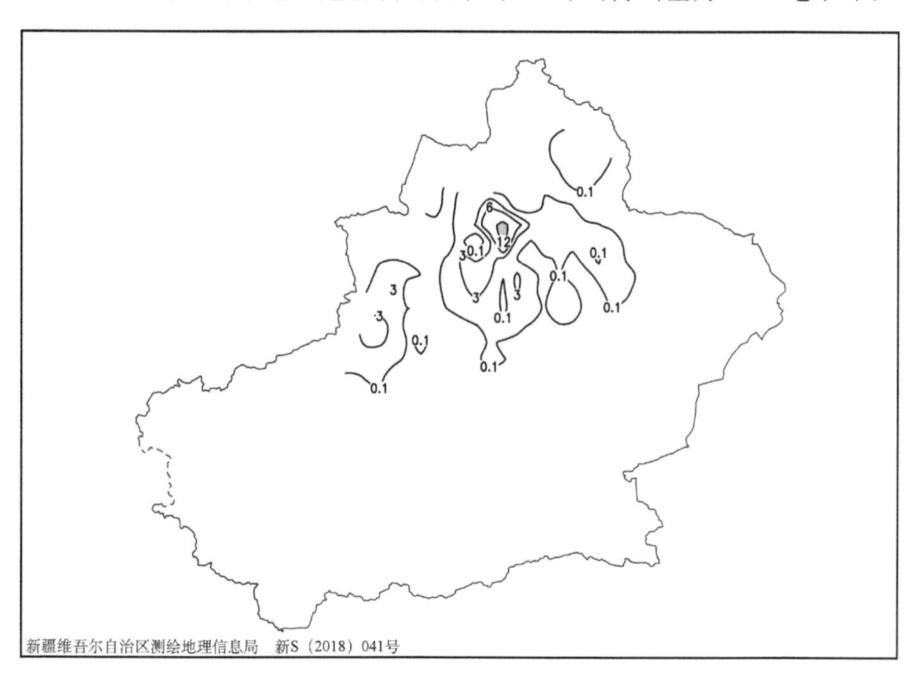

图1-10-1 1954年11月20日20时—21日20时降雪量分布图(单位:毫米)

1958 年 1 月 20 日,原石河子地区炮台镇出现暴雪,24 小时降雪量为 16.3 毫米(图 1-10-2)。

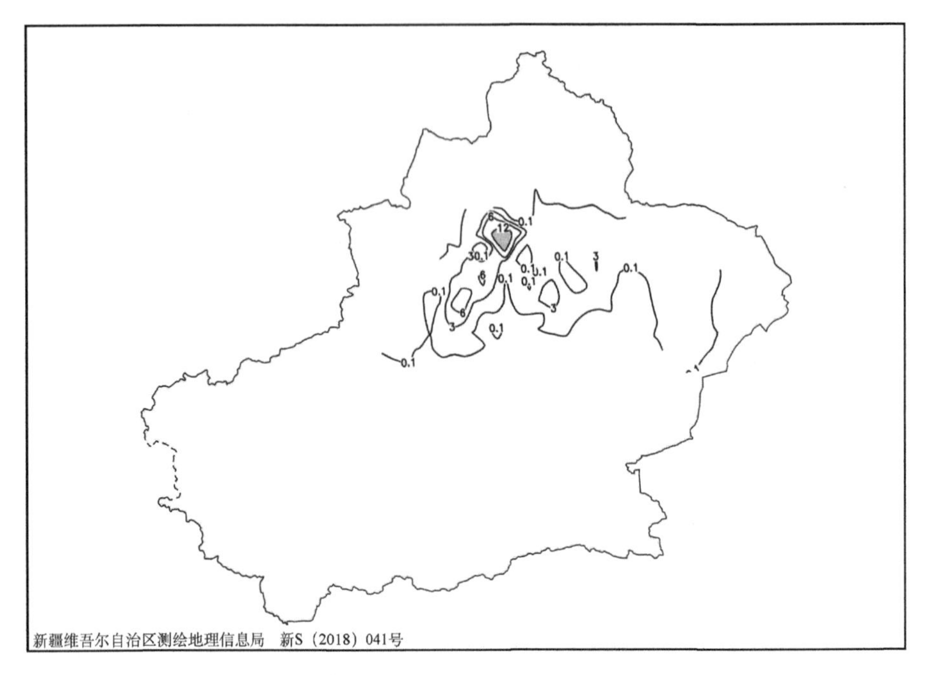

图 1-10-2 1958 年 1 月 19 日 20 时—20 日 20 时降雪量分布图(单位:毫米)

1984 年 11 月 15 日,原石河子地区炮台镇出现暴雪,24 小时降雪量为 14.7 毫米(图 1-10-3)。

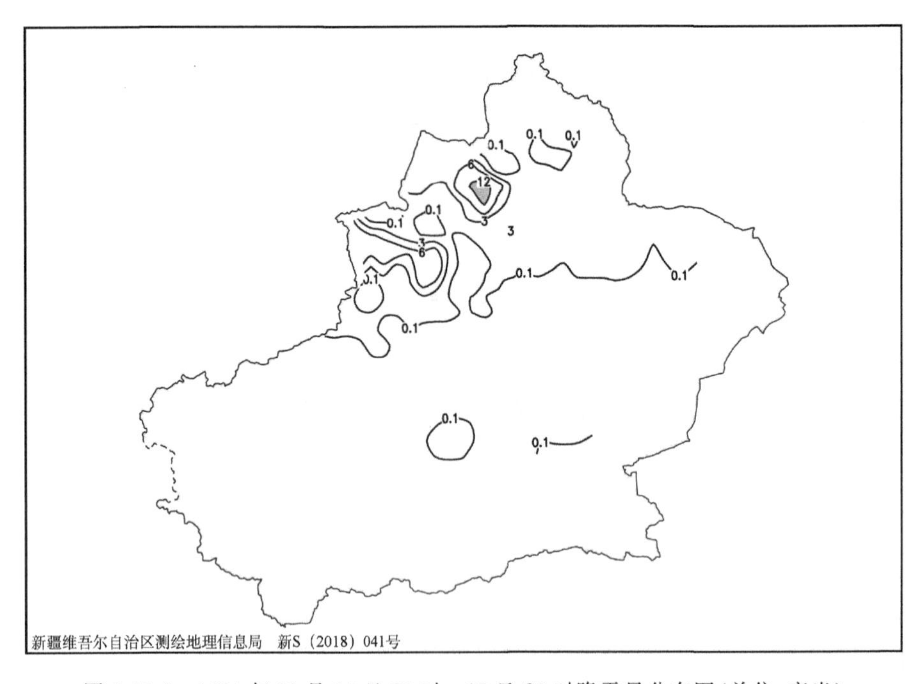

图 1-10-3 1984 年 11 月 14 日 20 时—15 日 20 时降雪量分布图(单位:毫米)

1.10.2 原石河子市暴雪

1959年11月21日，原石河子市出现暴雪，24小时降雪量为16.0毫米（图1-10-4）。

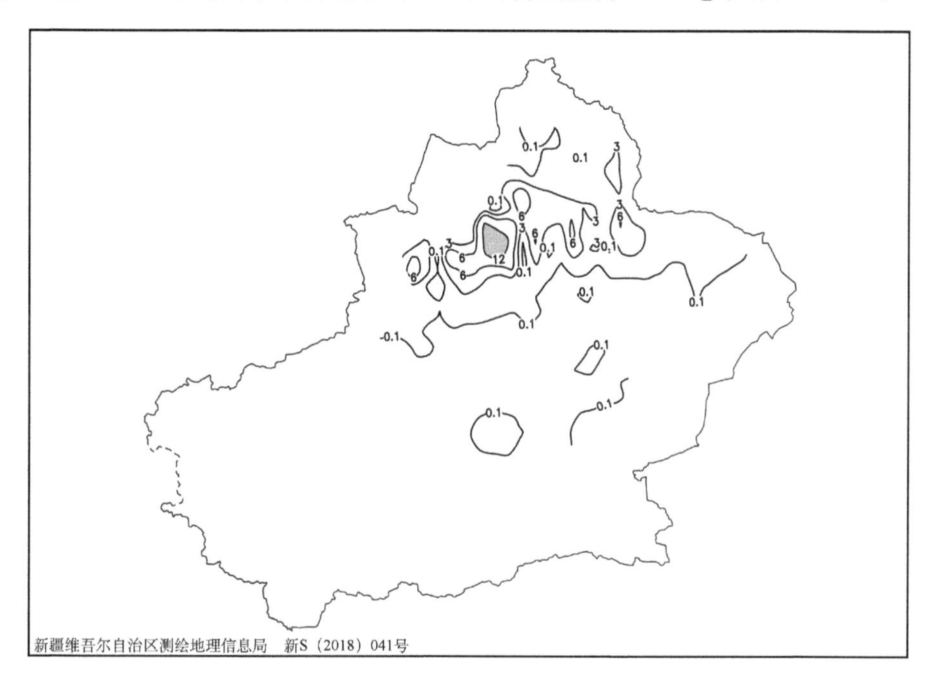

图1-10-4 1959年11月20日20时—21日20时降雪量分布图（单位：毫米）

1961年1月21日，原石河子市出现暴雪，24小时降雪量为12.9毫米（图1-10-5）。

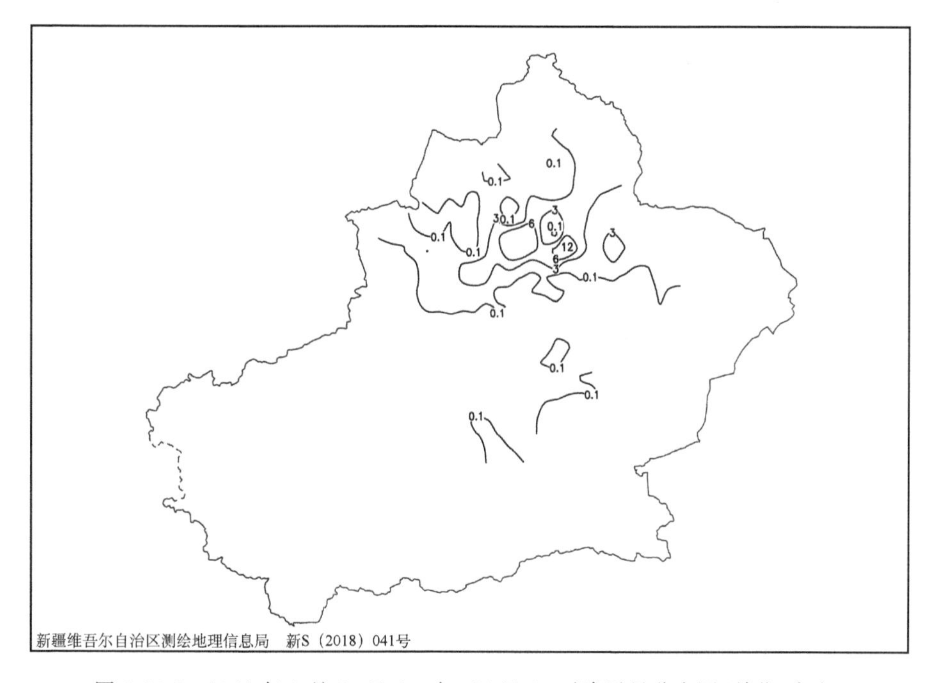

图1-10-5 1961年1月20日20时—21日20时降雪量分布图（单位：毫米）

1.10.3　原乌兰乌苏镇暴雪

1966 年 3 月 16 日,原石河子地区乌兰乌苏镇出现暴雪,24 小时降雪量为 13.5 毫米(图 1-10-6)。

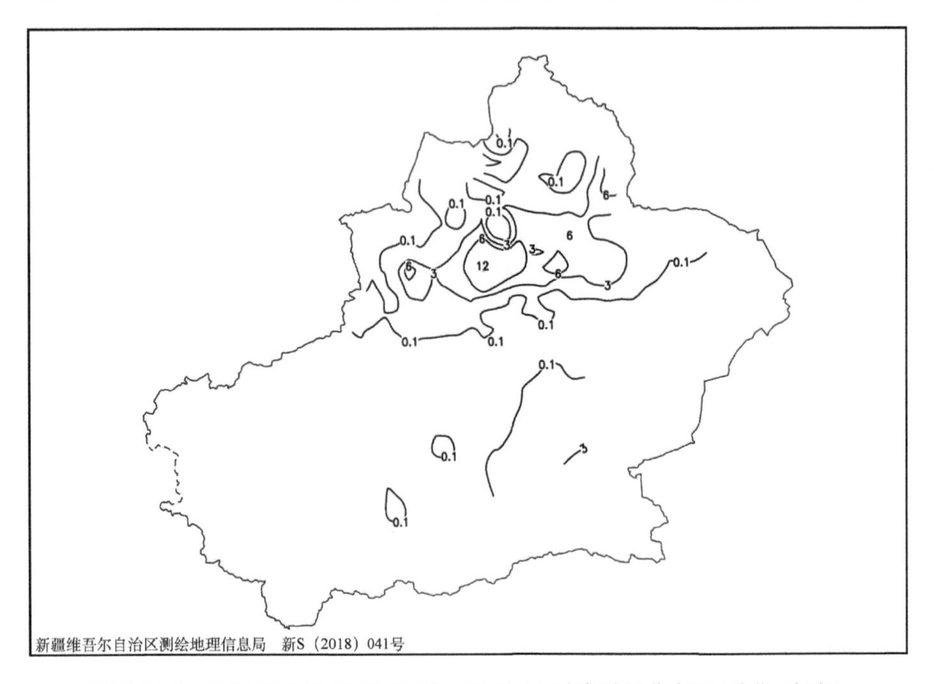

图 1-10-6　1966 年 3 月 15 日 20 时—16 日 20 时降雪量分布图(单位:毫米)

1966 年 11 月 11 日,原石河子地区乌兰乌苏镇出现暴雪,24 小时降雪量为 12.8 毫米(图 1-10-7)。

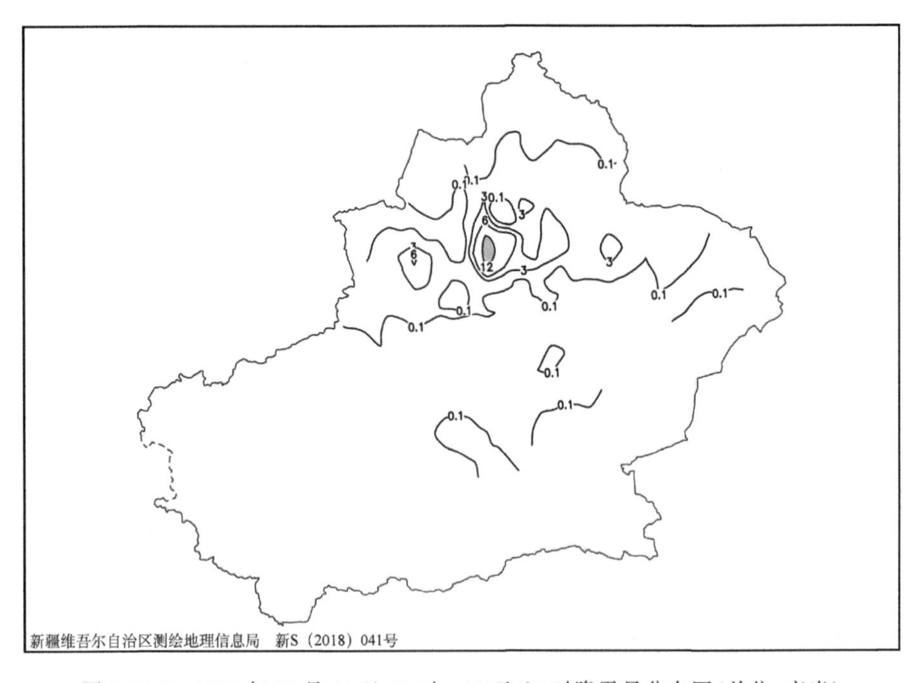

图 1-10-7　1966 年 11 月 10 日 20 时—11 日 20 时降雪量分布图(单位:毫米)

1968年3月16日，原石河子地区乌兰乌苏镇出现暴雪，24小时降雪量为15.5毫米(图1-10-8)。

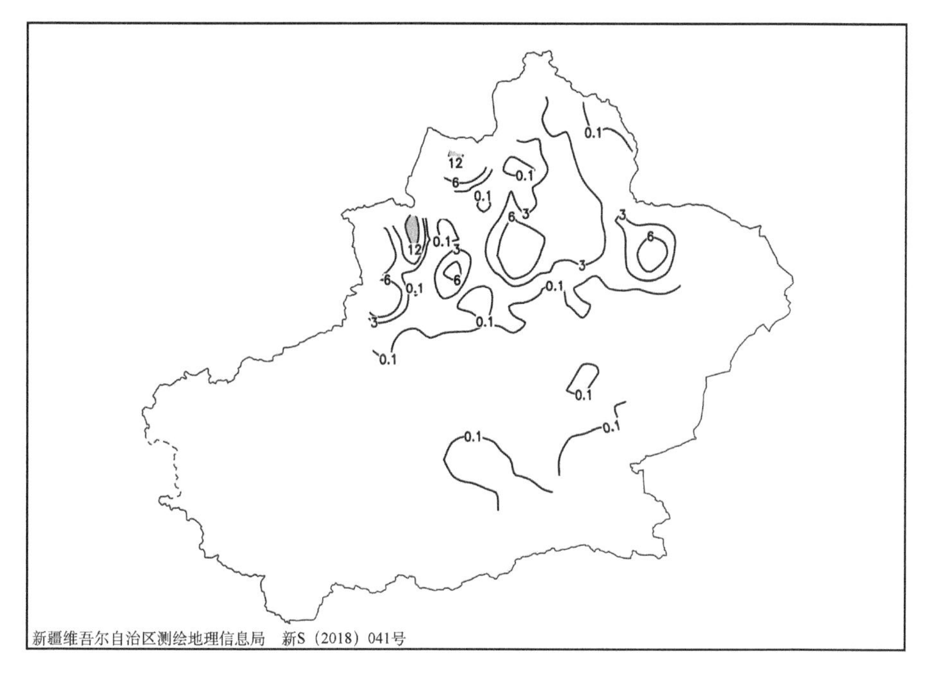

图1-10-8　1968年3月15日20时—16日20时降雪量分布图(单位:毫米)

1976年3月26日，原石河子地区乌兰乌苏镇出现暴雪，24小时降雪量为13.3毫米(图1-10-9)。

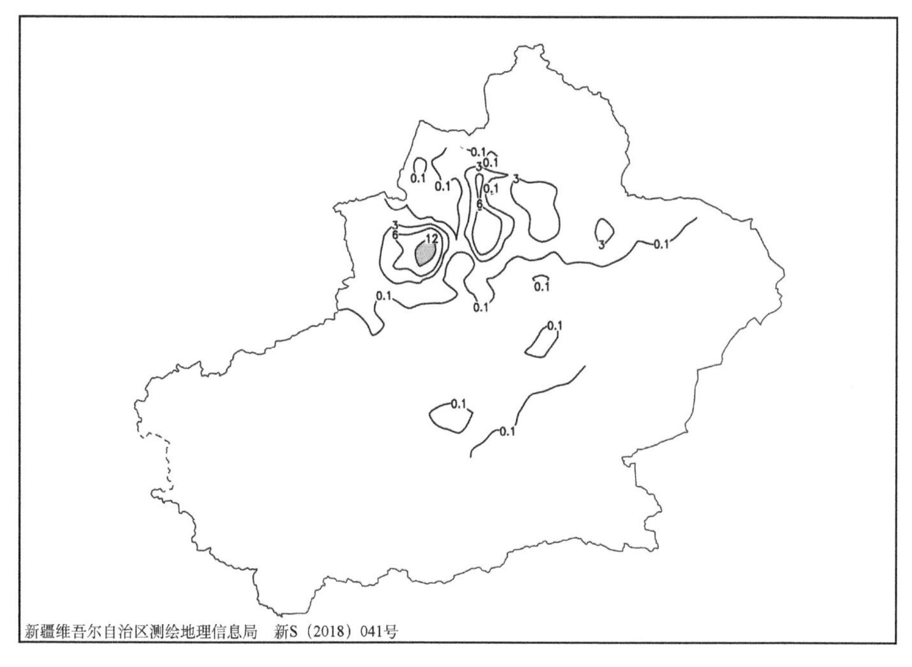

图1-10-9　1976年3月25日20时—26日20时降雪量分布图(单位:毫米)

1.11 塔城地区

1.11.1 塔城市暴雪

1953 年 11 月 12 日,塔城地区塔城市出现暴雪,24 小时降雪量为 14.6 毫米(图 1-11-1)。

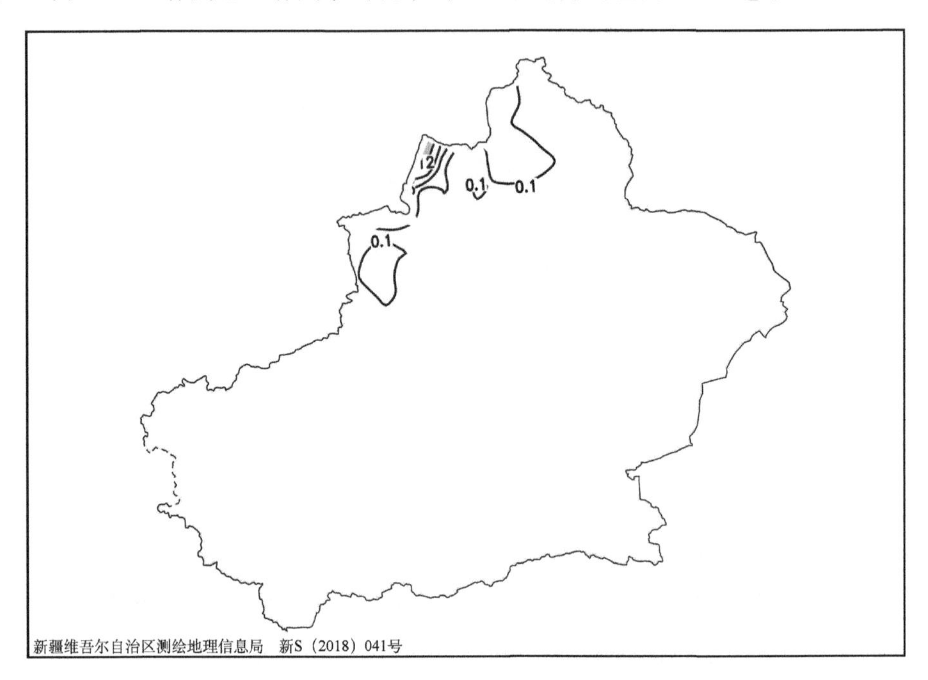

图 1-11-1 1953 年 11 月 11 日 20 时—12 日 20 时降雪量分布图(单位:毫米)

1955 年 12 月 23 日,塔城地区塔城市出现暴雪,24 小时降雪量为 17.8 毫米(图 1-11-2)。

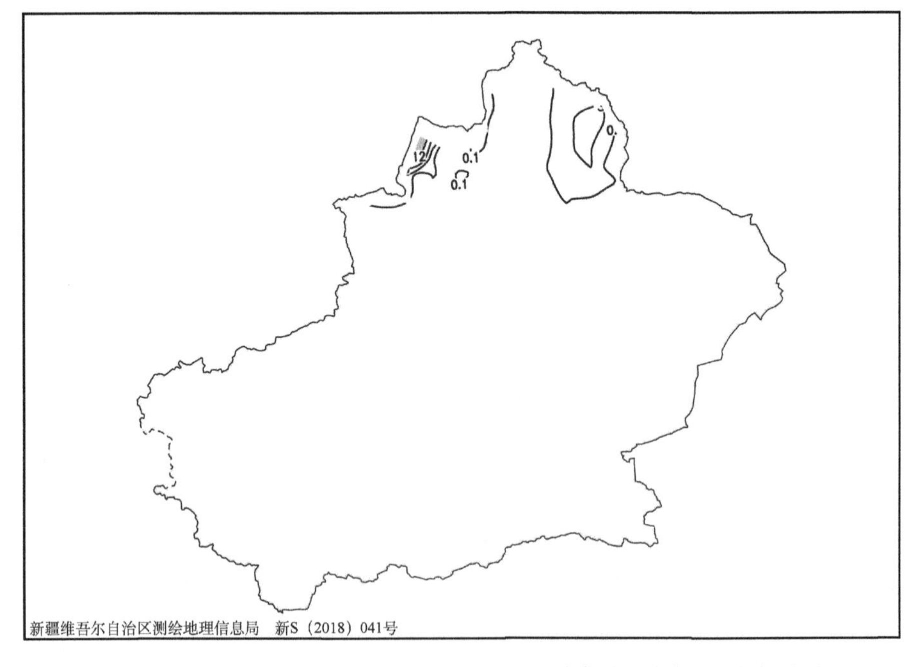

图 1-11-2 1955 年 12 月 22 日 20 时—23 日 20 时降雪量分布图(单位:毫米)

1957 年 1 月 26 日，塔城地区塔城市出现暴雪，24 小时降雪量为 13.4 毫米(图 1-11-3)。

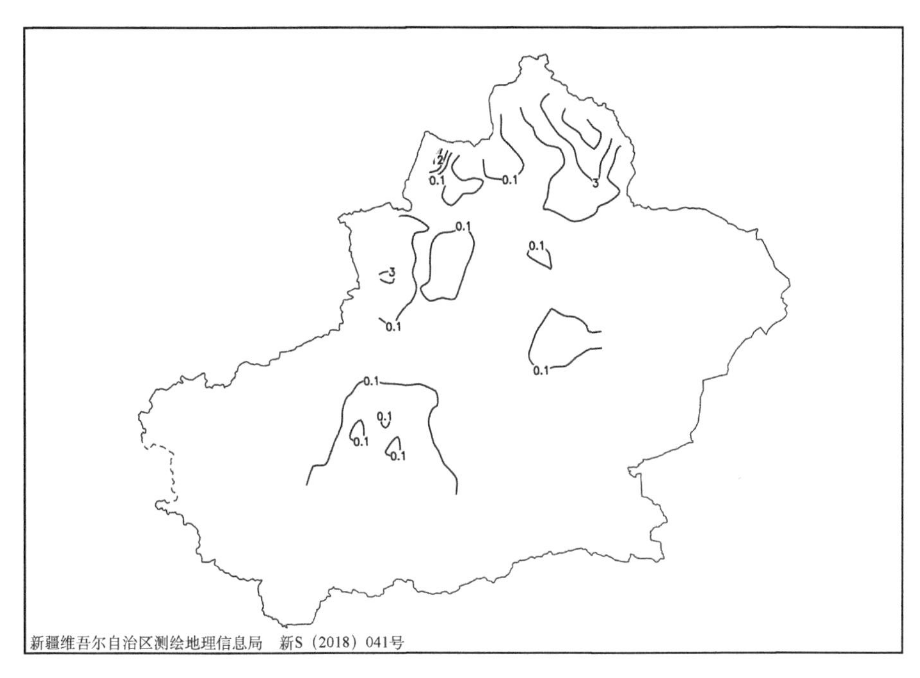

图 1-11-3　1957 年 1 月 25 日 20 时—26 日 20 时降雪量分布图(单位：毫米)

1957 年 11 月 13 日，塔城地区塔城市出现暴雪，24 小时降雪量为 13.0 毫米(图 1-11-4)。

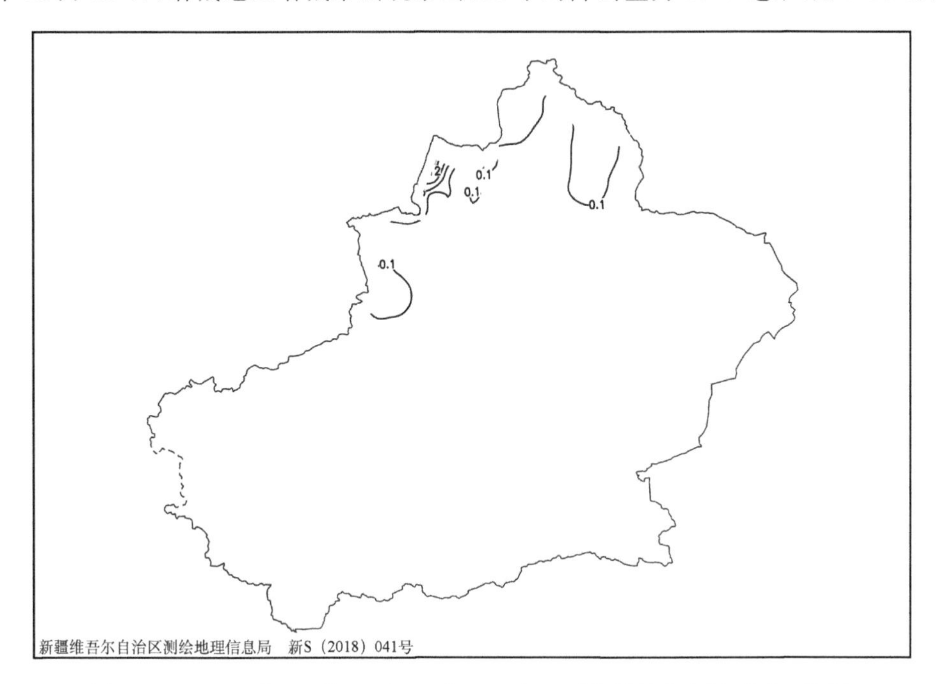

图 1-11-4　1957 年 11 月 12 日 20 时—13 日 20 时降雪量分布图(单位：毫米)

1957 年 11 月 15 日，塔城地区塔城市出现暴雪，24 小时降雪量为 12.9 毫米(图 1-11-5)。

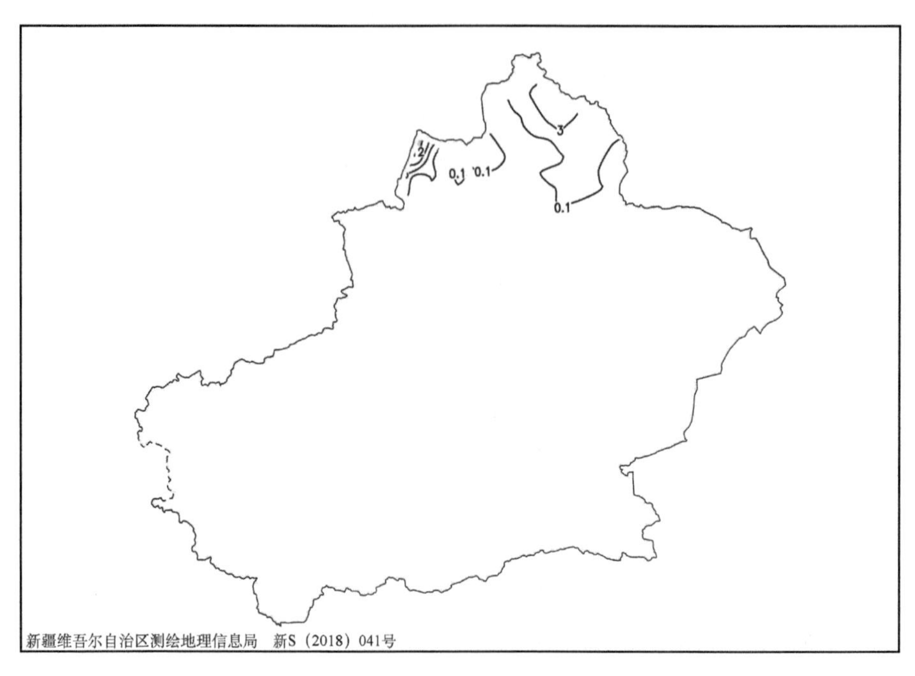

图 1-11-5　1957 年 11 月 14 日 20 时—15 日 20 时降雪量分布图(单位:毫米)

1957 年 11 月 16 日，塔城地区塔城市出现暴雪，24 小时降雪量为 12.1 毫米(图 1-11-6)。

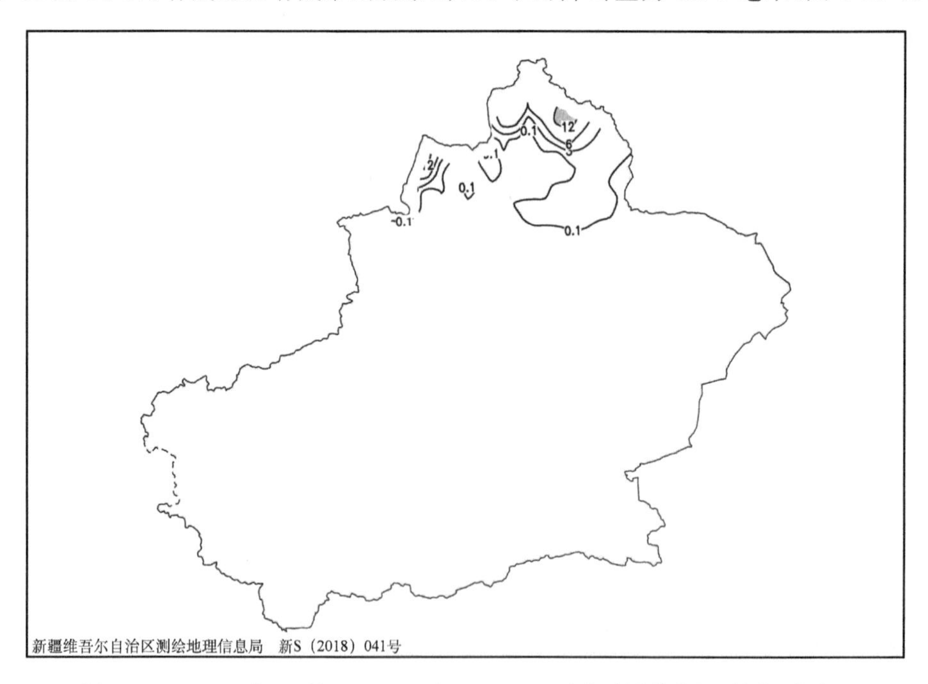

图 1-11-6　1957 年 11 月 15 日 20 时—16 日 20 时降雪量分布图(单位:毫米)

1960 年 1 月 17 日，塔城地区塔城市出现暴雪，24 小时降雪量为 13.1 毫米（图 1-11-7）。

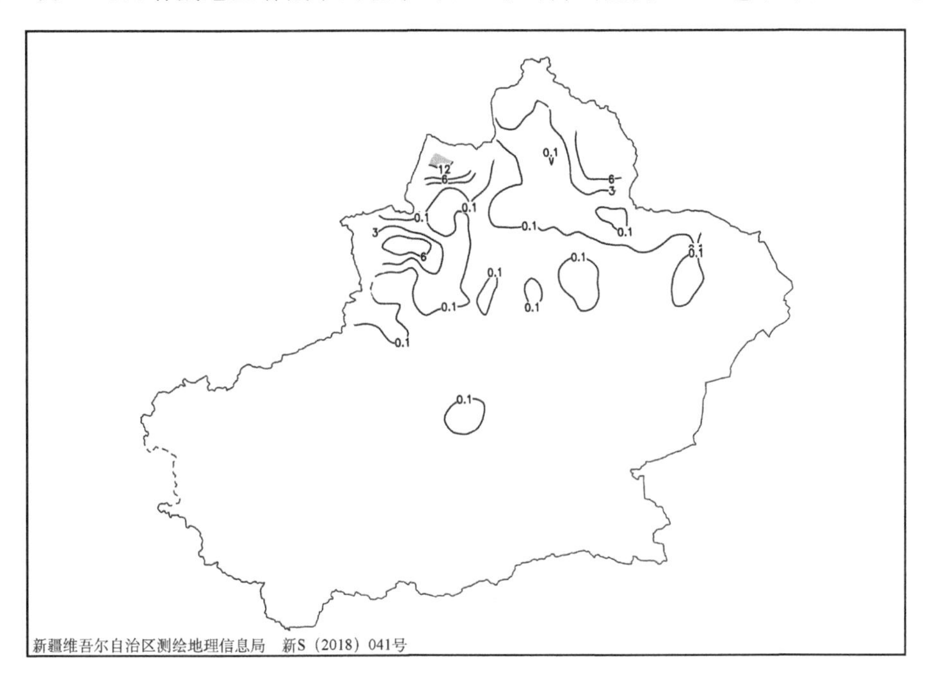

图 1-11-7　1960 年 1 月 16 日 20 时—17 日 20 时降雪量分布图（单位：毫米）

1965 年 11 月 8 日，塔城地区塔城市出现暴雪，24 小时降雪量为 16.9 毫米（图 1-11-8）。

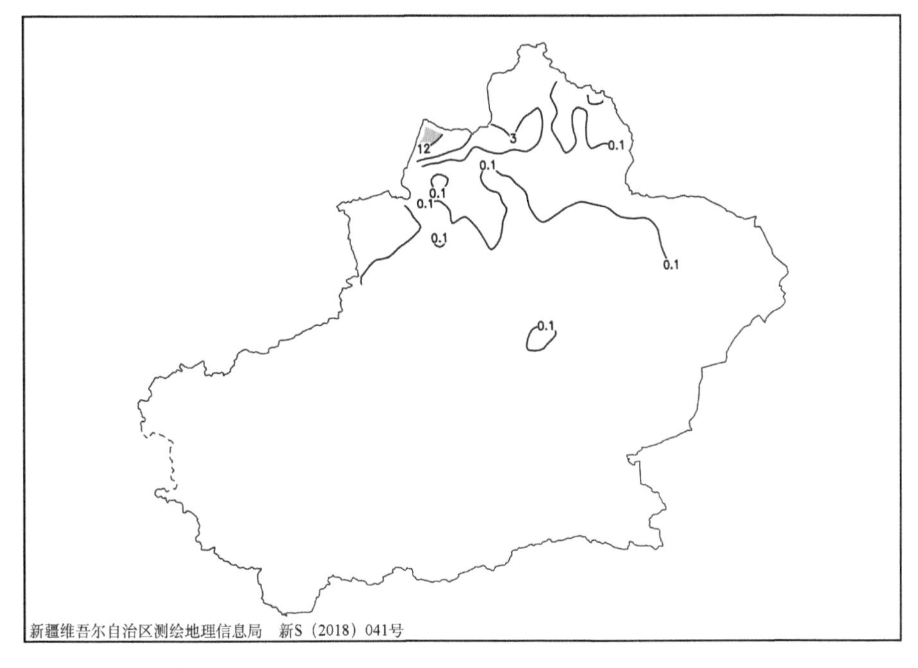

图 1-11-8　1965 年 11 月 7 日 20 时—8 日 20 时降雪量分布图（单位：毫米）

1966 年 1 月 31 日，塔城地区塔城市出现暴雪，24 小时降雪量为 14.5 毫米(图 1-11-9)。

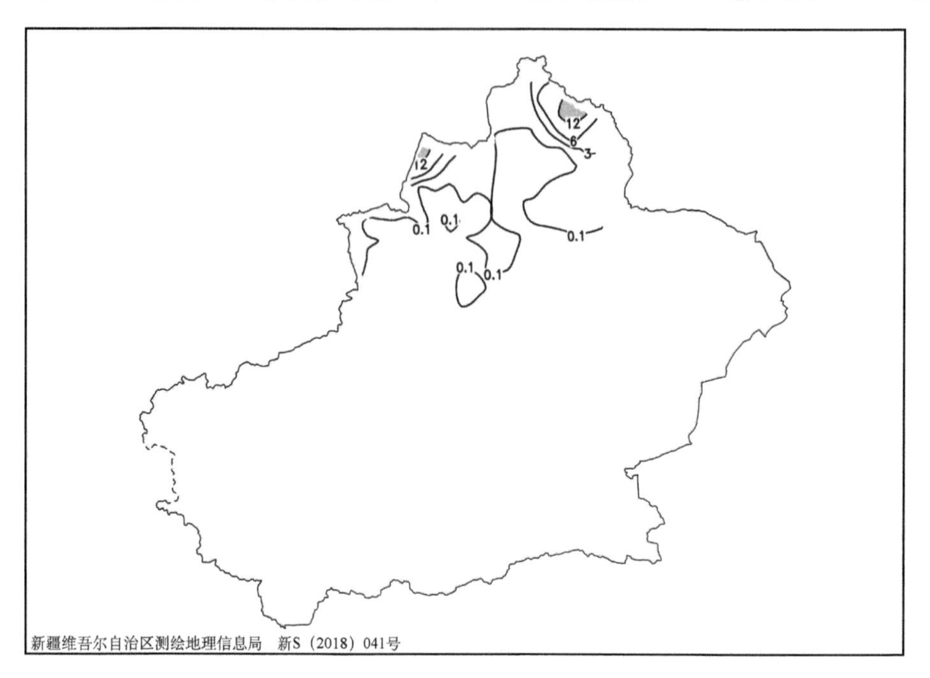

图 1-11-9　1966 年 1 月 30 日 20 时—31 日 20 时降雪量分布图(单位:毫米)

1966 年 3 月 15 日，塔城地区塔城市出现暴雪，24 小时降雪量为 13.1 毫米(图 1-11-10)。

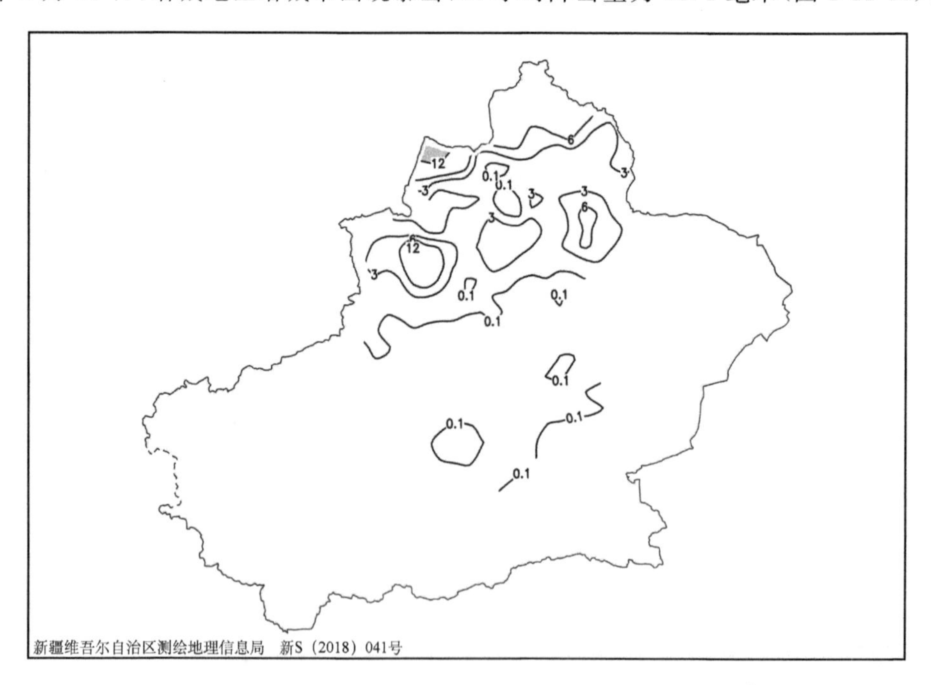

图 1-11-10　1966 年 3 月 14 日 20 时—15 日 20 时降雪量分布图(单位:毫米)

1968年11月16日，塔城地区塔城市出现暴雪，24小时降雪量为13.5毫米(图1-11-11)。

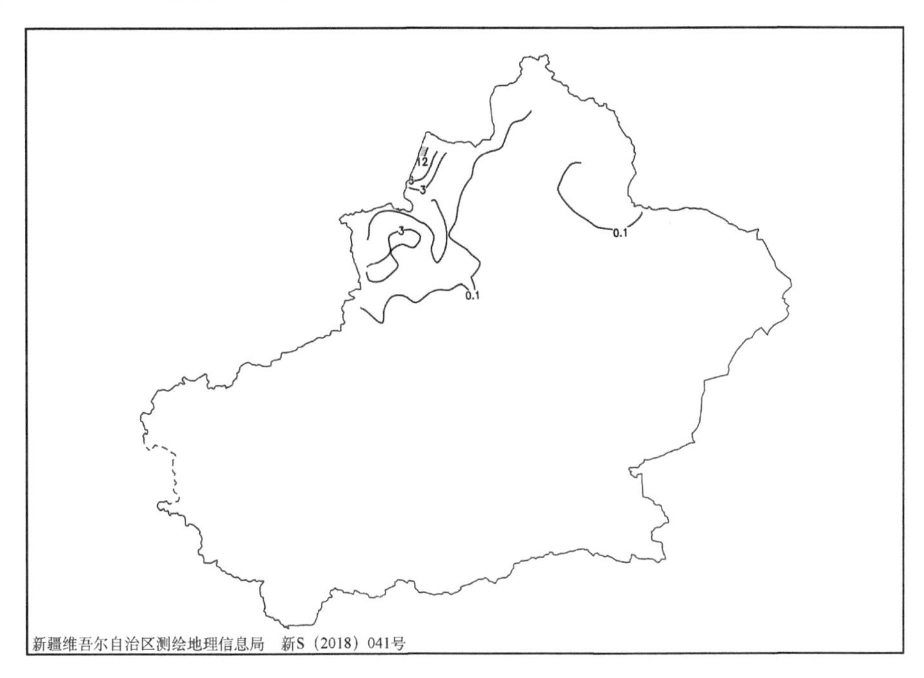

图1-11-11　1968年11月15日20时—16日20时降雪量分布图(单位:毫米)

1971年11月2日，塔城地区塔城市出现暴雪，24小时降雪量为14.2毫米(图1-11-12)。

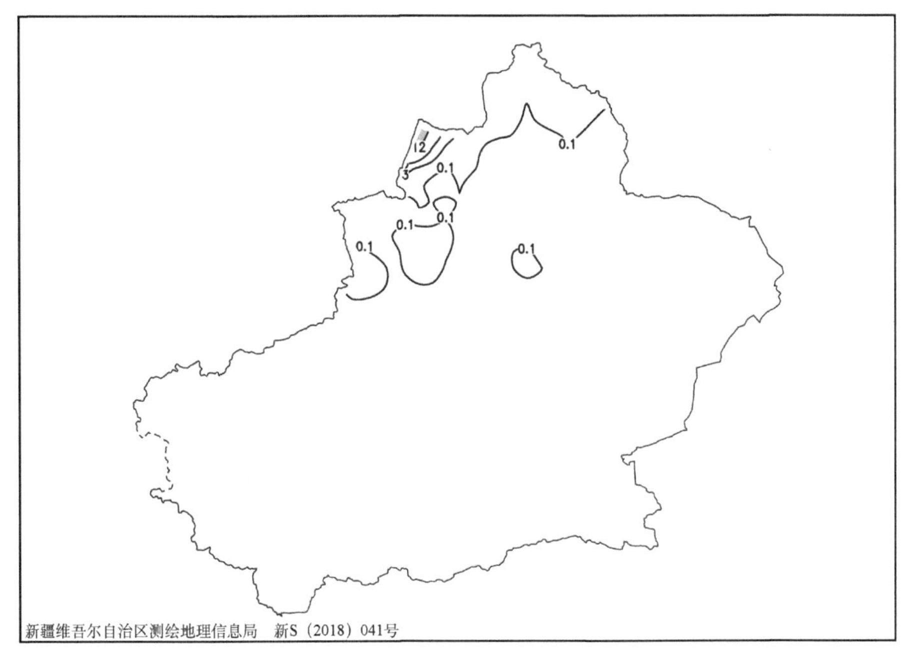

图1-11-12　1971年11月1日20时—2日20时降雪量分布图(单位:毫米)

1976 年 11 月 7 日，塔城地区塔城市出现暴雪，24 小时降雪量为 13.6 毫米(图 1-11-13)。

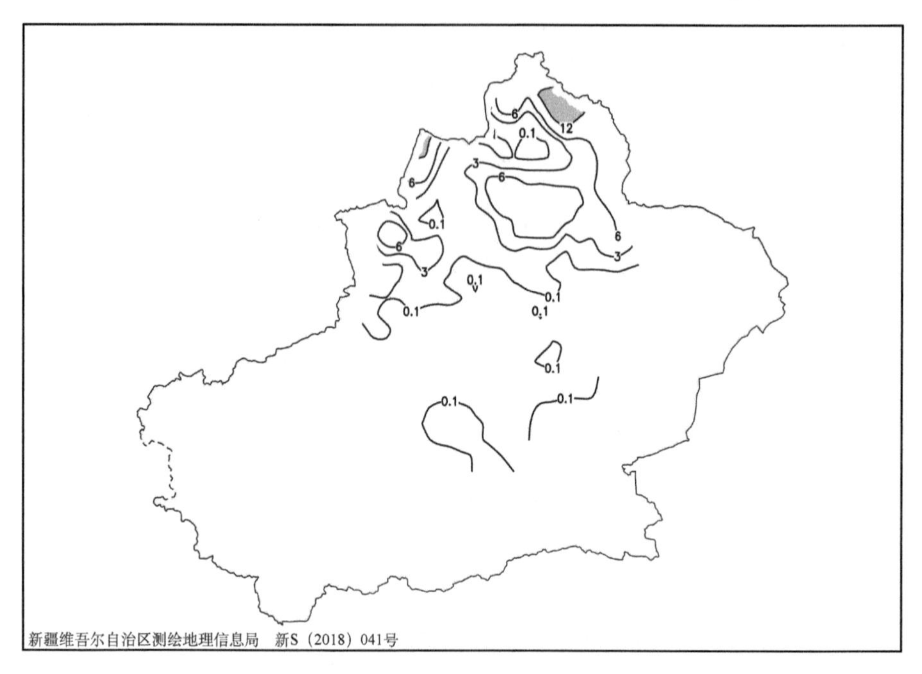

图 1-11-13　1976 年 11 月 6 日 20 时—7 日 20 时降雪量分布图(单位:毫米)

1980 年 3 月 26 日，塔城地区塔城市出现暴雪，24 小时降雪量为 13.6 毫米(图 1-11-14)。

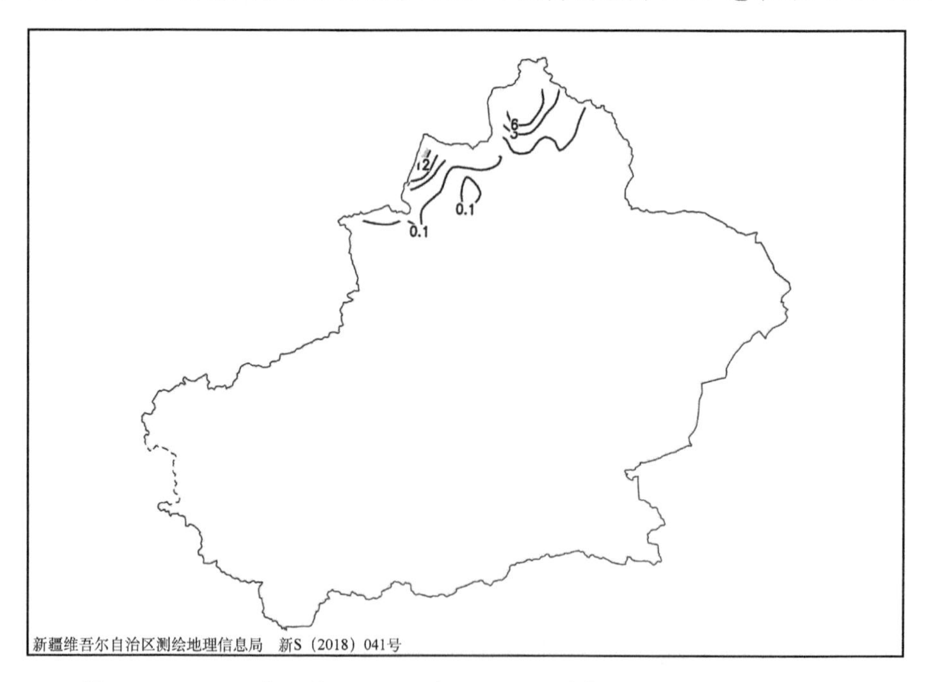

图 1-11-14　1980 年 3 月 25 日 20 时—26 日 20 时降雪量分布图(单位:毫米)

1980年11月27日，塔城地区塔城市出现暴雪，24小时降雪量22.6毫米(图1-11-15)。

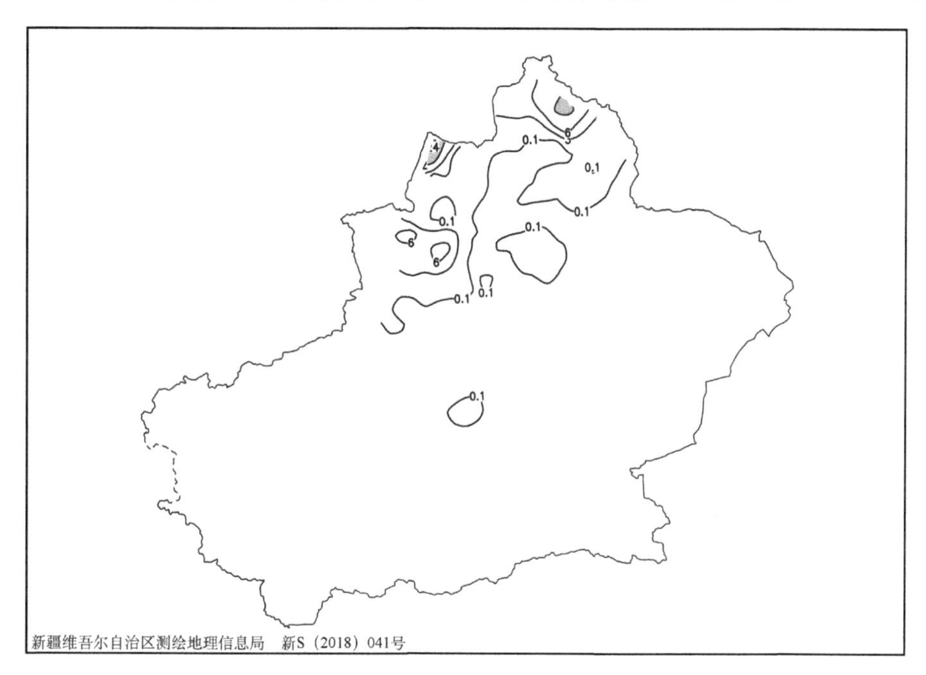

图1-11-15　1980年11月26日20时—27日20时降雪量分布图(单位:毫米)

1987年11月16日，塔城地区塔城市出现暴雪，24小时降雪量为12.4毫米(图1-11-16)。

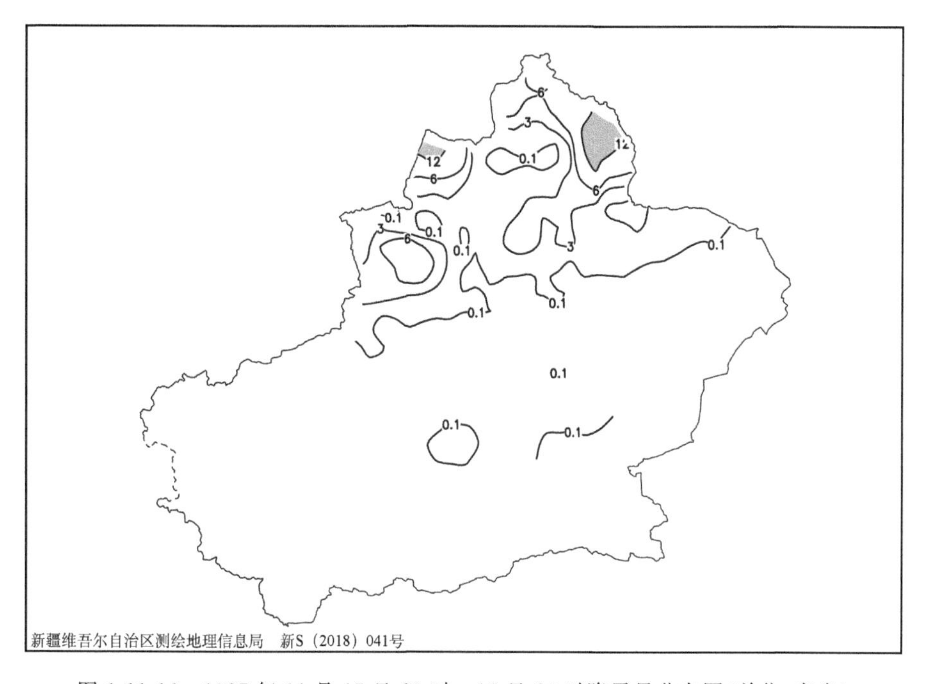

图1-11-16　1987年11月15日20时—16日20时降雪量分布图(单位:毫米)

1988 年 12 月 5 日，塔城地区塔城市出现暴雪，24 小时降雪量为 15.9 毫米(图 1-11-17)。

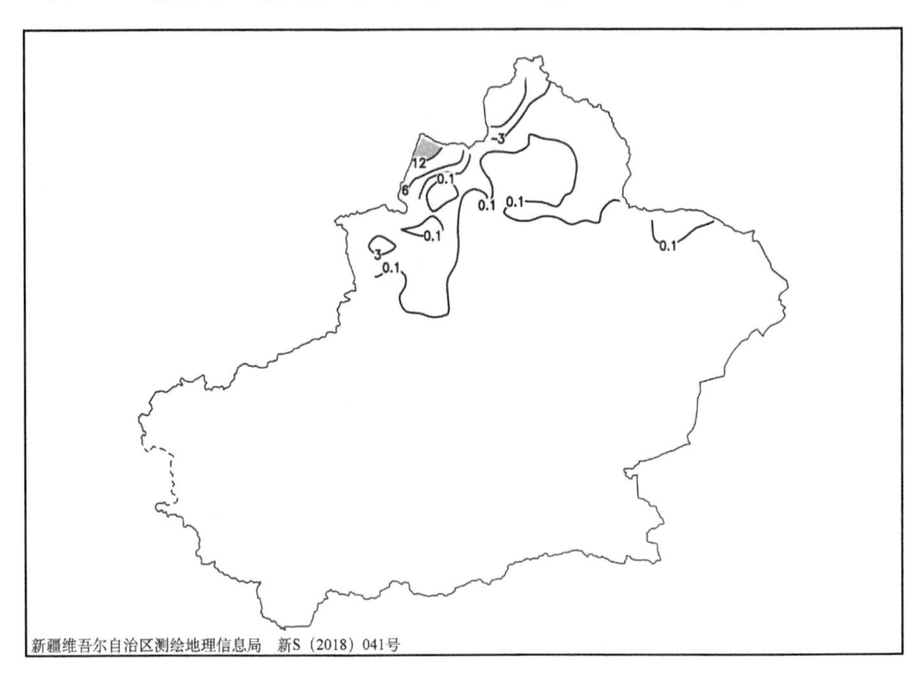

图 1-11-17　1988 年 12 月 4 日 20 时—5 日 20 时降雪量分布图(单位:毫米)

1990 年 11 月 17 日，塔城地区塔城市出现暴雪，24 小时降雪量为 12.3 毫米(图 1-11-18)。

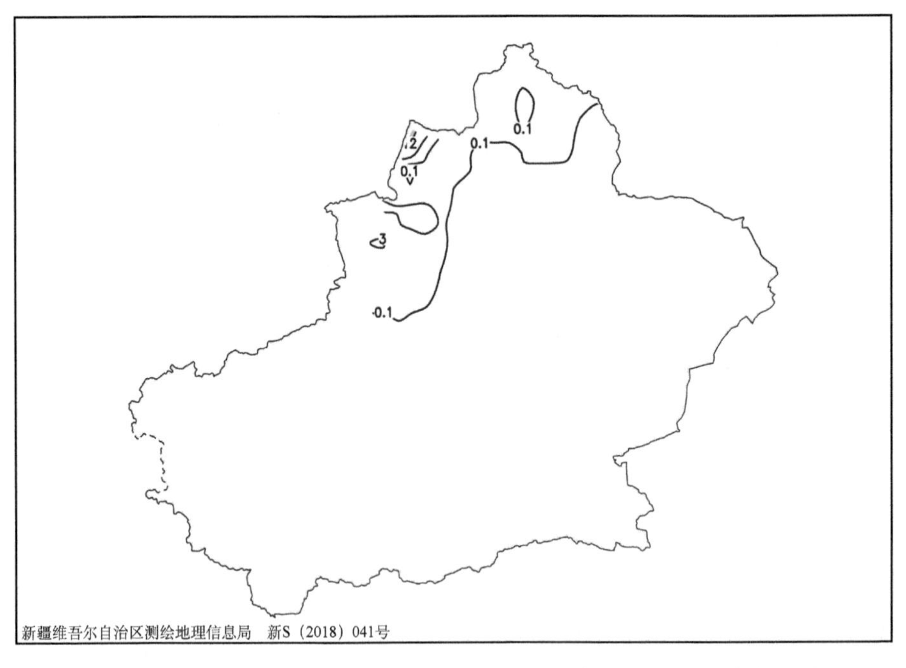

图 1-11-18　1990 年 11 月 16 日 20 时—17 日 20 时降雪量分布图(单位:毫米)

1991年11月27日，塔城地区塔城市出现暴雪，24小时降雪量为14.7毫米(图1-11-19)。

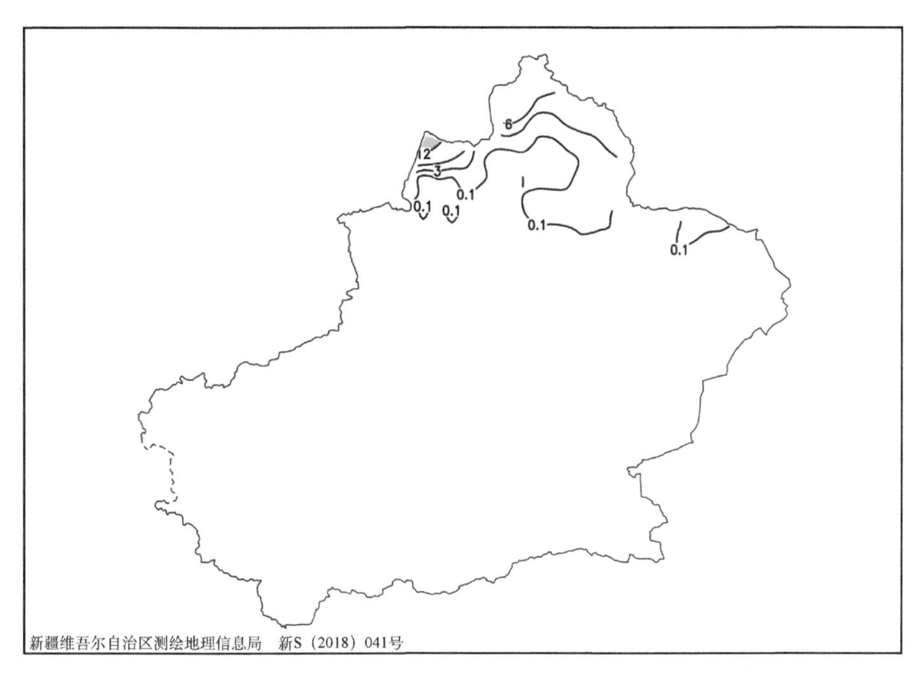

图1-11-19 1991年11月26日20时—27日20时降雪量分布图(单位:毫米)

1992年11月12日，塔城地区塔城市出现暴雪，24小时降雪量为12.8毫米(图1-11-20)。

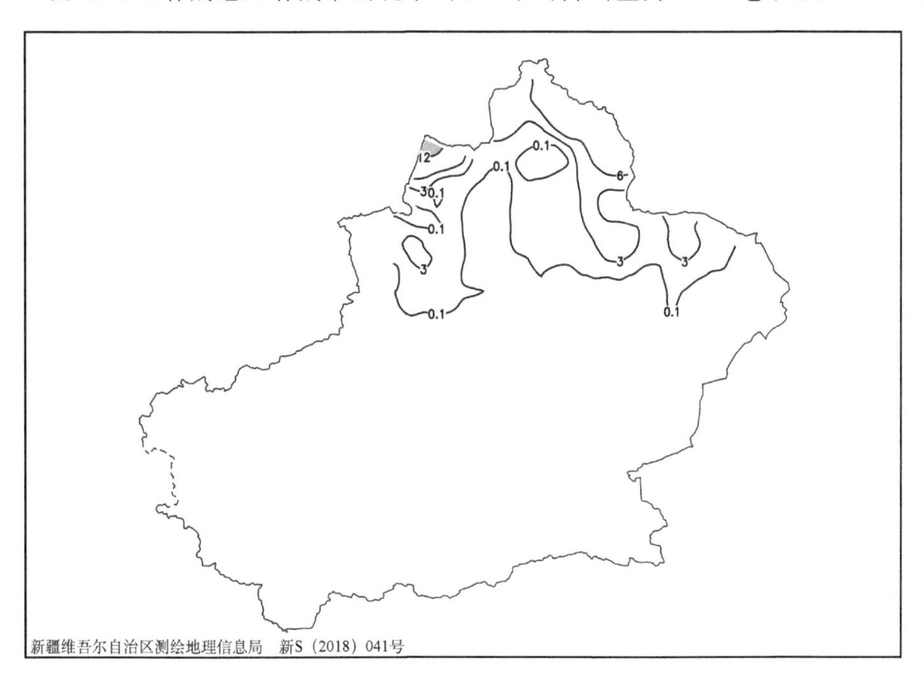

图1-11-20 1992年11月11日20时—12日20时降雪量分布图(单位:毫米)

1993 年 2 月 4 日，塔城地区塔城市出现暴雪，24 小时降雪量为 12.2 毫米(图 1-11-21)。

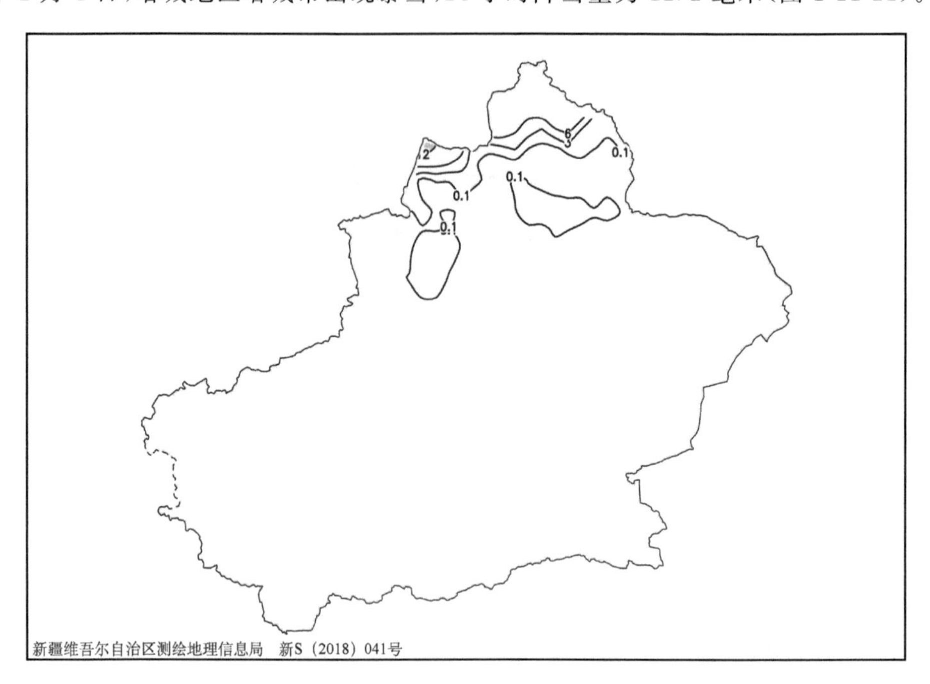

图 1-11-21　1993 年 2 月 3 日 20 时—4 日 20 时降雪量分布图(单位：毫米)

1993 年 11 月 11 日，塔城地区塔城市出现暴雪，24 小时降雪量为 20.8 毫米(图 1-11-22)。

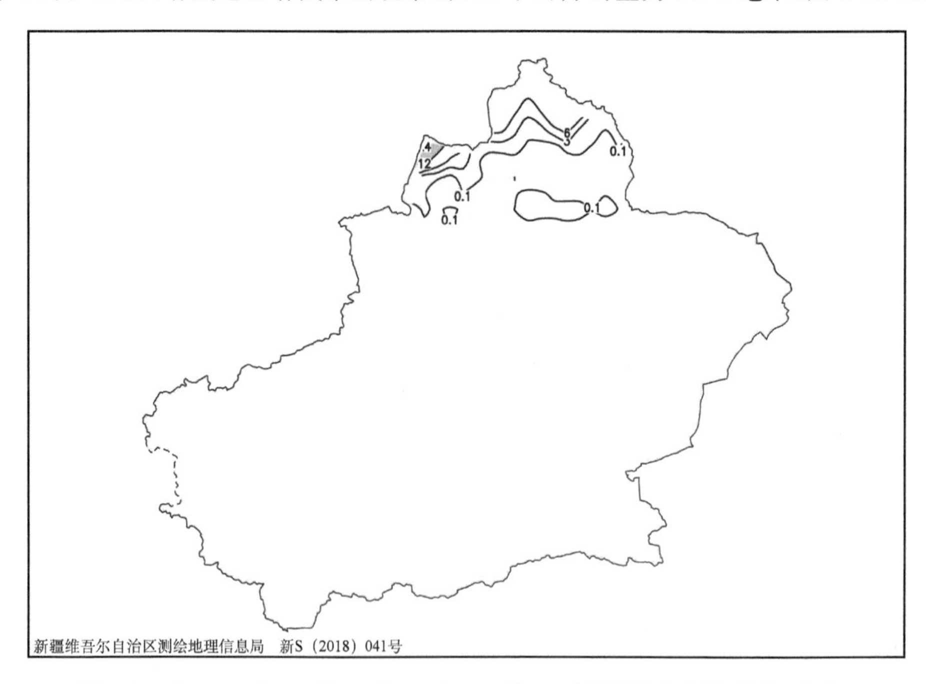

图 1-11-22　1993 年 11 月 10 日 20 时—11 日 20 时降雪量分布图(单位：毫米)

1998年2月10日，塔城地区塔城市出现暴雪，24小时降雪量为12.6毫米(图1-11-23)。

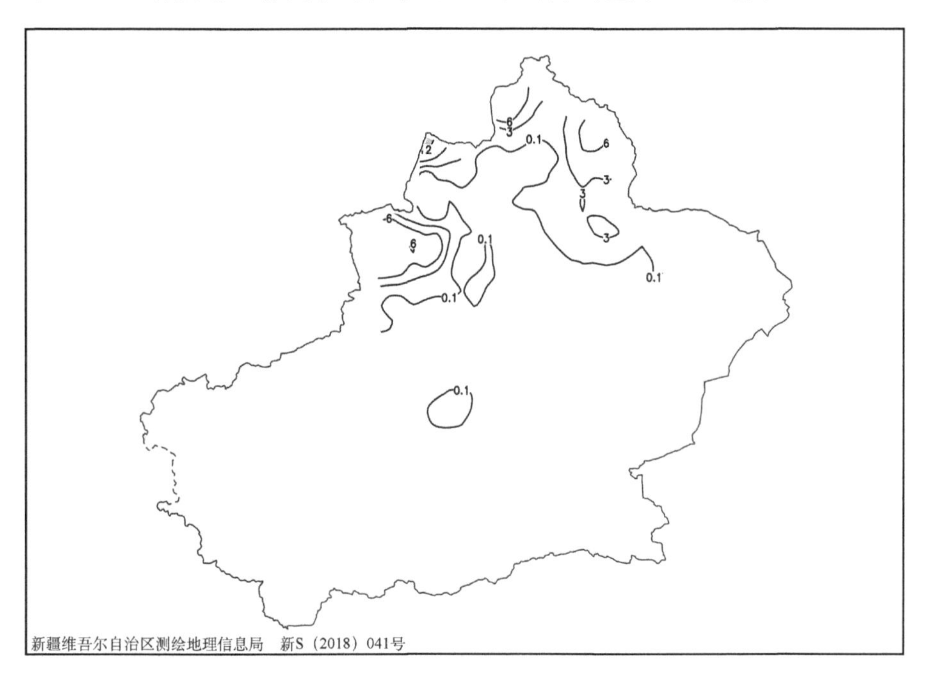

图1-11-23　1998年2月9日20时—10日20时降雪量分布图(单位:毫米)

2000年12月4日，塔城地区塔城市出现暴雪，24小时降雪量为14.9毫米(图1-11-24)。

图1-11-24　2000年12月3日20时—4日20时降雪量分布图(单位:毫米)

2002 年 12 月 2 日，塔城地区塔城市出现暴雪，24 小时降雪量为 14.6 毫米(图 1-11-25)。

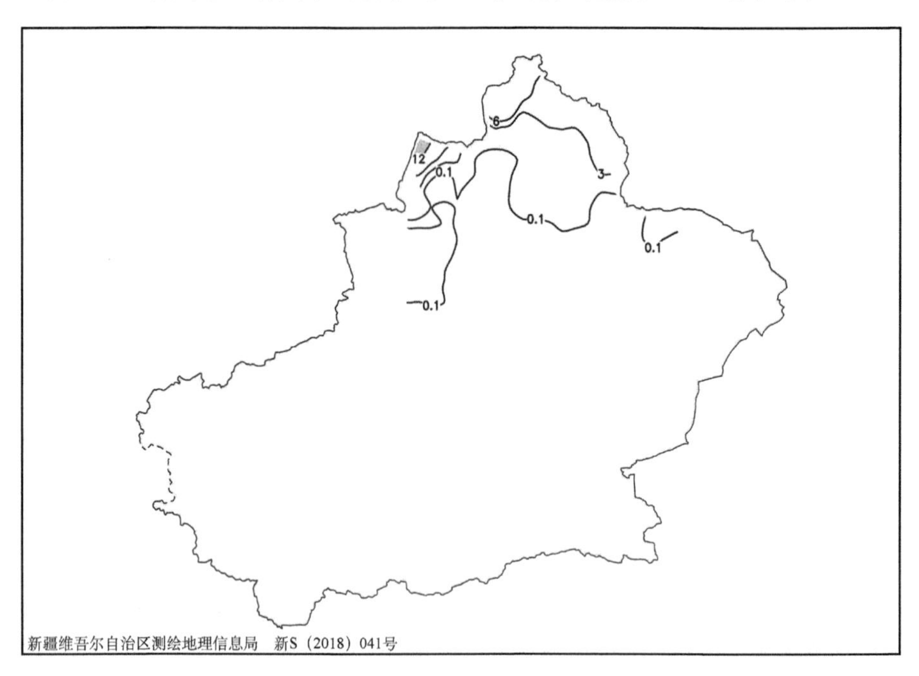

图 1-11-25　2002 年 12 月 1 日 20 时—2 日 20 时降雪量分布图(单位:毫米)

2010 年 12 月 27 日，塔城地区塔城市出现暴雪，24 小时降雪量为 15.3 毫米(图 1-11-26)。

图 1-11-26　2010 年 12 月 26 日 20 时—27 日 20 时降雪量分布图(单位:毫米)

2013 年 1 月 28 日，塔城地区塔城市出现暴雪，24 小时降雪量为 12.8 毫米(图 1-11-27)。

新疆维吾尔自治区测绘地理信息局　新S (2018) 041号

图 1-11-27　2013 年 1 月 27 日 20 时—28 日 20 时降雪量分布图(单位:毫米)

1.11.2　乌苏市暴雪

1959 年 11 月 21 日，塔城地区乌苏市出现暴雪，24 小时降雪量为 14.4 毫米(图 1-11-28)。

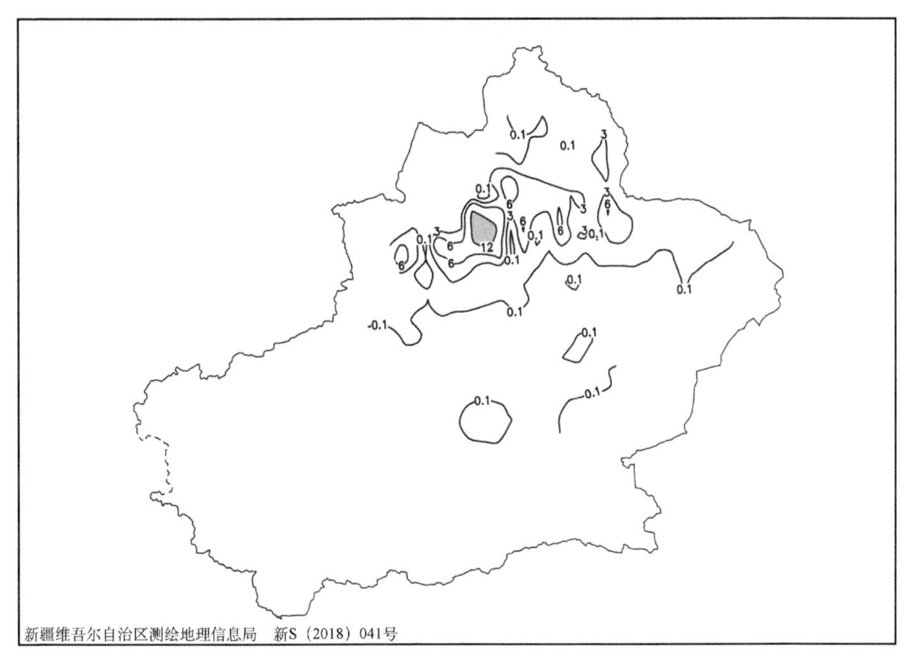

图 1-11-28　1959 年 11 月 20 日 20 时—21 日 20 时降雪量分布图(单位:毫米)

1983 年 3 月 20 日,塔城地区乌苏市出现暴雪,24 小时降雪量为 13.5 毫米(图 1-11-29)。

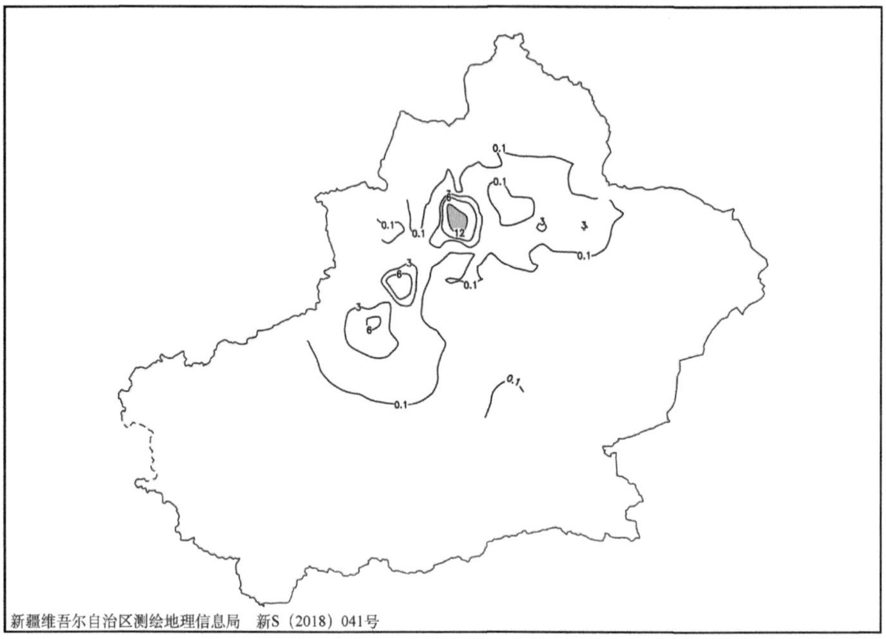

新疆维吾尔自治区测绘地理信息局　新S（2018）041号

图 1-11-29　1983 年 3 月 19 日 20 时—20 日 20 时降雪量分布图(单位:毫米)

1.11.3　裕民县暴雪

1960 年 2 月 5 日,塔城地区裕民县出现暴雪,24 小时降雪量为 18.1 毫米(图 1-11-30)。

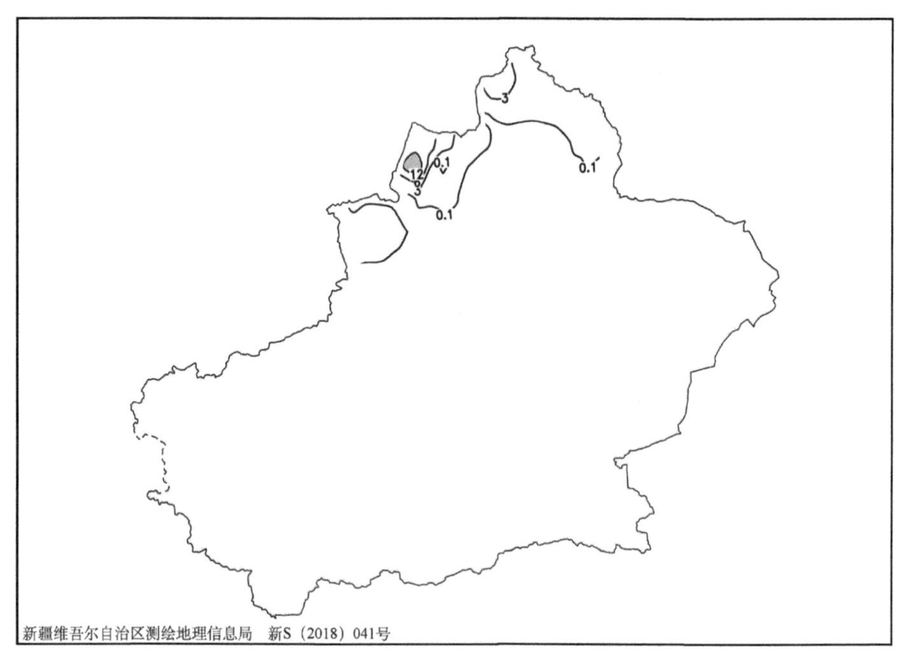

图 1-11-30　1960 年 2 月 4 日 20 时—5 日 20 时降雪量分布图(单位:毫米)

1962年11月10日，塔城地区裕民县出现暴雪，24小时降雪量为14.5毫米（图1-11-31）。

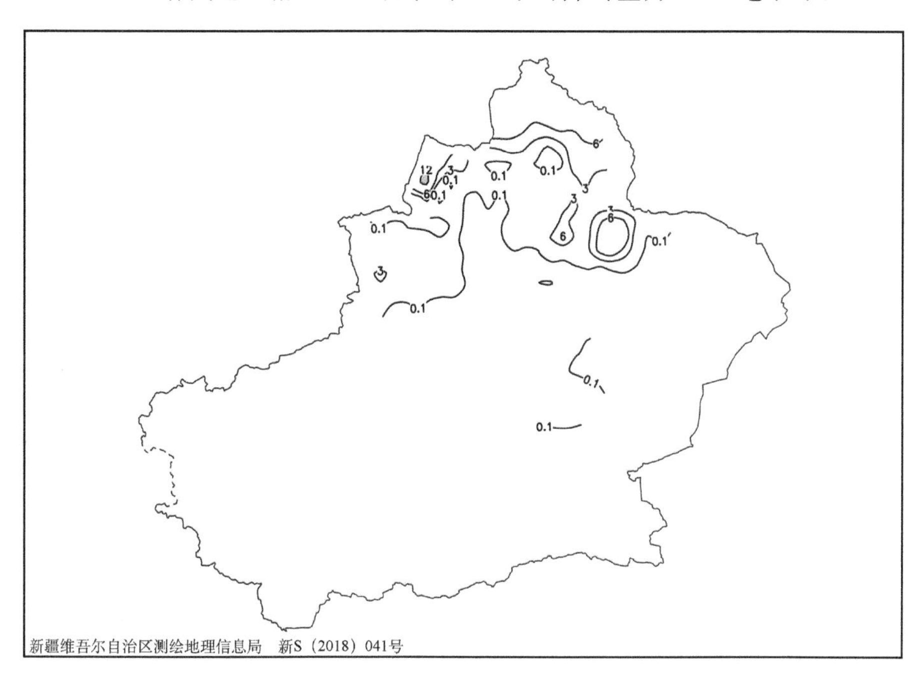

图1-11-31　1962年11月9日20时—10日20时降雪量分布图（单位：毫米）

1965年11月4日，塔城地区裕民县出现暴雪，24小时降雪量为12.8毫米（图1-11-32）。

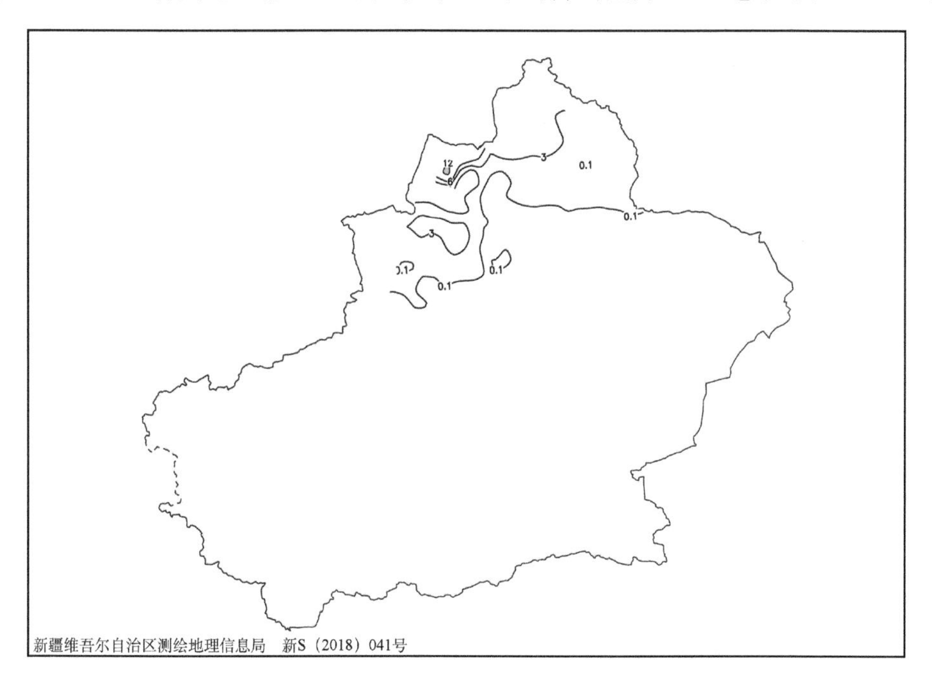

图1-11-32　1965年11月3日20时—4日20时降雪量分布图（单位：毫米）

1971 年 3 月 23 日,塔城地区裕民县出现暴雪,24 小时降雪量为 14.1 毫米(图 1-11-33)。

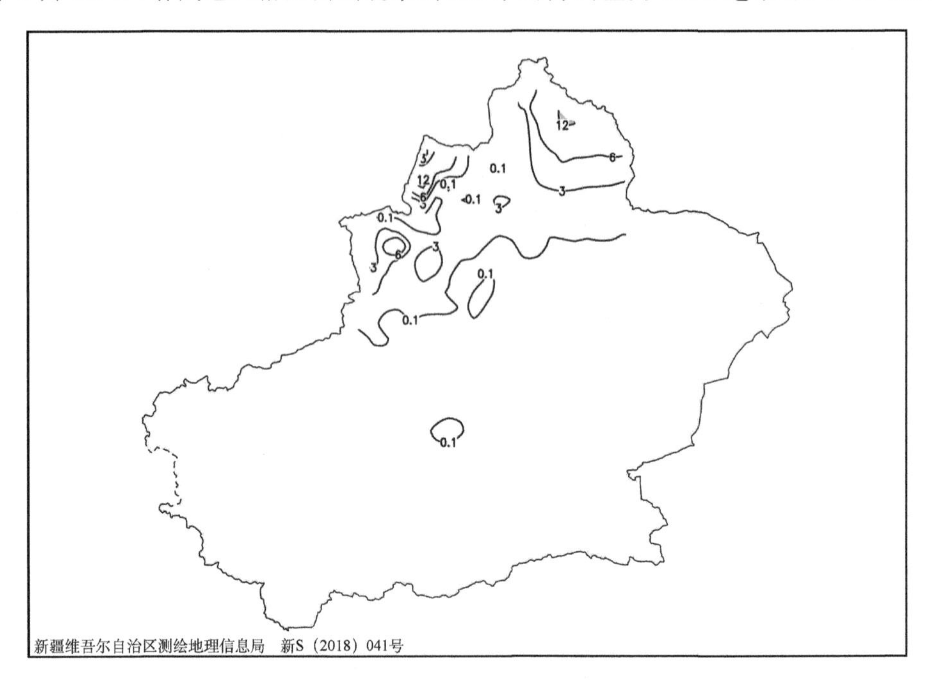

图 1-11-33　1971 年 3 月 22 日 20 时—23 日 20 时降雪量分布图(单位:毫米)

1983 年 12 月 8 日,塔城地区裕民县出现暴雪,24 小时降雪量为 12.7 毫米(图 1-11-34)。

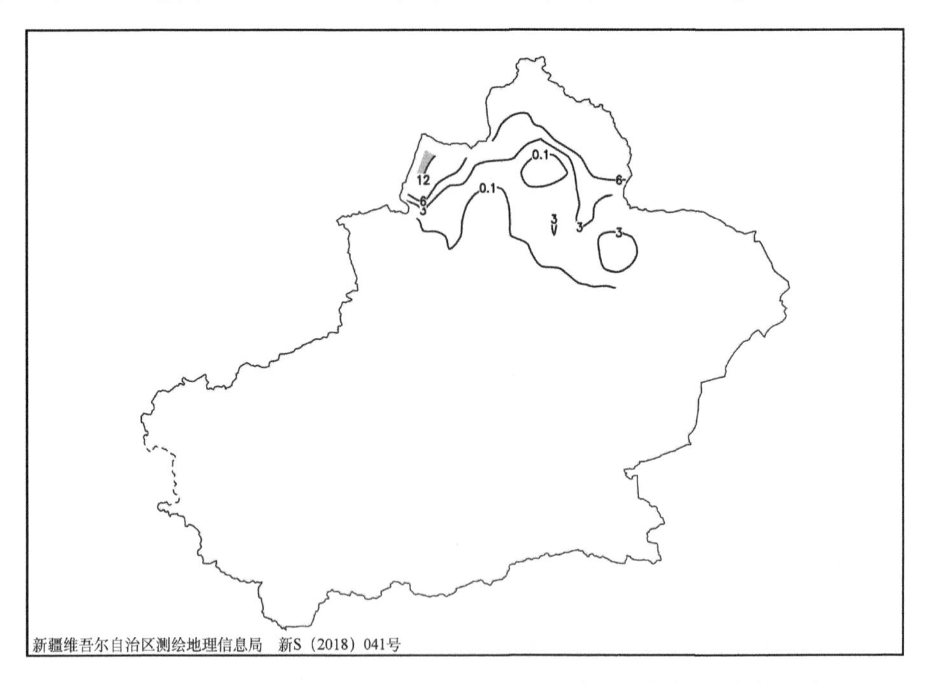

图 1-11-34　1983 年 12 月 7 日 20 时—8 日 20 时降雪量分布图(单位:毫米)

1985年12月22日，塔城地区裕民县出现暴雪，24小时降雪量为14.5毫米(图1-11-35)。

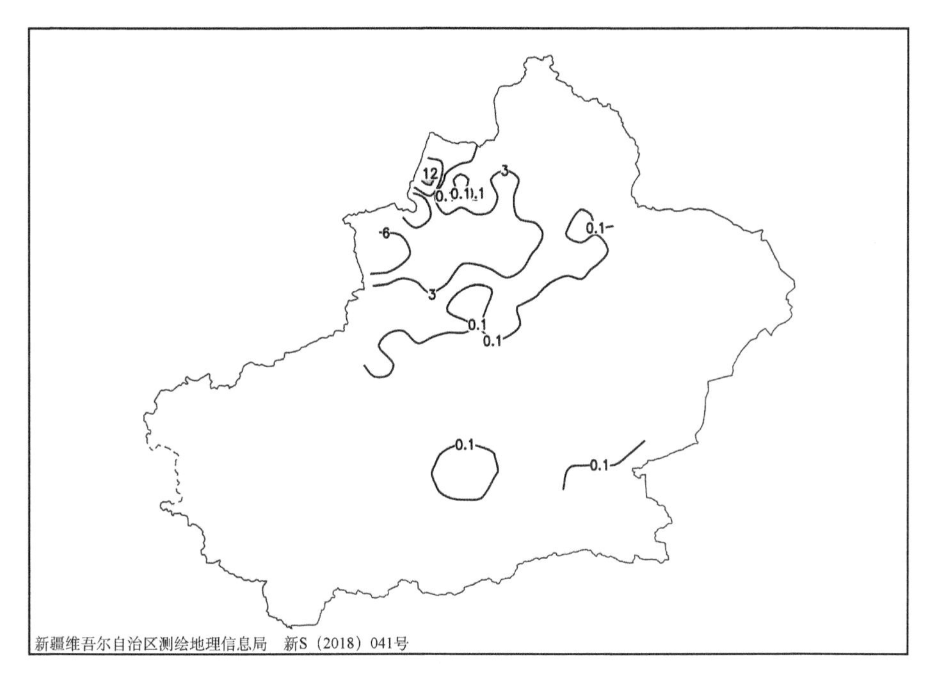

图1-11-35　1985年12月21日20时—22日20时降雪量分布图(单位:毫米)

1987年12月23日，塔城地区裕民县出现暴雪，24小时降雪量为18.0毫米(图1-11-36)。

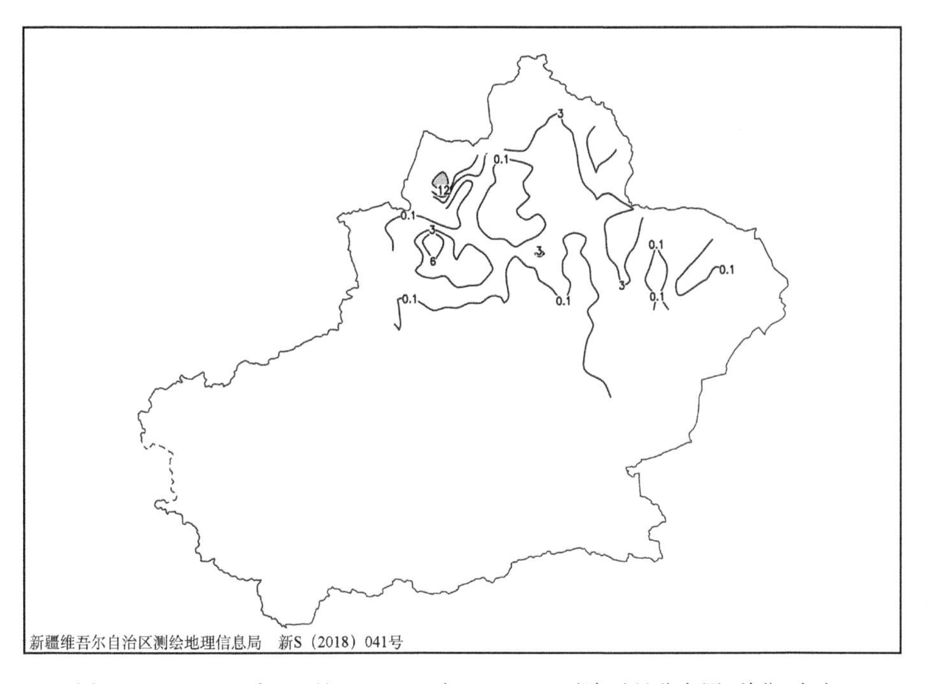

图1-11-36　1987年12月22日20时—23日20时降雪量分布图(单位:毫米)

1992 年 12 月 15 日，塔城地区裕民县出现暴雪，24 小时降雪量为 15.3 毫米(图 1-11-37)。

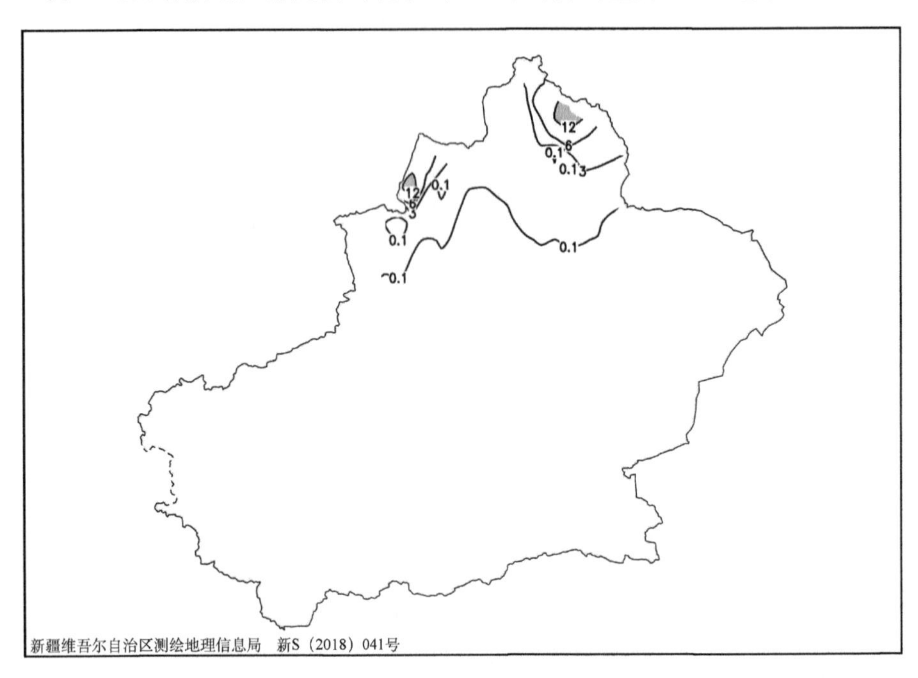

图 1-11-37　1992 年 12 月 14 日 20 时—15 日 20 时降雪量分布图(单位：毫米)

1998 年 11 月 19 日，塔城地区裕民县出现暴雪，24 小时降雪量为 17.0 毫米(图 1-11-38)。

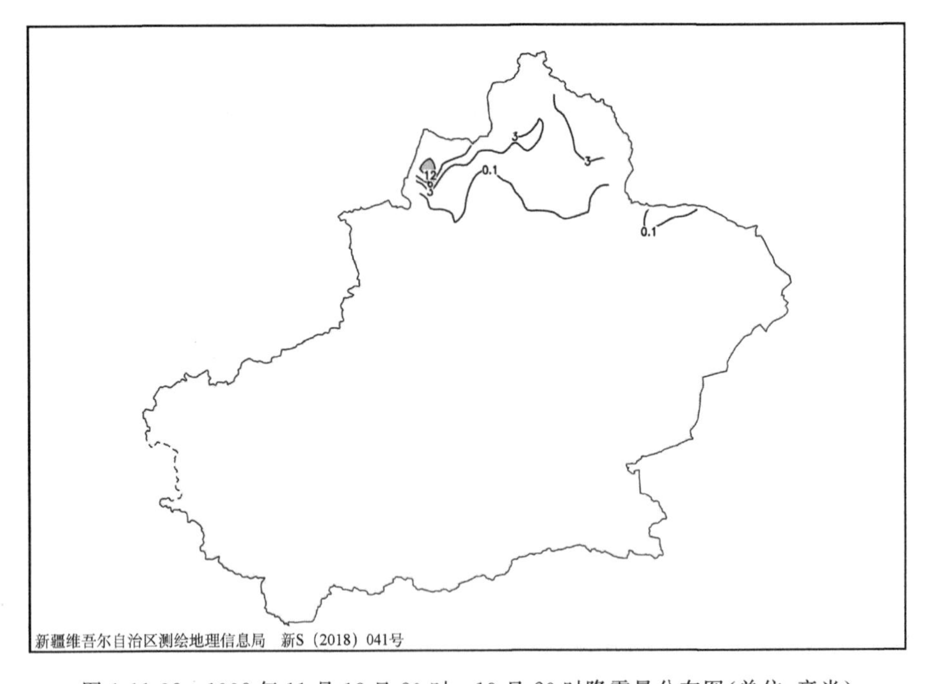

图 1-11-38　1998 年 11 月 18 日 20 时—19 日 20 时降雪量分布图(单位：毫米)

2009年11月24日，塔城地区裕民县出现暴雪，24小时降雪量为13.7毫米（图1-11-39）。

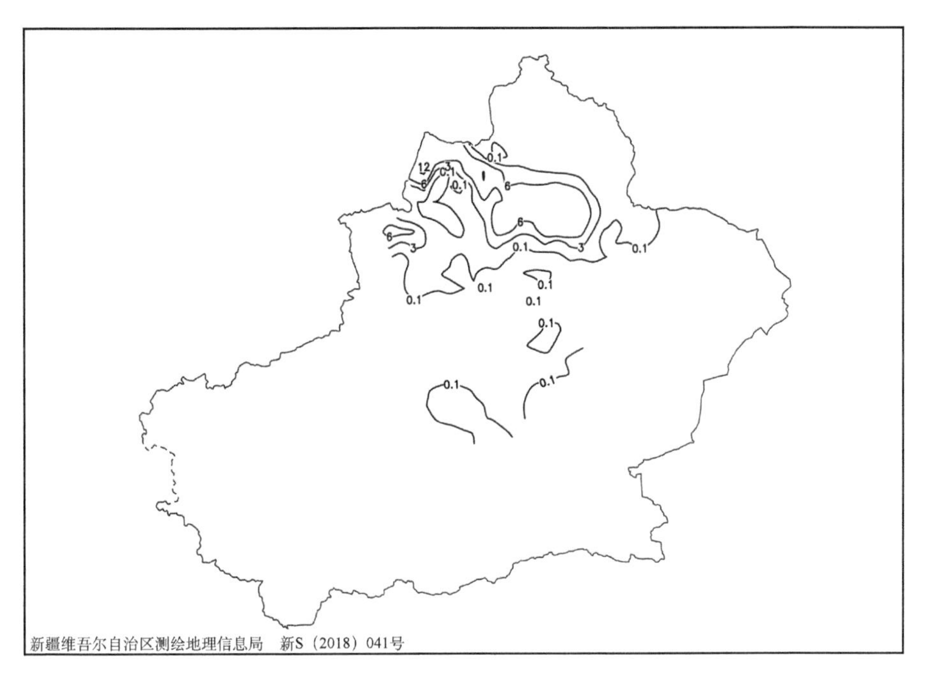

图1-11-39　2009年11月23日20时—24日20时降雪量分布图（单位：毫米）

2013年12月2日，塔城地区裕民县出现暴雪，24小时降雪量为15.3毫米（图1-11-40）。

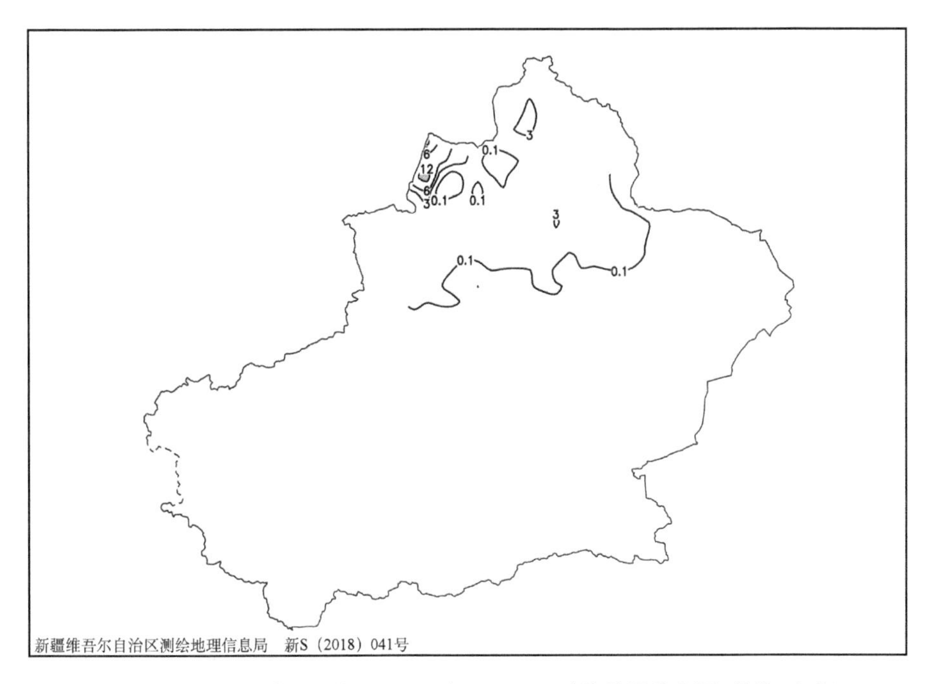

图1-11-40　2013年12月1日20时—2日20时降雪量分布图（单位：毫米）

1.11.4　额敏县暴雪

1966 年 11 月 10 日，塔城地区额敏县出现暴雪，24 小时降雪量为 12.7 毫米(图 1-11-41)。

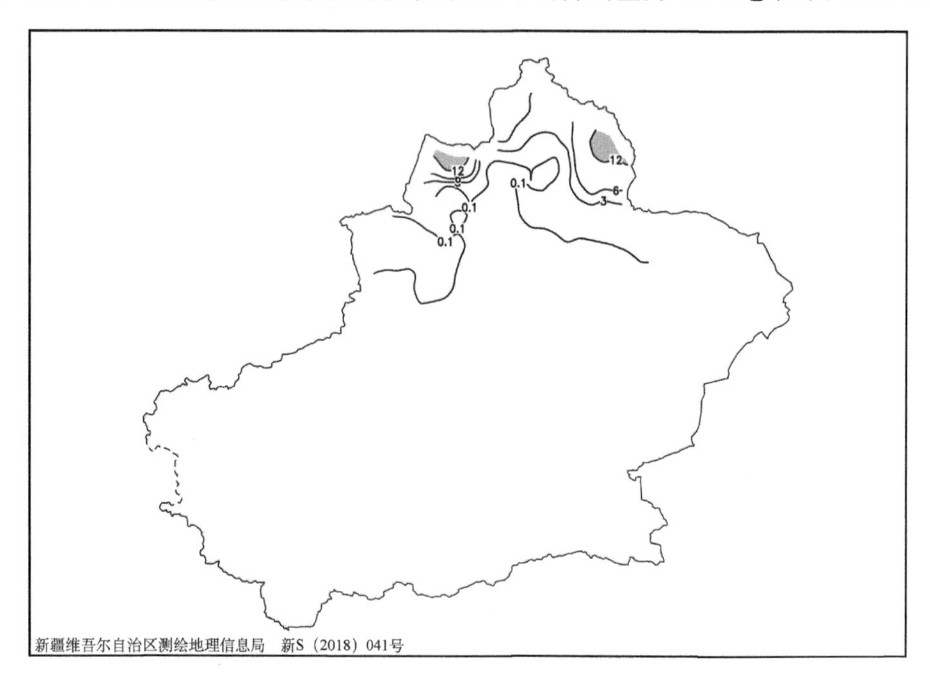

图 1-11-41　1966 年 11 月 9 日 20 时—10 日 20 时降雪量分布图(单位：毫米)

1966 年 12 月 16 日，塔城地区额敏县出现暴雪，24 小时降雪量为 16.2 毫米(图 1-11-42)。

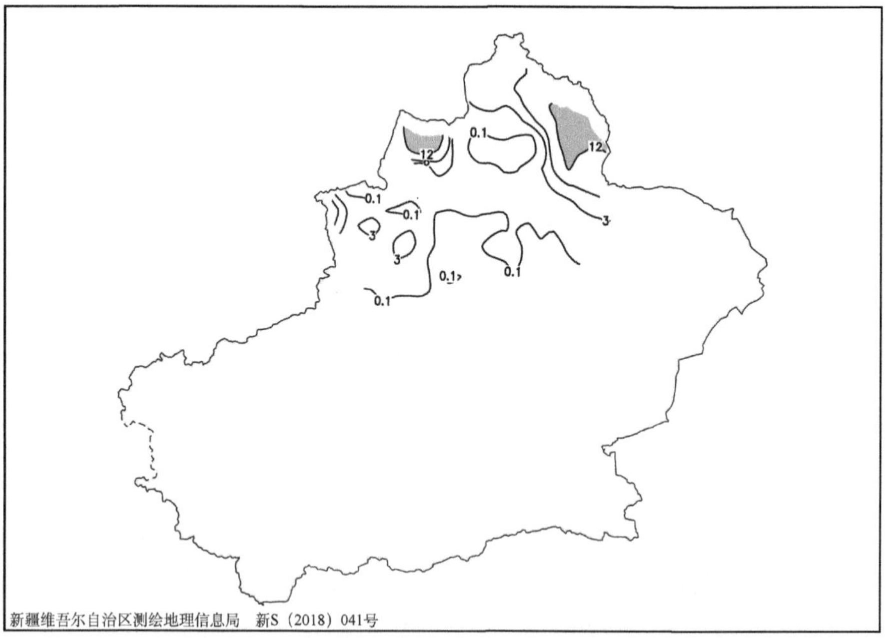

图 1-11-42　1966 年 12 月 15 日 20 时—16 日 20 时降雪量分布图(单位：毫米)

1969 年 3 月 18 日，塔城地区额敏县出现暴雪，24 小时降雪量为 14.4 毫米(图 1-11-43)。

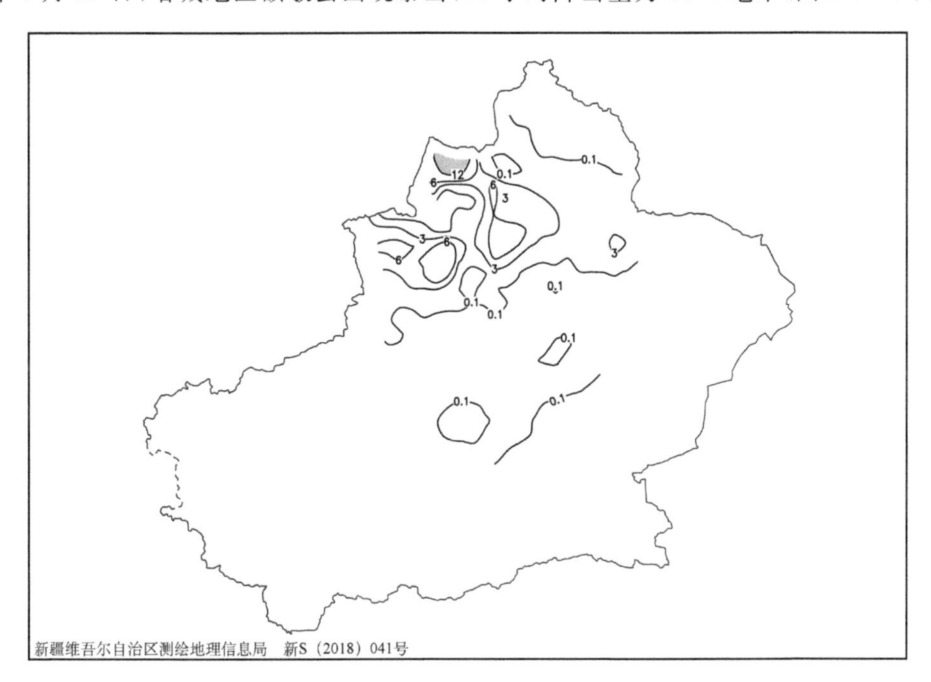

图 1-11-43　1969 年 3 月 17 日 20 时—18 日 20 时降雪量分布图(单位:毫米)

1980 年 11 月 15 日，塔城地区额敏县出现暴雪，24 小时降雪量为 15.4 毫米(图 1-11-44)。

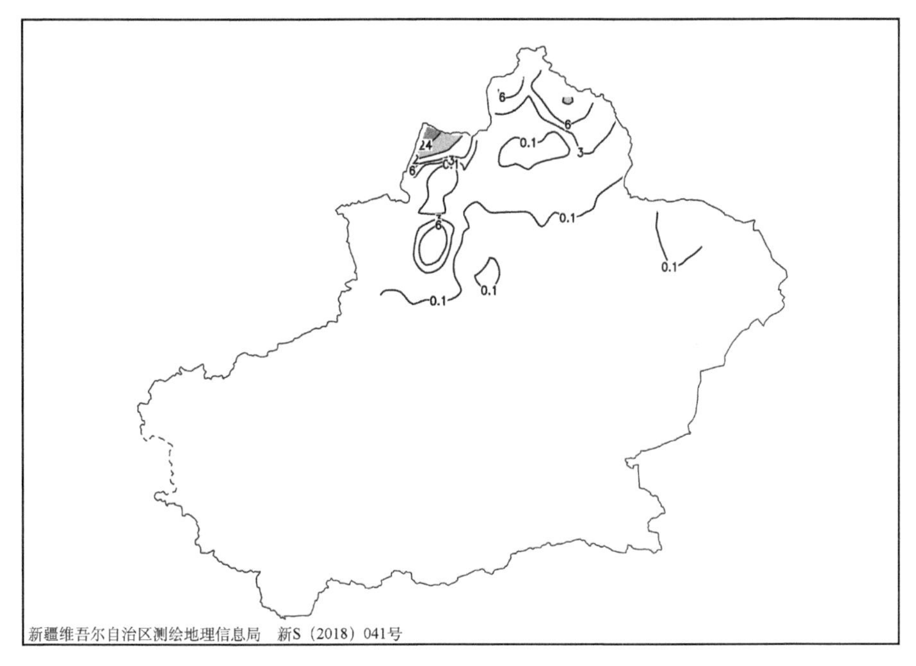

图 1-11-44　1980 年 11 月 14 日 20 时—15 日 20 时降雪量分布图(单位:毫米)

1.11.5 沙湾县暴雪

1966 年 11 月 11 日，塔城地区沙湾县出现暴雪，24 小时降雪量为 13.2 毫米(图 1-11-45)。

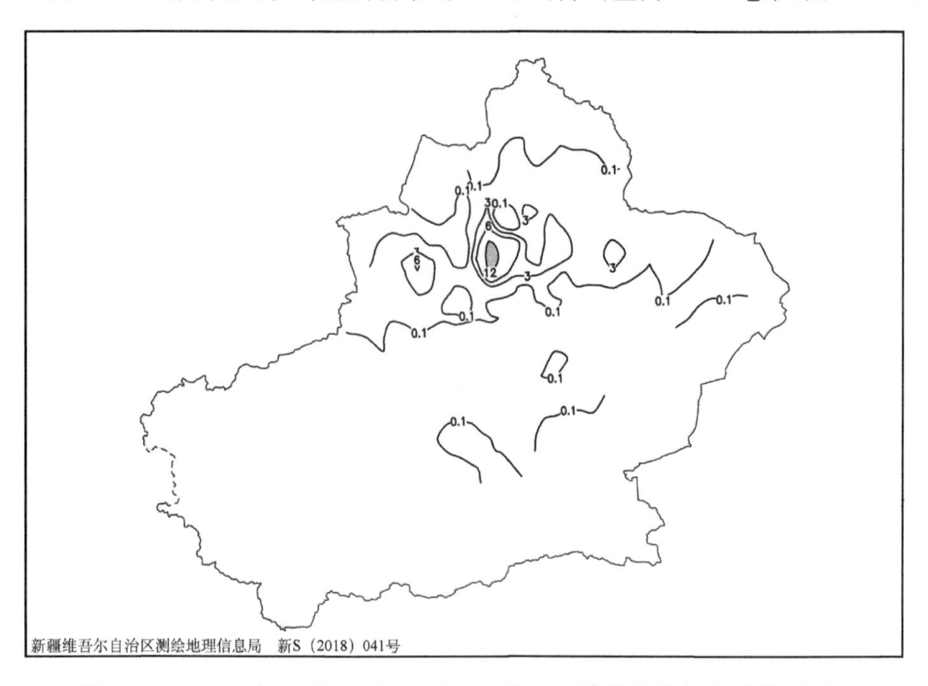

图 1-11-45　1966 年 11 月 10 日 20 时—11 日 20 时降雪量分布图(单位：毫米)

1.11.6 塔城市、额敏县暴雪

1968 年 11 月 30 日，塔城地区塔城市和额敏县出现暴雪，24 小时降雪量分别为 16.7 毫米、14.8 毫米(图 1-11-46)。

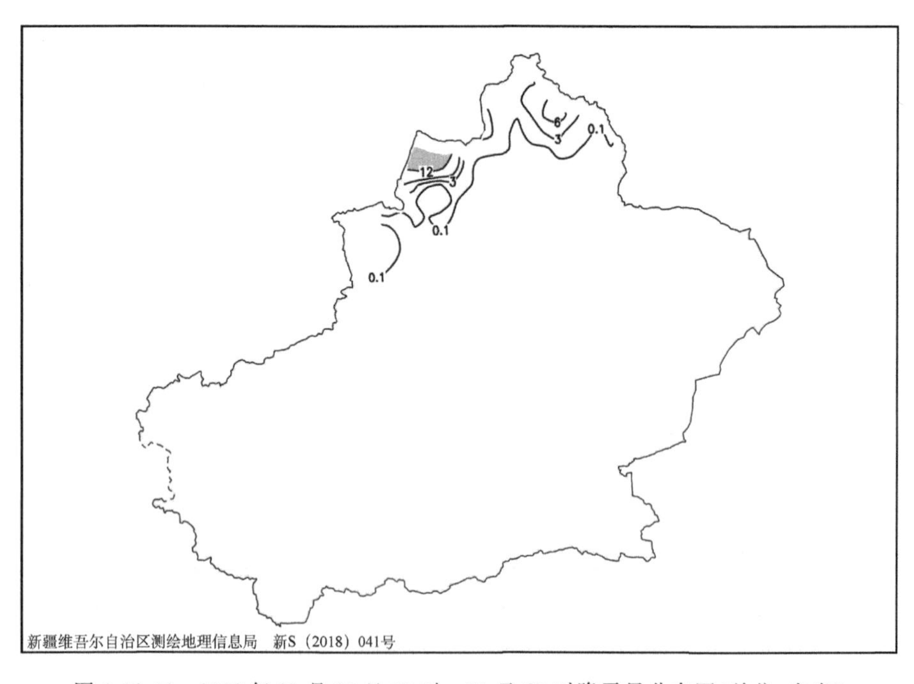

图 1-11-46　1968 年 11 月 29 日 20 时—30 日 20 时降雪量分布图(单位：毫米)

1.11.7　托里县暴雪

1969 年 3 月 16 日，塔城地区托里县出现暴雪，24 小时降雪量为 17.4 毫米(图 1-11-47)。

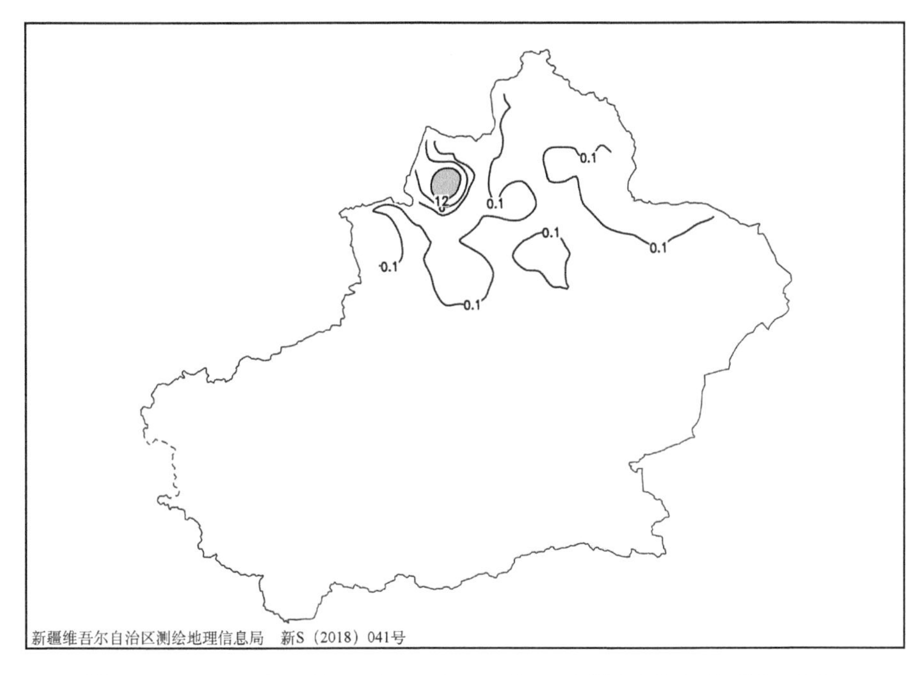

图 1-11-47　1969 年 3 月 15 日 20 时—16 日 20 时降雪量分布图(单位:毫米)

1.11.8　裕民县、托里县暴雪

1998 年 11 月 20 日，塔城地区裕民县和托里县出现暴雪，24 小时降雪量分别为 18.2 毫米、16.6 毫米(图 1-11-48)。

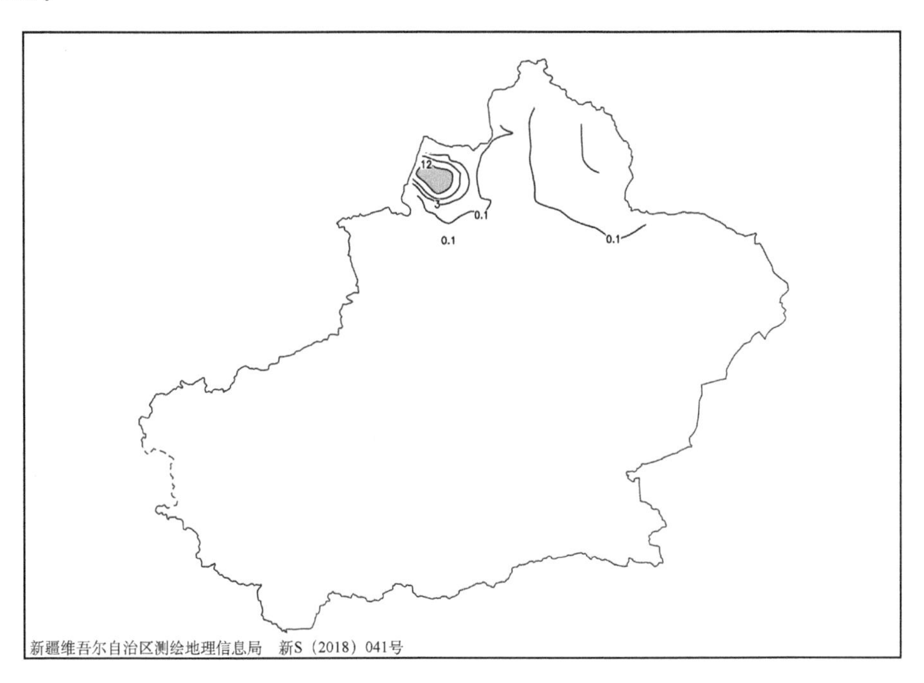

图 1-11-48　1998 年 11 月 19 日 20 时—20 日 20 时降雪量分布图(单位:毫米)

2010 年 1 月 2 日，塔城地区裕民县和托里县出现暴雪，24 小时降雪量分别为 20.9 毫米、12.9 毫米(图 1-11-49)。

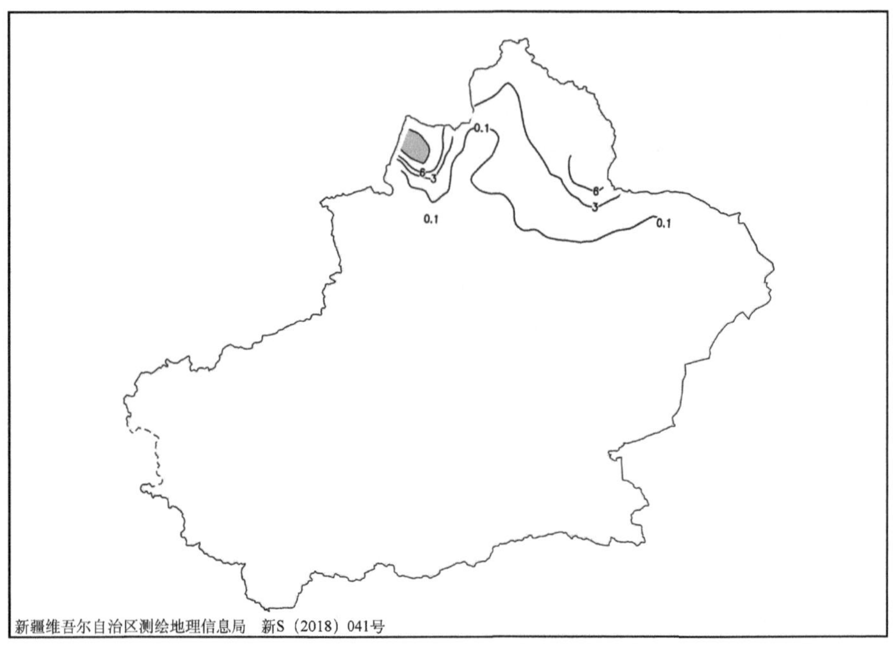

图 1-11-49 2010 年 1 月 1 日 20 时—2 日 20 时降雪量分布图(单位:毫米)

1.11.9 裕民县、额敏县暴雪

2004 年 11 月 5 日,塔城地区裕民县和额敏县出现暴雪,24 小时降雪量分别为 14.7 毫米、15.1 毫米(图 1-11-50)。

图 1-11-50 2004 年 11 月 4 日 20 时—5 日 20 时降雪量分布图(单位:毫米)

1.12 吐鲁番市

1964 年 3 月 20 日,吐鲁番地区吐鲁番市东和吐鲁番市出现暴雪,24 小时降雪量分别为 12.7 毫米、20.7 毫米(图 1-12-1)。

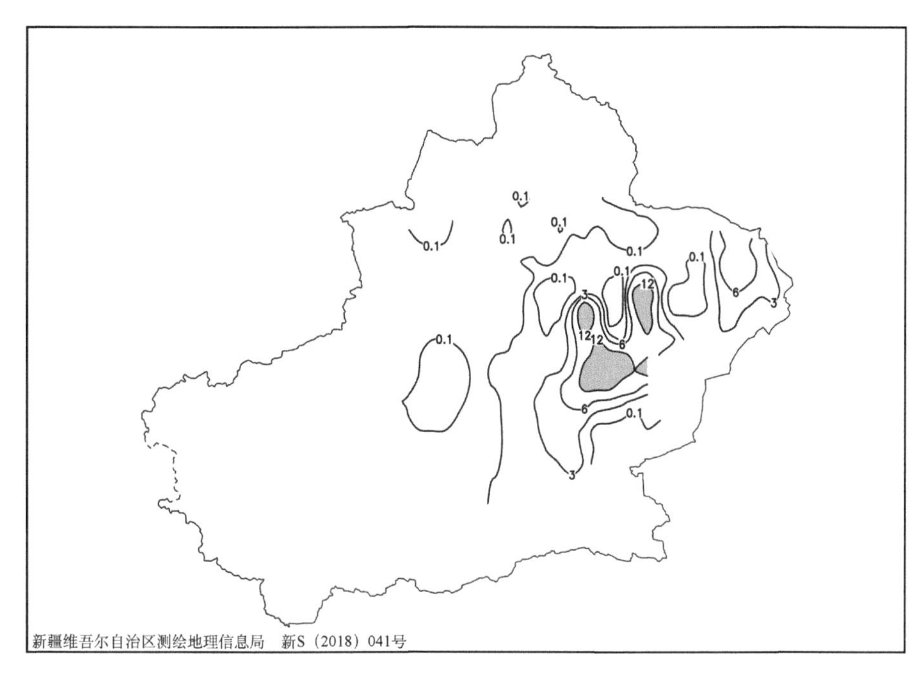

图 1-12-1　1964 年 3 月 19 日 20 时—20 日 20 时降雪量分布图(单位:毫米)

1.13　乌鲁木齐市

1.13.1　乌鲁木齐市暴雪

1953 年 3 月 8 日,乌鲁木齐市出现暴雪,24 小时降雪量为 12.9 毫米(图 1-13-1)。

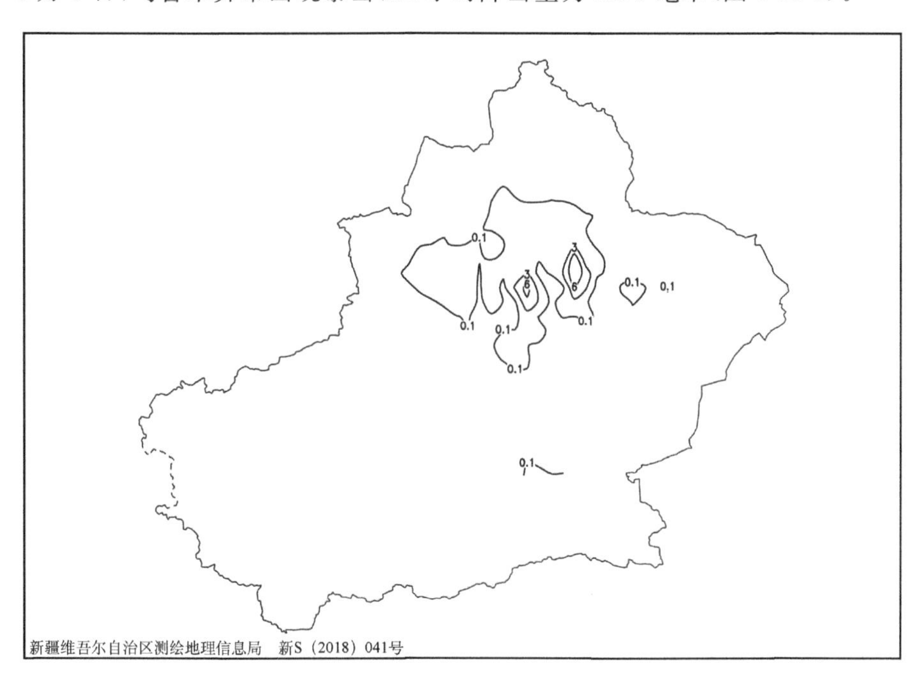

图 1-13-1　1953 年 3 月 7 日 20 时—8 日 20 时降雪量分布图(单位:毫米)

1953 年 3 月 20 日,乌鲁木齐市出现暴雪,24 小时降雪量为 13.1 毫米(图 1-13-2)。

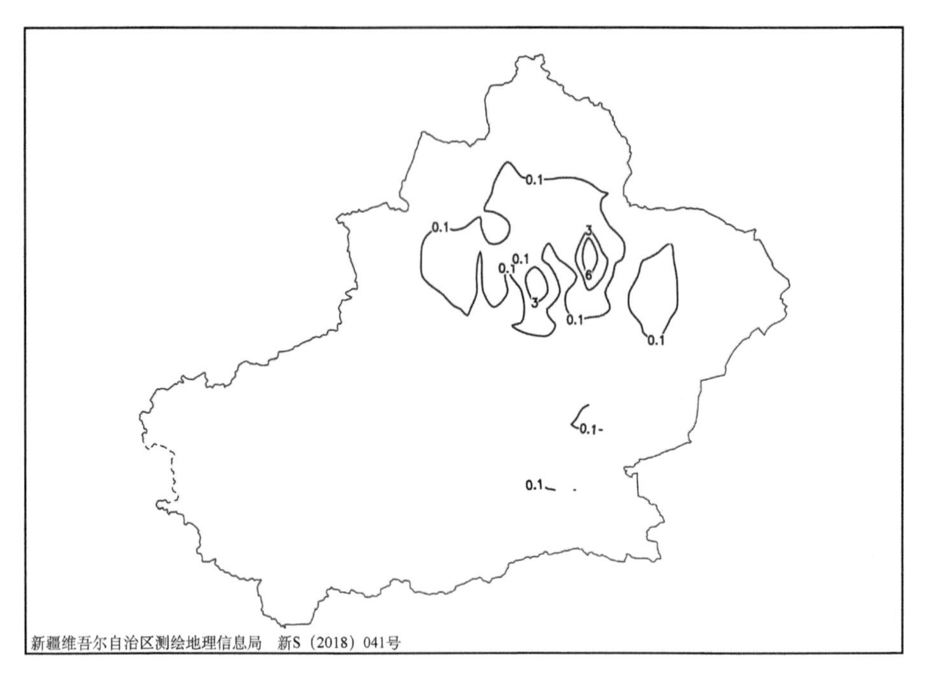

图 1-13-2　1953 年 3 月 19 日 20 时—20 日 20 时降雪量分布图(单位:毫米)

1953 年 3 月 28 日,乌鲁木齐市出现暴雪,24 小时降雪量为 22.7 毫米(图 1-13-3)。

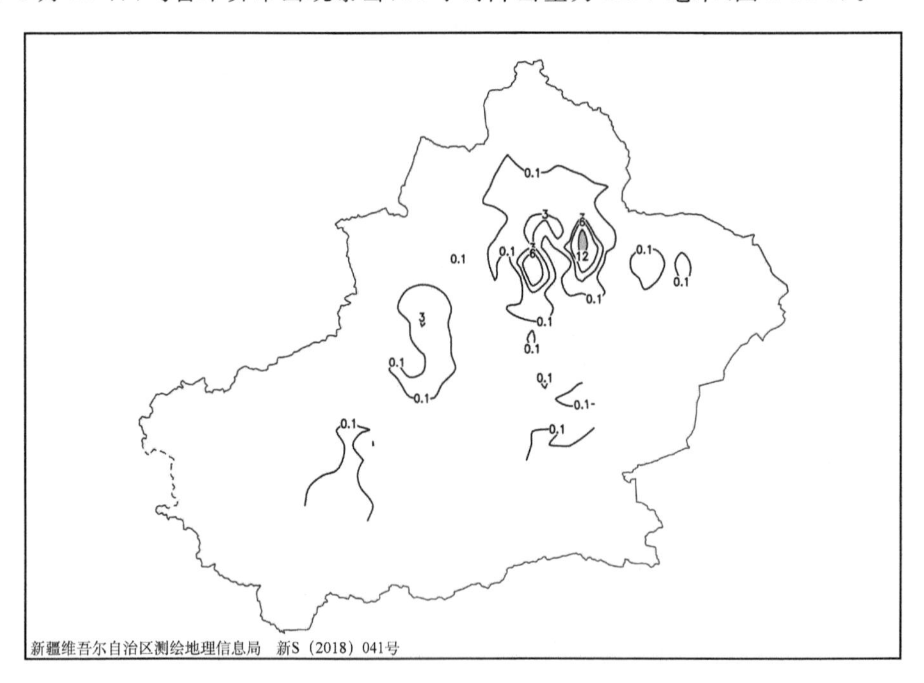

图 1-13-3　1953 年 3 月 27 日 20 时—28 日 20 时降雪量分布图(单位:毫米)

1955年11月12日，乌鲁木齐市出现暴雪，24小时降雪量为12.3毫米(图1-13-4)。

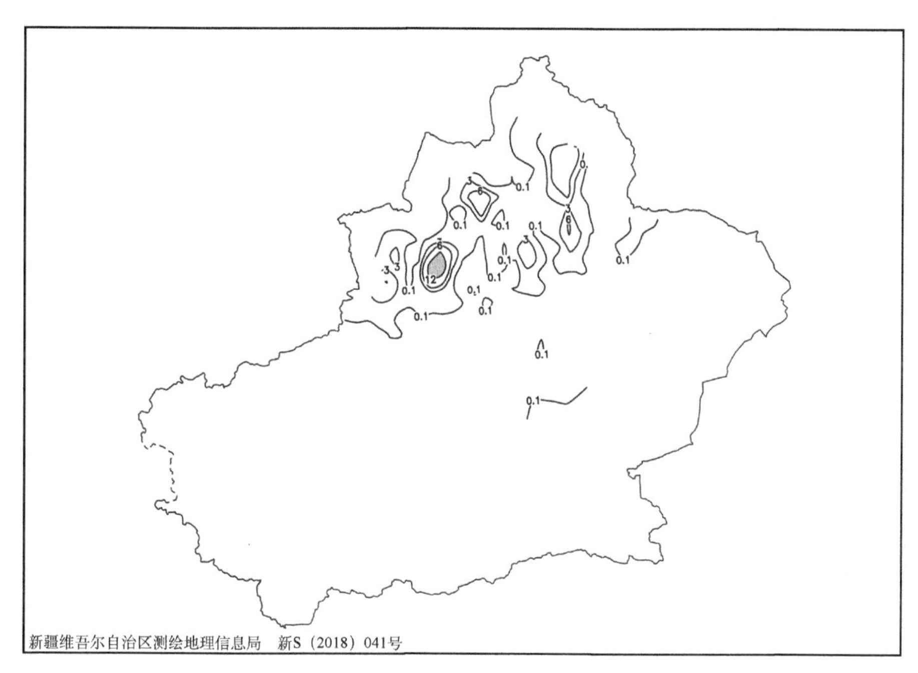

图1-13-4　1955年11月11日20时—12日20时降雪量分布图(单位：毫米)

1956年12月1日，乌鲁木齐市出现暴雪，24小时降雪量为12.6毫米(图1-13-5)。

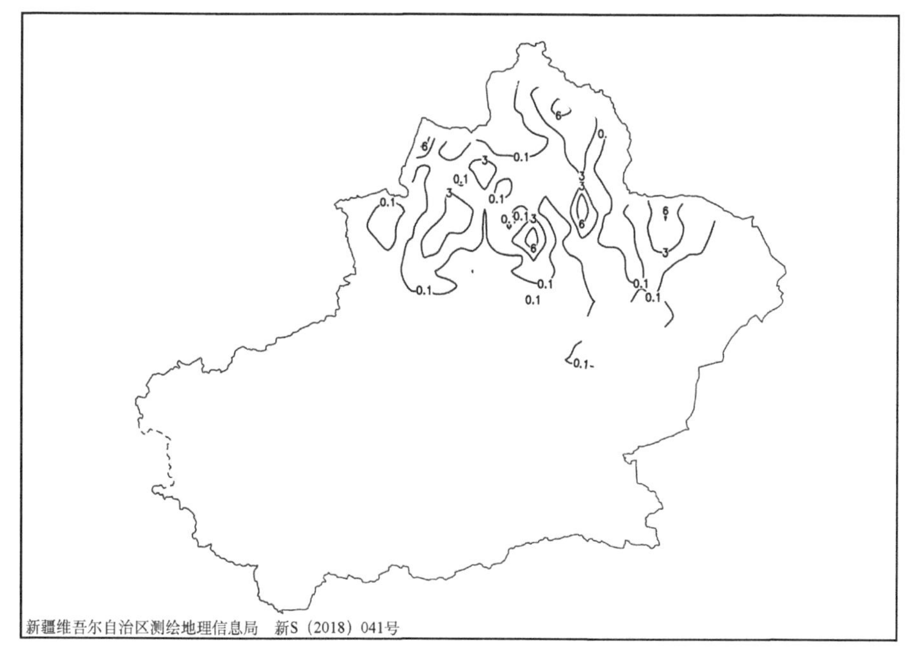

图1-13-5　1956年11月30日20时—12月1日20时降雪量分布图(单位：毫米)

1958 年 1 月 11 日,乌鲁木齐市出现暴雪,24 小时降雪量为 13.7 毫米(图 1-13-6)。

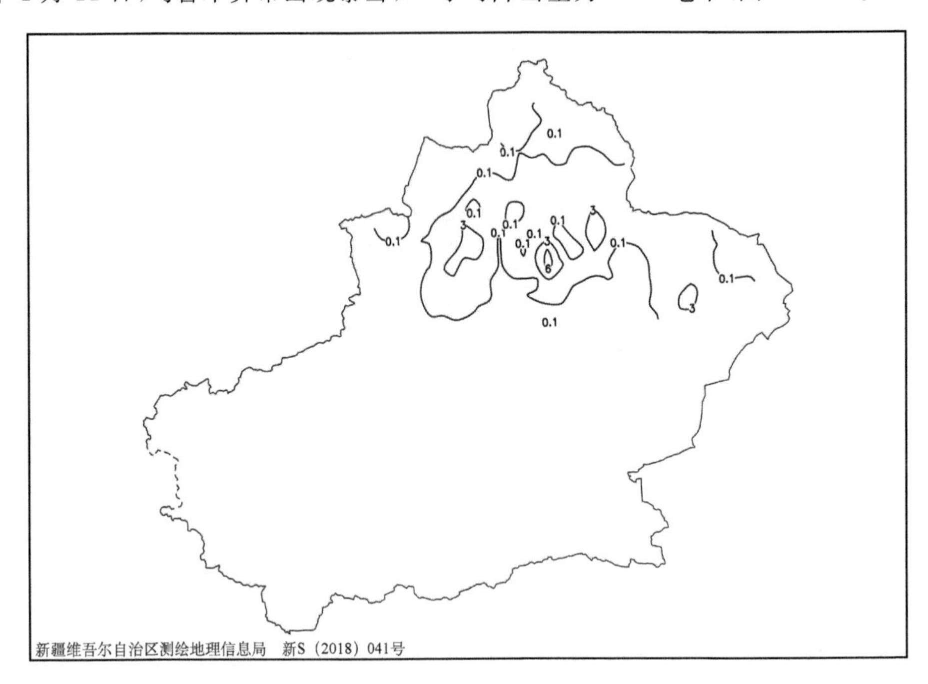

图 1-13-6　1958 年 1 月 10 日 20 时—11 日 20 时降雪量分布图(单位:毫米)

2004 年 2 月 18 日,乌鲁木齐市出现暴雪,24 小时降雪量为 17.1 毫米(图 1-13-7)。

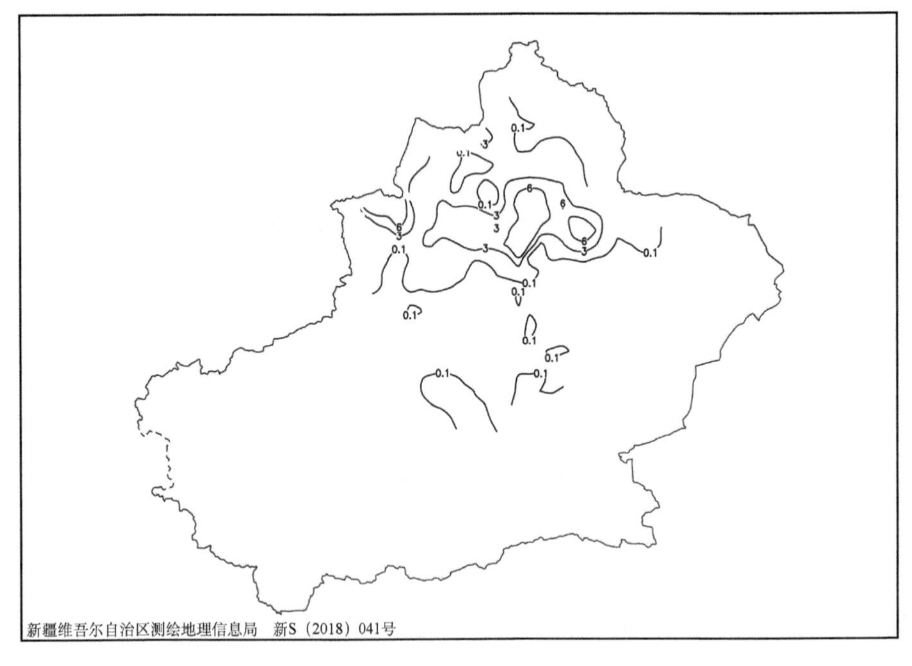

图 1-13-7　2004 年 2 月 17 日 20 时—18 日 20 时降雪量分布图(单位:毫米)

2004 年 2 月 27 日，乌鲁木齐市出现暴雪，24 小时降雪量为 12.5 毫米(图 1-13-8)。

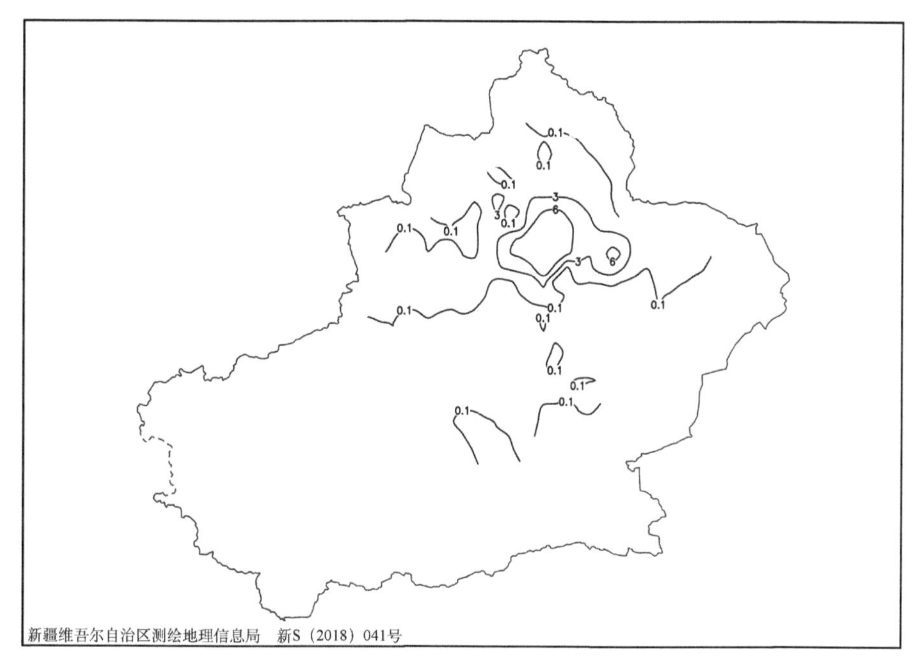

图 1-13-8　2004 年 2 月 26 日 20 时—27 日 20 时降雪量分布图(单位:毫米)

2009 年 11 月 10 日，乌鲁木齐市出现暴雪，24 小时降雪量为 12.2 毫米(图 1-13-9)。

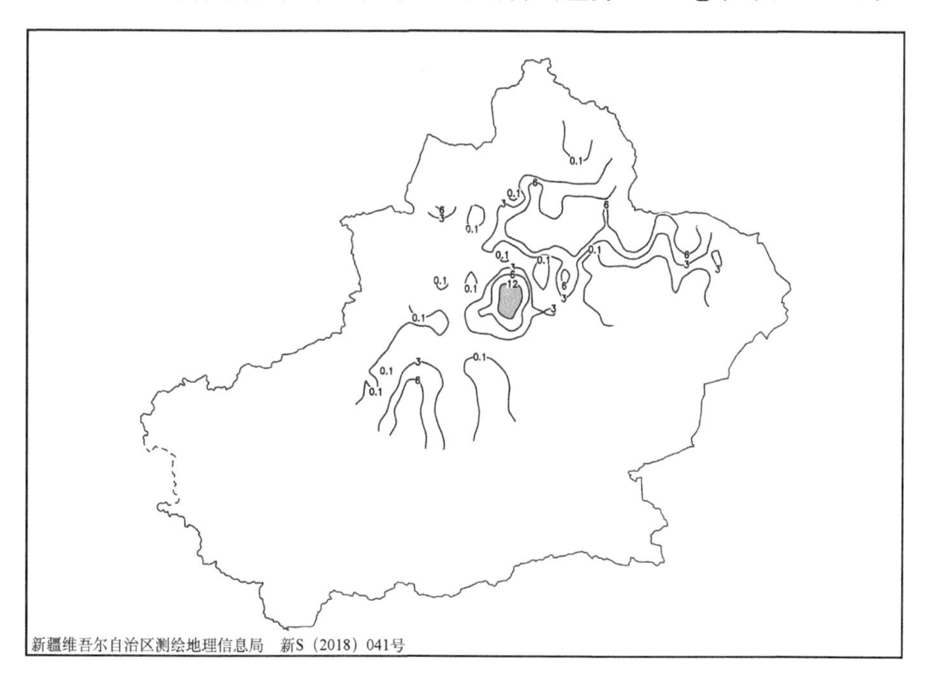

图 1-13-9　2009 年 11 月 9 日 20 时—10 日 20 时降雪量分布图(单位:毫米)

2014 年 3 月 26 日,乌鲁木齐市出现暴雪,24 小时降雪量为 13.0 毫米(图 1-13-10)。

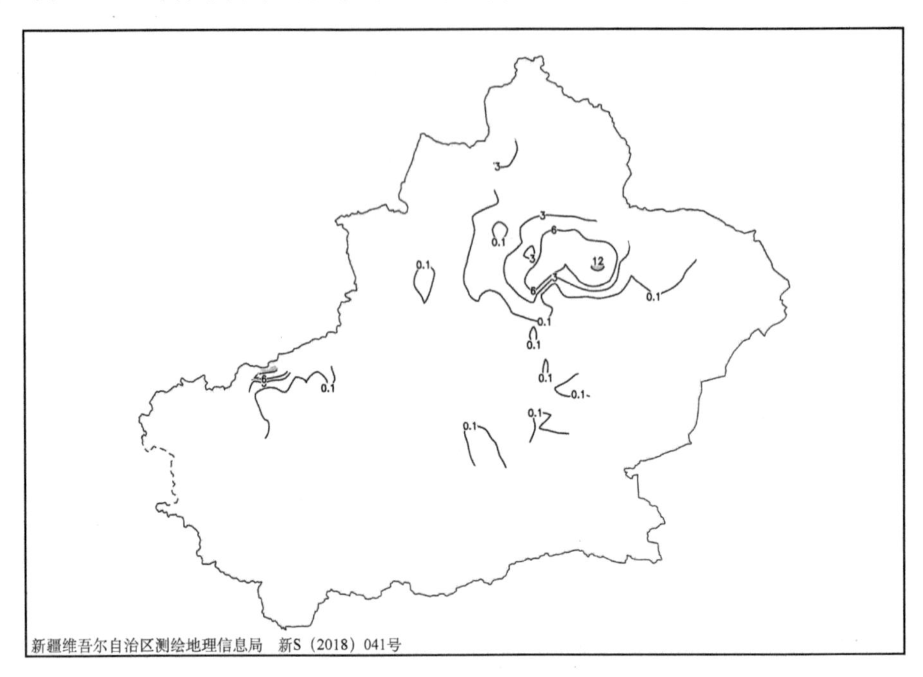

图 1-13-10 2014 年 3 月 25 日 20 时—26 日 20 时降雪量分布图(单位:毫米)

2017 年 11 月 17 日,乌鲁木齐市出现暴雪,24 小时降雪量为 13.6 毫米(图 1-13-11)。

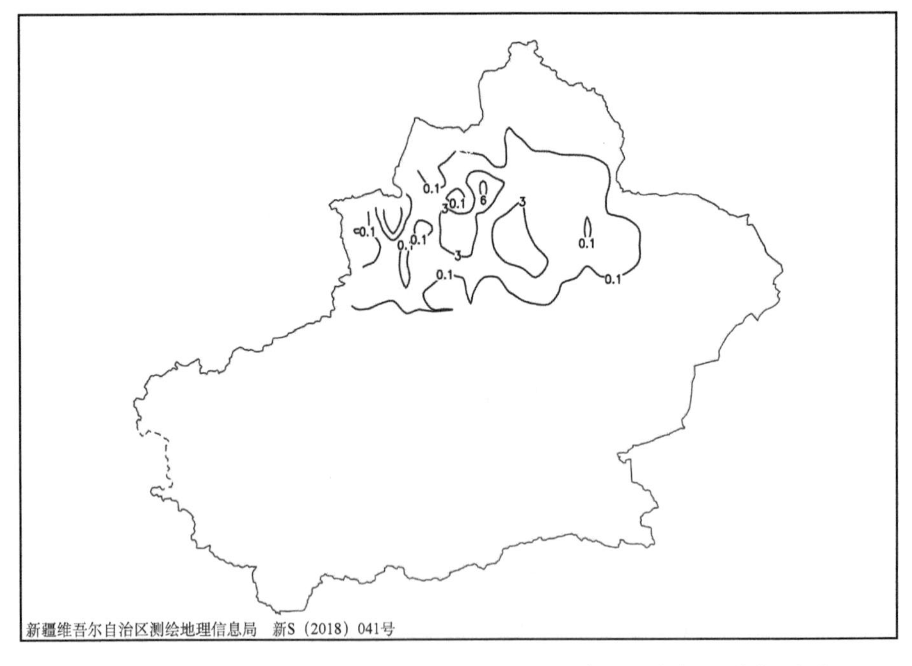

图 1-13-11 2017 年 11 月 16 日 20 时—17 日 20 时降雪量分布图(单位:毫米)

1.13.2　小渠子站暴雪

1957 年 1 月 24 日，乌鲁木齐市小渠子站出现暴雪，24 小时降雪量为 12.9 毫米(图 1-13-12)。

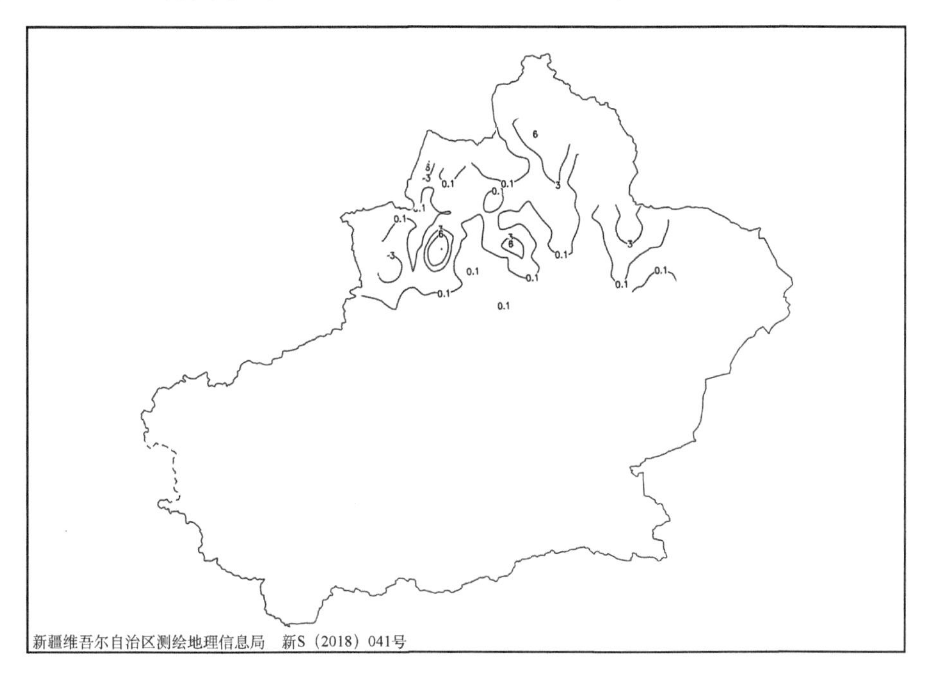

图 1-13-12　1957 年 1 月 23 日 20 时—24 日 20 时降雪量分布图(单位:毫米)

1984 年 11 月 28 日，乌鲁木齐市小渠子站出现暴雪，24 小时降雪量为 14.0 毫米(图 1-13-13)。

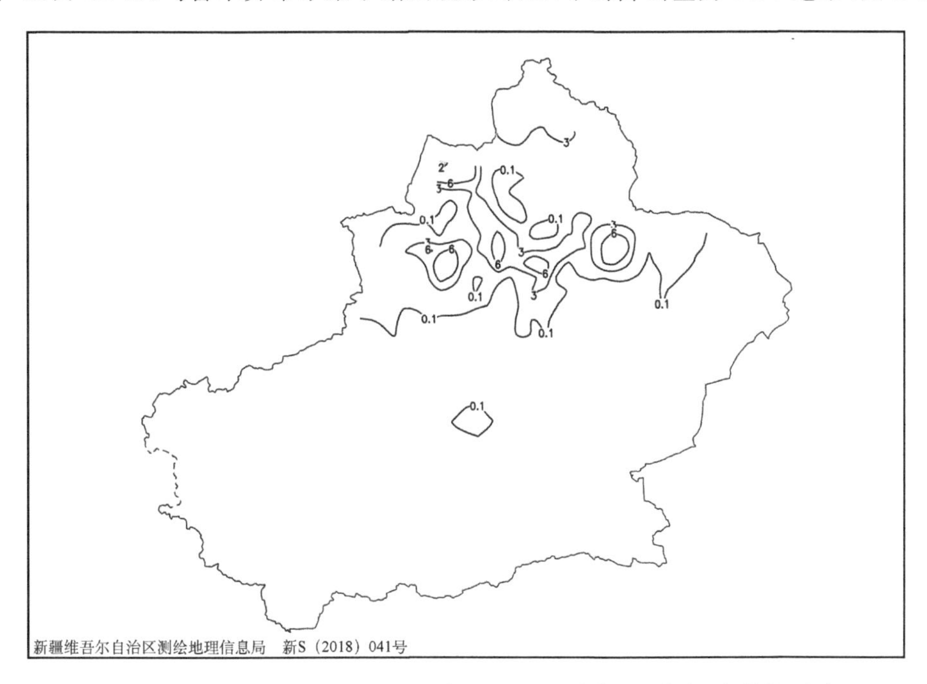

图 1-13-13　1984 年 11 月 27 日 20 时—28 日 20 时降雪量分布图(单位:毫米)

2002 年 3 月 19 日,乌鲁木齐市小渠子站出现暴雪,24 小时降雪量为 12.1 毫米(图 1-13-14)。

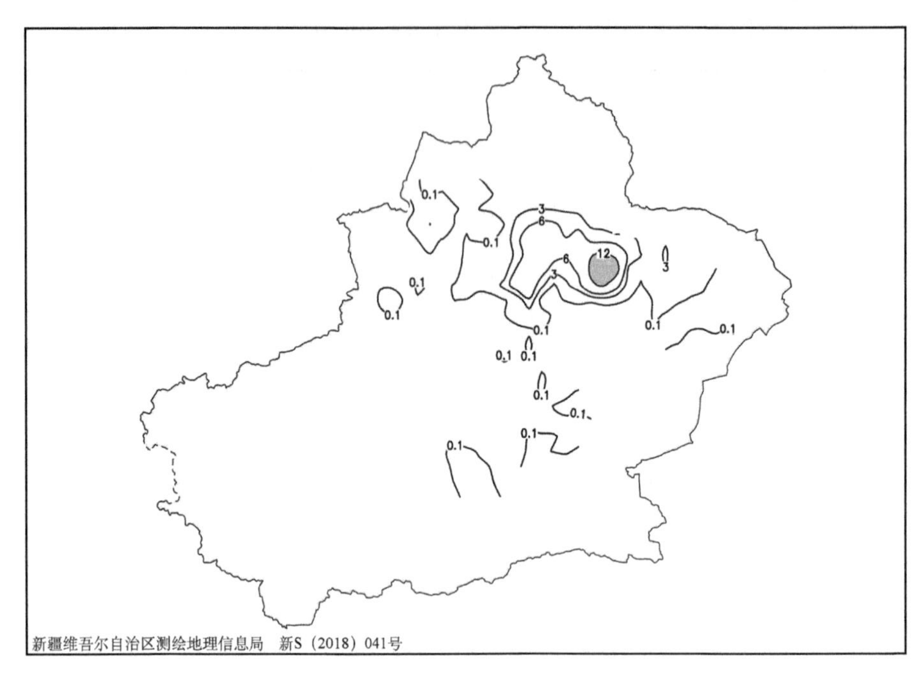

图 1-13-14 2002 年 3 月 18 日 20 时—19 日 20 时降雪量分布图(单位:毫米)

1.13.3 米东区暴雪

1964 年 3 月 19 日,乌鲁木齐市米东区出现暴雪,24 小时降雪量为 13.9 毫米(图 1-13-15)。

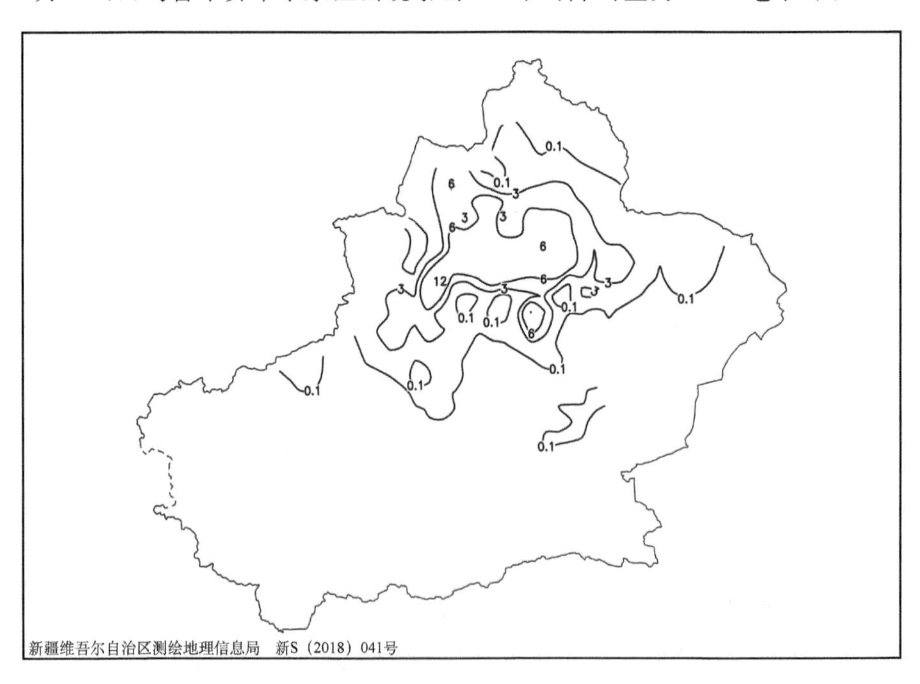

图 1-13-15 1964 年 3 月 18 日 20 时—19 日 20 时降雪量分布图(单位:毫米)

1999年1月3日,乌鲁木齐市米东区出现暴雪,24小时降雪量为12.6毫米(图1-13-16)。

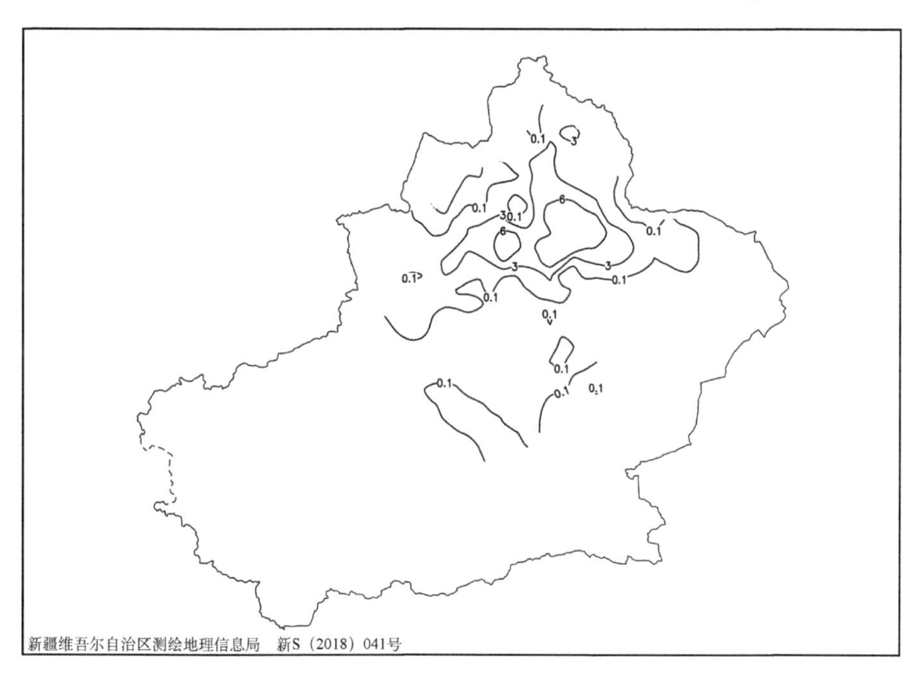

图1-13-16 1999年1月2日20时—3日20时降雪量分布图(单位:毫米)

2012年3月20日,乌鲁木齐市米东区出现暴雪,24小时降雪量为12.5毫米(图1-13-17)。

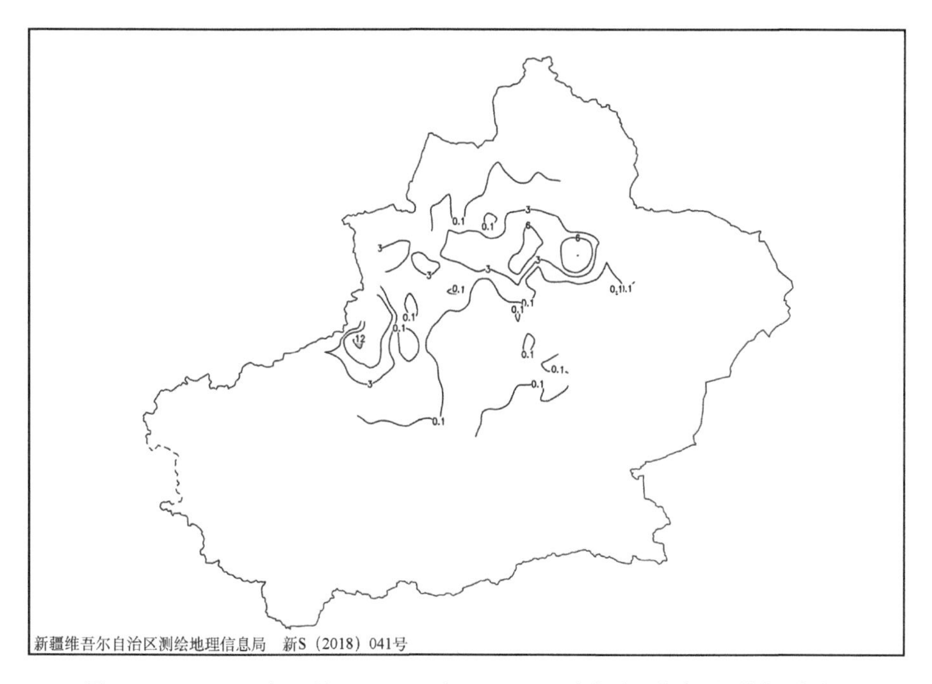

图1-13-17 2012年3月19日20时—20日20时降雪量分布图(单位:毫米)

1.13.4 乌鲁木齐市、米东区暴雪

2014 年 12 月 8 日,乌鲁木齐市和米东区出现暴雪,24 小时降雪量分别为 17.7 毫米、13.4 毫米(图 1-13-18)。

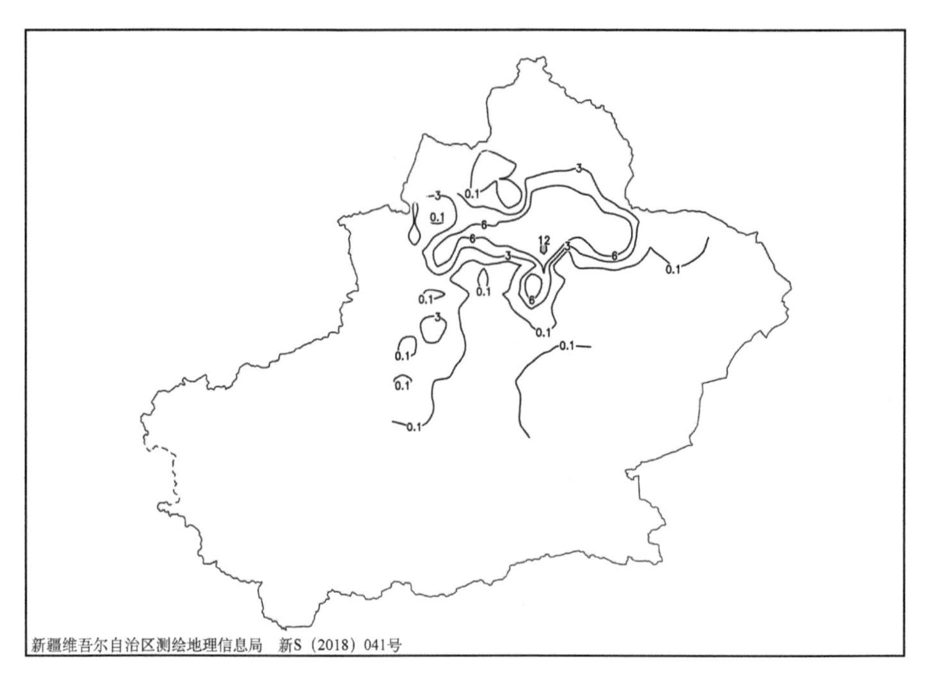

图 1-13-18 2014 年 12 月 7 日 20 时—8 日 20 时降雪量分布图(单位:毫米)

1.14 伊犁哈萨克自治州

1.14.1 伊宁市暴雪

1953 年 2 月 27 日,伊犁哈萨克自治州伊宁市出现暴雪,24 小时降雪量为 12.1 毫米(图 1-14-1)。

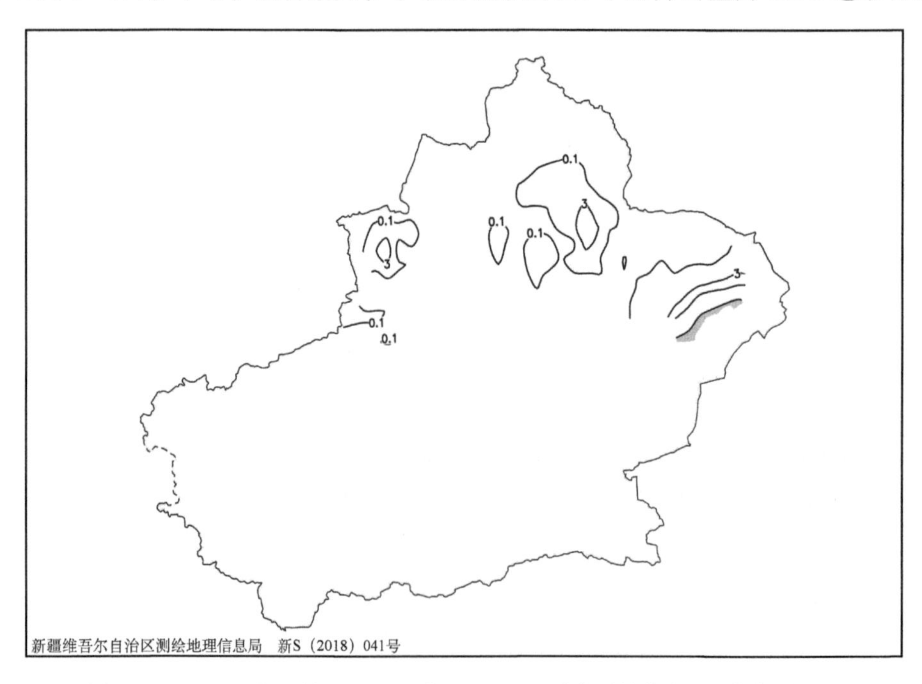

图 1-14-1 1953 年 2 月 26 日 20 时—27 日 20 时降雪量分布图(单位:毫米)

1954 年 3 月 31 日，伊犁哈萨克自治州伊宁市出现暴雪，24 小时降雪量为 13.9 毫米(图 1-14-2)。

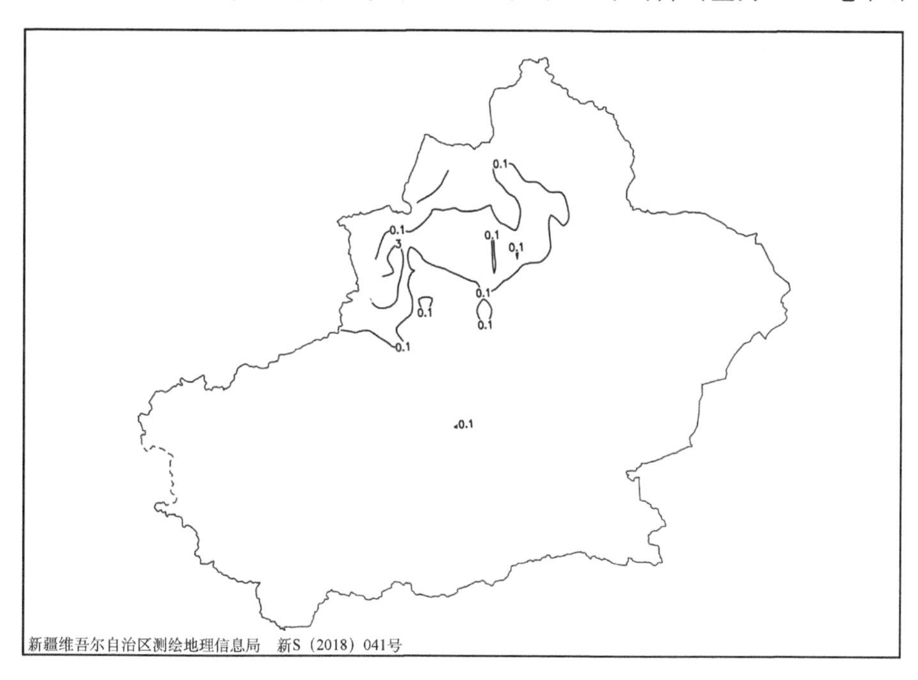

图 1-14-2　1954 年 3 月 30 日 20 时—31 日 20 时降雪量分布图(单位:毫米)

1954 年 12 月 21 日，伊犁哈萨克自治州伊宁市出现暴雪，24 小时降雪量为 14.4 毫米(图 1-14-3)。

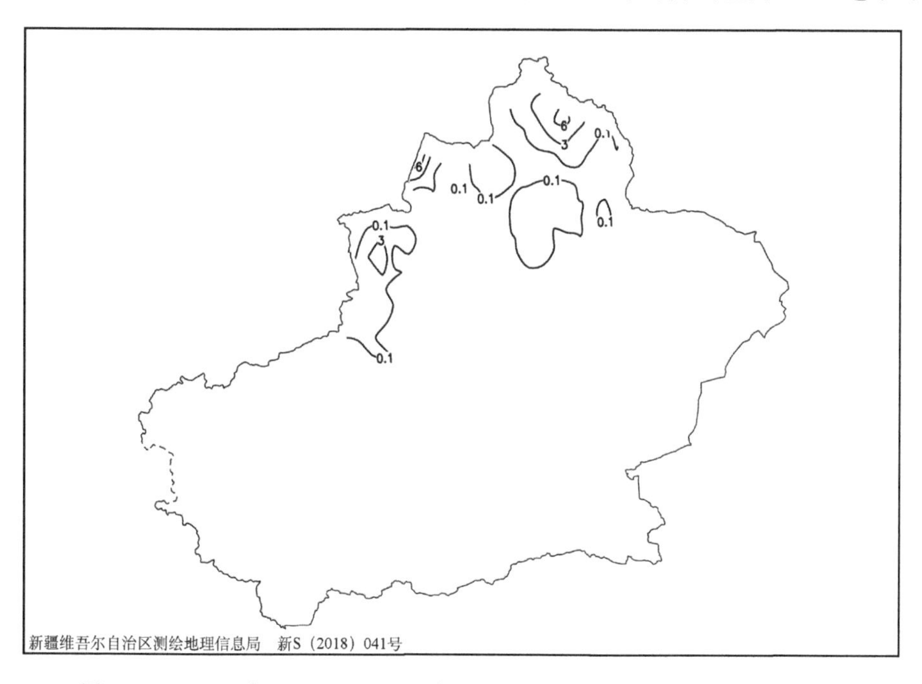

图 1-14-3　1954 年 12 月 20 日 20 时—21 日 20 时降雪量分布图(单位:毫米)

1955 年 12 月 28 日,伊犁哈萨克自治州伊宁市出现暴雪,24 小时降雪量为 15.1 毫米(图 1-14-4)。

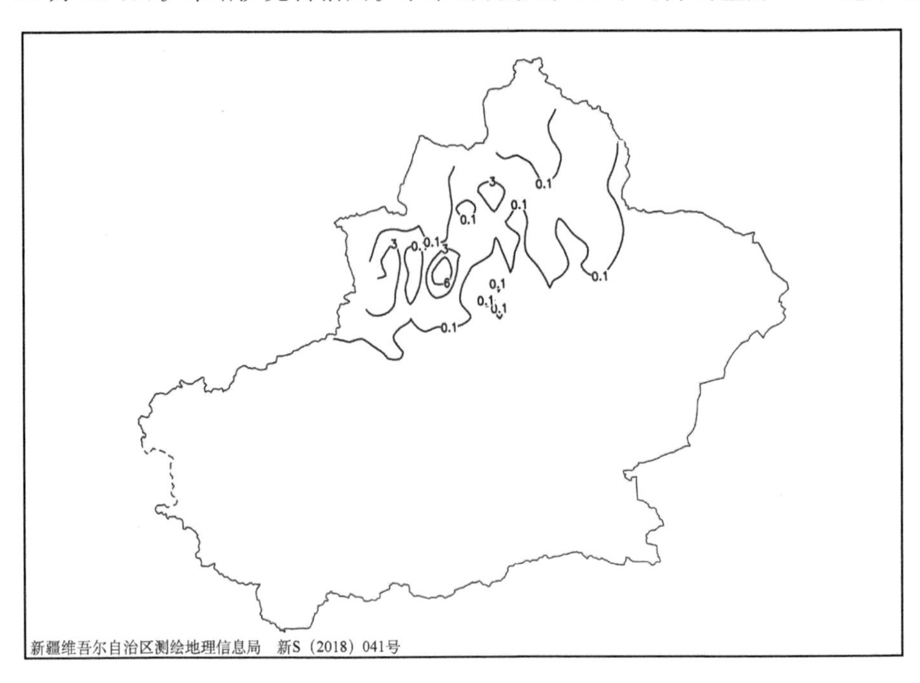

图 1-14-4 1955 年 12 月 27 日 20 时—28 日 20 时降雪量分布图(单位:毫米)

1957 年 3 月 31 日,伊犁哈萨克自治州伊宁市出现暴雪,24 小时降雪量为 12.2 毫米(图 1-14-5)。

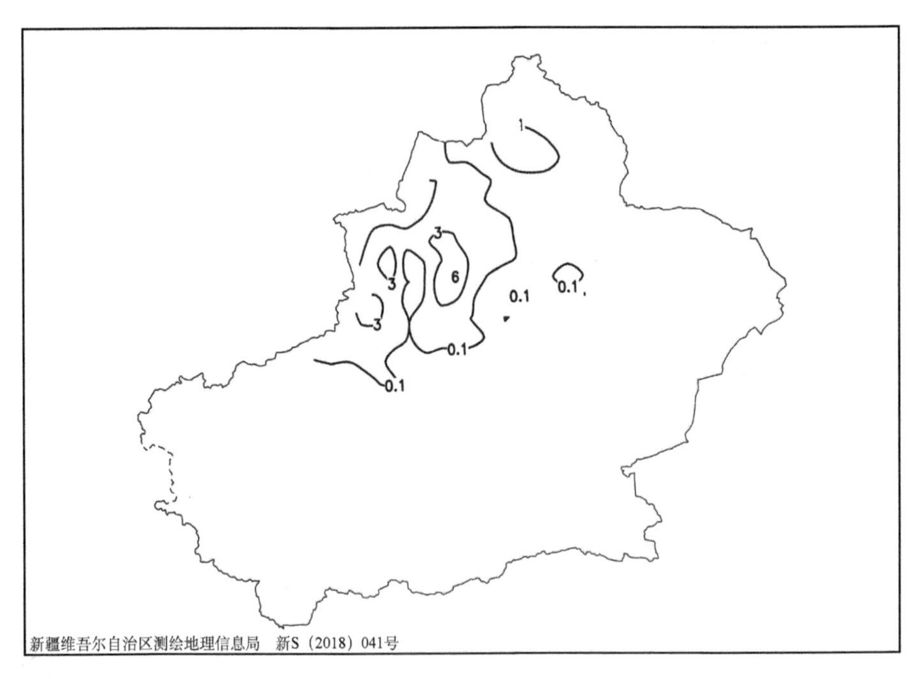

图 1-14-5 1957 年 3 月 30 日 20 时—31 日 20 时降雪量分布图(单位:毫米)

1958 年 3 月 10 日，伊犁哈萨克自治州伊宁市出现暴雪，24 小时降雪量为 15.2 毫米(图 1-14-6)。

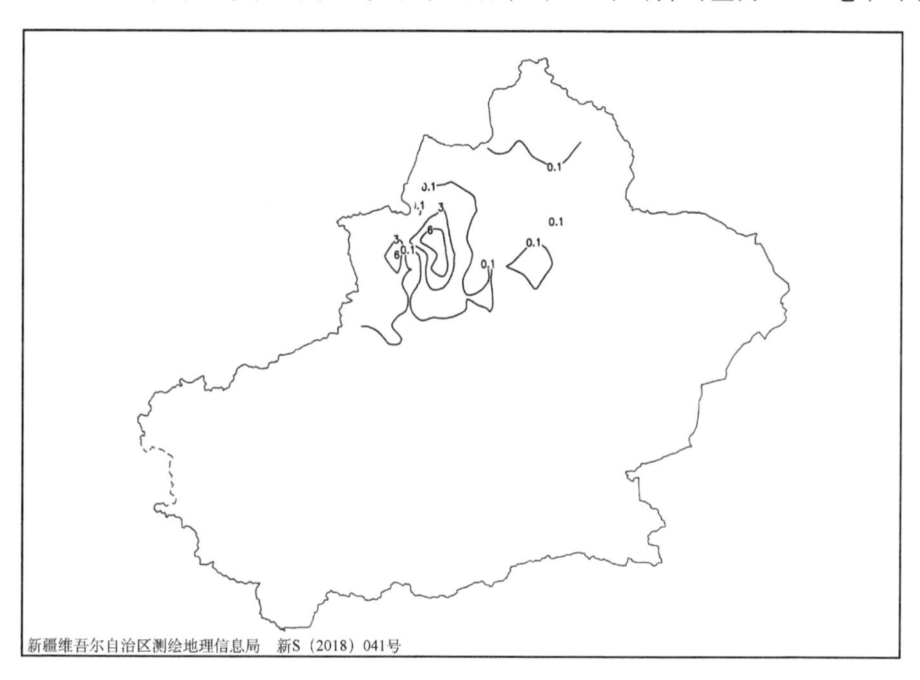

图 1-14-6　1958 年 3 月 9 日 20 时—10 日 20 时降雪量分布图(单位:毫米)

1958 年 3 月 21 日，伊犁哈萨克自治州伊宁市出现暴雪，24 小时降雪量为 13.8 毫米(图 1-14-7)。

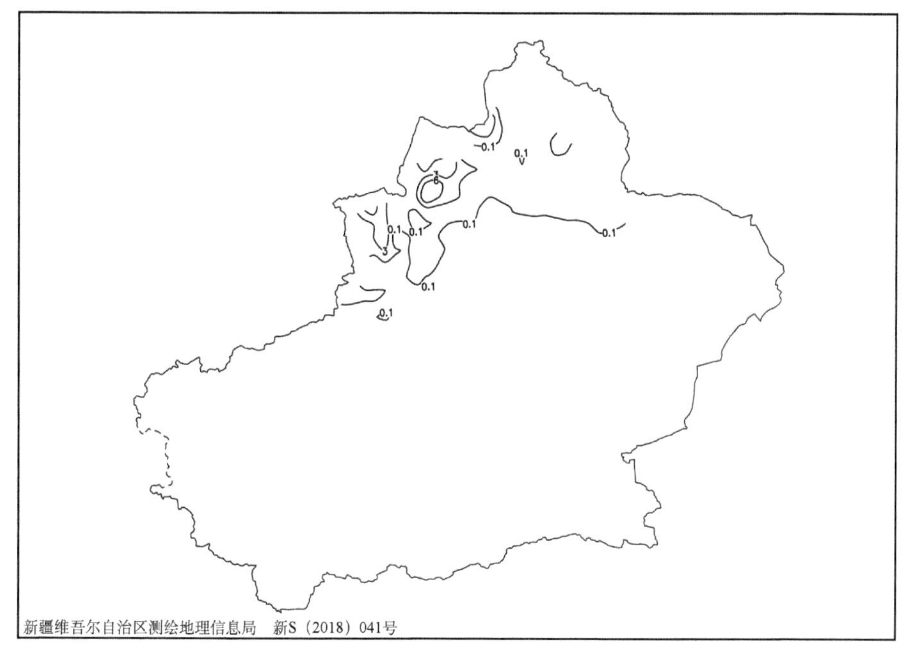

图 1-14-7　1958 年 3 月 20 日 20 时—21 日 20 时降雪量分布图(单位:毫米)

1961 年 3 月 11 日,伊犁哈萨克自治州伊宁市出现暴雪,24 小时降雪量为 13.3 毫米(图 1-14-8)。

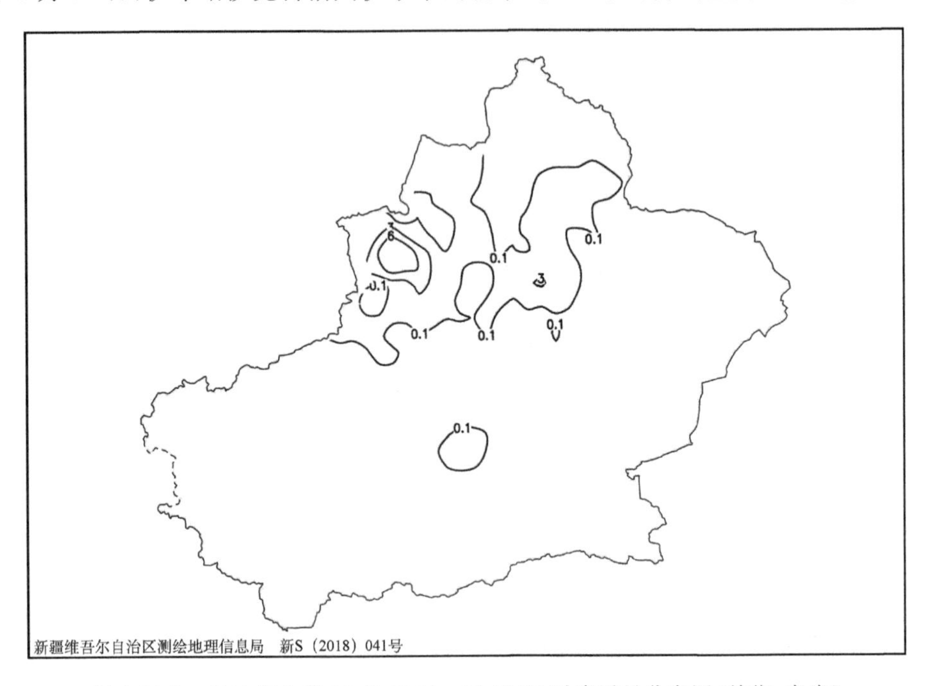

图 1-14-8　1961 年 3 月 10 日 20 时—11 日 20 时降雪量分布图(单位:毫米)

1968 年 12 月 18 日,伊犁哈萨克自治州伊宁市出现暴雪,24 小时降雪量为 13.6 毫米(图 1-14-9)。

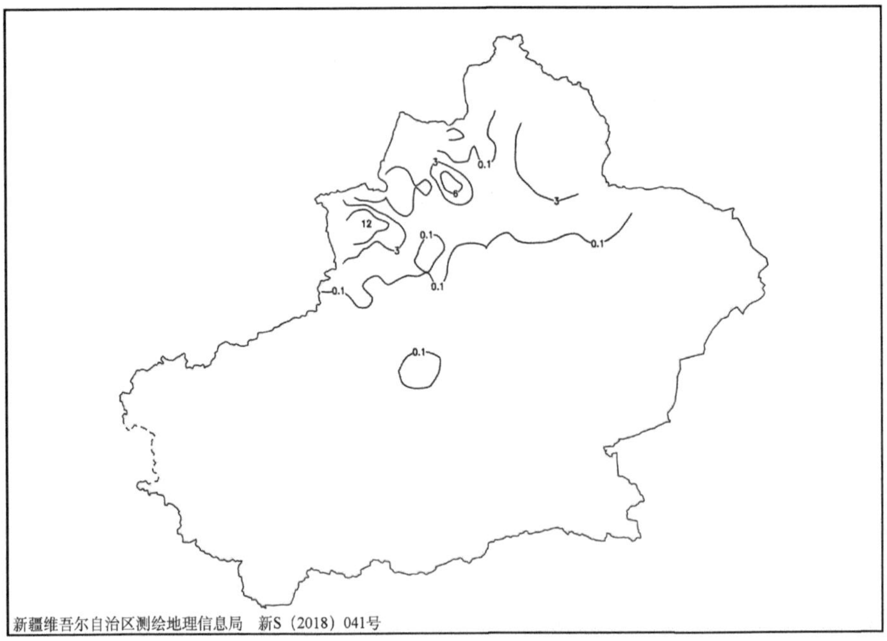

图 1-14-9　1968 年 12 月 17 日 20 时—18 日 20 时降雪量分布图(单位:毫米)

1969 年 2 月 10 日，伊犁哈萨克自治州伊宁市出现暴雪，24 小时降雪量为 19.5 毫米(图 1-14-10)。

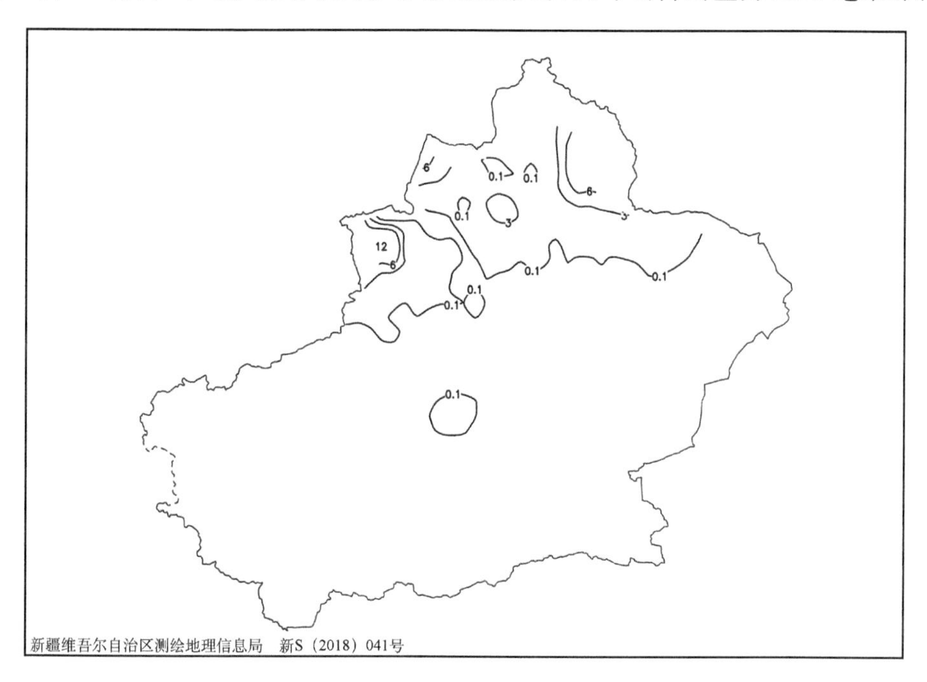

图 1-14-10 1969 年 2 月 9 日 20 时—10 日 20 时降雪量分布图(单位:毫米)

2002 年 2 月 20 日，伊犁哈萨克自治州伊宁市出现暴雪，24 小时降雪量为 12.4 毫米(图 1-14-11)。

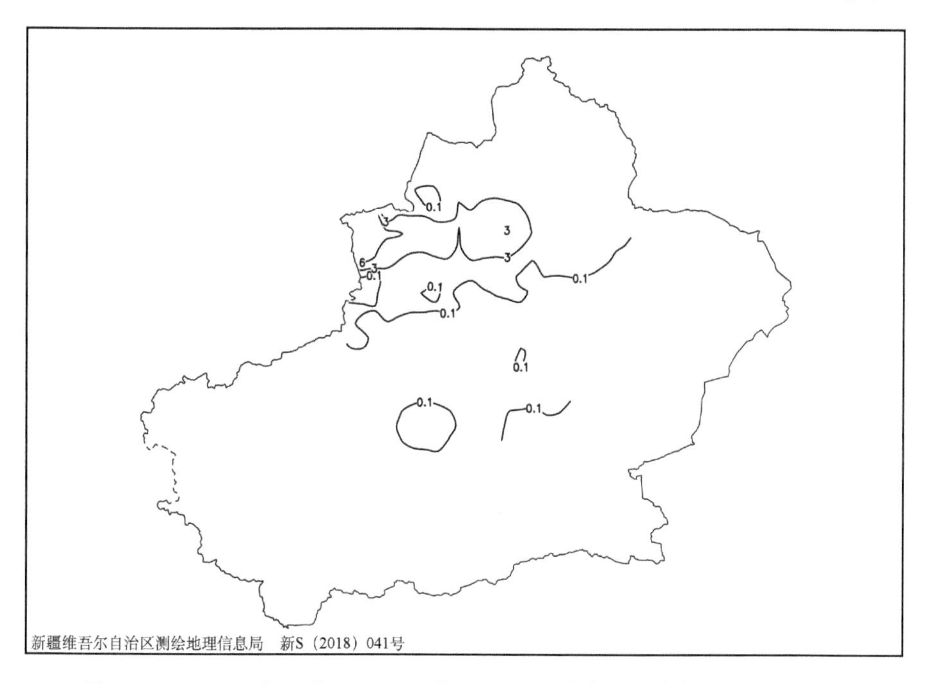

图 1-14-11 2002 年 2 月 19 日 20 时—20 日 20 时降雪量分布图(单位:毫米)

2005 年 3 月 12 日，伊犁哈萨克自治州伊宁市出现暴雪，24 小时降雪量为 12.3 毫米(图 1-14-12)。

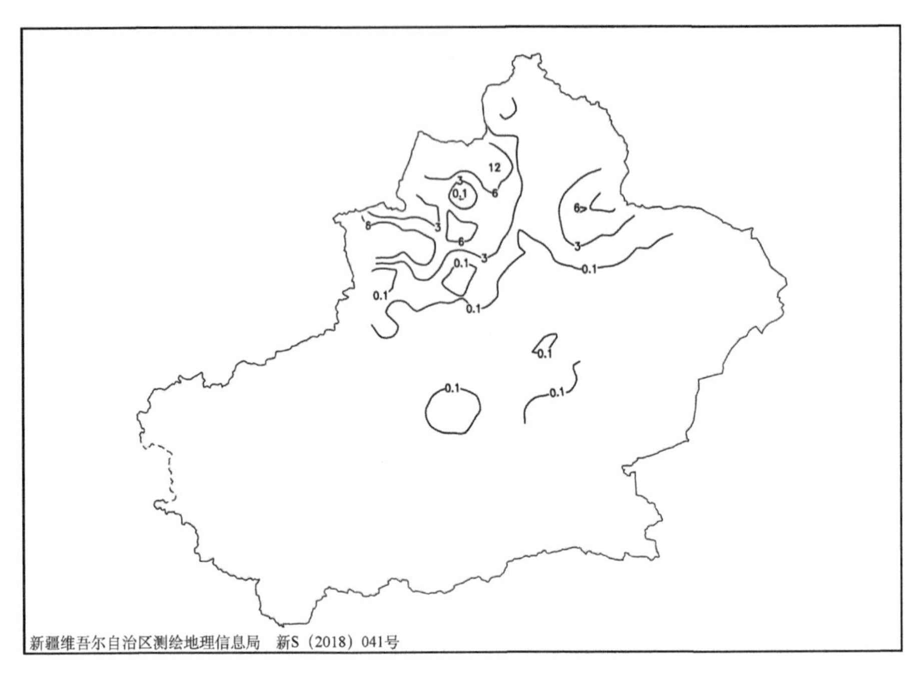

图 1-14-12　2005 年 3 月 11 日 20 时—12 日 20 时降雪量分布图(单位:毫米)

1.14.2　新源县暴雪

1955 年 11 月 12 日，伊犁哈萨克自治州新源县出现暴雪，24 小时降雪量为 16.5 毫米(图 1-14-13)。

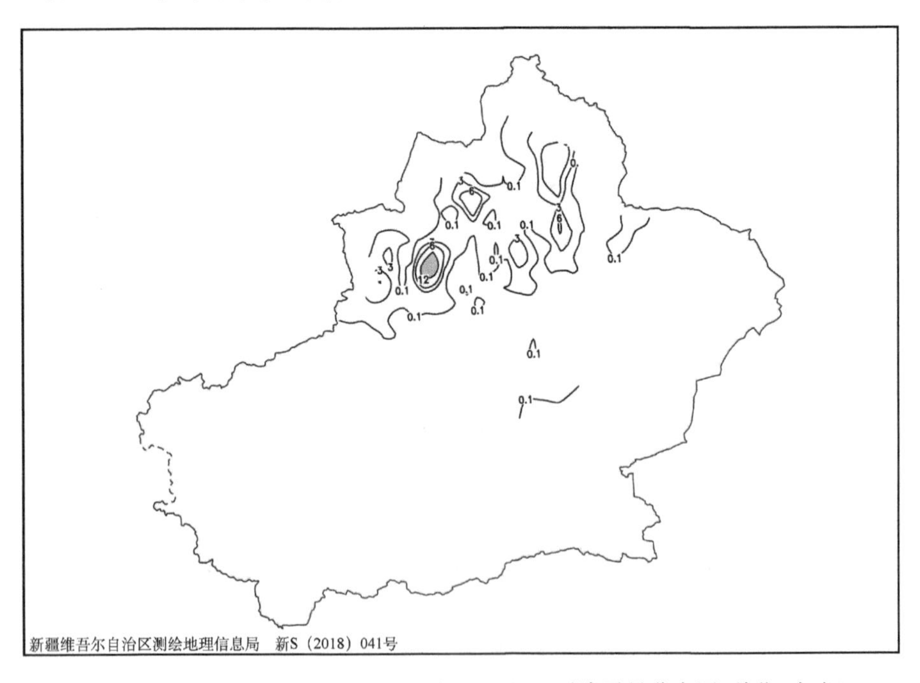

图 1-14-13　1955 年 11 月 11 日 20 时—12 日 20 时降雪量分布图(单位:毫米)

1955年12月24日，伊犁哈萨克自治州新源县出现暴雪，24小时降雪量为15.7毫米（图1-14-14）。

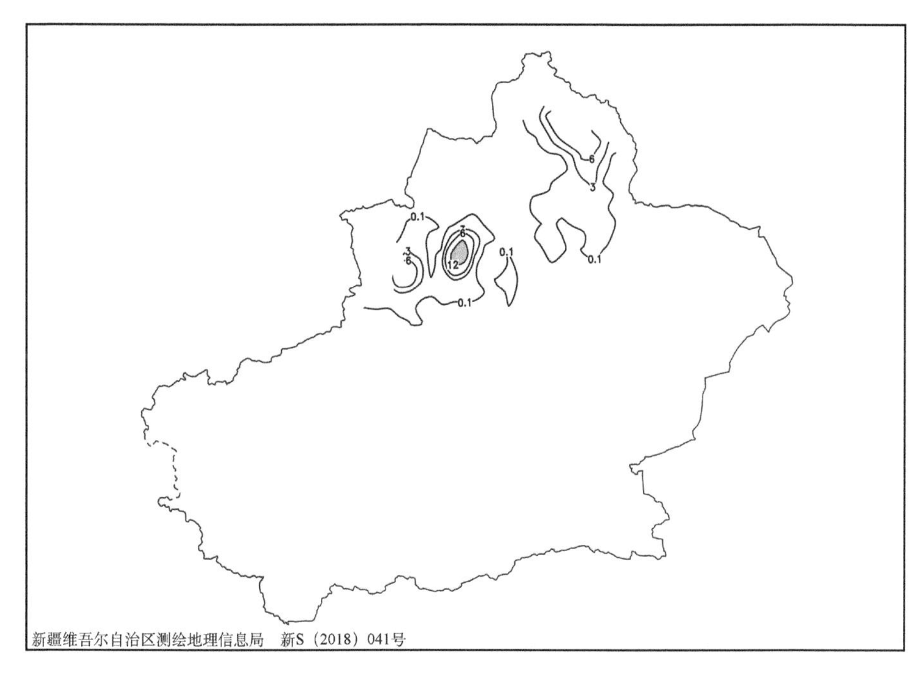

图1-14-14　1955年12月23日20时—24日20时降雪量分布图（单位：毫米）

1957年3月2日，伊犁哈萨克自治州新源县出现暴雪，24小时降雪量为13.6毫米（图1-14-15）。

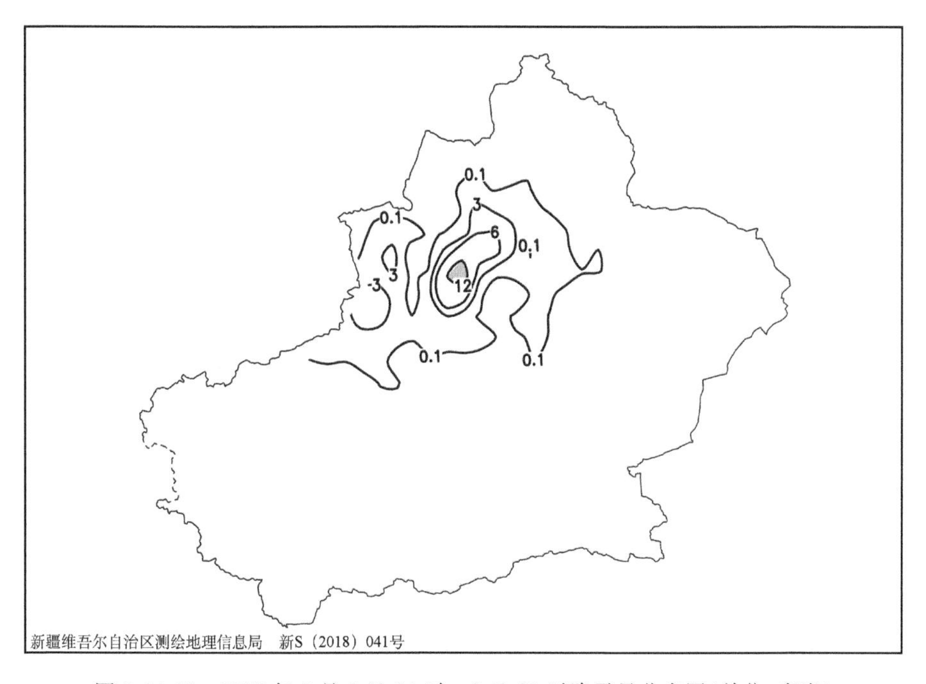

图1-14-15　1957年3月1日20时—2日20时降雪量分布图（单位：毫米）

1958 年 3 月 17 日,伊犁哈萨克自治州新源县出现暴雪,24 小时降雪量为 12.1 毫米(图 1-14-16)。

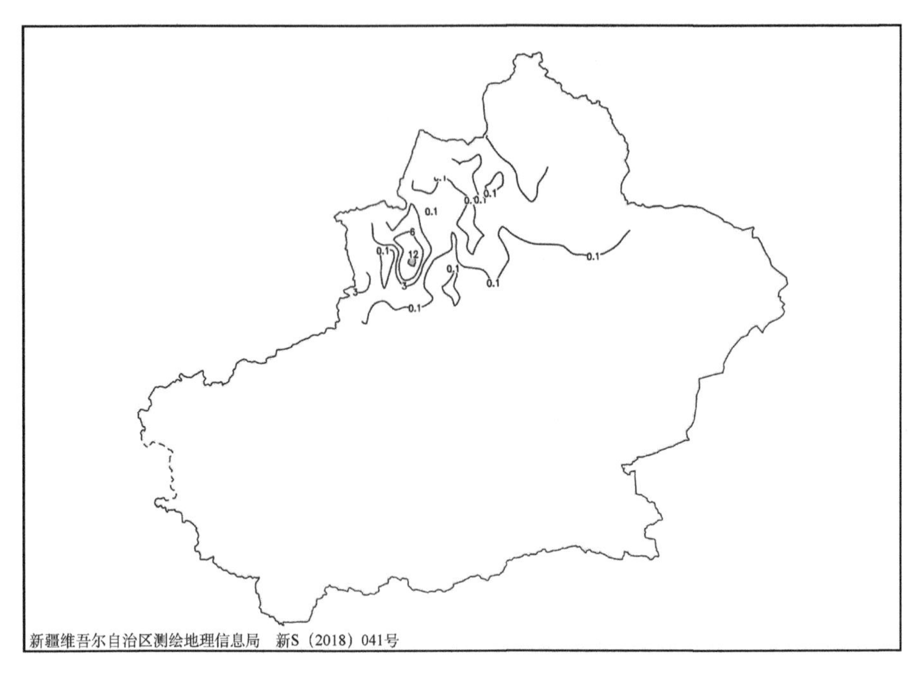

图 1-14-16　1958 年 3 月 16 日 20 时—17 日 20 时降雪量分布图(单位:毫米)

1958 年 3 月 29 日,伊犁哈萨克自治州新源县出现暴雪,24 小时降雪量为 14.8 毫米(图 1-14-17)。

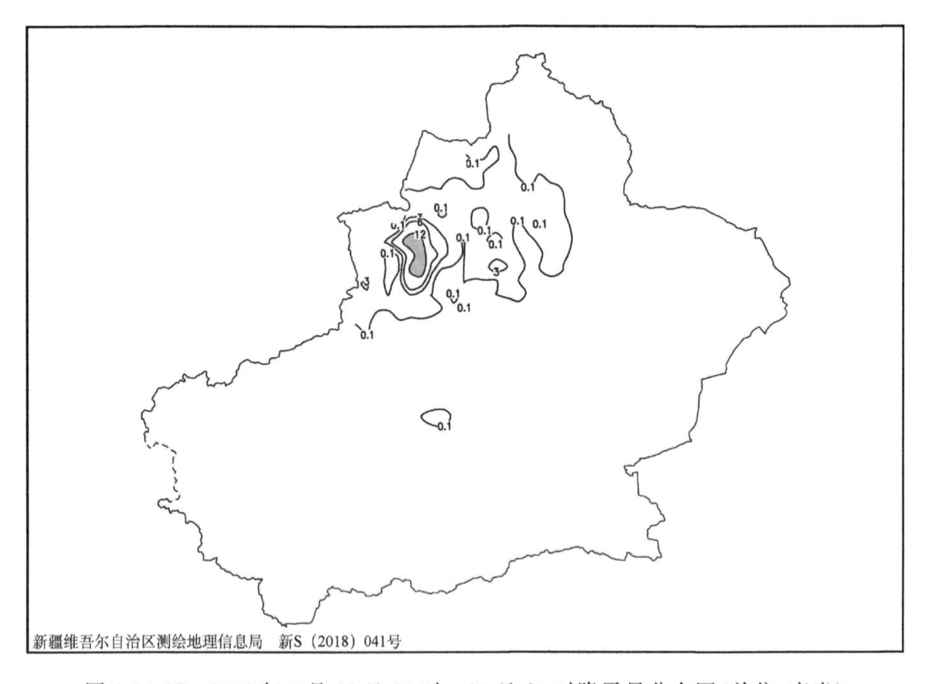

图 1-14-17　1958 年 3 月 28 日 20 时—29 日 20 时降雪量分布图(单位:毫米)

1959年3月21日,伊犁哈萨克自治州新源县出现暴雪,24小时降雪量为16.6毫米(图1-14-18)。

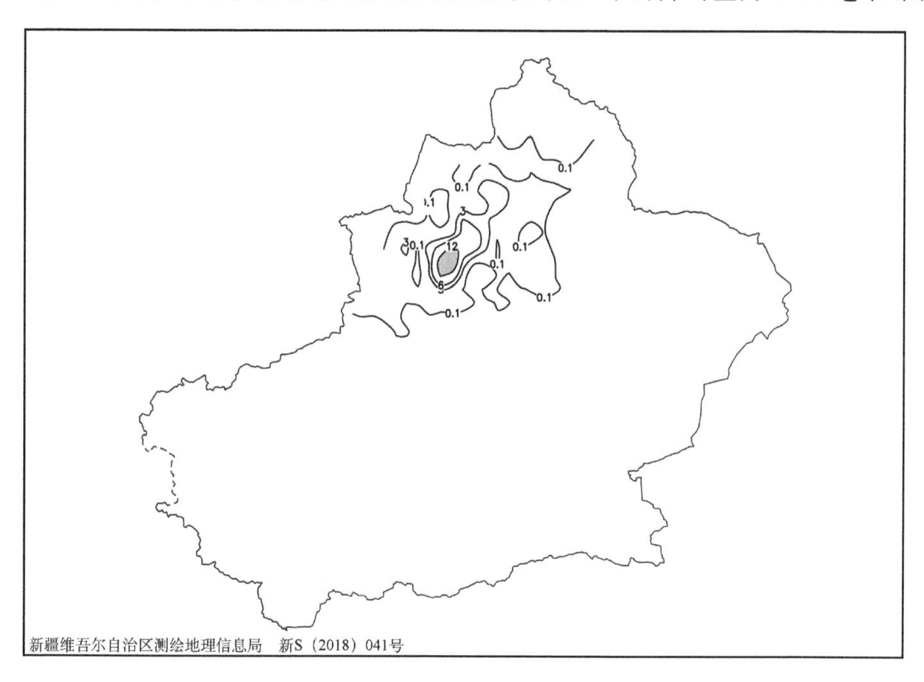

图1-14-18　1959年3月20日20时—21日20时降雪量分布图(单位:毫米)

1959年11月3日,伊犁哈萨克自治州新源县出现暴雪,24小时降雪量为12.6毫米(图1-14-19)。

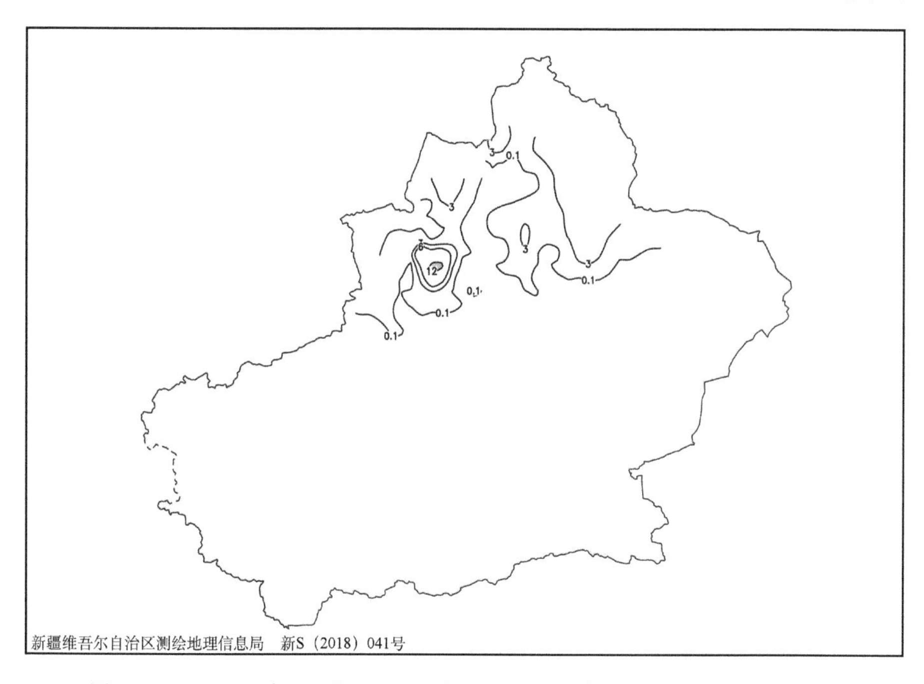

图1-14-19　1959年11月2日20时—3日20时降雪量分布图(单位:毫米)

1959 年 11 月 22 日,伊犁哈萨克自治州新源县出现暴雪,24 小时降雪量为 16.8 毫米(图 1-14-20)。

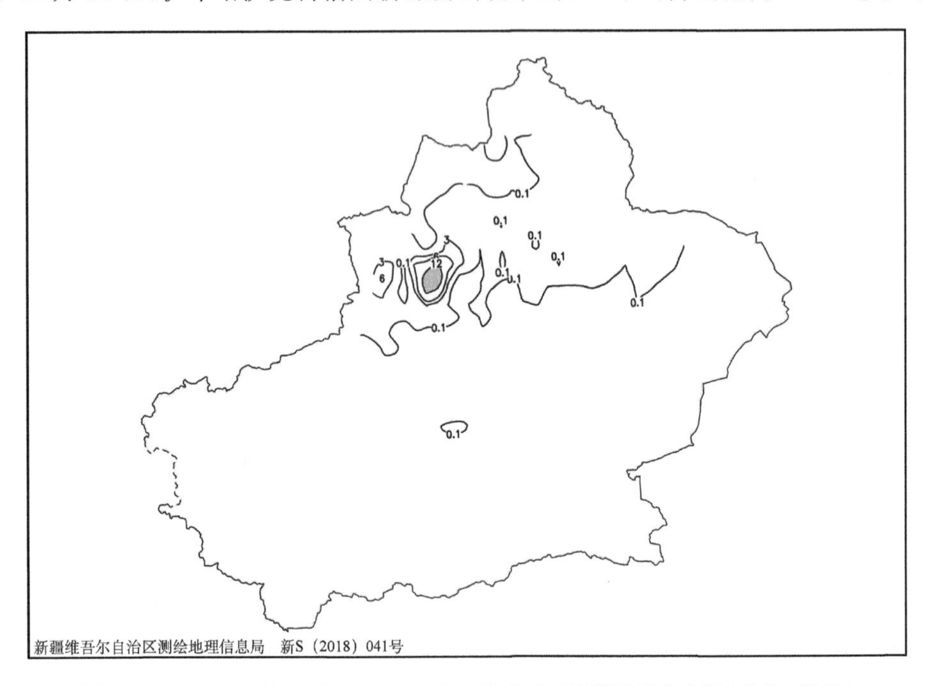

图 1-14-20　1959 年 11 月 21 日 20 时—22 日 20 时降雪量分布图(单位:毫米)

1960 年 11 月 19 日,伊犁哈萨克自治州新源县出现暴雪,24 小时降雪量为 15.5 毫米(图 1-14-21)。

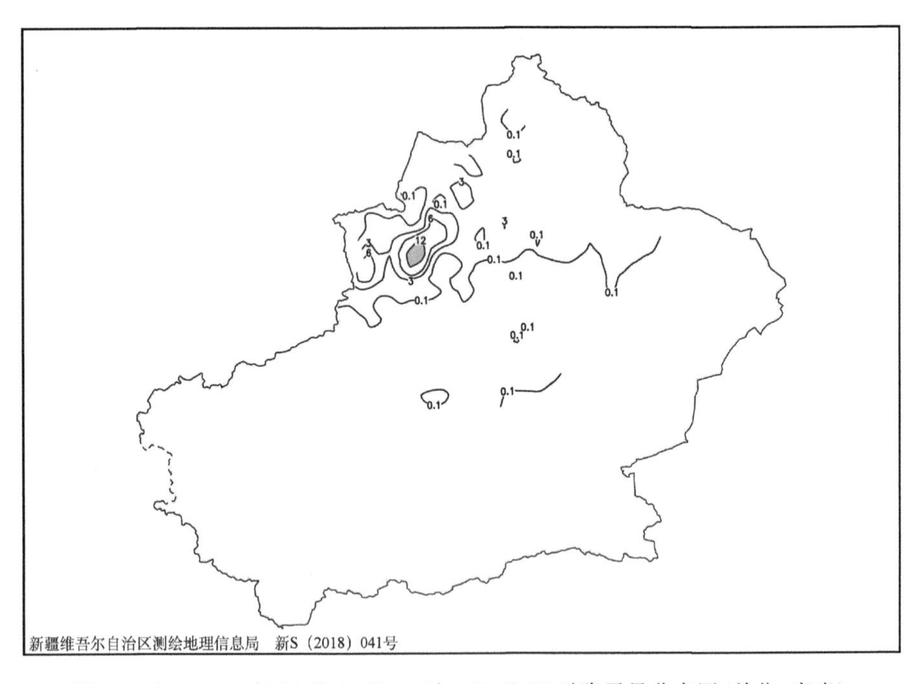

图 1-14-21　1960 年 11 月 18 日 20 时—19 日 20 时降雪量分布图(单位:毫米)

1962年11月11日,伊犁哈萨克自治州新源县出现暴雪,24小时降雪量为13.8毫米(图1-14-22)。

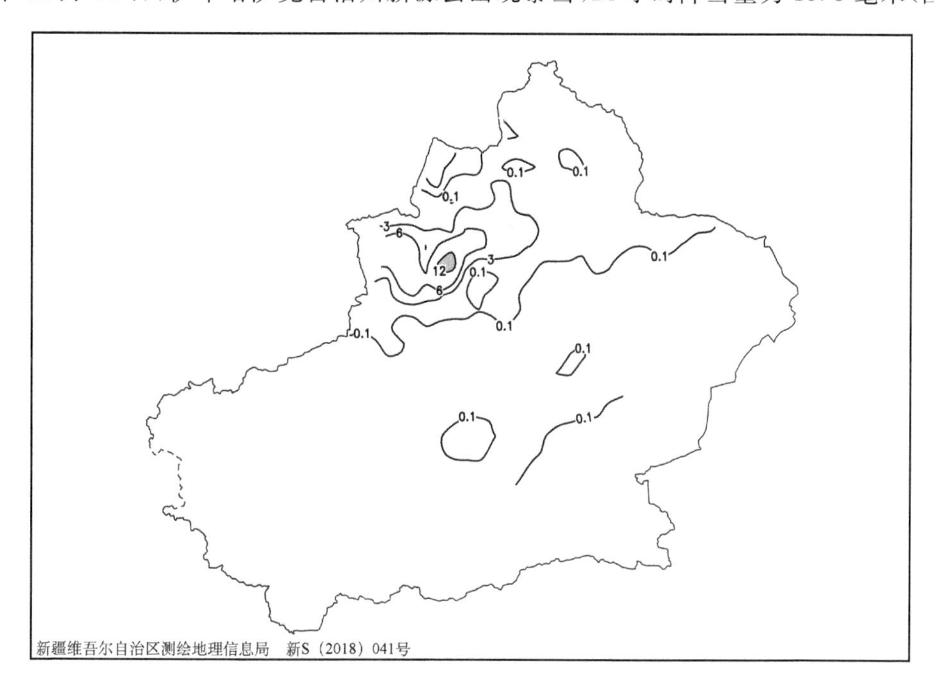

图1-14-22 1962年11月10日20时—11日20时降雪量分布图(单位:毫米)

1963年11月7日,伊犁哈萨克自治州新源县出现暴雪,24小时降雪量为13.2毫米(图1-14-23)。

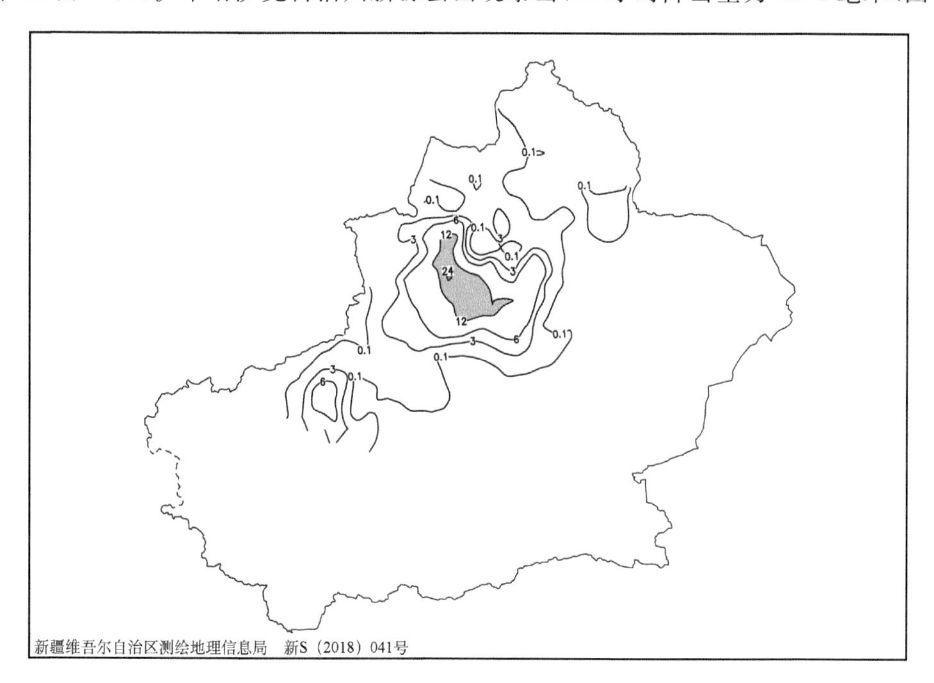

图1-14-23 1963年11月6日20时—7日20时降雪量分布图(单位:毫米)

1966 年 12 月 23 日，伊犁哈萨克自治州新源县出现暴雪，24 小时降雪量为 15.2 毫米(图 1-14-24)。

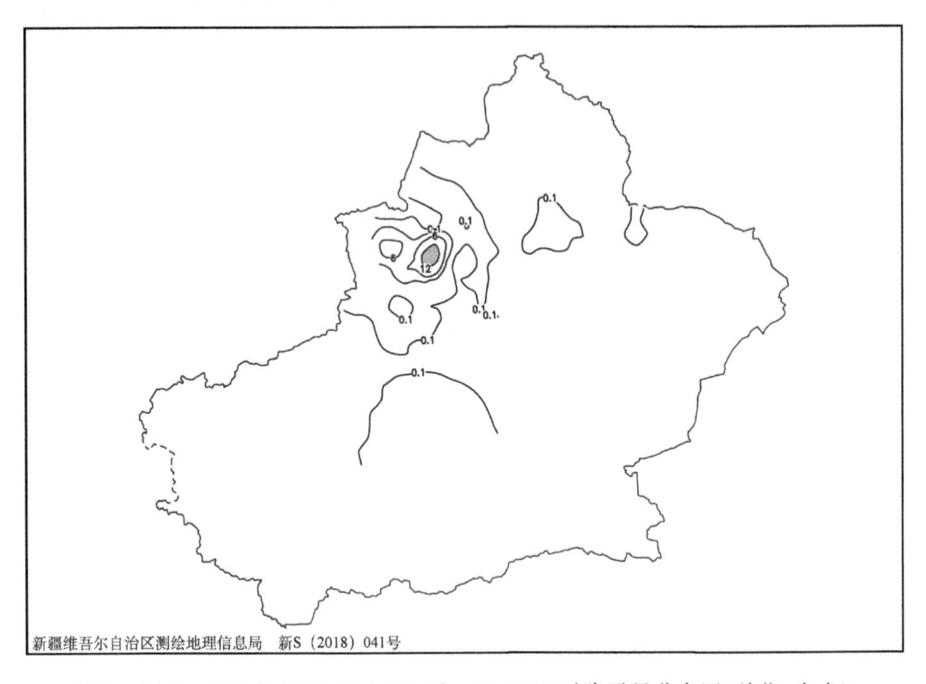

图 1-14-24　1966 年 12 月 22 日 20 时—23 日 20 时降雪量分布图(单位：毫米)

1970 年 11 月 7 日，伊犁哈萨克自治州新源县出现暴雪，24 小时降雪量为 13.3 毫米(图 1-14-25)。

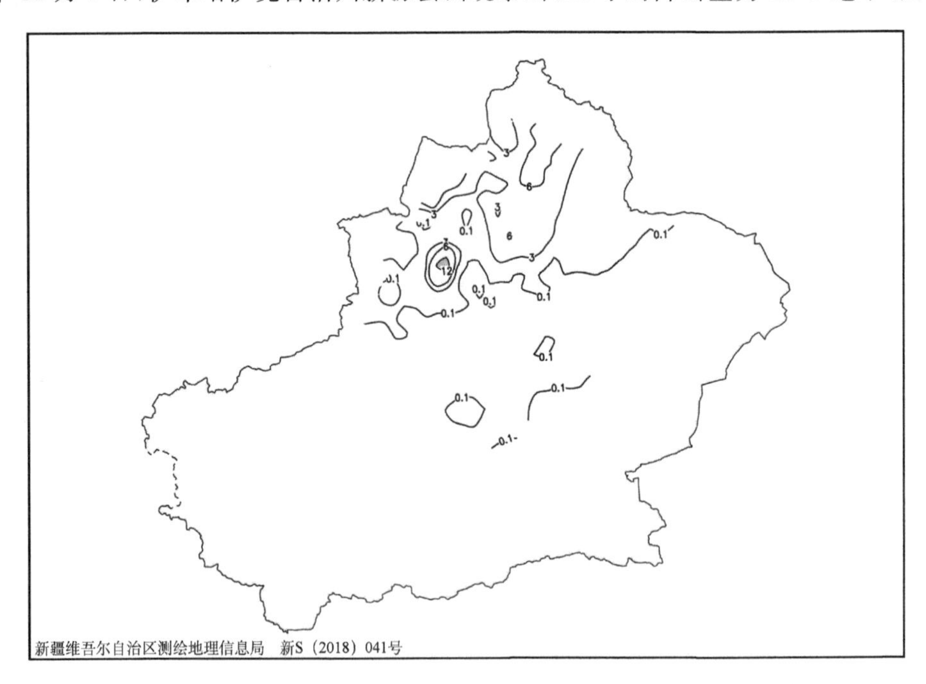

图 1-14-25　1970 年 11 月 6 日 20 时—7 日 20 时降雪量分布图(单位：毫米)

1971年2月26日，伊犁哈萨克自治州新源县出现暴雪，24小时降雪量为12.5毫米(图1-14-26)。

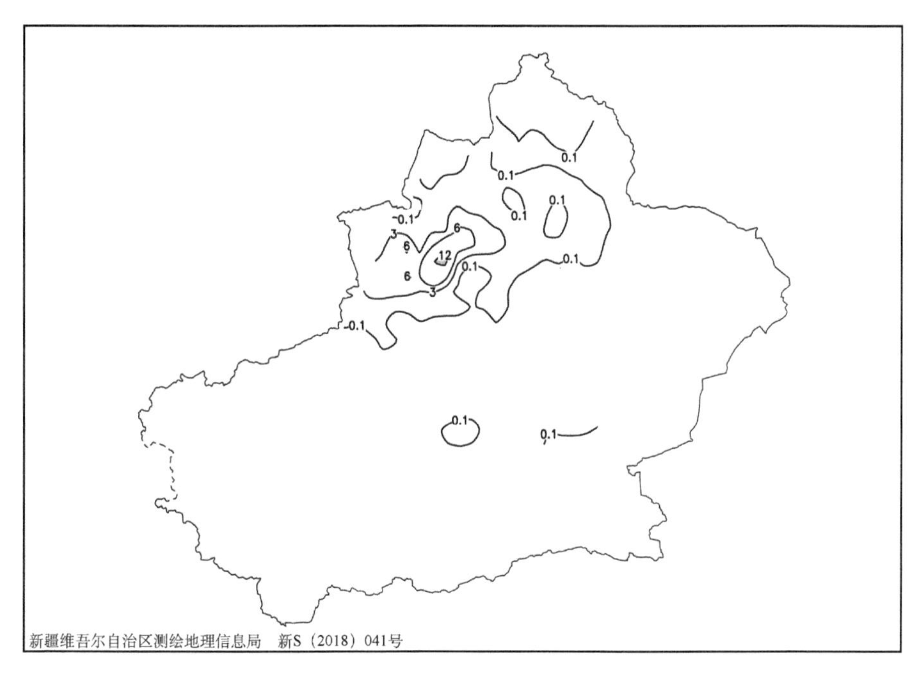

图1-14-26　1971年2月25日20时—26日20时降雪量分布图(单位:毫米)

1972年12月3日，伊犁哈萨克自治州新源县出现暴雪，24小时降雪量为17.8毫米(图1-14-27)。

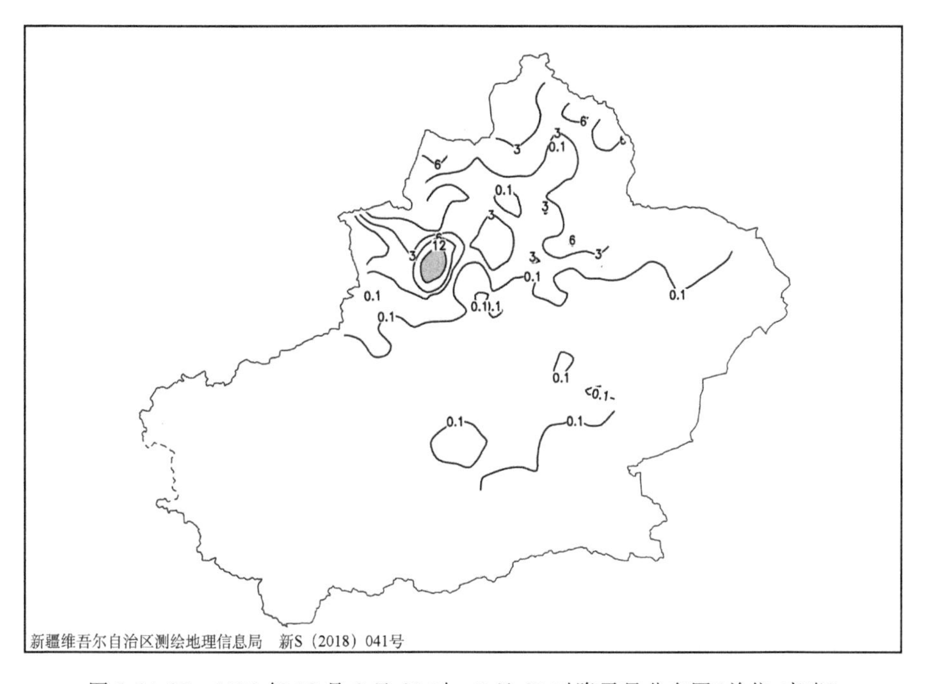

图1-14-27　1972年12月2日20时—3日20时降雪量分布图(单位:毫米)

1974 年 3 月 21 日,伊犁哈萨克自治州新源县出现暴雪,24 小时降雪量为 14.4 毫米(图 1-14-28)。

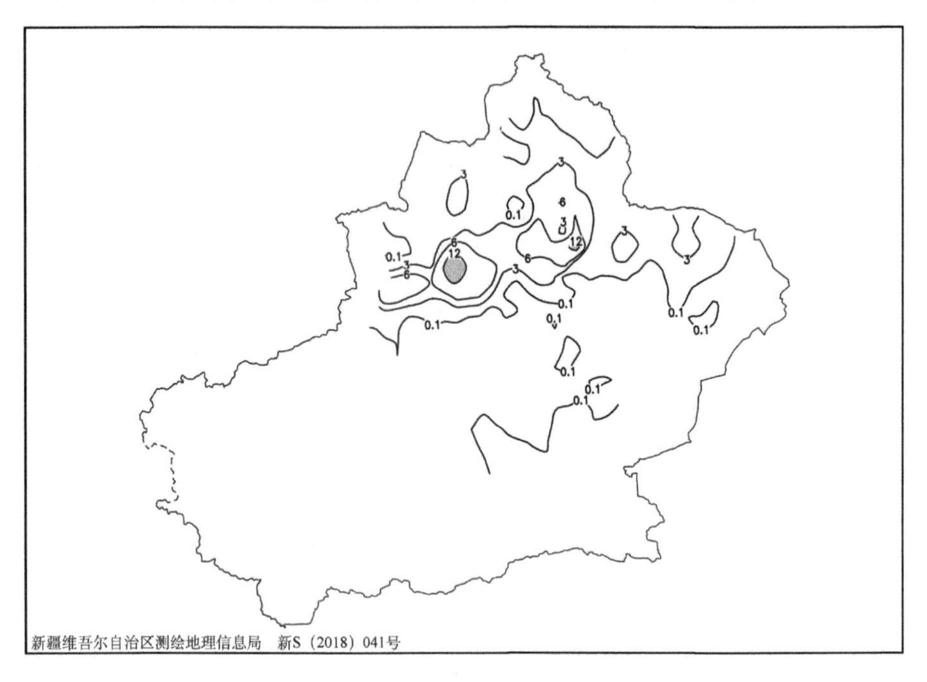

图 1-14-28　1974 年 3 月 20 日 20 时—21 日 20 时降雪量分布图(单位:毫米)

1976 年 3 月 26 日,伊犁哈萨克自治州新源县出现暴雪,24 小时降雪量为 14.9 毫米(图 1-14-29)。

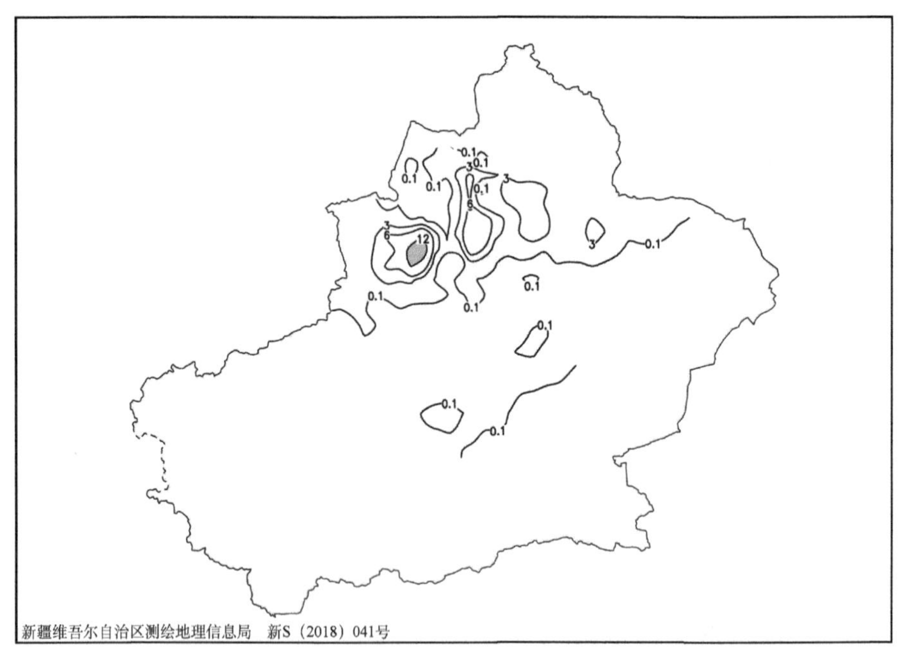

图 1-14-29　1976 年 3 月 25 日 20 时—26 日 20 时降雪量分布图(单位:毫米)

1976年12月20日，伊犁哈萨克自治州新源县出现暴雪，24小时降雪量为13.2毫米(图1-14-30)。

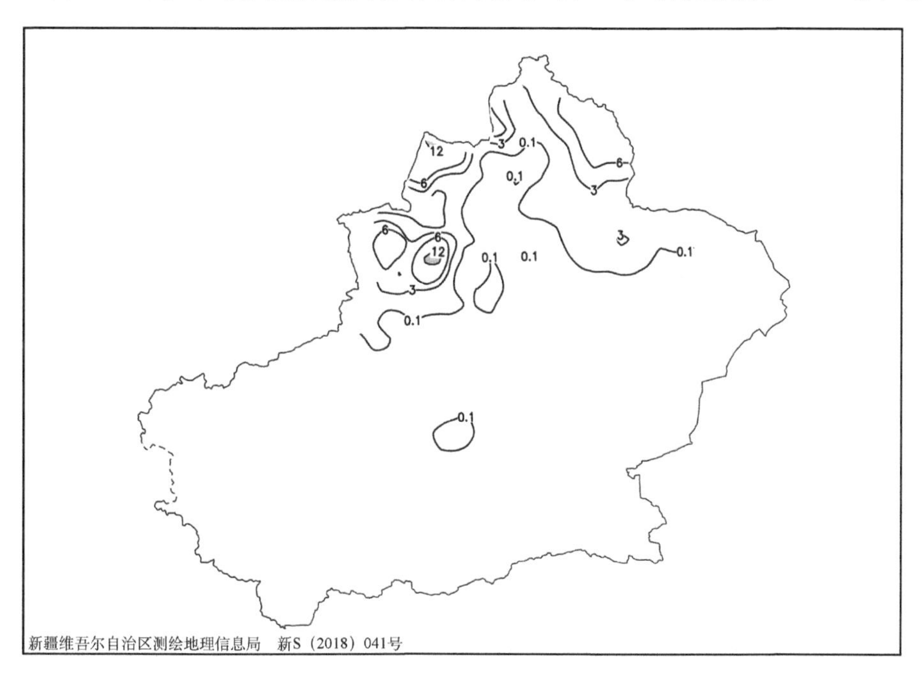

图1-14-30 1976年12月19日20时—20日20时降雪量分布图(单位:毫米)

1977年12月19日，伊犁哈萨克自治州新源县出现暴雪，24小时降雪量为12.2毫米(图1-14-31)。

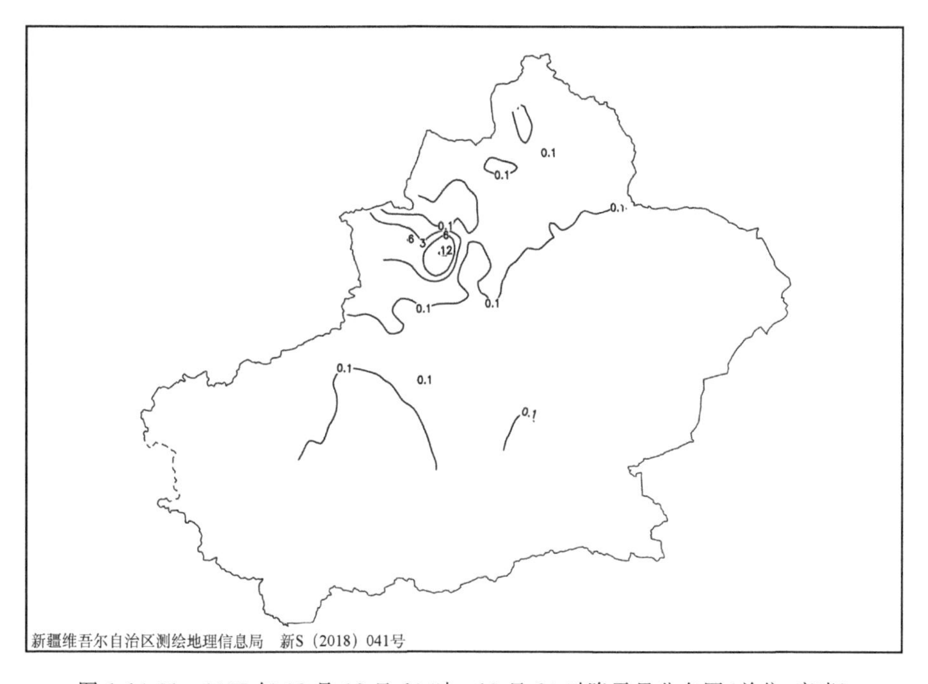

图1-14-31 1977年12月18日20时—19日20时降雪量分布图(单位:毫米)

1979 年 12 月 19 日,伊犁哈萨克自治州新源县出现暴雪,24 小时降雪量为 12.6 毫米(图 1-14-32)。

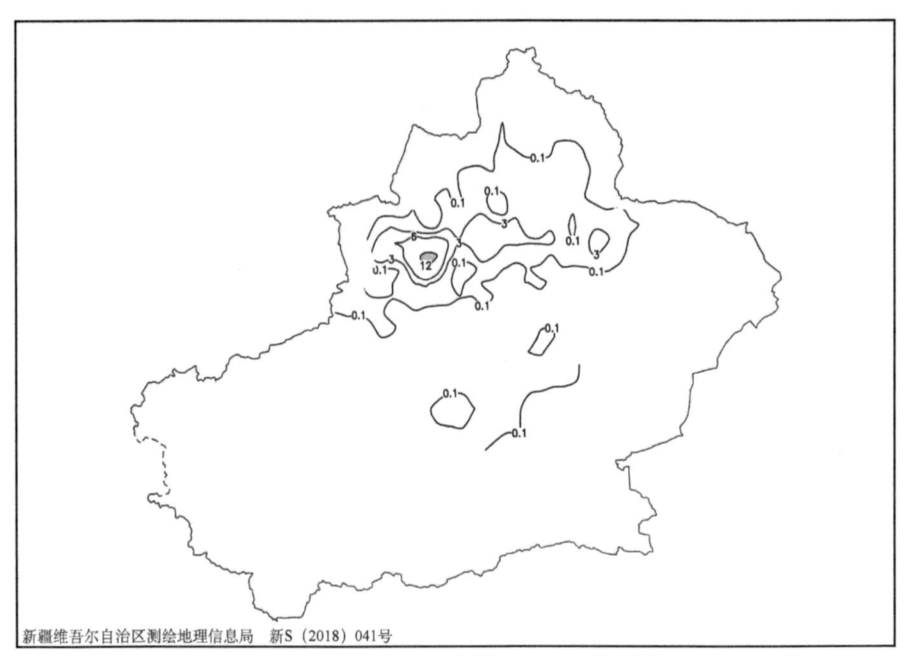

图 1-14-32　1979 年 12 月 18 日 20 时—19 日 20 时降雪量分布图(单位:毫米)

1980 年 3 月 27 日,伊犁哈萨克自治州新源县出现暴雪,24 小时降雪量为 12.9 毫米(图 1-14-33)。

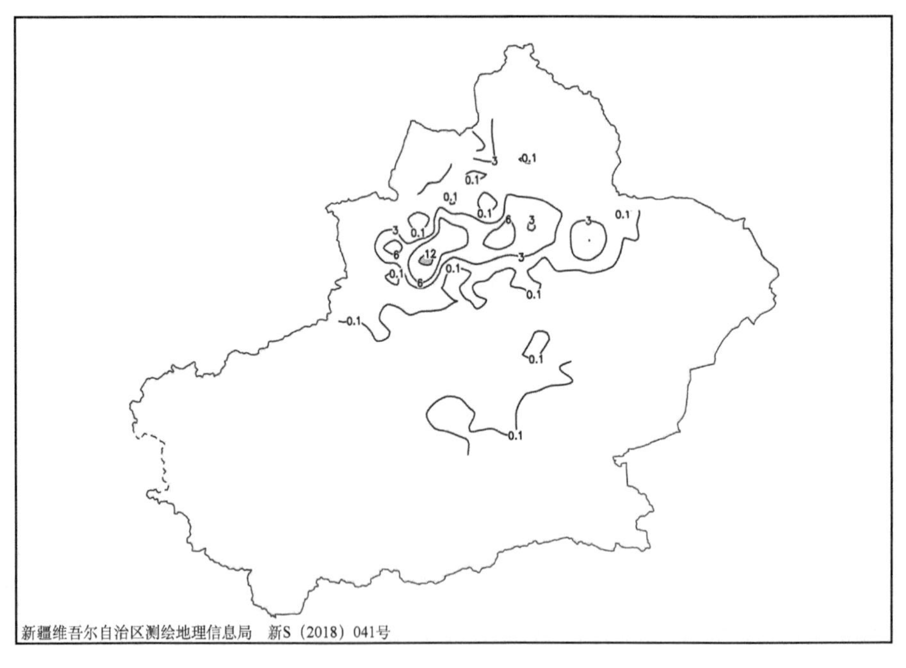

图 1-14-33　1980 年 3 月 26 日 20 时—27 日 20 时降雪量分布图(单位:毫米)

1985年3月27日，伊犁哈萨克自治州新源县出现暴雪，24小时降雪量为19.8毫米（图1-14-34）。

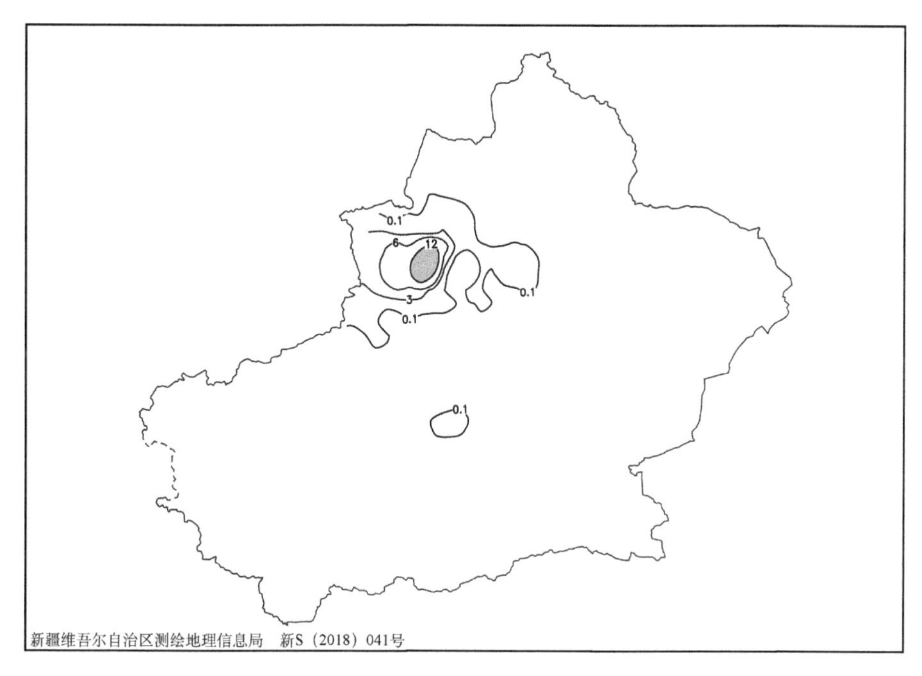

图1-14-34　1985年3月26日20时—27日20时降雪量分布图（单位：毫米）

1985年11月1日，伊犁哈萨克自治州新源县出现暴雪，24小时降雪量为12.1毫米（图1-14-35）。

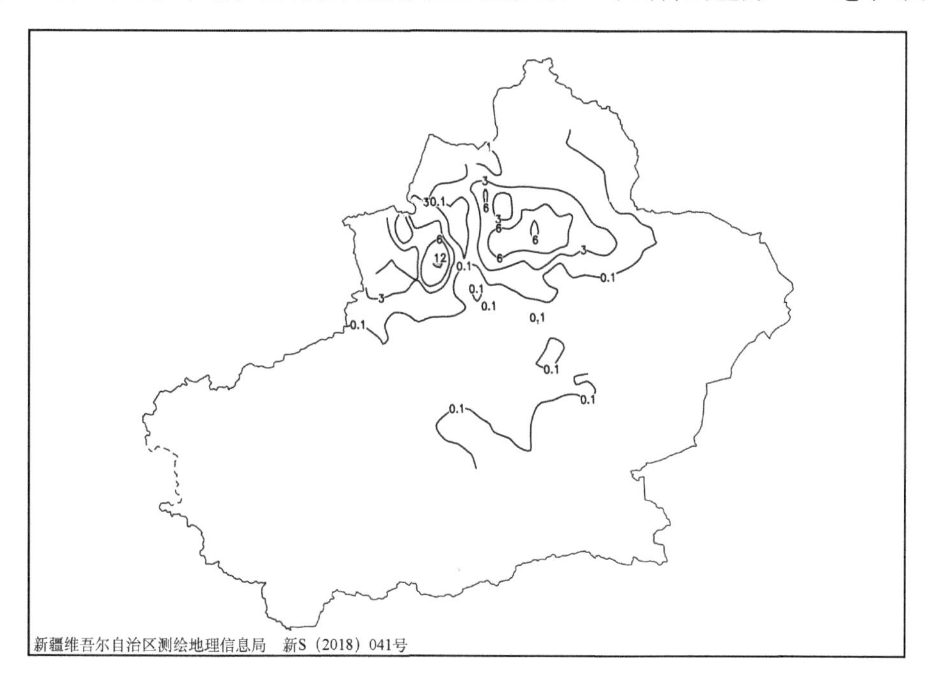

图1-14-35　1985年10月31日20时—11月1日20时降雪量分布图（单位：毫米）

1991 年 11 月 4 日，伊犁哈萨克自治州新源县出现暴雪，24 小时降雪量为 16.4 毫米(图 1-14-36)。

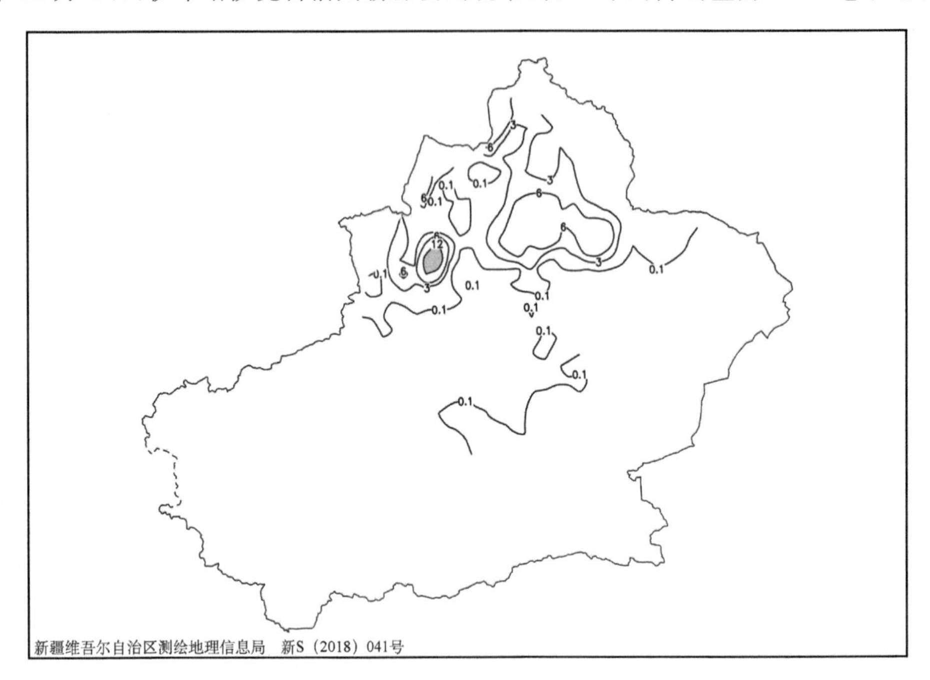

图 1-14-36　1991 年 11 月 3 日 20 时—4 日 20 时降雪量分布图(单位：毫米)

1993 年 11 月 18 日，伊犁哈萨克自治州新源县出现暴雪，24 小时降雪量为 14.3 毫米(图 1-14-37)。

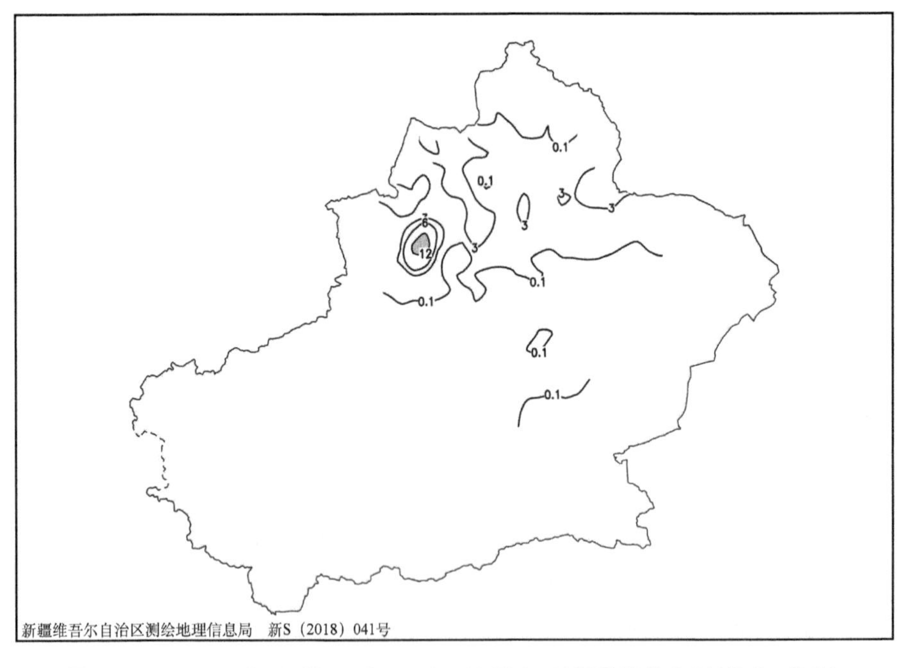

图 1-14-37　1993 年 11 月 17 日 20 时—18 日 20 时降雪量分布图(单位：毫米)

1994年11月20日，伊犁哈萨克自治州新源县出现暴雪，24小时降雪量为14.8毫米(图1-14-38)。

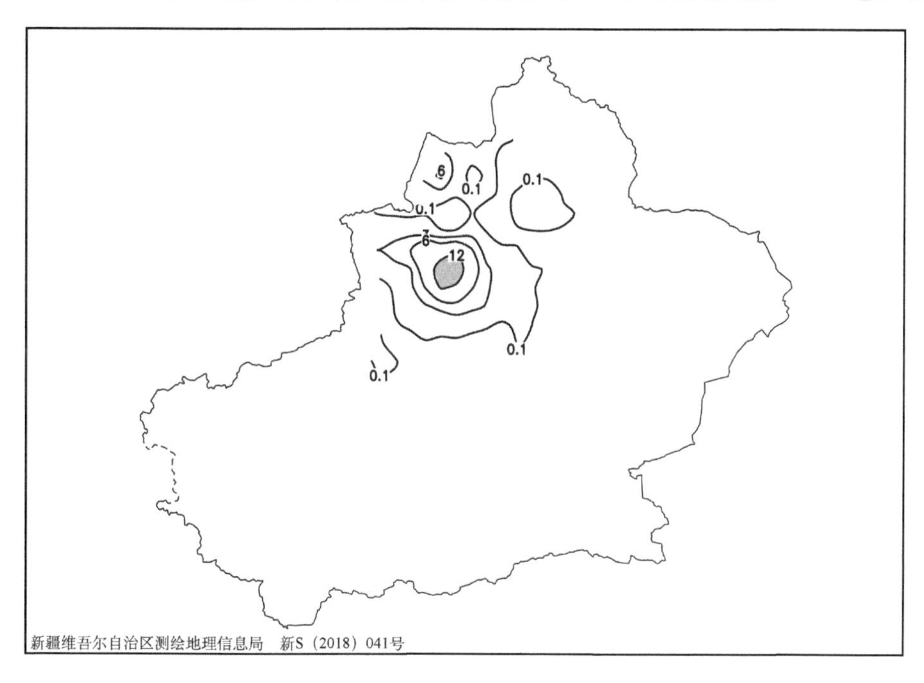

图1-14-38　1994年11月19日20时—20日20时降雪量分布图(单位:毫米)

1996年3月28日，伊犁哈萨克自治州新源县出现暴雪，24小时降雪量为12.5毫米(图1-14-39)。

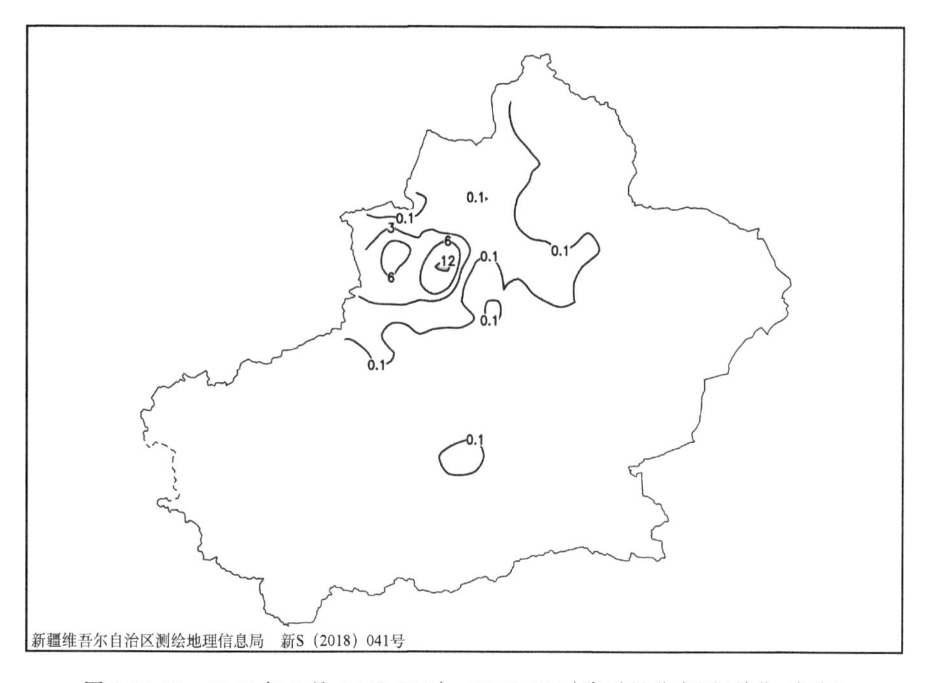

图1-14-39　1996年3月27日20时—28日20时降雪量分布图(单位:毫米)

1998 年 3 月 16 日，伊犁哈萨克自治州新源县出现暴雪，24 小时降雪量为 12.8 毫米(图 1-14-40)。

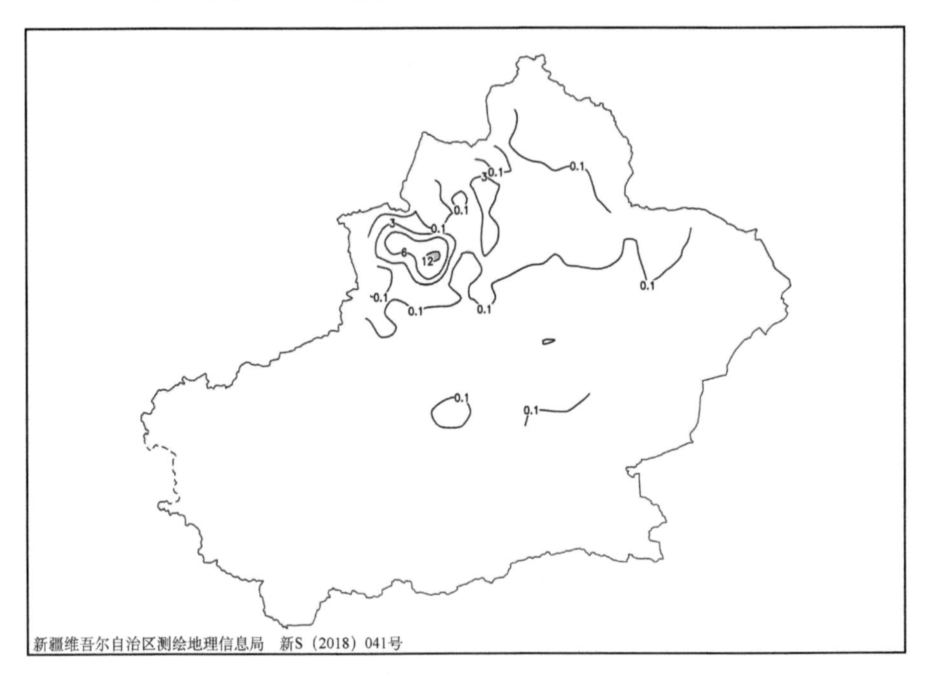

图 1-14-40　1998 年 3 月 15 日 20 时—16 日 20 时降雪量分布图(单位:毫米)

1999 年 3 月 23 日，伊犁哈萨克自治州新源县出现暴雪，24 小时降雪量为 17.7 毫米(图 1-14-41)。

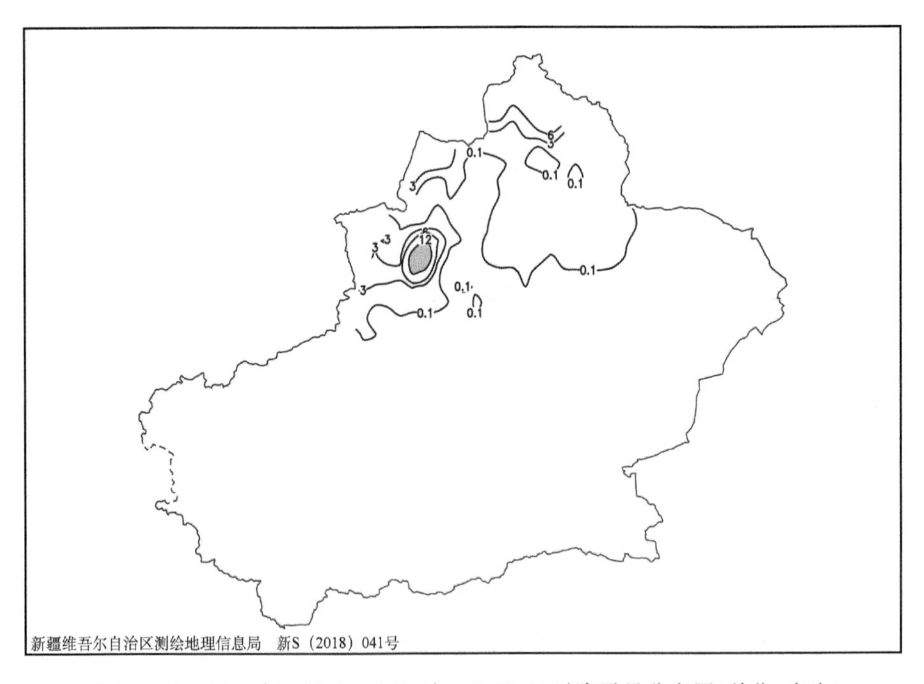

图 1-14-41　1999 年 3 月 22 日 20 时—23 日 20 时降雪量分布图(单位:毫米)

2000年12月5日，伊犁哈萨克自治州新源县出现暴雪，24小时降雪量为13.0毫米(图1-14-42)。

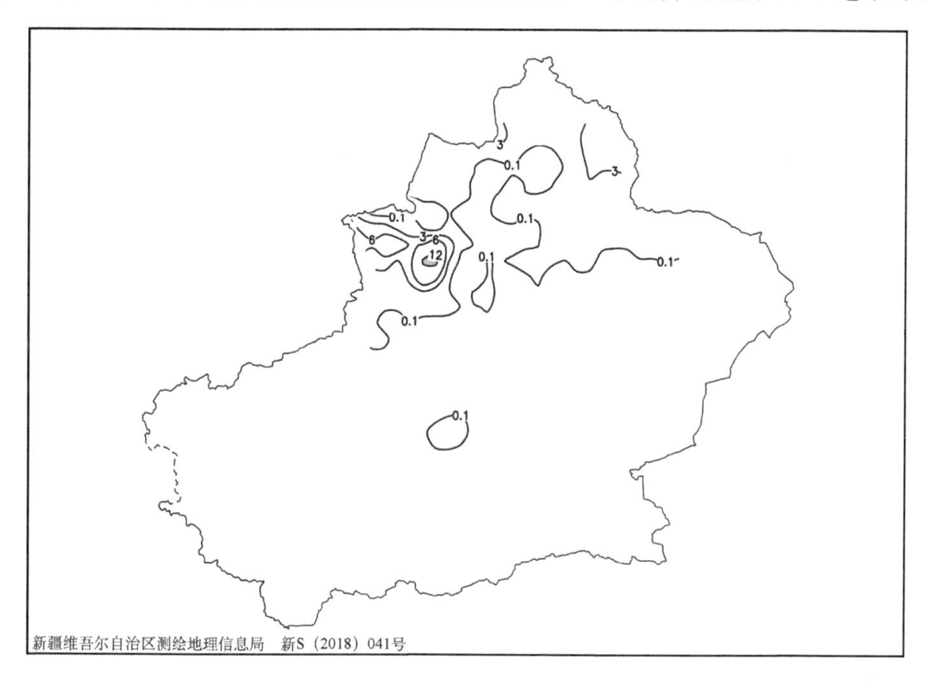

图1-14-42　2000年12月4日20时—5日20时降雪量分布图(单位:毫米)

2001年3月1日，伊犁哈萨克自治州新源县出现暴雪，24小时降雪量为15.8毫米(图1-14-43)。

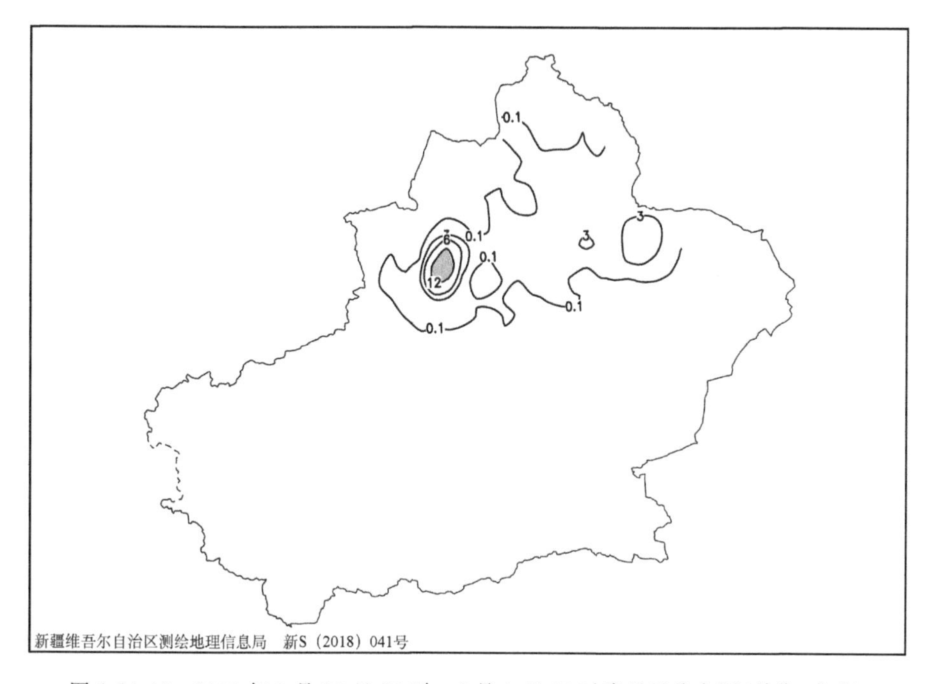

图1-14-43　2001年2月28日20时—3月1日20时降雪量分布图(单位:毫米)

2002 年 11 月 9 日,伊犁哈萨克自治州新源县出现暴雪,24 小时降雪量为 15.7 毫米(图 1-14-44)。

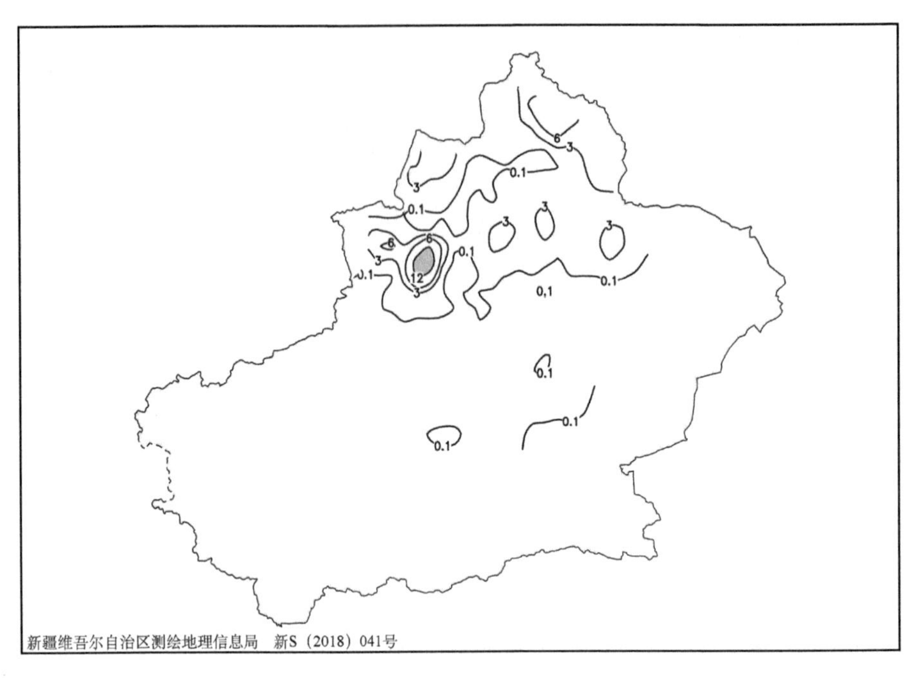

图 1-14-44　2002 年 11 月 8 日 20 时—9 日 20 时降雪量分布图(单位:毫米)

2003 年 11 月 3 日,伊犁哈萨克自治州新源县出现暴雪,24 小时降雪量为 21.1 毫米(图 1-14-45)。

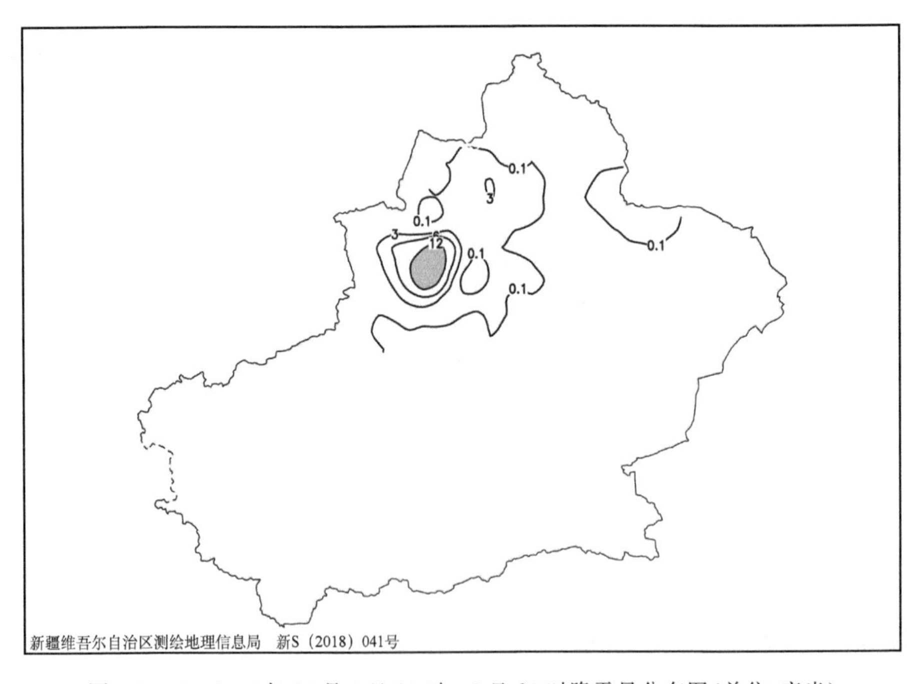

图 1-14-45　2003 年 11 月 2 日 20 时—3 日 20 时降雪量分布图(单位:毫米)

2004 年 3 月 9 日，伊犁哈萨克自治州新源县出现暴雪，24 小时降雪量为 13.5 毫米（图 1-14-46）。

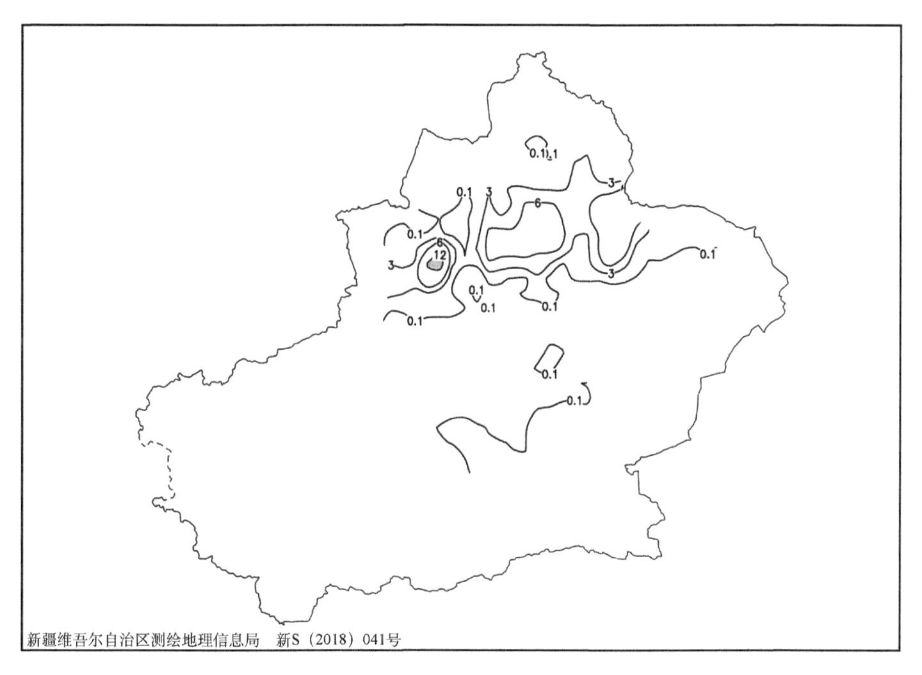

图 1-14-46　2004 年 3 月 8 日 20 时—9 日 20 时降雪量分布图（单位：毫米）

2005 年 12 月 8 日，伊犁哈萨克自治州新源县出现暴雪，24 小时降雪量为 13.9 毫米（图 1-14-47）。

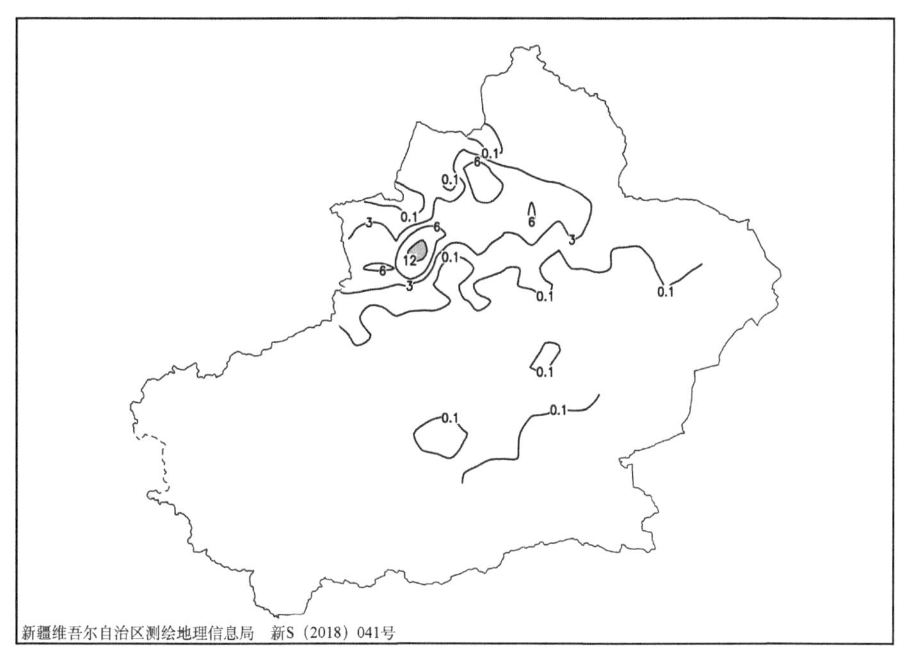

图 1-14-47　2005 年 12 月 7 日 20 时—8 日 20 时降雪量分布图（单位：毫米）

2005年12月29日,伊犁哈萨克自治州新源县出现暴雪,24小时降雪量为17.3毫米(图1-14-48)。

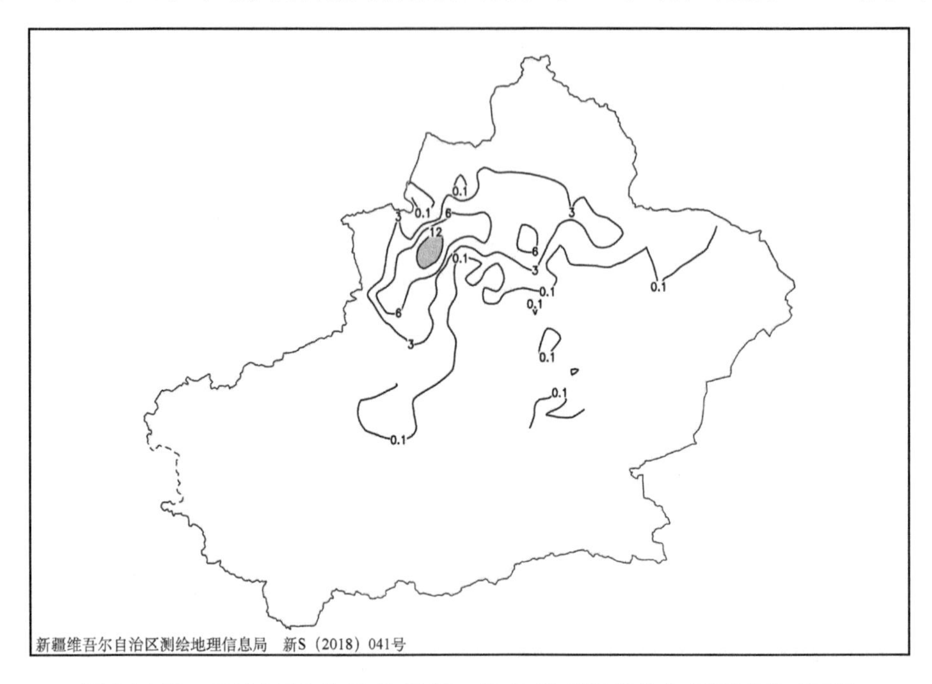

图1-14-48　2005年12月28日20时—29日20时降雪量分布图(单位:毫米)

2010年1月18日,伊犁哈萨克自治州新源县出现暴雪,24小时降雪量为18.1毫米(图1-14-49)。

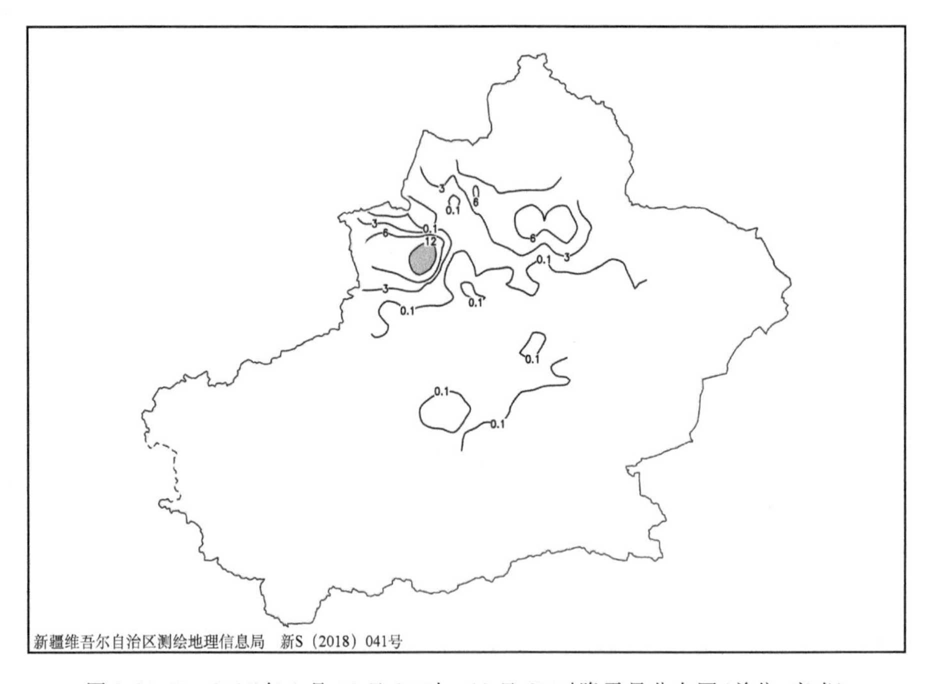

图1-14-49　2010年1月17日20时—18日20时降雪量分布图(单位:毫米)

2010 年 12 月 28 日，伊犁哈萨克自治州新源县出现暴雪，24 小时降雪量为 15.3 毫米（图 1-14-50）。

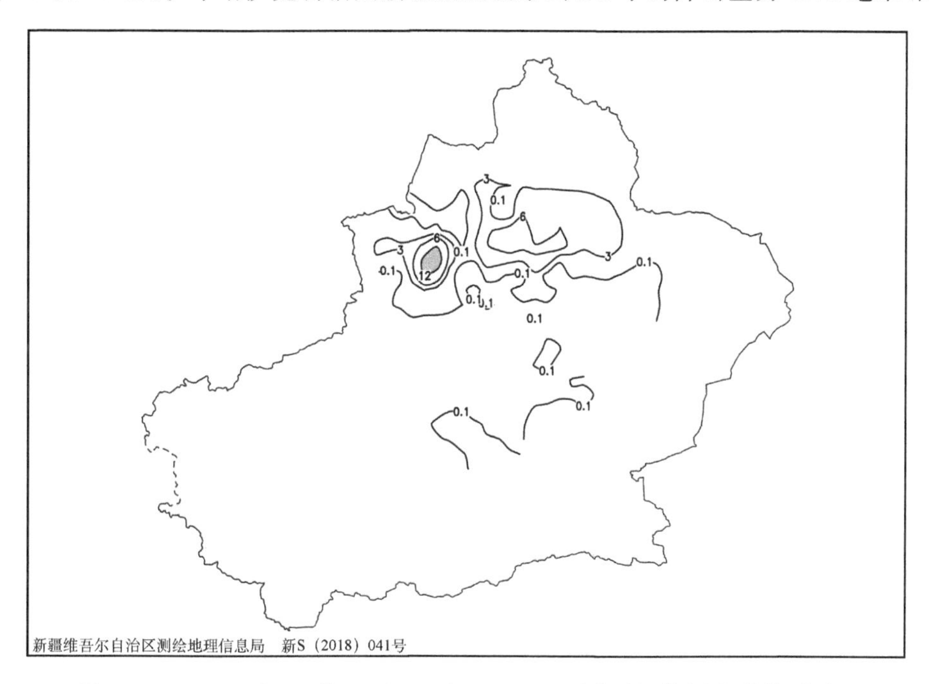

图 1-14-50　2010 年 12 月 27 日 20 时—28 日 20 时降雪量分布图（单位：毫米）

2012 年 11 月 5 日，伊犁哈萨克自治州新源县出现暴雪，24 小时降雪量为 14.4 毫米（图 1-14-51）。

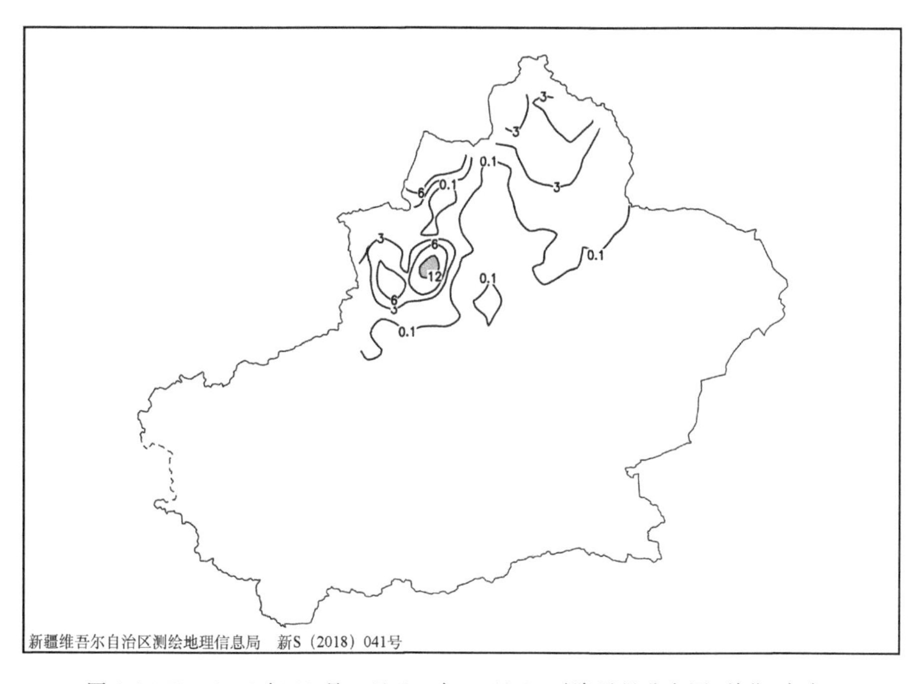

图 1-14-51　2012 年 11 月 4 日 20 时—5 日 20 时降雪量分布图（单位：毫米）

2014 年 11 月 26 日,伊犁哈萨克自治州新源县出现暴雪,24 小时降雪量为 17.0 毫米(图 1-14-52)。

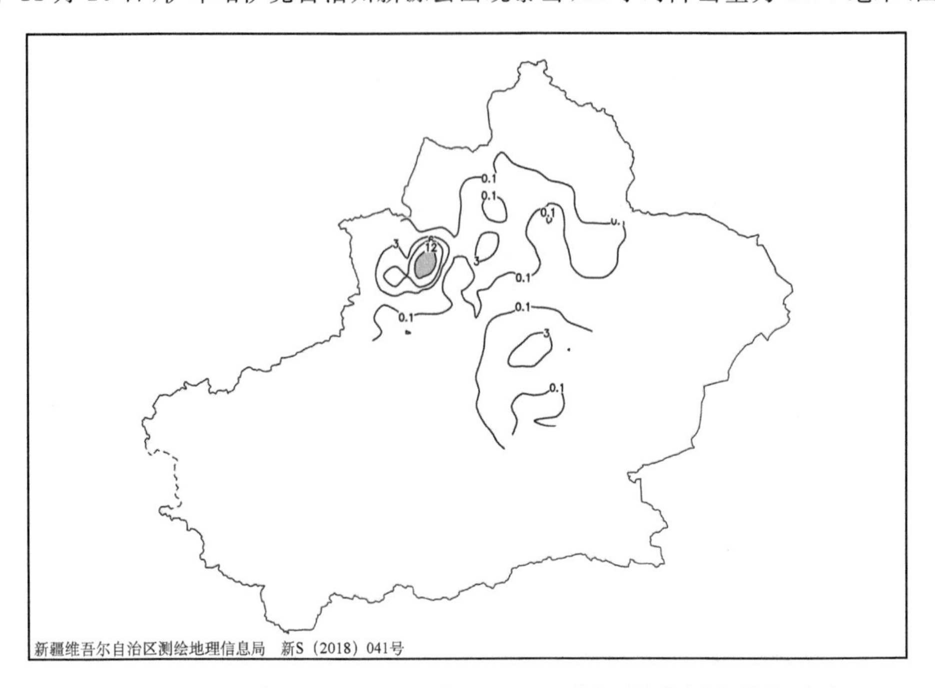

图 1-14-52　2014 年 11 月 25 日 20 时—26 日 20 时降雪量分布图(单位:毫米)

2015 年 11 月 14 日,伊犁哈萨克自治州新源县出现暴雪,24 小时降雪量为 14.9 毫米(图 1-14-53)。

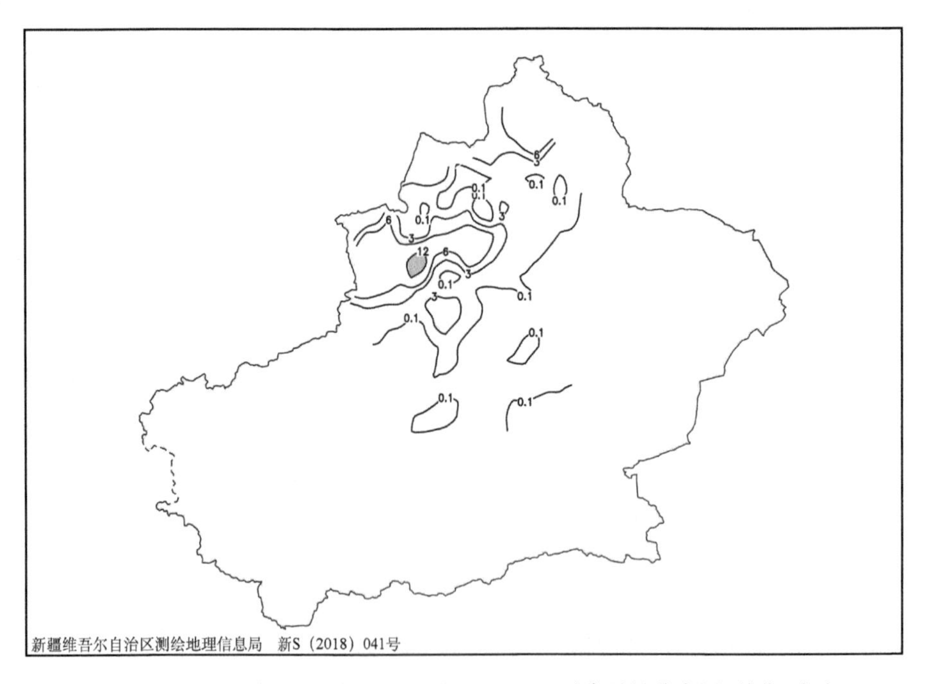

图 1-14-53　2015 年 11 月 13 日 20 时—14 日 20 时降雪量分布图(单位:毫米)

1.14.3　尼勒克县暴雪

1960 年 2 月 6 日，伊犁哈萨克自治州尼勒克县出现暴雪，24 小时降雪量为 14.9 毫米（图 1-14-54）。

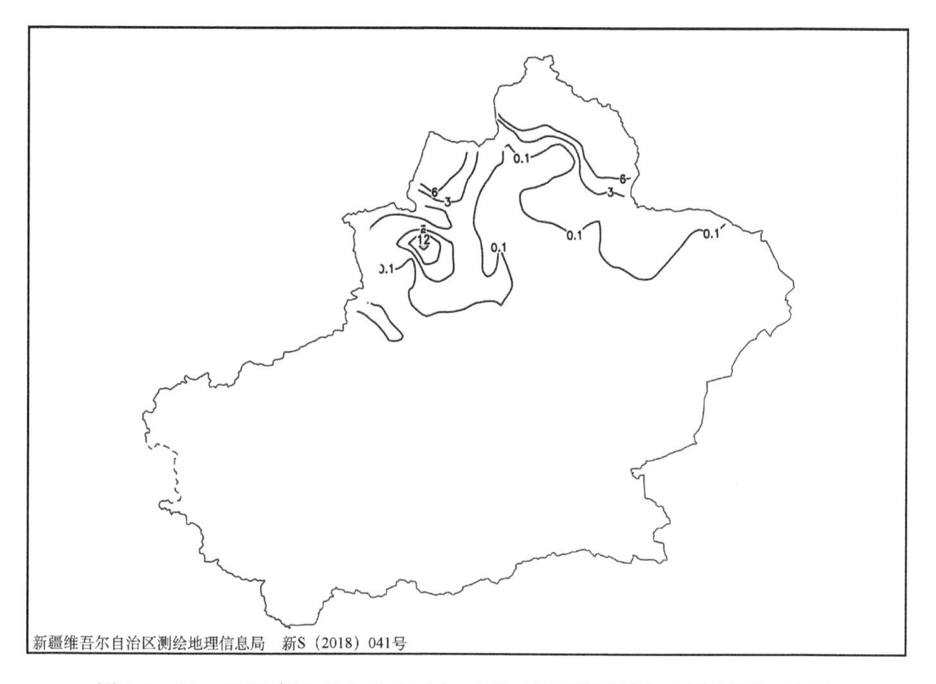

图 1-14-54　1960 年 2 月 5 日 20 时—6 日 20 时降雪量分布图（单位：毫米）

1966 年 3 月 15 日，伊犁哈萨克自治州尼勒克县出现暴雪，24 小时降雪量为 12.7 毫米（图 1-14-55）。

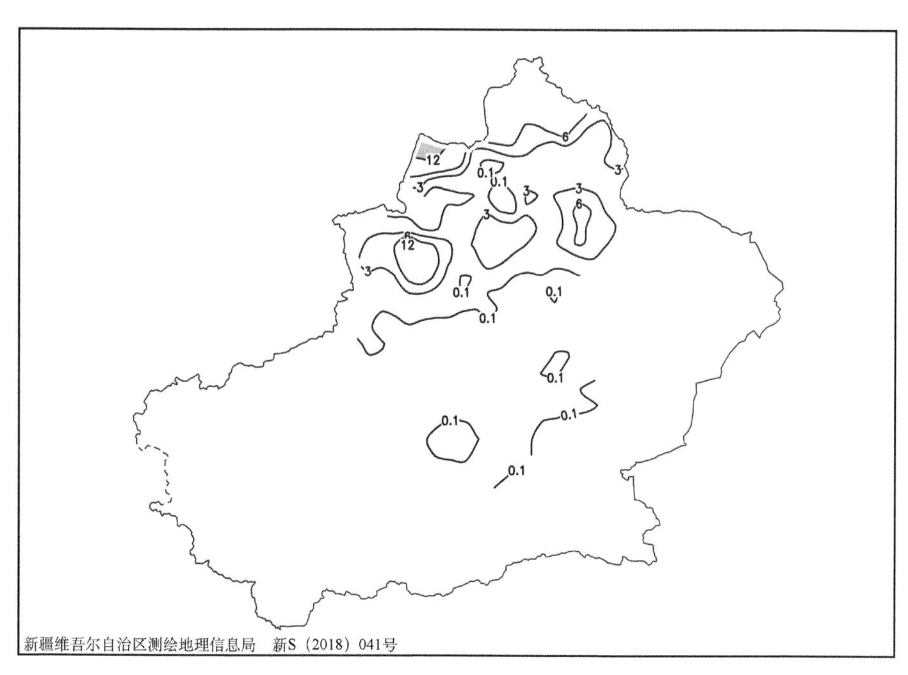

图 1-14-55　1966 年 3 月 14 日 20 时—15 日 20 时降雪量分布图（单位：毫米）

1986 年 2 月 7 日,伊犁哈萨克自治州尼勒克县出现暴雪,24 小时降雪量为 16.8 毫米(图 1-14-56)。

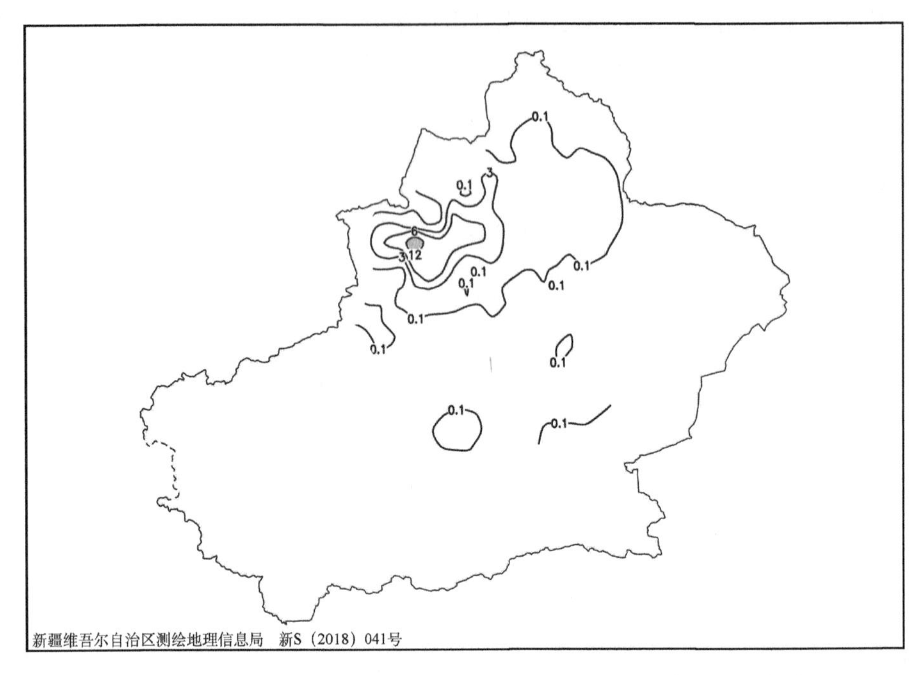

图 1-14-56　1986 年 2 月 6 日 20 时—7 日 20 时降雪量分布图(单位:毫米)

1991 年 12 月 14 日,伊犁哈萨克自治州尼勒克县出现暴雪,24 小时降雪量为 15.8 毫米(图 1-14-57)。

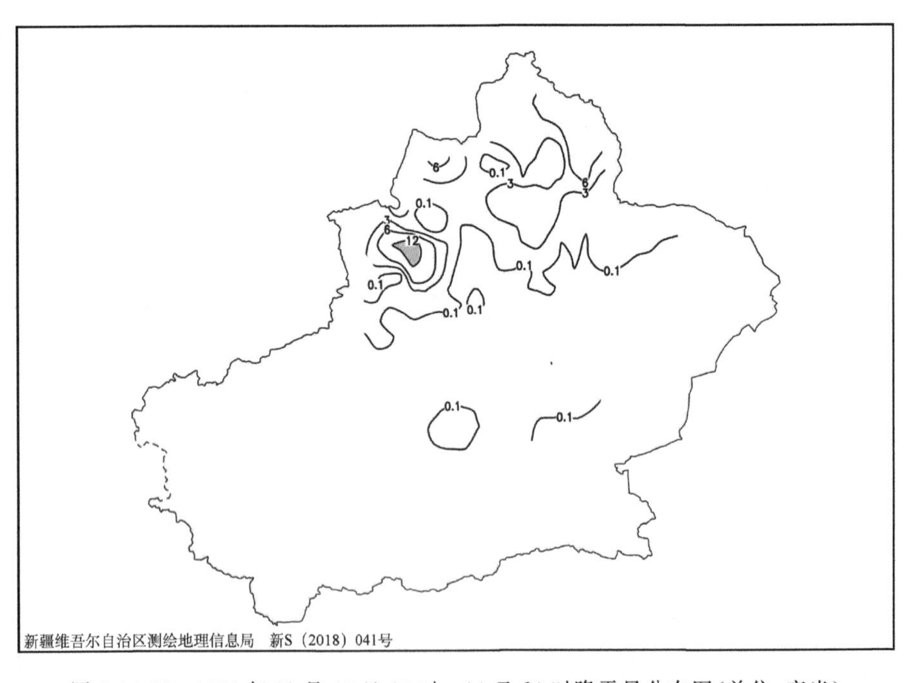

图 1-14-57　1991 年 12 月 13 日 20 时—14 日 20 时降雪量分布图(单位:毫米)

1994年3月10日，伊犁哈萨克自治州尼勒克县出现暴雪，24小时降雪量为16.0毫米(图1-14-58)。

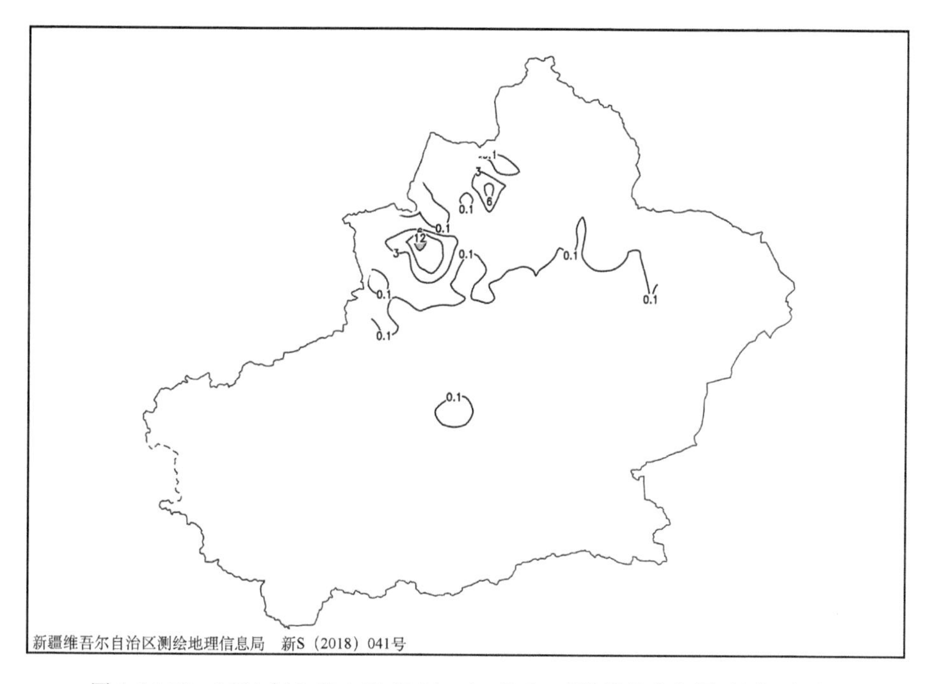

图1-14-58 1994年3月9日20时—10日20时降雪量分布图(单位:毫米)

1999年12月31日，伊犁哈萨克自治州尼勒克县出现暴雪，24小时降雪量为19.8毫米(图1-14-59)。

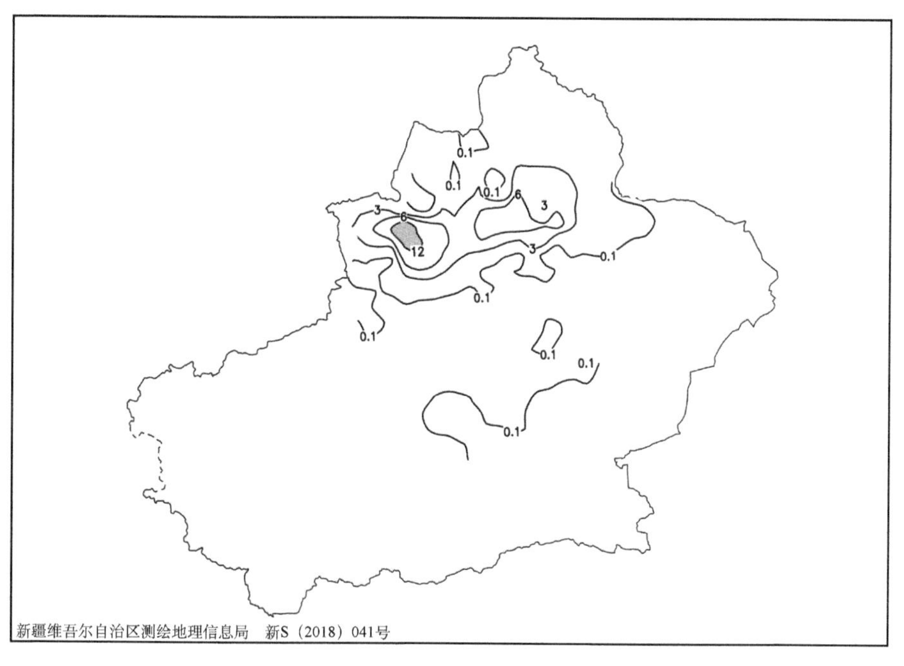

图1-14-59 1999年12月30日20时—31日20时降雪量分布图(单位:毫米)

2010 年 2 月 21 日,伊犁哈萨克自治州尼勒克县出现暴雪,24 小时降雪量为 12.6 毫米(图 1-14-60)。

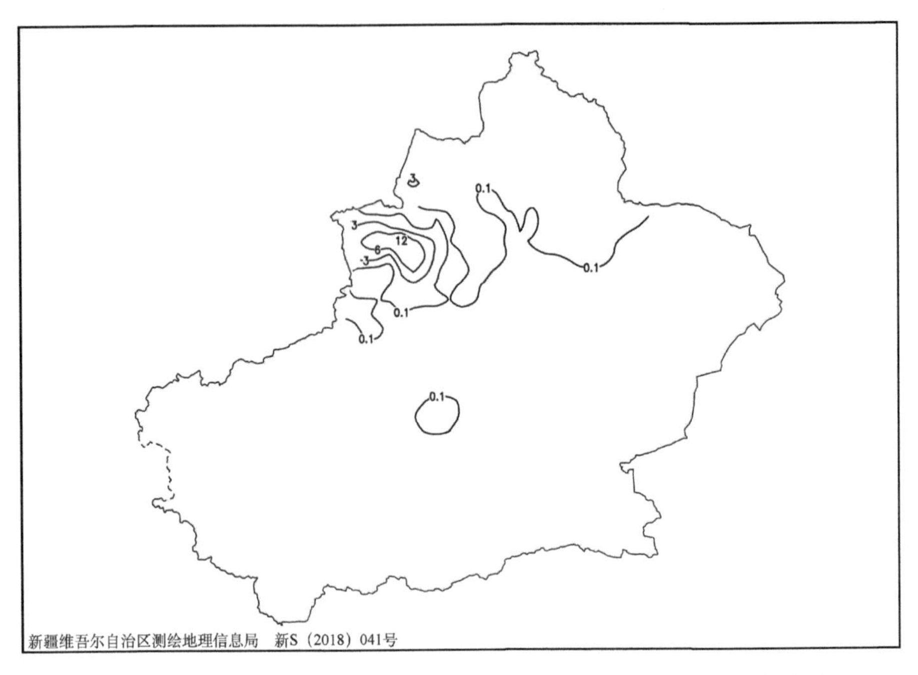

图 1-14-60　2010 年 2 月 20 日 20 时—21 日 20 时降雪量分布图(单位:毫米)

1.14.4　伊宁县暴雪

1960 年 2 月 7 日,伊犁哈萨克自治州伊宁县出现暴雪,24 小时降雪量为 12.3 毫米(图 1-14-61)。

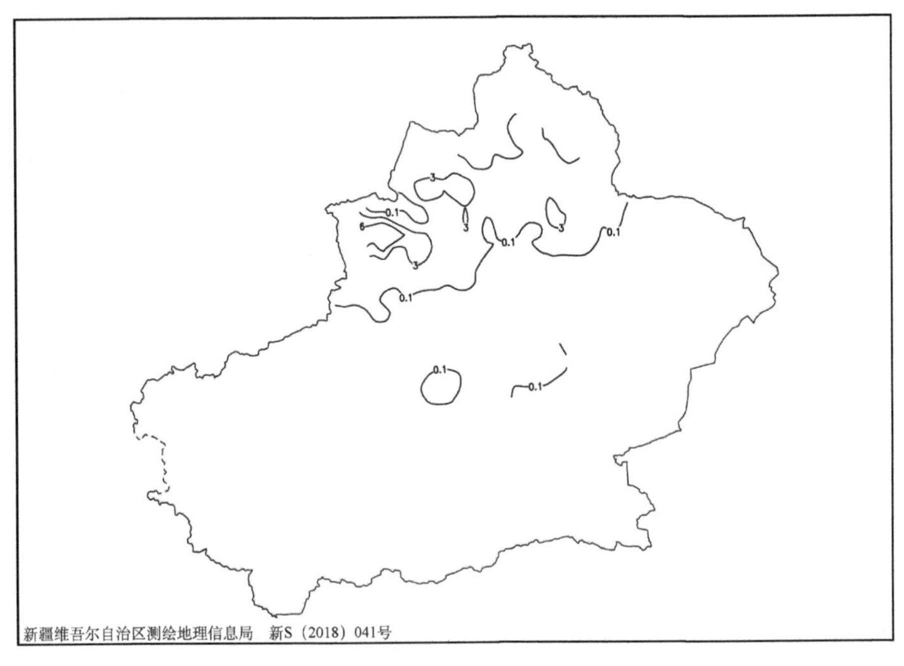

图 1-14-61　1960 年 2 月 6 日 20 时—7 日 20 时降雪量分布图(单位:毫米)

1963年2月28日，伊犁哈萨克自治州伊宁县出现暴雪，24小时降雪量为13.0毫米（图1-14-62）。

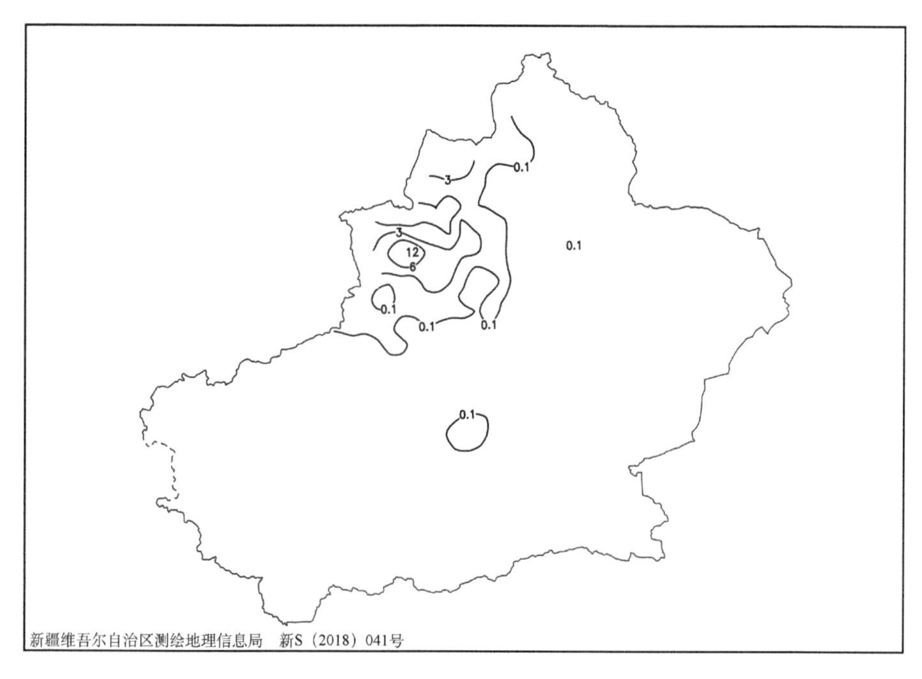

图1-14-62　1963年2月27日20时—28日20时降雪量分布图（单位：毫米）

1970年11月11日，伊犁哈萨克自治州伊宁县出现暴雪，24小时降雪量为12.3毫米（图1-14-63）。

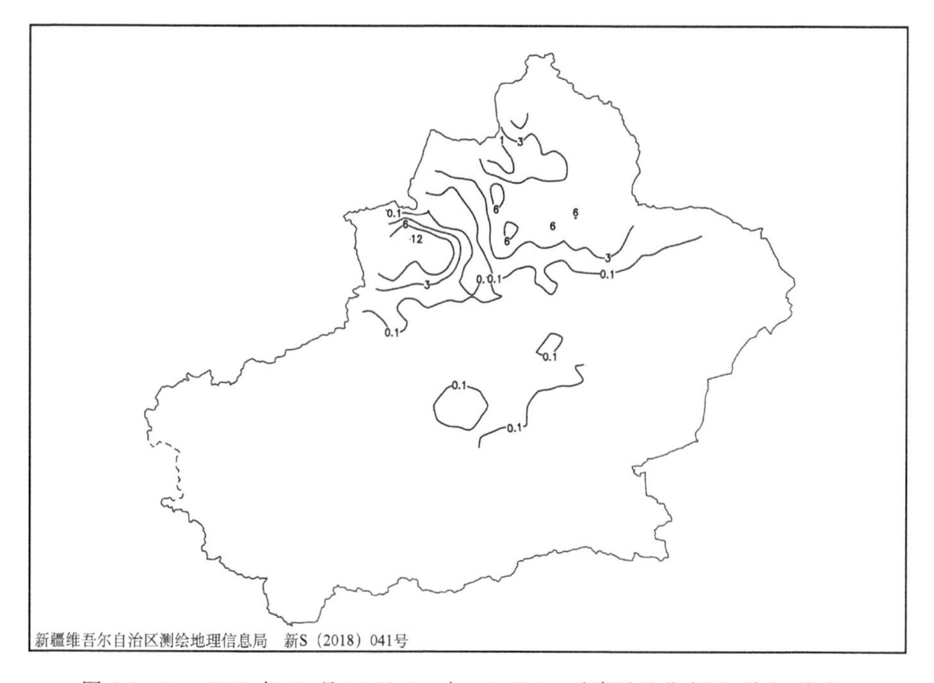

图1-14-63　1970年11月10日20时—11日20时降雪量分布图（单位：毫米）

1975 年 2 月 24 日,伊犁哈萨克自治州伊宁县出现暴雪,24 小时降雪量为 13.5 毫米(图 1-14-64)。

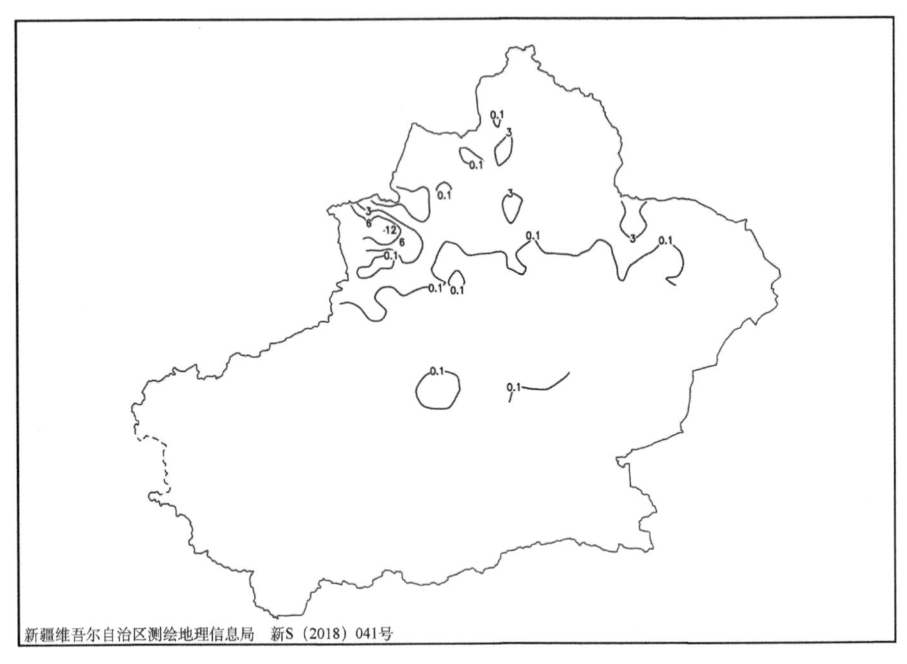

图 1-14-64　1975 年 2 月 23 日 20 时—24 日 20 时降雪量分布图(单位:毫米)

1977 年 2 月 9 日,伊犁哈萨克自治州伊宁县出现暴雪,24 小时降雪量为 12.2 毫米(图 1-14-65)。

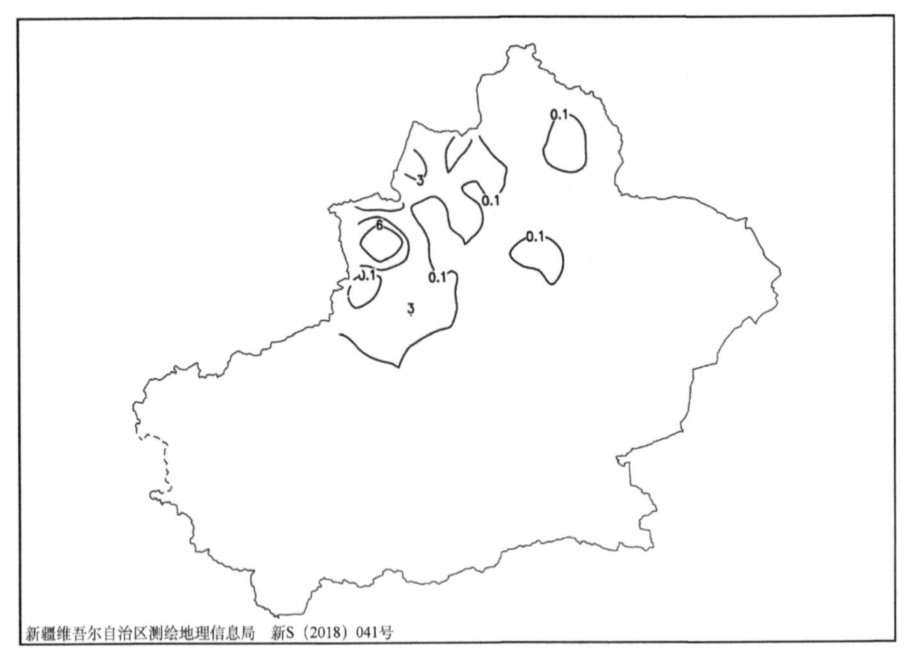

图 1-14-65　1977 年 2 月 8 日 20 时—9 日 20 时降雪量分布图(单位:毫米)

1980年3月6日，伊犁哈萨克自治州伊宁县出现暴雪，24小时降雪量为12.7毫米（图1-14-66）。

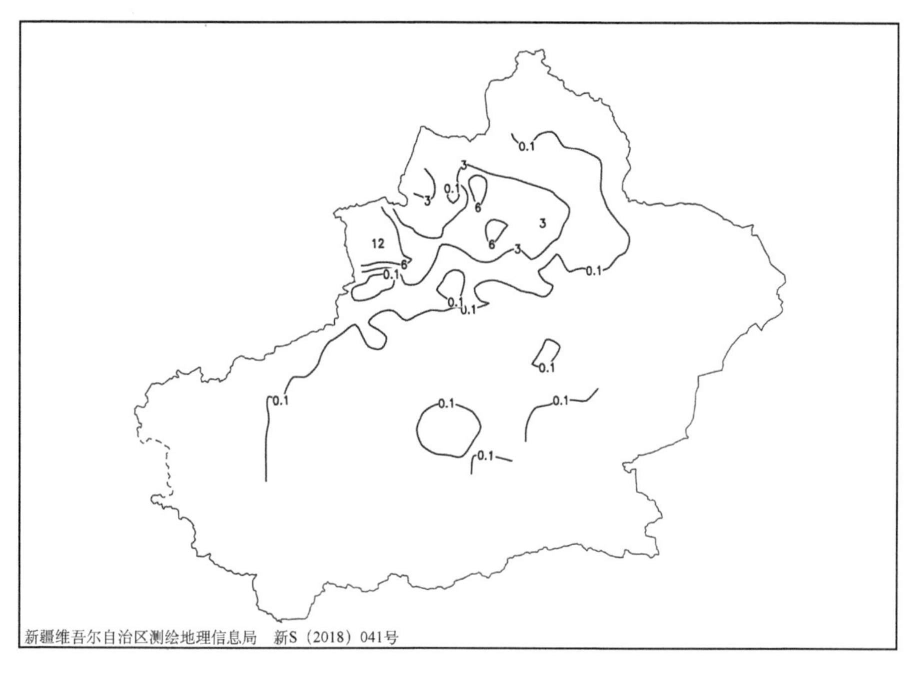

图1-14-66 1980年3月5日20时—6日20时降雪量分布图（单位：毫米）

1980年11月6日，伊犁哈萨克自治州伊宁县出现暴雪，24小时降雪量为13.4毫米（图1-14-67）。

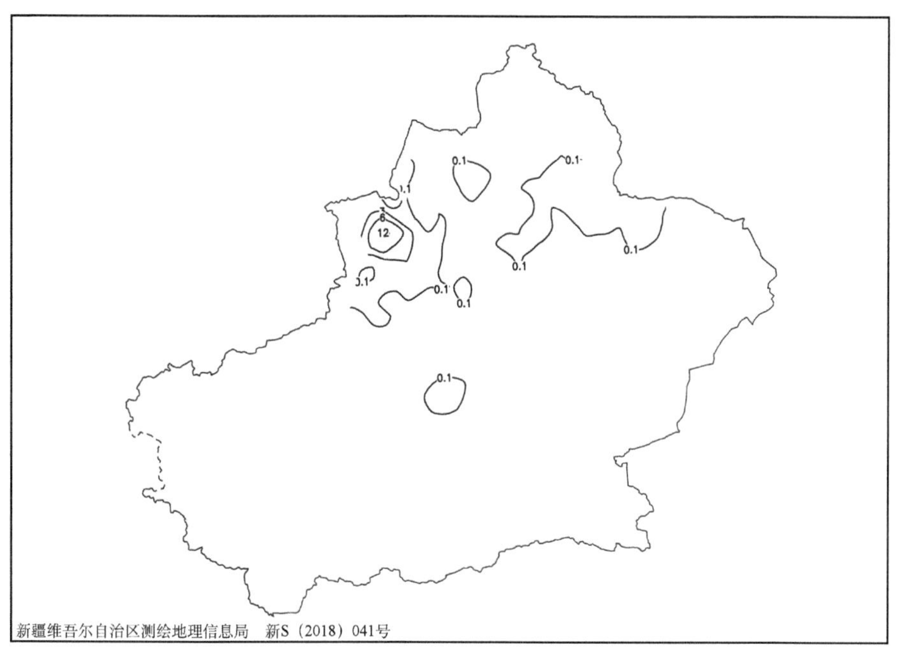

图1-14-67 1980年11月5日20时—6日20时降雪量分布图（单位：毫米）

1989 年 11 月 23 日,伊犁哈萨克自治州伊宁县出现暴雪,24 小时降雪量为 16.3 毫米(图 1-14-68)。

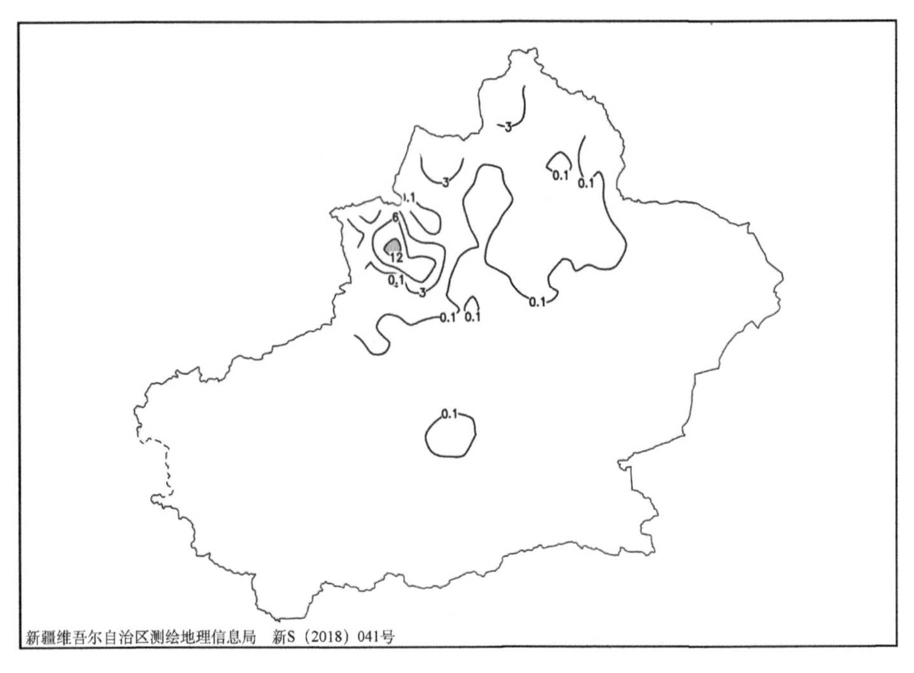

图 1-14-68　1989 年 11 月 22 日 20 时—23 日 20 时降雪量分布图(单位:毫米)

1990 年 3 月 11 日,伊犁哈萨克自治州伊宁县出现暴雪,24 小时降雪量为 15.5 毫米(图 1-14-69)。

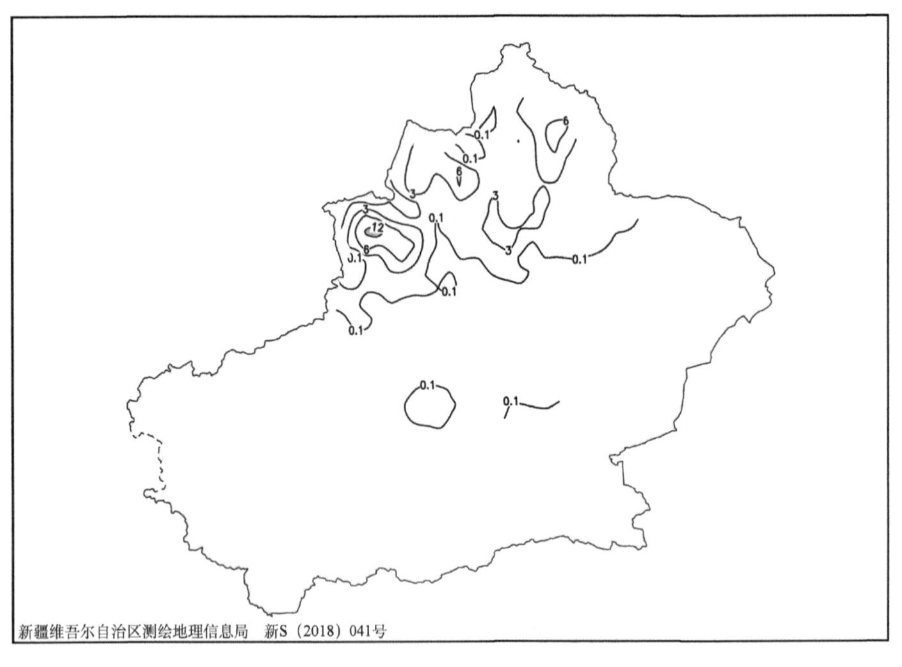

图 1-14-69　1990 年 3 月 10 日 20 时—11 日 20 时降雪量分布图(单位:毫米)

1993年3月4日,伊犁哈萨克自治州伊宁县出现暴雪,24小时降雪量为13.6毫米(图1-14-70)。

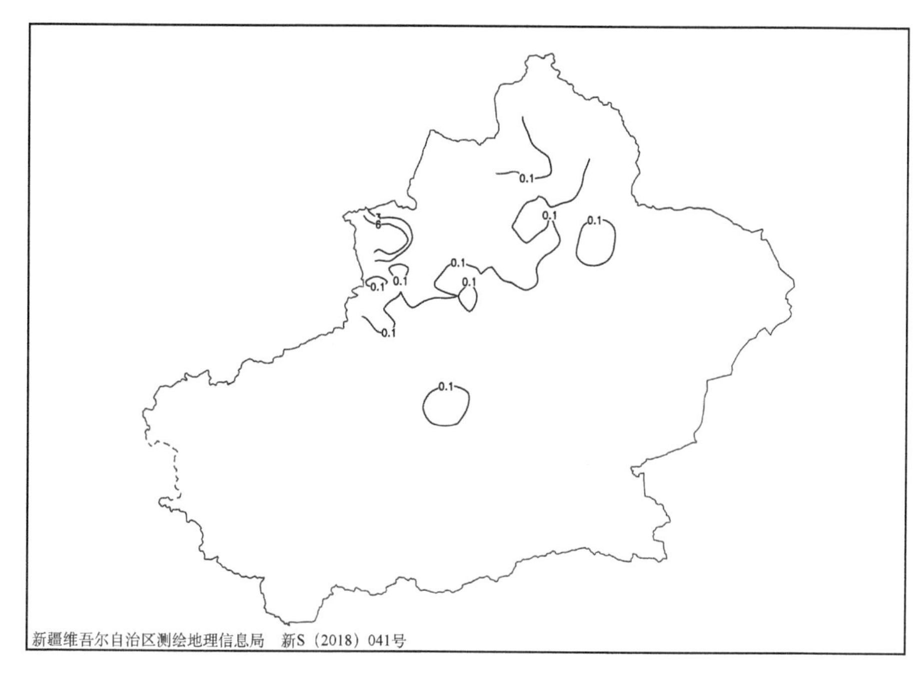

图1-14-70　1993年3月3日20时—4日20时降雪量分布图(单位:毫米)

1993年12月10日,伊犁哈萨克自治州伊宁县出现暴雪,24小时降雪量为15.5毫米(图1-14-71)。

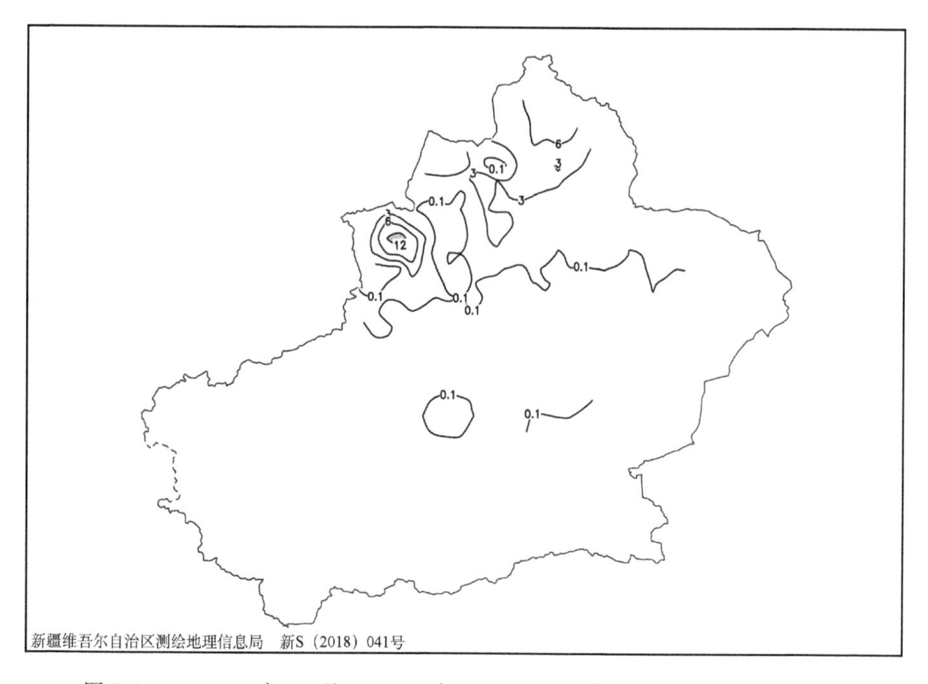

图1-14-71　1993年12月9日20时—10日20时降雪量分布图(单位:毫米)

1998 年 11 月 29 日,伊犁哈萨克自治州伊宁县出现暴雪,24 小时降雪量为 14.7 毫米(图 1-14-72)。

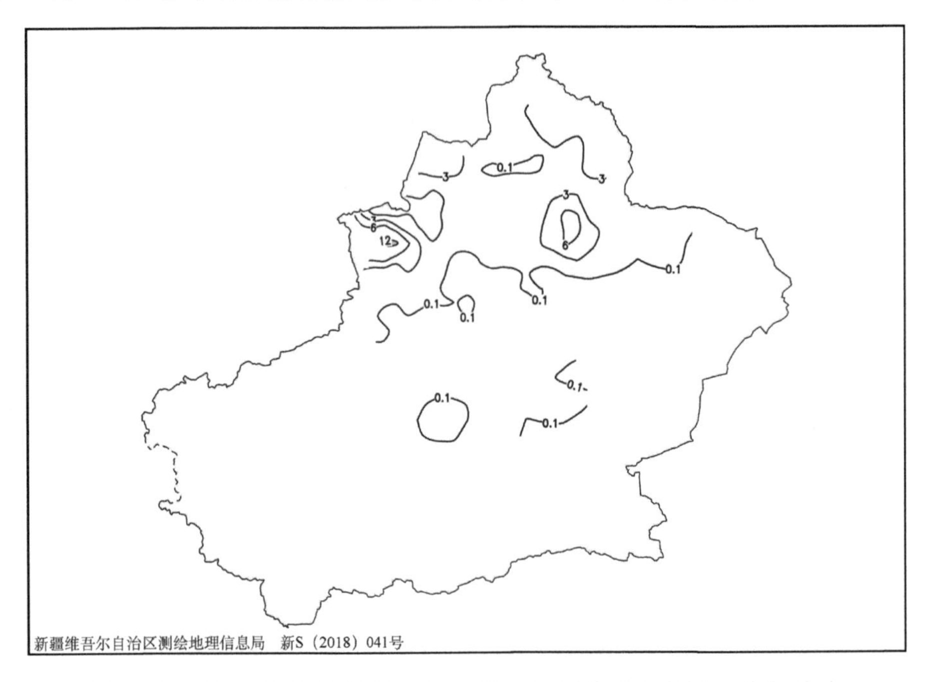

图 1-14-72　1998 年 11 月 28 日 20 时—29 日 20 时降雪量分布图(单位:毫米)

2003 年 11 月 26 日,伊犁哈萨克自治州伊宁县出现暴雪,24 小时降雪量为 15.5 毫米(图 1-14-73)。

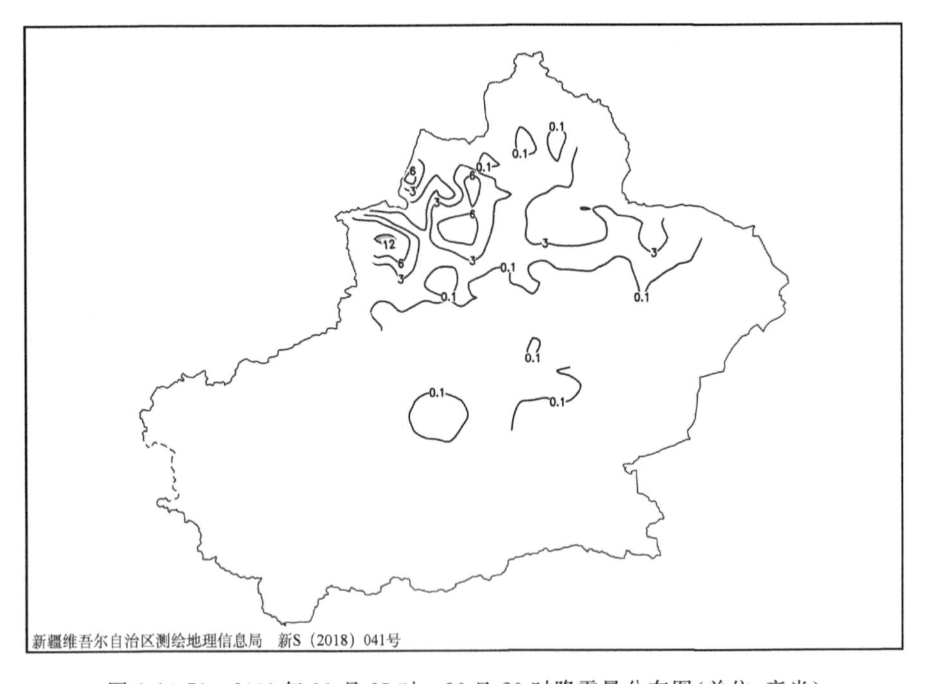

图 1-14-73　2003 年 11 月 25 时—26 日 20 时降雪量分布图(单位:毫米)

2004 年 1 月 12 日，伊犁哈萨克自治州伊宁县出现暴雪，24 小时降雪量为 13.2 毫米(图 1-14-74)。

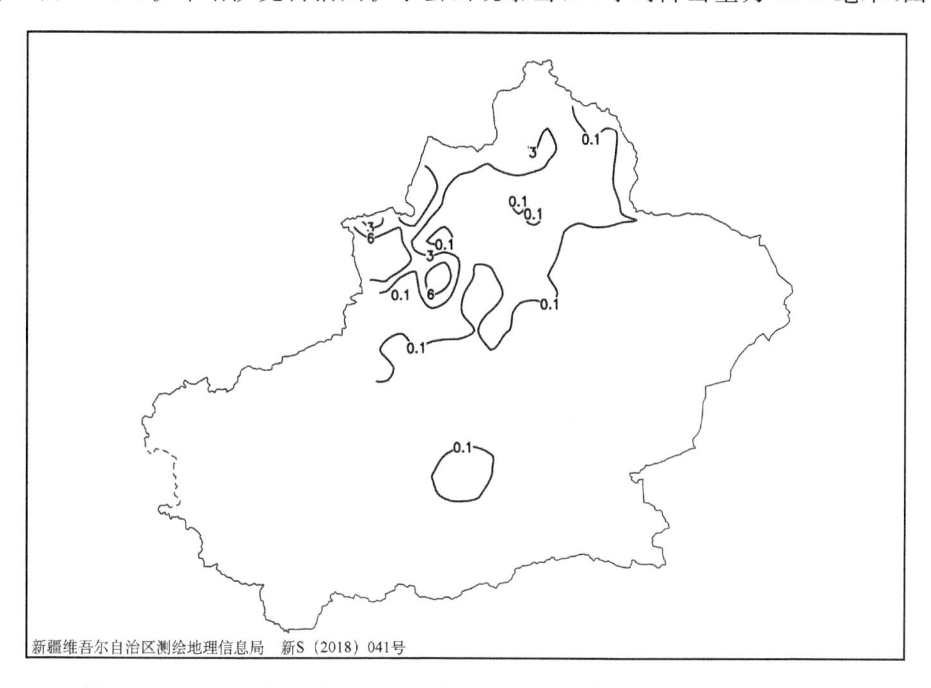

图 1-14-74 2004 年 1 月 11 日 20 时—12 日 20 时降雪量分布图(单位:毫米)

2004 年 2 月 17 日，伊犁哈萨克自治州伊宁县出现暴雪，24 小时降雪量为 12.4 毫米(图 1-14-75)。

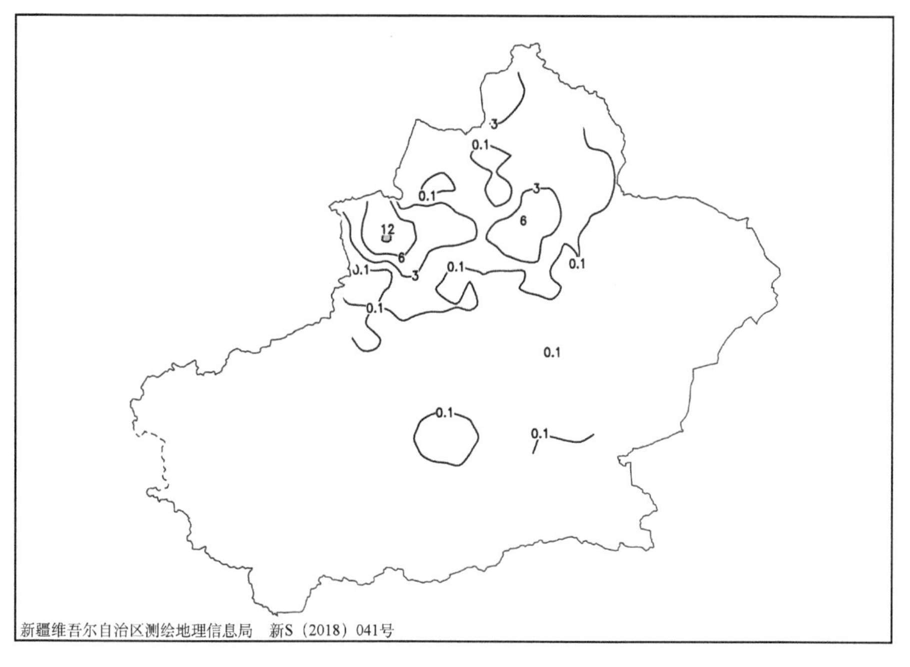

图 1-14-75 2004 年 2 月 16 日 20 时—17 日 20 时降雪量分布图(单位:毫米)

2005 年 12 月 7 日，伊犁哈萨克自治州伊宁县出现暴雪，24 小时降雪量为 13.3 毫米(图 1-14-76)。

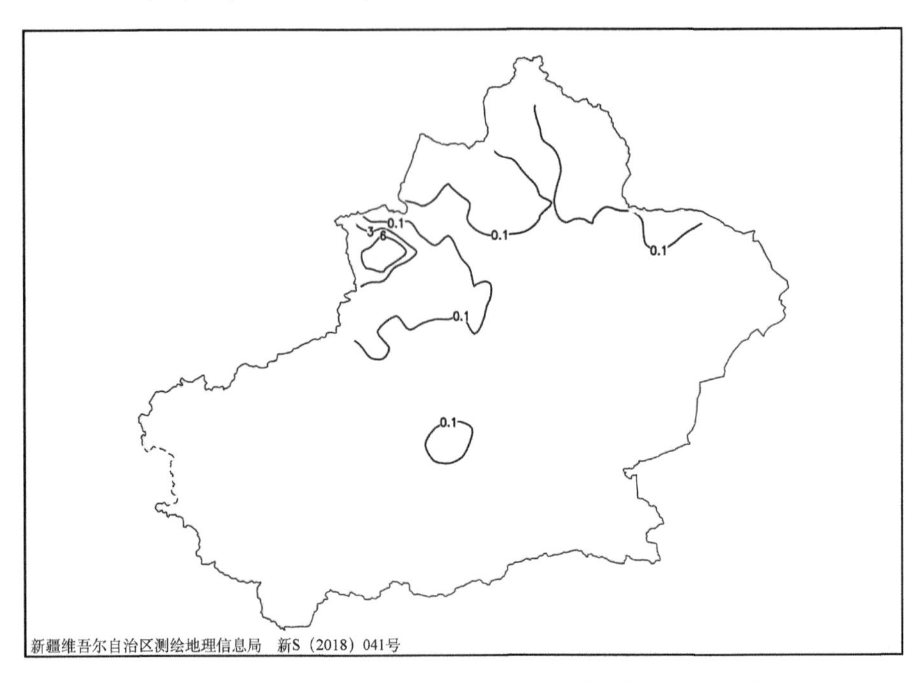

图 1-14-76　2005 年 12 月 6 日 20 时—7 日 20 时降雪量分布图(单位:毫米)

2006 年 1 月 11 日，伊犁哈萨克自治州伊宁县出现暴雪，24 小时降雪量为 20.4 毫米(图 1-14-77)。

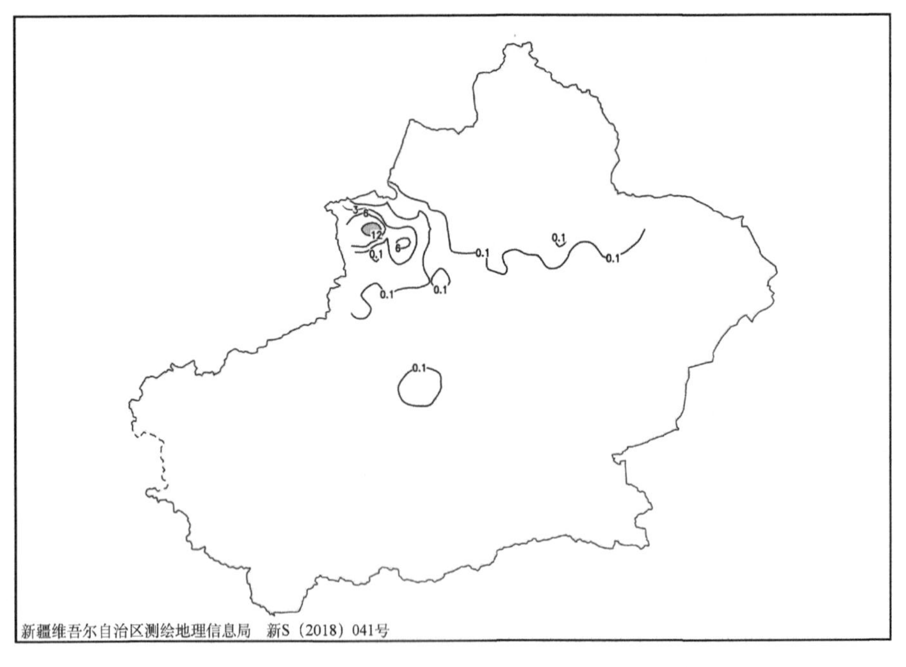

图 1-14-77　2006 年 1 月 10 日 20 时—11 日 20 时降雪量分布图(单位:毫米)

2009 年 2 月 21 日，伊犁哈萨克自治州伊宁县出现暴雪，24 小时降雪量为 15.7 毫米(图 1-14-78)。

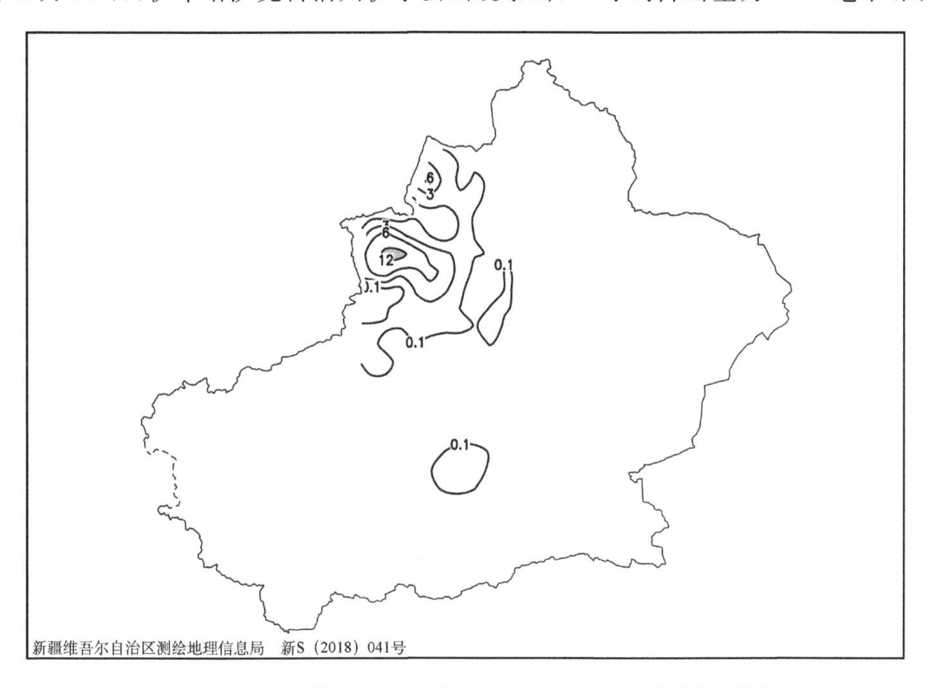

图 1-14-78　2009 年 2 月 20 日 20 时—21 日 20 时降雪量分布图(单位:毫米)

2012 年 11 月 20 日，伊犁哈萨克自治州伊宁县出现暴雪，24 小时降雪量为 15.5 毫米(图 1-14-79)。

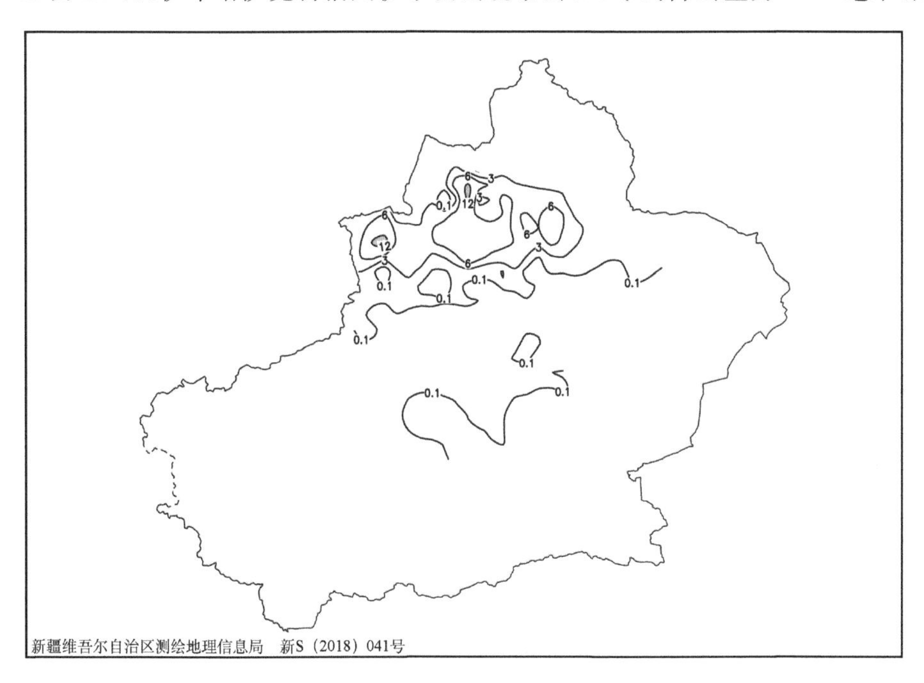

图 1-14-79　2012 年 11 月 19 日 20 时—20 日 20 时降雪量分布图(单位:毫米)

2015 年 3 月 21 日,伊犁哈萨克自治州伊宁县出现暴雪,24 小时降雪量为 12.7 毫米(图 1-14-80)。

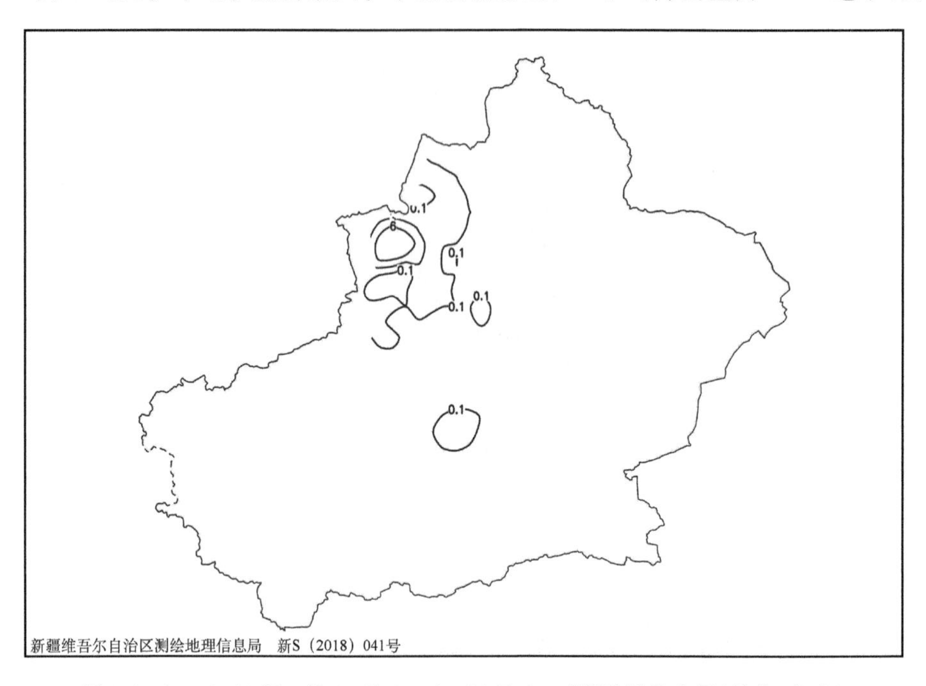

图 1-14-80　2015 年 3 月 20 日 20 时—21 日 20 时降雪量分布图(单位:毫米)

2015 年 3 月 28 日,伊犁哈萨克自治州伊宁县出现暴雪,24 小时降雪量为 12.7 毫米(图 1-14-81)。

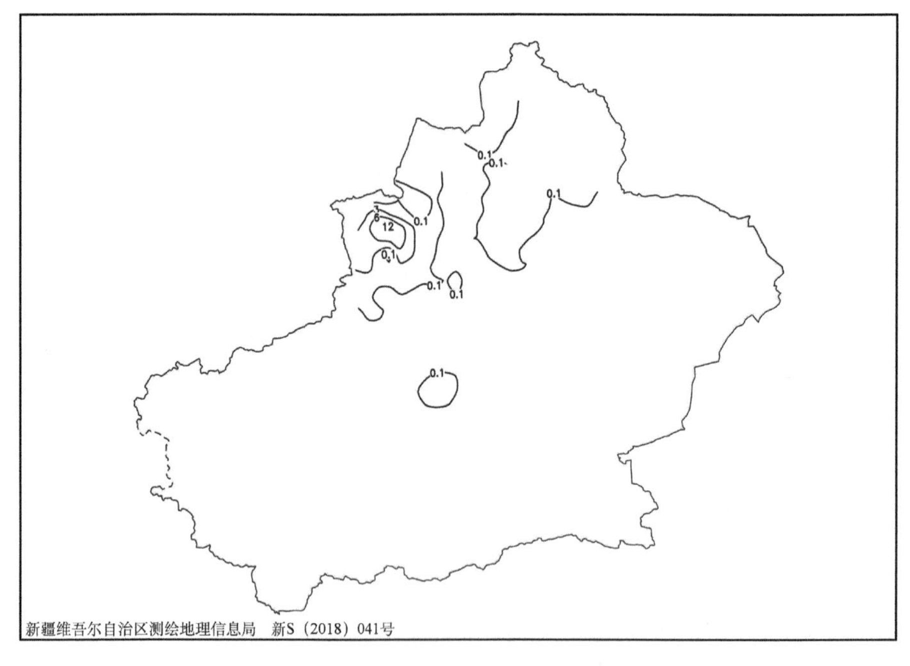

图 1-14-81　2015 年 3 月 27 日 20 时—28 日 20 时降雪量分布图(单位:毫米)

2015年12月10日，伊犁哈萨克自治州伊宁县出现暴雪，24小时降雪量为13.9毫米（图1-14-82）。

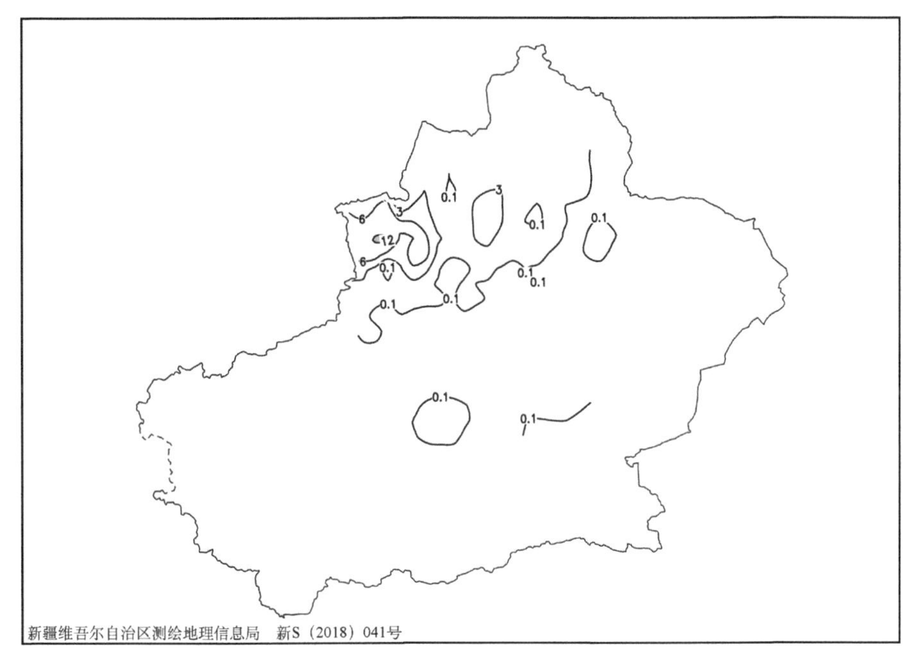

图1-14-82　2015年12月9日20时—10日20时降雪量分布图（单位：毫米）

1.14.5　特克斯县暴雪

1960年11月1日，伊犁哈萨克自治州特克斯县出现暴雪，24小时降雪量为18.1毫米（图1-14-83）。

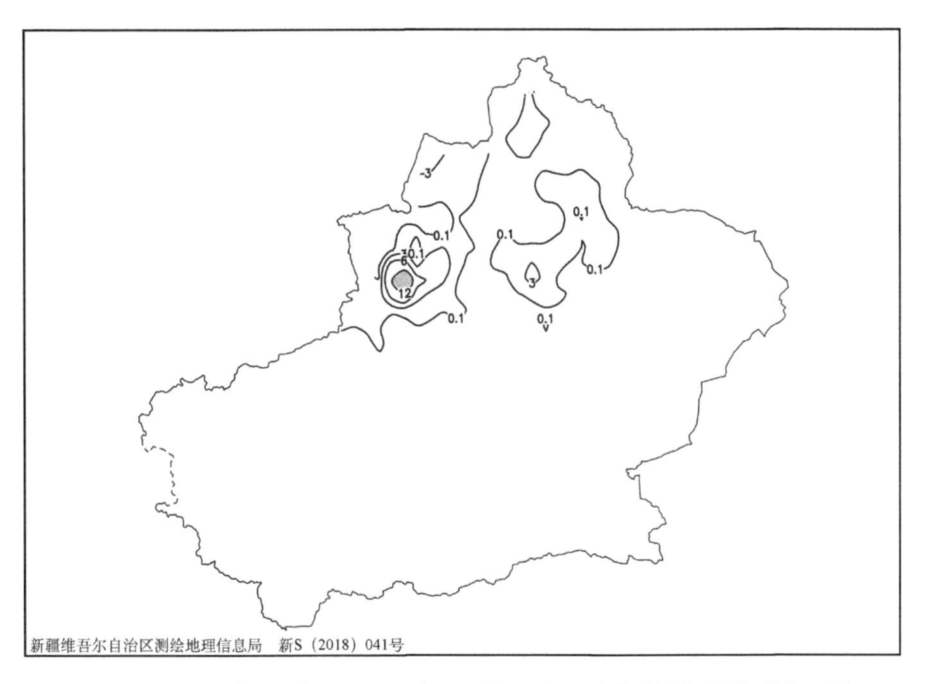

图1-14-83　1960年10月31日20时—11月1日20时降雪量分布图（单位：毫米）

1968 年 3 月 25 日,伊犁哈萨克自治州特克斯县出现暴雪,24 小时降雪量为 14.4 毫米(图 1-14-84)。

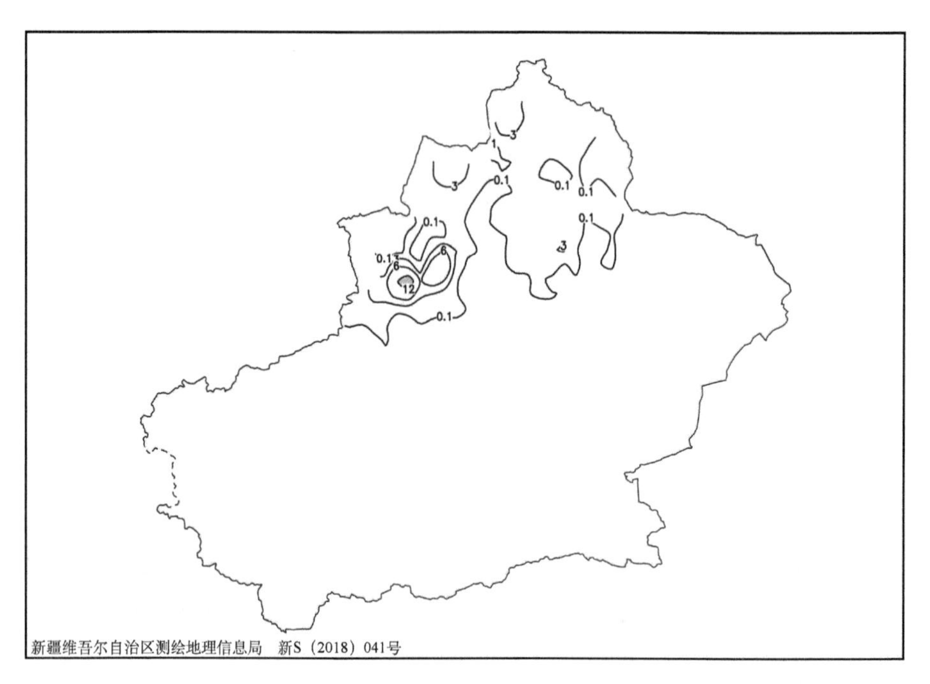

图 1-14-84　1968 年 3 月 24 日 20 时—25 日 20 时降雪量分布图(单位:毫米)

2002 年 3 月 18 日,伊犁哈萨克自治州特克斯县出现暴雪,24 小时降雪量为 18.8 毫米(图 1-14-85)。

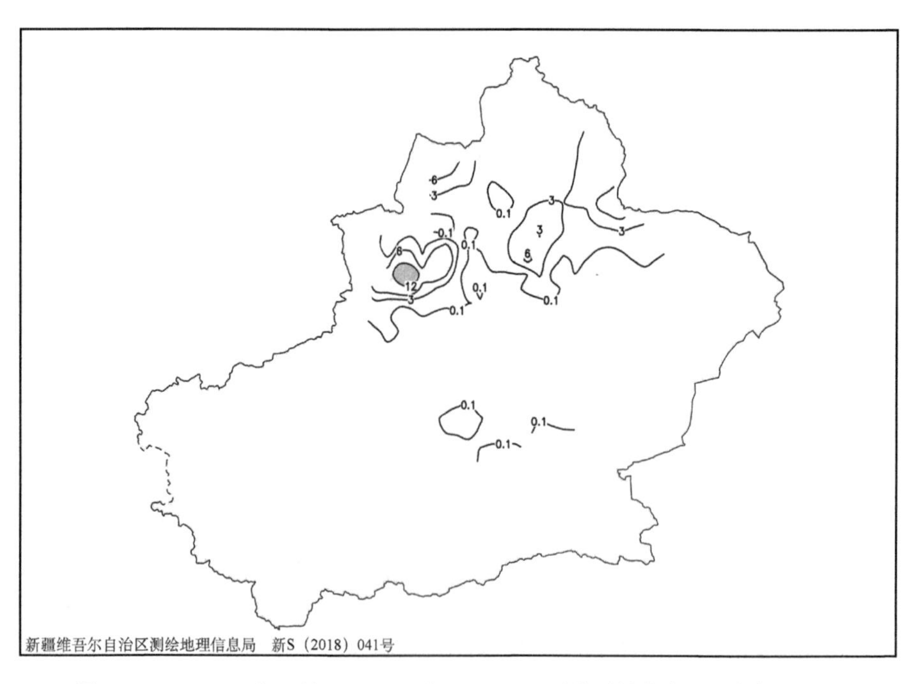

图 1-14-85　2002 年 3 月 17 日 20 时—18 日 20 时降雪量分布图(单位:毫米)

2015年3月25日，伊犁哈萨克自治州特克斯县出现暴雪，24小时降雪量为14.6毫米(图1-14-86)。

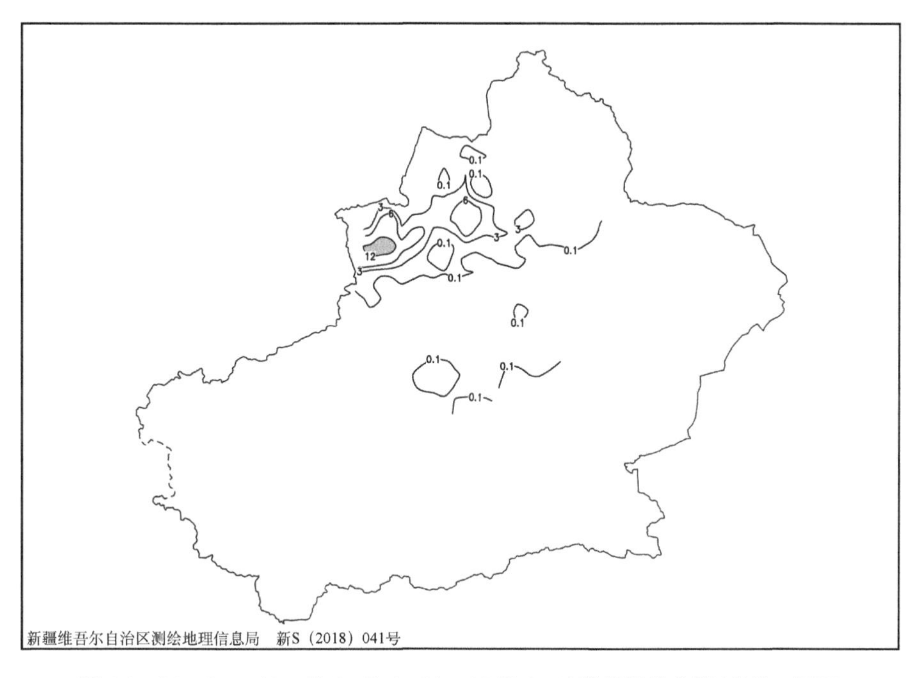

图1-14-86　2015年3月24日20时—25日20时降雪量分布图(单位:毫米)

1.14.6　尼勒克县、伊宁县暴雪

1965年11月5日，伊犁哈萨克自治州尼勒克县和伊宁县出现暴雪，24小时降雪量分别为13.7毫米、14.4毫米(图1-14-87)。

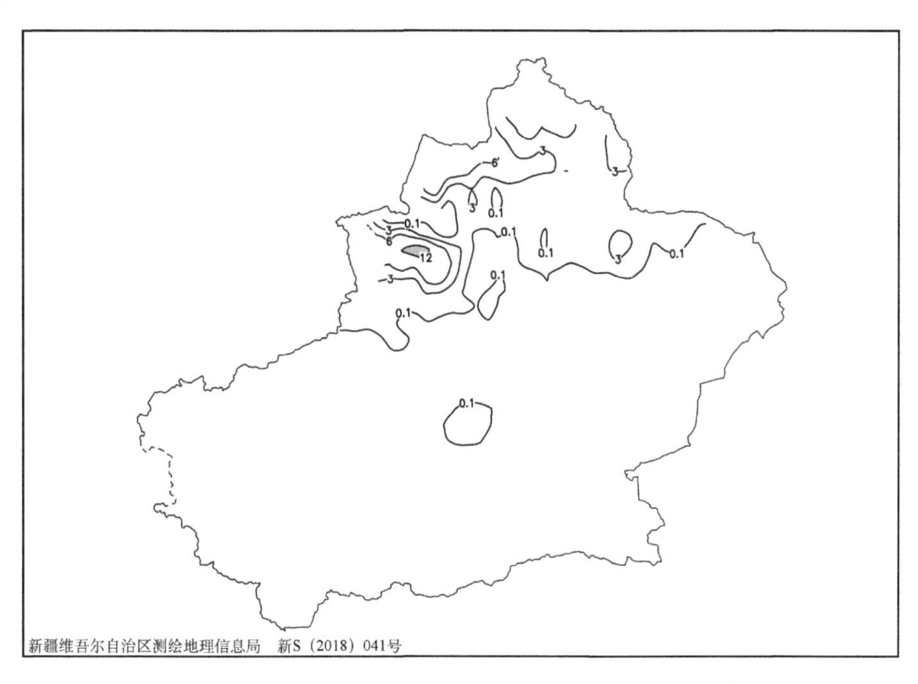

图1-14-87　1965年11月4日20时—5日20时降雪量分布图(单位:毫米)

1.14.7　巩留县暴雪

1966 年 11 月 8 日,伊犁哈萨克自治州巩留县出现暴雪,24 小时降雪量为 15.9 毫米(图 1-14-88)。

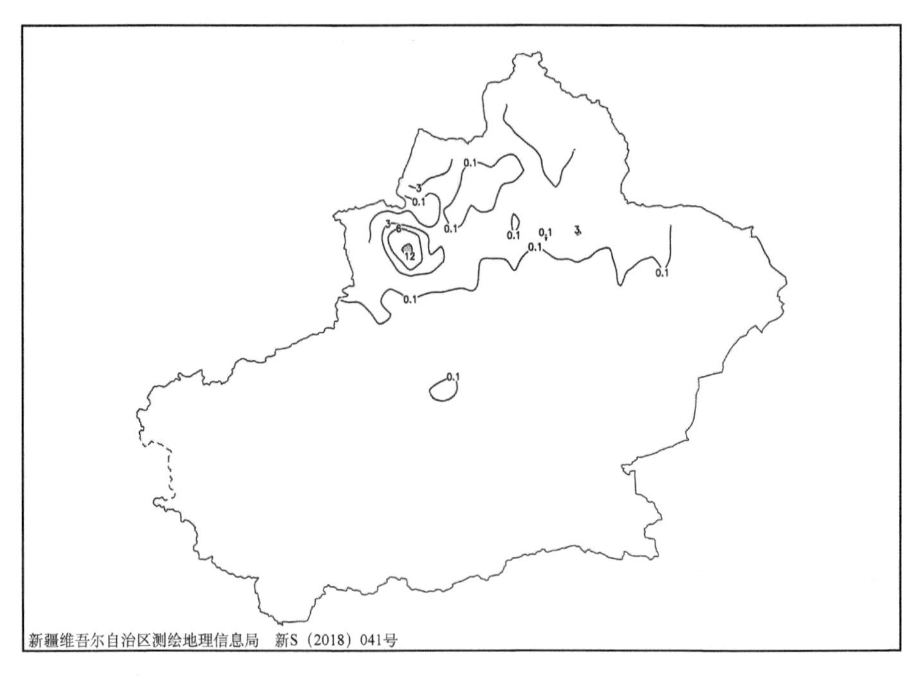

图 1-14-88　1966 年 11 月 7 日 20 时—8 日 20 时降雪量分布图(单位:毫米)

1.14.8　伊宁市、伊宁县暴雪

1969 年 1 月 21 日,伊犁哈萨克自治州伊宁市和伊宁县出现暴雪,24 小时降雪量均为 13.1 毫米(图 1-14-89)。

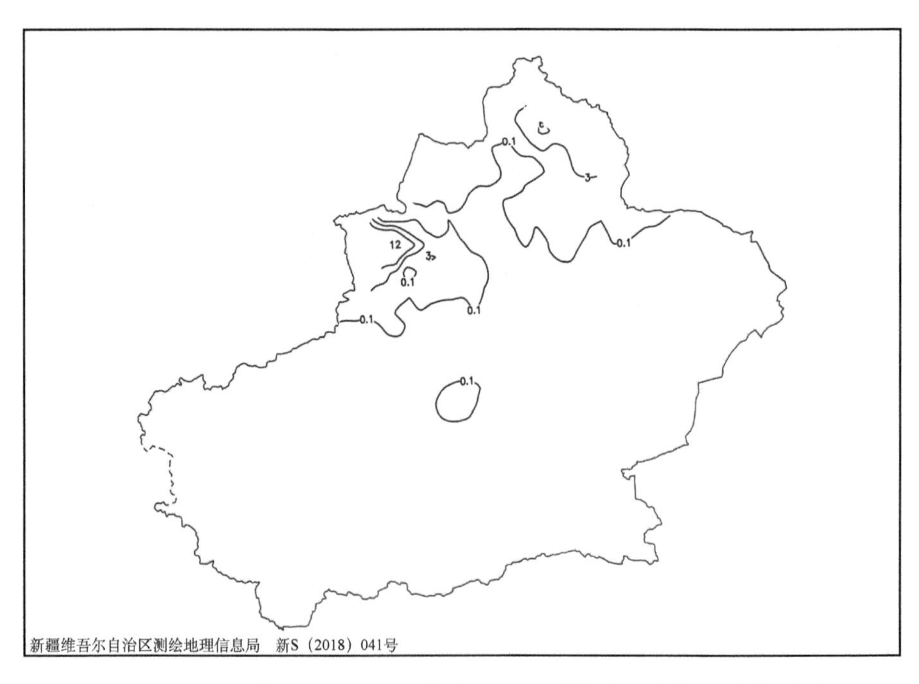

图 1-14-89　1969 年 1 月 20 日 20 时—21 日 20 时降雪量分布图(单位:毫米)

1982 年 11 月 11 日，伊犁哈萨克自治州伊宁市和伊宁县出现暴雪，24 小时降雪量分别为 13.3 毫米、13.2 毫米(图 1-14-90)。

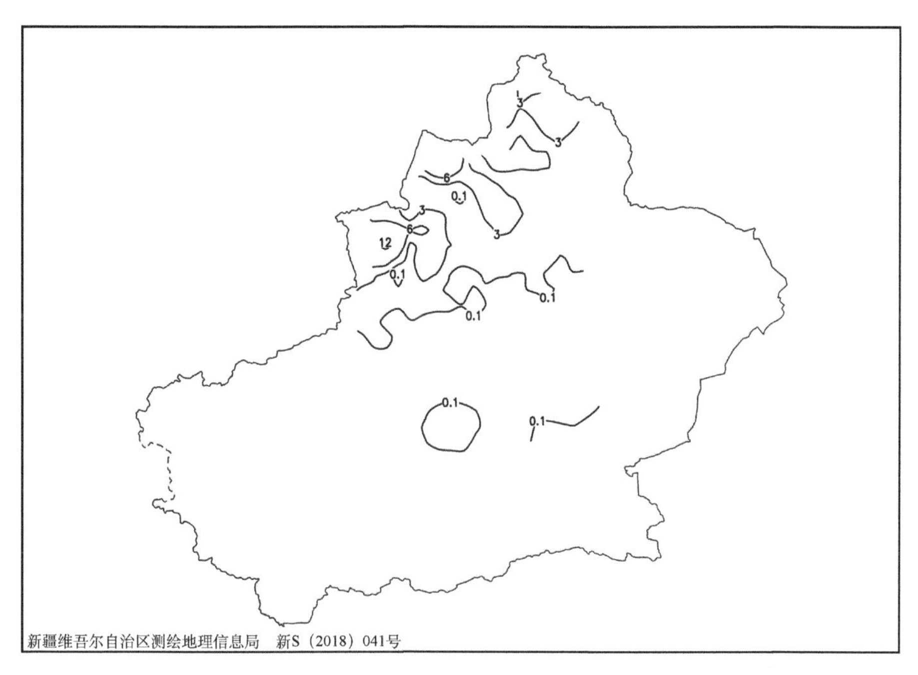

图 1-14-90　1982 年 11 月 10 日 20 时—11 日 20 时降雪量分布图(单位:毫米)

1987 年 3 月 16 日，伊犁哈萨克自治州伊宁市和伊宁县出现暴雪，24 小时降雪量分别为 14.6 毫米、17.5 毫米(图 1-14-91)。

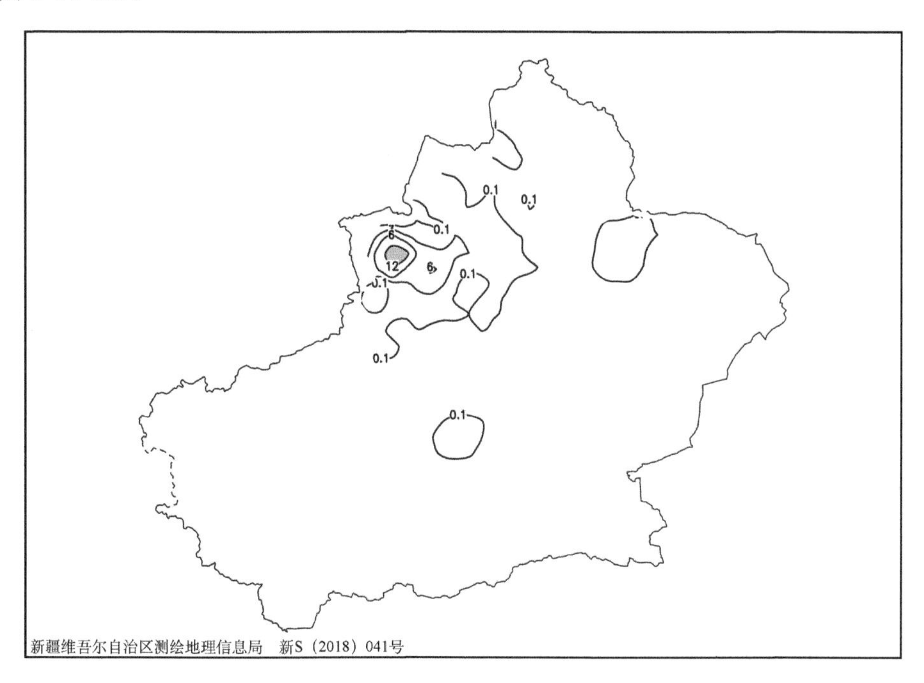

图 1-14-91　1987 年 3 月 15 日 20 时—16 日 20 时降雪量分布图(单位:毫米)

1998 年 12 月 20 日,伊犁哈萨克自治州伊宁市和伊宁县出现暴雪,24 小时降雪量分别为 13.8 毫米、19.5 毫米(图 1-14-92)。

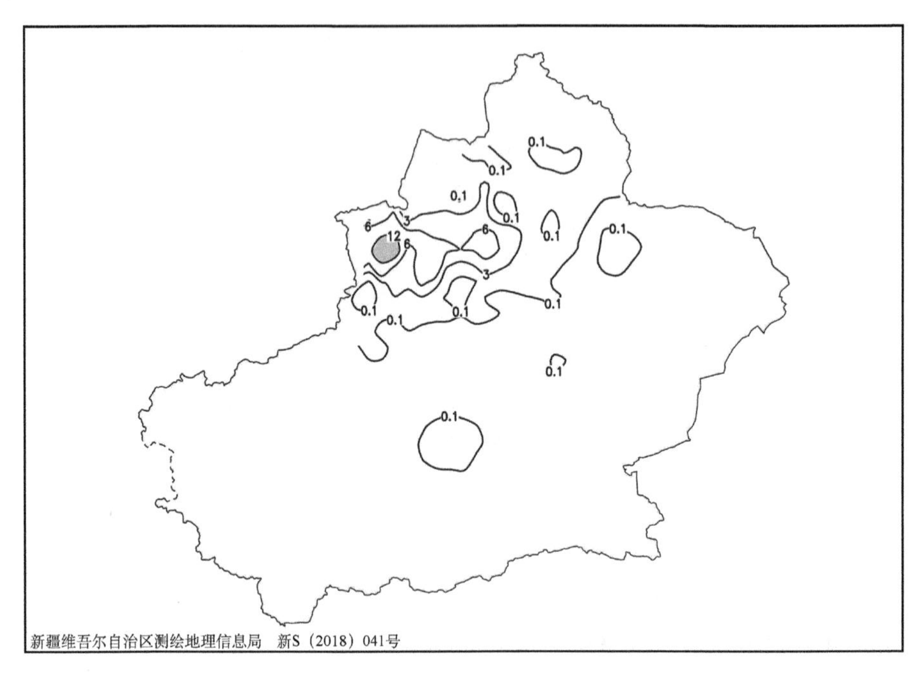

图 1-14-92　1998 年 12 月 19 日 20 时—20 日 20 时降雪量分布图(单位:毫米)

2004 年 11 月 30 日,伊犁哈萨克自治州伊宁市和伊宁县出现暴雪,24 小时降雪量分别为 13.3 毫米、16.6 毫米(图 1-14-93)。

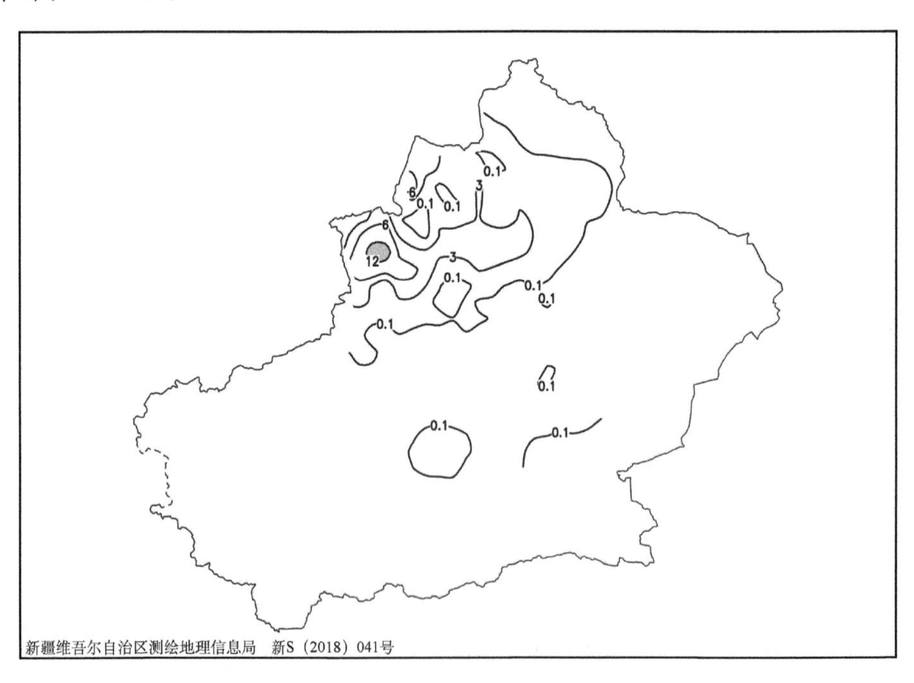

图 1-14-93　2004 年 11 月 29 日 20 时—30 日 20 时降雪量分布图(单位:毫米)

2015 年 12 月 6 日，伊犁哈萨克自治州伊宁市和伊宁县出现暴雪，24 小时降雪量分别为 13.4 毫米、19.1 毫米(图 1-14-94)。

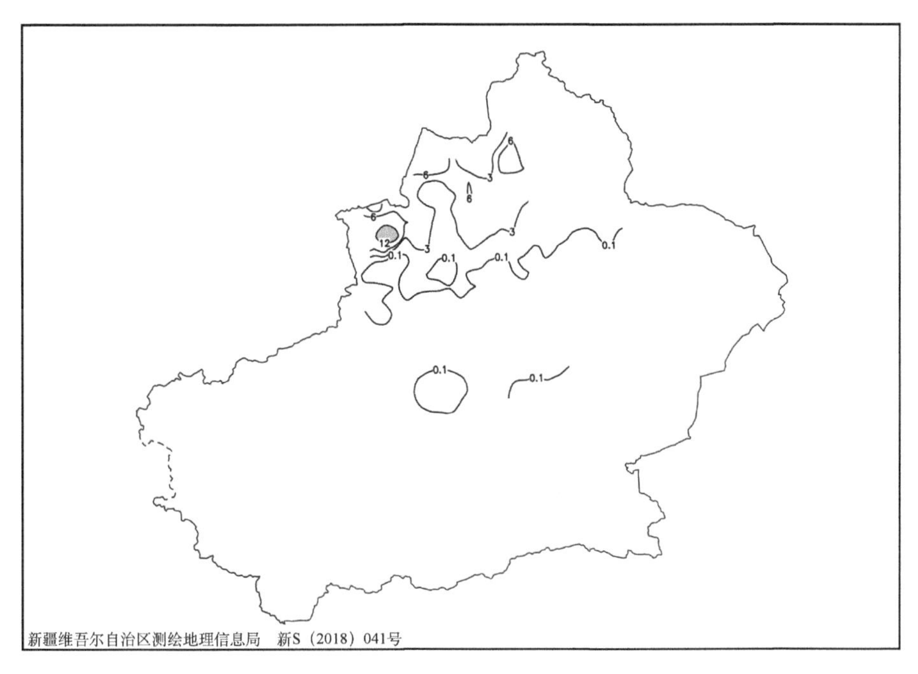

图 1-14-94　2015 年 12 月 5 日 20 时—6 日 20 时降雪量分布图(单位:毫米)

2016 年 12 月 30 日，伊犁哈萨克自治州伊宁市和伊宁县出现暴雪，24 小时降雪量分别为 12.7 毫米、12.5 毫米(图 1-14-95)。

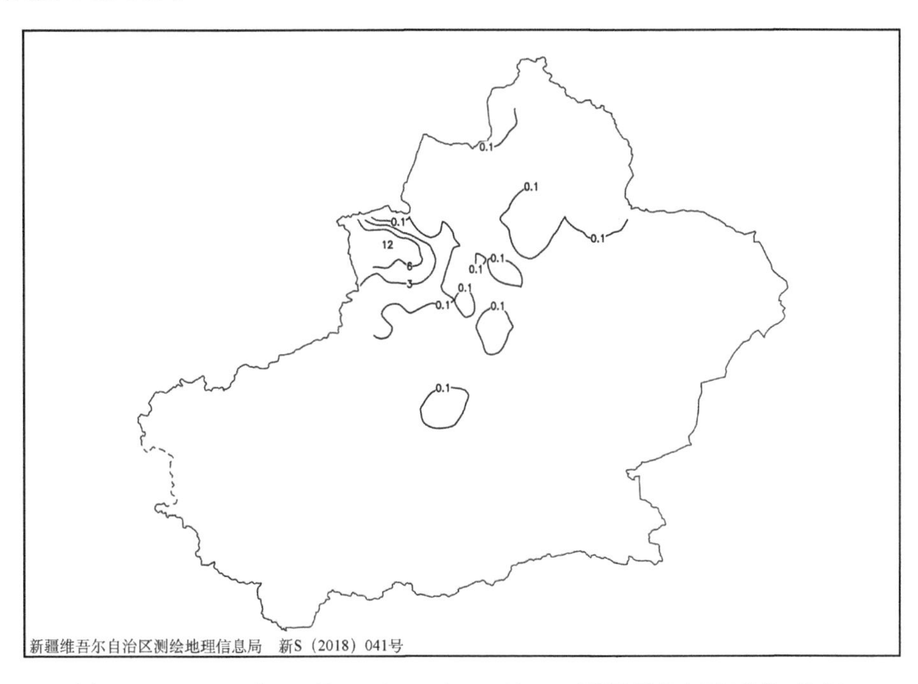

图 1-14-95　2016 年 12 月 29 日 20 时—30 日 20 时降雪量分布图(单位:毫米)

1.14.9 霍尔果斯市、霍城县暴雪

1969 年 1 月 22 日,伊犁哈萨克自治州霍尔果斯市和霍城县出现暴雪,24 小时降雪量分别为 12.9 毫米、12.3 毫米(图 1-14-96)。

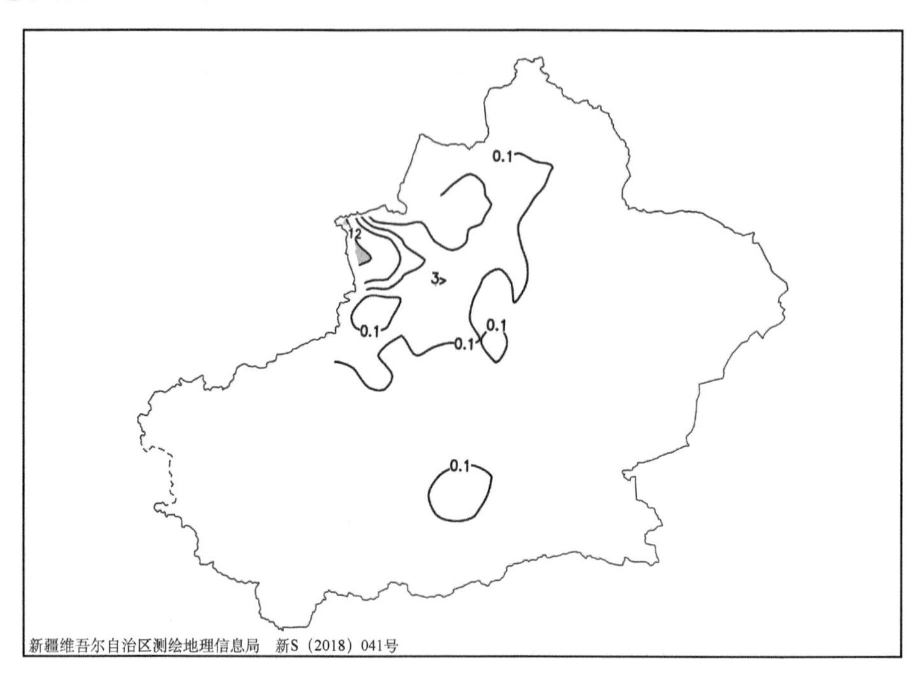

图 1-14-96　1969 年 1 月 21 日 20 时—22 日 20 时降雪量分布图(单位:毫米)

1969 年 1 月 23 日,伊犁哈萨克自治州霍尔果斯市和霍城县出现暴雪,24 小时降雪量分别为 18.9 毫米、16.1 毫米(图 1-14-97)。

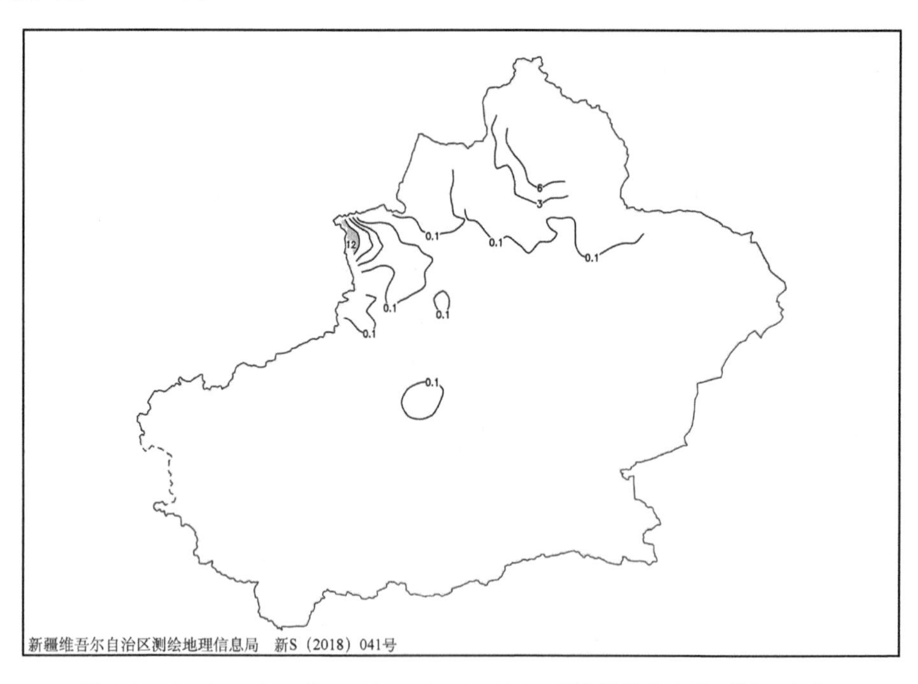

图 1-14-97　1969 年 1 月 22 日 20 时—23 日 20 时降雪量分布图(单位:毫米)

1.14.10 昭苏县暴雪

1971年11月23日,伊犁哈萨克自治州昭苏县出现暴雪,24小时降雪量为12.1毫米(图1-14-98)。

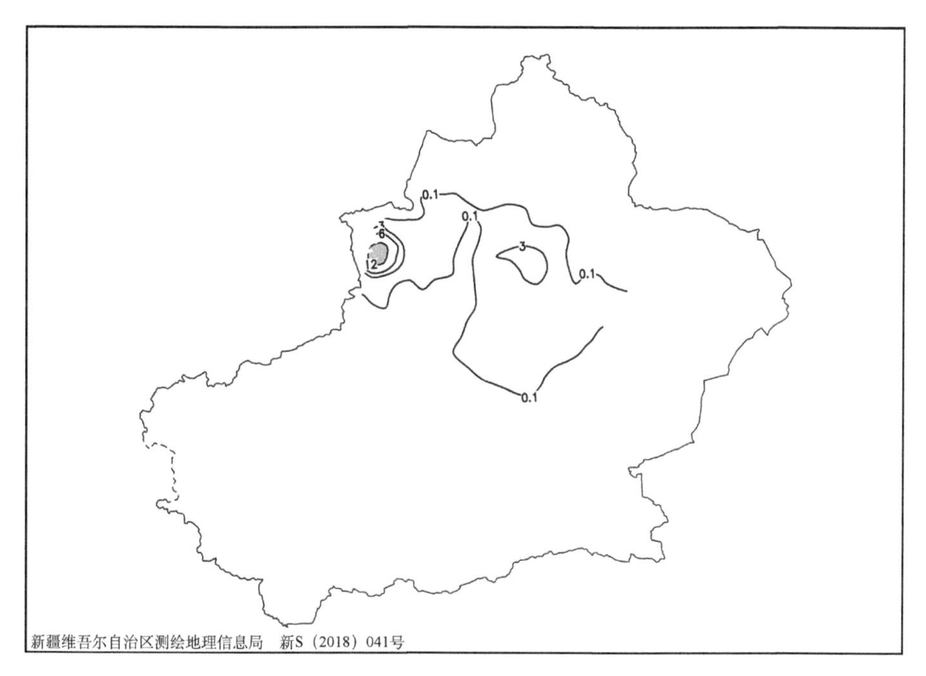

图1-14-98 1971年11月22日20时—23日20时降雪量分布图(单位:毫米)

2009年3月31日,伊犁哈萨克自治州昭苏县出现暴雪,24小时降雪量为12.4毫米(图1-14-99)。

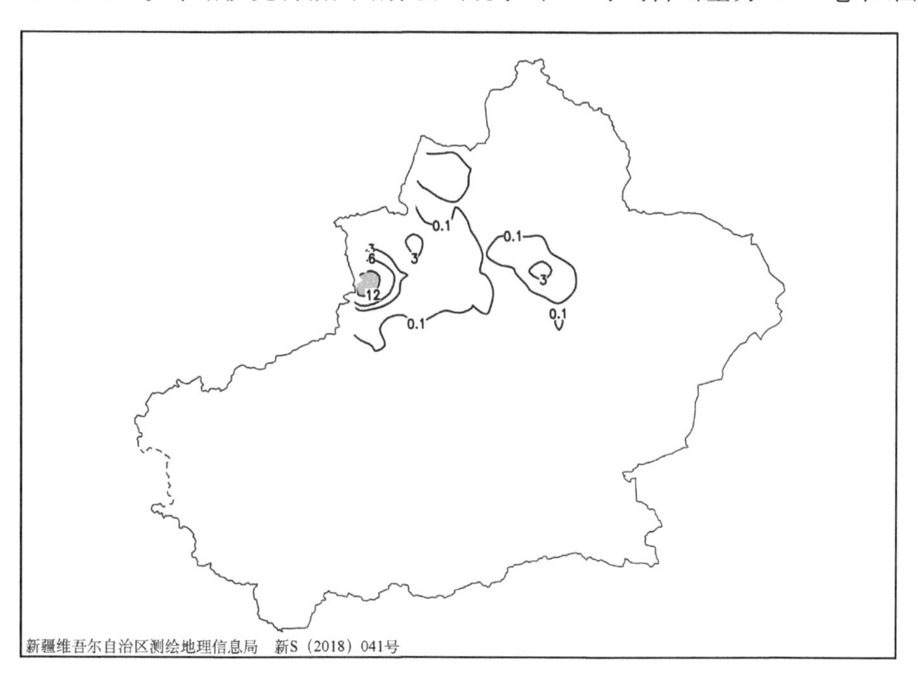

图1-14-99 2009年3月30日20时—31日20时降雪量分布图(单位:毫米)

1.14.11 霍尔果斯市暴雪

1972 年 11 月 6 日,伊犁哈萨克自治州霍尔果斯市出现暴雪,24 小时降雪量为 14.9 毫米(图 1-14-100)。

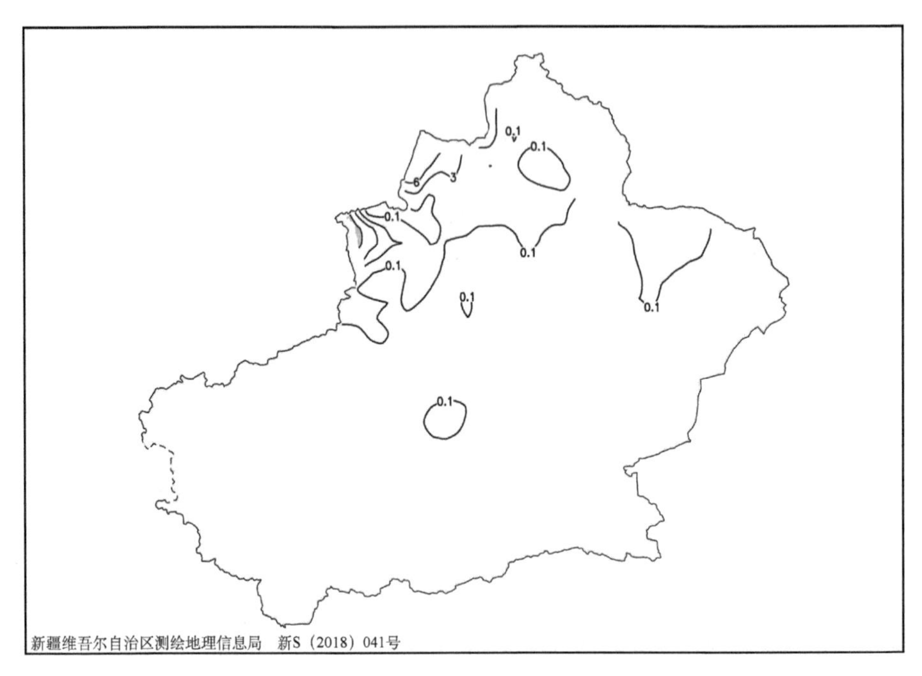

图 1-14-100 1972 年 11 月 5 日 20 时—6 日 20 时降雪量分布图(单位:毫米)

1976 年 2 月 11 日,伊犁哈萨克自治州霍尔果斯市出现暴雪,24 小时降雪量为 13.3 毫米(图 1-14-101)。

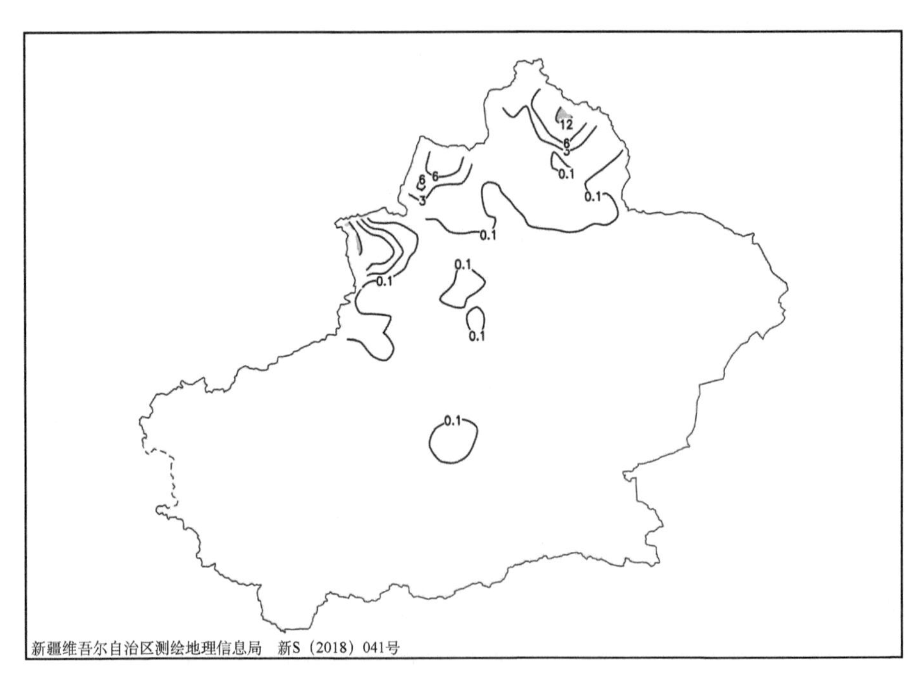

图 1-14-101 1976 年 2 月 10 日 20 时—11 日 20 时降雪量分布图(单位:毫米)

1982年3月21日，伊犁哈萨克自治州霍尔果斯市出现暴雪，24小时降雪量为13.3毫米(图1-14-102)。

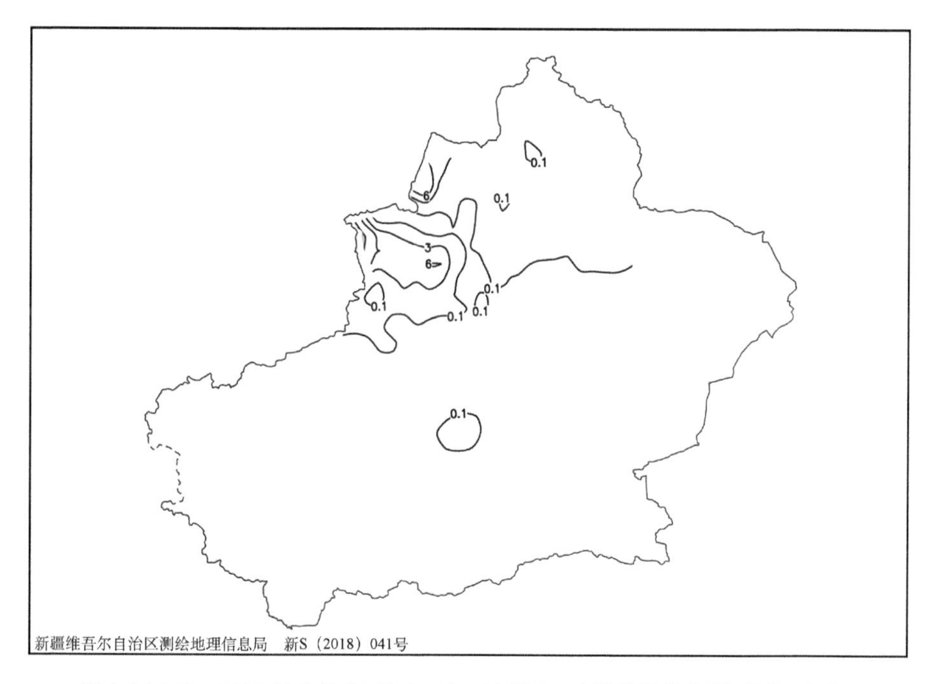

图1-14-102 1982年3月20日20时—21日20时降雪量分布图(单位:毫米)

1986年11月14日，伊犁哈萨克自治州霍尔果斯市出现暴雪，24小时降雪量为12.1毫米(图1-14-103)。

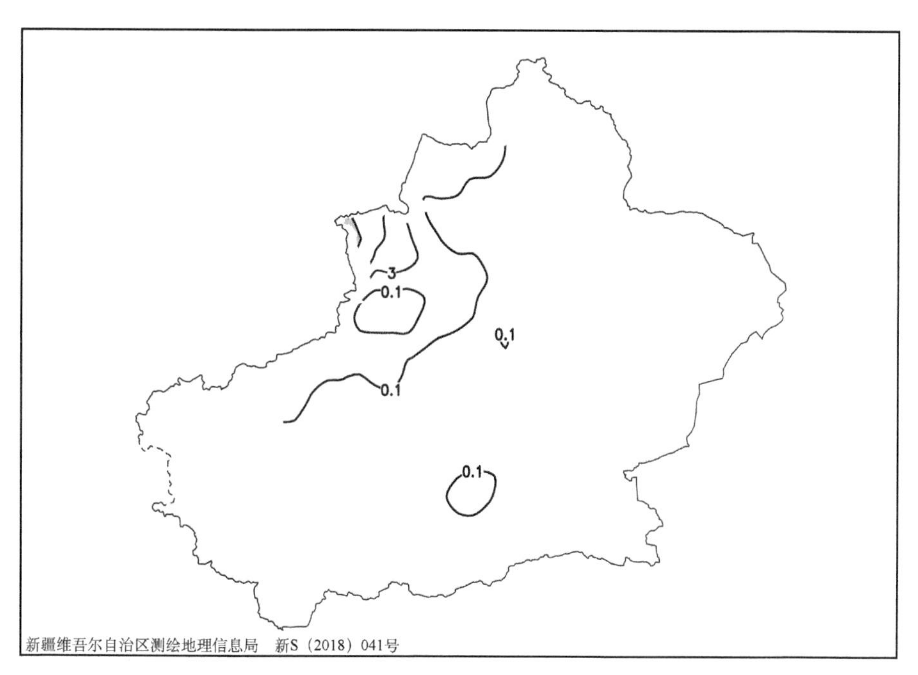

图1-14-103 1986年11月13日20时—14日20时降雪量分布图(单位:毫米)

1997 年 11 月 8 日，伊犁哈萨克自治州霍尔果斯市出现暴雪，24 小时降雪量为 13.6 毫米(图 1-14-104)。

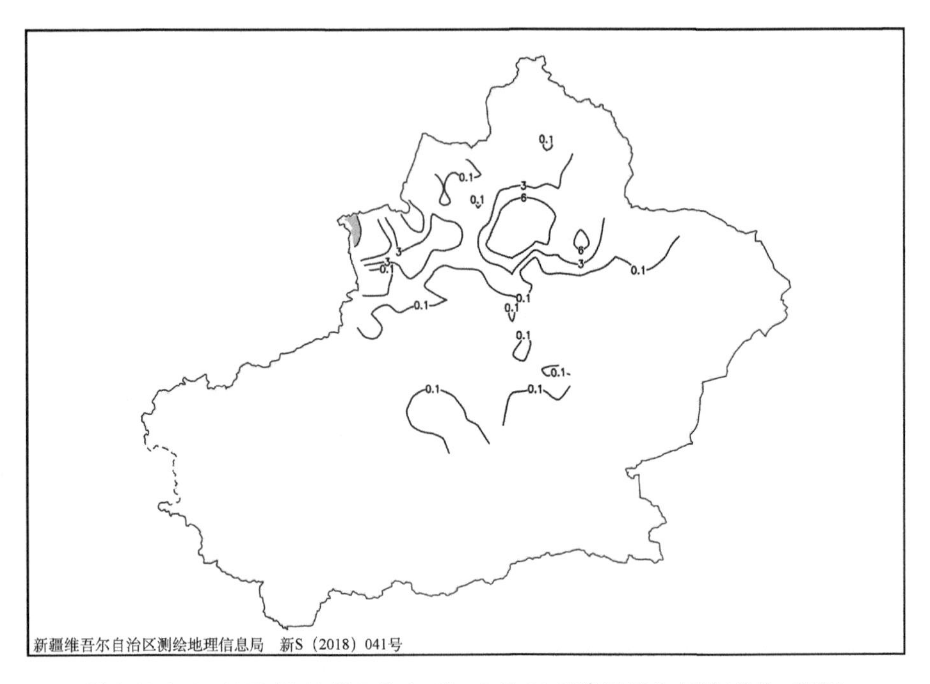

图 1-14-104　1997 年 11 月 7 日 20 时—8 日 20 时降雪量分布图(单位:毫米)

2006 年 1 月 10 日，伊犁哈萨克自治州霍尔果斯市出现暴雪，24 小时降雪量为 12.7 毫米(图 1-14-105)。

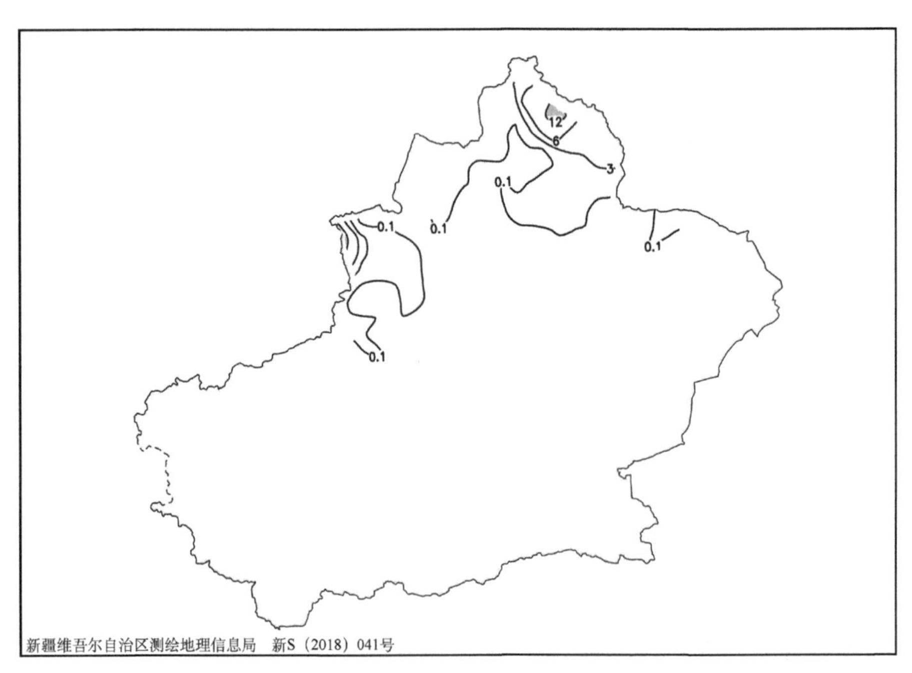

图 1-14-105　2006 年 1 月 9 日 20 时—10 日 20 时降雪量分布图(单位:毫米)

1.14.12 伊宁县、新源县暴雪

1979年3月26日，伊犁哈萨克自治州伊宁县和新源县出现暴雪，24小时降雪量分别为13.6毫米、12.3毫米(图1-14-106)。

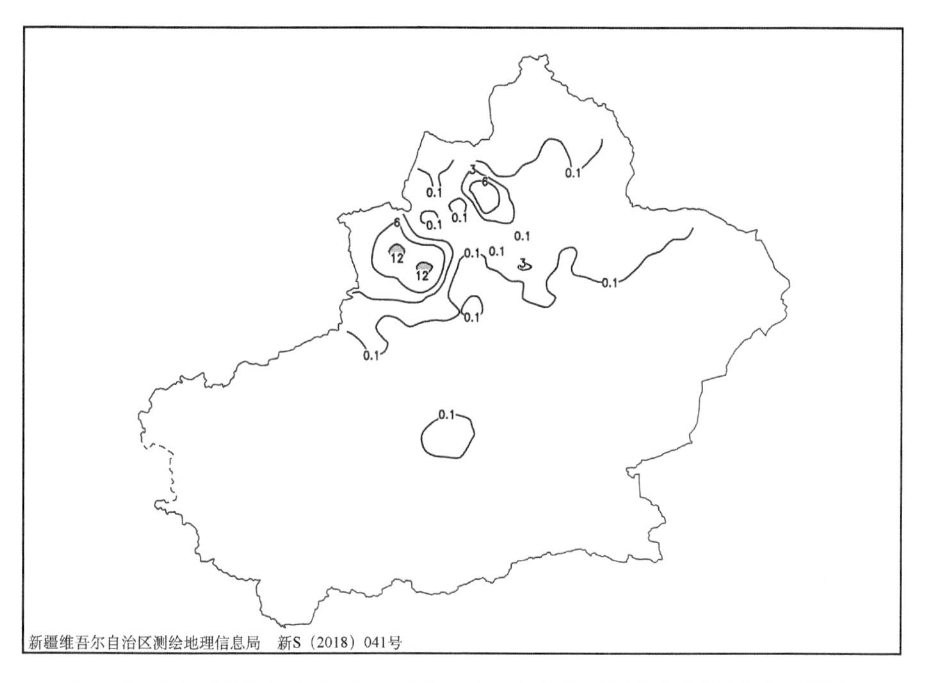

图1-14-106 1979年3月25日20时—26日20时降雪量分布图(单位:毫米)

2006年3月23日，伊犁哈萨克自治州伊宁县和新源县出现暴雪，24小时降雪量均为14.5毫米(图1-14-107)。

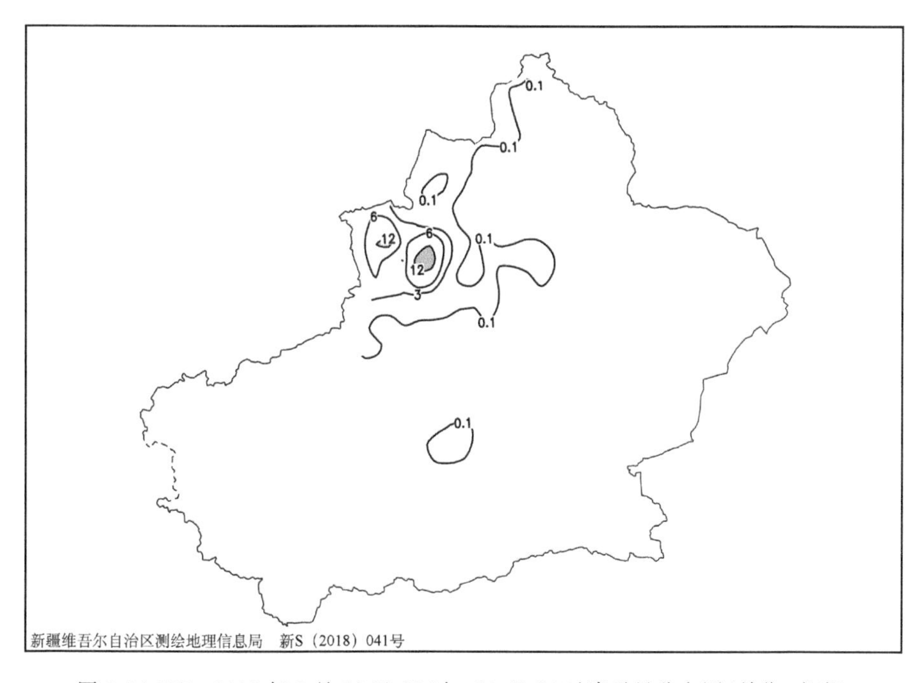

图1-14-107 2006年3月22日20时—23日20时降雪量分布图(单位:毫米)

1.14.13　察布查尔锡伯自治县、尼勒克县暴雪

1981 年 12 月 26 日，伊犁哈萨克自治州察布查尔锡伯自治县和尼勒克县出现暴雪，24 小时降雪量分别为 13.4 毫米、12.4 毫米(图 1-14-108)。

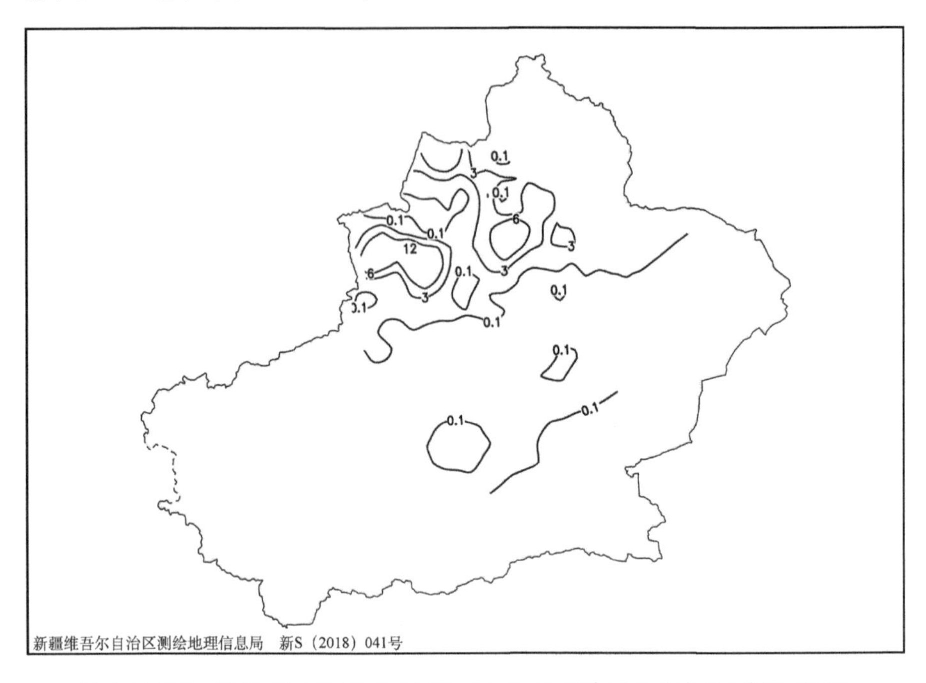

图 1-14-108　1981 年 2 月 26 日 20 时—27 日 20 时降雪量分布图(单位：毫米)

1.14.14　霍城县、察布查尔县暴雪

1983 年 11 月 22 日，伊犁哈萨克自治州霍城县和察布查尔锡伯自治县出现暴雪，24 小时降雪量分别为 14.5 毫米、12.5 毫米(图 1-14-109)。

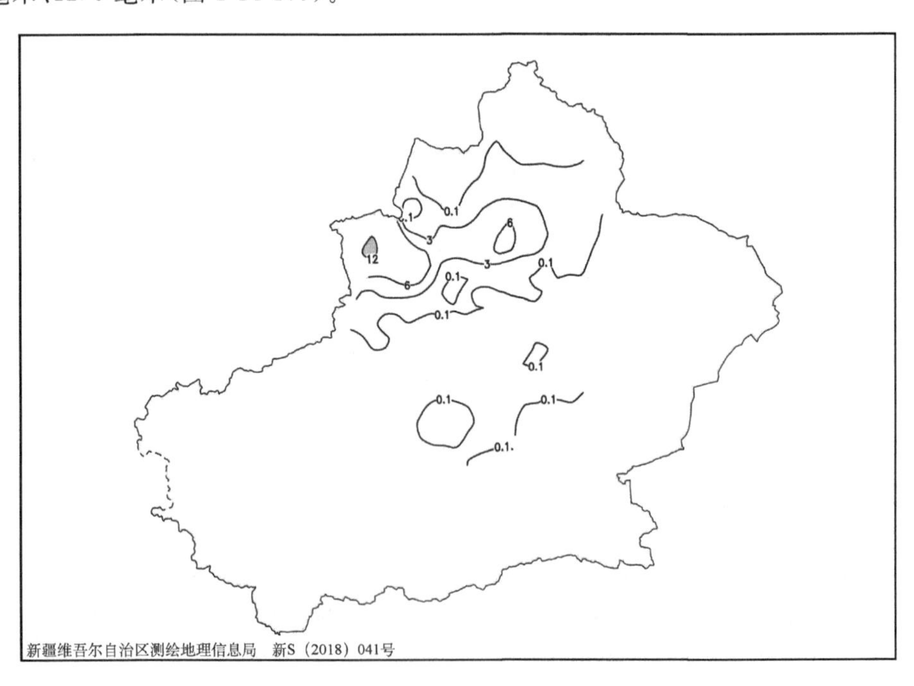

图 1-14-109　1983 年 11 月 21 日 20 时—22 日 20 时降雪量分布图(单位：毫米)

1.14.15　察布查尔锡伯自治县暴雪

1989年12月19日，伊犁哈萨克自治州察布查尔锡伯自治县出现暴雪，24小时降雪量为13.7毫米（图1-14-110）。

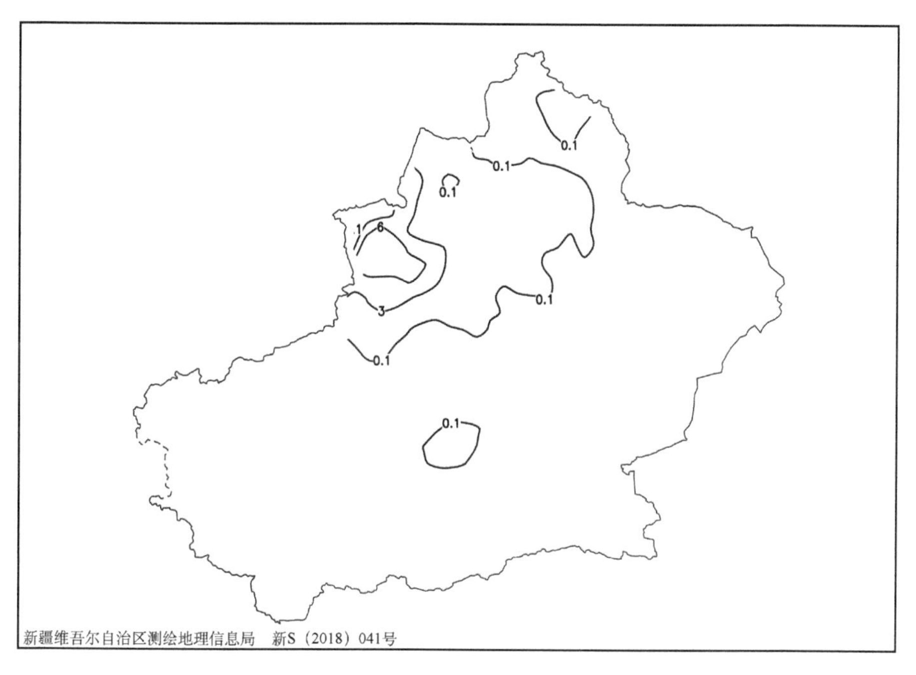

图1-14-110　1989年12月18日20时—19日20时降雪量分布图（单位：毫米）

2003年2月8日，伊犁哈萨克自治州察布查尔锡伯自治县出现暴雪，24小时降雪量为13.3毫米（图1-14-111）。

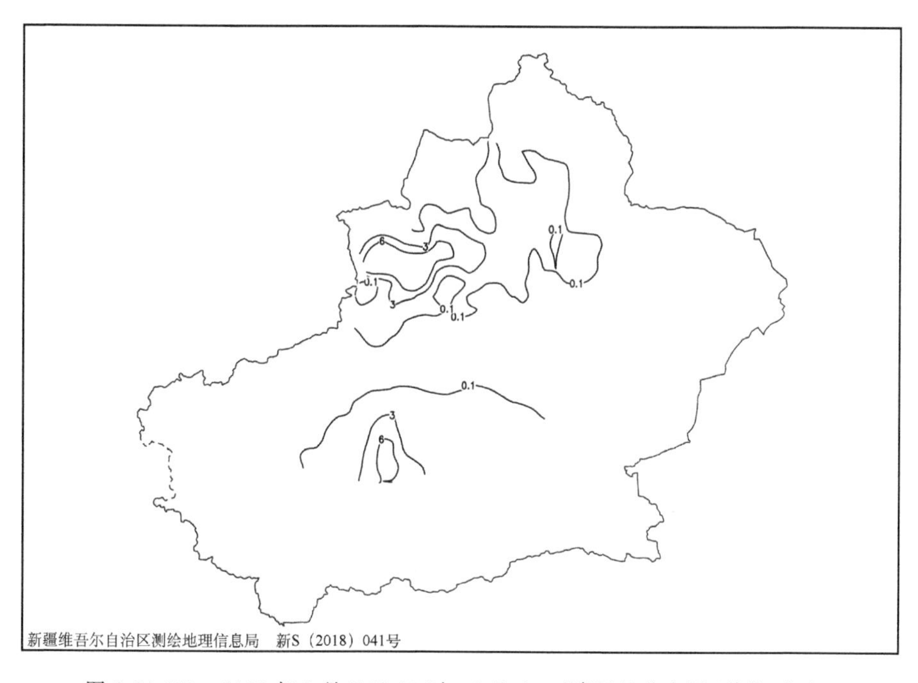

图1-14-111　2003年2月7日20时—8日20时降雪量分布图（单位：毫米）

2007 年 11 月 16 日,伊犁哈萨克自治州察布查尔锡伯自治县出现暴雪天气,24 小时降雪量 14.0 毫米(图 1-14-112)。

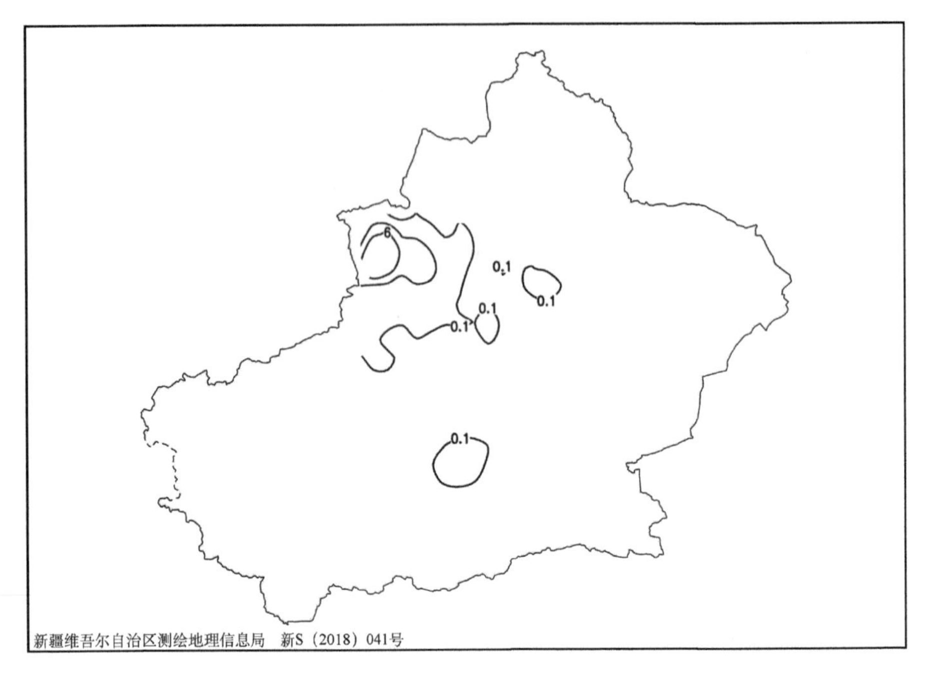

图 1-14-112 2007 年 11 月 15 日 20 时—16 日 20 时降雪量分布图(单位:毫米)

1.14.16 霍城县暴雪

1997 年 3 月 11 日,伊犁哈萨克自治州霍城县出现暴雪,24 小时降雪量为 13.3 毫米(图 1-14-113)。

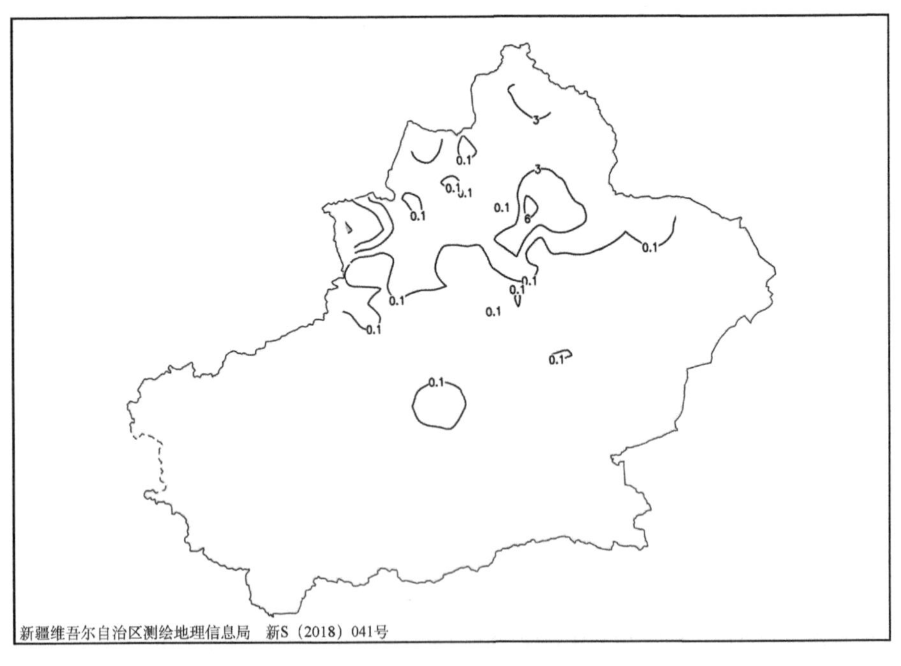

图 1-14-113 1997 年 3 月 10 日 20 时—11 日 20 时降雪量分布图(单位:毫米)

1.14.17　伊宁市、霍城县暴雪

2004 年 3 月 14 日，伊犁哈萨克自治州伊宁市和霍城县出现暴雪，24 小时降雪量分别为 15.1 毫米、16.8 毫米(图 1-14-114)。

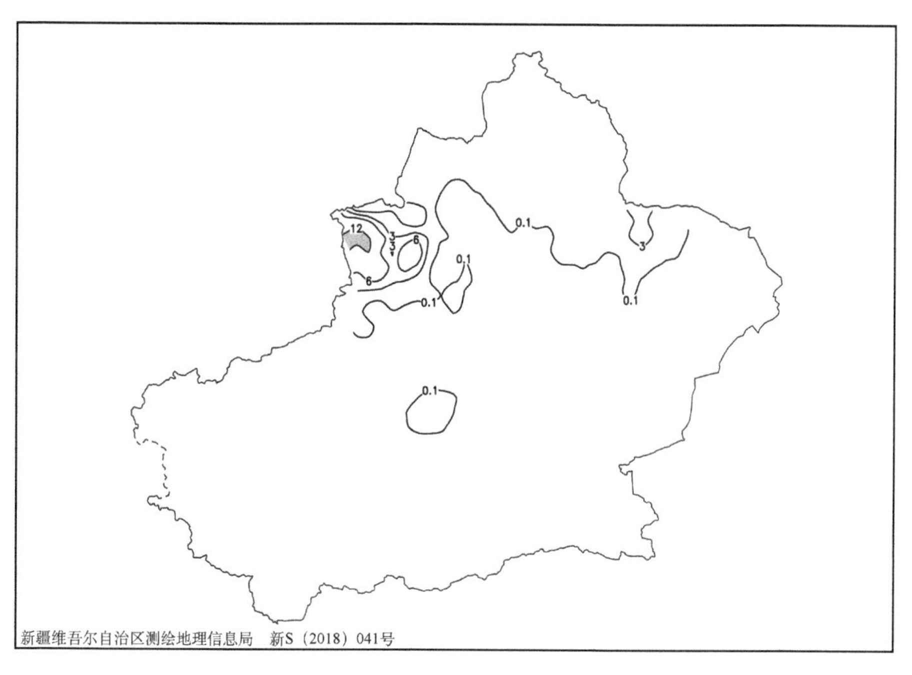

图 1-14-114　2004 年 3 月 13 日 20 时—14 日 20 时降雪量分布图(单位：毫米)

1.14.18　新源县、特克斯县暴雪

2007 年 3 月 29 日，伊犁哈萨克自治州新源县出现大暴雪，24 小时降雪量为 27.8 毫米。特克斯县出现暴雪，24 小时降雪量为 21.9 毫米(图 1-14-115)。

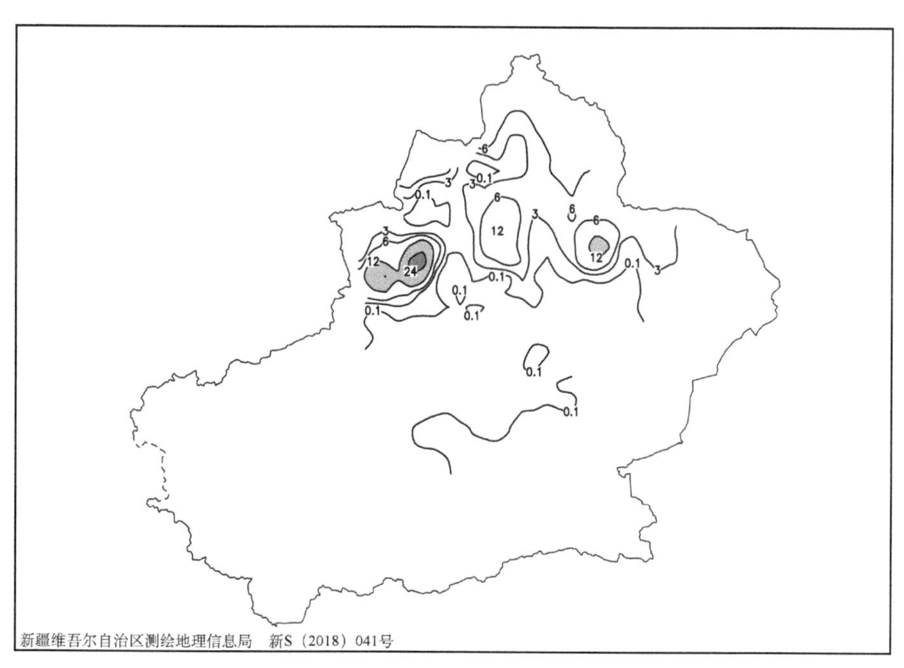

图 1-14-115　2007 年 3 月 28 日 20 时—29 日 20 时降雪量分布图(单位：毫米)

1.14.19　霍尔果斯市、伊宁县暴雪

2008 年 2 月 22 日,伊犁哈萨克自治州霍尔果斯市和伊宁县出现暴雪,24 小时降雪量分别为 12.1 毫米、13.4 毫米(图 1-14-116)。

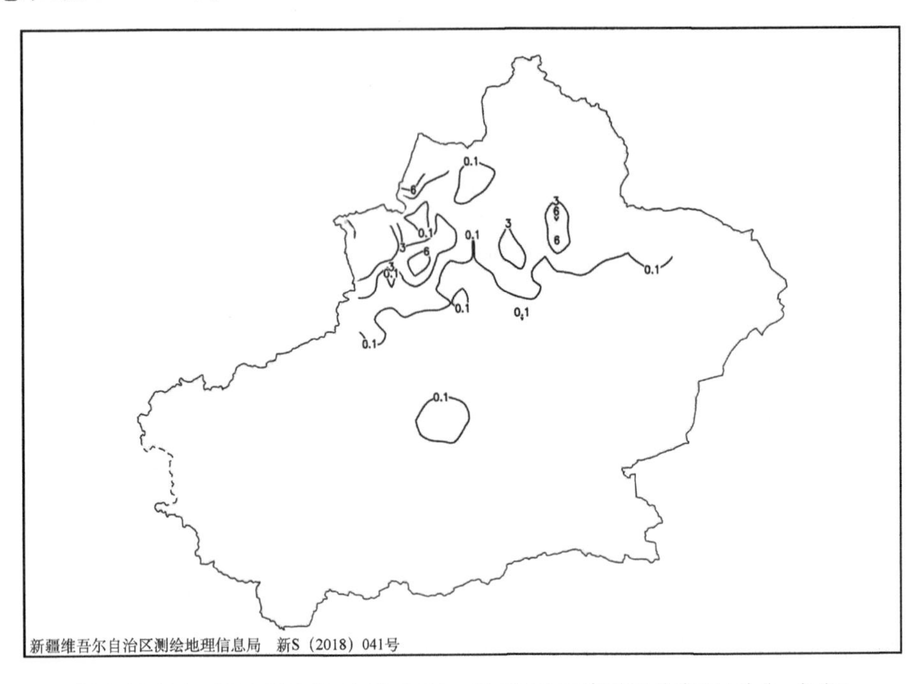

图 1-14-116　2008 年 2 月 21 日 20 时—22 日 20 时降雪量分布图(单位:毫米)

第 2 章　区域性暴雪过程客观定义及过程描述

2.1　区域性暴雪过程的客观定义

2.1.1　资料选取：应用 1953—2017 年新疆气象观测站当年 11 月—翌年 3 月逐日降水资料。

2.1.2　新疆降水等级行业标准：24 小时降水量 R，$0.0<R\leqslant0.2$ 毫米为微雪，$0.3\leqslant R\leqslant3.0$ 毫米为小雪，$3.1\leqslant R\leqslant6.0$ 毫米为中雪，$6.1\leqslant R\leqslant12.0$ 毫米为大雪，$12.1\leqslant R\leqslant24.0$ 毫米为暴雪，$24.1\leqslant R\leqslant48.0$ 毫米为大暴雪，$R\geqslant48.1$ 毫米为特大暴雪。

2.1.3　区域性暴雪定义：全疆范围内，一天至少有 3 个站出现暴雪（≥12.1 毫米），两天至少有 5 个站出现暴雪，即为一次区域性暴雪过程。

2.2　区域性暴雪过程描述

2.2.1　阿勒泰地区、塔城地区暴雪(1958-02-20)

【降雪实况】1958 年 2 月 20 日，阿勒泰地区哈巴河县和阿勒泰市出现暴雪，24 小时降雪量分别为 16.2 毫米、21.4 毫米。其中，阿勒泰地区富蕴县和塔城地区塔城市出现大暴雪，24 小时降雪量为 26.1 毫米、32.9 毫米。阿勒泰地区青河县出现特大暴雪，24 小时降雪量 52.3 毫米(图 2-2-1)。

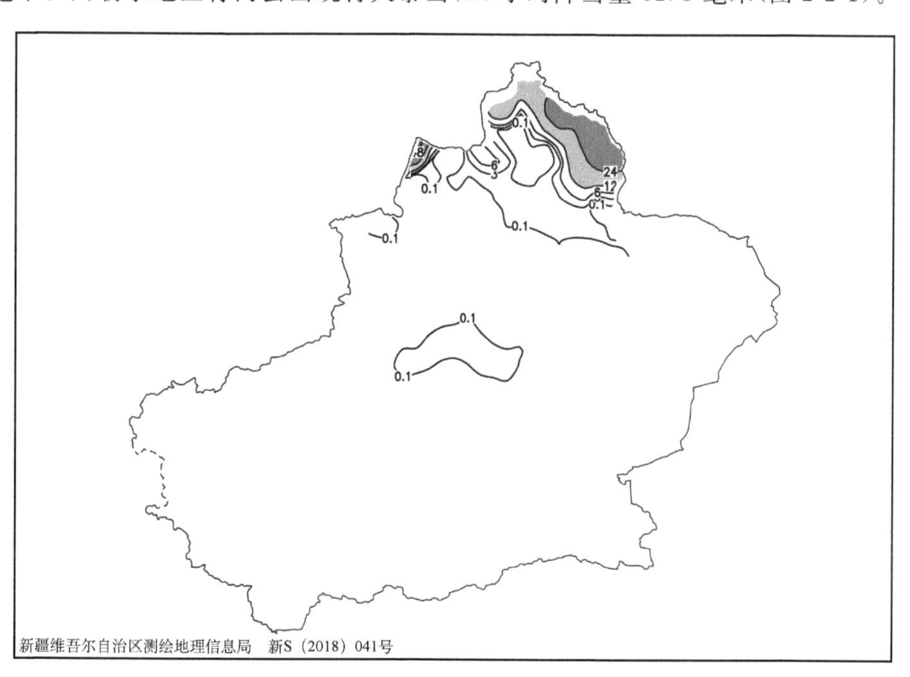

图 2-2-1　1958 年 2 月 19 日 20 时—20 日 20 时降雪量分布图(单位:毫米)

【天气形势】500 百帕环流场上，降雪开始前欧亚中高纬度为两槽一脊的环流形势，新疆受高压脊控制，乌拉尔山西部和贝加尔湖北部为低涡活动区(图 2-2-3)。其中，乌拉尔山西部低涡底部 45°～55°N 间有一条明显的西风急流带，低涡中冷空气随西风急流带进入到哈萨克丘陵，19 日 20 时，新疆脊减弱东移，贝加尔湖北部低涡中强冷空气与哈萨克丘陵冷空气打通，新疆北部地区处在强锋区控制中，造成塔城和阿勒泰地区的暴雪天气。

对流层上部的200百帕从黑海北部沿50°N到新疆北部有一条东西向急流带(图2-2-2),急流核在哈萨克丘陵,急流核中心风速大于40米/秒,阿勒泰和塔城地区处于高空急流入口区右侧的强辐散区,有利于暴雪区上升运动的发展和维持(图2-2-2)。对流层中低层700百帕上从黑海到新疆北部同样建立了一支偏西急流,阿勒泰和塔城地区位于低空急流轴的左前侧,高低空两支急流耦合发展,有利于风场的辐合与水汽的聚集(图2-2-4)。从700百帕水汽通量场可以看出,水汽输送通道与高、低空急流有较好的对应关系,源自地中海的水汽经黑海向东北方向输送到50°N,在低空偏西急流的引导下向东输送到阿勒泰地区,最大水汽通量值为20克/(厘米·百帕·秒)(图2-2-5)。持续的水汽输送且较强的低层水汽辐合是这次大暴雪形成的重要原因之一。

地面图上,阿勒泰和塔城地区处在蒙古高压后部、副热带高压北部和中亚低压前部的减压升温区域,属暖区降水(图2-2-6,图2-2-7)。

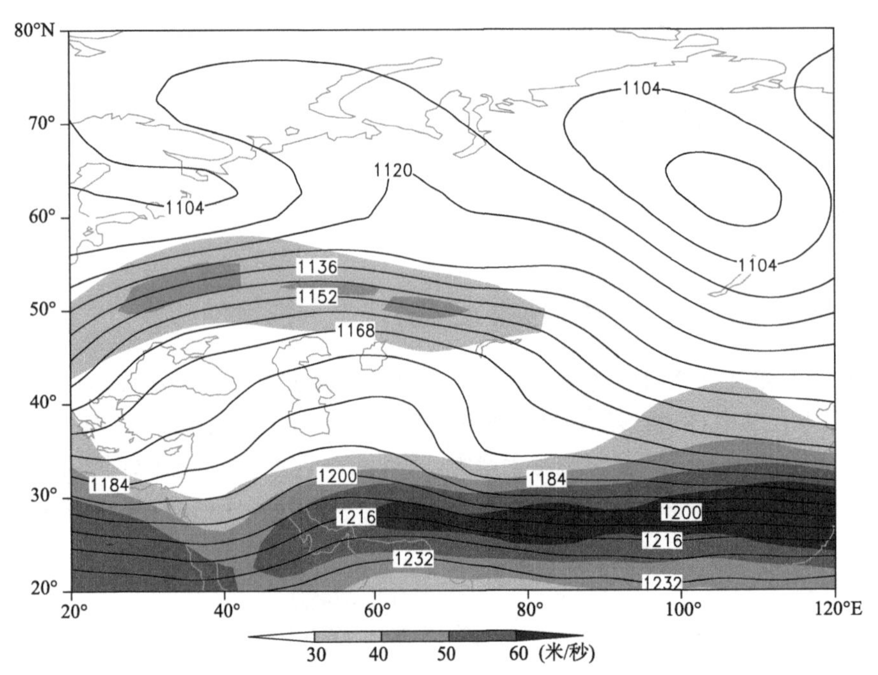

图2-2-2　1958年2月19日20时200百帕位势高度场(单位:位势什米),阴影表示风速大于30米/秒急流区

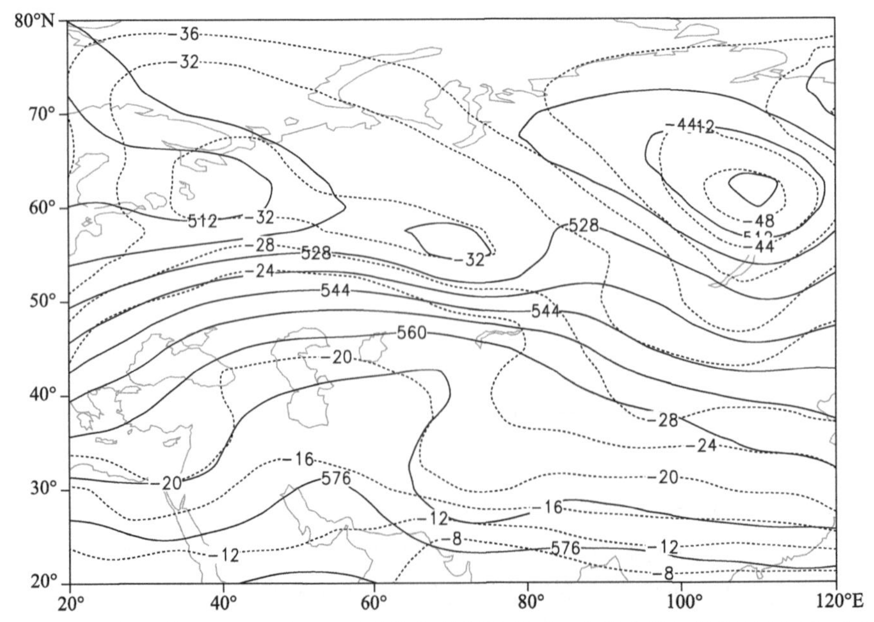

图2-2-3　1958年2月19日20时500百帕位势高度场(单位:位势什米),温度场(虚线,单位:℃)

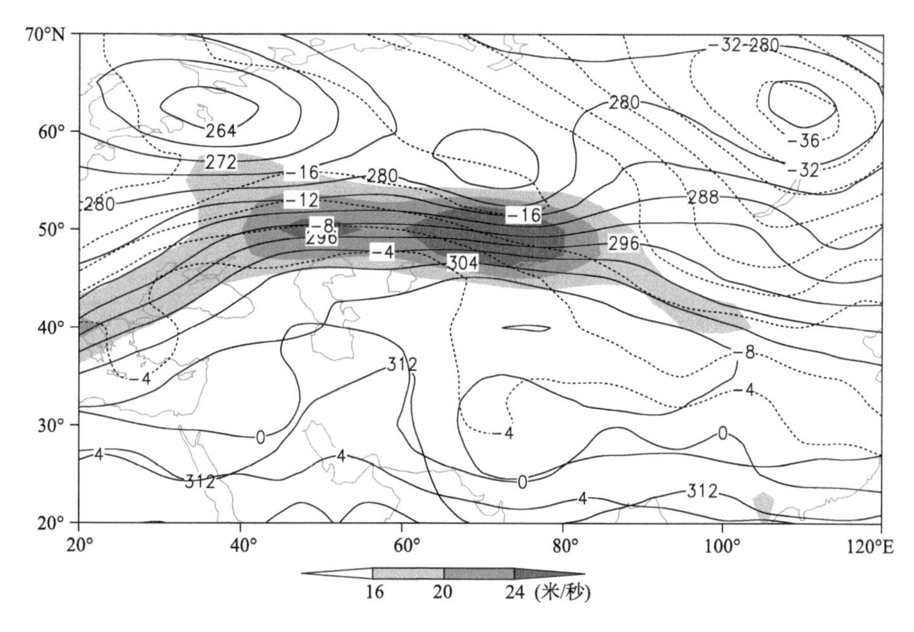

图 2-2-4　1958 年 2 月 19 日 20 时 700 百帕位势高度场(单位:位势什米)、温度场(单位:℃),阴影表示风速大于 16 米/秒的急流区

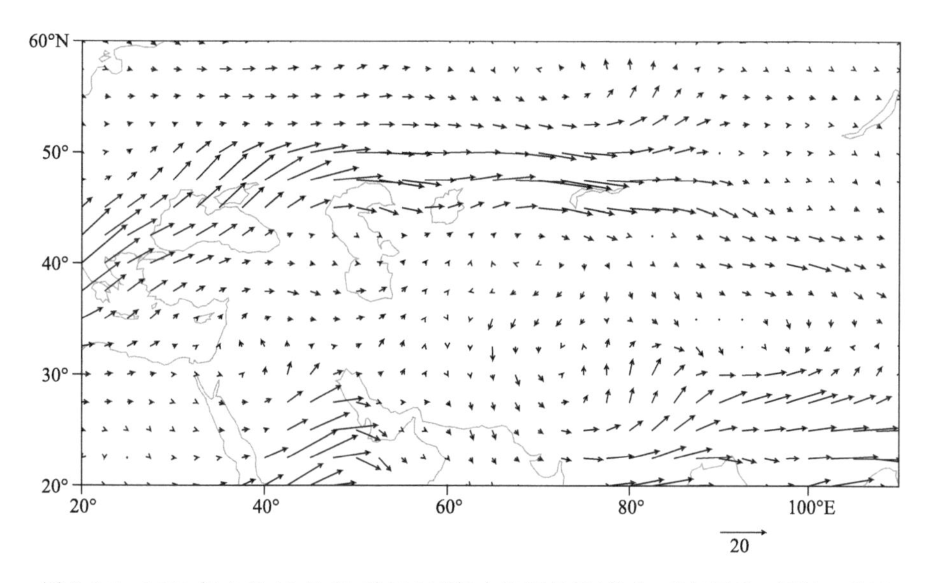

图 2-2-5　1958 年 2 月 19 日 20 时 700 百帕水汽通量场(单位:克/(厘米·百帕·秒))

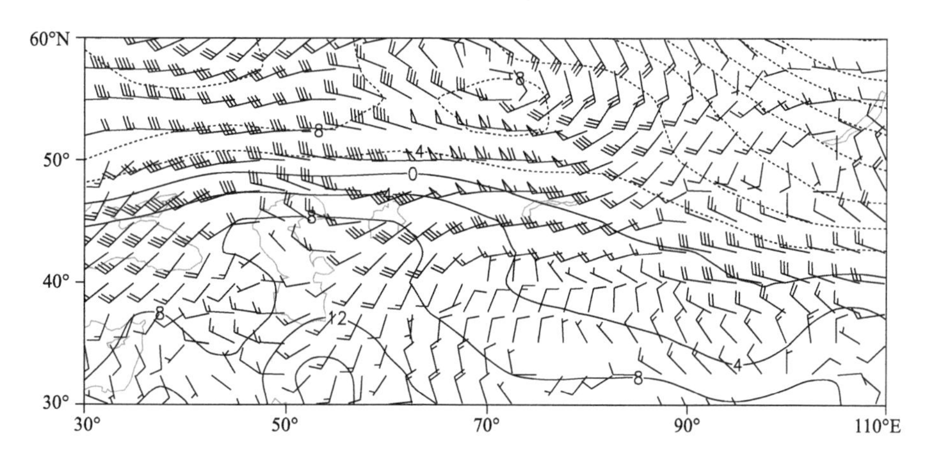

图 2-2-6　1958 年 2 月 19 日 20 时 850 百帕风场(单位:米/秒),温度场(单位:℃)

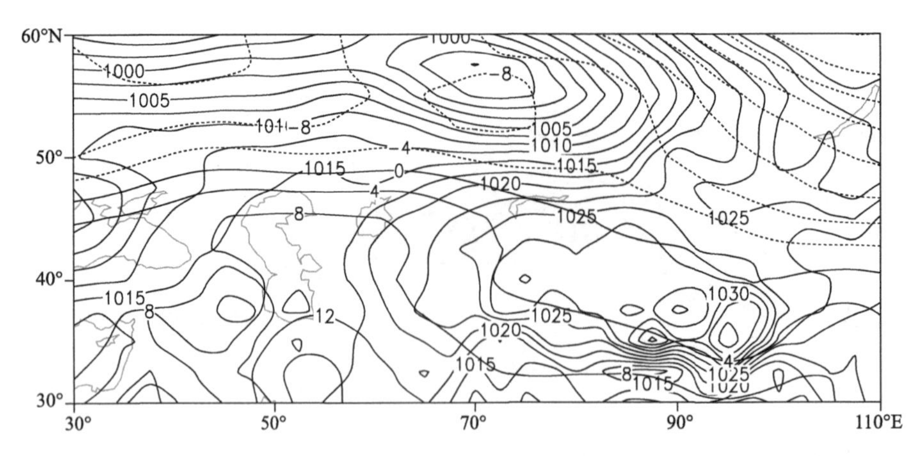

图 2-2-7　1958 年 2 月 19 日 20 时地面气压场(单位:百帕),850 百帕温度场(单位:℃)

2.2.2　博尔塔拉蒙古自治州、昌吉回族自治州、伊犁哈萨克自治州暴雪(1959-03-25)

【降雪实况】1959 年 3 月 25 日,博尔塔拉蒙古自治州博乐市,昌吉回族自治州昌吉市、天池,伊犁哈萨克自治州伊宁市出现暴雪,24 小时降雪量分别为 15.7 毫米、13.7 毫米、12.8 毫米、12.2 毫米(图 2-2-8)。

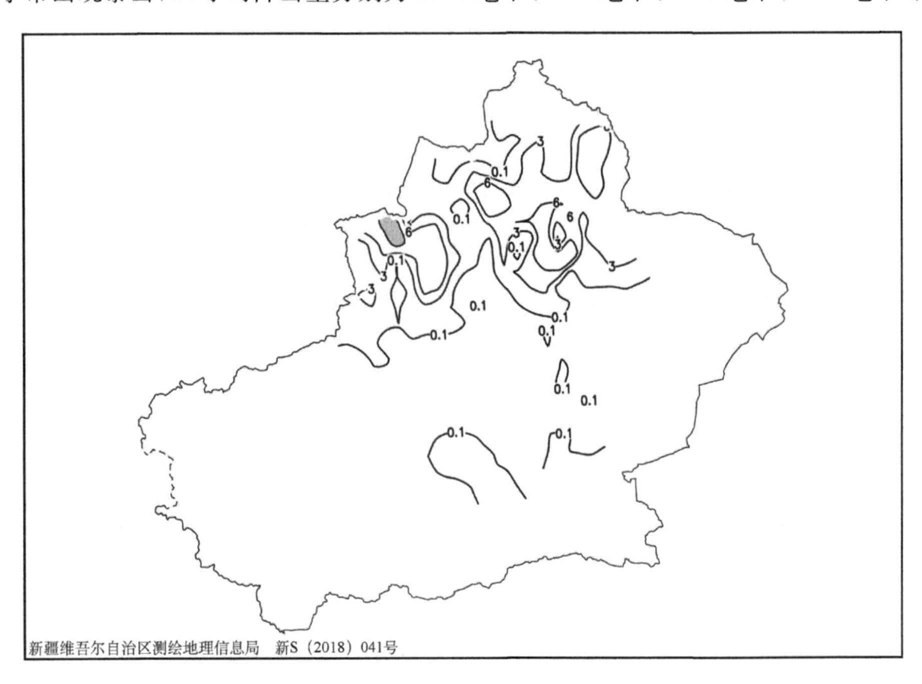

图 2-2-8　1959 年 3 月 24 日 20 时—25 日 20 时降雪量分布图(单位:毫米)

【天气形势】500 百帕环流场上,降雪开始前欧亚中高纬度为两脊一槽的环流形势,即大西洋沿岸到欧洲北部地区和新疆为高压脊,里海、咸海为低槽。新疆受副热带高压外围暖平流控制。23 日 20 时,欧洲北部高压脊向北发展,巴伦支海上的强冷空气沿脊前偏北风带南下进入低槽,低槽加强东移,同时北冰洋上的极涡南掉,极涡底部锋区与低槽前部锋区叠加,24 日 20 时,叠加后的强锋区位于巴尔喀什湖和北疆西北部,北疆的降雪逐渐开始,随着强锋区的东移,在伊犁哈萨克自治州、博尔塔拉蒙古自治州和昌吉回族自治州产生暴雪(图 2-2-10)。

200 百帕上,从里海南部到北疆有一支西南急流,急流核位于哈萨克丘陵,暴雪区位于急流核入口区右侧的强辐散区(图 2-2-9)。700 百帕上,北疆处于低空西南急流的左前侧,即正切变涡度区,高空西南急流和低空西南急流持续耦合发展,为暴雪的产生提供了有利的天气背景和动力条件(图 2-2-11)。700 百帕水汽通量场上,欧洲北部水汽经乌拉尔山南部输送到咸海地区,增温、增湿后随低层西南急流输送至北疆,在位于低空急流前侧的博尔塔拉蒙古自治州、昌吉回族自治州和伊犁哈萨克自治州产生水汽辐合(图 2-2-12)。

24 日 20 时,地面冷高中心位于里海,中心闭合线值为 1030 百帕,冷高压沿西方路径东移,暴雪发生在冷锋前及其逐渐东移过境的升压降温区域内(图 2-2-13,图 2-2-14)。

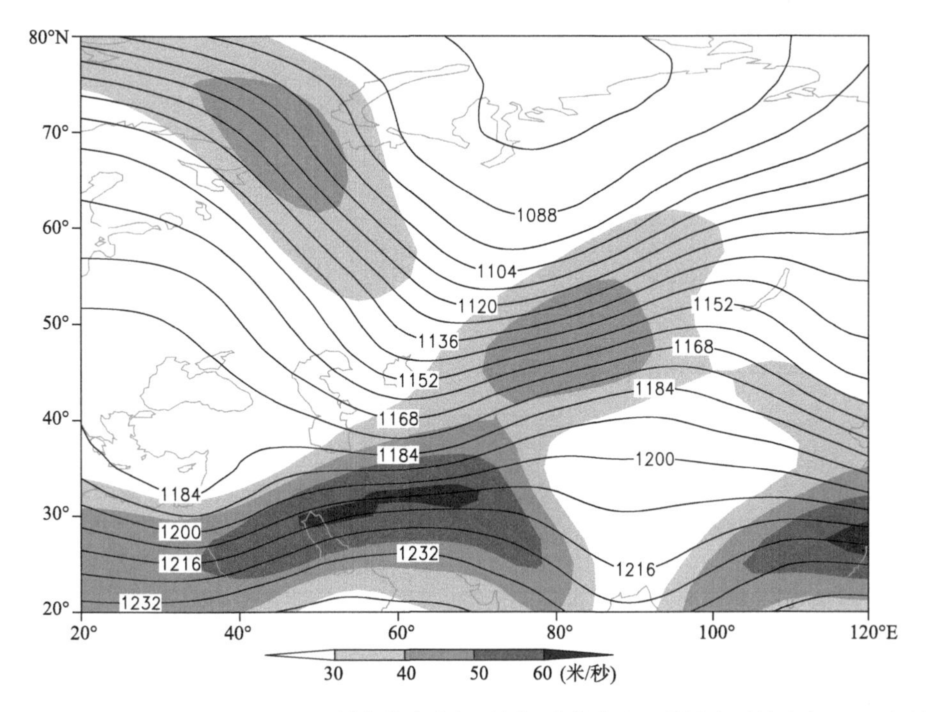

图 2-2-9　1959 年 3 月 24 日 20 时 200 百帕位势高度场(单位:位势什米),阴影表示风速大于 30 米/秒急流区

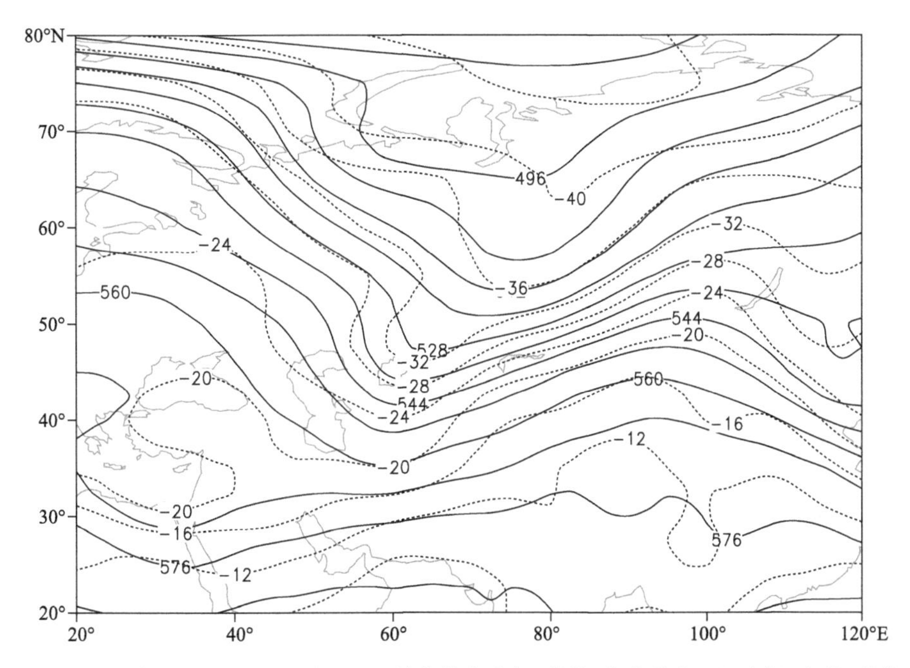

图 2-2-10　1959 年 3 月 24 日 20 时 500 百帕位势高度场(单位:位势什米)、温度场(虚线,单位:℃)

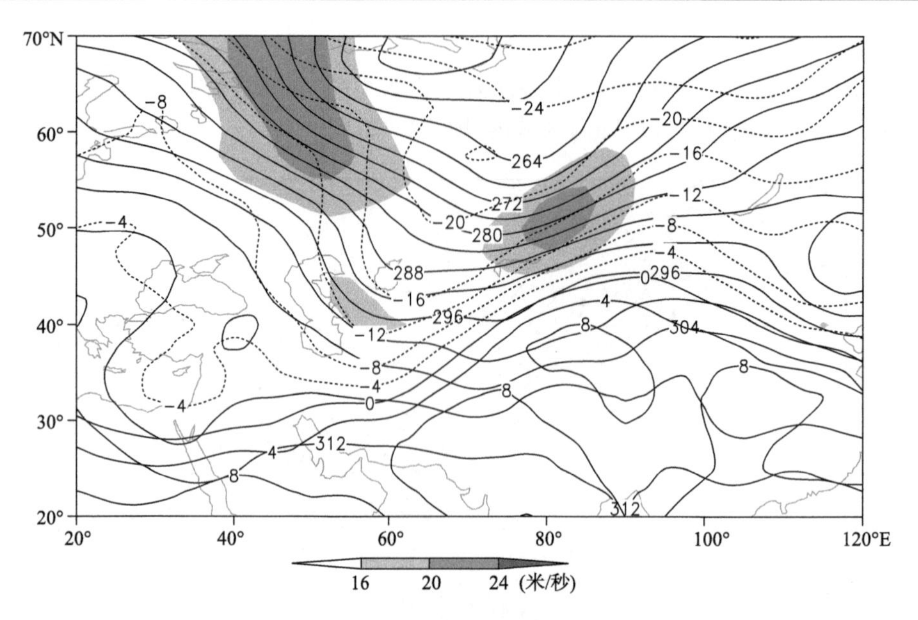

图 2-2-11　1959 年 3 月 24 日 20 时 700 百帕位势高度场(单位:位势什米)、温度场(单位:℃),阴影表示风速大于 16 米/秒的急流区

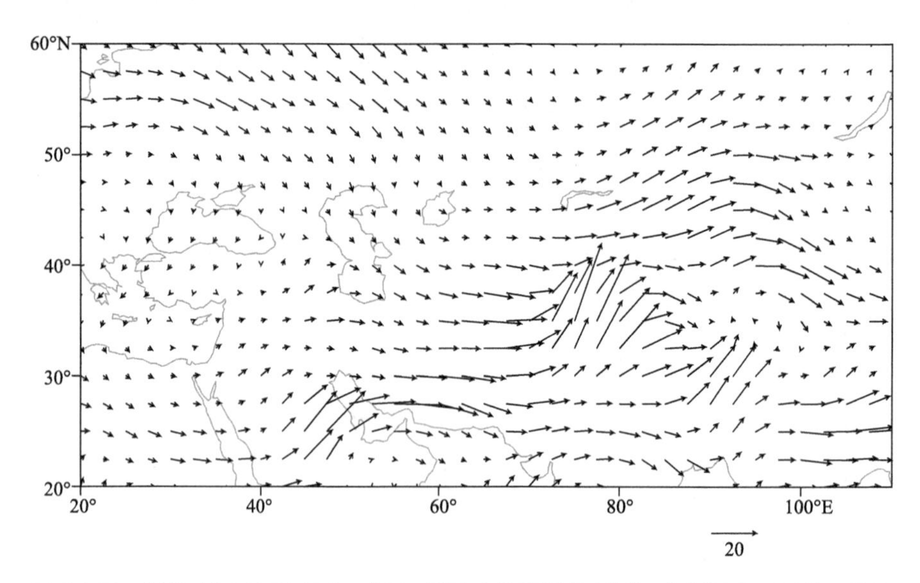

图 2-2-12　1959 年 3 月 24 日 20 时 700 百帕水汽通量场(单位:克/(厘米·百帕·秒))

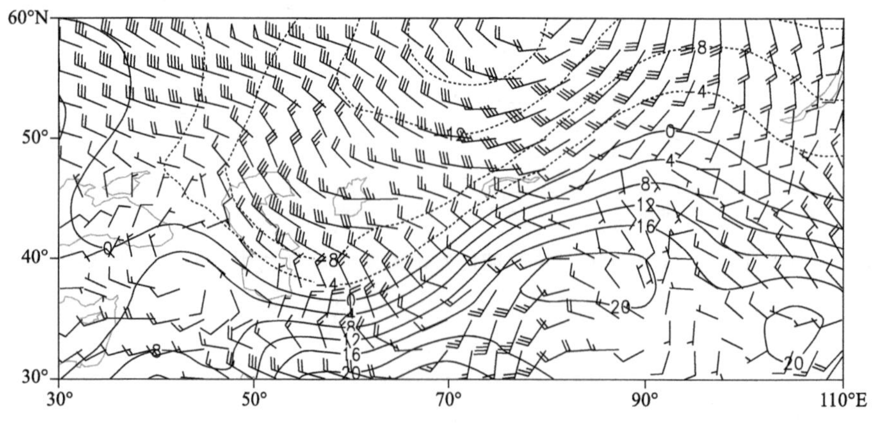

图 2-2-13　1959 年 3 月 24 日 20 时 850 百帕风场(单位:米/秒)、温度场(单位:℃)

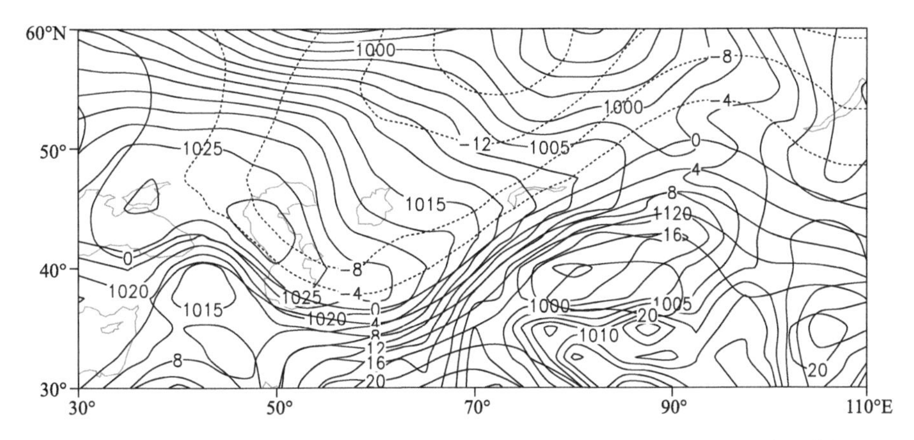

图 2-2-14　1959 年 3 月 24 日 20 时地面气压场(单位:百帕),850 百帕温度场(单位:℃)

2.2.3　伊犁哈萨克自治州暴雪(1963-03-02)

【降雪实况】1963 年 3 月 2 日,伊犁哈萨克自治州伊宁县、伊宁市、察布查尔锡伯自治县、霍城县出现暴雪,24 小时降雪量分别为 14.2 毫米、14.3 毫米、14.4 毫米、14.8 毫米(图 2-2-15)。

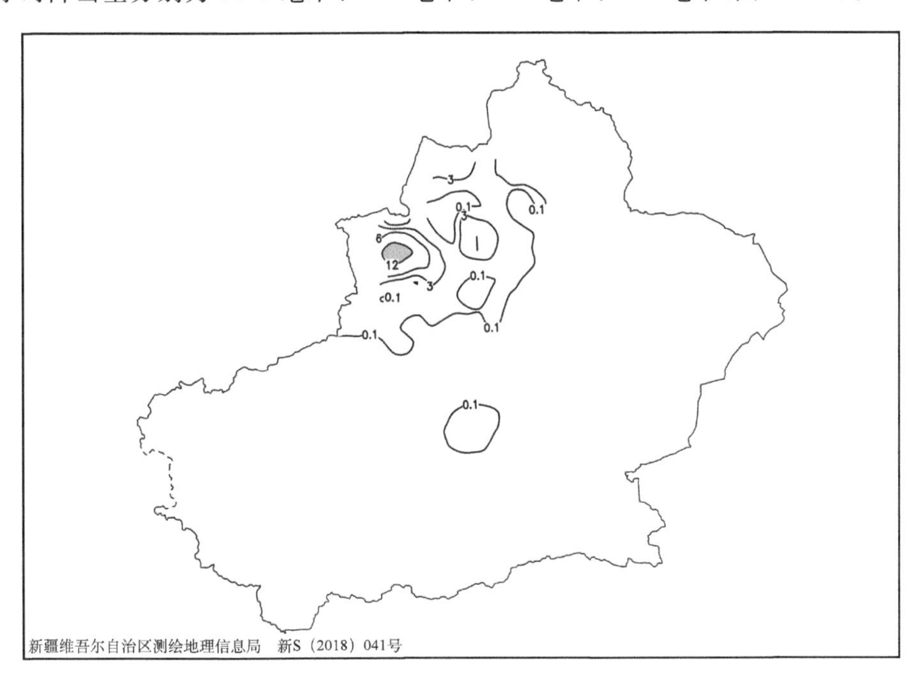

图 2-2-15　1963 年 3 月 1 日 20 时—2 日 20 时降雪量分布图(单位:毫米)

【天气形势】500 百帕环流场上,2 月 28 日 08 时,冷涡中心位于 50°E,60°N 附近,并伴有－43℃冷中心。南支系统上波动明显,新疆受南支系统上低槽前西南气流控制。28 日 20 时—3 月 1 日 08 时,冷涡填塞成低槽,冷空气随低槽东移进入里海、咸海,低槽分裂短波快速东移,北疆地区温度开始下降,1 日 20 时,北支低槽与南支低槽同位相叠加形成乌拉尔槽,乌拉尔槽东移,受槽前锋区影响,在伊犁地区产生暴雪天气(图 2-2-17)。

200 百帕上伊犁地区持续受风速大于 30 米/秒的西南高空急流影响,急流核位于中亚南部,高空急流在高层起到了抽吸作用,强烈的高层辐散抽吸作用加强了中低层系统的发展,有利于强降雪产生(图 2-2-16)。在对流层中低层,偏南风将中亚南部暖湿空气向伊犁地区输送,在婆罗科努山的迎风坡产生水汽辐合,强降雪发生时段,伊犁地区处于高空急流入口区右侧强辐散区和 700 百帕低空西南急流出口区前侧辐合区及辐合线前部的重叠区域内(图 2-2-18)。从 700 百帕水汽通量场可以看出,里海水汽向东输送到中亚,在中亚有个明显的增湿过程,为伊犁地区的暴雪提供了充沛的水汽(图 2-2-19)。

地面图上,1 日 20 时,冷高压东移至里咸海地区,西伯利亚高压减弱,北疆为倒槽控制,巴尔喀什湖附近气压梯度较大,并伴有 3 小时正变压,强冷锋位于中亚南部,呈东北—西南方向分布,随着冷锋东移,在冷锋前的升压、降温区域产生暴雪(图 2-2-20,图 2-2-21)。

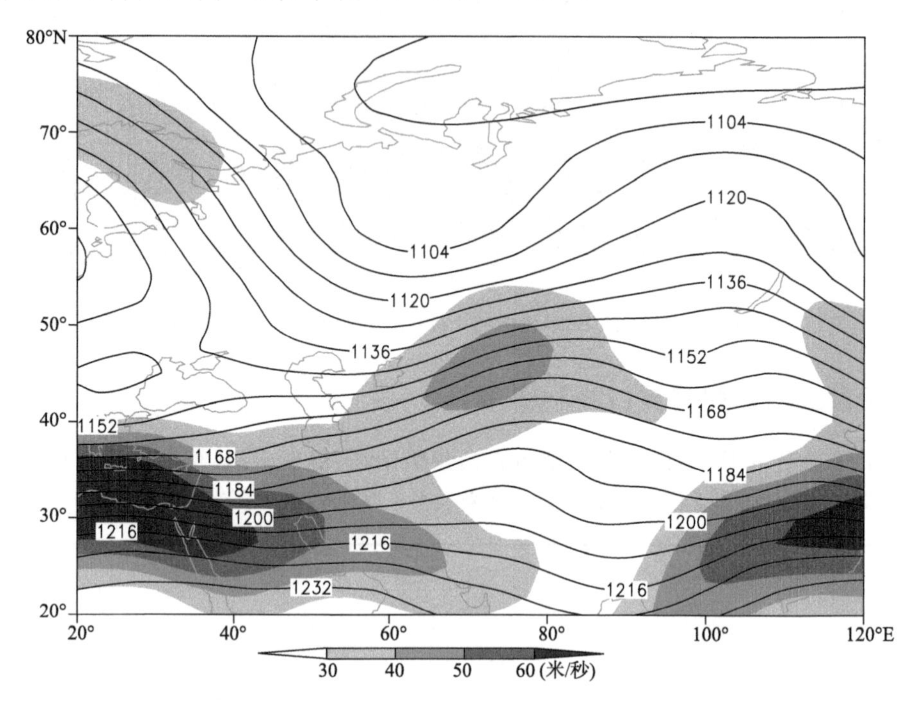

图 2-2-16　1963 年 3 月 1 日 20 时 200 百帕位势高度场(单位:位势什米),阴影表示风速大于 30 米/秒急流区

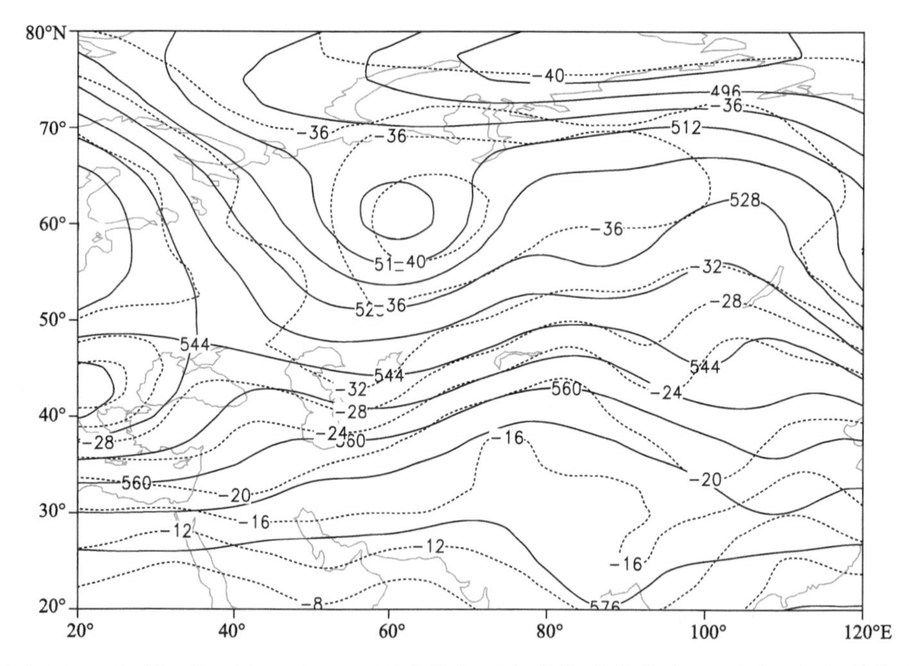

图 2-2-17　1963 年 3 月 1 日 20 时 500 百帕位势高度场(单位:位势什米)、温度场(虚线,单位:℃)

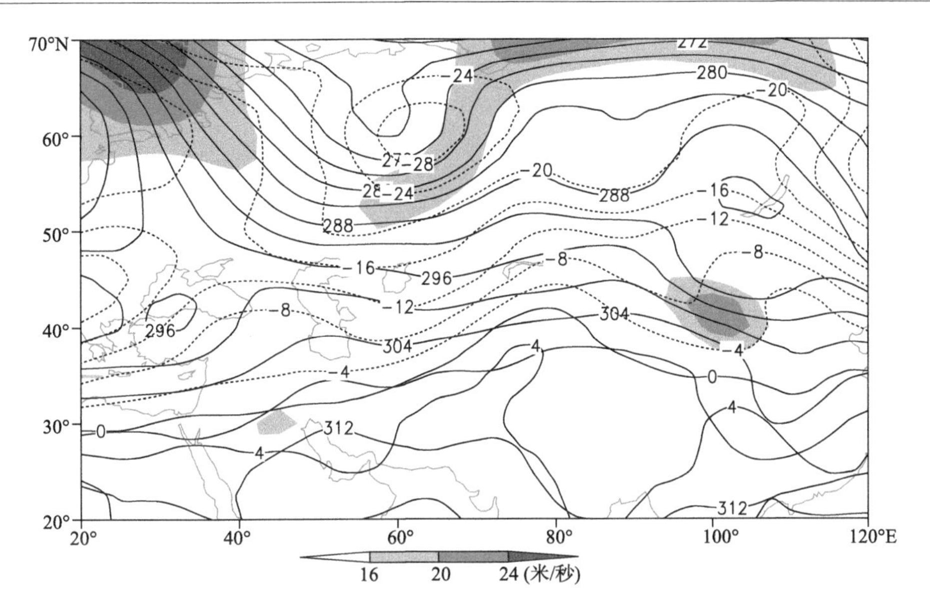

图 2-2-18　1963 年 3 月 1 日 20 时 700 百帕位势高度场(单位:位势什米)、温度场(单位:℃),阴影表示风速大于 16 米/秒的急流区

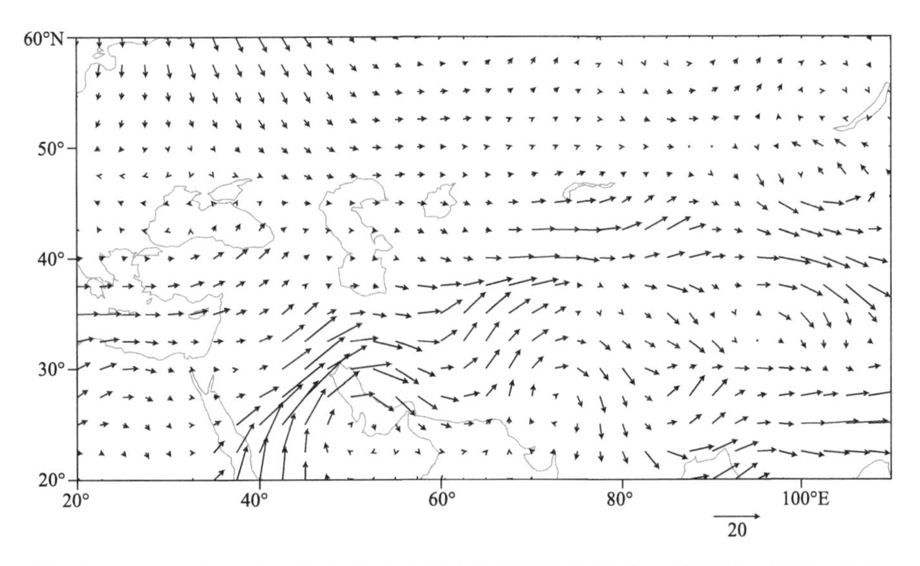

图 2-2-19　1963 年 3 月 1 日 20 时 700 百帕水汽通量场(单位:克/(厘米·百帕·秒))

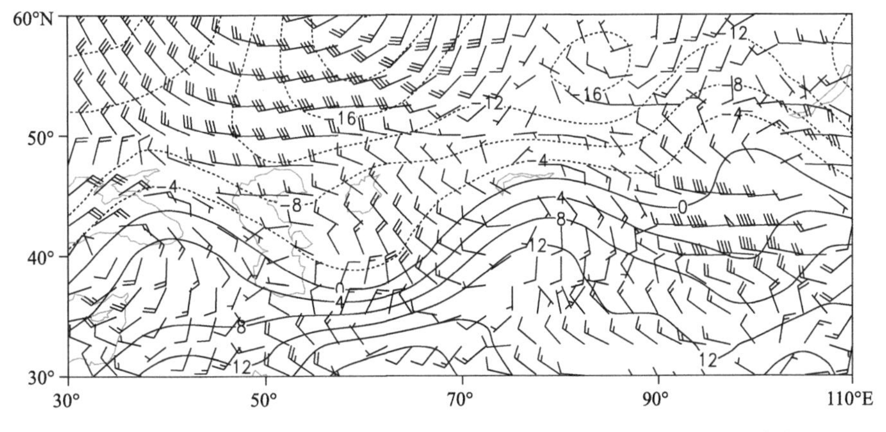

图 2-2-20　1963 年 3 月 1 日 20 时 850 百帕风场(单位:米/秒),温度场(单位:℃)

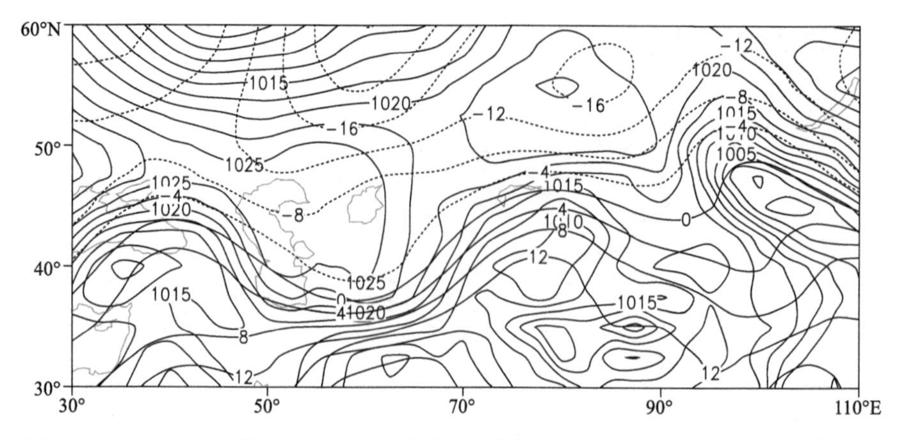

图 2-2-21　1963 年 3 月 1 日 20 时地面气压场(单位:百帕),850 百帕温度场(单位:℃)

2.2.4　乌鲁木齐市、伊犁哈萨克自治州暴雪(1964-03-16)

【降雪实况】1964 年 3 月 16 日,乌鲁木齐市小渠子站,伊犁哈萨克自治州特克斯县、新源县、伊宁县出现暴雪,24 小时降雪量分别为 14.0 毫米、13.8 毫米、20.5 毫米、12.9 毫米(图 2-2-22)。

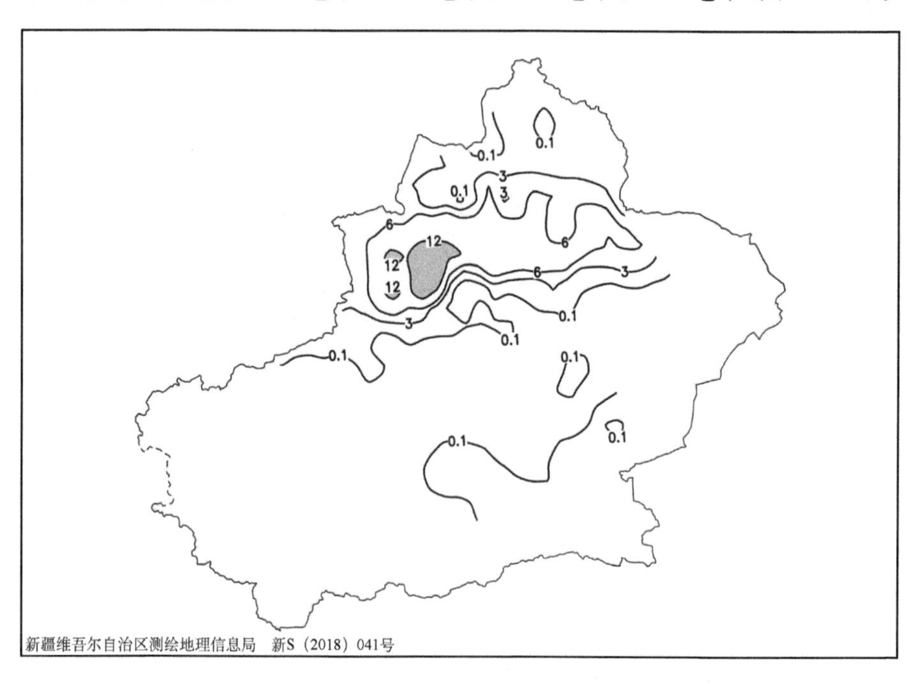

图 2-2-22　1964 年 3 月 15 日 20 时—16 日 20 时降雪量分布图(单位:毫米)

【天气形势】500 百帕环流场上,降雪开始前北欧高压脊发展旺盛,不断引导格陵兰岛冷空气东南下,位于泰梅尔半岛西部的极涡南压,极涡外围短波小槽沿西北气流向东南移动,在乌拉尔山北部建立浅槽(图 2-2-24)。南支锋区上地中海附近为低压槽,槽中不断分裂出短波槽东移北上,槽前西南气流与北支西北气流在咸海—巴尔喀什湖附近汇合。南支锋区中低槽前西南气流上可见较强的暖平流和大片高湿区,北支上脊前不断有冷空气沿锋区东南下,两支锋区汇合后东移,给新疆北部带来暴雪天气。

200 百帕上,降雪开始前高空急流核位于伊朗高原,北疆受西南气流控制,随着急流核的逐渐北抬,北疆风速增大,风向转为偏西风,暴雪出现在偏西急流入口区的右侧,高空急流的辐散抽吸作用有利于强降雪的产生(图 2-2-23)。700 百帕上,副热带高压(简称副高)外围的西南气流将中亚地区的暖湿空气输送至北疆,在伊犁河谷和乌鲁木齐“喇叭口”地形作用下,西南暖湿空气不断辐合上升,在此次强降雪过程中,北疆低层具有较强的辐合,高层的偏西急流产生强的高层辐散,又使得低层辐合进一步增强,中低层产生很强的上升运动(图 2-2-25)。从 700 百帕水汽通量场可以看出,低槽前强盛的西南气流携带充沛的水汽与中高纬度的冷空气在北疆沿天山一线汇合，为该地区的暴雪过程提供水汽（图 2-2-26）。

地面图上，在中亚南部形成地面冷高压，地面冷高压逐步东移南压，冷锋前沿基本压至北疆沿天山一带，随着冷锋东移，给伊犁哈萨克自治州和乌鲁木齐地区带来强降雪天气（图 2-2-27，图 2-2-28）。

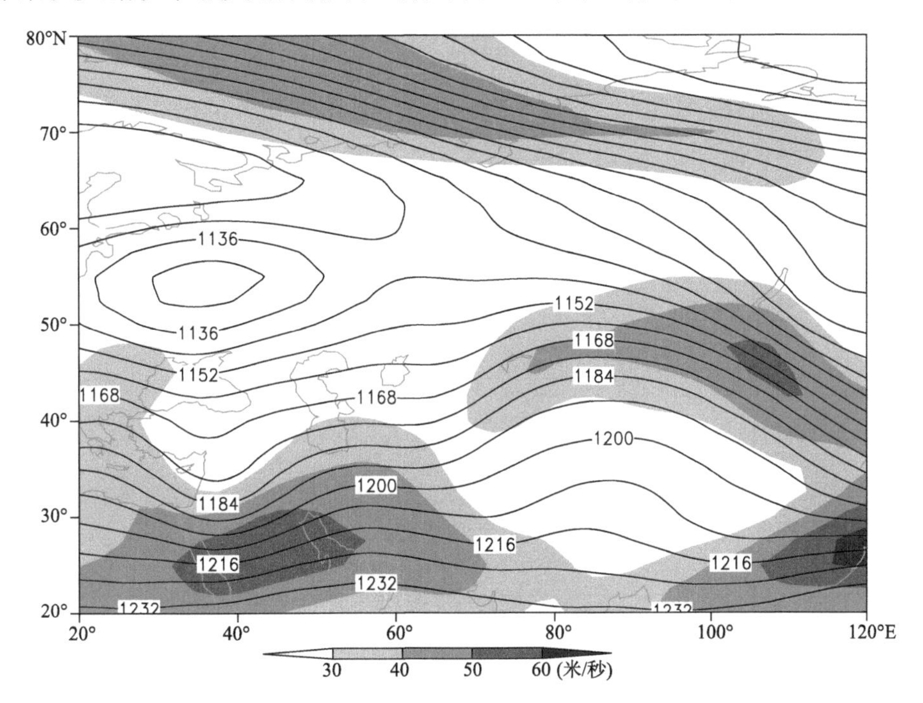

图 2-2-23　1964 年 3 月 15 日 20 时 200 百帕位势高度场（单位：位势什米），阴影表示风速大于 30 米/秒急流区

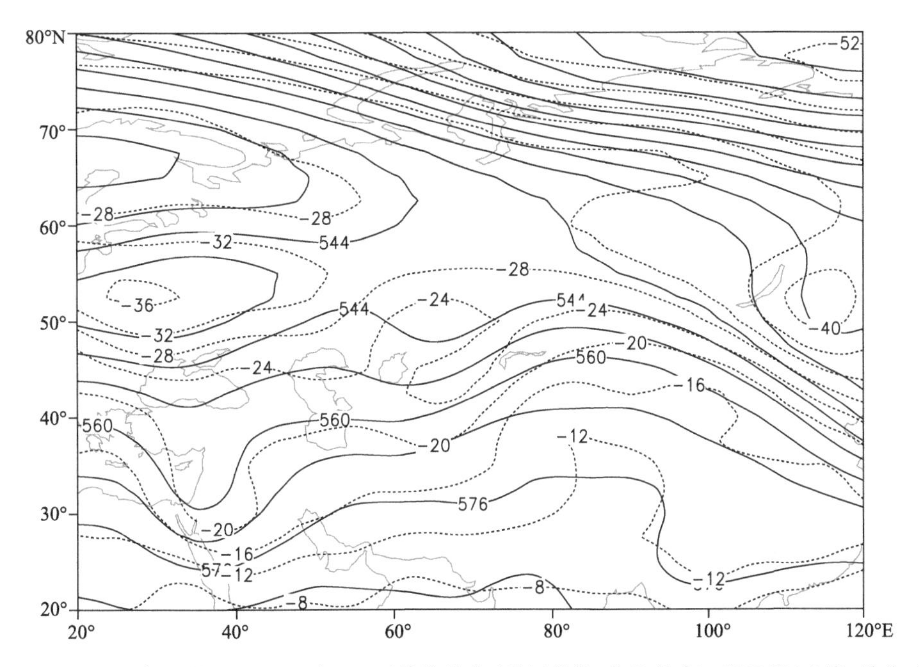

图 2-2-24　1964 年 3 月 15 日 20 时 500 百帕位势高度场（单位：位势什米）、温度场（虚线，单位：℃）

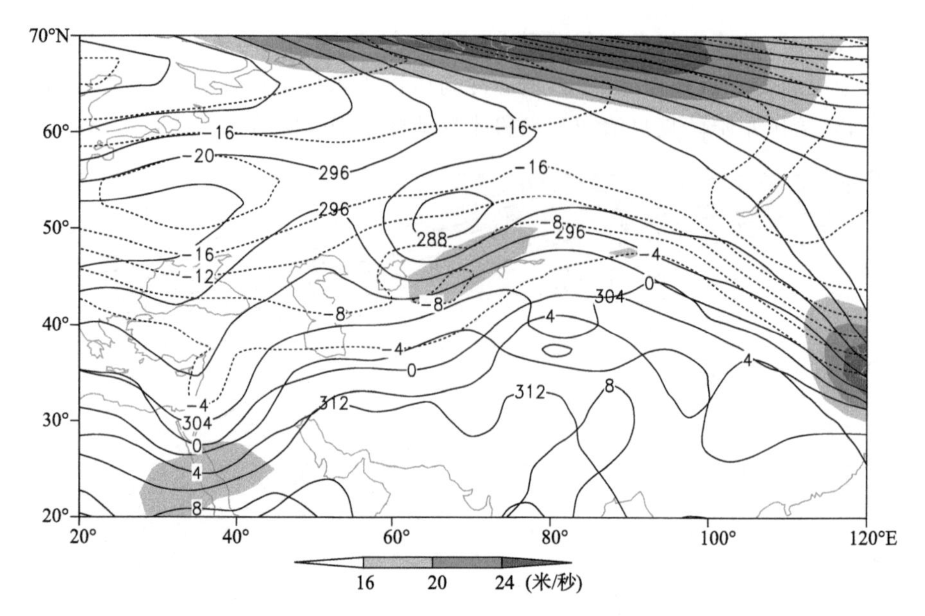

图 2-2-25　1964 年 3 月 15 日 20 时 700 百帕位势高度场(单位:位势什米)、温度场(单位:℃),阴影表示风速大于 16 米/秒的急流区

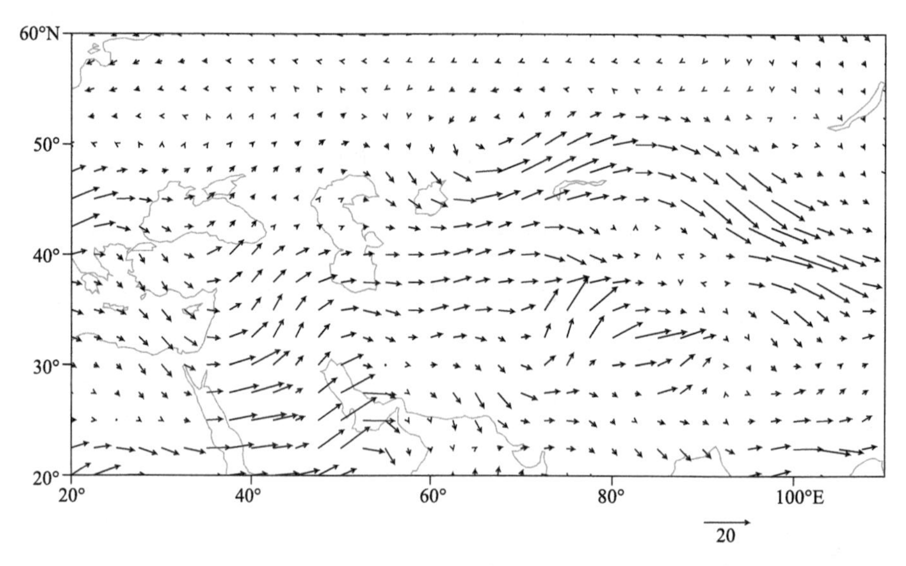

图 2-2-26　1964 年 3 月 15 日 20 时 700 百帕水汽通量场(单位:克/(厘米·百帕·秒))

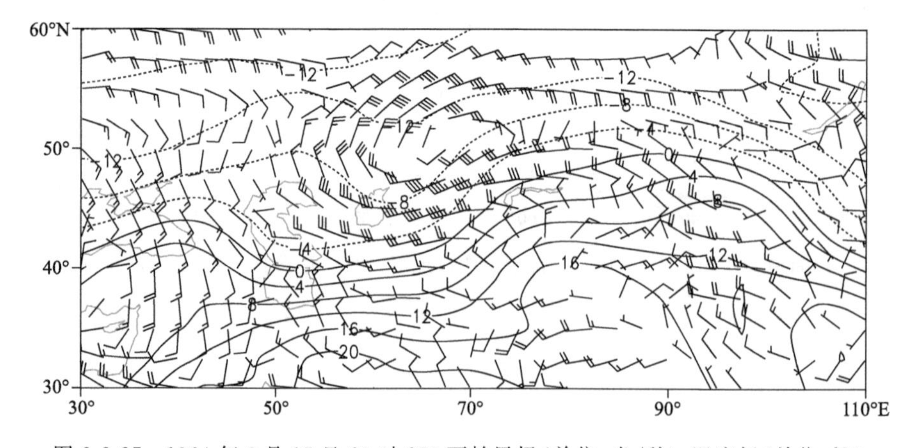

图 2-2-27　1964 年 3 月 15 日 20 时 850 百帕风场(单位:米/秒),温度场(单位:℃)

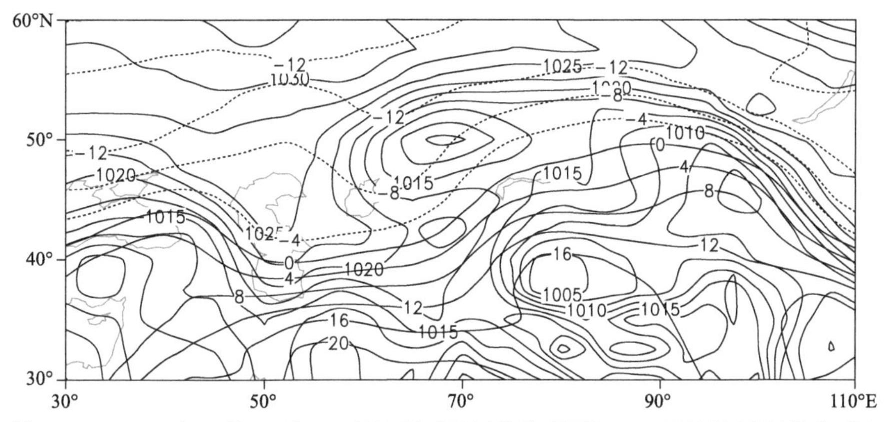

图 2-2-28 1964年3月15日20时地面气压场(单位:百帕),850百帕温度场(单位:℃)

2.2.5 塔城地区、伊犁哈萨克自治州、昌吉回族自治州、石河子市暴雪(1964-03-29)

【降雪实况】1964年3月29—31日,塔城地区、伊犁哈萨克自治州、昌吉回族自治州和石河子市相继出现暴雪和大暴雪。29日,塔城地区裕民县24小时降雪量14.1毫米。30日,塔城地区裕民县、额敏县,昌吉回族自治州玛纳斯县,石河子市24小时降雪量分别为23.5毫米、21.2毫米、13.6毫米、12.5毫米。31日,伊犁哈萨克自治州昭苏县、新源县、伊宁市24小时降雪量分别为12.3毫米、17.3毫米、15.5毫米。其中,伊犁哈萨克自治州伊宁县出现大暴雪,24小时降雪量24.6毫米(图2-2-29)。

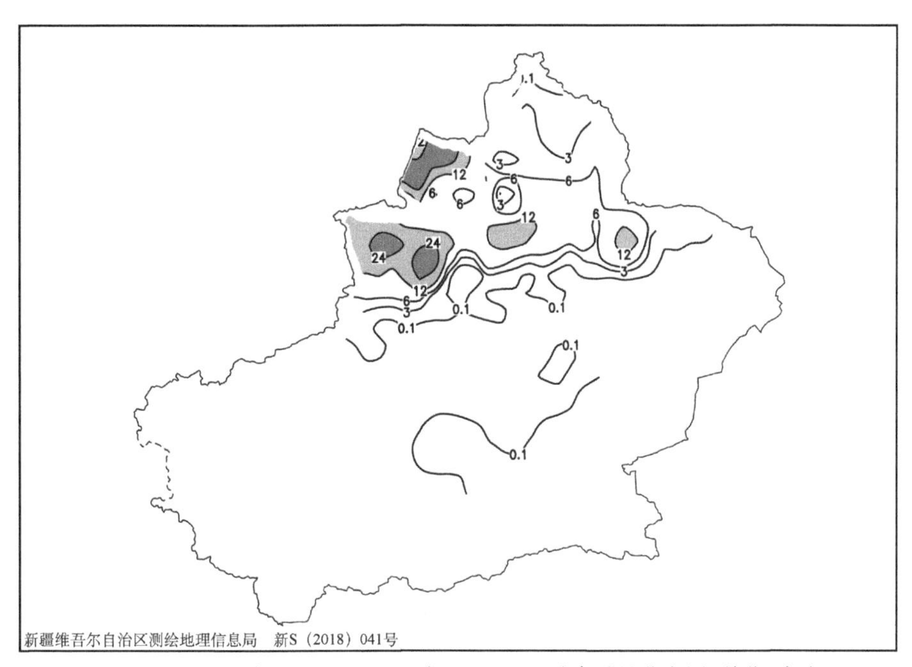

图 2-2-29 1964年3月28日20时—31日20时降雪量分布图(单位:毫米)

【天气形势】500百帕环流场上,28日08时,西伯利亚地区有一深厚的低涡,低涡中心位于95°～120°E,60°～70°N,并伴有小于−50℃的冷中心(图2-2-31)。50°N以南为两脊一槽的环流形势,即地中海和中亚为高压脊,低槽位于黑海与里海之间。29日08时,北欧高压脊东移北伸,脊前建立了较强的北风带,新地岛冷空气沿脊前北风带南下进入低涡,使低涡增强,低涡底部锋区开始影响北疆北部地区,与此同时,新地岛西部冷空气沿北欧高压脊后半段进入黑海与里海之间的低槽,低槽南伸至30°N以南,槽前暖湿西南气流向东北方向输送,与中纬强锋区上的弱波动共同作用,造成29日塔城地区强降雪。北欧高压脊前正变高南落,低涡西退北收,南部低槽不断加深东移,北疆受南部低槽前西南气流控制,30日,在塔城、昌吉和石河子产生暴雪。西伯利亚低涡不断增强旋转南下,分裂的冷空气与南部低槽前暖湿空气在伊犁河谷地区交汇,造成伊犁河谷地区的暴雪和大暴雪。

200 百帕上，29—31 日的暴雪过程，北疆受高空槽前西南急流控制，暴雪区出现在高空急流入口区右侧的强辐散区，而急流的抽气作用有利于低层辐合增强(图 2-2-30)。分析 700 百帕水汽通量场可知，三次降雪水汽源地和路径一致，黑海北部水汽在里海加强后，沿中纬度西风气流经中亚输送至北疆，持续的水汽输送和较强的低层水汽辐合，有利于强降雪的发生(图 2-2-33)。

地面图上，28 日 08 时，地面冷高压中心位于西西伯利亚，强度为 1032.5 百帕，高压底部伴有中尺度冷锋，28 日 20 时，冷锋压在塔城地区，给塔城地区带来暴雪天气(图 2-2-34，图 2-2-35)。29 日 20 时，中心位于乌拉尔山中部的冷高压沿西北路径东移南下，冷锋位于哈萨克丘陵，呈东西向分布，30 日 08 时，冷高压中心移至乌拉尔山南部，北疆处于强锋区带上，在塔城和北疆沿天山中部地区产生暴雪。30 日 20 时，冷高压前部伸至新疆北部境外，并不断增强，冷锋持续南压，在伊犁地区产生暴雪。

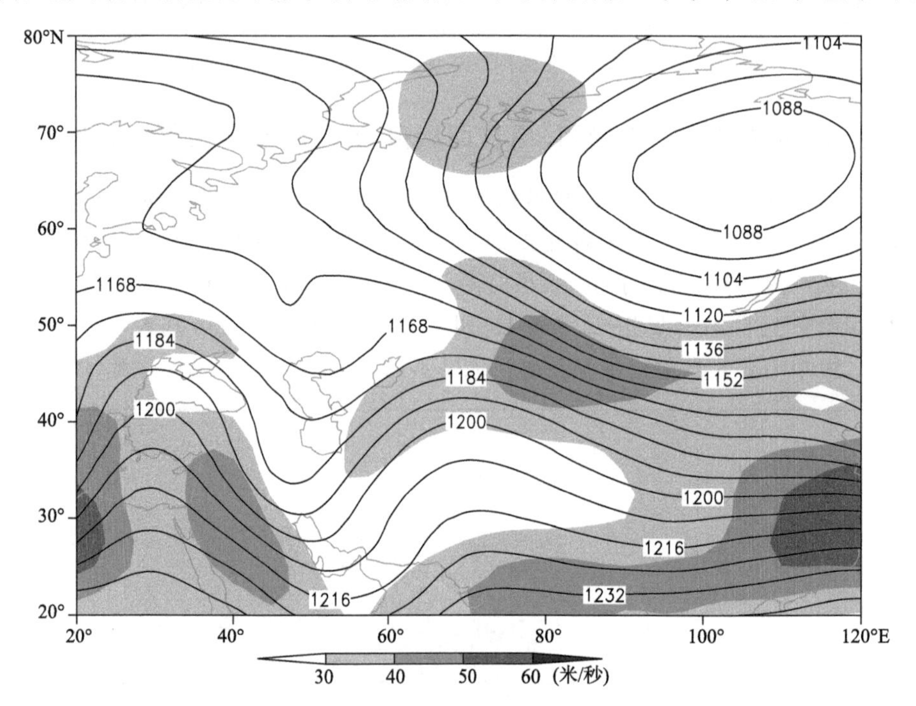

图 2-2-30　1964 年 3 月 28 日 20 时 200 百帕位势高度场(单位:位势什米)，阴影表示风速大于 30 米/秒急流区

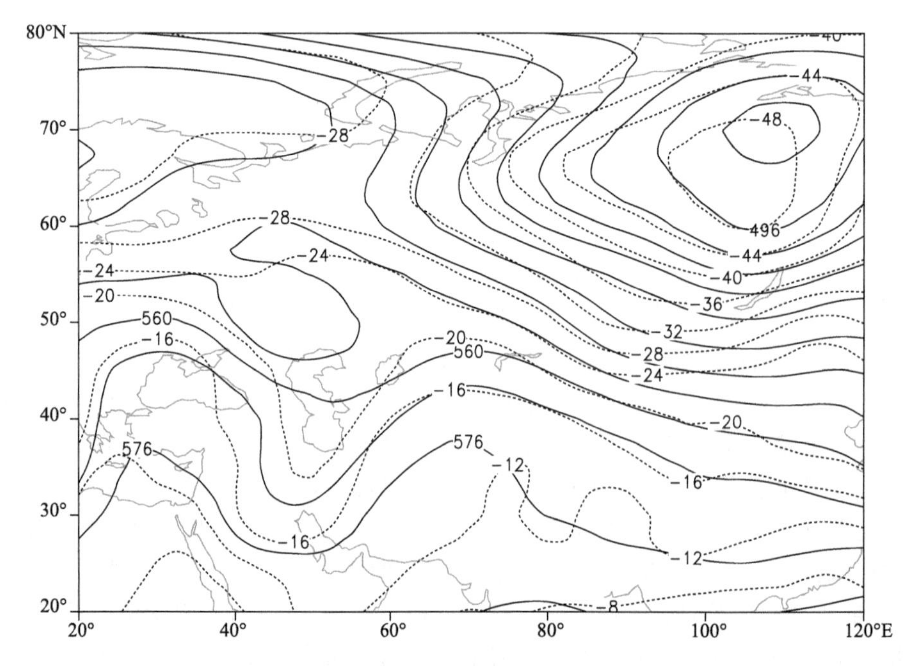

图 2-2-31　1964 年 3 月 28 日 20 时 500 百帕位势高度场(单位:位势什米)，温度场(虚线，单位:℃)

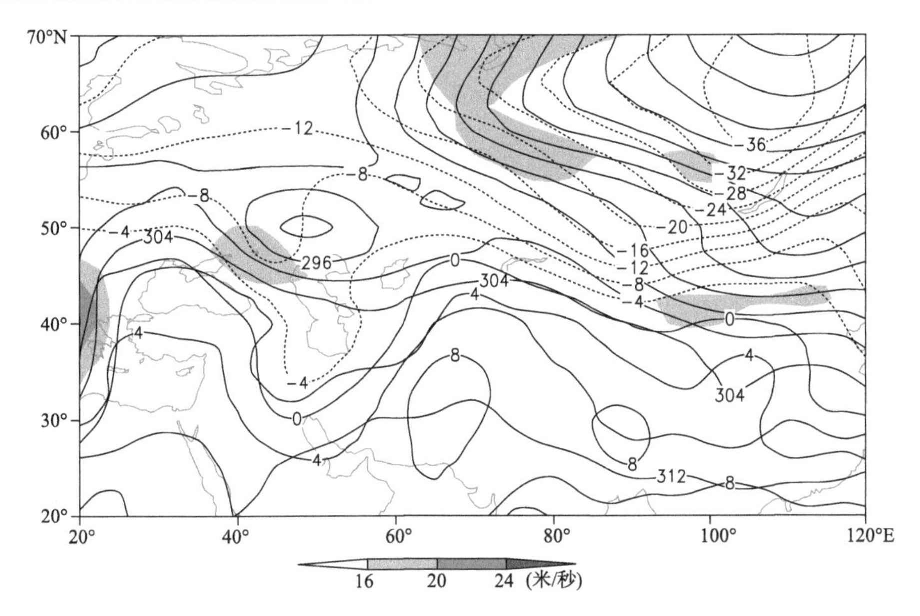

图 2-2-32　1964 年 3 月 28 日 20 时 700 百帕位势高度场(单位:位势什米),阴影表示风速大于 16 米/秒急流区

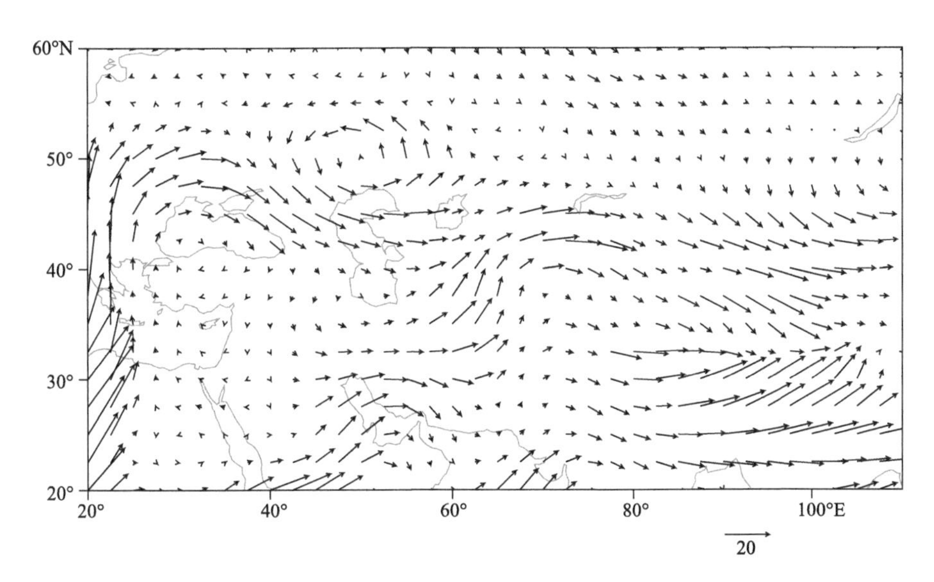

图 2-2-33　1964 年 3 月 28 日 20 时 700 百帕水汽通量场(单位:克/(厘米·百帕·秒))

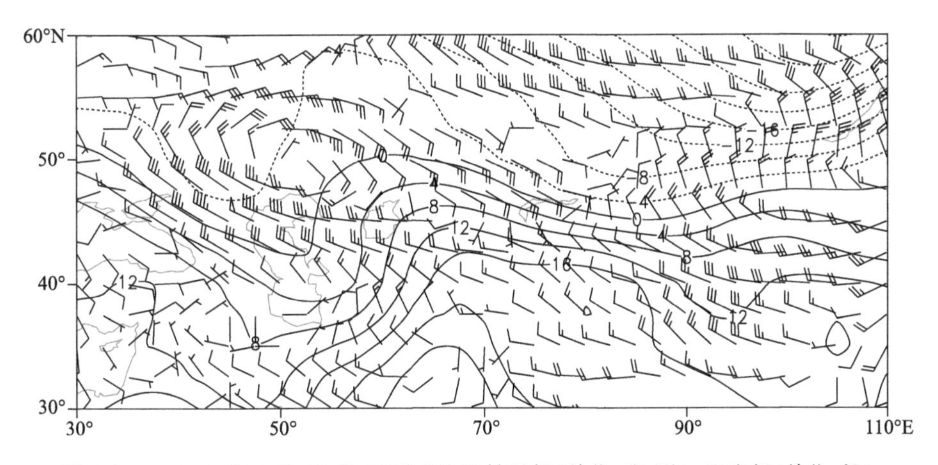

图 2-2-34　1964 年 3 月 28 日 20 时 850 百帕风场(单位:米/秒),温度场(单位:℃)

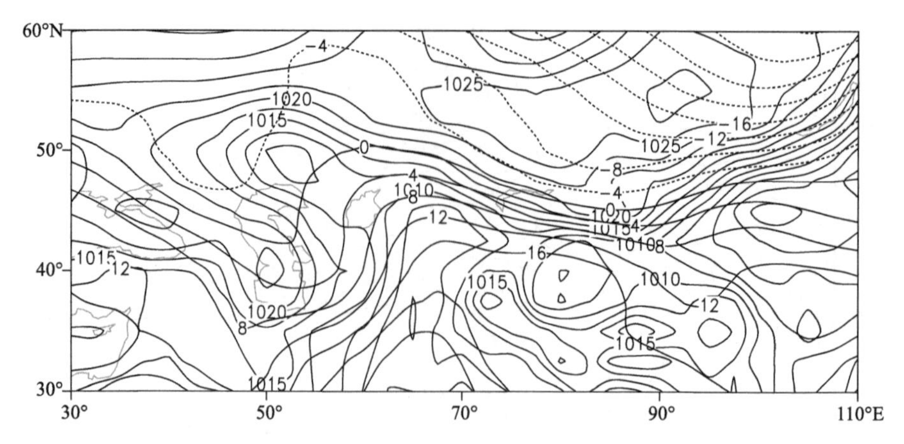

图 2-2-35　1964 年 3 月 28 日 20 时地面气压场(单位:百帕),850 百帕温度场(单位:℃)

2.2.6　塔城地区、伊犁哈萨克自治州暴雪(1965-11-06)

【降雪实况】1965 年 11 月 6—7 日,塔城地区和伊犁哈萨克自治州相继出现暴雪。6 日,塔城地区沙湾县、伊犁哈萨克自治州新源县 24 小时降雪量为 12.9 毫米、18.7 毫米。7 日,塔城地区裕民县、塔城市,伊犁哈萨克自治州尼勒克县、伊宁县、察布查尔锡伯自治县、霍城县、霍尔果斯市 24 小时降雪量分别为 21.1 毫米、16.3 毫米、15.8 毫米、15.4 毫米、14.5 毫米、13.3 毫米、12.6 毫米(图 2-2-36)。

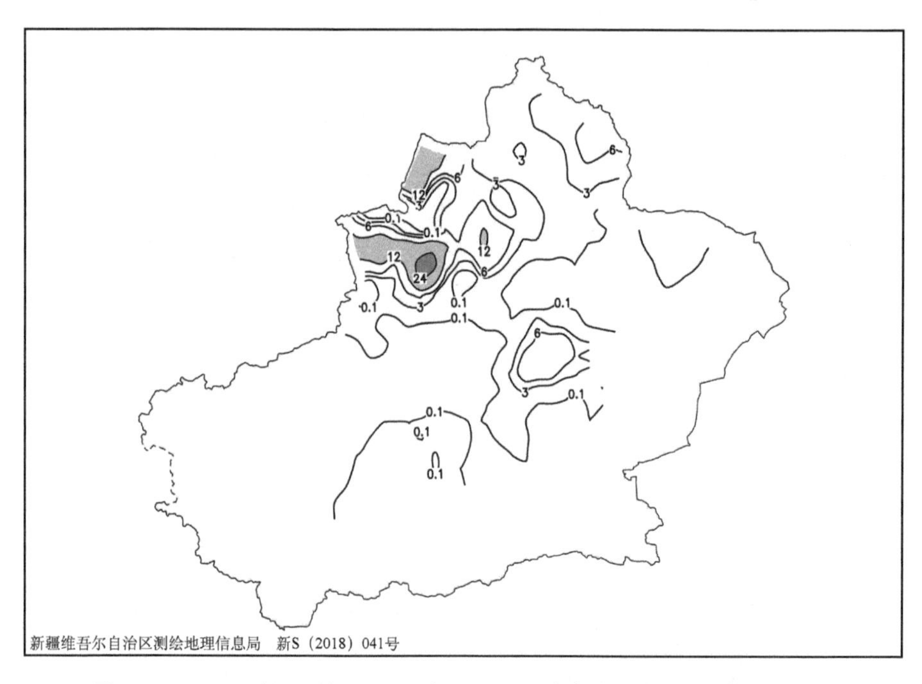

图 2-2-36　1965 年 11 月 5 日 20 时—7 日 20 时降雪量分布图(单位:毫米)

【天气形势】500 百帕环流场上,降雪开始前,欧亚中高纬度 80°E 以西为强大的高压脊区,低涡位于外兴安岭西北部,并伴有-44℃的冷中心,新疆处于较平直的西风气流控制下(图 2-2-38)。欧洲高压脊东移北伸,高纬度冷空气沿高压脊南下,在西西伯利亚与西退的低涡中的冷空气合并,使低涡底部的锋区增强,持续南压的锋区与 50°N 附近的南支锋区在北疆北部叠加,6 日,造成塔城和伊犁暴雪天气。6 日 08 时,黑海低槽逐渐加深东移,槽前不断分裂出的东移北上的短波低槽与北支锋区在伊犁和塔城地区汇合,7 日,再次在伊犁和塔城地区产生暴雪。

200 百帕上强降雪开始前从黑海到南疆西部有一支西北急流,急流核位于黑海和里海上空,急流核最大风速大于 60 米/秒,急流核逐渐东移北抬,6 日,伊犁和塔城地区位于急流北部边缘,高空的辐散强度较弱,7 日,急流核北抬至中亚地区,伊犁和塔城地区处于急流核入口区的右侧,该处的强辐散有利于暴雪区上升运动的发展和维持(图 2-2-37)。700 百帕上,6 日,北疆受中亚浅槽前的西南急流控制,随着地中海东部低槽的加深,从红海到中亚建立了一支西南急流,两支急流在中亚汇合后共同影响北疆,强劲的低空急流把低纬度和中亚的暖湿空气不断输送到北疆,伊犁和塔城位于西南急流出口的左前侧,有利于水汽的辐合和上升运动的发展和维持(图 2-2-39)。从 700 百帕水汽通量场可以看出,源自欧洲南部大西洋的水汽沿中纬度西风气流在黑海加强后,以接力方式输送至北疆,并在伊犁和塔城形成水汽辐合(图 2-2-40)。

地面图上,5 日 20 时,西伯利亚冷高压南压,冷锋位于北疆境外(图 2-2-41,图 2-2-42),6 日 08 时开始,冷锋影响北疆,造成塔城和伊犁地区的强降雪。6 日 20 时,新疆南部的高压东移,里海低槽逐渐东移,北疆处于槽前的减压升温区域,在伊犁和塔城产生暖区暴雪。

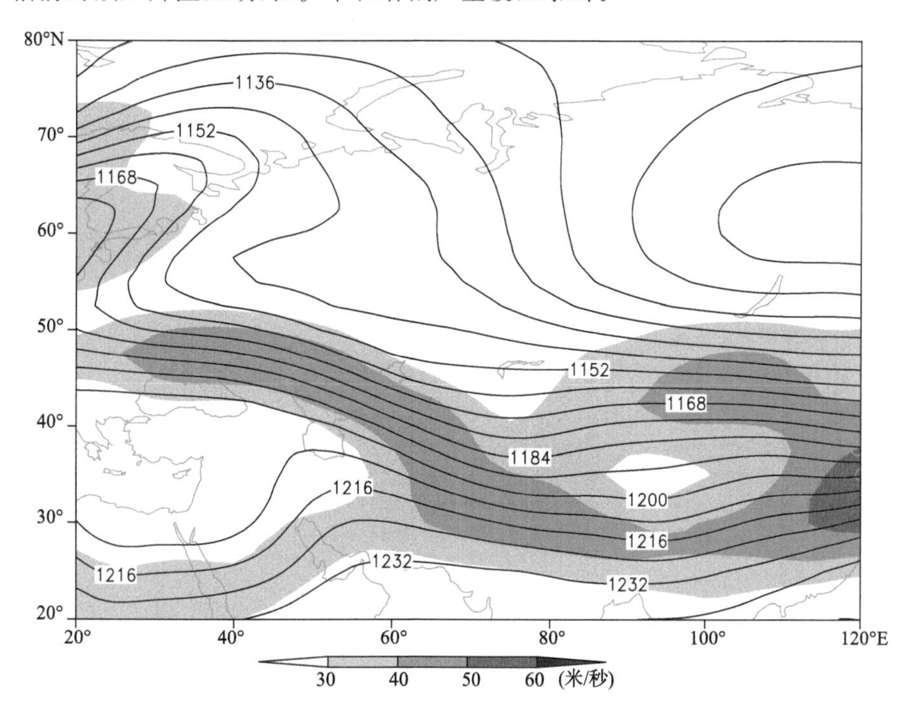

图 2-2-37　1965 年 11 月 5 日 20 时 200 百帕位势高度场(单位:位势什米),阴影表示风速大于 30 米/秒急流区

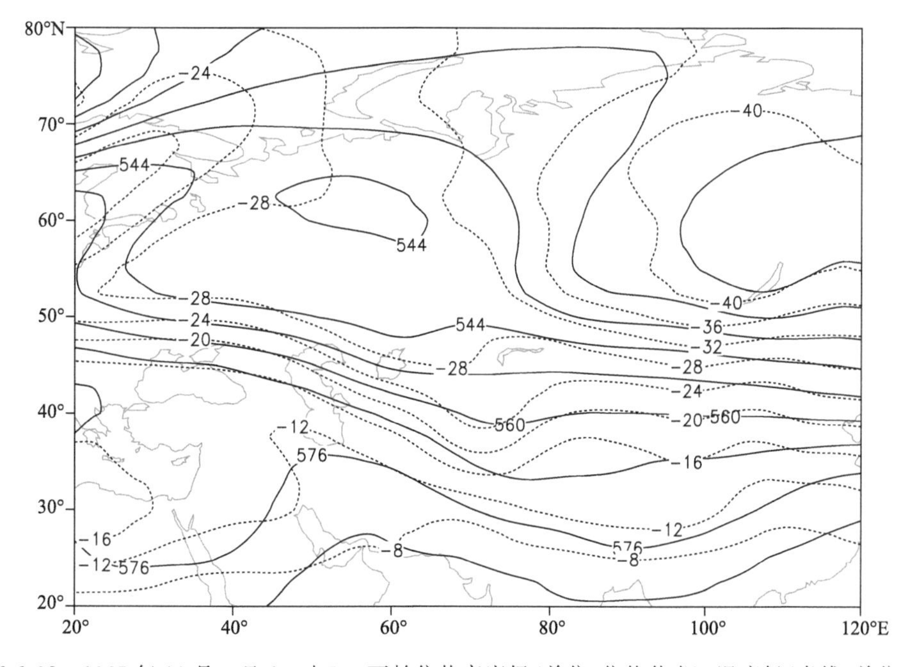

图 2-2-38　1965 年 11 月 5 日 20 时 500 百帕位势高度场(单位:位势什米),温度场(虚线,单位:℃)

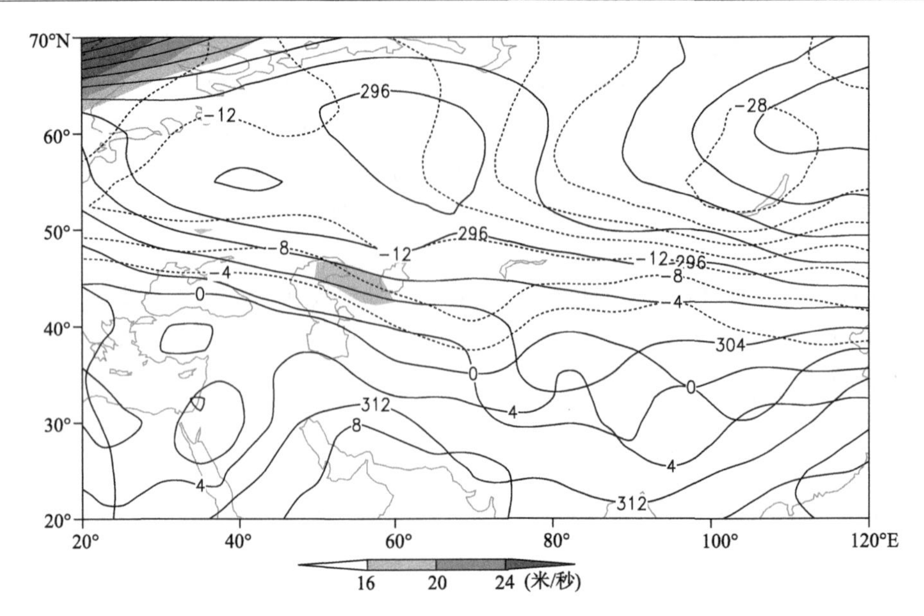

图 2-2-39　1965 年 11 月 5 日 20 时 700 百帕位势高度场(单位:位势什米),阴影表示风速大于 16 米/秒急流区

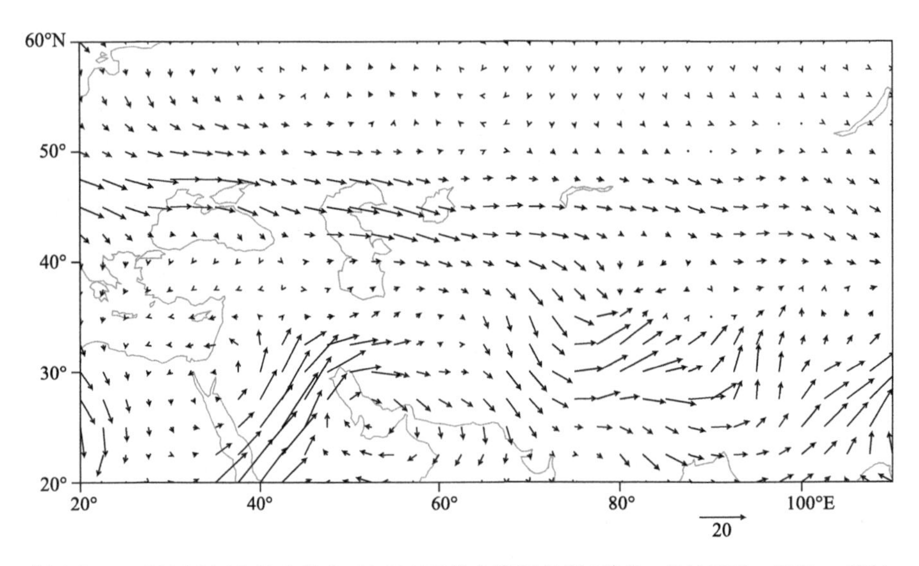

图 2-2-40　1965 年 11 月 5 日 20 时 700 百帕水汽通量场(单位:克/(厘米·百帕·秒))

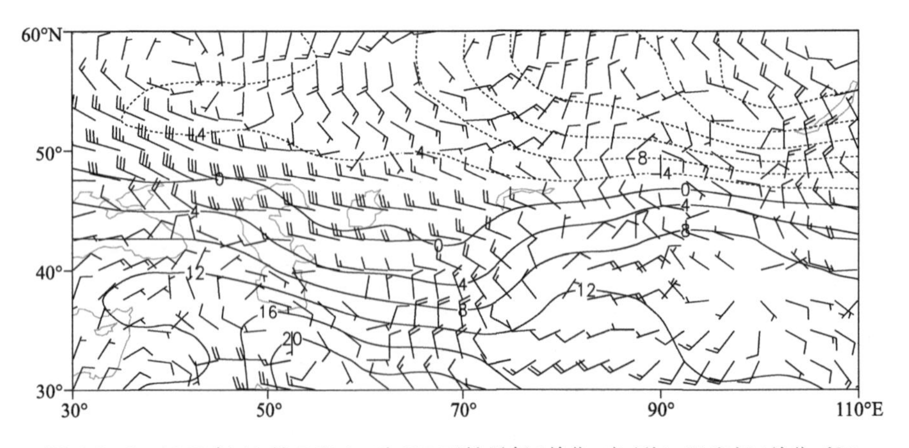

图 2-2-41　1965 年 11 月 5 日 20 时 850 百帕风场(单位:米/秒),温度场(单位:℃)

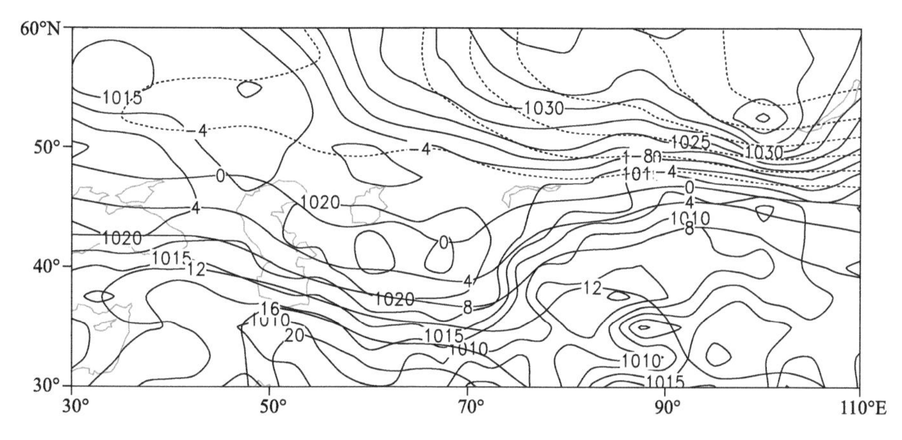

图 2-2-42　1965 年 11 月 5 日 20 时地面气压场(单位:百帕),850 百帕温度场(单位:℃)

2.2.7　伊犁哈萨克自治州、乌鲁木齐市、博尔塔拉蒙古自治州暴雪(1965-11-11)

【降雪实况】1965 年 11 月 11 日,伊犁哈萨克自治州新源县和乌鲁木齐市米东区出现暴雪,24 小时降雪量为 14.1 毫米、12.1 毫米。博尔塔拉蒙古自治州博乐市出现大暴雪,24 小时降雪量 25.3 毫米(图 2-2-43)。

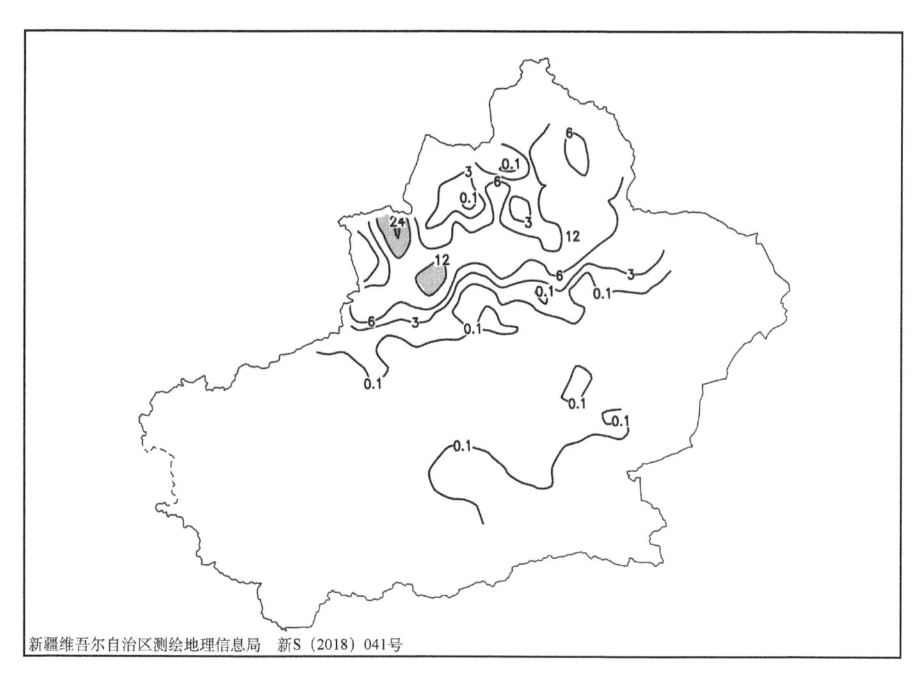

图 2-2-43　1965 年 11 月 10 日 20 时—11 日 20 时降雪量分布图(单位:毫米)

【天气形势】500 百帕环流场上,降雪开始欧亚中高纬度为两脊一槽的环流形势,即欧洲和蒙古为高压脊,槽位于里海上空,冷中心位于乌拉尔山南部(图 2-2-45)。10 日 20 时,欧洲脊前正变高南落,斯堪的纳维亚半岛冷空气东南下进入低槽,在西西伯利亚形成闭合冷涡,南部低槽加深,槽前锋区位于巴尔喀什湖,随着冷涡东移南压,低涡底部强锋区从伊犁河谷移至中天山,造成伊犁、博尔塔拉蒙古自治州和乌鲁木齐的暴雪天气。

200 百帕上高空偏西急流和西南急流在巴尔喀什湖南部汇聚后影响北疆,北疆处于高空偏西急流入口区右侧正涡度平流区,其强烈的辐散抽吸作用加强了中低层系统的发展,有利于强降雪产生(图 2-2-44)。700 百帕上低空偏西急流带位于 50°N 附近,急流轴在巴尔喀什湖北部,急流轴缓慢南压,偏西急流将中亚地区的暖湿空气输送到北疆,在急流左前侧有明显的水汽辐合和强的上升运动(图 2-2-46)。分析 700 百帕水汽通量场可知,水汽进入新疆前有两个水汽通道,一个是地中海水汽经小亚细亚半岛输送到里海南部，在里海获得水汽补充后向东输送至南疆西部境外，另一个是源自波斯湾的水汽向东北方向输送至南疆西部境外，此时水汽通量最大值达到 20 克/(厘米 · 百帕 · 秒)，汇合后的水汽沿西南气流进入北疆，加之地形的阻挡作用，水汽在伊犁河谷、博尔塔拉蒙古自治州和乌鲁木齐辐合，为强降雪提供了有利的水汽条件(图 2-2-47)。

地面图上，里海东部的地面冷高压沿西方路径东移，暴雪发生在冷锋逐渐东移过境的升压、降温区域内(图 2-2-48，图 2-2-49)。

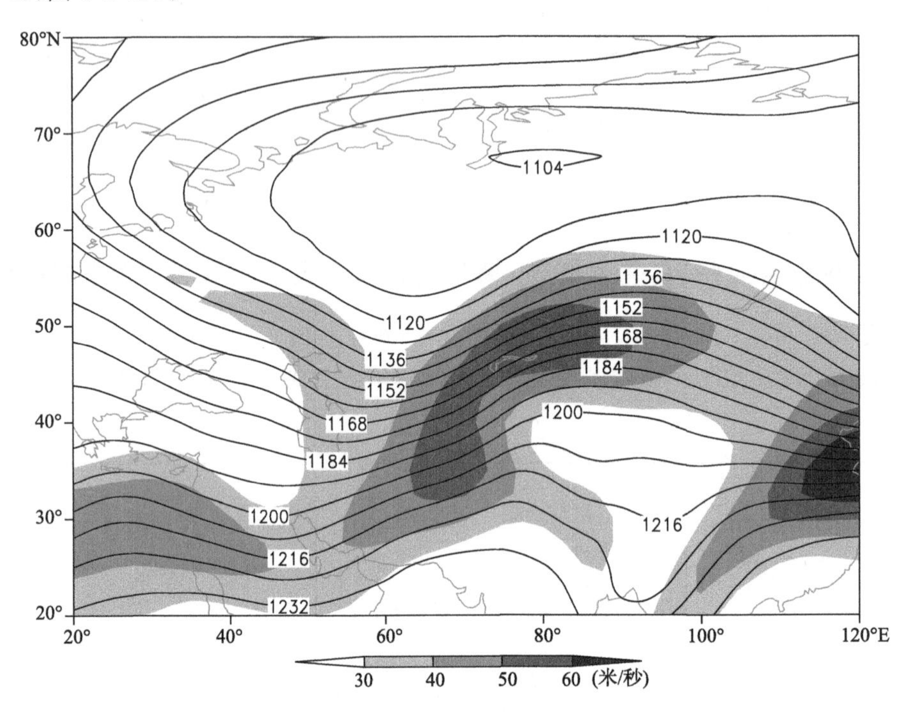

图 2-2-44　1965 年 11 月 10 日 20 时 200 百帕位势高度场(单位：位势什米)，阴影表示风速大于 30 米/秒急流区

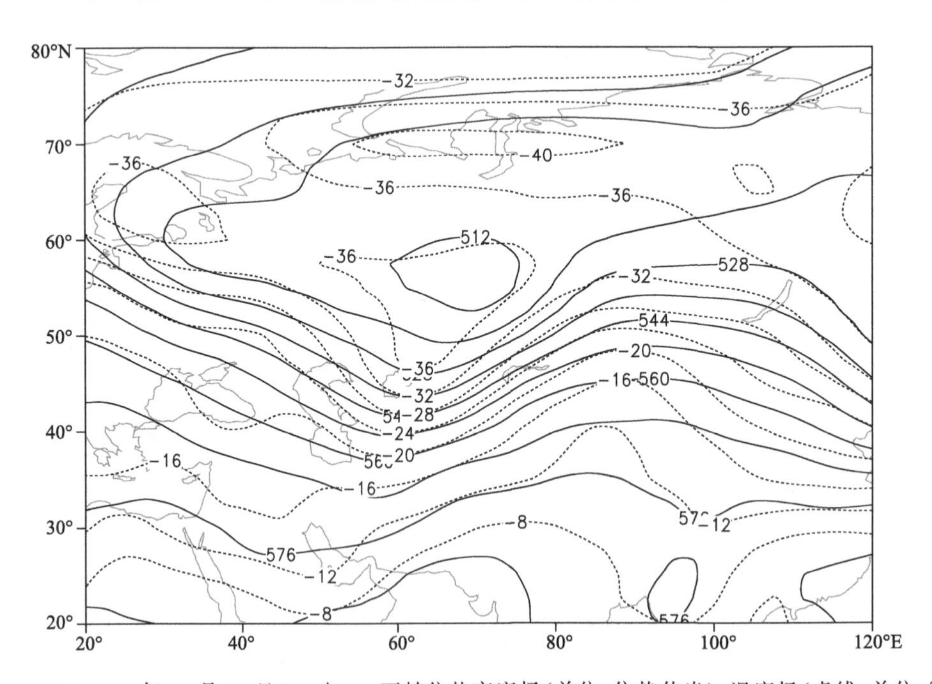

图 2-2-45　1965 年 11 月 10 日 20 时 500 百帕位势高度场(单位：位势什米)，温度场(虚线，单位：℃)

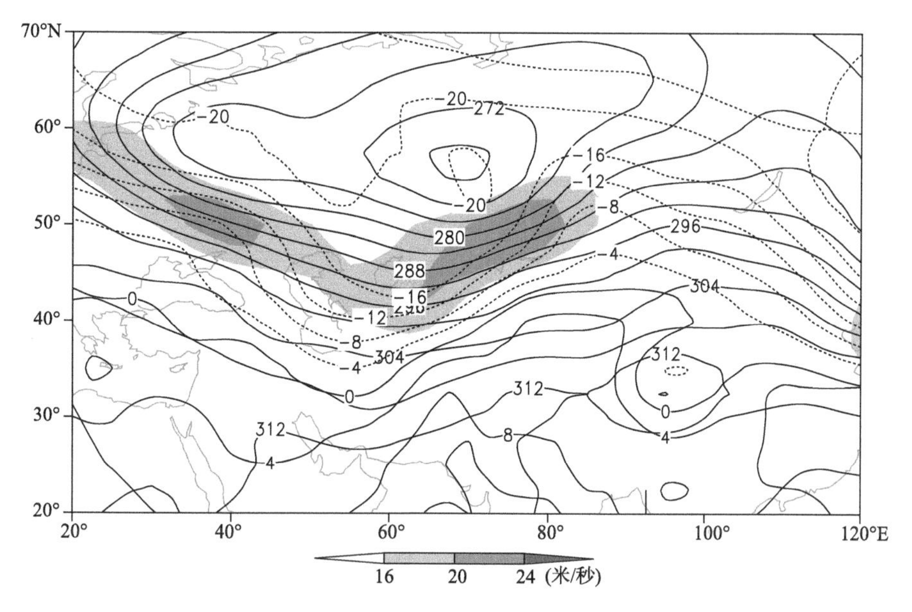

图 2-2-46　1965 年 11 月 10 日 20 时 700 百帕位势高度场(单位:位势什米),阴影表示风速大于 16 米/秒急流区

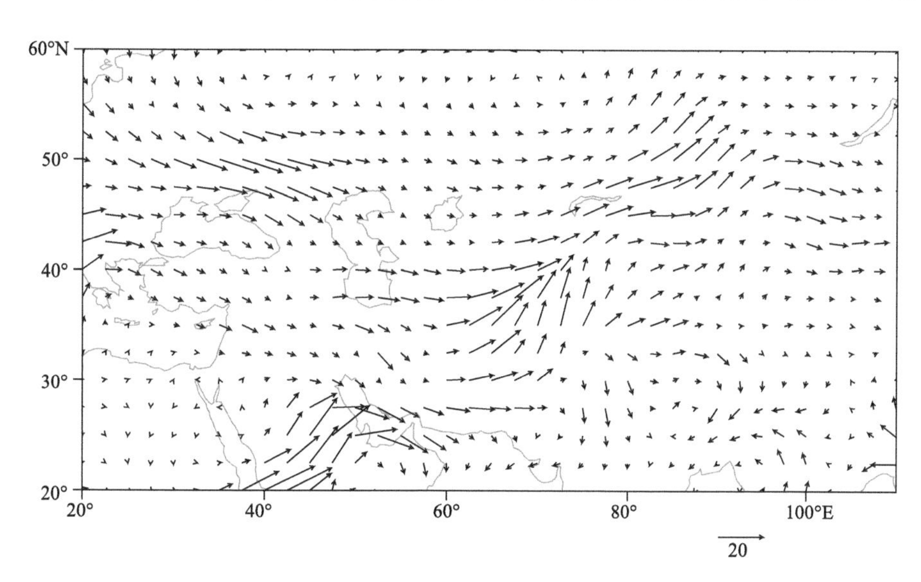

图 2-2-47　1965 年 11 月 10 日 20 时 700 百帕水汽通量场(单位:克/(厘米・百帕・秒))

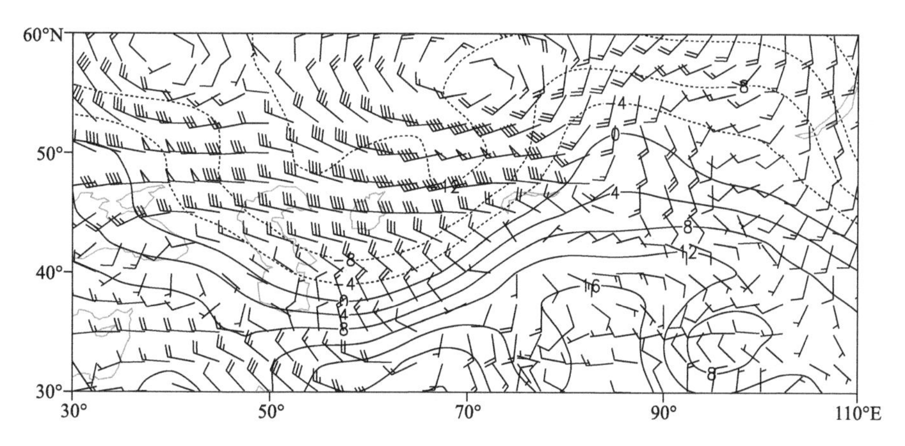

图 2-2-48　1965 年 11 月 10 日 20 时 850 百帕风场(单位:米/秒),温度场(单位:℃)

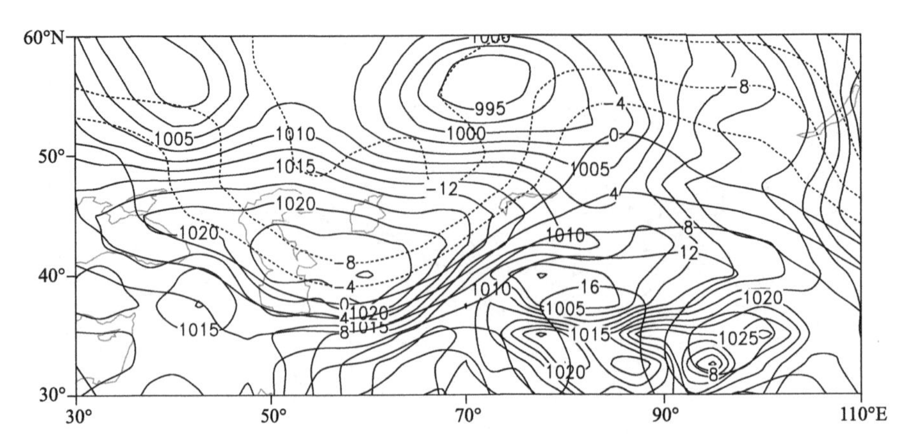

图 2-2-49　1965 年 11 月 10 日 20 时地面气压场(单位:百帕),850 百帕温度场(单位:℃)

2.2.8　伊犁哈萨克自治州暴雪(1966-03-03)

【降雪实况】1966 年 3 月 3 日,伊犁哈萨克自治州伊宁县、伊宁市、察布查尔锡伯自治县、霍城县、霍尔果斯市出现暴雪,24 小时降雪量分别为 17.5 毫米、14.3 毫米、15.4 毫米、12.9 毫米、12.8 毫米(图 2-2-50)。

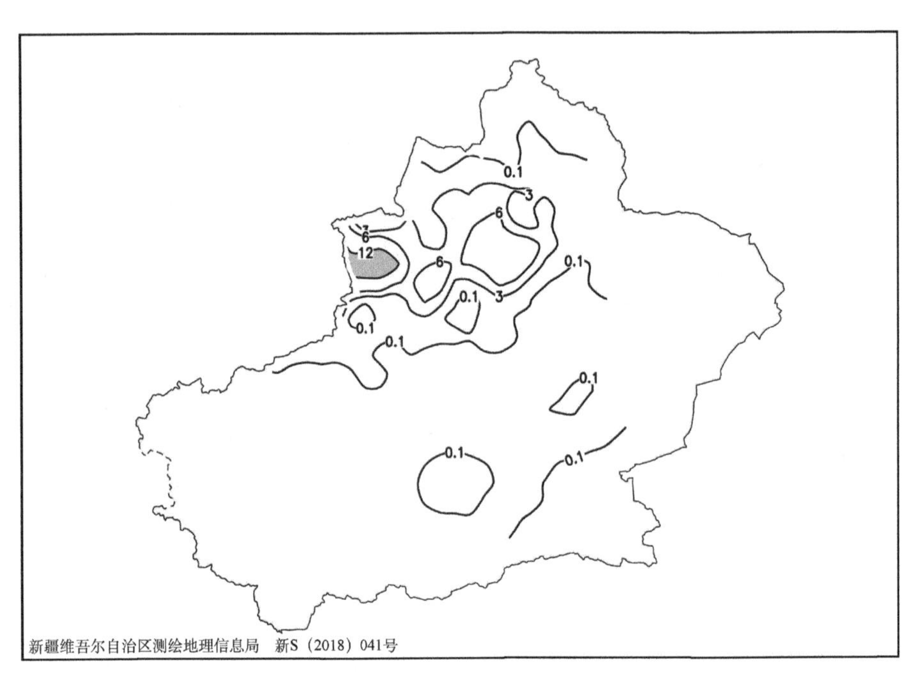

图 2-2-50　1966 年 3 月 2 日 20 时—3 日 20 时降雪量分布图(单位:毫米)

【天气形势】500 百帕环流场上,降雪开始前,欧亚中高纬度分为南、北两支锋区。其中,南支锋区比较活跃,已经北抬至 45°N 以北,北疆北部处于南北两支锋区的叠加区域(图 2-2-52)。西伯利亚高压脊不断东移北伸,喀拉海上的强冷空气沿脊前北风带南下进入贝加尔湖东北部的低涡中,低涡不断受到冷空气的补充维持稳定,北疆北部长时间处于低涡底部的强锋区控制。同时,南支锋区上的低槽不断加深东移,南北两支锋区在中亚地区汇合,低槽东移,造成北疆西部的暴雪。

暴雪过程中,200 百帕上,北疆一直受高空槽前的西南急流控制,伊犁地区处于高空西南急流入口区右侧,暴雪区上空具有强烈的高层辐散(图 2-2-51)。对流层中低层 700 百帕和 850 百帕上,伊犁地区处于低空西南急流的前部,低空西南急流将中亚地区的暖湿空气输送至伊犁地区,受婆罗科努山阻挡,加强了水汽辐合和上升运动,加之高空急流的辐散抽吸作用,有利于冷暖交汇与水汽聚集,为暴雪的产生提供了有利的动力条件(图 2-2-53,图 2-2-55)。700 百帕水汽通量场上,源自黑海的水汽沿西方路径经里海、咸海输送至中亚南部地区，再由低空西南急流引导输送至暴雪区，持续的水汽输送和较强的低层水汽辐合，有利于强降雪的发生(图 2-2-54)。

地面图上，2 日 20 时，地面冷高压中心位于乌拉尔山南部，中心达 1032.5 百帕，高压前部冷锋已经压在中亚地区，呈东北—西南走向，受冷锋东移过境影响，伊犁地区出现暴雪天气(图 2-2-56)。

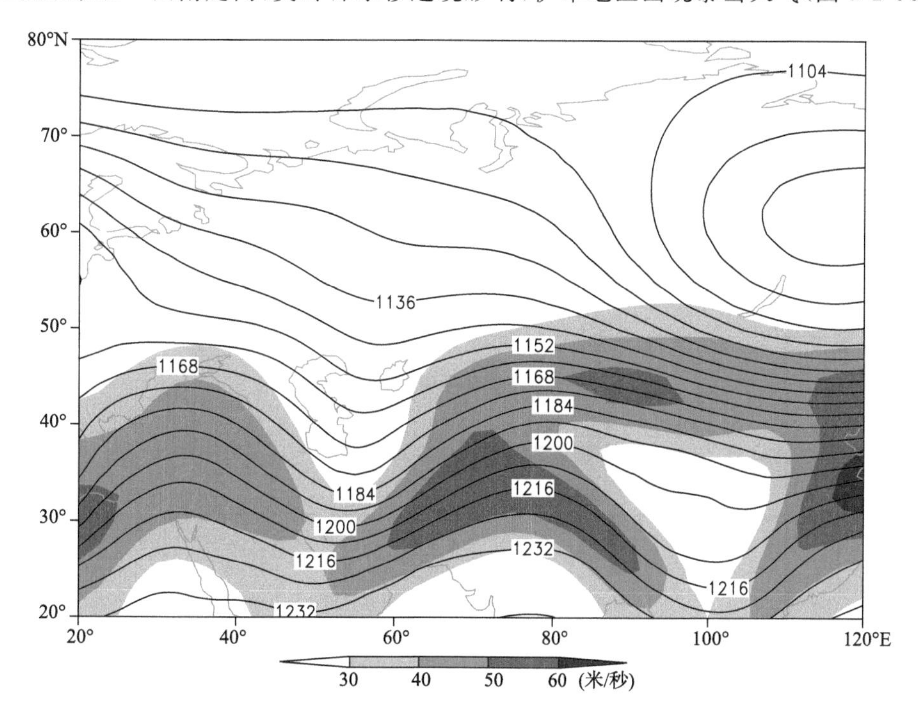

图 2-2-51　1966 年 3 月 2 日 20 时 200 百帕位势高度场(单位：位势什米)，阴影表示风速大于 30 米/秒急流区

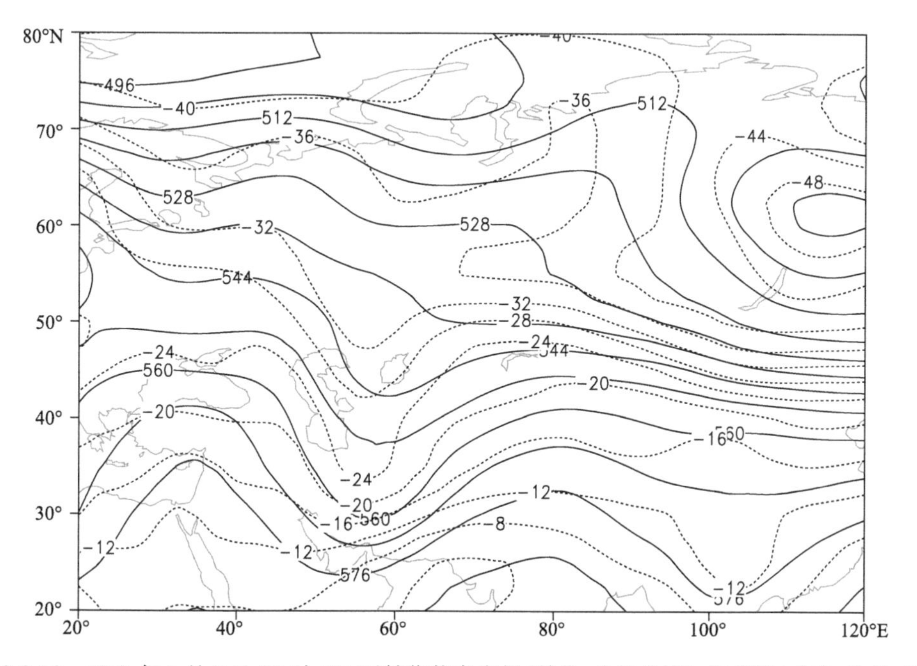

图 2-2-52　1966 年 3 月 2 日 20 时 500 百帕位势高度场(单位：位势什米)，温度场(虚线，单位：℃)

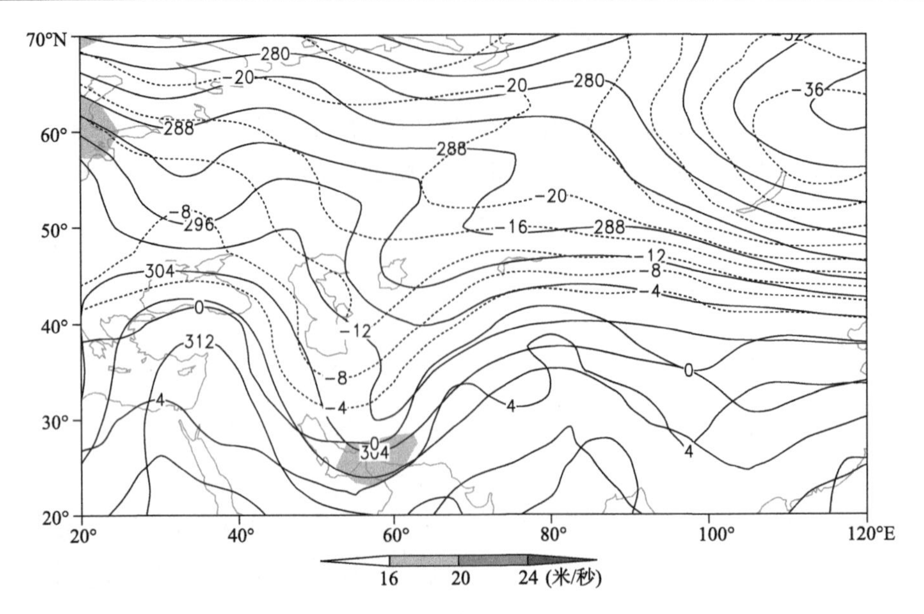

图 2-2-53　1966 年 3 月 2 日 20 时 700 百帕位势高度场(单位:位势什米),阴影表示风速大于 16 米/秒急流区

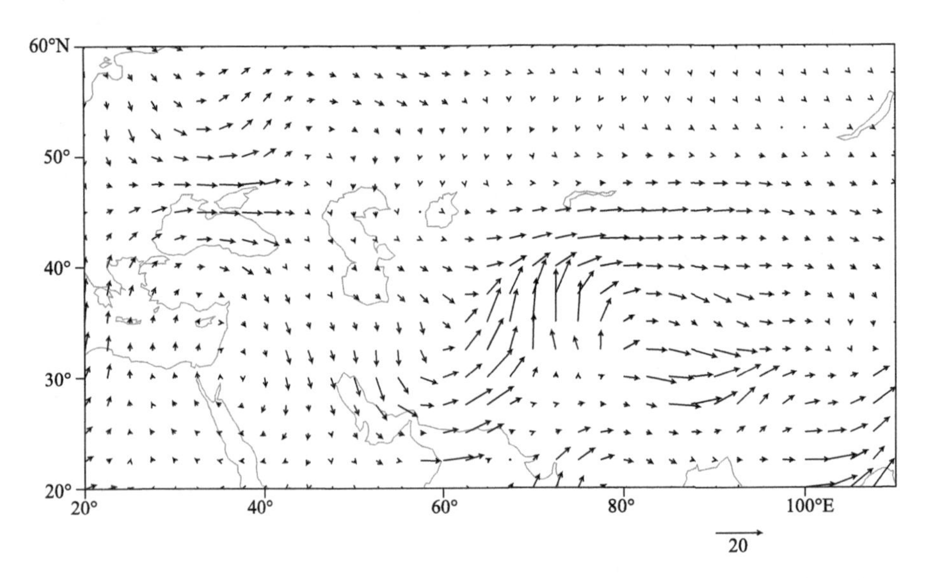

图 2-2-54　1966 年 3 月 2 日 20 时 700 百帕水汽通量场(单位:克/(厘米·百帕·秒))

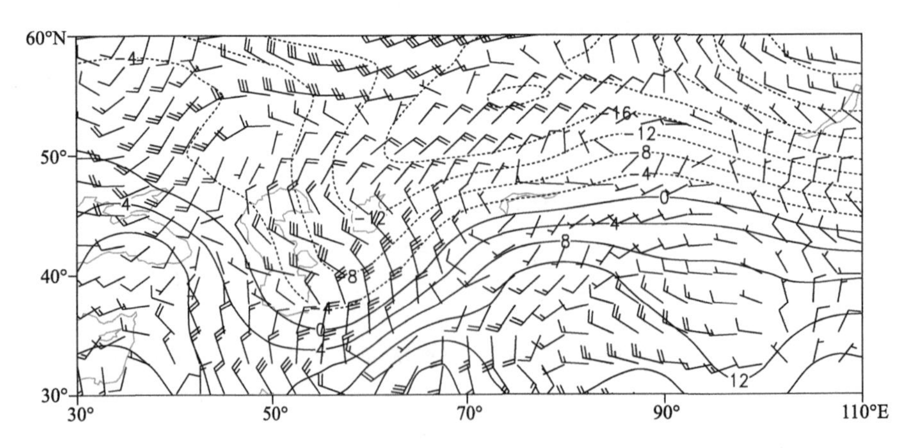

图 2-2-55　1966 年 3 月 2 日 20 时 850 百帕风场(单位:米/秒),温度场(单位:℃)

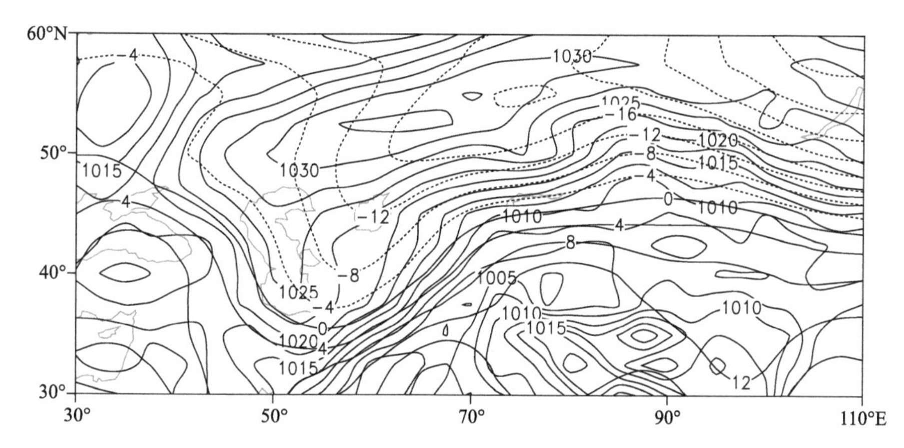

图 2-2-56　1966 年 3 月 2 日 20 时地面气压场(单位:百帕),850 百帕温度场(单位:℃)

2.2.9　塔城地区暴雪(1966-11-22)

【降雪实况】1966 年 11 月 22 日,塔城地区额敏县、裕民县、塔城市出现暴雪,24 小时降雪量分别为 18.7 毫米、13.6 毫米、21.3 毫米(图 2-2-57)。

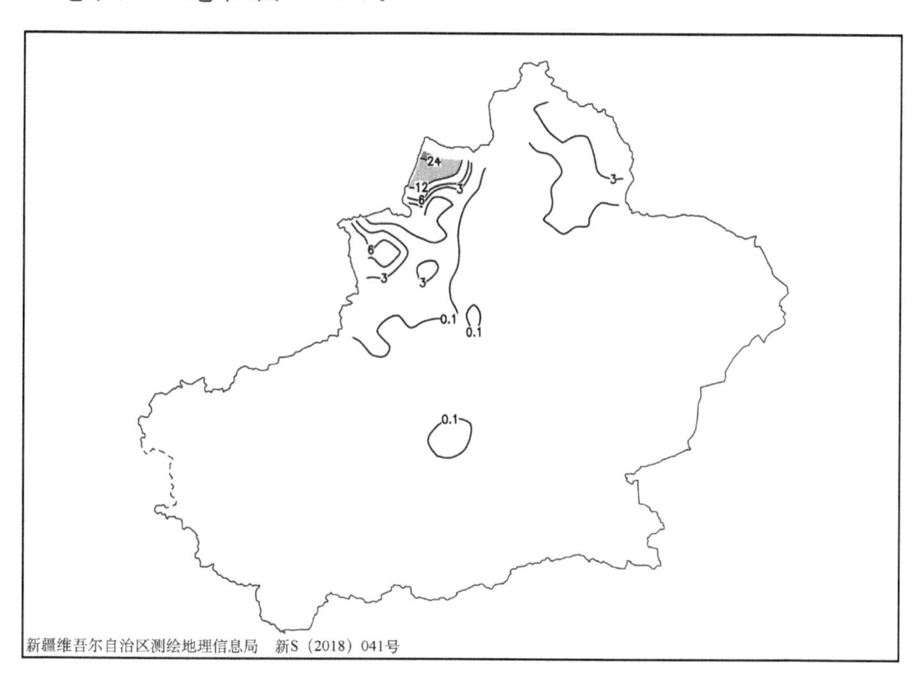

图 2-2-57　1966 年 11 月 21 日 20 时—22 日 20 时降雪量分布图(单位:毫米)

【天气形势】500 百帕环流场上,降雪开始前欧洲地区和西伯利亚地区为低涡活动区(图 2-2-59)。其中,西伯利亚地区极涡伴有－40℃的冷中心,乌拉尔山东部是脊区,里、黑海脊与欧洲北部脊合并加强并东移,乌拉尔山建立起强盛的高压脊。极涡南压,横槽逐渐转竖,锋区南压,转竖的横槽与咸海东移的低槽合并加强,建立东北—西南向的乌拉尔山长波槽,乌拉尔山低槽东移到中亚时,经向度逐渐减弱,成为明显的中亚槽,该槽不断分裂短波沿脊前西南气流东移北上,与极涡底部分裂的弱短波在塔城地区上空不断汇合,塔城地区处于强锋区及 850 百帕暖切变线上,暴雪发生在强锋区和 850 百帕暖切变线的重合区内。

暴雪过程中,200 百帕上有一支偏西急流影响北疆,高空急流的建立和维持起到了高空抽吸的作用,降雪明显的时段,北疆处于高空偏西急流入口区右侧正涡度平流区,其强烈的辐散抽吸作用使低层辐合更强,增强了中低层的上升运动,有利于强降雪产生(图 2-2-58)。700 百帕上北疆处于低空西南急流的前侧,西南急流将中亚的暖湿空气输送到北疆,在北疆上空产生位势不稳定层结,有利于低层的上升运动,高层辐散、低层辐合的形势在暴雪区上空叠加,使得整层大气的垂直上升运动增强,为暴雪天气提供了有利的动力条件(图 2-2-60)。分析 700 百帕水汽通量场可知,乌拉尔山北部水汽沿偏北急流输送至中亚,在中亚增温增湿后有西南急流输送到塔城地区,在塔城地区北部向西开口的“喇叭口”地形影响下,有利于形成水汽辐合(图 2-2-61)。

地面图上,北欧和蒙古地区为高压活动区,中亚为低压活动区,北疆为负变压控制。随着中亚低压和蒙古低压的减弱,北疆处于锋前暖区中,在蒙古高压后部与中亚低压前部的减压升温区域内产生暖区暴雪(图 2-2-62,图 2-2-63)。

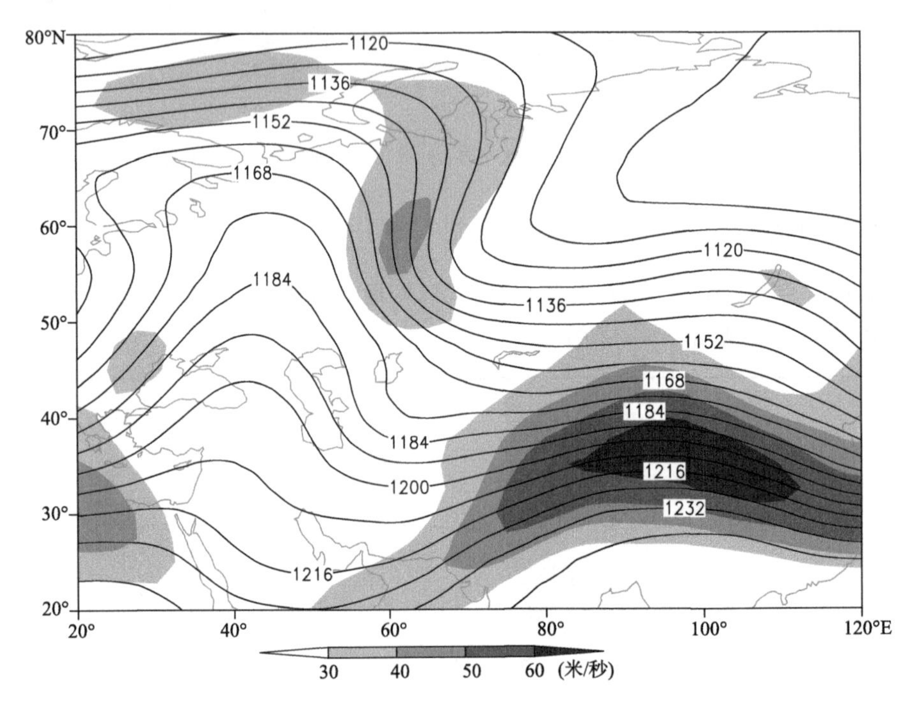

图 2-2-58　1966 年 11 月 21 日 20 时 200 百帕位势高度场(单位:位势什米),阴影表示风速大于 30 米/秒急流区

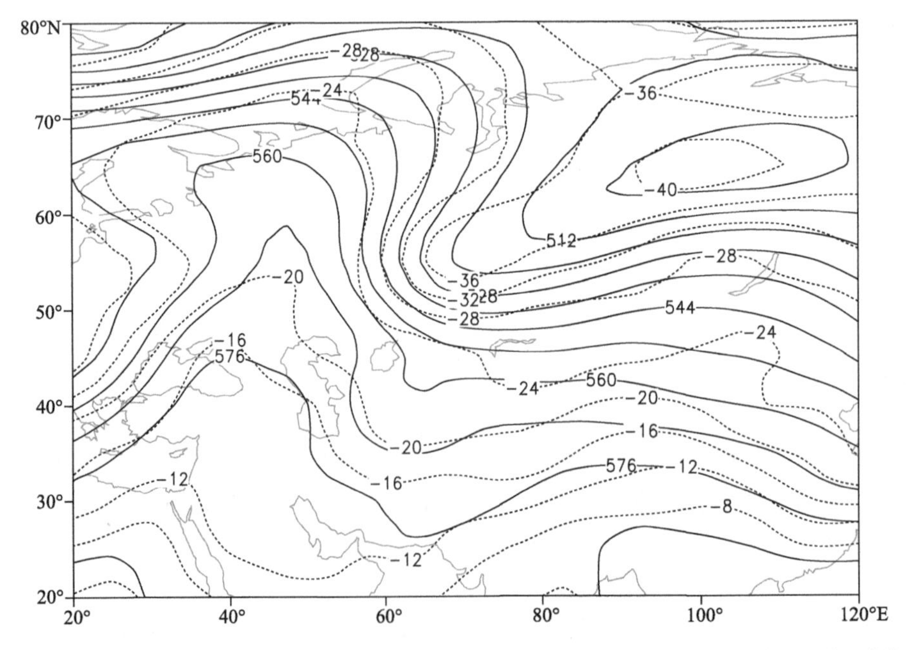

图 2-2-59　1966 年 11 月 21 日 20 时 500 百帕位势高度场(单位:位势什米),温度场(虚线,单位:℃)

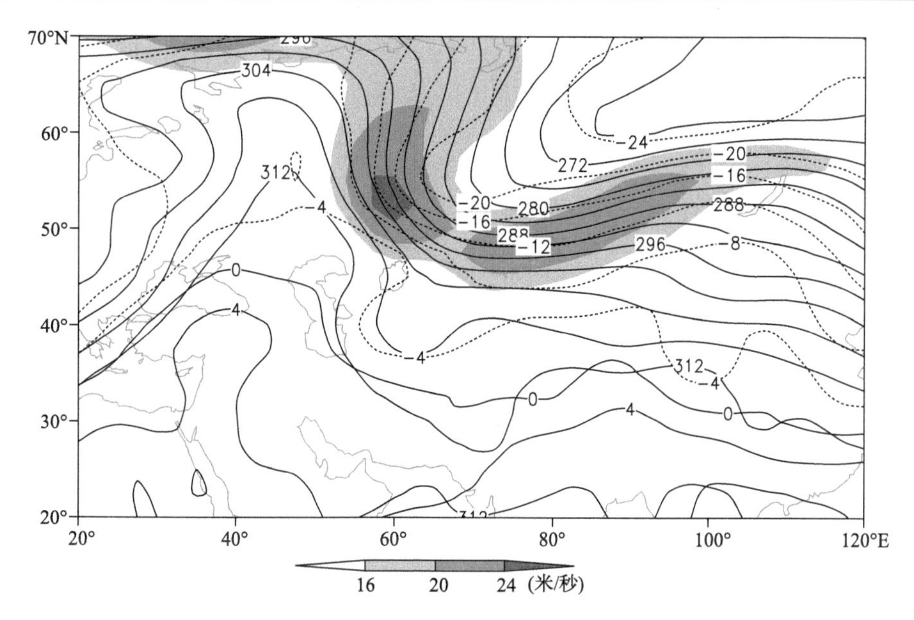

图 2-2-60　1966年11月21日20时700百帕位势高度场(单位:位势什米),阴影表示风速大于16米/秒急流区

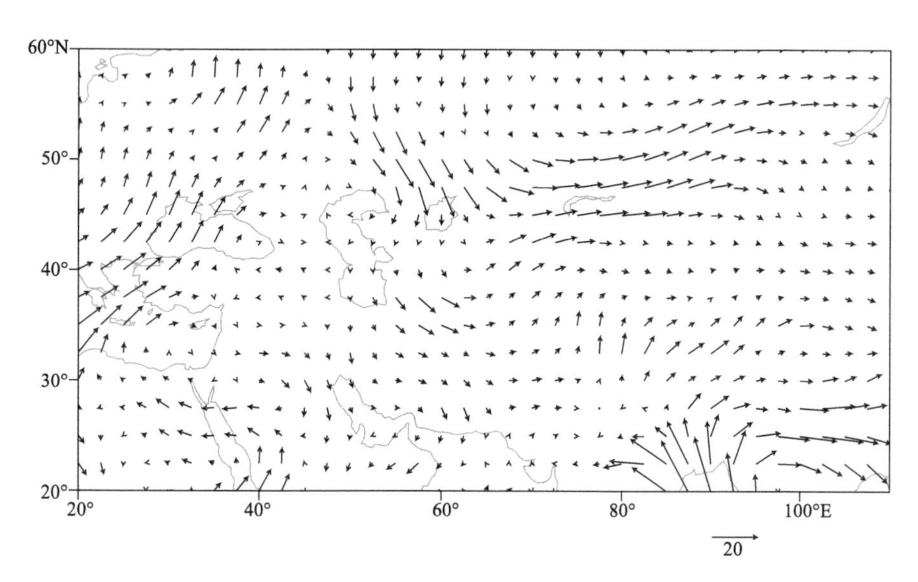

图 2-2-61　1966年11月21日20时700百帕水汽通量场(单位:克/(厘米·百帕·秒))

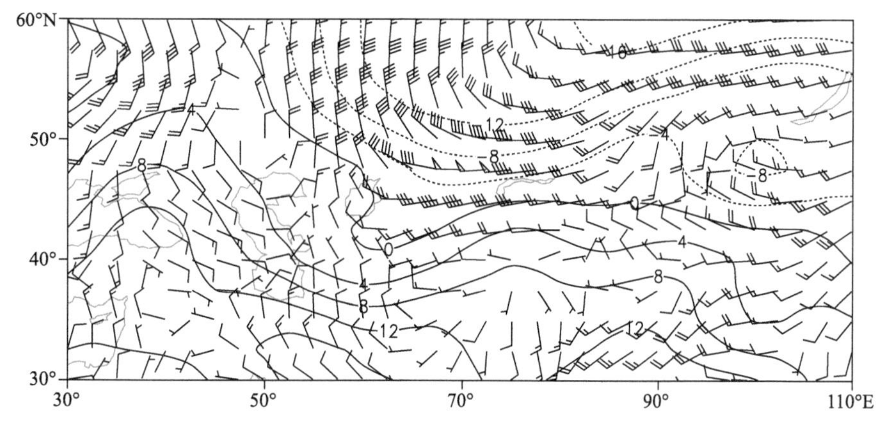

图 2-2-62　1966年11月21日20时850百帕风场(单位:米/秒),温度场(单位:℃)

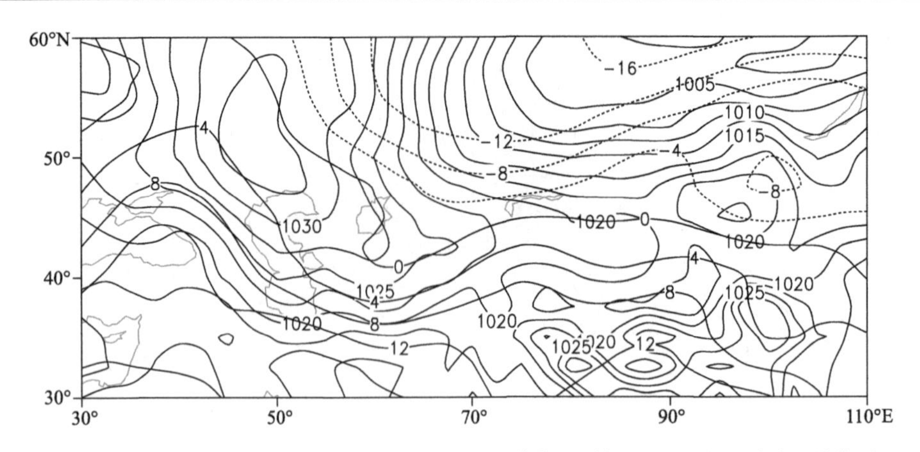

图 2-2-63　1966 年 11 月 21 日 20 时地面气压场(单位:百帕),850 百帕温度场(单位:℃)

2.2.10　塔城地区暴雪(1968-03-02)

【降雪实况】1968 年 3 月 2 日,塔城地区额敏县、裕民县出现暴雪,24 小时降雪量分别为 23.3 毫米、15.2 毫米。其中,塔城市出现大暴雪,24 小时降雪量 29.6 毫米(图 2-2-64)。

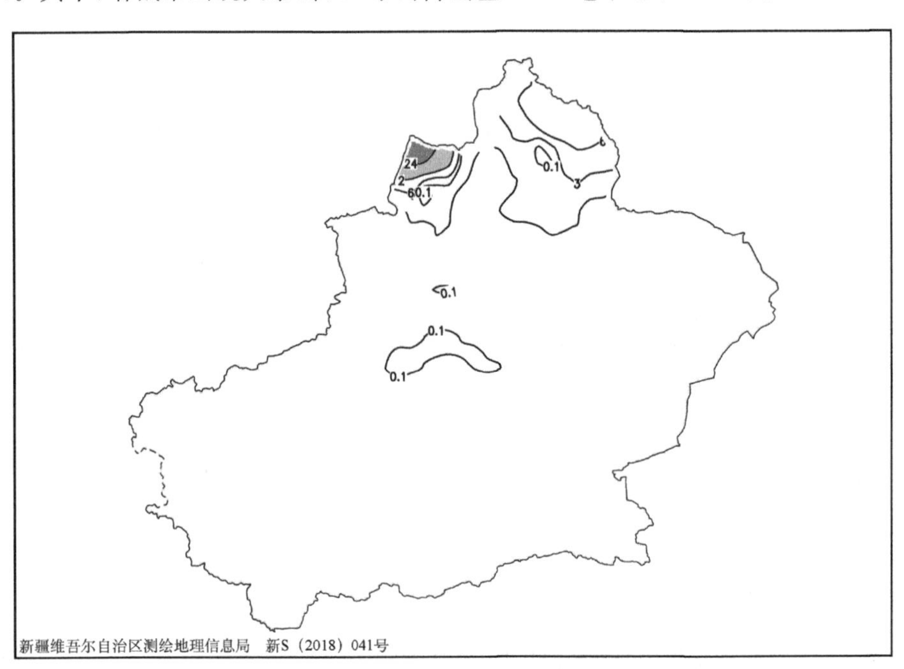

图 2-2-64　1968 年 3 月 1 日 20 时—2 日 20 时降雪量分布图(单位:毫米)

【天气形势】500 百帕环流场上,降雪开始前,大西洋沿岸至欧洲和贝加尔湖为高压脊区,里海、黑海为低槽区,新疆受高压脊控制(图 2-2-66)。欧洲高压脊东移北伸,经向度增大,极地冷空气沿阻塞高压东侧的偏北气流南下,长波槽西南伸,由于长波槽前的强暖平流向北输送,与脊前暖平流打通,致使长波槽底部被切断成涡。欧洲脊减弱东南垮,新地岛冷空气沿高压脊大举东南下,在中亚地区堆积,地中海上的暖湿空气在切断低涡外围西南气流引导下到达中亚地区,冷暖气流在咸海至巴尔喀什湖之间汇聚,锋区明显加强,强锋区压在塔城地区,在塔城地区产生暴雪和大暴雪天气。

对流层上部的 200 百帕,从里海到新疆北部有一东西向急流带,急流核在中亚地区,暴雪区位于高空急流核的入口区,高空的辐散有利于暴雪区上升运动的发展和维持(图 2-2-65)。700 百帕上存在一支中心风速大于 16 米/秒的西南急流,西南急流将低纬度的暖湿空气源源不断的输送到北疆地区,在急流前部的塔城地区产生对流性不稳定层结(图 2-2-67)。700 百帕的水汽通量场上,从地中海东部和红海到咸海有一个水汽通量大值带,水汽到达咸海后沿低空西南急流输送至暴雪区,源源不断的水汽在塔城地区聚集并辐合，为暴雪的产生和维持提供了充足的水汽(图 2-2-68)。

地面图上，1 日 20 时，地面冷高压中心位于欧洲中部，地面冷锋压在中亚地区，北疆西北部仍处于地面低压前部的负变压区域内，冷高压逐渐东移，推动地面低压东移，在冷锋前部的减压、升温区域内产生强降雪(图 2-2-69，图 2-2-70)。

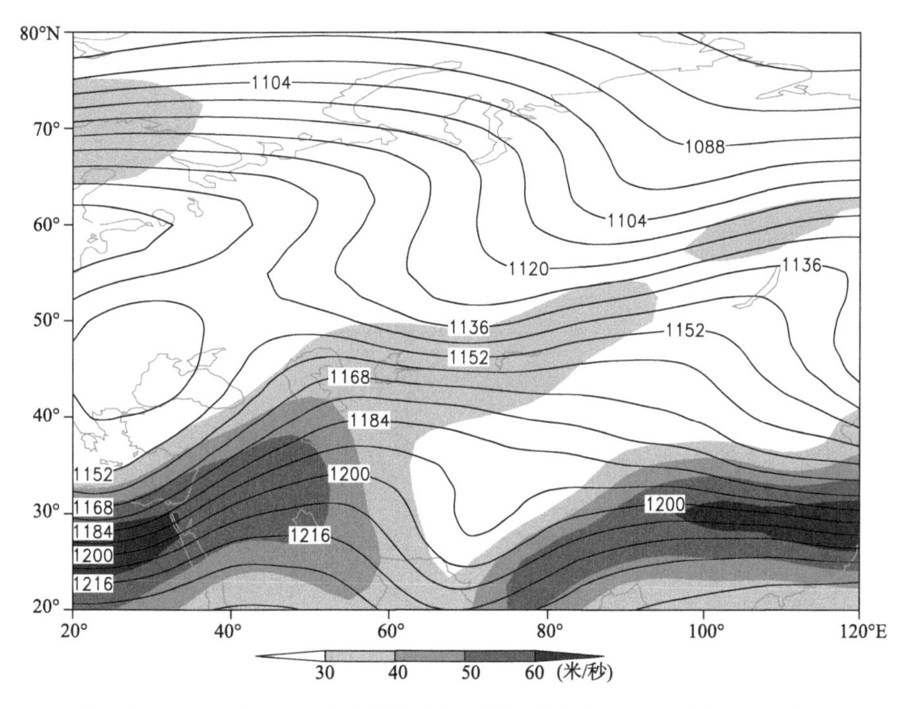

图 2-2-65　1968 年 3 月 1 日 20 时 200 百帕位势高度场(单位：位势什米)，阴影表示风速大于 30 米/秒急流区

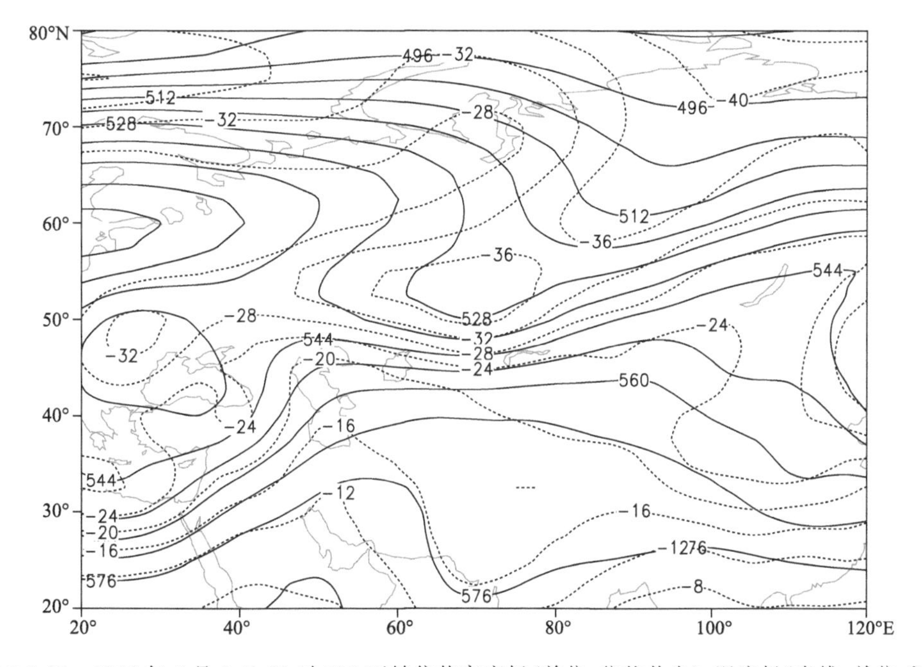

图 2-2-66　1968 年 3 月 1 日 20 时 500 百帕位势高度场(单位：位势什米)，温度场(虚线，单位：℃)

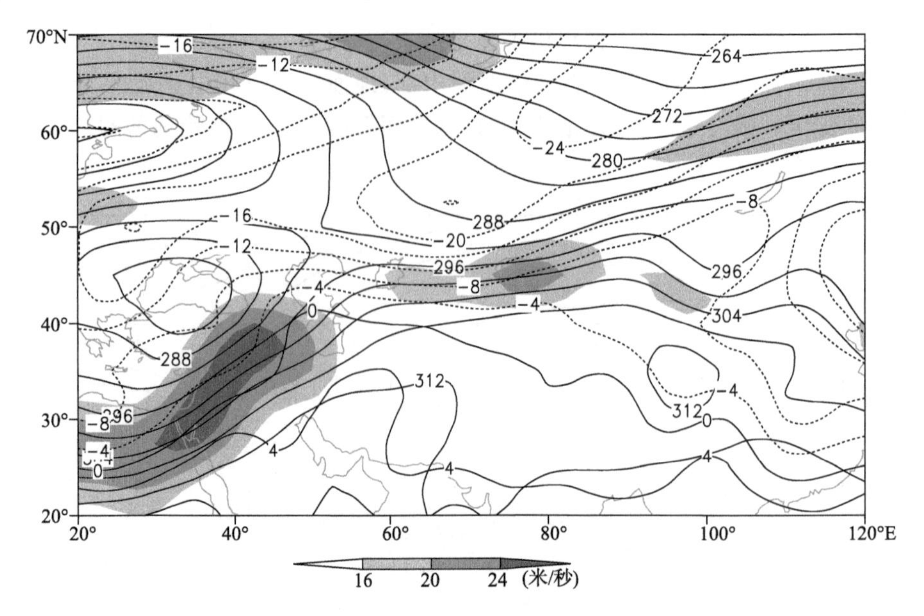

图 2-2-67　1968 年 3 月 1 日 20 时 700 百帕位势高度场(单位:位势什米),阴影表示风速大于 16 米/秒急流区

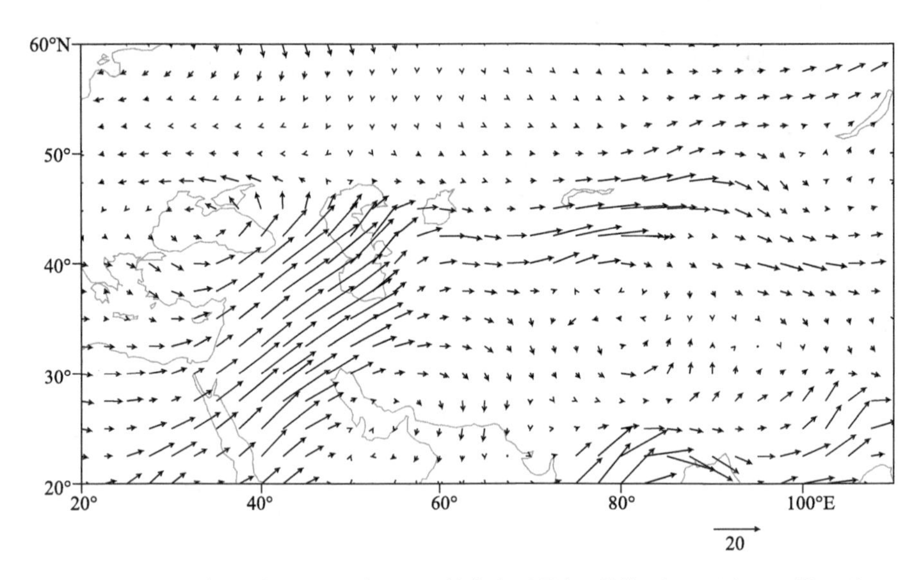

图 2-2-68　1968 年 3 月 1 日 20 时 700 百帕水汽通量场(单位:克/(厘米·百帕·秒))

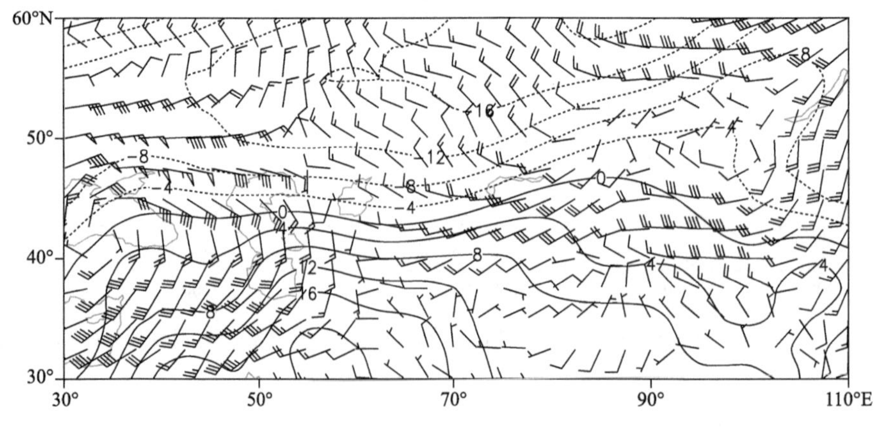

图 2-2-69　1968 年 3 月 1 日 20 时 850 百帕风场(单位:米/秒),温度场(单位:℃)

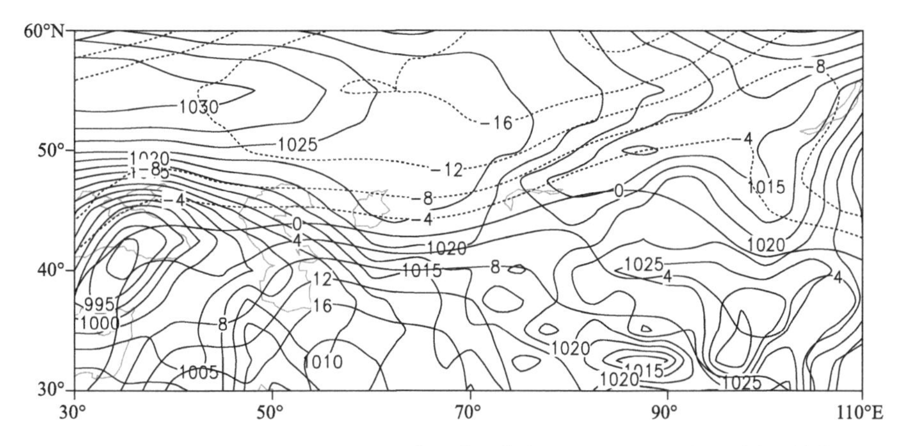

图 2-2-70　1968 年 3 月 1 日 20 时地面气压场(单位:百帕),850 百帕温度场(单位:℃)

2.2.11　昌吉回族自治州、石河子市、乌鲁木齐市、伊犁哈萨克自治州暴雪(1968-03-05)

【降雪实况】1968 年 3 月 5 日,昌吉回族自治州天池、昌吉市、呼图壁县、玛纳斯县,石河子市、炮台镇,乌鲁木齐市、米东区,伊犁哈萨克自治州特克斯县、昭苏县出现暴雪,24 小时降雪量分别为 12.7 毫米、14.1 毫米、15.4 毫米、14.8 毫米、12.4 毫米、16.3 毫米、13.1 毫米、14.1 毫米、23.1 毫米、12.5 毫米。伊犁哈萨克自治州新源县出现大暴雪,24 小时降雪量 24.9 毫米(图 2-2-71)。

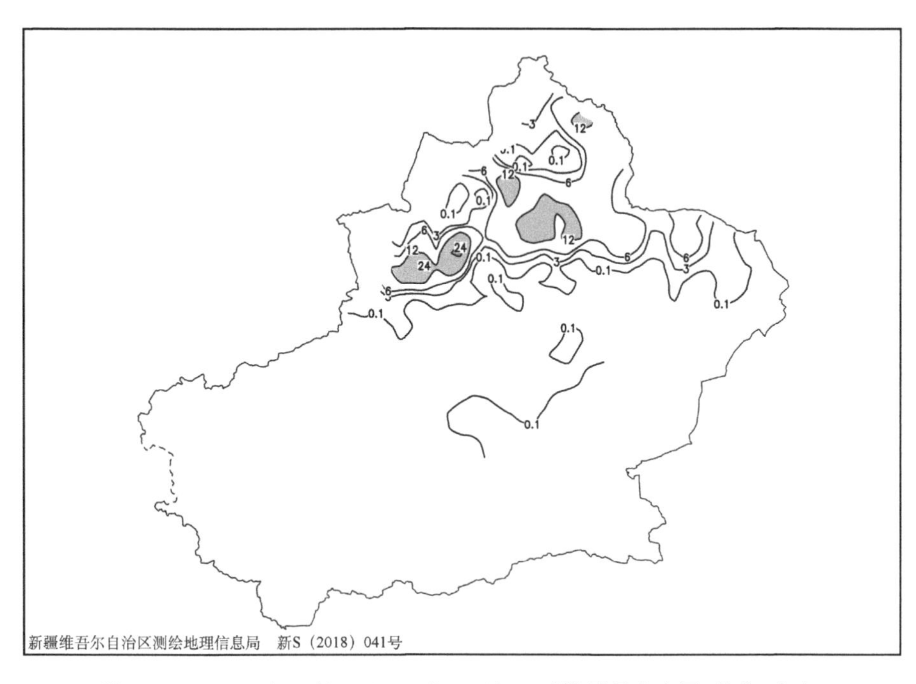

图 2-2-71　1968 年 3 月 4 日 20 时—5 日 20 时降雪量分布图(单位:毫米)

【天气形势】500 百帕环流场上,降雪开始前极涡旋转南压到泰梅尔半岛,不断引导极地冷空气南下(图 2-2-73)。里海北部,45°～70°N 范围内深厚的高压系统缓慢东移,脊前偏北急流加强,导致新地岛冷空气南下堆积,在西西伯利亚形成东北—西南向低槽,槽的主体伸进中亚。南支锋区位于 20°～40°N,与北支急流汇合于咸海—巴尔喀什湖北部,槽前西南部暖湿空气在和西北部干冷空气在北疆交汇,在北疆沿天山一带产生暴雪。

200 百帕上,西北急流和西南急流在巴尔喀什湖汇合,形成风速大于 40 米/秒的偏西急流,急流核逐渐东移,暴雪区位于急流入口区右侧,高空强辐散起到了抽吸作用,增强了低层系统的发展,有利于强降雪的发生(图 2-2-72)。对流层中低层的 700 百帕和 850 百帕上,强降雪发生时,北疆沿天山地区首先受槽前低空西南急流影响,而后转为西北急流控制,所以降雪先从北疆沿天山西部地区开始,而伊犁河谷地区特殊的地形,西南急流有利于水汽辐合及垂直上升运动的发展和维持,也是伊犁地区产生大暴雪的主要原因之一。低空转为西北急流后,西西伯利亚的湿冷空气东南下,低空西北急流携带的湿冷空气受天山地形强迫抬升,与中高层的西南急流叠加,加剧了风场辐合及垂直上升运动,有利于冷暖交汇与水汽的聚集(图 2-2-74,图 2-2-76)。700 百帕水汽通量场上,地中海上的水汽分为南北两支,北支水汽经黑海向北输送,在高纬度西风带作用下,部分水汽翻过乌拉尔山,沿乌拉尔山东侧输送至咸海,南支水汽沿西南路径经里海输送至咸海地区,两支水汽汇合后通过接力输送机制输送至暴雪区,为暴雪的产生和维持提供了充足的水汽(图 2-2-75)。

地面图上,4 日 20 时,地面冷高压中心位于里海北部,中心达 1030 百帕,冷高压沿西方路径逐渐东移,暴雪发生在冷锋过境及其逐渐东移过境的升压、降温区域内(图 2-2-77)。

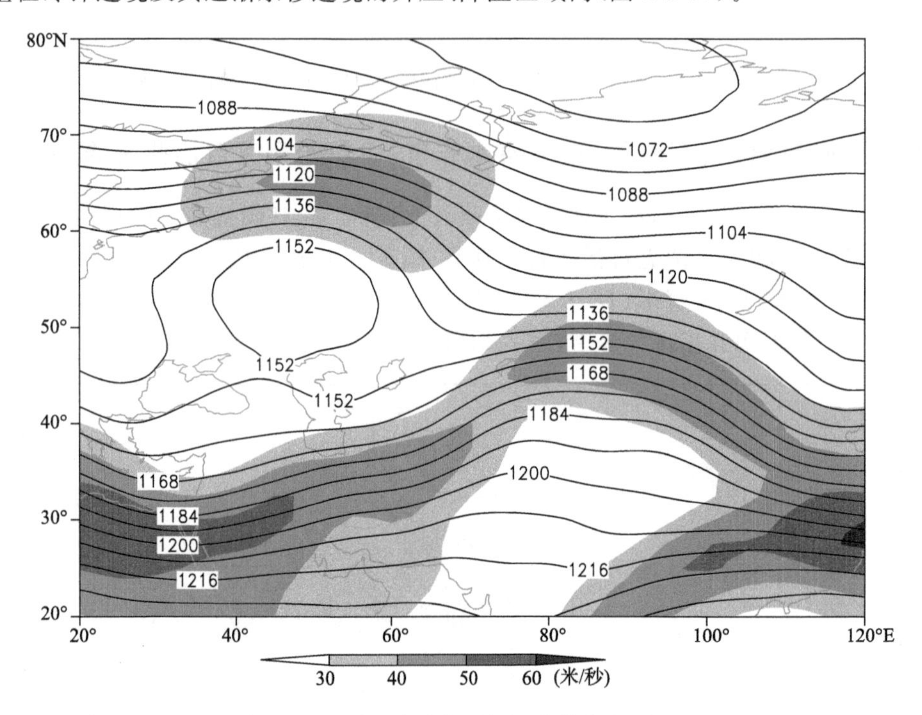

图 2-2-72　1968 年 3 月 4 日 20 时 200 百帕位势高度场(单位:位势什米),阴影表示风速大于 30 米/秒急流区

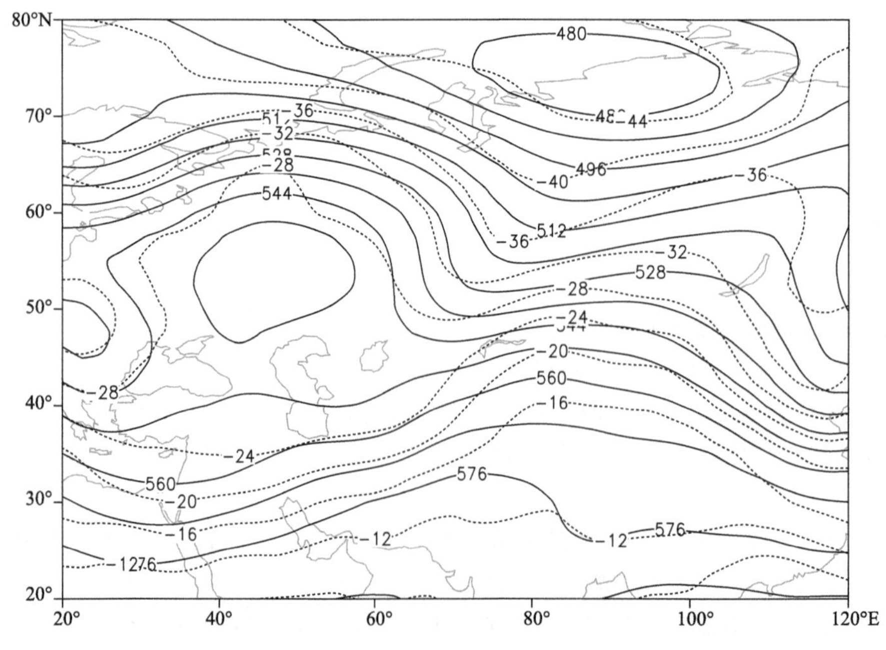

图 2-2-73　1968 年 3 月 4 日 20 时 500 百帕位势高度场(单位:位势什米),温度场(虚线,单位:℃)

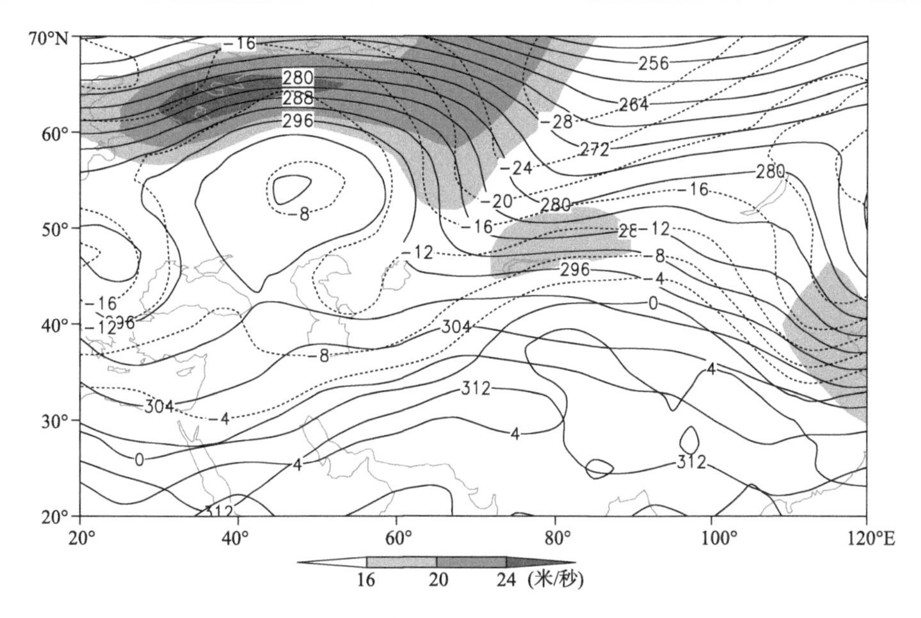

图 2-2-74　1968 年 3 月 4 日 20 时 700 百帕位势高度场(单位:位势什米),阴影表示风速大于 16 米/秒急流区

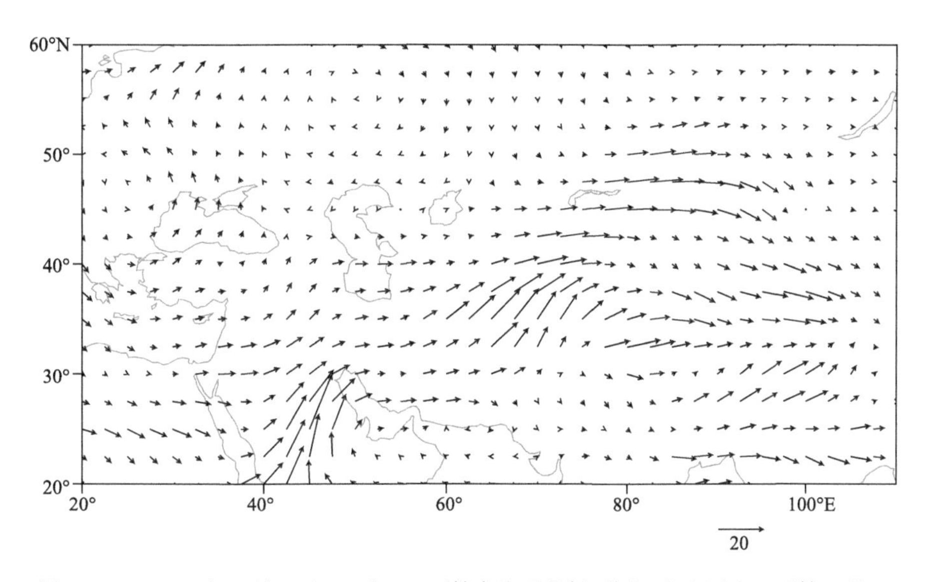

图 2-2-75　1968 年 3 月 4 日 20 时 700 百帕水汽通量场(单位:克/(厘米·百帕·秒))

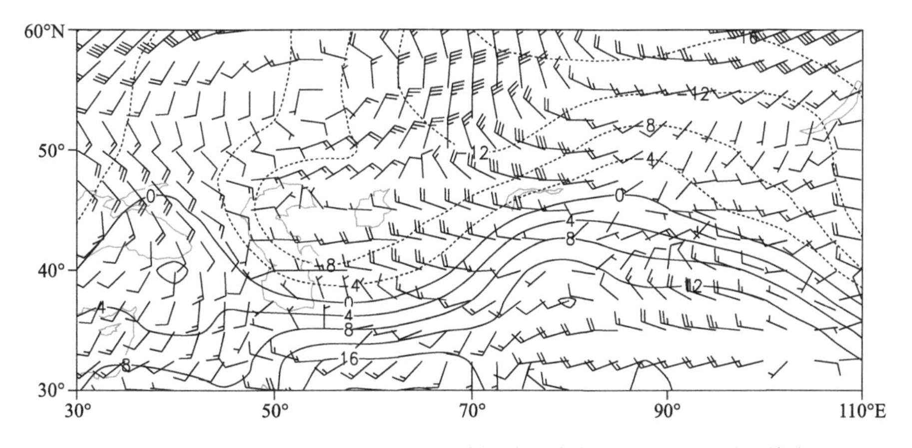

图 2-2-76　1968 年 3 月 4 日 20 时 850 百帕风场(单位:米/秒),温度场(单位:℃)

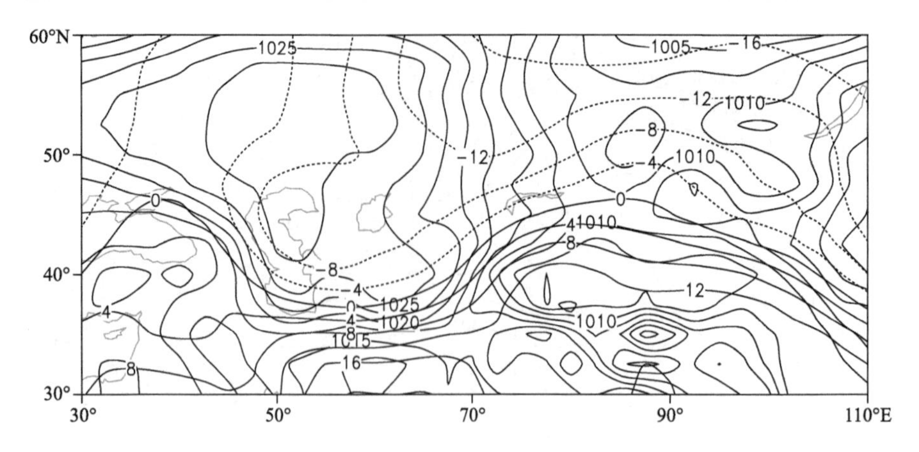

图 2-2-77　1968 年 3 月 4 日 20 时地面气压场(单位:百帕),850 百帕温度场(单位:℃)

2.2.12　伊犁哈萨克自治州、阿勒泰地区、塔城地区暴雪(1968-11-21)

【降雪实况】1968 年 11 月 21—23 日,伊犁哈萨克自治州、阿勒泰地区、塔城地区相继出现暴雪。21 日,伊犁哈萨克自治州伊宁县、伊宁市、霍尔果斯市、霍城县 24 小时降雪量分别为 13.4 毫米、13.4 毫米、15.2 毫米、14.5 毫米。22 日,阿勒泰地区富蕴县、阿勒泰市,塔城地区塔城市 24 小时降雪量分别为 13.0 毫米、19.3 毫米、15.3 毫米。23 日,塔城地区额敏县和塔城市 24 小时降雪量分别为 14.1 毫米、12.2 毫米(图 2-2-78)。

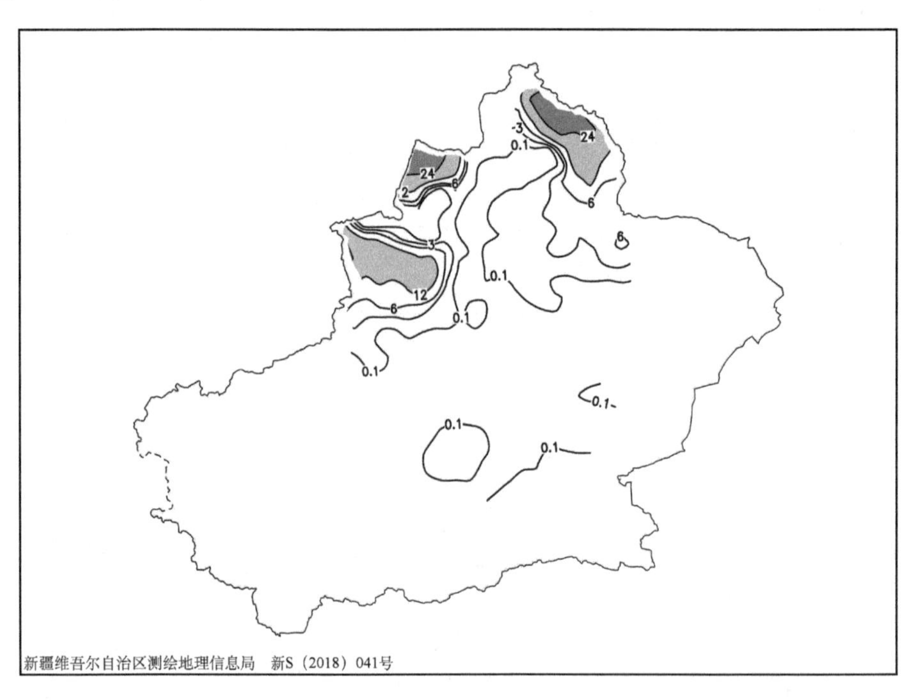

图 2-2-78　1968 年 11 月 20 日 20 时—23 日 20 时降雪量分布图(单位:毫米)

【天气形势】500 百帕环流场上,降雪开始前欧亚中高纬度分为南、北两个系统,其中,北支系统上表现为两脊一槽的环流形势,即欧洲北部和新疆北部为高压脊,喀拉海南部为极涡活动区,北疆北部受极涡底部锋区控制,南疆受南部低槽前西南气流控制(图 2-2-80)。欧洲北部高压脊东移北抬,格陵兰海强冷空气沿脊前西北风带进入低涡,低涡增强南压,20 日 20 时,南北两支低槽叠加,槽前锋区位于伊犁地区,在伊犁地区产生暴雪。欧洲北部高压不断向北发展,新地岛东部的强冷空气随脊前西北气流南下,22 日 08 时,中心温度低于−47℃的冷中心位于西西伯利亚北部,极涡具有明显的斜压性,极涡旋转南下,超强冷空气南下至西西伯利亚中部,强锋区压在北疆北部地区,在欧洲北部高压和贝加尔湖东部高压共同作用下，冷涡缓慢南压，北疆北部长时间受强锋区控制，在阿勒泰、塔城地区产生连续性强降雪天气。

对流层上部的200百帕上，极涡底部锋区上始终存在一支高空急流，21日，伊犁地区位于伊朗高原到北疆的西南急流入口区右侧的强辐散区，22—23日，西南急流转为偏西急流，急流风速增大，急流核风速大于60米/秒，急流核右侧的辐散程度进一步增强，高空的辐散形势有利于暴雪区上升运动的发展和维持(图2-2-79)。700百帕和850百帕上，21日，从咸海南部到伊犁地区有一支中心风速大于20米/秒的低空西南急流，22—23日，北疆北部开始受偏西急流控制，强降雪出现在低空急流出口的左前侧，该处有利于水汽的辐合和上升运动的发展，高空辐散、低空辐合的环流配置，为暴雪天气的产生提供了有利的动力条件(图2-2-81，图2-2-83)。从700百帕水汽通量场可以看出，造成此次暴雪天气过程的水汽有两条主要通道，一个是阿拉伯海水汽向北输送，而后沿新疆西南边界进入伊犁河谷地区；另一个是巴伦支海湿冷空气南下至里海，增温增湿后在西风急流引导下进入新疆北部地区。源源不断的水汽进入北疆后，水汽在伊犁、塔城和阿勒泰地区上空聚集并辐合，为暴雪的产生提供充分的水汽条件(图2-2-82)。

地面图上，20日20时，冷槽位于中亚地区西南部，闭合冷高压中心位于伊朗高原北部，南疆盆地西部及北疆西部受地面低压影响，随着低压减弱，冷高压增强东移北伸，在处于冷锋前部的伊犁地区产生暴雪天气(图2-2-84)。21日20时，冷高压中心位于黑海北部，冷高压轴线呈西北—东南走向，深厚的低压位于西西伯利亚北部，冷空气主体位于50°N以北地区。22日08时，低压东移南下，低压底部伸至新疆西部境外，低压东移，在低压前部的减压、升温区域产生暖区暴雪。22日20时，低压中心移至中西伯利亚高原，北疆开始受正变压控制，冷高压中心移至中亚西南部，冷高压逐渐东移，冷锋开始影响北疆西北部地区，造成塔城地区的暴雪天气。

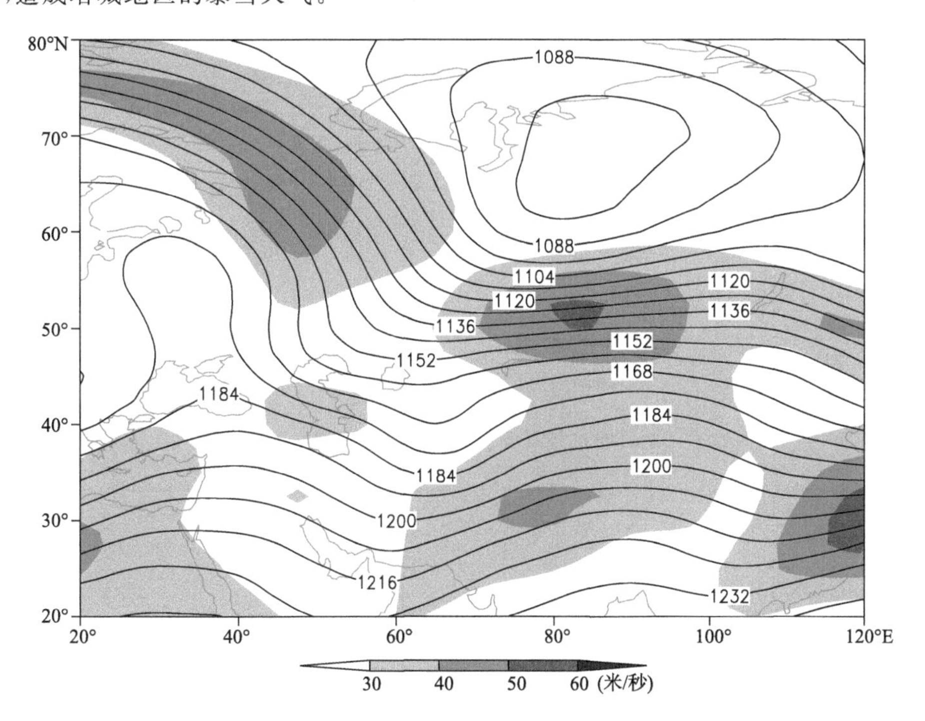

图2-2-79 1968年11月20日200百帕位势高度场(单位:位势什米)，阴影表示风速大于30米/秒急流区

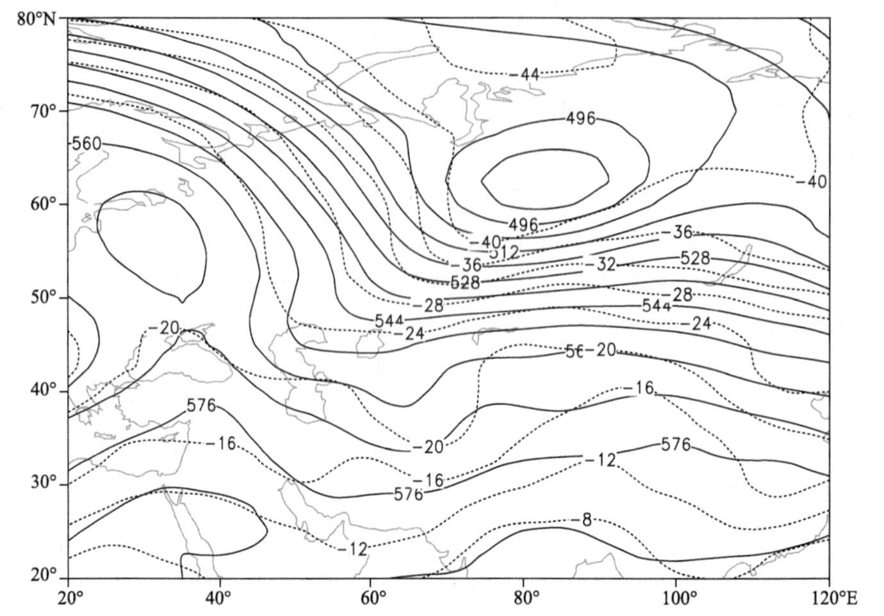

图 2-2-80　1968 年 11 月 20 日 500 百帕位势高度场(单位:位势什米),温度场(虚线,单位:℃)

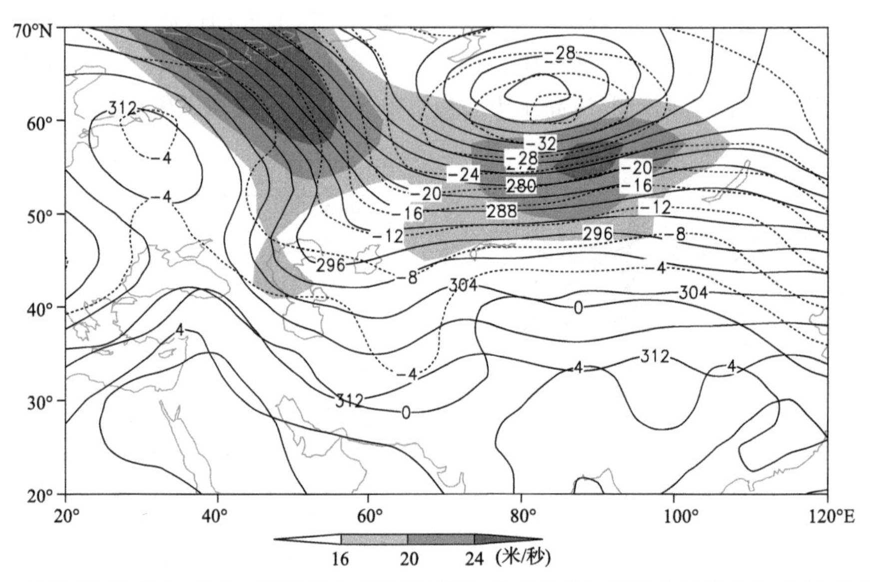

图 2-2-81　1968 年 11 月 20 日 700 百帕位势高度场(单位:位势什米),阴影表示风速大于 16 米/秒急流区

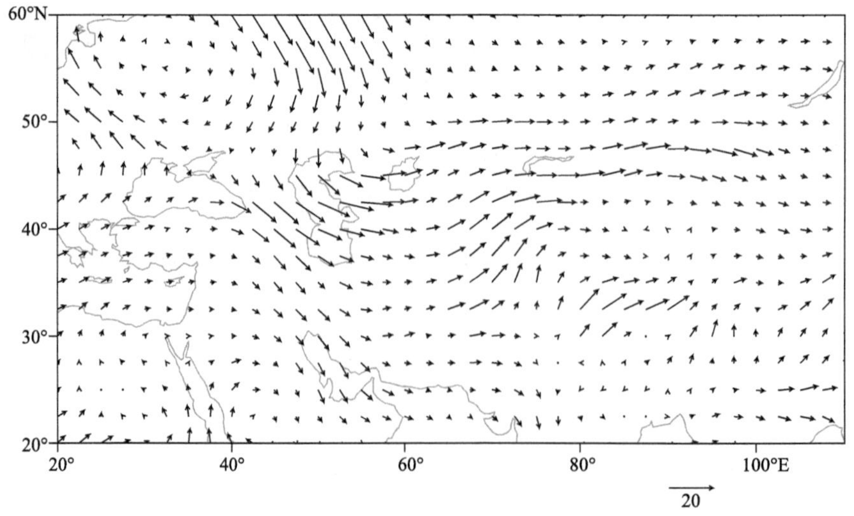

图 2-2-82　1968 年 11 月 20 日 700 百帕水汽通量场(单位:克/(厘米·百帕·秒))

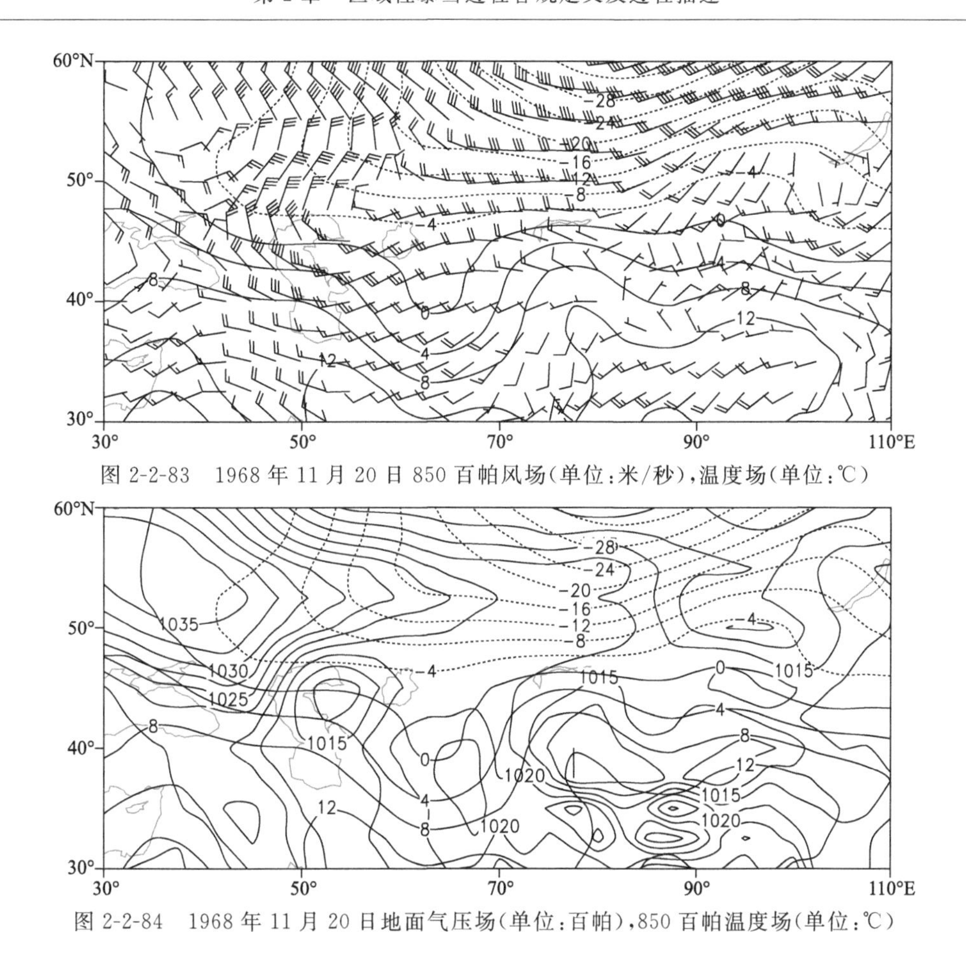

图 2-2-83　1968 年 11 月 20 日 850 百帕风场(单位:米/秒),温度场(单位:℃)

图 2-2-84　1968 年 11 月 20 日地面气压场(单位:百帕),850 百帕温度场(单位:℃)

2.2.13　伊犁哈萨克自治州、塔城地区暴雪(1969-11-06)

【降雪实况】1969 年 11 月 6 日,伊犁哈萨克自治州新源县、伊宁县、尼勒克县,塔城地区塔城市、额敏县出现暴雪,24 小时降雪量分别为 14.3 毫米、13.5 毫米、16.1 毫米、21.8 毫米、12.7 毫米(图 2-2-85)。

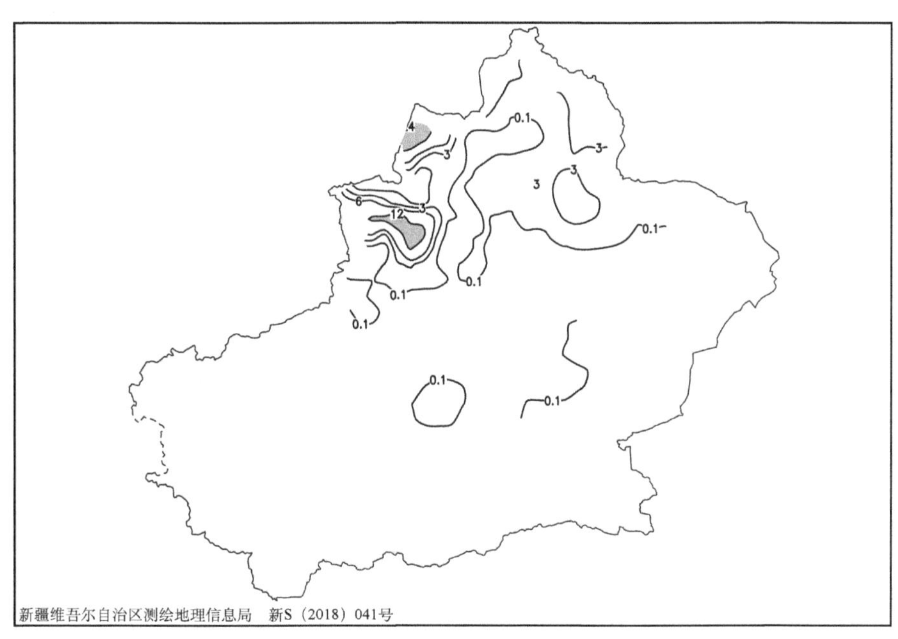

图 2-2-85　1969 年 11 月 5 日 20 时—6 日 20 时降雪量分布图(单位:毫米)

【天气形势】500 百帕环流场上,降雪开始前欧亚范围内表现为一脊一槽的环流形势(图 2-2-87)。乌拉尔山西部为长波槽,乌拉尔山东部至贝加尔湖为宽广的脊区,新疆受高压脊控制,天气晴好。随着格陵兰岛上极涡旋转东移,冷空气不断补充到乌拉尔槽中,使乌拉尔槽加深东移,之后北欧脊后暖平流越过脊顶进入低槽中,使低槽势力减弱形成明显的中亚槽,中亚槽东移给伊犁和塔城地区带来暴雪天气。

对流层高层 200 百帕上,欧洲大陆 50°~60°N 范围有一支偏西急流,急流核中心风速大于 60 米/秒,强降雪时段伊犁和塔城地区位于高空偏西急流入口区右侧的强辐散区,对流层中低层同样存在一支偏西急流,高、低空急流持续耦合发展,为此次暴雪的产生提供了有利的水汽和动力条件(图 2-2-86,图 2-2-88)。从 700 百帕水汽通量场可以看出,造成此次暴雪天气的水汽主要来自波罗的海,波罗的海水汽向东输送过程中经里海、咸海的水汽补充,在偏西急流的引导下进入新疆北部地区,从而为强降雪的产生提供了充沛的水汽(图 2-2-89)。

地面图上,5 日 20 时,西西伯利亚为深厚的气旋活动区,气旋中心位于新地岛附近,冷高压中心分别位于咸海南部和蒙古地区(图 2-2-91)。塔城地区处于锋前暖区中,850 百帕上,低压底部的西南气流与塔额盆地的东南风形成暖式切变,强降雪出现在蒙古高压后部、气旋前部的减压、升温区域内。随着咸海南部的冷高压沿西方路径东移,地面冷锋进入北疆,在伊犁地区产生冷锋暴雪。

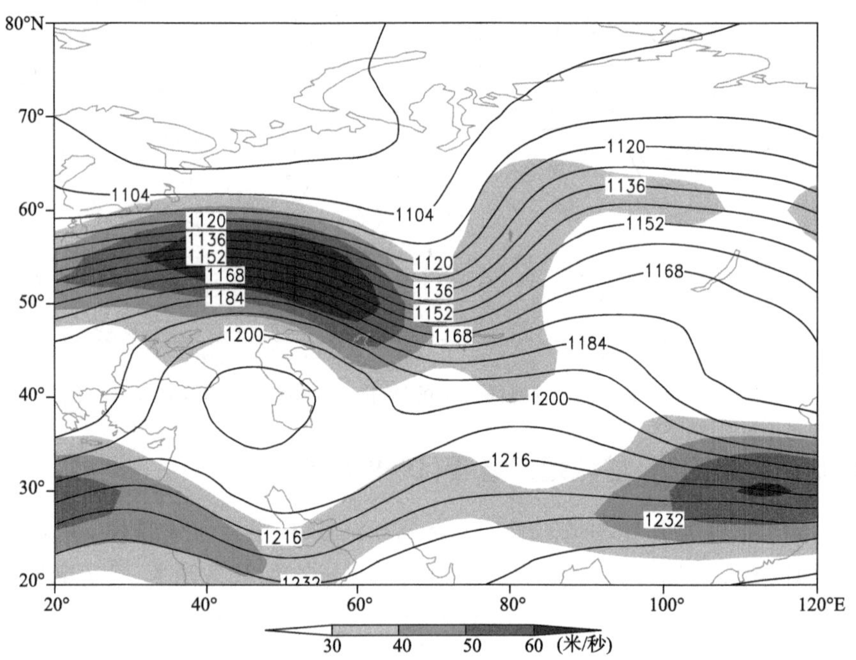

图 2-2-86　1969 年 11 月 5 日 20 时 200 百帕位势高度场(单位:位势什米),阴影表示风速大于 30 米/秒急流区

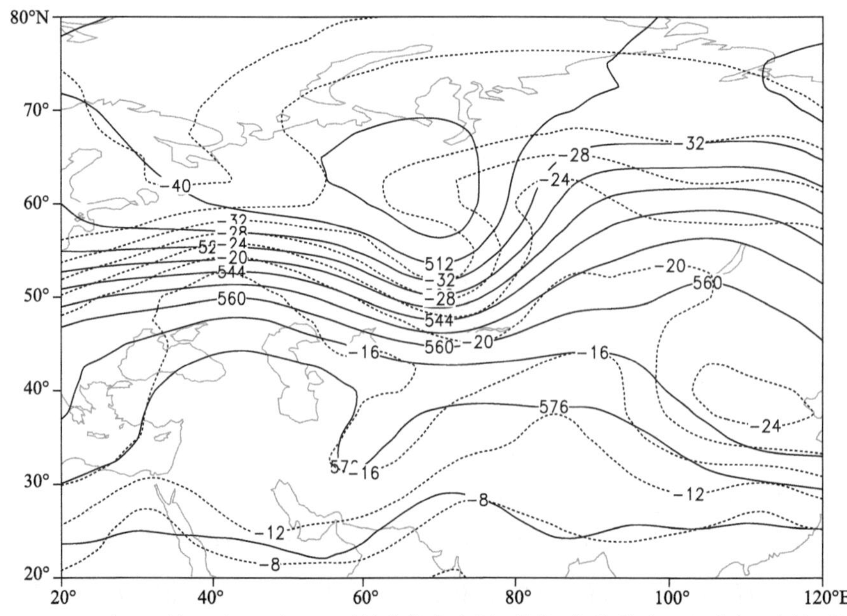

图 2-2-87　1969 年 11 月 5 日 20 时 500 百帕位势高度场(单位:位势什米),温度场(虚线,单位:℃)

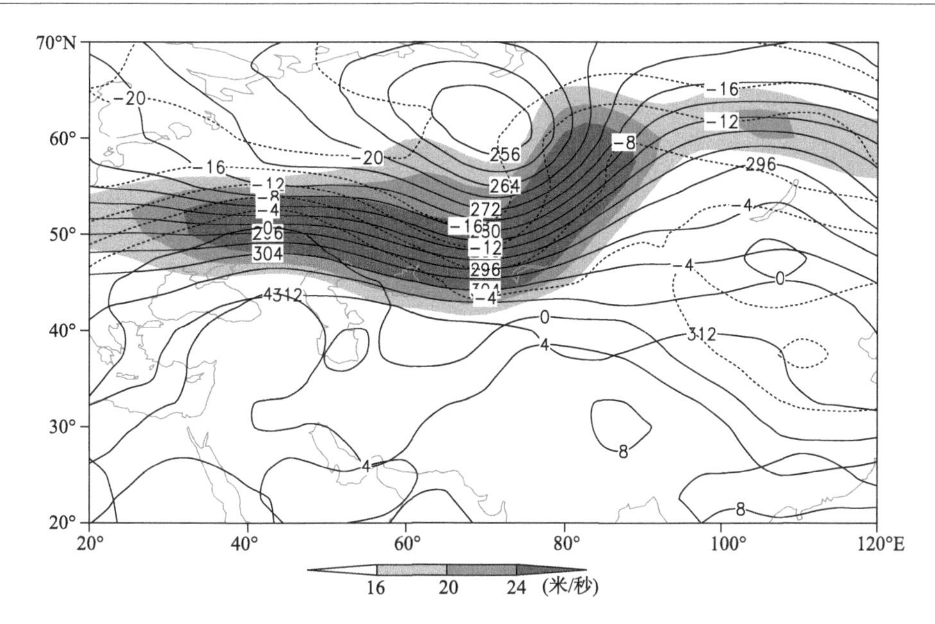

图 2-2-88　1969 年 11 月 5 日 20 时 700 百帕位势高度场(单位:位势什米),阴影表示风速大于 16 米/秒急流区

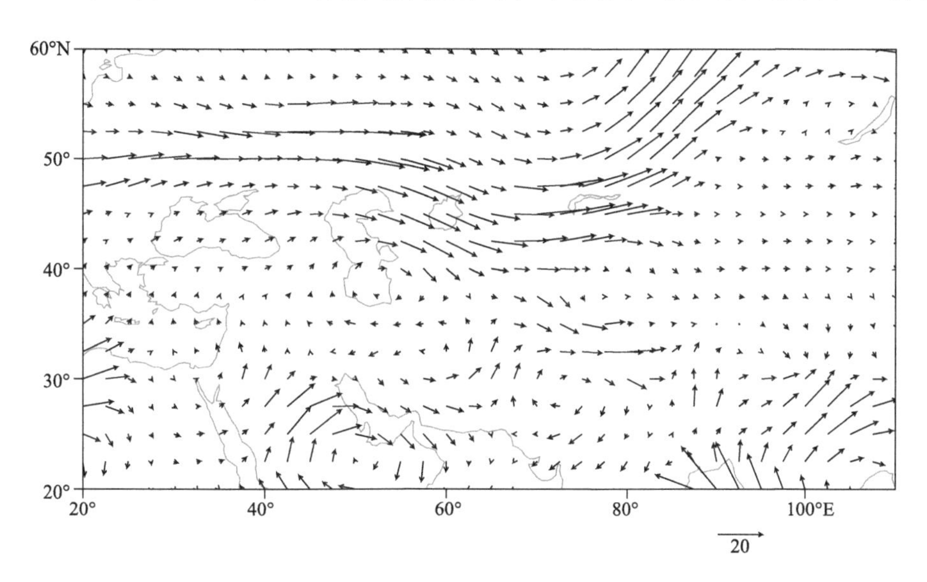

图 2-2-89　1969 年 11 月 5 日 20 时 700 百帕水汽通量场(单位:克/(厘米 · 百帕 · 秒))

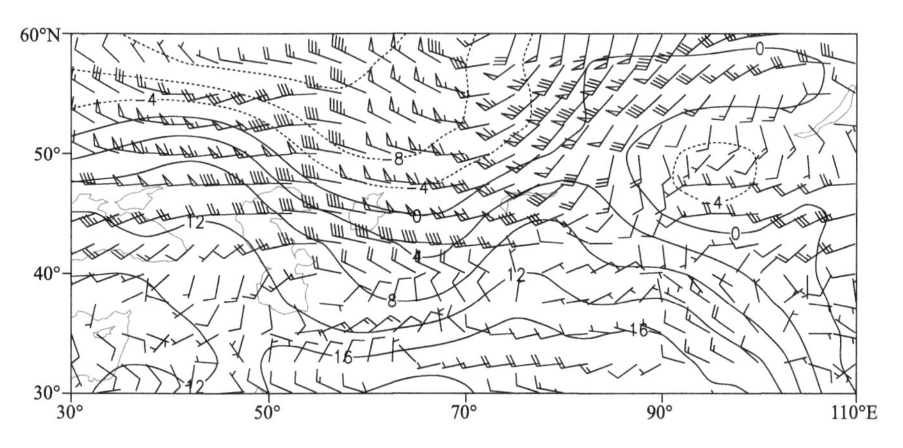

图 2-2-90　1969 年 11 月 5 日 20 时 850 百帕风场(单位:米/秒),温度场(单位:℃)

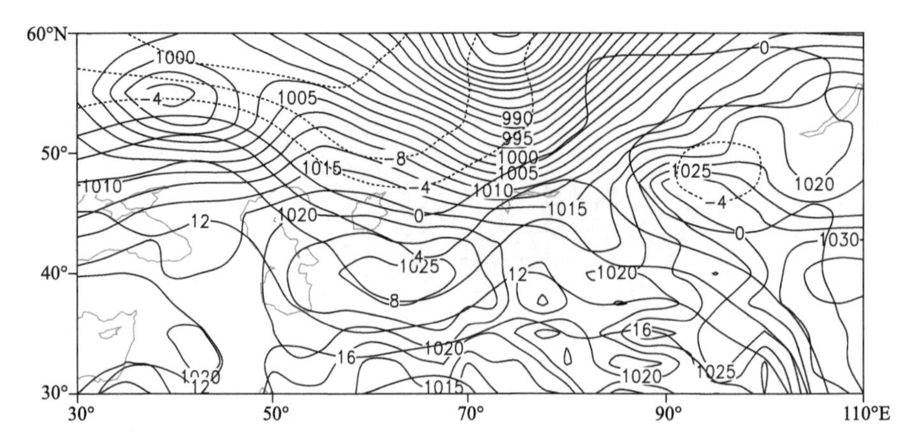

图 2-2-91　1969 年 11 月 5 日 20 时地面气压场(单位:百帕),850 百帕温度场(单位:℃)

2.2.14　伊犁哈萨克自治州、昌吉回族自治州、石河子市、乌鲁木齐市暴雪(1970-03-26)

【降雪实况】1970 年 3 月 26—27 日,伊犁哈萨克自治州、昌吉回族自治州、乌鲁木齐市、石河子市相继出现暴雪和大暴雪。26 日,伊犁哈萨克自治州新源县 24 小时降雪量 16.3 毫米,伊宁县出现大暴雪,24 小时降雪量 26.1 毫米。27 日,昌吉回族自治州木垒县、天池,乌鲁木齐市小渠子站,石河子市、乌兰乌苏 24 小时降雪量分别为 13.0 毫米、12.6 毫米、20.0 毫米、13.6 毫米、13.1 毫米(图 2-2-92)。

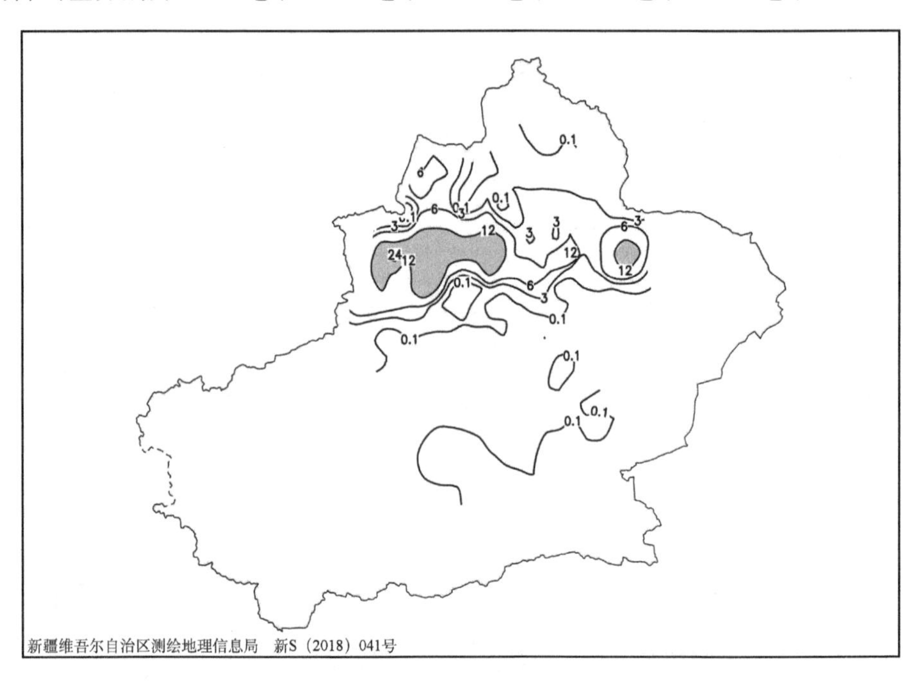

图 2-2-92　1970 年 3 月 25 日 20 时—27 日 20 时降雪量分布图(单位:毫米)

【天气形势】500 百帕环流场上,降雪开始前欧亚中高纬度为两槽一脊的环流形势,乌拉尔山东侧和贝加尔湖西北部为低槽,西伯利亚为高压脊活动区,波斯湾上空有发展强盛的低槽,新疆受槽前西南气流控制(图 2-2-94)。乌拉尔槽东移至中亚,槽前锋区与南部低槽前锋区在巴尔喀什湖和伊犁河谷地区交汇,在北疆沿天山地区产生第一波暴雪。随着乌拉尔山冷涡的不断增强,冷涡底部的锋区进一步增强,27 日,南北两支锋区再次交汇,在北疆沿天山一带产生第二波暴雪。

200 百帕上,25 日 20 时,从波斯湾到北疆有一支西南急流,急流核位于伊朗高原,中心风速大于 50 米/秒,急流核缓慢东移,暴雪出现在高空急流入口区右侧的强辐散区,高空的辐散有利于暴雪区上升运动的发展和维持(图 2-2-93)。对流层中、低层 700 百帕和 850 百帕上,50°N 上有一支偏西风急流带,急流在巴尔喀什湖北部转为西北急流,西北急流东南下后在天山北坡受山脉阻挡,地形强迫抬升作用明显，形成风速辐合和风向转变，有利于水汽辐合和抬升(图 2-2-95～图 2-2-97)。高层辐散、低层辐合的形势在暴雪区上空叠加，使得整层大气的垂直上升运动增强，为暴雪天气提供了有利的动力条件。

地面图上，咸海南部的地面冷高压沿西方路径逐步东移南压，暴雪发生时，北疆沿天山一带处在强锋区带上，在地形作用下，地形强迫环流与锋面环流相互作用，使得锋面强度在迎风坡加强。有利于强降雪天气的发生和持续(图 2-2-98)。

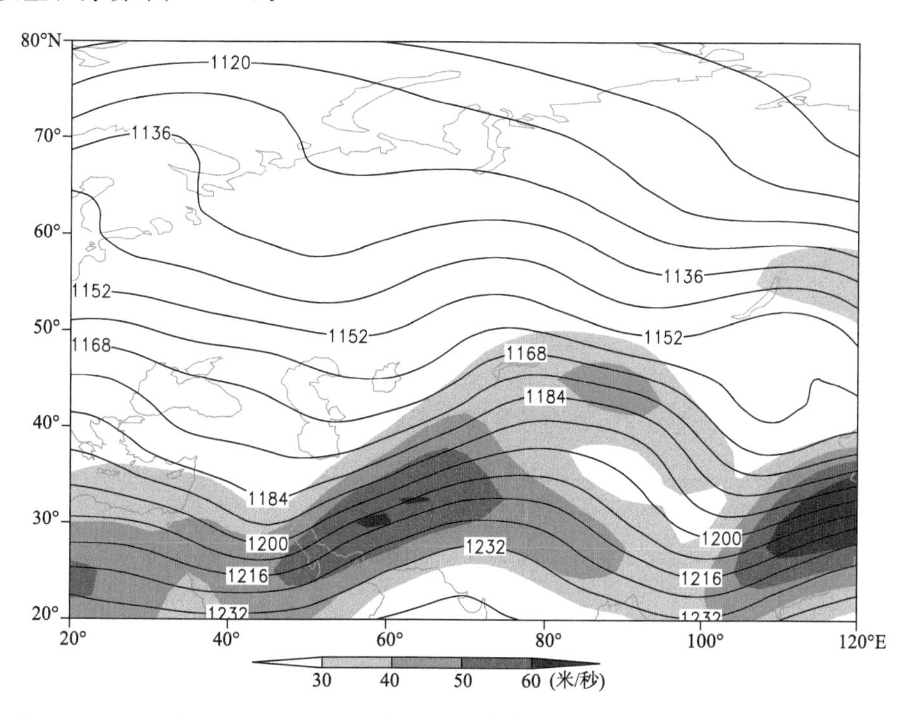

图 2-2-93　1970 年 3 月 25 日 20 时 200 百帕位势高度场(单位:位势什米)，阴影表示风速大于 30 米/秒急流区

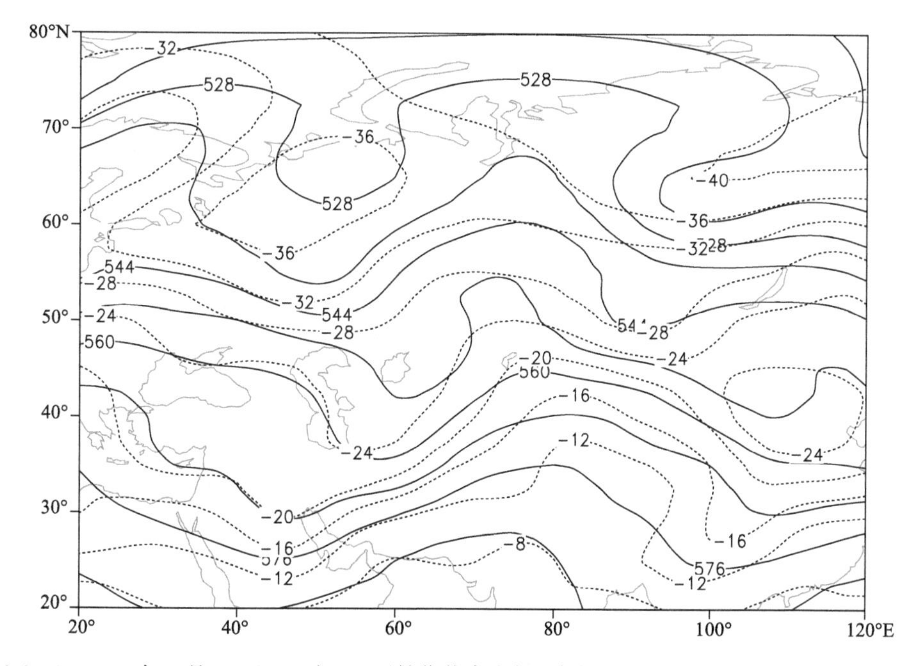

图 2-2-94　1970 年 3 月 25 日 20 时 500 百帕位势高度场(单位:位势什米)，温度场(虚线，单位:℃)

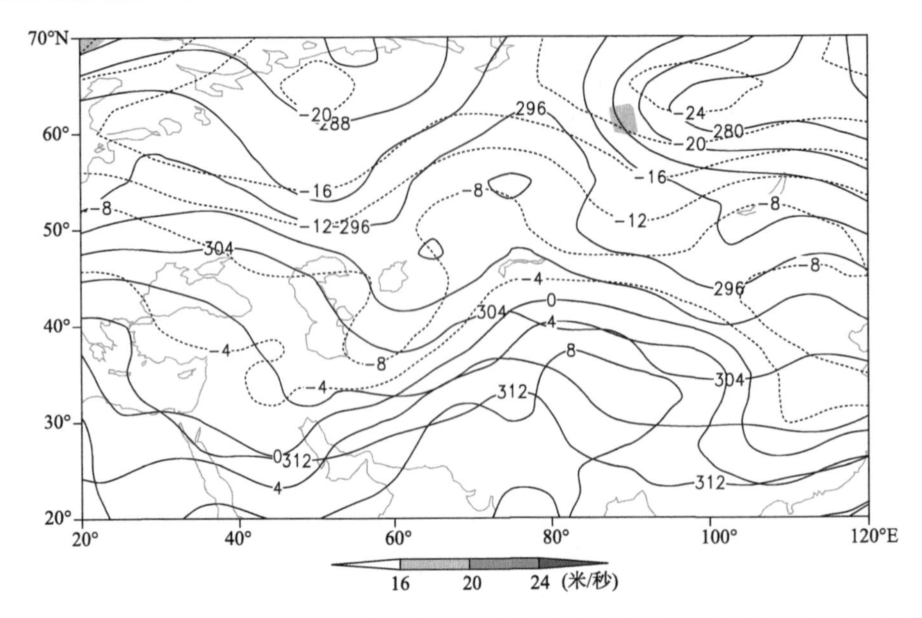

图 2-2-95　1970 年 3 月 25 日 20 时 700 百帕位势高度场(单位:位势什米),阴影表示风速大于 16 米/秒急流区

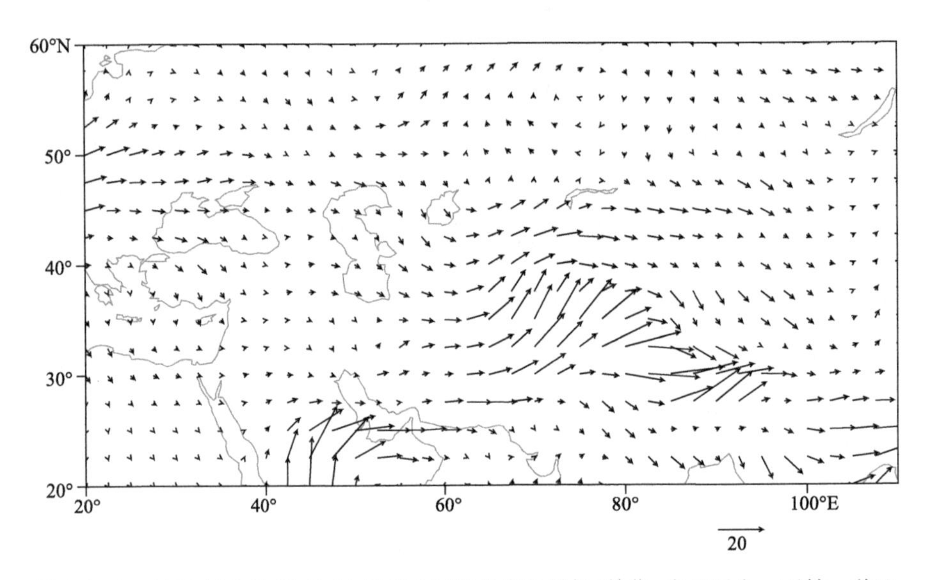

图 2-2-96　1970 年 3 月 25 日 20 时 700 百帕水汽通量场(单位:克/(厘米·百帕·秒))

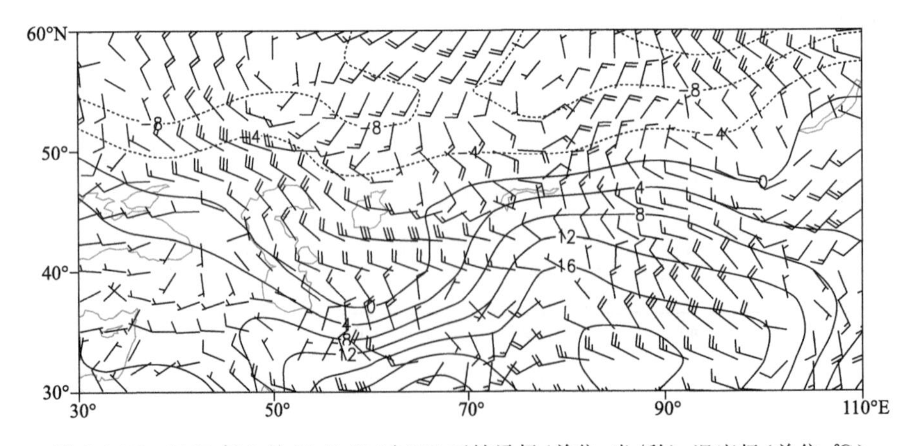

图 2-2-97　1970 年 3 月 25 日 20 时 850 百帕风场(单位:米/秒),温度场(单位:℃)

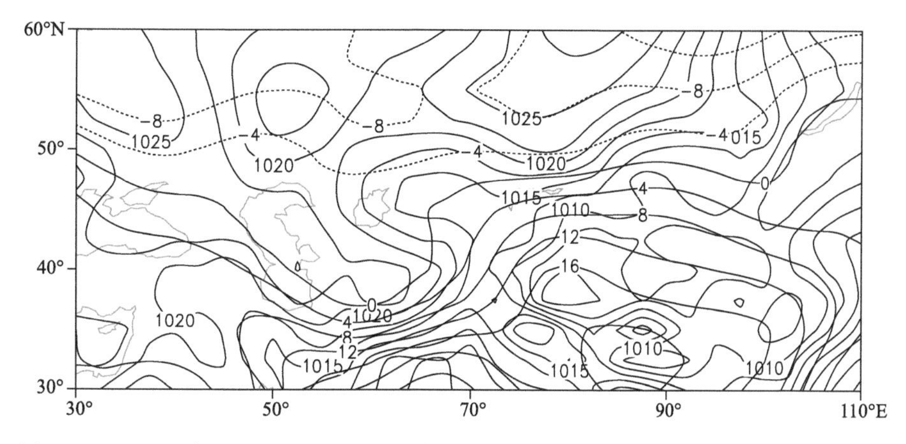

图 2-2-98　1970 年 3 月 25 日 20 时地面气压场(单位:百帕),850 百帕温度场(单位:℃)

2.2.15　昌吉回族自治州、阿勒泰地区、塔城地区暴雪(1971-03-15)

【降雪实况】1971 年 3 月 15 日,昌吉回族自治州天池,塔城地区塔城市,阿勒泰地区福海县、布尔津县、吉木乃县、哈巴河县出现暴雪,24 小时降雪量分别为 12.3 毫米、12.9 毫米、12.9 毫米、18.8 毫米、15.2 毫米、14.6 毫米(图 2-2-99)。

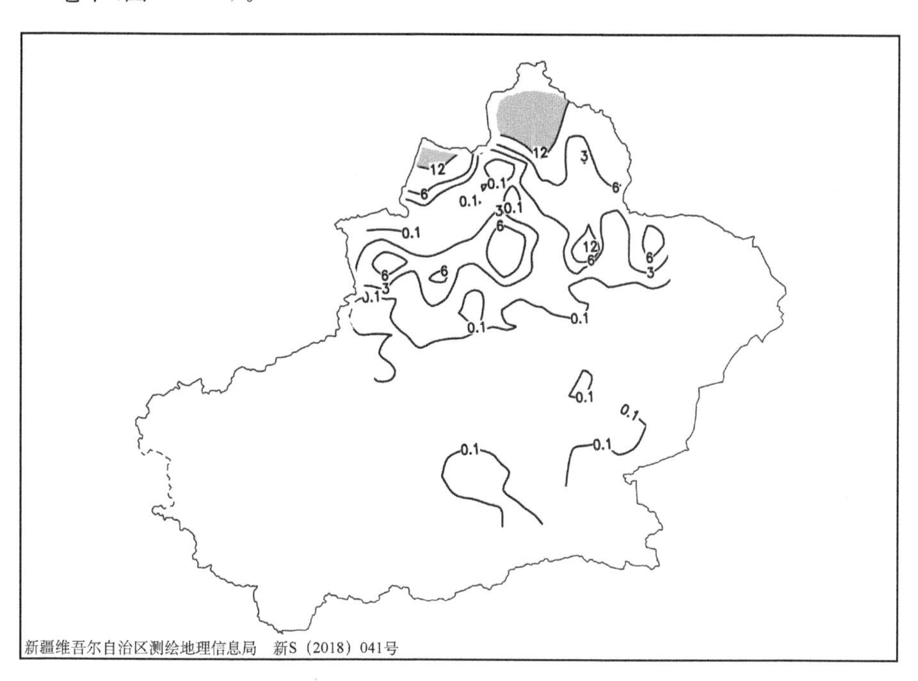

图 2-2-99　1971 年 3 月 14 日 20 时—15 日 20 时降雪量分布图(单位:毫米)

【天气形势】500 百帕环流场上,降雪开始前大西洋沿岸为高压脊,北欧到地中海为深厚的低值系统(图 2-2-101)。脊前强暖平流将低槽切断,斯堪的纳维亚半岛冷高压加强东移过程中不断引导巴伦支海冷空气补充到北段低槽中,使其快速东移,低槽东移携带的冷空气与南部低槽上的强暖湿西南气流在中亚地区汇聚,低槽东移在北疆产生暴雪天气。

200 百帕上,强降雪发生时,北疆受持续的西北急流控制,高层西北急流的建立和维持使高层辐散加强,急流的抽吸作用加强了中低层系统的强烈发展,有利于强降雪的产生(图 2-2-100)。中低层里海、咸海南部低槽前西南气流强盛,700 百帕上,里海、咸海南部到巴尔喀什湖有一中心风速大于 24 米/秒的低空西南急流,低空急流把中亚的暖湿空气不断地输送到北疆,暴雪区位于低空西南急流前部的辐合区。低层辐合、高层辐散的动力结构有利于强降雪天气的发展和维持(图 2-2-102)。从 700 百帕的水汽通量场上可以看出,造成此次暴雪天气的水汽来自低纬度地区的红海,偏南急流将红海的水汽向东北经波斯湾输送到里海,再由西南气流输送到新疆北部地区(图 2-2-103)。850 百帕上,阿尔泰山西南侧盛行较强的偏东暖湿气流,西南暖湿气流和偏东暖湿气流在阿勒泰地区形成暖式风向和风速的切变与辐合,暴雪发生在强锋区和 850 百帕暖切变线的重合区域(图 2-2-104)。

地面图上,14 日 20 时,塔城和阿勒泰地区为"鞍形场",即西西伯利亚和蒙古国西部为低压活动区,冷高压中心分别位于南疆西部和西伯利亚北部,北疆北部受正变压控制,随着西西伯利亚深厚的低压东移,北疆北部转为负变压控制,塔城和阿勒泰地区的强降雪出现在高压后部和低压前部的减压、升温区域内(图 2-2-105)。

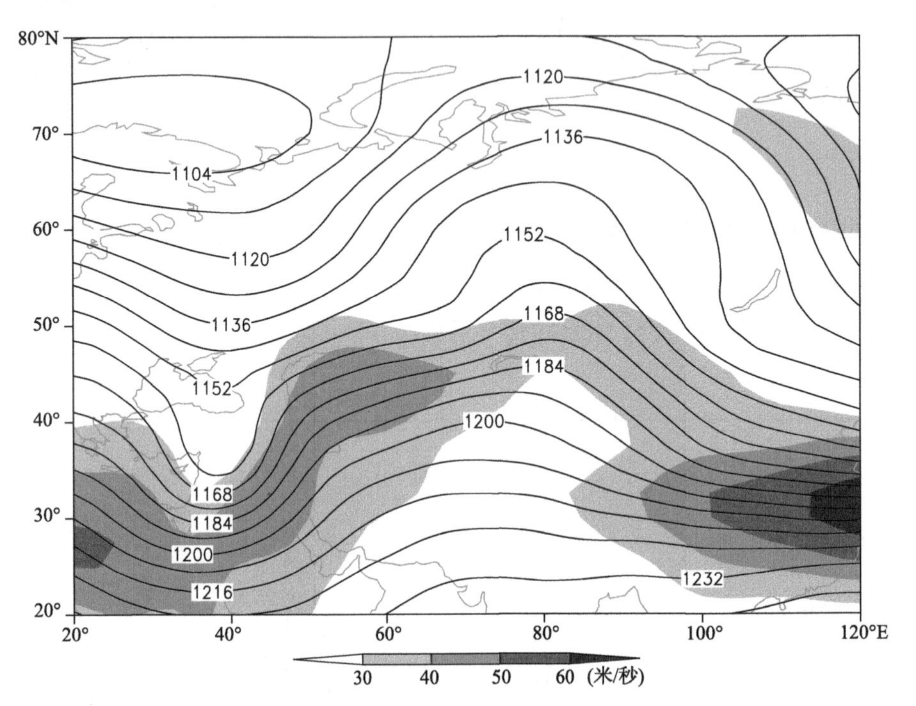

图 2-2-100　1971 年 3 月 14 日 20 时 200 百帕位势高度场(单位:位势什米),阴影表示风速大于 30 米/秒急流区

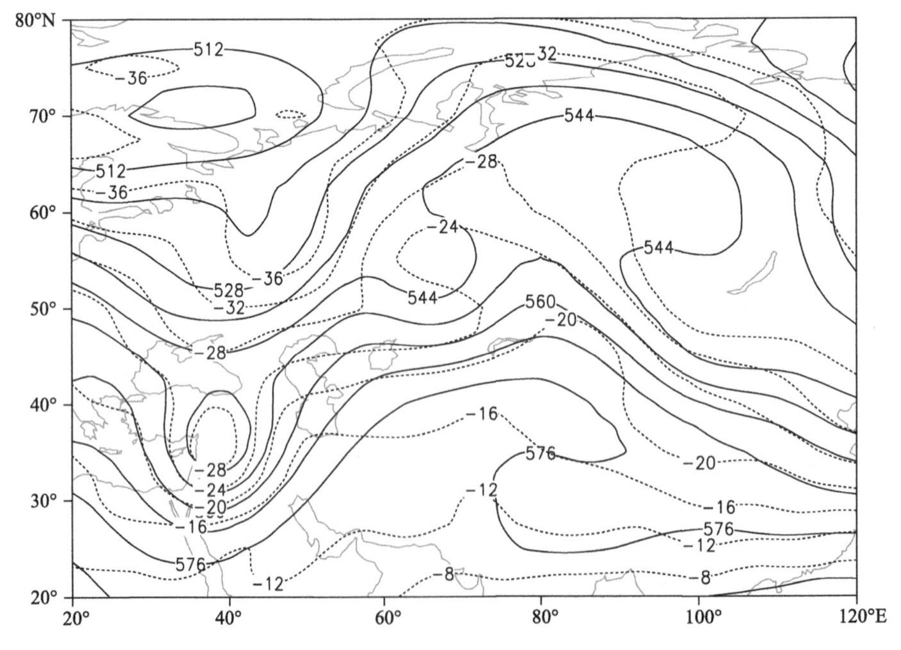

图 2-2-101　1971 年 3 月 14 日 20 时 500 百帕位势高度场(单位:位势什米),温度场(虚线,单位:℃)

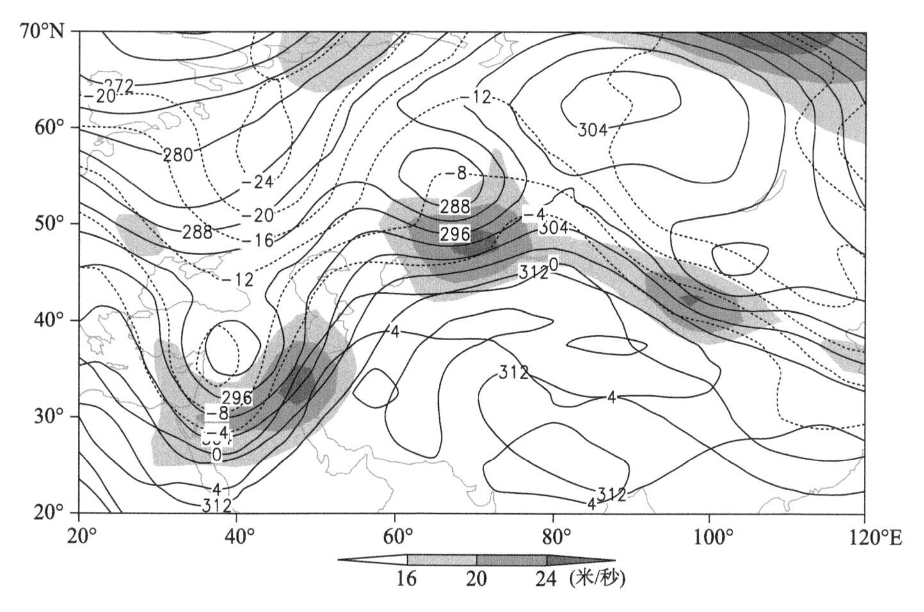

图 2-2-102　1971 年 3 月 14 日 20 时 700 百帕位势高度场(单位:位势什米),阴影表示风速大于 16 米/秒急流区

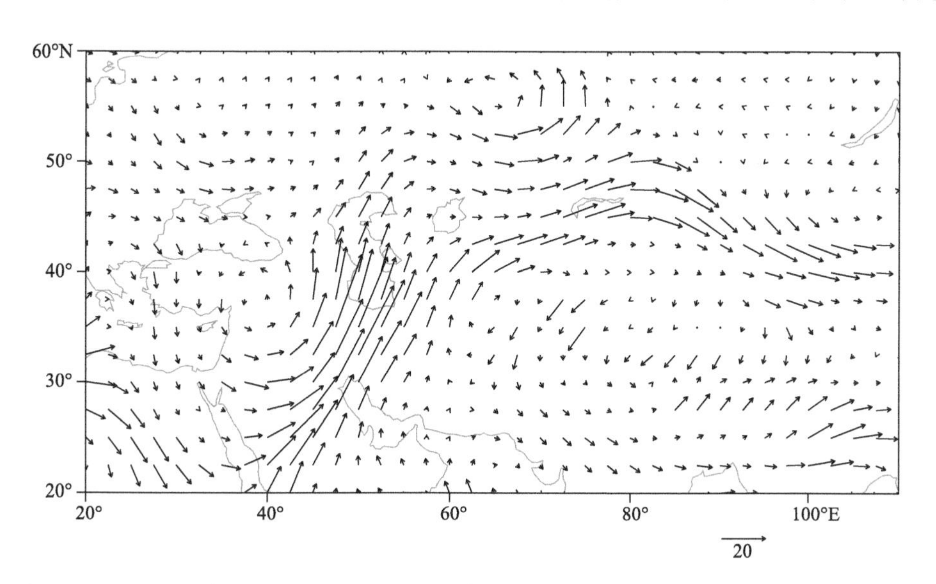

图 2-2-103　1971 年 3 月 14 日 20 时 700 百帕水汽通量场(单位:克/(厘米·百帕·秒))

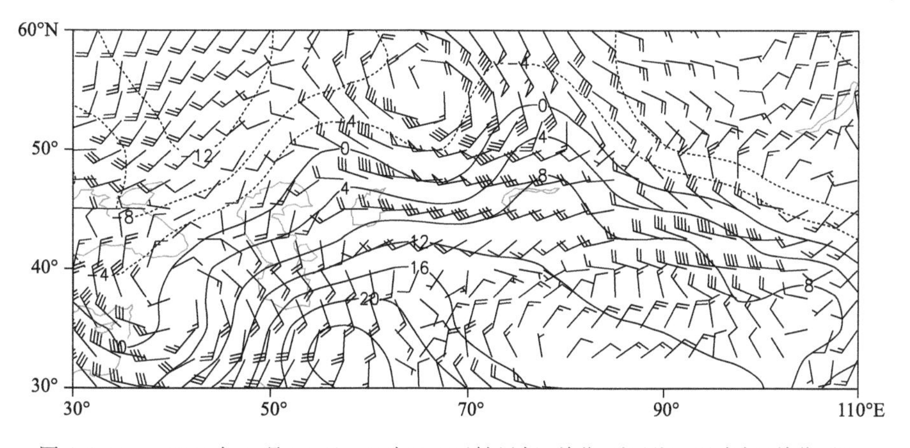

图 2-2-104　1971 年 3 月 14 日 20 时 850 百帕风场(单位:米/秒),温度场(单位:℃)

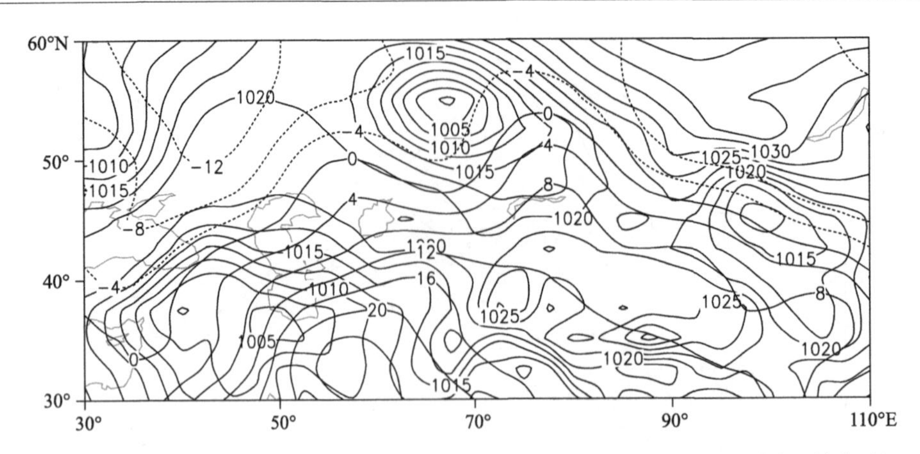

图 2-2-105　1971 年 3 月 14 日 20 时地面气压场(单位:百帕),850 百帕温度场(单位:℃)

2.2.16　阿勒泰地区、伊犁哈萨克自治州暴雪(1971-12-08)

【降雪实况】1971 年 12 月 8 日,阿勒泰地区阿勒泰市,伊犁哈萨克自治州伊宁县、伊宁市、霍城县出现暴雪,24 小时降雪量分别为 13.0 毫米、13.4 毫米、13.7 毫米、13.5 毫米(图 2-2-106)。

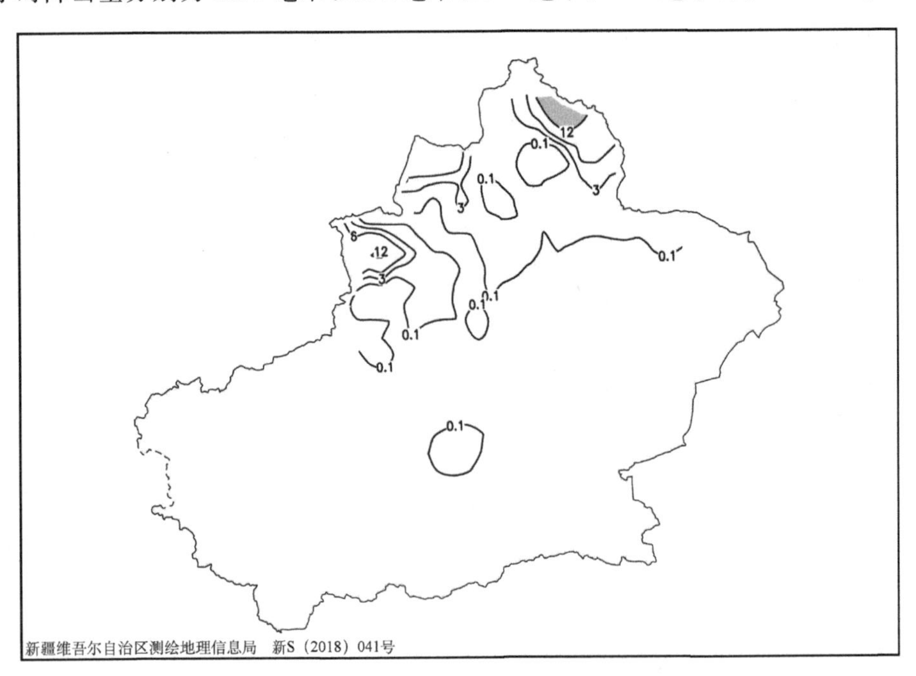

图 2-2-106　1971 年 12 月 7 日 20 时—8 日 20 时降雪量分布图(单位:毫米)

【天气形势】500 百帕环流场上,降雪开始前欧洲到地中海为叠加槽,新疆受高压脊控制(图 2-2-108)。6 日 20 时,欧洲大西洋沿岸高压脊前北风带建立,斯堪的纳维亚半岛冷空气进入低槽,低槽不断加深,7 日 08 时,在黑海上空形成低涡,此时,欧亚中高纬度地区为强冷空气控制,7 日 20 时,位于泰梅尔半岛东北部的极涡西南下,极涡底部锋区不断增强,并分裂弱短波东移,同时黑海低涡前不断分裂弱短波东移北上,与极涡底部的短波在北疆北部汇合,阿勒泰处于锋区及 850 百帕偏南风与东南风的暖切变线上,暴雪出现在锋区和 850 百帕暖切变线的重合区域内,随着冷空气的持续南下,在伊犁地区产生暴雪天气。

对流层上部的 200 百帕,阿拉伯半岛上空的西南急流在咸海地区转为偏西急流,急流核中心风速大于 30 米/秒,强降雪发生时段,阿勒泰和伊犁地区处于高空急流入口区右侧的强辐散区,有利于暴雪区上升运动的发展和维持(图 2-2-107)。700 百帕上,地中海东部、南部低槽前西南气流强盛,从里海南部到巴尔喀什湖有一个中心风速大于 16 米/秒的低空急流,低空急流把里海、咸海南部的暖湿空气不断输送到新疆北部地区，急流前部的伊犁地区有明显的水汽辐合和强上升运动，为伊犁地区的暴雪天气提供了充沛的水汽和上升运动(图 2-2-109)。分析 700 百帕水汽通量场可知，源自红海的水汽经波斯湾输送到中亚，在中亚分成两支，一支沿西南风输送至阿勒泰地区，一支在偏西急流带进入伊犁河谷，源源不断的水汽供应，是形成暴雪的重要原因之一(图 2-2-110)。

地面图上，阿勒泰地区位于地面气旋前部的暖区，产生暖区暴雪，随着地面低压东移，伊犁地区受冷锋过境影响产生冷锋暴雪(图 2-2-111，图 2-2-112)。

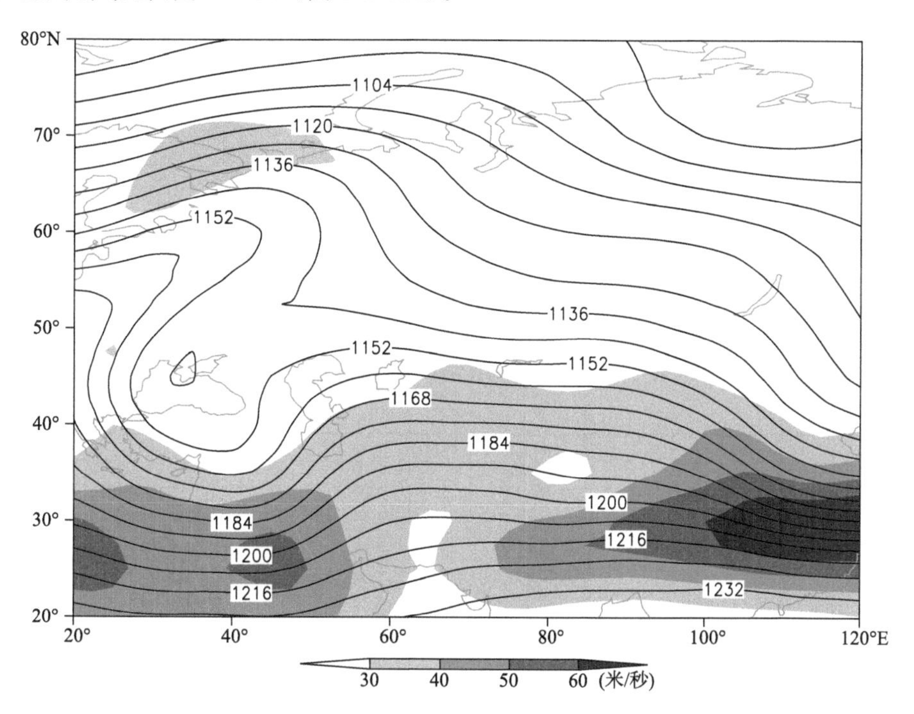

图 2-2-107　1971 年 12 月 7 日 20 时 200 百帕位势高度场(单位：位势什米)，阴影表示风速大于 30 米/秒急流区

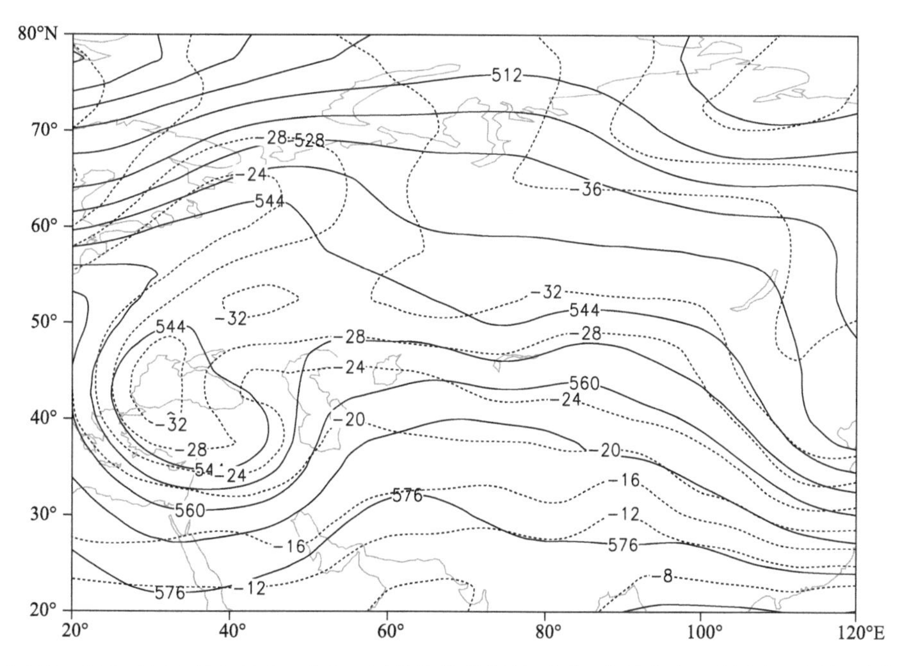

图 2-2-108　1971 年 12 月 7 日 20 时 500 百帕位势高度场(单位：位势什米)，温度场(虚线，单位：℃)

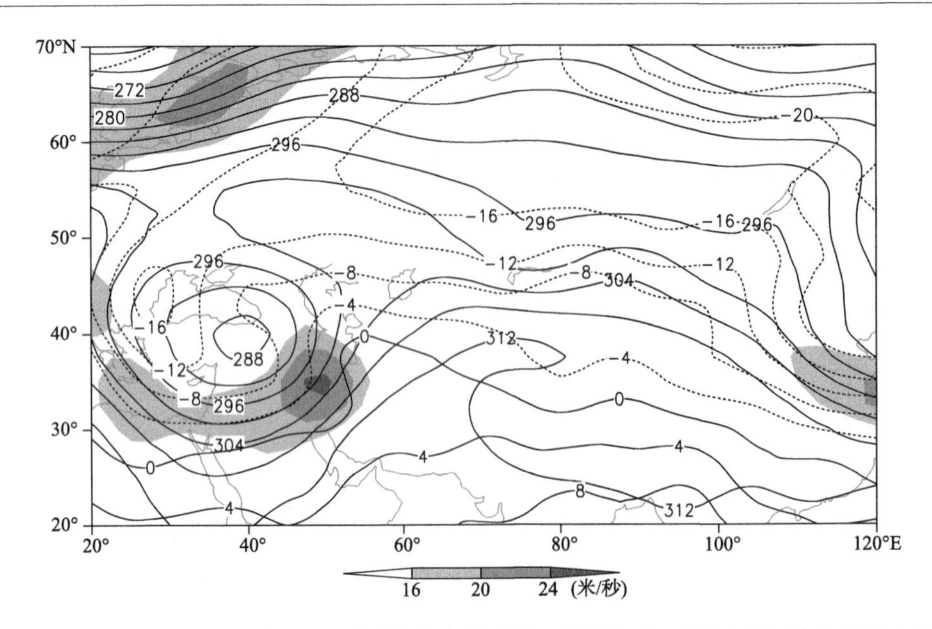

图 2-2-109　1971 年 12 月 7 日 20 时 700 百帕位势高度场(单位:位势什米),阴影表示风速大于 16 米/秒急流区

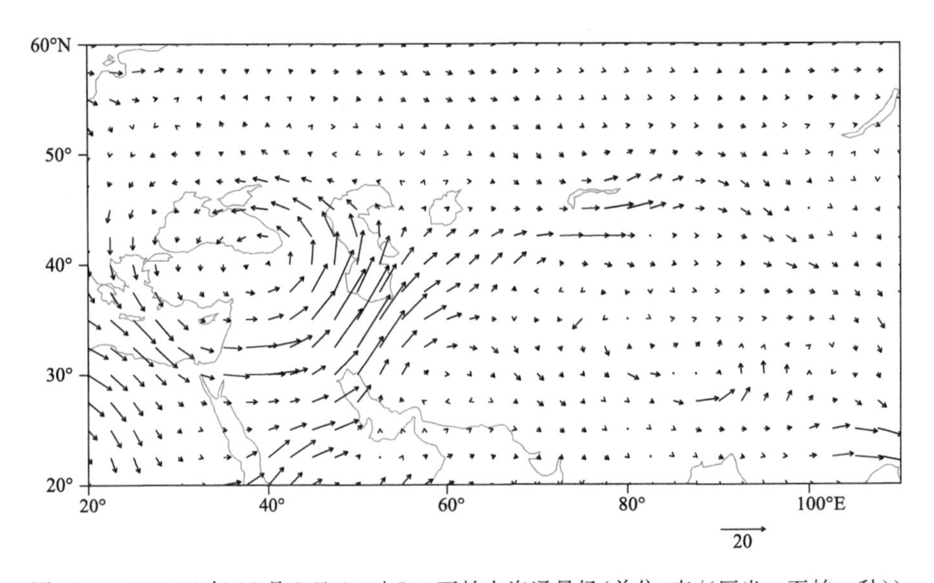

图 2-2-110　1971 年 12 月 7 日 20 时 700 百帕水汽通量场(单位:克/(厘米・百帕・秒))

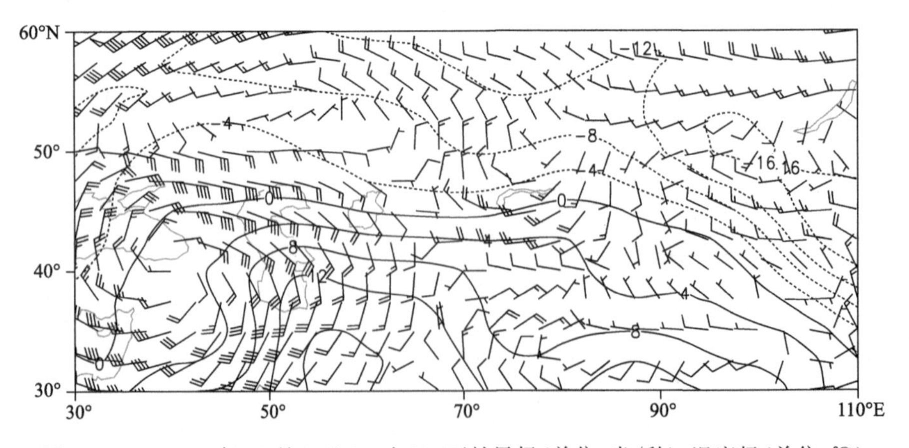

图 2-2-111　1971 年 12 月 7 日 20 时 850 百帕风场(单位:米/秒),温度场(单位:℃)

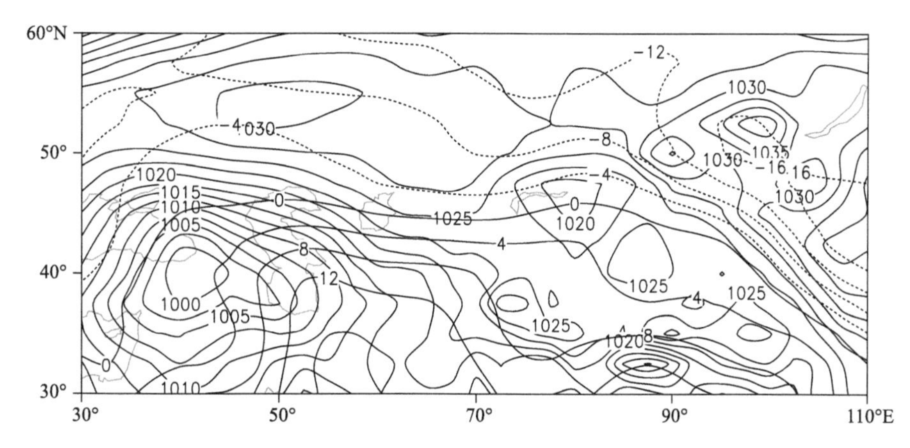

图 2-2-112　1971 年 12 月 7 日 20 时地面气压场(单位:百帕),850 百帕温度场(单位:℃)

2.2.17　昌吉回族自治州、乌鲁木齐市暴雪(1972-11-10)

【降雪实况】1972 年 11 月 10 日,昌吉回族自治州木垒县、阜康市,乌鲁木齐市米东区出现暴雪,24 小时降雪量分别为 13.1 毫米、16.3 毫米、12.8 毫米(图 2-2-113)。

图 2-2-113　1972 年 11 月 9 日 20 时—10 日 20 时降雪量分布图(单位:毫米)

【天气形势】500 百帕环流场上,降雪开始前,欧亚范围表现为两脊一槽的环流形势,即欧洲和新疆为高压脊,低槽位于里海,槽中有－32℃的冷中心(图 2-2-115)。欧洲脊减弱东移,欧洲北部的冷空气进入低槽中,使低槽向南加深并南北分段,北段槽受持续冷空气的补充快速东移,新疆脊受高纬度冷平流的冲刷,正变高南下,北部极涡西退,冷空气随之在西伯利亚地区堆积,南部低槽前的西南暖湿气流与北支锋区上的偏西气流在天山北坡中段汇合,造成昌吉和乌鲁木齐地区的暴雪。

200 百帕上,北疆受平直的西风急流控制,急流核位于中亚,随着急流核的逐渐东移,北疆地区风速明显增大,暴雪出现在急流入口区右侧的北疆沿天山一带处于高空急流入口区右侧正涡度平流区,其强烈的辐散抽吸作用加强了中低层系统的发展,有利于强降雪产生(图 2-2-114)。700 百帕上,从乌拉尔山南部到北疆建立了偏西急流,急流轴最大风速达 20 米/秒,低空偏西急流携带湿冷空气受天山地形影响强迫抬升,与中高层西南急流叠加,加强了风场辐合及垂直上升运动(图 2-2-116)。700 百帕水汽通量场上,欧洲北部水汽输送到里海地区,经低层偏西急流输送至北疆,并在昌吉和乌鲁木齐产生水汽辐合(图 2-2-117)。

地面图上，9 日 20 时，冷高压中心位于里海南部，为 1025 百帕。10 日 08 时，冷高压东移过程中增强，中心为 1030 百帕，地面冷锋压在巴尔喀什湖附近，随着地面冷高压的逐渐东移，在冷锋前的昌吉和乌鲁木齐地区产生暴雪天气(图 2-2-118，图 2-2-119)。

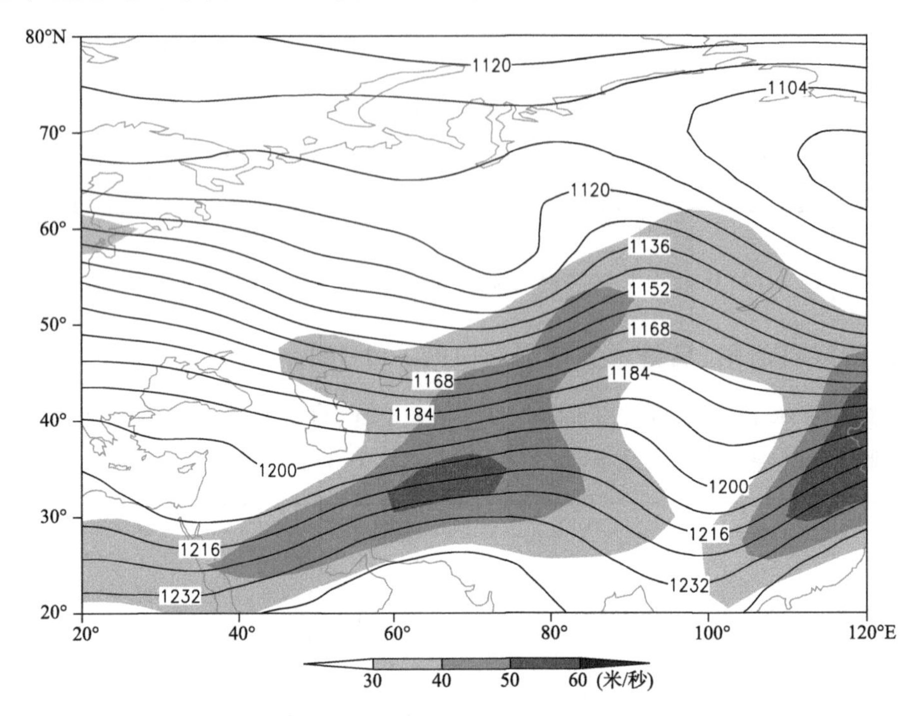

图 2-2-114　1972 年 11 月 9 日 20 时 200 百帕位势高度场(单位:位势什米)，阴影表示风速大于 30 米/秒急流区

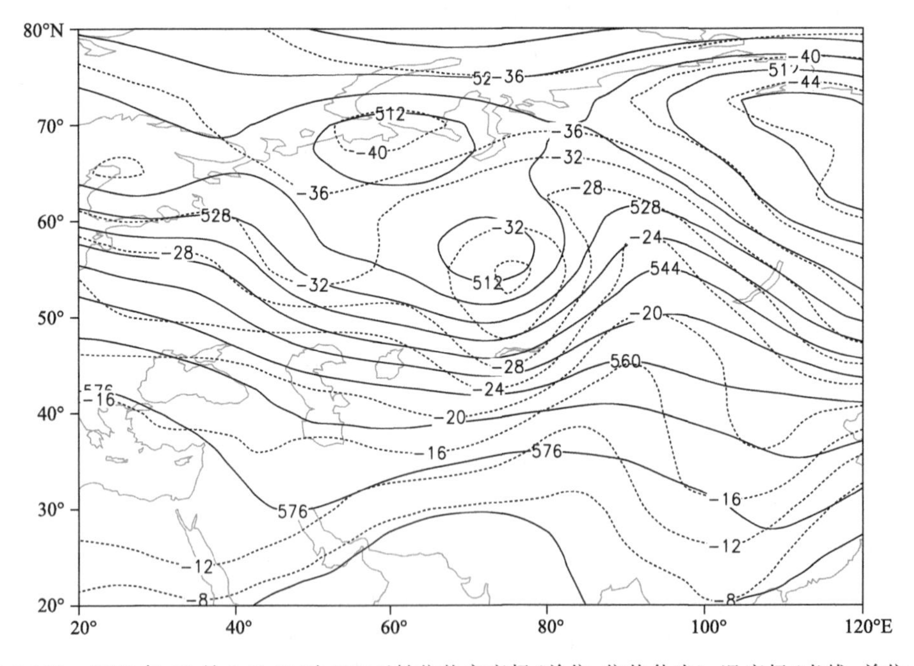

图 2-2-115　1972 年 11 月 9 日 20 时 500 百帕位势高度场(单位:位势什米)，温度场(虚线，单位:℃)

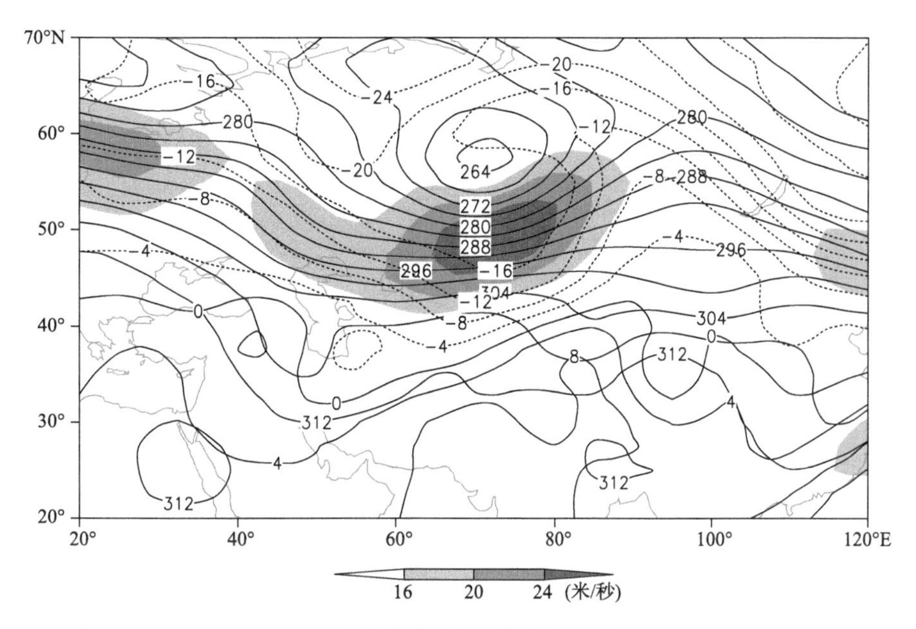

图 2-2-116　1972 年 11 月 9 日 20 时 700 百帕位势高度场(单位:位势什米),阴影表示风速大于 16 米/秒急流区

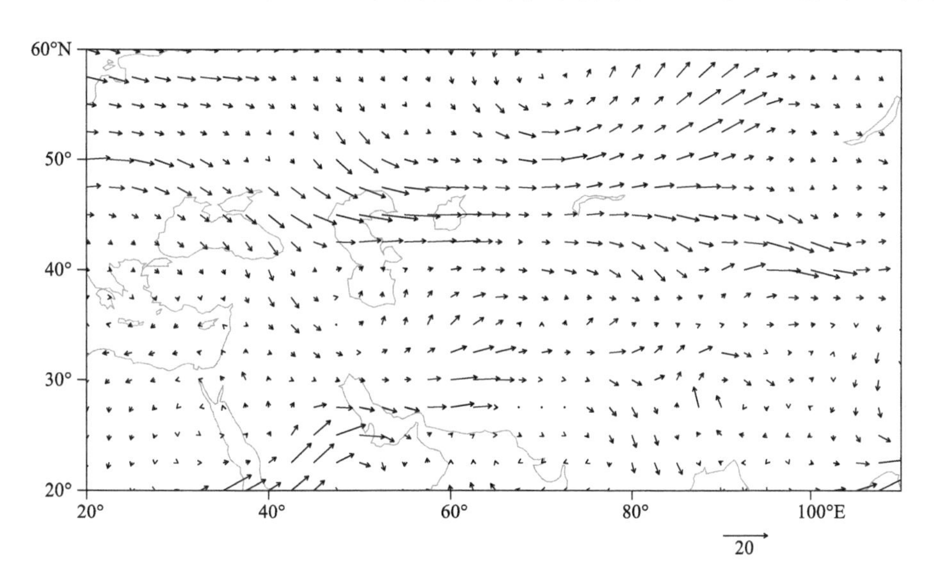

图 2-2-117　1972 年 11 月 9 日 20 时 700 百帕水汽通量场(单位:克/(厘米·百帕·秒))

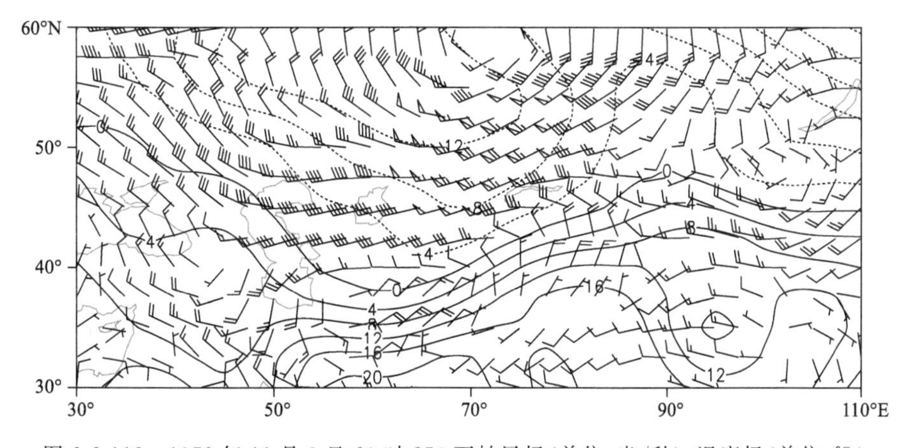

图 2-2-118　1972 年 11 月 9 日 20 时 850 百帕风场(单位:米/秒),温度场(单位:℃)

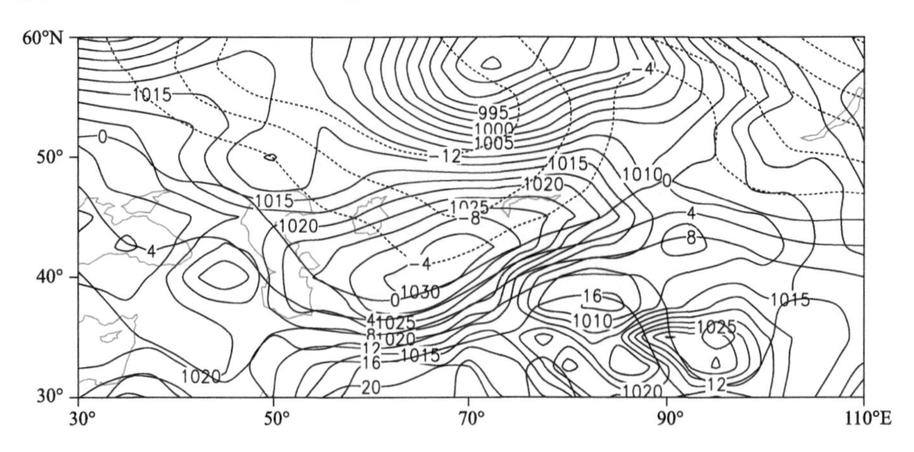

图 2-2-119　1972 年 11 月 9 日 20 时地面气压场(单位:百帕),850 百帕温度场(单位:℃)

2.2.18　伊犁哈萨克自治州、塔城地区、昌吉回族自治州、石河子市暴雪(1972-11-12)

【降雪实况】1972 年 11 月 12—13 日,伊犁哈萨克自治州、塔城地区、昌吉回族自治州、石河子市相继出现暴雪。12 日,伊犁哈萨克自治州伊宁县、霍城县、霍尔果斯市,塔城地区塔城市 24 小时降雪量分别为 14.4 毫米、12.7 毫米、14.8 毫米、15.4 毫米。13 日,昌吉回族自治州木垒县,石河子市、乌兰乌苏镇 24 小时降雪量分别为 15.9 毫米、12.5 毫米、13.0 毫米(图 2-2-120)。

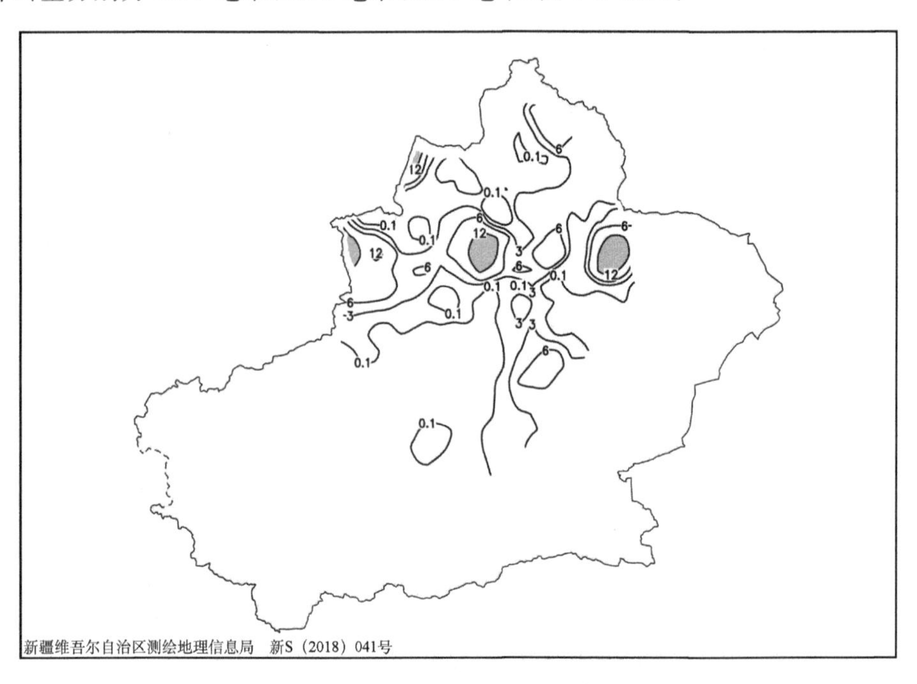

图 2-2-120　1972 年 11 月 11 日 20 时—13 日 20 时降雪量分布图(单位:毫米)

【天气形势】500 百帕环流场上,过程前期在 60°N 以北,新地岛附近有深厚的极涡,并伴有－44℃的冷中心(图 2-2-122)。在纬向环流条件下,中亚地区锋区较为平直,由于地中海东部低压的发展,槽前暖平流增强导致里海脊发展,在中亚地区形成低槽,极涡底部冷空气沿里海脊南下与槽前暖平流在巴尔喀什湖附近汇合,继续东移影响新疆,在北疆沿天山西北部产生暴雪天气。后期降雪是由于上游大规模的经向发展,在大西洋脊发展的上游效应与欧洲槽前的暖平流作用下,里海、黑海脊进一步发展,同时伊朗副高北上与里海、黑海脊叠加,则里海、黑海脊变成强大的乌拉尔脊,乌拉尔脊引导极涡外围冷空气迅速南下进入新疆,使新疆上空锋区增强,锋区东移,北疆沿天山中部地区暴雪天气逐渐开始。

12 日,200 百帕上,从中亚到北疆有一支大于 40 米/秒的偏西急流(图 2-2-121)。700 百帕上北疆西部西南急流建立后维持,强降雪落区位于高空偏西急流轴右侧强辐散区和低空西南暖湿急流出口区前侧的强辐合区。暴雪前期水汽由大西洋东岸沿西北和西南路径输送到里海，然后沿低空西南急流输送到北疆暴雪区，暴雪前水汽强辐合区沿低空西南急流向暴雪区集中，持续的水汽输送且较强的低层水汽辐合增强了雪强，提高了降雪效率（图 2-2-123，图 2-2-124）。

11 日 20 时地面图上，在里海东部形成了一个 1025 百帕的地面冷高压，地面冷高压沿西方路径逐步东移（图 2-2-125，图 2-2-126），12 日 08 时，冷锋前沿基本压在新疆西北边境线上，冷锋向东南方向推进，伊犁和塔城地区处在强锋区带上，12 日，在伊犁和塔城产生暴雪。冷锋继续南下，地形强迫环流与锋面环流相互作用，使得锋面在迎风坡加强，在北疆沿天山一带产生强降雪。

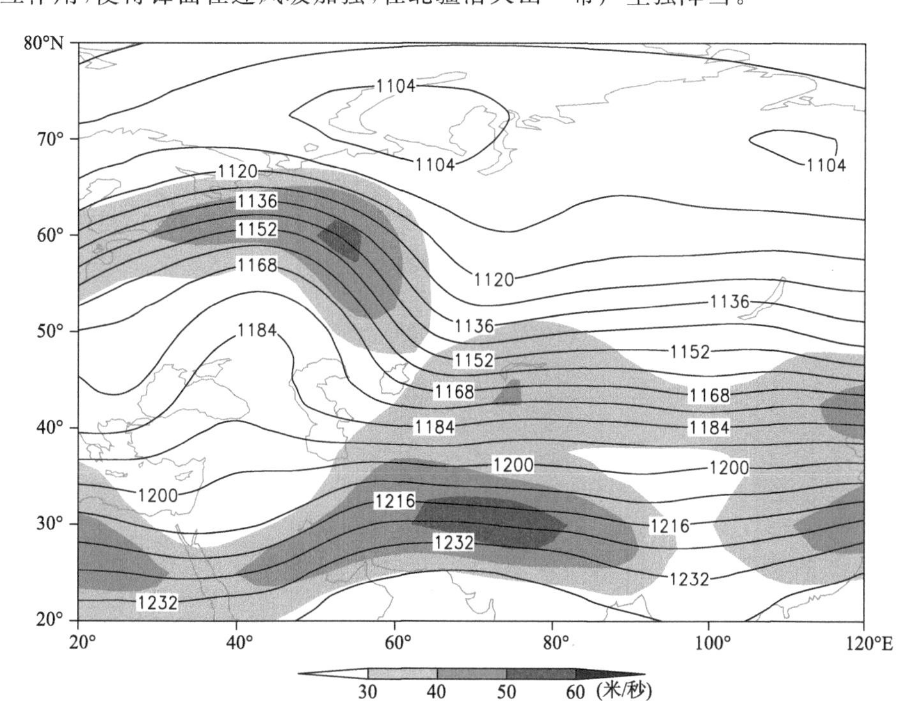

图 2-2-121　1972 年 11 月 11 日 20 时 200 百帕位势高度场（单位：位势什米），阴影表示风速大于 30 米/秒急流区

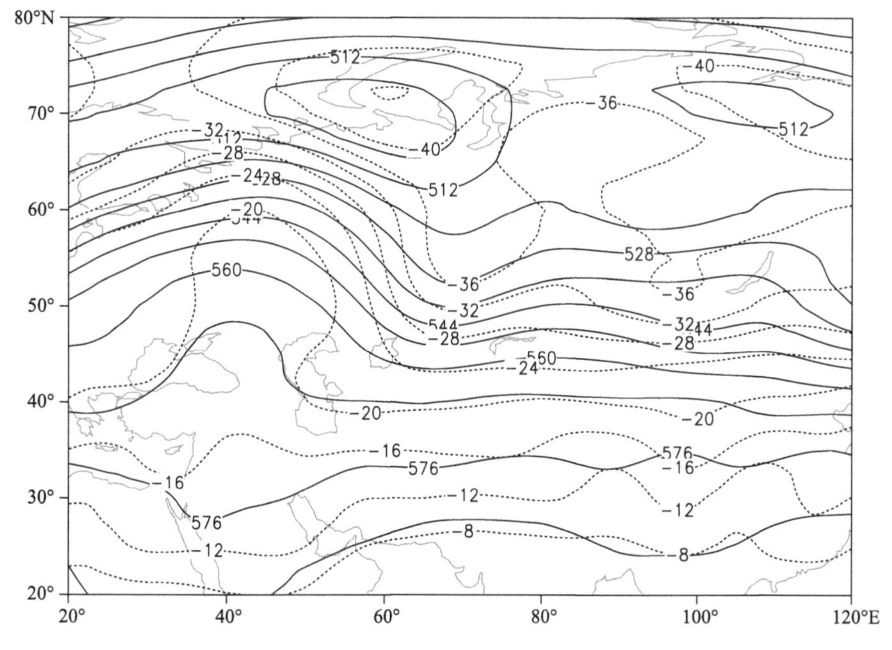

图 2-2-122　1972 年 11 月 11 日 20 时 500 百帕位势高度场（单位：位势什米），温度场（虚线，单位：℃）

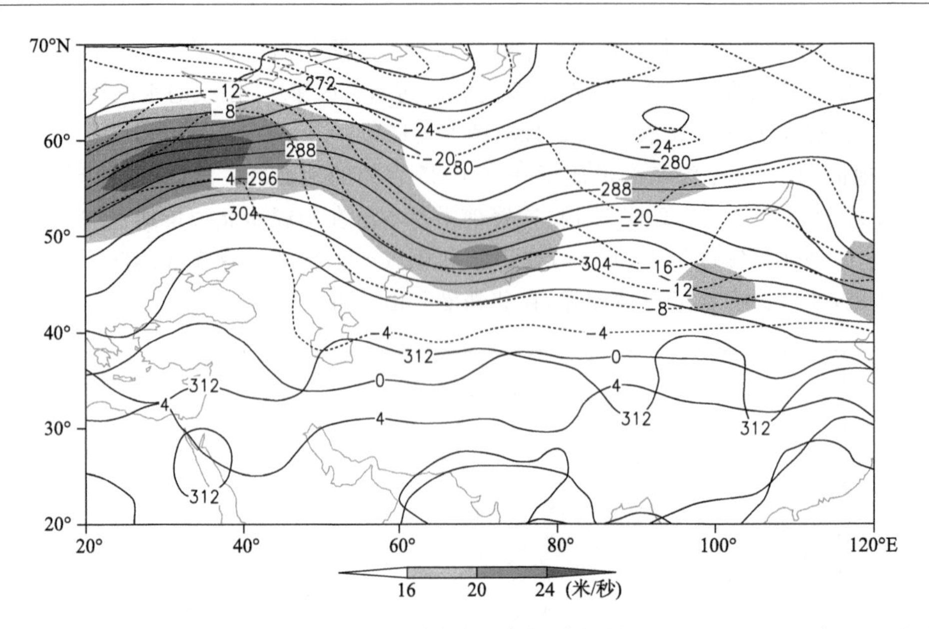

图 2-2-123　1972 年 11 月 11 日 20 时 700 百帕位势高度场(单位:位势什米),阴影表示风速大于 16 米/秒急流区

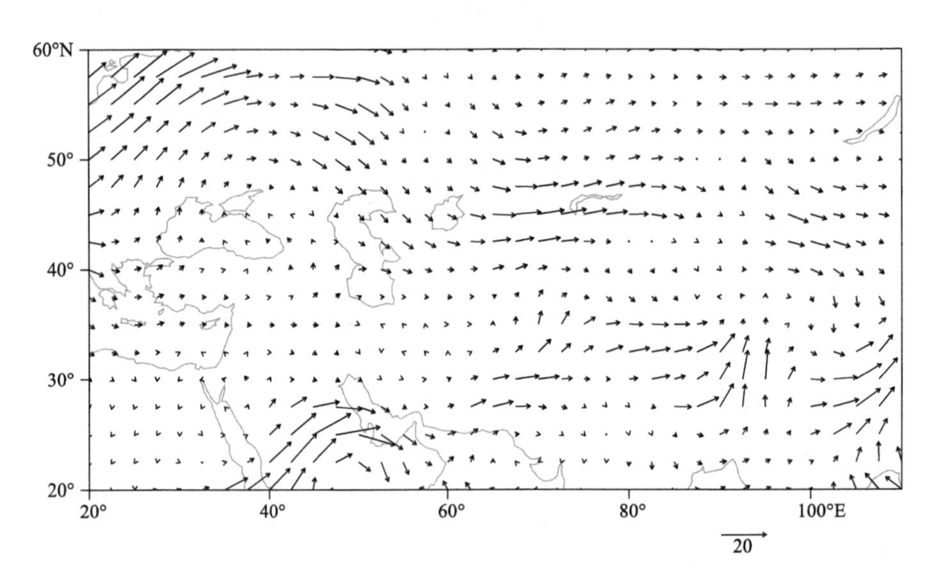

图 2-2-124　1972 年 11 月 11 日 20 时 700 百帕水汽通量场(单位:克/(厘米·百帕·秒))

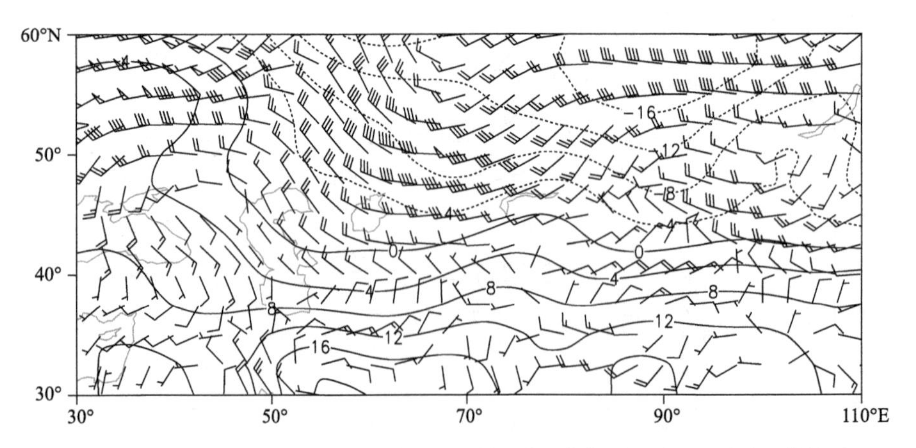

图 2-2-125　1972 年 11 月 11 日 20 时 850 百帕风场(单位:米/秒),温度场(单位:℃)

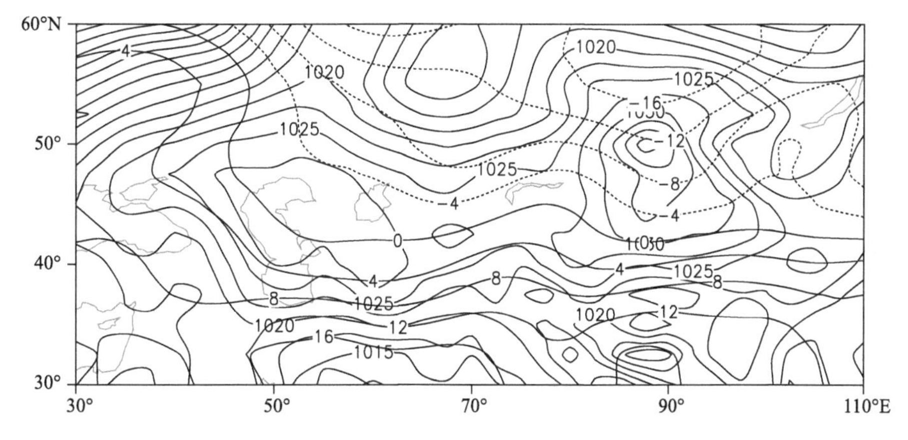

图 2-2-126　1972 年 11 月 11 日 20 时地面气压场(单位:百帕),850 百帕温度场(单位:℃)

2. 2. 19　伊犁哈萨克自治州暴雪(1973-02-21)

【降雪实况】1973 年 2 月 21 日,伊犁哈萨克自治州新源县、伊宁县、伊宁市出现暴雪,24 小时降雪量分别为 13.0 毫米、15.7 毫米、12.9 毫米(图 2-2-127)。

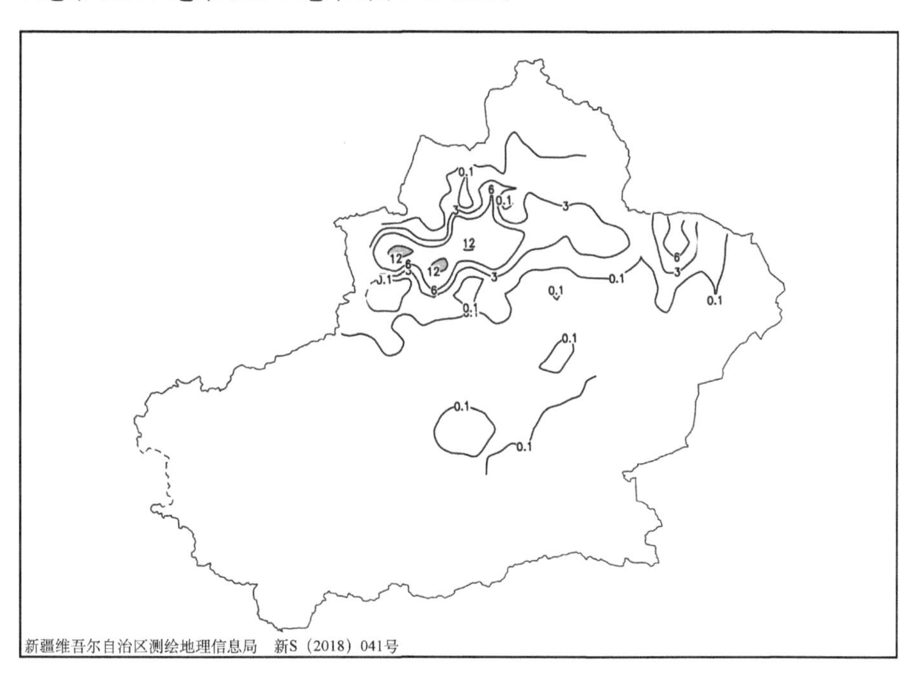

图 2-2-127　1973 年 2 月 20 日 20 时—21 日 20 时降雪量分布图(单位:毫米)

【天气形势】500 百帕环流场上,降雪开始前,欧洲北部地区为高压脊,脊前为准东西向的横槽,槽线在 50°N 附近(图 2-2-129)。横槽后高压脊的上游冷空气活动旺盛,当强大的冷平流侵袭横槽后的高压脊,推动欧洲东部的脊东移,横槽向东移动,当横槽移到 80°E 以东时,泰梅尔半岛冷空气在高压脊引导下大举南下,冷、暖空气在新疆西部汇合,在伊犁地区产生暴雪。

在暴雪过程中,200 百帕上有一个风速大于 40 米/秒的偏西急流维持在北疆沿天山一带,降雪明显的时段,伊犁地区处于高空急流入口区右侧正涡度平流区,其强烈的辐散抽吸作用加强了中低层系统的发展,有利于强降雪产生(图 2-2-128)。700 百帕上有一支西风低空急流,低空西风急流有利于伊犁地区的水汽辐合及地形抬升而产生的垂直运动。高、低空偏西急流的持续耦合发展,为此次伊犁地区的暴雪提供有利的动力条件。充沛的水汽输送是形成大降水的必要条件(图 2-2-130)。暴雪发生前,700 百帕水汽通量高值带位于中亚地区,强降雪时段,低空西风急流使得水汽明显辐合,加强上升运动,将中亚地区汇聚的水汽输送到伊犁河谷,持续的水汽输送和较强的低层水汽辐合有利于强降雪发生(图 2-2-131)。

地面图上,冷高压位于乌拉尔山南部,中心闭合线值为 1040 百帕,20 日 20 时,冷高压前部冷锋已经压在巴尔喀什湖,在冷锋逐渐东移过境的升压、降温区内产生暴雪(图 2-2-132,图 2-2-133)。

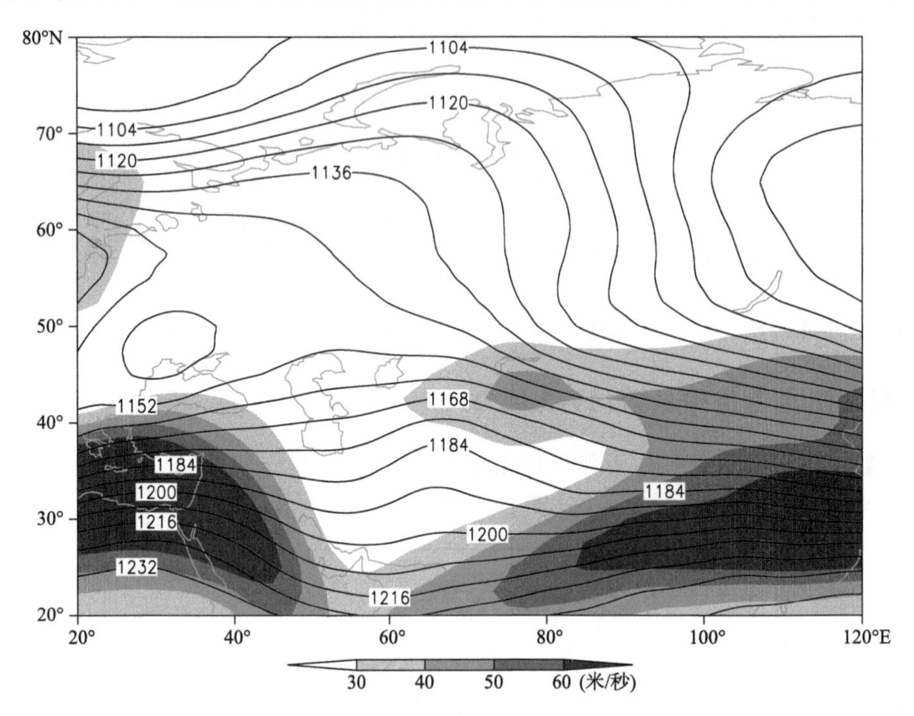

图 2-2-128　1973 年 2 月 20 日 20 时 200 百帕位势高度场(单位:位势什米),阴影表示风速大于 30 米/秒急流区

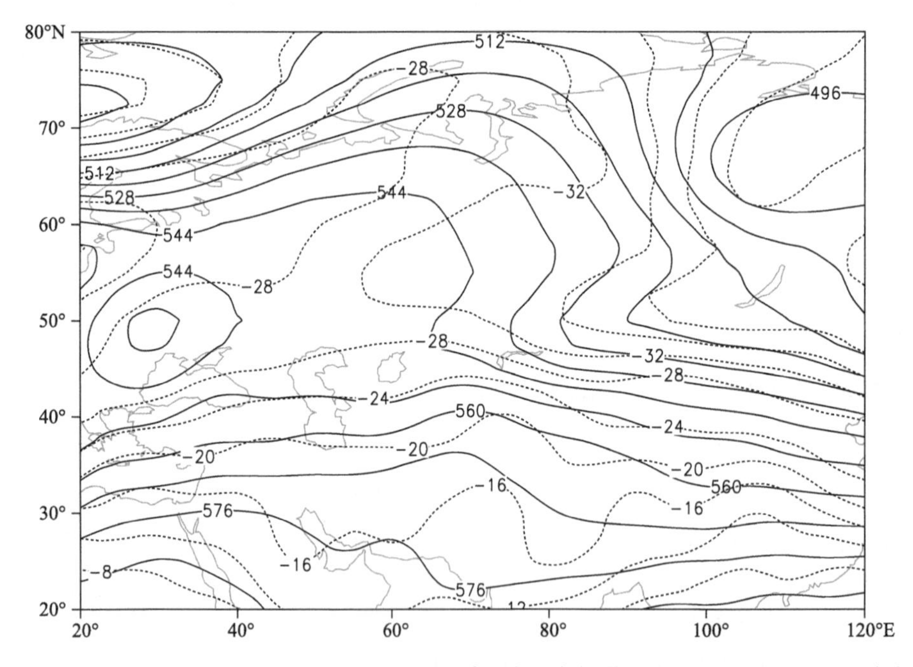

图 2-2-129　1973 年 2 月 20 日 20 时 500 百帕位势高度场(单位:位势什米),温度场(虚线,单位:℃)

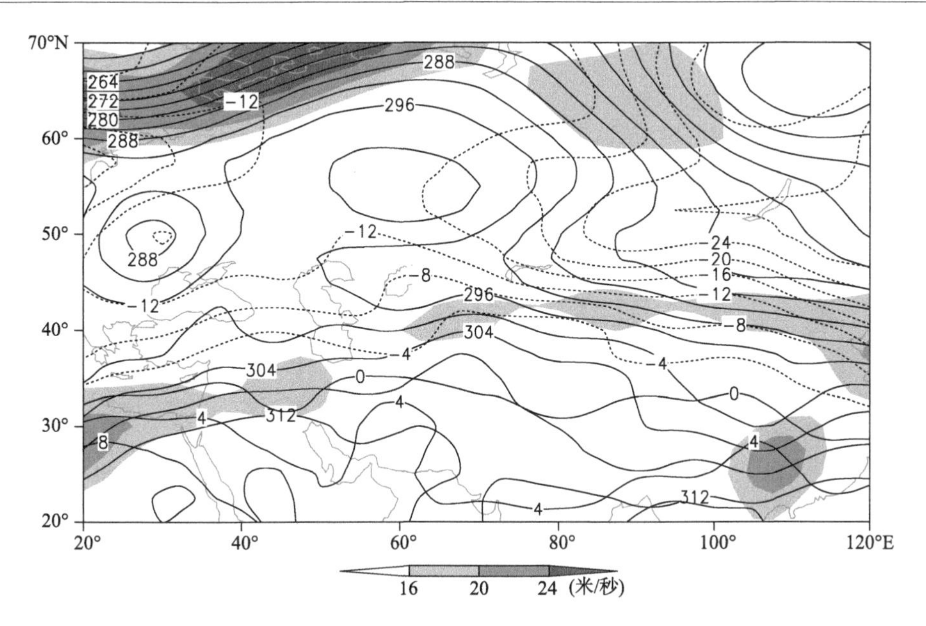

图 2-2-130　1973 年 2 月 20 日 20 时 700 百帕位势高度场(单位:位势什米),阴影表示风速大于 16 米/秒急流区

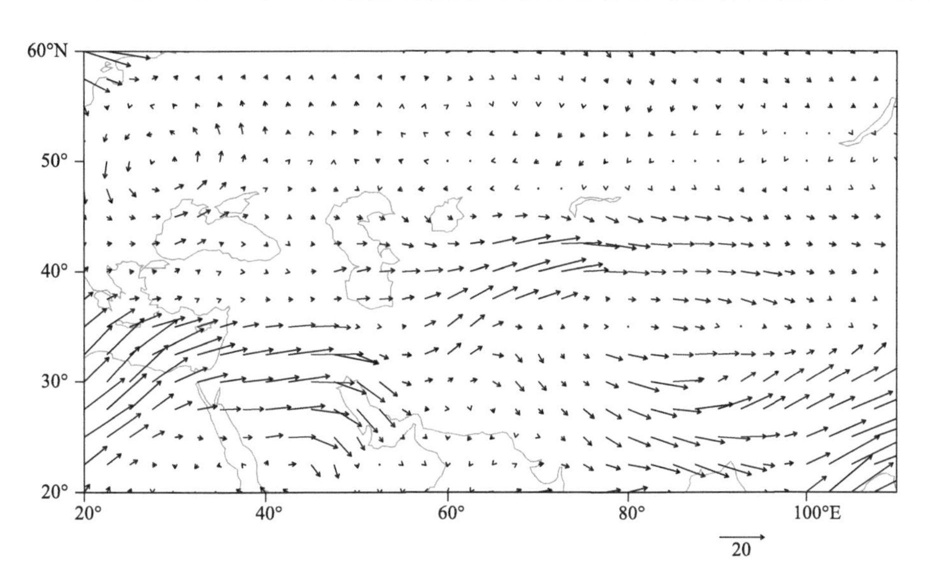

图 2-2-131　1973 年 2 月 20 日 20 时 700 百帕水汽通量场(单位:克/(厘米·百帕·秒))

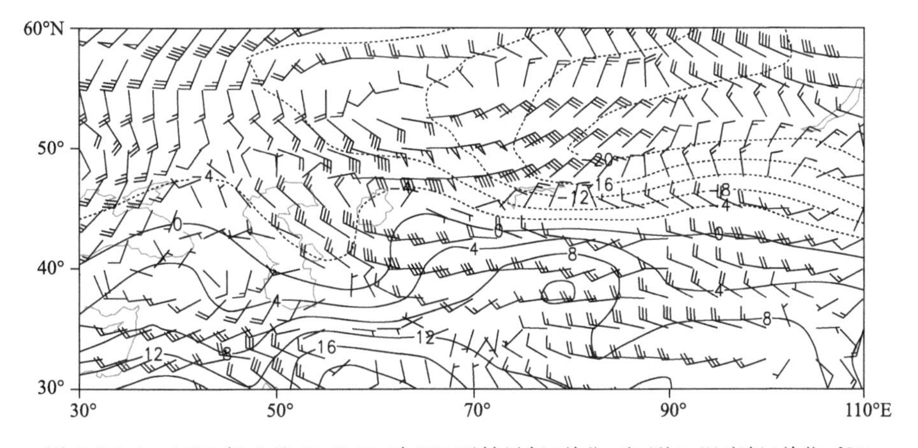

图 2-2-132　1973 年 2 月 20 日 20 时 850 百帕风场(单位:米/秒),温度场(单位:℃)

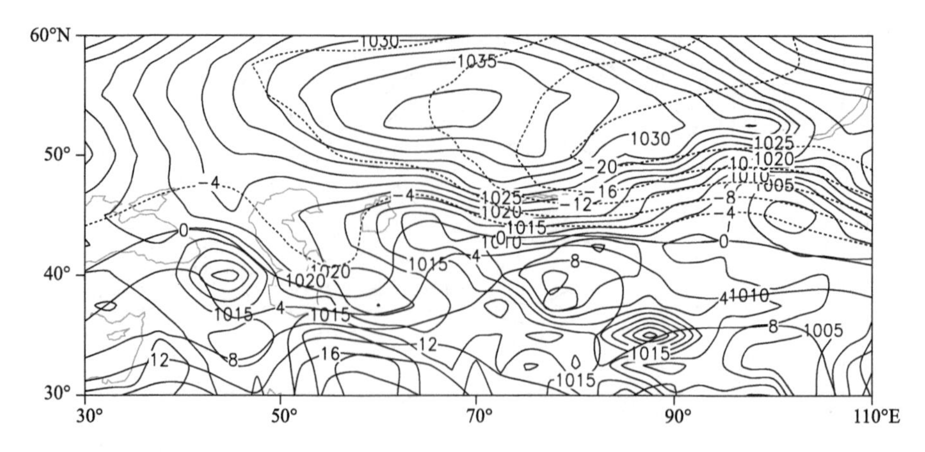

图 2-2-133　1973 年 2 月 20 日 20 时地面气压场(单位:百帕),850 百帕温度场(单位:℃)

2.2.20　昌吉回族自治州、石河子地区、塔城地区、乌鲁木齐市暴雪(1974-03-23)

【降雪实况】1974 年 3 月 23 日,昌吉回族自治州木垒县、阜康市、昌吉市、呼图壁县、玛纳斯县,石河子地区乌兰乌苏、石河子市,塔城地区沙湾县,乌鲁木齐市、小渠子站出现暴雪,24 小时降雪量分别为 15.0 毫米、14.6 毫米、15.8 毫米、14.5 毫米、16.0 毫米、24.0 毫米、21.9 毫米、17.6 毫米、16.0 毫米、15.1 毫米。乌鲁木齐市米东区出现大暴雪,24 小时降雪量为 31.1 毫米(图 2-2-134)。

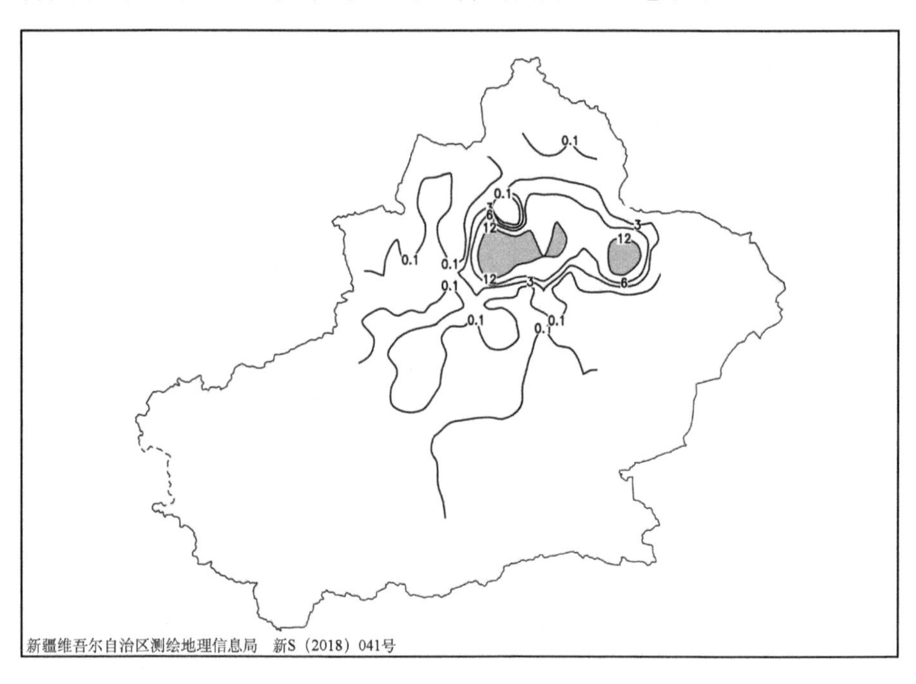

图 2-2-134　1974 年 3 月 22 日 20 时—23 日 20 时降雪量分布图(单位:毫米)

【天气形势】500 百帕环流场上,21 日 08 时,欧亚范围内有两个南北低涡,南部低涡中心位于 30°～35°N,35°～45°E,北部低涡位于 70°～75°N,85°～95°E,并伴有小于－45℃的冷中心(图 2-2-136)。新疆受高压脊控制。随着北欧高压脊的东移北伸,北部低涡中的冷空气沿脊前北风带南下进入西伯利亚,22 日 20 时,北部低涡底部强锋区进入北疆,23 日 08 时,南部低涡前部高压脊与乌拉尔山脊叠加,北部强冷空气大举南下,在脊前巴尔喀什湖上空形成东北—西南向的低槽,低槽不断加深,北疆沿天山中部地区长时间受槽前强锋区控制,在天山中部产生暴雪和大暴雪天气。

200 百帕上,高空西北急流在巴尔喀什湖转为偏西急流控制北疆,为暴雪的产生提供了较强的高空抽吸作用,强降雪发生时,北疆沿天山一带处于高空急流入口区右侧正涡度平流区,高空表现为强烈的辐散,高层辐散抽吸作用加强了中低层系统的发展,有利于强降雪的发生和维持(图 2-2-135)。700 百帕上，西伯利亚高压脊前建立了偏北风带，北疆受偏北急流控制，随着偏北急流轴的逐渐东移，北疆沿天山一带处于偏北急流出口区的左侧，受天山阻挡，在天山迎风坡产生水汽辐合和上升运动，加之高空的辐散抽吸作用，加剧了风场辐合及垂直上升运动，有利于冷暖交汇和水汽的聚集，为暴雪的产生提供有利的动力条件(图2-2-137，图2-2-138)。

地面图上，降雪前北疆沿天山中部地区位于地面冷高压前部，冷高压中心在西西伯利亚，随着高压东移，冷锋逐渐移过天山中部地区，在该地区产生暴雪和大暴雪天气(图2-2-139，图2-2-140)。

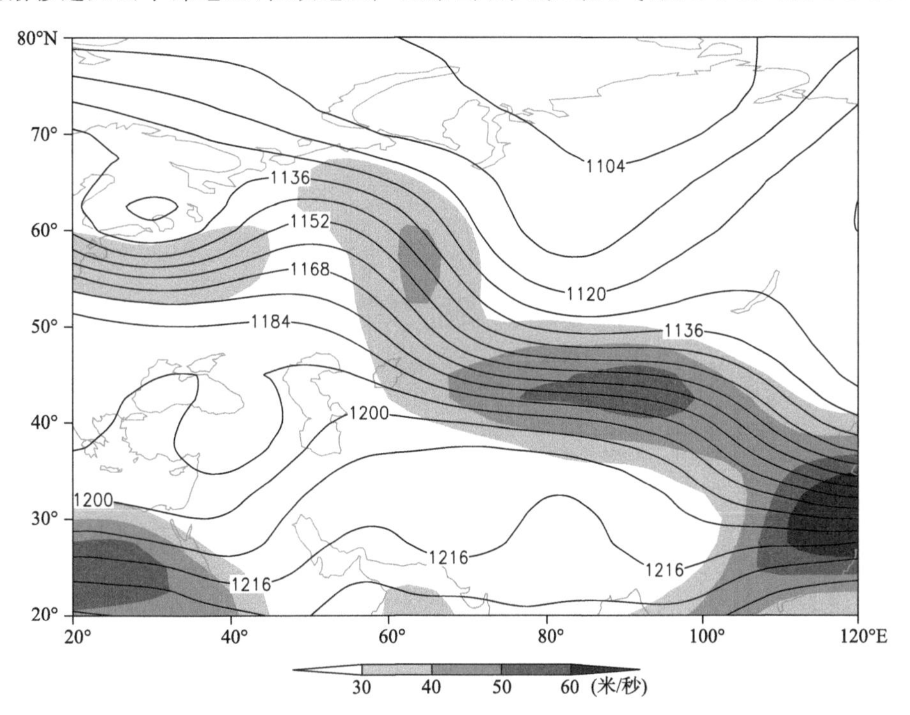

图2-2-135　1974年3月22日20时200百帕位势高度场(单位:位势什米)，阴影表示风速大于30米/秒急流区

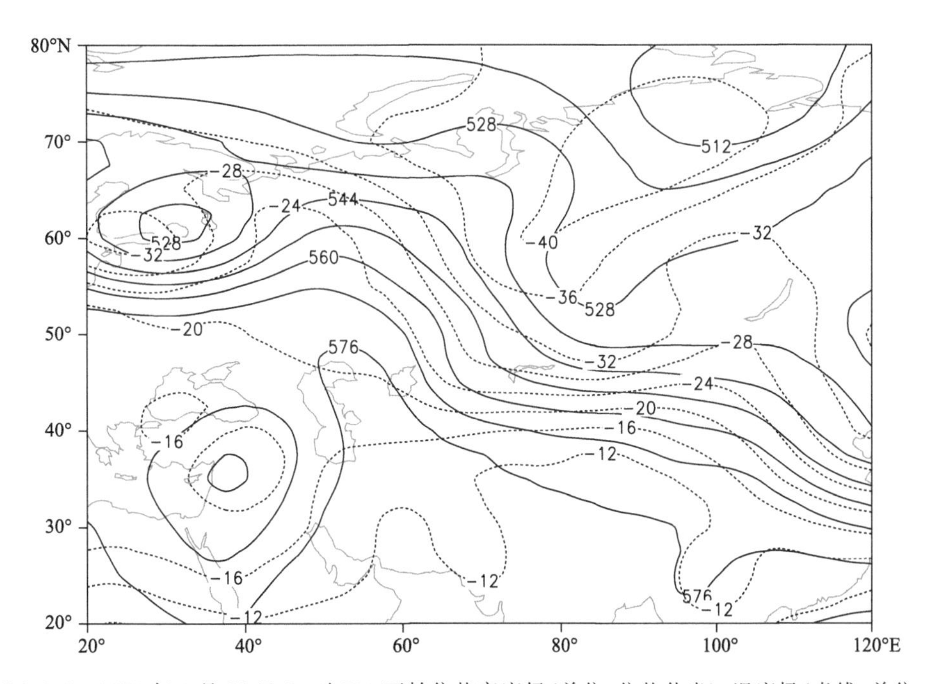

图2-2-136　1974年3月22日20时500百帕位势高度场(单位:位势什米)，温度场(虚线，单位:℃)

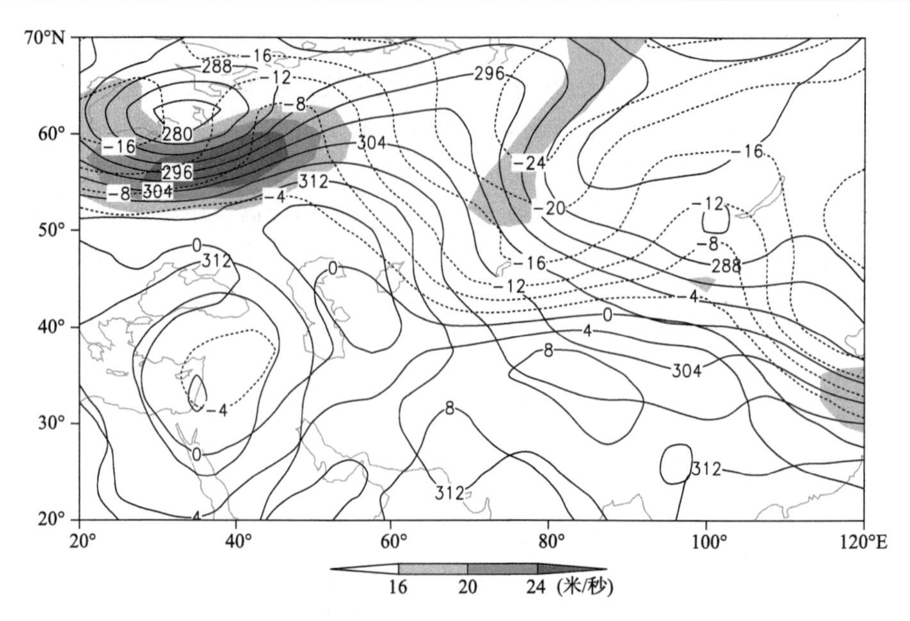

图 2-2-137　1974 年 3 月 22 日 20 时 700 百帕位势高度场(单位:位势什米),阴影表示风速大于 16 米/秒急流区

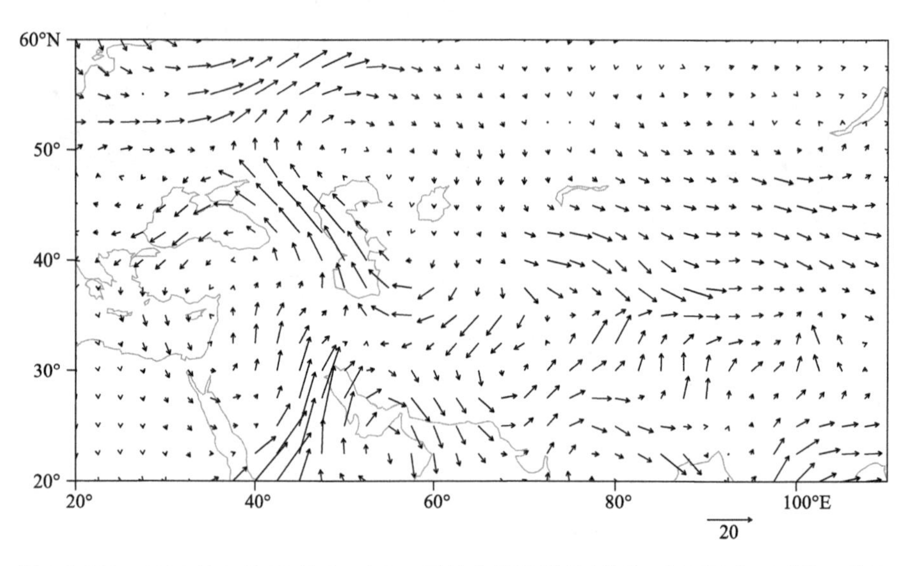

图 2-2-138　1974 年 3 月 22 日 20 时 700 百帕水汽通量场(单位:克/(厘米·百帕·秒))

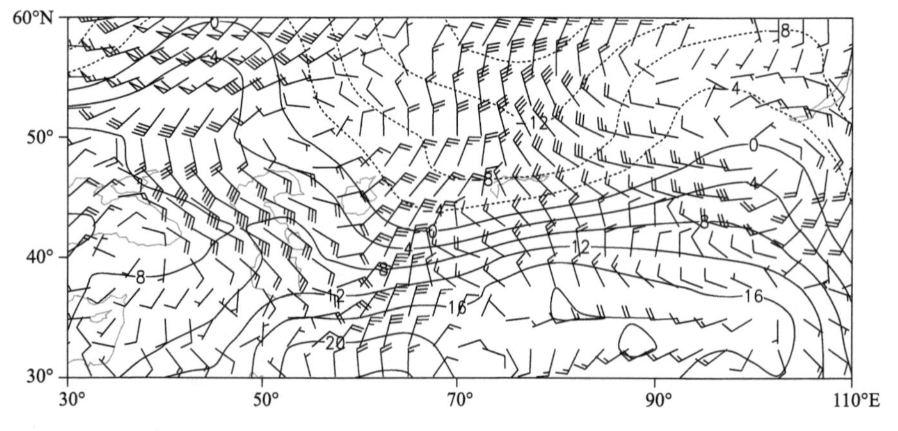

图 2-2-139　1974 年 3 月 22 日 20 时 850 百帕风场(单位:米/秒),温度场(单位:℃)

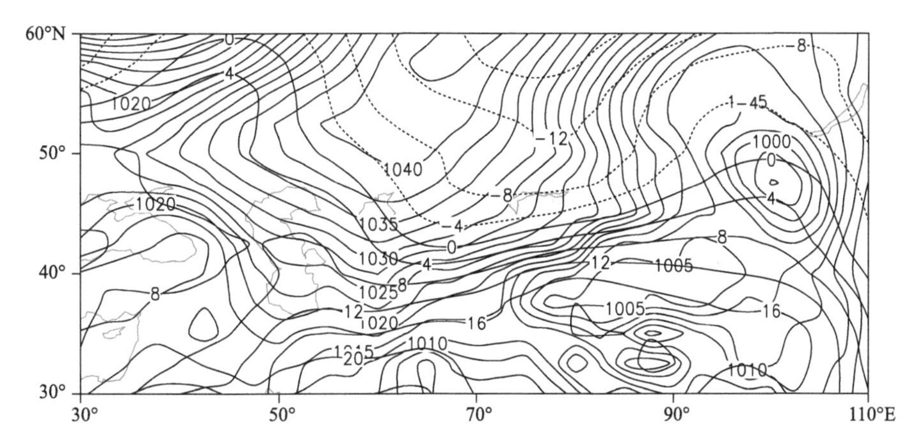

图 2-2-140　1974 年 3 月 22 日 20 时地面气压场(单位:百帕),850 百帕温度场(单位:℃)

2.2.21　伊犁哈萨克自治州暴雪(1974-11-07)

【降雪实况】1974 年 11 月 7 日,伊犁哈萨克自治州伊宁县、尼勒克县、察布查尔锡伯自治县出现暴雪,24 小时降雪量分别为 15.1 毫米、14.0 毫米、13.7 毫米(图 2-2-141)。

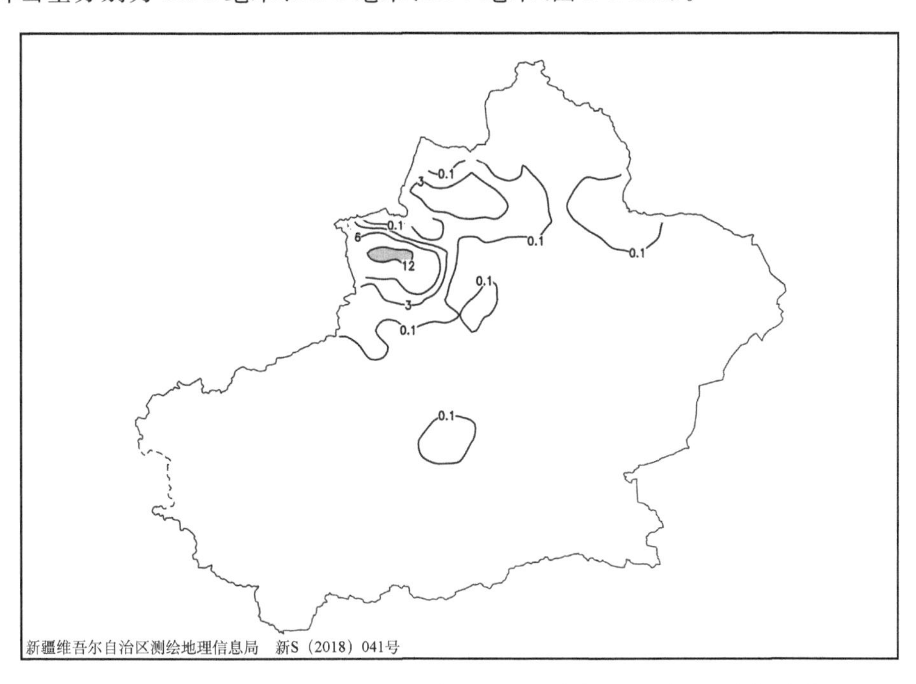

图 2-2-141　1974 年 11 月 6 日 20 时—7 日 20 时降雪量分布图(单位:毫米)

【天气形势】500 百帕环流场上,降雪开始前北疆北部受深厚的低涡底部强锋区控制,低涡中心位于 55°～60°N,80°～95°E,并伴有－44℃的冷中心(图 2-2-143)。欧洲中部低涡内的冷空气沿槽前西南风向东北方向输送,冷空气与北部低涡后部冷空气打通,乌拉尔山高压脊顶端在欧洲北部形成闭合高压,高压中心北抬东移,新地岛冷空气沿脊前北风带南下进入低涡,低涡增强缓慢东移,6 日 20 时,低涡中心移至贝加尔湖,低涡强锋区控制北疆,7 日 08 时,低涡西部不断分裂短波槽东南下,同时南部低槽上不断有短波槽携带暖湿空气东移北上,南北两支锋区的短波在伊犁地区汇合,在伊犁地区产生暴雪。

200 百帕上,北疆受西南急流控制,伊犁地区处于高空急流出口区左侧,该处强烈的高空辐散有利于强降雪的发生(图 2-2-142)。700 百帕上,中亚地区的偏西急流在巴尔喀什湖南部转为西北急流,急流出口指向伊犁河谷,有利于河谷地区的水汽辐合和上升运动的发展(图 2-2-144)。从 700 百帕水汽通量场可以看出,欧洲中部的水汽到达里海后,经里海水汽的补充沿偏西路径持续不断地在伊犁地区上空聚集并辐合,为暴雪的产生和维持提供了充足的水汽(图 2-2-145)。

地面图上，强冷空气位于50°N以北。6日20时，冷高压中心在新疆北部境外，中心强度为1045百帕。随着冷高压不断增强南压，地面冷锋在南压过程中遇天山阻挡，冷锋在天山北坡呈准静止状态，在处于强锋区带上的伊犁地区产生暴雪天气(图2-2-146，图2-2-147)。

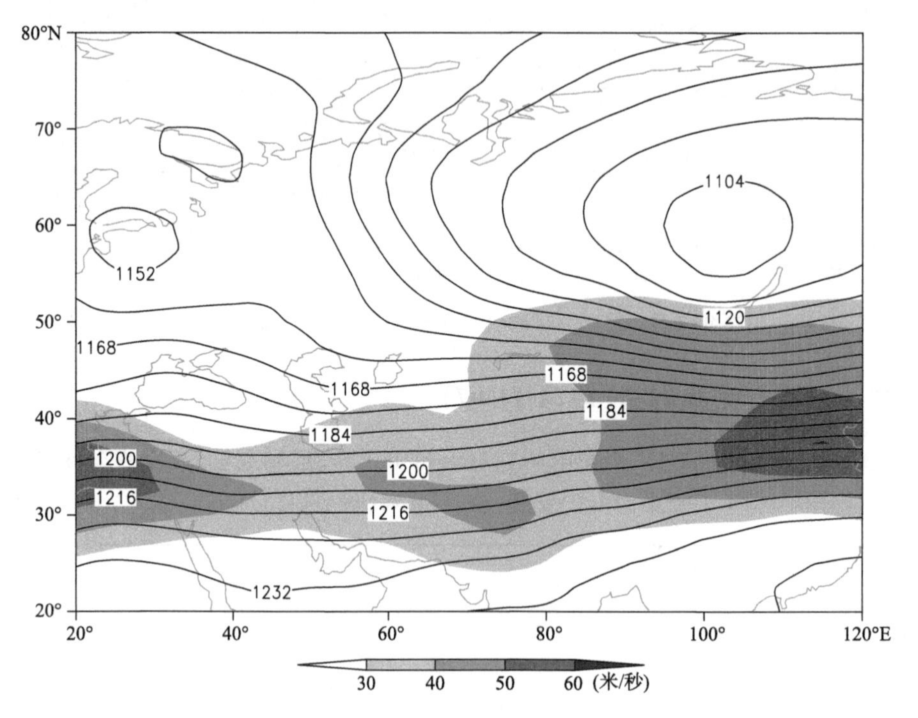

图2-2-142　1974年11月6日20时200百帕位势高度场(单位:位势什米)，阴影表示风速大于30米/秒急流区

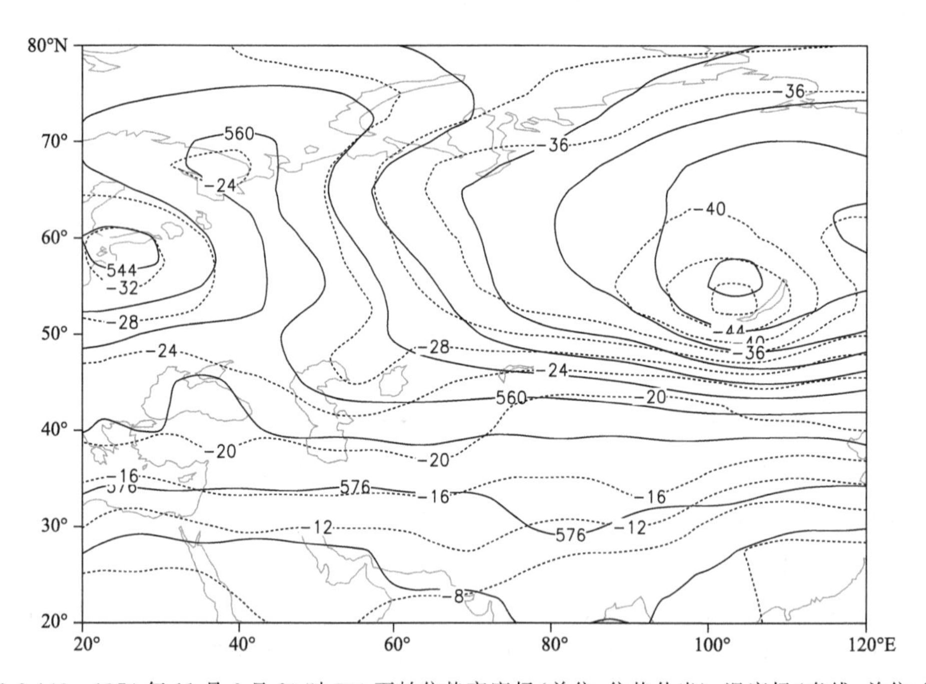

图2-2-143　1974年11月6日20时500百帕位势高度场(单位:位势什米)，温度场(虚线，单位:℃)

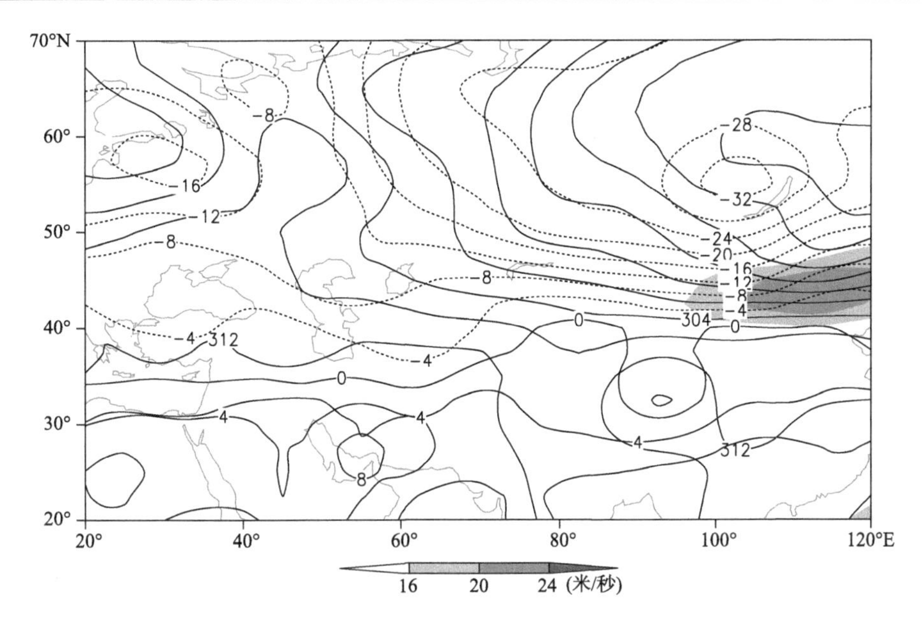

图 2-2-144　1974 年 11 月 6 日 20 时 700 百帕位势高度场(单位:位势什米),阴影表示风速大于 16 米/秒急流区

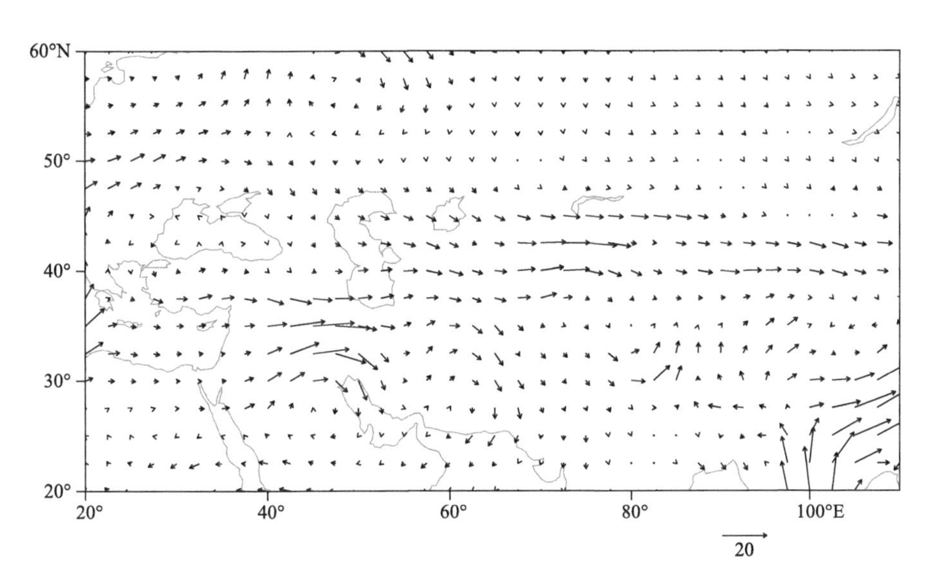

图 2-2-145　1974 年 11 月 6 日 20 时 700 百帕水汽通量场(单位:克/(厘米·百帕·秒))

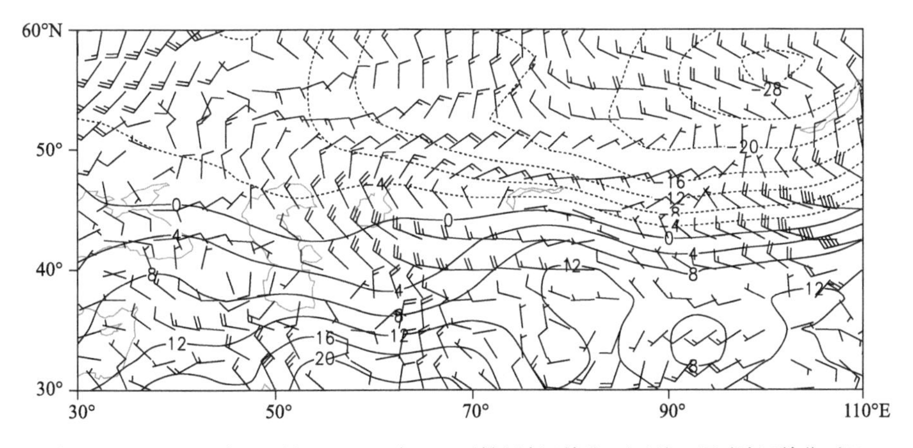

图 2-2-146　1974 年 11 月 6 日 20 时 850 百帕风场(单位:米/秒),温度场(单位:℃)

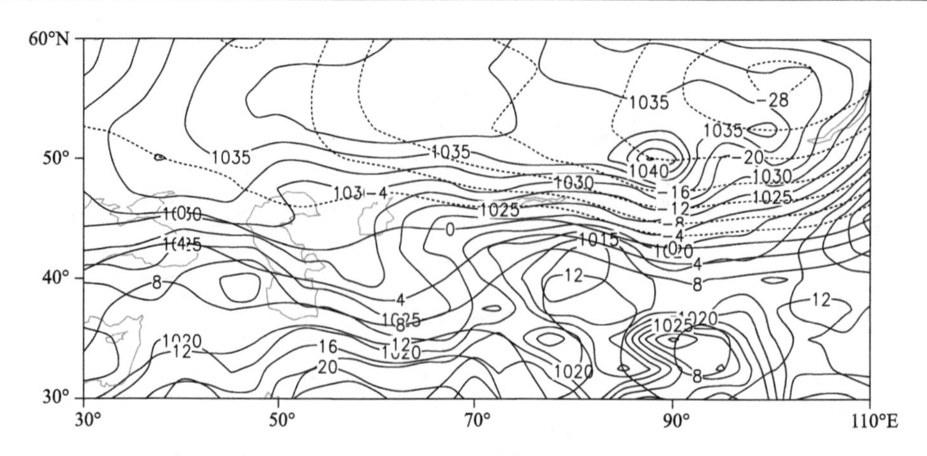

图 2-2-147　1974 年 11 月 6 日 20 时地面气压场(单位:百帕),850 百帕温度场(虚线,单位:℃)

2.2.22　伊犁哈萨克自治州、塔城地区暴雪(1974-11-23)

【降雪实况】1974 年 11 月 23 日,伊犁哈萨克自治州伊宁县、伊宁市,塔城地区塔城市出现暴雪,24 小时降雪量分别为 14.5 毫米、12.1 毫米、15.9 毫米(图 2-2-148)。

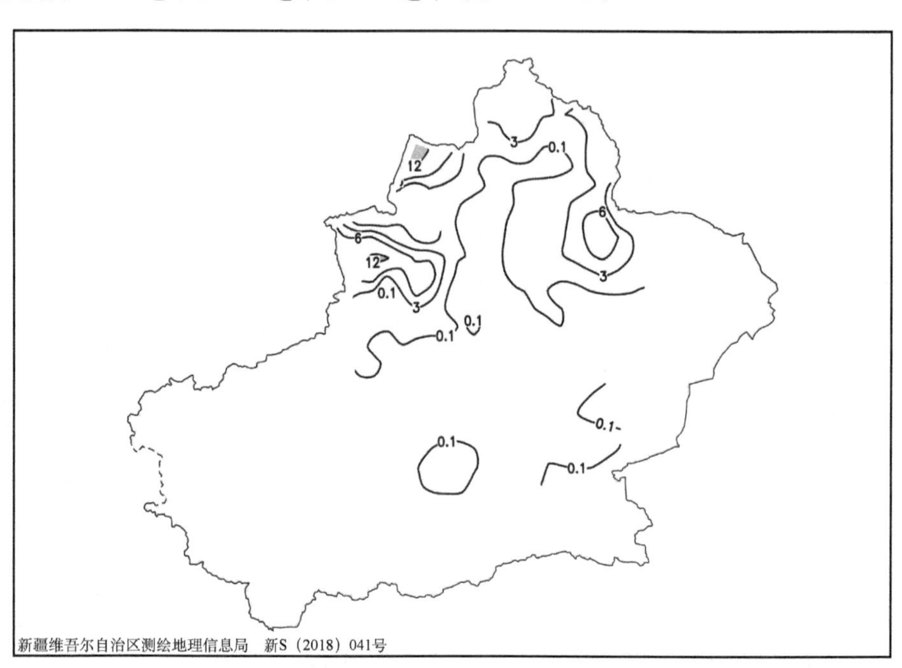

图 2-2-148　1974 年 11 月 22 日 20 时—23 日 20 时降雪量分布图(单位:毫米)

【天气形势】500 百帕环流场上,21 日 08 时,欧亚范围分成南、北两个系统,里海上空为低涡,北支槽位于乌拉尔山西部(图 2-2-150)。21 日 20 时,开始欧洲北部高压脊向北发展并向东移动,高纬度强冷空气沿脊前北风带进入低槽,低槽加深东移,22 日 08 时,北支槽与南部低槽同位相叠加,叠加槽东移,受槽前锋区影响在塔城和伊犁产生暴雪。

在暴雪过程中,200 百帕上北疆受偏西急流控制,强降雪发生时,塔城和伊犁处于高空急流入口区右侧的正涡度平流区,高空的辐散抽吸作用加强了中低层系统的发展,有利于强降雪产生(图 2-2-149)。700 百帕上从中亚到北疆有一支西北急流,塔城和伊犁位于急流出口区,低层辐合高层辐散,为此次暴雪天气的产生提供了有利的动力条件(图 2-2-151)。从 700 百帕水汽通量场可以看出,源自地中海的水汽经黑海、里海输送至中亚,在中亚增温增湿后输送至北疆地区,为塔城和伊犁地区的暴雪提供了充沛的水汽(图 2-2-152)。

地面图上，西西伯利亚为深厚的低压活动区，低压中心位于西西伯利亚北部，冷高压中心分别位于里海北部和蒙古地区，随着蒙古冷高压减弱，西西伯利亚低压东移，在蒙古高压后部，西西伯利亚低压前部的减压、升温区域产生暖区暴雪(图 2-2-153，图 2-2-154)。

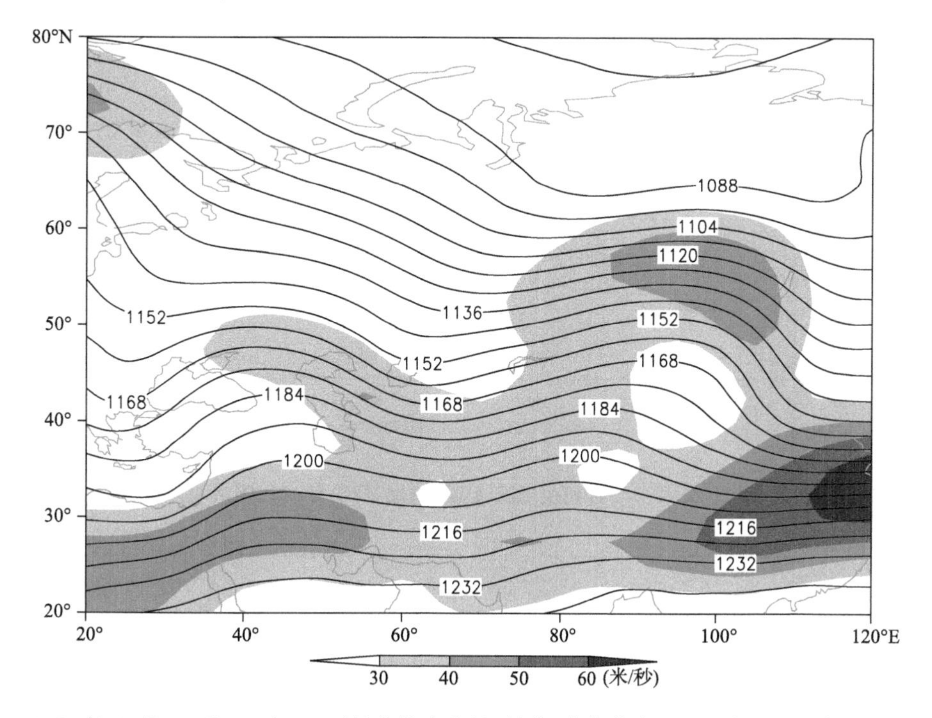

图 2-2-149　1974 年 11 月 22 日 20 时 200 百帕位势高度场(单位：位势什米)，阴影表示风速大于 30 米/秒急流区

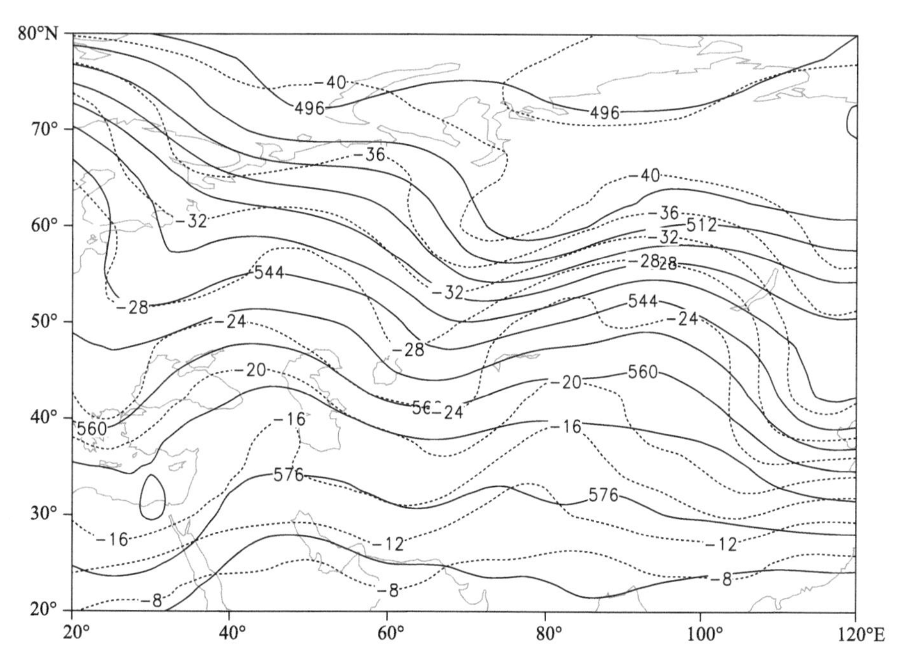

图 2-2-150　1974 年 11 月 22 日 20 时 500 百帕位势高度场(单位：位势什米)，温度场(虚线，单位：℃)

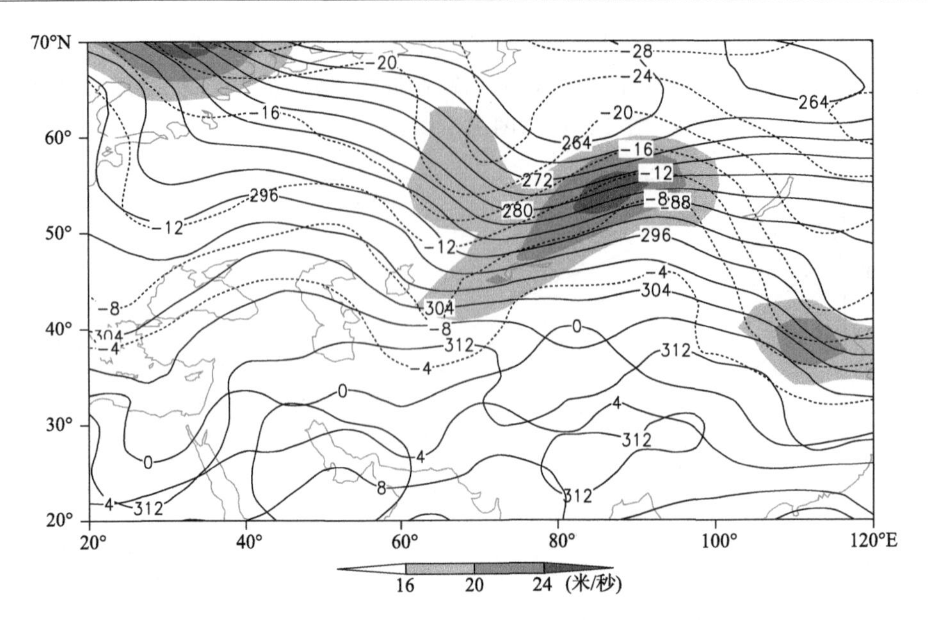

图 2-2-151　1974 年 11 月 22 日 20 时 700 百帕位势高度场(单位:位势什米),阴影表示风速大于 16 米/秒急流区

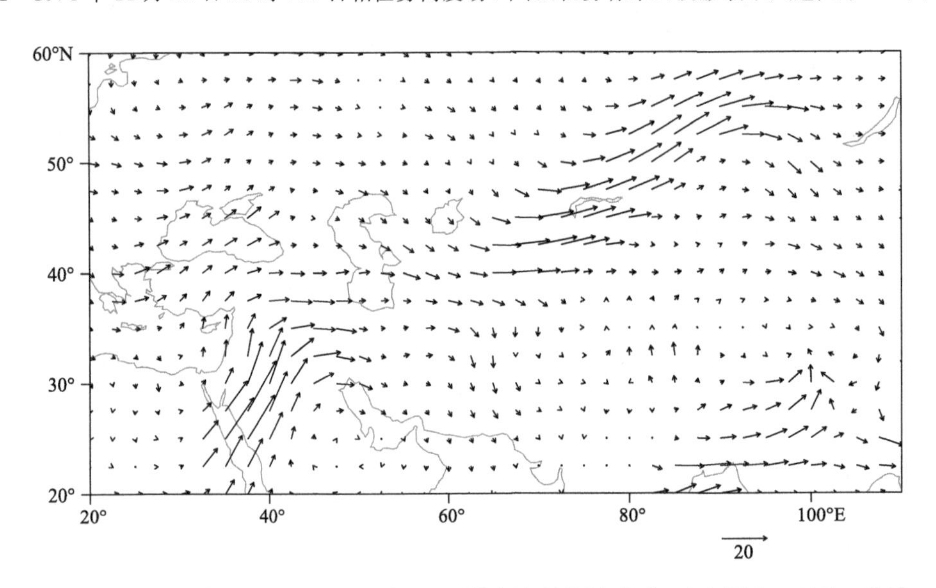

图 2-2-152　1974 年 11 月 22 日 20 时 700 百帕水汽通量场(单位:克/(厘米・百帕・秒))

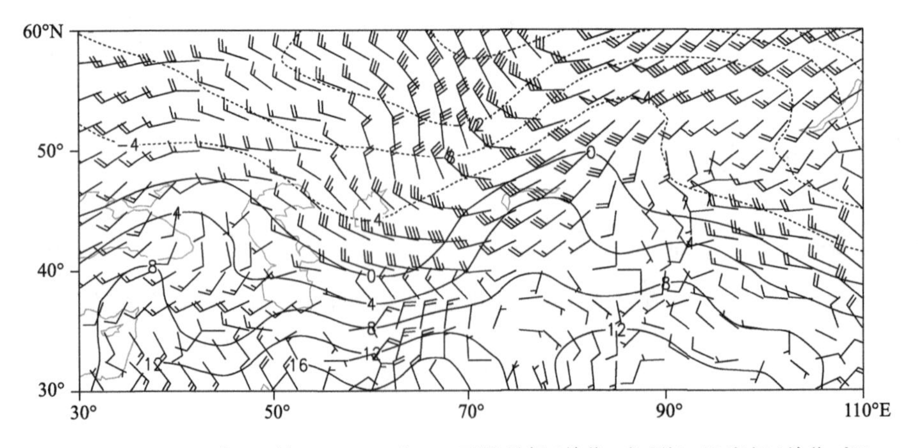

图 2-2-153　1974 年 11 月 22 日 20 时 850 百帕风场(单位:米/秒),温度场(单位:℃)

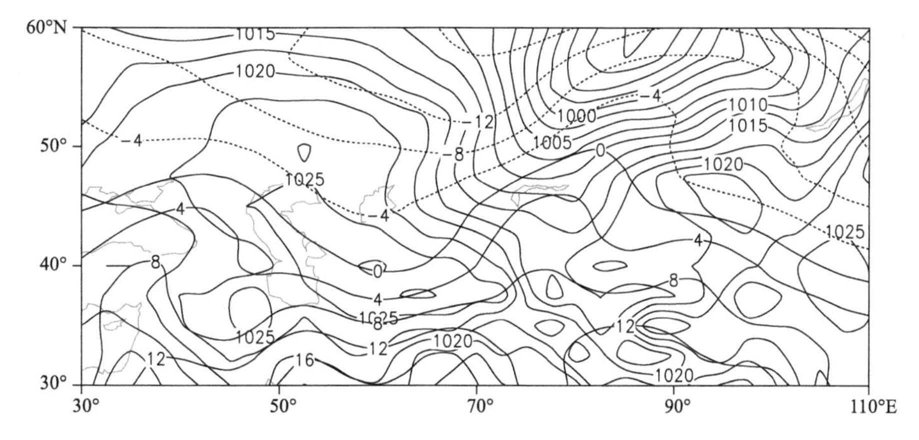

图 2-2-154　1974 年 11 月 22 日 20 时地面气压场(单位:百帕),850 百帕温度场(单位:℃)

2.2.23　克孜勒苏柯尔克孜自治州、喀什地区暴雪(1976-02-27)

【降雪实况】1976 年 2 月 27 日,克孜勒苏柯尔克孜自治州乌恰县出现暴雪,24 小时降雪量 16.3 毫米。克孜勒苏柯尔克孜自治州阿图什市和喀什地区喀什市出现大暴雪,24 小时降雪量为 34.9 毫米、25.8 毫米(图 2-2-155)。

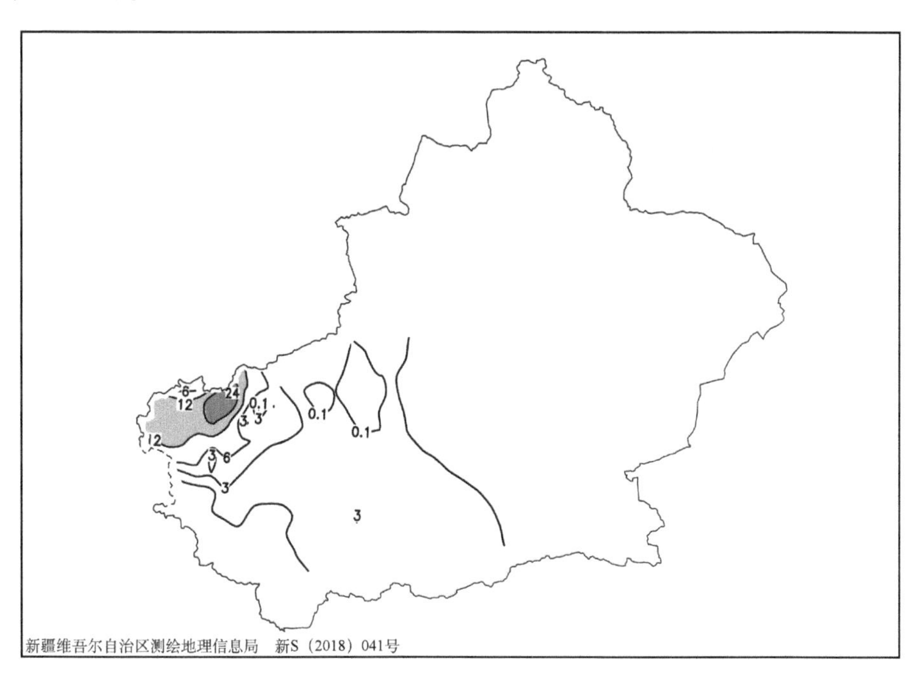

图 2-2-155　1976 年 2 月 26 日 20 时—27 日 20 时降雪量分布图(单位:毫米)

【天气形势】500 百帕环流场上,降雪开始前欧亚中高纬度为一脊一槽的环流形势,高压脊位于欧洲地区,脊顶伸至 80°E 附近,脊前为横槽,槽线呈东北—西南向,欧洲脊顶受高纬度冷平流冲刷减弱东南下,横槽北段快速东移至北疆东侧至天山一线,南支位于中亚至南疆西部,南疆西部受弱西南气流控制(图 2-2-157)。随着欧洲北部槽的生成并向东移动,高压脊整体东移,26 日 20 时开始至降雪结束,高压在 45°～60°N,70°～110°E 之间形成阻塞形势,27 日 08 时,形成闭合高压,闭合高压的形成对低层偏东急流的建立和维持十分有利,而低层偏东急流的建立和加强对南疆西部的降水至关重要。冷空气不断在中亚堆积,随着低槽的东移,冷空气越过帕米尔高原进入南疆西部,在西南气流和偏东气流共同作用下,在克孜勒苏柯尔克孜自治州和喀什地区产生暴雪天气过程。

此次暴雪过程中,200 百帕上南疆西部一直处于一支强高空西风急流中,这支高空急流的抽吸作用,使得暴雪区上空气流辐散,有利于暴雪的形成(图 2-2-156)。850 百帕上,塔里木盆地沿天山东部有一支偏东低空急流，偏东急流的建立和维持加剧了低层的辐合上升运动，同时，通过辐合流场有利于水汽的集中(图 2-2-158～图 2-2-160)。另外，当 500 百帕上的低值系统翻过帕米尔高原时，低层的偏东急流起到了垫高的作用。

地面图上，高空冷空气东移南下，从西伯利亚到巴尔喀什湖冷锋东移南压，冷锋移至北疆沿天山一带，由于天山山脉的阻挡，冷空气在北疆不断堆积，当冷空气堆积到一定程度开始翻越天山，进入东疆，在偏东风作用下，强冷空气经盆地东口进入南疆西部，形成“东灌”(图 2-2-161)。东灌进来的冷空气和南部低槽携带的西南暖湿气流在克孜勒苏柯尔克孜自治州交汇，增强了大气不稳定性和辐合上升，为暴雪天气的产生提供了充足的水汽条件和不稳定能量。

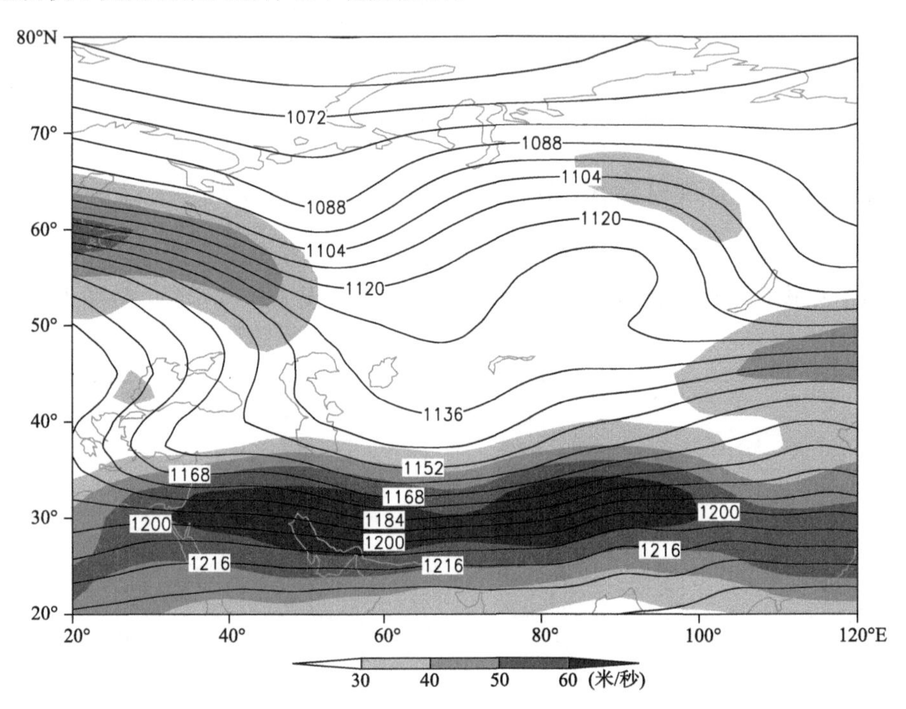

图 2-2-156　1976 年 2 月 26 日 20 时 200 百帕位势高度场(单位：位势什米)，阴影表示风速大于 30 米/秒急流区

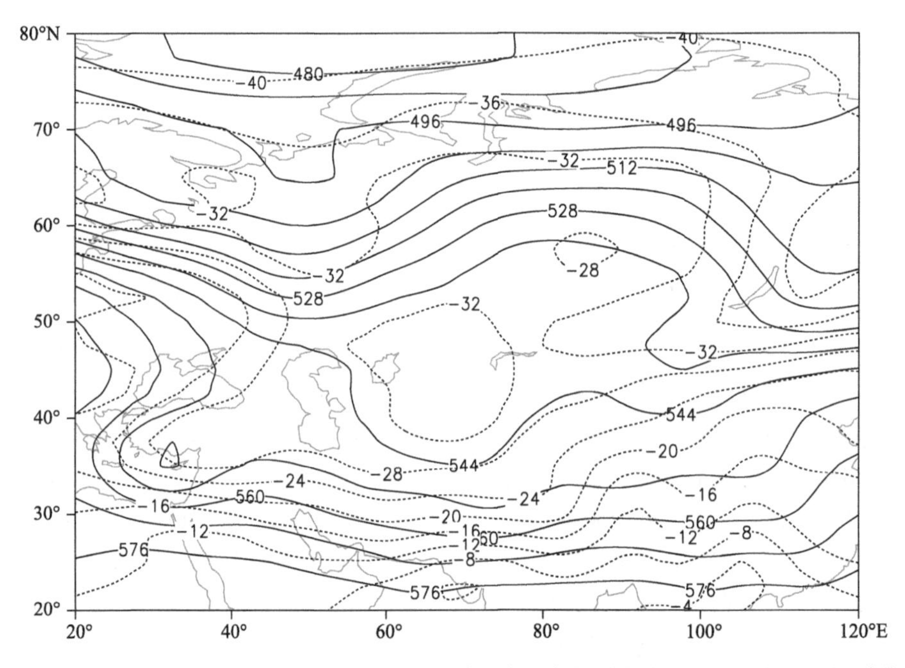

图 2-2-157　1976 年 2 月 26 日 20 时 500 百帕位势高度场(单位：位势什米)，温度场(虚线，单位：℃)

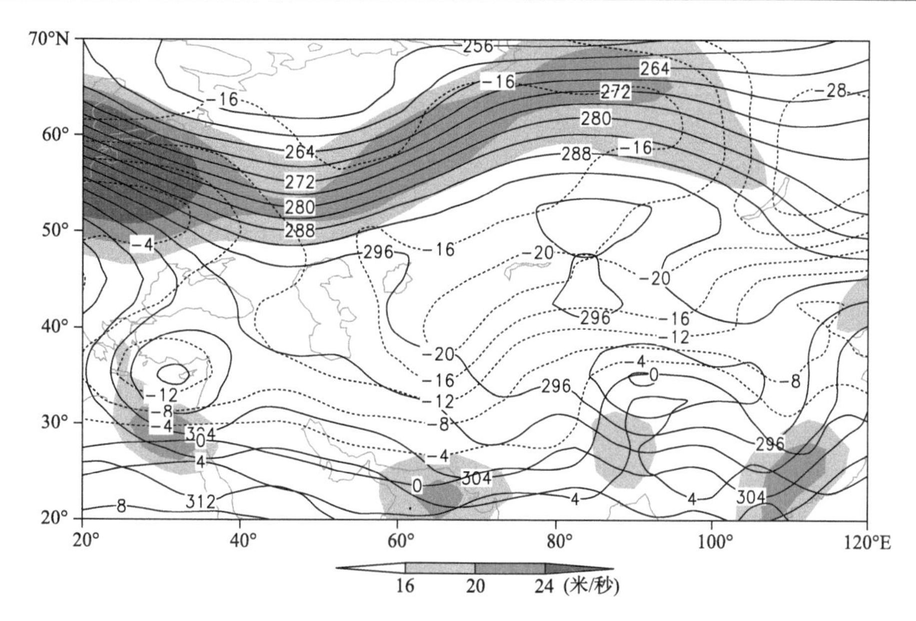

图 2-2-158　1976 年 2 月 26 日 20 时 700 百帕位势高度场(单位:位势什米),阴影表示风速大于 16 米/秒急流区

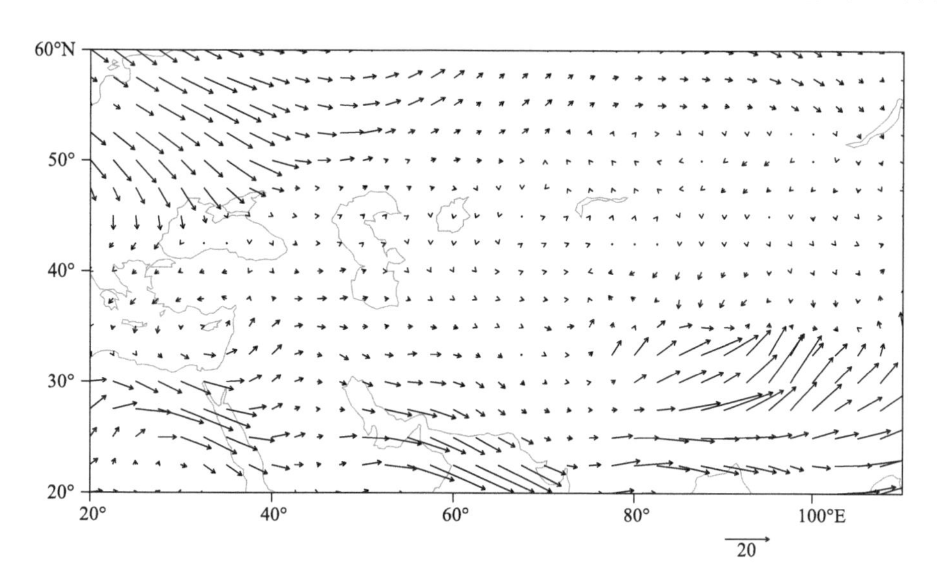

图 2-2-159　1976 年 2 月 26 日 20 时 700 百帕水汽通量场(单位:克/(厘米·百帕·秒))

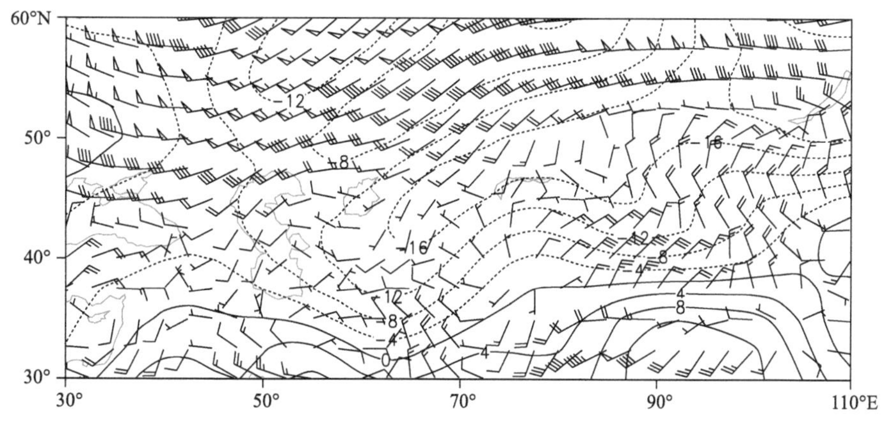

图 2-2-160　1976 年 2 月 26 日 20 时 850 百帕风场(单位:米/秒),温度场(单位:℃)

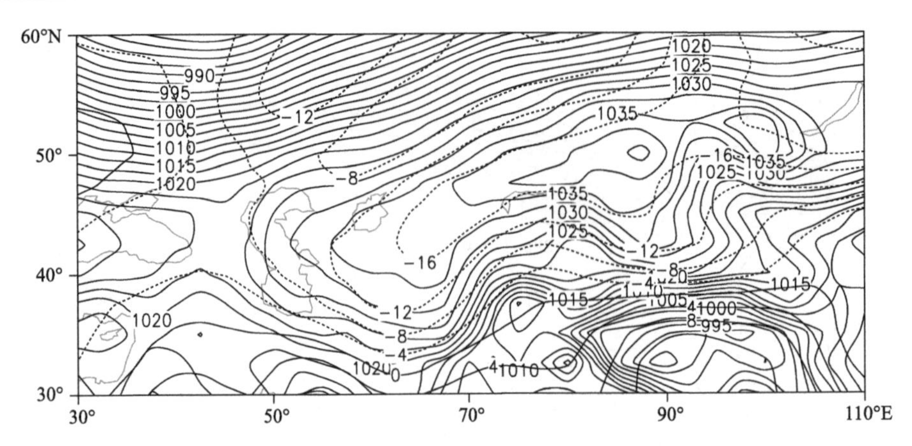

图 2-2-161 1976 年 2 月 26 日 20 时地面气压场(单位:百帕),850 百帕温度场(单位:℃)

2.2.24 伊犁哈萨克自治州暴雪(1976-11-05)

【降雪实况】1976 年 11 月 5 日,伊犁哈萨克自治州尼勒克县、伊宁市、察布查尔锡伯自治县、霍城县、霍尔果斯市出现暴雪,24 小时降雪量分别为 16.5 毫米、20.7 毫米、15.0 毫米、14.6 毫米、15.3 毫米。伊宁县出现大暴雪,24 小时降雪量为 27.3 毫米(图 2-2-162)。

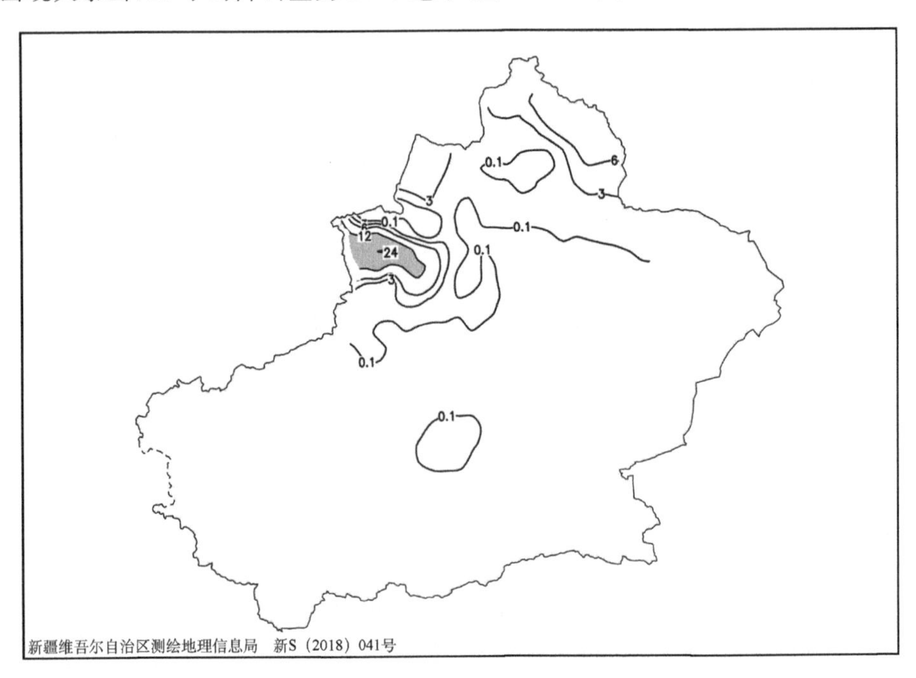

图 2-2-162 1976 年 11 月 4 日 20 时—5 日 20 时降雪量分布图(单位:毫米)

【天气形势】500 百帕环流场上,降雪开始前新地岛西部有一阻塞高压,冷涡位于我国东北地区的北部,冷空气西伸至欧洲北部,西西伯利亚地区有一闭合低压(图 2-2-164)。随着欧洲阻塞高压(简称阻高)前部正变高南落,冷空气进入西西伯利亚低涡,使低涡增强,并伴有-32℃的冷中心,低涡南下,低涡底部不断分裂的短波东移与南支系统上的短波叠加,造成伊犁地区的暴雪和大暴雪天气。

200 百帕上新疆受西北急流控制,急流核风速大于 50 米/秒,急流核缓慢东移,伊犁地区处于急流核入口区右侧的质量辐散区,高空急流在高层起到了辐散抽吸作用,急流中心风速越大,辐散抽吸作用越强,越有利于低层辐合上升运动的加剧(图 2-2-163)。对流层中低层 700 百帕和 850 百帕上,中亚地区有一中心风速大于 24 米/秒的偏西急流,低空偏西急流将中亚地区的暖湿空气输送至伊犁地区,同时,在降雪区产生位势层结不稳定,受伊犁河谷向西开口的“喇叭口”地形影响,偏西急流有利于在伊犁河谷的北部,即婆罗科努山的迎风坡形成水汽辐合及地形抬升产生的垂直运动(图 2-2-165,图 2-2-

167)。从 700 百帕水汽通量场可以看出，源自地中海的水汽沿西南气流输送至黑海，高湿中心轴线与低空偏西急流的走向一致，因而，黑海上的水汽通过急流大规模的输送到暴雪区，为暴雪的产生和维持提供了充足的水汽(图 2-2-166)。

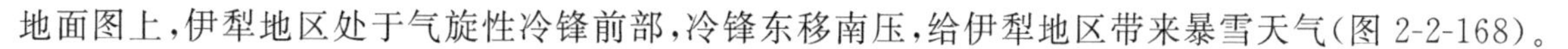

地面图上，伊犁地区处于气旋性冷锋前部，冷锋东移南压，给伊犁地区带来暴雪天气(图 2-2-168)。

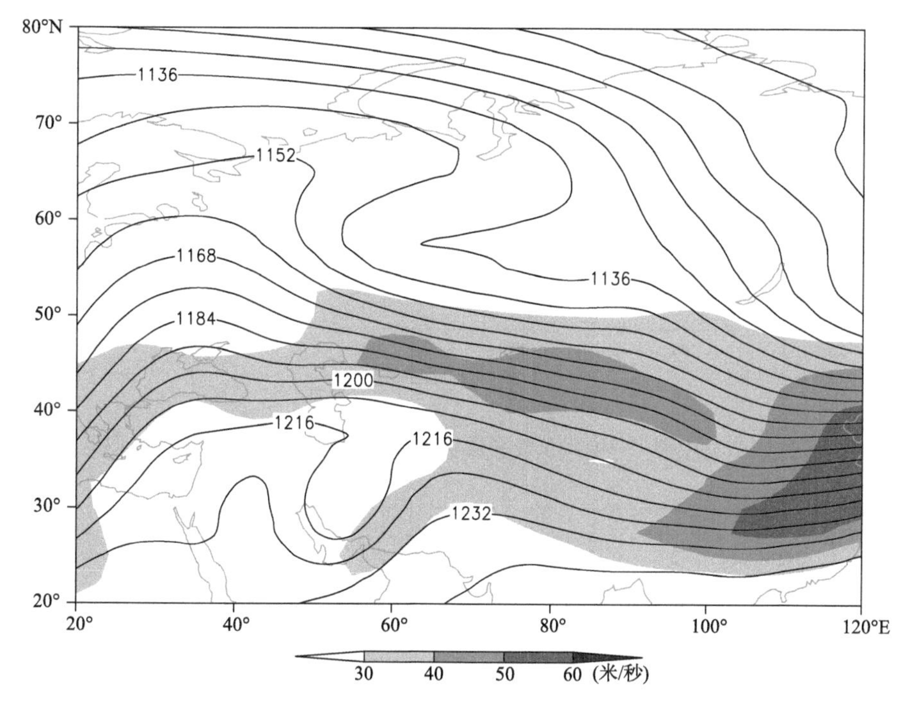

图 2-2-163　1976 年 11 月 4 日 20 时 200 百帕位势高度场(单位:位势什米)，阴影表示风速大于 30 米/秒急流区

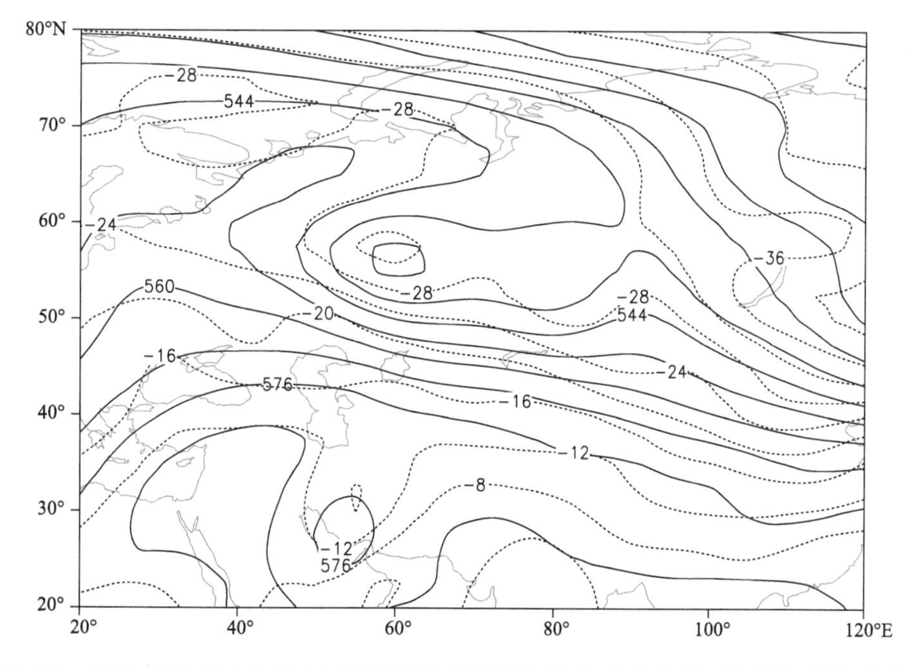

图 2-2-164　1976 年 11 月 4 日 20 时 500 百帕位势高度场(单位:位势什米)，温度场(虚线，单位:℃)

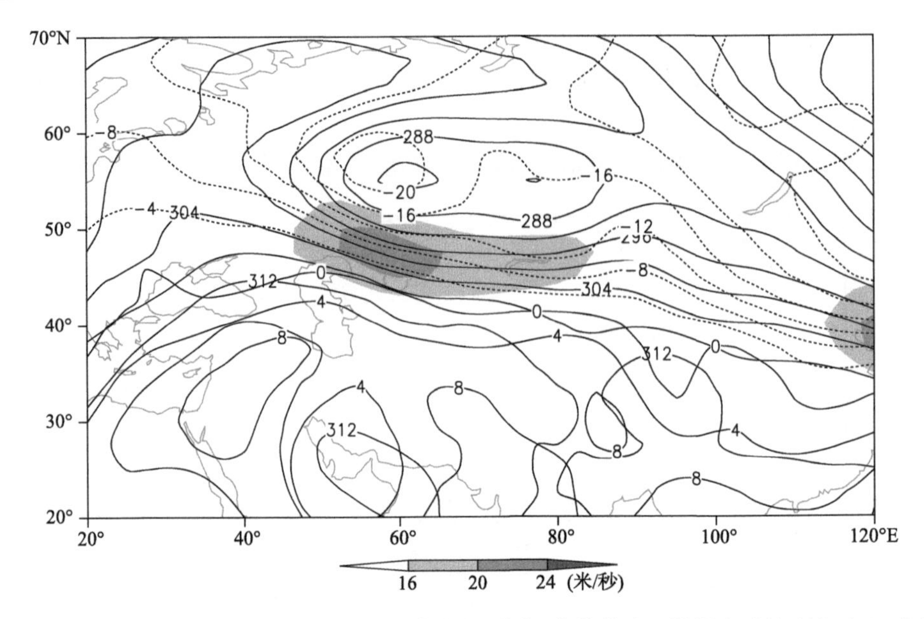

图 2-2-165　1976 年 11 月 4 日 20 时 700 百帕位势高度场(单位:位势什米),阴影表示风速大于 16 米/秒急流区

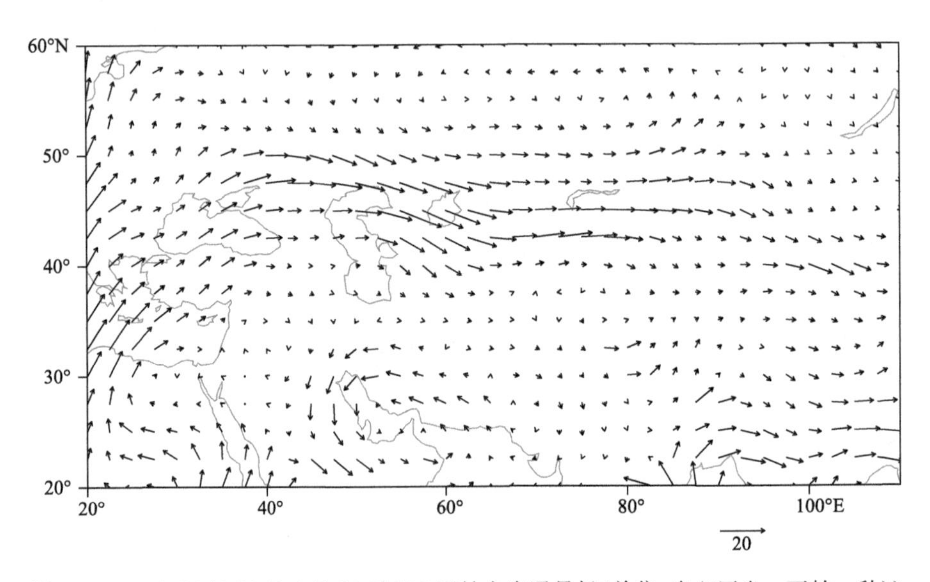

图 2-2-166　1976 年 11 月 4 日 20 时 700 百帕水汽通量场(单位:克/(厘米·百帕·秒))

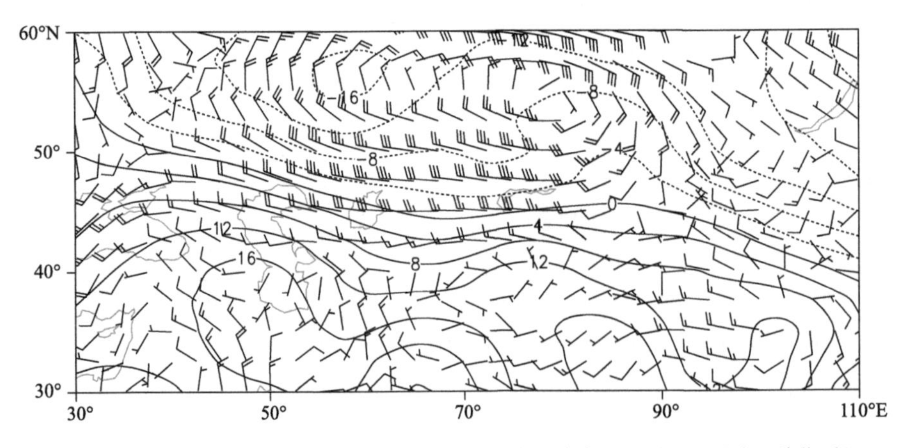

图 2-2-167　1976 年 11 月 4 日 20 时 850 百帕风场(单位:米/秒),温度场(单位:℃)

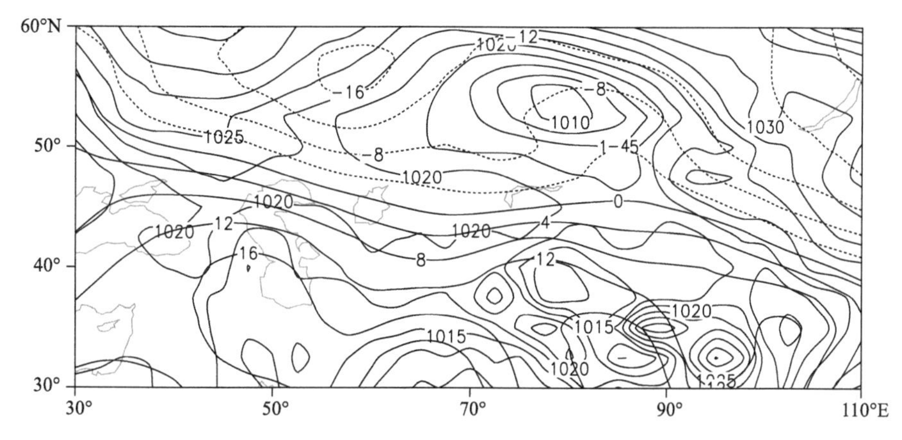

图 2-2-168　1976 年 11 月 4 日 20 时地面气压场(单位:百帕),850 百帕温度场(单位:℃)

2.2.25　伊犁哈萨克自治州、博尔塔拉蒙古自治州暴雪(1978-03-15)

【降雪实况】1978 年 3 月 15 日,伊犁哈萨克自治州新源县、巩留县、伊宁县,博尔塔拉蒙古自治州精河县出现暴雪,24 小时降雪量分别为 13.9 毫米、12.8 毫米、15.5 毫米、12.6 毫米(图 2-2-169)。

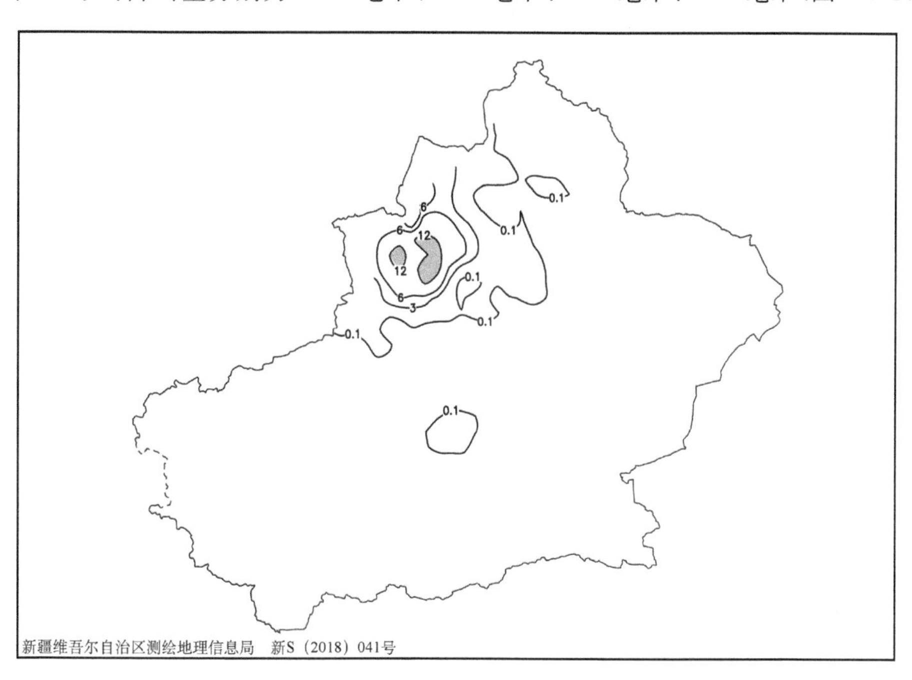

图 2-2-169　1978 年 3 月 14 日 20 时—15 日 20 时降雪量分布图(单位:毫米)

【天气形势】500 百帕环流场上,降雪开始前欧亚范围分成南、北两个系统,极涡中心位于乌拉尔山北部,极涡中有两个冷中心,其中西北部的冷空气较强,中心温度小于－46℃,南支系统经向环流显著,低槽位于地中海东部,新疆受西南暖平流控制(图 2-2-171)。13 日 20 时开始,极涡中的两个冷中心合并,极涡增强,极涡底部冷空气在北欧高压脊前西北气流引导下南下至西伯利亚,新疆北部开始降温。与此同时,南部低槽前不断分裂出短波槽携带暖湿空气东移北上,冷、暖空气在北疆西北部交汇,在伊犁哈萨克自治州和博尔塔拉蒙古自治州产生暴雪天气。

200 百帕上,从伊朗高原到新疆有一支显著的西南急流,急流核位于伊朗高原,风速超过 60 米/秒,急流核东移北抬,暴雪区位于高空急流核的入口区,高空的辐散有利于暴雪区上升运动的发展和维持(图 2-2-170)。700 百帕上北疆处于低空急流的前侧,低空西南急流将中亚的暖湿空气输送到北疆,在北疆上空产生位势不稳定层结,有利于低层的上升运动(图 2-2-172)。从 700 百帕水汽通量场可以看出,水汽由地中海东部沿西南和偏西路径输送到中亚,再由低空西南急流输送到北疆,受伊犁河谷特殊的地形影响,水汽在伊犁河谷产生辐合,持续的水汽输送和较强的低层水汽辐合增加了雪强,提高了降雪效率。850 百帕风场上暴雪出现在西南风和东南风的暖切变线上(图 2-2-173)。

地面图上,14 日 20 时,北疆西部处于中亚气旋前部,中亚气旋沿西方路径缓慢东移,气旋前部的暖区中产生暴雪天气(图 2-2-174,图 2-2-175)。

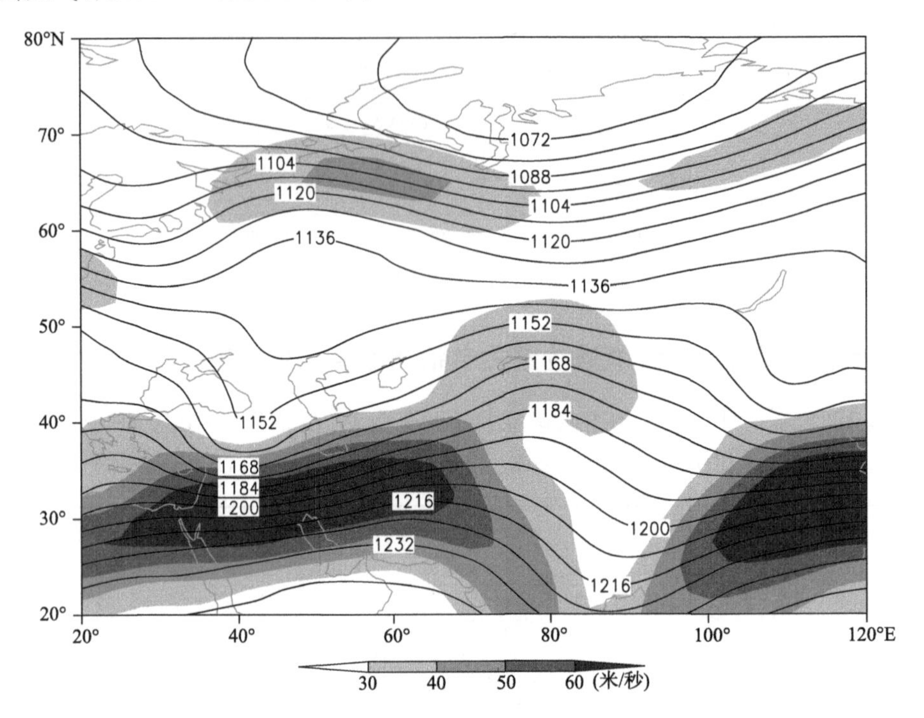

图 2-2-170　1978 年 3 月 14 日 20 时 200 百帕位势高度场(单位:位势什米),阴影表示风速大于 30 米/秒急流区

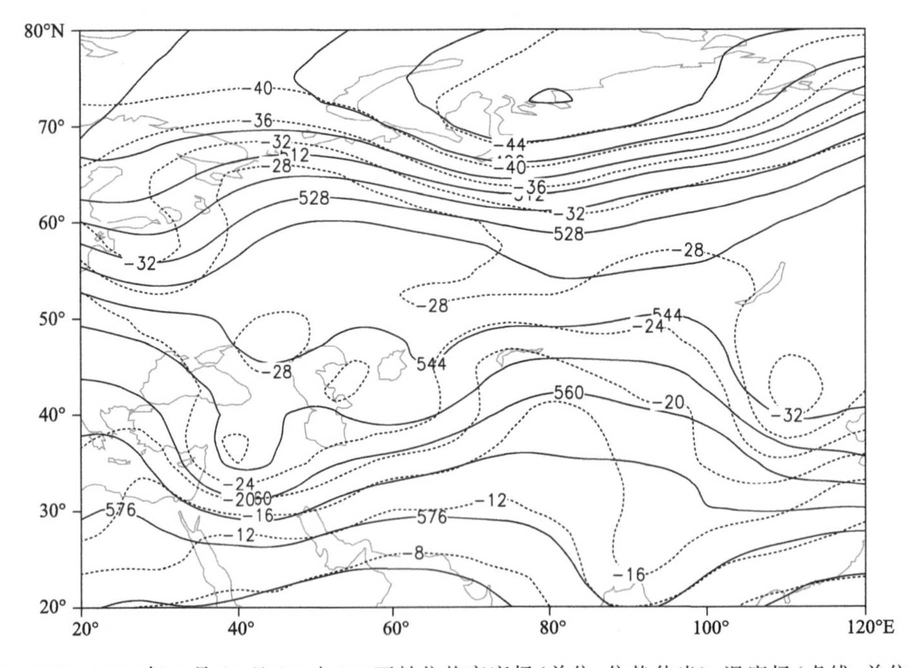

图 2-2-171　1978 年 3 月 14 日 20 时 500 百帕位势高度场(单位:位势什米),温度场(虚线,单位:℃)

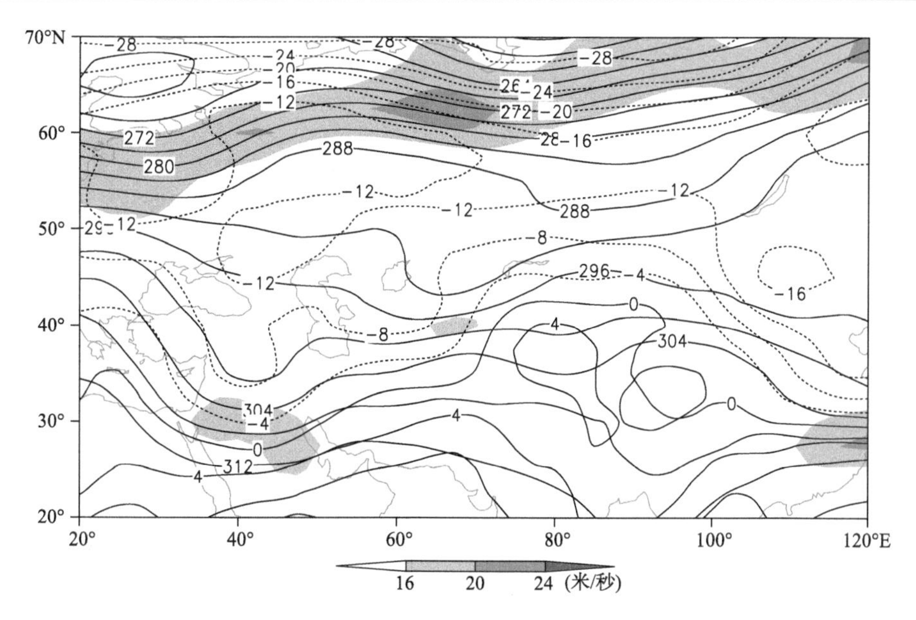

图 2-2-172　1978 年 3 月 14 日 20 时 700 百帕位势高度场(单位:位势什米),阴影表示风速大于 16 米/秒急流区

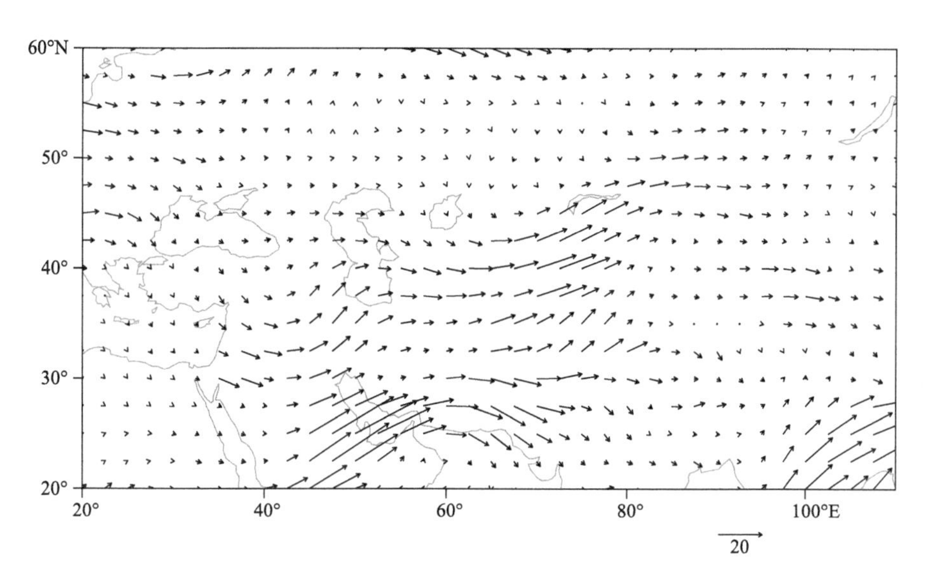

图 2-2-173　1978 年 3 月 14 日 20 时 700 百帕水汽通量场(单位:克/(厘米·百帕·秒))

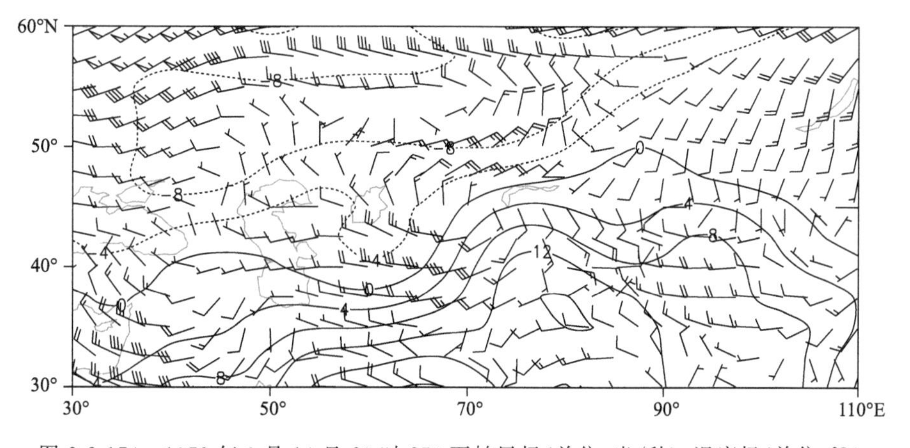

图 2-2-174　1978 年 3 月 14 日 20 时 850 百帕风场(单位:米/秒),温度场(单位:℃)

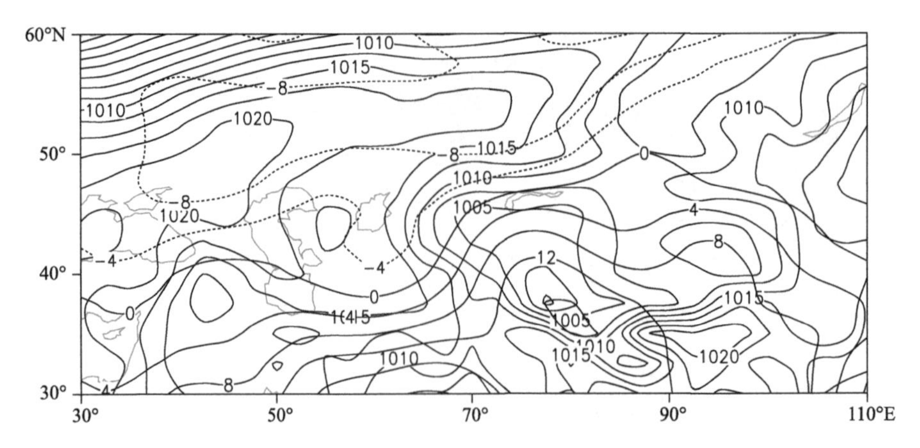

图 2-2-175　1978 年 3 月 14 日 20 时地面气压场(单位:百帕),850 百帕温度场(单位:℃)

2.2.26　伊犁哈萨克自治州、昌吉回族自治州、塔城地区暴雪(1978-12-11)

【降雪实况】1978 年 12 月 11—12 日,伊犁哈萨克自治州、昌吉回族自治州、塔城地区相继出现暴雪。11 日,伊犁哈萨克自治州伊宁县、霍城县、霍尔果斯市,塔城地区塔城市 24 小时降雪量分别为 14.7 毫米、18.1 毫米、14.4 毫米、15.9 毫米。12 日,昌吉回族自治州木垒县 24 小时降雪量为 13.5 毫米(图 2-2-176)。

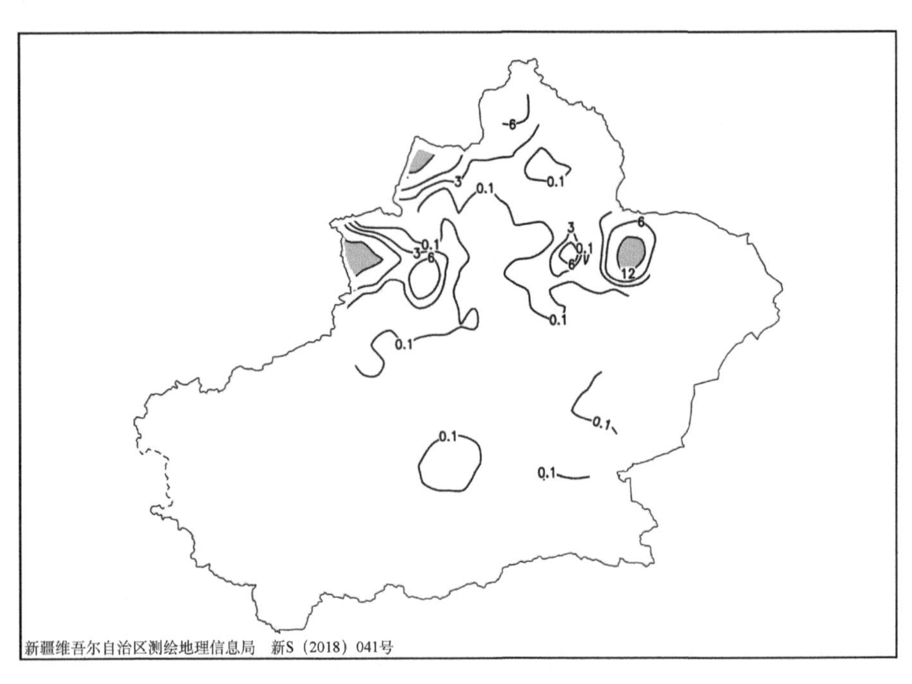

图 2-2-176　1978 年 12 月 10 日 20 时—12 日 20 时降雪量分布图(单位:毫米)

【天气形势】500 百帕环流场上,降雪开始前欧亚中高纬度范围为极涡控制,极涡中心在 65°N 附近,并伴有低于−44℃的冷中心(图 2-2-178)。地中海东部有深厚的低槽,随着欧洲大西洋沿岸高压脊的发展,脊前形成北风带,引导格陵兰冷空气南下,北支槽和南部低槽打通,在 20°～30°E 之间建立长波槽,槽前不断分裂出短波槽影响新疆西部地区,极涡底部偏西急流与西南急流汇合后在新疆西北部地区产生大范围暴雪天气,后期欧亚范围以纬向环流为主,暴雪的产生主要是由长波槽前弱波动引起。

200 百帕上从伊朗高原北部到中亚有一支显著的西南急流,急流核位于图兰低地,急流核风速大于 60 米/秒,暴雪出现在急流入口区右侧正涡度平流区,高层辐散抽吸作用加强了中低层系统强烈发展,有利于暴雪天气的发展和维持(图 2-2-177)。700 百帕上从里海南部到北疆同样存在一支西南急流,低空急流不断地将低纬度的暖湿空气向北疆输送,在急流前部产生水汽辐合和上升运动,高、低空西南急流的持续耦合发展，为暴雪的产生提供了有利的动力条件(图 2-2-179)。700 百帕水汽通量场清晰地反映出此次暴雪天气的水汽源地及输送路径，红海的水汽经西南气流引导到达里海后，水汽得到补充，此时水汽通量最大值达到 20 克/(厘米·百帕·秒)，源源不断的水汽为伊犁、塔城和昌吉地区的暴雪天气创造了条件。850 百帕上位于哈萨克丘陵上的高压缓慢东移，高压底部的偏东风和咸海上低压前部的西南风在伊犁和塔城地区产生暖式风切变，强降雪出现在高空强锋区和 850 百帕暖式风切变重合的区域(图 2-2-180)。

地面图上，10 日 20 时，地面冷高压中心位于哈萨克丘陵和内蒙古地区，强度分别为 1032.5 百帕和 1030 百帕，北疆处于锋前暖区中，暴雪出现在高压后部，地面低压前部减压、升温的暖区中(图 2-2-181，图 2-2-182)。11 日 20 时，地面冷高压在哈萨克丘陵增强，强度为 1035 百帕，冷锋压在北疆北部地区。12 日 08 时，冷高压中心东移南压至新疆北部境外，强度达 1045 百帕，地面冷锋压在北疆沿天山中部地区，在昌吉回族自治州产生暴雪天气。

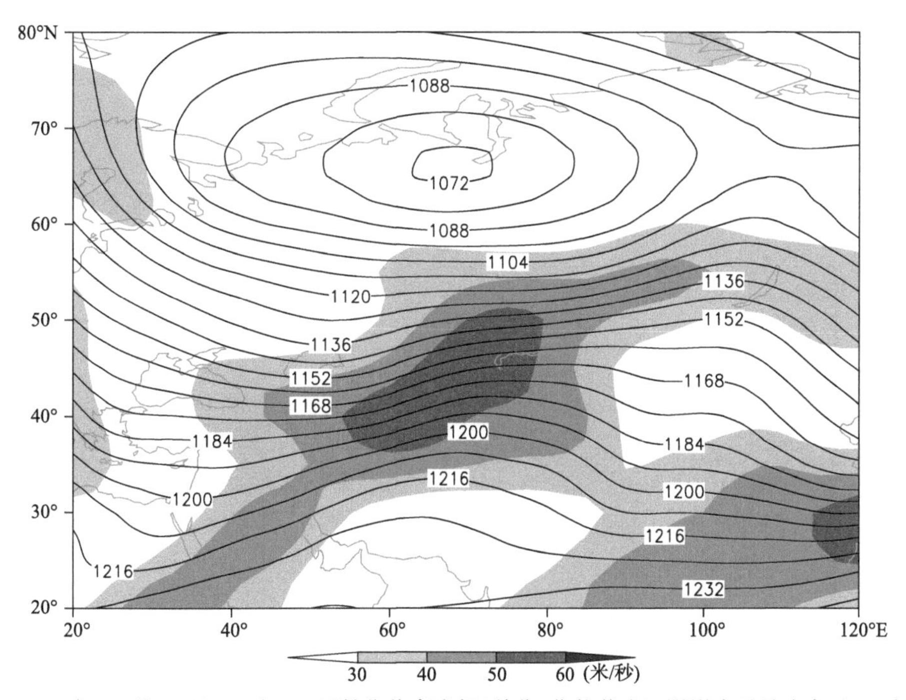

图 2-2-177　1978 年 12 月 10 日 20 时 200 百帕位势高度场(单位:位势什米)，阴影表示风速大于 30 米/秒急流区

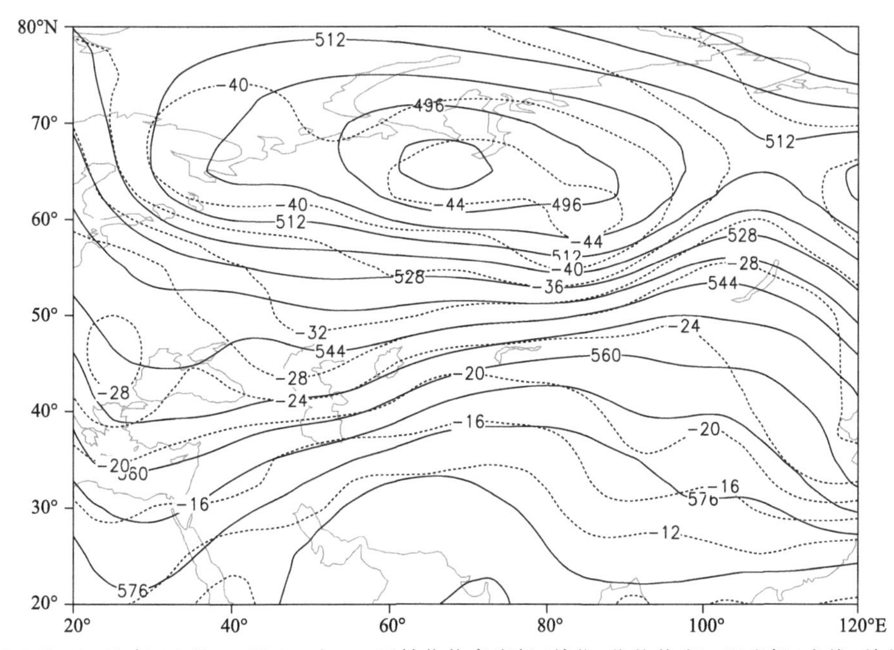

图 2-2-178　1978 年 12 月 10 日 20 时 500 百帕位势高度场(单位:位势什米)，温度场(虚线，单位:℃)

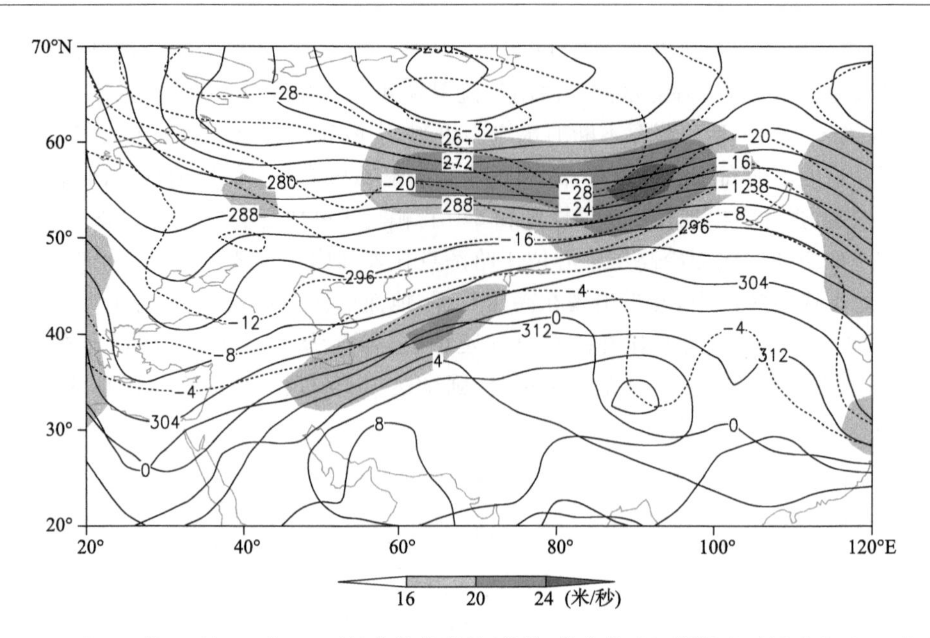

图 2-2-179　1978 年 12 月 10 日 20 时 700 百帕位势高度场(单位:位势什米),阴影表示风速大于 16 米/秒急流区

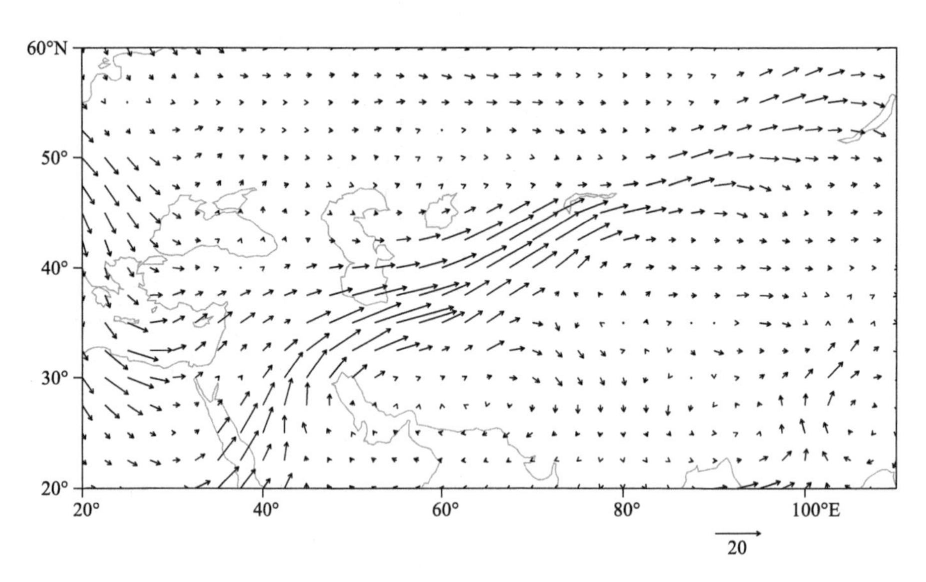

图 2-2-180　1978 年 12 月 10 日 20 时 700 百帕水汽通量场(单位:克/(厘米·百帕·秒))

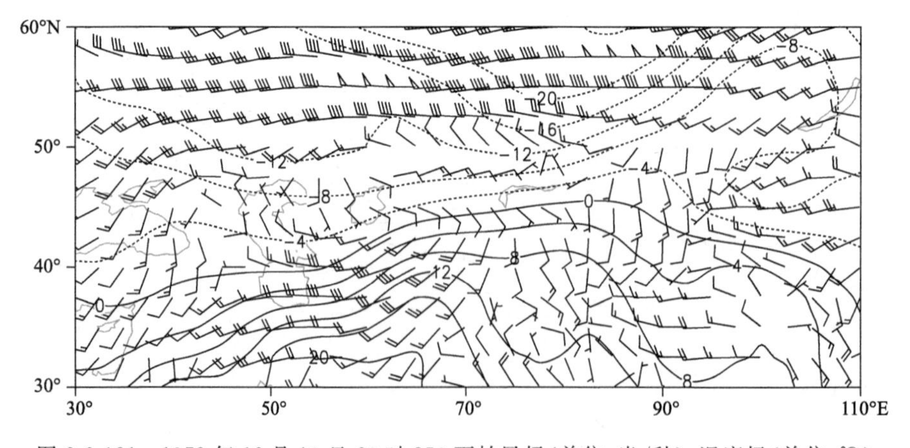

图 2-2-181　1978 年 12 月 10 日 20 时 850 百帕风场(单位:米/秒),温度场(单位:℃)

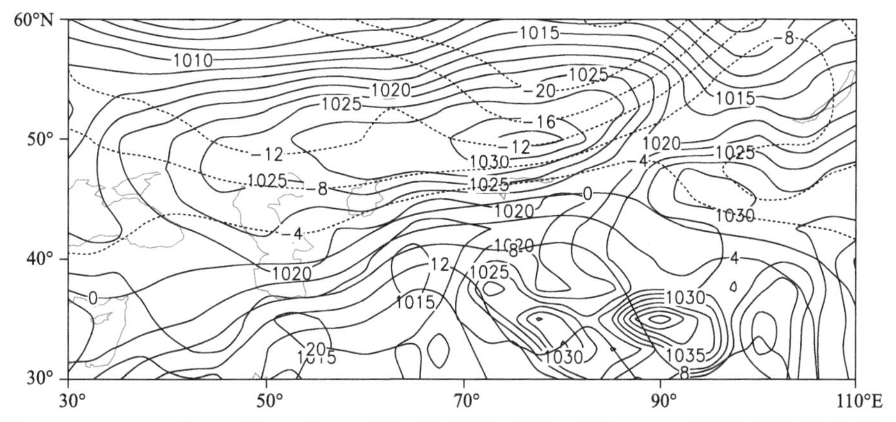

图 2-2-182 1978 年 12 月 10 日 20 时地面气压场(单位:百帕),850 百帕温度场(单位:℃)

2.2.27 伊犁哈萨克自治州、塔城地区暴雪(1979-11-01)

【降雪实况】1979 年 11 月 1—3 日,伊犁哈萨克自治州和塔城地区相继出现暴雪。其中,塔城地区裕民县和托里县出现连续性暴雪。1 日,伊犁哈萨克自治州新源县和塔城地区裕民县 24 小时降雪量分别为 15.8 毫米、13.0 毫米。2 日,塔城地区裕民县、托里县、额敏县 24 小时降雪量分别为 19.0 毫米、13.3 毫米、16.0 毫米。3 日,裕民县和托里县 24 小时降雪量为 18.9 毫米、13.5 毫米(图 2-2-183)。

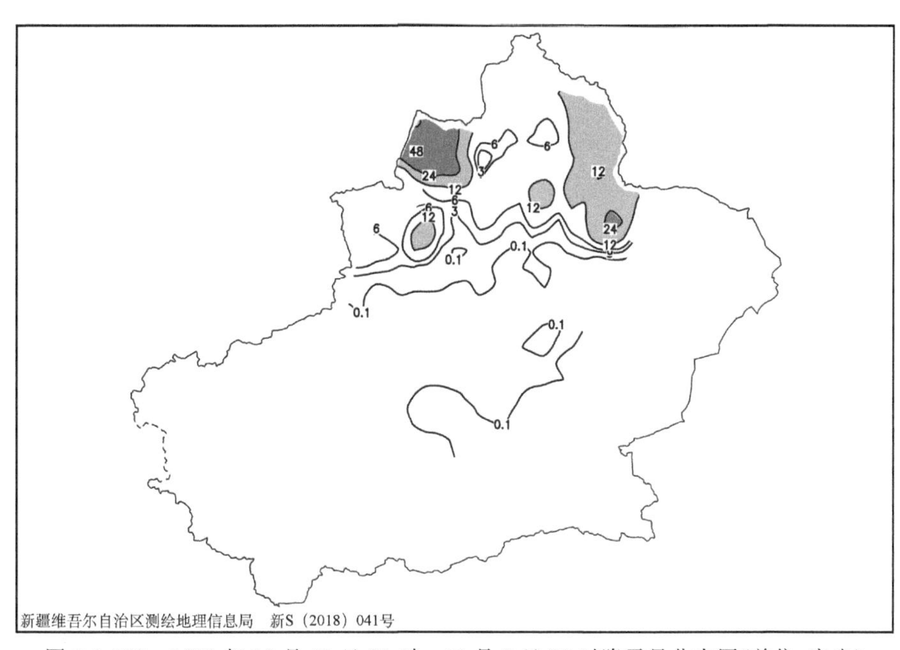

图 2-2-183 1979 年 10 月 31 日 20 时—11 月 3 日 20 时降雪量分布图(单位:毫米)

【天气形势】500 百帕环流场上,降雪开始前,新地岛上有一个阻塞高压,高压底部有一个轴线呈东西向分布的低涡,低涡中心位于西西伯利亚,冷空气中心在欧洲中部地区(图 2-2-185)。由于蒙新高压脊维持稳定,在欧亚范围形成稳定的"双阻型",低涡在这两个阻高的作用下,旋转增强,并且发生西退,西退过程中低涡中心分裂成两部分,受西西伯利亚低涡外围锋区影响,1—2 日,在塔城和伊犁地区产生暴雪天气。此后,北支锋区略有北收,北疆北部开始受南支气流控制,3 日,北支锋区再度南下,南支锋区上的暖湿空气与北支锋区上的干冷空气在塔城地区交汇,在塔城地区产生第三次暴雪天气过程。

降雪过程中,对流层高层的 200 百帕上,1 日,从里海北部到北疆有一支偏西急流带,强降雪发生时段,塔城和伊犁地区处于高空急流入口区右侧(图 2-2-184)。2—3 日,北疆转为西北急流控制,急流核位于西西伯利亚,塔城地区处于高空西北急流入口区右侧的正涡度平流区,高空急流在高层起到了辐散抽吸作用,有利于低层辐合上升运动的加剧。700 百帕上,40°～50°N 范围稳定维持西南急流,急流轴逐渐南压,急流轴最大风速 20 米/秒,低空西南急流将中亚地区的暖湿空气输送至暴雪区,为暴雪天气提供了充沛的水汽和不稳定能量(图 2-2-186)。3 日,西南急流转为西北急流,塔城地区仍然处于急流出口的辐合区域。源源不断的水汽输送是大范围、持续性暴雪天气的重要物质基础,从 700 百帕水汽通量场可以看出,此次连续性暴雪过程水汽主要源自地中海,地中海水汽沿西南路径输送至里海,再通过接力输送机制输送至暴雪区,为暴雪的产生和维持提供了充足的水汽(图 2-2-187)。

地面图上,10 月 31 日 20 时,中亚和蒙古地区为高压活动区,北疆处于低压底部,北疆为负变压控制,随后蒙古低压减弱东移,低压中心北收,北疆处于锋前暖区中(图 2-2-188,图 2-2-189),11 月 1 日 08 时,随着中亚冷高压东移,北疆转为正变压控制,可见,1 日的暴雪主要出现在蒙古高压后部,低压底部的减压、升温区域,属于暖区暴雪。2 日,随着地面冷锋逐渐东移,在冷锋前及其逐渐东移过境的升压、降温区域产生暴雪。3 日,塔城地区处于正在南下的欧洲中部冷高压与前期进入北疆的冷高压之间的弱低压带内,地面减压明显,所以,3 日塔城地区的降雪为受强锋区影响下减压区内的暖区暴雪。

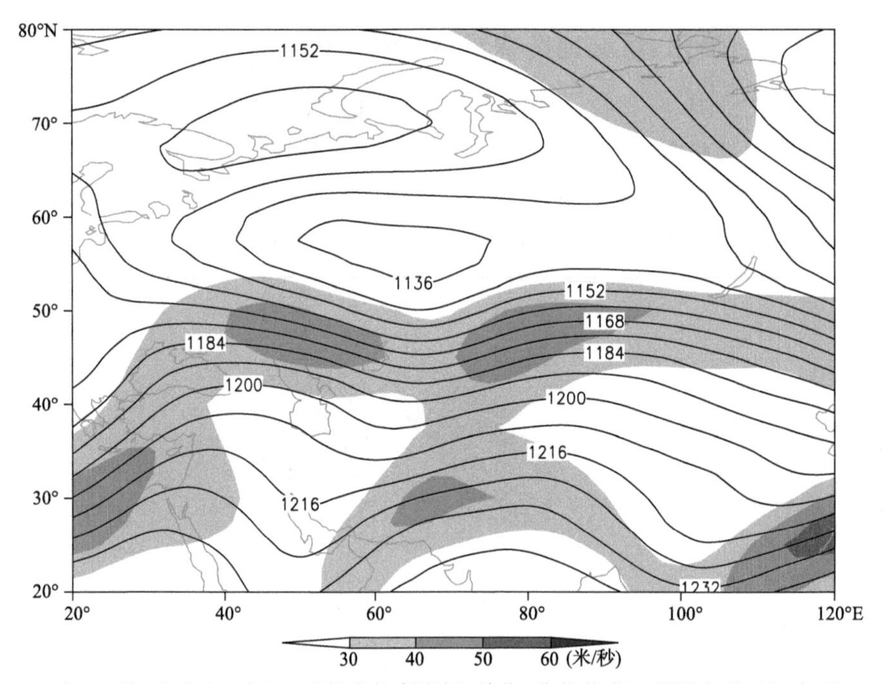

图 2-2-184　1979 年 10 月 31 日 20 时 200 百帕位势高度场(单位:位势什米),阴影表示风速大于 30 米/秒急流区

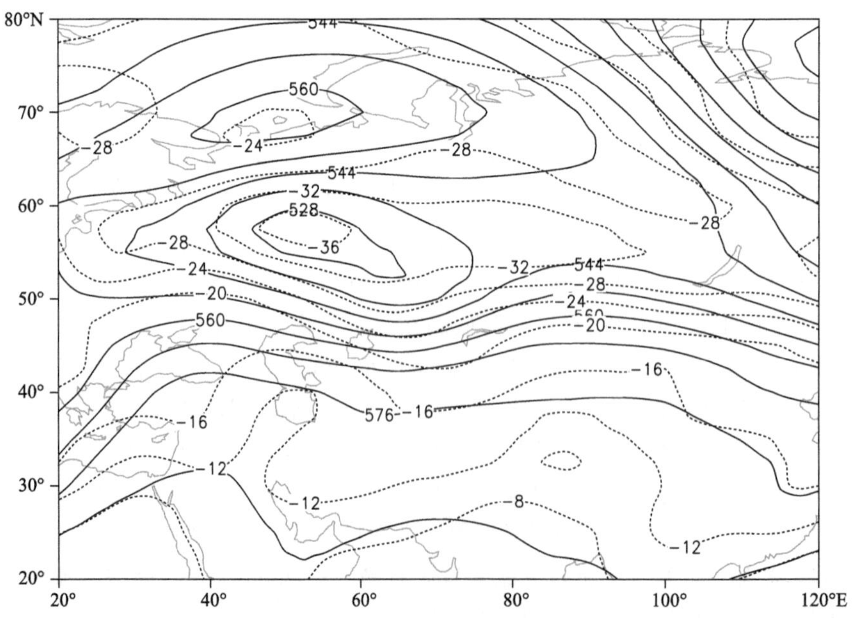

图 2-2-185　1979 年 10 月 31 日 20 时 500 百帕位势高度场(单位:位势什米),温度场(虚线,单位:℃)

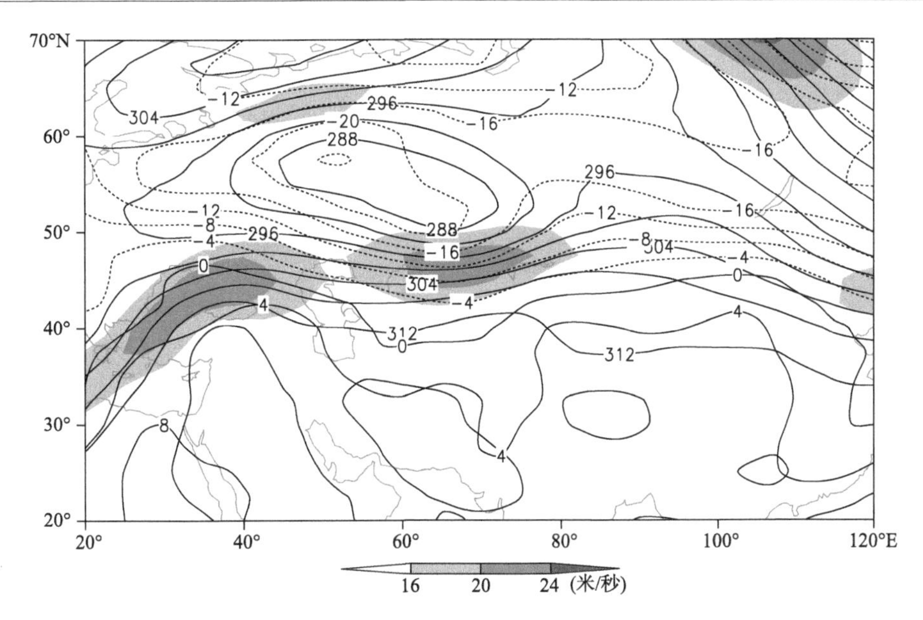

图 2-2-186　1979 年 10 月 31 日 20 时 700 百帕位势高度场(单位:位势什米),阴影表示风速大于 16 米/秒急流区

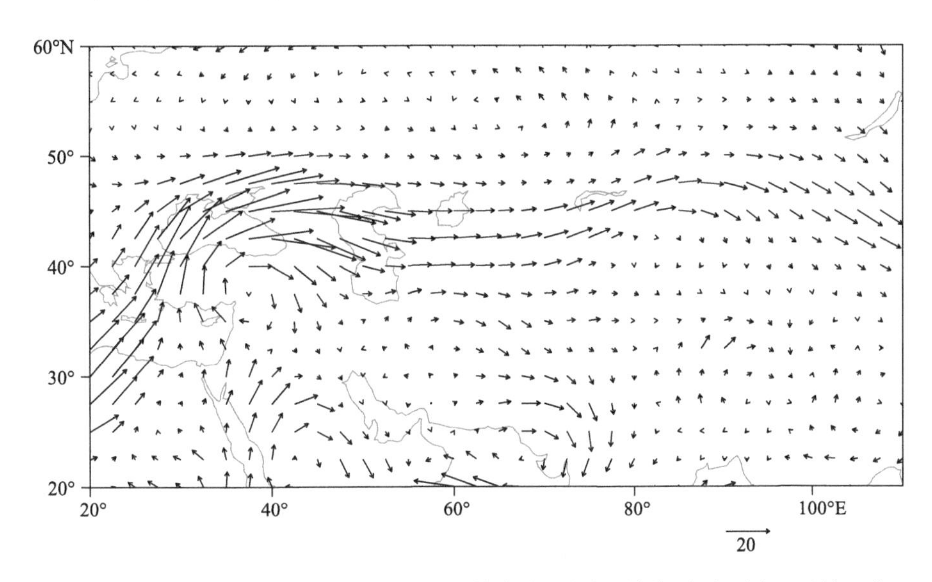

图 2-2-187　1979 年 10 月 31 日 20 时 700 百帕水汽通量场(单位:克/(厘米·百帕·秒))

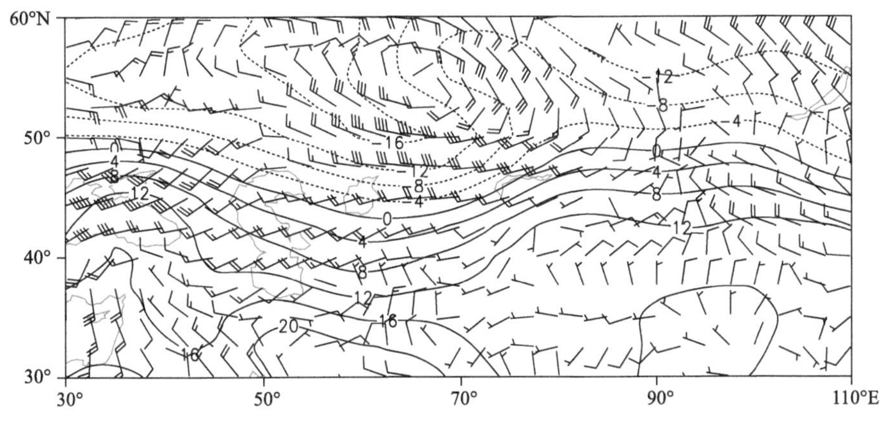

图 2-2-188　1979 年 10 月 31 日 20 时 850 百帕风场(单位:米/秒),温度场(单位:℃)

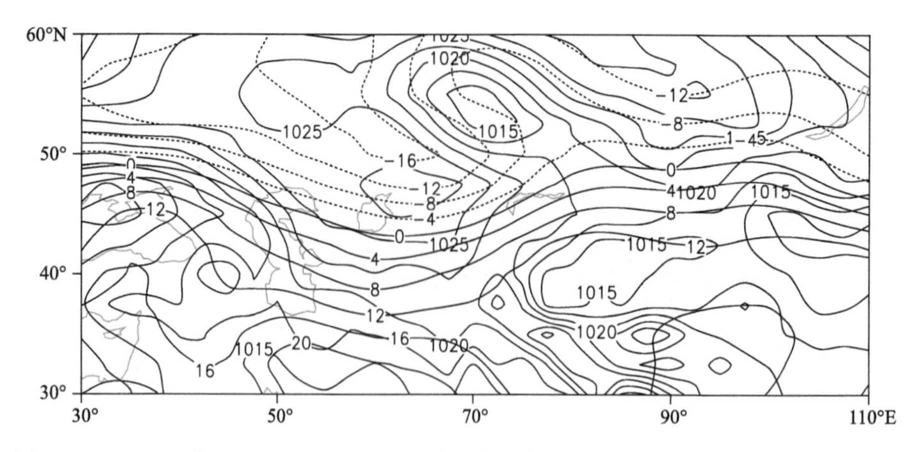

图 2-2-189 1979 年 10 月 31 日 20 时地面气压场(单位:百帕),850 百帕温度场(单位:℃)

2.2.28 伊犁哈萨克自治州暴雪(1979-11-07)

【降雪实况】1979 年 11 月 7 日,伊犁哈萨克自治州伊宁县、伊宁市、察布查尔锡伯自治县出现暴雪,24 小时降雪量分别为 15.4 毫米、12.8 毫米、13.9 毫米(图 2-2-190)。

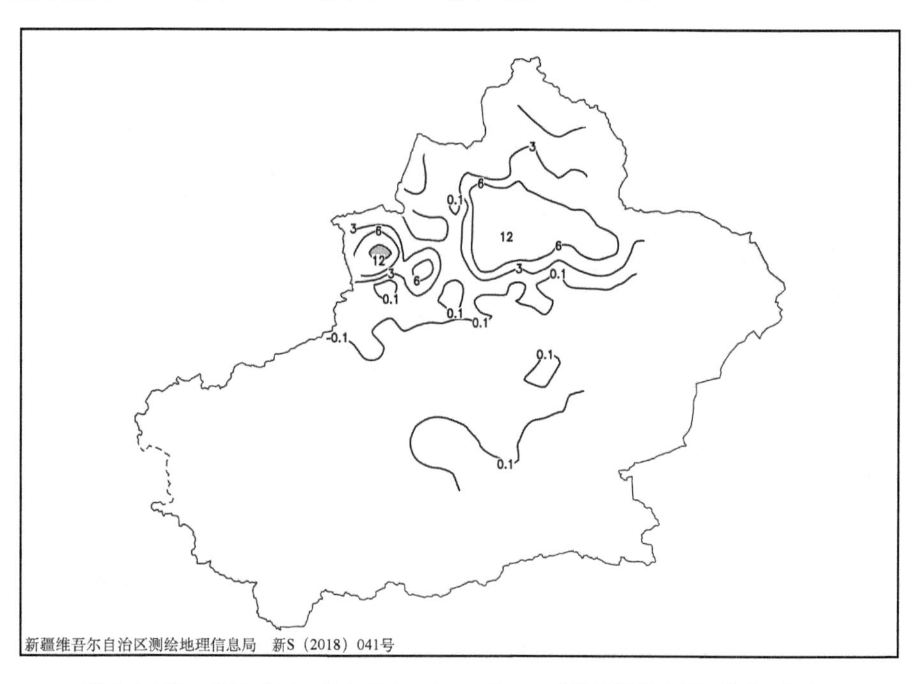

图 2-2-190 1979 年 11 月 6 日 20 时—7 日 20 时降雪量分布图(单位:毫米)

【天气形势】500 百帕环流场上,过程前期欧亚中高纬度为两脊一槽的环流形势,即欧洲和内蒙古为高压脊,西伯利亚为低涡活动区,并伴有小于－41℃的冷中心(图 2-2-192)。随着欧洲脊东移北伸,喀拉海上的强冷空气沿脊前偏北风带南下进入低涡,低涡加深东移南下,6 日 20 时,低涡底部强锋区压在巴尔喀什湖到北疆北部,呈东北—西南向,7 日 08 时,内蒙古上空的高压脊受西伯利亚北部冷空气侵袭减弱,西伯利亚北部冷空气补充进低涡中,低涡进一步加深,强锋区压在伊犁河谷地区,给伊犁河谷地区带来暴雪天气。

6 日,对流层上层的 200 百帕,西北急流在中亚西部转为西南急流,西南高空急流的中心风速大于 50 米/秒,暴雪发生时段,伊犁地区处于急流入口区右侧,高空急流在高层起到了辐散抽吸的作用,急流中心风速越大,辐散抽吸作用越强,越有利于低层辐合上升运动的加剧(图 2-2-191)。低空急流将中亚暖湿水汽输送到降雪区,同时增加降雪区的不稳定度,700 百帕上,偏北急流在巴尔喀什湖转为偏西急流,为伊犁地区的暴雪天气提供了充沛的水汽和不稳定能量。低空急流将地中海东部和黑海的水汽通过接力输送机制输送到北疆，在伊犁河谷产生水汽辐合(图 2-2-193，图 2-2-194)。

地面图上，6 日 20 时，冷高压中心位于咸海，北疆开始受高压前部正变高影响，随着地面冷高压沿着偏西路径东移，暴雪发生在地面冷锋逐渐东移过境的升压、降温区域(图 2-2-195，图 2-2-196)。

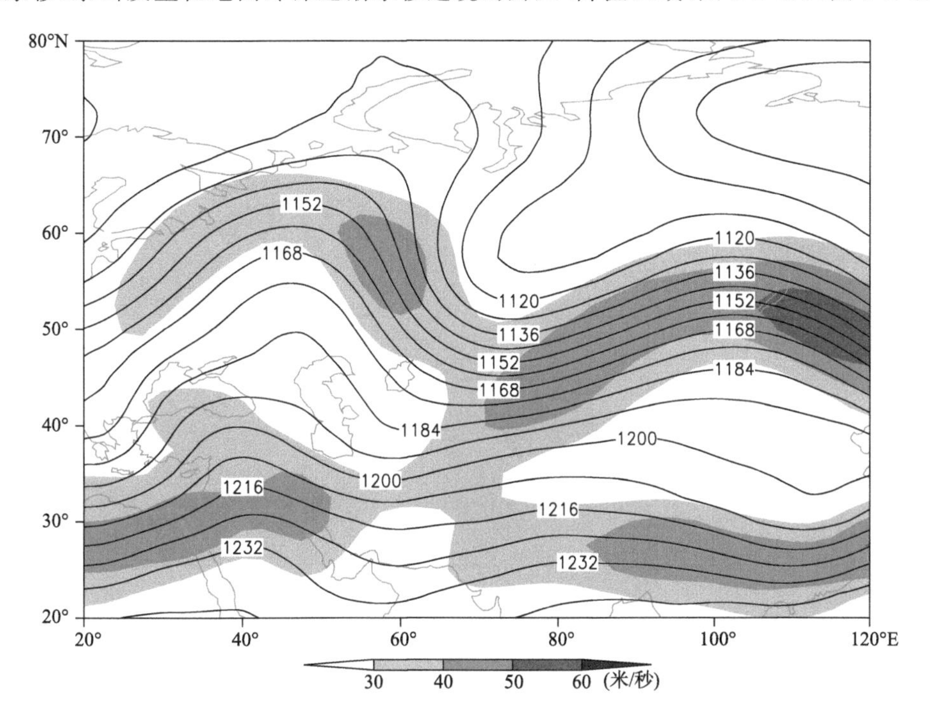

图 2-2-191 1979 年 11 月 6 日 20 时 200 百帕位势高度场(单位：位势什米)，阴影表示风速大于 30 米/秒急流区

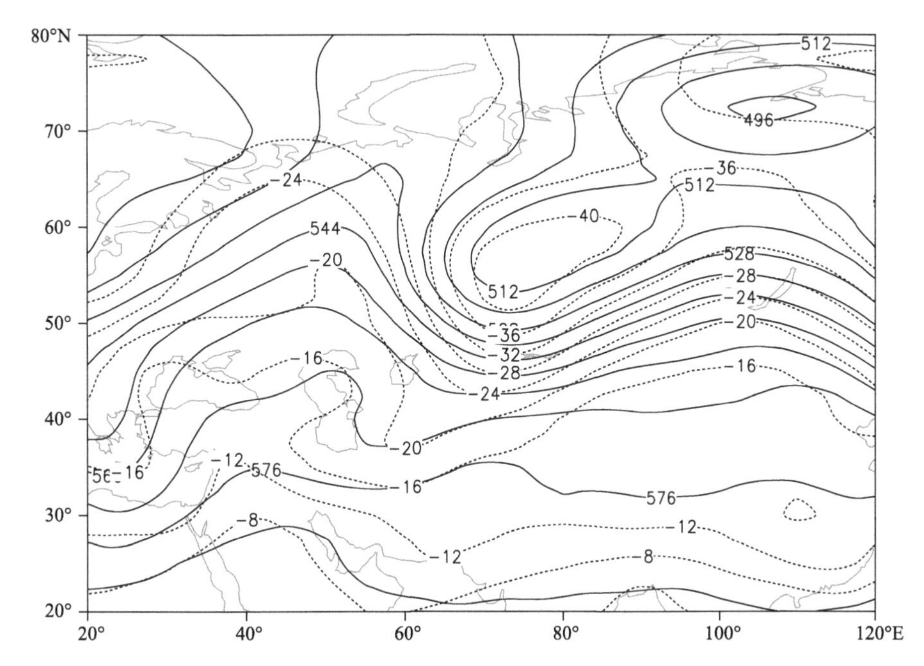

图 2-2-192 1979 年 11 月 6 日 20 时 500 百帕位势高度场(单位：位势什米)，温度场(虚线，单位：℃)

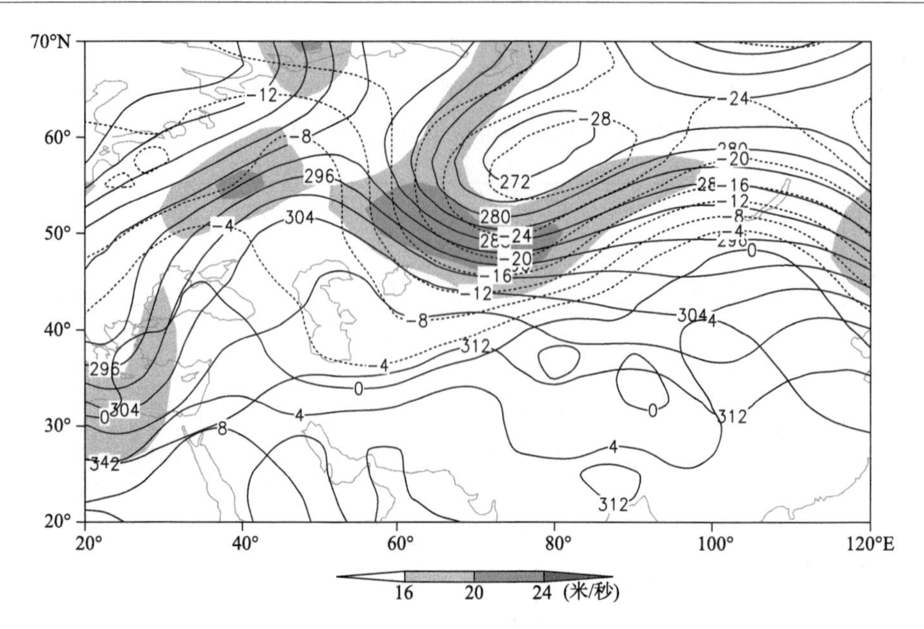

图 2-2-193　1979 年 11 月 6 日 20 时 700 百帕位势高度场(单位:位势什米),阴影表示风速大于 16 米/秒急流区

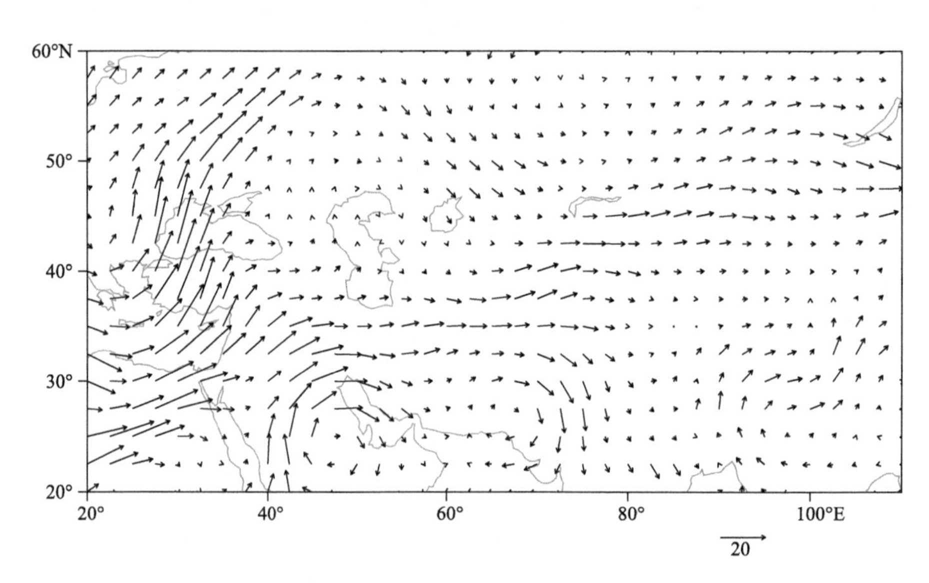

图 2-2-194　1979 年 11 月 6 日 20 时 700 百帕水汽通量场(单位:克/(厘米·百帕·秒))

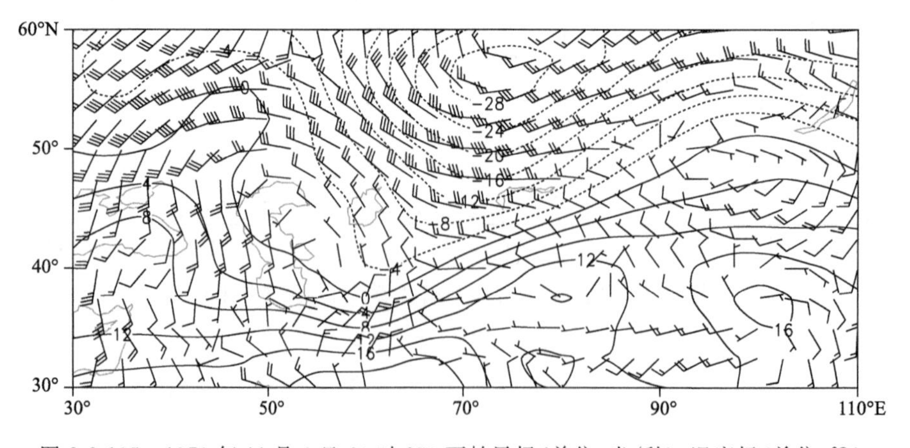

图 2-2-195　1979 年 11 月 6 日 20 时 850 百帕风场(单位:米/秒),温度场(单位:℃)

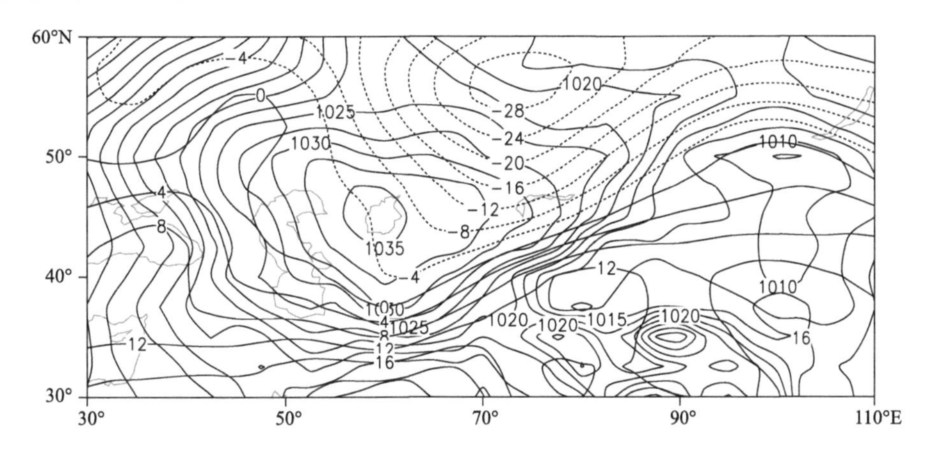

图 2-2-196　1979 年 11 月 6 日 20 时地面气压场(单位:百帕),850 百帕温度场(单位:℃)

2.2.29　伊犁哈萨克自治州、阿勒泰地区、塔城地区暴雪(1980-11-19)

【降雪实况】1980 年 11 月 19 日,伊犁哈萨克自治州特克斯县、新源县,塔城地区塔城市、额敏县,阿勒泰地区阿勒泰市、哈巴河县出现暴雪,24 小时降雪量分别为 12.9 毫米、15.8 毫米、16.3 毫米、16.6 毫米、16.5 毫米、12.1 毫米(图 2-2-197)。

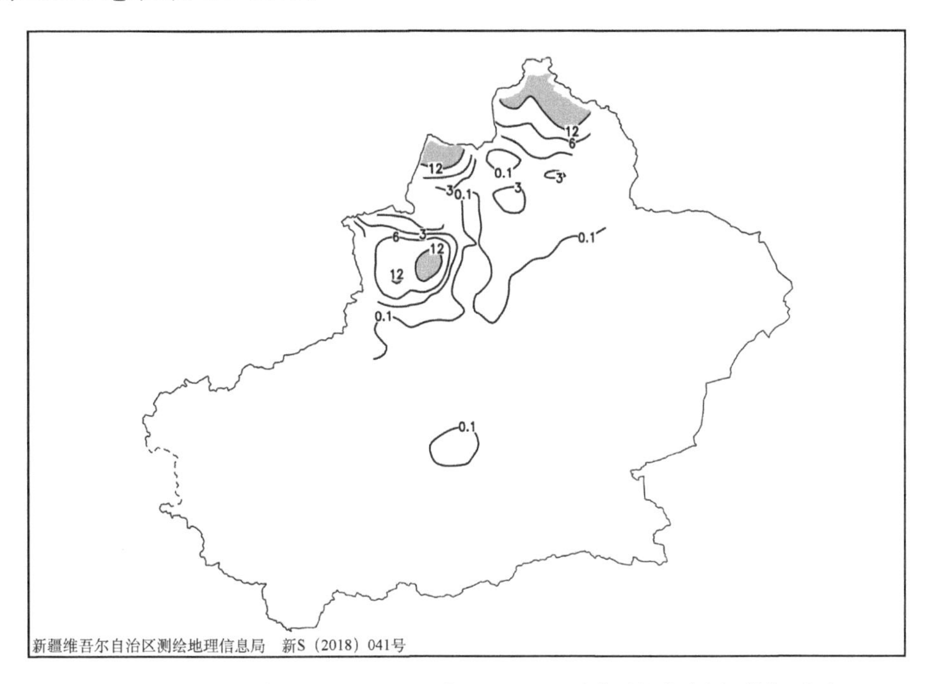

图 2-2-197　1980 年 11 月 18 日 20 时—19 日 20 时降雪量分布图(单位:毫米)

【天气形势】500 百帕环流场上,过程前期,欧亚中高纬度分为南、北两支锋区,北支锋区在 50°N 附近,南支锋区比较活跃,新疆受南支锋区控制(图 2-2-199)。斯堪的纳维亚半岛上的极涡东移,推动乌拉尔脊东移北伸,喀拉海上的冷空气沿脊前偏北风带进入西西伯利亚低槽,低槽加深,槽底达到中亚地区。乌拉尔脊顶受脊后冷平流冲刷,脊顶正变高南落,受到西西伯利亚北部冷空气补充,西西伯利亚低槽北段快速东移,南段槽移动缓慢,南段槽中的冷空气与南支锋区上的西南暖湿空气在北疆西部和西北部交汇,在伊犁、塔城和阿勒泰地区产生暴雪。

200 百帕上新疆上空为持续的西南急流,暴雪区位于高空急流入口区的右侧,高空辐散的形势有利于低层辐合上升运动的持续和发展(图 2-2-198)。700 百帕上,里海、咸海到巴尔喀什湖有一支西南急流,西南急流将中亚地区的暖湿空气输送到新疆北部,在低层产生位势不稳定层结,暴雪出现在西南低空急流的前方,该区域具有明显的水汽辐合和上升运动,这样的高、低空急流配置为北疆的暴雪提供了有利的水汽条件和动力条件(图 2-2-200)。从 700 百帕水汽通量场上可以分析出,造成伊犁地区和塔城、阿勒泰地区暴雪的水汽是两支不同输送通道,伊犁地区的水汽来源于黑海、地中海东部和红海北部三个源地汇合后经伊朗高原西北部向新疆输送的水汽,塔城和阿勒泰地区的水汽来源是波罗的海上的水汽在偏西气流的引导下进入中亚,而后向西北方向输送至塔城和阿勒泰地区(图 2-2-201)。

地面图上,乌拉尔山东部地面高压逐步东移南压,伊犁和塔城地区的强降雪由地面冷锋造成。阿勒泰地区位于冷锋前部的暖性区域中,地面至对流层低层的 850 百帕,阿尔泰山西南侧的偏东暖湿气流和中亚槽前西南暖湿气流在阿勒泰地区形成暖式风向和风速的切变与辐合,产生暖区暴雪(图 2-2-202,图 2-2-203)。

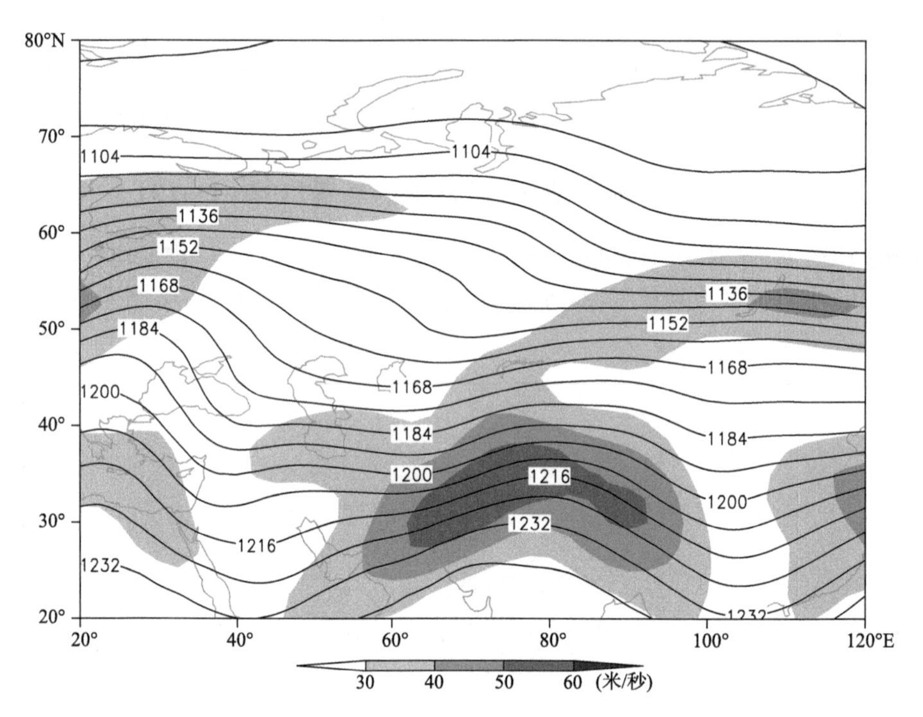

图 2-2-198　1980 年 11 月 18 日 20 时 200 百帕位势高度场(单位:位势什米),阴影表示风速大于 30 米/秒急流区

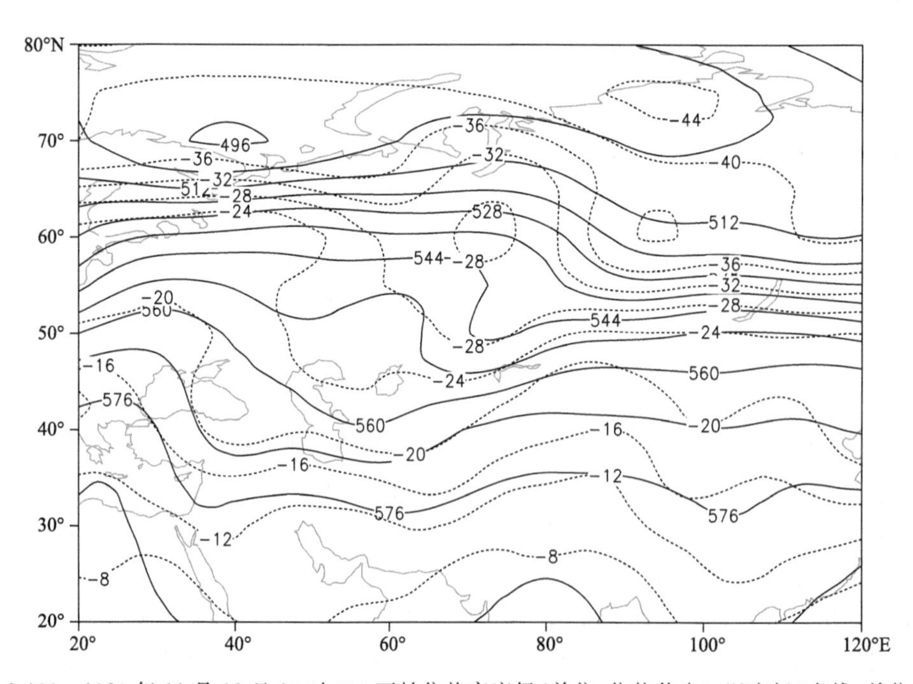

图 2-2-199　1980 年 11 月 18 日 20 时 500 百帕位势高度场(单位:位势什米),温度场(虚线,单位:℃)

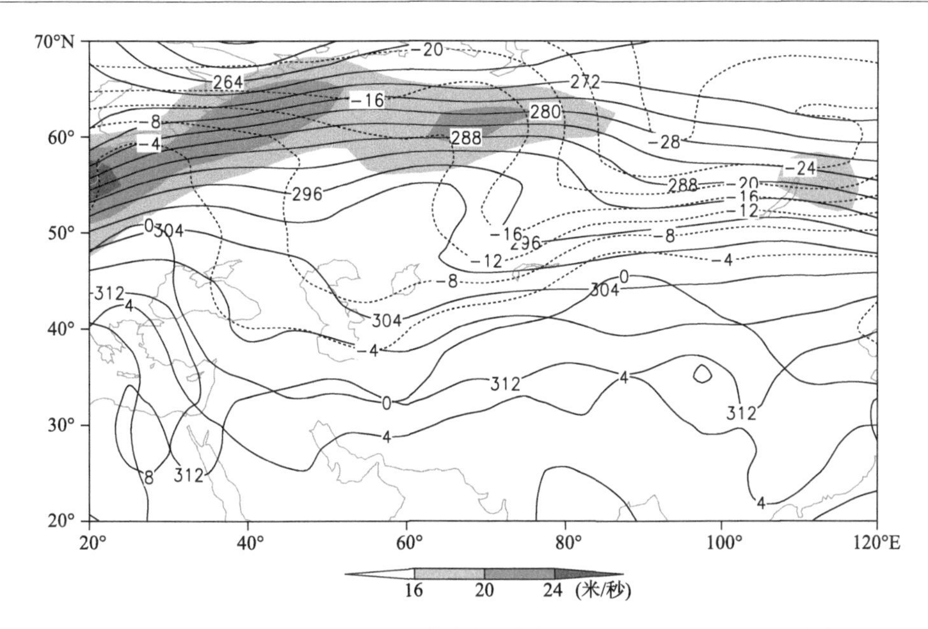

图 2-2-200　1980 年 11 月 18 日 20 时 700 百帕位势高度场(单位:位势什米),阴影表示风速大于 16 米/秒急流区

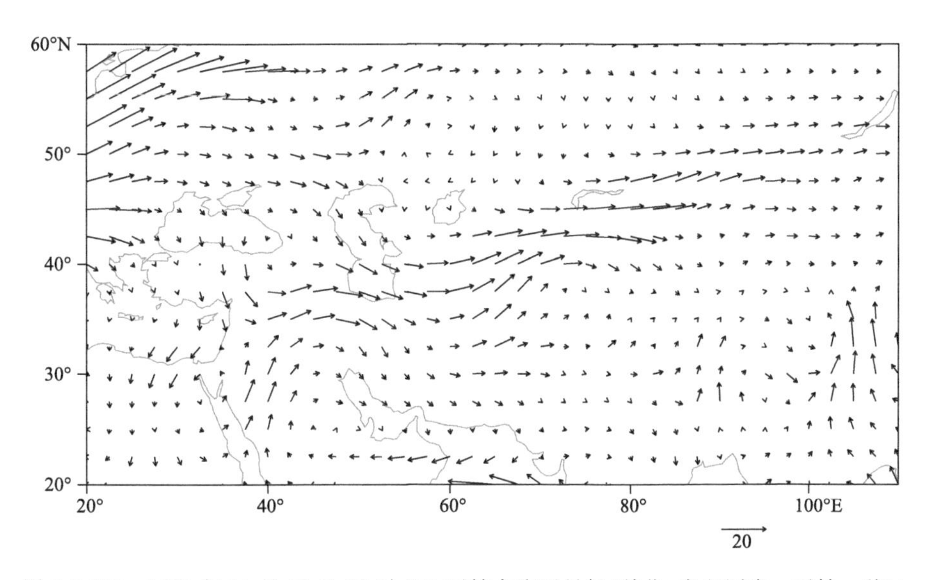

图 2-2-201　1980 年 11 月 18 日 20 时 700 百帕水汽通量场(单位:克/(厘米·百帕·秒))

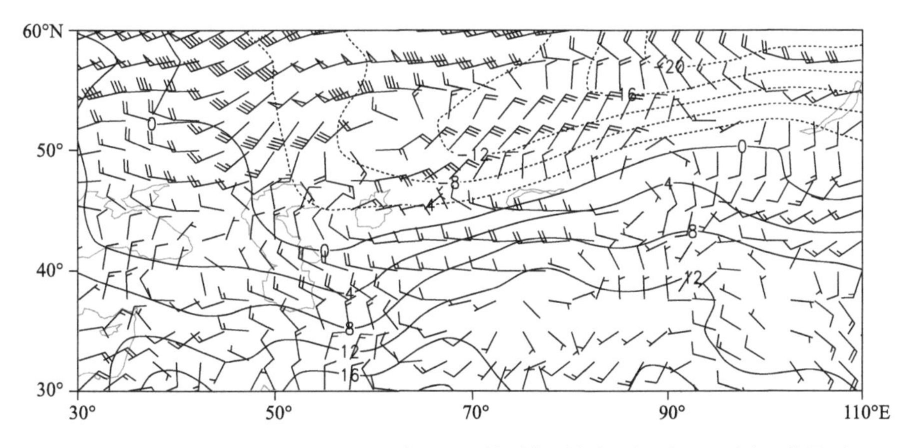

图 2-2-202　1980 年 11 月 18 日 20 时 850 百帕风场(单位:米/秒),温度场(单位:℃)

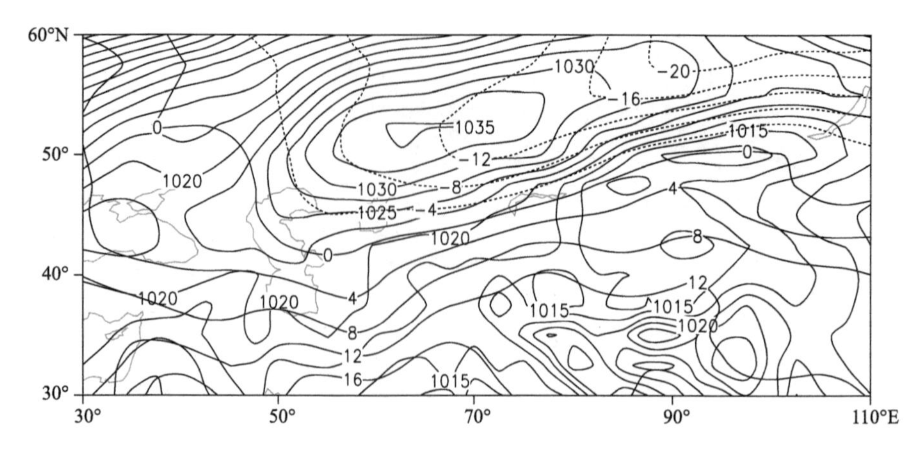

图 2-2-203　1980 年 11 月 18 日 20 时地面气压场(单位:百帕),850 百帕温度场(单位:℃)

2.2.30　伊犁哈萨克自治州、阿勒泰地区、塔城地区暴雪(1980-11-28)

【降雪实况】1980 年 11 月 28 日,伊犁哈萨克自治州伊宁县,塔城地区额敏县,阿勒泰市出现暴雪,24 小时降雪量分别为 12.2 毫米、12.9 毫米、12.6 毫米(图 2-2-204)。

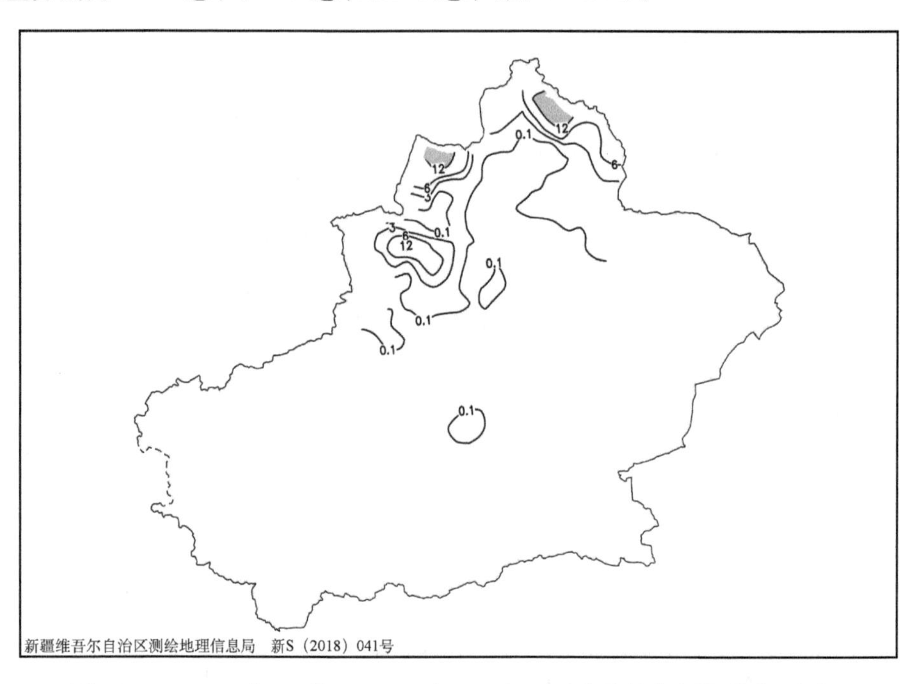

图 2-2-204　1980 年 11 月 27 日 20 时—28 日 20 时降雪量分布图(单位:毫米)

【天气形势】500 百帕环流场上,过程前期欧亚范围为两脊一槽的形势,高压脊分别位于黑海和新疆,槽线位于乌拉尔山南部(图 2-2-206)。波罗的海低涡东南部与乌拉尔山南部槽叠加,使槽快速东移,随着伊朗高压顶部伸入黑海脊,使低涡切断成东西两部分,新生成的低涡快速东移,由于低涡位置偏北,锋区主要影响新疆北部地区,在伊犁北部、塔城和阿勒泰地区产生暴雪天气。

200 百帕上从乌拉尔山南部到北疆有一支偏西高空急流,暴雪出现在高空急流入口区右侧的正涡度平流区,高空表现为强烈的辐散形式,高空辐散抽吸作用加强了中低层系统发展,有利于暴雪的产生(图 2-2-205)。700 百帕上,45°～60°N 范围内有一支强劲的偏西急流,急流中心最大风速超过 24 米/秒,两支急流持续耦合发展,为北疆的暴雪天气提供了充沛的水汽和上升运动(图 2-2-207)。700 百帕水汽通量场上,源自地中海的水汽向东北方向输送至黑海,在低空偏西急流作用下,经里海、咸海、中亚输送至北疆,为北疆暴雪的产生和维持提供了充足的水汽(图 2-2-208)。

地面图上，阿勒泰地区处在冷锋前部、暖锋后部的暖性区域内，暴雪产生时段，850 百帕上，阿勒泰地区处在西南风与东南风的切变线上。随着地面冷高压东移，冷锋过境，在伊犁和塔城地区产生暴雪(图 2-2-209，图 2-2-210)。

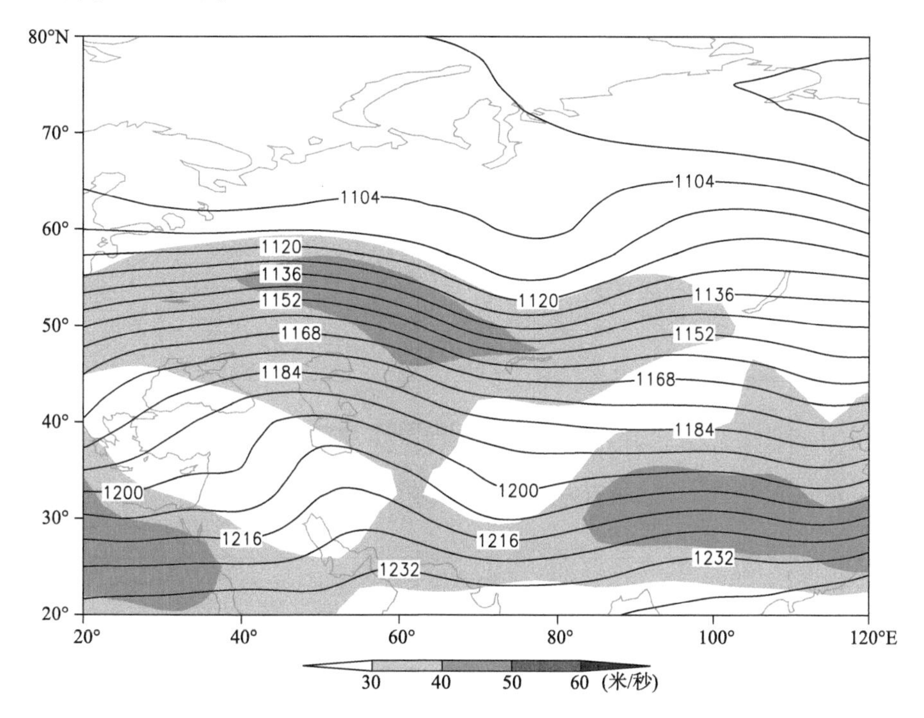

图 2-2-205　1980 年 11 月 27 日 20 时 200 百帕位势高度场(单位:位势什米)，阴影表示风速大于 30 米/秒急流区

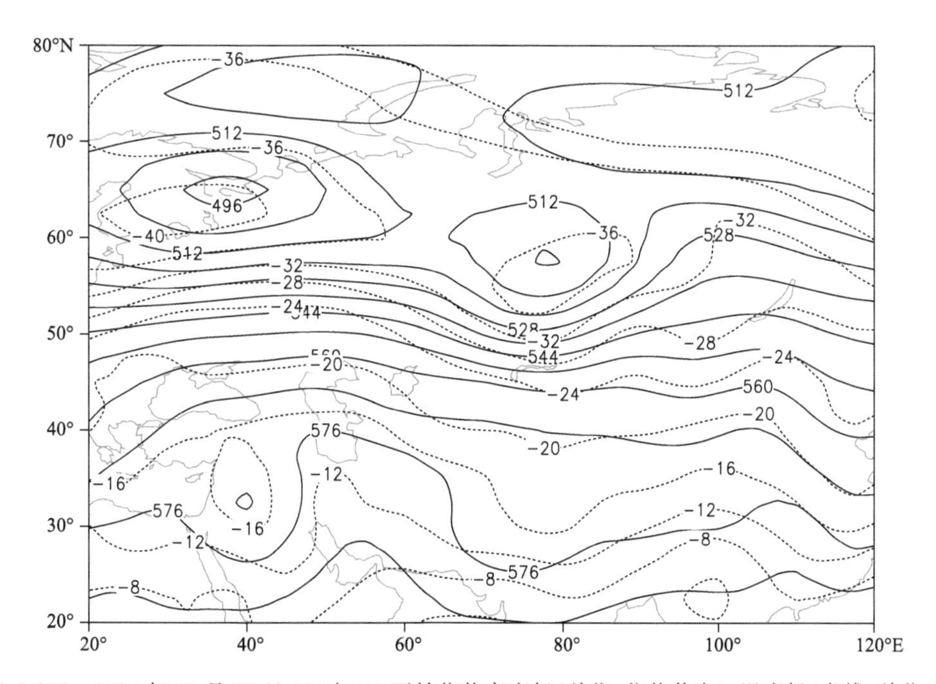

图 2-2-206　1980 年 11 月 27 日 20 时 500 百帕位势高度场(单位:位势什米)，温度场(虚线，单位:℃)

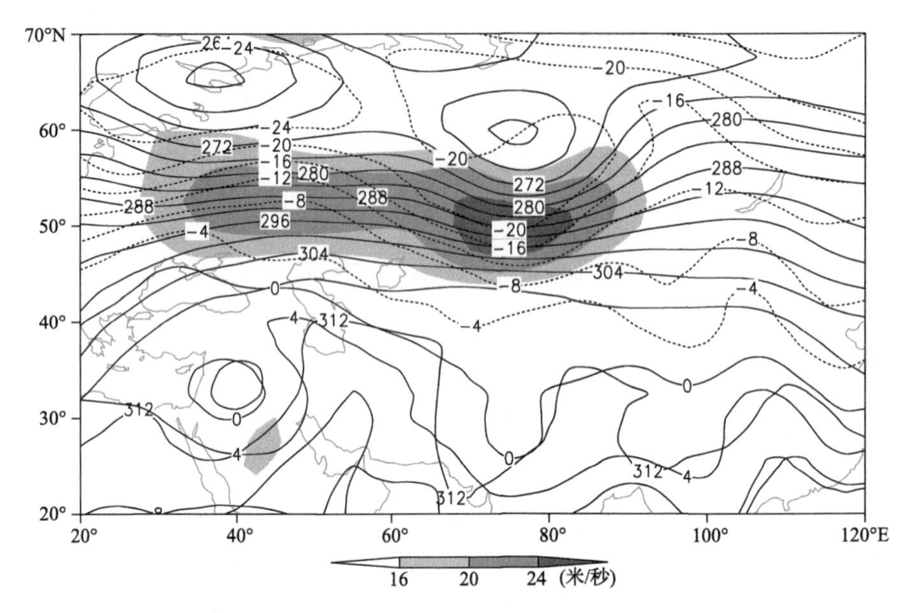

图 2-2-207　1980 年 11 月 27 日 20 时 700 百帕位势高度场(单位:位势什米),阴影表示风速大于 16 米/秒急流区

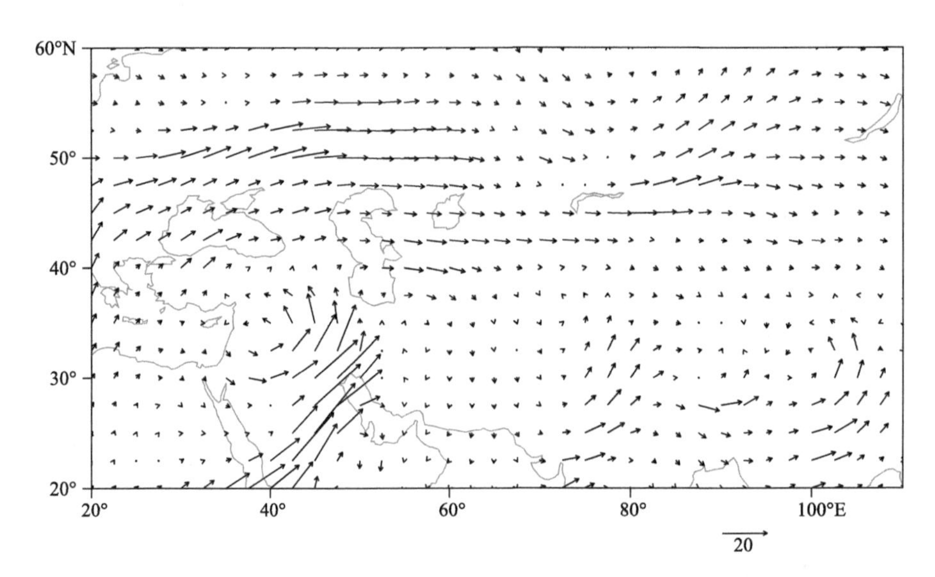

图 2-2-208　1980 年 11 月 27 日 20 时 700 百帕水汽通量场(单位:克/(厘米·百帕·秒))

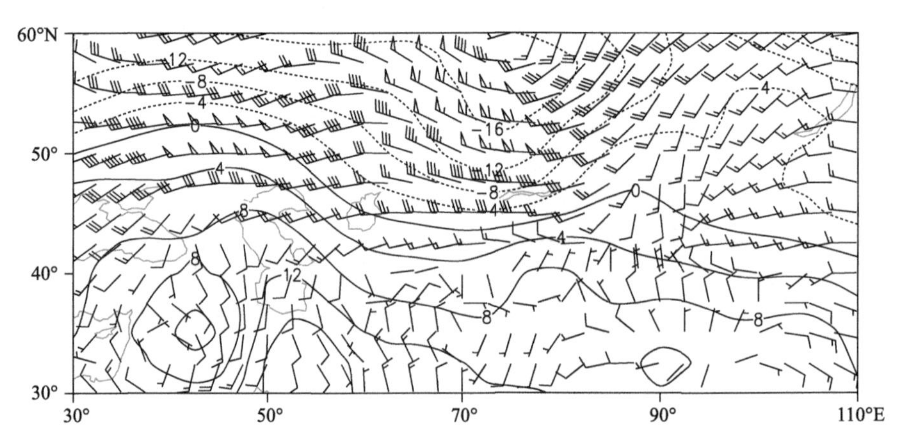

图 2-2-209　1980 年 11 月 27 日 20 时 850 百帕风场(单位:米/秒),温度场(单位:℃)

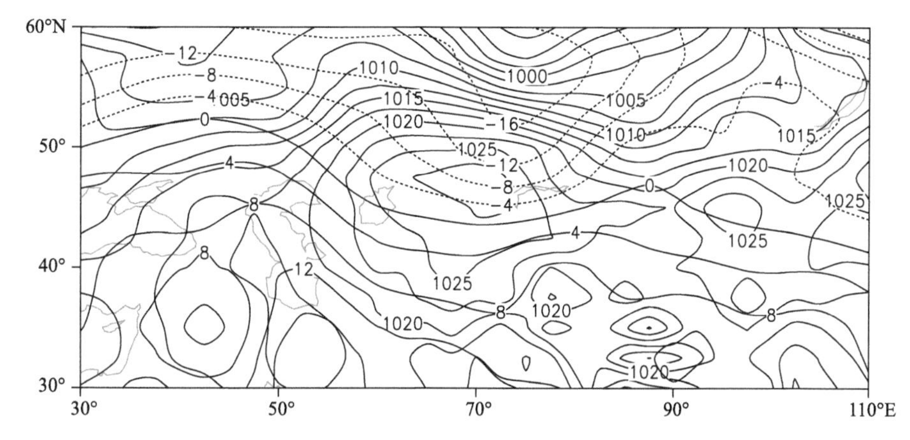

图 2-2-210　1980 年 11 月 27 日 20 时地面气压场(单位:百帕),850 百帕温度场(单位:℃)

2.2.31　伊犁哈萨克自治州暴雪(1980-12-14)

【降雪实况】1980 年 12 月 14 日,伊犁哈萨克自治州伊宁县、伊宁市、察布查尔锡伯自治县出现暴雪,24 小时降雪量分别为 16.5 毫米、18.5 毫米、16.7 毫米(图 2-2-211)。

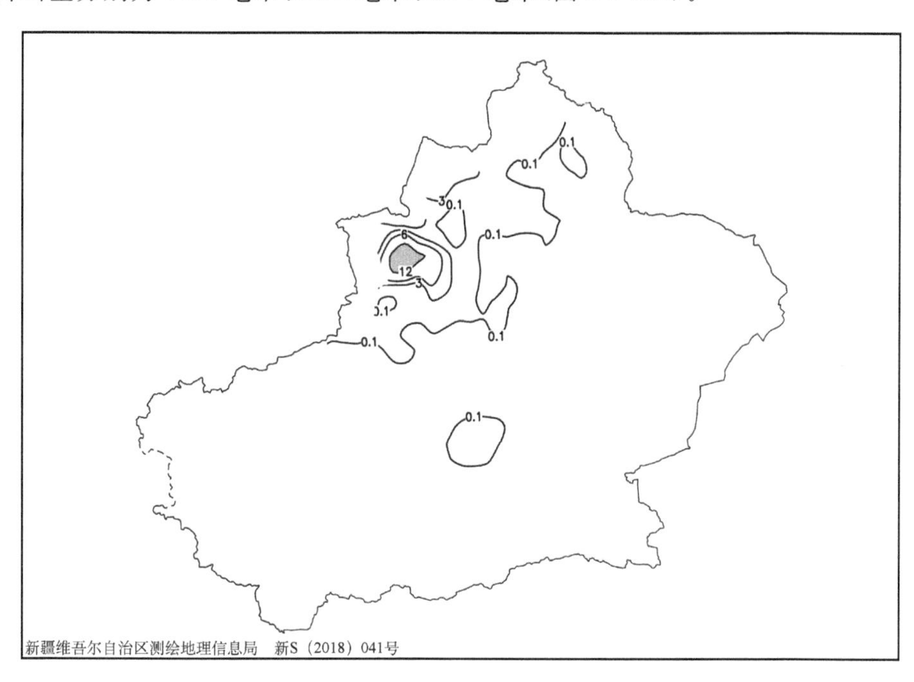

图 2-2-211　1980 年 12 月 13 日 20 时—14 日 20 时降雪量分布图(单位:毫米)

【天气形势】500 百帕环流场上,过程前期欧亚中高纬度分为南、北两个环流系统,均表现为一脊一槽的形式,北支槽位于乌拉尔山西部,槽中伴有小于−43℃的冷中心,低槽东移过程中不断分裂弱短波东移南下(图 2-2-213)。南支锋区上的低槽位于阿拉伯半岛,新疆受南支系统上的高压脊控制,南支锋区上的低槽不断加深形成闭合低涡,低涡不断分短波槽东移北上与北支槽在伊犁地区汇合,在河谷地区产生暴雪。

200 百帕上,北疆受西南急流影响,暴雪区位于高空急流入口右侧区域,高空的辐散有利于暴雪区上升运动的发展和维持(图 2-2-212)。700 百帕上同样有一支西南急流,低空急流有利于水汽和不稳定能量向暴雪区输送,为伊犁地区的暴雪天气提供了充沛的水汽和不稳定能量(图 2-2-214,图 2-2-215)。

地面图上,13 日 20 时,里海、咸海北部和蒙古西部为冷高压,北疆受低压“倒槽”影响,伊犁处于地面冷锋前部、暖锋后部的暖性区域中,850 百帕上偏南风与东南风在伊犁地区形成暖式风向和风速的切变与辐合,加之河谷地区的地形阻挡和抬升作用,有利于暴雪的发生和维持(图 2-2-216,图 2-2-217)。

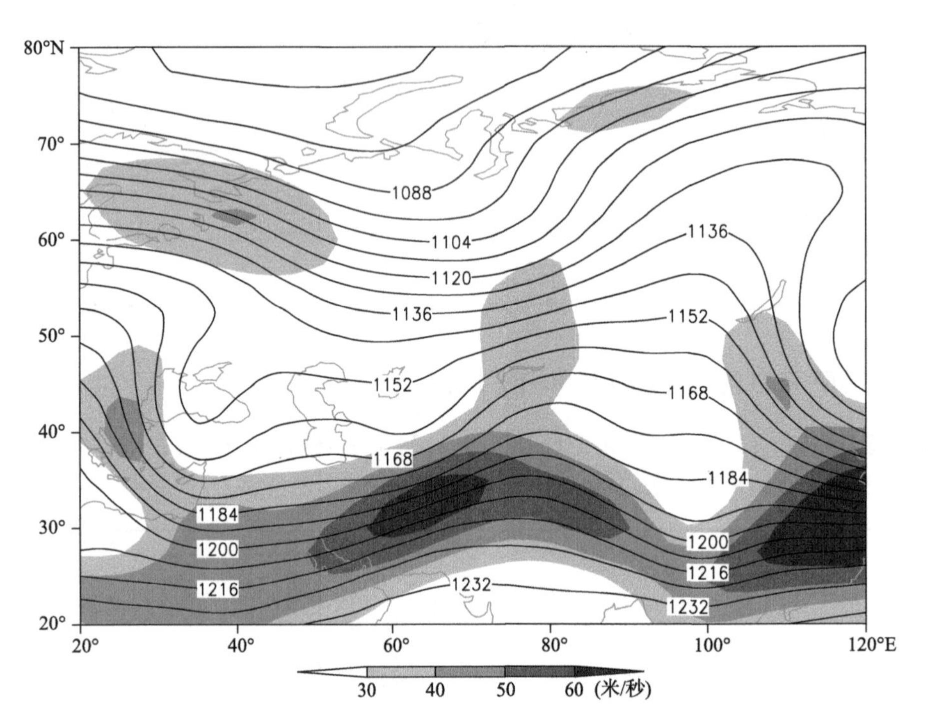

图 2-2-212　1980 年 12 月 13 日 20 时 200 百帕位势高度场(单位:位势什米),阴影表示风速大于 30 米/秒急流区

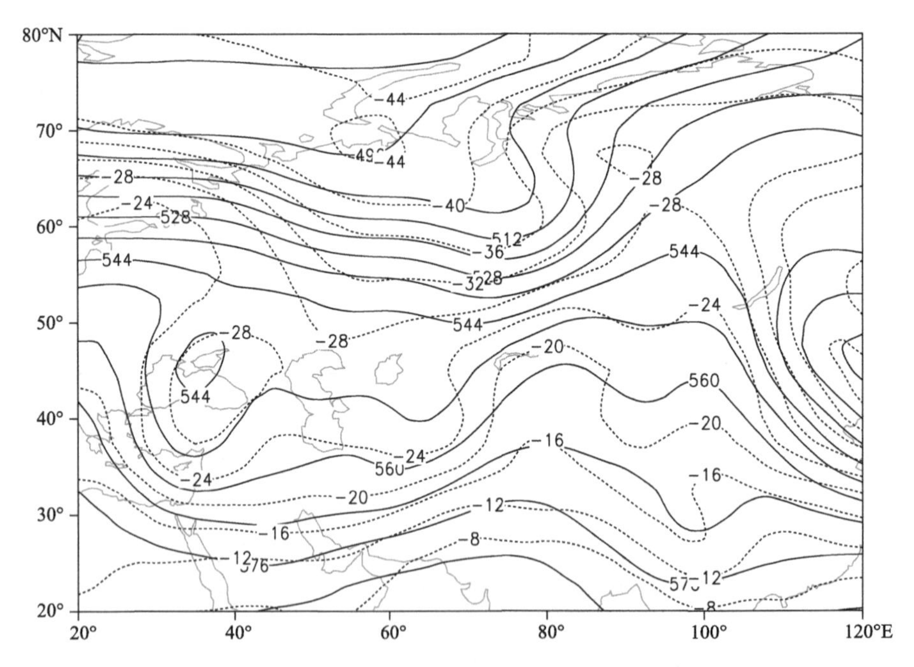

图 2-2-213　1980 年 12 月 13 日 20 时 500 百帕位势高度场(单位:位势什米),温度场(虚线,单位:℃)

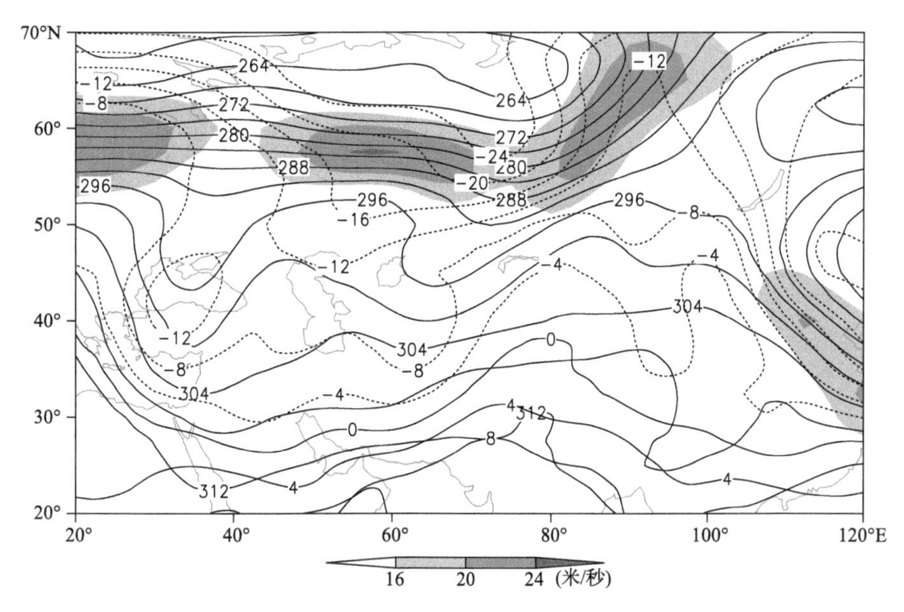

图 2-2-214　1980 年 12 月 13 日 20 时 700 百帕位势高度场(单位:位势什米),阴影表示风速大于 16 米/秒急流区

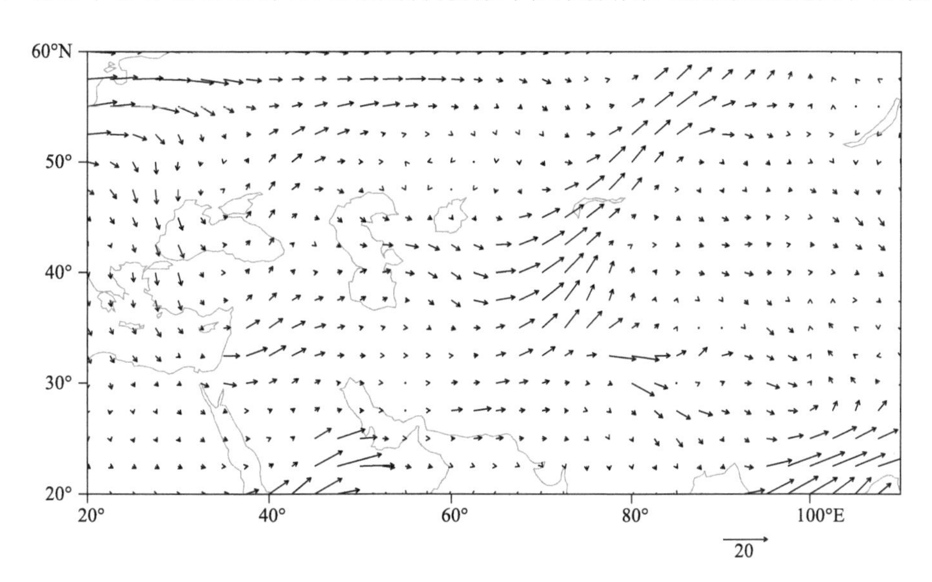

图 2-2-215　1980 年 12 月 13 日 20 时 700 百帕水汽通量场(单位:克/(厘米·百帕·秒))

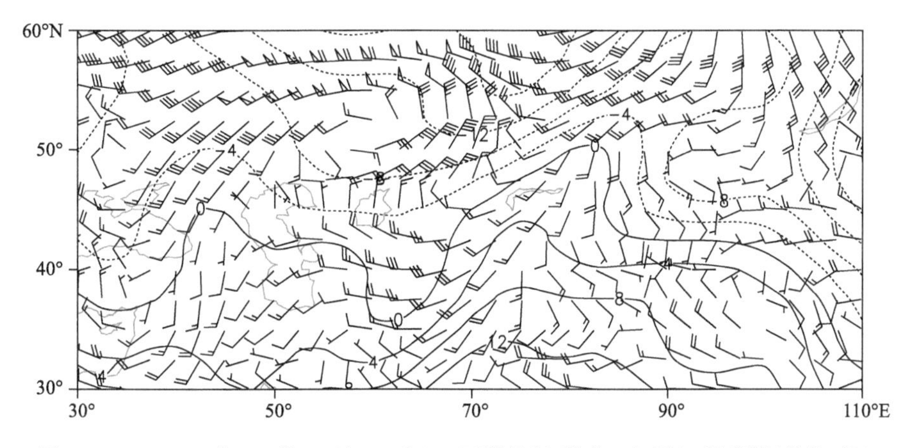

图 2-2-216　1980 年 12 月 13 日 20 时 850 百帕风场(单位:米/秒),温度场(单位:℃)

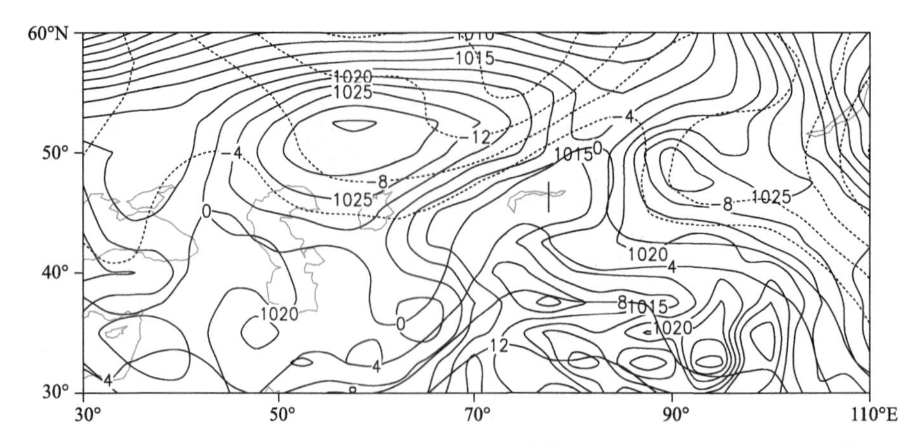

图 2-2-217　1980 年 12 月 13 日 20 时地面气压场(单位:百帕),850 百帕温度场(单位:℃)

2.2.32　乌鲁木齐市、昌吉回族自治州暴雪(1981-03-22)

【降雪实况】1981 年 3 月 22 日,乌鲁木齐市、米东区,昌吉回族自治州昌吉市出现暴雪,24 小时降雪量分别为 16.4 毫米、12.7 毫米、13.9 毫米(图 2-2-218)。

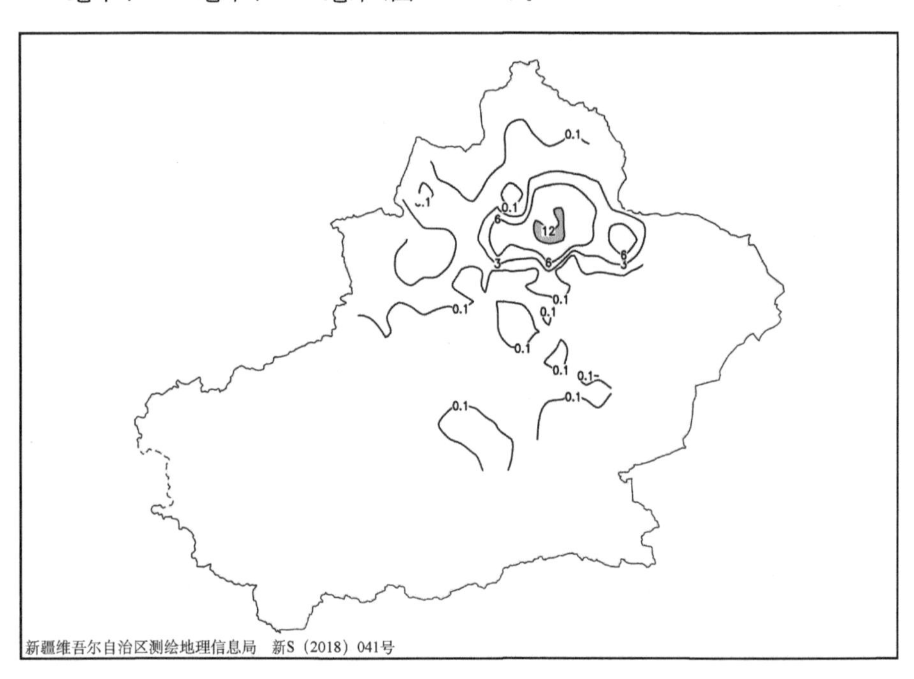

图 2-2-218　1981 年 3 月 21 日 20 时—22 日 20 时降雪量分布图(单位:毫米)

【天气形势】500 百帕环流场上,过程前期北支锋区为较为平直的纬向环流,南支锋区为两槽两脊,其中,地中海到黑海为低涡活动区,低涡旋转将西南暖湿气流向里海、黑海脊输送,促进和维持脊的发展(图 2-2-220)。随着欧洲北部上空低涡的生成与东移,北支上的纬向环流遭到破坏,同时泰梅尔半岛极地高压东南下,使北支锋区在欧亚范围同样表现为两槽两脊的形势。降雪开始前,乌拉尔西部的脊与里海脊在乌拉尔山西侧叠加形成长波脊,在 70°E 上建立西西伯利亚低槽,低槽东移给乌鲁木齐和昌吉带来暴雪天气。

暴雪过程中,200 百帕上有一个风速大于 50 米/秒的西南急流轴维持在中天山一带,为暴雪的产生提供了较强的高空抽吸作用,降雪明显的时段,北疆中天山地区处于高空急流出口区左侧正涡度平流区,所以,高空急流出口区左前方为辐散区,强烈的高层辐散抽吸作用加强了中低层系统强烈发展,有利于强降雪产生(图 2-2-219)。700 百帕上,北疆受低空偏北急流控制,乌鲁木齐和昌吉位于低空偏北急流出口区的左侧,低空偏北急流携带的湿冷空气在天山地形强迫抬升作用下,与中高层西南急流叠加,加剧了风场的辐合及垂直上升运动，有利于冷暖交汇与水汽的聚集(图 2-2-221，图 2-2-222)。暴雪发生前，北疆中天山一带 850 百帕存在偏北风和西北风的冷式切变，对强降雪的持续提供有利的动力支持(图 2-2-223)。

地面场上，21 日 20 时，中心为 1035.5 百帕的地面冷高压位于哈萨克丘陵北部，地面冷高压沿西方路径逐渐东移(图 2-2-224)，22 日 08 时，昌吉和乌鲁木齐均处在强锋区带上，在地形作用下，冷锋强度在迎风坡加强，在冷锋前和逐渐东移过境的升压、降温区域内出现暴雪。

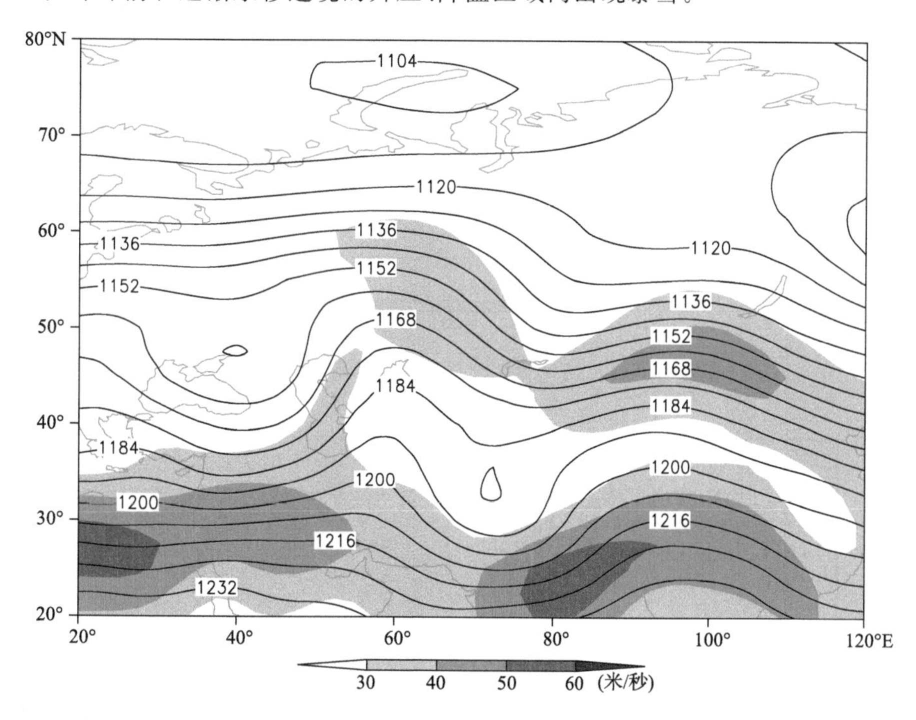

图 2-2-219　1981 年 3 月 21 日 20 时 200 百帕位势高度场(单位：位势什米)，阴影表示风速大于 30 米/秒急流区

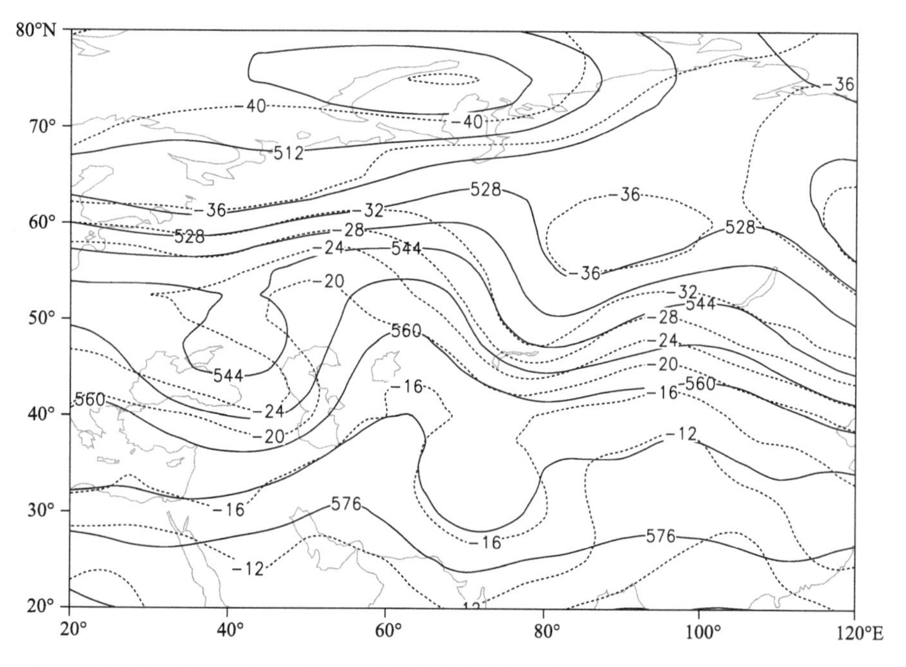

图 2-2-220　1981 年 3 月 21 日 20 时 500 百帕位势高度场(单位：位势什米)，温度场(虚线，单位：℃)

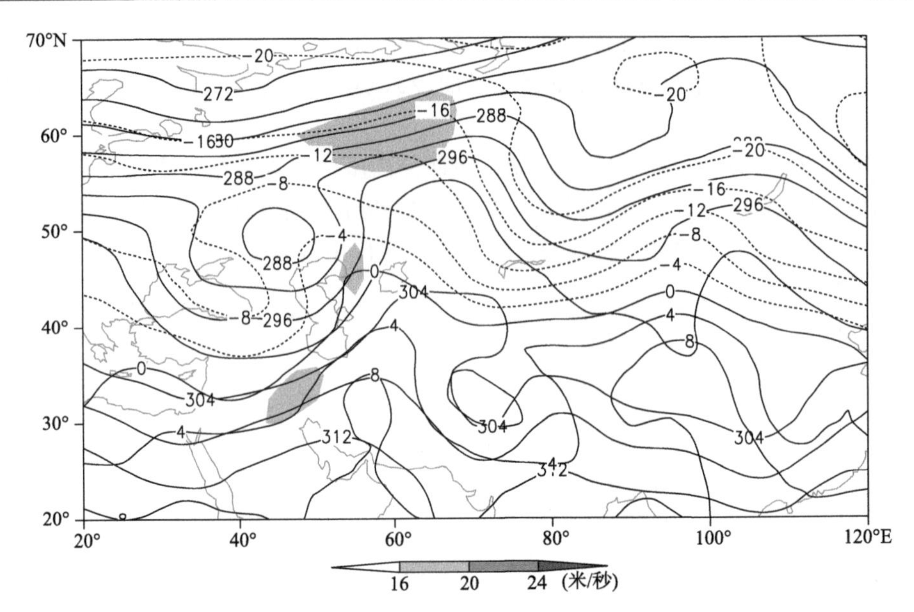

图 2-2-221　1981 年 3 月 21 日 20 时 700 百帕位势高度场(单位:位势什米),阴影表示风速大于 16 米/秒急流区

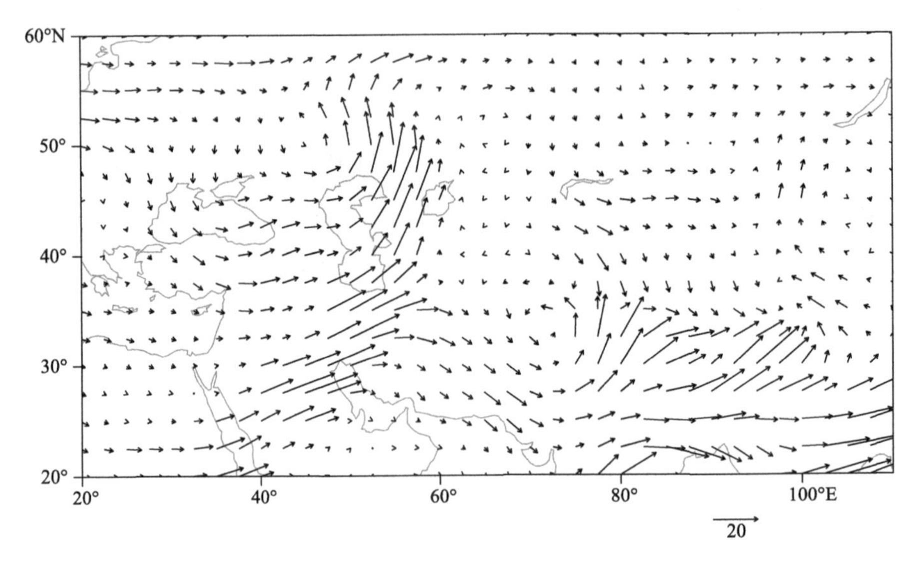

图 2-2-222　1981 年 3 月 21 日 20 时 700 百帕水汽通量场(单位:克/(厘米·百帕·秒))

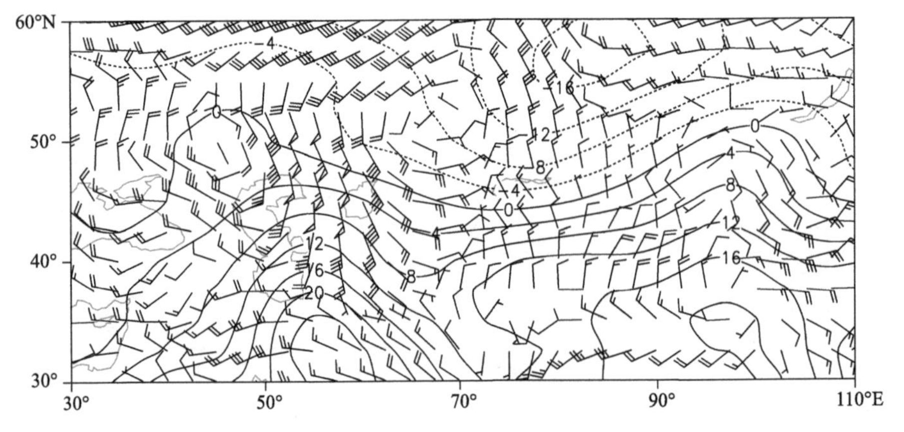

图 2-2-223　1981 年 3 月 21 日 20 时 850 百帕风场(单位:米/秒),温度场(单位:℃)

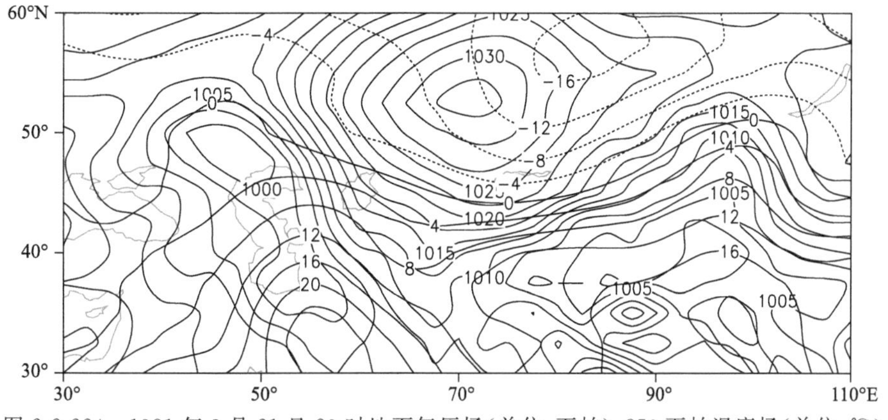

图 2-2-224　1981 年 3 月 21 日 20 时地面气压场(单位:百帕),850 百帕温度场(单位:℃)

2.2.33　昌吉回族自治州、乌鲁木齐市暴雪(1983-11-06)

【降雪实况】1983 年 11 月 6 日,昌吉回族自治州木垒县、天池,乌鲁木齐市、小渠子站出现暴雪,24 小时降雪量分别为 17.3 毫米、15.1 毫米、13.8 毫米、20.9 毫米(图 2-2-225)。

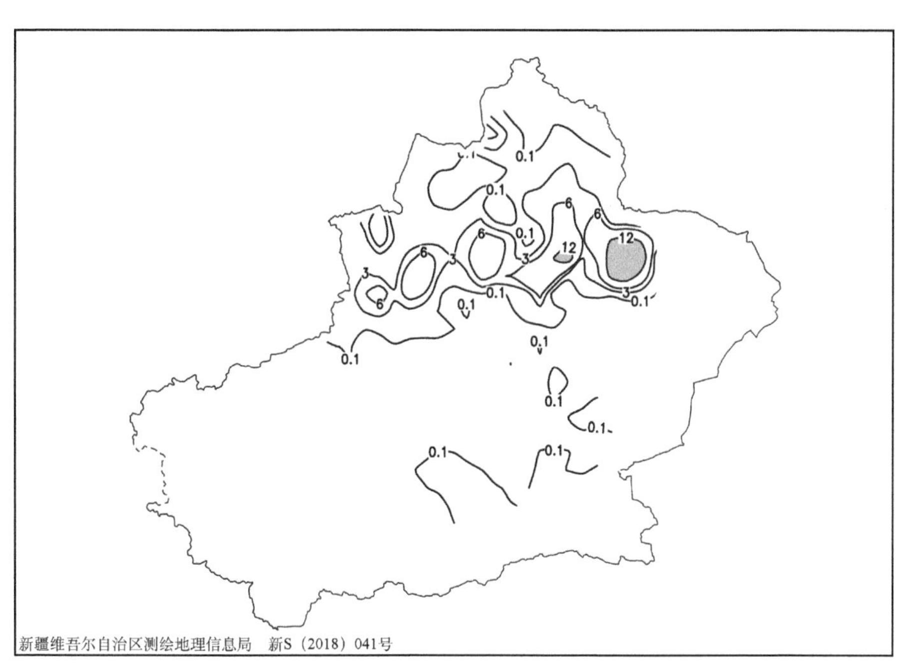

图 2-2-225　1983 年 11 月 5 日 20 时—6 日 20 时降雪量分布图(单位:毫米)

【天气形势】500 百帕环流场上,降雪开始前,欧亚中高纬度为两脊一槽的环流形势,即欧洲北部和蒙古为高压脊,40°～80°E 为低槽活动区,低涡中心位于新地岛,低于－43℃的冷中心位于新地岛西部巴伦支海上(图 2-2-227)。欧洲北部脊前正变高南落,巴伦支海上的强冷空气大举南下进入中亚,使低槽加深东移,5 日 08 时,低槽移至中亚,槽前强锋区压在新疆西北部边境线以外。中亚低槽缓慢东移,槽前强锋区压在中天山地区,在昌吉和乌鲁木齐产生暴雪。

对流层上层的 200 百帕上有一支西南高空急流,暴雪发生时段,中天山北麓处于急流入口区右侧,高空急流在高层起到了辐散抽吸的作用,有利于低层辐合上升运动的加剧(图 2-2-226)。700 百帕上,北疆中天山地区受低空西北急流控制,昌吉和乌鲁木齐处于低空西北急流出口区左侧,加之天山地形辐合抬升作用,有利于冷暖交汇与水汽的聚集(图 2-2-228,图 2-2-229)。暴雪发生时,850 百帕上北疆中天山地区存在西北风和东北风的切变和辐合,对强降雪的持续提供了有利的动力支持(图 2-2-230)。

地面图上,5 日 20 时,中心强度为 1037.5 百帕的地面冷高压中心位于伊朗高原北部,地面冷高压沿西方路径逐渐东移,冷锋过境,给昌吉和乌鲁木齐带来暴雪天气(图 2-2-231)。

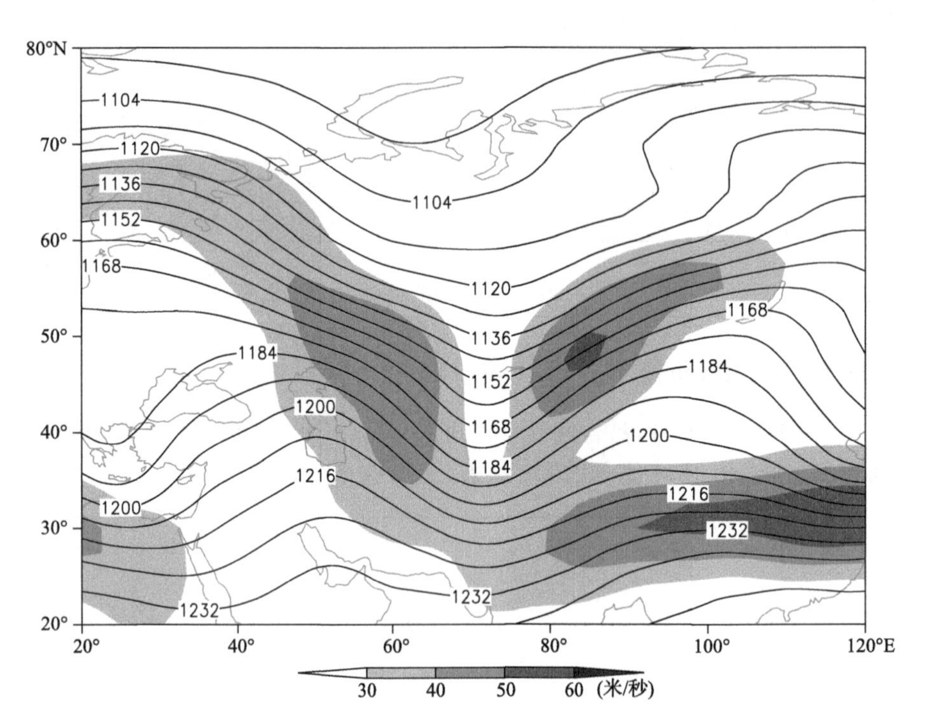

图 2-2-226　1983 年 11 月 5 日 20 时 200 百帕位势高度场(单位:位势什米),阴影表示风速大于 30 米/秒急流区

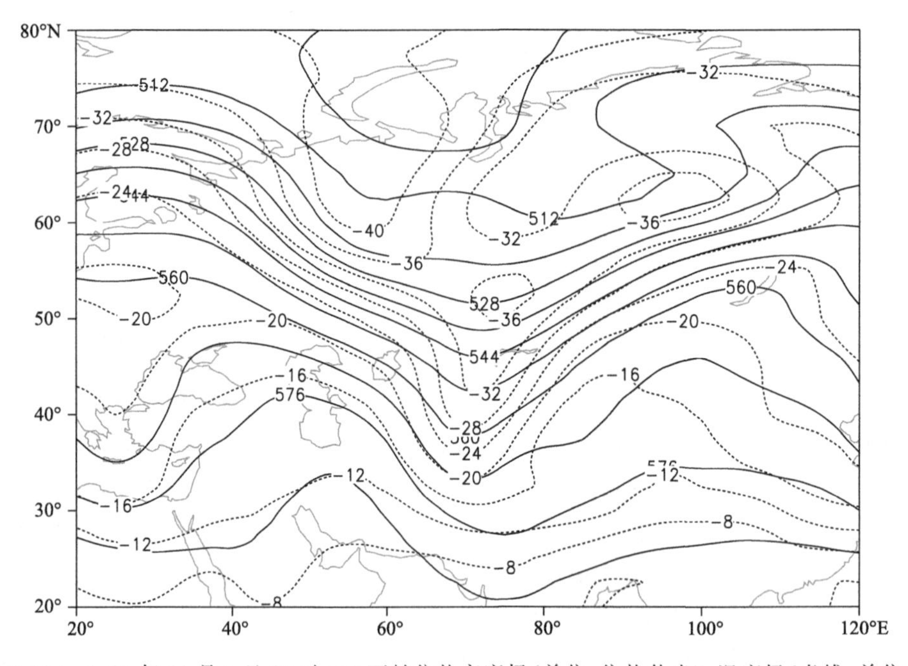

图 2-2-227　1983 年 11 月 5 日 20 时 500 百帕位势高度场(单位:位势什米),温度场(虚线,单位:℃)

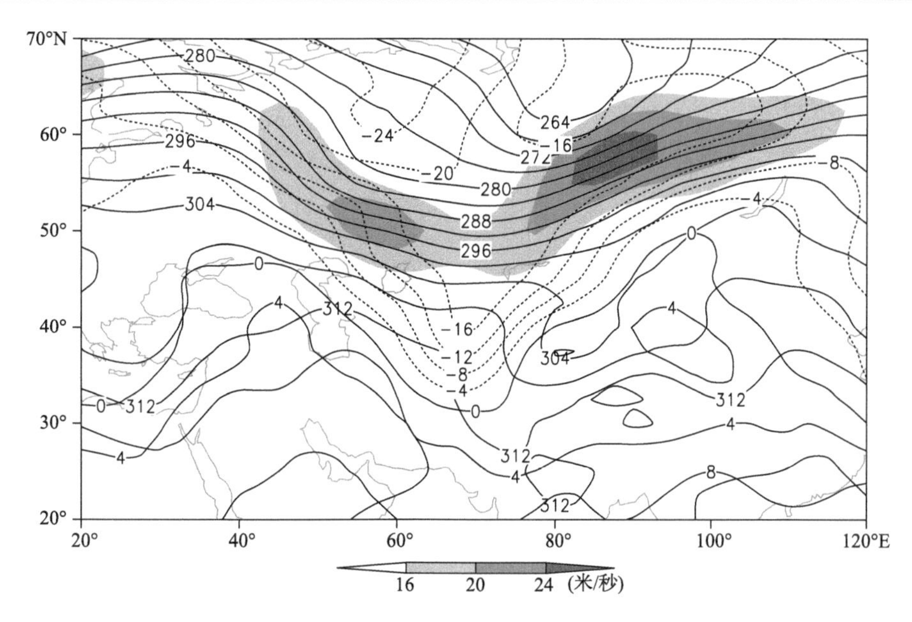

图 2-2-228 1983年11月5日20时700百帕位势高度场(单位:位势什米),阴影表示风速大于16米/秒急流区

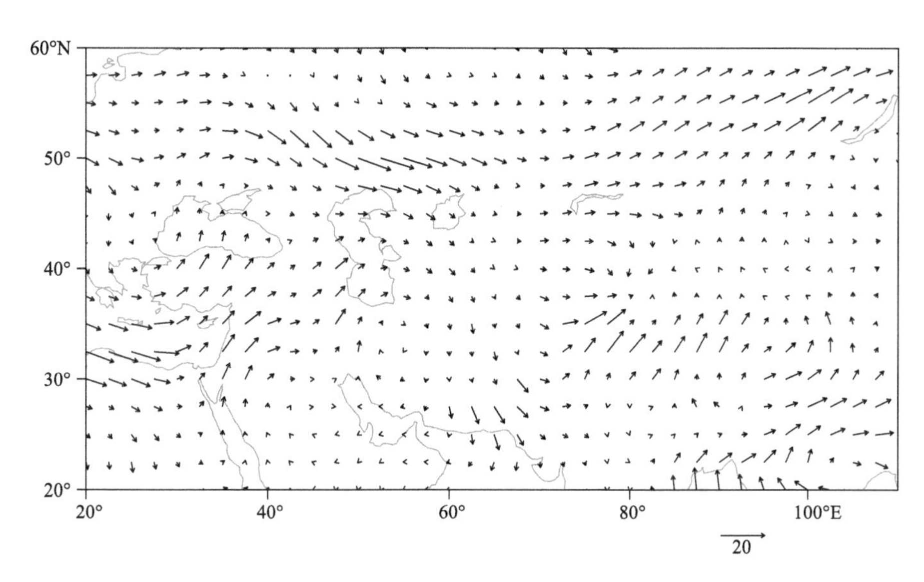

图 2-2-229 1983年11月5日20时700百帕水汽通量场(单位:克/(厘米·百帕·秒))

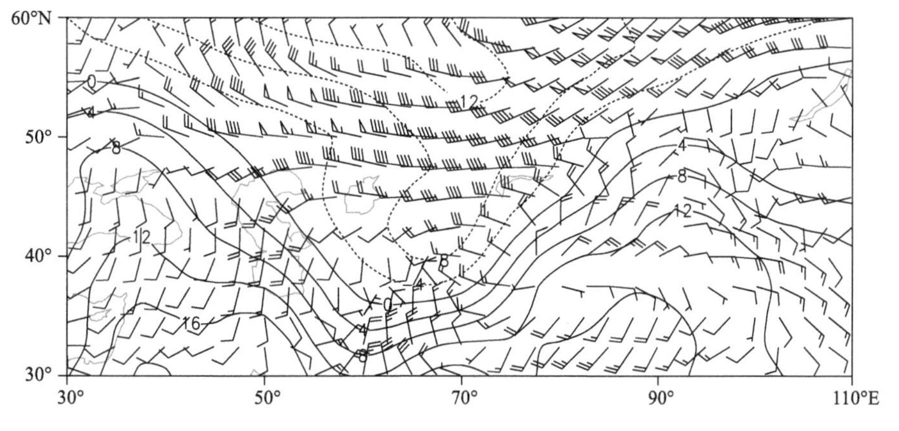

图 2-2-230 1983年11月5日20时850百帕风场(单位:米/秒),温度场(单位:℃)

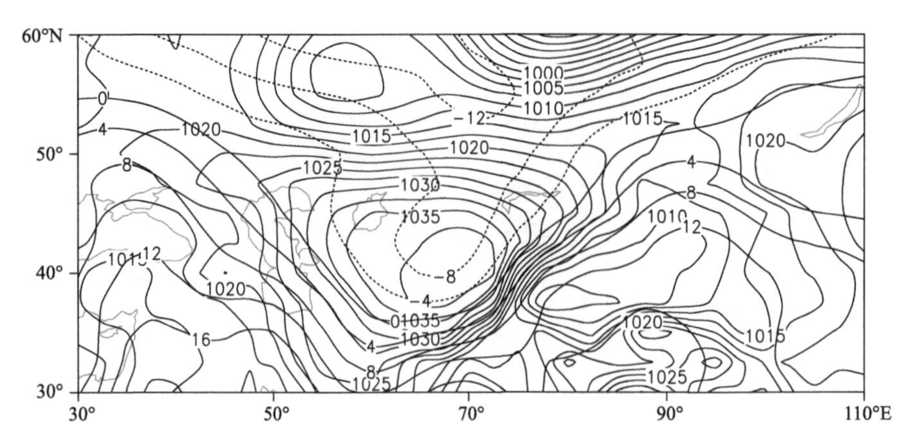

图 2-2-231　1983 年 11 月 5 日 20 时地面气压场(单位:百帕),850 百帕温度场(单位:℃)

2.2.34　伊犁哈萨克自治州、昌吉回族自治州、石河子市、塔城地区暴雪(1984-03-29)

【降雪实况】1984 年 3 月 29 日,伊犁哈萨克自治州特克斯县、新源县,昌吉回族自治州呼图壁县、玛纳斯县,石河子地区乌拉乌苏镇、石河子市、炮台镇,塔城地区沙湾县、乌苏市出现暴雪,24 小时降雪量分别为 17.8 毫米、19.1 毫米、16.4 毫米、18.7 毫米、14.8 毫米、15.0 毫米、15.6 毫米、13.9 毫米、12.7 毫米(图 2-2-232)。

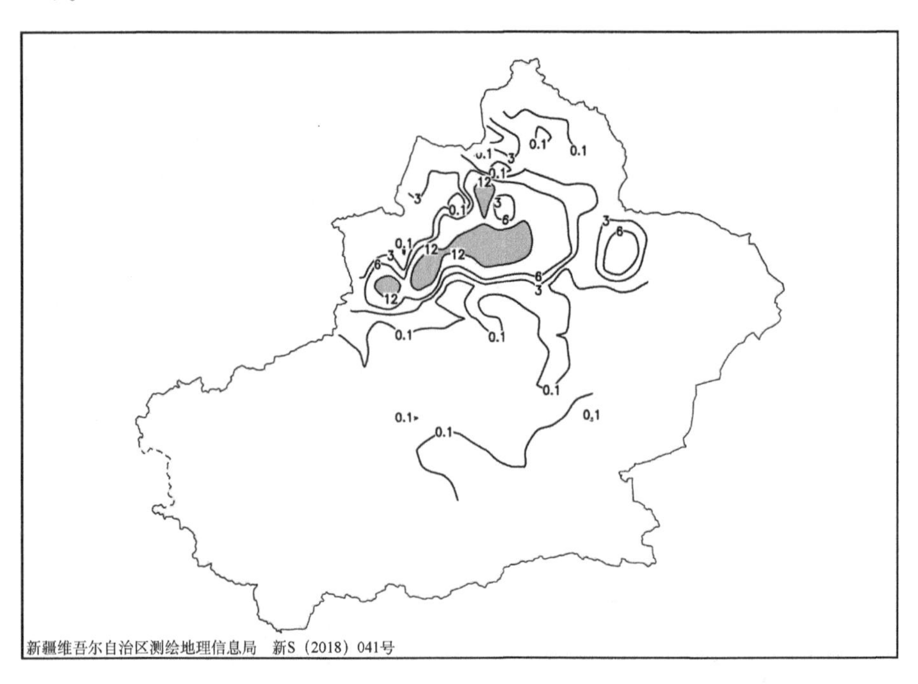

图 2-2-232　1984 年 3 月 28 日 20 时—29 日 20 时降雪量分布图(单位:毫米)

【天气形势】500 百帕环流场上,过程前期欧亚中高纬度分为南、北两个系统,新疆受南支系统上的高压脊控制(图 2-2-234)。27 日 20 时,北支系统在乌拉尔山形成闭合低涡,低涡伴有－36℃的冷中心,南支锋区上不断有短波槽东移与低涡底部分裂的短波槽叠加,南北两支锋区在巴尔喀什湖汇合,在北疆沿天山一带产生暴雪。

暴雪过程中,200 百帕上有一支西南急流轴维持在中天山一带,高空西南急流有两个急流核,一个位于北疆北部,急流核风速大于 40 米/秒,另一个位于伊朗高原,风速大于 50 米/秒,两个急流核缓慢向东北移动,为暴雪的产生提供了较强的高空抽吸作用,降雪明显的时段,北疆沿天山一带先处于高空急流核出口区左侧,后处于急流核入口区右侧的正涡度平流区,高空急流出口区左前方和入口区右侧为辐散区,强烈的高层辐散抽吸作用加强了中低层系统强烈发展,有利于强降雪产生和维持(图 2-2-233)。

700 百帕上，从乌拉尔山南部到北疆有一支西北急流，急流轴随着西西伯利亚低压东移南压，低空西北急流携带湿冷空气经天山地形强迫抬升，同中高层西南急流叠加，加强了风场辐合及垂直上升运动，有利于冷暖交汇与水汽的聚集。充沛的水汽输送是形成较大降水的必要条件(图 2-2-235)。从 700 百帕水汽通量场可以看出，来自中高纬度和黑海的水汽在里海汇聚后，沿西风带向东输送至巴尔喀什湖，之后由低空西北急流输送至北疆沿天山一线，为暴雪的产生和维持提供了充足的水汽。暴雪发生前北疆沿天山一带对流层中低层一直存在西北风和偏东风的冷式切变，对暴雪的持续提供了有利的动力条件(图 2-2-236)。

地面图上，28 日 20 时，冷高压中心位于欧洲中部，冷高压舌伸到北疆，在冷锋前及其逐渐东移过境的升压、降温区域内产生暴雪(图 2-2-237，图 2-2-238)。

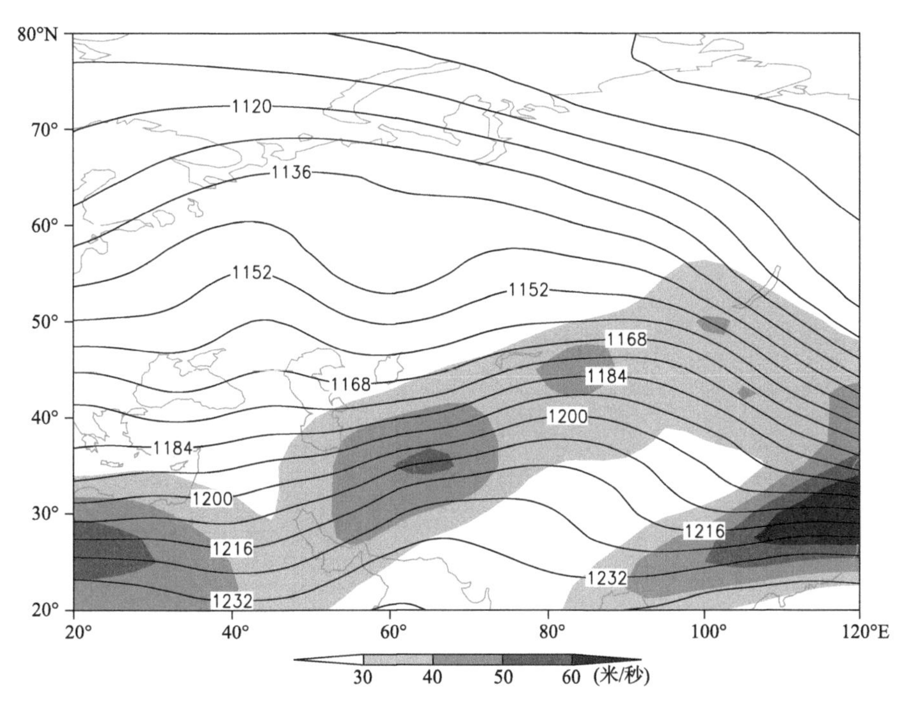

图 2-2-233　1984 年 3 月 28 日 20 时 200 百帕位势高度场(单位：位势什米)，阴影表示风速大于 30 米/秒急流区

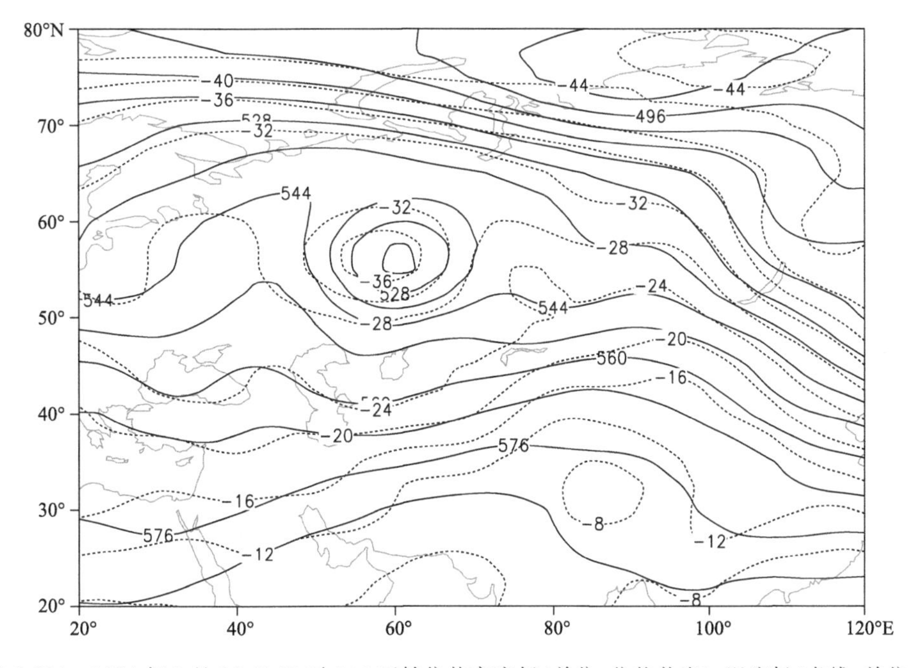

图 2-2-234　1984 年 3 月 28 日 20 时 500 百帕位势高度场(单位：位势什米)，温度场(虚线，单位：℃)

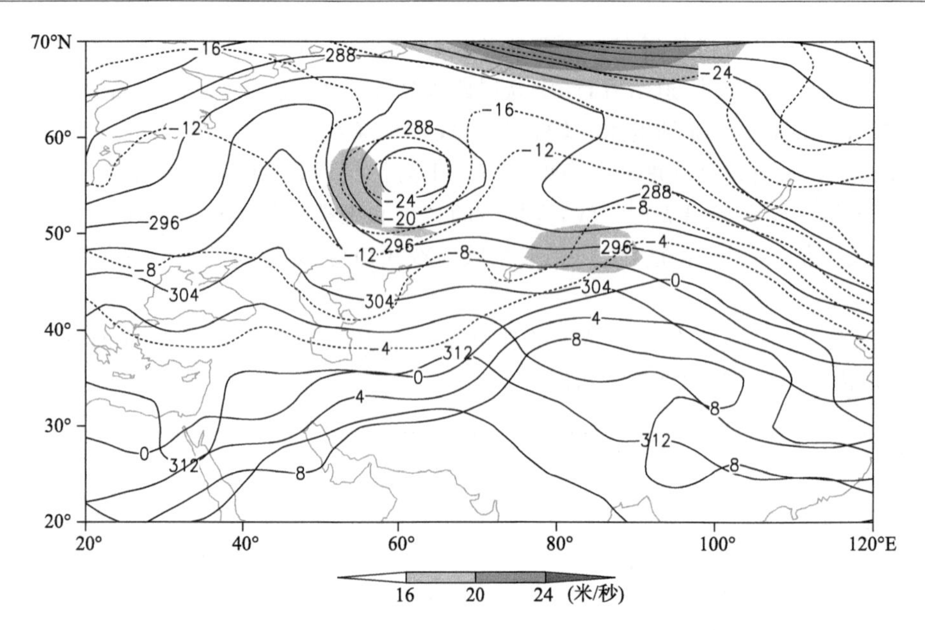

图 2-2-235　1984 年 3 月 28 日 20 时 700 百帕位势高度场(单位:位势什米),阴影表示风速大于 16 米/秒急流区

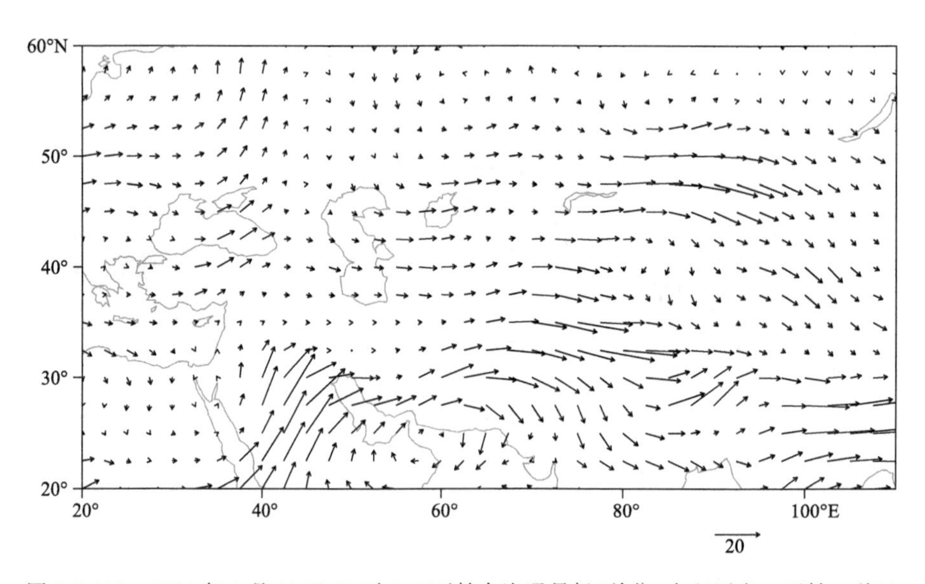

图 2-2-236　1984 年 3 月 28 日 20 时 700 百帕水汽通量场(单位:克/(厘米·百帕·秒))

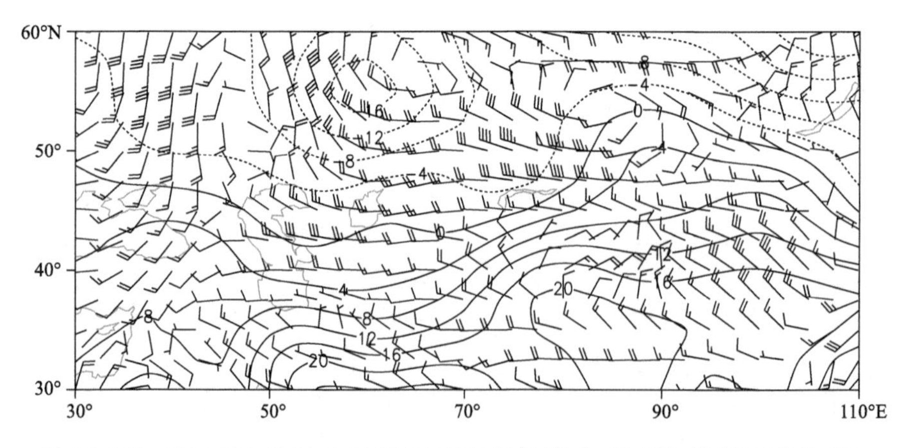

图 2-2-237　1984 年 3 月 28 日 20 时 850 百帕风场(单位:米/秒),温度场(单位:℃)

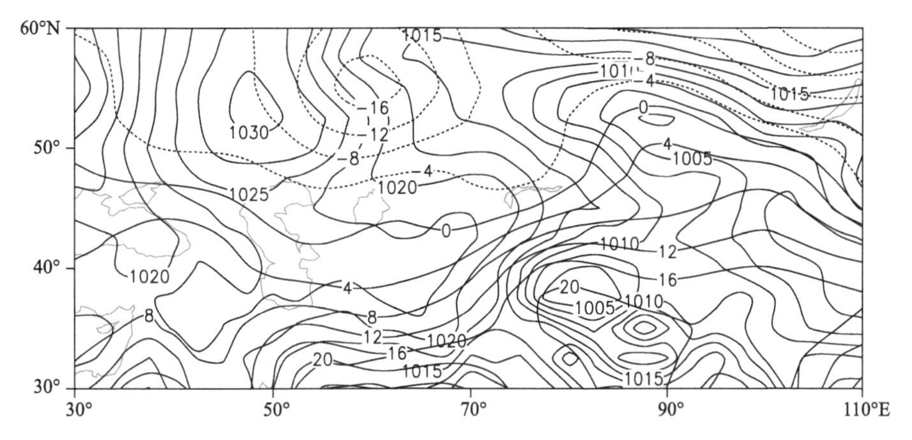

图 2-2-238　1984 年 3 月 28 日 20 时地面气压场(单位:百帕),850 百帕温度场(单位:℃)

2.2.35　伊犁哈萨克自治州、昌吉回族自治州暴雪(1984-11-04)

【降雪实况】1984 年 11 月 4 日,伊犁哈萨克自治州霍尔果斯市、霍城县、伊宁市、伊宁县、特克斯县,昌吉回族自治州玛纳斯县出现暴雪,24 小时降雪量分别为 16.5 毫米、14.7 毫米、12.3 毫米、13.4 毫米、14.7 毫米、15.8 毫米(图 2-2-239)。

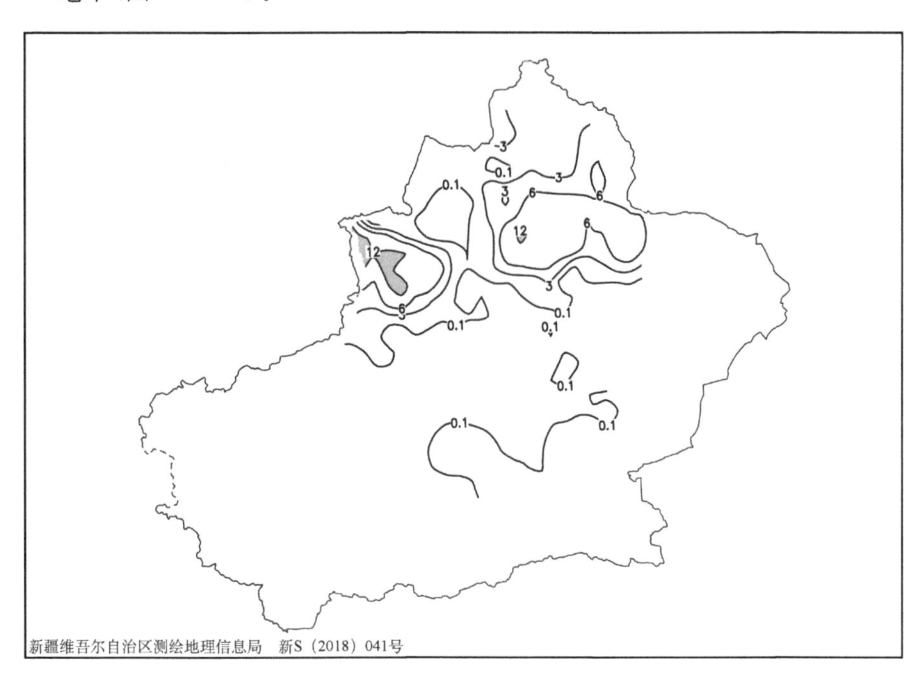

图 2-2-239　1984 年 11 月 3 日 20 时—4 日 20 时降雪量分布图(单位:毫米)

【天气形势】500 百帕环流场上,降雪开始前欧亚中高纬度表现为两脊一槽的环流形势,即欧洲东部和外蒙古为高压脊,低槽位于乌拉尔山西侧,冷空气主体位于低槽北部(图 2-2-241)。3 日 08 时,黑海西北部阻塞高压形势逐渐形成并发展强盛,推动乌拉尔槽东移进入中亚,形成中亚槽,与此同时,伊朗高压脊北伸,脊前低槽与中亚槽在新疆西部同位相叠加,为伊犁地区的暴雪天气过程提供了有利的环流背景。

200 百帕上,新疆持续受西南急流影响,伊犁河谷地区处于急流入口区的右侧(图 2-2-240)。700 百帕从里海、咸海南部到新疆西北部有一支强劲的西南急流,急流轴中心风速大于 20 米/秒,急流出口直指伊犁河谷地区,暴雪区位于高、低空两支急流的交汇区域,即高空急流入口区的右侧,低空急流的左前侧。低空辐散、高空辐合的环流配置,为暴雪天气过程的产生提供了充沛的水汽和上升运动(图 2-2-242)。暴雪发生前和发生时,700 百帕水汽通量高值带位于欧洲中部和中亚,降雪过程中,低空西南急流使得水汽明显辐合,加强上升运动,将欧洲中部的水汽通过接力输送机制输送到伊犁河谷,源源不断的水汽供应是这次暴雪形成的重要原因之一(图 2-2-243)。

地面图上,3 日 20 时,冷高压中心位于里海、咸海地区,强度为 1027.5 百帕(图 2-2-244,图 2-2-245)。冷高压不断加强东南移,4 日 08 时,冷高压移至中亚地区,中心加强为 1032.5 百帕,冷锋已压至新疆西部,冷锋东移过境,在北疆沿天山一带产生暴雪天气。

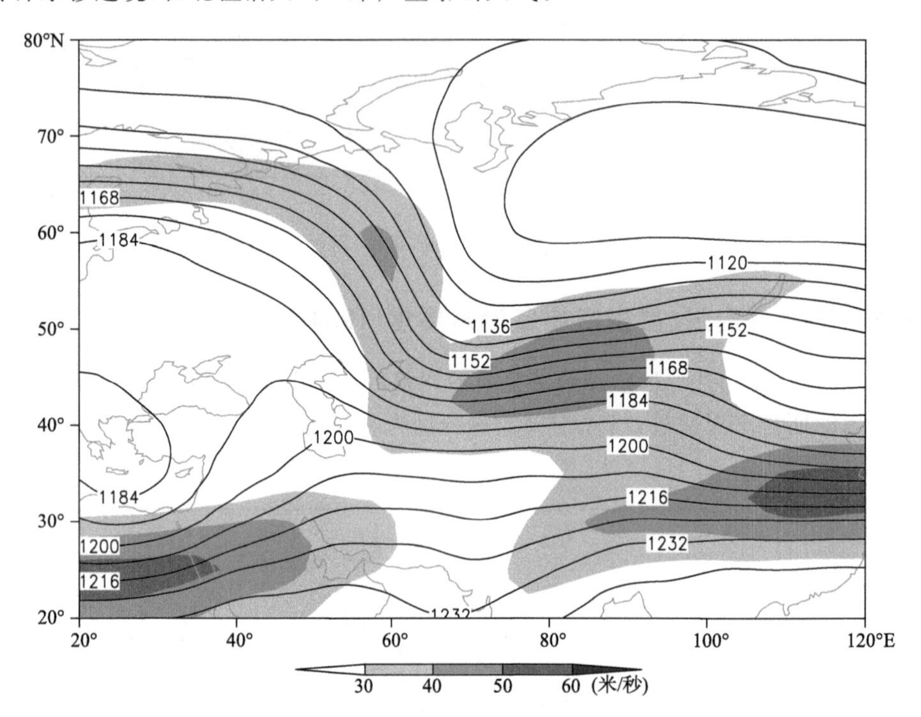

图 2-2-240　1984 年 11 月 3 日 20 时 200 百帕位势高度场(单位:位势什米),阴影表示风速大于 30 米/秒急流区

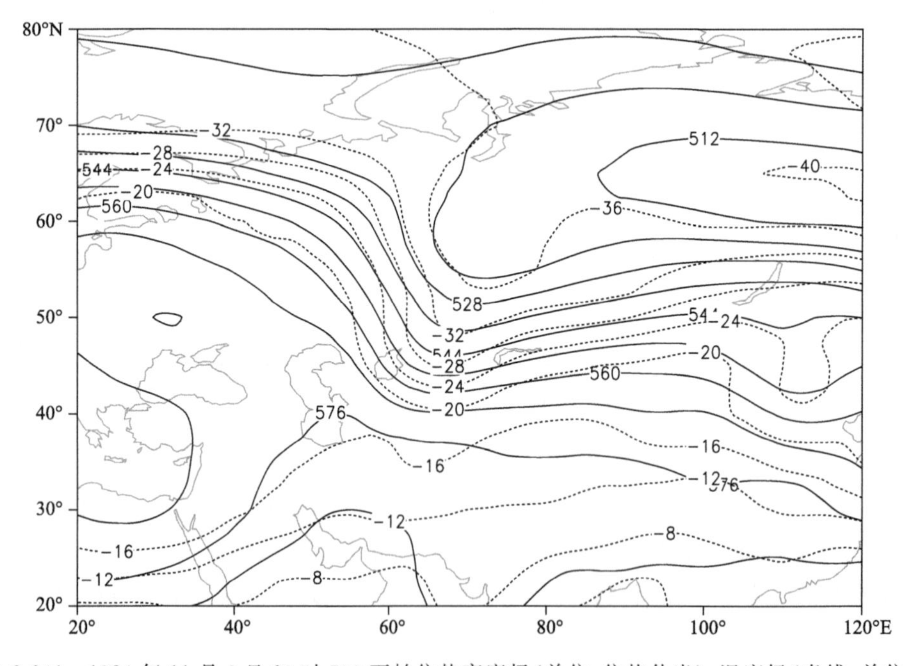

图 2-2-241　1984 年 11 月 3 日 20 时 500 百帕位势高度场(单位:位势什米),温度场(虚线,单位:℃)

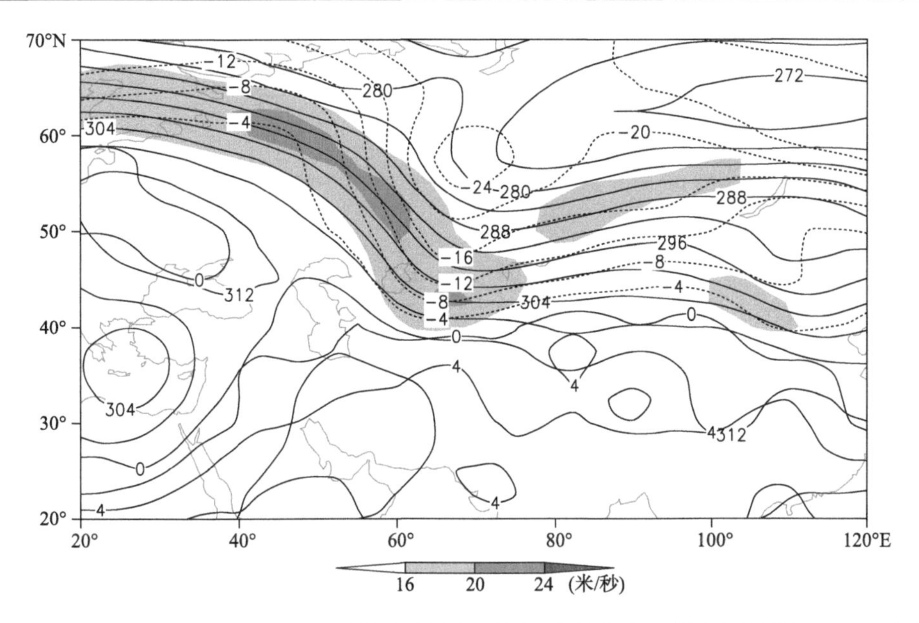

图 2-2-242　1984 年 11 月 3 日 20 时 700 百帕位势高度场(单位:位势什米),阴影表示风速大于 30 米/秒急流区

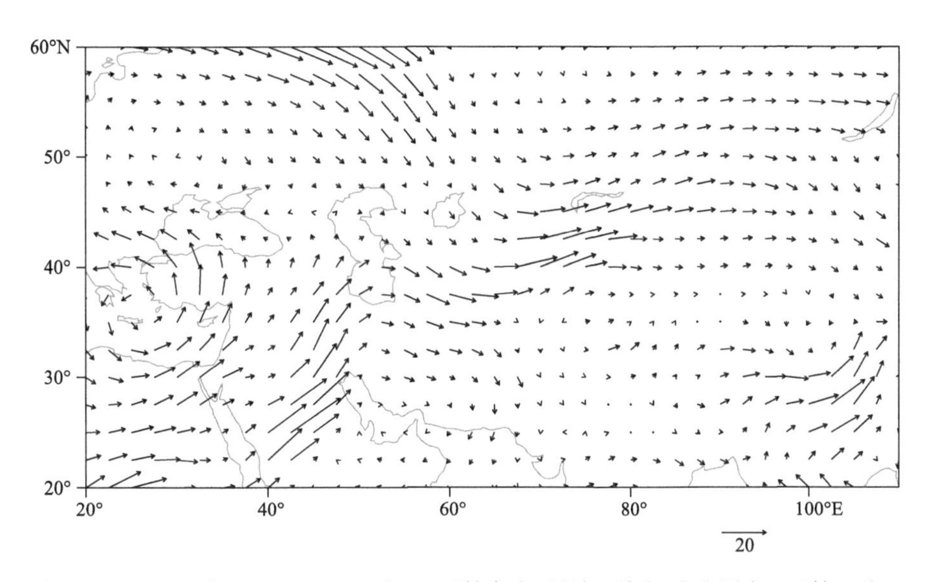

图 2-2-243　1984 年 11 月 3 日 20 时 700 百帕水汽通量场(单位:克/(厘米·百帕·秒))

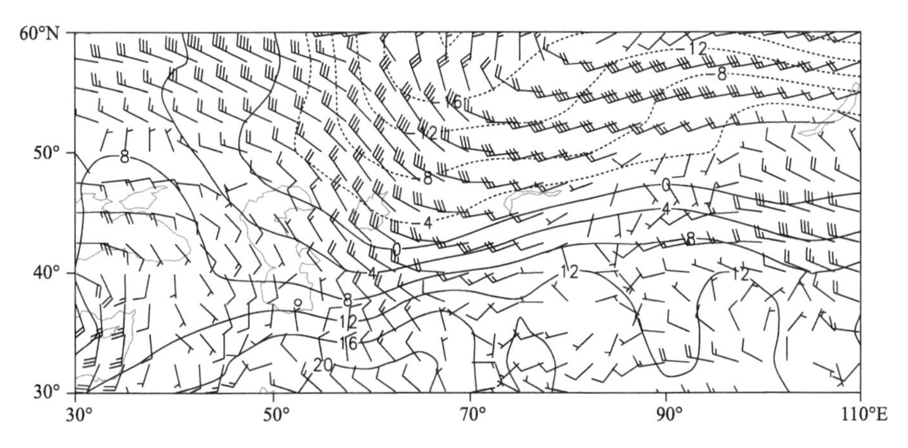

图 2-2-244　1984 年 11 月 3 日 20 时 850 百帕风场(单位:米/秒),温度场(单位:℃)

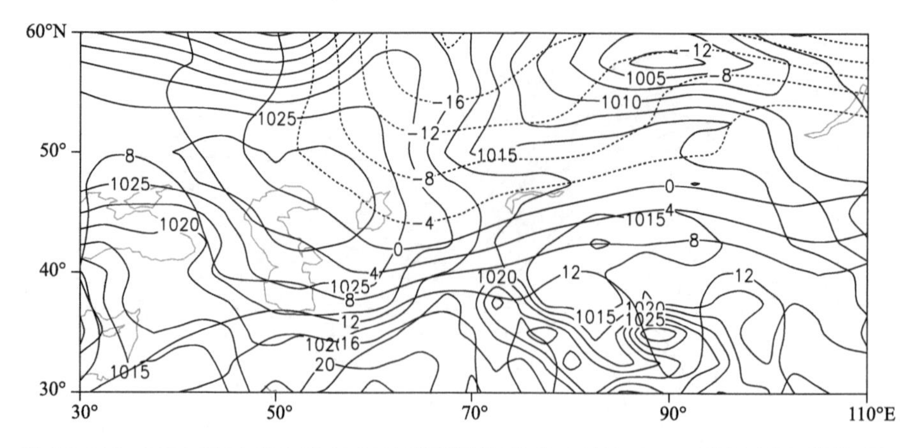

图 2-2-245　1984 年 11 月 3 日 20 时地面气压场(单位:百帕),850 百帕温度场(单位:℃)

2.2.36　伊犁哈萨克自治州暴雪(1985-02-25)

【降雪实况】1985 年 2 月 25 日,伊犁哈萨克自治州巩留县、伊宁市、伊宁县出现暴雪,24 小时降雪量分别为 13.0 毫米、15.4 毫米、13.6 毫米(图 2-2-246)。

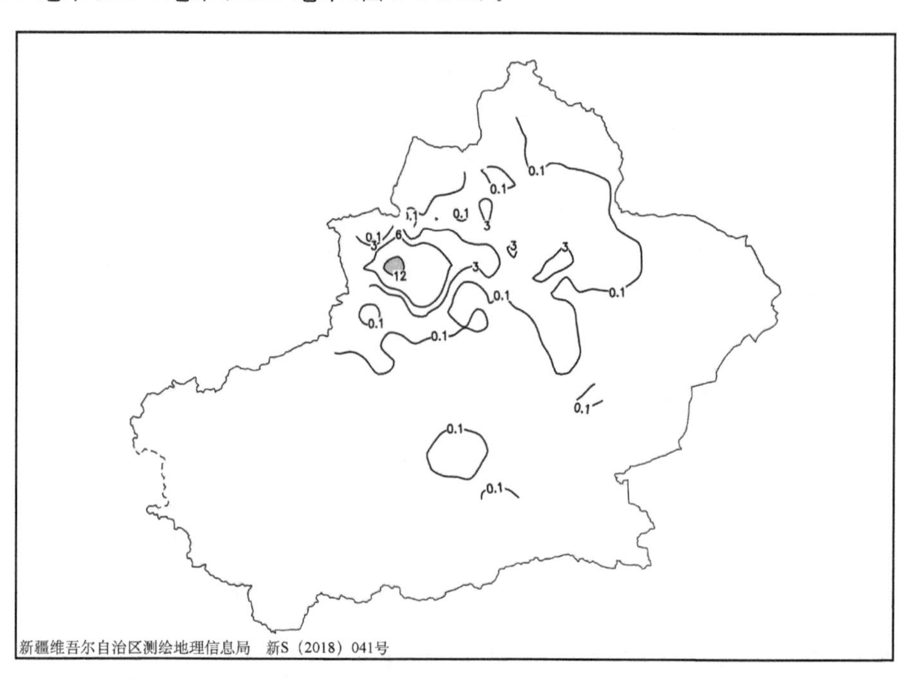

图 2-2-246　1985 年 2 月 24 日 20 时—25 日 20 时降雪量分布图(单位:毫米)

【天气形势】500 百帕环流场上,降雪开始前欧亚范围有两个低涡系统,一个低涡中心位于里海北部,一个位于贝加尔湖,新疆受脊前西北气流控制(图 2-2-248)。新地岛阻塞高压受上游冷平流侵袭减弱西退,新地岛北部冷空气沿高压脊前进入低涡,低涡分裂出的短波槽与南支弱波动在中亚地区形成中亚槽,低槽东移给伊犁地区带来暴雪天气。

200 百帕上,欧亚 25°～40°N 范围内有一条偏西风急流带,高空偏西急流使高层辐散加强,强降雪发生时,伊犁地区处于高空急流的入口区右侧,高空的辐散抽吸作用有利于暴雪区上升运动的发展和维持(图 2-2-247)。700 百帕上,北疆西北部受偏西急流控制,由于伊犁地区“喇叭口”地形影响,有利于河谷地区水汽辐合及地形抬升产生的垂直运动。强降雪发生在高层辐散、低层辐合的垂直上升气流区(图 2-2-249)。700 百帕水汽通量场上,地中海上的水汽沿西南路径输送至里海,经中亚地区水汽补充后,沿低空偏西急流输送至巴尔喀什湖南部,再接力输送至北疆暴雪区(图 2-2-250)。

地面图上，24 日 20 时，冷高压位于中亚，中心为 1030 百帕，蒙古低压减弱，北疆为倒槽控制，巴尔喀什湖附近气压梯度较大，并伴有 3 小时正变压，强冷锋位于新疆西部，降雪集中发生在气压上升、气温缓慢下降的过程中，当冷锋过境时降雪量最大(图 2-2-251，图 2-2-252)。

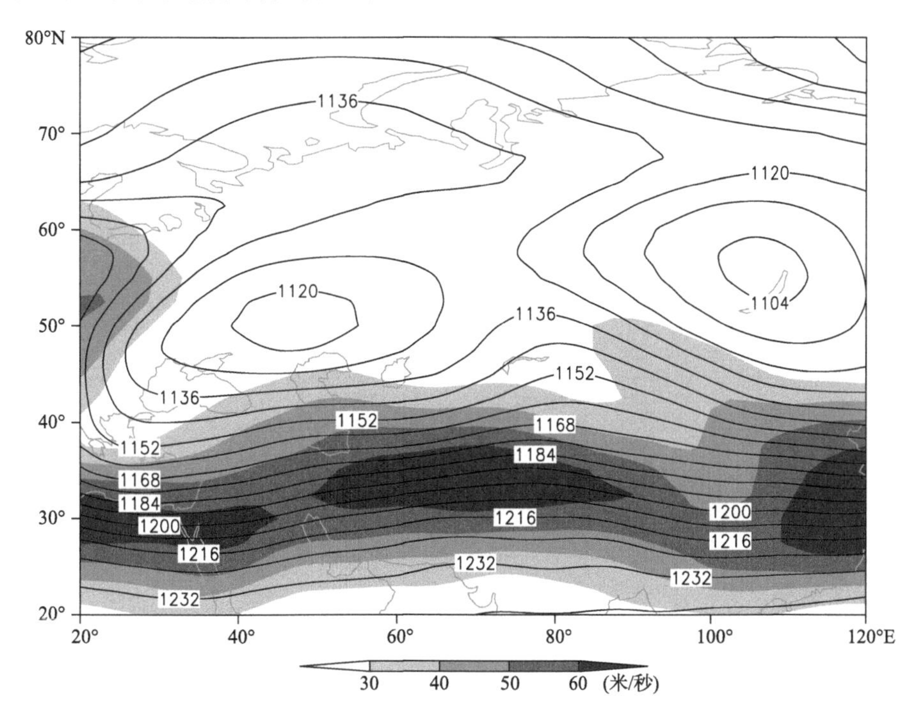

图 2-2-247　1985 年 2 月 24 日 20 时 200 百帕位势高度场(单位：位势什米)，阴影表示风速大于 30 米/秒急流区

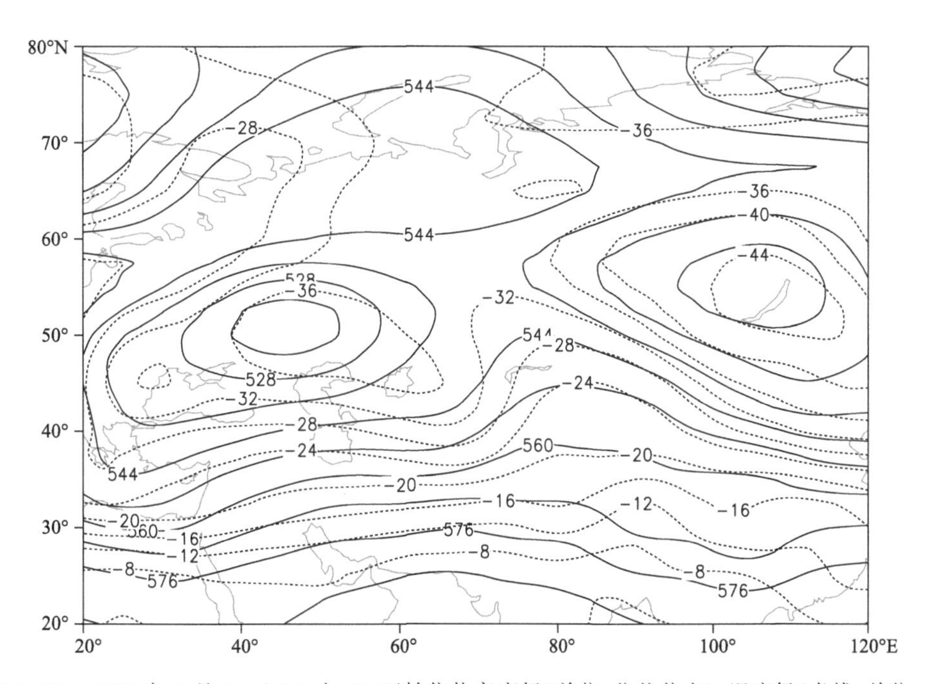

图 2-2-248　1985 年 2 月 24 日 20 时 500 百帕位势高度场(单位：位势什米)，温度场(虚线，单位：℃)

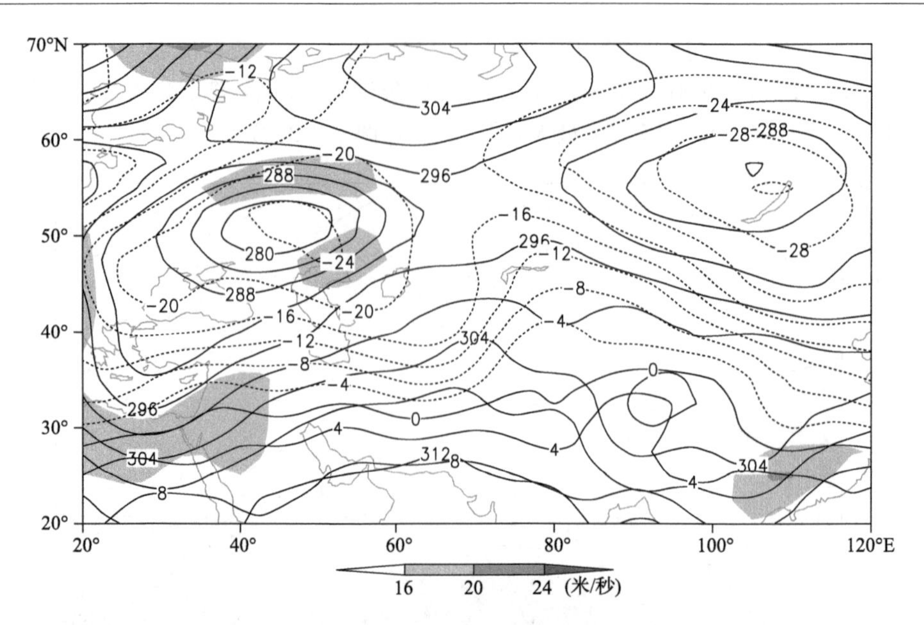

图 2-2-249　1985 年 2 月 24 日 20 时 700 百帕位势高度场(单位:位势什米),阴影表示风速大于 16 米/秒急流区

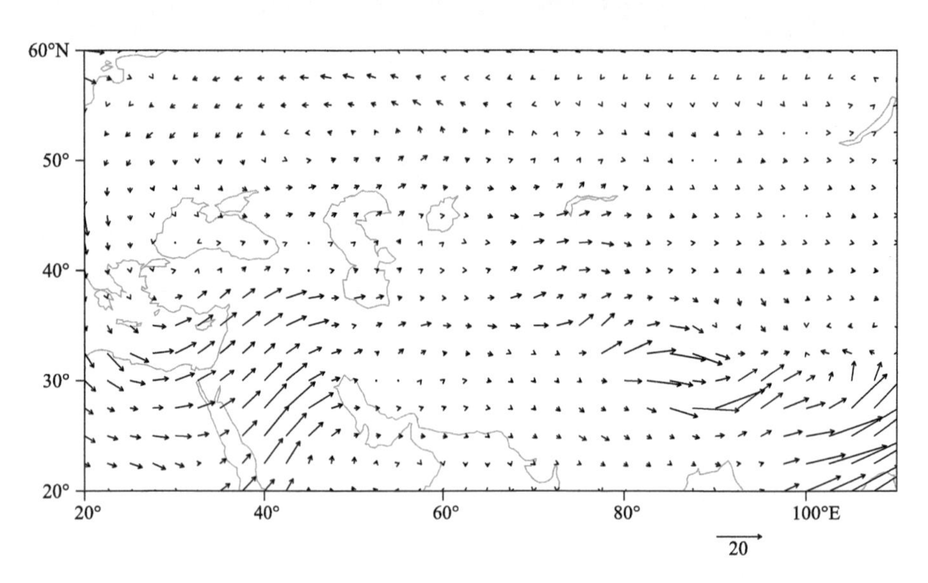

图 2-2-250　1985 年 2 月 24 日 20 时 700 百帕水汽通量场(单位:克/(厘米 • 百帕 • 秒))

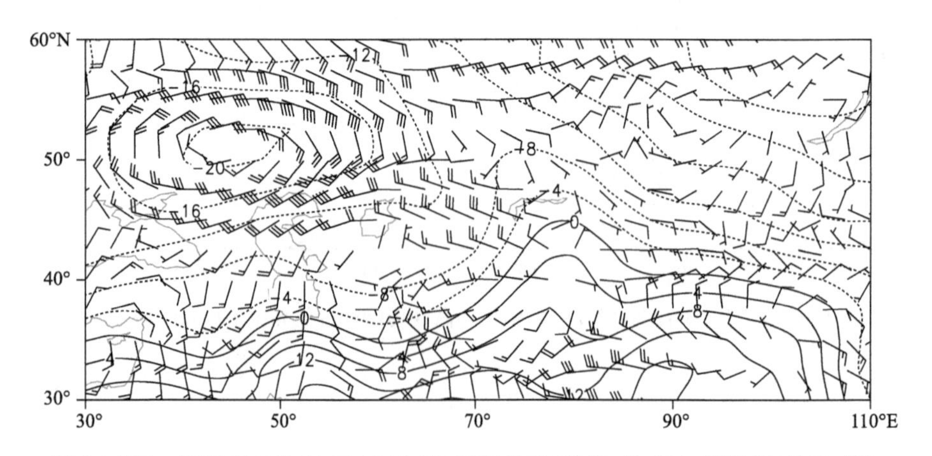

图 2-2-251　1985 年 2 月 24 日 20 时 850 百帕风场(单位:米/秒),温度场(单位:℃)

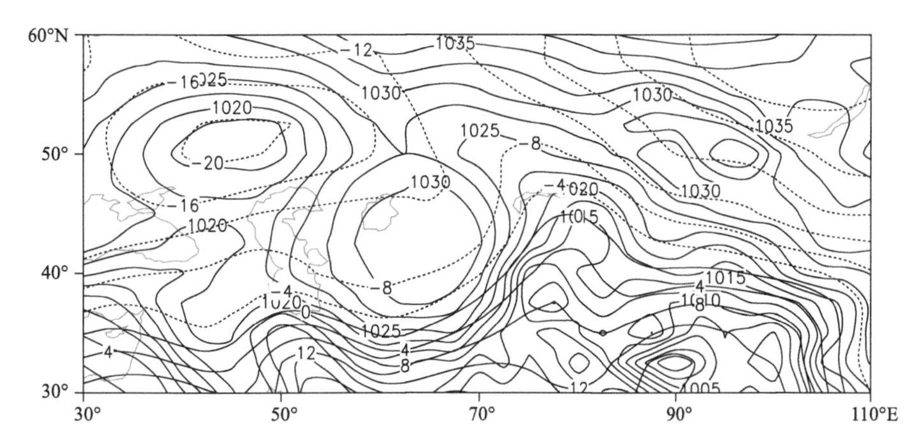

图 2-2-252　1985 年 2 月 24 日 20 时地面气压场(单位:百帕),850 百帕温度场(单位:℃)

2.2.37　伊犁哈萨克自治州、昌吉回族自治州、石河子地区暴雪(1985-03-22)

【降雪实况】1985 年 3 月 22—23 日,伊犁哈萨克自治州、昌吉回族自治州、石河子地区相继出现暴雪。22 日,伊犁哈萨克自治州新源县,昌吉回族自治州玛纳斯县,石河子市 24 小时降雪量分别为 16.4 毫米、12.8 毫米、12.2 毫米。23 日,石河子市和乌兰乌苏 24 小时降雪量为 14.5 毫米、16.8 毫米(图 2-2-253)。

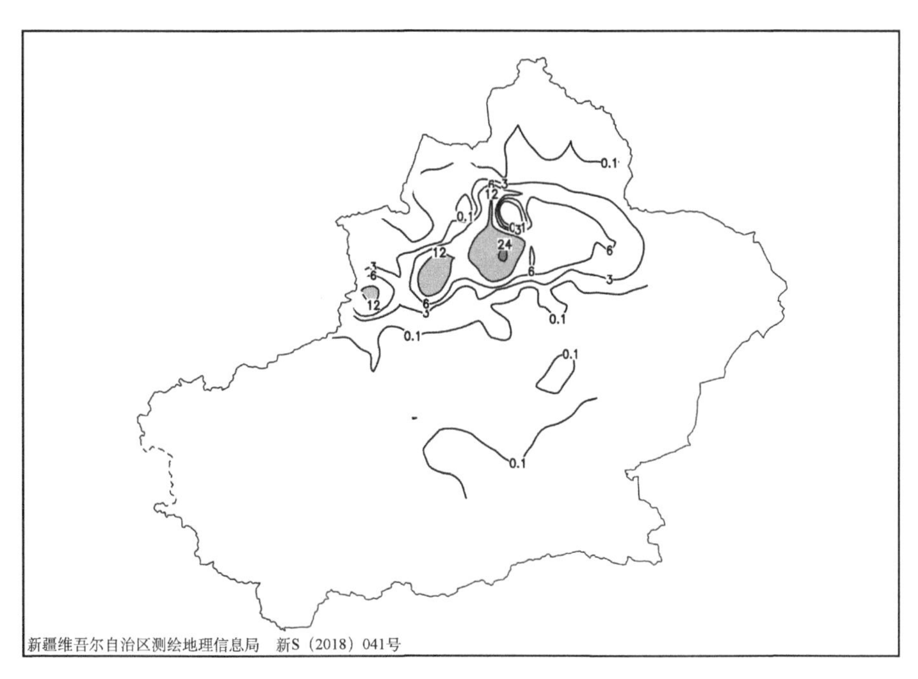

图 2-2-253　1985 年 3 月 21 日 20 时—23 日 20 时降雪量分布图(单位:毫米)

【天气形势】500 百帕环流场上,降雪开始前欧亚范围分为南、北两个系统,北支系统上,欧洲北部为高压脊,脊前为低槽,槽线呈东北—西南向,随着欧洲北部高压脊东移北伸,新地岛强冷空气进入低槽,低槽加深东移,同时,泰梅尔半岛上空的极涡西退,冷空气进入低槽中,21 日 20 时,槽前强锋区呈准东西向,位于哈萨克丘陵,极涡不断增强西退,强冷空气不断南下补充到低槽中,低槽前部锋区南压,与南部低槽在北疆沿天山西部叠加,在北疆产生第一轮暴雪,随着强锋区的不断东移南压,在中天山地区产生暴雪(图 2-2-255)。

200 百帕上新疆受持续的偏西急流控制,22 日,北疆沿天山西部处于高空急流入口区右侧,23 日,中天山地区处于高空急流出口区左侧,高空急流入口区右侧和出口区左侧为辐散区,强烈的高层辐散抽吸作用增强了中低层系统的强烈发展,有利于暴雪的产生(图 2-2-254)。700 百帕上,21—22 日,北疆受偏西急流控制，偏西急流将中亚地区的暖湿空气输送到降雪区，同时增加降雪区的不稳定度，伊犁、昌吉和石河子处于低空急流的左前部，偏西急流携带的暖湿空气受到伊犁河谷和天山地形强迫抬升，与中高层偏西急流携带的干冷空气叠加，加强了风场辐合及垂直上升运动，有利于冷暖交汇和水汽的聚集，23日转为受西北急流控制(图 2-2-256)。分析强降雪时段 700 百帕水汽通量场可以看出，源自地中海和红海的水汽沿西南路径输送至里海、咸海，然后由低空偏西急流将水汽输送至北疆沿天山一带，水汽持续不断地在北疆沿天山一带聚集并辐合，为暴雪的产生和维持提供了充足的水汽(图 2-2-257)。

21 日 20 时，地面冷高压移至欧洲中部，冷锋已经位于巴尔喀什湖附近，随着地面冷高压不断东移，在冷锋前及其逐渐东移过境的升压、降温区域内产生暴雪天气(图 2-2-258，图 2-2-259)。

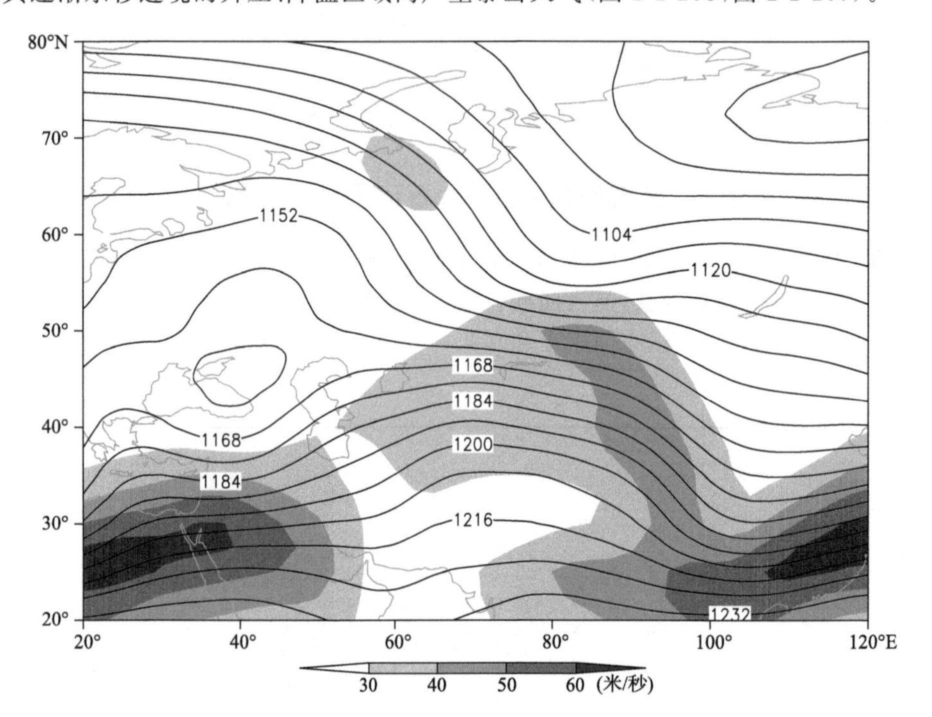

图 2-2-254　1985 年 3 月 21 日 20 时 200 百帕位势高度场(单位：位势什米)，阴影表示风速大于 30 米/秒急流区

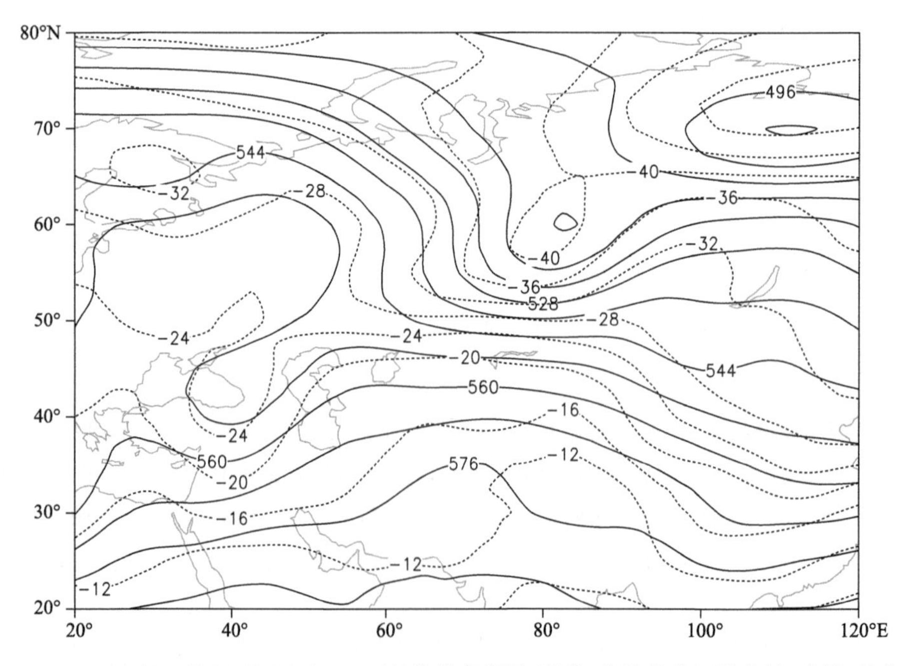

图 2-2-255　1985 年 3 月 21 日 20 时 500 百帕位势高度场(单位：位势什米)，温度场(虚线，单位：℃)

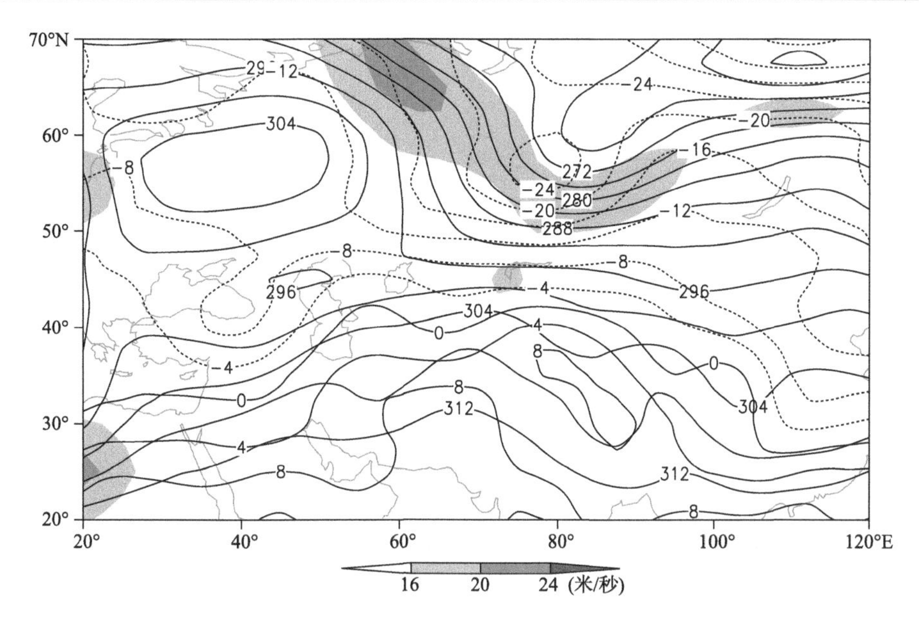

图 2-2-256　1985 年 3 月 21 日 20 时 700 百帕位势高度场(单位:位势什米),阴影表示风速大于 16 米/秒急流区

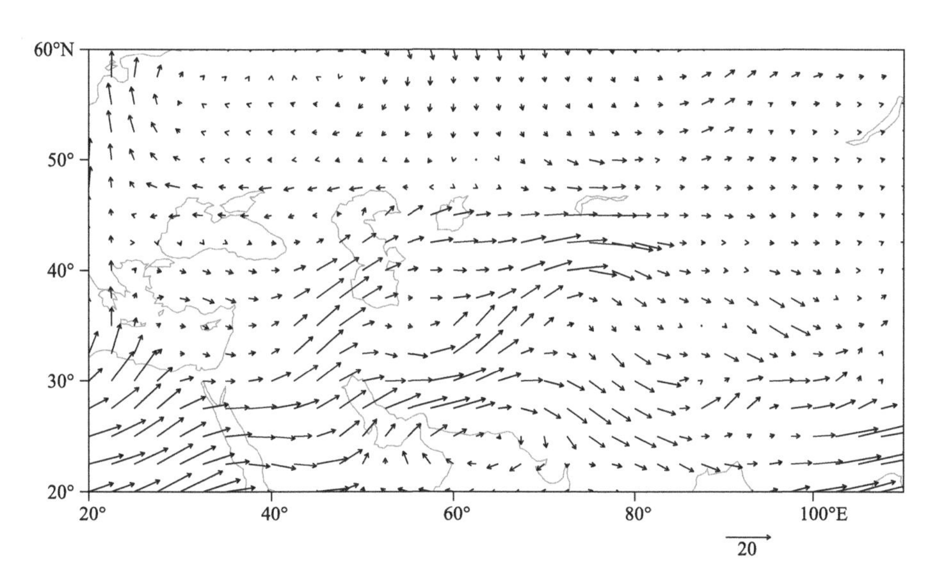

图 2-2-257　1985 年 3 月 21 日 20 时 700 百帕水汽通量场(单位:克/(厘米·百帕·秒))

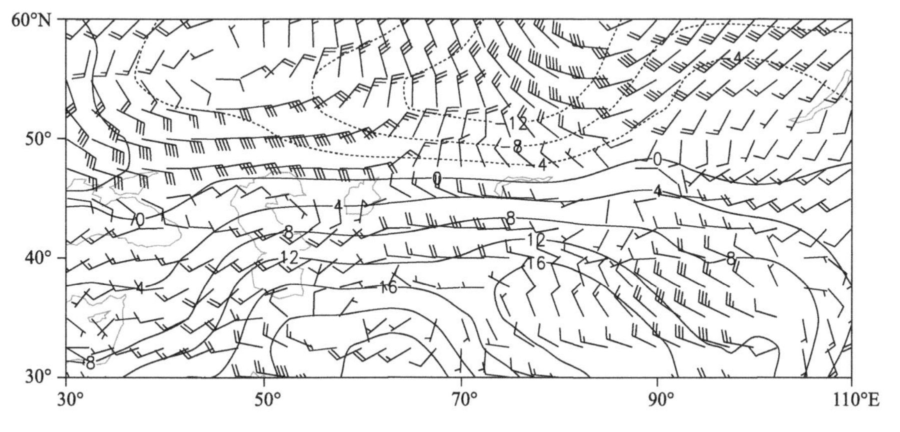

图 2-2-258　1985 年 3 月 21 日 20 时 850 百帕风场(单位:米/秒),温度场(单位:℃)

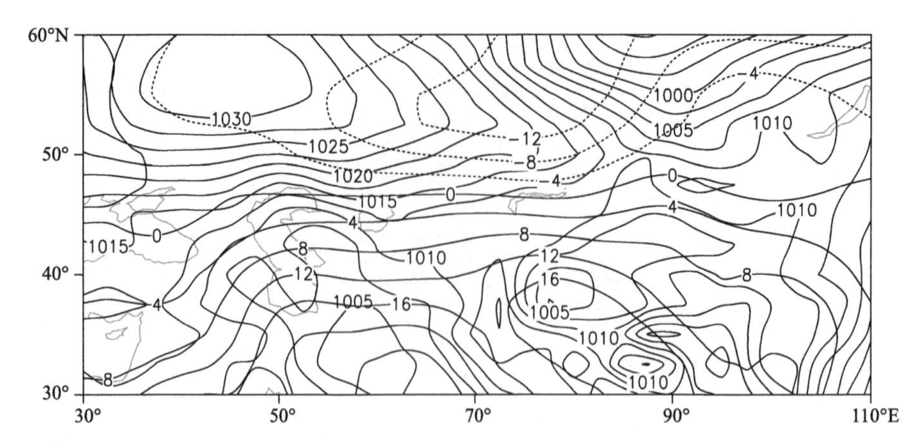

图 2-2-259　1985 年 3 月 21 日 20 时地面气压场(单位:百帕),850 百帕温度场(单位:℃)

2.2.38　伊犁哈萨克自治州、阿勒泰地区暴雪(1985-11-19)

【降雪实况】1985 年 11 月 19—20 日,伊犁哈萨克自治州、阿勒泰地区相继出现暴雪天气。19 日,伊犁哈萨克自治州新源县、伊宁市、伊宁县,阿勒泰地区青河县、富蕴县、哈巴河县 24 小时降雪量分别为 16.9 毫米、13.5 毫米、16.0 毫米、15.3 毫米、12.2 毫米、14.9 毫米。20 日,伊犁哈萨克自治州伊宁市、伊宁县、察布查尔锡伯自治县 24 小时降雪量分别为 19.9 毫米、16.5 毫米、23.4 毫米(图 2-2-260)。

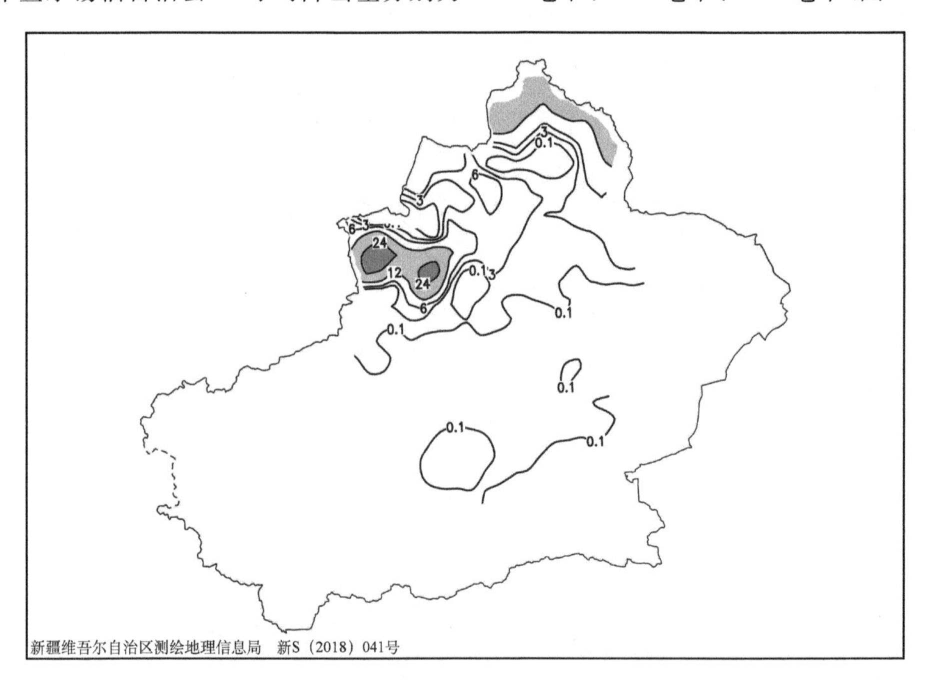

图 2-2-260　1985 年 11 月 18 日 20 时—20 日 20 时降雪量分布图(单位:毫米)

【天气形势】见图2-2-261～图2-2-266。

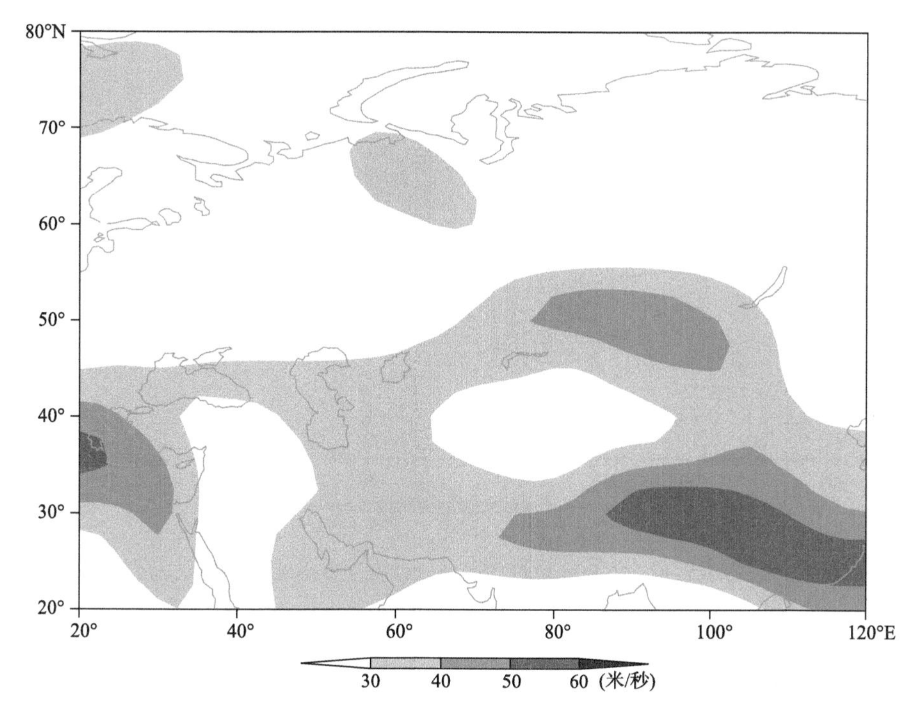

图2-2-261　1985年11月18日20时200百帕位势高度场(单位:位势什米),阴影表示风速大于30米/秒急流区

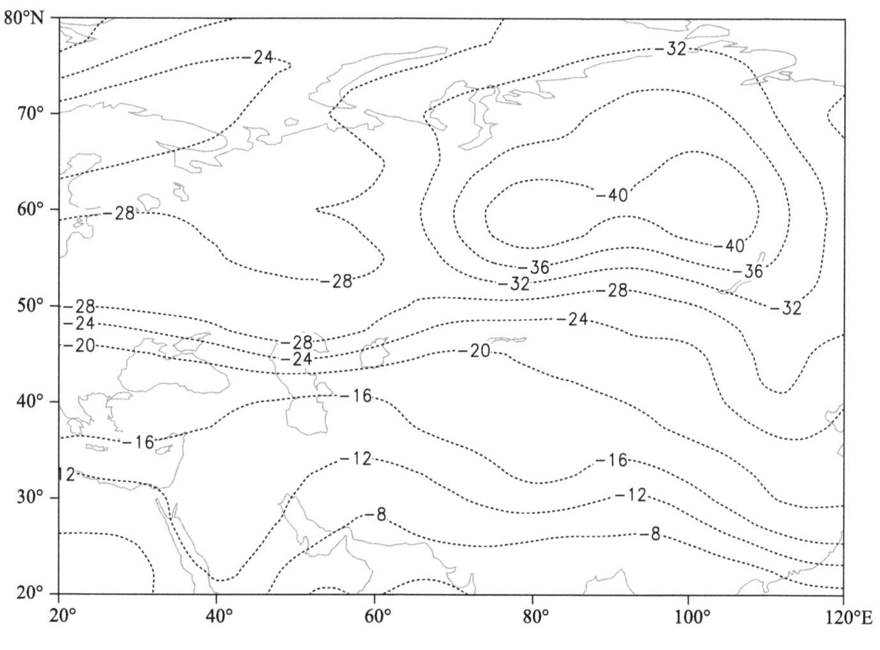

图2-2-262　1985年11月18日20时500百帕温度场(虚线,单位:℃)

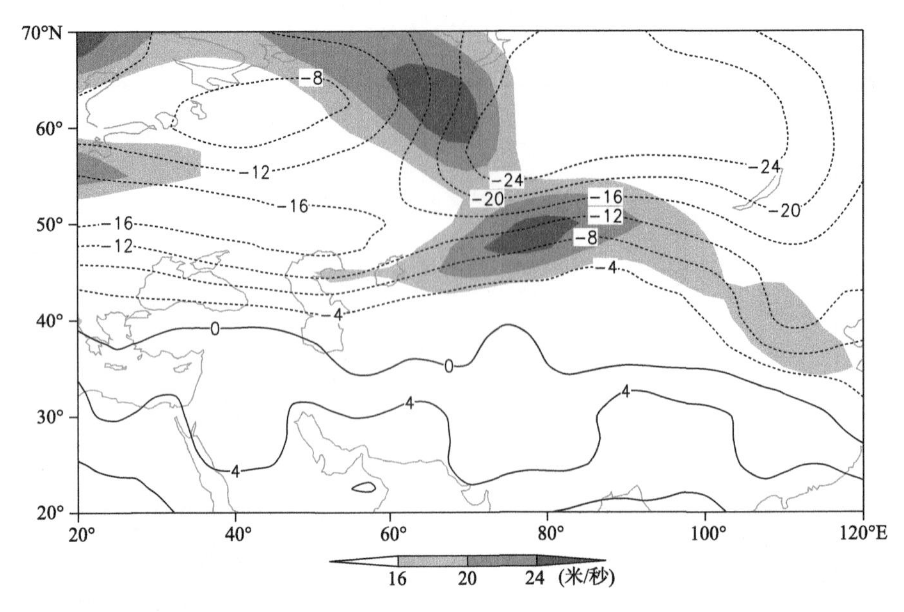

图 2-2-263　1985 年 11 月 18 日 20 时 700 百帕位势高度场(单位:位势什米),阴影表示风速大于 16 米/秒急流区

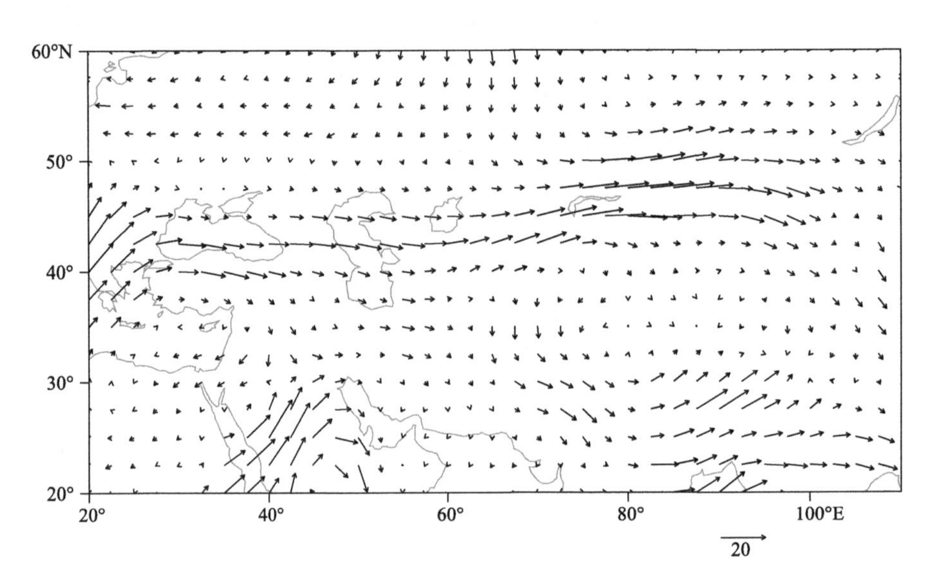

图 2-2-264　1958 年 11 月 18 日 20 时 700 百帕水汽通量场(单位:克/(厘米·百帕·秒))

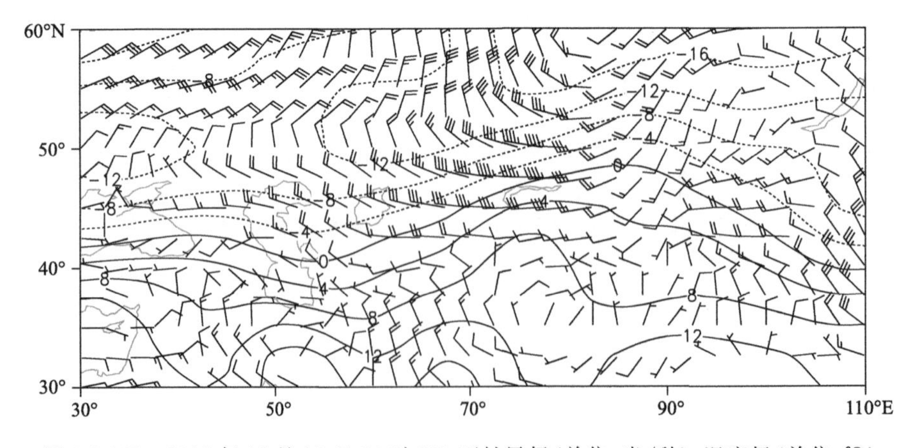

图 2-2-265　1985 年 11 月 18 日 20 时 850 百帕风场(单位:米/秒),温度场(单位:℃)

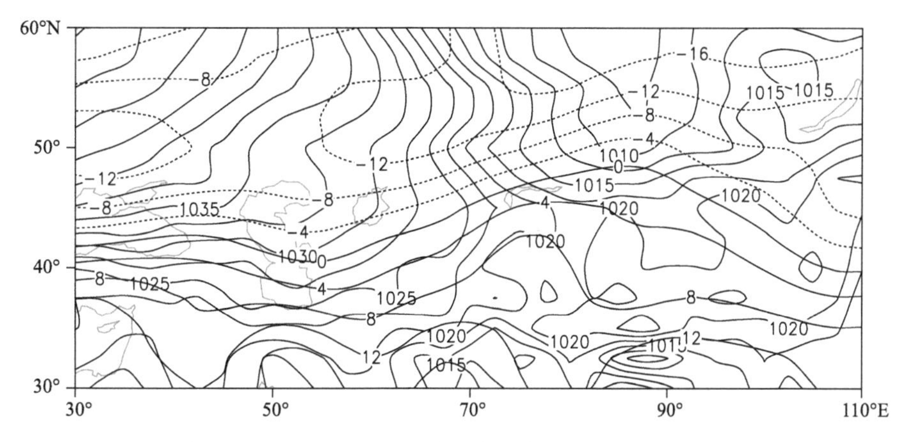

图 2-2-266　1985 年 11 月 18 日 20 时地面气压场(单位:百帕),850 百帕温度场(单位:℃)

2.2.39　乌鲁木齐市、伊犁哈萨克自治州、昌吉回族自治州、博尔塔拉蒙古自治州暴雪(1987-02-13)

【降雪实况】1987 年 2 月 13 日,乌鲁木齐市、米东区,伊犁哈萨克自治州特克斯县、新源县、伊宁市、伊宁县,昌吉回族自治州昌吉市、呼图壁县,博尔塔拉蒙古自治州博乐市出现暴雪,24 小时降雪量分别为 14.7 毫米、13.9 毫米、13.4 毫米、14.0 毫米、14.1 毫米、17.2 毫米、13.2 毫米、12.4 毫米、13.4 毫米(图 2-2-267)。

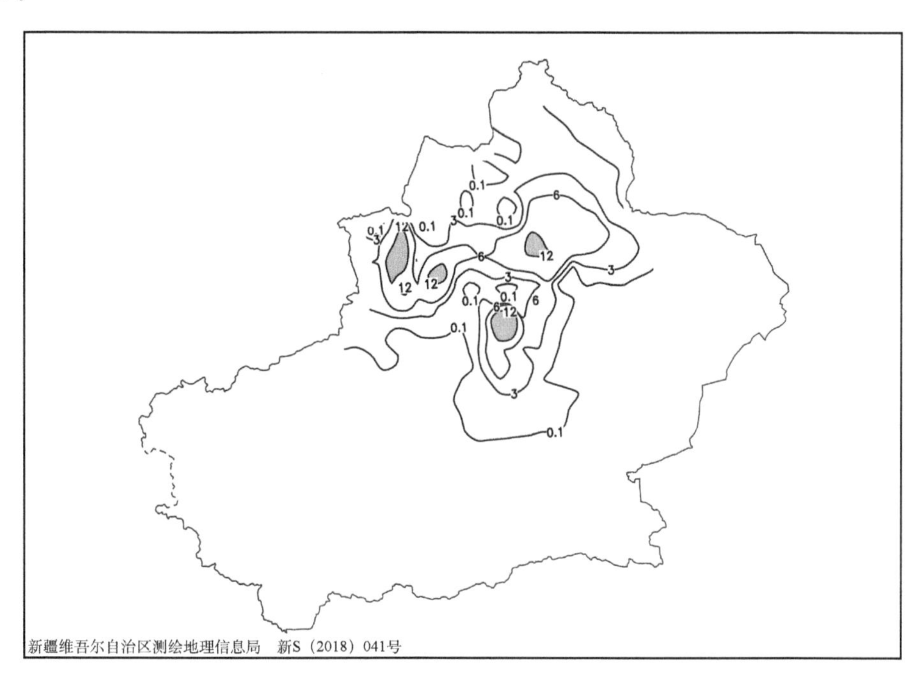

图 2-2-267　1987 年 2 月 12 日 20 时—13 日 20 时降雪量分布图(单位:毫米)

【天气形势】500 百帕环流场上,降雪开始前欧亚范围环流经向度较大,里海、黑海北部有一深厚的低涡,低涡底部低槽与位于伊朗高原西部的南部低槽叠加,新疆受南支系统上的高压脊控制(图 2-2-269)。低槽东移,槽前高压脊顶形成闭合性高压,高压西退与欧洲北部高压脊合并,乌拉尔山北部冷空气沿脊前东北风带进入低涡,低涡增强东移,受槽前锋区影响,在北疆沿天山一带产生暴雪。

对流层上层的 200 百帕,新疆受西南急流控制,暴雪发生时段,北疆沿天山地区处于急流入口区右侧,高空急流在高层起到了辐散抽吸的作用(图 2-2-268)。700 百帕上,北疆受中亚低压底部西南急流控制,急流出口指向北疆沿天山一带,高、低空急流促使高层辐散、低层辐合的耦合形势建立,有利于产生垂直上升气流。暴雪发生在高层辐散、低层辐合的垂直上升气流区(图 2-2-270)。700 百帕水汽通量场上，源自地中海东部的水汽经黑海输送至里海，由于高湿中心的轴线与低空西南急流的走向一致，因而，里海上的水汽通过急流输送至暴雪区，为暴雪的发生和持续提供了充足的水汽(图 2-2-271)。

地面图上，12 日 20 时，冷高压位于中亚南部，地面冷锋压在新疆西北部边境线外，冷高压逐渐东移，暴雪发生在冷锋前及其逐渐东移过境的升压、降温区域(图 2-2-272，图 2-2-273)。

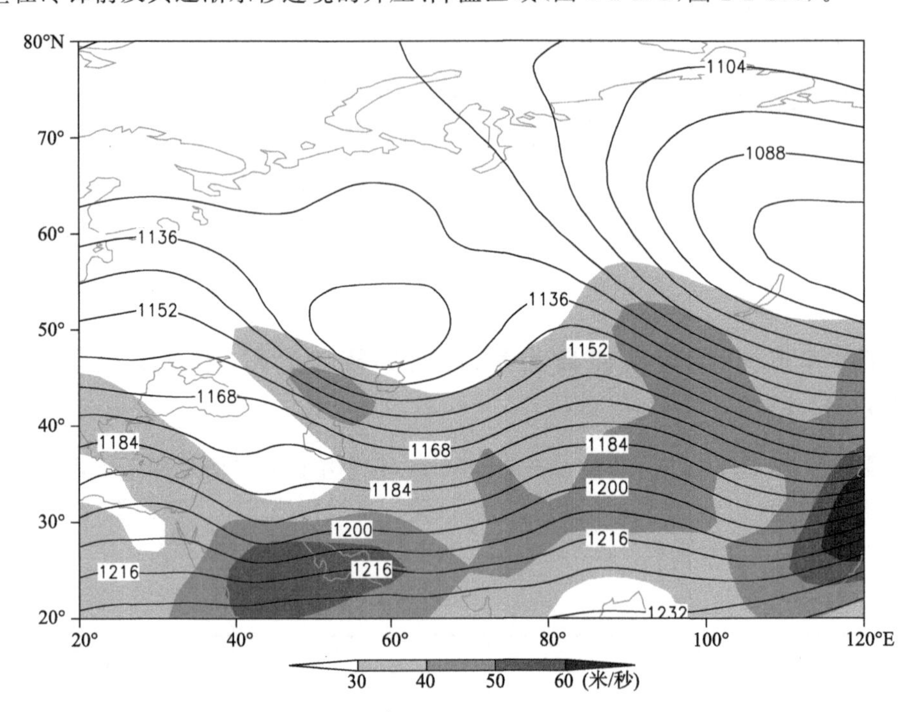

图 2-2-268　1987 年 2 月 12 日 20 时 200 百帕位势高度场(单位:位势什米)，阴影表示风速大于 30 米/秒急流区

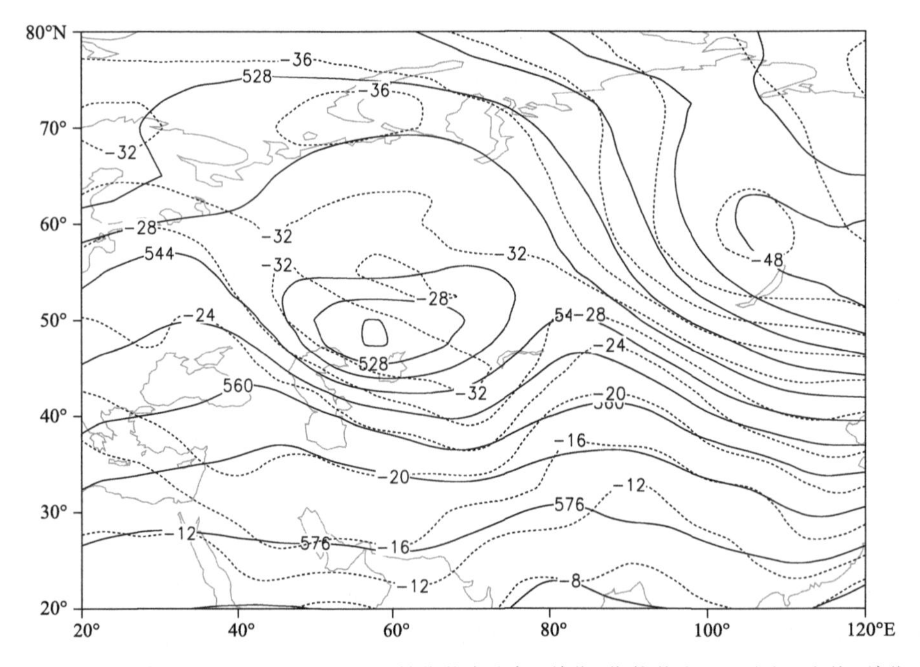

图 2-2-269　1987 年 2 月 12 日 20 时 500 百帕位势高度场(单位:位势什米)，温度场(虚线，单位:℃)

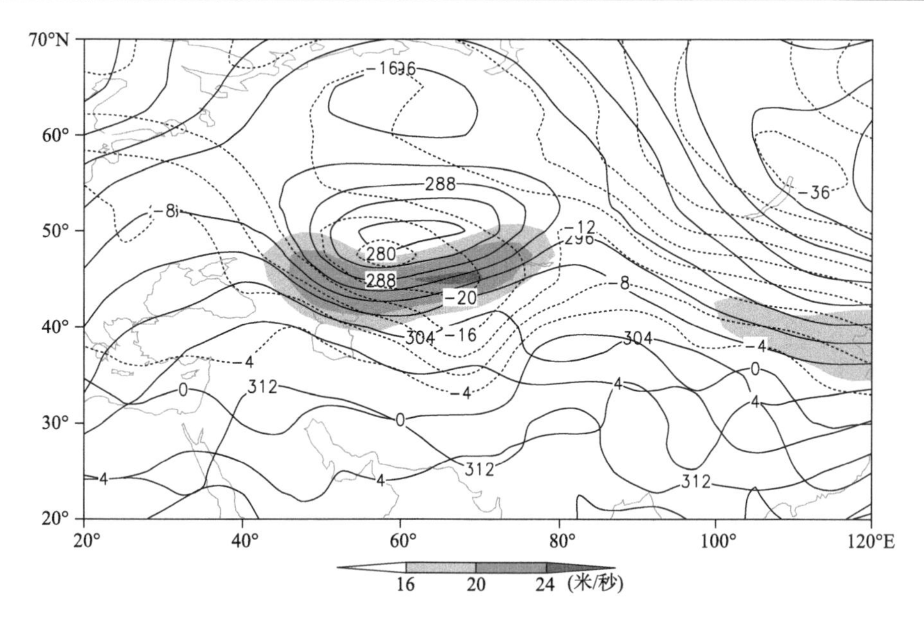

图 2-2-270　1987 年 2 月 12 日 20 时 700 百帕位势高度场(单位:位势什米),阴影表示风速大于 16 米/秒急流区

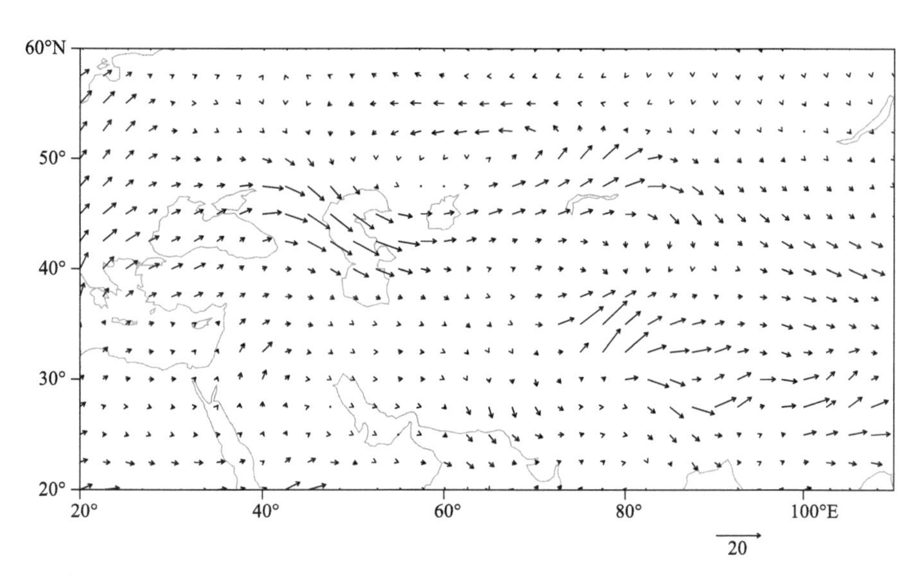

图 2-2-271　1987 年 2 月 12 日 20 时 700 百帕水汽通量场(单位:克/(厘米·百帕·秒))

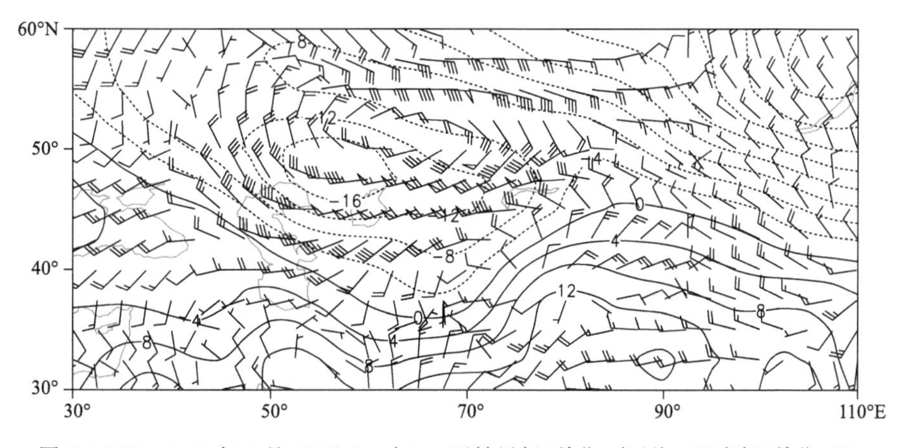

图 2-2-272　1987 年 2 月 12 日 20 时 850 百帕风场(单位:米/秒),温度场(单位:℃)

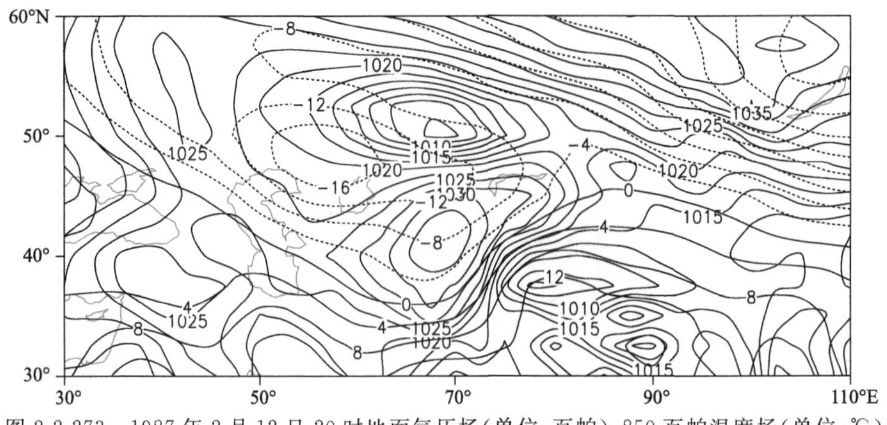

图 2-2-273　1987 年 2 月 12 日 20 时地面气压场(单位:百帕),850 百帕温度场(单位:℃)

2.2.40　伊犁哈萨克自治州、昌吉回族自治州、石河子地区、塔城地区暴雪(1988-02-03)

【降雪实况】1988 年 2 月 3—5 日,伊犁哈萨克自治州、昌吉回族自治州、石河子地区、塔城地区相继出现暴雪。3 日,伊犁哈萨克自治州霍尔果斯市和塔城地区裕民县 24 小时降雪量分别为 18.9 毫米、15.5 毫米。4 日,伊犁哈萨克自治州霍尔果斯市、新源县、伊宁市、伊宁县、察布查尔锡伯自治县、霍城县,昌吉回族自治州玛纳斯县,石河子地区乌兰乌苏、石河子市,塔城地区沙湾县 24 小时降雪量分别为 12.4 毫米、12.4 毫米、17.2 毫米、17.6 毫米、13.1 毫米、18.6 毫米、16.5 毫米、18.7 毫米、17.8 毫米、19.5 毫米。5 日,察布查尔锡伯自治县 24 小时降雪量 13.1 毫米(图 2-2-274)。

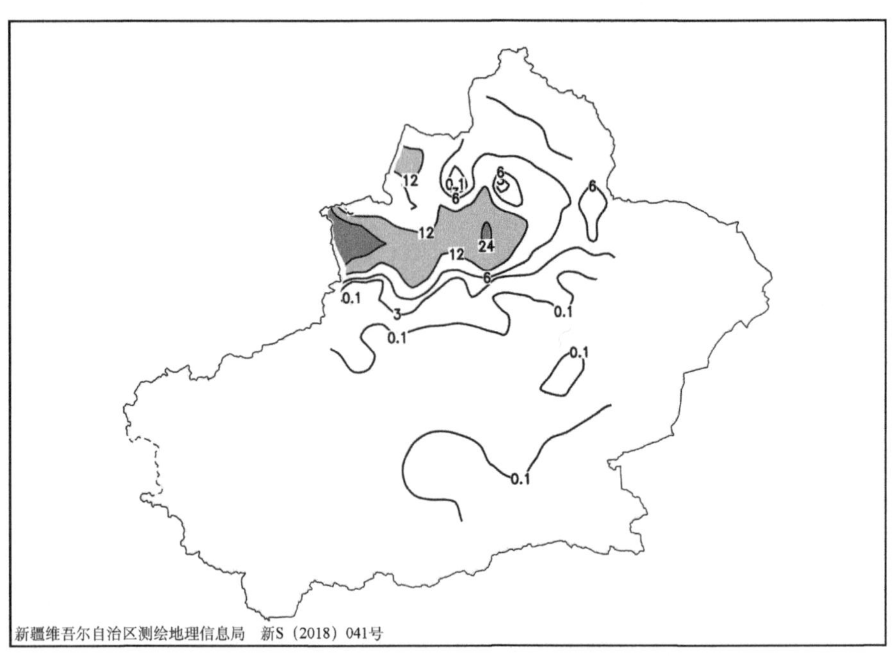

图 2-2-274　1988 年 2 月 2 日 20 时—5 日 20 时降雪量分布图(单位:毫米)

【天气形势】500 百帕环流场上,降雪开始前欧亚中高纬度表现为两脊一槽的环流形势,即欧洲和西伯利亚为高压脊,中亚为低涡活动区,同时地中海上低槽发展强盛,槽前不断分裂短波低槽东移北上与中亚低槽同位相叠加,泰梅尔半岛上的极涡缓慢西退,冷空气不断补充南下,锋区明显增强(图 2-2-276),3 日 08 时,强锋区压在北疆西北部,在北疆产生第一次暴雪。3 日 20 时,极涡减弱,北支锋区略有北收,南部低槽持续东移,槽前锋区与北支槽在北疆中部交汇,给北疆带来第二次暴雪天气过程。4 日 20 时,新疆完全受南支系统控制,新生成的中亚低涡缓慢东移,北疆受槽前西南气流影响,在伊犁地区产生暴雪。

200 百帕上,3 日,北疆受西风急流控制,4—5 日,西风急流在巴尔喀什湖转为西北急流,高空急流的维持具有较强的高空抽吸作用,强烈的高层辐散抽吸作用加强了中低层系统的强烈发展,有利于强降雪的产生(图 2-2-275)。3—4 日,低空西南急流和西北急流在中亚汇聚形成中心风速大于 20 米/秒的偏西急流带。强大的低空急流把中亚的暖湿空气不断输送到新疆，低空急流建立及维持的时段与此次暴雪过程中强降雪时段对应较好，暴雪出现在低空急流左前侧的强辐合区内，高层辐散、低层辐合的形势在暴雪区上空叠加，使得整层大气的垂直上升运动增强，为暴雪天气提供了有利的动力条件(图 2-2-277)。充沛的水汽输送是形成较大降水的必要条件。此次连续性暴雪过程发生前和发生时，700 百帕水汽通量高值带位于伊朗高原和中亚，水汽通量大值中心为 20～40 克/(厘米·百帕·秒)，降雪过程中，700 百帕上从波斯湾到北疆的西南急流使得水汽明显辐合，加强上升运动，源源不断的水汽供应，是这次暴雪过程形成的重要原因之一(图 2-2-278)。

地面图上，2 日 20 时，在乌拉尔山南部形成了一个 1037.5 百帕的地面冷高压，地面冷高压沿西方路径逐步东移(图 2-2-279，图 2-2-280)，3 日 08 时，冷锋前沿压在北疆北部，在伊犁和塔城产生暴雪。冷锋持续向东南方向推进，受天山地形影响，地形强迫环流与锋面环流相互作用，使得锋面在迎风坡加强，造成 4—5 日北疆沿天山一带的强降雪天气。

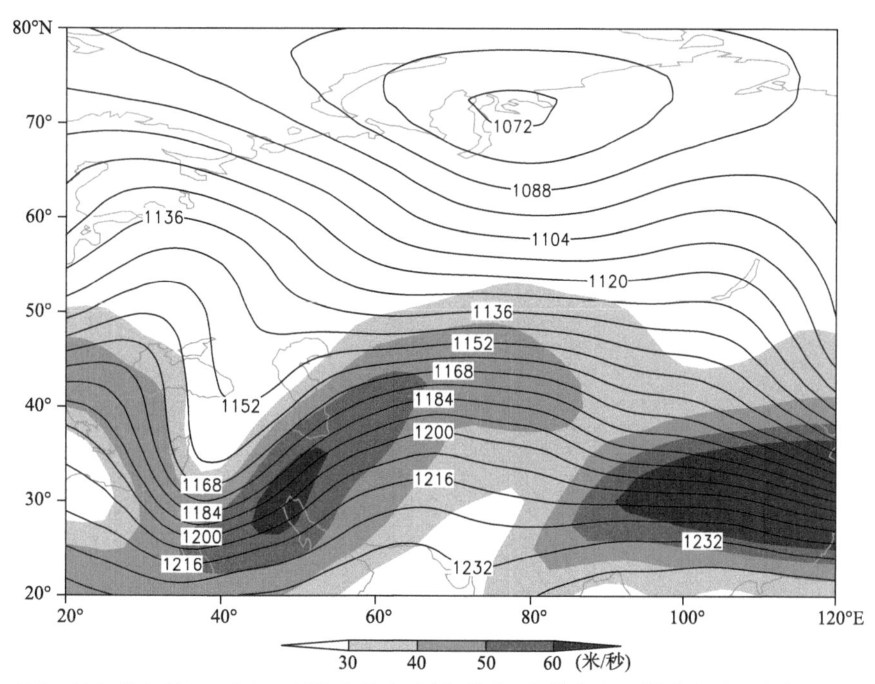

图 2-2-275　1988 年 2 月 2 日 20 时 200 百帕位势高度场(单位:位势什米)，阴影表示风速大于 30 米/秒急流区

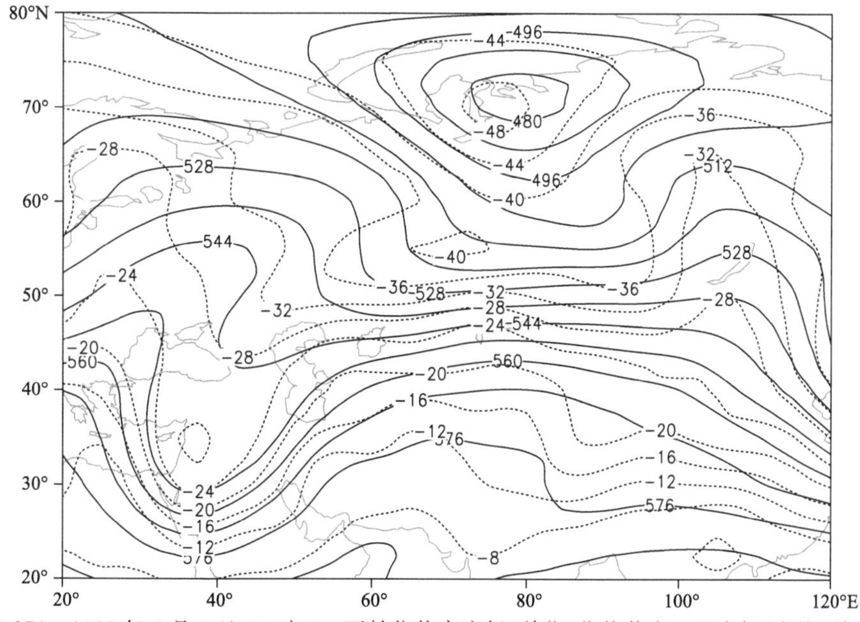

图 2-2-276　1988 年 2 月 2 日 20 时 500 百帕位势高度场(单位:位势什米)，温度场(虚线，单位:℃)

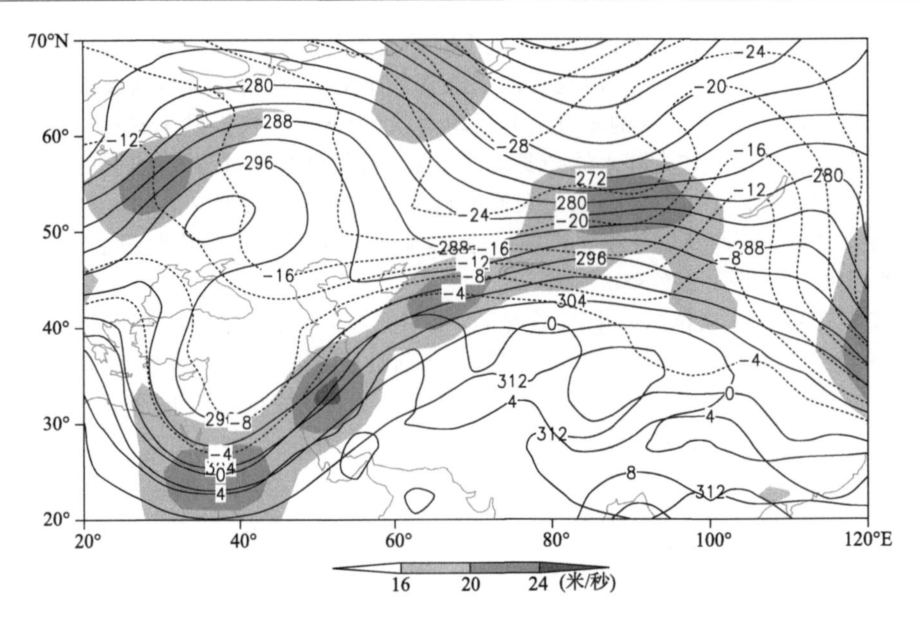

图 2-2-277　1988 年 2 月 2 日 20 时 700 百帕位势高度场(单位:位势什米),阴影表示风速大于 16 米/秒急流区

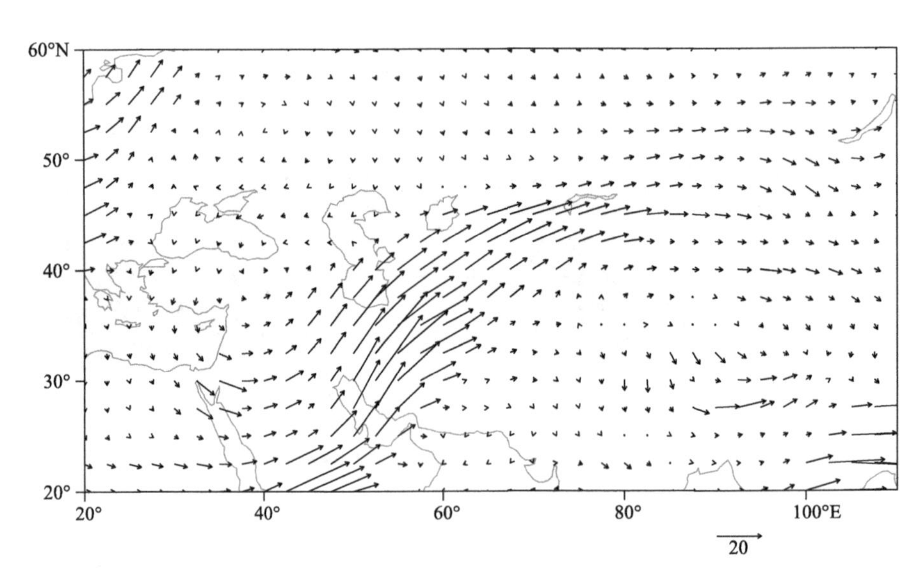

图 2-2-278　1988 年 2 月 2 日 20 时 700 百帕水汽通量场(单位:克/(厘米·百帕·秒))

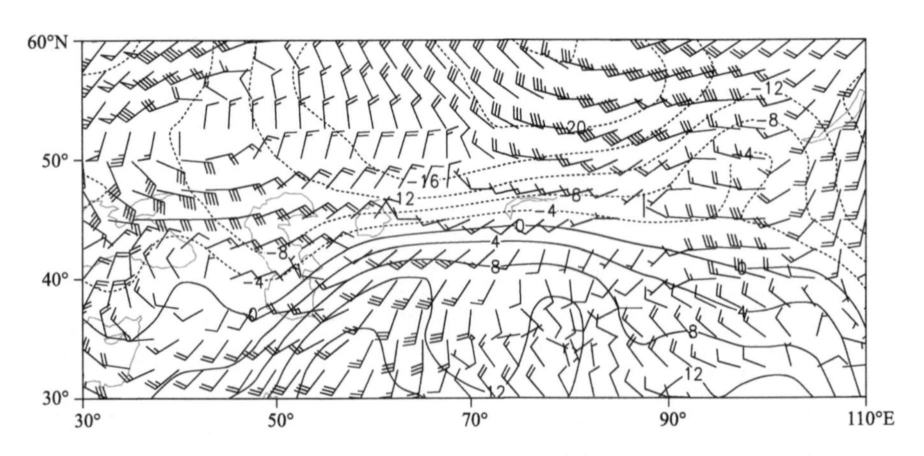

图 2-2-279　1988 年 2 月 2 日 20 时 850 百帕风场(单位:米/秒),温度场(单位:℃)

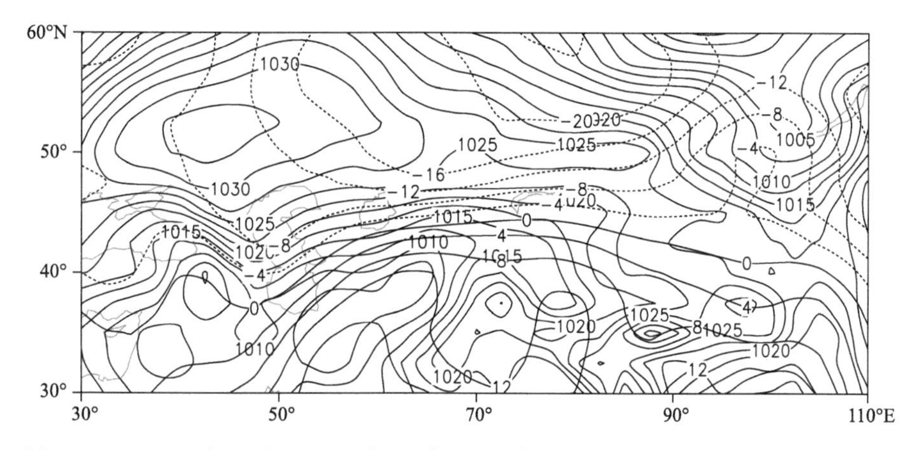

图 2-2-280　1988 年 2 月 2 日 20 时地面气压场(单位:百帕),850 百帕温度场(单位:℃)

2.2.41　塔城地区、昌吉回族自治州、伊犁哈萨克自治州、石河子地区暴雪(1988-11-13)

【降雪实况】1988 年 11 月 13 日,塔城地区额敏县和裕民县出现暴雪,24 小时降雪量分别为 13.9 毫米、18.5 毫米。14 日,昌吉回族自治州木垒县,伊犁哈萨克自治州新源县,石河子地区莫所湾垦区出现暴雪,24 小时降雪量分别为 12.6 毫米、12.1 毫米、17.2 毫米(图 2-2-281)。

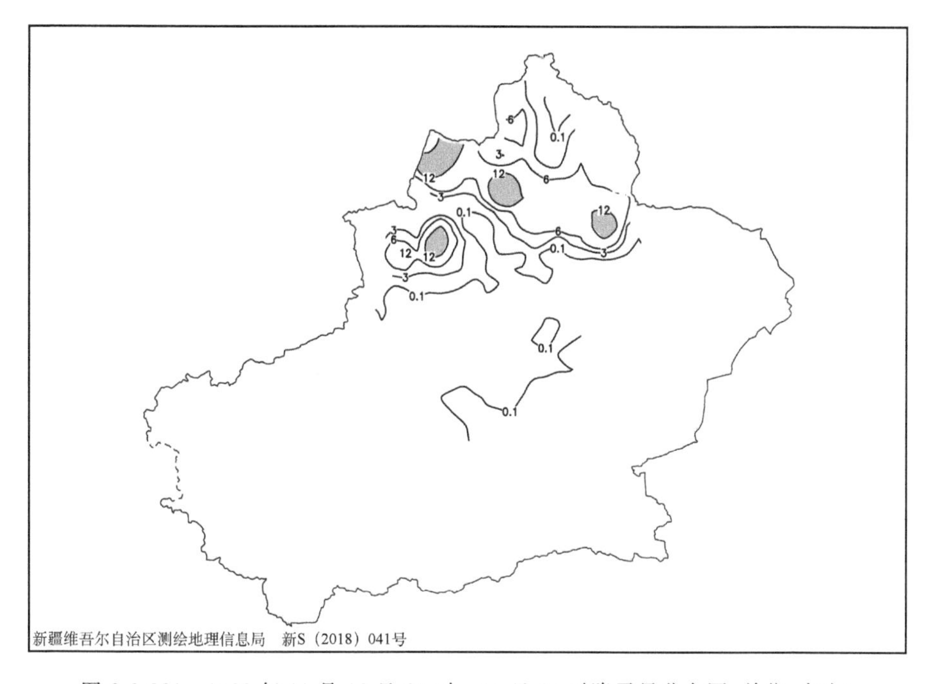

图 2-2-281　1988 年 11 月 12 日 20 时—13 日 20 时降雪量分布图(单位:毫米)

【天气形势】500 百帕环流场上,降雪开始前欧亚中高纬度有两个低涡系统,一个位于中西伯利亚高原,低涡中心温度低于－46℃,另一个位于黑海东部,低涡中心温度低于－38℃,欧洲北部高压脊北伸,引导乌拉尔山北部冷空气进入低涡,同时受伊朗副高北抬影响,低涡不断增强,原地少动,低涡不断分裂短波东移北上与北部低涡底部分裂的短波在塔城地区汇合,给塔城地区带来暴雪天气。伊朗高压继续北挺,北支锋区明显北收,当北支锋区再度南下分裂短波时,在北疆沿天山一带产生暴雪(图 2-2-283)。

对流层上部的 200 百帕,从地中海东部到中亚有一支西南急流,急流到达中亚后转为西北急流,北疆位于高空西北急流入口区右侧的正涡度平流区,强烈的高层辐散加剧了中低层系统的发展,有利于强降雪的发生(图 2-2-282)。低层地中海东部、南部低槽前西南气流强盛,700 百帕存在风速大于 16 米/秒的低空急流,低空急流把里海、黑海的暖湿空气不断输送到中亚,而后转为西北急流进入北疆西北部,在北疆西北部产生位势不稳定层结,高空西北急流和低空西北急流持续耦合发展,为此次暴雪天气过程提供了有利的动力条件(图 2-2-284)。850 百帕上,12—13 日,塔城地区存在西南风与东南风的暖式切变(图 2-2-286),13 日,塔城地区额敏县和裕民县位于暖式切变线上,14 日,木垒县、新源县、莫所湾垦区位于偏北风与偏西风的冷式切变线上,加之锋面南压过程中受天山地形阻挡,锋区增强,进而产生强降雪。从 700 百帕水汽通量场可以看出,源自红海南部的水汽沿西南风气流在波斯湾加强后输送到咸海地区,到达咸海后水汽分成两支,一支沿中纬度西风气流输送到北疆沿天山一线,另一支气流继续向北输送至 50°N 后沿西北风气流输送到巴尔喀什湖南部与前一支水汽汇合后进入北疆,为暴雪的产生提供了充沛的水汽条件(图 2-2-285)。

地面图上,12—13 日,塔城地区处于地面冷锋前部、暖锋后部的暖性区域内,暴雪出现在气压下降、气温回升的过程中。14 日,地面冷高压东移,冷高压前部冷锋过境,产生暴雪天气(图 2-2-287)。

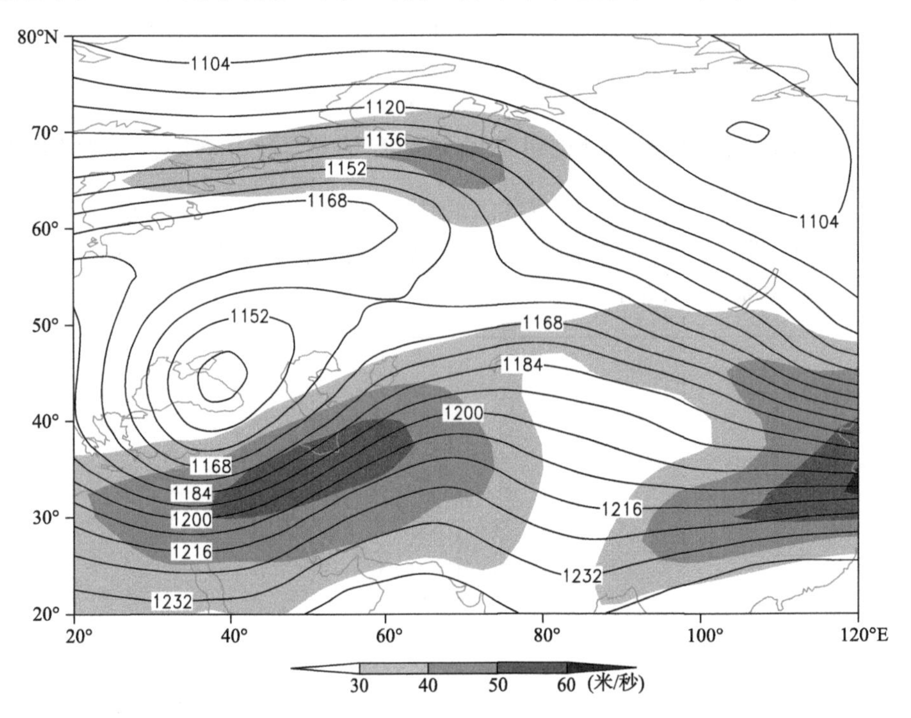

图 2-2-282　1988 年 11 月 12 日 20 时 200 百帕位势高度场(单位:位势什米),阴影表示风速大于 30 米/秒急流区

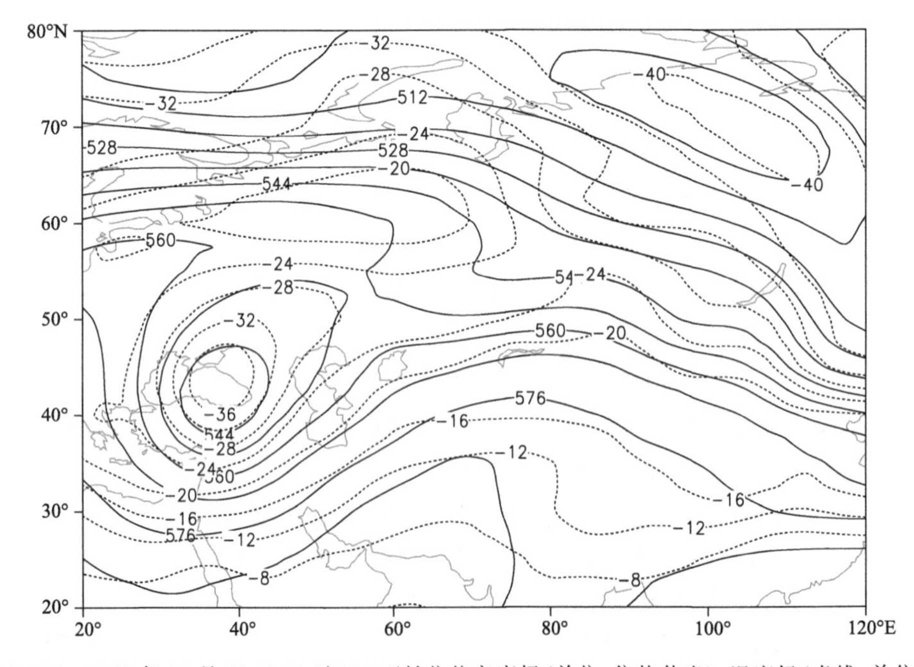

图 2-2-283　1988 年 11 月 12 日 20 时 500 百帕位势高度场(单位:位势什米),温度场(虚线,单位:℃)

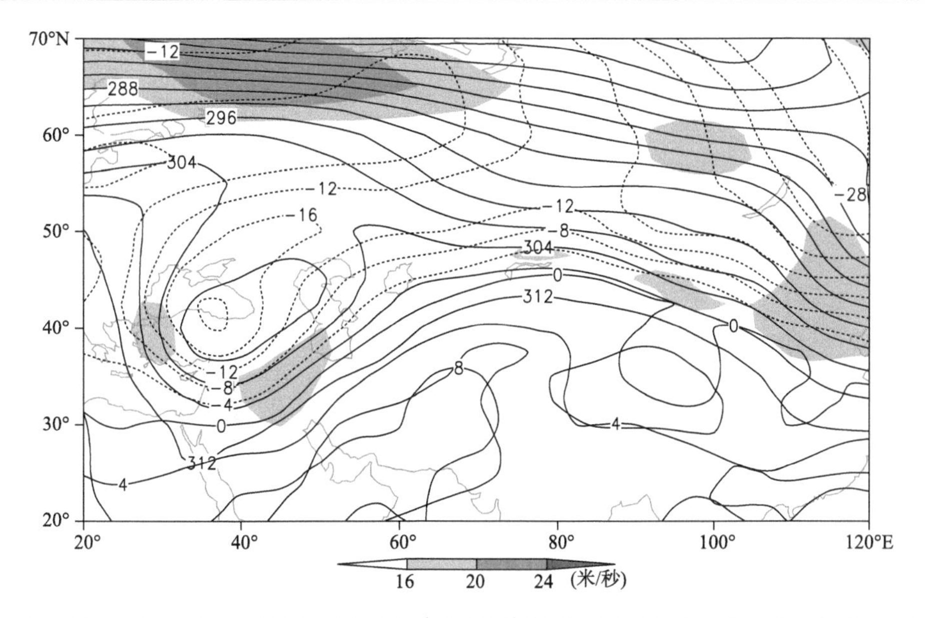

图2-2-284　1988年11月12日20时700百帕位势高度场(单位:位势什米),阴影表示风速大于16米/秒急流区

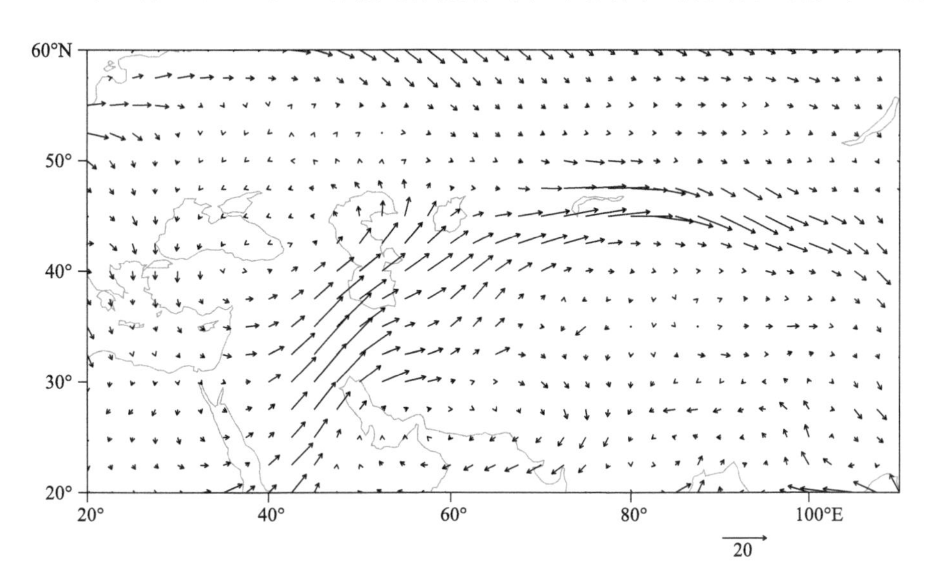

图2-2-285　1988年11月12日20时700百帕水汽通量场(单位:克/(厘米·百帕·秒))

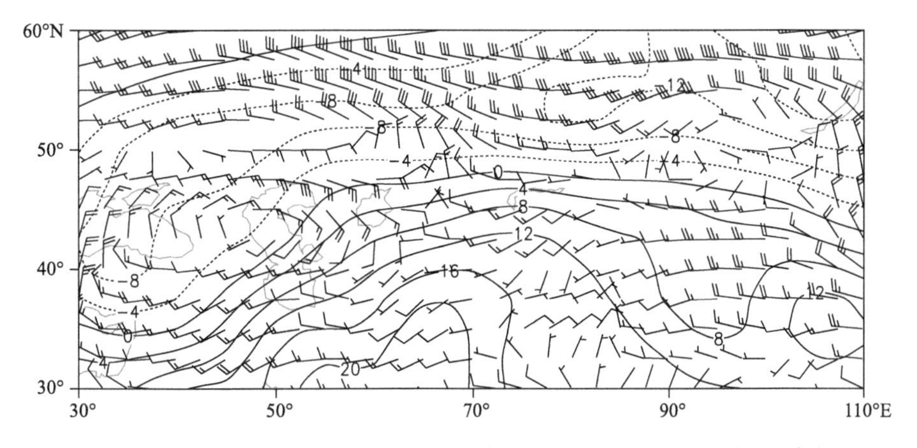

图2-2-286　1988年11月12日20时850百帕风场(单位:米/秒),温度场(单位:℃)

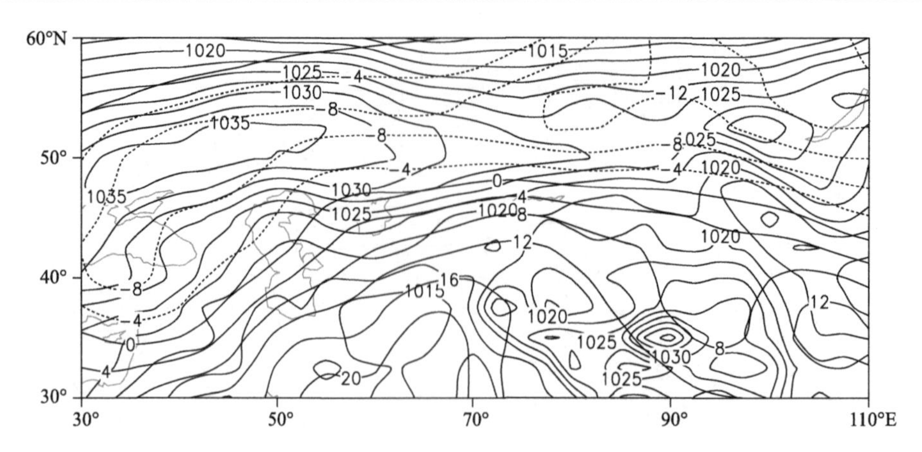

图 2-2-287　1988 年 11 月 12 日 20 时地面气压场(单位:百帕),850 百帕温度场(单位:℃)

2.2.42　伊犁哈萨克自治州暴雪(1989-11-01)

【降雪实况】1989 年 11 月 1 日,伊犁哈萨克自治州伊宁市、伊宁县、霍城县出现暴雪,24 小时降雪量分别为 12.4 毫米、15.3 毫米、13.8 毫米(图 2-2-288)。

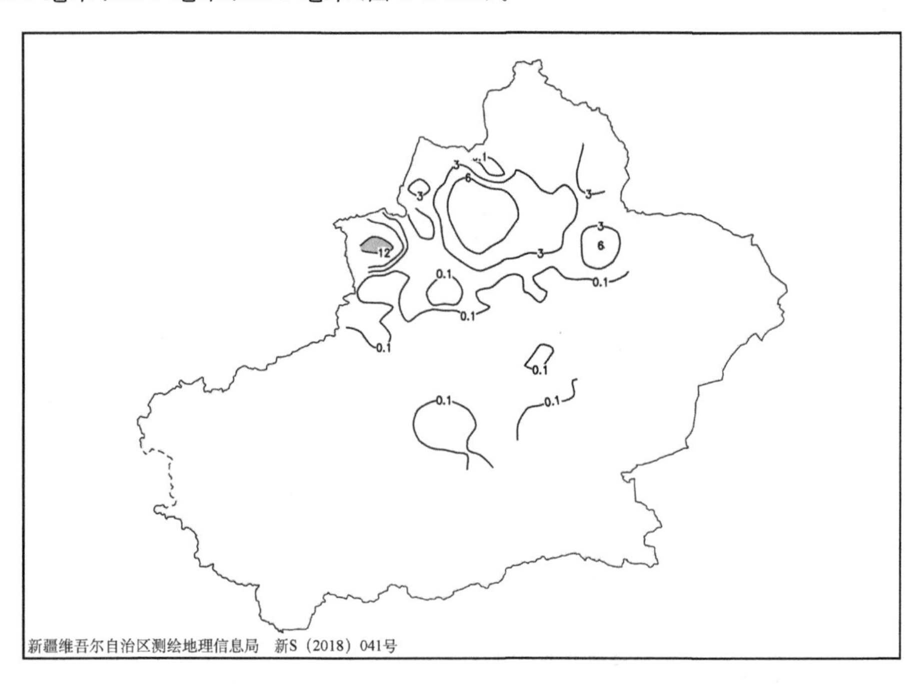

图 2-2-288　1989 年 10 月 31 日 20 时—11 月 1 日 20 时降雪量分布图(单位:毫米)

【天气形势】500 百帕环流场上,降雪前期欧亚中高纬度为两脊一槽的环流形势,即欧洲北部和贝加尔湖为高压脊,50°~90°E 为低槽活动区,欧洲北部高压脊北伸,新地岛冷空气沿脊前北风带进入低槽中,使得低槽加深,槽前锋区增强,同时,贝加尔湖高压脊顶受冷平流侵袭,高压脊整体减弱东移(图 2-2-290)。泰梅尔半岛上空的轴心呈东—西向的极涡不断增强,31 日 20 时,极涡西部南下,乌拉尔山北部强冷空气进入低槽,温度槽明显落后于高度槽,之后低槽快速东移,槽前强锋区压在北疆地区,给伊犁地区带来强降雪天气。

对流层高层 200 百帕上,从中亚到北疆有一支中心风速大于 50 米/秒的高空西南急流,伊犁地区处于高空西南急流入口区右侧,该位置具有较强的高空辐散(图 2-2-289)。700 百帕上,西伯利亚低压底部西北急流和里海高压脊前部西北急流叠加,在乌拉尔山形成强的西北急流带,伊犁地区处于急流前部,再加上高空急流的抽吸作用,加强了暴雪区的上升运动,有利于次级环流的发展维持和水汽的抬升凝结(图 2-2-291)。从 700 百帕水汽通量场上可以看出,造成伊犁地区暴雪天气的水汽主要来自低纬度地区，红海上的水汽向东北方向输送到伊朗高原，与里海南部一部分水汽汇合后，在西南急流的引导下进入伊犁地区，受婆罗科努山阻挡，对流层低层不断有水汽的辐合上升，利于暴雪发生和维持（图 2-2-292）。

地面图上，地面冷高压沿西方路径逐步东移南压，暴雪发生时伊犁地区处在强锋区带上，加之伊犁地区三面环山向西开口的“喇叭口”地形，在降雪过程中处于迎风坡气流辐合，有利于近地层空气的辐合抬升和降雪的持续（图 2-2-293，图 2-2-294）。

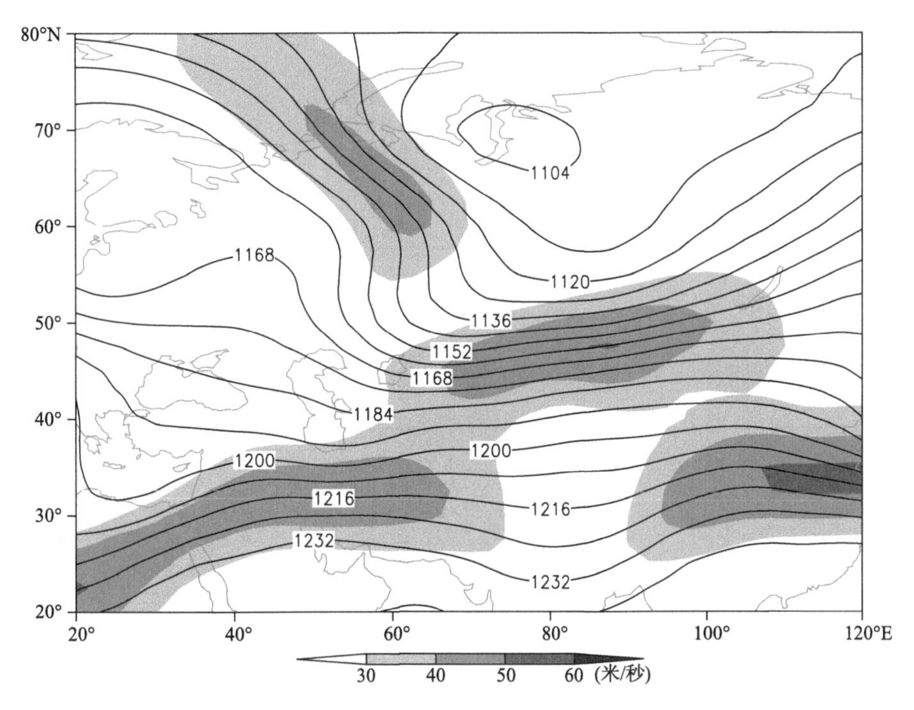

图 2-2-289　1989 年 10 月 31 日 20 时 200 百帕位势高度场（单位：位势什米），阴影表示风速大于 30 米/秒急流区

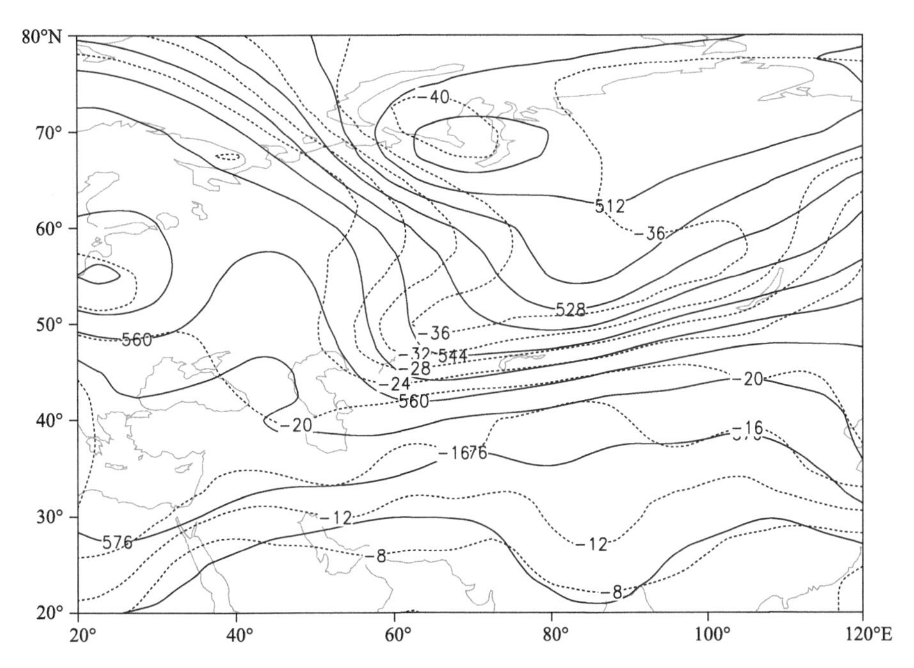

图 2-2-290　1989 年 10 月 31 日 20 时 500 百帕位势高度场（单位：位势什米），温度场（虚线，单位：℃）

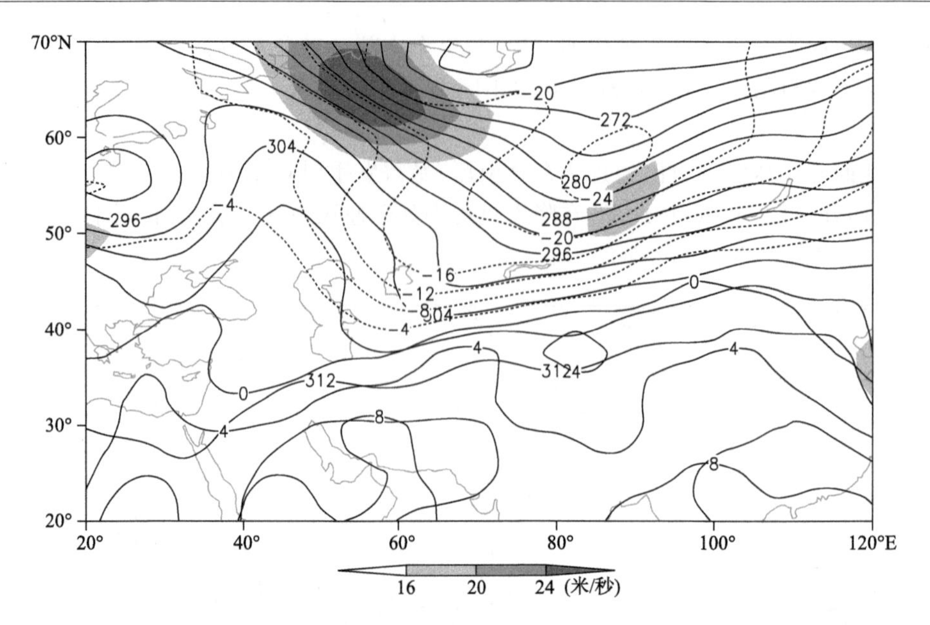

图 2-2-291 1989 年 10 月 31 日 20 时 700 百帕位势高度场(单位:位势什米),阴影表示风速大于 16 米/秒急流区

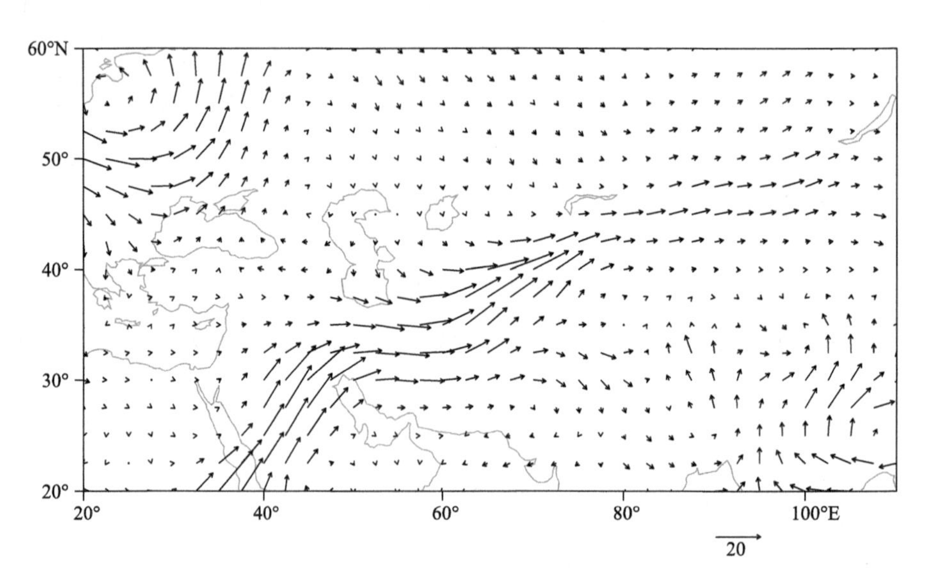

图 2-2-292 1989 年 10 月 31 日 20 时 700 百帕水汽通量场(单位:克/(厘米・百帕・秒))

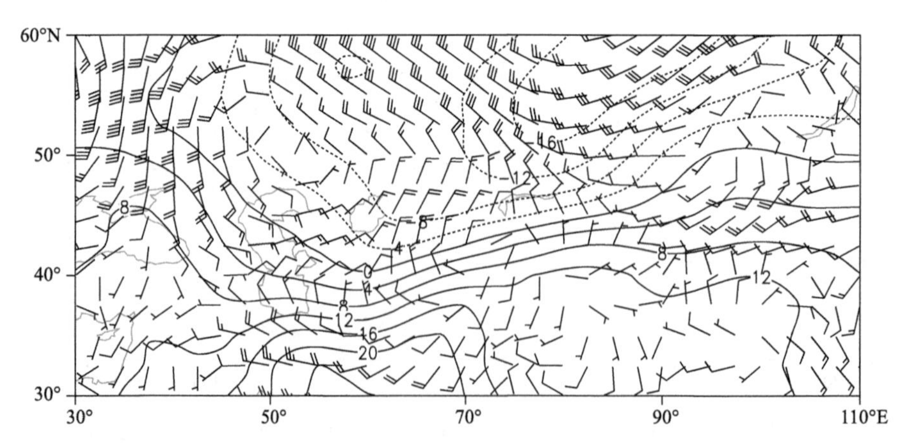

图 2-2-293 1989 年 10 月 31 日 20 时 850 百帕风场(单位:米/秒),温度场(单位:℃)

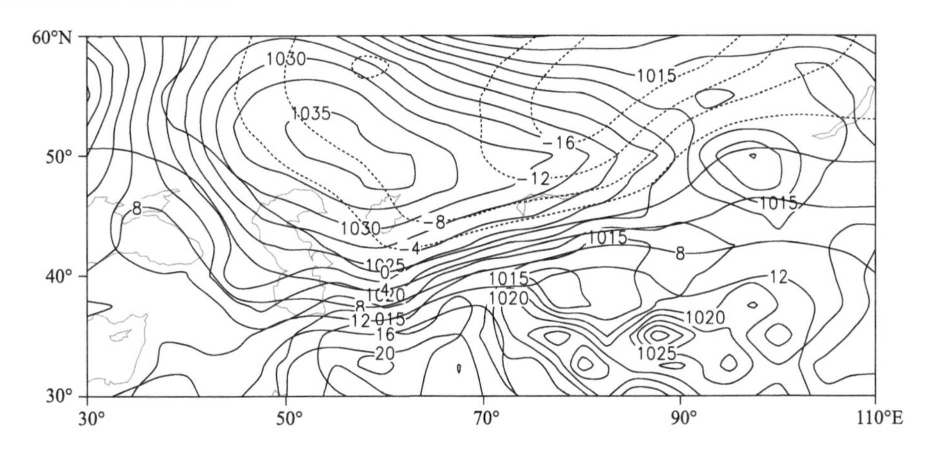

图 2-2-294　1989 年 10 月 31 日 20 时地面气压场(单位:百帕),850 百帕温度场(单位:℃)

2.2.43　乌鲁木齐市、昌吉回族自治州暴雪(1990-01-27)

【降雪实况】1990 年 1 月 27 日,乌鲁木齐市、米东区,昌吉回族自治州奇台县出现暴雪,24 小时降雪量分别为 15.9 毫米、14.3 毫米、12.1 毫米(图 2-2-295)。

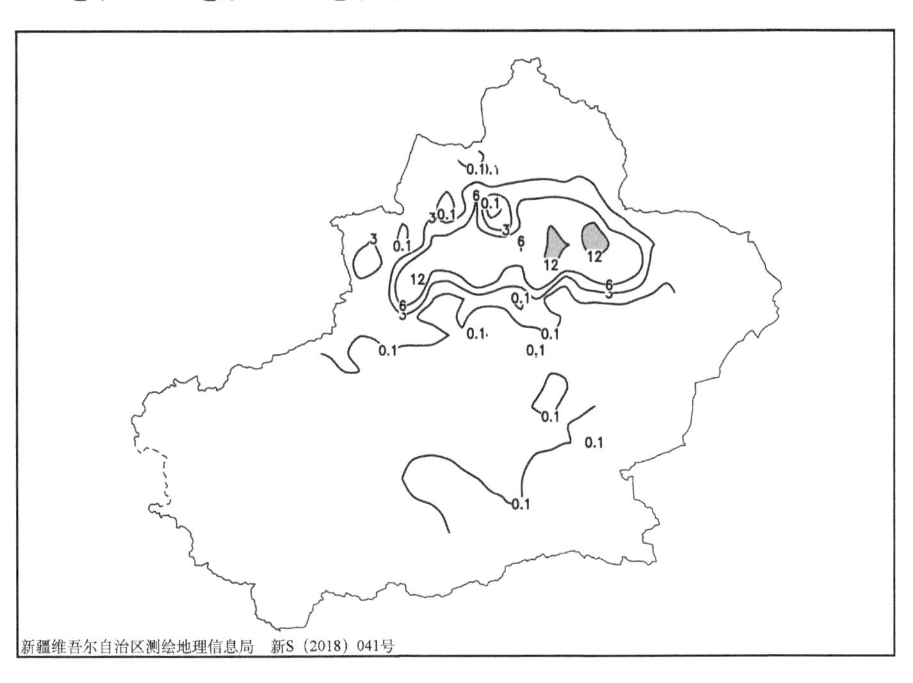

图 2-2-295　1990 年 1 月 26 日 20 时—27 日 20 时降雪量分布图(单位:毫米)

【天气形势】500 百帕环流场上,降雪前期欧亚中高纬度上经向环流明显,表现为两槽两脊的环流形势,即大西洋沿岸到欧洲西部和乌拉尔山为低槽,东欧平原和新疆为高压脊(图 2-2-297)。随着欧洲北部的高压脊向北发展,巴伦支海上空的强冷空气沿脊前西北风带进入乌拉尔低槽,而此时温度槽落后于高度槽,使得乌拉尔槽加深并快速东移,控制新疆的高压脊受西伯利亚冷空气侵袭,脊前正变高南落,阻塞形势减弱,乌拉尔槽东移过程中给北疆中天山地区带来强降雪天气。

200 百帕上,从乌拉尔山中部到北疆有一支西北急流,急流核位于乌拉尔山中部,急流核逐渐东移,中天山地区处在急流入口区右侧的强辐散区,高层辐散抽吸作用利于中低层系统的发展(图 2-2-296)。700 百帕同样存在一支低空西北急流,乌鲁木齐和昌吉地区处于急流轴前方,低空急流有利于水汽和不稳定能量向暴雪区的输送,暴雪落区与高层辐散、低层辐合的重叠区域基本一致(图 2-2-298,图 2-2-299)。

地面图上,在里海、咸海形成的地面冷高压沿西方路径逐步加强东移,26 日 20 时,冷锋前沿压在北疆沿天山一带，强降雪发生时段，乌鲁木齐和昌吉均处在强锋区带上，加之乌鲁木齐东南高、西北低的特殊地形影响，地形辐合抬升作用明显，使得锋面强度在迎风坡加强，有利于暴雪的产生和维持(图 2-2-300，图 2-2-301)。

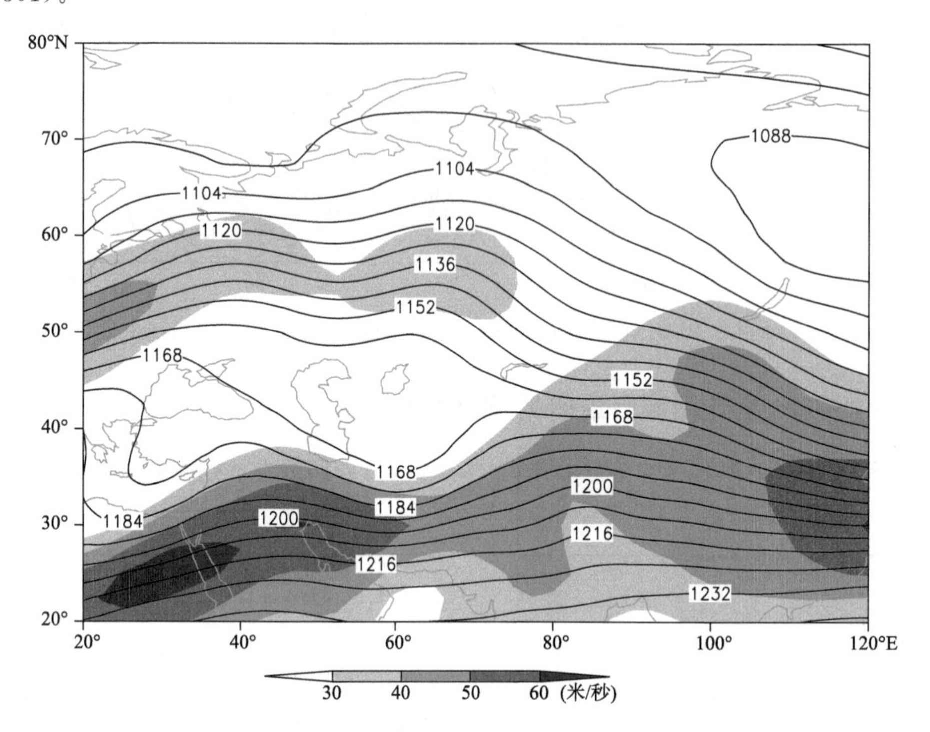

图 2-2-296　1990 年 1 月 26 日 20 时 200 百帕位势高度场(单位：位势什米)，阴影表示风速大于 30 米/秒急流区

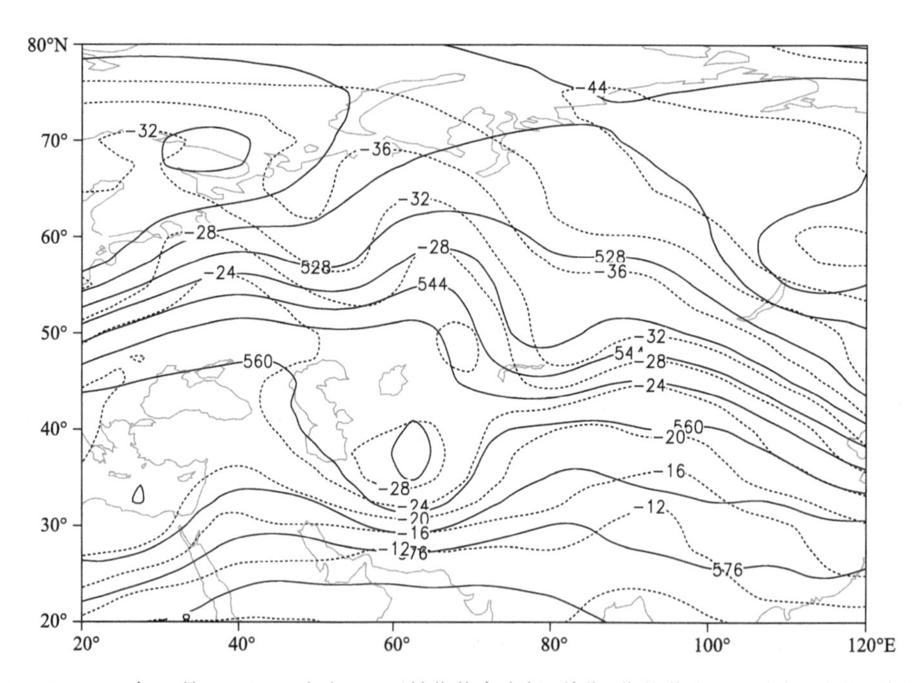

图 2-2-297　1990 年 1 月 26 日 20 时时 500 百帕位势高度场(单位：位势什米)，温度场(虚线，单位：℃)

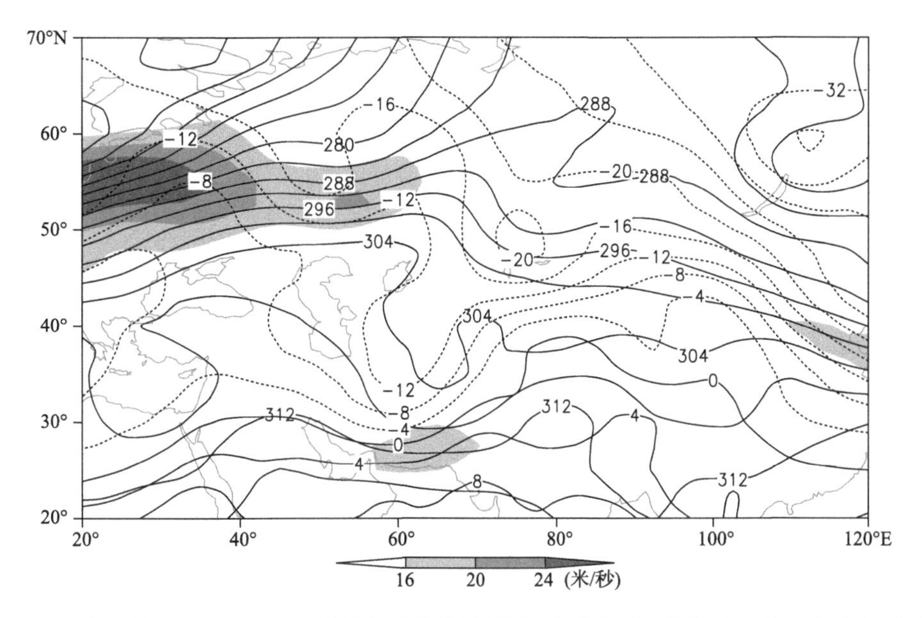

图2-2-298　1990年1月26日20时700百帕位势高度场(单位:位势什米),阴影表示风速大于16米/秒急流区

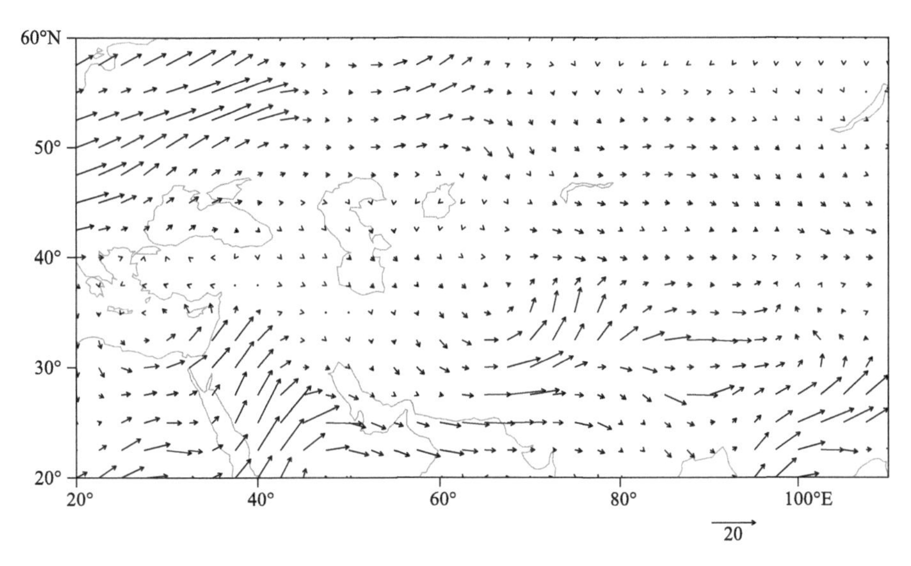

图2-2-299　1990年1月26日20时700百帕水汽通量场(单位:克/(厘米·百帕·秒))

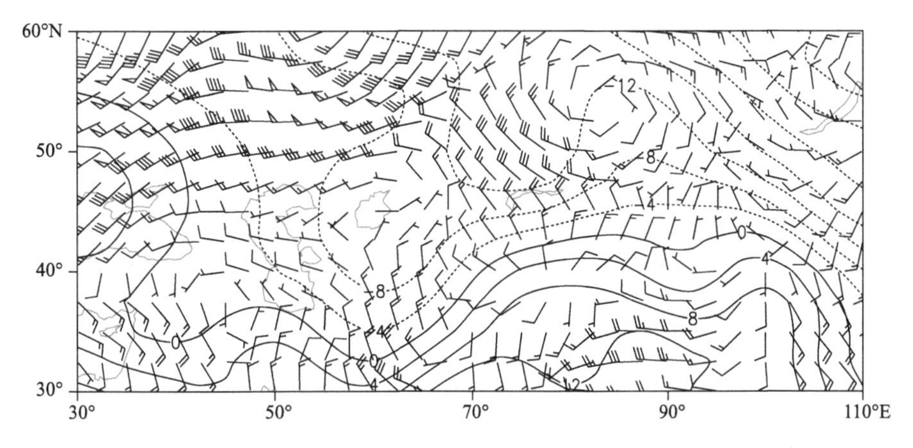

图2-2-300　1990年1月26日20时850百帕风场(单位:米/秒),温度场(单位:℃)

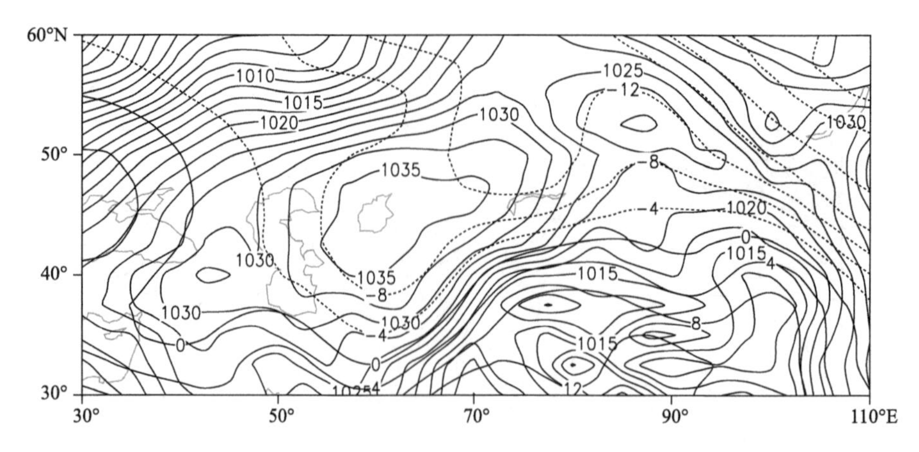

图 2-2-301　1990 年 1 月 26 日 20 时地面气压场(单位:百帕),850 百帕温度场(单位:℃)

2.2.44　伊犁哈萨克自治州、阿勒泰地区、昌吉回族自治州、石河子地区、塔城地区暴雪(1990-11-04)

【降雪实况】1990 年 11 月 4—7 日,伊犁哈萨克自治州、阿勒泰地区、昌吉回族自治州、石河子地区、塔城地区相继出现暴雪和大暴雪。4 日,伊犁哈萨克自治州新源县、伊宁县、尼勒克县、伊宁市、察布查尔锡伯自治县,阿勒泰地区富蕴县、阿勒泰市 24 小时降雪量分别为 16.3 毫米、18.1 毫米、18.9 毫米、13.7 毫米、16.1 毫米、12.5 毫米、13.9 毫米。5 日,伊犁哈萨克自治州伊宁县、尼勒克县、伊宁市、霍尔果斯市 24 小时降雪量分别为 20.7 毫米、14.5 毫米、23.8 毫米、20.1 毫米。其中,察布查尔锡伯自治县和霍城县出现大暴雪,24 小时降雪量分别为 25.5 毫米、27.8 毫米。6 日,昌吉回族自治州玛纳斯县、石河子地区乌兰乌苏镇、石河子市,塔城地区沙湾县、乌苏市 24 小时降雪量分别为 16.2 毫米、16.3 毫米、16.1 毫米、17.5 毫米、15.2 毫米。7 日,昌吉回族自治州木垒县 24 小时降雪量 16.7 毫米(图 2-2-302)。

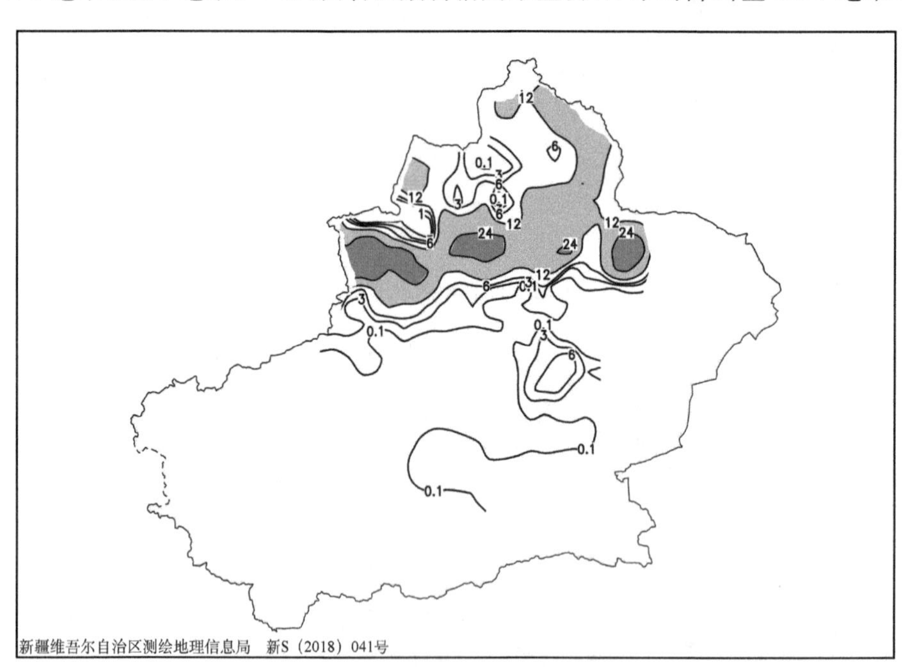

图 2-2-302　1990 年 11 月 3 日 20 时—7 日 20 时降雪量分布图(单位:毫米)

【天气形势】500 百帕环流场上,降雪开始前欧亚中高纬度分为南、北两个系统(图 2-2-304),其中,南支系统比较活跃,已经北抬至 50°N,2 日 08 时,南部低槽位于里海和咸海之间,受欧洲北部冷平流侵袭,黑海高压脊前正变高南落,乌拉尔山南部冷空气进入低槽,低槽加深东移,3 日 20 时,低槽移至巴尔喀什湖,槽前西南气流控制北疆西北部地区,在伊犁和阿勒泰地区产生强降雪。4 日 20 时,黑海脊向北发展，乌拉尔山南部冷空气南下至中亚，冷空气与贝加尔湖北部冷涡底部冷空气打通，在中亚北部形成浅薄的冷涡，5 日08—20 时，发展强盛的黑海高压脊与中西伯利亚高原北部的高压脊叠加，浅薄的冷涡南下至哈萨克丘陵北部，受低涡底部锋区影响，在北疆产生第二轮强降雪。随着欧洲槽的加深东移，槽前高压发展强盛，泰梅尔半岛强冷空气不断沿脊前东北风带向巴尔喀什湖附近堆积，使影响北疆的锋区进一步增强，6 日，在北疆再次产生强降雪。当中亚高压脊逐渐移近新疆，新疆开始受暖平流控制，降雪逐渐结束。

对流层高层 200 百帕有显著的高空急流建立并维持，3 日 20 时，从地中海北部到里海北部建立了一支偏西急流，急流核风速超过 50 米/秒，急流核逐渐东移(图 2-2-303)，4 日 08 时，偏西急流转为西北急流影响北疆，4 日 08—20 时，急流核缓慢北抬，强降雪时段伊犁和阿勒泰地区均处在急流入口区右侧。5 日，急流略有南压，急流核移至中亚，高空辐散抽吸作用进一步增强。7 日，北疆转为偏北急流控制。700 百帕上 40°～50°N 范围内有一条偏西风急流带，低空偏西急流和西北急流将黑海与里海的暖湿空气输送至北疆，在急流前部产生水汽辐合和质量辐合，促进和维持上升运动的发展(图 2-2-305)。从 700 百帕水汽通量场上可以看出，4—5 日，水汽通量大值带与低空偏西急流的走向一致，因而，水汽不断由地中海经黑海、里海、咸海输送到伊犁和阿勒泰地区，持续的水汽输送且较强的低层水汽辐合增加了降雪强度。6—7 日，地中海上的水汽向东北输送至乌拉尔山中部，只有部分水汽翻越了乌拉尔山进入北疆中天山地区，强降雪量级有所减弱(图 2-2-306)。

地面图上，3 日 20 时，伊犁地区受地面冷高压控制，阿勒泰地区受低压控制，东欧平原上的气旋性低压东移加深，推动冷高压东移(图 2-2-307，图 2-2-308)，4 日，伊犁和阿勒泰地区转为正变压控制，强降雪发生在冷锋东移过境后的升压、降温区域。5 日，伊犁地区处于正在南下的乌拉尔山南部的冷高压与前期进入新疆的冷高压之间的弱低压带内，减压、增温明显，为受强锋区影响下减压区内的暖区降雪。6—7 日，乌拉尔山南部的地面冷高压东移过程中受西伯利亚强盛的冷高压影响，不断增强东移，北疆中天山地区气温明显下降，气压快速上升，冷锋过境时，降雪量达到最大。

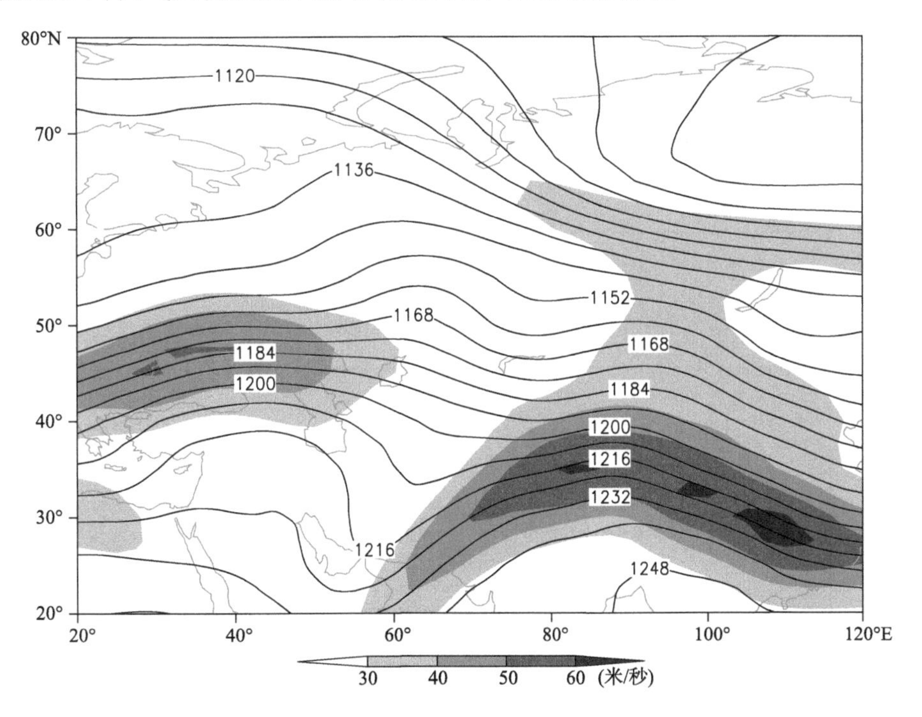

图 2-2-303　1990 年 11 月 3 日 20 时 200 百帕位势高度场(单位：位势什米)，阴影表示风速大于 30 米/秒急流区

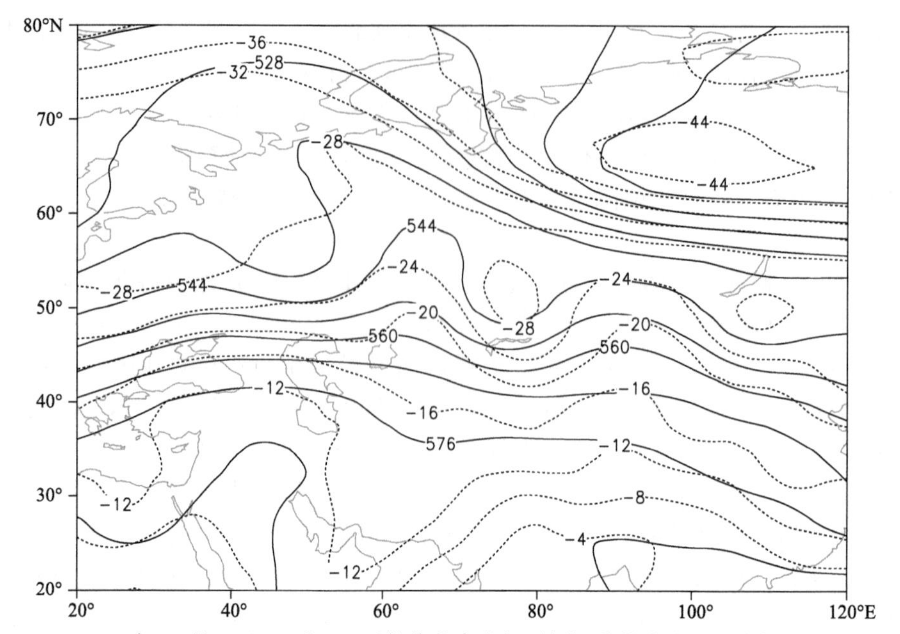

图 2-2-304　1990 年 11 月 3 日 20 时 500 百帕位势高度场(单位:位势什米),温度场(虚线,单位:℃)

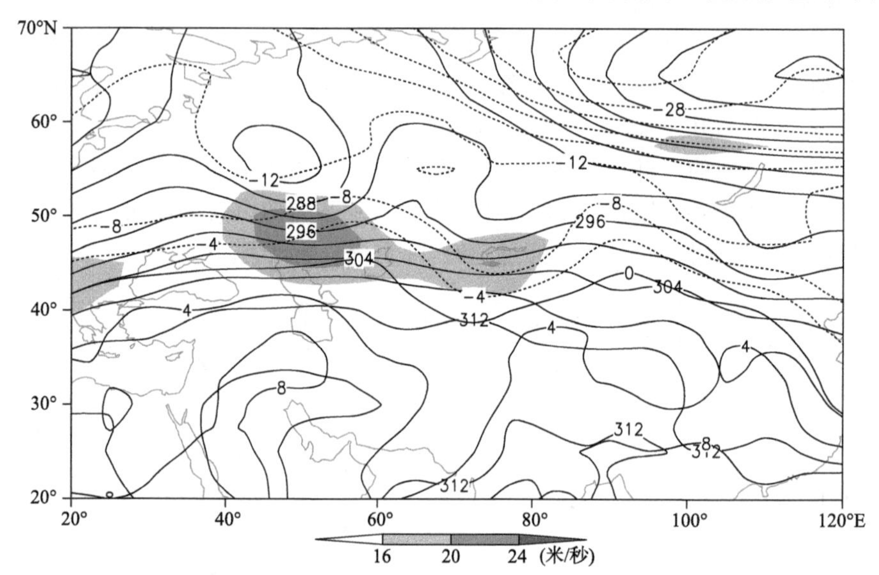

图 2-2-305　1990 年 11 月 3 日 20 时 700 百帕位势高度场(单位:位势什米),阴影表示风速大于 16 米/秒急流区

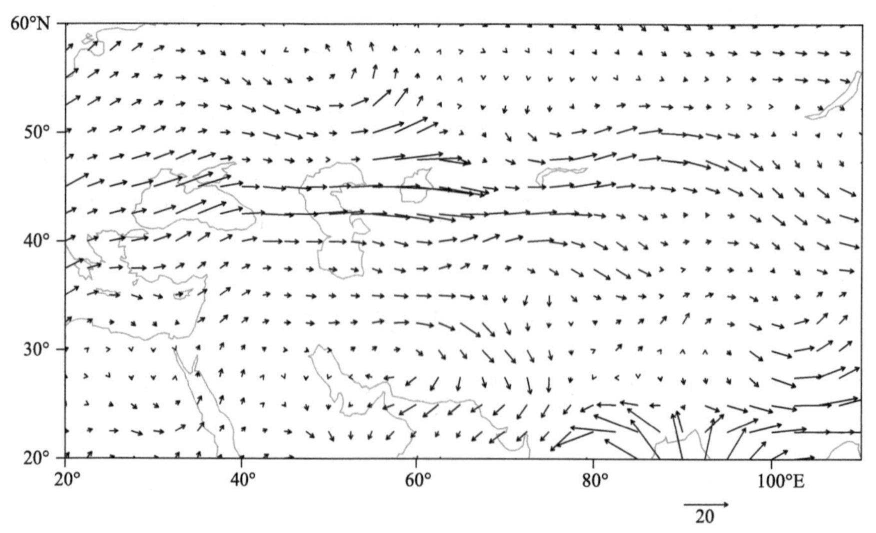

图 2-2-306　1990 年 11 月 3 日 20 时 700 百帕水汽通量场(单位:克/(厘米・百帕・秒))

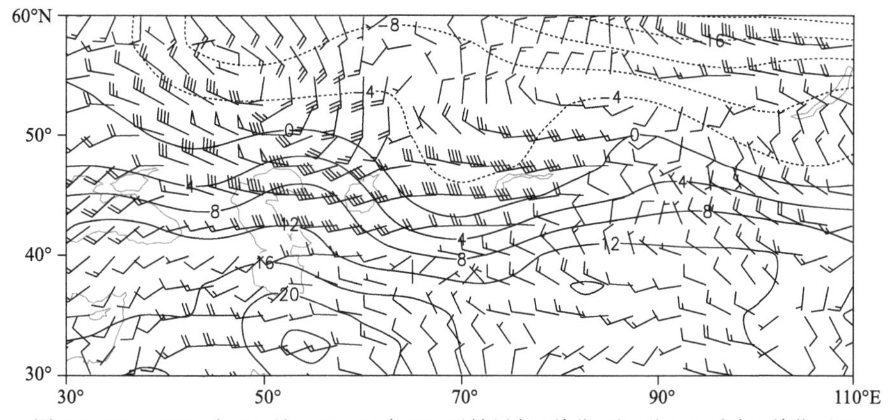

图 2-2-307　1990 年 11 月 3 日 20 时 850 百帕风场(单位:米/秒),温度场(单位:℃)

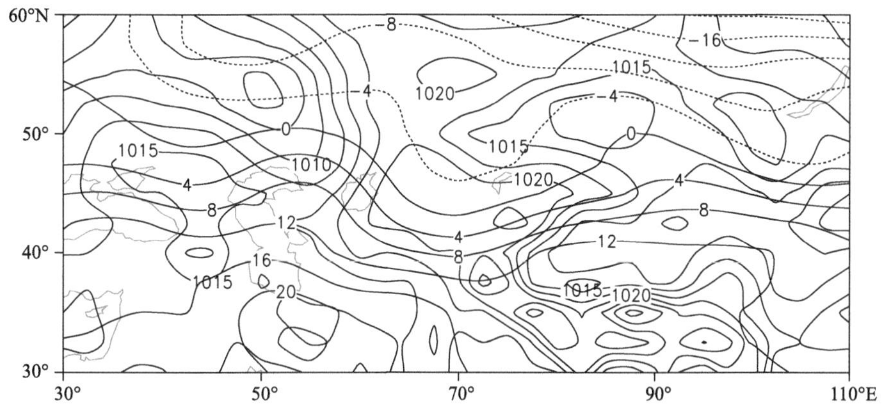

图 2-2-308　1990 年 11 月 3 日 20 时地面气压场(单位:百帕),850 百帕温度场(单位:℃)

2.2.45　伊犁哈萨克自治州、塔城地区、阿勒泰地区暴雪(1991-11-30)

【降雪实况】1991 年 11 月 30 日,伊犁哈萨克自治州伊宁县,塔城地区裕民县、塔城市、额敏县,阿勒泰地区富蕴县出现暴雪,24 小时降雪量分别为 17.4 毫米、13.3 毫米、12.5 毫米、14.3 毫米、14.6 毫米(图 2-2-309)。

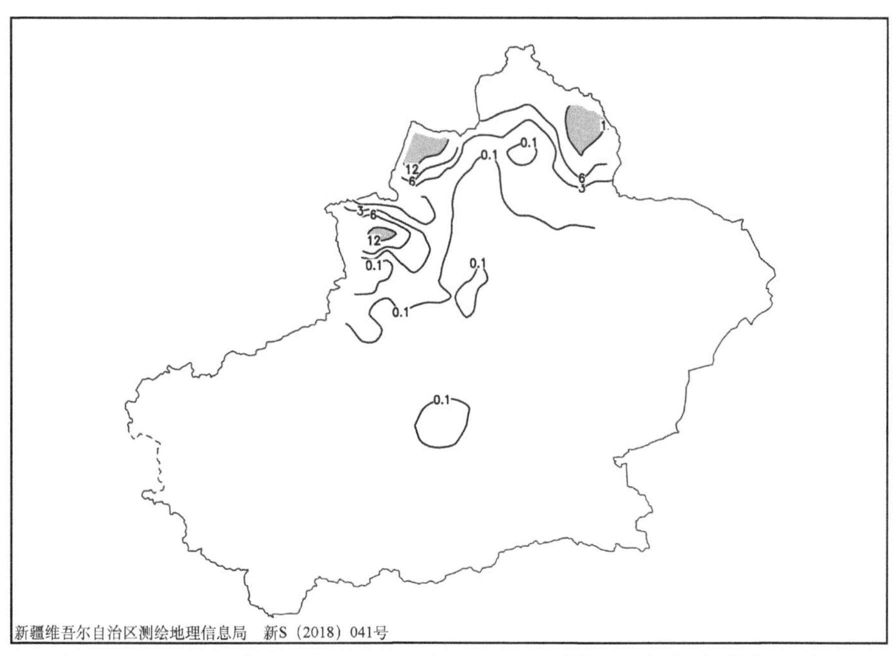

图 2-2-309　1991 年 11 月 29 日 20 时—30 日 20 时降雪量分布图(单位:毫米)

【天气形势】500 百帕环流场上,降雪开始前欧亚中高纬度范围有一深厚的极涡,极涡中心位于 60°N,90°E 附近,极涡中心温度小于−51℃,位于东萨彦岭北部,北疆北部地区处于极涡底部强锋区中(图 2-2-311)。与此同时,南支系统上有两个浅薄的低涡,一个位于地中海东部,一个位于咸海南部。逐渐西退的极涡底部不断分裂短波槽东南下,同时,地中海东部的低涡前不断有短波槽东移北上,南、北两支低槽在巴尔喀什湖附近叠加,造成北疆西北部暴雪天气。

200 百帕上,降雪开始前极涡底部的偏西急流位于新疆北部,随着极锋锋区的南压,北疆开始受高空西北急流影响,暴雪出现在急流入口区右侧,该位置具有较强的质量辐散,有利于低层辐合上升运动的发展(图 2-2-310)。700 百帕上,北疆受中心风速大于 20 米/秒的偏西急流影响,强劲的低空偏西急流有利于水汽和不稳定能量向暴雪区输送,再加上高空急流的抽吸作用,加强了暴雪区的上升运动,有利于暴雪的发生和维持(图 2-2-312)。从 700 百帕水汽通量场可以看出,来自北欧地区的水汽翻越乌拉尔山,东南下至咸海,而后通过低空偏西急流大规模的输送到暴雪区(图 2-2-313)。

地面图上,29 日 20 时,冷空气主体位于 50°N 以北,强锋区带压在北疆北部,中亚为低压活动区(图 2-2-314,图 2-2-315)。30 日 08 时,中心位于帕米尔高压上的冷高压舌伸至西西伯利亚,引导冷空气东移南下,塔城和阿勒泰地区处于低压底部的暖性区域中,在塔城和阿勒泰地区产生暖区暴雪。随着北疆北部低压减弱,强冷空气南下,强锋区开始影响北疆西部地区,在伊犁产生冷锋暴雪。30 日 20 时,冷空气主体进入北疆地区,北疆的降雪逐渐结束。

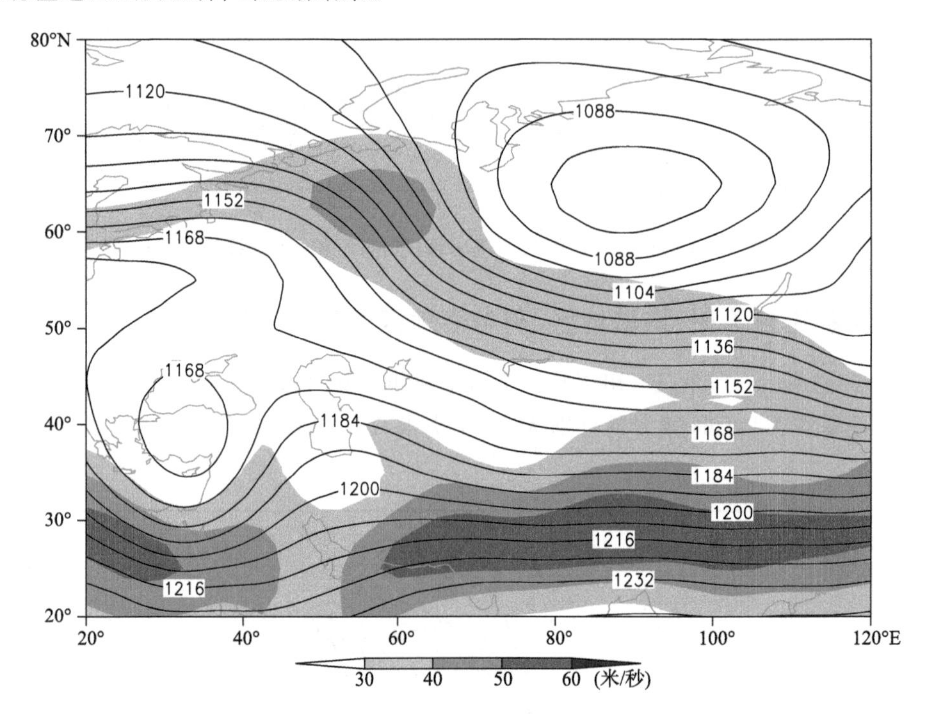

图 2-2-310　1991 年 11 月 29 日 20 时 200 百帕位势高度场(单位:位势什米),阴影表示风速大于 30 米/秒急流区

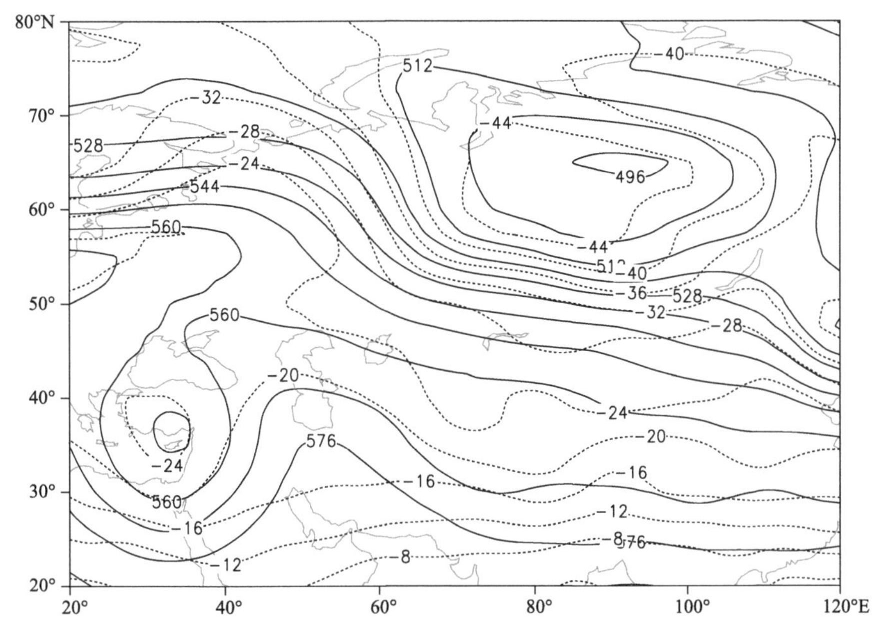

图 2-2-311　1991 年 11 月 29 日 20 时 500 百帕位势高度场(单位:位势什米),温度场(虚线,单位:℃)

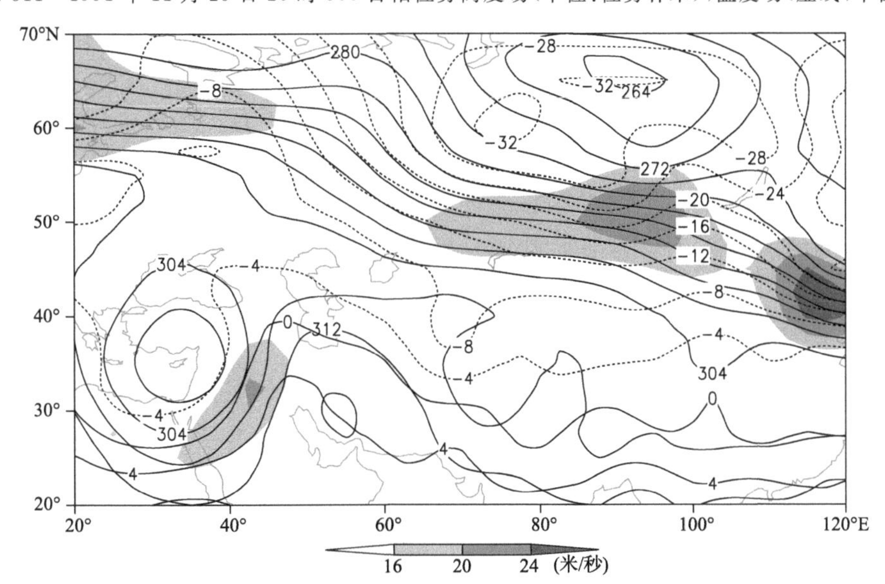

图 2-2-312　1991 年 11 月 29 日 20 时 700 百帕位势高度场(单位:位势什米),阴影表示风速大于 16 米/秒急流区

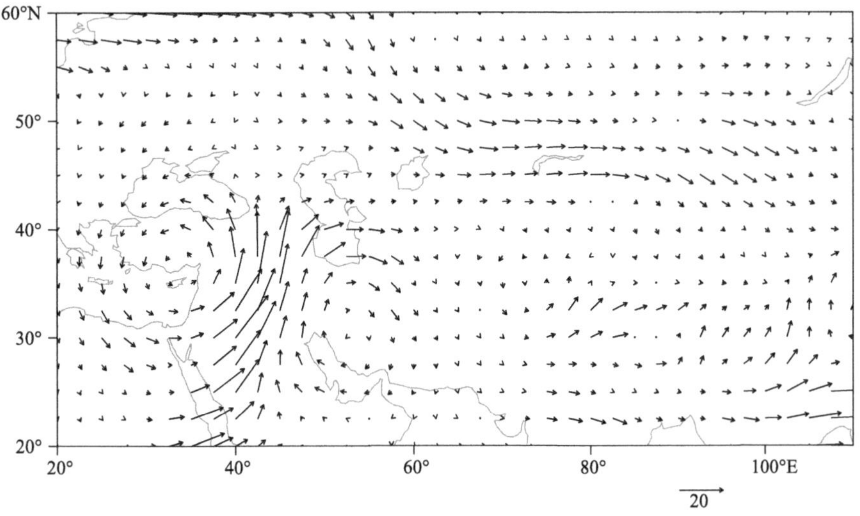

图 2-2-313　1991 年 11 月 29 日 20 时 700 百帕水汽通量场(单位:克/(厘米·百帕·秒))

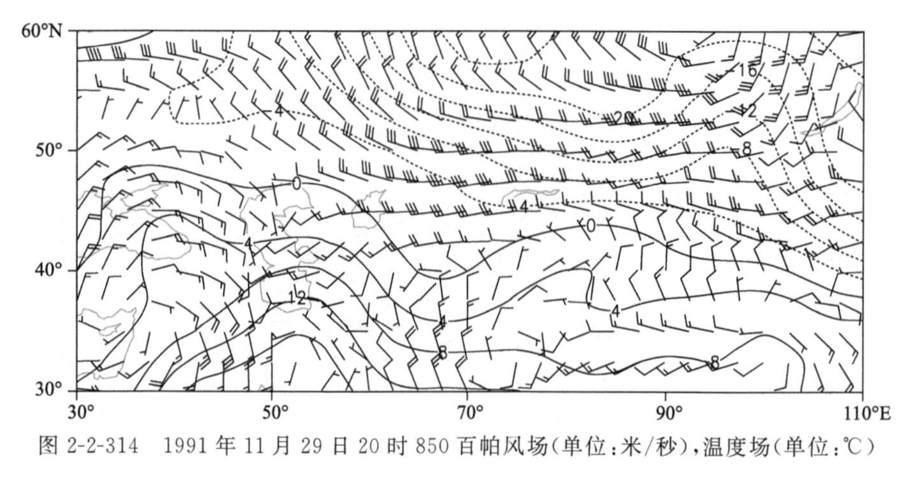

图 2-2-314　1991 年 11 月 29 日 20 时 850 百帕风场(单位:米/秒),温度场(单位:℃)

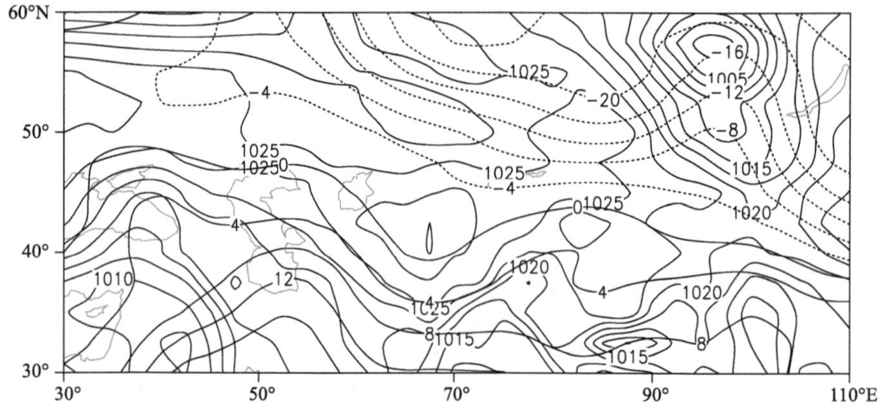

图 2-2-315　1991 年 11 月 29 日 20 时地面气压场(单位:百帕),850 百帕温度场(单位:℃)

2.2.46　伊犁哈萨克自治州暴雪(1992-02-27)

【降雪实况】1992 年 2 月 27 日,伊犁哈萨克自治州伊宁市、伊宁县、察布查尔锡伯自治县、霍城县出现暴雪,24 小时降雪量分别为 15.3 毫米、16.2 毫米、15.9 毫米、13.1 毫米(图 2-2-316)。

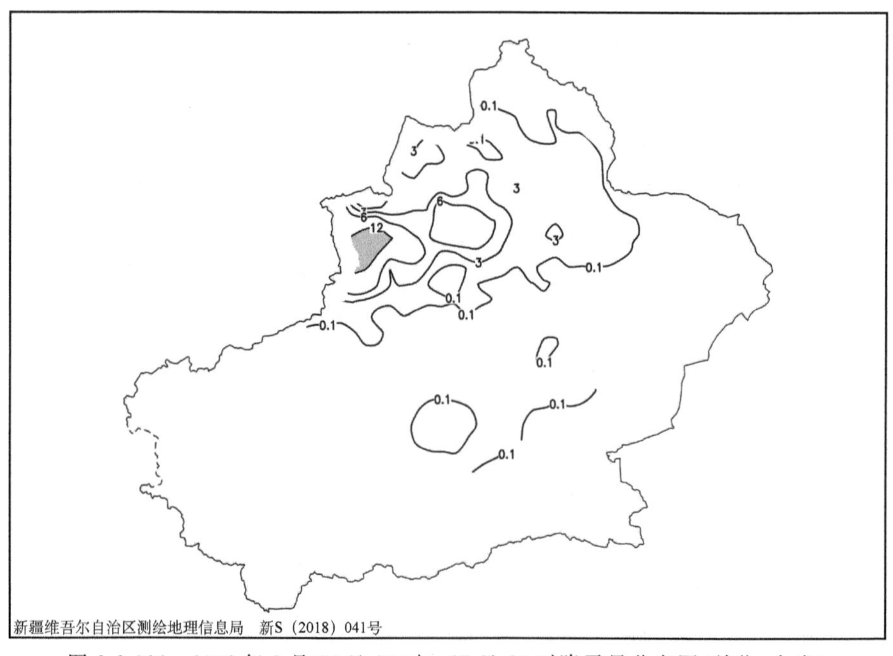

图 2-2-316　1992 年 2 月 26 日 20 时—27 日 20 时降雪量分布图(单位:毫米)

【天气形势】500 百帕环流场上,过程前期欧亚范围内有两个明显的低涡系统,一个位于地中海东部，伴有－35℃的冷中心，一个位于泰梅尔半岛南部，并伴有－46℃的冷中心(图2-2-318)。地中海东部低涡受上游冷平流影响锋区增强南压，低涡中心与里海低槽合并，合并后的低槽北段快速东移，低槽前锋区与北部极涡后部锋区在北疆交汇，在伊犁地区产生暴雪。

200百帕上，从红海到新疆建立并维持一支西南急流，急流核位于伊朗高原，为暴雪的产生提供了较强的高空抽吸作用，伊犁地区处于高空急流入口区右侧正涡度平流区(图2-2-317)。700百帕上，从里海南部到巴尔喀什湖南部有一支西南急流，风速最大达20米/秒。高空西南急流和低空西南急流持续耦合发展，暴雪落区位于高空急流入口区右侧和低空急流入口区左侧的叠加区域(图2-2-319)。从700百帕水汽通量场可以看出，此次暴雪天气共有两条水汽通道，一个是起于红海的水汽经波斯湾、伊朗高原、中亚，以西南路径进入新疆，一个是里海水汽经中亚进入新疆，暴雪区处于两支水汽输送带交汇处的辐合区(图2-2-320)。

地面图上，26日20时，地面冷高压中心位于里海北部，冷高压轴线呈东北—西南走向，地面冷锋沿天山东西向分布，暴雪发生在冷锋过境的升压、降温区域内(图2-2-321，图2-2-322)。

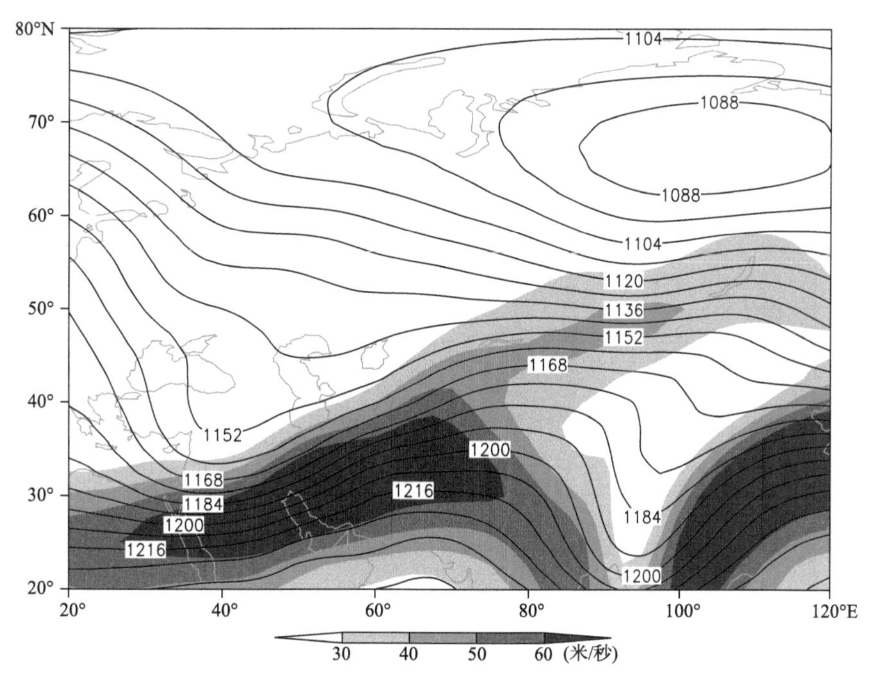

图2-2-317　1992年2月26日20时200百帕位势高度场(单位：位势什米)，阴影表示风速大于30米/秒急流区

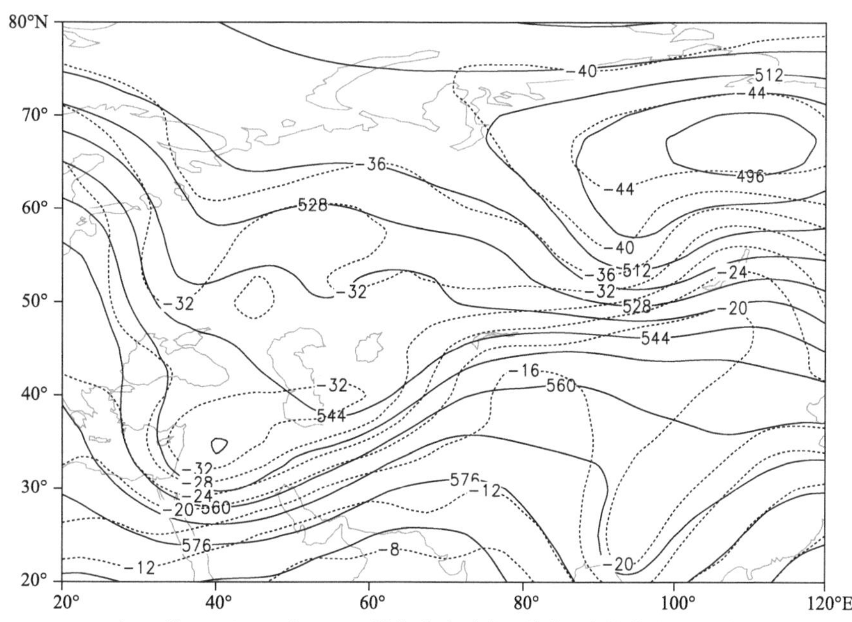

图2-2-318　1992年2月26日20时500百帕位势高度场(单位：位势什米)，温度场(虚线，单位：℃)

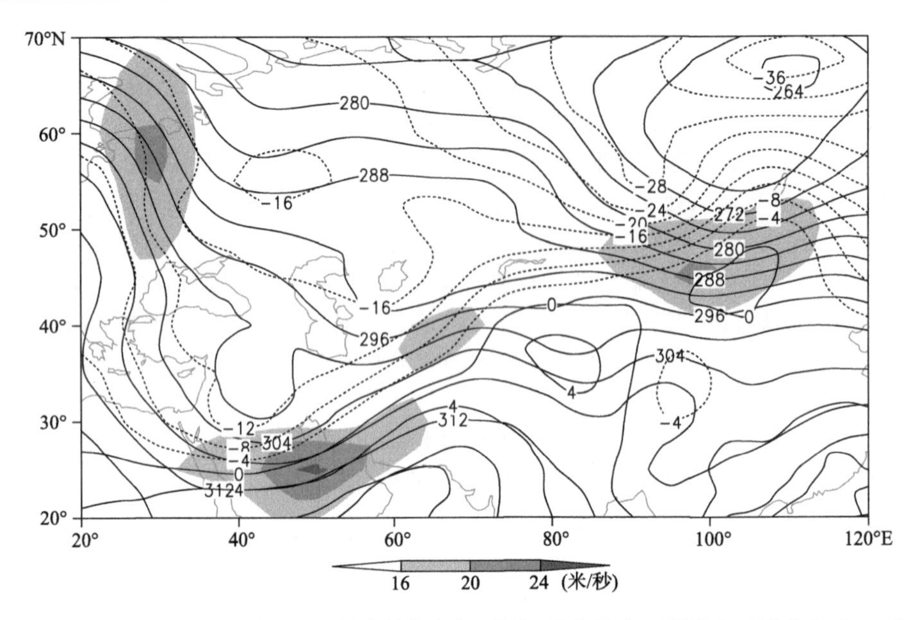

图 2-2-319　1992 年 2 月 26 日 20 时 700 百帕位势高度场(单位:位势什米),阴影表示风速大于 16 米/秒急流区

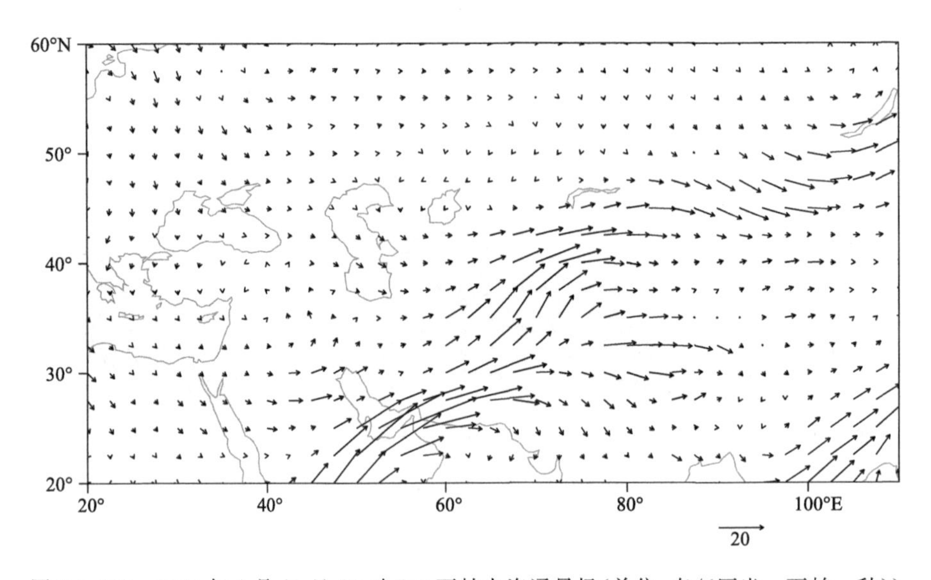

图 2-2-320　1992 年 2 月 26 日 20 时 700 百帕水汽通量场(单位:克/(厘米・百帕・秒))

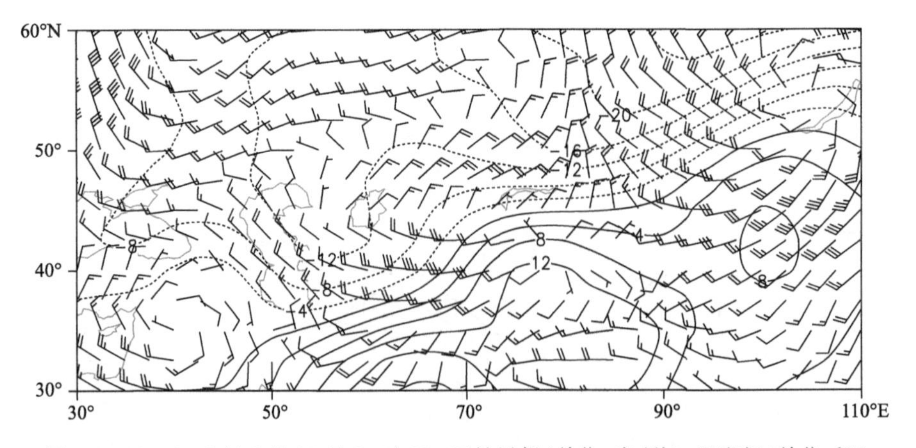

图 2-2-321　1992 年 2 月 26 日 20 时 850 百帕风场(单位:米/秒),温度场(单位:℃)

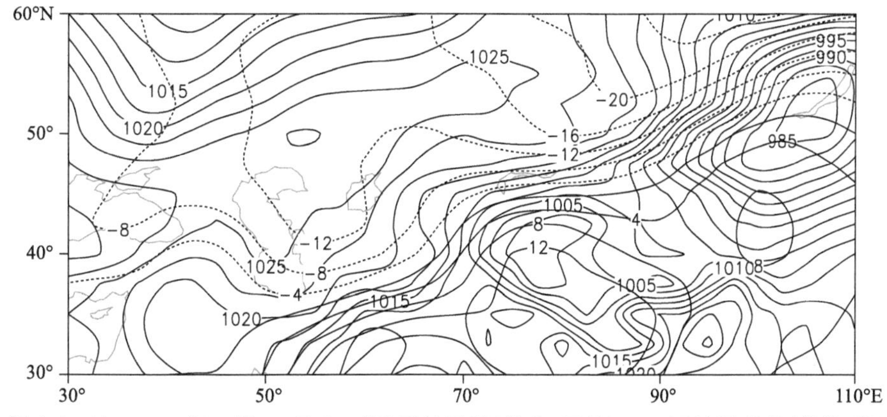

图 2-2-322　1992 年 2 月 26 日 20 时地面气压场(单位:百帕),850 百帕温度场(单位:℃)

2.2.47　昌吉回族自治州、石河子市暴雪(1992-11-17)

【降雪实况】1992 年 11 月 17 日,昌吉回族自治州玛纳斯县,石河子市、乌兰乌苏镇出现暴雪,24 小时降雪量分别为 17.1 毫米、17.8 毫米、16.7 毫米(图 2-2-323)。

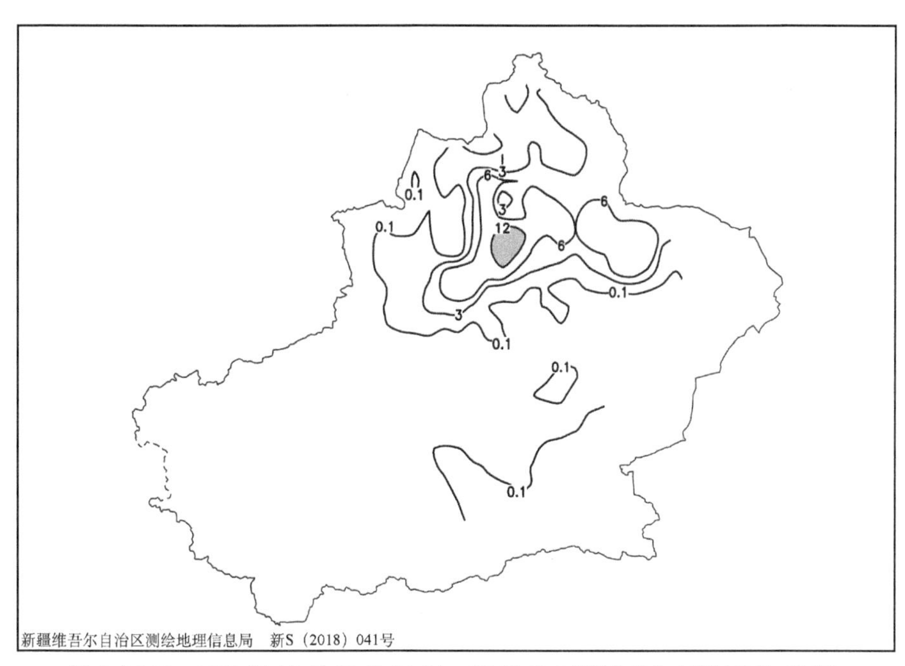

图 2-2-323　1992 年 11 月 16 日 20 时—17 日 20 时降雪量分布图(单位:毫米)

【天气形势】500 百帕环流场上,过程前期中亚有一个低涡,地中海到黑海低涡发展旺盛,其东移过程中推动里海—黑海脊东移北伸,并建立乌拉尔脊,乌拉尔脊的建立推动中亚低涡东移,低涡外围东北气流与泰梅尔半岛南下冷空气打通,形成横槽,乌拉尔脊后暖平流区移到脊前,使乌拉尔脊东移减弱,横槽逐渐转竖加深,槽底部锋区压在昌吉、石河子地区(图 2-2-325)。

对流层高层的 200 百帕上,高压脊前西北急流在巴尔喀什湖南部转为偏西急流,昌吉和石河子处于急流入口区右侧的辐散区(图 2-2-324)。700 百帕上,从西西伯利亚到北疆有一支西北急流,昌吉和石河子处于低空急流前部,受天山地形影响,暖湿气流在天山北部迎风坡造成气旋性辐合,对降雪有显著的增强作用(图 2-2-326)。从 700 百帕水汽通量场上可以看出,源自大西洋的水汽经黑海、里海输送至乌拉尔山西侧,水汽沿乌拉尔山西侧向北输送,其中一部分水汽翻过乌拉尔山沿偏北路径输送至巴尔喀什湖,由西北急流输送至北疆沿天山一带,为暴雪提供了充沛的水汽(图 2-2-327)。

地面图上,16 日 20 时,冷高压位于西西伯利亚,中心达 1032.5 百帕,高压前部冷锋逐渐南压,造成昌吉和石河子地区的暴雪天气(图 2-2-328,图 2-2-329)。

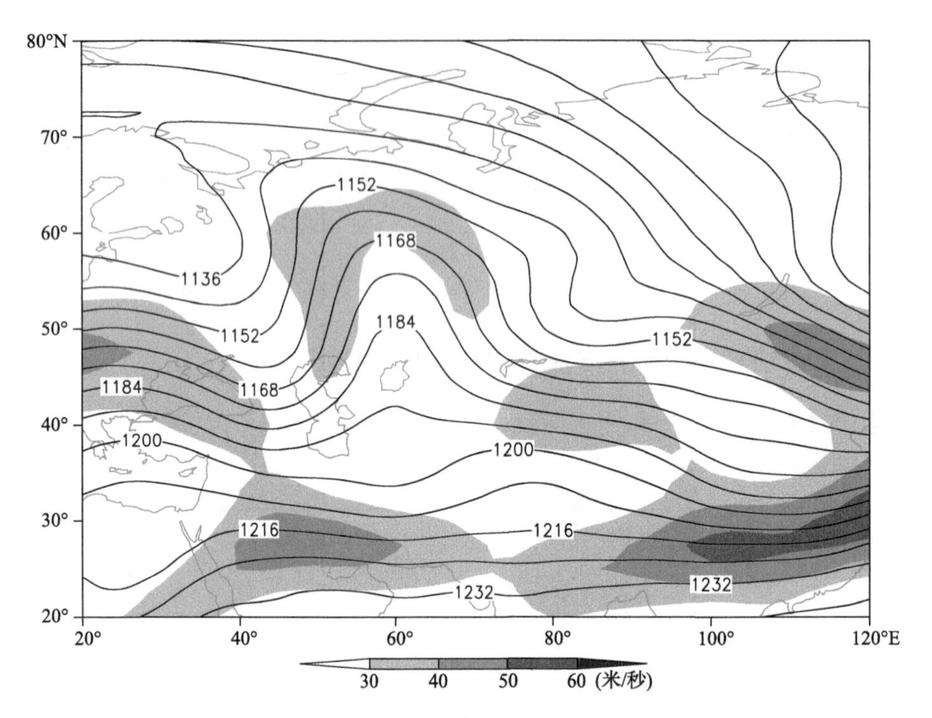

图 2-2-324　1992 年 11 月 16 日 20 时 200 百帕位势高度场(单位:位势什米),阴影表示风速大于 30 米/秒急流区

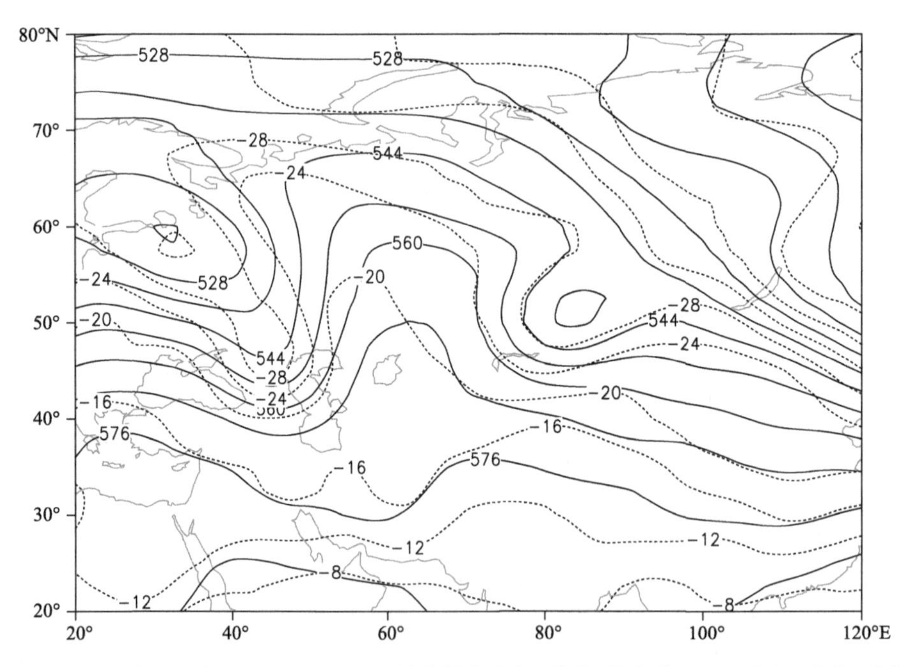

图 2-2-325　1992 年 11 月 16 日 20 时 500 百帕位势高度场(单位:位势什米),温度场(虚线,单位:℃)

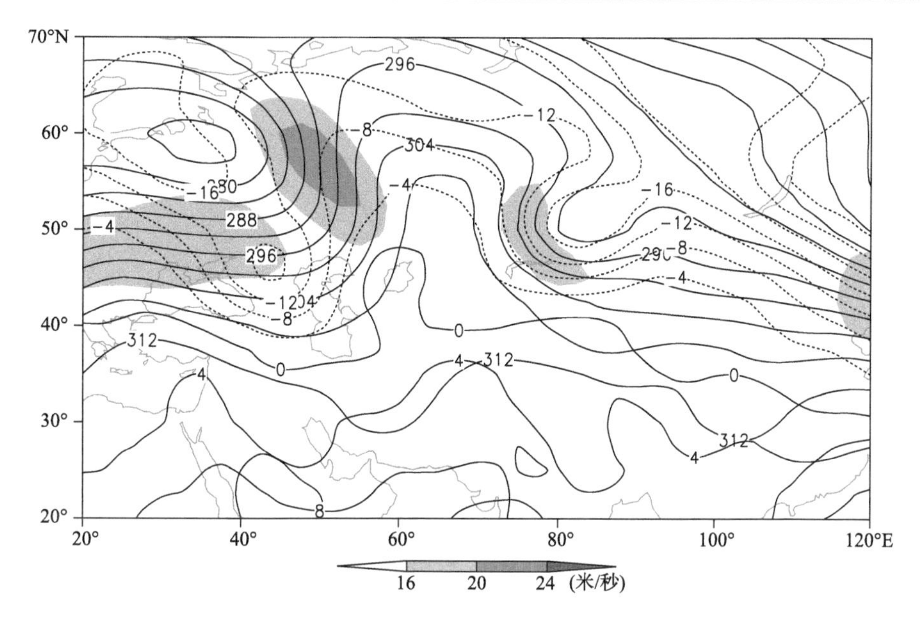

图 2-2-326　1992 年 11 月 16 日 20 时 700 百帕位势高度场(单位:位势什米),阴影表示风速大于 16 米/秒急流区

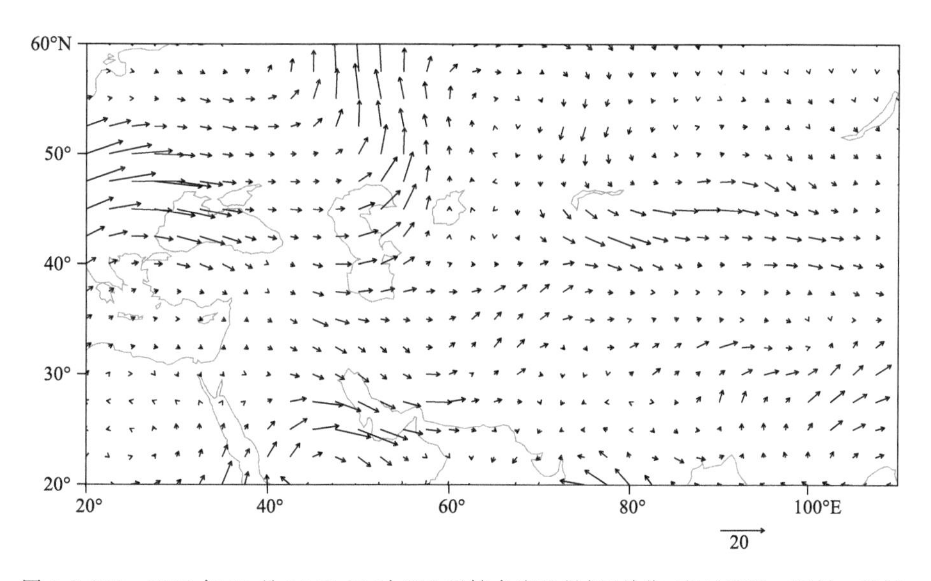

图 2-2-327　1992 年 11 月 16 日 20 时 700 百帕水汽通量场(单位:克/(厘米·百帕·秒))

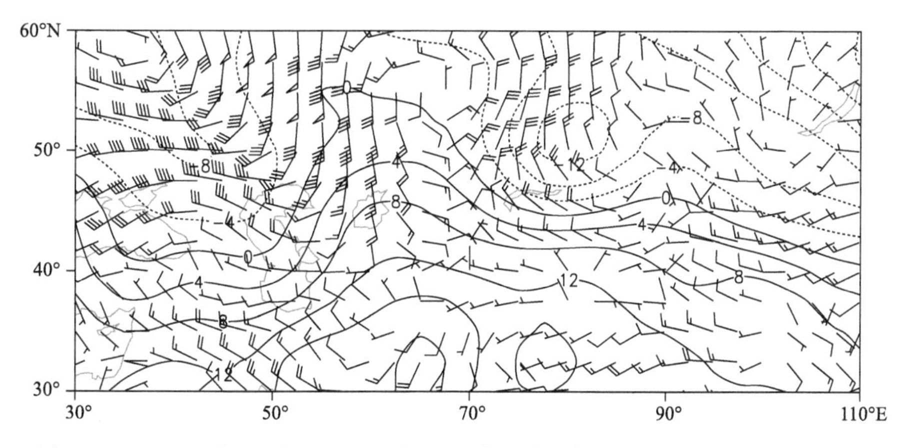

图 2-2-328　1992 年 11 月 16 日 20 时 850 百帕风场(单位:米/秒),温度场(单位:℃)

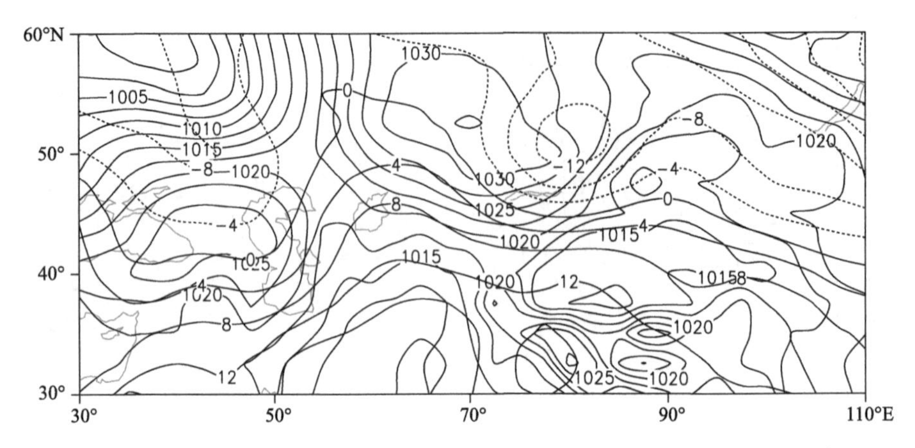

图 2-2-329　1992 年 11 月 16 日 20 时地面气压场(单位:百帕),850 百帕温度场(单位:℃)

2.2.48　克孜勒苏柯尔克孜自治州、喀什地区暴雪(1993-02-19)

【降雪实况】1993 年 2 月 19 日,克孜勒苏柯尔克孜自治州和喀什地区出现暴雪,克孜勒苏柯尔克孜自治州乌恰县,喀什地区伽师县、岳普湖县 24 小时降雪量分别为 14.1 毫米、12.9 毫米、13.4 毫米。克孜勒苏柯尔克孜自治州阿图什市出现大暴雪,24 小时降雪量 25.9 毫米(图 2-2-330)。

图 2-2-330　1993 年 2 月 18 日 20 时—19 日 20 时降雪量分布图(单位:毫米)

【天气形势】500 百帕环流场上,过程前期里海、咸海为低槽,冷空气位于中亚到黑海之间的区域,新疆受南部低槽前西南气流控制(图 2-2-332)。18 日 20 时,欧洲北部低槽向南发展,冷空气进入里海、咸海低槽中使槽加深,19 日 08 时,欧洲北部槽和里海、咸海槽叠加,斯堪的纳维亚半岛冷空气沿脊前西北风带进入低槽,槽底的冷空气与南部低槽前西南暖湿气流在南疆西部交汇,在克孜勒苏柯尔克孜自治州和喀什地区产生暴雪。

200 百帕上从地中海到南疆盆地为大于 30 米/秒的西风急流,高空急流具有强烈的抽吸作用,使得暴雪区上空气流辐散,有利于暴雪的形成(图 2-2-331)。850 百帕上位于北疆北部的冷高压东移并逐渐增强,冷高压底部的偏东风逐渐加大成偏东急流,整个降雪过程中偏东急流稳定维持,这支偏东急流的出现,加剧了低层的辐合上升运动,同时通过辐合流场对水汽的集中起到了作用(图 2-2-335)。另外,当高层 500 百帕低值系统翻越帕米尔高原时,低层的偏东气流起到了垫高的作用,有助于西南暖湿气流的抬升。此次克孜勒苏柯尔克孜自治州和喀什地区暴雪的水汽来源有三个:一是中亚低槽系统本身携带的水汽,二是槽前的西南气流将暖湿空气输送到克孜勒苏柯尔克孜自治州和喀什,三是偏东急流将南疆盆地东部的水汽向西部输送,受地形阻挡作用水汽辐合上升,为强降雪的产生提供了充足的水汽条件(图 2-2-333,图 2-2-334)。

地面图上,冷高压位于中亚,有两个相同的高压中心,中心气压达 1035 百帕,冷锋逐渐东移过境,在升压、降温区域内产生暴雪(图 2-2-336)。

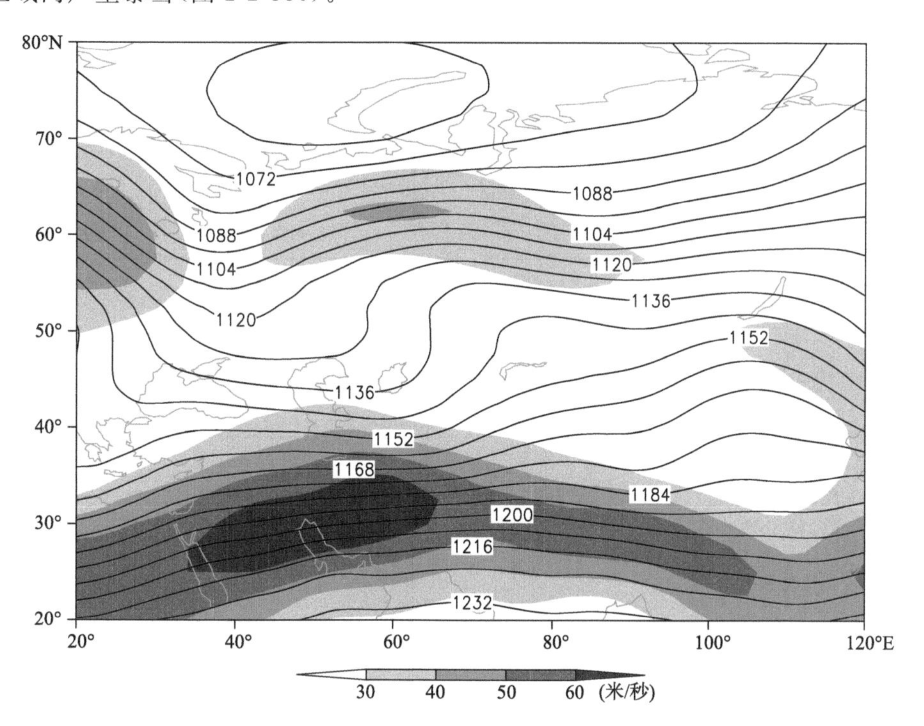

图 2-2-331　1993 年 2 月 18 日 20 时 200 百帕位势高度场(单位:位势什米),阴影表示风速大于 30 米/秒急流区

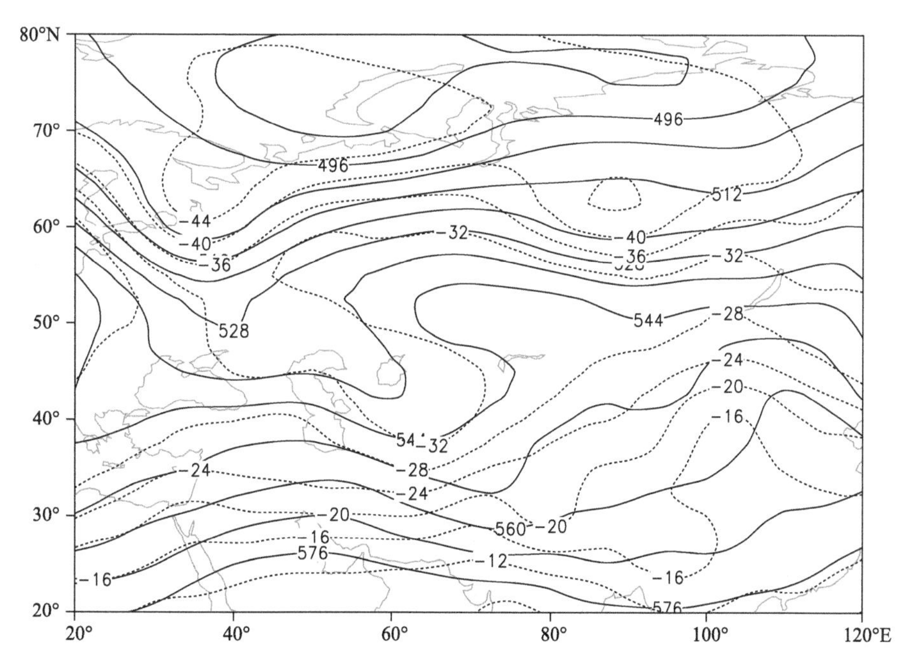

图 2-2-332　1993 年 2 月 18 日 20 时 500 百帕位势高度场(单位:位势什米),温度场(虚线,单位:℃)

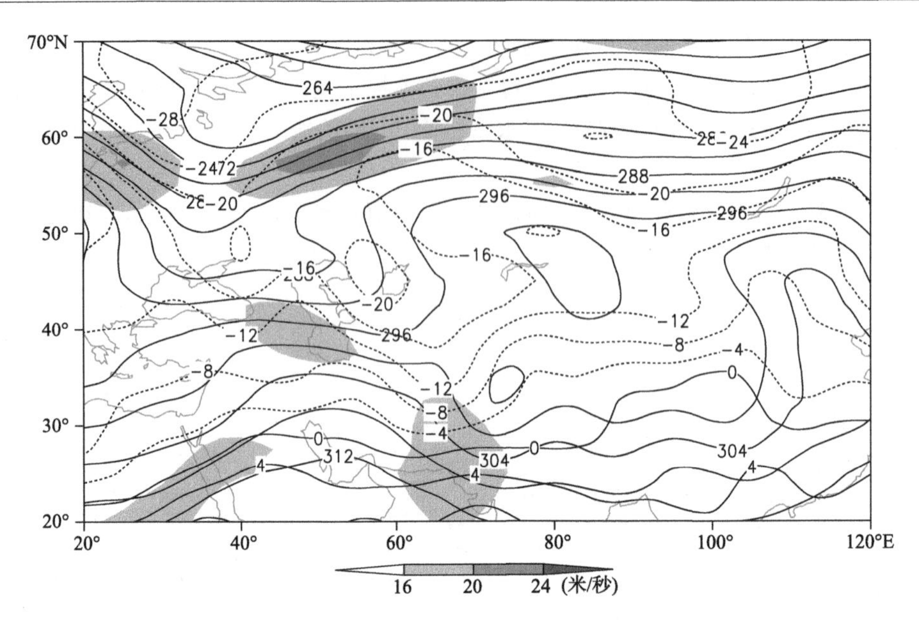

图 2-2-333　1993 年 2 月 18 日 20 时 700 百帕位势高度场(单位:位势什米),阴影表示风速大于 16 米/秒急流区

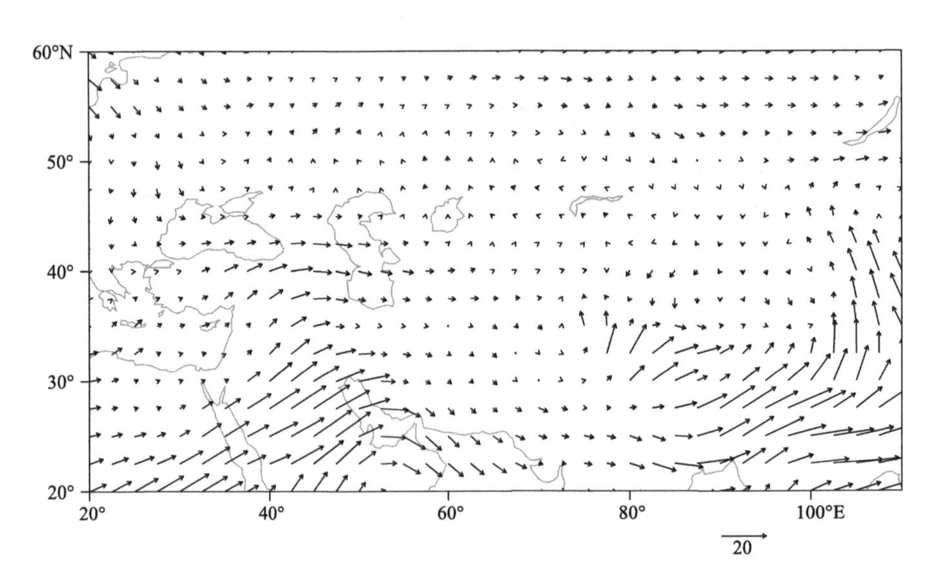

图 2-2-334　1993 年 2 月 18 日 20 时 700 百帕水汽通量场(单位:克/(厘米·百帕·秒))

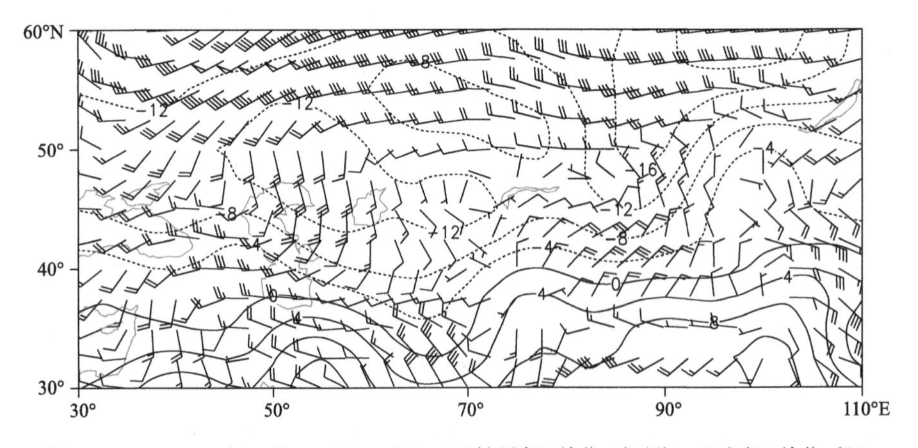

图 2-2-335　1993 年 2 月 18 日 20 时 850 百帕风场(单位:米/秒),温度场(单位:℃)

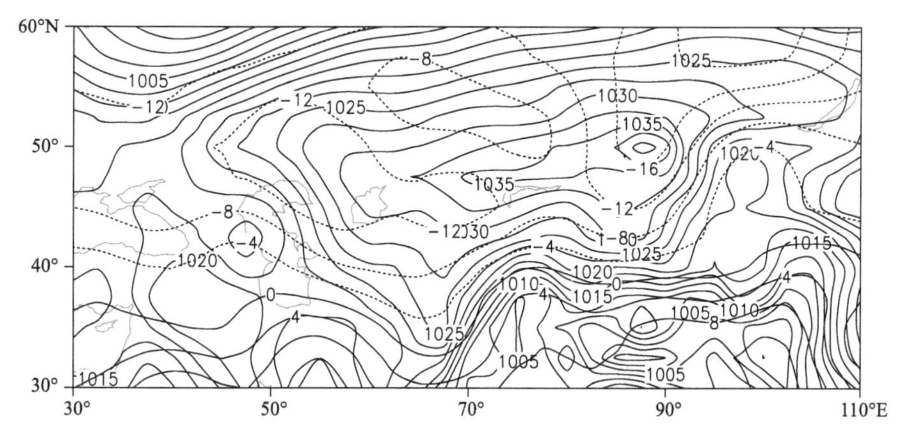

图 2-2-336　1993 年 2 月 18 日 20 时地面气压场(单位:百帕),850 百帕温度场(单位:℃)

2.2.49　哈密地区、乌鲁木齐市暴雪(1993-03-15)

【降雪实况】1993 年 3 月 15 日,哈密地区伊吾县、伊吾淖毛湖镇,乌鲁木齐市、米东区出现暴雪,24 小时降雪量分别为 16.9 毫米、14.6 毫米、20.1 毫米、15.9 毫米(图 2-2-337)。

图 2-2-337　1993 年 3 月 14 日 20 时—15 日 20 时降雪量分布图(单位:毫米)

【降雪实况】500 百帕环流场上,降雪开始前欧亚中高纬度表现为两脊一槽的环流形势,即欧洲和外蒙古地区为高压脊,两高之间为极涡活动区,极涡中心位于 50°～60°N,50°～75°E 范围内,并伴有－48℃ 的冷中心,极涡底部锋区压至里海、咸海地区(图 2-2-339)。由于欧洲高压东移北伸,斯堪的纳维亚半岛冷空气沿脊前西北急流进入极涡,极涡增强并快速东移,其底部强锋区压在天山中部和东部地区,该地区降雪天气开始。

200 百帕上,北疆受南支锋区上的西南急流控制,强降雪发生时段,乌鲁木齐和哈密处于高空急流入口区右侧正涡度平流区,高空急流的辐散抽吸作用增强了中低层系统的垂直上升运动,有利于强降雪的产生(图 2-2-338)。850 百帕上,锋区底部的偏西风与哈密到乌鲁木齐的偏东风在乌鲁木齐和哈密地区形成偏西风和偏东风的风向切变辐合区,并不断加强,当冷空气从北方入侵天山中东部地区时,造成乌鲁木齐和哈密地区的辐合区明显加强(图 2-2-340,图 2-2-342)。从 700 百帕水汽通量场可以看出,此次暴雪天气的水汽主要来自阿拉伯海,阿拉伯海水汽向东输送到青藏高原南部,然后沿着青藏高原向北输送,在偏东气流引导下进入哈密和中天山地区(图 2-2-341)。

地面图上,14 日 20 时,中亚高压不断东移,高压前部冷锋入侵乌鲁木齐和哈密地区,此时,吐鲁番南部的低值系统发展也十分强盛,冷暖空气主要在乌鲁木齐和哈密地区交汇,造成乌鲁木齐和哈密地区的强降水(图 2-2-343)。

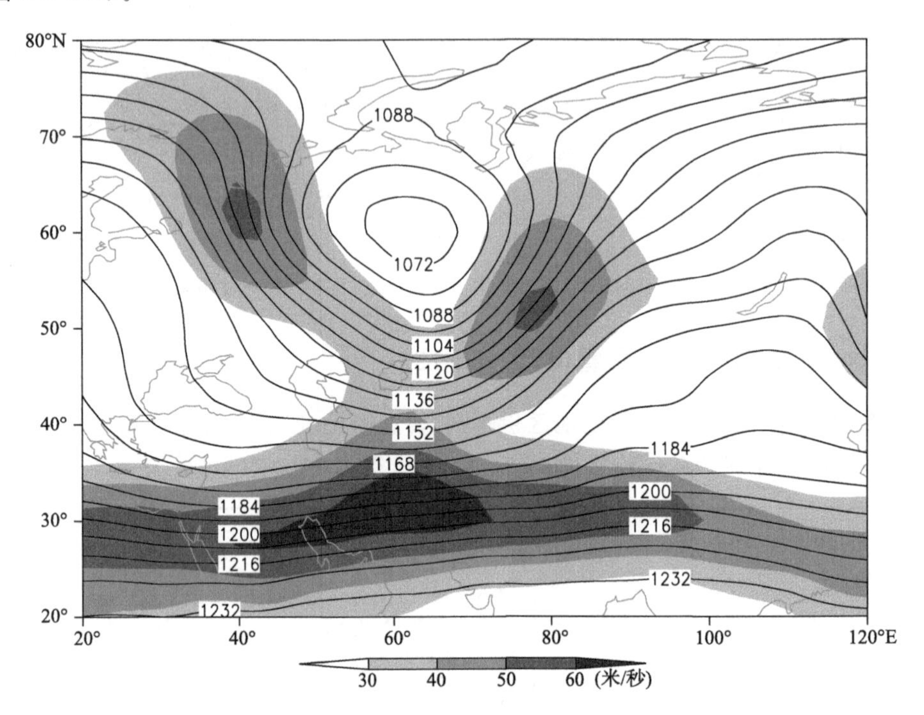

图 2-2-338　1993 年 3 月 14 日 20 时 200 百帕位势高度场(单位:位势什米),阴影表示风速大于 30 米/秒急流区

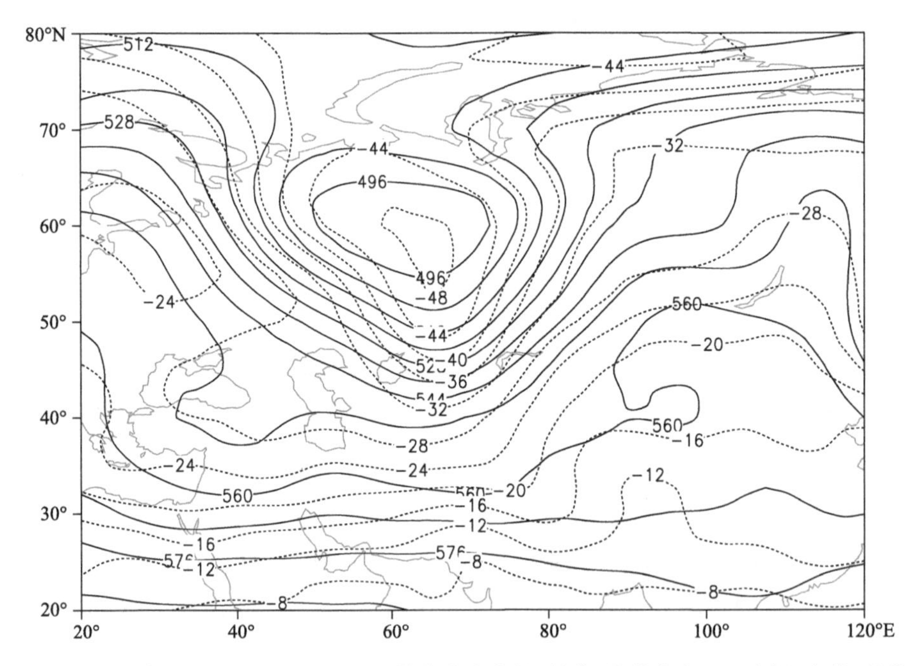

图 2-2-339　1993 年 3 月 14 日 20 时 500 百帕位势高度场(单位:位势什米),温度场(虚线,单位:℃)

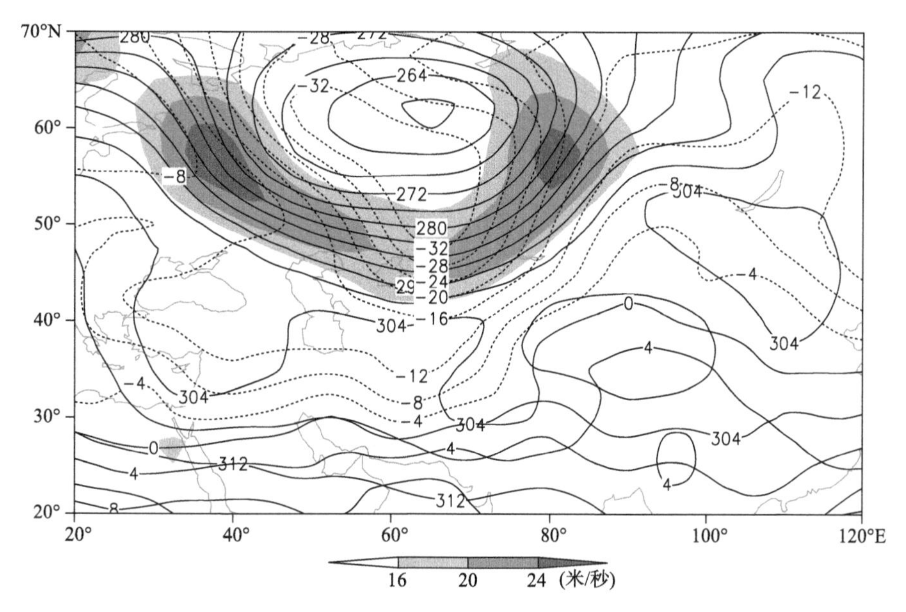

图 2-2-340　1993 年 3 月 14 日 20 时 700 百帕位势高度场(单位:位势什米),阴影表示风速大于 16 米/秒急流区

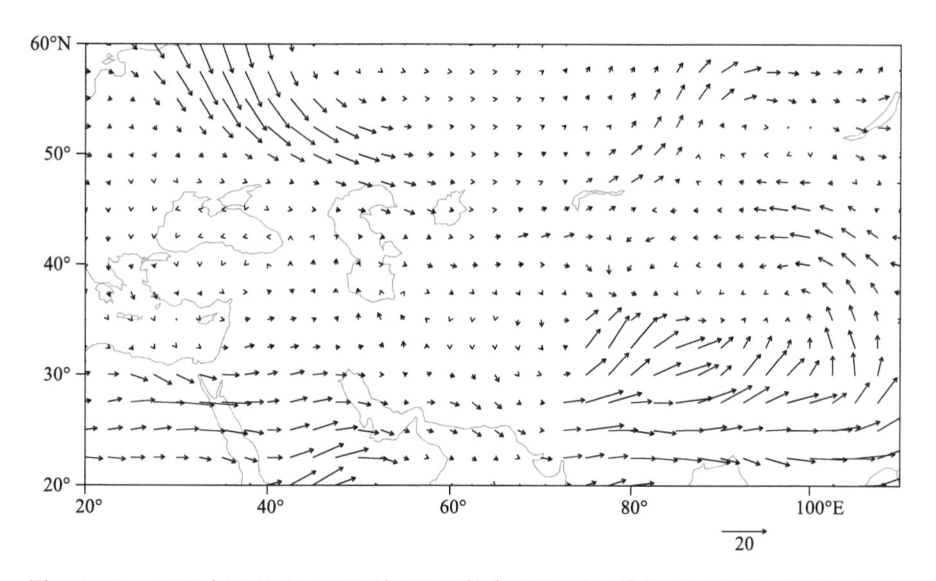

图 2-2-341　1993 年 3 月 14 日 20 时 700 百帕水汽通量场(单位:克/(厘米·百帕·秒))

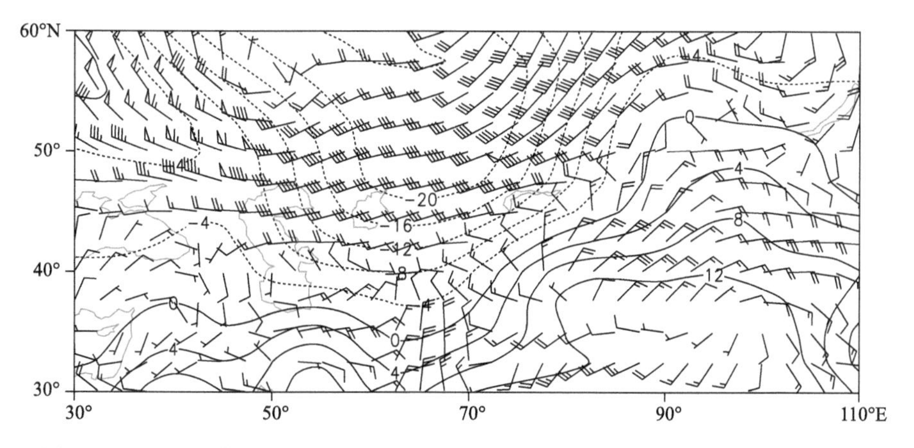

图 2-2-342　1993 年 3 月 14 日 20 时 850 百帕风场(单位:米/秒),温度场(单位:℃)

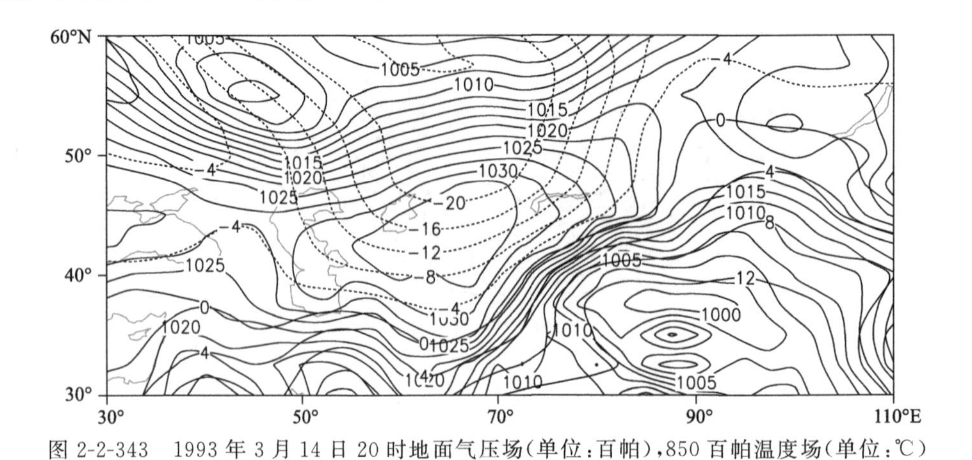

图 2-2-343　1993 年 3 月 14 日 20 时地面气压场(单位:百帕),850 百帕温度场(单位:℃)

2.2.50　克拉玛依市、塔城地区、伊犁哈萨克自治州、昌吉回族自治州、乌鲁木齐市暴雪(1993-03-29)

【降雪实况】1993 年 3 月 29 日,克拉玛依市,塔城地区裕民县、塔城市 24 小时降雪量分别为 15.2 毫米、13.3 毫米、13.9 毫米。30 日,伊犁哈萨克自治州伊宁县、尼勒克县、伊宁市,阿勒泰地区青河县,塔城地区塔城市 24 小时降雪量分别为 15.9 毫米、14.3 毫米、13.0 毫米、13.7 毫米、13.5 毫米。31 日,昌吉回族自治州天池、吉木萨尔县,乌鲁木齐市 24 小时降雪量分别为 14.6 毫米、13.1 毫米、12.1 毫米(图 2-2-344)。

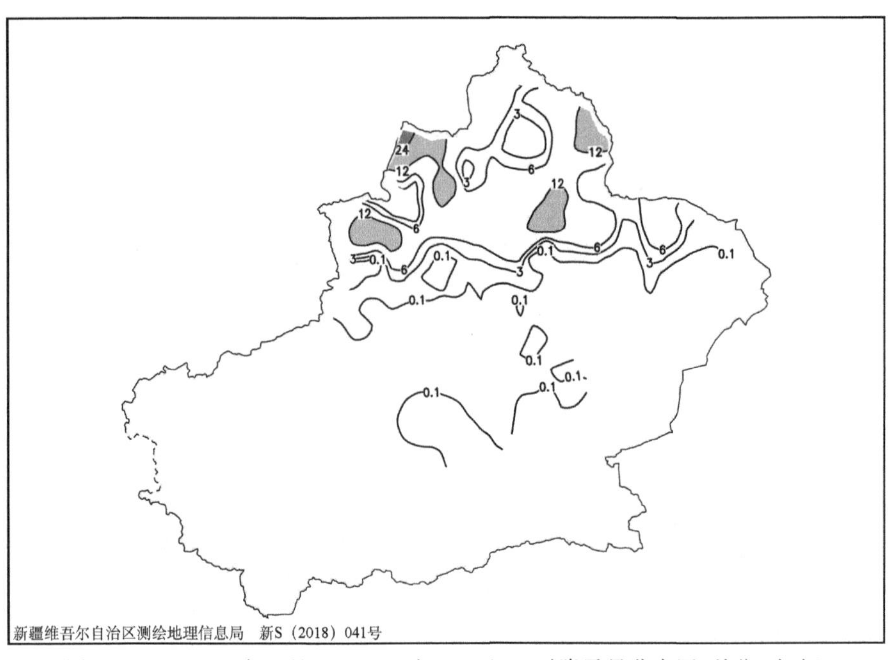

图 2-2-344　1993 年 3 月 28 日 20 时—29 日 20 时降雪量分布图(单位:毫米)

【天气形势】500 百帕环流场上,降雪开始前强冷空气位于东欧平原,强冷空气在 50°N 附近西南急流的引导下不断向北疆输送,28 日 20 时,冷中心位于萨彦岭,强锋区压在北疆北部,黑海槽前不断分裂出短波低槽东移北上,槽前锋区在北疆北部汇合,在克拉玛依和塔城地区产生暴雪(图 2-2-346)。受极地偏西冷平流的侵袭,西西伯利亚阻高前部向东南垮,泰梅尔半岛南部冷空气沿脊前东北风气流带进入西西伯利亚南部,并在脊前形成低涡,低涡不断增强南压,其底部强锋区从北疆北部逐渐移至天山,造成北疆 30—31 日的暴雪天气。

200 百帕上,29 日,从欧洲中部到北疆有一支西北急流带,随着高空锋区的南下,北疆开始受西南气流控制,强降雪时段,北疆处于高空急流入口区右侧的正涡度平流区,高层辐散促进了中低层系统的发展,有利于强降雪的产生(图 2-2-345)。700 百帕上,29 日,北疆西北部受中亚北部低压底部的西北急流控制，急流出口区直指塔城地区和克拉玛依，低空西北急流携带的湿冷空气受地形强迫抬升，与中高层西南急流上东移北上的干冷空气相遇，加剧了风场辐合和垂直上升运动(图 2-2-347)。30 日，低压东移南下，北疆开始受低空偏西急流控制，低空偏西急流有利于水汽在伊犁和塔城、阿勒泰地区聚集，在地形影响下，促进了水汽辐合和上升运动的发展。31 日，随着低压减弱，北疆沿天山地区又转为西北急流控制，受天山地形影响，强迫抬升作用增强。高层辐散、低层辐合的动力结构，有利于强降雪天气的产生和维持，也是北疆持续性暴雪产生的重要原因之一。700 百帕水汽通量场上，源自地中海的水汽向北经黑海输送至 50°N 附近，然后沿西北气流输送至中亚，再以接力的方式输送至北疆，为北疆的暴雪过程提供了充足的水汽(图 2-2-348)。

地面图上，29 日，北疆北部的暴雪主要出现在新疆高压后部、中亚低压前部的减压升温区域(图 2-2-349，图 2-2-350)。29 日 20 时，西西伯利亚冷高压南下，巴尔喀什湖附近气压梯度较大，强冷锋位于北疆境外，随着强冷锋自西北向东南逐渐移动，给北疆带来连续性暴雪天气。

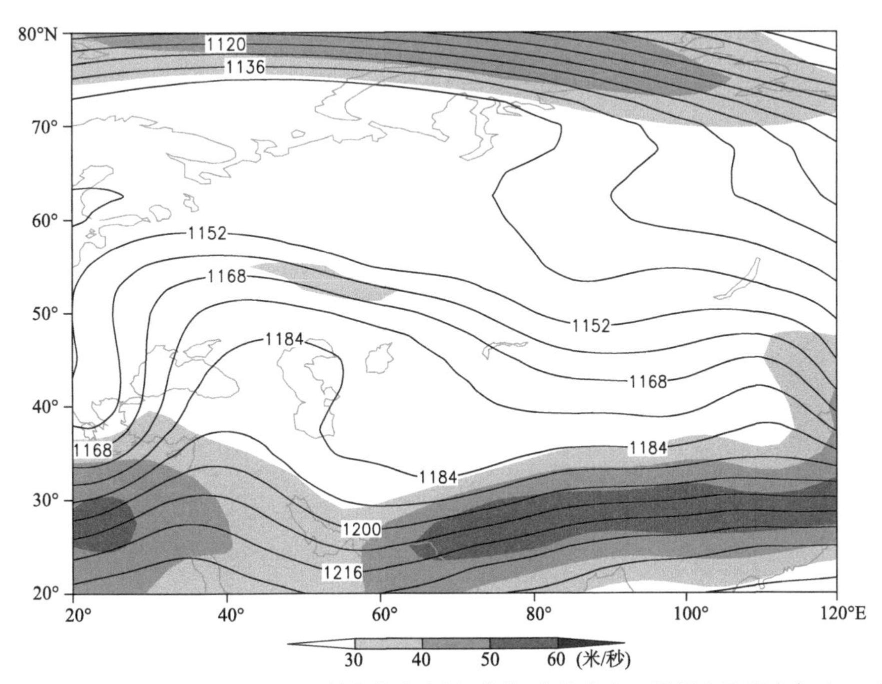

图 2-2-345 1993 年 3 月 28 日 20 时 200 百帕位势高度场(单位:位势什米)，阴影表示风速大于 30 米/秒急流区

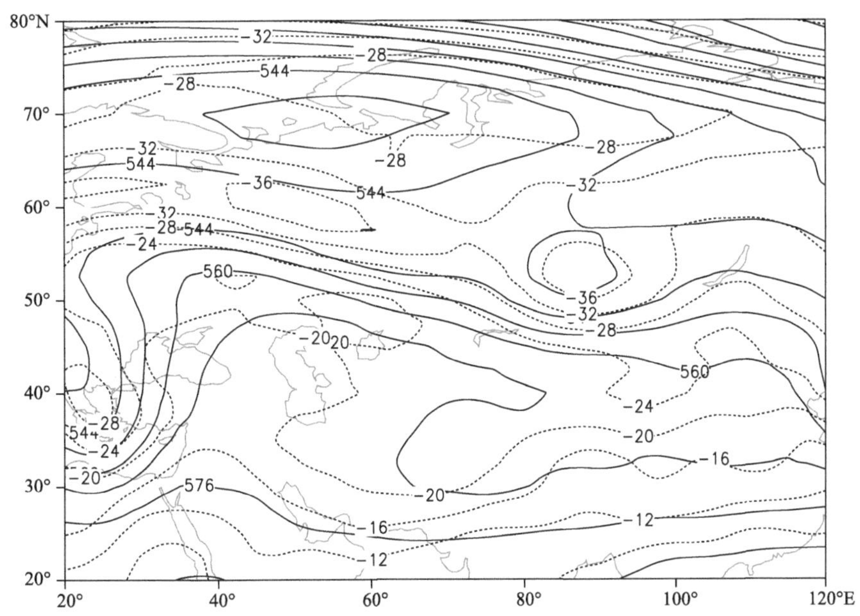

图 2-2-346 1993 年 3 月 28 日 20 时 500 百帕位势高度场(单位:位势什米)，温度场(虚线，单位:℃)

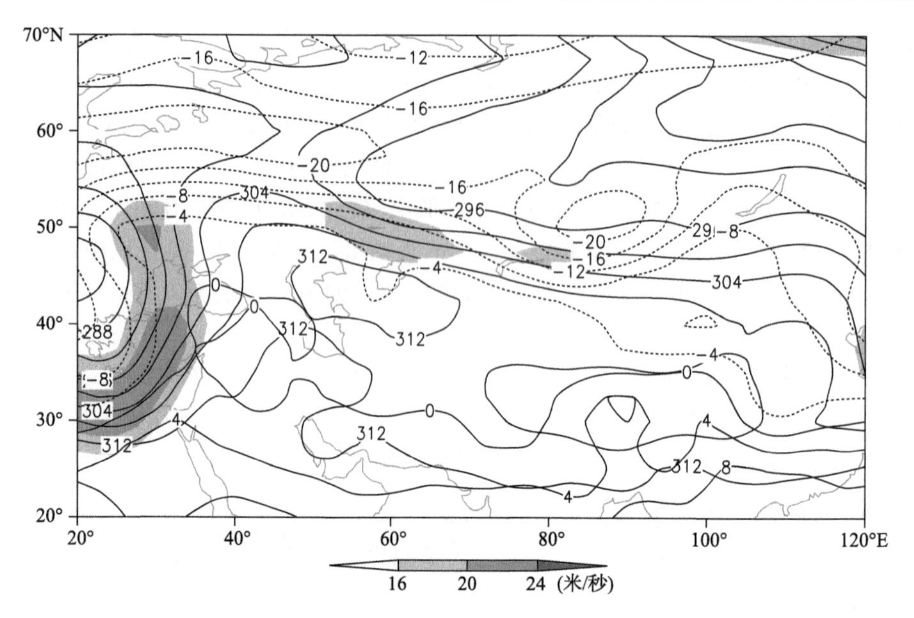

图 2-2-347　1993 年 3 月 28 日 20 时 700 百帕位势高度场(单位:位势什米),阴影表示风速大于 16 米/秒急流区

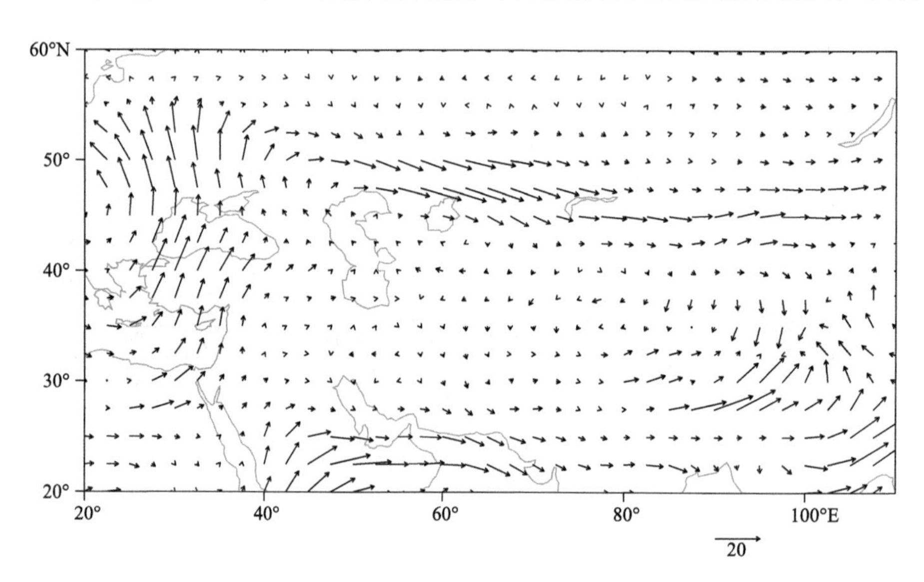

图 2-2-348　1993 年 3 月 28 日 20 时 700 百帕水汽通量场(单位:克/(厘米·百帕·秒))

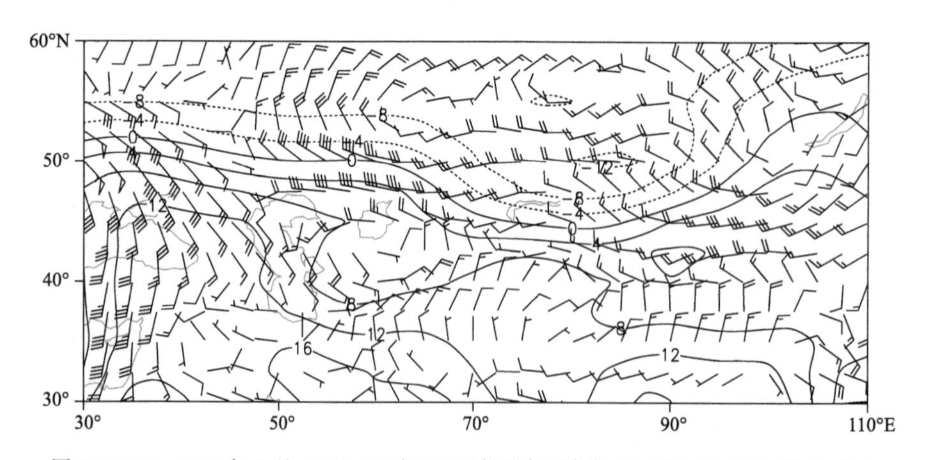

图 2-2-349　1993 年 3 月 28 日 20 时 850 百帕风场(单位:米/秒),温度场(单位:℃)

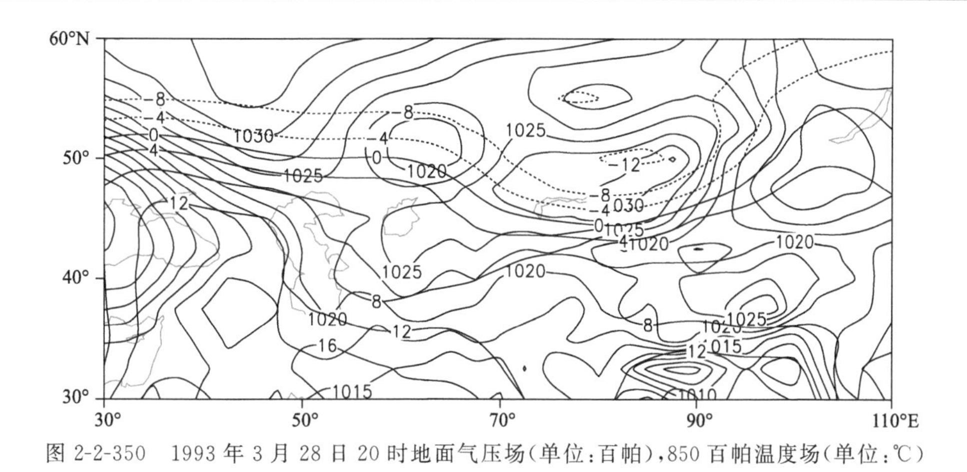

图 2-2-350　1993 年 3 月 28 日 20 时地面气压场(单位:百帕),850 百帕温度场(单位:℃)

2.2.51　伊犁哈萨克自治州暴雪(1993-11-03)

【降雪实况】1993 年 11 月 3 日,伊犁哈萨克自治州伊宁县、察布查尔锡伯自治县、伊宁市、霍城县、霍尔果斯市出现暴雪,24 小时降雪量分别为 18.0 毫米、17.0 毫米、18.0 毫米、20.4 毫米、16.7 毫米(图 2-2-351)。

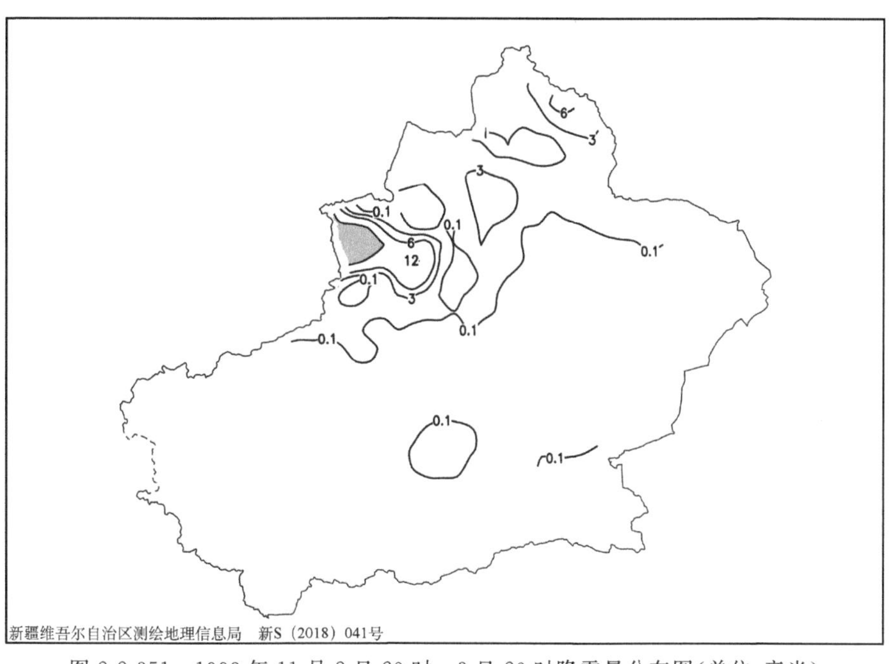

图 2-2-351　1993 年 11 月 2 日 20 时—3 日 20 时降雪量分布图(单位:毫米)

【天气形势】500 百帕环流场上,过程前期中亚维持一低涡系统,新疆在其涡前西南气流控制下。降雪开始前,里海浅脊与伊朗高压外围脊叠加,形成乌拉尔脊,乌拉尔脊阻挡其北部冷空气进入低涡,使低涡填塞东移(图 2-2-353)。位于乌拉尔脊后部的低槽东移过程中与极涡外围下摆的冷槽叠加,叠加槽东移过程中,给伊犁地区带来一次暴雪天气过程。

北支锋区底部 40°～50°N 附近,500 百帕上存在一支风速大于 40 米/秒的偏西高空急流,急流缓慢南压,急流核逐渐东移。中、低层里海南部低槽前西南气流强盛,700 百帕上有一支风速大于 16 米/秒的低空急流,暴雪区位于两支急流交汇区域,即高空急流入口区的右侧,低空急流左前侧(图 2-2-354)。从 700 百帕水汽通量场可以看出,造成伊犁地区暴雪天气的水汽来自红海,红海上的水汽由西南急流向东北输送到里海南部,在西风气流引导下进入伊犁地区,为伊犁地区的暴雪天气提供了充沛的水汽(图 2-2-355)。

地面图上,源于中亚的冷高压沿西方路径逐步东移,冷高压轴线呈东北—西南走向(图 2-2-356,图 2-2-357)。2 日 20 时,高压中心移至新疆北部,中心气压达 1035 百帕,地面冷锋呈东北—西南走向,压在新疆西北部境外,伊犁地区开始受正变压控制,随着冷锋东移过境,在伊犁地区出现暴雪天气。

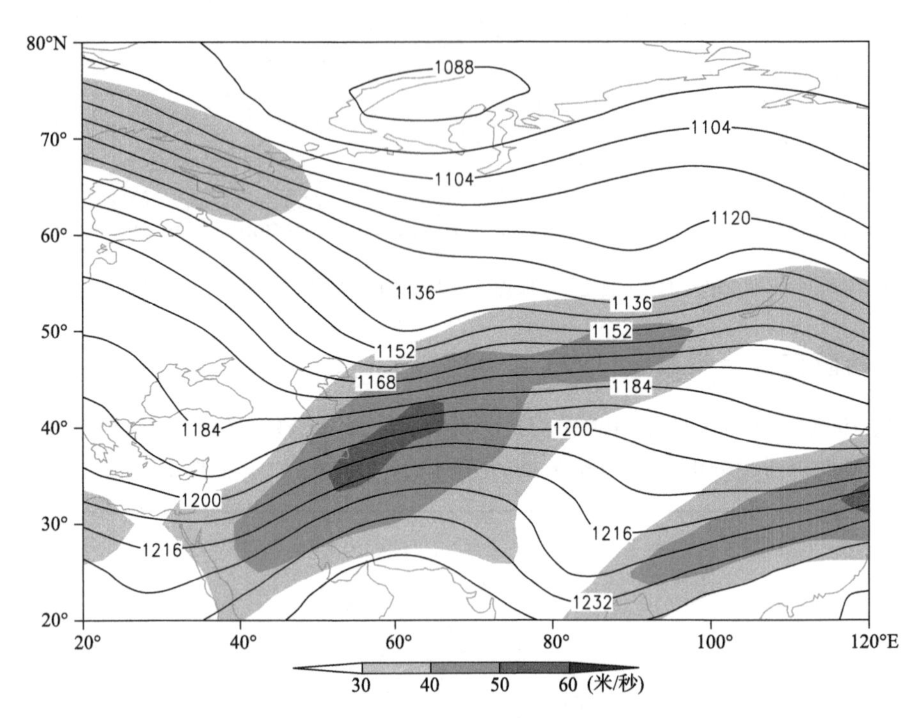

图 2-2-352　1993 年 11 月 2 日 20 时 200 百帕位势高度场(单位:位势什米),阴影表示风速大于 30 米/秒急流区

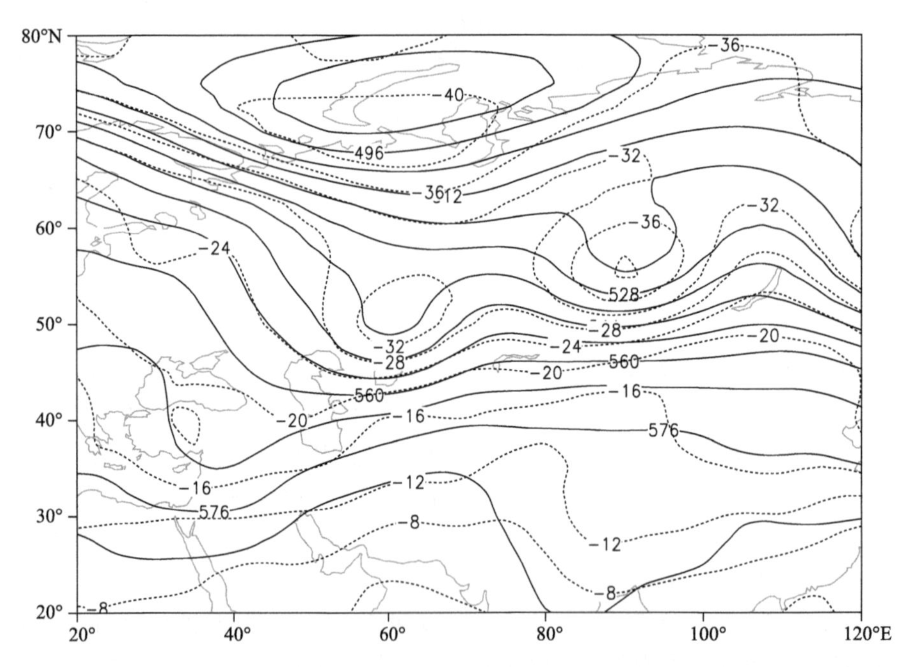

图 2-2-353　1993 年 11 月 2 日 20 时 500 百帕位势高度场(单位:位势什米),温度场(虚线,单位:℃)

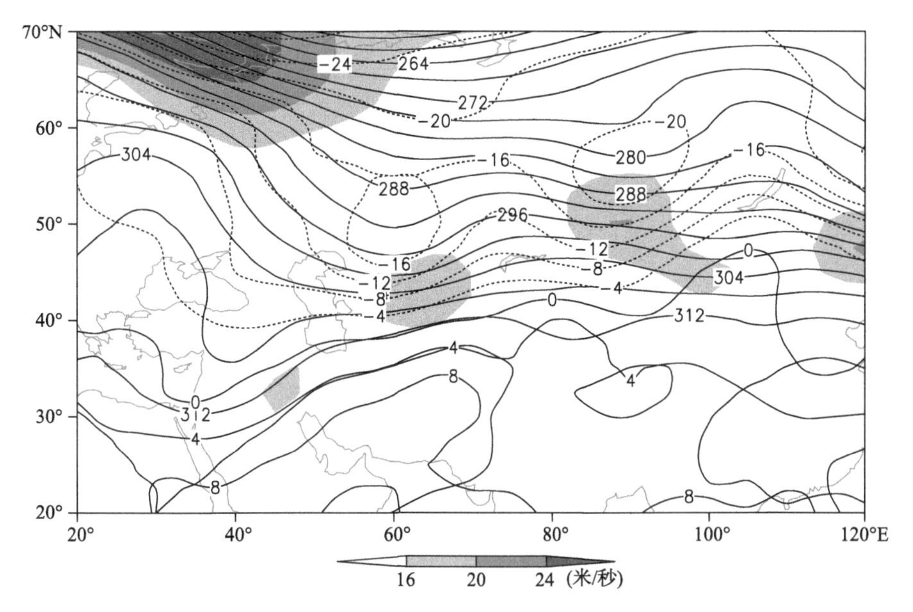

图 2-2-354 1993年11月2日20时700百帕位势高度场(单位:位势什米),阴影表示风速大于16米/秒急流区

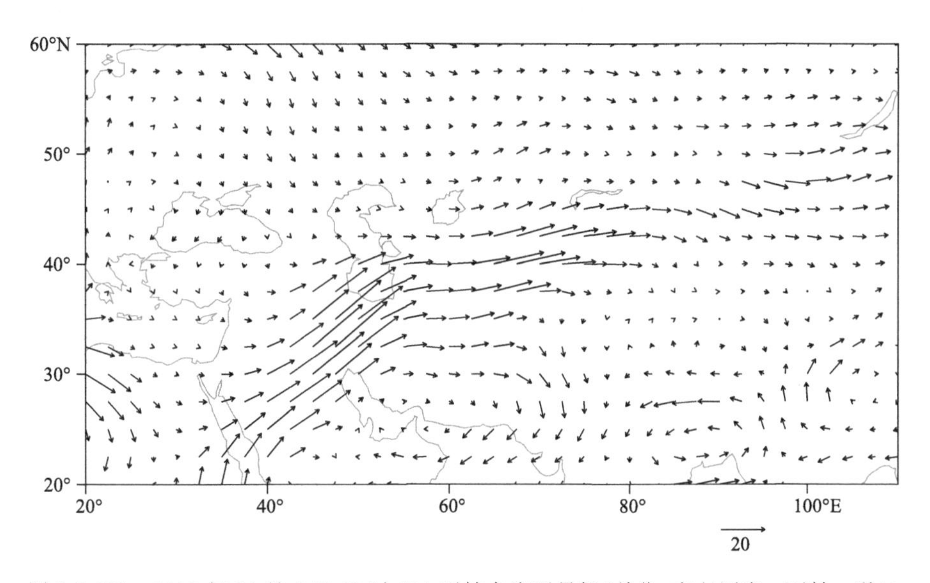

图 2-2-355 1993年11月2日20时700百帕水汽通量场(单位:克/(厘米·百帕·秒))

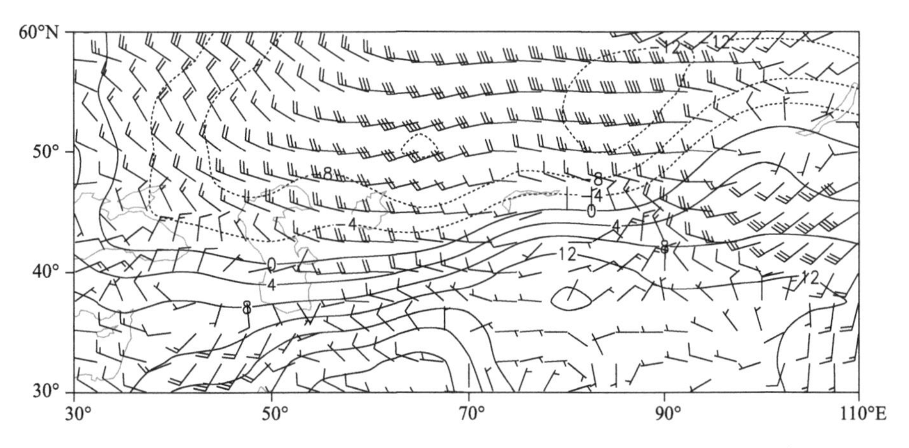

图 2-2-356 1993年11月2日20时850百帕风场(单位:米/秒),温度场(单位:℃)

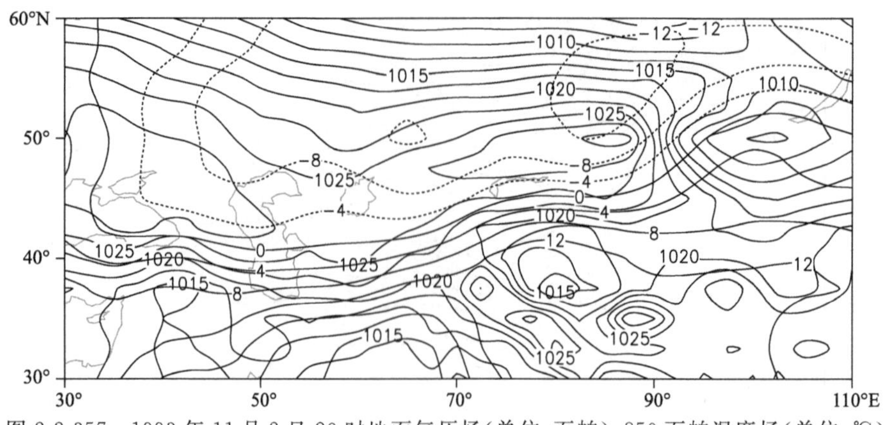

图 2-2-357　1993 年 11 月 2 日 20 时地面气压场(单位:百帕),850 百帕温度场(单位:℃)

2.2.52　伊犁哈萨克自治州、塔城地区、阿勒泰地区、昌吉回族自治州暴雪(1993-11-12)

【降雪实况】1993 年 11 月 12—14 日,伊犁哈萨克自治州、塔城地区、阿勒泰地区、昌吉回族自治州相继出现暴雪。12 日,伊犁哈萨克自治州霍尔果斯市,塔城地区托里县、裕民县,阿勒泰地区青河县、富蕴县 24 小时降雪量分别为 15.4 毫米、15.2 毫米、17.8 毫米、15.3 毫米、14.5 毫米。13 日,昌吉回族自治州北塔山和塔城地区裕民县 24 小时降雪量分别为 17.4 毫米、14.2 毫米。14 日,伊犁哈萨克自治州新源县和察布查尔锡伯自治县 24 小时降雪量分别为 17.1 毫米、12.5 毫米(图 2-2-358)。

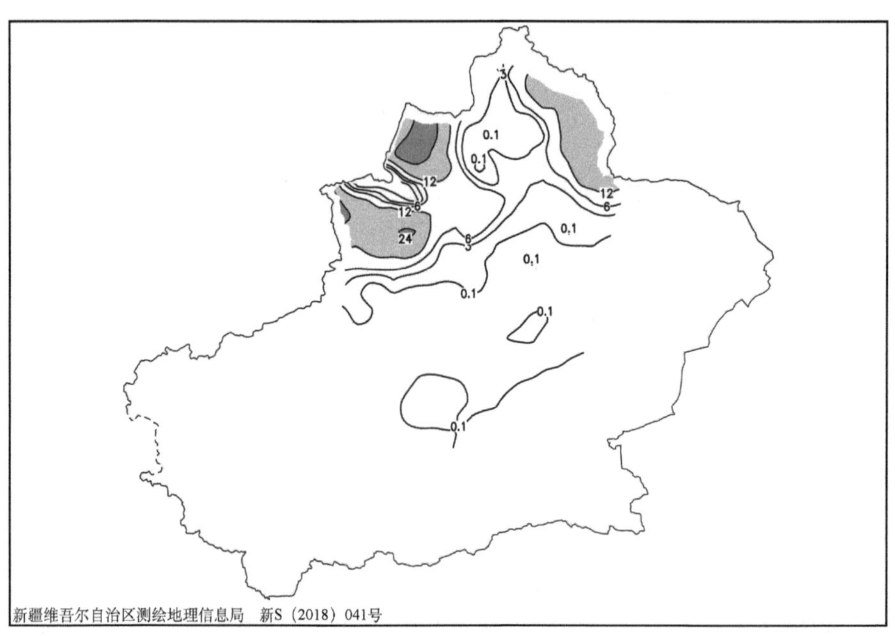

图 2-2-358　1993 年 11 月 11 日 20 时—14 日 20 时降雪量分布图(单位:毫米)

【天气形势】500 百帕环流场上,过程前期欧亚中高纬度表现为一脊一槽的环流形势,欧洲北部为高压脊,脊前 50°N 附近为横槽,低涡位于西伯利亚,并伴有低于－48℃的冷中心,低涡底部强锋区压在北疆北部境外(图 2-2-360)。与此同时,地中海东部低槽不断加深,槽中分裂出短波东移北上,新疆受浅脊控制。11 日 08 时,欧洲北部高压脊向东北发展,低涡中心东移,横槽底部冷空气留在黑海北部地区,并切断成涡,新形成的低涡与地中海东部的低槽叠加,使槽进一步加深,南支锋区与北部低涡底部强锋区在北疆北部汇合,在北疆北部产生暴雪。12 日 20 时开始,欧洲北部高压脊不断增强,主体东移北伸,极地冷空气沿脊前北风带不断南下进入低涡,使低涡底部锋区进一步增强南压,北支锋区与里海、黑海低涡中分裂出的短波反复在北疆北部汇合,13—14 日,在北疆产生连续性暴雪。

200 百帕上,12—13 日,从里海南部到北疆有一支风速大于 40 米/秒的西南急流,急流核维持在巴尔喀什湖附近(图 2-2-359)。14 日,西南急流转为西北急流,高空急流的建立与持续为暴雪的产生提供了较强的高空抽吸作用,强降雪发生时段,北疆处于高空急流入口区右侧的正涡度平流区,该位置为辐散区，强烈的高层辐散加强了中低层系统的强烈发展，有利于暴雪区上升运动的发展和维持。对流层中、低层地中海东部、南部低槽前西南气流强盛，700 百帕从地中海东部到北疆存在风速大于 16 米/秒的低空急流，在低空急流前方产生明显的水汽辐合和上升运动，高空西南急流和低空西南急流持续耦合发展，为北疆的暴雪天气提供有利的动力条件(图 2-2-361)。700 百帕水汽通量场上，强降雪发生过程中，存在一条明显的水汽输送通道，地中海东部的水汽经阿拉伯半岛、伊朗高原、里海输送至中亚，然后沿低空急流源源不断地向暴雪区输送，在暴雪区上空聚集并辐合，为暴雪的产生和维护提供了充足的水汽(图 2-2-362)。

地面图上，11 日 08 时，地面冷高压中心位于欧洲中部，中心气压达 1047.5 百帕，高压前部伸到巴尔喀什湖，地面冷锋呈东北—西南走向分布。11 日 20 时，受乌拉尔山低压南伸影响，地面冷高压前部东移南压，冷锋自北向南移动，造成北疆北部和北疆沿天山中部地区的暴雪天气(图 2-2-363，图 2-2-364)。13 日 20 时，地面冷高压中心移至西西伯利亚，受天山地形阻挡，锋面强度在北疆北部增强，北疆沿天山一带处于强锋区带上，在伊犁地区产生强降雪。

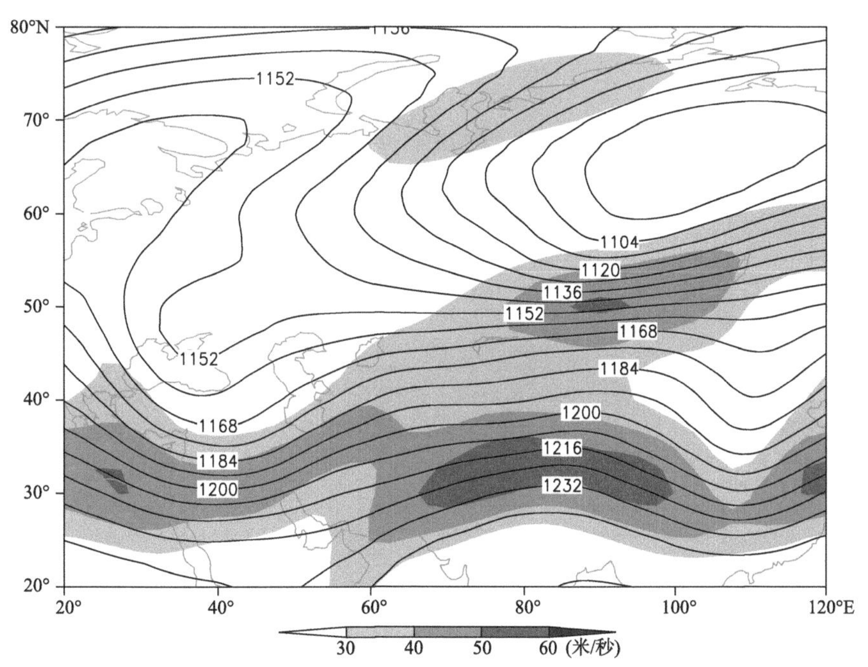

图 2-2-359　1993 年 11 月 11 日 20 时 200 百帕位势高度场(单位:位势什米)，阴影表示风速大于 30 米/秒急流区

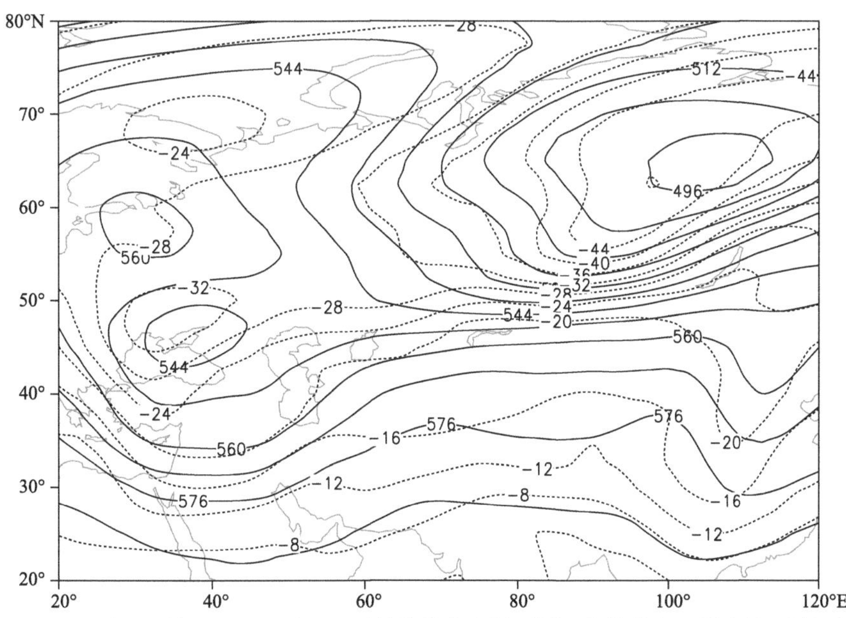

图 2-2-360　1993 年 11 月 11 日 20 时 500 百帕位势高度场(单位:位势什米)，温度场(虚线，单位:℃)

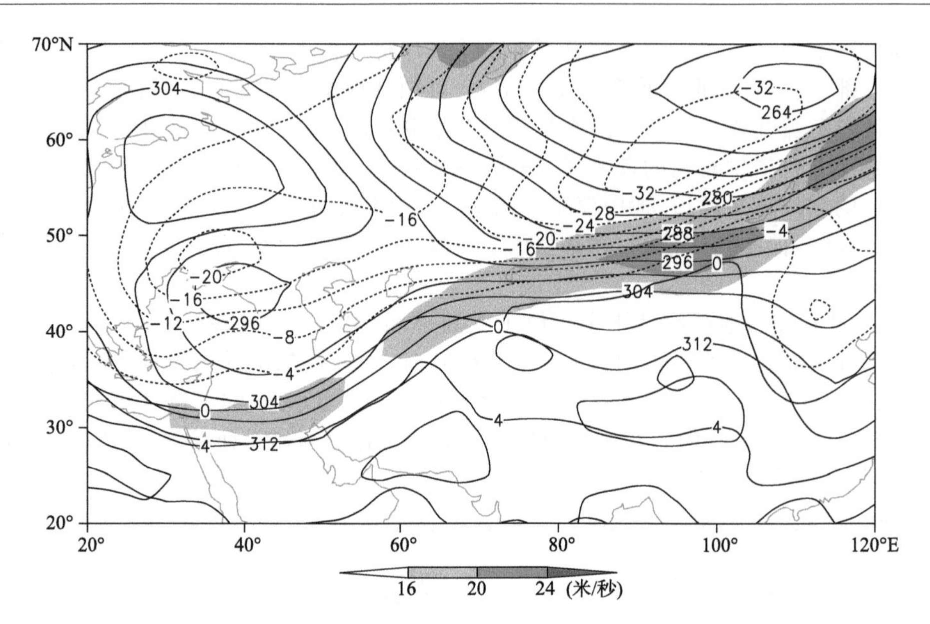

图 2-2-361　1993 年 11 月 11 日 20 时 700 百帕位势高度场(单位:位势什米),阴影表示风速大于 16 米/秒急流区

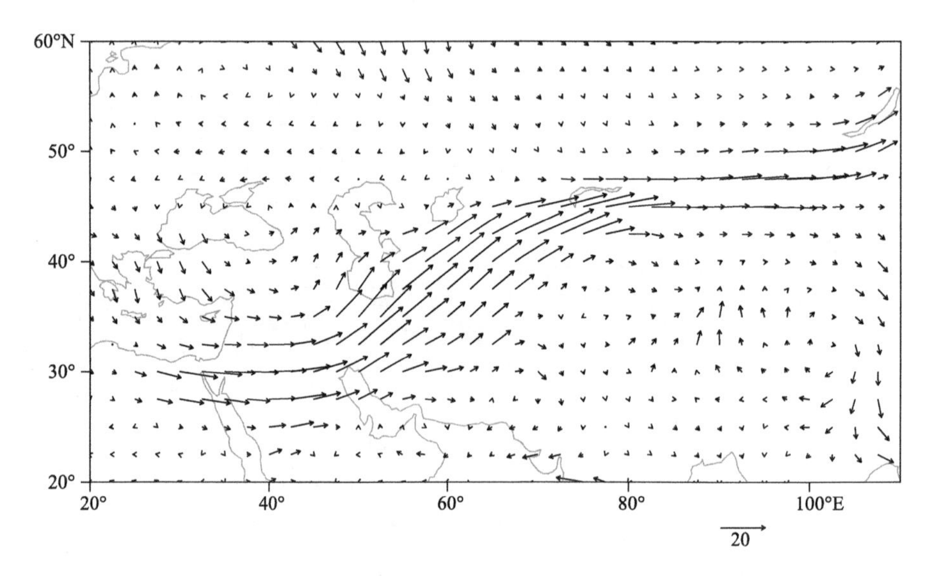

图 2-2-362　1993 年 11 月 11 日 20 时 700 百帕水汽通量场(单位:克/(厘米・百帕・秒))

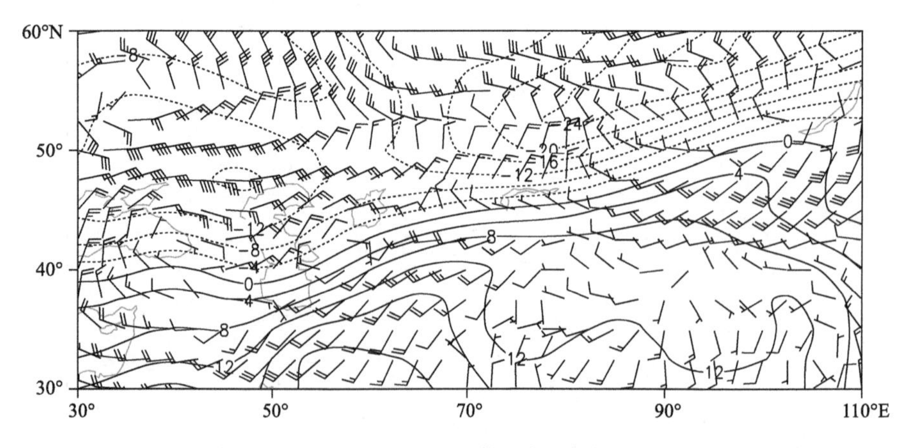

图 2-2-363　1993 年 11 月 11 日 20 时 850 百帕风场(单位:米/秒),温度场(单位:℃)

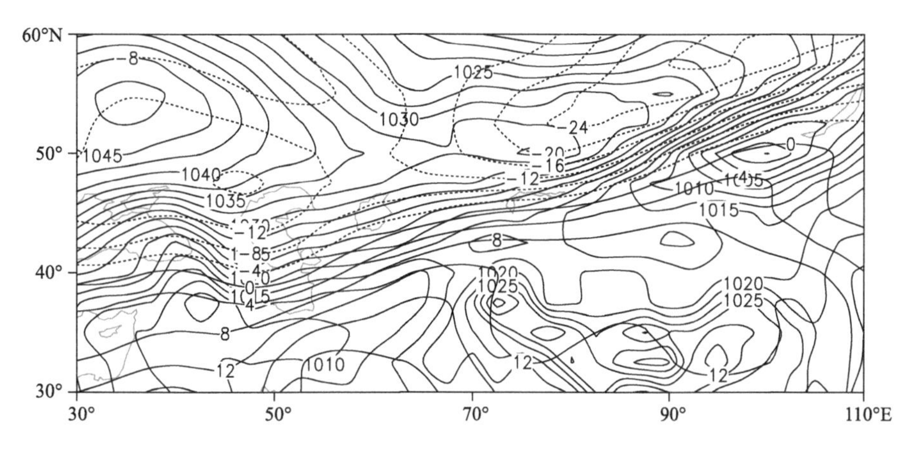

图 2-2-364　1993 年 11 月 11 日 20 时地面气压场(单位:百帕),850 百帕温度场(单位:℃)

2.2.53　塔城地区、阿勒泰地区暴雪(1994-11-04)

【降雪实况】1994 年 11 月 4 日,塔城地区额敏县、裕民县、塔城市,阿勒泰地区哈巴河县出现暴雪,24 小时降雪量分别为 16.3 毫米、16.4 毫米、16.5 毫米、19.8 毫米(图 2-2-365)。

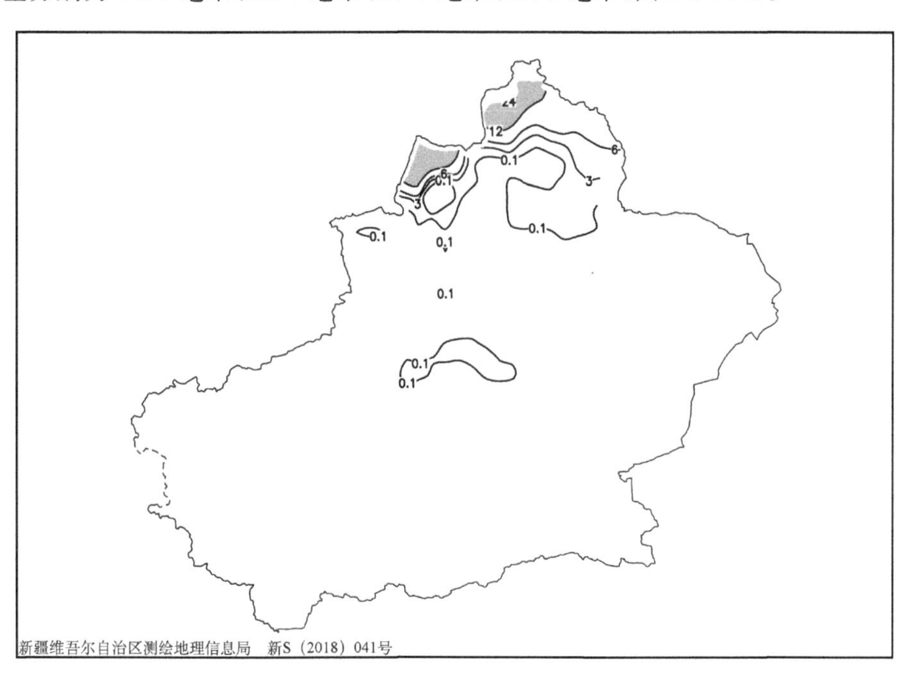

图 2-2-365　1994 年 11 月 3 日 20 时—4 日 20 时降雪量分布图(单位:毫米)

【天气形势】500 百帕环流场上,降雪开始前,欧洲为阻塞高压,脊前冷空气向西伯利亚堆积,65°N 附近形成准东西向的横槽,横槽前不断分裂短波槽东移,同时,位于地中海东部的南部低槽分裂短波东移北上,与北支短波槽在北疆汇合,造成北疆北部的暴雪天气(图 2-2-367)。

200 百帕上,3 日 20 时,在 50°N 附近建立了一支偏西急流,急流核位于中亚北部,急流核逐渐东移,进入北疆前急流转为西北急流,强降雪发生时段,塔城和阿勒泰地区处于急流入口区右侧,高层的辐散抽吸作用有利于暴雪的产生和维持(图 2-2-366)。700 百帕上,降雪发生前和发生时,从黑海到北疆北部有一支偏西急流,急流出口指向塔城和阿勒泰地区,强大的低空急流将低层暖湿空气向暴雪区输送,再加上高空急流的抽吸作用,上升运动增强,有利于水汽的抬升凝结(图 2-2-368)。水汽输送主要出现在 700 百帕上,水汽通量大值带由巴尔喀什湖西南部指向阿勒泰地区。对流层中层的偏西干冷空气和对流层低层的暖湿空气在塔城和阿勒泰地区聚集,增加了暴雪区上空的斜压性和不稳定性(图 2-2-369)。850 百帕上,北疆西部的西南风与准噶尔盆地上的东南风在塔城、阿勒泰地区形成风向和风速的切变辐合区(图 2-2-370),这一辐合区在 4 日加强。

地面图上,3 日 20 时,塔城和阿勒泰地区为“鞍形场”,即东欧平原至西西伯利亚为深厚的气旋活动区,气旋中心位于瓦尔代高地附近,冷高压中心分别位于地中海附近和蒙古地区,随着蒙古高压减弱,气旋东移,在高压后部、低压前部的减压、升温区域内产生强降雪(图 2-2-371)。

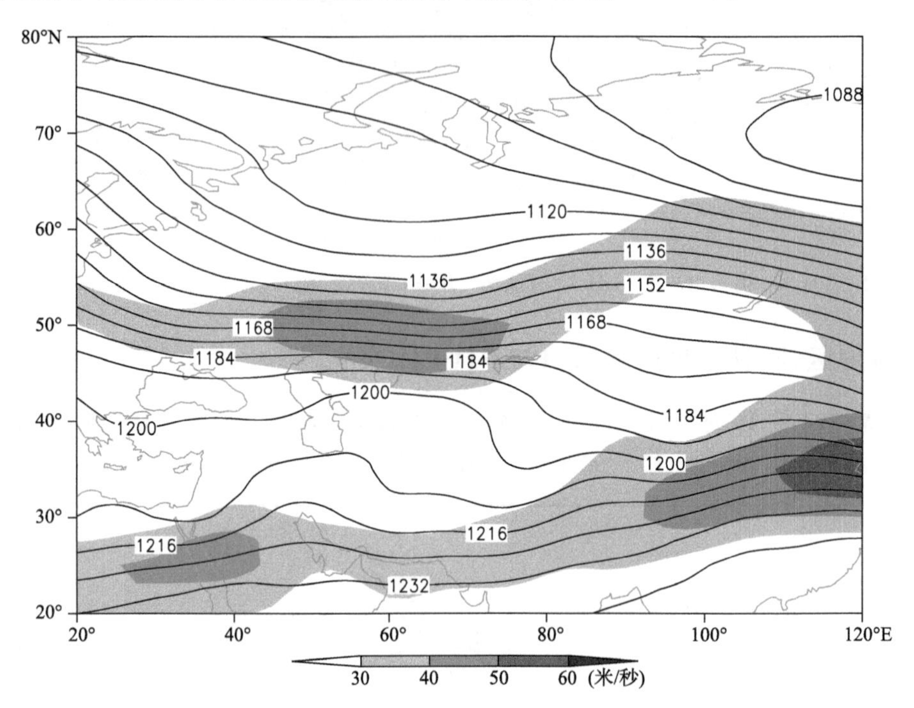

图 2-2-366　1994 年 11 月 3 日 20 时 200 百帕位势高度场(单位:位势什米),阴影表示风速大于 30 米/秒急流区

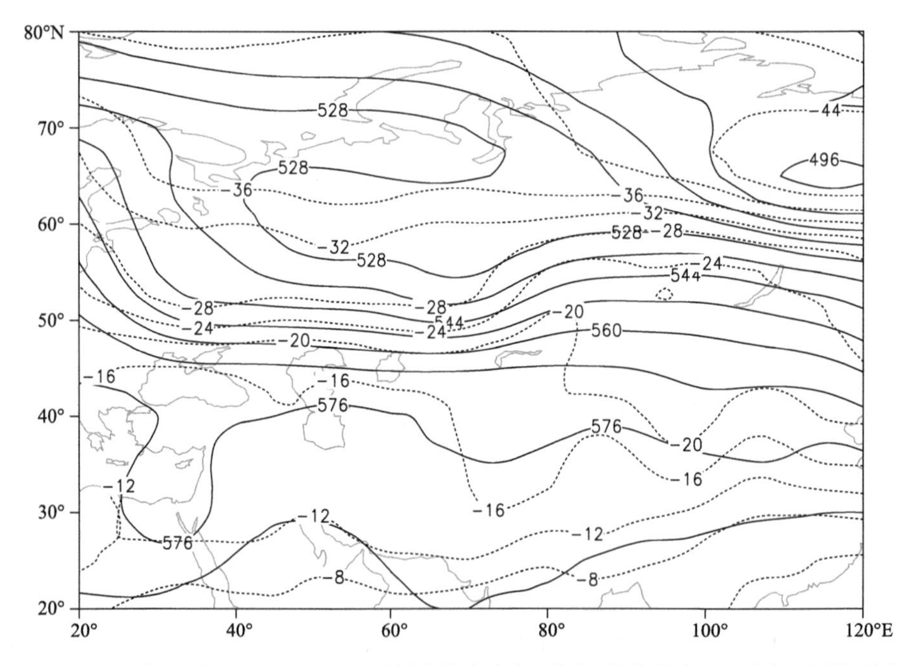

图 2-2-367　1994 年 11 月 3 日 20 时 500 百帕位势高度场(单位:位势什米),温度场(虚线,单位:℃)

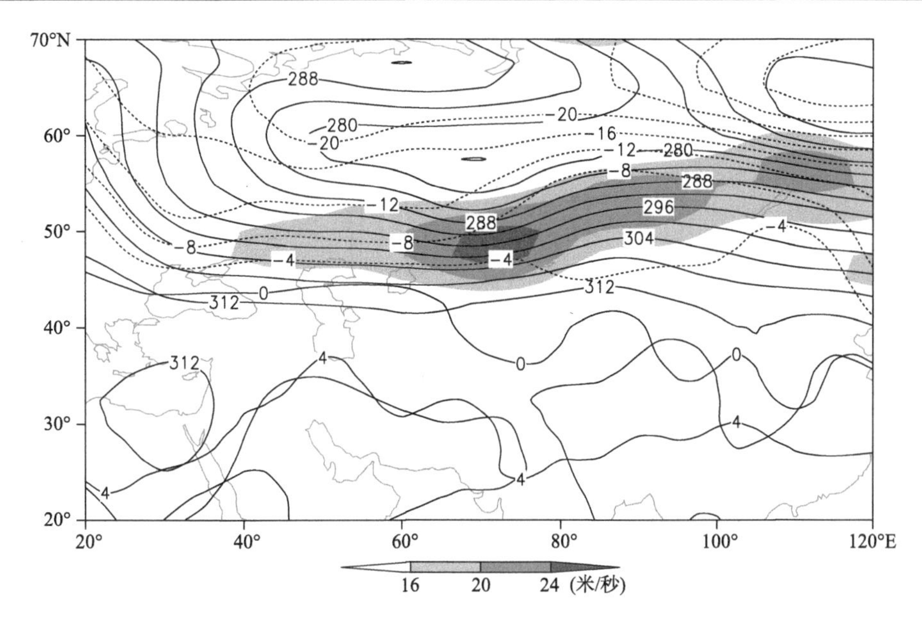

图 2-2-368　1994 年 11 月 3 日 20 时 700 百帕位势高度场(单位:位势什米),阴影表示风速大于 16 米/秒急流区

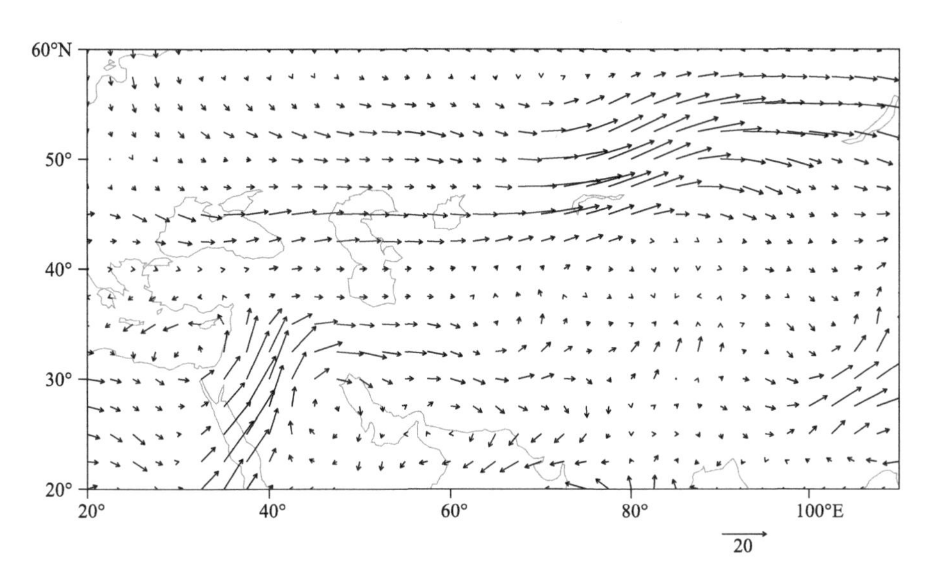

图 2-2-369　1994 年 11 月 3 日 20 时 700 百帕水汽通量场(单位:克/(厘米·百帕·秒))

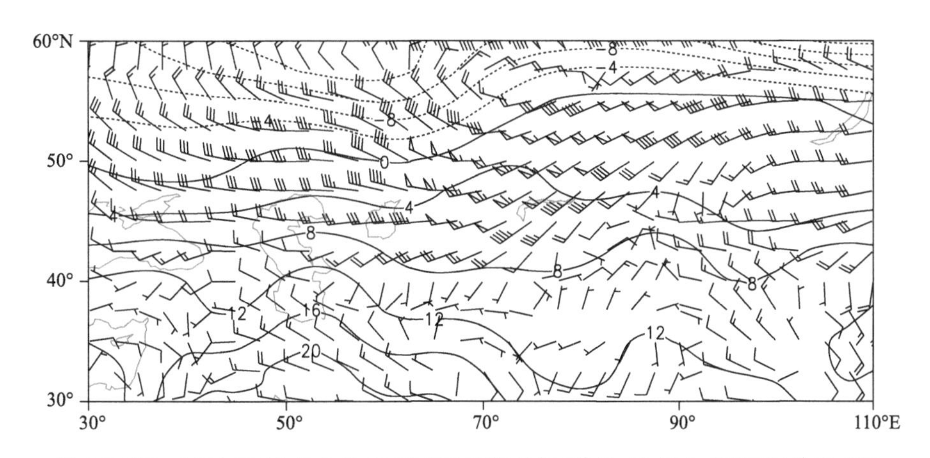

图 2-2-370　1994 年 11 月 3 日 20 时 850 百帕风场(单位:米/秒),温度场(单位:℃)

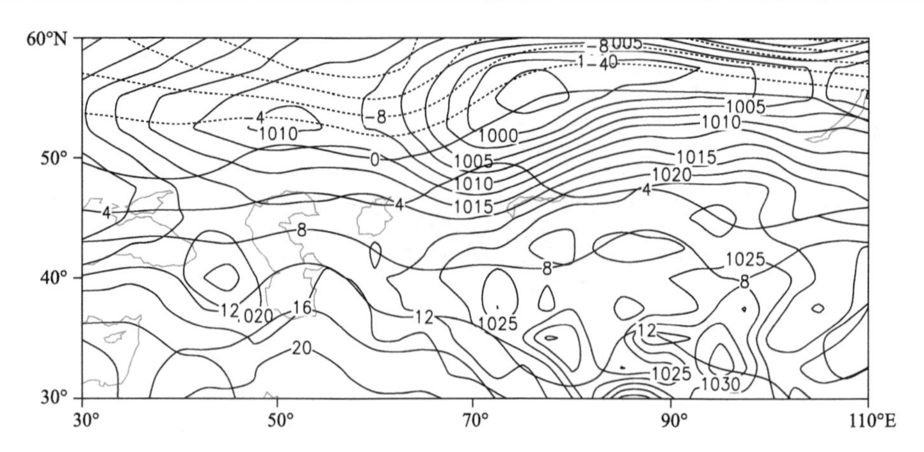

图 2-2-371　1994 年 11 月 3 日 20 时地面气压场(单位:百帕),850 百帕温度场(单位:℃)

2.2.54　伊犁哈萨克自治州、塔城地区、阿勒泰地区暴雪(1994-11-07)

【降雪实况】1994 年 11 月 7 日,伊犁哈萨克自治州伊宁县,塔城地区额敏县、裕民县、塔城市,阿勒泰地区阿勒泰市、吉木乃县出现暴雪,24 小时降雪量分别为 13.0 毫米、16.5 毫米、13.5 毫米、15.5 毫米、18.9 毫米、14.5 毫米。阿勒泰地区哈巴河县出现大暴雪,24 小时降雪量 26.0 毫米(图 2-2-372)。

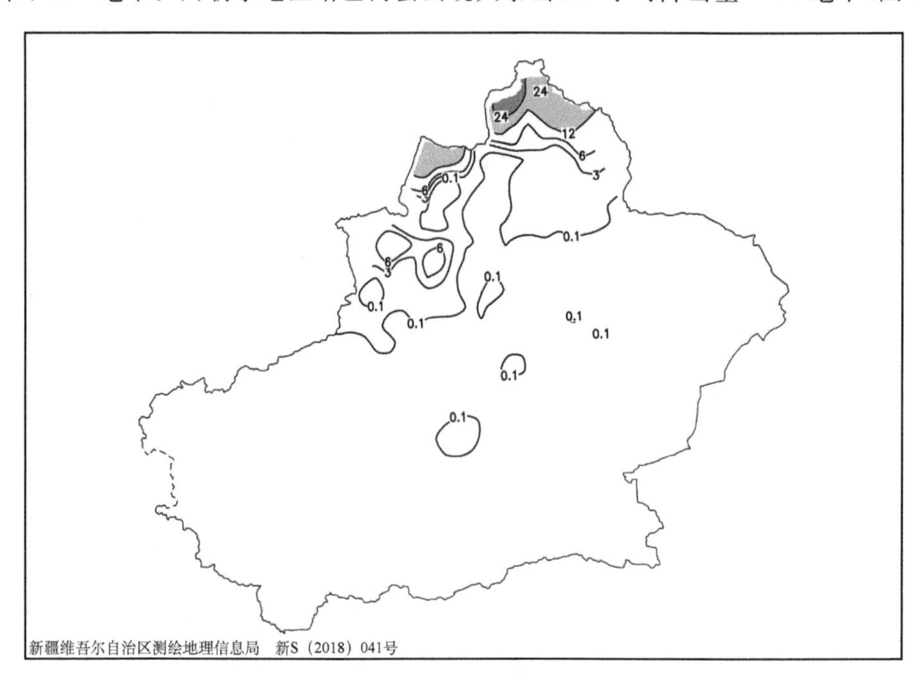

图 2-2-372　1994 年 11 月 6 日 20 时—7 日 20 时降雪量分布图(单位:毫米)

【天气形势】500 百帕环流场上,过程前期欧亚中高纬度为显著的经向环流,5 日 08 时,低涡中心位于乌拉尔山南端,冷中心位于黑海东北部,北欧高压脊东移北伸,新地岛上空的强冷空气沿脊前东北风带进入低涡底部的低槽中,使低槽加深东移,6 日 08 时,北欧高压脊正变高南落,西伯利亚冷空气南下进入低槽,使低槽北段快速东移,南端在黑海和地中海形成低涡,低涡前不断分裂出短波东移北上,南北两支锋区在中亚叠加,锋区东移给北疆西部和北部带来暴雪天气(图 2-2-374)。

200 百帕上,6 日 20 时,北支锋区上的西南急流和南支锋区上的西南急流在中亚地区叠加,高空急流起到了辐散抽吸的作用,急流中心风速越大,辐散抽吸作用越强,越有利于低层的辐合上升运动发展,叠加后的急流核缓慢南压,阿勒泰、塔城地区处于急流入口区(图 2-2-373)。700 百帕上,中纬度西北急流和低纬度西南急流在中亚叠加,急流出口直指北疆北部,强劲的低空急流将中亚地区的暖湿空气输送到北疆,受到地形强迫抬升,与高层西南急流叠加,加剧了风场辐合和垂直上升运动,有利于冷暖空气的交汇与水汽的聚集(图 2-2-375)。从 700 百帕水汽通量场可以看出,来自黑海和红海的水汽在里海上汇聚,再由低空急流通过接力输送机制将水汽输送到北疆北部,源源不断的水汽供应和水汽辐合是这次暴雪形成的重要原因之一(图 2-2-376)。

地面图上,6 日 20 时,新疆受地面高压控制,冷中心位于哈萨克丘陵东部,里海到巴尔喀什湖之间为低压活动区,分为南、北两个低压中心(图 2-2-377,图 2-2-378)。7 日 08 时,受上游冷高压东移影响,北段低压东移北伸,塔城和阿勒泰地区处于高压后部与低压前部的减压、升温区域,从而造成塔城和阿勒泰地区强降雪天气。

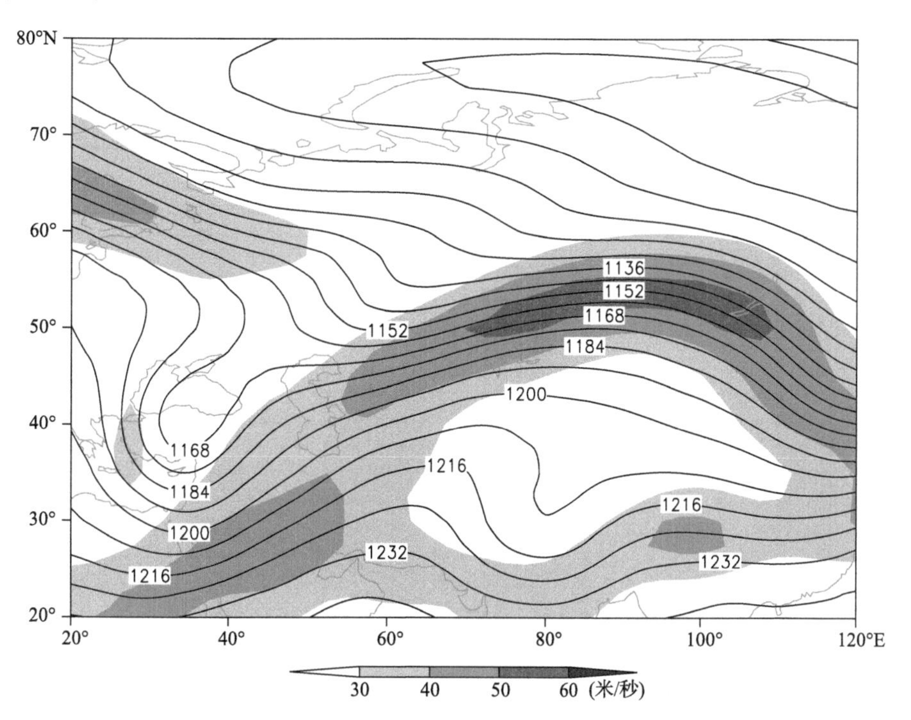

图 2-2-373　1994 年 11 月 6 日 20 时 200 百帕位势高度场(单位:位势什米),阴影表示风速大于 30 米/秒急流区

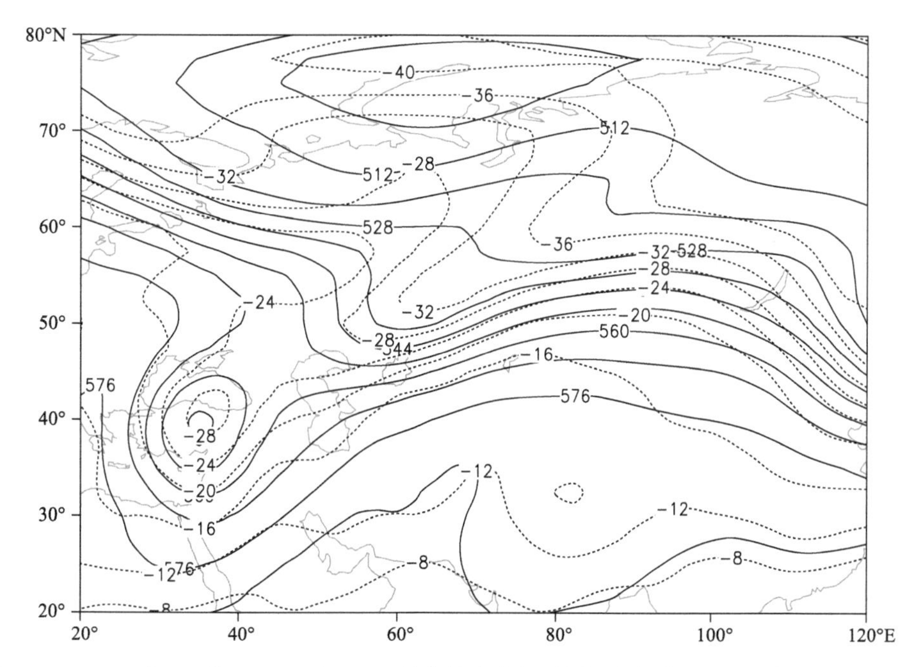

图 2-2-374　1994 年 11 月 6 日 20 时 500 百帕位势高度场(单位:位势什米),温度场(虚线,单位:℃)

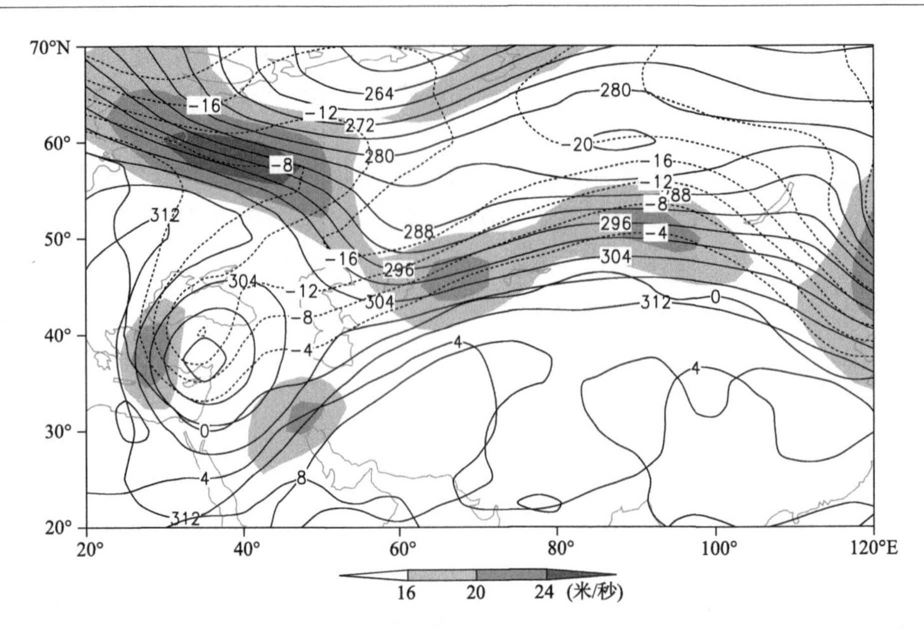

图 2-2-375　1994 年 11 月 6 日 20 时 700 百帕位势高度场(单位:位势什米),阴影表示风速大于 16 米/秒急流区

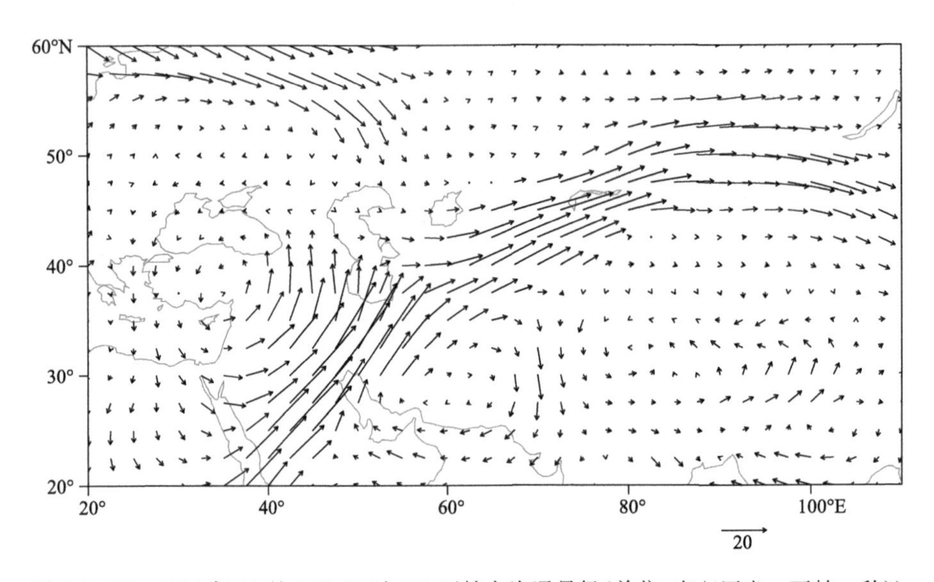

图 2-2-376　1994 年 11 月 6 日 20 时 700 百帕水汽通量场(单位:克/(厘米·百帕·秒))

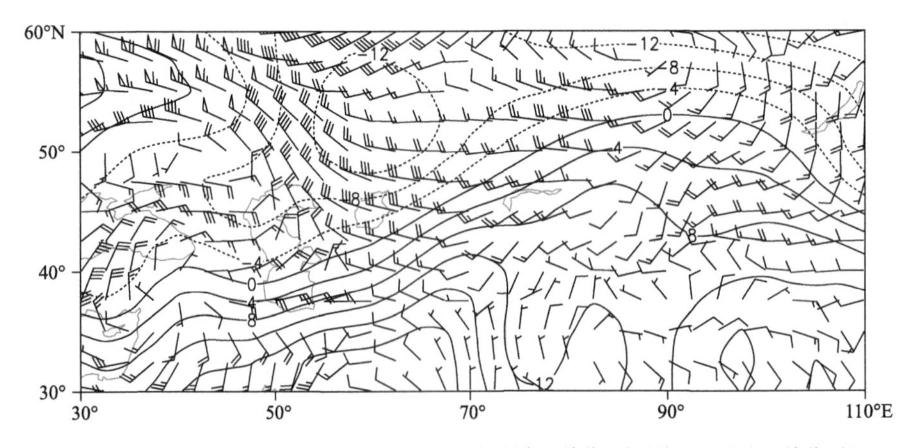

图 2-2-377　1994 年 11 月 6 日 20 时 850 百帕风场(单位:米/秒),温度场(单位:℃)

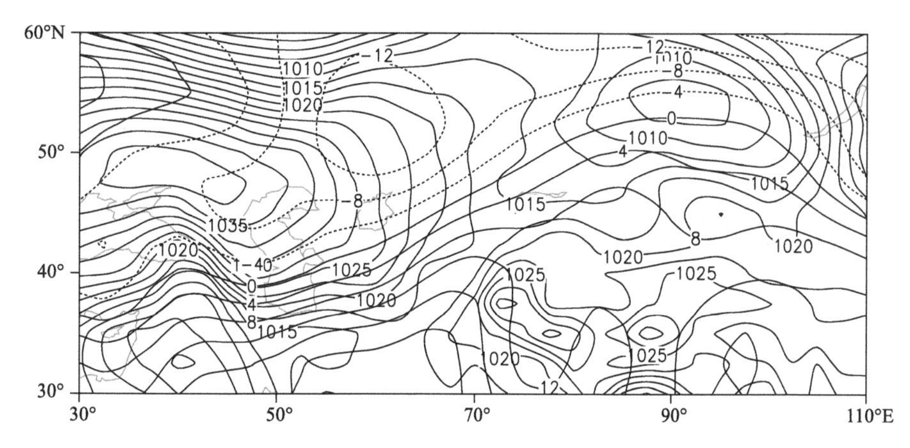

图 2-2-378　1994 年 11 月 6 日 20 时地面气压场(单位:百帕),850 百帕温度场(单位:℃)

2.2.55　伊犁哈萨克自治州、博尔塔拉蒙古自治州暴雪(1994-11-12)

【降雪实况】1994 年 11 月 12 日,伊犁哈萨克自治州昭苏县、巩留县、伊宁县、伊宁市、察布查尔锡伯自治县、霍城县、霍尔果斯市,博尔塔拉蒙古自治州精河县、温泉县、博乐市出现暴雪,24 小时降雪量分别为 21.7 毫米、16.3 毫米、23.4 毫米、21.1 毫米、20.5 毫米、21.7 毫米、18.6 毫米、13.9 毫米、14.1 毫米、12.4 毫米(图 2-2-379)。

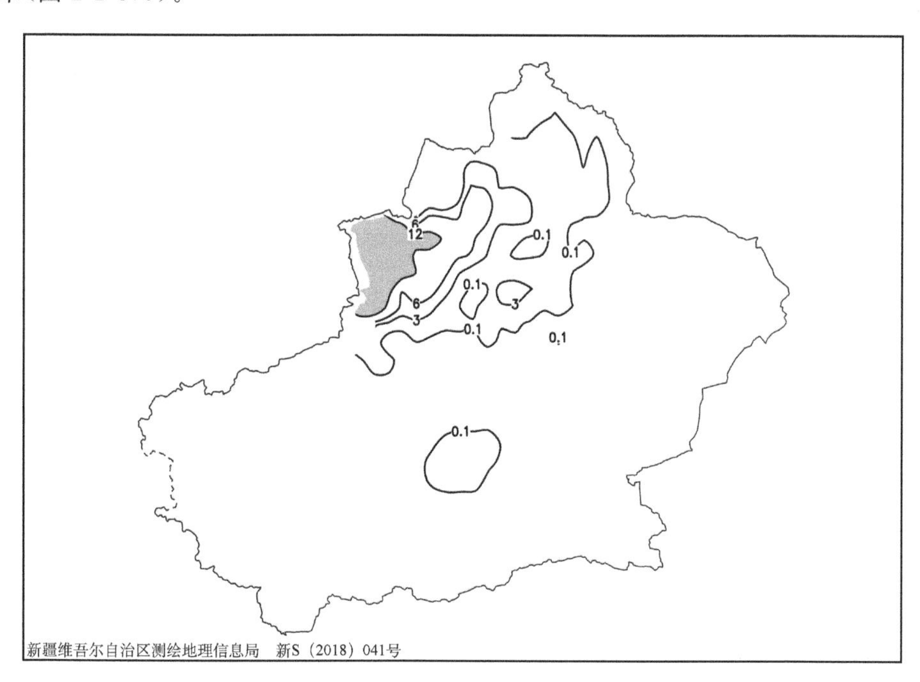

图 2-2-379　1994 年 11 月 11 日 20 时—12 日 20 时降雪量分布图(单位:毫米)

【天气形势】500 百帕环流场上,过程前期,欧亚范围内 50°N 以北为冷涡控制,冷涡中心位于我国东北地区北部,冷涡中心轴线呈准东西向分布,新疆受活跃的南支锋区控制(图 2-2-381)。北欧高压脊东移北伸,格陵兰海上的强冷空气大举南下,冷涡西部脱离主体切断成新的冷涡,冷涡中心位于乌拉尔山北部,并伴有－40℃的冷中心,冷涡不断加深,冷涡中分裂的短波东移南下,与南支锋区上东移的短波叠加受槽前锋区影响,在伊犁哈萨克自治州和博尔塔拉蒙古自治州产生暴雪天气。

在暴雪过程中,200 百帕上有一支西南急流维持在伊犁哈萨克自治州和博尔塔拉蒙古自治州,为暴雪的产生提供了较强的高空抽吸作用,暴雪发生时,伊犁哈萨克自治州和博尔塔拉蒙古自治州处于高空急流入口区右侧正涡度平流区(图 2-2-380)。700 百帕上西南急流将中亚南部的暖湿气流输送至伊犁哈萨克自治州和博尔塔拉蒙古自治州,受伊犁向西开口的“喇叭口”地形的影响,水汽不断在河谷地区汇聚，再加上高层的抽吸作用，使垂直运动增强，加剧了水汽的辐合和抬升，高、低空急流的配合为暴雪的发生和维持提供了水汽和动力条件(图 2-2-382)。从 700 百帕水汽通量场可以看到，降雪前水汽通量大值区位于黑海和里海，高湿中心的轴线与低空西南急流一致，因而黑海和里海上的水汽通过急流被输送至暴雪区(图 2-2-383)。

地面图上，11 日 20 时，冷高压中心位于贝加尔湖西部和中亚南部，随着贝加尔湖西部高压减弱东移，北疆西北部转为正变压控制，地面冷锋缓慢东移，在冷锋前及其东移过境的升压、降温区域(图 2-2-384，图 2-2-385)。

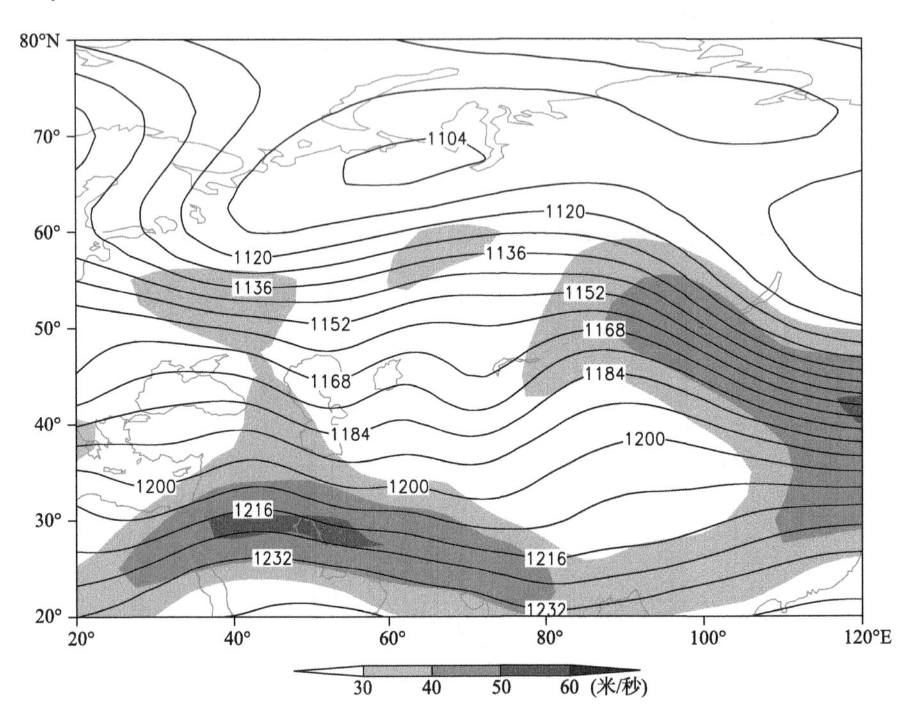

图 2-2-380　1994 年 11 月 11 日 20 时 200 百帕位势高度场(单位：位势什米)，阴影表示风速大于 30 米/秒急流区

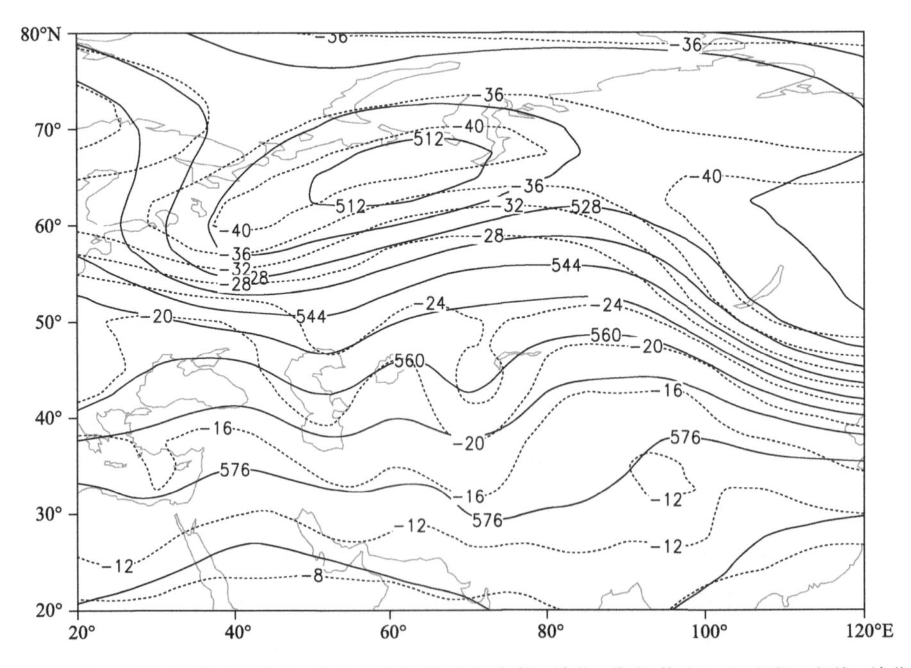

图 2-2-381　1994 年 11 月 11 日 20 时 500 百帕位势高度场(单位：位势什米)，温度场(虚线，单位：℃)

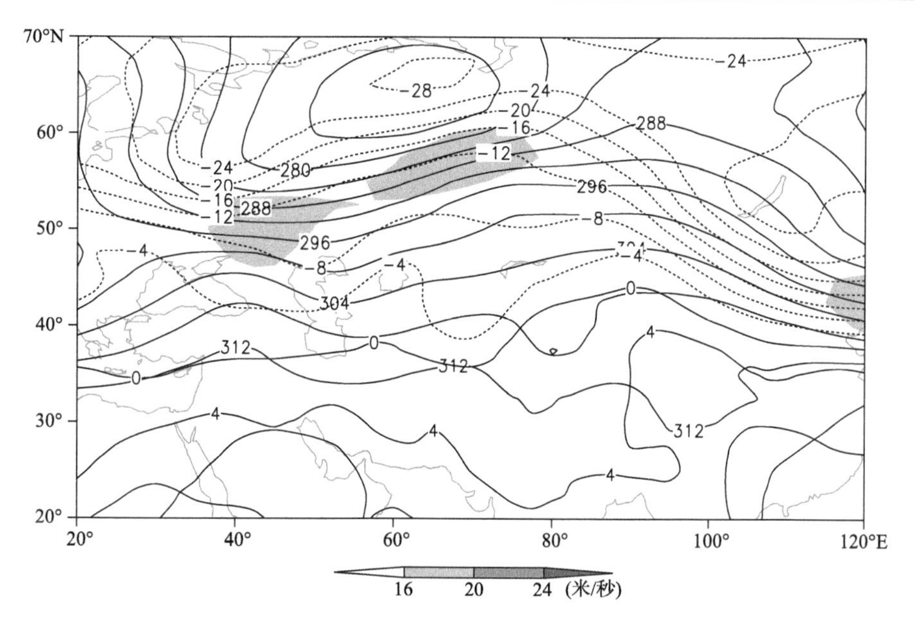

图 2-2-382 1994 年 11 月 11 日 20 时 700 百帕位势高度场(单位:位势什米),阴影表示风速大于 16 米/秒急流区

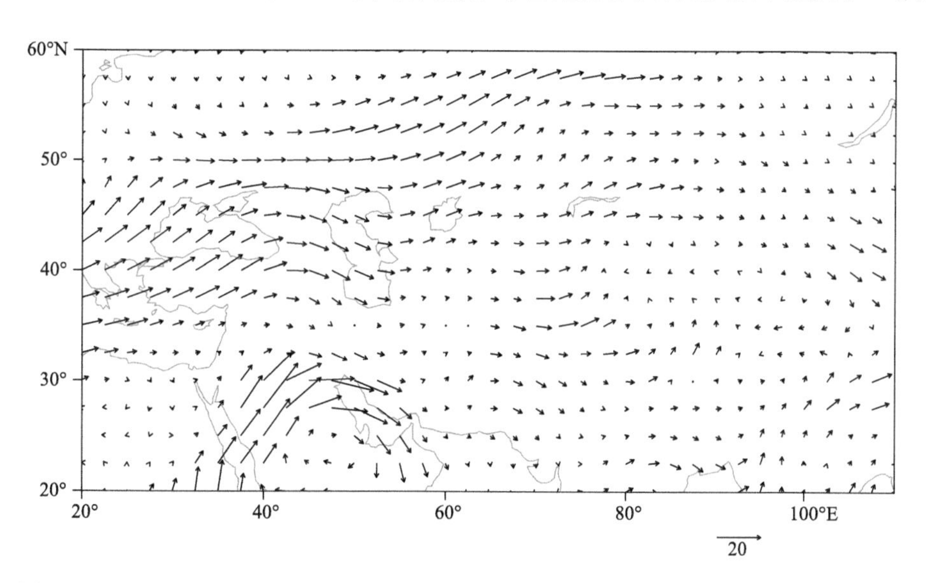

图 2-2-383 1994 年 11 月 11 日 20 时 700 百帕水汽通量场(单位:克/(厘米·百帕·秒))

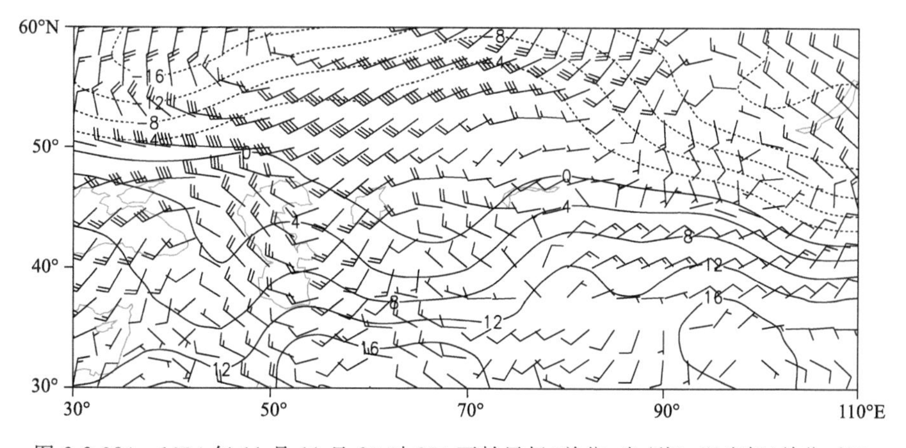

图 2-2-384 1994 年 11 月 11 日 20 时 850 百帕风场(单位:米/秒),温度场(单位:℃)

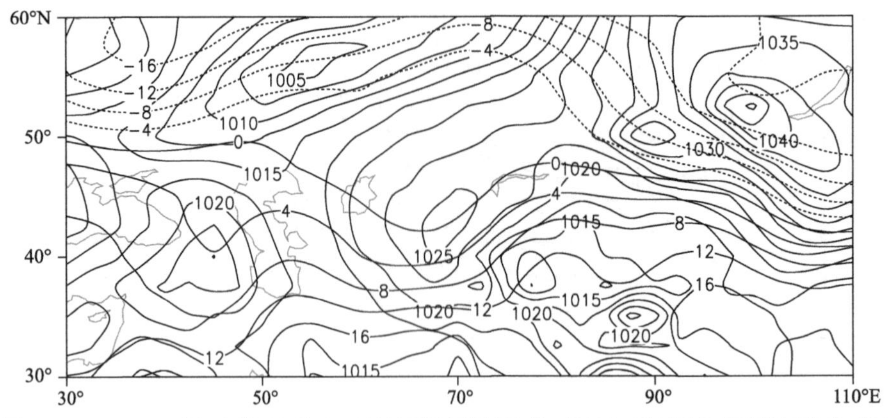

图 2-2-385 1994 年 11 月 11 日 20 时地面气压场(单位:百帕),850 百帕温度场(单位:℃)

2.2.56 伊犁哈萨克自治州、昌吉回族自治州、乌鲁木齐市暴雪(1994-11-25)

【降雪实况】1994 年 11 月 25—26 日,伊犁哈萨克自治州、昌吉回族自治州、乌鲁木齐市相继出现暴雪。25 日,伊犁哈萨克自治州伊宁县、伊宁市、察布查尔锡伯自治县、霍城县、霍尔果斯市 24 小时降雪量分别为 17.1 毫米、17.8 毫米、15.5 毫米、20.9 毫米、21.4 毫米。26 日,伊犁哈萨克自治州新源县、巩留县,乌鲁木齐市,昌吉回族自治州玛纳斯县 24 小时降雪量分别为 14.7 毫米、12.7 毫米、12.6 毫米、13.1 毫米(图 2-2-386)。

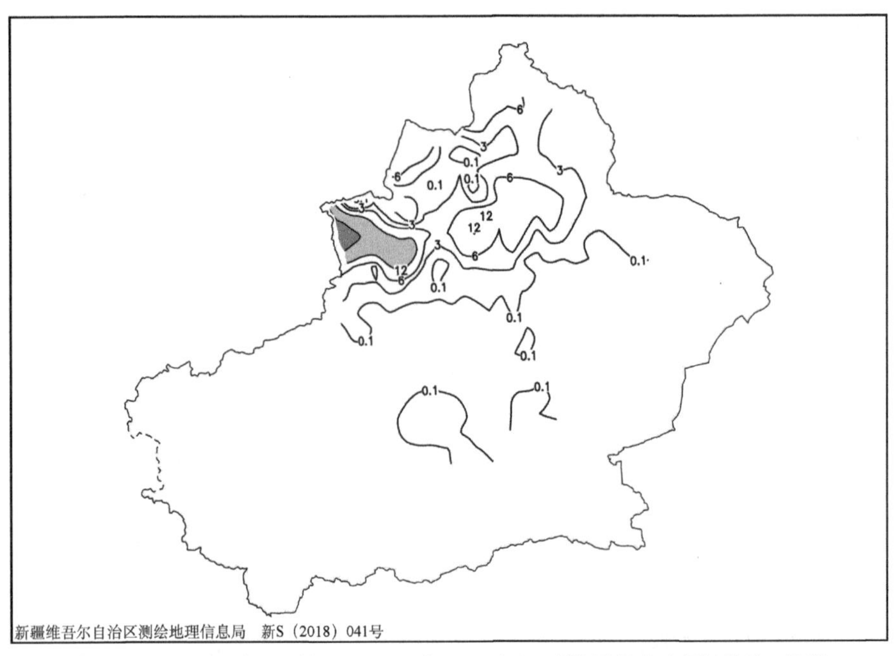

图 2-2-386 1994 年 11 月 24 日 20 时—26 日 20 时降雪量分布图(单位:毫米)

【天气形势】500 百帕环流场上,降雪开始前欧亚中高纬度为两脊一槽的环流形势,即欧洲北部和新疆为高压脊区,乌拉尔山为槽区,与此同时,南支系统比较活跃,低槽位于地中海东部,新疆受低槽中分裂的短波控制(图 2-2-388)。24 日 20 时,位于泰梅尔半岛上空的极涡缓慢西退,冷空气进入乌拉尔槽中,同时在欧洲北部高压脊推动下,乌拉尔槽加深东移,25 日 08 时,乌拉尔槽和中亚低槽同位相叠加,槽前锋区在巴尔喀什湖交汇,给伊犁地区带来暴雪天气。26 日,北支槽快速东移,北疆沿天山一带受南部低槽影响,在北疆再次产生暴雪。

在暴雪过程中,200 百帕上有一个风速大于 35 米/秒的西南急流维持在北疆沿天山一带,降雪明显的时段,北疆沿天山一带处于高空急流入口区右侧正涡度平流区,其强烈的辐散抽吸作用加强了中低层系统的发展,有利于强降雪产生(图 2-2-387)。700 百帕上北疆处于低空急流的前侧,25 日,西南急流将中亚的暖湿空气输送到北疆，在北疆上空产生位势不稳定层结，有利于低层的上升运动，高层辐散、低层辐合的形势在暴雪区上空叠加，使得整层大气的垂直上升运动增强，为暴雪天气提供了有利的动力条件(图 2-2-389)。暴雪发生前和发生时，700 百帕水气通量高值带位于中亚东南地区、红海和波斯湾，源自红海的水汽在西南急流引导下输送到中亚东南部，同时，波罗的海水汽经东欧平原到达里海，再由西南气流引导输送至中亚东南部，两支水汽汇合后水汽通量大值中心达 40 克/(厘米·百帕·秒)，西南急流将汇合后的水汽输送至北疆，并在伊犁和天山中部产生水汽辐合，持续的水汽输送且较强的低层水汽辐合是这次暴雪过程形成的重要原因之一(图 2-2-390)。

地面形势场上，24 日 08 时，冷高压中心位于内蒙古和黑海地区，中亚为低压活动区，北疆为负变压控制，24 日 20 时，中亚低压和内蒙古高压开始减弱，北疆处于锋前暖区中(图 2-2-391，图 2-2-392)，25 日，在伊犁地区产生暖区暴雪。黑海冷高压沿西方路径逐渐增强东移，强冷锋东移过境，在北疆沿天山一带产生暴雪。

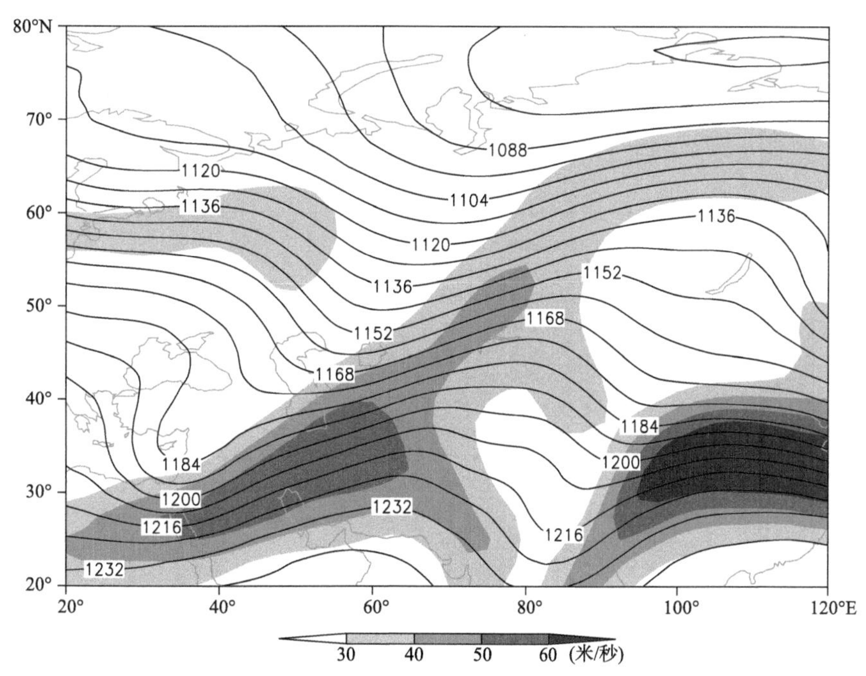

图 2-2-387　1994 年 11 月 24 日 20 时 200 百帕位势高度场(单位：位势什米)，阴影表示风速大于 30 米/秒急流区

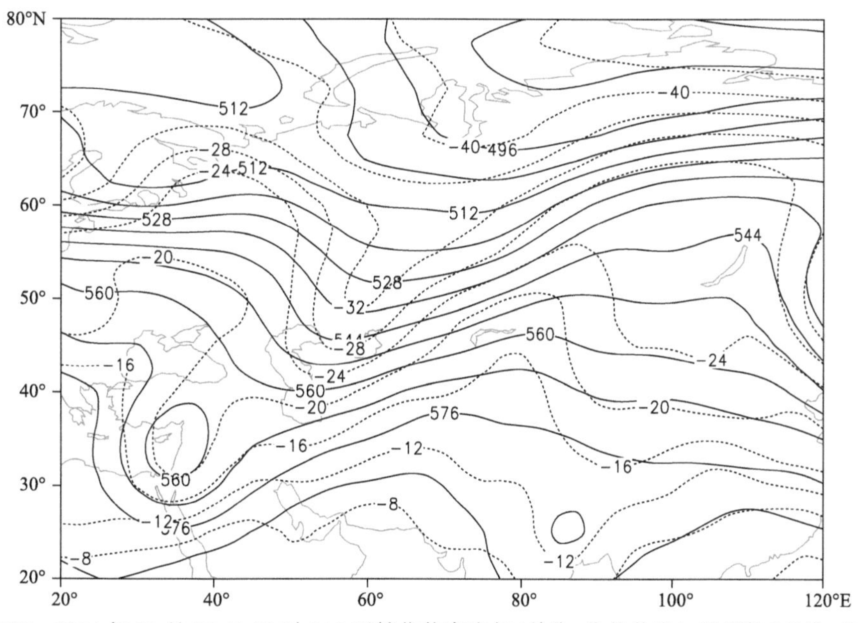

图 2-2-388　1994 年 11 月 24 日 20 时 500 百帕位势高度场(单位：位势什米)，温度场(虚线，单位：℃)

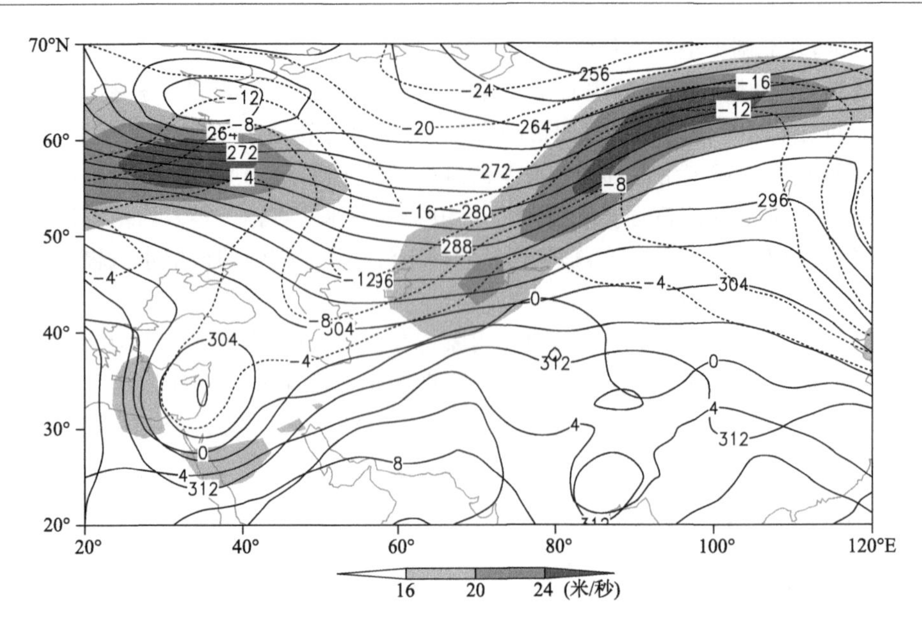

图 2-2-389　1994 年 11 月 24 日 20 时 700 百帕位势高度场(单位:位势什米),阴影表示风速大于 16 米/秒急流区

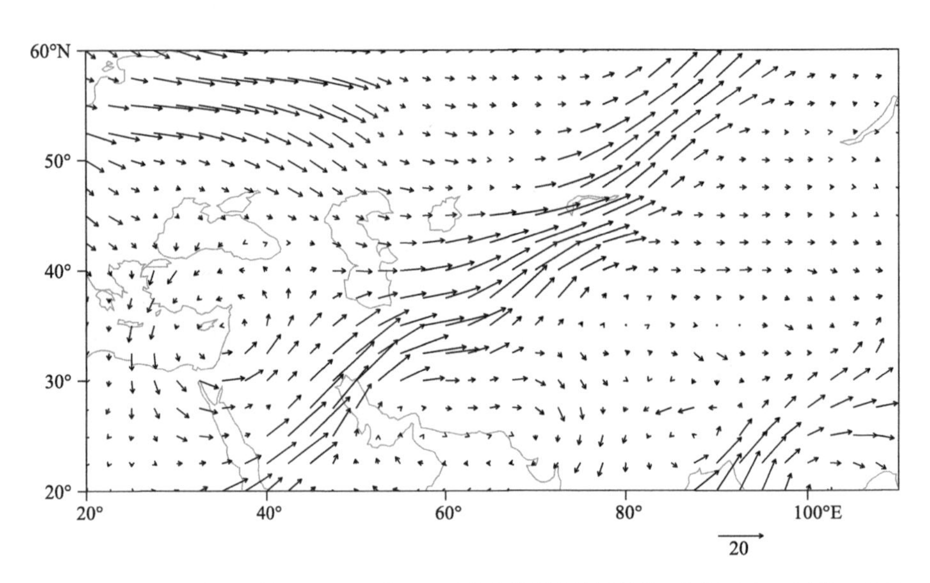

图 2-2-390　1994 年 11 月 24 日 20 时 700 百帕水汽通量场(单位:克/(厘米·百帕·秒))

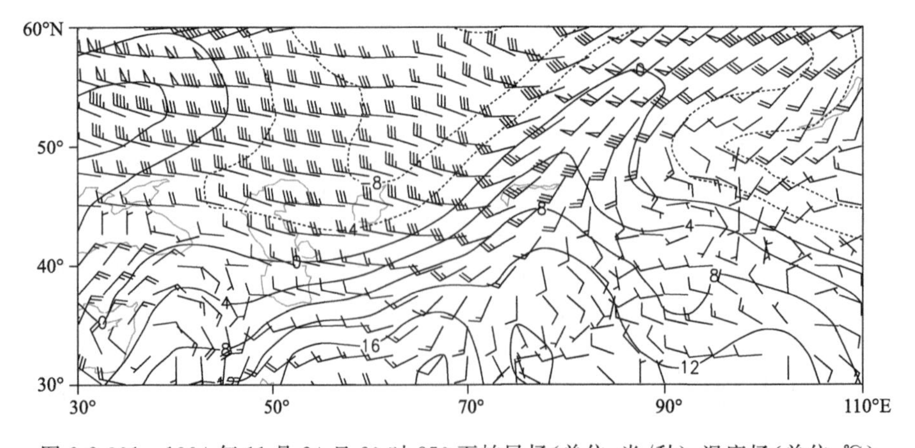

图 2-2-391　1994 年 11 月 24 日 20 时 850 百帕风场(单位:米/秒),温度场(单位:℃)

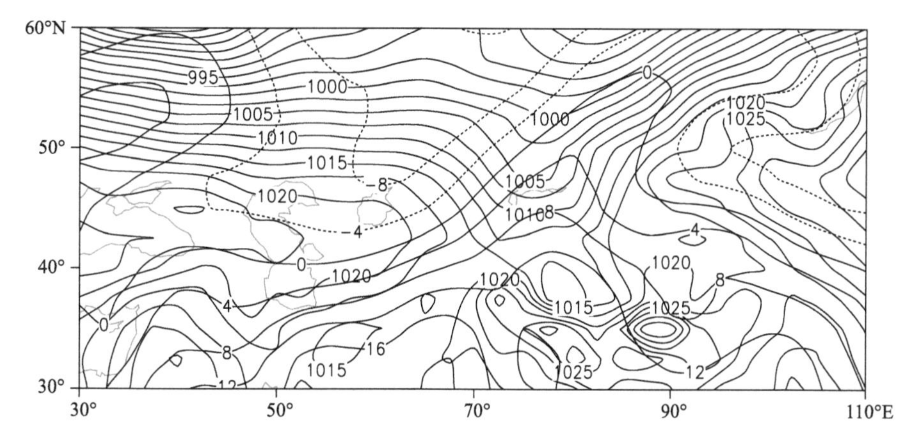

图 2-2-392　1994 年 11 月 24 日 20 时地面气压场(单位:百帕),850 百帕温度场(单位:℃)

2.2.57　乌鲁木齐市、阿克苏地区暴雪(1994-12-08)

【降雪实况】1994 年 12 月 8 日,乌鲁木齐市、米东区和阿克苏地区阿拉尔市出现暴雪天气,24 小时降雪量分别为 17.6 毫米、15.7 毫米、12.1 毫米(图 2-2-393)。

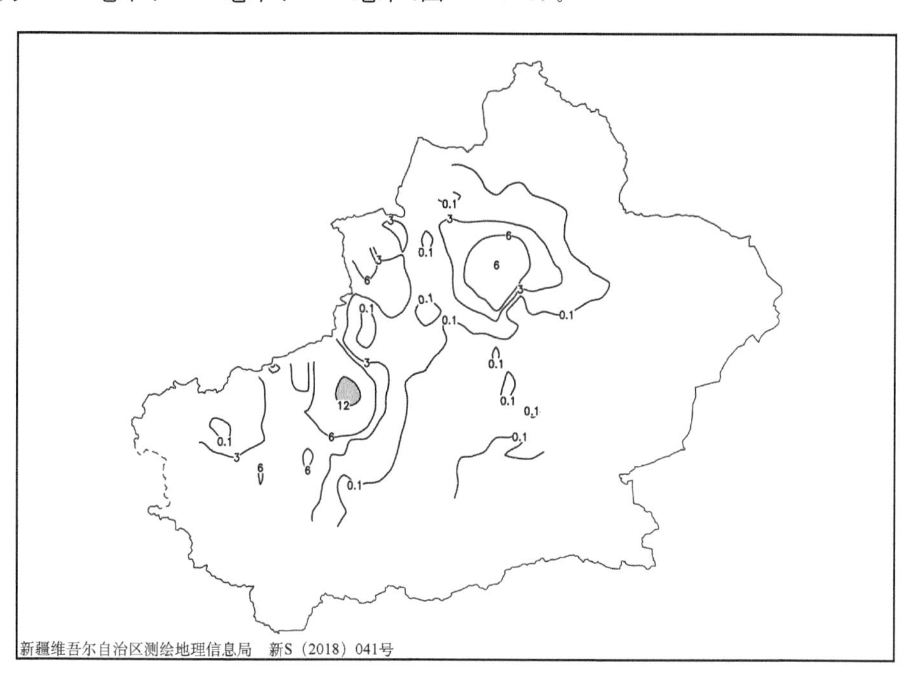

图 2-2-393　1994 年 12 月 7 日 20 时—8 日 20 时降雪量分布图(单位:毫米)

【天气形势】500 百帕环流场上,降雪开始前欧亚范围中高纬度的南北两个系统波动较大,两个冷中心分别位于中西伯利亚高原北部和咸海南部(图 2-2-395)。北支系统上乌拉尔脊顶伸至泰梅尔半岛北部,高纬度强冷空气沿脊前东北风带到达乌拉尔山东侧,受乌拉尔山阻挡南下进入南部冷槽中,使南部低槽加深,锋区增强,南部低槽东移,新疆西南部的降雪逐渐开始。

7—8 日,对流层上部的 200 百帕上从里海南部沿 30°N 到新疆西南部有一东西向急流带,急流核在伊朗高原,中心风速大于 60 米/秒(图 2-2-394)。阿克苏地区位于高空急流入口区的右侧。高空急流建立及维持的时段与此次暴雪过程中强降雪时段对应较好。在和田地区地面低压生成并逐渐增强,地面至对流层低层的 850 百帕,阿克苏地区盛行较强的偏东风。850 百帕上新疆西部受槽前西南暖湿气流的影响,西南暖湿气流和偏东暖湿气流在阿克苏地区形成暖式切变(图 2-2-398)。之后,随着高空急流的减弱消失和低空偏东急流的东撤,垂直上升运动减弱,降雪强度随之减弱。从 700 百帕水汽通量场可以看出,造成乌鲁木齐和阿克苏地区暴雪天气的水汽主要分南北两条通道,一条是高纬度水汽到达里海、咸海后由偏西气流引导进入新疆,另一条是孟加拉湾水汽向东北方向输送,在偏东气流引导下沿青藏高原东部边缘进入新疆,之后沿天山南坡向西输送,两支水汽在阿克苏地区有明显的辐合(图 2-2-397)。

地面图上,里海上的冷高压沿着西方路径东移,7 日 20 时,冷高压中心位于图兰低地,中心达 1032.5 百帕,冷高压前部冷锋压在新疆西北部境外,呈东北—西南方向分布。随着冷高压逐渐东移,在冷锋前及其东移过境的升压、降温区域产生冷锋暴雪(图 2-2-398,图 2-2-399)。

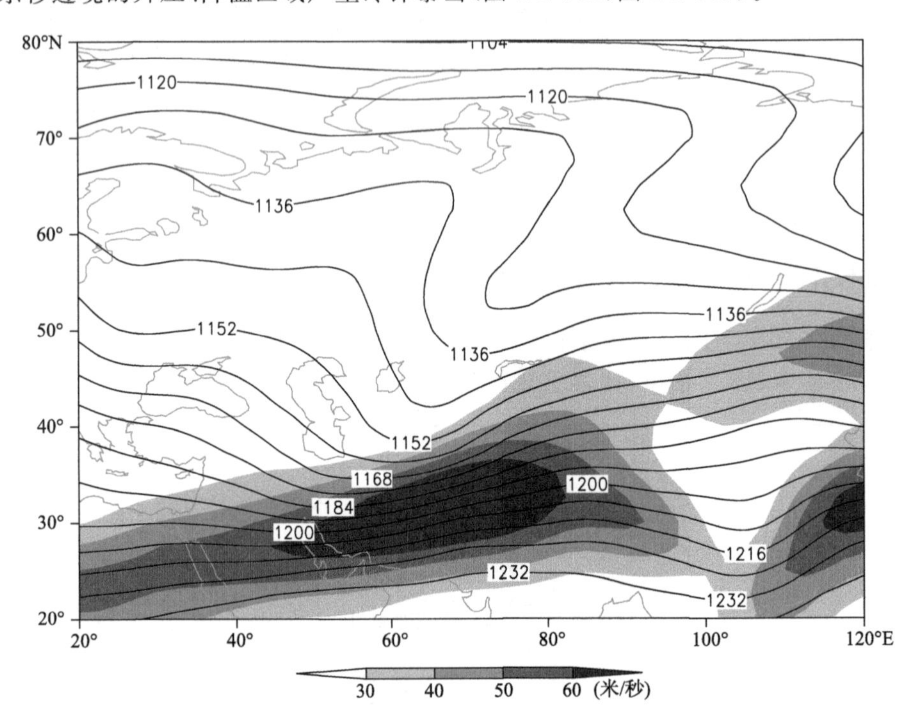

图 2-2-394　1994 年 12 月 7 日 20 时 200 百帕位势高度场(单位:位势什米),阴影表示风速大于 30 米/秒急流区

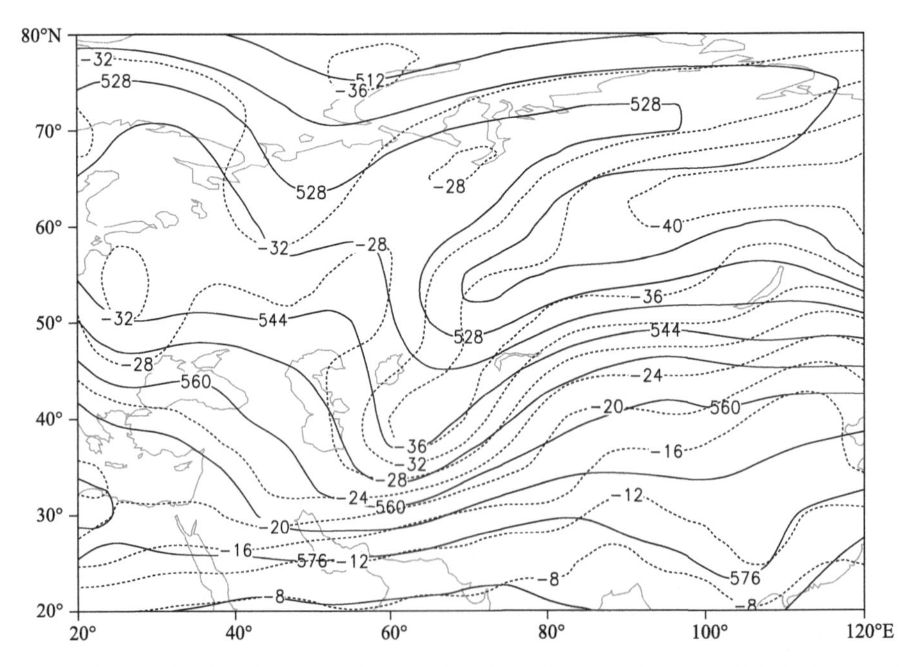

图 2-2-395　1994 年 12 月 7 日 20 时 500 百帕位势高度场(单位:位势什米),温度场(虚线,单位:℃)

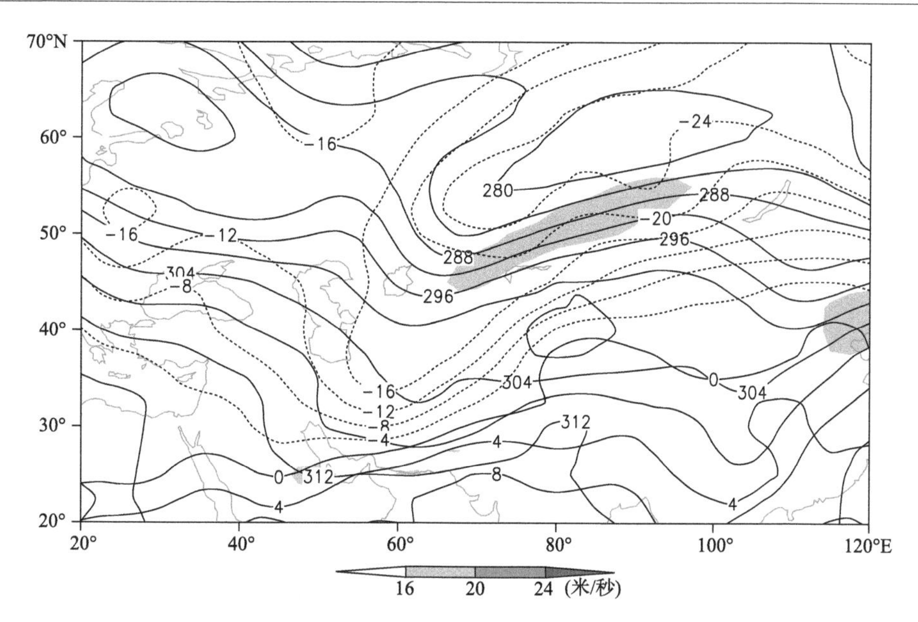

图 2-2-396　1994 年 12 月 7 日 20 时 700 百帕位势高度场(单位:位势什米),阴影表示风速大于 16 米/秒急流区

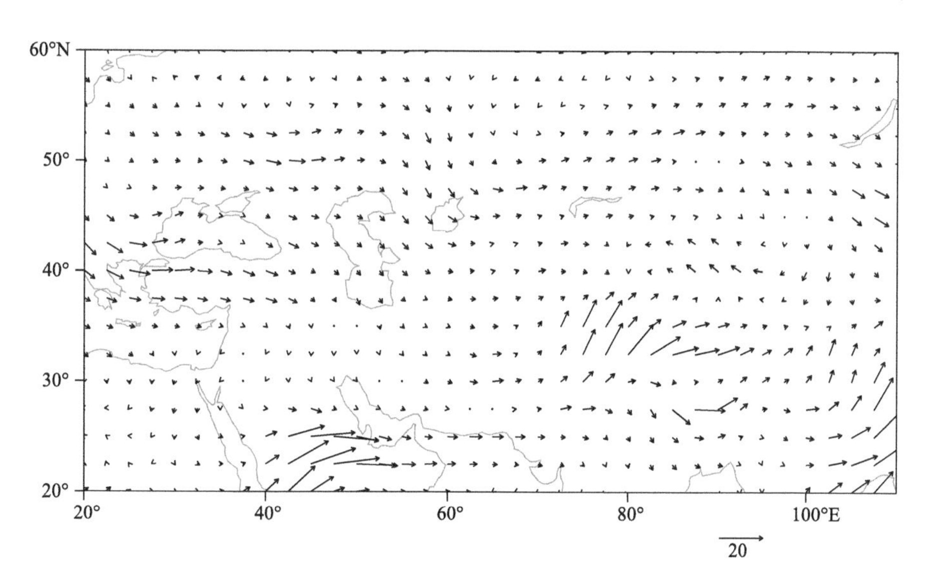

图 2-2-397　1994 年 12 月 7 日 20 时 700 百帕水汽通量场(单位:克/(厘米·百帕·秒))

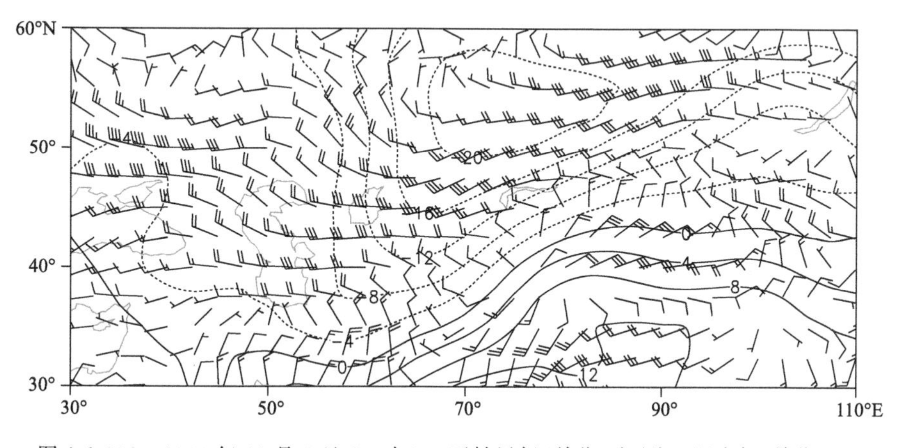

图 2-2-398　1994 年 12 月 7 日 20 时 850 百帕风场(单位:米/秒),温度场(单位:℃)

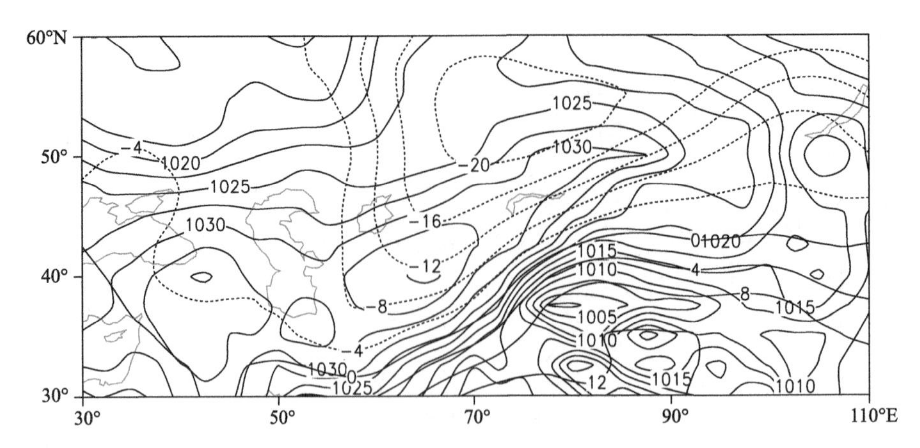

图 2-2-399　1994 年 12 月 7 日 20 时地面气压场(单位:百帕),850 百帕温度场(单位:℃)

2.2.58　伊犁哈萨克自治州、塔城地区、阿勒泰地区暴雪(1996-02-12)

【降雪实况】1996 年 2 月 12 日,伊犁哈萨克自治州伊宁县、伊宁市、察布查尔锡伯自治县、霍城县、霍尔果斯市,塔城地区裕民县、塔城市,阿勒泰地区富蕴县出现暴雪,24 小时降雪量分别为 21.3 毫米、20.3 毫米、13.1 毫米、20.6 毫米、20.3 毫米、15.1 毫米、13.4 毫米、18.4 毫米(图 2-2-400)。

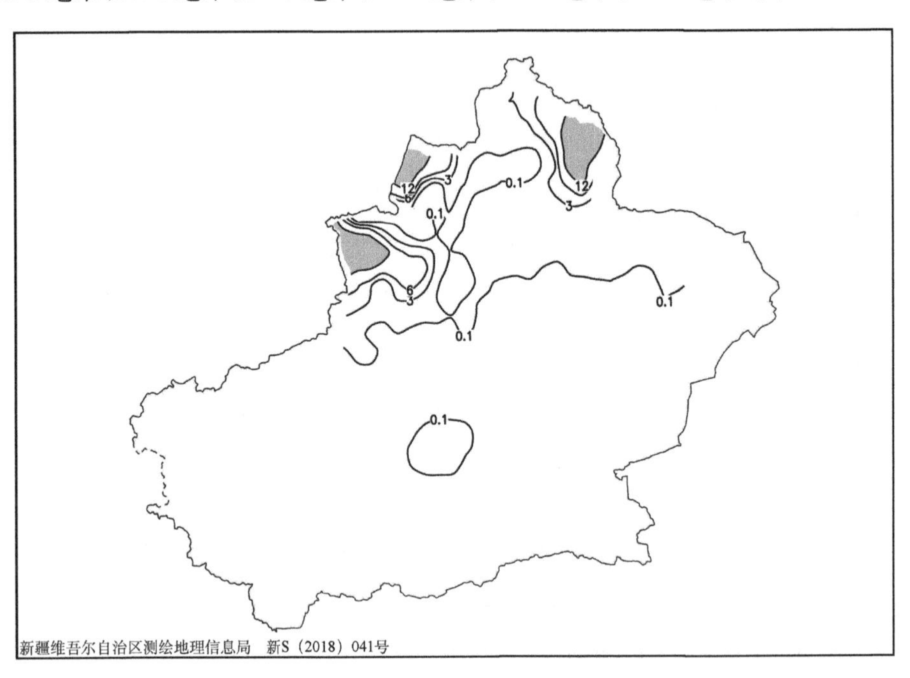

图 2-2-400　1996 年 2 月 11 日 20 时—12 日 20 时降雪量分布图(单位:毫米)

【天气形势】500 百帕环流场上,降雪开始前欧亚范围内存在南北两支锋区,南支锋区已经北抬至 40°N 以北,北支锋区在 50°～60°N 之间,横槽转竖过程中北支锋区南压,南北两支锋区在北疆西北部汇合,北疆暴雪过程随之开始(图 2-2-402)。

200 百帕上,从里海南部到新疆西北部有一支西南急流,急流核位于哈萨克丘陵南部,伊犁和塔城地区处于西南急流入口区的右侧(图 2-2-401)。700 百帕上西南低空急流也较为明显,伊犁和塔城地区处在急流出口区,低层辐合、高层辐散的环流配置有利于暴雪区上升运动的发展和维持(图 2-2-403)。700 百帕水汽通量场上,产生暴雪天气的水汽通过三条路径进入新疆,第一条路径是波斯湾水汽在西南急流的引导下到达塔什干,第二条路径是里海、咸海的水汽在西风带引导下达到塔什干,这时西风气流变为主导气流,将两条汇集的水汽输送到伊犁河谷地区。影响塔城和阿勒泰地区的暴雪的水汽,则是由北支锋区上的西南气流引导巴尔喀什湖上的水汽进入该地区而产生的(图 2-2-404)。

地面图上，11 日 20 时，新疆北部有一个强大的地面低压，冷高压中心位于蒙古地区和欧洲中部。随蒙古高压的减弱，新疆北部的低压旋转东移南下，塔城和阿勒泰地区处于低压底部的减压、升温区域，在塔城和阿勒泰地区产生暖区暴雪。欧洲中部冷高压沿西方路径逐渐东移，受高压前部冷锋影响，在伊犁产生冷锋暴雪(图 2-2-405，图 2-2-406)。

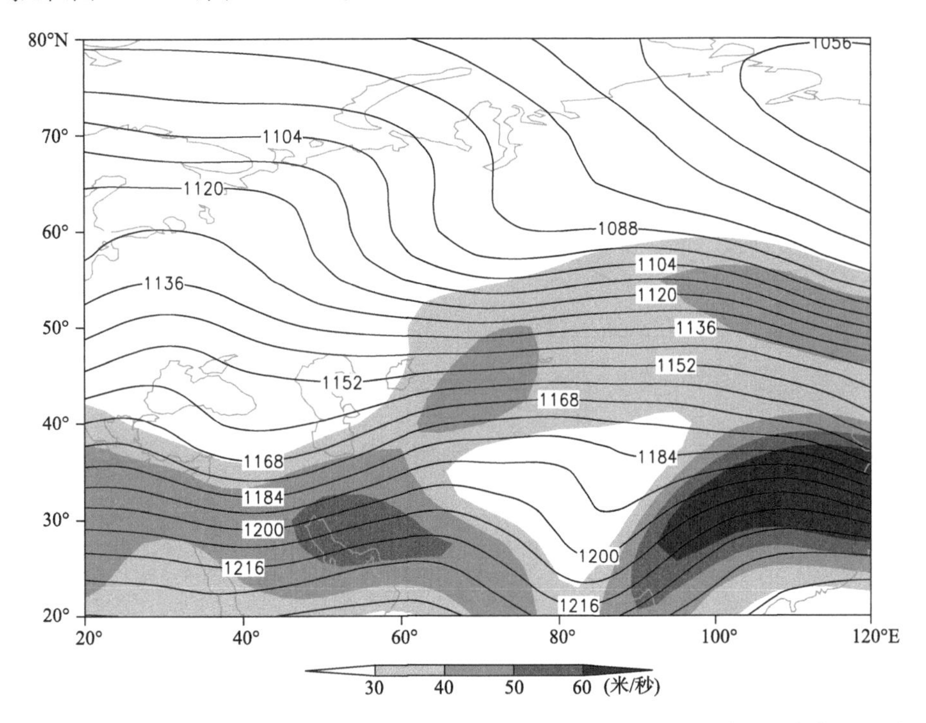

图 2-2-401　1996 年 2 月 11 日 20 时 200 百帕位势高度场(单位：位势什米)，阴影表示风速大于 30 米/秒急流区

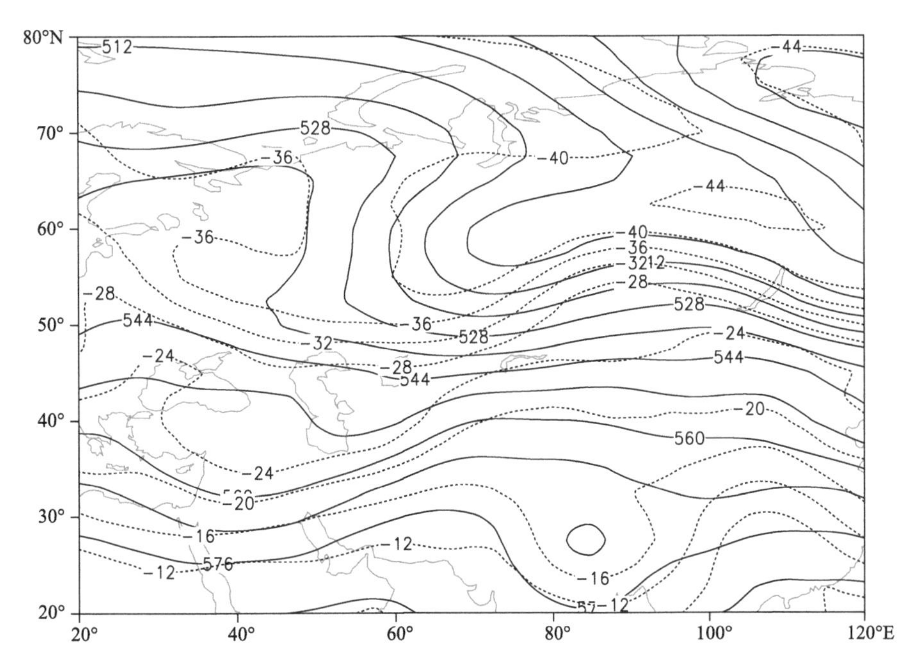

图 2-2-402　1996 年 2 月 11 日 20 时 500 百帕位势高度场(单位：位势什米)，温度场(虚线，单位：℃)

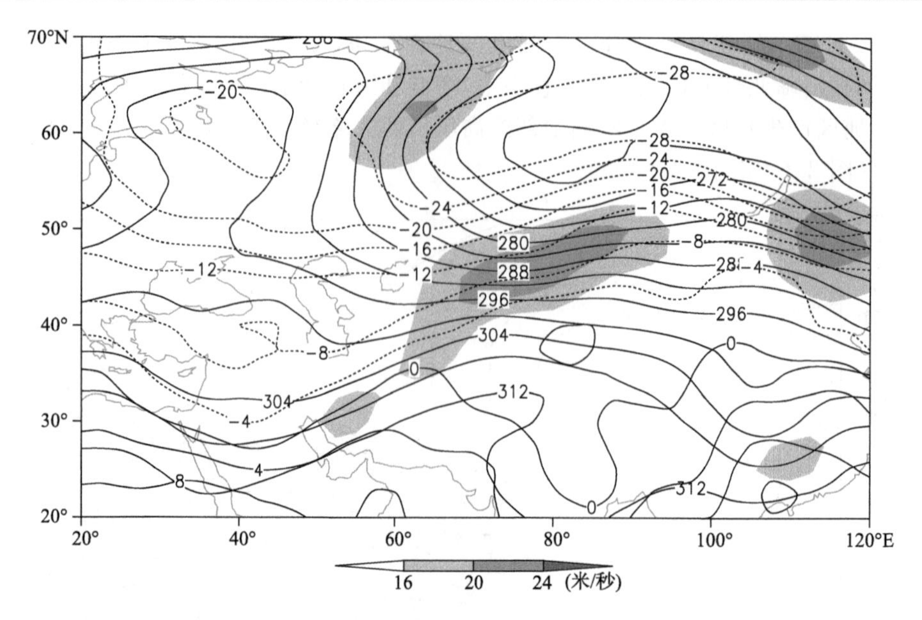

图 2-2-403　1996 年 2 月 11 日 20 时 700 百帕位势高度场(单位:位势什米),阴影表示风速大于 16 米/秒急流区

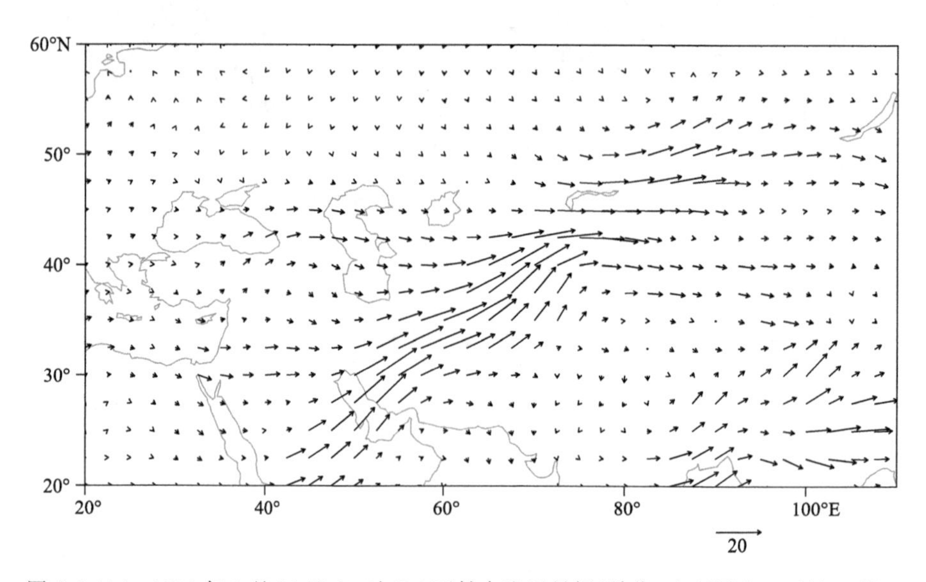

图 2-2-404　1996 年 2 月 11 日 20 时 700 百帕水汽通量场(单位:克/(厘米·百帕·秒))

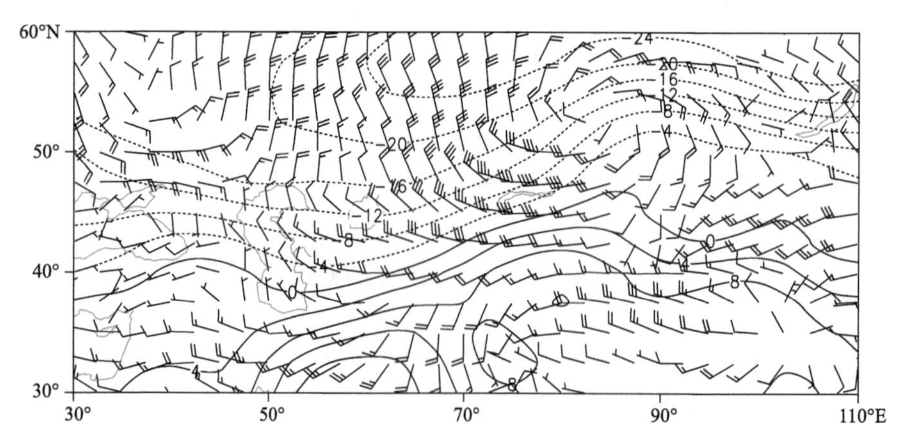

图 2-2-405　1996 年 2 月 11 日 20 时 850 百帕风场(单位:米/秒),温度场(单位:℃)

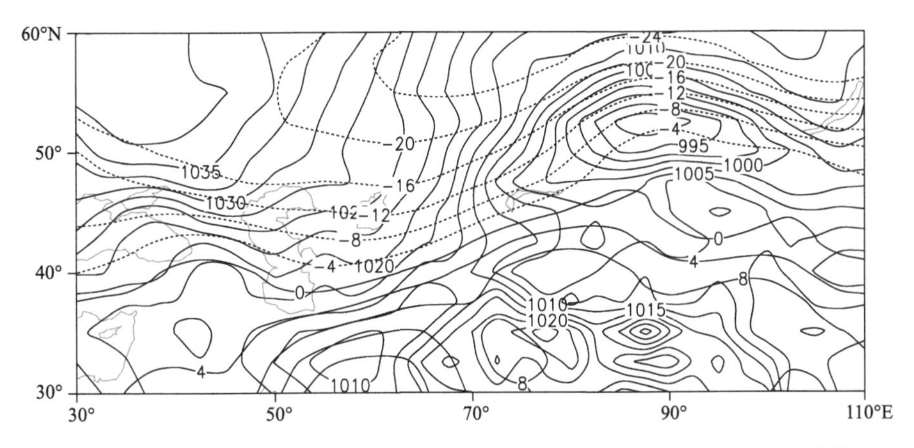

图 2-2-406　1996 年 2 月 11 日 20 时地面气压场(单位:百帕),850 百帕温度场(单位:℃)

2.2.59　克孜勒苏柯尔克孜自治州、喀什地区暴雪(1996-02-15)

【降雪实况】 1996 年 2 月 15 日,克孜勒苏柯尔克孜自治州乌恰县、阿克陶县,喀什地区英吉沙县出现暴雪,24 小时降雪量分别为 13.5 毫米、14.2 毫米、14.2 毫米(图 2-2-407)。

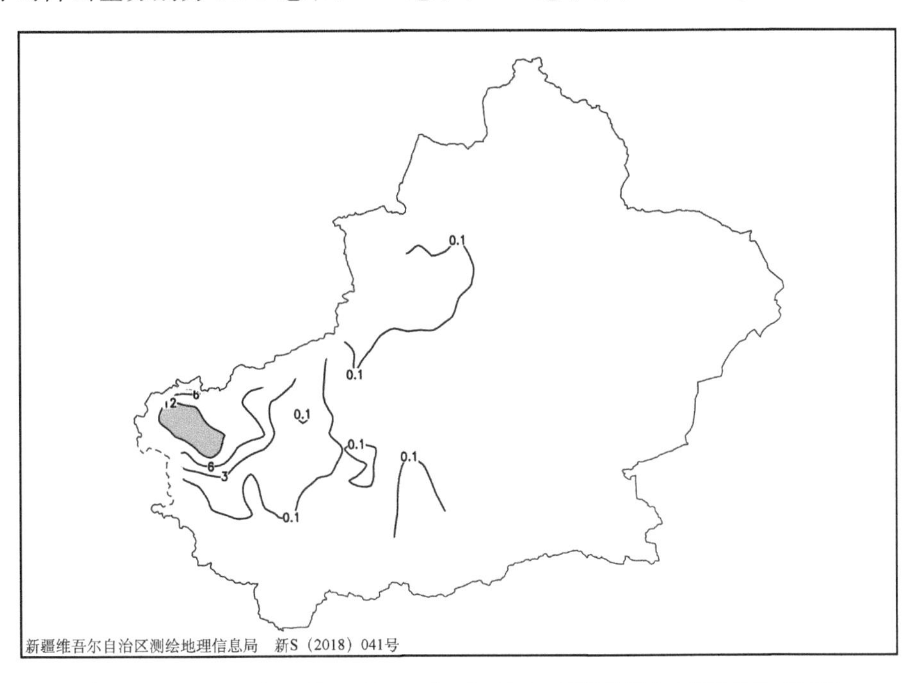

图 2-2-407　1996 年 2 月 14 日 20 时—15 日 20 时降雪量分布图(单位:毫米)

【天气形势】 500 百帕环流场上,降雪开始前欧洲北部为宽广的高压活动区,脊前有一横槽,新疆北部处于横槽前平直的西风带中,中心温度低于－40℃的冷空气位于东萨彦岭上空(图 2-2-409)。南疆盆地受南部低槽前的西南气流控制。欧洲北部高压脊北伸东移,泰梅尔半岛强冷空气沿脊前北风带南下进入脊前横槽中,冷空气不断在中亚堆积,14 日 20 时,横槽切断形成中亚低涡,低涡底部低槽与南部低槽同相位叠加,西南气流把阿拉伯海的水汽源源不断地输送到南疆西部上空。随着中亚低涡中心东移,强冷空气越过帕米尔高原进入南疆西部,与此同时受北欧高压脊东移影响,横槽北段快速东移,东萨彦岭上空的冷空气在偏东风的引导下输送到南疆西部,南疆西部开始出现大降雪,北支槽的存在对低层偏东急流的建立和加强非常有利。

200 百帕上,从伊朗高原到南疆盆地有一支西风急流,南疆西部位于急流入口区的右侧,高空急流具有强烈的抽吸作用,使得暴雪区上空气流辐散,有利于暴雪的形成(图 2-2-408)。850 百帕上的偏东急流对南疆西部强降雪有重要作用,有利于增强低层空气的辐合上升运动及水汽的辐合(图 2-2-412)。

此外，在南疆西部暴雪出现前，当高空低值系统翻过高原后，偏东急流起到垫平的作用，有利于暴雪产生。

地面图上，14 日 20 时，冷高压位于乌拉尔山南部，中心达 1047.5 百帕，南疆盆地受暖性低压倒槽控制，受倒槽阻挡，冷高压底前部冷空气在南疆西部堆积并缓慢向南渗透，低压倒槽中的暖湿空气与南下的干冷空气相遇，在南疆的克孜勒苏柯尔克孜自治州和喀什地区产生暴雪(图 2-2-413)。

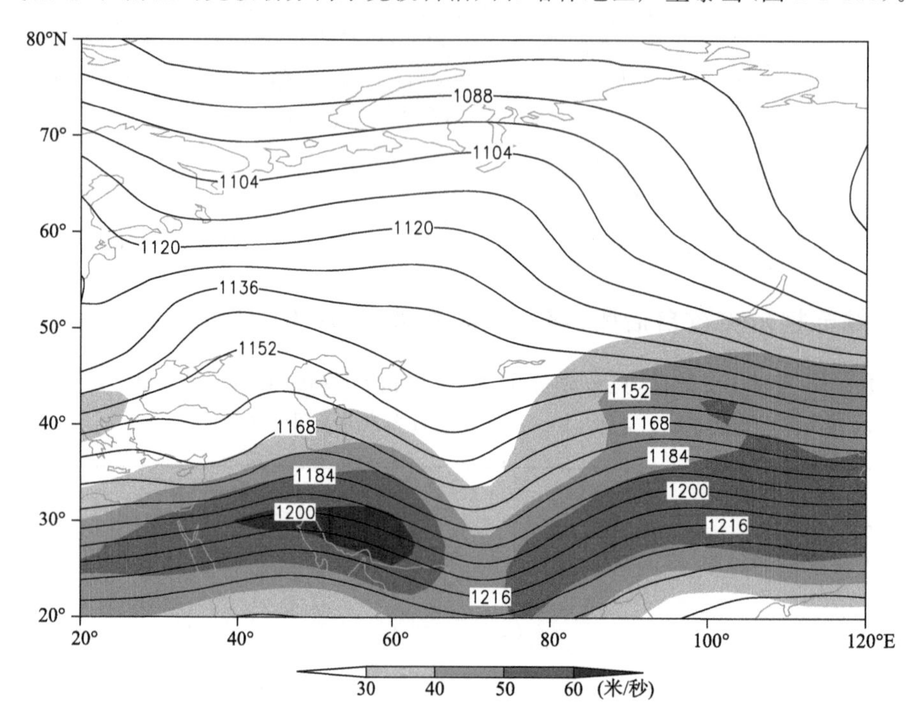

图 2-2-408　1996 年 2 月 14 日 20 时 200 百帕位势高度场(单位:位势什米)，阴影表示风速大于 30 米/秒急流区

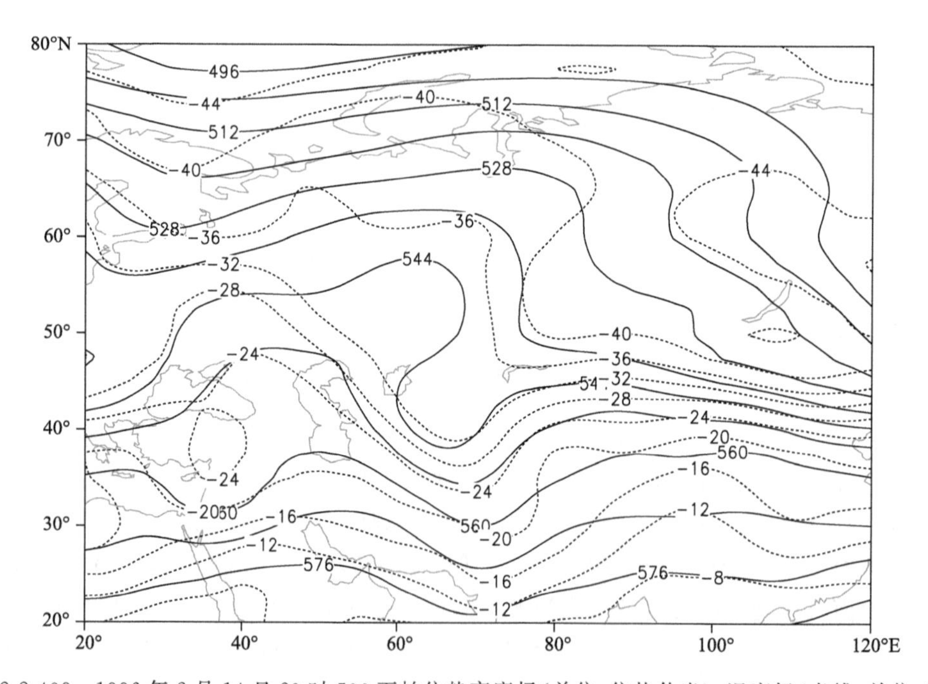

图 2-2-409　1996 年 2 月 14 日 20 时 500 百帕位势高度场(单位:位势什米)，温度场(虚线，单位:℃)

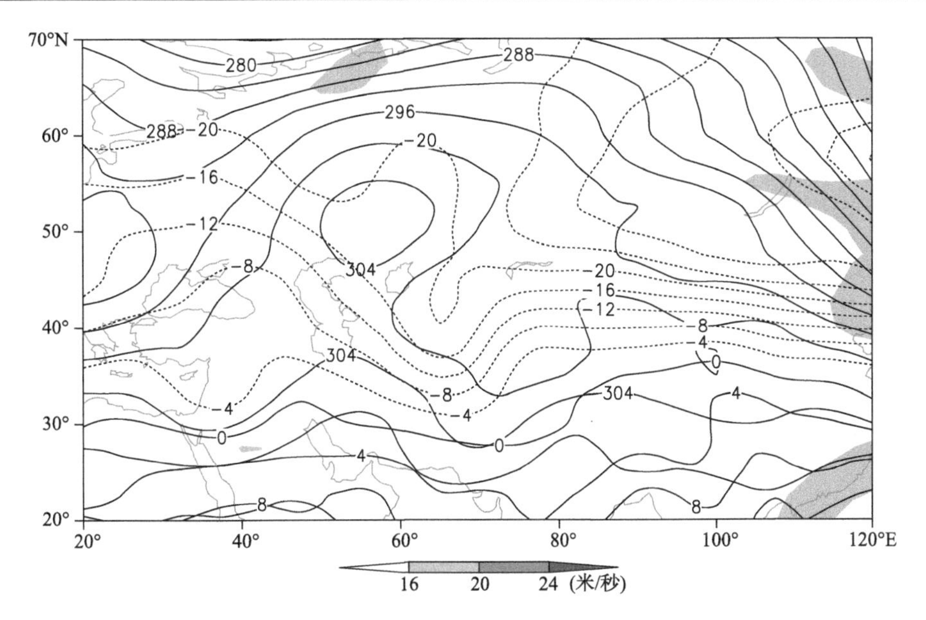

图 2-2-410　1996 年 2 月 14 日 20 时 700 百帕位势高度场(单位:位势什米),阴影表示风速大于 16 米/秒急流区

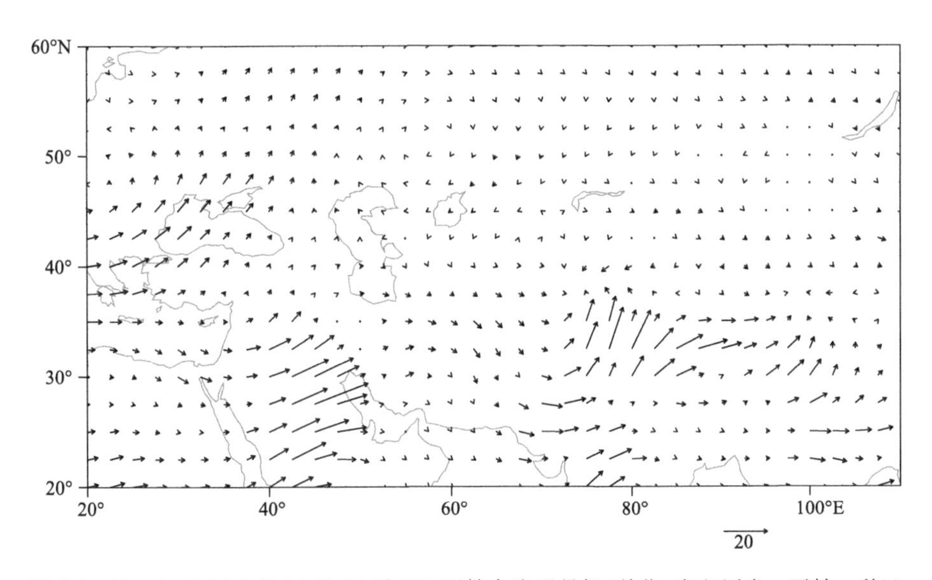

图 2-2-411　1996 年 2 月 14 日 20 时 700 百帕水汽通量场(单位:克/(厘米·百帕·秒))

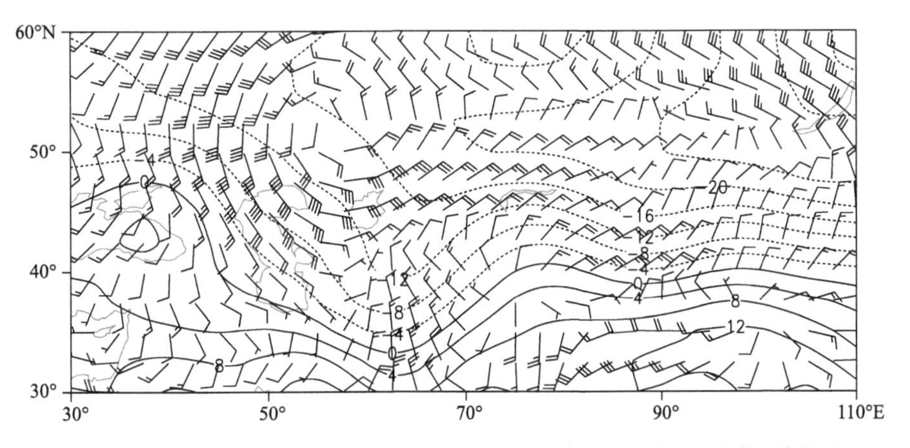

图 2-2-412　1996 年 2 月 14 日 20 时 850 百帕风场(单位:米/秒),温度场(单位:℃)

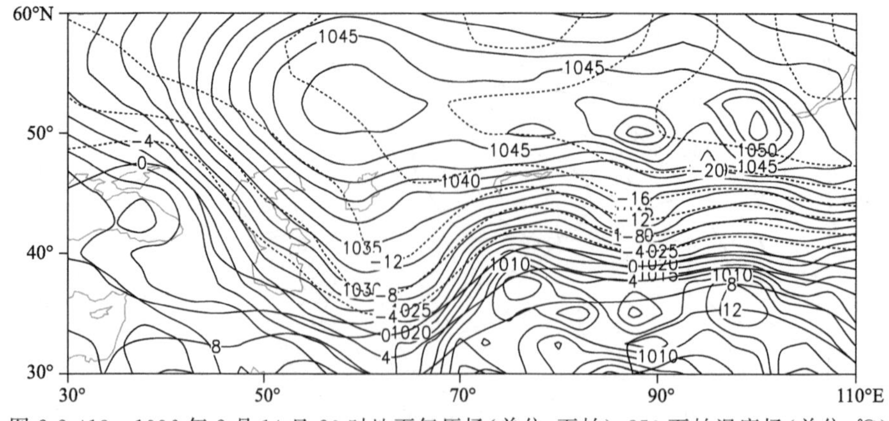

图 2-2-413　1996 年 2 月 14 日 20 时地面气压场(单位:百帕),850 百帕温度场(单位:℃)

2.2.60　伊犁哈萨克自治州暴雪(1996-11-02)

【降雪实况】1996 年 11 月 2 日,伊犁哈萨克自治州特克斯县、昭苏县、新源县、巩留县、伊宁县出现暴雪,24 小时降雪量分别为 17.6 毫米、14.8 毫米、22.0 毫米、13.6 毫米、12.5 毫米(图 2-2-414)。

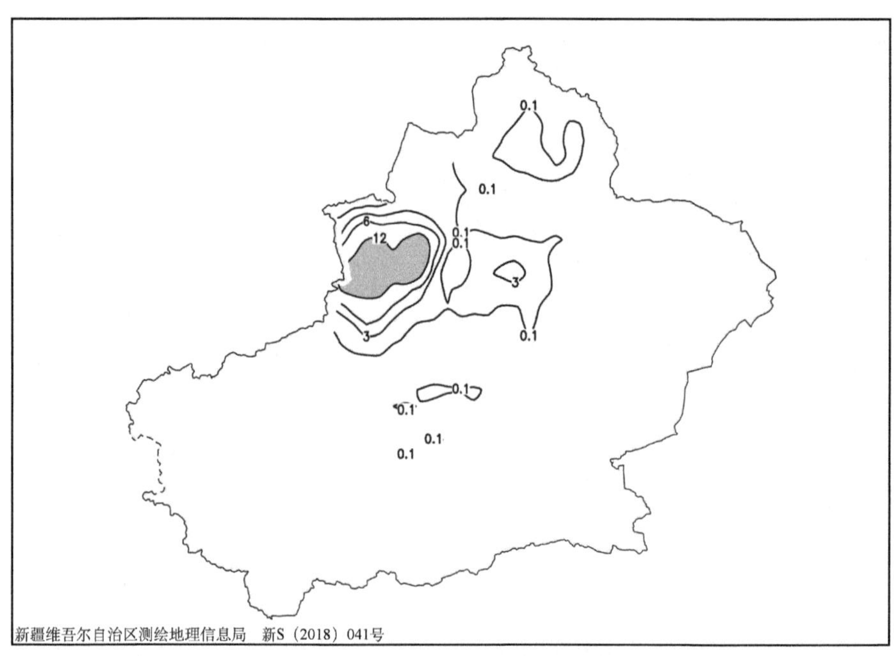

图 2-2-414　1996 年 11 月 1 日 20 时—2 日 20 时降雪量分布图(单位:毫米)

【天气形势】500 百帕环流场上,过程前期北支锋区为两槽一脊型,欧亚范围为宽广的阻塞高压,南支锋区为两槽两脊型(图 2-2-416)。欧洲槽不断分裂出小槽东移,阻断脊后暖平流的补充,阻塞高压减弱东移,欧洲槽加深南下,并与南支锋区上的槽叠加,槽前不断分裂短波东移影响新疆,为北疆西部的暴雪天气提供了有利的环流背景。

在暴雪过程中,200 百帕上从中亚到北疆沿天山有一支西北急流,暴雪区位于急流入口区右侧(图 2-2-415)。700 百帕上伊犁处于偏西急流前部,受伊犁河谷向西开口的"喇叭口"地形影响,低空偏西急流有利于水汽辐合及地形抬升产生的垂直运动(图 2-2-417)。暴雪区出现在高层辐散和高层辐合的重叠区域。从 700 百帕水汽通量场上可以看出,黑海和地中海的水汽在里海汇聚,经咸海输送至中亚,由偏西气流引导通过接力输送机制输送至伊犁地区,水汽通量最大值为 15 克/(厘米·百帕·秒),为暴雪的产生提供了充沛的水汽(图 2-2-418)。

地面图上,咸海南部的冷高压逐渐东移,在地面冷锋前和东移过境的升压、降温区域产生暴雪(图 2-2-419,图 2-2-420)。

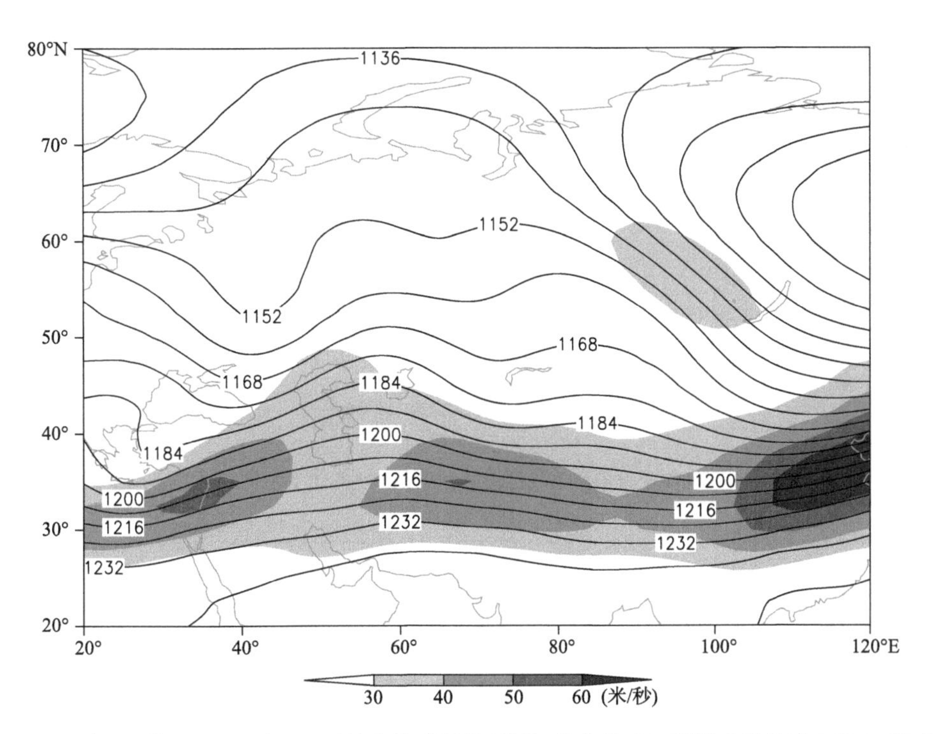

图 2-2-415　1996 年 11 月 1 日 20 时 200 百帕位势高度场(单位:位势什米),阴影表示风速大于 30 米/秒急流区

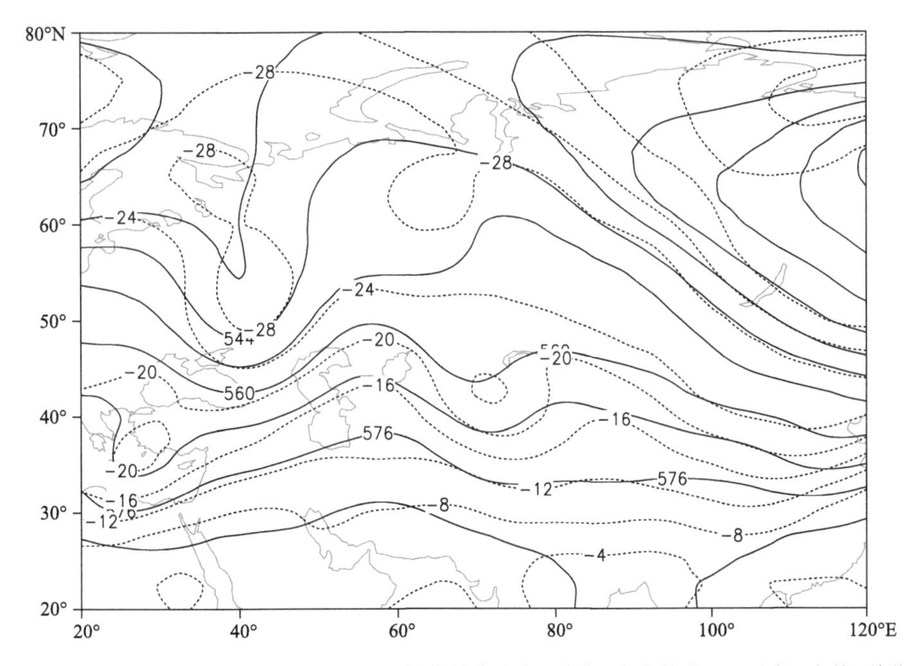

图 2-2-416　1996 年 11 月 1 日 20 时 500 百帕位势高度场(单位:位势什米),温度场(虚线,单位:℃)

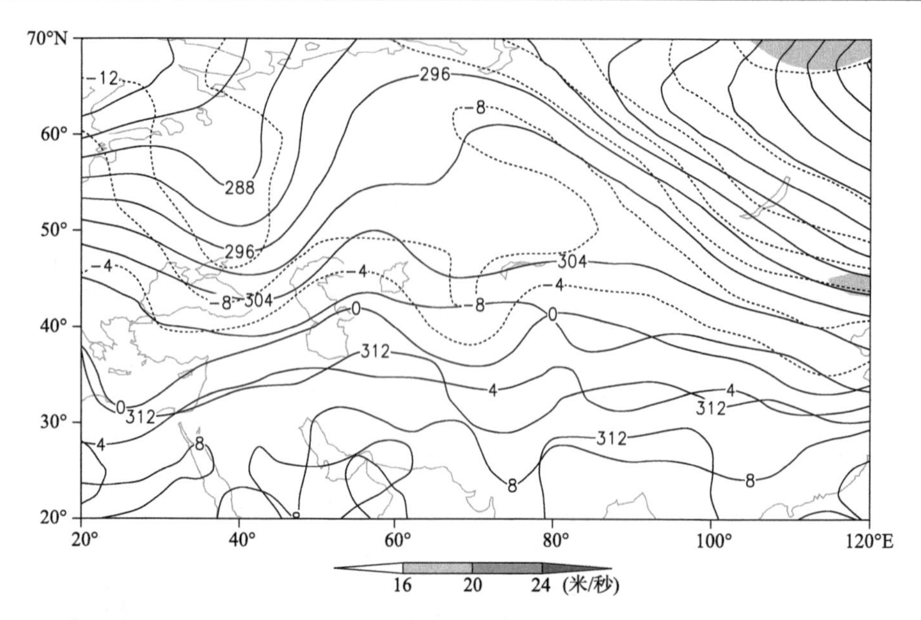

图 2-2-417　1996 年 11 月 1 日 20 时 700 百帕位势高度场(单位:位势什米),阴影表示风速大于 16 米/秒急流区

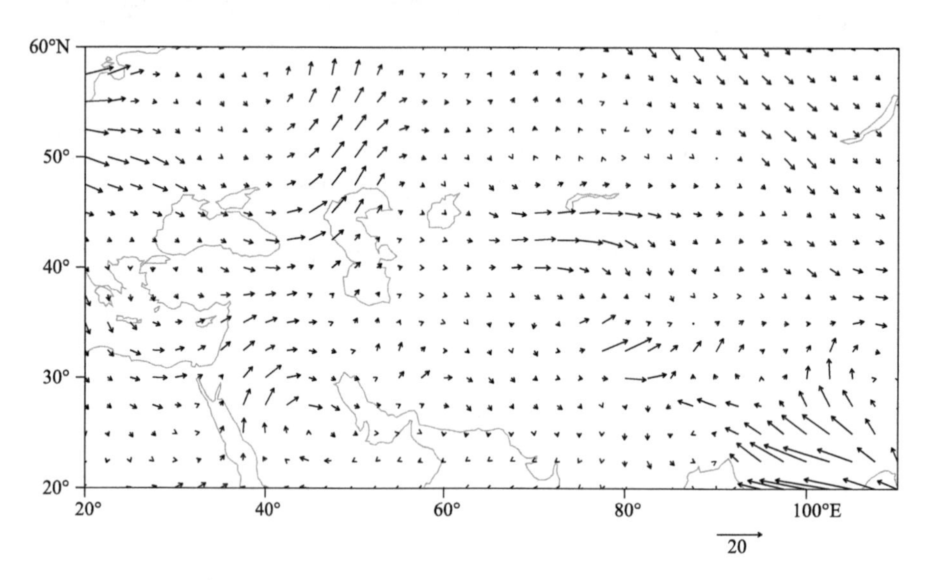

图 2-2-418　1996 年 11 月 1 日 20 时 700 百帕水汽通量场(单位:克/(厘米·百帕·秒))

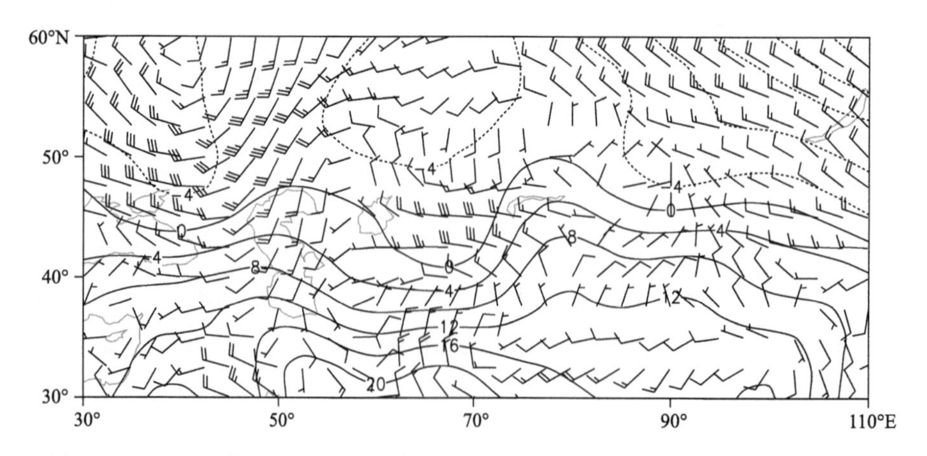

图 2-2-419　1996 年 11 月 1 日 20 时 850 百帕风场(单位:米/秒),温度场(单位:℃)

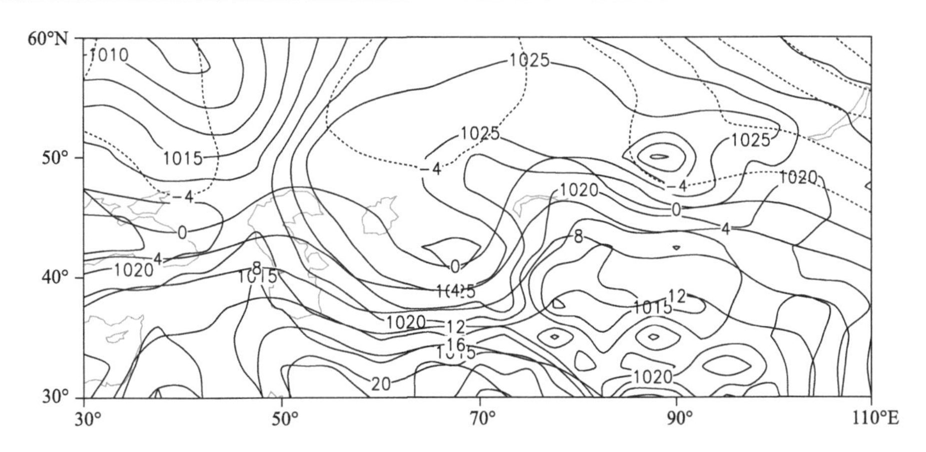

图 2-2-420　1996 年 11 月 1 日 20 时地面气压场(单位:百帕),850 百帕温度场(单位:℃)

2.2.61　塔城地区、阿勒泰地区、昌吉回族自治州、石河子地区暴雪(1996-11-08)

【降雪实况】1996 年 11 月 8 日,塔城地区塔城市和阿勒泰地区富蕴县出现暴雪,24 小时降雪量分别为 17.2 毫米、18.8 毫米。9 日,伊犁哈萨克自治州尼勒克县、巩留县,昌吉回族自治州呼图壁县、玛纳斯县,乌兰乌苏镇,塔城地区沙湾县出现暴雪,24 小时降雪量分别为 12.9 毫米、17.8 毫米、13.7 毫米、23.3 毫米、22.1 毫米、21.5 毫米。伊犁哈萨克自治州新源县和石河子市出现大暴雪,24 小时降雪量分别为 27.1 毫米、26.8 毫米(图 2-2-421)。

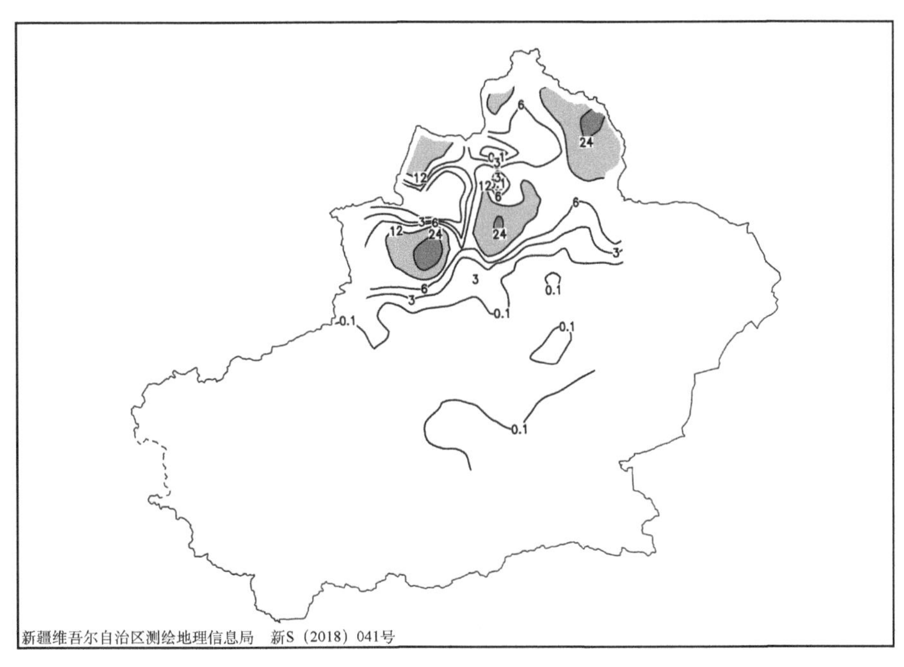

图 2-2-421　1996 年 11 月 7 日 20 时—8 日 20 时降雪量分布图(单位:毫米)

【天气形势】500 百帕环流场上,降雪过程前期黑海脊向北发展与新地岛上的高压脊叠加,7 日 08 时,在乌拉尔山北部形成闭合性高压,泰梅尔半岛上的强冷空气沿脊前东北风带大举南下进入横槽,冷空气不断在中亚地区堆积,横槽前强锋区长时间控制塔城和阿勒泰地区,与此同时,南支锋区上不断分裂短波槽东移北上与横槽上的短波在塔城和阿勒泰地区汇合,在塔城和阿勒泰地区产生暴雪(图 2-2-423)。之后北支锋区略有北收,当乌拉尔山南部高压脊东移北伸,高压脊顶与北部的阻塞高压打通,形成长波脊,位于贝加尔湖和我国东北地区之间的冷空气沿脊前东北风带向西输送,使横槽加深东移,槽前锋区与南支锋区在北疆沿天山地区汇合,在北疆沿天山西部产生暴雪。

8—9 日，对流层上部的 200 百帕上，北疆受持续的西北急流控制，强降雪发生时，北疆处于高空急流入口区右侧，高空的辐散抽吸作用，有利于低层辐合上升运动的增强(图 2-2-422)。700 百帕上，8 日，北疆受南支锋区上的西南急流控制，强劲的低空西南急流将中亚地区的暖湿空气输送至北疆北部，经塔尔巴哈台山和阿尔泰山地形强迫抬升，同中高层西北急流叠加，加强了风场辐合及垂直上升运动，有利于冷暖交汇与水汽的聚集(图 2-2-424)。9 日，北疆开始受横槽前西北急流影响，高空西北急流和低空西北急流持续耦合发展，为暴雪天气提供了有利的动力条件。由于伊犁河谷地区属于典型的向西开口的“喇叭口”地形，有利于水汽的辐合和上升运动，为大暴雪的产生创造了有利条件。分析 700 百帕水汽通量场可知(图 2-2-425)，8 日，降雪前和降雪过程中，60°E 以西有两条水汽通量大值带，一个是源自波罗的海的水汽由西方和西北路径输送至里海，另一个是红海水汽由西南路径输送至里海，两支水汽在里海汇聚后，在低空西南急流携带下通过接力输送机制输送至北疆塔城和阿勒泰地区。8 日 20 时开始，红海上的水汽通道消失，波罗的海水汽输送至黑海后由西南路径向东北方向输送，受乌拉尔山阻挡，只有一部分水汽翻过乌拉尔山进入中亚，在中亚增温增湿后再经低空西北急流输送至北疆沿天山一带，其中，西伯利亚北部也有一支水汽沿偏北路径进入北疆，但这支水汽的贡献率比较小。

地面图上，7 日 20 时，冷高压分别位于蒙古和西伯利亚地区，中亚为低压活动区，北疆为负变压控制，随着西伯利亚高压的南下，蒙古高压和中亚低压开始减弱，在蒙古高压后部、中亚低压前部的减压、升温区域产生暖区暴雪(图 2-2-426，图 2-2-427)。随着西伯利亚冷高压南下东移，北疆转为正变压控制，8 日 20 时，高压中心位于西伯利亚北部，高压前部冷锋压在巴尔喀什湖附近，在冷锋前及其东移过境的气压急剧上升、气温明显下降区域产生暴雪，冷锋东移南下过程中受天山阻挡，地形强迫环流与锋面环流相互作用，使得锋面强度在迎风坡加强，从而在伊犁哈萨克自治州新源县和石河子市造成大暴雪。

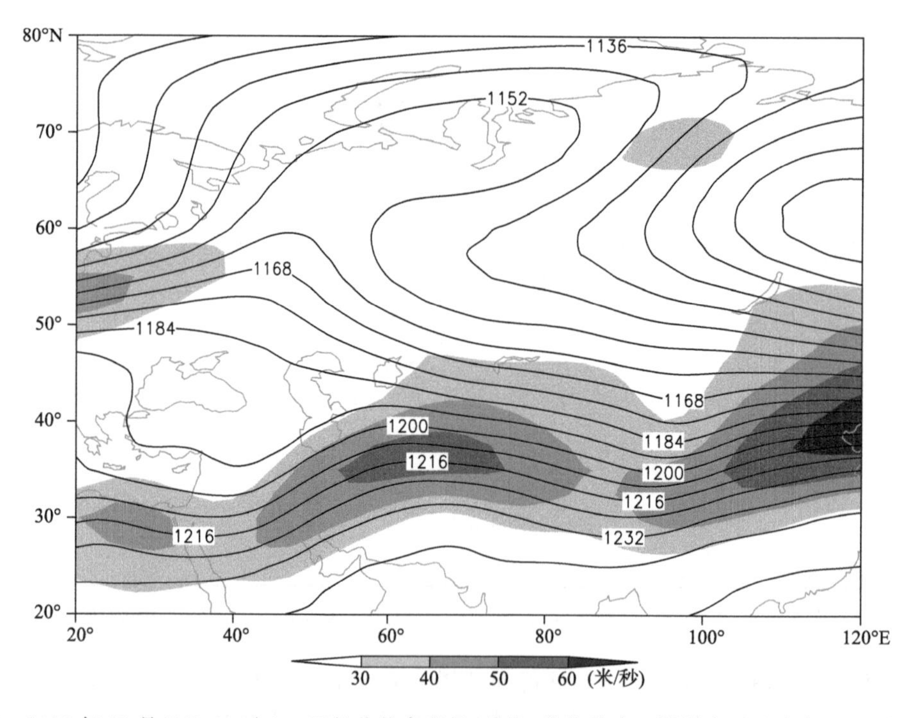

图 2-2-422　1996 年 11 月 7 日 20 时 200 百帕位势高度场(单位：位势什米)，阴影表示风速大于 30 米/秒急流区

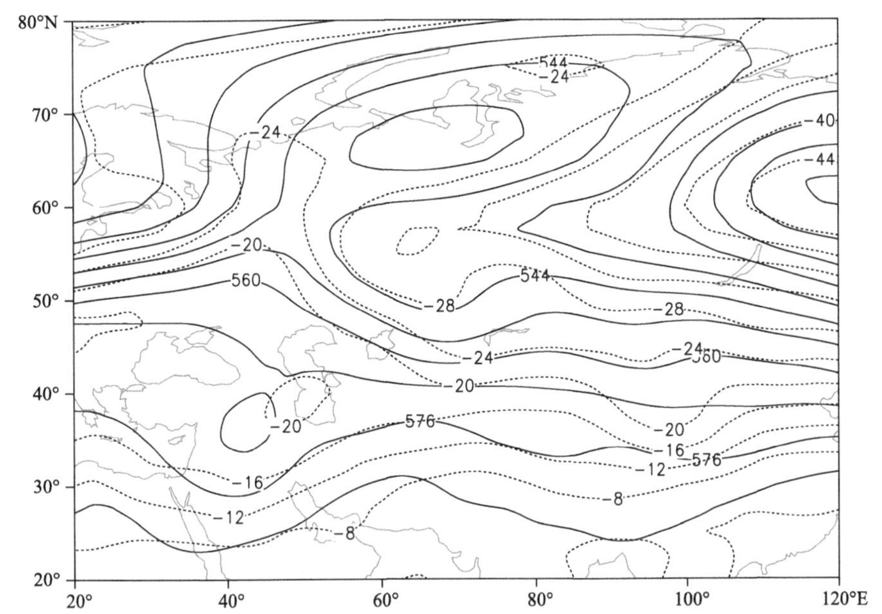

图 2-2-423　1996 年 11 月 7 日 20 时 500 百帕位势高度场(单位:位势什米),温度场(虚线,单位:℃)

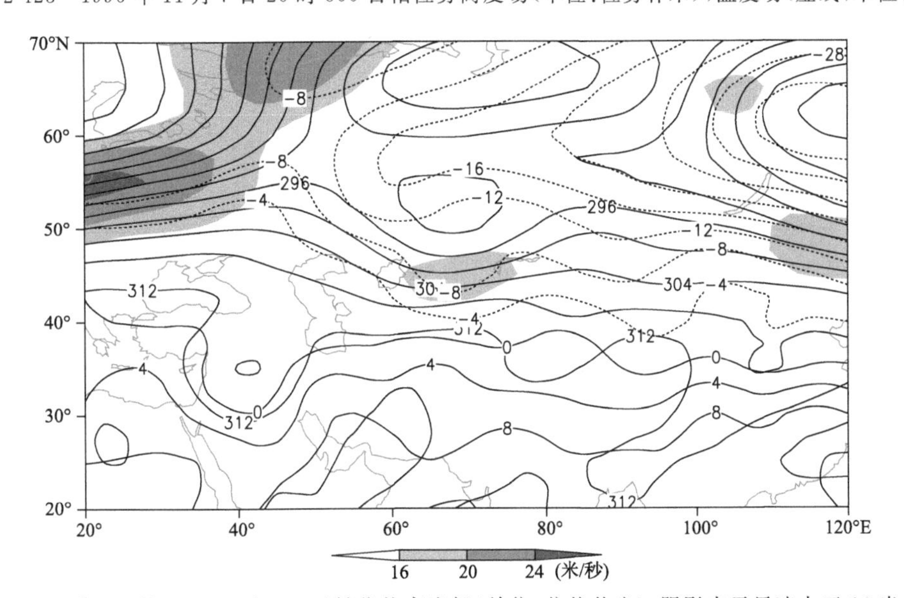

图 2-2-424　1996 年 11 月 7 日 20 时 700 百帕位势高度场(单位:位势什米),阴影表示风速大于 16 米/秒急流区

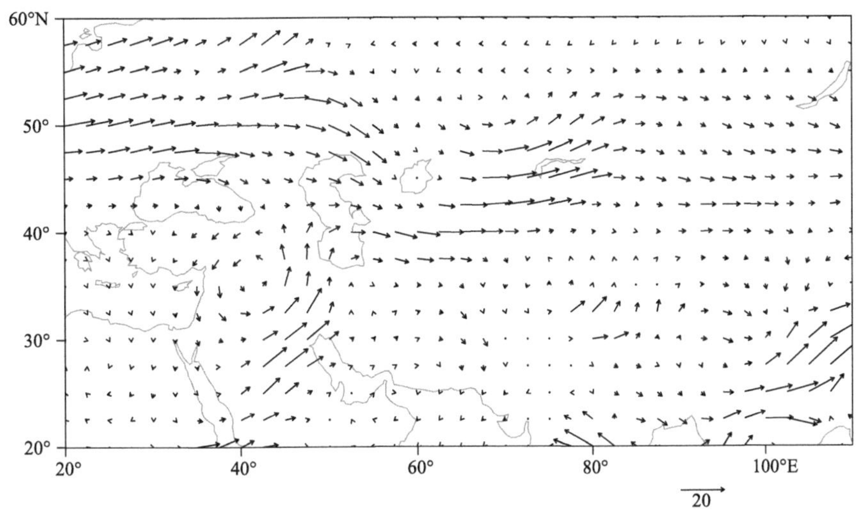

图 2-2-425　1996 年 11 月 7 日 20 时 700 百帕水汽通量场(单位:克/(厘米·百帕·秒))

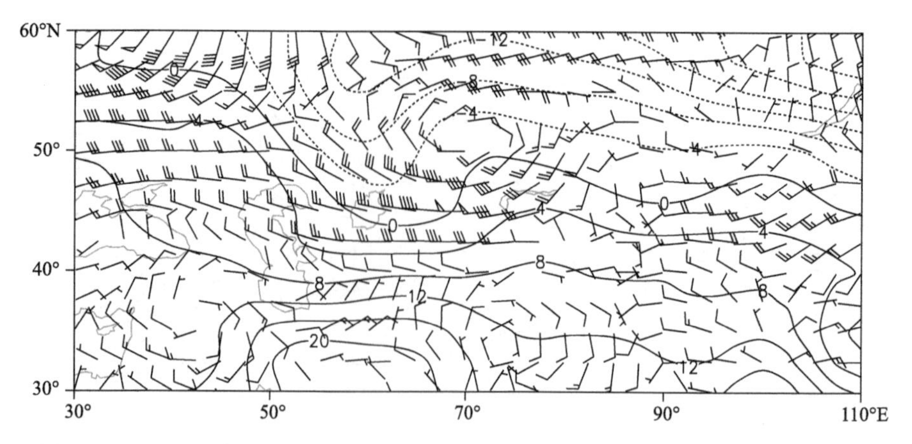

图 2-2-426　1996 年 11 月 7 日 20 时 850 百帕风场(单位:米/秒),温度场(单位:℃)

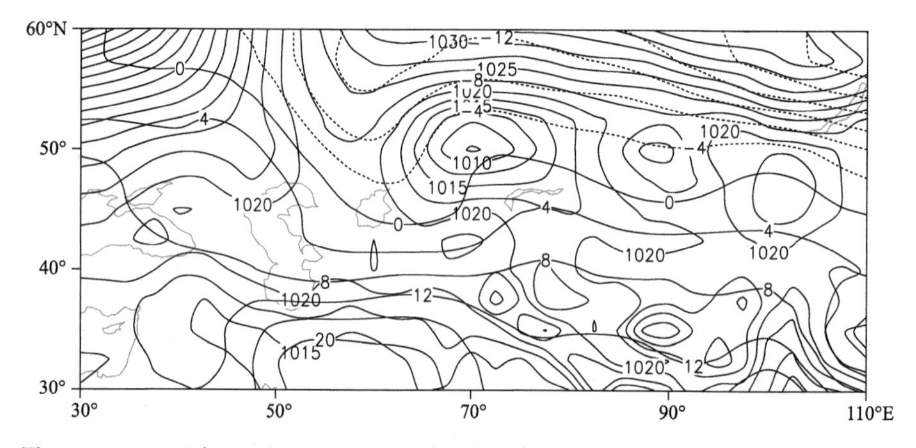

图 2-2-427　1996 年 11 月 7 日 20 时地面气压场(单位:百帕),850 百帕温度场(单位:℃)

2.2.62　塔城地区、阿勒泰市、伊犁哈萨克自治州、巴音郭楞蒙古自治州暴雪(1996-12-28)

【降雪实况】1996 年 12 月 28—30 日,塔城地区、阿勒泰市、伊犁哈萨克自治州、巴音郭楞蒙古自治州相继出现暴雪和大暴雪。28 日,塔城地区塔城市、额敏县 24 小时降雪量为 14.5 毫米、12.8 毫米。阿勒泰市出现大暴雪,24 小时降雪量 25.2 毫米。29 日,塔城地区额敏县、裕民县,阿勒泰市 24 小时降雪量分别为 13.2 毫米、17.6 毫米、14.5 毫米。30 日,巴音郭楞蒙古自治州巴音布鲁克,伊犁哈萨克自治州巩留县、伊宁县 24 小时降雪量分别为 15.9 毫米、14.6 毫米、13.9 毫米。伊犁哈萨克自治州新源县和尼勒克县出现大暴雪,24 小时降雪量分别为 34.6 毫米、25.7 毫米(图 2-2-428)。

【天气形势】500 百帕环流场上,降雪开始前,强冷空气在欧亚范围 50°～60°N 之间堆积,低于－43℃的冷中心位于里海北部,北支锋区在 50°N 呈带状分布,与此同时,地中海低槽发展旺盛,新疆受槽前西南气流控制(图 2-2-430)。27 日 08 时,北欧高压脊受其北部极涡南下影响减弱东移,新地岛强冷空气沿脊前偏北风带到达西西伯利亚,冷空气中心温度低于－44℃。27 日 20 时,极地两个低涡合并南下,北支锋区南压,南北两支锋区在北疆北部交汇,造成北疆北部的暴雪天气过程。28 日 20 时,北支锋区略有北收,北疆北部受南支气流控制,当北支锋区再度南下时,两支锋区再次在北疆北部交汇,给北疆北部再次带来暴雪天气。随着极地冷空气的不断南下,极涡不断增强,30 日,极涡中心温度低于－45℃,极涡底部强锋区南下与南支锋区在北疆沿天山一带交汇,在伊犁地区产生暴雪和大暴雪天气。

200 百帕上,27 日 20 时—29 日 08 时,新疆北部处于偏西风急流带上,急流核位于中亚地区,29 日 20 时—30 日 20 时,偏西急流转为西北急流,急流核仍然位于中亚地区,急流核风速增强,达到 60 米/秒(图 2-2-429)。高空急流在高层起到了辐散抽吸作用,急流中心风速越大,辐散抽吸作用越强,越有利于低层辐合上升运动的加剧。强降雪出现在高空急流入口区的右侧。27 日 20 时—29 日 20 时,中低层地中海东部、南部低槽前西南气流强盛,700 百帕存在中心风速大于 20 米/秒的低空西南急流,塔城和阿勒泰地区始终位于急流的前部，低空西南急流将中亚地区的暖湿空气输送至北疆北部，受塔尔巴哈台山和阿尔泰山脉阻挡，在山脉的迎风坡形成强烈的水汽辐合和强的上升运动，低层西南暖湿空气辐合抬升，与中高层干冷空气叠加，加剧了风场辐合及垂直上升运动，为北塔城和阿勒泰地区暴雪的产生提供了有利的动力条件(图 2-2-431)。30 日，急流轴南压，西南急流逐渐转为偏西和西北急流，出口指向伊犁河谷地区，由于伊犁河谷是向西开口的"喇叭口"地形，低空偏西风气流有利于形成水汽辐合及地形抬升产生的垂直运动，对强降雪有明显的增强作用。充沛的水汽和源源不断的水汽输送是形成新疆大降雪的必备条件。700 百帕水汽通量场上，从北非到北疆有一支水汽输送大值带，源自非洲北部的水汽经地中海东部、黑海东部输送至里海，非洲东部的水汽经红海沿西南路径输送至里海，两支水汽汇合后低空西南急流向北疆输送，并在塔城和阿勒泰地区上空产生水汽辐合，为塔城和阿勒泰地区暴雪的形成和维持提供了充沛的水汽(图 2-2-432)。29 日 20 时开始，南支水汽输送量减小，水汽通道建立在里海至新疆西部，但此支水汽通道水汽保持充足，最大水汽通量值达到 20 克/(厘米・百帕・秒)，为伊犁地区的强降雪天气提供了重要的物质基础。

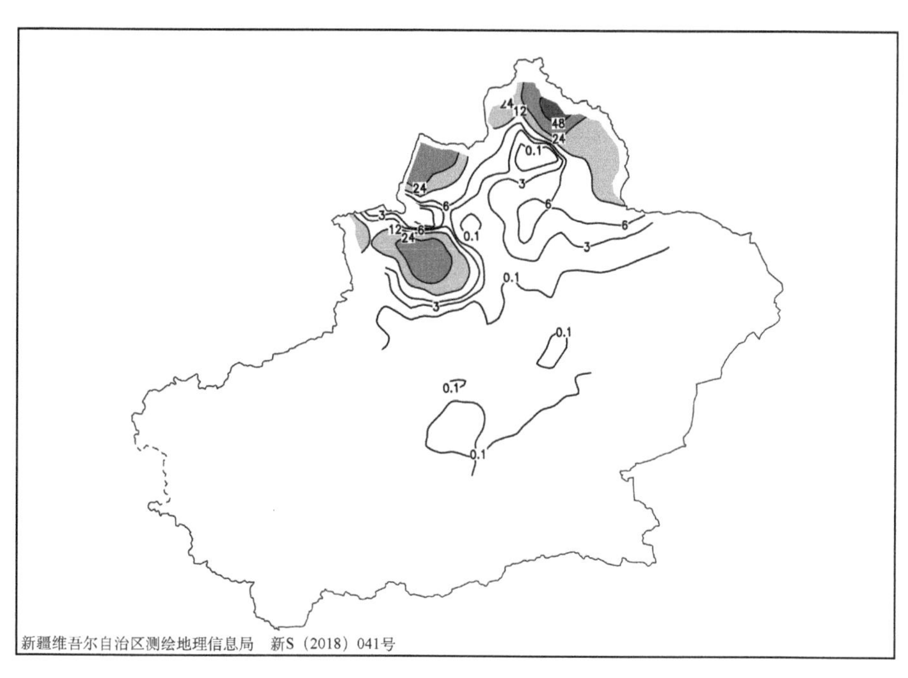

图 2-2-428　1996 年 12 月 27 日 20 时—30 日 20 时降雪量分布图(单位:毫米)

地面图上，27 日 20 时，地面冷高压位于西伯利亚地区，阿勒泰地区处于强锋区带上，咸海东南部有一个发展强盛的地面低压(图 2-2-433，图 2-2-434)。28 日 08 时，北部高压减弱，地面低压中心移至巴尔喀什湖附近，伊朗高原上的暖湿空气沿低压前部的西南气流向北疆输送，冷暖空气在阿勒泰地区交汇，形成强降雪天气。28 日 20 时，地面低压减弱东移，新生成的冷高压移至西西伯利亚，中心轴线呈准东西向分布，中尺度冷锋位于巴尔喀什湖附近，北疆北部开始受正变压控制。29 日 08 时，冷锋压在北疆北部，造成塔城和阿勒泰地区的暴雪。冷空气持续南下，30 日，在处于冷锋前部的伊犁地区产生暴雪和大暴雪天气。

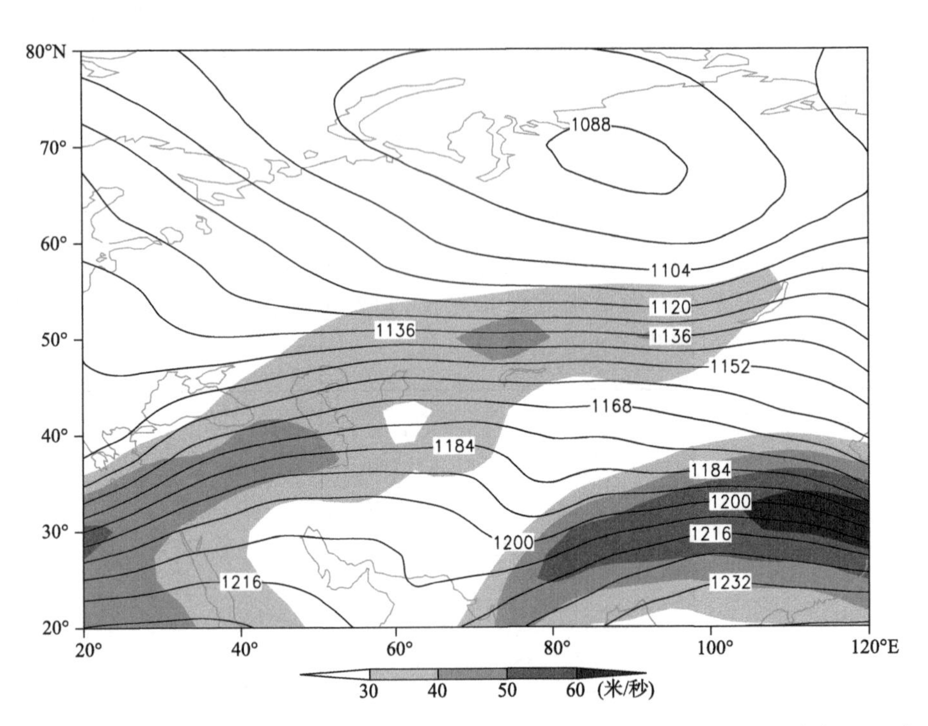

图 2-2-429　1996 年 12 月 27 日 20 时 200 百帕位势高度场(单位:位势什米),阴影表示风速大于 30 米/秒急流区

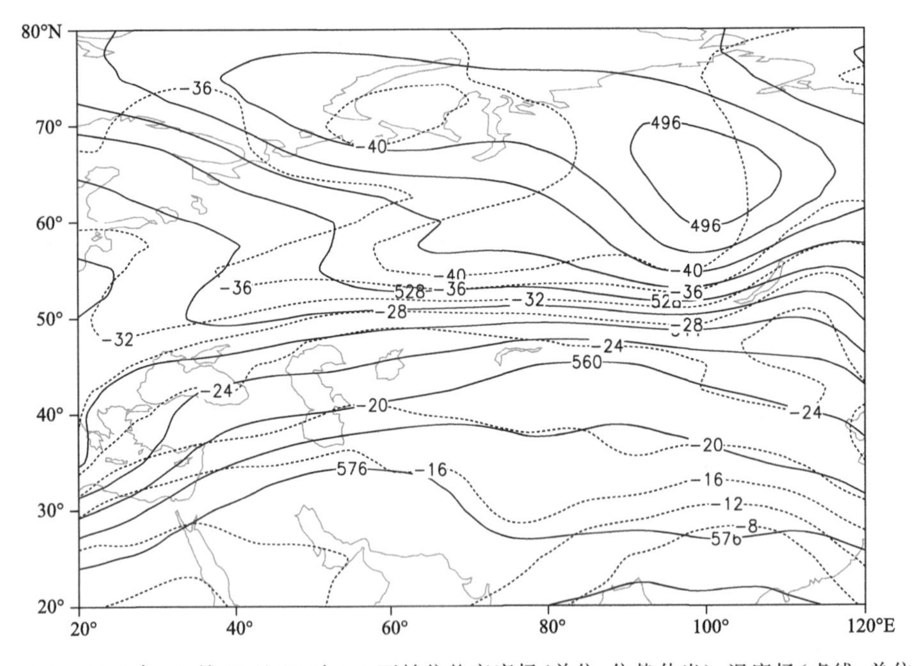

图 2-2-430　1996 年 12 月 27 日 20 时 500 百帕位势高度场(单位:位势什米),温度场(虚线,单位:℃)

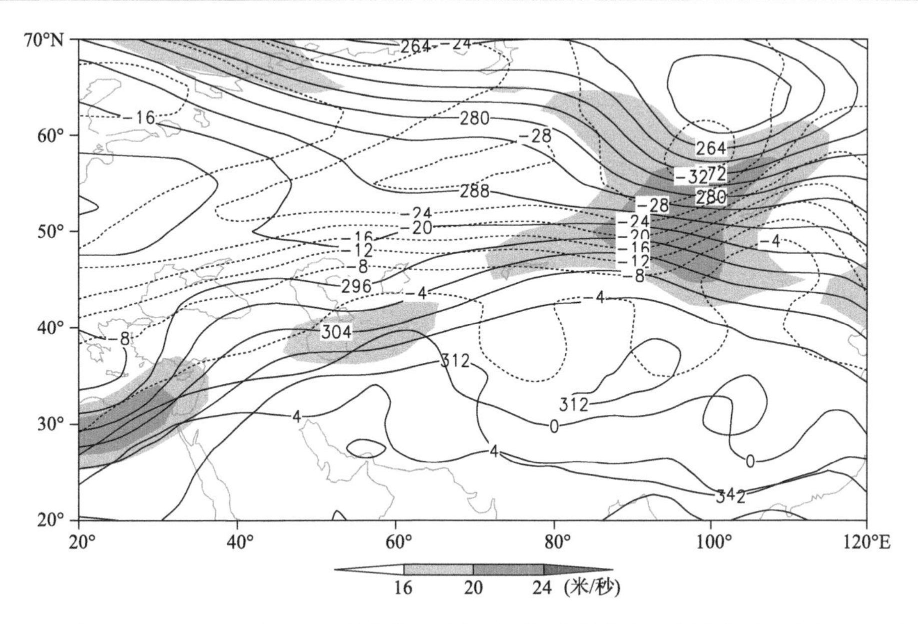

图 2-2-431　1996 年 12 月 27 日 20 时 700 百帕位势高度场(单位:位势什米),阴影表示风速大于 16 米/秒急流区

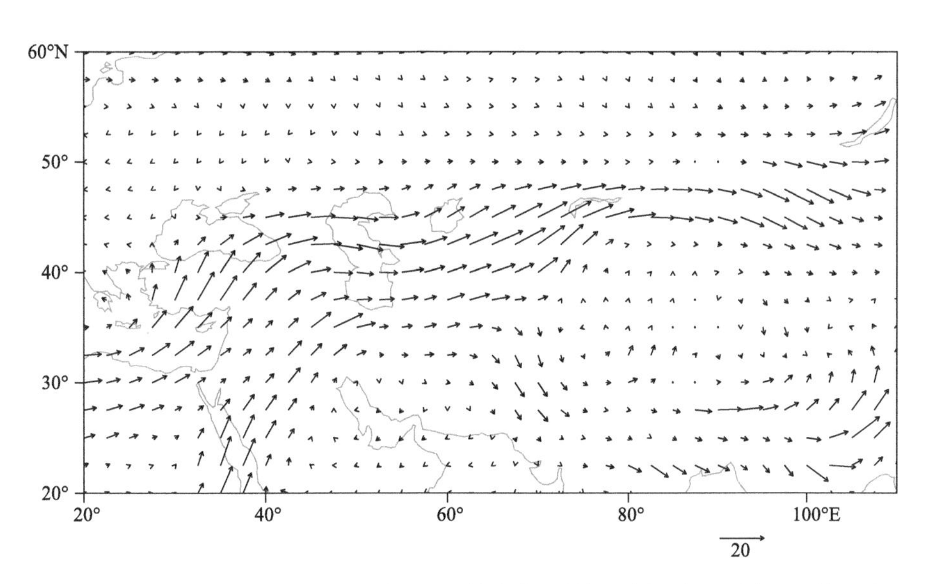

图 2-2-432　1996 年 12 月 27 日 20 时 700 百帕水汽通量场(单位:克/(厘米·百帕·秒))

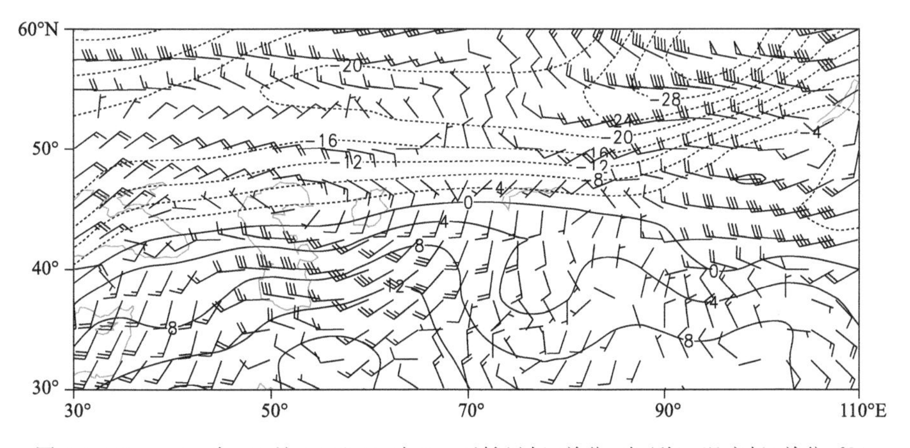

图 2-2-433　1996 年 12 月 27 日 20 时 850 百帕风场(单位:米/秒),温度场(单位:℃)

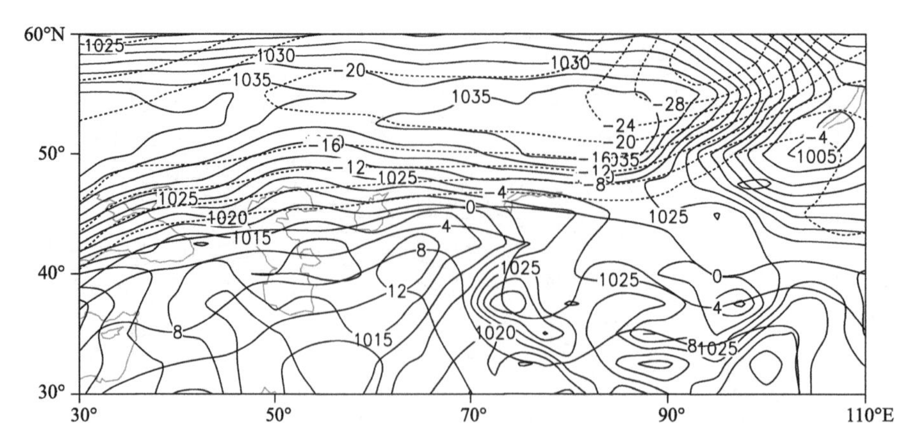

图 2-2-434　1996 年 12 月 27 日 20 时地面气压场(单位:百帕),850 百帕温度场(单位:℃)

2.2.63　伊犁哈萨克自治州暴雪(1997-01-11)

【降雪实况】1997 年 1 月 11 日,伊犁哈萨克自治州伊宁市、察布查尔锡伯自治县、霍城县、霍尔果斯市出现暴雪,24 小时降雪量分别为 20.1 毫米、18.2 毫米、15.0 毫米、15.3 毫米。其中,伊宁县出现大暴雪天气,24 小时降雪量 24.5 毫米(图 2-2-435)。

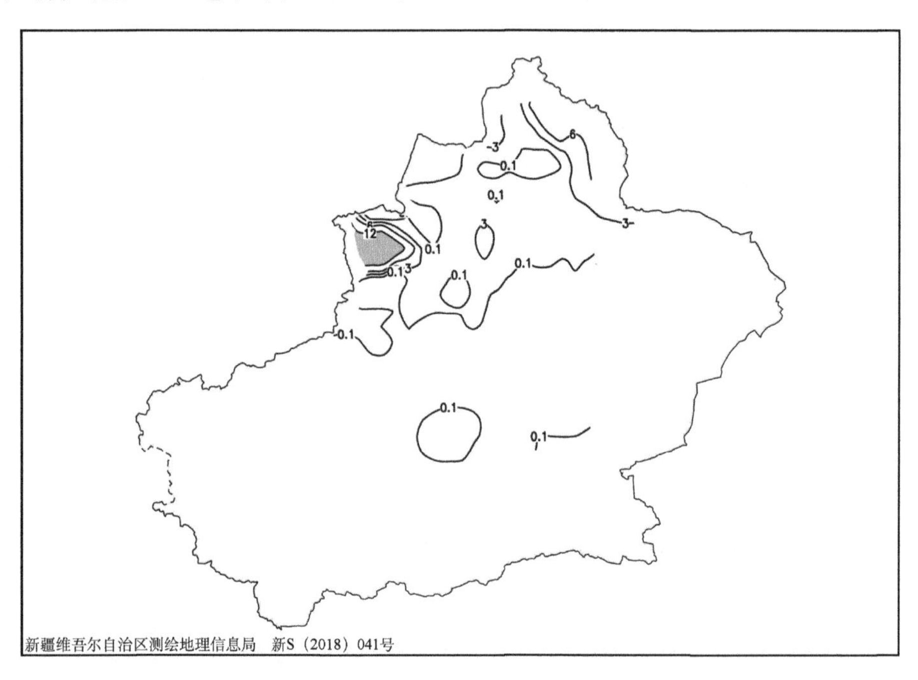

图 2-2-435　1997 年 1 月 10 日 20 时—11 日 20 时降雪量分布图(单位:毫米)

【天气形势】500 百帕环流场上,过程前期极地冷空气活动频繁,冷中心位于西伯利亚北部,强锋区带压在新疆西北部境外,锋区呈东北—西南走向,南支锋区比较活跃,已经北抬至 40°N 以北地区(图 2-2-437)。欧洲高压脊东移北伸,乌拉尔山北部冷空气不断沿脊前南下进入中亚,强锋区随之南压,锋区开始呈准东西向分布,南支锋区上的弱波动东移过程中与北支锋区在巴尔喀什湖交汇,在伊犁地区产生暴雪和大暴雪天气。

在降雪过程中,200 百帕上有一支偏西急流维持在北疆西部,强降雪时段伊犁处于急流入口区的右侧,高层辐散抽吸作用促进中低层系统的发展,有利于暴雪的产生(图 2-2-436)。700 百帕上存在风速大于 16 米/秒的低空偏西急流,急流出口直指伊犁地区,有利于伊犁地区的水汽辐合和上升运动。高空偏西急流和低空偏西急流持续耦合发展,为此次暴雪和大暴雪的产生提供有利的动力条件(图 2-2-438)。分析 700 百帕水汽通量场可知,此次强降雪过程有两条水汽通道,一个是源自地中海东部的水汽经黑海、里海、咸海输送至中亚，另一个是红海水汽由西南路径经伊朗高原输送至中亚，两支水汽在中亚汇聚后，由低空偏西急流输送至暴雪区，受伊犁河谷向西开口的“喇叭口”地形影响，水汽在迎风坡产生辐合抬升。源源不断的水汽输送和水汽辐合，有利于强降雪的发生(图 2-2-439)。

地面图上，冷空气主体在 50°N 以北，10 日 20 时，冷高压中心位于乌拉尔山南部，伊犁地区为低压倒槽控制，巴尔喀什湖附近气压梯度较大，并伴有 3 小时正变压，地面冷锋位于咸海到巴尔喀什湖的强锋区带上，冷高压东移南下，暴雪发生在冷锋前及其逐渐东移过境的升压、降温区域(图 2-2-440，图 2-2-441)。

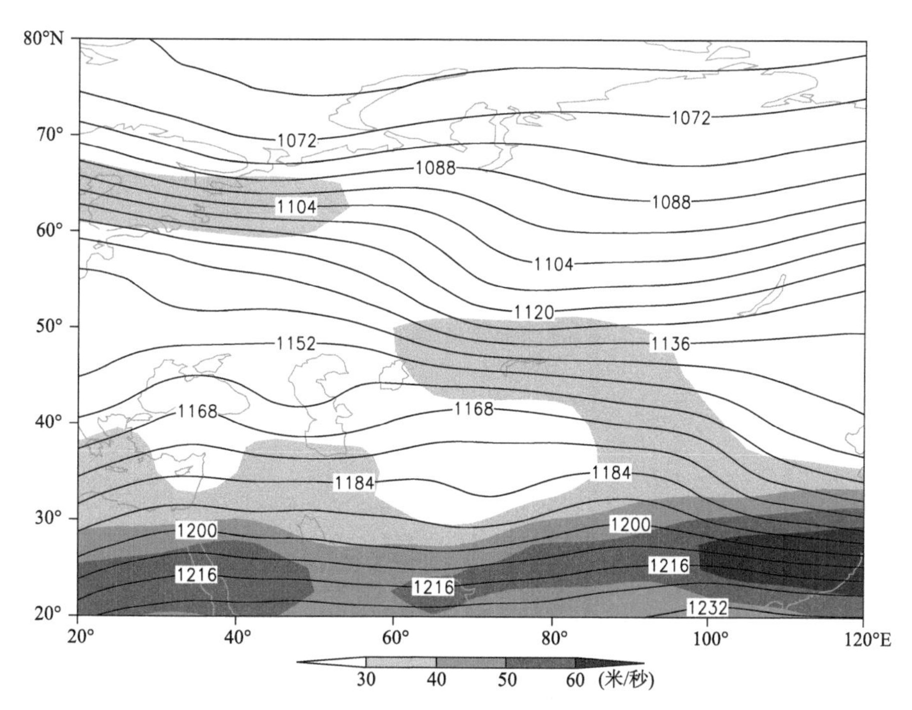

图 2-2-436　1997 年 1 月 10 日 20 时 200 百帕位势高度场(单位：位势什米)，阴影表示风速大于 30 米/秒急流区

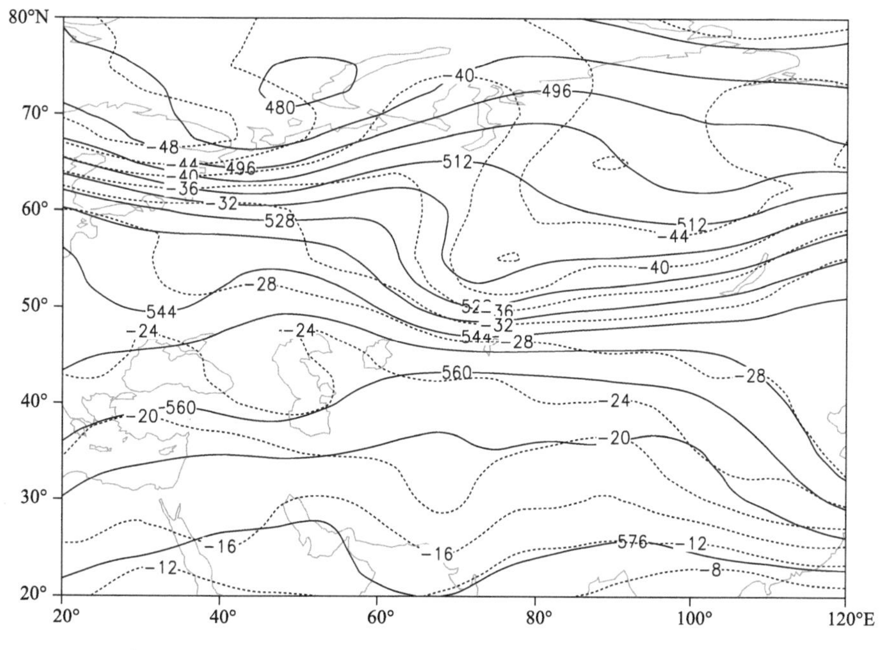

图 2-2-437　1997 年 1 月 10 日 20 时 500 百帕位势高度场(单位：位势什米)，温度场(虚线，单位：℃)

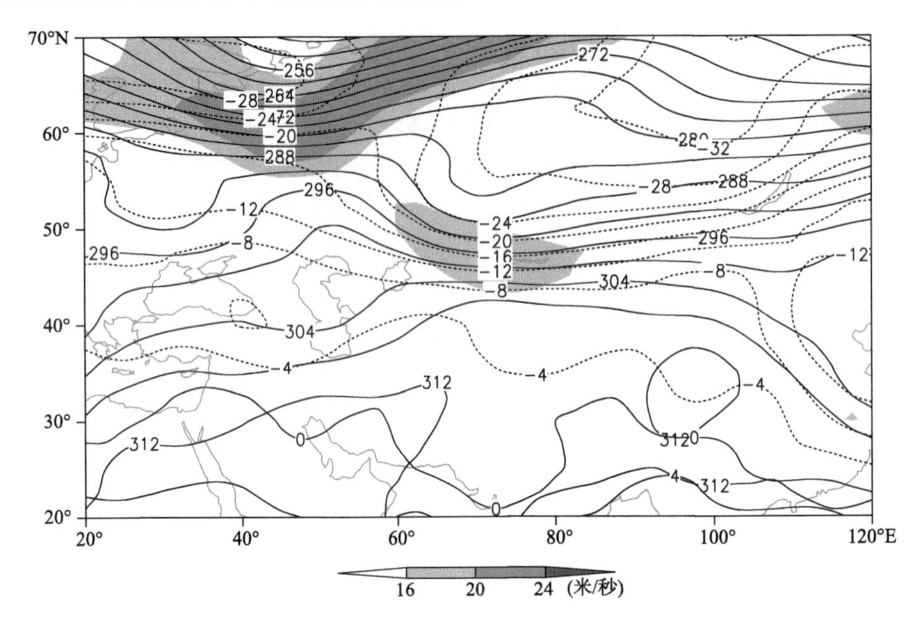

图 2-2-438　1997 年 1 月 10 日 20 时 700 百帕位势高度场(单位:位势什米),阴影表示风速大于 16 米/秒急流区

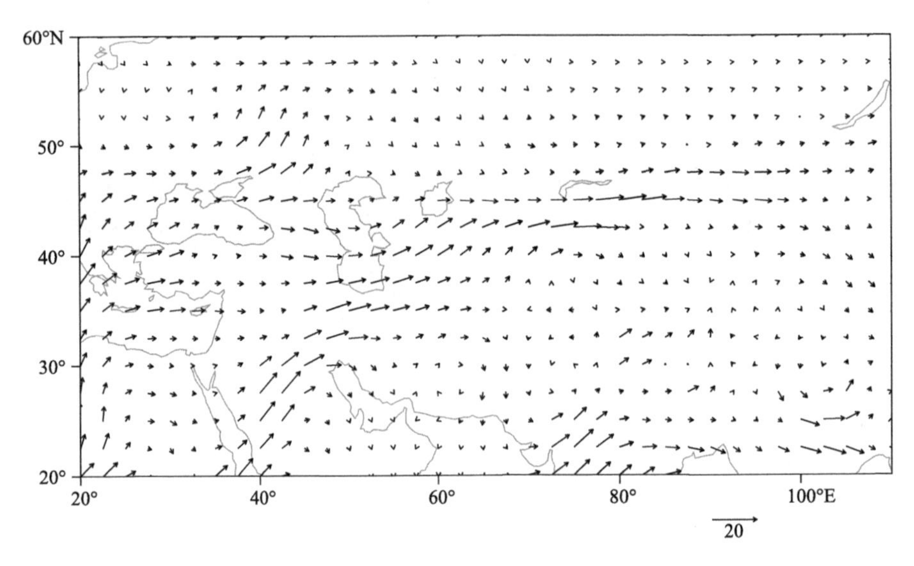

图 2-2-439　1996 年 12 月 27 日 20 时 700 百帕水汽通量场(单位:克/(厘米·百帕·秒))

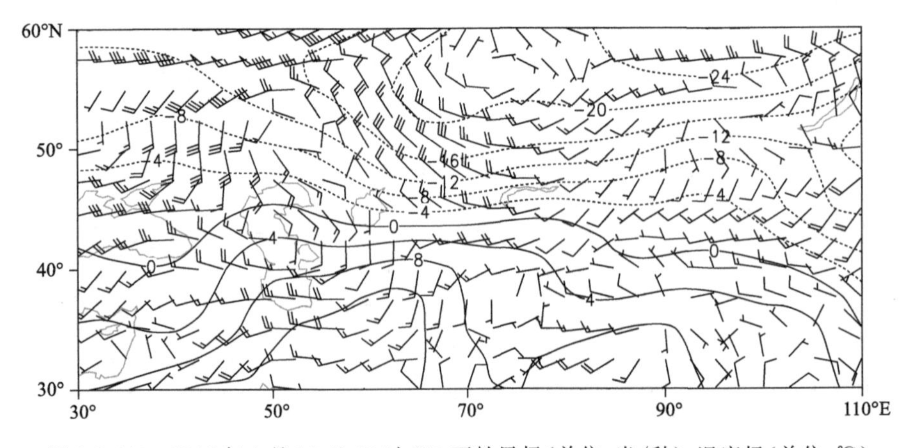

图 2-2-440　1997 年 1 月 10 日 20 时 850 百帕风场(单位:米/秒),温度场(单位:℃)

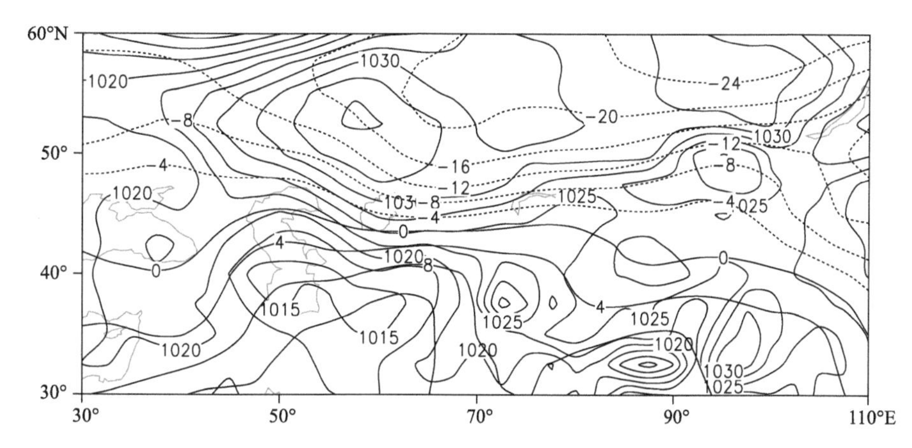

图 2-2-441 1997年1月10日20时地面气压场(单位:百帕),850百帕温度场(单位:℃)

2.2.64 塔城地区、阿勒泰地区暴雪(1997-12-17)

【降雪实况】1997年12月17日,塔城地区额敏县和阿勒泰市出现暴雪,24小时降雪量分别为15.2毫米、21.1毫米。塔城市出现大暴雪,24小时降雪量25.3毫米(图2-2-442)。

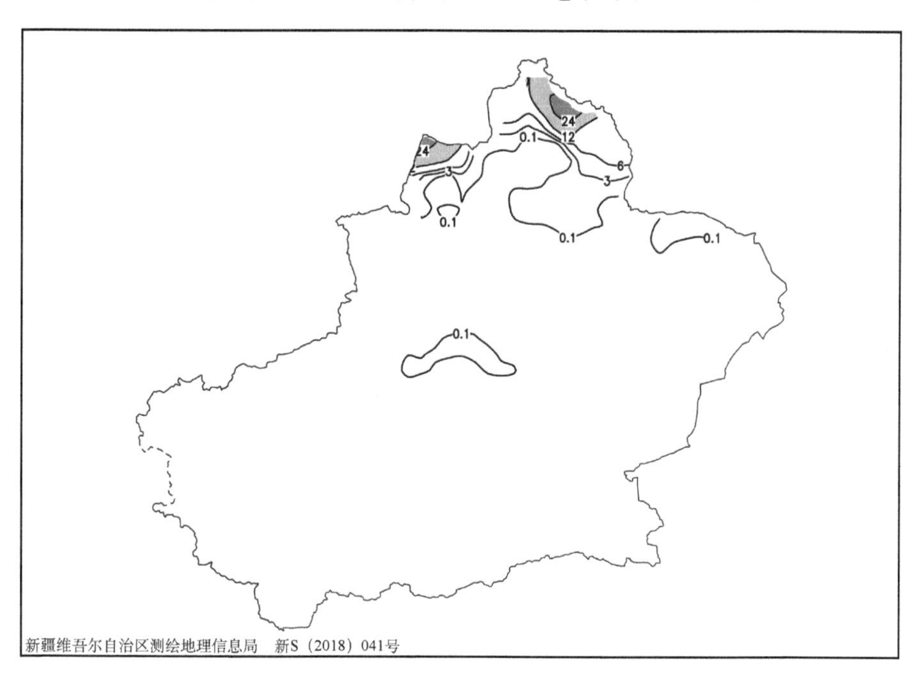

图 2-2-442 1997年12月16日20时—17日20时降雪量分布图(单位:毫米)

【天气形势】500百帕环流场上,过程前期欧洲大西洋沿岸为阻塞高压,高压前部东伸至90°E,高压脊前为横槽,新疆受脊控制(图2-2-444)。降雪开始前,阻高上游冷空气大举南下,使阻高前部高压脊经向度减弱,脊前东北风减弱,横槽随之减弱东移,一部分冷空气留在黑海地区。阻高继续东南下,引导暖平流进入横槽,横槽转竖,槽前强锋区位于新疆西北部,在塔城和阿勒泰地区产生暴雪和大暴雪天气。

200百帕上,北疆受中纬度横槽前西南急流控制,急流核位于中亚地区,急流核缓慢东移,塔城和阿勒泰地区处于高空急流核入口区右侧的强上升运动区,高空急流在高层起到了辐散抽吸作用,有利于低层辐合上升运动的加剧(图2-2-443)。700百帕上,从地中海东南部到北疆北部有一个西南气流输送带,强降雪发生时,塔城和阿勒泰地区处于低空西南急流出口区的左侧,低空西南急流有利于水汽和不稳定能量向暴雪区输送。同时,低层辐合、高层辐散的环流形势在暴雪区上空叠加,为暴雪的产生和维持提供了有利的动力条件(图2-2-445)。700百帕水汽通量场上,源自黑海的水汽在里海附近得到补充,汇合了来自地中海东部的水汽后沿低空西南急流持续不断地在塔城和阿勒泰地区聚集并辐合,为此次暴雪和大暴雪的产生提供了充足的水汽(图 2-2-446)。

地面图上,16 日 20 时,地面冷高压中心分别位于黑海北部和新疆北部境外,中亚为气旋活动区。随着黑海北部冷高压东移,北疆北部受中亚气旋东移影响,出现 3 小时负变压,可见,17 日塔城和阿勒泰地区的暴雪主要发生在高压后部、气旋前部的减压、升温区域(图 2-2-447,图 2-2-448)。

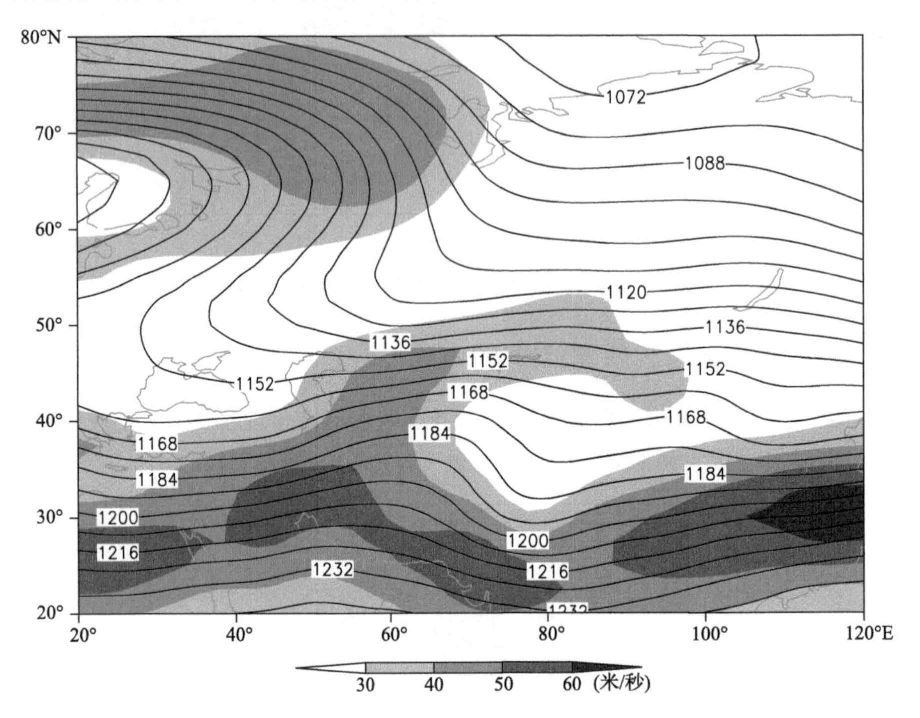

图 2-2-443　1997 年 12 月 16 日 20 时 200 百帕位势高度场(单位:位势什米),阴影表示风速大于 30 米/秒急流区

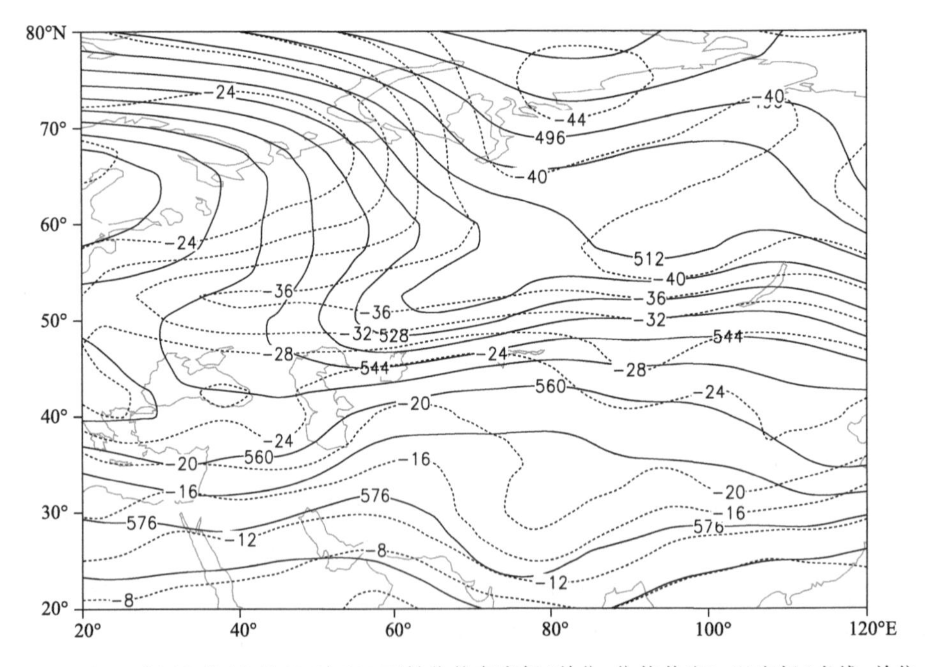

图 2-2-444　1997 年 12 月 16 日 20 时 500 百帕位势高度场(单位:位势什米),温度场(虚线,单位:℃)

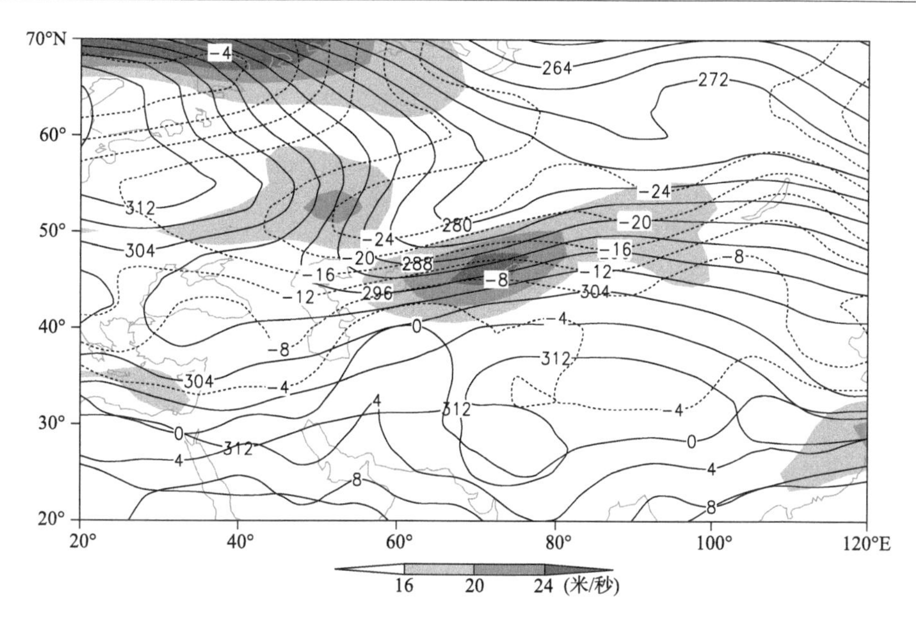

图 2-2-445　1997 年 12 月 16 日 20 时 700 百帕位势高度场(单位:位势什米),阴影表示风速大于 16 米/秒急流区

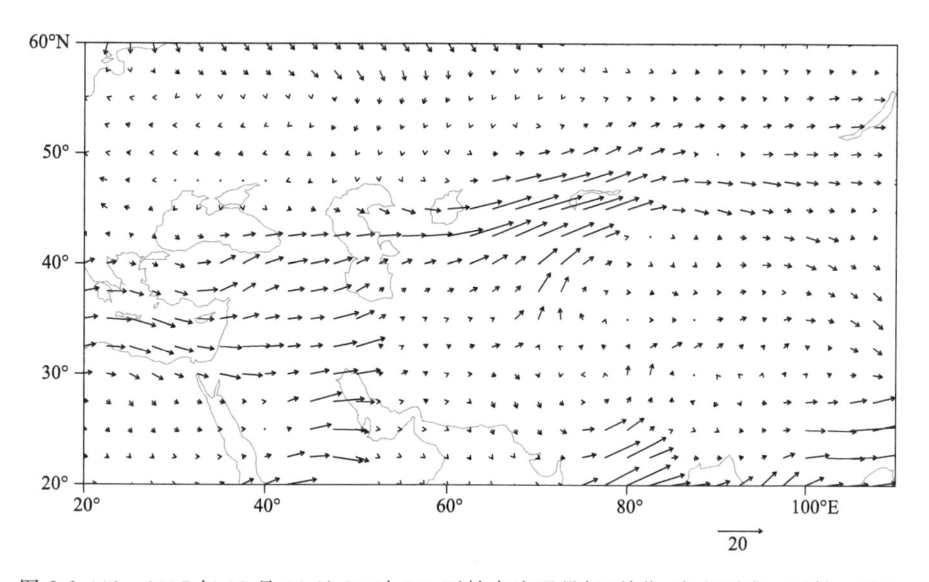

图 2-2-446　1997 年 12 月 16 日 20 时 700 百帕水汽通量场(单位:克/(厘米·百帕·秒))

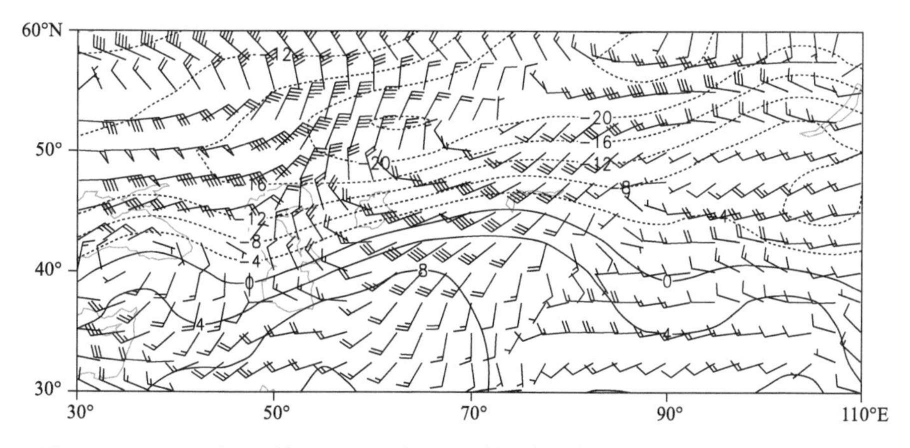

图 2-2-447　1997 年 12 月 16 日 20 时 850 百帕风场(单位:米/秒),温度场(单位:℃)

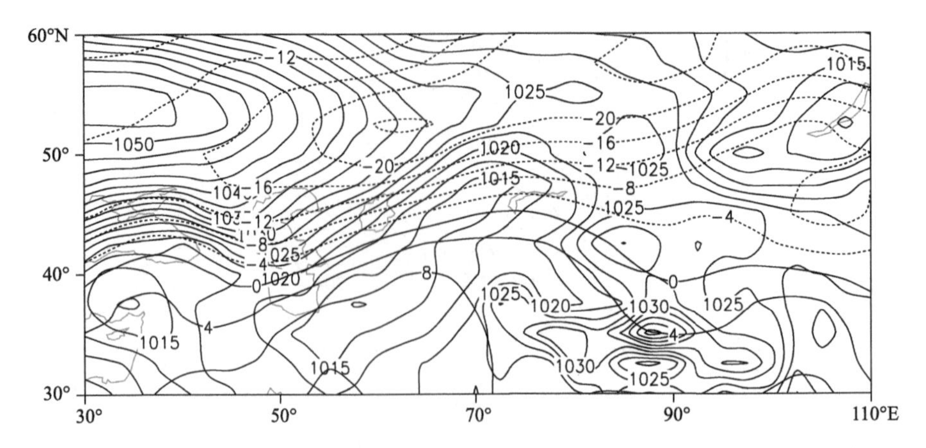

图 2-2-448　1997 年 12 月 16 日 20 时地面气压场(单位:百帕),850 百帕温度场(单位:℃)

2.2.65　塔城地区、阿勒泰地区、伊犁哈萨克自治州暴雪(1998-11-12)

【降雪实况】1998 年 11 月 12—13 日,塔城地区、阿勒泰地区、伊犁哈萨克自治州相继出现暴雪。12 日,塔城地区塔城市和阿勒泰地区哈巴河县 24 小时降雪量分别为 15.4 毫米、14.2 毫米。13 日,伊犁哈萨克自治州新源县、伊宁县、伊宁市,阿勒泰地区吉木乃县 24 小时降雪量分别为 12.6 毫米、21.8 毫米、17.3 毫米、14.4 毫米(图 2-2-449)。

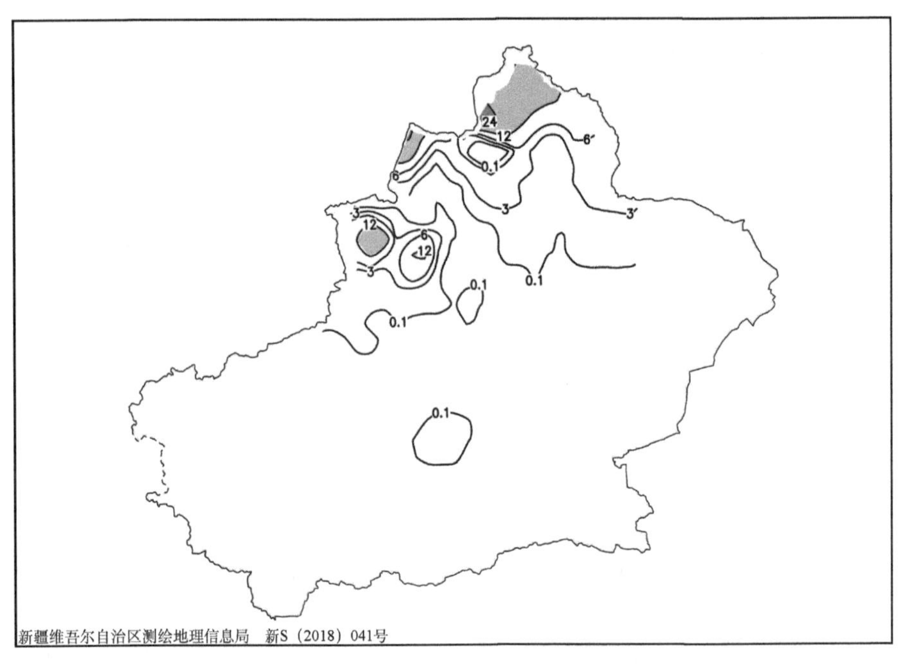

图 2-2-449　1998 年 11 月 11 日 20 时—13 日 20 时降雪量分布图(单位:毫米)

【天气形势】500 百帕环流场上,过程前期欧亚范围中高纬度有一个庞大的极涡,极涡中心位于 60°～70°N,60°～100°E,冷中心处在斯堪的纳维亚半岛和新地岛之间,中心温度低于－44℃(图 2-2-451)。极涡底部锋区位于新疆北部边境线以外区域,与此同时,南支锋区上不断有短波东移北上,与极涡底部分裂的弱短波相结合后,有明显暖湿气流输送,造成塔城和阿勒泰地区强降雪。12 日 20 时,波罗的海上的冷低压发展强盛,推动黑海脊逐渐东移,西西伯利亚冷空气东移南下,冷涡底部强锋区进入北疆,在北疆沿天山一带产生暴雪。

暴雪过程中 200 百帕有一支风速大于 50 米/秒的偏西急流维持在北疆,高空急流的建立和维持起到了高空抽吸的作用,降雪明显的时段,北疆处于高空偏西急流入口区右侧正涡度平流区,其强烈的辐散抽吸作用加强了中低层系统的发展,有利于强降雪产生(图 2-2-450)。700 百帕上北疆始终处于从中亚到北疆的西南低空急流控制，西南急流将中亚的暖湿空气输送到北疆，在北疆上空产生位势不稳定层结，有利于低层的水汽辐合和上升运动(图 2-2-452)。700 百帕水汽通量场上，来自地中海上的水汽经黑海、里海输送至中亚南部，再由低空西南急流输送至北疆暴雪区，源源不断的水汽输送与水汽辐合，有利于北疆持续性暴雪天气的产生和维持(图 2-2-453)。

11 日 20 时地面图上，地面冷高压位于欧洲北部，冷高轴线为西北—东南走向，蒙古地区为暖低压，并且在北疆北部西伸侵入冷高压区，形成尺度较小的暖锋，在塔城和阿勒泰地区形成暖区暴雪。随着地面冷高压的东移，暴雪发生在冷锋前及其东移过境的升压、降温区域(图 2-2-454，图 2-2-455)。

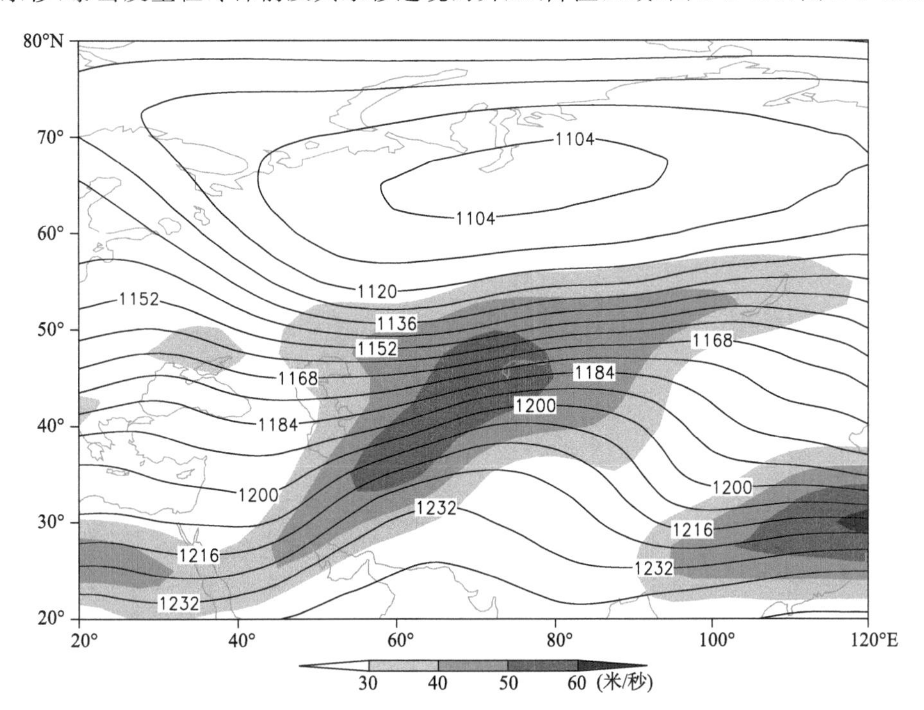

图 2-2-450　1998 年 11 月 11 日 20 时 200 百帕位势高度场(单位：位势什米)，阴影表示风速大于 30 米/秒急流区

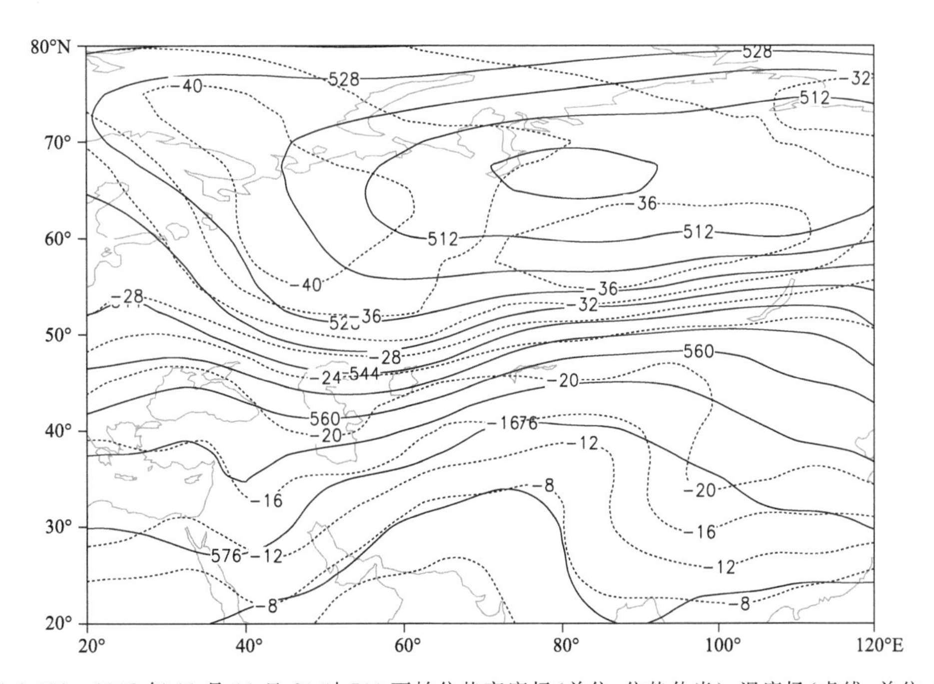

图 2-2-451　1998 年 11 月 11 日 20 时 500 百帕位势高度场(单位：位势什米)，温度场(虚线，单位：℃)

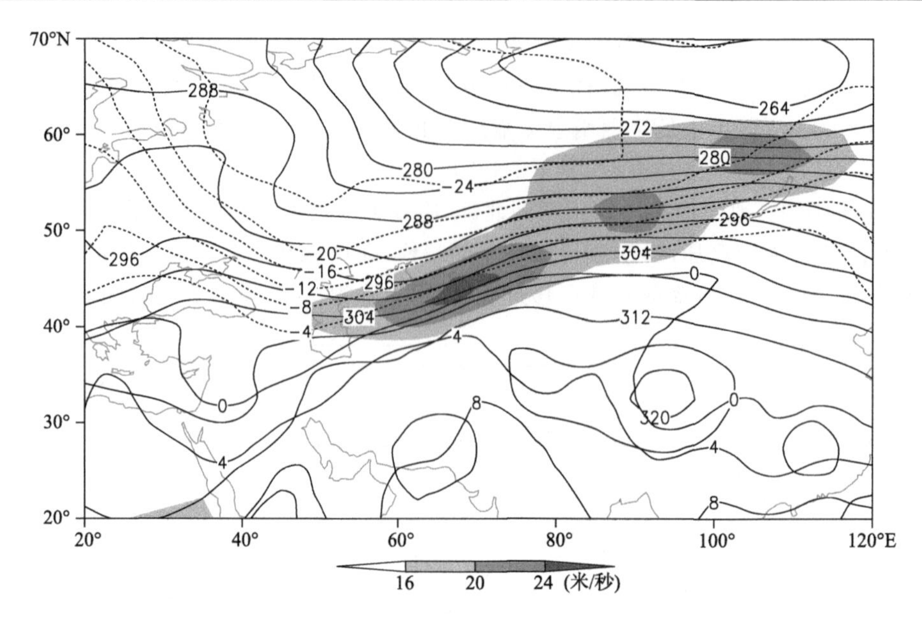

图 2-2-452　1998 年 11 月 11 日 20 时 700 百帕位势高度场(单位:位势什米),阴影表示风速大于 16 米/秒急流区

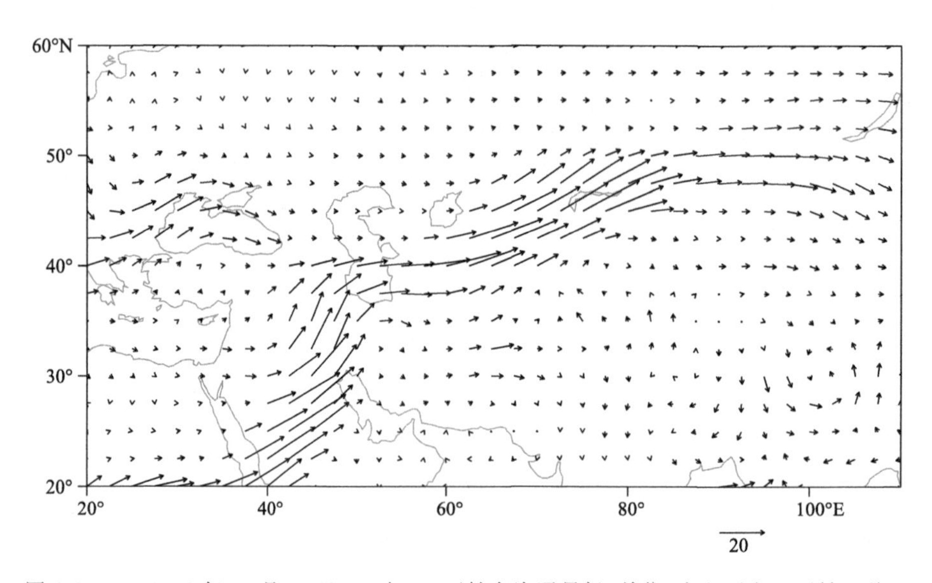

图 2-2-453　1998 年 11 月 11 日 20 时 700 百帕水汽通量场(单位:克/(厘米·百帕·秒))

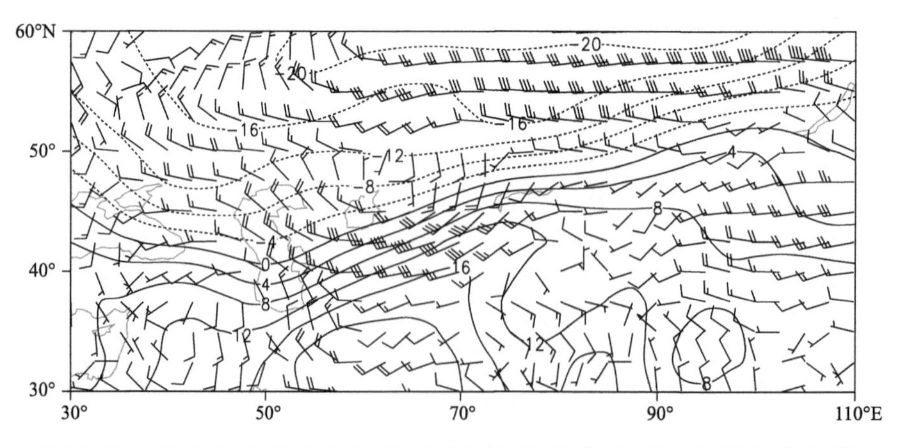

图 2-2-454　1998 年 11 月 11 日 20 时 850 百帕风场(单位:米/秒),温度场(单位:℃)

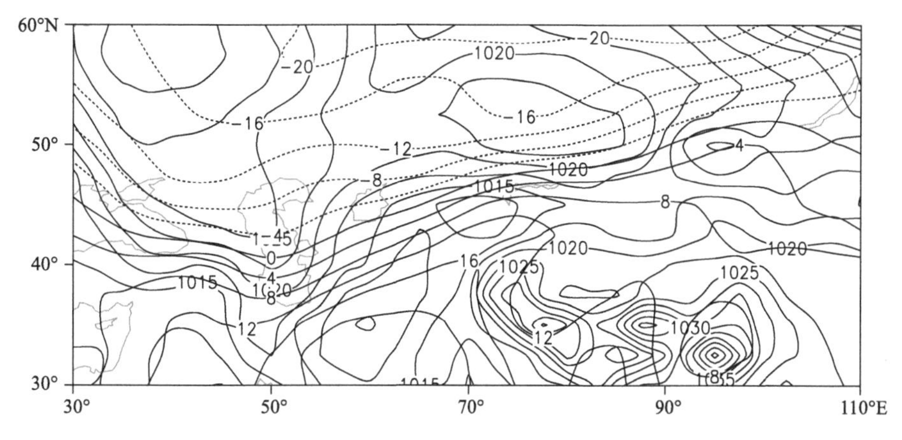

图 2-2-455 1998 年 11 月 11 日 20 时地面气压场(单位:百帕),850 百帕温度场(单位:℃)

2.2.66 昌吉回族自治州、石河子市、伊犁哈萨克自治州、塔城地区暴雪(1999-03-30)

【降雪实况】1999 年 3 月 30 日,昌吉回族自治州木垒县、玛纳斯县,石河子市、乌兰乌苏镇,伊犁哈萨克自治州特克斯县,塔城地区沙湾县出现暴雪,24 小时降雪量分别为 12.1 毫米、15.4 毫米、17.1 毫米、17.2 毫米、12.6 毫米、13.6 毫米(图 2-2-456)。

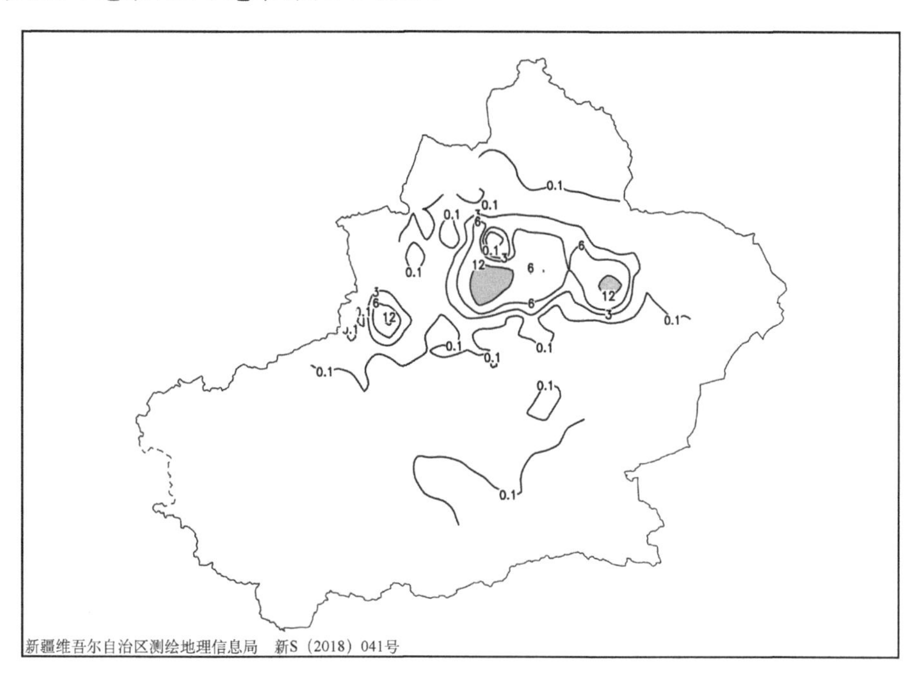

图 2-2-456 1999 年 3 月 29 日 20 时—30 日 20 时降雪量分布图(单位:毫米)

【天气形势】500 百帕环流场上,降雪开始前欧亚中高纬度有南、北两支锋区(图 2-2-458)。28 日 08 时,黑海上发展强盛的高压脊北伸与欧洲北部高压脊叠加,新地岛西部上空的强冷空气沿脊前偏北风带南下进入中亚低槽,低槽向南加深,29 日 08 时,南、北两支锋区在中亚交汇,随着乌拉尔山高压脊的逐渐东移北伸,喀拉海上的冷空气大举南下,使槽前锋区进一步增强,强锋区压在北疆沿天山一带,给北疆沿天山地区带来暴雪天气。

对流层高层 200 百帕上,从中亚到北疆有一支中心风速大于 50 米/秒的高空西南急流,高空西南急流使得高层辐散加强,急流的抽吸作用使低层辐合更强,从而使中低空整层出现强上升运动(图 2-2-457)。700 百帕上,从乌拉尔山南部到北疆沿天山一带有一支低空西北急流,低空西北急流携带的湿冷空气受天山地形强迫抬升,与中高层的西南急流叠加,加剧了风场辐合及垂直上升运动,有利于冷暖交汇和水汽的聚集,为暴雪的持续发展提供了有利的动力条件(图 2-2-459)。700 百帕水汽通量场上,来自欧洲中部的水汽向东输送过程中，其中一部分翻过乌拉尔山向中亚输送，在咸海附近得到补充后沿低空西北急流输送至北疆沿天山一带，为暴雪的产生提供了充沛的水汽(图 2-2-460)。

地面图上，乌拉尔山南部的地面冷高压缓慢东移，地面冷锋东移动过程中在北疆沿天山一带产生暴雪天气(图 2-2-461，图 2-2-462)。

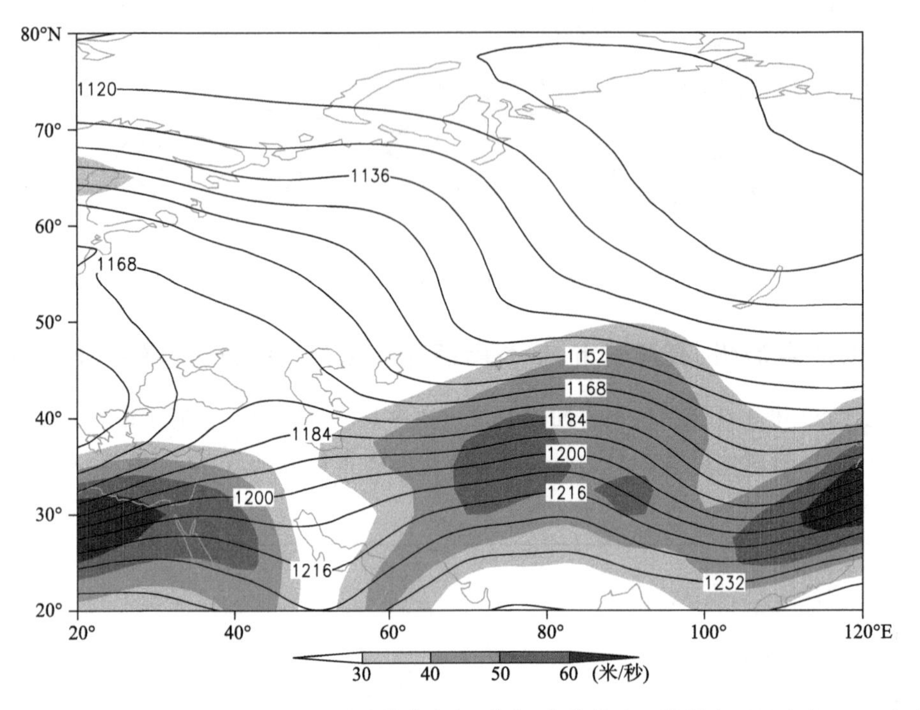

图 2-2-457　1999 年 3 月 29 日 20 时 200 百帕位势高度场(单位：位势什米)，阴影表示风速大于 30 米/秒急流区

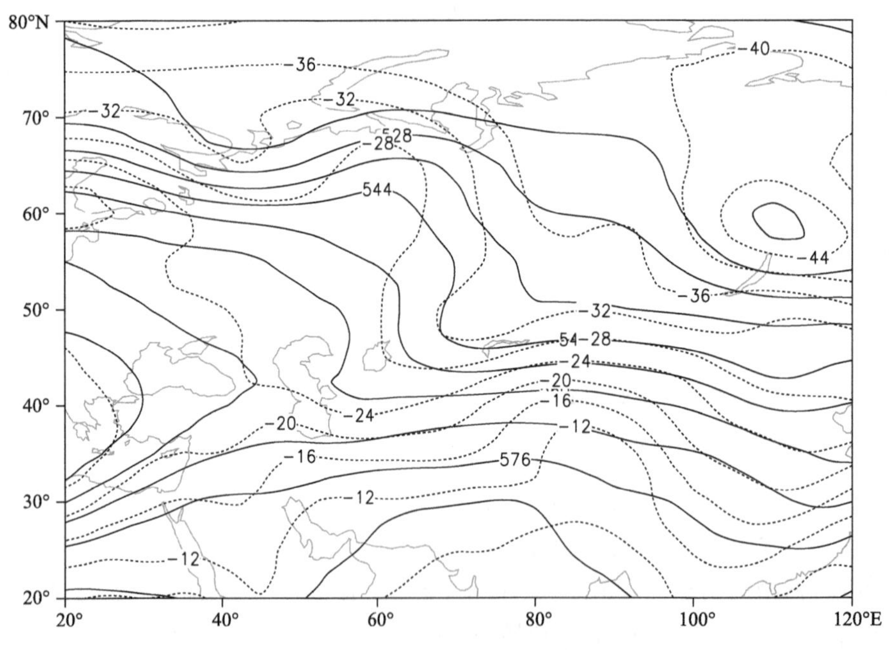

图 2-2-458　1999 年 3 月 29 日 20 时 500 百帕位势高度场(单位：位势什米)，温度场(虚线，单位：℃)

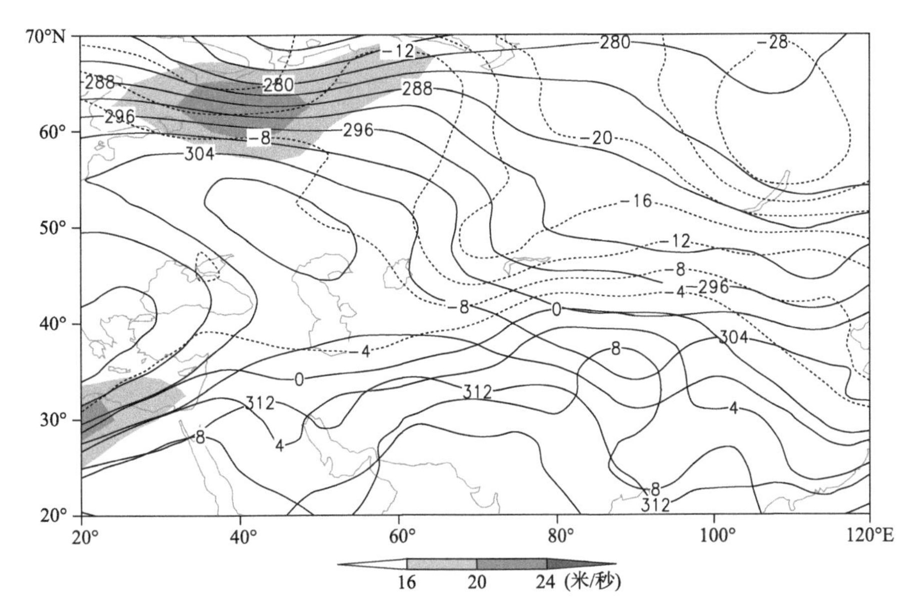

图 2-2-459　1999 年 3 月 29 日 20 时 700 百帕位势高度场(单位:位势什米),阴影表示风速大于 16 米/秒急流区

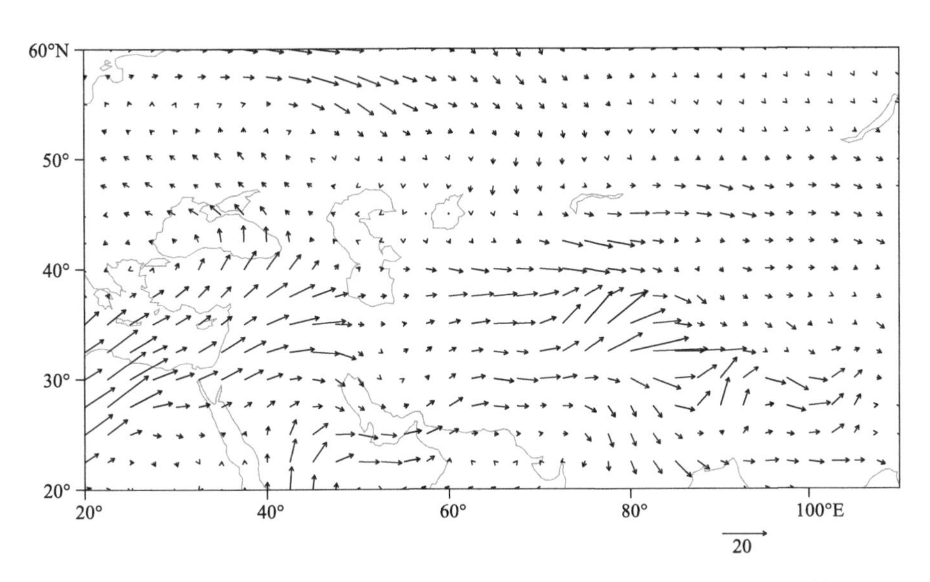

图 2-2-460　1999 年 3 月 29 日 20 时 700 百帕水汽通量场(单位:克/(厘米·百帕·秒))

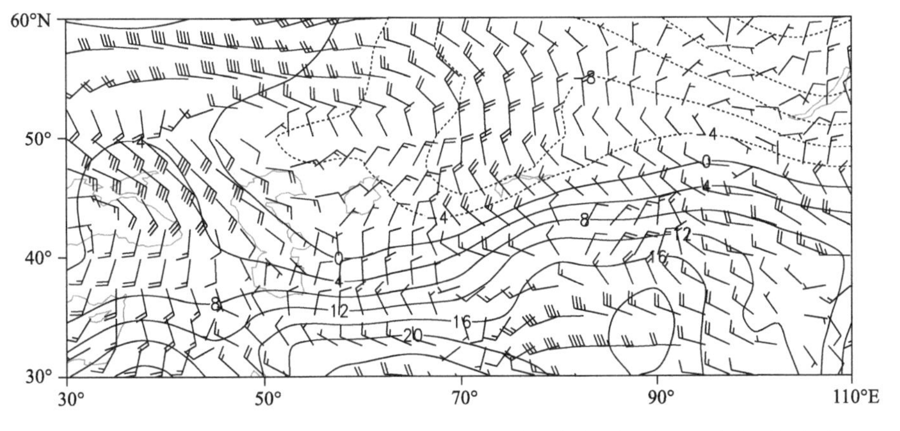

图 2-2-461　1999 年 3 月 29 日 20 时 850 百帕风场(单位:米/秒),温度场(单位:℃)

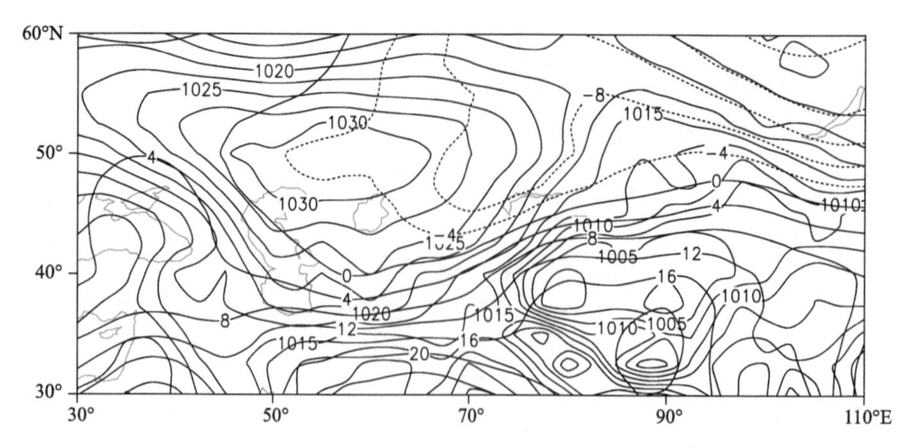

图 2-2-462　1999 年 3 月 29 日 20 时地面气压场(单位:百帕),850 百帕温度场(单位:℃)

2.2.67　伊犁哈萨克自治州、塔城地区、昌吉回族自治州暴雪(2000-01-02)

【降雪实况】2000 年 1 月 2—3 日,伊犁哈萨克自治州、塔城地区、昌吉回族自治州相继出现暴雪。2 日,伊犁哈萨克自治州新源县、尼勒克县,塔城地区裕民县 24 小时降雪量分别为 23.5 毫米、19.5 毫米、14.1 毫米。伊犁哈萨克自治州伊宁县、伊宁市、察布查尔锡伯自治县出现大暴雪天气,24 小时降雪量分别为 27.4 毫米、26.3 毫米、24.2 毫米。3 日,昌吉回族自治州木垒县、呼图壁县、昌吉市、玛纳斯县,伊犁哈萨克自治州新源县、巩留县,石河子市、乌兰乌苏镇 24 小时降雪量分别为 17.5 毫米、14.1 毫米、13.8 毫米、19.1 毫米、22.4 毫米、12.5 毫米、19.6 毫米、15.2 毫米(图 2-2-463)。

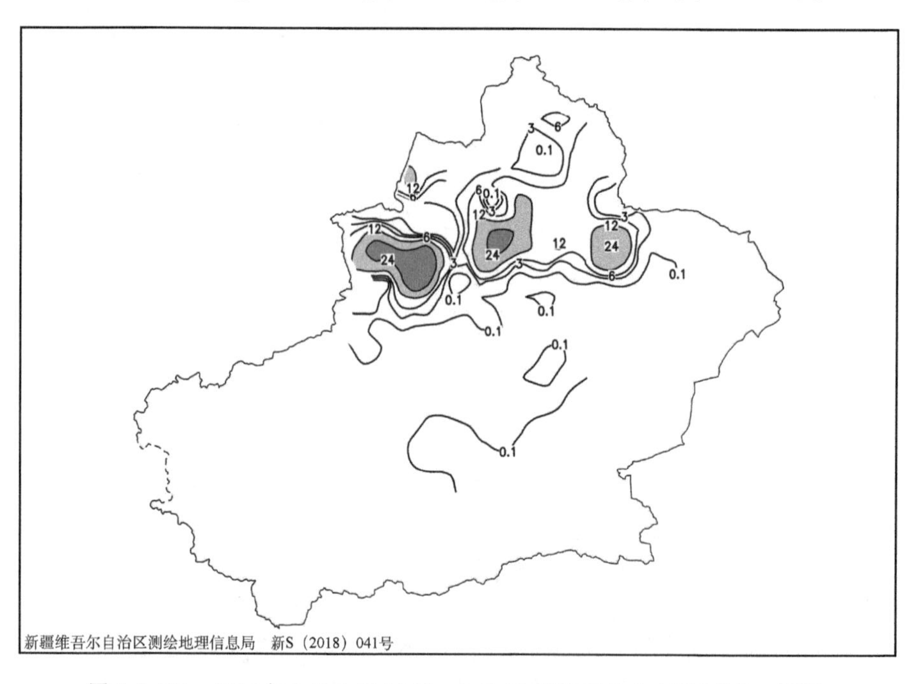

图 2-2-463　2000 年 1 月 1 日 20 时—3 日 20 时降雪量分布图(单位:毫米)

【天气形势】500 百帕环流场上,降雪开始前,低涡中心位于贝加尔湖西北部,并伴有－49℃的冷中心,低涡后部已经伸至 40°E 附近,南北两支锋区在里海、咸海北部地区叠加,形成准东西向的强锋区,新疆受高压脊控制(图 2-2-465)。新疆脊减弱东移,贝加尔湖西北部低涡增强,低涡后部横槽前锋区南压,与南支锋区在中亚地区叠加,造成 1 月 2 日北疆西部和西北部的暴雪和大暴雪天气。随着里海—黑海高压脊增强东移,北支锋区略有北收,北疆受脊前西北气流控制,同时,在新地岛西南部形成一个闭合阻塞高压,里海—黑海脊向北发展与新地岛西南部的阻塞高压打通,并稳定维持,新地岛上空的强冷空气不断沿脊前偏北风带进入西伯利亚低涡,低涡增强南下,锋区南压,南北两支锋区在北疆沿天山一带叠加，造成北疆沿天山一带的暴雪天气。

在暴雪过程中，对流层高层的 200 百帕上，从乌拉尔山南部到北疆稳定维持一个风速大于 50 米/秒的西南急流，高空急流在高层起到了辐散抽吸作用，急流中心风速越大，辐散抽吸作用越强，越有利于低层辐合上升运动的加剧(图 2-2-464)。强降雪发生在高空西南急流入口区右侧正涡度平流区，强烈的高层辐散抽吸作用加强了中低层系统强烈发展，有利于强降雪产生。700 百帕上，2 日，北疆受强锋区带上的偏西风急流控制，急流轴位于中亚地区，伊犁和塔城地区处于低空偏西急流出口区前部，由于塔额盆地和伊犁河谷均是向西开口的"喇叭口"地形，低空偏西急流有利于形成塔额盆地、伊犁河谷的水汽辐合及地形抬升产生的垂直运动。高层辐散、低层辐合的耦合形势建立，为强降雪的发展和维持提供了有利的动力条件(图 2-2-466)。3 日，南支锋区减弱，北疆开始受低压后部北支锋区上的西北急流控制，强降雪发生在低空西北急流出口区，低空西北急流携带湿冷空气东南下，受天山地形强迫抬升，与中高层西南急流叠加，加强了风场辐合及垂直上升运动，有利于冷暖交汇与水汽的聚集，为北疆沿天山一带强降雪的持续提供了有利的动力条件。源源不断的水汽输送是大范围、持续性大暴雪天气的重要物质基础。700 百帕水汽通量场上(图 2-2-467)，2 日强降雪的产生是源自地中海的水汽沿西南路径输送到黑海和里海附近，然后沿低空偏西急流输送到巴尔喀什湖，再接力输送到北疆暴雪区。3 日，源自地中海的水汽汇合了北非经红海的水汽，沿西南路径经黑海输送至乌拉尔山西侧，在中纬度西风气流作用下，部分水汽翻越乌拉尔山，沿乌拉尔山东侧向中亚地区输送，再经低空西北急流输送至北疆沿天山一带，为暴雪的产生和维持提供了充足的水汽。

地面图上，1 日 20 时，哈萨克丘陵上有一个低压中心，高压中心位于蒙古地区，冷空气分布在北疆沿天山以北地区(图 2-2-468，图 2-2-469)。2 日 08 时，增强的低压后部西南暖湿气流东移北上，冷暖空气在北疆西部和西北部交汇，在伊犁和塔城地区产生暴雪和大暴雪天气。2 日 20 时，西西伯利亚冷高压逐渐东移南下，新疆境外有中尺度冷锋，3 日 08 时，冷高压中心移至哈萨克丘陵，中心强度为 1042.5 百帕，强锋区压在北疆沿天山一带，冷高压持续南压，在地形作用下，地形强迫环流与锋面环流相互作用，使得锋面强度在迎风坡加强，在北疆沿天山一带产生强降雪天气。

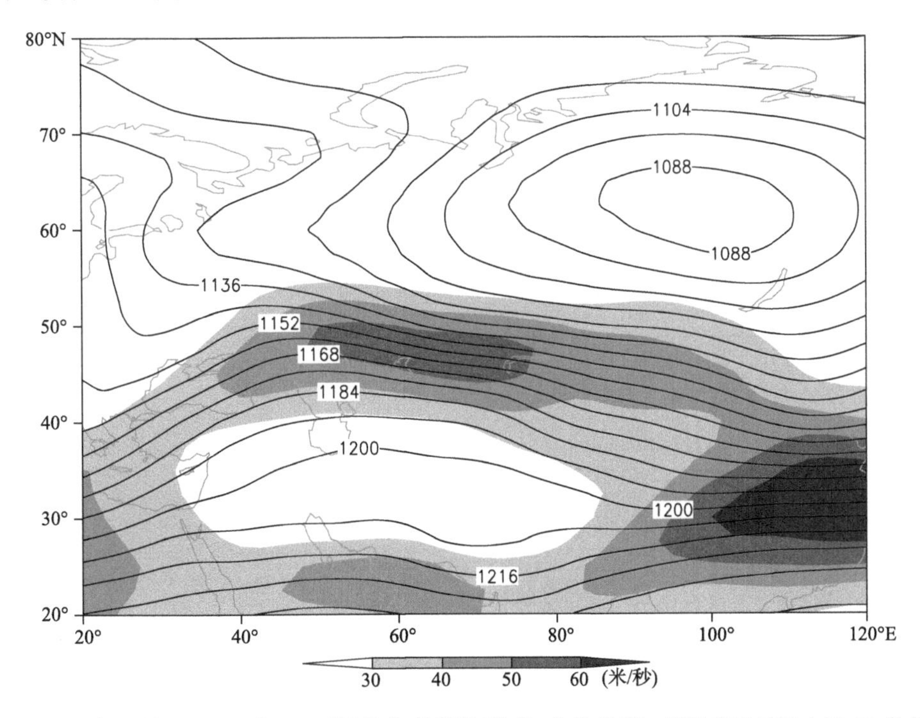

图 2-2-464　2000 年 1 月 1 日 20 时 200 百帕位势高度场(单位：位势什米)，阴影表示风速大于 30 米/秒急流区

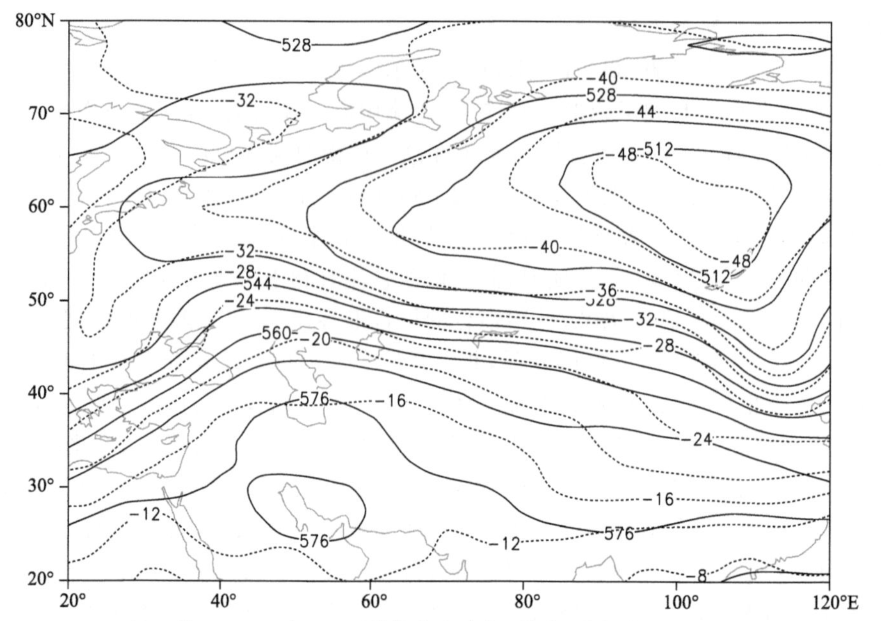

图 2-2-465　2000 年 1 月 1 日 20 时 500 百帕位势高度场(单位:位势什米),温度场(虚线,单位:℃)

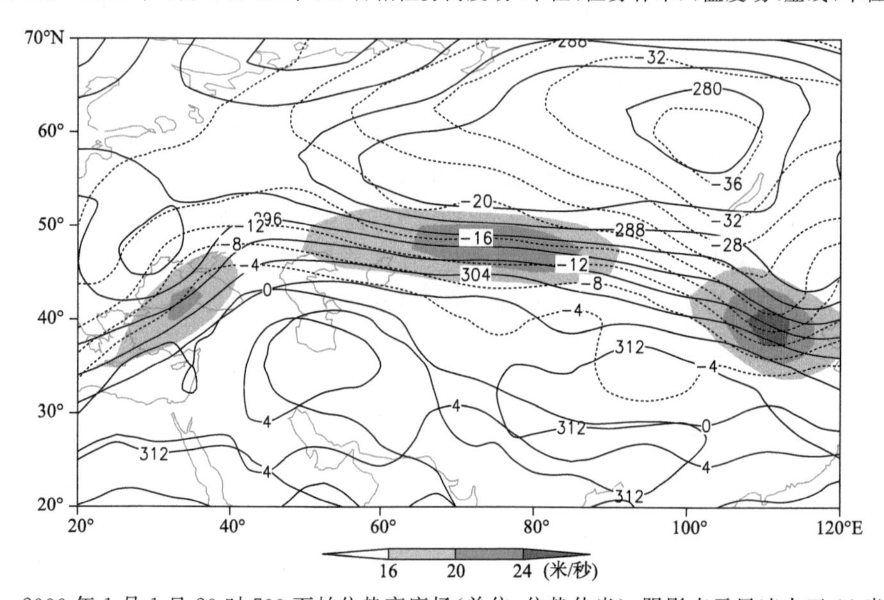

图 2-2-466　2000 年 1 月 1 日 20 时 700 百帕位势高度场(单位:位势什米),阴影表示风速大于 16 米/秒急流区

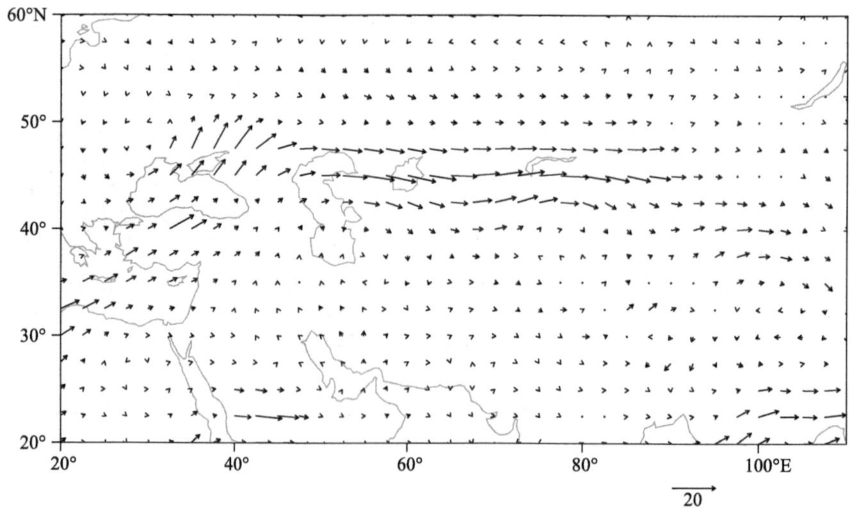

图 2-2-467　2000 年 1 月 1 日 20 时 700 百帕水汽通量场(单位:克/(厘米·百帕·秒))

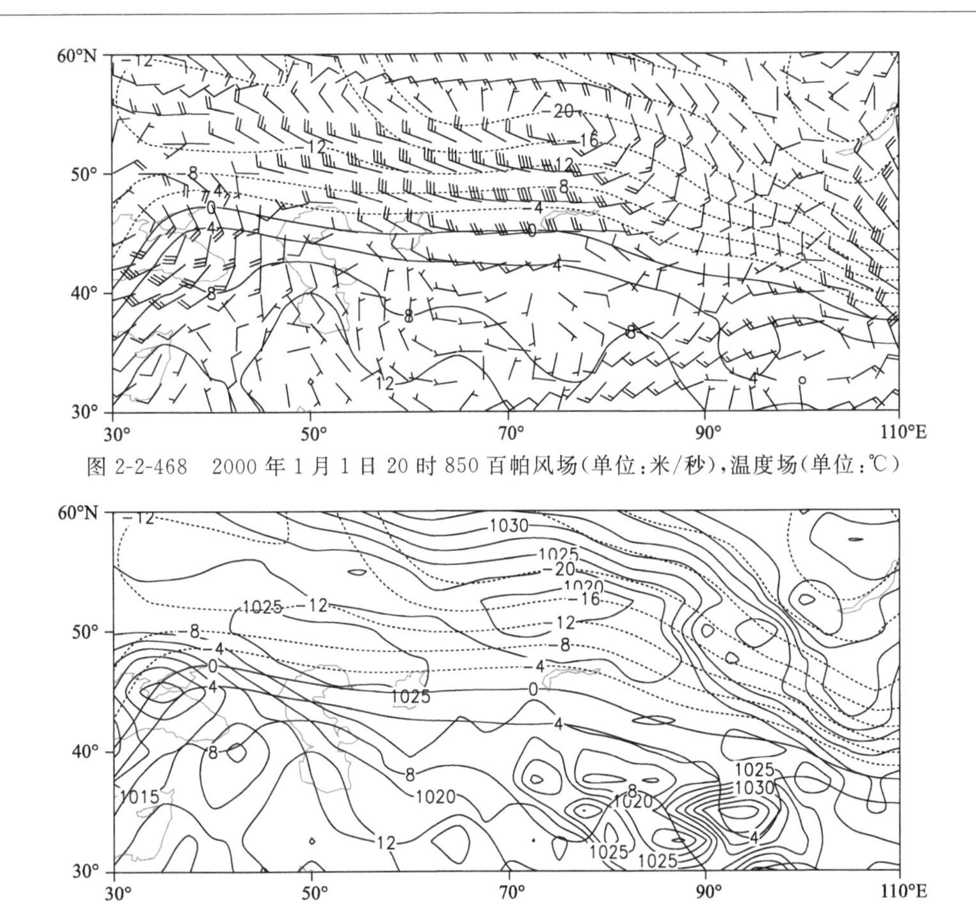

图 2-2-468　2000 年 1 月 1 日 20 时 850 百帕风场(单位:米/秒),温度场(单位:℃)

图 2-2-469　2000 年 1 月 1 日 20 时地面气压场(单位:百帕),850 百帕温度场(单位:℃)

2.2.68　阿勒泰地区、塔城地区暴雪(2000-11-23)

【降雪实况】2000 年 11 月 23 日,阿勒泰地区青河县、富蕴县,塔城地区塔城市出现暴雪,24 小时降雪量分别为 14.5 毫米、20.1 毫米、12.3 毫米(图 2-2-470)。

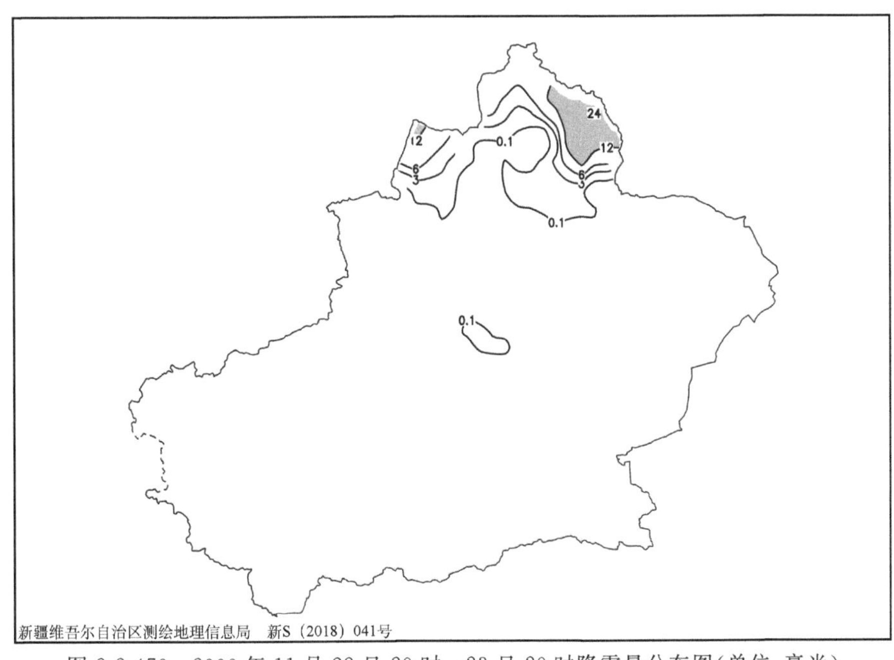

图 2-2-470　2000 年 11 月 22 日 20 时—23 日 20 时降雪量分布图(单位:毫米)

【天气形势】500 百帕环流场上,降雪开始前两天欧亚中高纬度为两脊一槽的环流形势,即北欧至里海、黑海和蒙古至贝加尔湖为强盛的高压脊,两高之间是极涡活动区,斯堪的纳维亚半岛冷空气沿脊前东北气流带西南下进入极涡，为极涡活动不断提供冷空气补充，维持该地区大气的斜压性(图 2-2-472)。22 日，阻高减弱东移南下，北欧高压脊不断向东北方向发展并与新地岛东侧高压打通，脊前东北气流加强，泰梅尔半岛冷空气进入极涡，极涡不断加深并稳定少动，阿勒泰和塔城地区处于其底部的强锋区中，为阿勒泰和塔城地区暴雪提供了有利的环流背景。

200 百帕上，北疆地区受高空横槽前平直的西风急流控制，塔城和阿勒泰地区处在高空急流入口区的右侧，该处具有较强的高空辐散(图 2-2-471)。700 百帕新疆北部偏西急流建立后维持，急流轴最大风速达 16 米/秒，低空偏西急流携带暖湿空气与高空偏西急流持续耦合发展，为此次暴雪的产生提供有利的动力条件(图 2-2-473)。从 700 百帕水汽通量场上可以看出，此次过程水汽源地为咸海，水汽沿平直西风气流进入塔城和阿勒泰地区，受塔尔巴哈台山脉和阿尔泰山脉东部阻挡，水汽在上述地区产生辐合(图 2-2-474)。

地面形势场上，22 日 20 时，冷高压分别位于新疆北部和欧洲中部，北疆受低压倒槽控制，新疆北部高压减弱，低压倒槽逐渐向北发展，倒槽内的西南暖湿气流与欧洲中部冷高压前部的冷空气在塔城、阿勒泰地区交汇，造成塔城和阿勒泰地区的暴雪天气(图 2-2-475，图 2-2-476)。

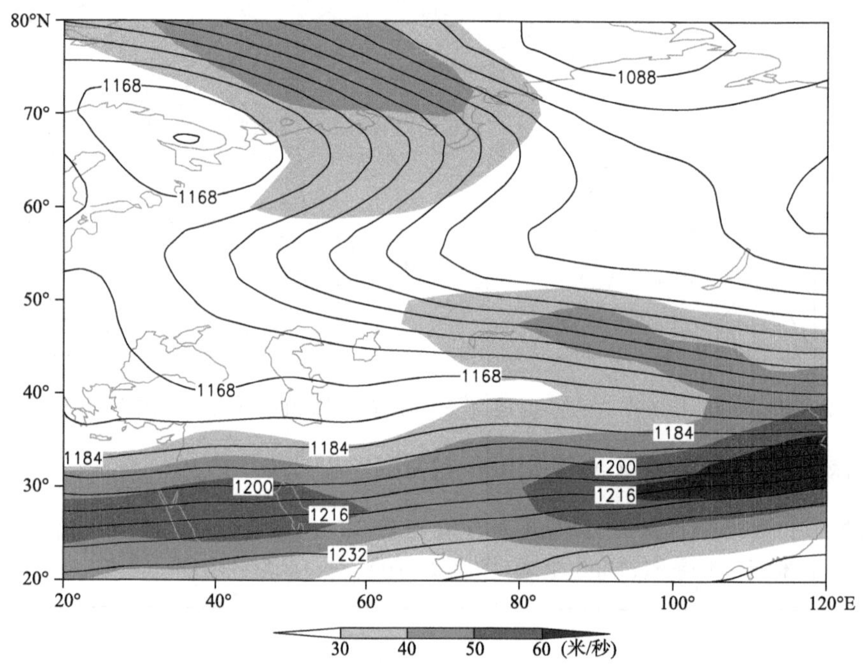

图 2-2-471　2000 年 11 月 22 日 20 时 200 百帕位势高度场(单位：位势什米)，阴影表示风速大于 30 米/秒急流区

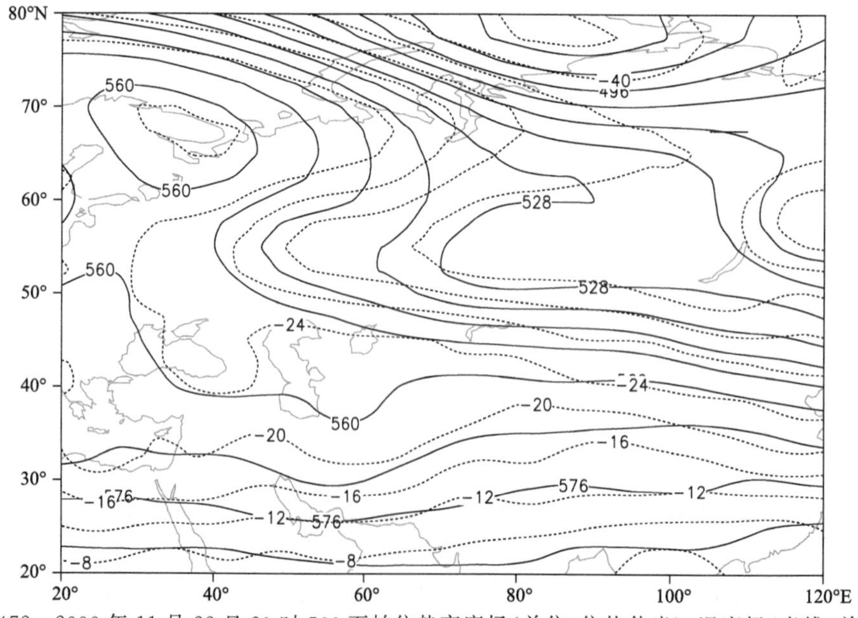

图 2-2-472　2000 年 11 月 22 日 20 时 500 百帕位势高度场(单位：位势什米)，温度场(虚线，单位：℃)

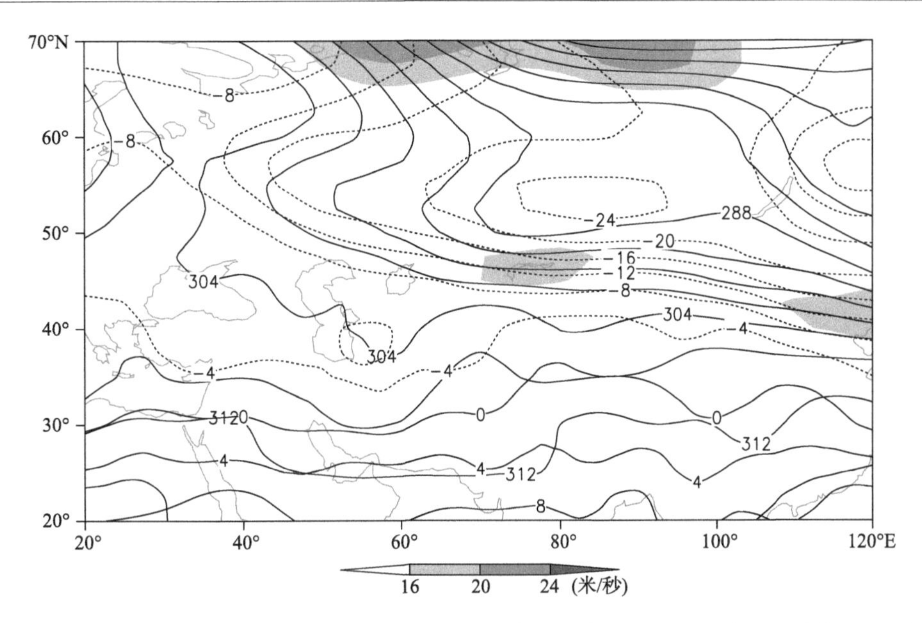

图 2-2-473　2000 年 11 月 22 日 20 时 700 百帕位势高度场(单位:位势什米),阴影表示风速大于 16 米/秒急流区

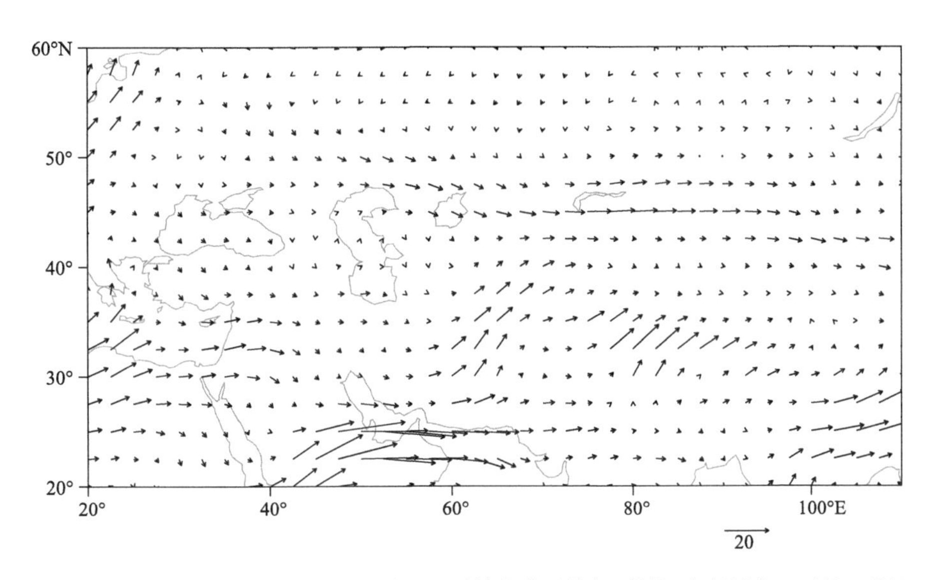

图 2-2-474　2000 年 11 月 22 日 20 时 700 百帕水汽通量场(单位:克/(厘米·百帕·秒))

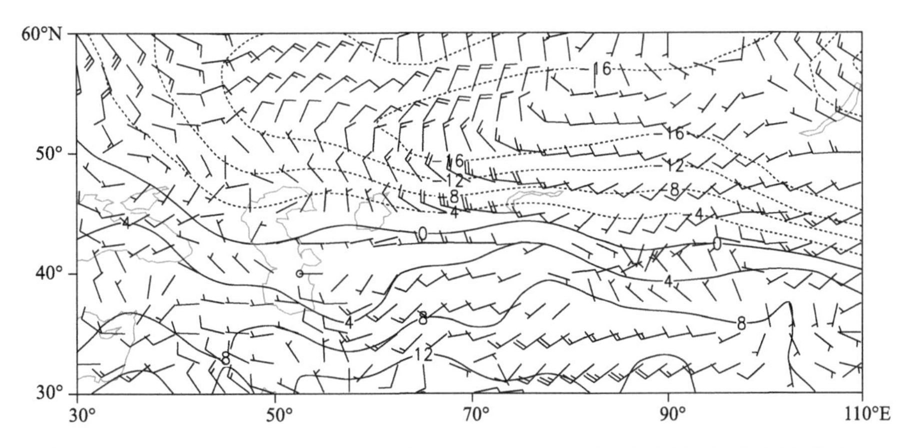

图 2-2-475　2000 年 11 月 22 日 20 时 850 百帕风场(单位:米/秒),温度场(单位:℃)

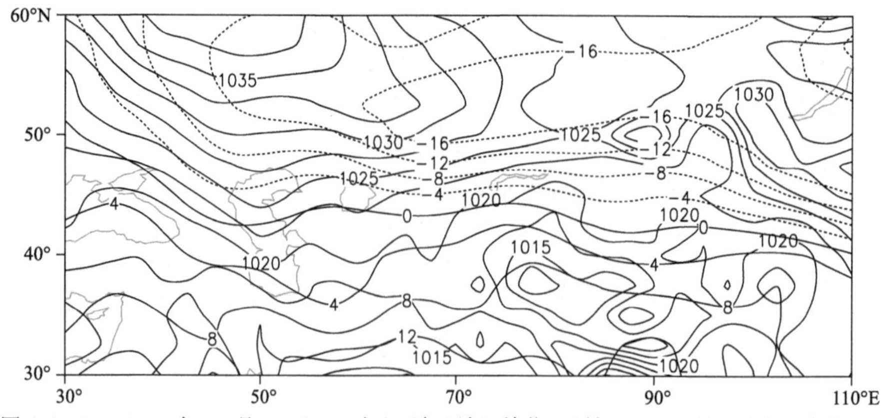

图 2-2-476　2000 年 11 月 22 日 20 时地面气压场(单位:百帕),850 百帕温度场(单位:℃)

2.2.69　塔城地区、昌吉回族自治州、乌鲁木齐市暴雪(2002-03-27)

【降雪实况】2002 年 3 月 27 日,塔城地区裕民县和塔城市出现暴雪,24 小时降雪量分别为 15.6 毫米、14.5 毫米。28 日,昌吉回族自治州天池,乌鲁木齐市、小渠子站出现暴雪,24 小时降雪量分别为 12.5 毫米、14.7 毫米、12.3 毫米(图 2-2-477)。

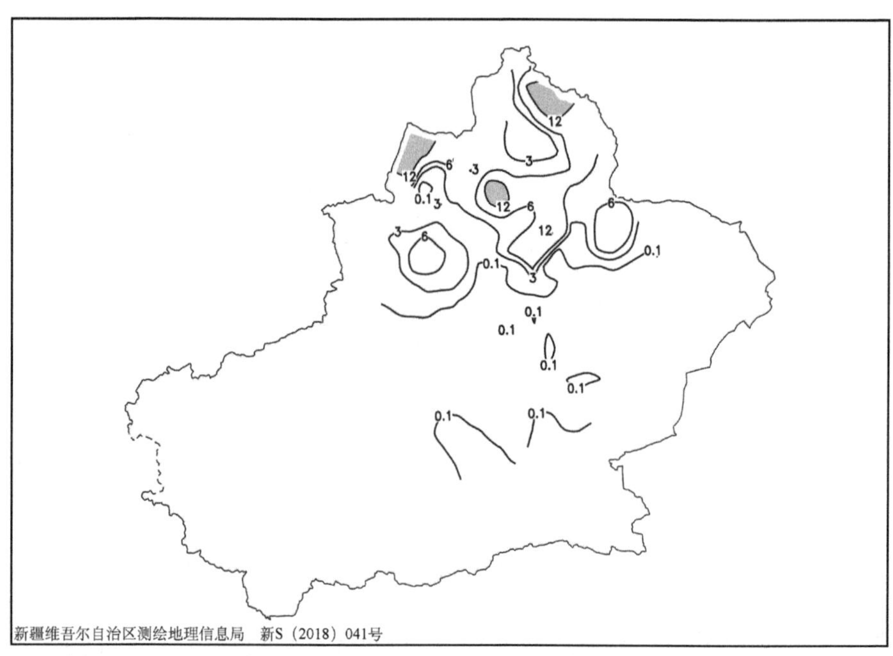

图 2-2-477　2002 年 3 月 26 日 20 时—27 日 20 时降雪量分布图(单位:毫米)

【天气形势】500 百帕环流场上,降雪过程开始前两天,欧亚中高纬度有两个低涡,一个位于新地岛,另一个位于泰梅尔半岛南部,两个低涡分别伴有－44℃和－43℃的冷中心,低涡底部波动显著(图 2-2-479)。与此同时,黑海上的低涡发展强盛,新疆受南支西南气流控制。26 日 20 时,两个低涡合并,冷涡中心轴线呈东—西向,冷中心位于喀拉海,中心温度低于－45℃,27 日 08 时,低涡底部分裂出的低槽与南支短波槽在巴尔喀什湖叠加,受叠加槽前锋区影响塔城地区出现暴雪天气。叠加槽东移加深,槽底南伸至天山中部,在天山中部地区产生暴雪。

对流层高层的 200 百帕上,26 日 20 时—28 日 20 时,从乌拉尔山南部到北疆始终维持一个风速大于 30 米/秒的西北急流,高空急流的建立和维持为暴雪的产生提供了较强的高空抽吸作用,暴雪区位于高空急流核入口区右侧,高空的辐散有利于暴雪区上升运动的发展和维持(图 2-2-478)。同时,增强了中低层的垂直上升运动。700 百帕上,26 日 20 时—27 日 20 时,北疆受南支锋区上的西南急流控制,急流轴风速大于 16 米/秒,塔城地区位于急流前部,强盛的低空西南急流把巴尔喀什湖以南的暖湿空气不断输送到塔城地区,由于塔额盆地向西开口的“喇叭口”地形,使得塔城地区的水汽辐合和上升运动明显增强,暖湿空气与中高层西北急流携带的干冷空气交汇，加剧了风场辐合及垂直上升运动，有利于冷暖交汇与水汽的聚集，为塔城地区的强降雪提供了有利的动力条件(图 2-2-480)。随着南支锋区的北抬，北疆上空转为西北急流控制，高空西北急流和低空西北急流持续耦合发展，为北疆中天山地区暴雪的产生提供有利的动力条件。700 百帕水汽通量场上(图 2-2-481)，26 日 20 时—27 日 20 时，地中海上的水汽沿西南路径输送过程中，汇合了来自北非经红海向东北方向输送的水汽输送至里海，而后沿低空西南急流向北疆西北部输送，在塔城地区上空聚集并辐合。28 日，水汽通量大值区位于乌拉尔山南部，在低空西北急流的引导下，乌拉尔山南部的水汽沿西北路径输送至北疆中天山地区，为昌吉和乌鲁木齐的暴雪天气提供了充足的水汽。

地面图上，26 日 20 时，冷高压中心分别位于欧洲中部和北疆北部，低压位于哈萨克丘陵(图 2-2-482，图 2-2-483)。27 日 08 时，欧洲中部的冷高压前部分裂出的冷高压沿西北路径快速东移南下，冷锋已压至巴尔喀什湖，冷锋东移过境，造成塔城地区暴雪天气。27 日 20 时，冷高压中心位于哈萨克丘陵，强度为 1022.5 百帕，28 日 08 时，冷锋后高压增强为 1025 百帕，冷锋前沿基本压在北疆中天山地区，给处于强锋区带上的昌吉和乌鲁木齐带来暴雪天气。

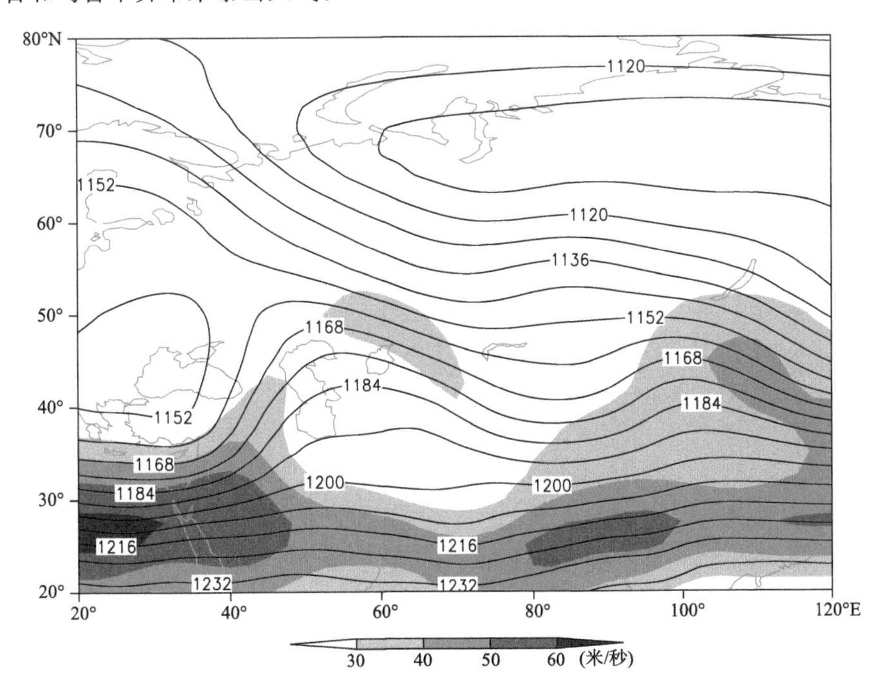

图 2-2-478　2002 年 3 月 26 日 20 时 200 百帕位势高度场(单位：位势什米)，阴影表示风速大于 30 米/秒急流区

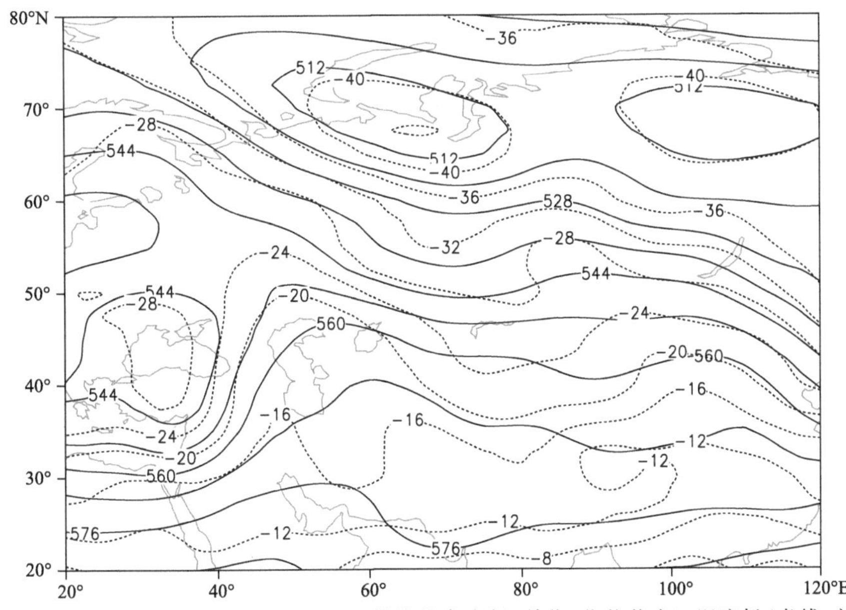

图 2-2-479　2002 年 3 月 26 日 20 时 500 百帕位势高度场(单位：位势什米)，温度场(虚线，单位：℃)

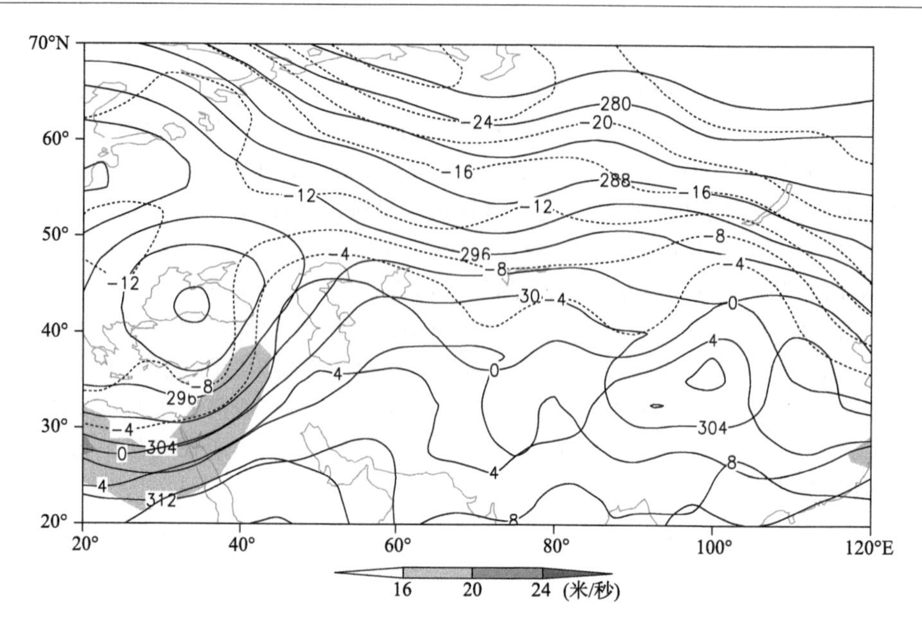

图 2-2-480　2002 年 3 月 26 日 20 时 700 百帕位势高度场(单位:位势什米),阴影表示风速大于 16 米/秒急流区

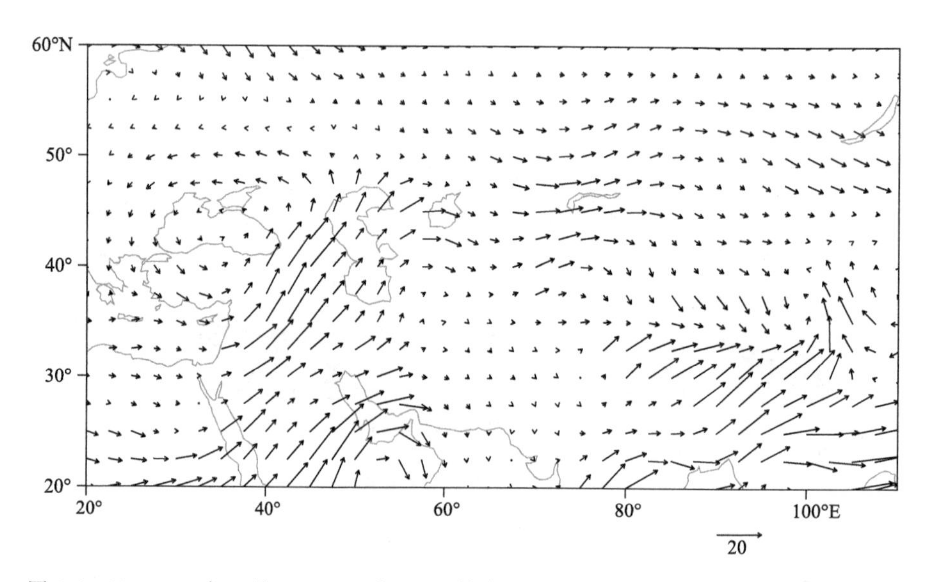

图 2-2-481　2002 年 3 月 26 日 20 时 700 百帕水汽通量场(单位:克/(厘米·百帕·秒))

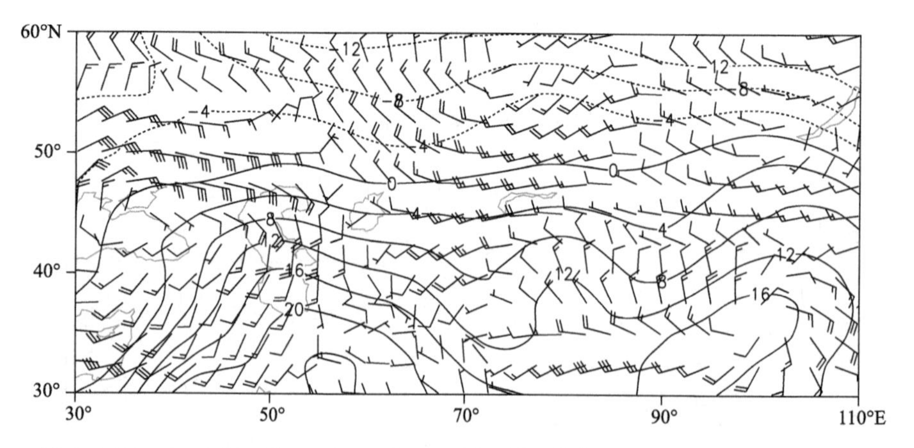

图 2-2-482　2002 年 3 月 26 日 20 时 850 百帕风场(单位:米/秒),温度场(单位:℃)

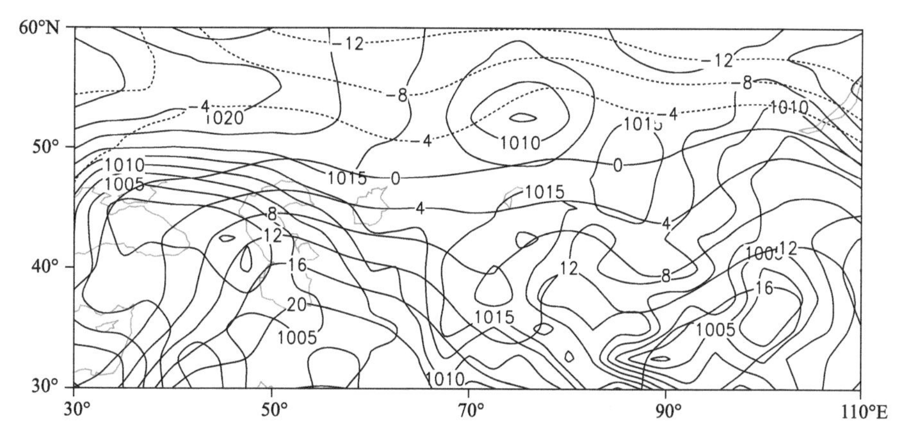

图 2-2-483　2002 年 3 月 26 日 20 时地面气压场(单位:百帕),850 百帕温度场(单位:℃)

2.2.70　塔城地区、阿勒泰地区暴雪(2002-11-20)

【降雪实况】2002 年 11 月 20—21 日,塔城地区和阿勒泰地区相继出现暴雪。20 日,塔城地区塔城市 24 小时降雪量 21.0 毫米。21 日,塔城地区额敏县,阿勒泰地区富蕴县、阿勒泰市、哈巴河县 24 小时降雪量分别为 18.3 毫米、15.3 毫米、15.8 毫米、16.3 毫米。塔城市出现大暴雪,24 小时降雪量 30.1 毫米(图 2-2-484)。

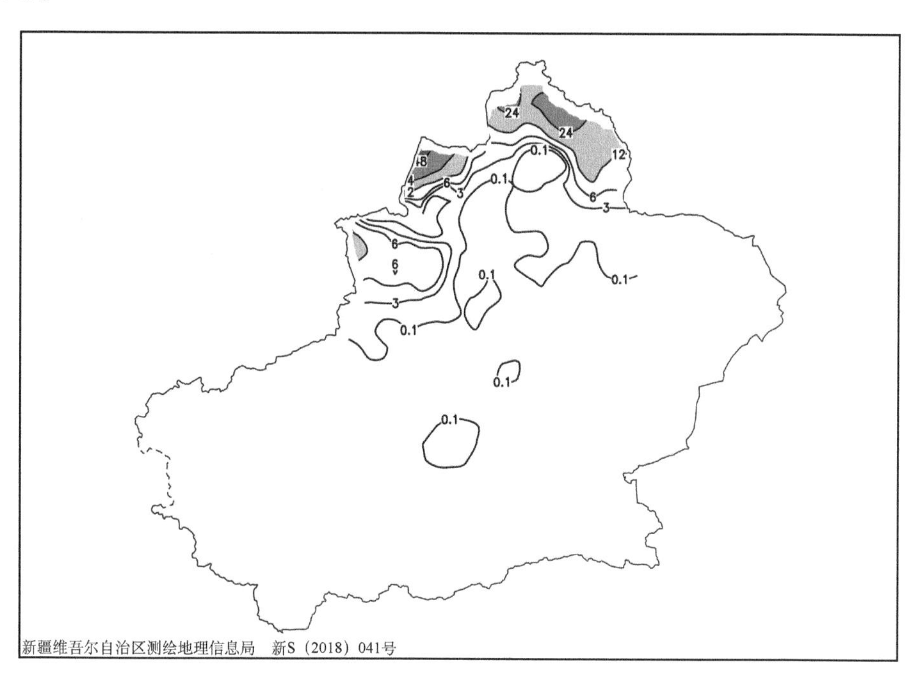

图 2-2-484　2002 年 11 月 19 日 20 时—21 日 20 时降雪量分布图(单位:毫米)

【天气形势】500 百帕环流场上,降雪开始前极涡位于泰梅尔半岛,并伴有低于－44℃的冷中心,新疆东北部到贝加尔湖西南部有一个－32℃的冷中心,里海—黑海地区和新疆为高压控制,中亚为低槽(图 2-2-486)。在西风急流引导下,暖平流越过脊顶进入中亚地区,中亚低槽加深东移,槽前西南暖湿气流东移北上,与极涡底部分裂的弱短波在塔城地区上空不断汇合,给塔城地区带来暴雪天气。波罗的海上的低涡不断加深,里海—黑海地区高压受西南暖平流补充东移北伸,里海脊引导白海冷空气南下进入中亚低槽,中亚暖湿空气被西南气流输送到北疆北部,塔城和阿勒泰地区处于强锋区及 850 百帕暖切变线上,暴雪发生在强锋区和 850 百帕暖切变线的重合区内。

200 百帕上,乌拉尔山南部到中亚的西北急流进入中亚后转为偏西急流,急流核位于中亚,并缓慢东移南压,暴雪出现在高空急流出口区左侧,该处有较强的质量辐散,高空急流在高层起到了辐散抽吸作用,急流中心风速越大,辐散抽吸作用越强,越有利于低层辐合上升运动的加剧,也是强降雪产生的主要原因之一(图 2-2-485)。700 百帕上中亚到北疆北部有一支低空急流,低空急流将西南暖湿水汽输送到降雪区,同时增加降雪区的不稳定度,为塔城和阿勒泰地区的暴雪提供了充沛的水汽和不稳定能量(图 2-2-487)。从 700 百帕水汽通量场可以看出,水汽在西南急流引导下首先从黑海北部到达 55°N 附近,之后沿西北急流到达咸海,最后在西南气流引导下向塔城和阿勒泰地区输送,一部分水汽受塔尔巴哈台山脉阻挡,在塔城地区形成强的水汽辐合,另一部分水汽越过塔尔巴哈台山进入阿勒泰地区,水汽在阿尔泰山中部辐合,为塔城和阿勒泰地区的暴雪天气提供了充沛的水汽和上升条件(图 2-2-488)。

地面图上,20 日 20 时,北欧和蒙古地区为高压活动区,中亚为低压活动区,北疆为负变压控制(图 2-2-489,图 2-2-490),21 日 08 时,中亚低压和蒙古低压开始减弱,北疆处于锋前暖区中,塔城和阿勒泰地区的暴雪是出现在蒙古高压后部、中亚低压前部的减压、升温区域内的暖区暴雪。

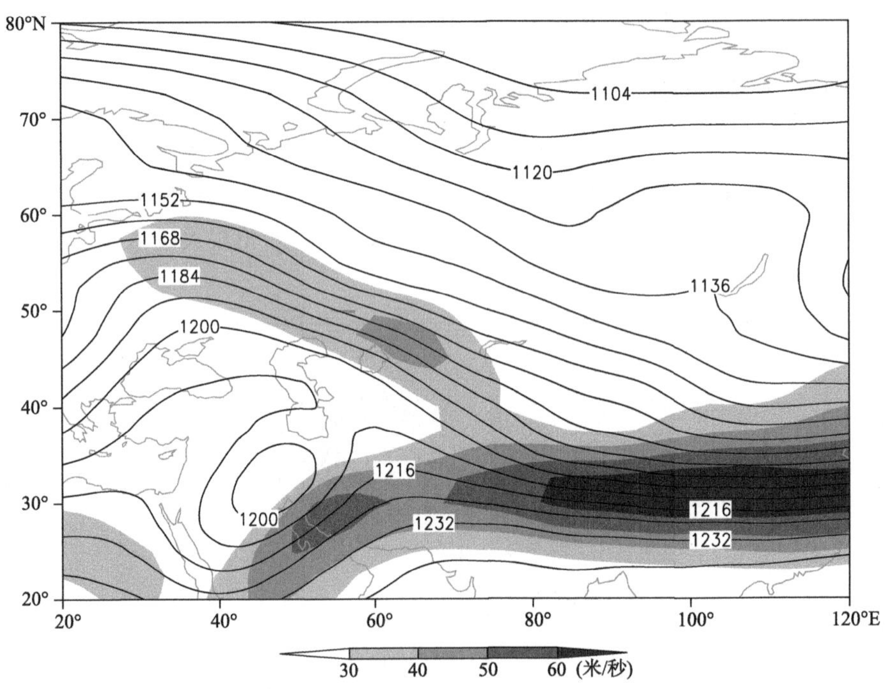

图 2-2-485 2002 年 11 月 19 日 20 时 200 百帕位势高度场(单位:位势什米),阴影表示风速大于 30 米/秒急流区

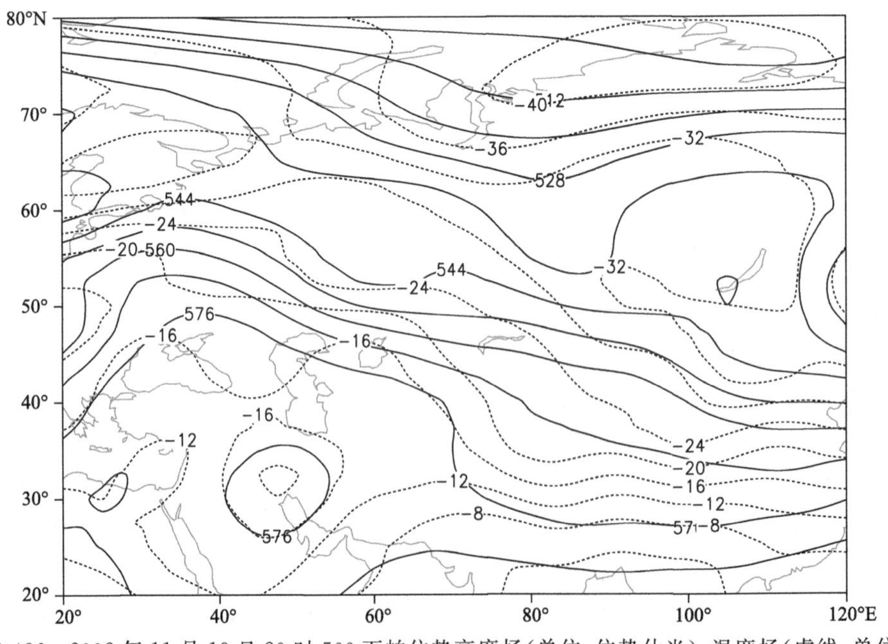

图 2-2-486 2002 年 11 月 19 日 20 时 500 百帕位势高度场(单位:位势什米),温度场(虚线,单位:℃)

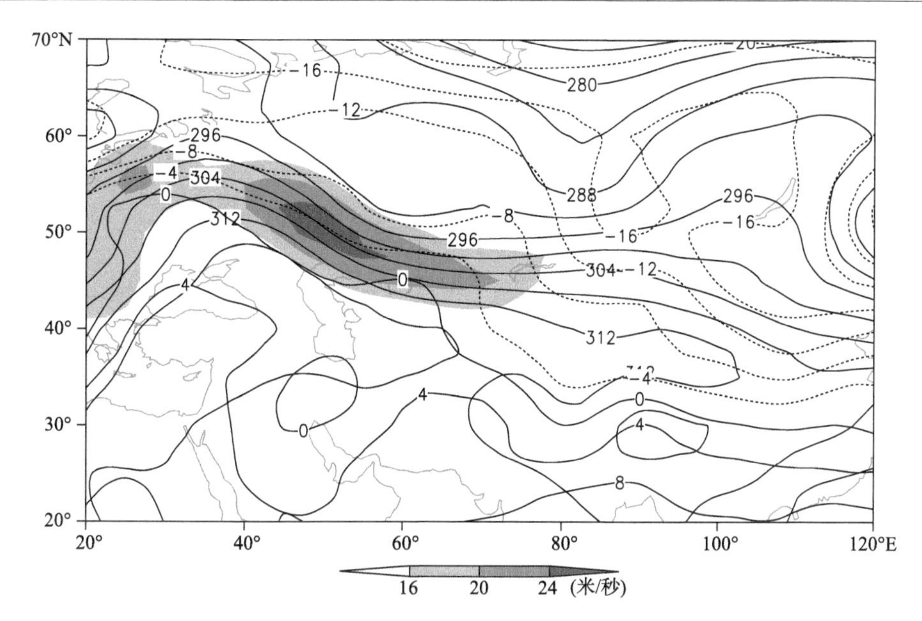

图 2-2-487　2002 年 11 月 19 日 20 时 700 百帕位势高度场(单位:位势什米),阴影表示风速大于 16 米/秒急流区

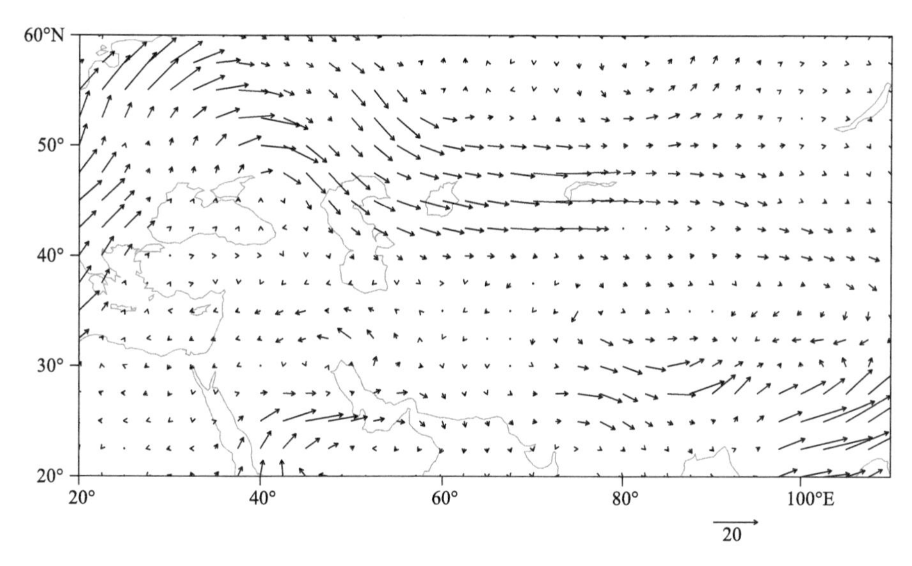

图 2-2-488　2002 年 11 月 19 日 20 时 700 百帕水汽通量场(单位:克/(厘米·百帕·秒))

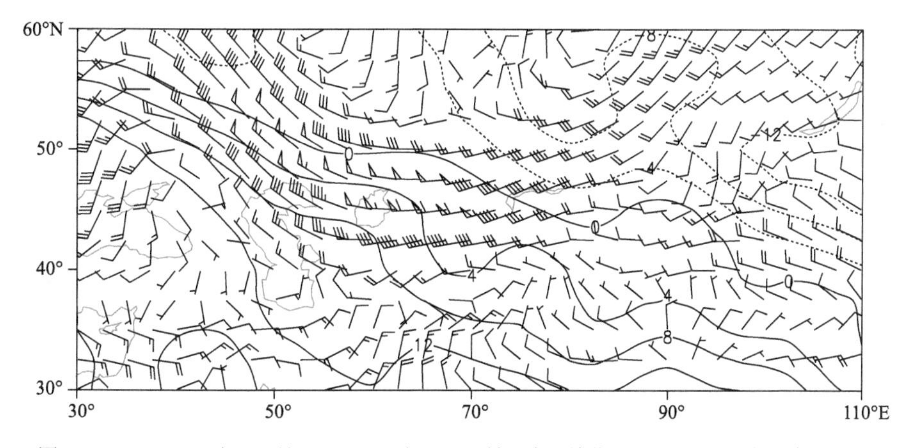

图 2-2-489　2002 年 11 月 19 日 20 时 850 百帕风场(单位:米/秒),温度场(单位:℃)

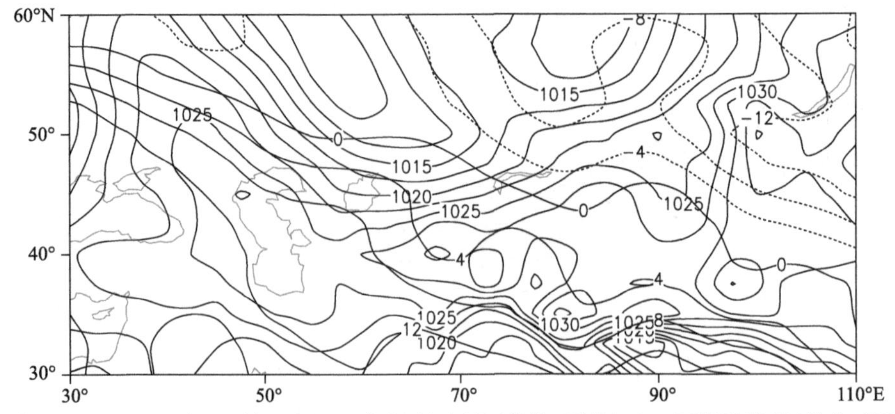

图 2-2-490　2002 年 11 月 19 日 20 时地面气压场(单位:百帕),850 百帕温度场(单位:℃)

2.2.71　伊犁哈萨克自治州暴雪(2003-11-12)

【降雪实况】2003 年 11 月 12 日,伊犁哈萨克自治州伊宁县、伊宁市、察布查尔锡伯自治县、霍城县出现暴雪,24 小时降雪量分别为 17.2 毫米、17.3 毫米、16.8 毫米、23.5 毫米。霍尔果斯市出现大暴雪,24 小时降雪量 30.1 毫米。13 日,伊宁市出现暴雪,24 小时降雪量 12.1 毫米(图 2-2-491)。

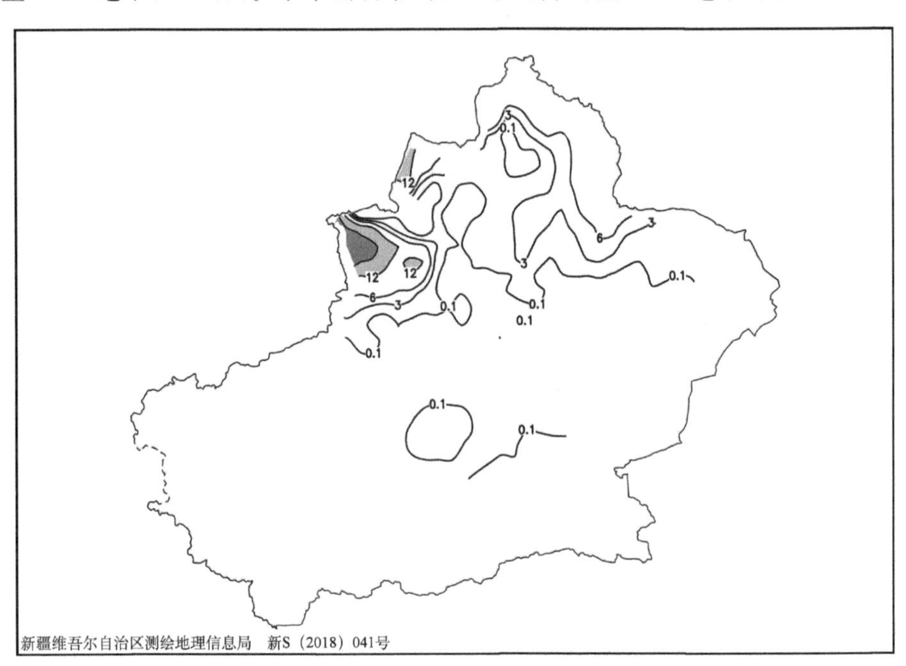

图 2-2-491　2003 年 11 月 11 日 20 时—12 日 20 时降雪量分布图(单位:毫米)

【天气形势】500 百帕环流场上,降雪开始前,欧亚中高纬度有两个低值系统,北部极涡中心位于西伯利亚北部,极涡伴有−43℃的冷中心,南部中心低涡位于黑海,新疆受南支锋区控制(图 2-2-493)。欧洲北部高压脊前正变高南落,格陵兰海上强冷空气进入两个低值系统中,极涡后部东南下,北支锋区开始影响北疆北部地区。欧洲北部高压东移过程中再次增强,脊前建立了西北风气流带,极涡受沿脊前西北风气流带南下的新地岛上空冷空气补充,不断增强,锋区南压,并与黑海低涡前西南锋区上东移北上的短波槽在新疆西部汇合,造成伊犁地区第一波暴雪天气。随着乌拉尔山高压脊减弱东移,斯堪的纳维亚半岛上冷空气东南下进入极涡底部横槽中,横槽转竖,槽中的强冷空气与南部低槽上西南暖湿空气再次在伊犁地区交汇,再次给伊犁地区带来暴雪天气。

200 百帕上,两次暴雪过程中,北疆均受高空锋区上的西北急流控制,伊犁地区处于高空西北急流入口区的右侧,高空的辐散有利于暴雪区上升运动的发展和维持(图 2-2-492)。700 百帕上,11 日 20 时—12 日 20 时,北疆受低压底部锋区上的西南急流控制,急流轴最大风速大于 20 米/秒,伊犁河谷处于低空西南急流出口区前部,由于伊犁河谷均是向西开口的“喇叭口”地形,地形作用导致暴雪区处于迎风坡气流辐合区，有利于近地层空气的辐合抬升和降雪的持续(图 2-2-494)。13 日，急流轴北抬，北疆开始受西北急流控制，河谷地区的降雪范围逐渐减小。两次降雪过程的暴雪落区与辐合、辐散中心的重叠区近于一致。700 百帕水汽通量场上，12 日发生在河谷地区强度大、范围广的强降雪天气有两条水汽通道，其一，地中海上的水汽沿西南路径输送至里海，经里海水汽补充后沿低空西南急流输送至河谷地区，并产生辐合。11 日 20 时，河谷地区最大水汽通量达 30 克/(厘米·百帕·秒)，为该地区的强降雪天气的产生提供了充沛的水汽(图 2-2-495)。

地面图上，10 日 20 时，冷高压中心位于蒙古地区，新疆受冷高压控制。11 日 20 时，蒙古高压有所减弱，西伯利亚地区形成一个深厚的低压，低压底部伸至巴尔喀什湖以南，北疆为负变压控制(图 2-2-496，图 2-2-497)。12 日 08 时，西伯利亚低压和蒙古高压减弱东移，北疆处于锋前暖区中。12 日 20 时，随着北欧冷高压东移南下，北疆转为正变压控制。13 日 08 时，冷高压快速东移南下到巴尔喀什湖西北部，

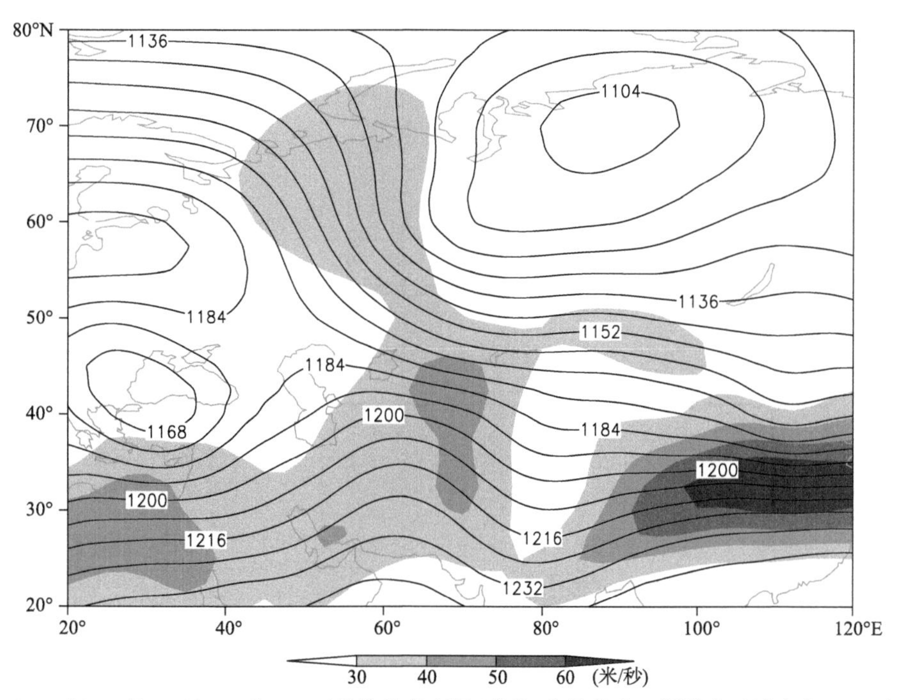

图 2-2-492　2003 年 11 月 11 日 20 时 200 百帕位势高度场(单位：位势什米)，阴影表示风速大于 30 米/秒急流区

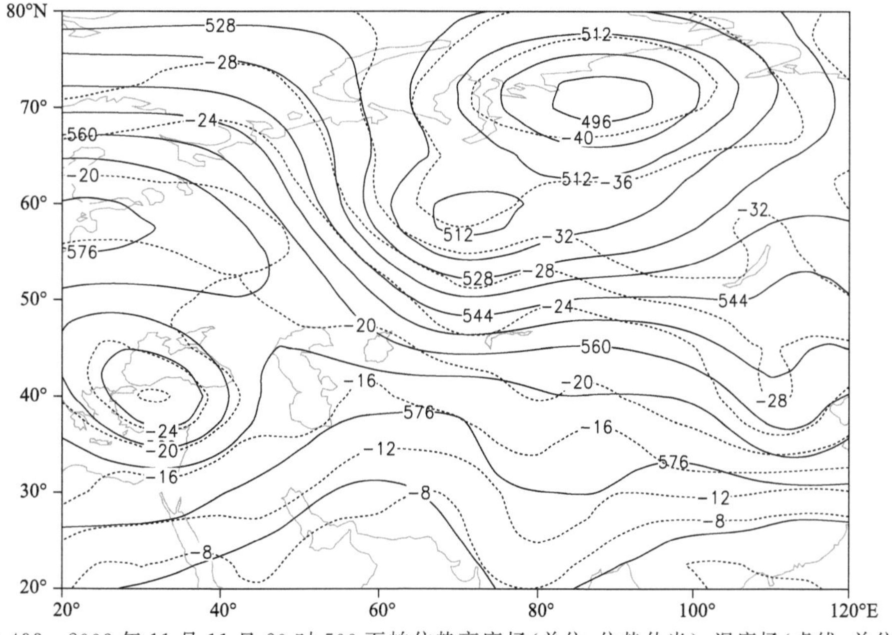

图 2-2-493　2003 年 11 月 11 日 20 时 500 百帕位势高度场(单位：位势什米)，温度场(虚线，单位：℃)

中心气压达 1030 百帕，伊犁河谷附近气压梯度较大，强冷锋位于伊犁北部。可见，12 日河谷地区的暴雪是出现在蒙古高压后部、西伯利亚低压底前部减压、升温区域内的暖区暴雪。13 日的暴雪是冷锋过境产生的冷锋暴雪。

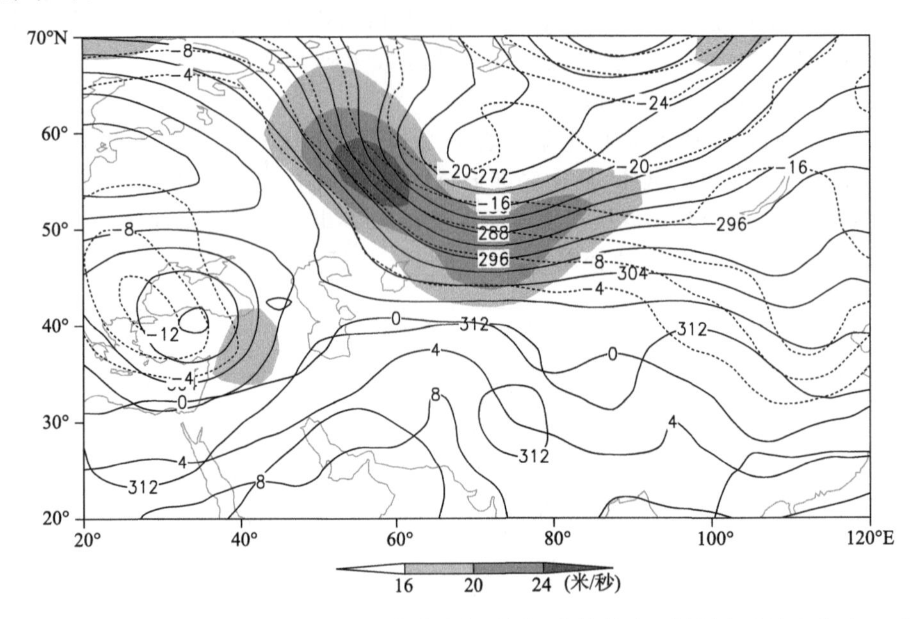

图 2-2-494　2003 年 11 月 11 日 20 时 700 百帕位势高度场(单位：位势什米)，阴影表示风速大于 16 米/秒急流区

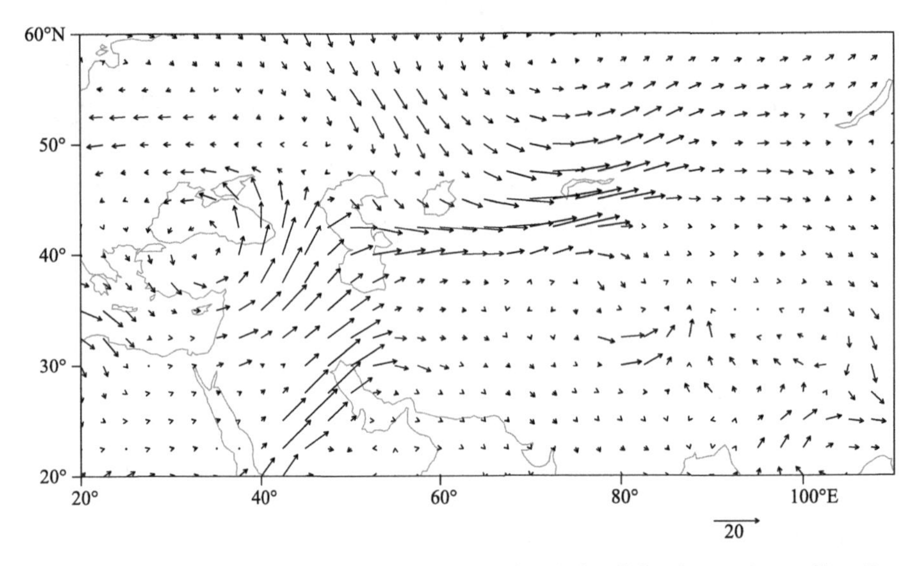

图 2-2-495　2003 年 11 月 11 日 20 时 700 百帕水汽通量场(单位：克/(厘米·百帕·秒))

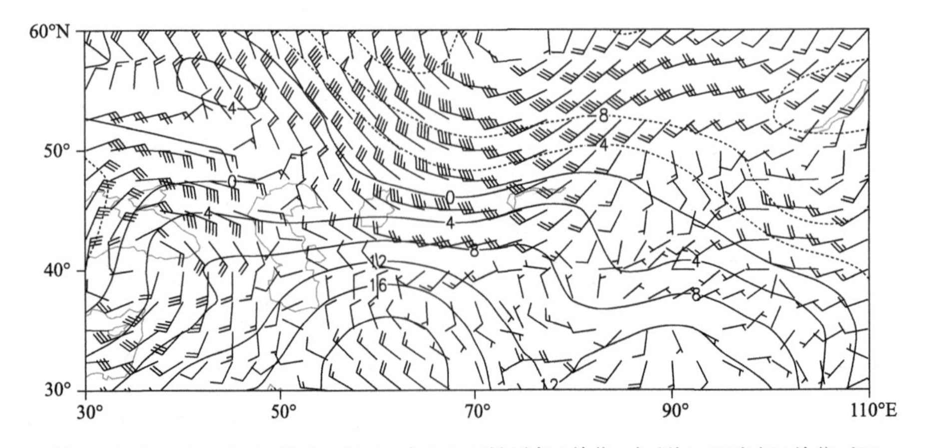

图 2-2-496　2003 年 11 月 11 日 20 时 850 百帕风场(单位：米/秒)，温度场(单位：℃)

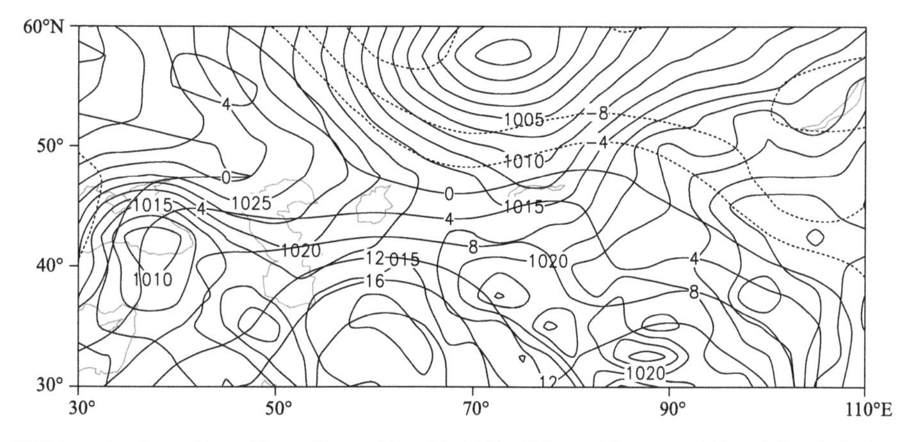

图 2-2-497　2003 年 11 月 11 日 20 时地面气压场(单位:百帕),850 百帕温度场(单位:℃)

2.2.72　塔城地区、阿勒泰地区暴雪(2004-03-08)

【降雪实况】2004 年 3 月 8 日,塔城地区额敏县、裕民县,阿勒泰地区吉木乃县、哈巴河县出现暴雪,24 小时降雪量分别为 13.1 毫米、16.9 毫米、12.2 毫米、15.5 毫米(图 2-2-498)。

图 2-2-498　2004 年 3 月 7 日 20 时—8 日 20 时降雪量分布图(单位:毫米)

【天气形势】500 百帕形势场上,降雪开始前两天,新疆一直为高压脊控制,天气晴好。在乌拉尔山西部有一个发展旺盛的低涡系统,低涡中心位于 55°N,45°E 附近,伊朗高压北挺,脊顶达到 45°N,强锋区呈东北—西南向,北低南高的环流形势表现明显(图 2-2-500)。随着地中海—南欧高压脊的发展,低涡缓慢东移,东移过程中与泰梅尔半岛北部极涡打通,锋区增强南压至新疆北部,为塔城和阿勒泰地区的暴雪天气提供了有利的环流背景。

200 百帕从地中海东部到新疆西北部有一强盛的西南急流带,急流核从里海到巴尔喀什湖,中心风速大于 60 米/秒,暴雪区位于高空急流核的入口区,高空的辐散有利于暴雪区上升运动的发展和维持(图 2-2-499)。700 百帕上,里海南部到巴尔喀什湖有一中心风速大于 24 米/秒的低空急流,强大的低空急流把中亚的暖湿空气不断输送到新疆北部,为塔城和阿勒泰地区暴雪天气提供了充沛的水汽和上升运动(图 2-2-501)。850 百帕上西南暖湿气流和偏东暖湿气流在塔城和阿勒泰地区形成暖式风向和风速的切变与辐合,加之塔尔巴哈台山和阿尔泰山的阻挡与抬升作用,造成此次暴雪天气的发生和维持

(图 2-2-503)。从 700 百帕水汽通量场可以看出,源自红海的水汽沿中纬度西南气流经阿拉伯半岛北部在里海加强后,以接力方式经巴尔喀什湖输送至北疆北部,水汽通量最大值达 40 克/(厘米·百帕·秒),持续的水汽输送与较强的低层水汽辐合,有利于强降雪的产生(图 2-2-502)。

地面图上,北疆北部处于蒙古高压后部、中亚低压前部的减压升温区域,在塔城和阿勒泰地区产生暖区暴雪(图 2-2-504)。

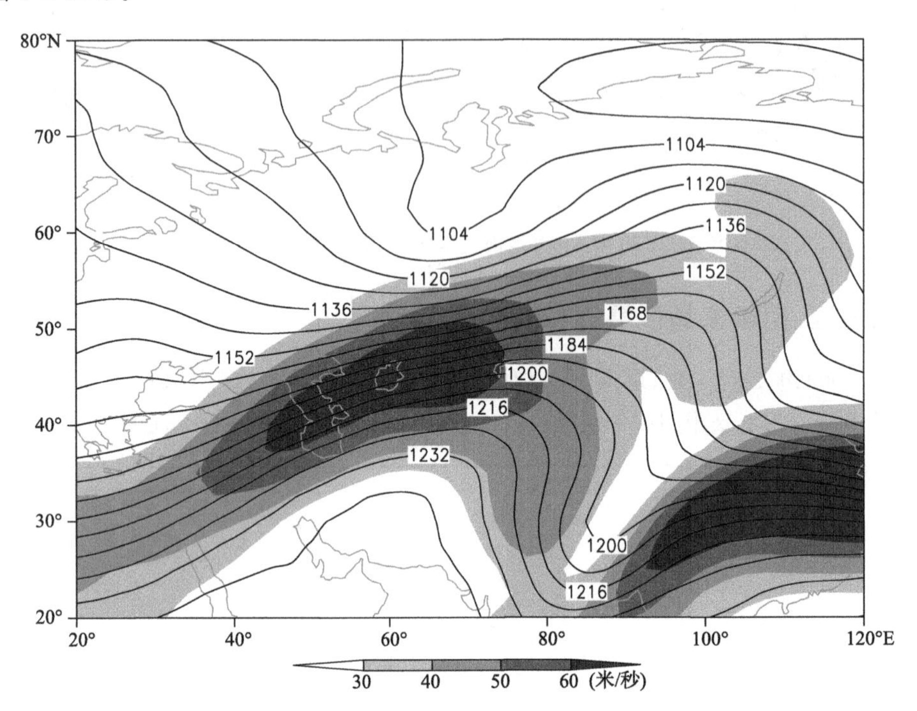

图 2-2-499　2004 年 3 月 7 日 20 时 200 百帕位势高度场(单位:位势什米),阴影表示风速大于 30 米/秒急流区

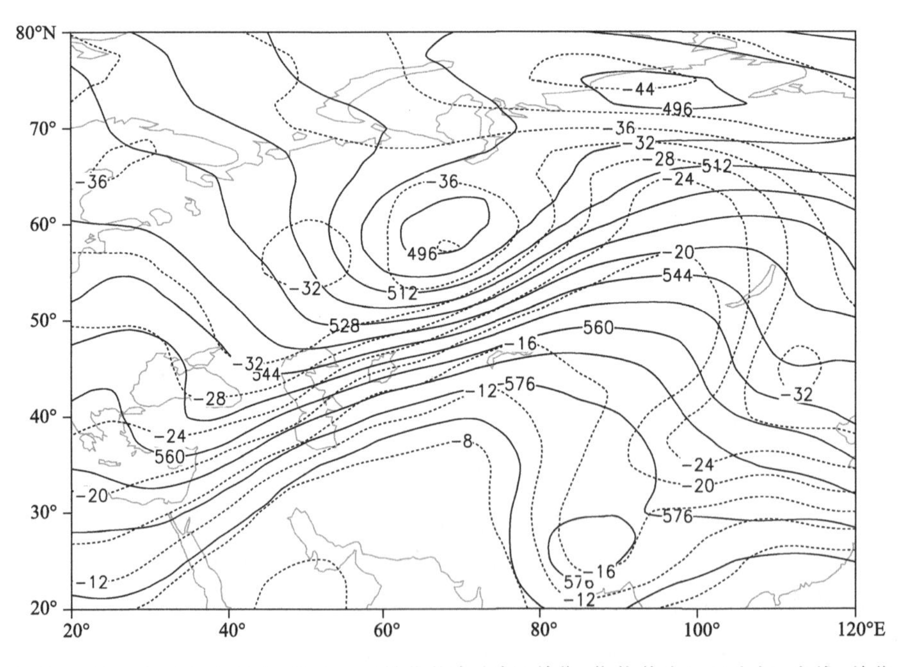

图 2-2-500　2004 年 3 月 7 日 20 时 500 百帕位势高度场(单位:位势什米),温度场(虚线,单位:℃)

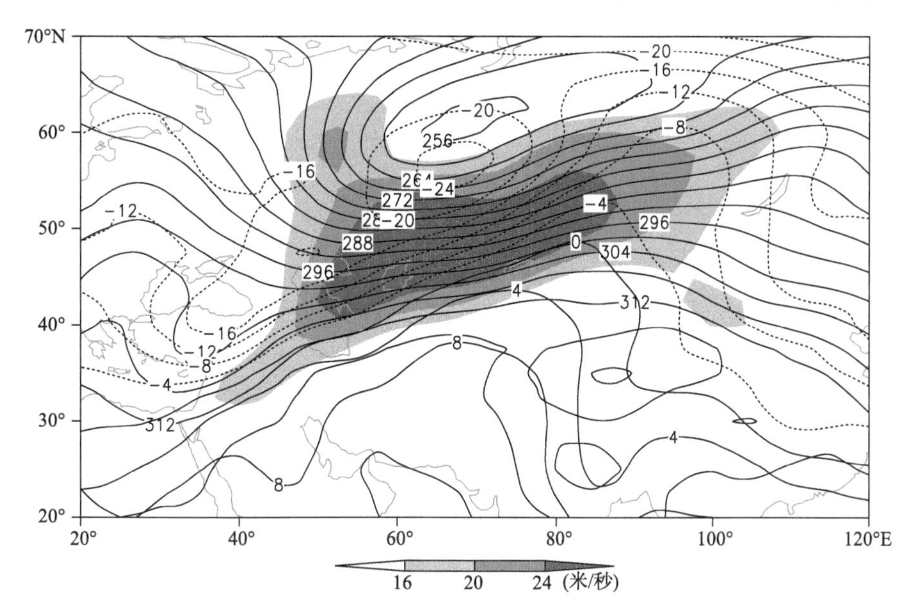

图 2-2-501　2004 年 3 月 7 日 20 时 700 百帕位势高度场(单位:位势什米),阴影表示风速大于 16 米/秒急流区

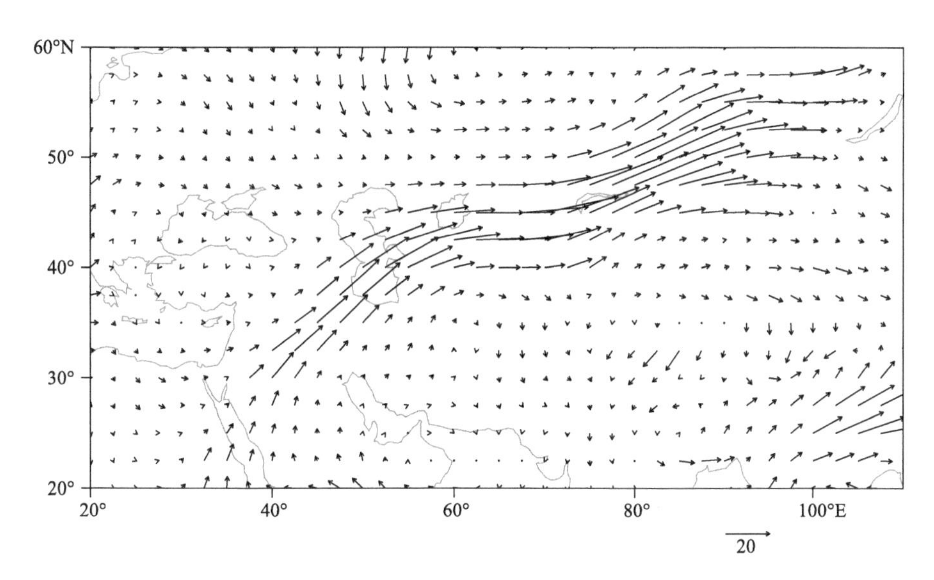

图 2-2-502　2004 年 3 月 7 日 20 时 700 百帕水汽通量场(单位:克/(厘米·百帕·秒))

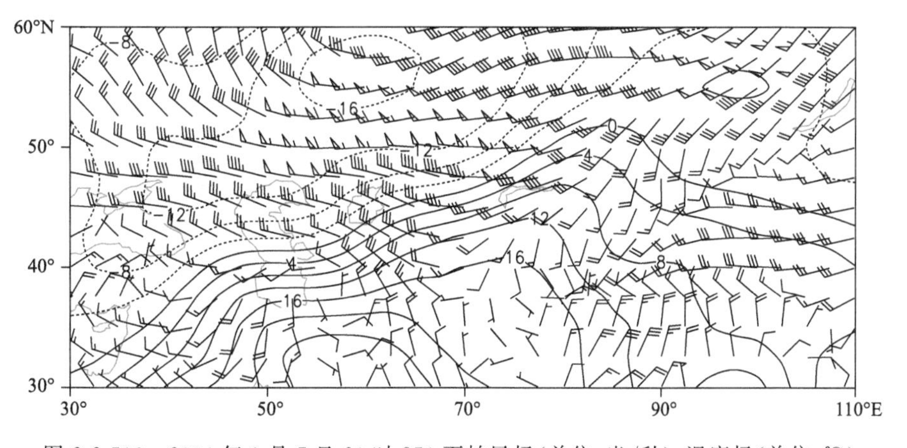

图 2-2-503　2004 年 3 月 7 日 20 时 850 百帕风场(单位:米/秒),温度场(单位:℃)

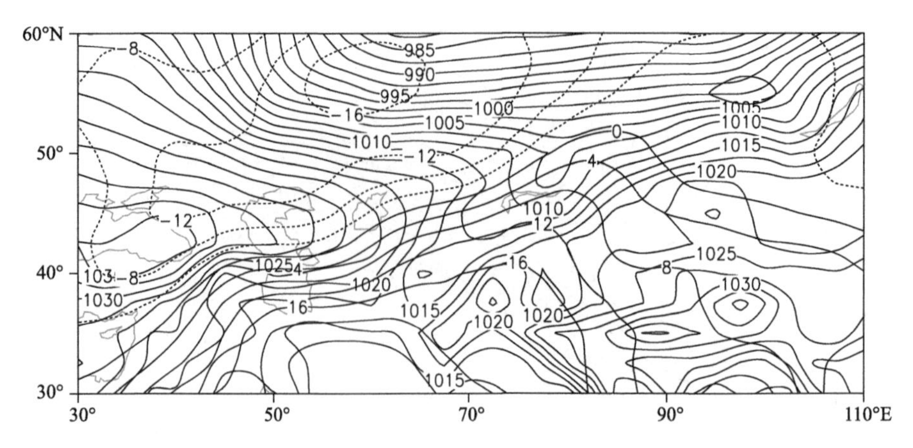

图 2-2-504　2004 年 3 月 7 日 20 时地面气压场(单位:百帕),850 百帕温度场(单位:℃)

2.2.73　哈密市、乌鲁木齐市、昌吉回族自治州暴雪(2004-03-26)

【降雪实况】2004 年 3 月 26 日,哈密市巴里坤哈萨克自治县,乌鲁木齐市、小渠子站,昌吉回族自治州昌吉市出现暴雪,24 小时降雪量分别为 13.5 毫米、13.6 毫米、12.1 毫米、12.7 毫米(图 2-2-505)。

图 2-2-505　2004 年 3 月 25 日 20 时—26 日 20 时降雪量分布图(单位:毫米)

【天气形势】500 百帕环流场上,降雪开始前低涡位于西西伯利亚北部,低涡中心在 60°～65°N,70°～90°E,并配有低于－44℃的冷中心(图 2-2-507)。里海、黑海脊不断向北发展,对低涡起到阻挡作用,贝加尔湖东部的冷空气不断进入低涡,使低涡增强并原地少动,25 日 20 时,极涡位于西西伯利亚中部,中心温度低于－45℃,低涡底部分裂出的波动与里海脊前低槽叠加,在巴尔喀什湖形成准东西向的锋区,不断增强的里海脊东移,低涡南下,26 日 08 时,强锋区压在天山中部地区,首先在昌吉和乌鲁木齐产生暴雪,低涡中心继续东移南下,强锋区压在东天山北坡,低涡风场有明显的辐合,在哈密市的巴里坤哈萨克自治县产生暴雪。

200 百帕高度上,从乌拉尔山南部到新疆有一支风速大于 30 米/秒的西北急流,急流进入北疆后风速逐渐增大到大于 50 米/秒,暴雪区位于急流入口区的右侧,高空急流在高层起到辐散抽吸作用,急流中心风速逐渐增大,说明辐散抽吸作用在不断增强,此时正是强降雪发生时段(图 2-2-506)。700 百帕上,从乌拉尔山南部到北疆维持一中心风速大于 16 米/秒的低空西北急流,急流轴逐渐东南移,在急流前部产生水汽辐合和上升运动，乌鲁木齐、昌吉和巴里坤位于急流轴左前侧，辐合上升运动显著（图2-2-508，图2-2-509）。

地面图上，乌拉尔山南部的地面冷高压缓慢东移，为典型的偏西路径。25日20时，冷锋位于巴尔喀什湖与新疆西北边境线中间，呈东北—西南向分布，冷锋东移，造成天山中部和东部的暴雪天气（图2-2-510，图2-2-511）。

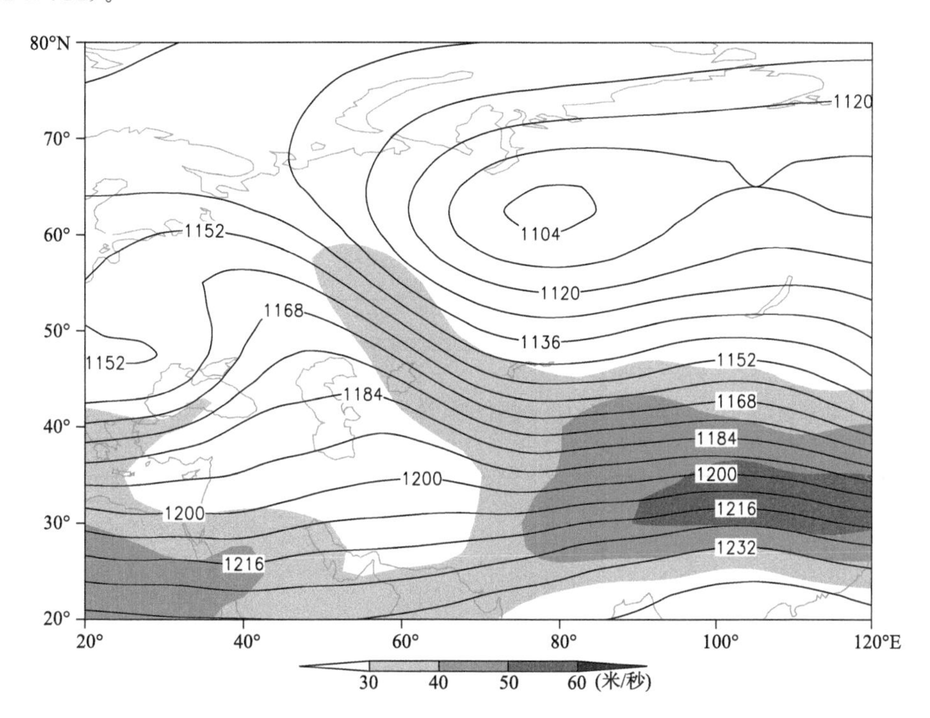

图2-2-506　2004年3月25日20时200百帕位势高度场（单位：位势什米），阴影表示风速大于30米/秒急流区

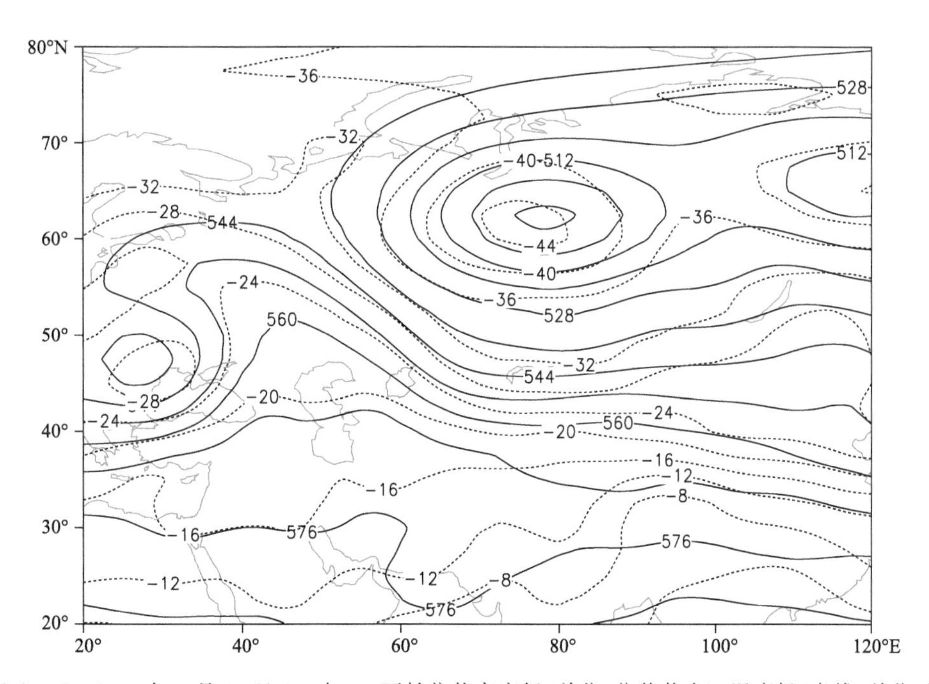

图2-2-507　2004年3月25日20时500百帕位势高度场（单位：位势什米），温度场（虚线，单位：℃）

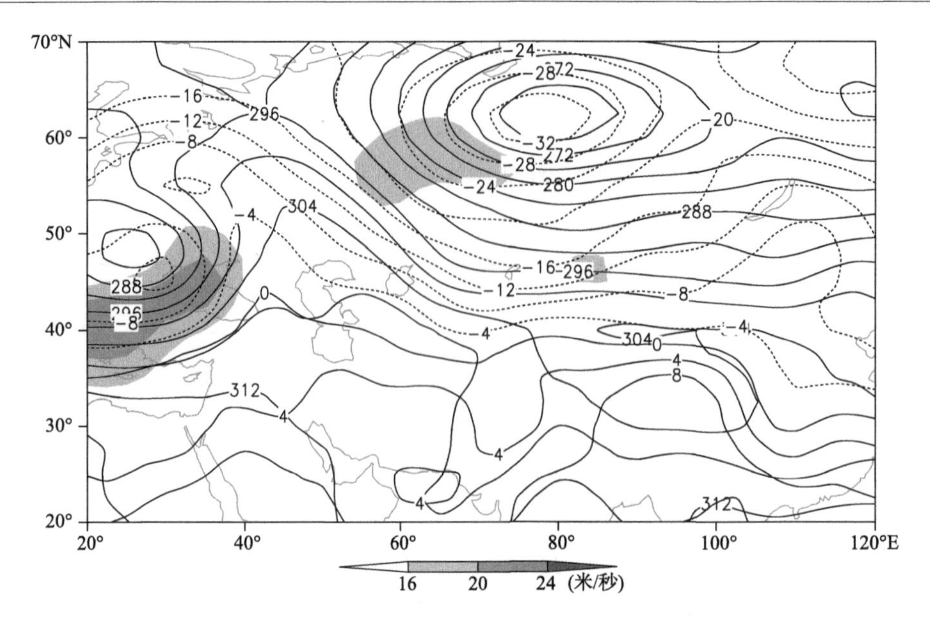

图 2-2-508　2004 年 3 月 25 日 20 时 700 百帕位势高度场(单位:位势什米),阴影表示风速大于 16 米/秒急流区

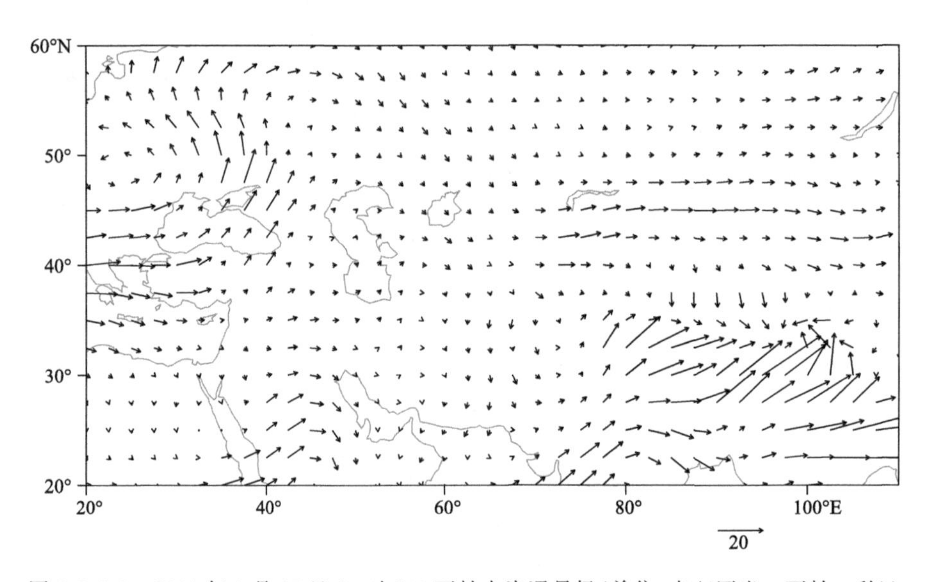

图 2-2-509　2004 年 3 月 25 日 20 时 700 百帕水汽通量场(单位:克/(厘米·百帕·秒))

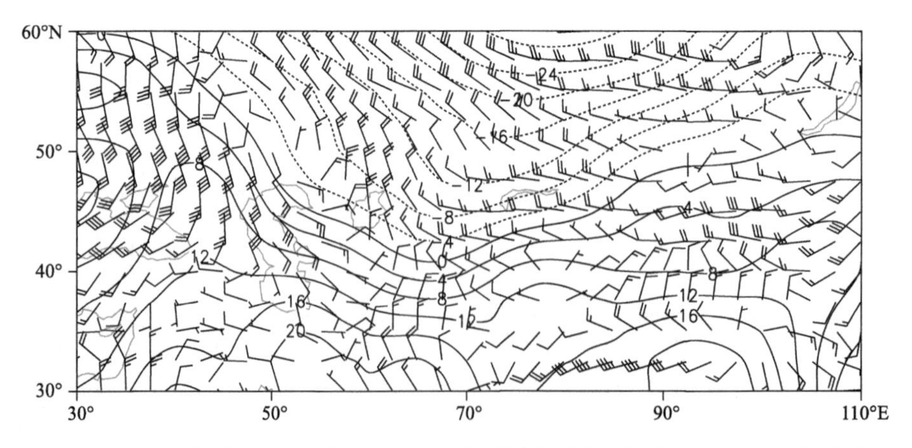

图 2-2-510　2004 年 3 月 25 日 20 时 850 百帕风场(单位:米/秒),温度场(单位:℃)

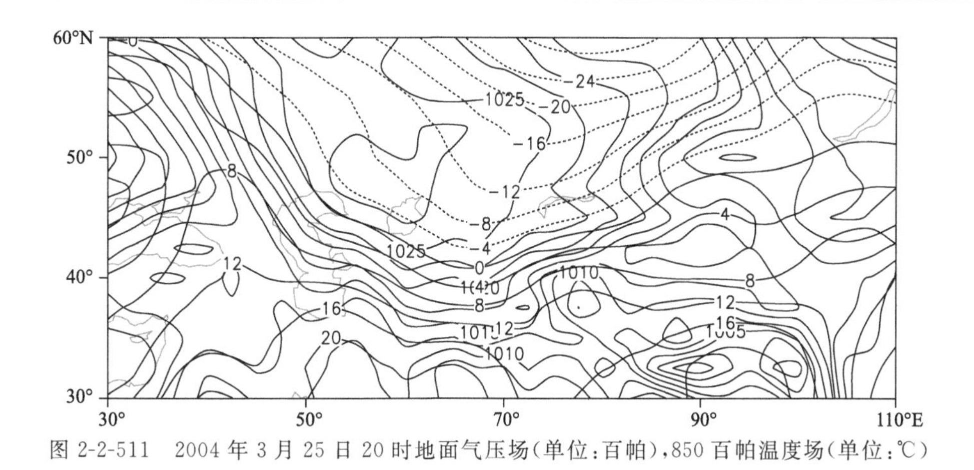

图 2-2-511 2004 年 3 月 25 日 20 时地面气压场(单位:百帕),850 百帕温度场(单位:℃)

2.2.74 伊犁哈萨克自治州暴雪(2004-11-02)

【降雪实况】2004 年 11 月 2—3 日,伊犁哈萨克自治州相继出现暴雪。2 日,尼勒克县、察布查尔锡伯自治县、霍尔果斯市 24 小时降雪量分别为 22.7 毫米、22.1 毫米、13.5 毫米。伊宁县、伊宁市、霍城县出现大暴雪,24 小时降雪量分别为 31.3 毫米、41.0 毫米、33.6 毫米。3 日,新源县、伊宁县、尼勒克县、伊宁市、霍城县 24 小时降雪量分别为 14.9 毫米、22.8 毫米、12.5 毫米、25.8 毫米、15.2 毫米(图 2-2-512)。

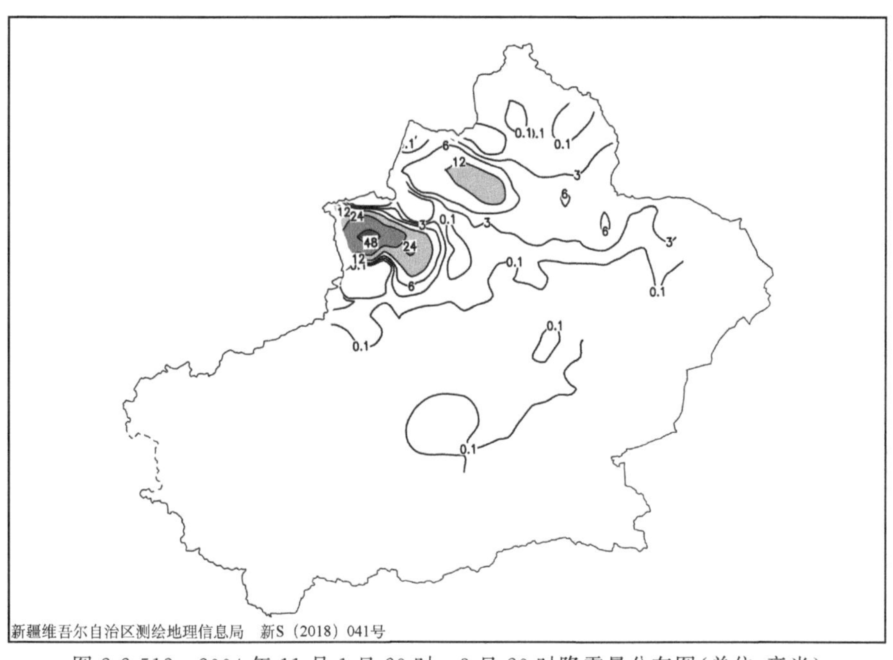

图 2-2-512 2004 年 11 月 1 日 20 时—3 日 20 时降雪量分布图(单位:毫米)

【天气形势】500 百帕环流场上,降雪开始前,50°N 以北为两槽一脊的形势,脊位于乌拉尔山西侧,随着斯堪的纳维亚半岛冷涡东移,乌拉尔脊引导新地岛冷空气南下进入中亚地区,使中亚低槽加深,同时极涡底部冷空气不断进入新疆,使锋区增强,偏西急流沿伊犁河谷进入伊犁地区,在伊犁地区产生暴雪和大暴雪天气过程(图 2-2-514)。乌拉尔脊继续东移,脊前冷空气与极涡冷空气打通,冷空气势力进一步增强,锋区位于伊犁地区,使伊犁地区再次产生暴雪天气。

对流层高层的 200 百帕上,从乌拉尔山南部到北疆西部有一支中心风速大于 40 米/秒的西北急流,急流核在中亚地区,急流核逐渐东移(图 2-2-513),2 日,急流核风速达到最大,3 日开始逐渐减弱。高空急流在高层起到了辐散抽吸作用,急流中心风速越大,辐散抽吸作用越强,越有利于低层辐合上升运动的加剧,这是大降雪出现的主要原因。强降雪发生时,伊犁地区处于高空急流入口区右侧正涡度平流区,高空急流入口区右侧为辐散区,强烈的高层辐散抽吸作用加强了中低层系统的强烈发展,有利于强降雪产生。700 百帕上,1 日 20 时—2 日 20 时,北疆始终受偏西急流控制,急流轴风速逐渐增强,伊犁地区位于急流最大风速中心的前方,强劲的低空急流有利于水汽和不稳定能量向暴雪的输送,再加上伊犁河谷是典型向西开口的“喇叭口”地形，低空偏西急流有利于形成伊犁河谷的水汽辐合及地形抬升产生的垂直运动，对强降雪产生明显的增强作用(图 2-2-515)。3 日，急流轴逐渐北抬，降雪逐渐减弱。700 百帕水汽通量场上，强降雪发生前和发生时，在 50°E 以西有三个水汽输送通道，一个是欧洲北部水汽沿西北路径的输送，一个是欧洲大西洋沿岸水汽经黑海沿西方路径的输送，还有一个是北非东部水汽沿西南路径，经红海、阿拉伯半岛的输送，三支水汽在里海汇聚后，沿低空偏西急流通过接力机制输送至伊犁地区，充沛的水汽和源源不断的水汽输送是此次大范围、持续性暴雪天气的重要物质基础(图 2-2-516)。

地面图上，1 日 20 时，冷高压中心位于西西伯利亚，强度为 1025 百帕，新疆西北部境外为弱冷锋，新疆受地面低压控制，低压中心位于阿勒泰地区(图 2-2-517，图 2-2-518)。2 日 08 时，冷高压增强东移至哈萨克丘陵和阿尔泰山之间，在处于冷锋前部的伊犁地区产生强降雪。2 日 20 时，冷高压中心移至新疆西部境外，强度达 1035 百帕。同时，西西伯利亚低压发展强盛，低压底部已经伸至咸海。3 日 08 时，移至蒙古地区的冷高压增强至中心达 1052.2 百帕，随着蒙古高压的减弱东移，北疆西部处在蒙古高压后部，西西伯利亚低压前部的减压、升温区域，进而在伊犁地区产生暖区暴雪。

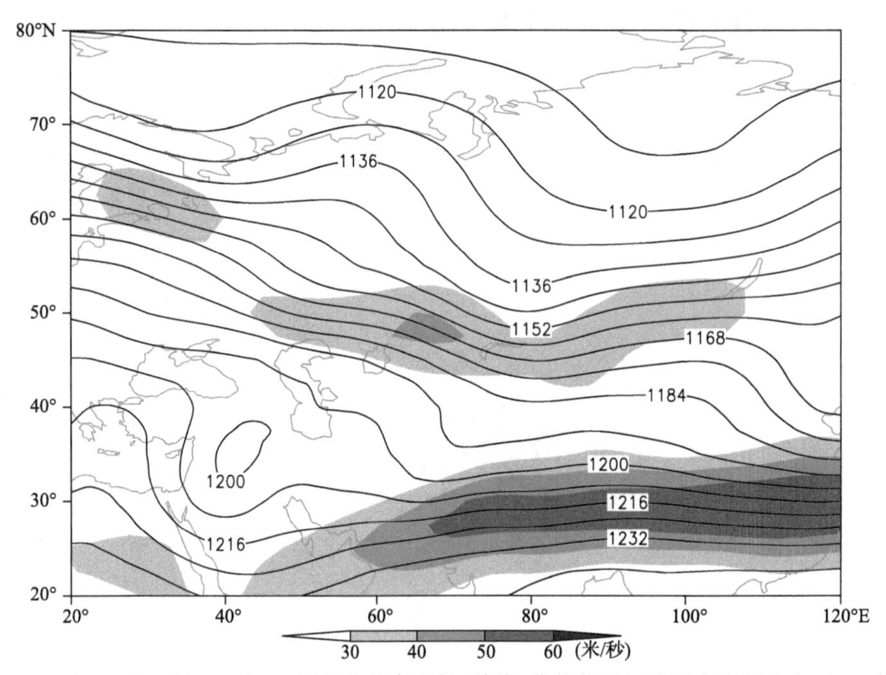

图 2-2-513　2004 年 11 月 1 日 20 时 200 百帕位势高度场(单位:位势什米)，阴影表示风速大于 30 米/秒急流区

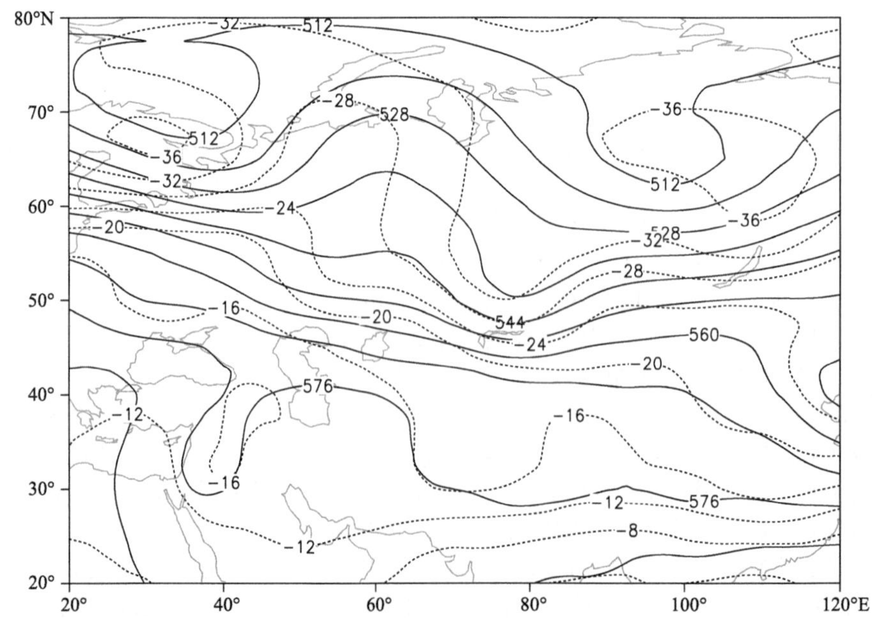

图 2-2-514　2004 年 11 月 1 日 20 时 500 百帕位势高度场(单位:位势什米)，温度场(虚线，单位:℃)

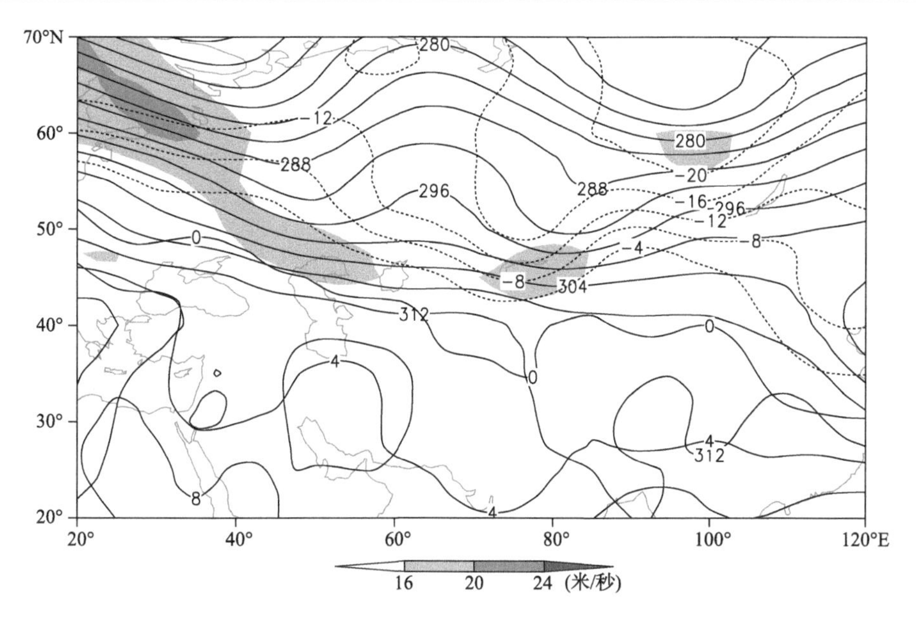

图 2-2-515 2004 年 11 月 1 日 20 时 700 百帕位势高度场(单位:位势什米),阴影表示风速大于 16 米/秒急流区

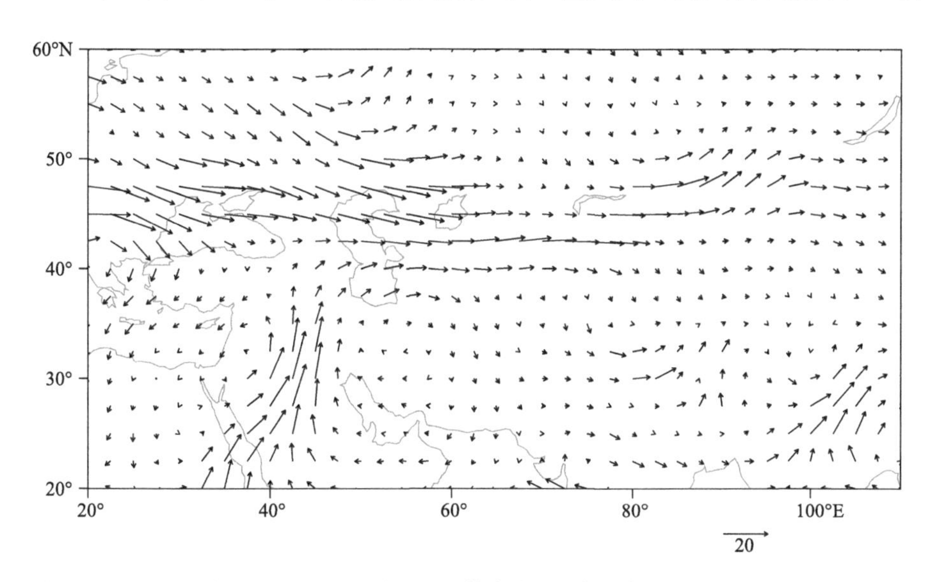

图 2-2-516 2004 年 11 月 1 日 20 时 700 百帕水汽通量场(单位:克/(厘米·百帕·秒))

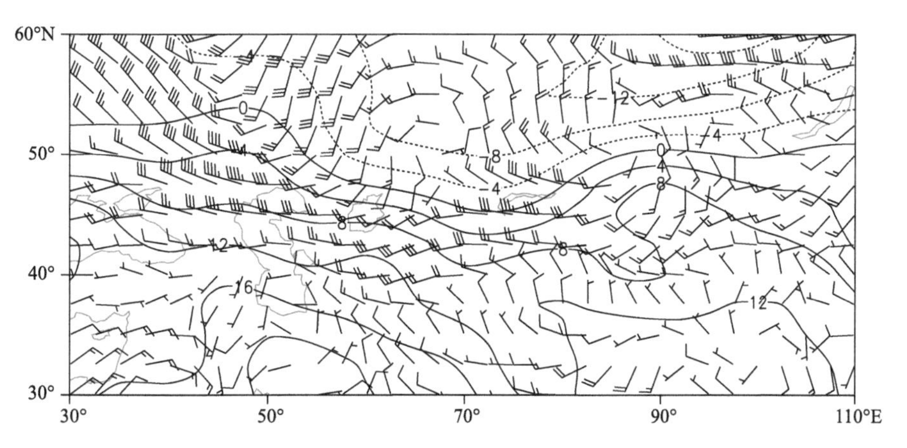

图 2-2-517 2004 年 11 月 1 日 20 时 850 百帕风场(单位:米/秒),温度场(单位:℃)

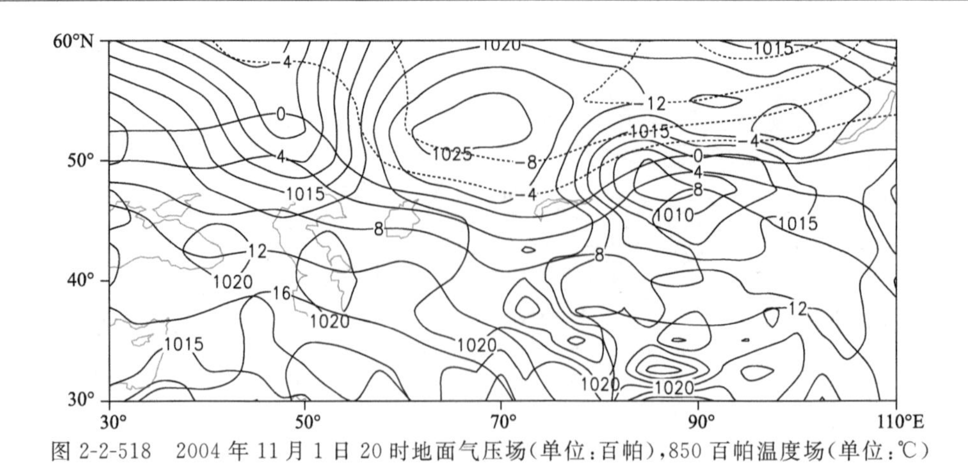

图 2-2-518　2004 年 11 月 1 日 20 时地面气压场(单位:百帕),850 百帕温度场(单位:℃)

2.2.75　阿勒泰地区、塔城地区、伊犁哈萨克自治州、昌吉回族自治州、石河子市暴雪(2004-11-07)

【降雪实况】2004 年 11 月 7 日,阿勒泰地区青河县、阿勒泰市,塔城地区塔城市、裕民县出现暴雪,24 小时降雪量分别为 15.6 毫米、15.1 毫米、12.6 毫米、14.7 毫米。8 日,塔城地区沙湾县,伊犁哈萨克自治州新源县、巩留县、伊宁县、尼勒克县、伊宁市、察布查尔锡伯自治县、霍城县,昌吉回族自治州玛纳斯县,石河子市、乌兰乌苏镇出现暴雪,24 小时降雪量分别为 18.1 毫米、22.4 毫米、14.9 毫米、23.7 毫米、16.1 毫米、20.4 毫米、14.9 毫米、18.9 毫米、13.5 毫米、12.9 毫米、17.5 毫米(图 2-2-519)。

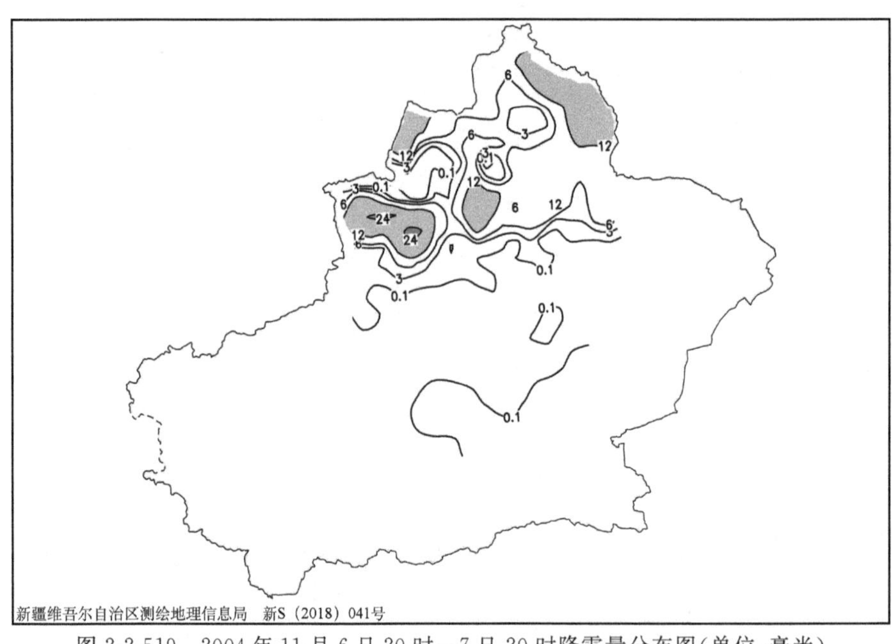

图 2-2-519　2004 年 11 月 6 日 20 时—7 日 20 时降雪量分布图(单位:毫米)

【天气形势】500 百帕环流场上,降雪开始前,欧洲高压脊东移与黑海高压脊叠加,叠加后的脊增强,脊顶向东北伸展,受其影响极涡南掉至西伯利亚,极涡伴有－42℃的冷中心,强锋区东移南压过程中,造成塔城、阿勒泰地区强降雪(图 2-2-521)。随着欧洲高压脊的发展东移,新地岛上的强冷空气沿脊前偏北风带进入极涡,极涡增强南下,强锋区南压,7 日 20 时,南支锋区上的短波槽与强锋区上的弱波动在北疆沿天山一带汇合,造成北疆沿天山一带的强降雪。

200 百帕上,强降雪发生过程中,高压脊前西北急流在巴尔喀什湖附近转为偏西急流影响北疆,急流核位于哈萨克丘陵。高层偏西急流,使得高层辐散加强,暴雪区位于高空急流核的入口区,高空的辐散有利于暴雪区上升运动的发展和维持(图 2-2-520)。700 百帕上,6 日 20 时—7 日 20 时,北疆受北支锋区上的西南急流控制,急流轴最大风速超过 20 米/秒,塔城和阿勒泰地区位于急流出口区的前部,强盛的低空西南急流把巴尔喀什湖以南的暖湿空气不断输送到塔城和阿勒泰地区上空,使塔城和阿勒泰地区产生明显的水汽辐合和强烈的上升运动(图 2-2-522)。8 日 08 时开始,西南急流转为西北急流控制北疆地区,西北急流的建立有利于北疆沿天山一带的地形辐合抬升，一般认为地形的迎风坡具有动力及屏障作用，可以使气流绕地形流动和被迫爬升，并且暖湿气流容易在中尺度地形迎风坡造成气旋性辐合，地形作用在迎风坡上表现为水平辐合，对降水产生明显的增强作用。700百帕水汽通量场(图2-2-523)，7日，源自地中海和欧洲大西洋沿岸的水汽在欧洲中部汇聚后，向咸海地区输送，此时，高湿中心的轴线与低空西南急流的走向一致，因而，咸海地区的水汽通过急流大规模的输送到暴雪区。8日，有两个通道向北疆输送水汽，一个是红海水汽沿西南路径向北疆输送，一个是地中海上的水汽翻过乌拉尔山沿西北路径向北疆输送，两个方向的水汽持续不断地在北疆沿天山一带聚集并辐合，为暴雪的产生和维持提供了充足的水汽。

地面图上，6日20时，冷高压中心位于蒙古地区，低压中心位于西伯利亚(图2-2-524，图2-2-525)。7日08时，低压中心移至东萨彦岭，北疆北部塔城和阿勒泰地区受负变压控制，随着西西伯利亚冷高压东移南下，东萨彦岭上空的低压和蒙古高压减弱，在蒙古高压后部和低压前部的减压、升温区域产生暖区暴雪。7日20时，西西伯利亚冷高压南下至哈萨克丘陵北部，强度为1032.5百帕，中尺度冷锋压在北疆北部。3日08时，冷高压中心移至哈萨克丘陵，强度增强为1040百帕，强锋区压在北疆沿天山一带，造成北疆沿天山一带强降雪天气。

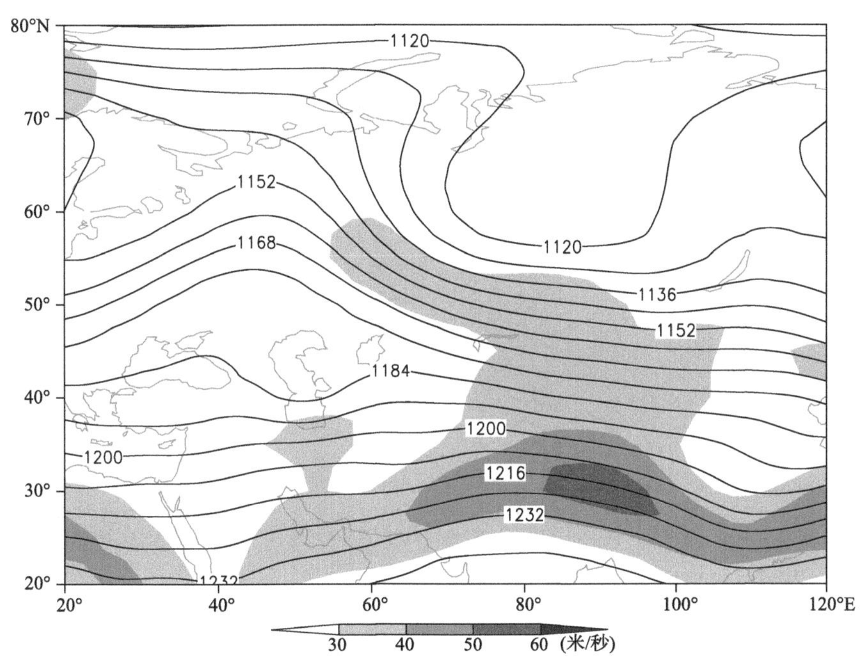

图2-2-520　2004年11月6日20时200百帕位势高度场(单位:位势什米)，阴影表示风速大于30米/秒急流区

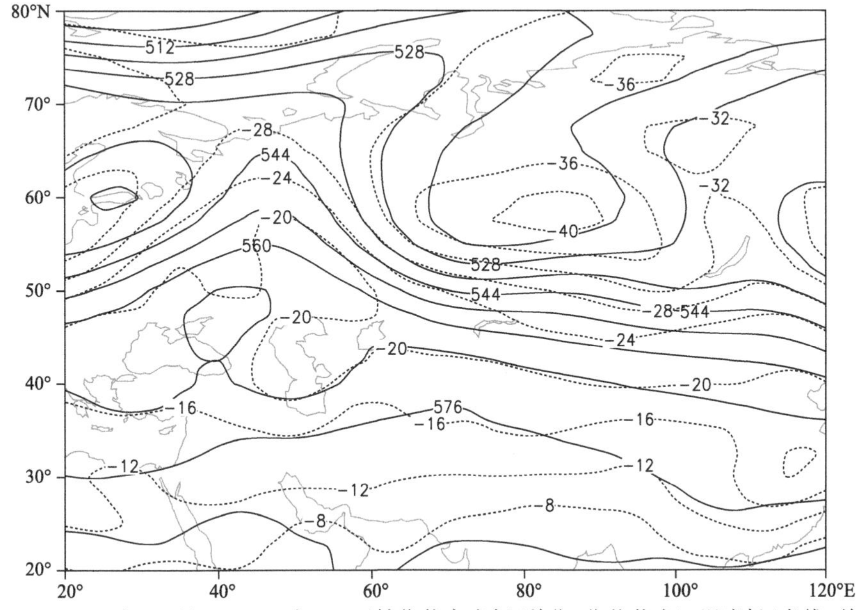

图2-2-521　2004年11月6日20时500百帕位势高度场(单位:位势什米)，温度场(虚线，单位:℃)

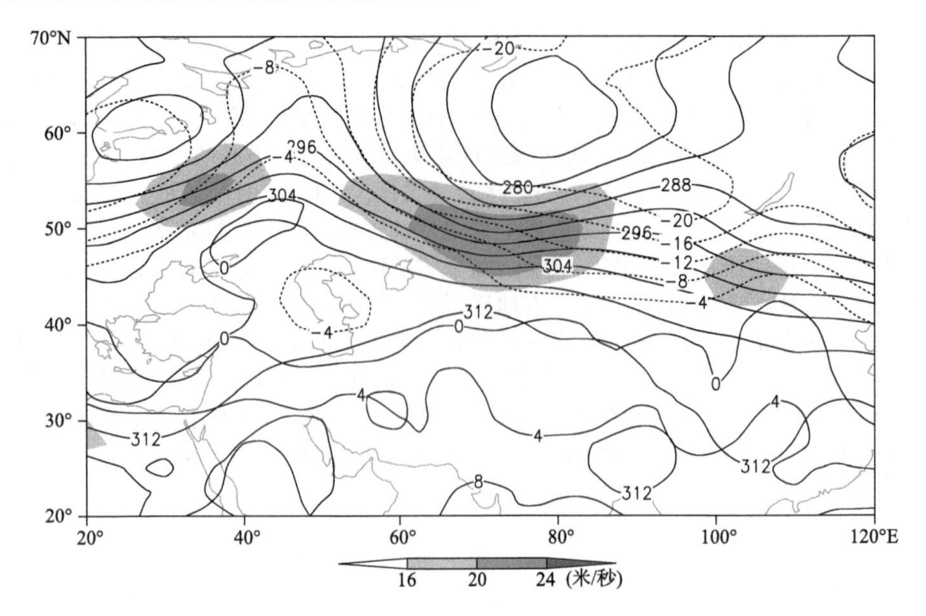

图 2-2-522　2004 年 11 月 6 日 20 时 700 百帕位势高度场(单位:位势什米),阴影表示风速大于 16 米/秒急流区

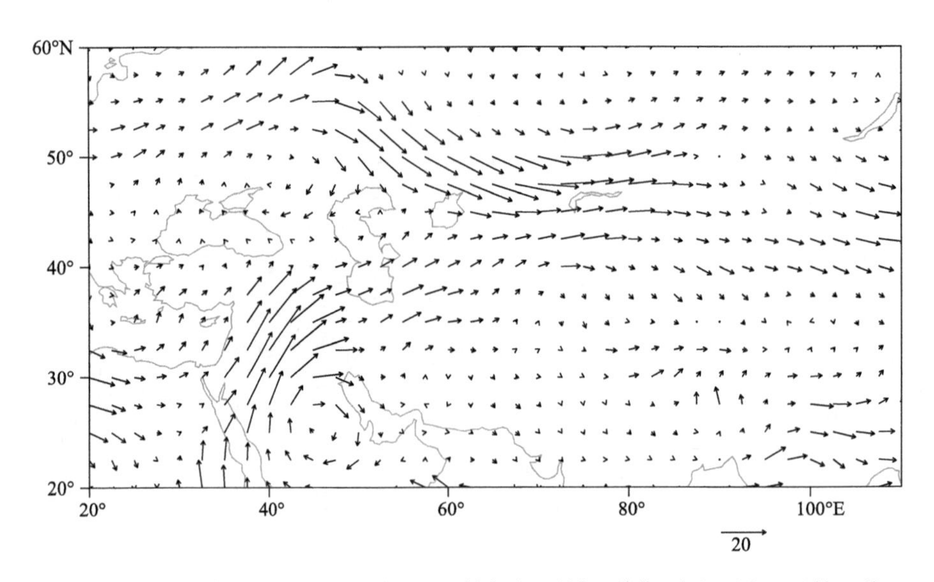

图 2-2-523　2004 年 11 月 6 日 20 时 700 百帕水汽通量场(单位:克/(厘米·百帕·秒))

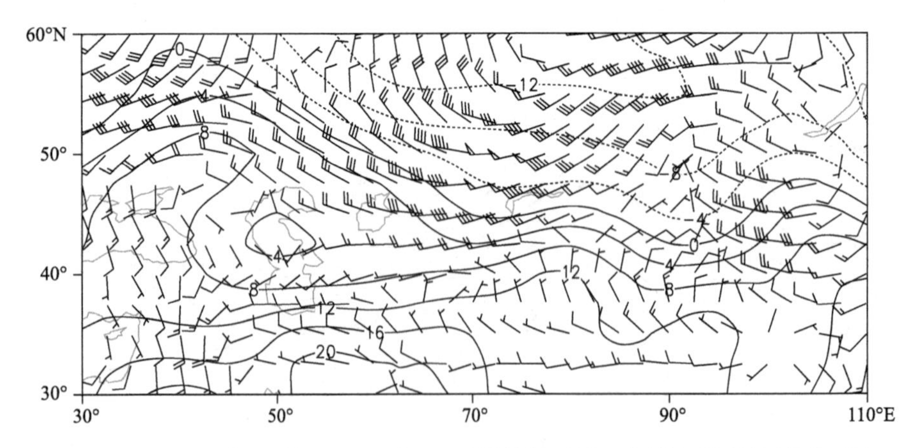

图 2-2-524　2004 年 11 月 6 日 20 时 850 百帕风场(单位:米/秒),温度场(单位:℃)

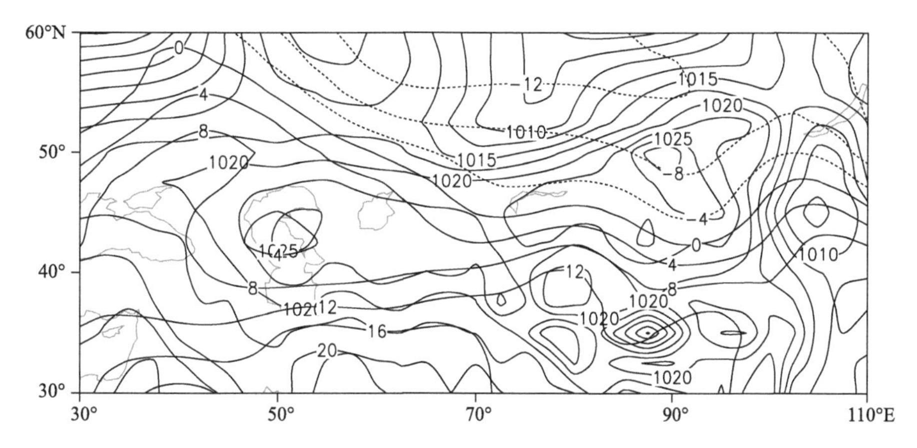

图 2-2-525　2004 年 11 月 6 日 20 时地面气压场(单位:百帕),850 百帕温度场(单位:℃)

2.2.76　伊犁哈萨克自治州、博尔塔拉蒙古自治州暴雪(2004-12-19)

【降雪实况】2004 年 12 月 19 日,伊犁哈萨克自治州伊宁县、伊宁市、霍城县、霍尔果斯市,博尔塔拉蒙古自治州温泉县、博乐市出现暴雪,24 小时降雪量分别为 13.5 毫米、13.5 毫米、22.1 毫米、15.8 毫米、15.7 毫米、12.4 毫米(图 2-2-526)。

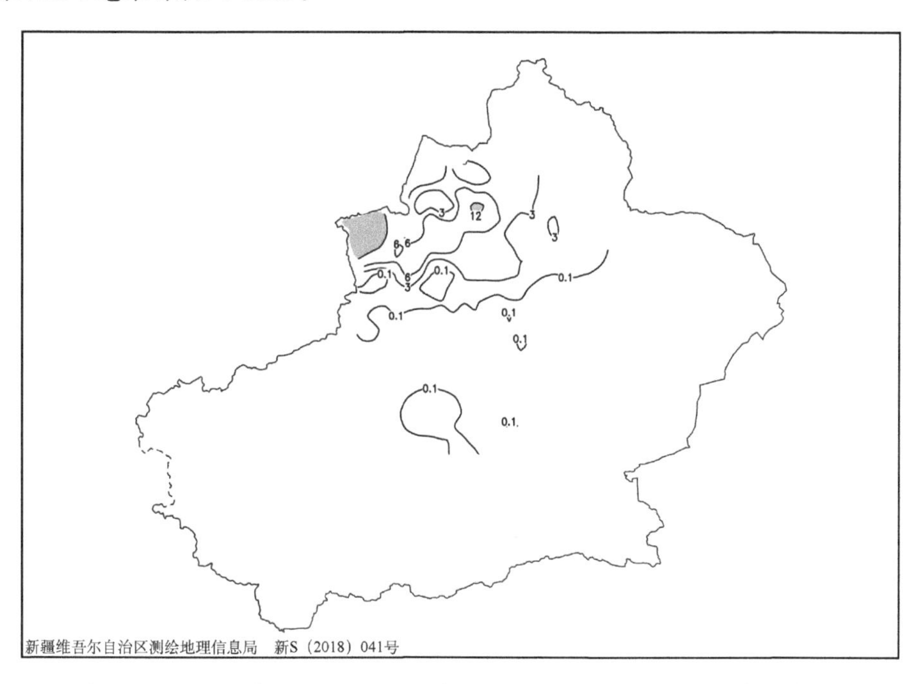

图 2-2-526　2004 年 12 月 18 日 20 时—19 日 20 时降雪量分布图(单位:毫米)

【天气形势】500 百帕环流场上,降雪开始前两天欧亚范围为两脊一槽的形势,黑海和新疆为脊区,低槽位于里海(图 2-2-528)。槽前西南气流向东北方向输送过程中,一部分气流转为东南向,使槽的北端形成冷涡。黑海脊后暖平流移至脊前,脊的北段减弱,乌拉尔山北部冷空气沿脊前西北气流进入低槽,低槽加深东移影响新疆,为伊犁哈萨克自治州和博尔塔拉蒙古自治州部分地区的暴雪天气提供了有利的环流背景。

200 百帕上,从伊朗高原到新疆北部存在一支显著的西南急流,伊犁哈萨克自治州和博尔塔拉蒙古自治州位于急流入口区右侧的强辐散区(图 2-2-527)。700 百帕风速大值区位于咸海南部,北疆同样受西南气流影响,高空西南急流入口区右侧的强辐散区和低空西南急流出口区左侧的强辐合区在暴雪区上空叠加,使得整层大气的垂直上升运动增强,为暴雪天气提供了有利的动力条件(图 2-2-529,图 2-2-530)。

地面图上,18 日 20 时,冷高压中心位于地中海东部,冷高压前部冷锋位于巴尔喀什湖,锋线呈东北—西南走向,冷高压沿西方路径东移,北疆西部开始加压、降温,当气压快速上升,气温明显下降,即冷锋过境时降雪量达到最大(图 2-2-531,图 2-2-532)。

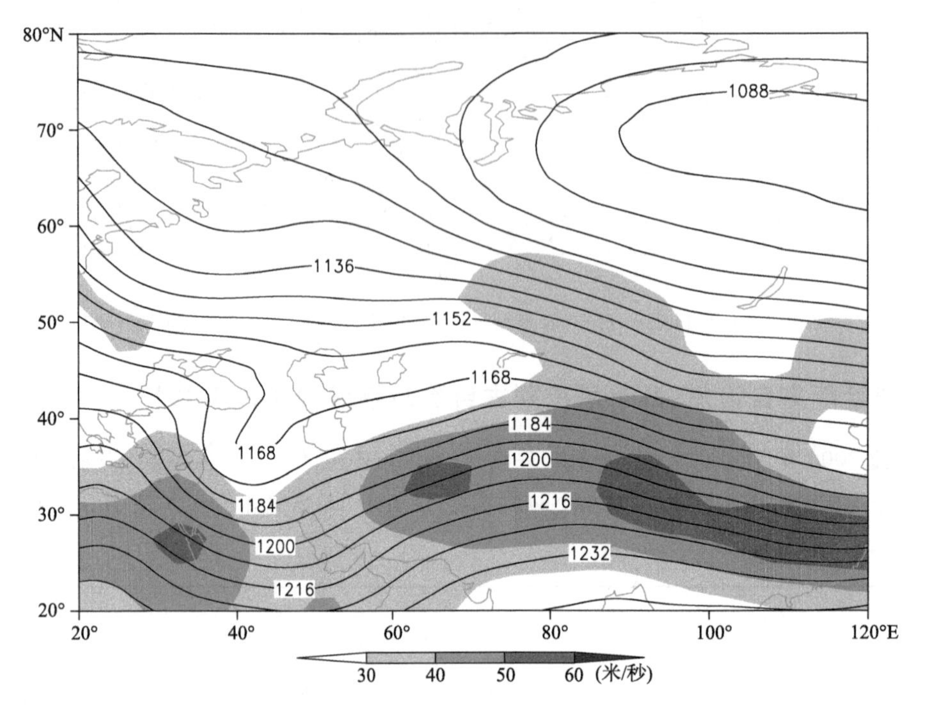

图 2-2-527 2004 年 12 月 18 日 20 时 200 百帕位势高度场(单位:位势什米),阴影表示风速大于 30 米/秒急流区

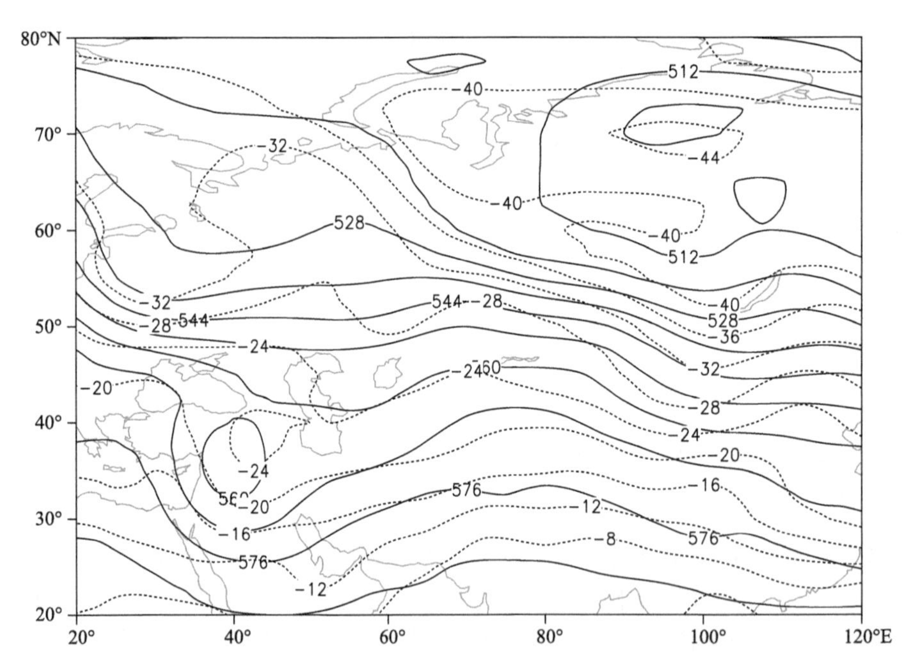

图 2-2-528 2004 年 12 月 18 日 20 时 500 百帕位势高度场(单位:位势什米),温度场(虚线,单位:℃)

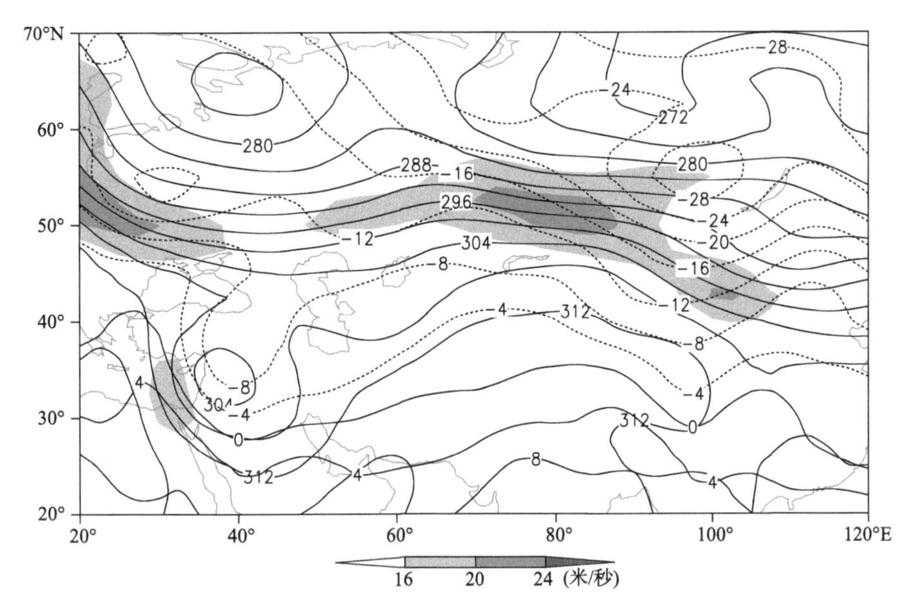

图 2-2-529　2004 年 12 月 18 日 20 时 700 百帕位势高度场(单位:位势什米),阴影表示风速大于 16 米/秒急流区

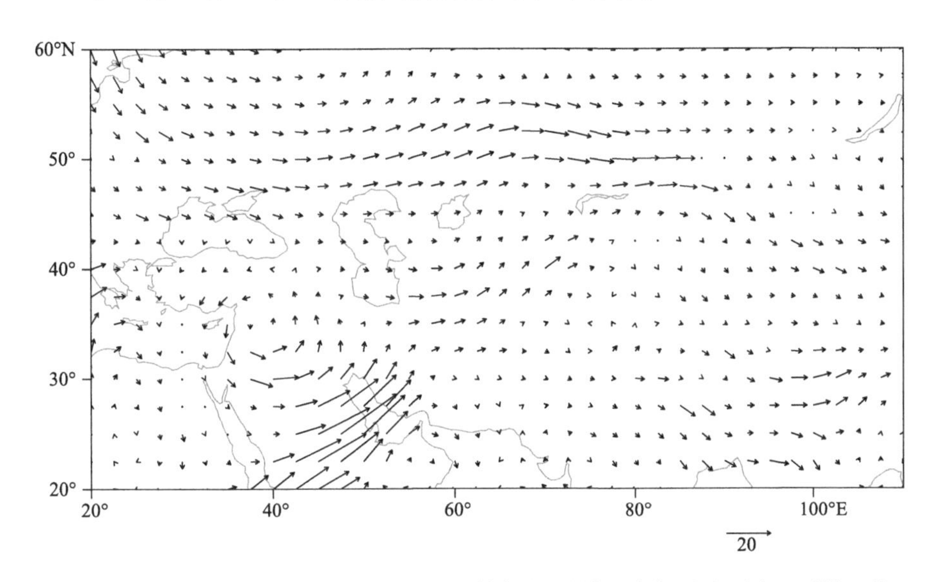

图 2-2-530　2004 年 12 月 18 日 20 时 700 百帕水汽通量场(单位:克/(厘米·百帕·秒))

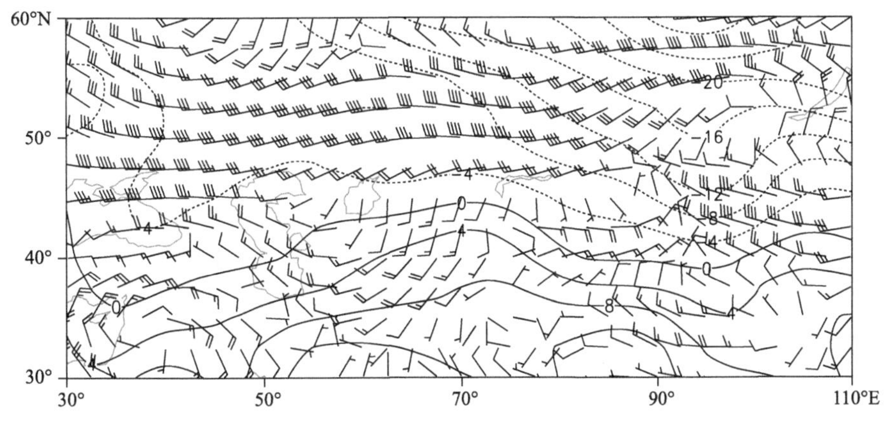

图 2-2-531　2004 年 12 月 18 日 20 时 850 百帕风场(单位:米/秒),温度场(单位:℃)

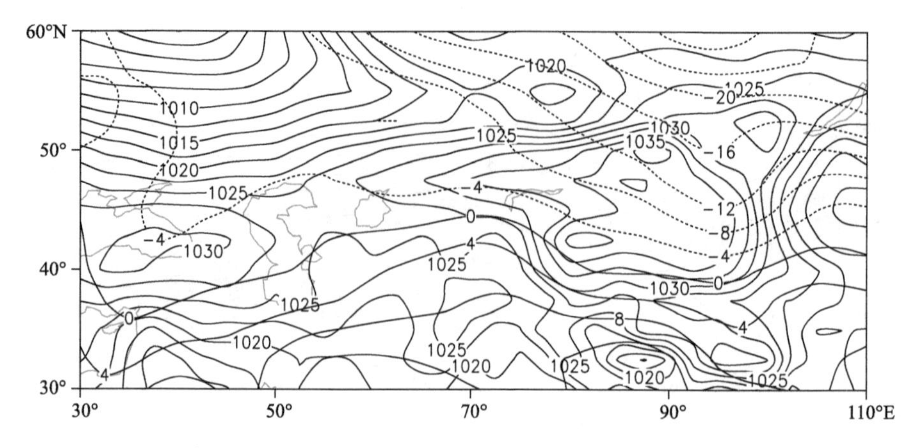

图 2-2-532　2004 年 12 月 18 日 20 时地面气压场(单位:百帕),850 百帕温度场(单位:℃)

2.2.77　克孜勒苏柯尔克孜自治州、喀什地区暴雪(2005-02-17)

【降雪实况】2005 年 2 月 17 日,克孜勒苏柯尔克孜自治州阿克陶县,喀什地区英吉沙县、喀什市出现暴雪,24 小时降雪量分别为 21.8 毫米、18.2 毫米、13.0 毫米(图 2-2-533)。

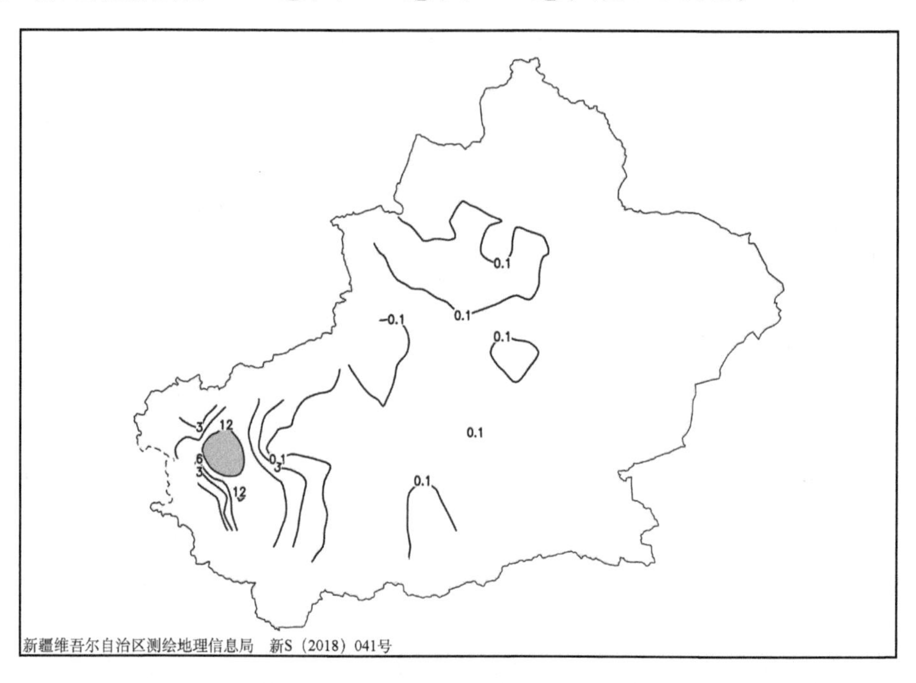

图 2-2-533　2005 年 2 月 16 日 20 时—17 日 20 时降雪量分布图(单位:毫米)

【天气形势】500 百帕环流场上,过程前期,新疆受横槽前强锋区控制,横槽中有低于－48℃的冷中心(图 2-2-535)。黑海和里海上空的高压脊发展强盛,东移北伸过程中与西伯利亚高压脊叠加,泰梅尔半岛南部强冷空气沿脊前东北风带进入横槽,横槽加深南压并缓慢东移,横槽的存在对低层偏东急流的建立和加强非常有利,而低层偏东急流的建立、加强对南疆西部降雪的维持起着至关重要的作用,16 日 08 时,里海、黑海高压脊前正变高南落,脊前暖平流与脊后暖平流打通,在中亚形成低涡,此时,温度槽落后于高度槽,中亚低涡加深东移,在南疆西部形成"东西夹攻"的环流形势,这种环流配置有利于南疆西部强降雪的发生。

200 百帕上(图 2-2-534),16 日 20 时,南疆受高空槽前的偏西急流控制,随着高空槽加深,17 日,南疆开始受西南急流控制,这支高空急流起到了高空抽吸作用,使得暴雪区上空气流辐散,对暴雪形成极为有利。700 百帕上,南疆盆地西部处于西南气流前部的辐合上升区,低层辐合、高层辐散导致垂直上升运动增强,有利于强降雪的发生(图 2-2-536,图 2-2-537)。低层 850 百帕上,南疆盆地为低压,受中亚北部强大的冷高压缓慢南压影响，塔里木盆地北面盛行偏东气流，这支偏东气流与盆地低压北部偏东气流汇合形成偏东低空急流，低空急流的建立和维持，对南疆西部的强降水起到水汽集中输送和垫高的作用，为水汽的迅速集中及辐合提供有利的动力条件(图 2-2-538)。

地面图上，16 日 20 时，地面冷高压位于西西伯利亚，中心达 1050 百帕，中亚到新疆有一条冷锋，随着冷高压东移南下，冷空气不断在天山北坡堆积，使得南北疆沿天山一带气压梯度不断增大，冷空气翻越天山进入东疆，在偏东急流作用下，强冷空气由塔里木盆地东口“东灌”进入南疆西部，与西南暖湿气流在南疆西部上空交汇，形成暴雪天气(图 2-2-539)。

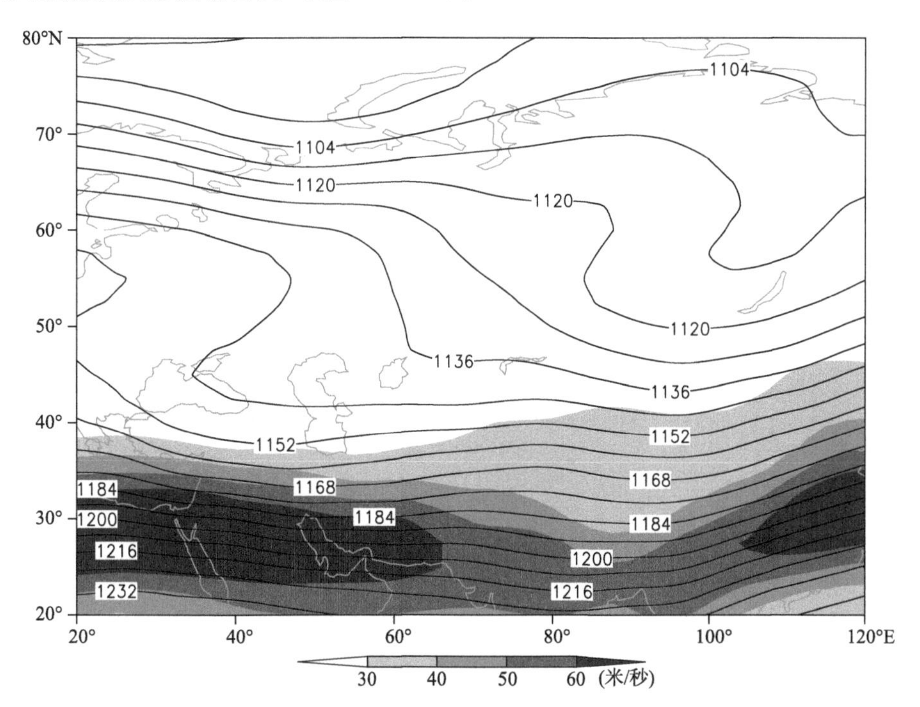

图 2-2-534　2005 年 2 月 16 日 20 时 200 百帕位势高度场(单位：位势什米)，阴影表示风速大于 30 米/秒急流区

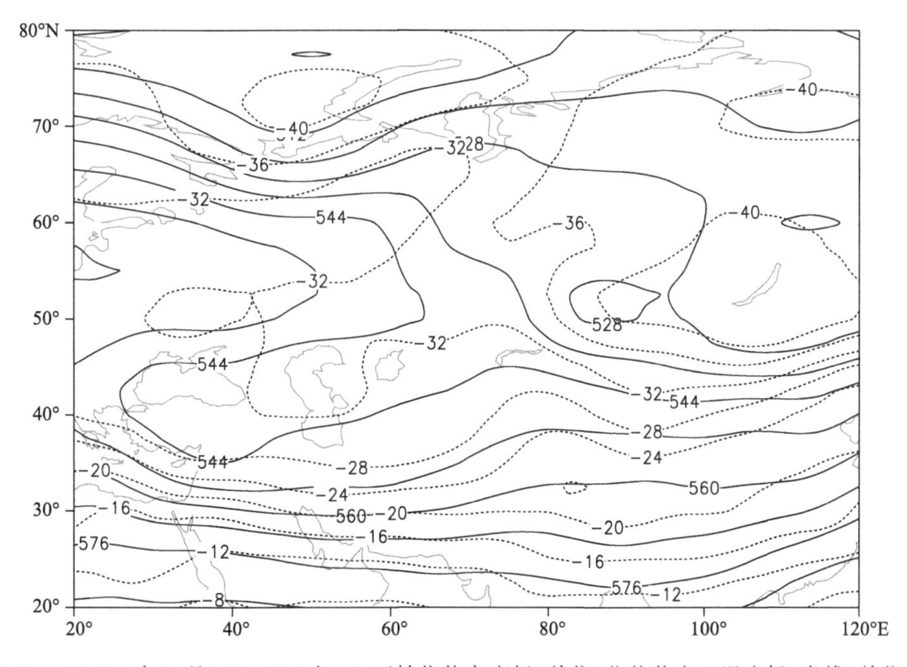

图 2-2-535　2005 年 2 月 16 日 20 时 500 百帕位势高度场(单位：位势什米)，温度场(虚线，单位：℃)

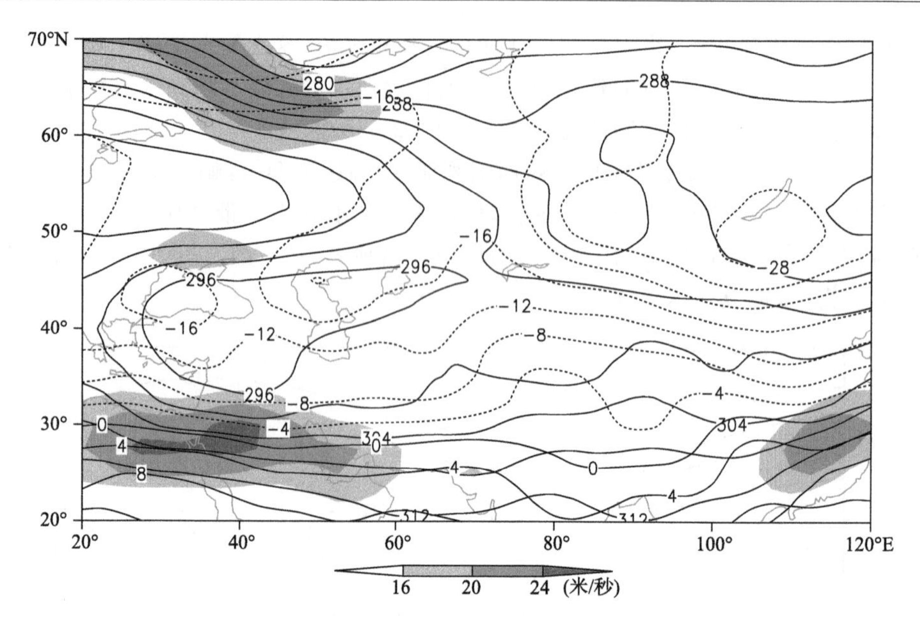

图 2-2-536　2005 年 2 月 16 日 20 时 700 百帕位势高度场(单位:位势什米),阴影表示风速大于 16 米/秒急流区

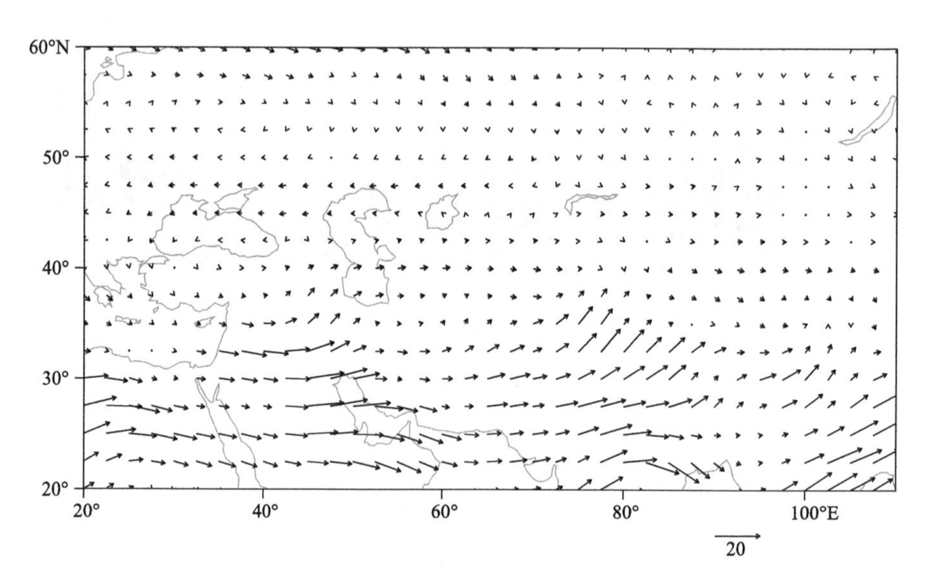

图 2-2-537　2005 年 2 月 16 日 20 时 700 百帕水汽通量场(单位:克/(厘米·百帕·秒))

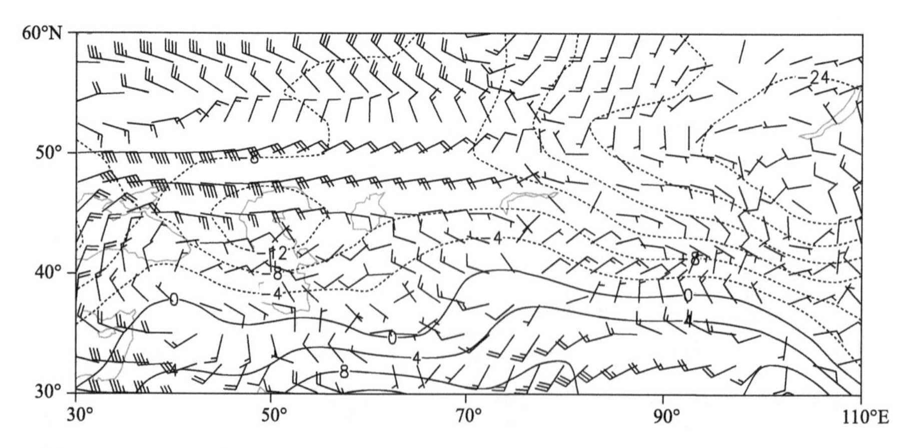

图 2-2-538　2005 年 2 月 16 日 20 时 850 百帕风场(单位:米/秒),温度场(单位:℃)

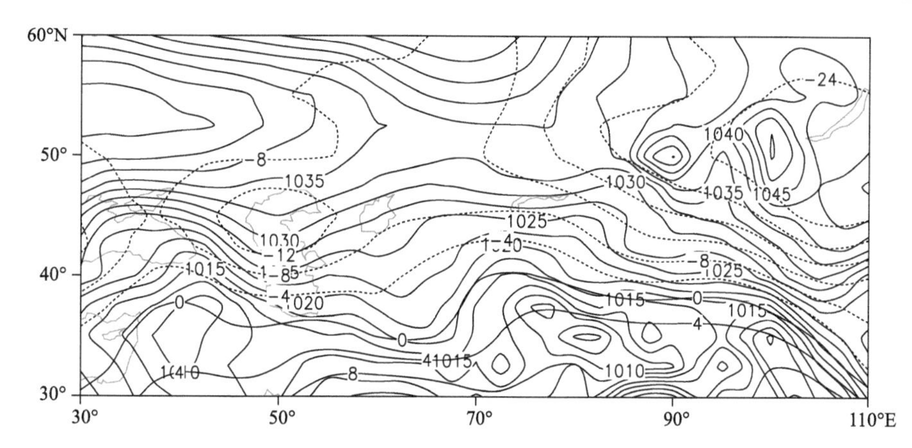

图 2-2-539　2005 年 2 月 16 日 20 时地面气压场(单位:百帕),850 百帕温度场(单位:℃)

2.2.78　伊犁哈萨克自治州、石河子地区、塔城地区暴雪(2005-03-14)

【降雪实况】2005 年 3 月 14 日,伊犁哈萨克自治州特克斯县、巩留县、伊宁县、尼勒克县、察布查尔锡伯自治县、石河子地区乌兰乌苏镇,塔城地区沙湾县、乌苏市出现暴雪天气,24 小时降雪量分别为 20.8 毫米、14.0 毫米、17.1 毫米、12.6 毫米、13.9 毫米、13.0 毫米、15.6 毫米、23.8 毫米。伊犁哈萨克自治州新源县出现大暴雪天气,24 小时降雪量 40.9 毫米(图 2-2-540)。

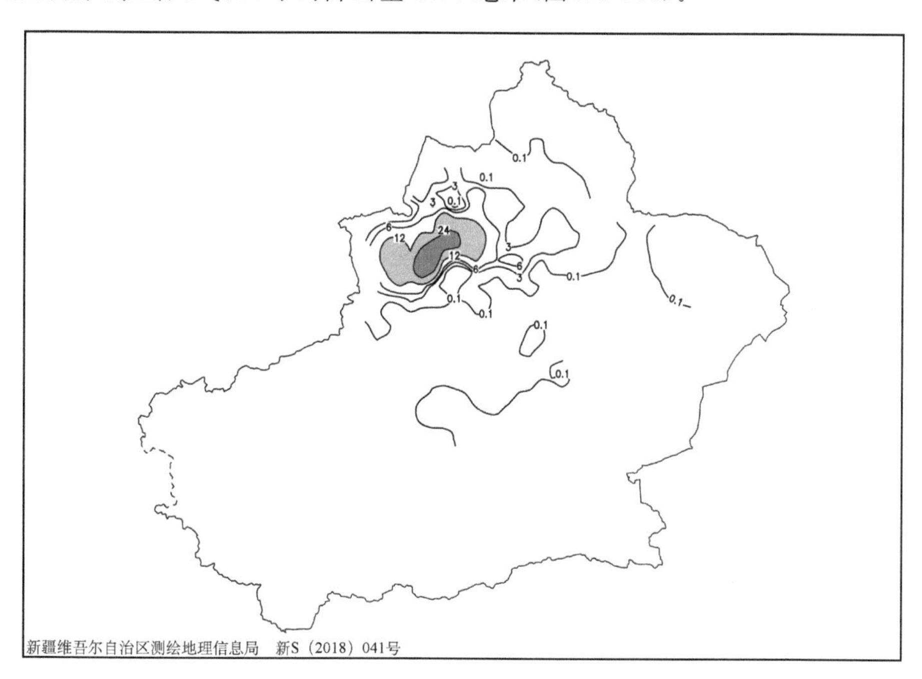

图 2-2-540　2005 年 3 月 13 日 20 时—14 日 20 时降雪量分布图(单位:毫米)

【天气形势】500 百帕环流场上,降雪开始前欧亚范围内环流经向度较大,中高纬地区维持一脊一槽的环流形势,即欧洲到乌拉尔山为冷涡活动区,新疆到贝加尔湖地区为持续强盛的高压脊(图 2-2-542)。冷涡中心在 50°～65°N、15°～50°E 范围内稳定少动并旋转。与此同时,中低纬度系统异常活跃,地中海东部为低槽区,并不断分裂短波东移北上,与冷涡底部不断分裂的短波在咸海地区汇合,形成的偏西急流进入新疆西部,为伊犁、塔城和石河子地区暴雪的发生提供了有利的环流背景。

200 百帕上从里海南部到北疆有一支显著的西南急流,急流核位于哈萨克丘陵南部,伊犁和塔城地区位于急流入口区右侧的强辐散区(图 2-2-541)。700 百帕上同样存在一支西南气流输送带,通过低层暖湿平流的输送,在降雪区产生不稳定层结。高、低空西南急流持续耦合发展,为暴雪的发生提供了有利的动力条件(图 2-2-543)。从 700 百帕水汽通量场可以看出,此次降雪过程有两条水汽通道,一条是里海水汽经咸海到达巴尔喀什湖,一条是红海水汽由西南气流引导输送到中亚,两支水汽汇合后进入北疆,为暴雪的产生提供充沛的水汽,同时两支水汽在伊犁河谷地区有明显的水汽辐合,新源县处于辐合中心,加之特殊的地形影响,在此产生大暴雪(图 2-2-544)。

地面图上,里海、咸海北部地面冷高压不断东移南压,13 日 20 时,冷锋前沿基本压至巴尔喀什湖附近,14 日,受地面冷锋和地形强迫抬升影响,在北疆西部产生暴雪和大暴雪天气(图 2-2-545,图 2-2-546)。

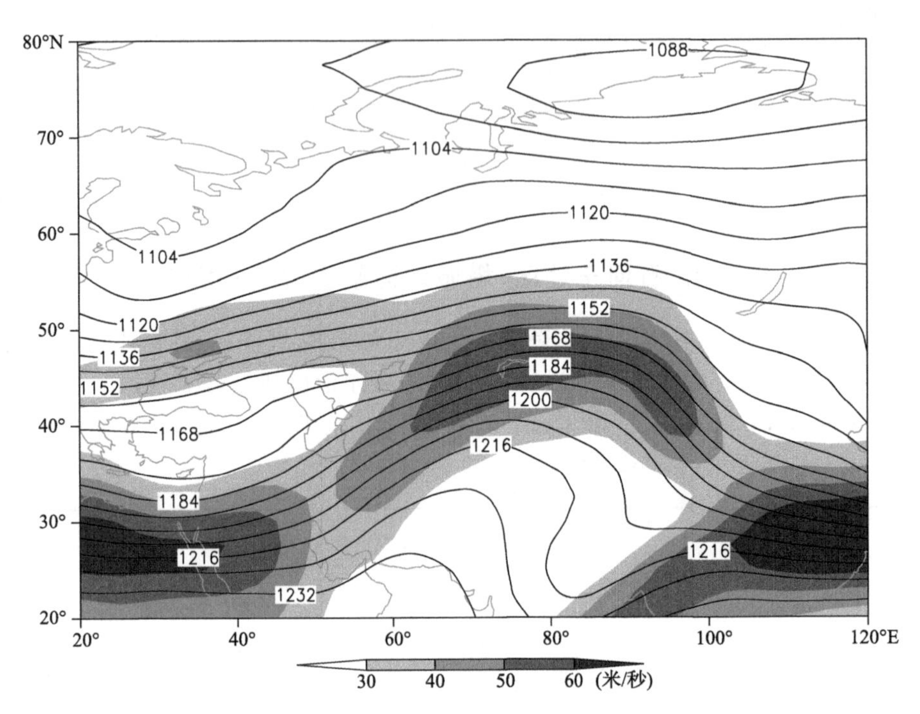

图 2-2-541　2005 年 3 月 13 日 20 时 200 百帕位势高度场(单位:位势什米),阴影表示风速大于 30 米/秒急流区

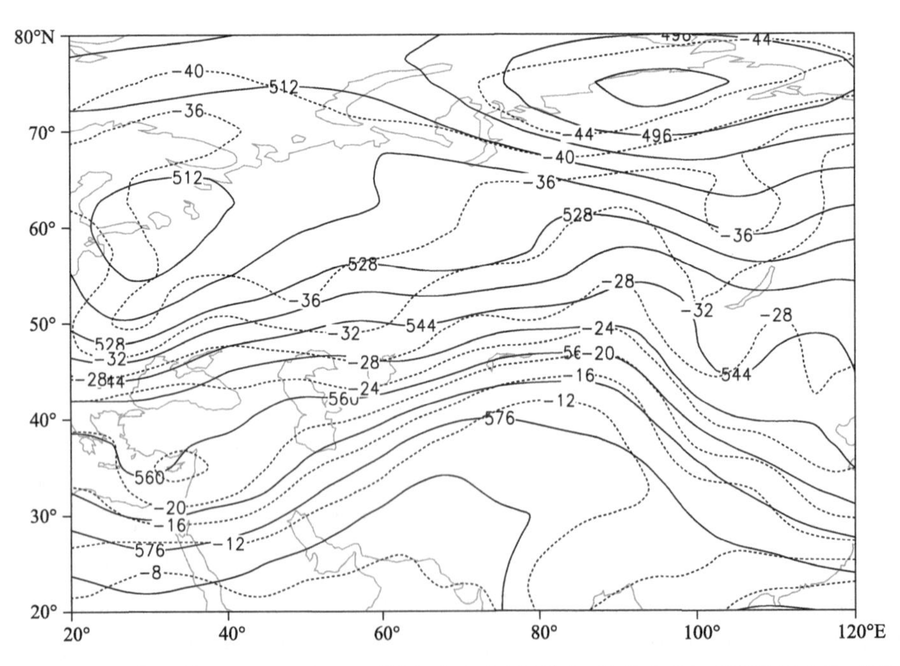

图 2-2-542　2005 年 3 月 13 日 20 时 500 百帕位势高度场(单位:位势什米),温度场(虚线,单位:℃)

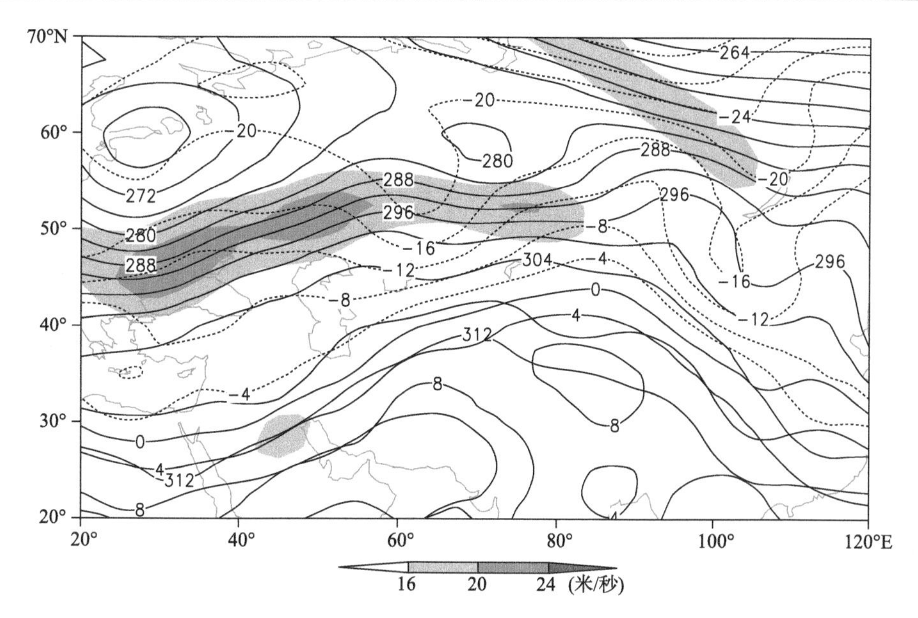

图 2-2-543　2005 年 3 月 13 日 20 时 700 百帕位势高度场(单位:位势什米),阴影表示风速大于 16 米/秒急流区

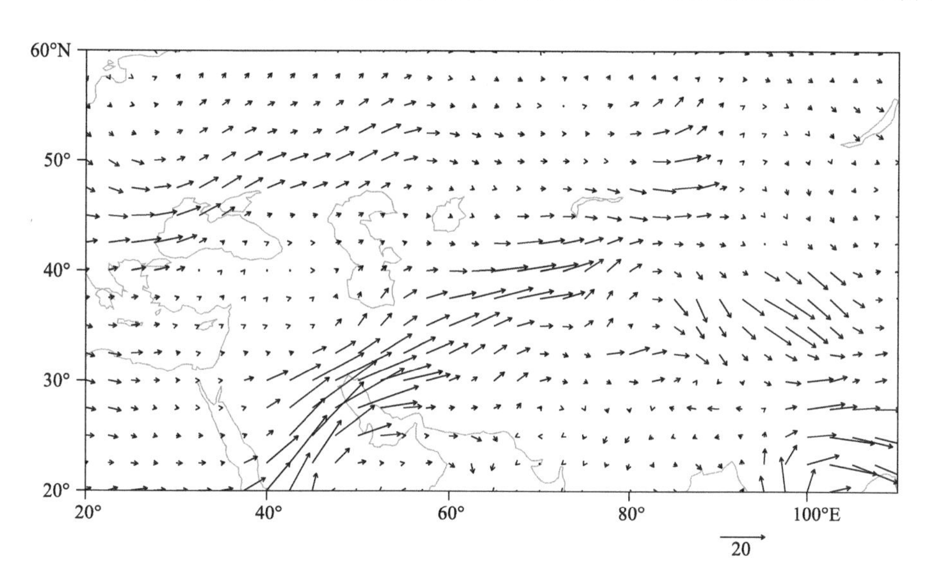

图 2-2-544　2005 年 3 月 13 日 20 时 700 百帕水汽通量场(单位:克/(厘米·百帕·秒))

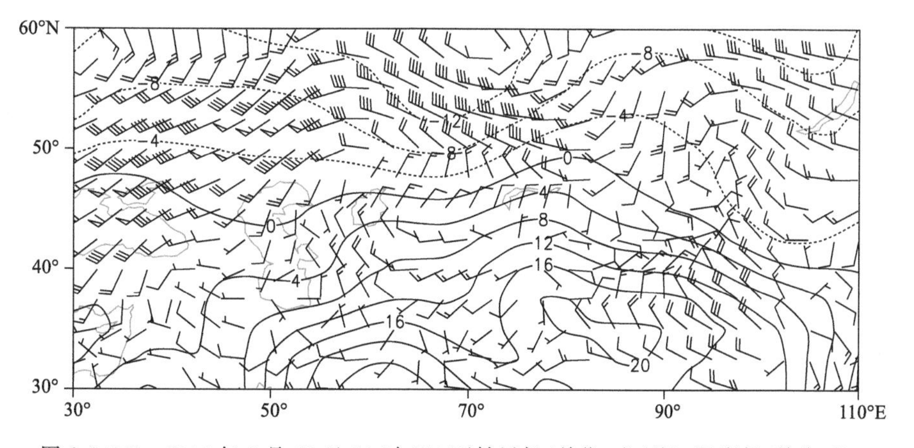

图 2-2-545　2005 年 3 月 13 日 20 时 850 百帕风场(单位:米/秒),温度场(单位:℃)

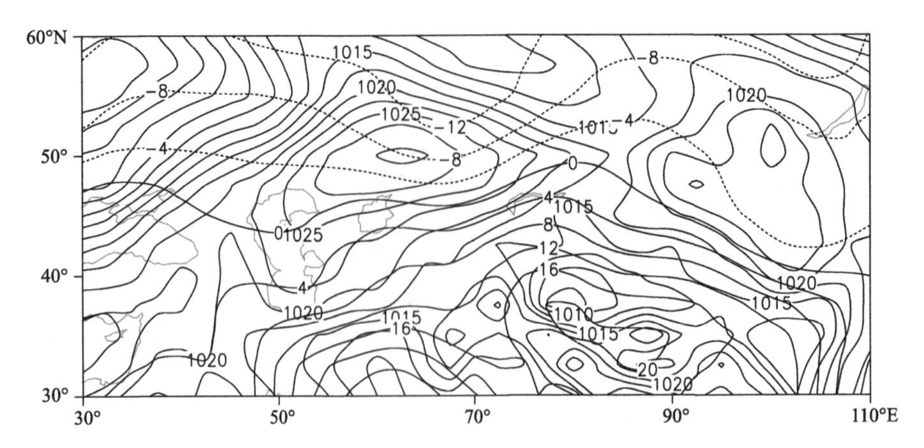

图 2-2-546　2005 年 3 月 13 日 20 时地面气压场(单位:百帕),850 百帕温度场(单位:℃)

2.2.79　伊犁哈萨克自治州、阿勒泰地区暴雪(2005-11-01)

【降雪实况】2005 年 11 月 1 日,伊犁哈萨克自治州伊宁县、伊宁市、察布查尔锡伯自治县、霍城县,阿勒泰地区富蕴县出现暴雪,24 小时降雪量分别为 14.6 毫米、15.2 毫米、14.0 毫米、15.7 毫米、13.7 毫米(图 2-2-547)。

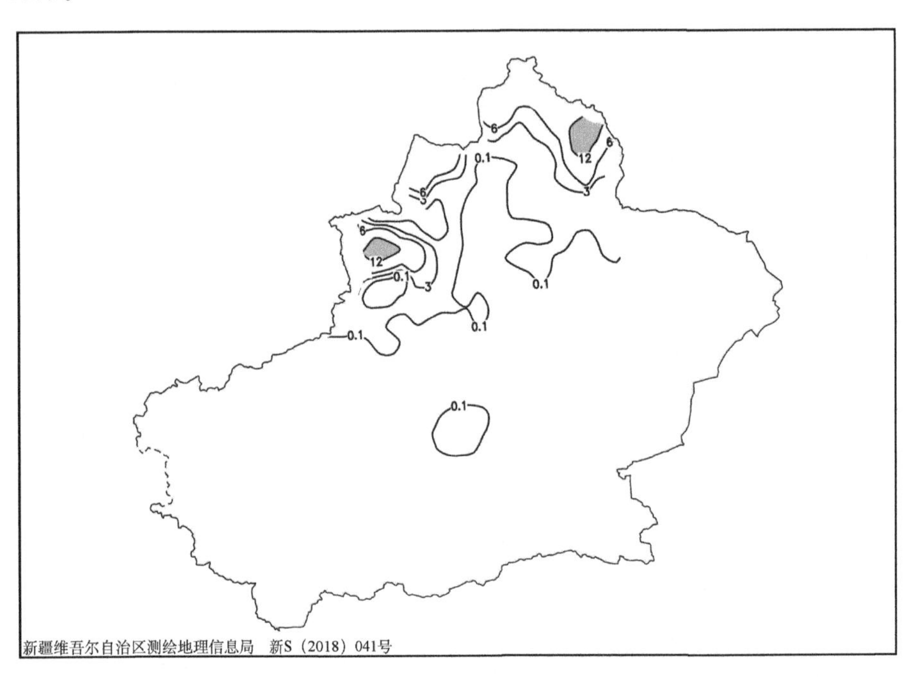

图 2-2-547　2005 年 10 月 31 日 20 时—11 月 1 日 20 时降雪量分布图(单位:毫米)

【天气形势】500 百帕环流场上,降雪开始前,10 月 30 日 08 时,欧亚中高纬度有两个低值中心,一个位于黑海和地中海之间,一个位于西伯利亚北部,新疆处于中亚槽前的西南气流控制中。随着乌拉尔山北部高压脊的东移北伸,西伯利亚北部低槽东移南压,强锋区压在东萨彦岭与贝加尔湖之间,北部冷空气沿脊前偏北风带进入中亚低槽,使低槽加深,31 日 08 时开始,欧洲北部高压向北发展,引导乌拉尔山北部冷空气进入中亚槽中,受中亚槽前锋区影响,在北疆西部和北部产生暴雪天气(图 2-2-549)。

200 百帕上,从西西伯利亚到新疆有一支高空西北急流,急流核位于西西伯利亚,急流核东移南下,强降雪时段,阿勒泰和伊犁地区处于高空急流入口区右侧,高空的辐散抽吸有利于低层系统的发展(图 2-2-548)。700 百帕上,西西伯利亚上空的西北急流在巴尔喀什湖转为偏西急流,低空偏西急流把中亚的暖湿空气不断输送到北疆,在处于急流出口区的阿勒泰和伊犁地区产生水汽辐合和强上升运动(图 2-2-550)。从 700 百帕水汽通量场可以看出,波罗的海水汽向东输送至乌拉尔山,部分水汽翻过乌拉尔山经咸海、中亚增湿后输送至暴雪区，为暴雪的产生提供充沛的水汽(图 2-2-551)。

地面图上，31 日 20 时，冷高压中心位于欧洲中部，冷高压中不断分裂出小高压沿西方路径东移，阿勒泰地区处于冷锋前部的减压、升温区域，属暖区降雪。随着冷高压主体东移，北疆开始受正变压控制，冷高压前部不断有冷锋东移，在伊犁地区产生暴雪天气(图 2-2-552，图 2-2-553)。

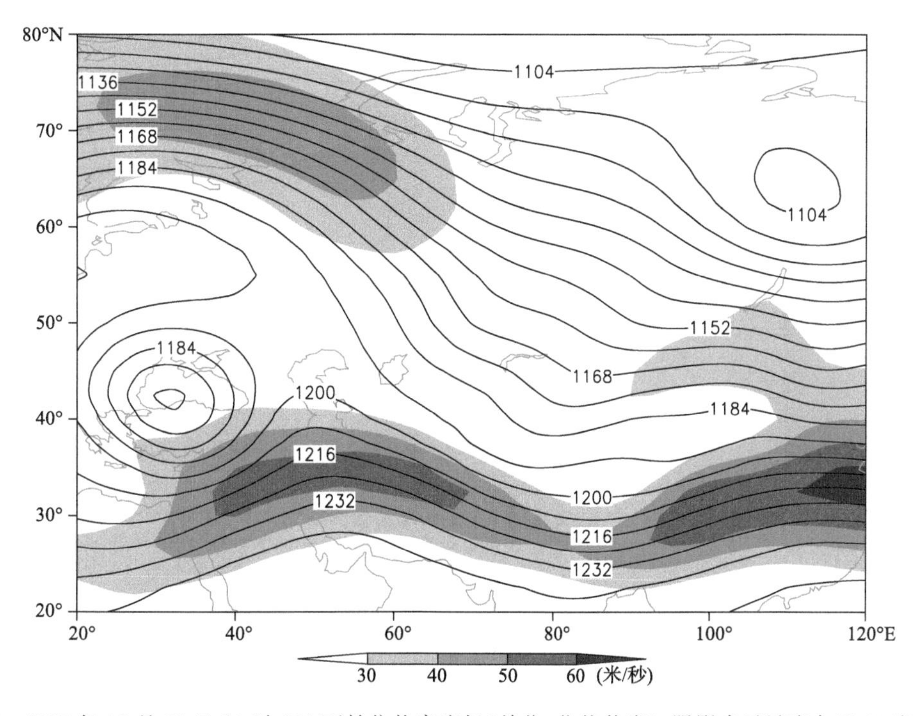

图 2-2-548　2005 年 10 月 31 日 20 时 200 百帕位势高度场(单位：位势什米)，阴影表示风速大于 30 米/秒急流区

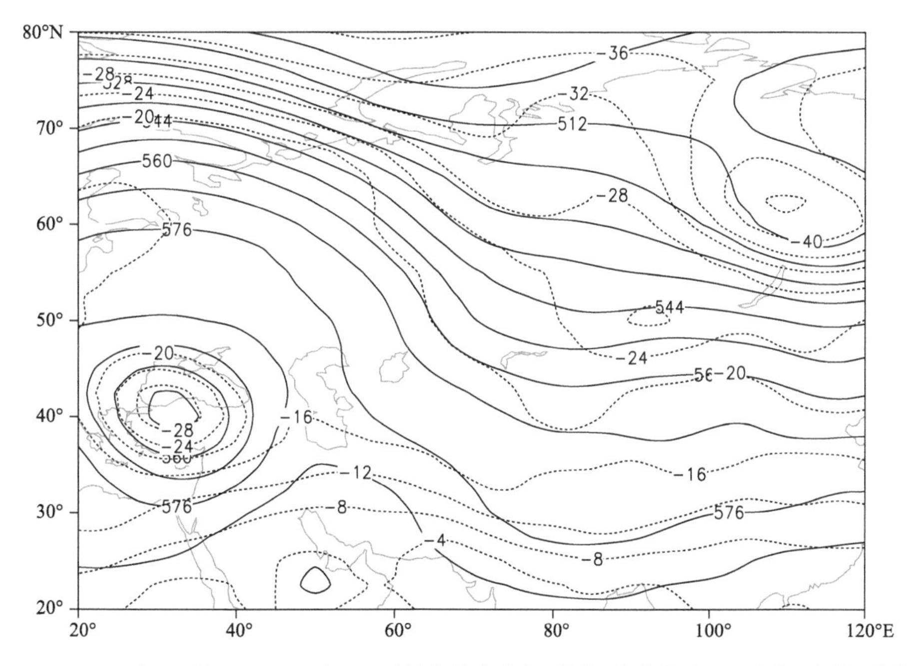

图 2-2-549　2005 年 10 月 31 日 20 时 500 百帕位势高度场(单位：位势什米)，温度场(虚线，单位：℃)

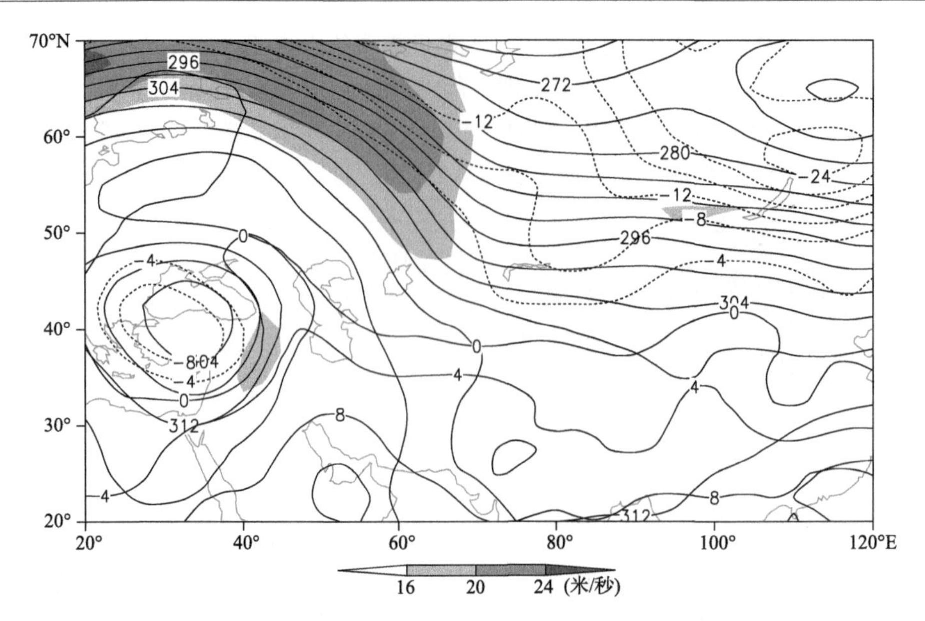

图 2-2-550 2005 年 10 月 31 日 20 时 700 百帕位势高度场(单位:位势什米),阴影表示风速大于 16 米/秒急流区

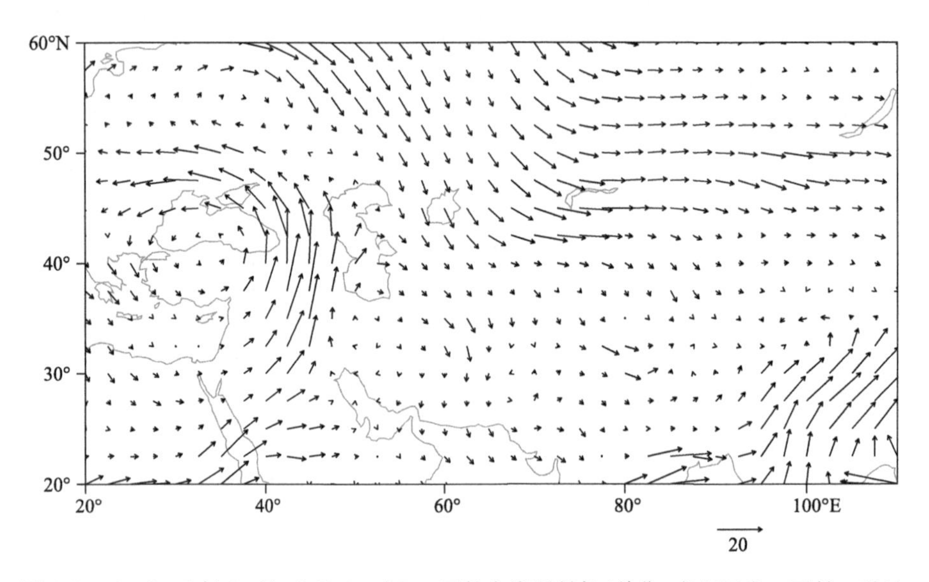

图 2-2-551 2005 年 10 月 31 日 20 时 700 百帕水汽通量场(单位:克/(厘米·百帕·秒))

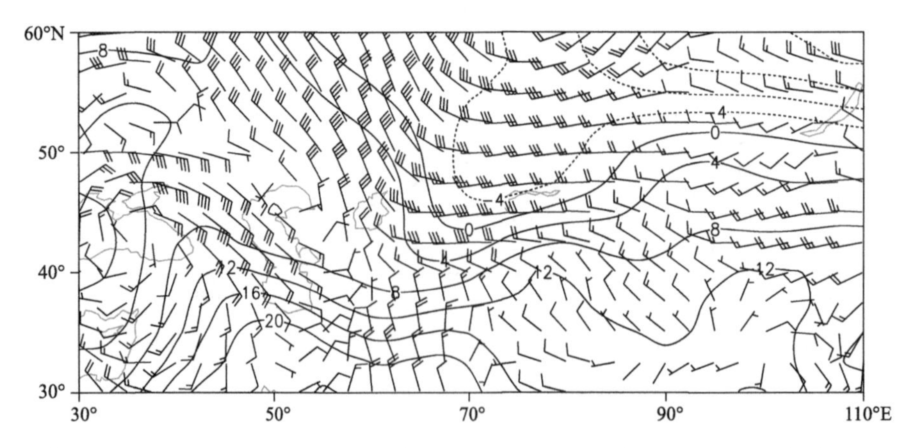

图 2-2-552 2005 年 10 月 31 日 20 时 850 百帕风场(单位:米/秒),温度场(单位:℃)

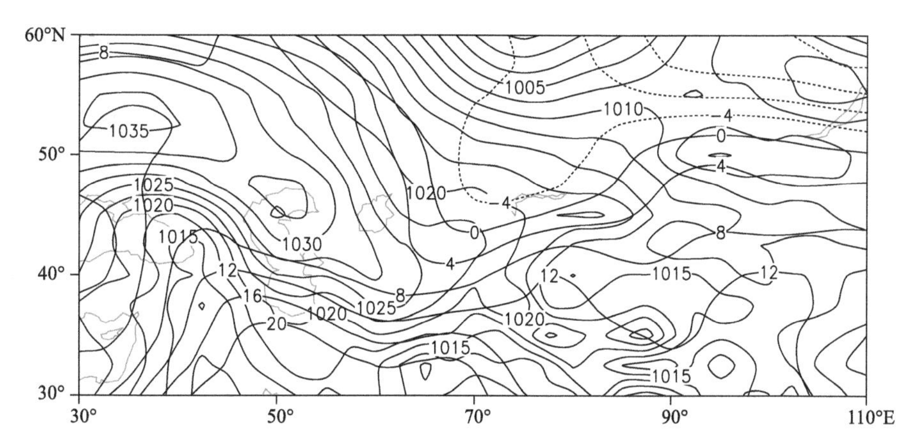

图 2-2-553　2005 年 10 月 31 日 20 时地面气压场(单位:百帕),850 百帕温度场(单位:℃)

2.2.80　阿勒泰地区、昌吉回族自治州、乌鲁木齐市暴雪(2005-11-03)

【降雪实况】2005 年 11 月 3—4 日,阿勒泰地区、昌吉回族自治州、乌鲁木齐市相继出现暴雪天气。3 日,阿勒泰地区富蕴县、青河县、阿勒泰市、哈巴河县 24 小时降雪量分别为 20.9 毫米、12.1 毫米、12.9 毫米、14.1 毫米。4 日,昌吉回族自治州天池、吉木萨尔县、阜康市、北塔山,乌鲁木齐市、牧试站、小渠子站、米东区 24 小时降雪量分别为 21.9 毫米、13.4 毫米、18.3 毫米、16.4 毫米、15.4 毫米、12.1 毫米、13.3 毫米、17.9 毫米(图 2-2-554)。

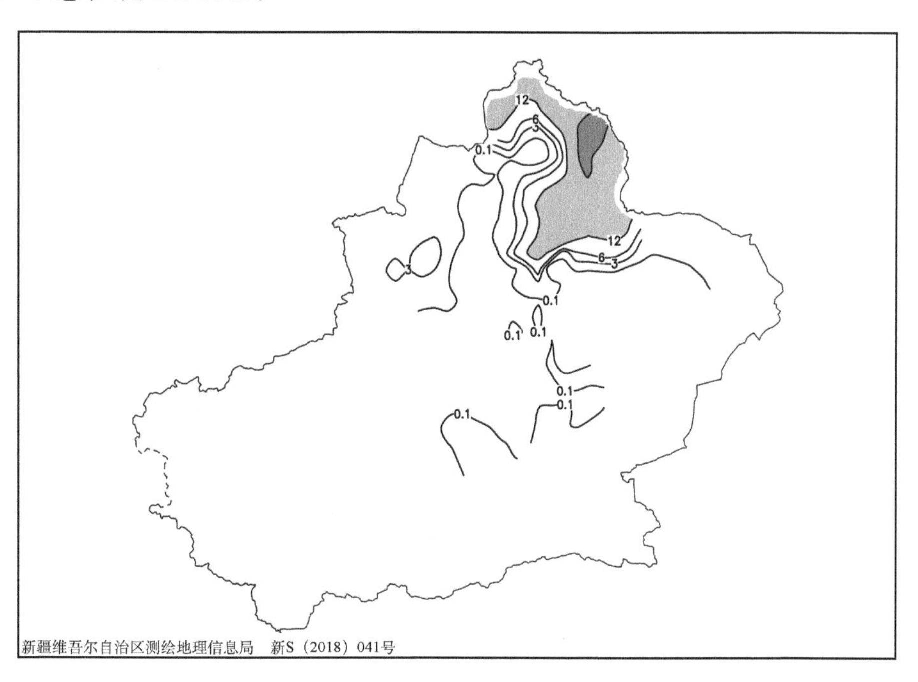

图 2-2-554　2005 年 11 月 2 日 20 时—4 日 20 时降雪量分布图(单位:毫米)

【天气形势】500 百帕环流场上,降雪过程开始前两天欧亚中高纬度为两脊一槽的环流形势,其中,欧洲大陆和叶尼塞河为高压脊,西西伯利亚东部为低槽。欧洲高压脊引导新地岛北部强冷空气进入西西伯利亚低槽,低槽切断呈涡,低涡中心温度低于−40℃,2 日 20 时,开始低涡南下,3 日的降雪是受低涡底部平直的锋区影响而产生,随着冷空气的大举南下,锋区进一步增强,为北疆沿天山中东部地区带来强降雪天气(图 2-2-556)。

2 日 20 时,对流层上部的 200 百帕上,从新地岛到中亚建立起偏北急流带,急流核在 70°E 附近,急流核风速大于 60 米/秒,之后急流带东移,急流核南下,阿勒泰地区位于高空急流入口区的右侧,4 日 08 时开始,急流转为西北向,急流核到达中天山地区(图 2-2-555)。700 百帕上,北疆持续受强劲的偏西急流影响,急流中心风速大于 20 米/秒。高空偏北急流和低空偏西急流持续耦合发展,为此连续性暴雪的产生提供有利的动力条件(图 2-2-557)。从 700 百帕水汽通量场可以看出,水汽不断由挪威海经中亚输送到巴尔喀什湖至阿勒泰和天山中部,高湿中心的轴线与低空偏西急流的走向一致,因而中亚地区的水汽通过急流大规模的输送到暴雪区,强降雪时段阿勒泰、昌吉和乌鲁木齐从低层到高层的水汽辐合较强(图 2-2-558)。

地面图上,阿勒泰地区的降水由锋面气旋前部的暖锋造成,属暖区降水。随着高纬度冷空气的进入,地面冷锋逐渐南压,当冷锋移至中天山地区,受天山强迫抬升,使得锋面在天山北部迎风坡加强,在昌吉和乌鲁木齐产生暴雪天气(图 2-2-559,图 2-2-560)。

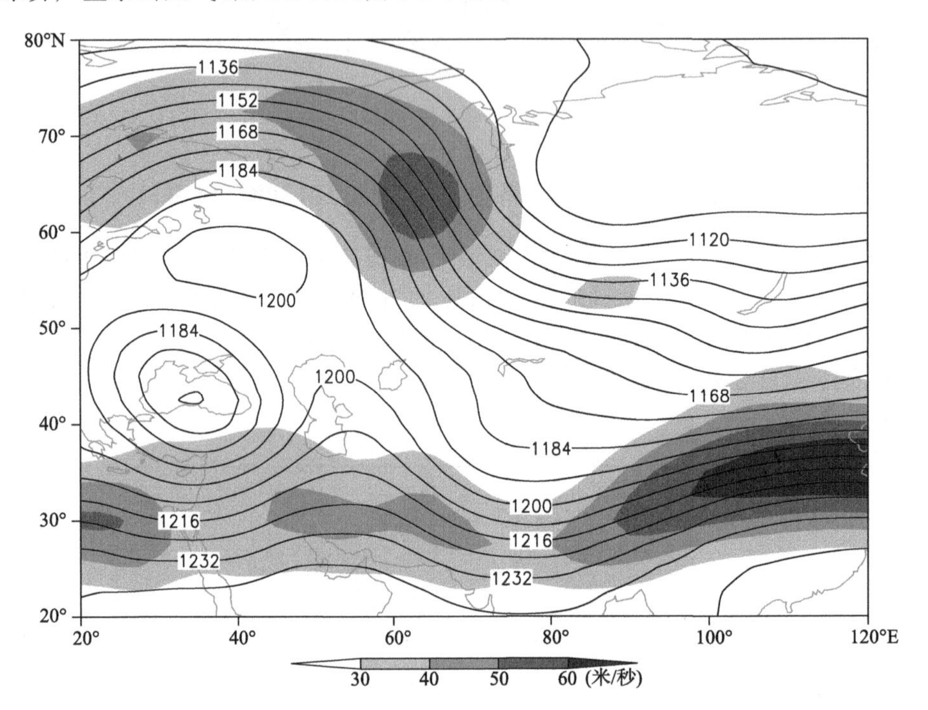

图 2-2-555　2005 年 11 月 2 日 20 时 200 百帕位势高度场(单位:位势什米),阴影表示风速大于 30 米/秒急流区

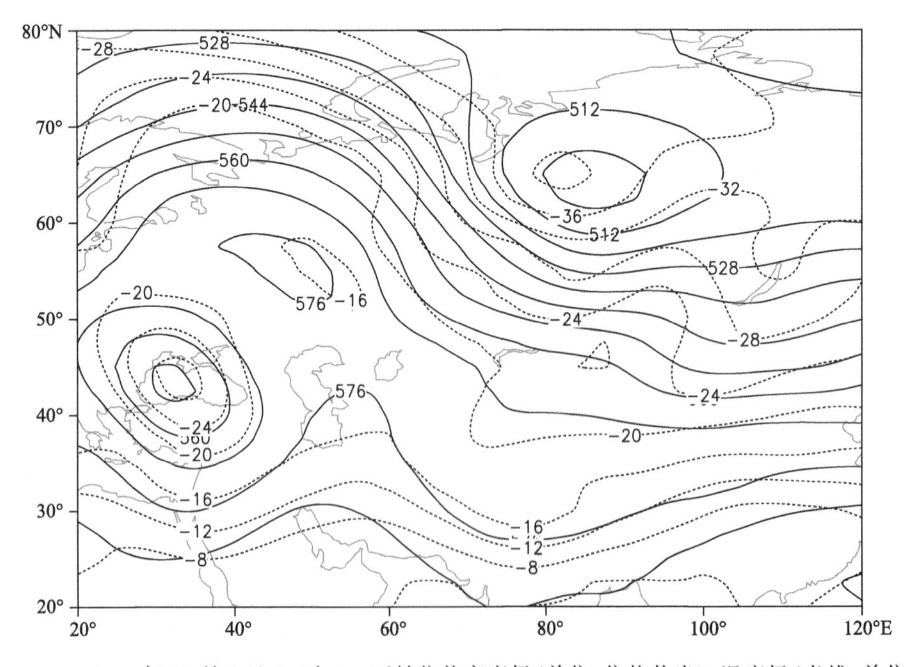

图 2-2-556　2005 年 11 月 2 日 20 时 500 百帕位势高度场(单位:位势什米),温度场(虚线,单位:℃)

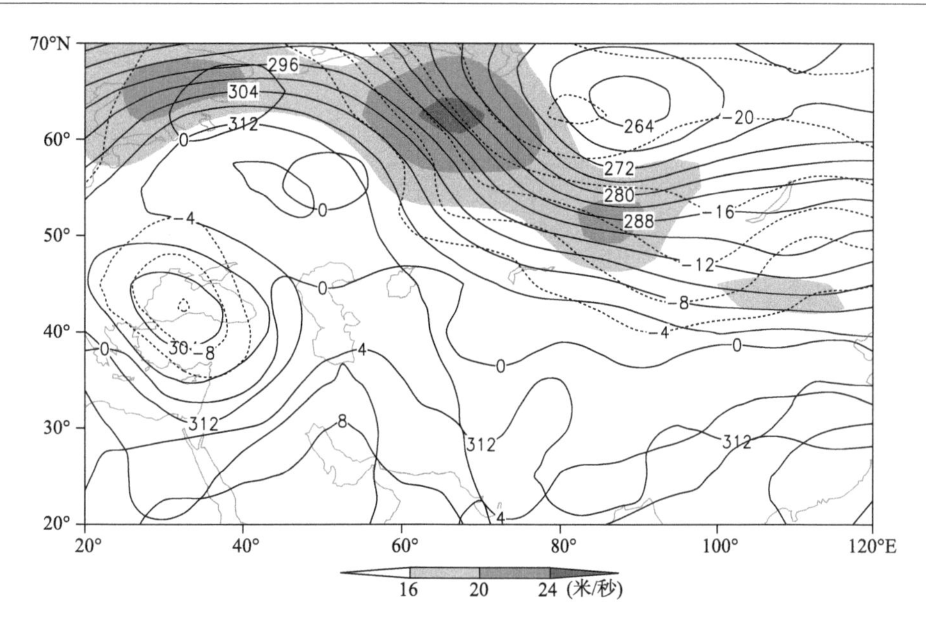

图 2-2-557 2005年11月2日20时700百帕位势高度场(单位:位势什米),阴影表示风速大于16米/秒急流区

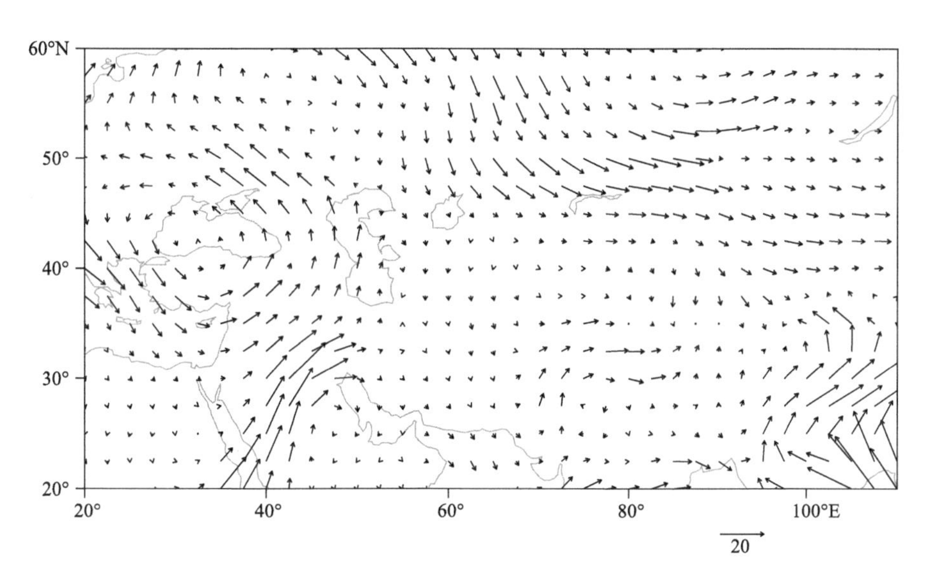

图 2-2-558 2005年11月2日20时700百帕水汽通量场(单位:克/(厘米·百帕·秒))

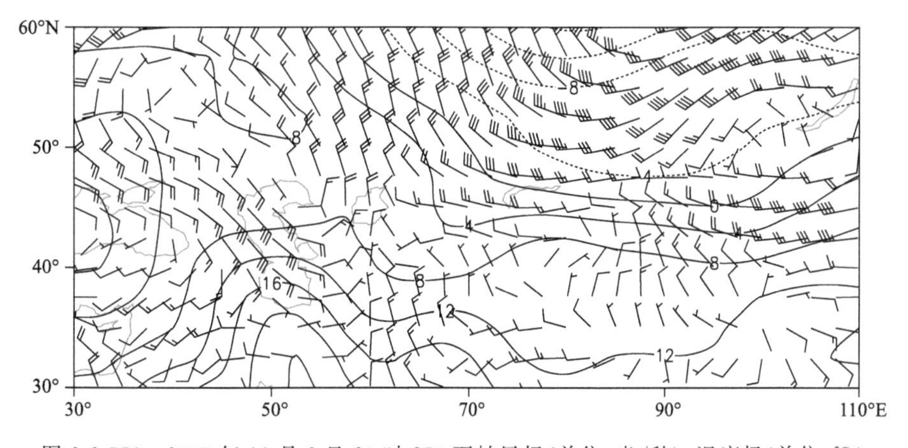

图 2-2-559 2005年11月2日20时850百帕风场(单位:米/秒),温度场(单位:℃)

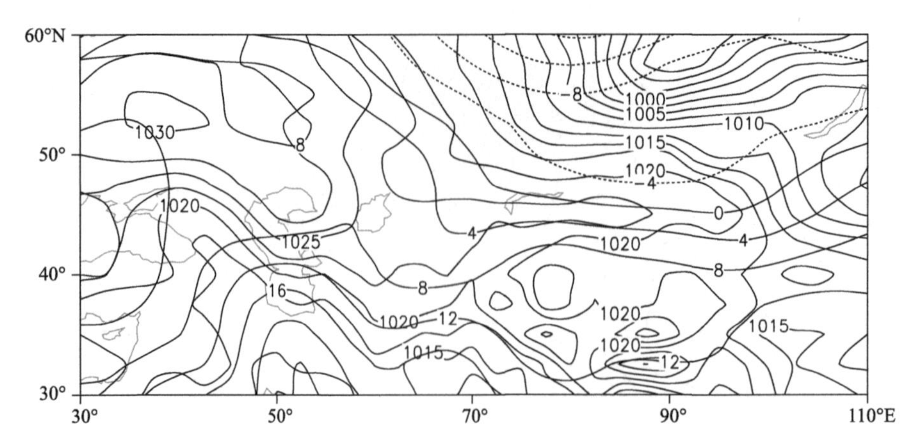

图 2-2-560　2005 年 11 月 2 日 20 时地面气压场(单位:百帕),850 百帕温度场(单位:℃)

2.2.81　昌吉回族自治州、乌鲁木齐市暴雪(2006-02-07)

【降雪实况】2006 年 2 月 7 日,昌吉回族自治州天池,乌鲁木齐市、小渠子站出现暴雪,24 小时降雪量分别为 19.6 毫米、13.5 毫米、13.9 毫米(图 2-2-561)。

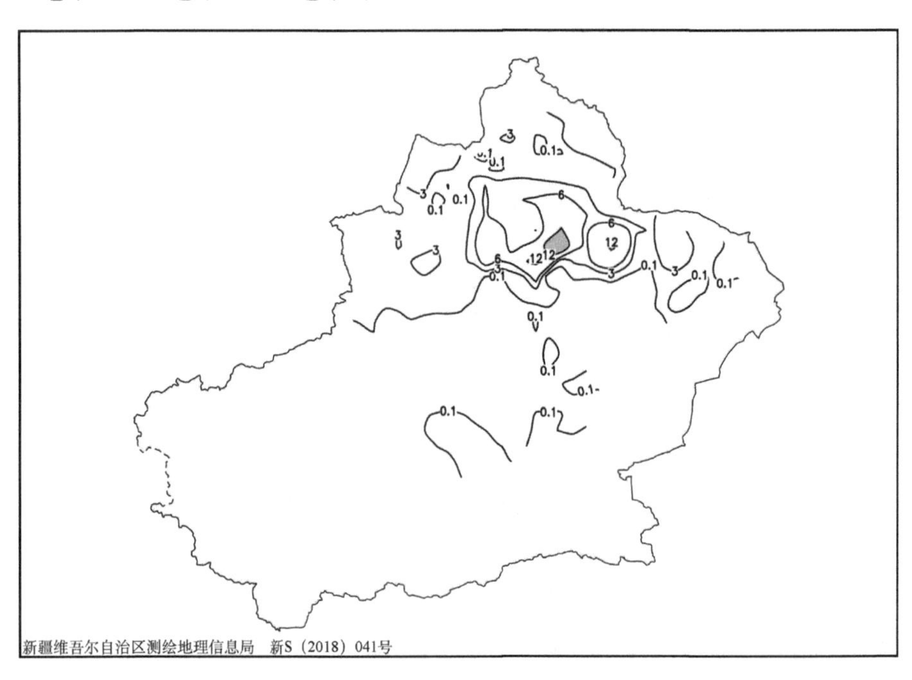

图 2-2-561　2006 年 2 月 6 日 20 时—7 日 20 时降雪量分布图(单位:毫米)

【天气形势】500 百帕环流场上,过程前期欧亚范围存在南北两支锋区,南支锋区较为活跃,已经北抬至 50°N。北支锋区上表现为两槽一脊的环流形势,即欧洲中部为低涡活动区,并伴有 −44℃ 的冷中心,低涡中心和冷中心重合,低涡稳定维持(图 2-2-563)。低涡前部高压脊与南支锋区上的高压脊在巴尔喀什湖上叠加形成新疆脊,新疆脊受西伯利亚冷空气冲刷,脊前正变高南落,低涡底部分裂的短波槽东移,与南支锋区上的短波槽叠加,叠加槽东移,给北疆中天山地区带来暴雪天气。

在暴雪过程中,200 百帕上从中亚到北疆有一支偏西急流维持在北疆中天山地区,高层偏西急流,使得高层辐散加强,急流的"抽气"作用使低层辐合更强,从而使中低空整层出现强上升运动(图 2-2-562)。700 百帕上北疆受中亚脊前的西北急流控制,暴雪出现在低空西北急流前部的辐合区,加上高空急流的抽吸作用,加强了暴雪区的上升运动,有利于暴雪的发生(图 2-2-564)。700 百帕水汽通量场上,地中海东部的水汽沿西南路径经黑海、乌拉尔山南部输送至中亚北部,再由低空西北急流输送至中天山地区,受天山地形阻挡,在昌吉和乌鲁木齐产生水汽辐合和上升运动,为暴雪的产生提供了充沛的水汽和辐合条件(图2-2-565)。

地面图上，地面冷高压自中亚不断加强东移，7日08时冷锋已压至北疆沿天山一线，昌吉和乌鲁木齐地区的暴雪天气逐渐开始(图2-2-566，图2-2-567)。

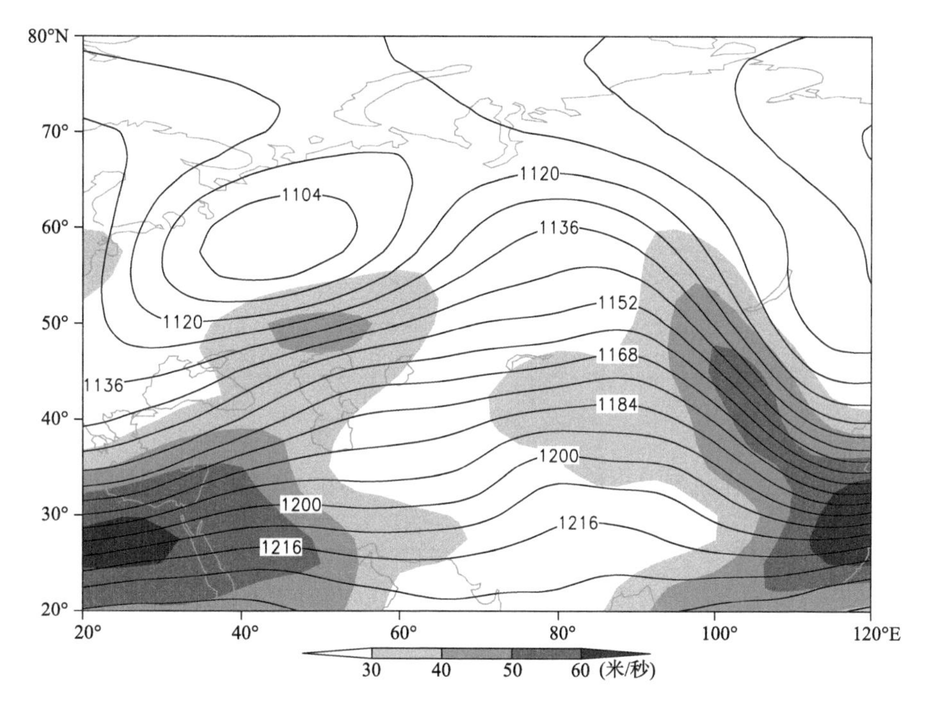

图2-2-562　2006年2月6日20时200百帕位势高度场(单位:位势什米)，阴影表示风速大于30米/秒急流区

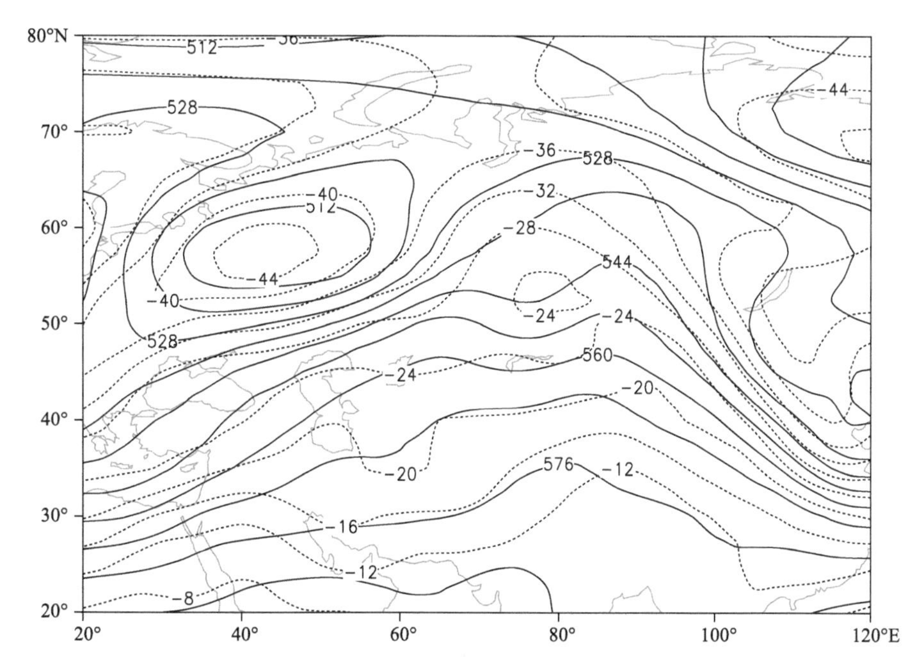

图2-2-563　2006年2月6日20时500百帕位势高度场(单位:位势什米)，温度场(虚线，单位:℃)

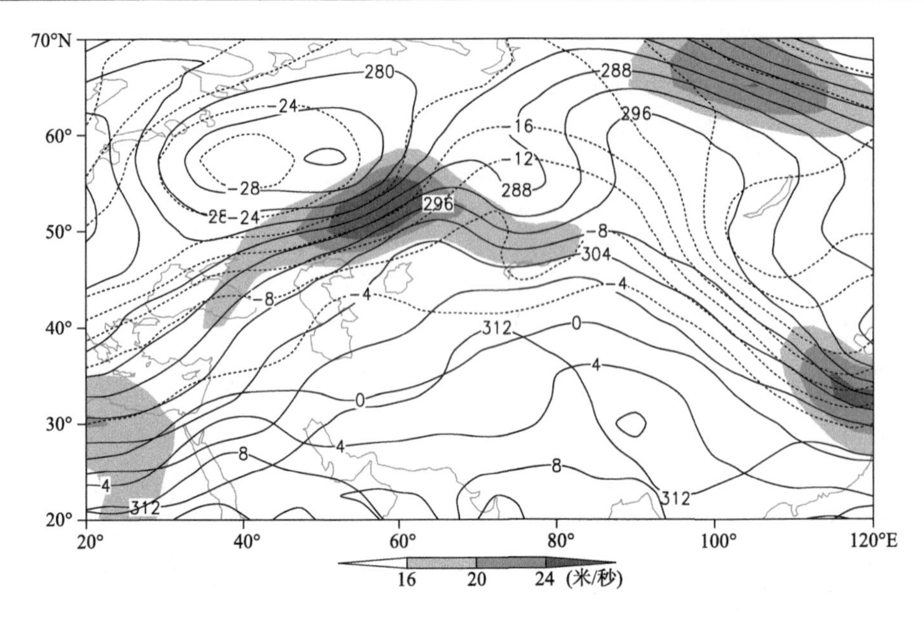

图 2-2-564　2006 年 2 月 6 日 20 时 700 百帕位势高度场(单位:位势什米),阴影表示风速大于 16 米/秒急流区

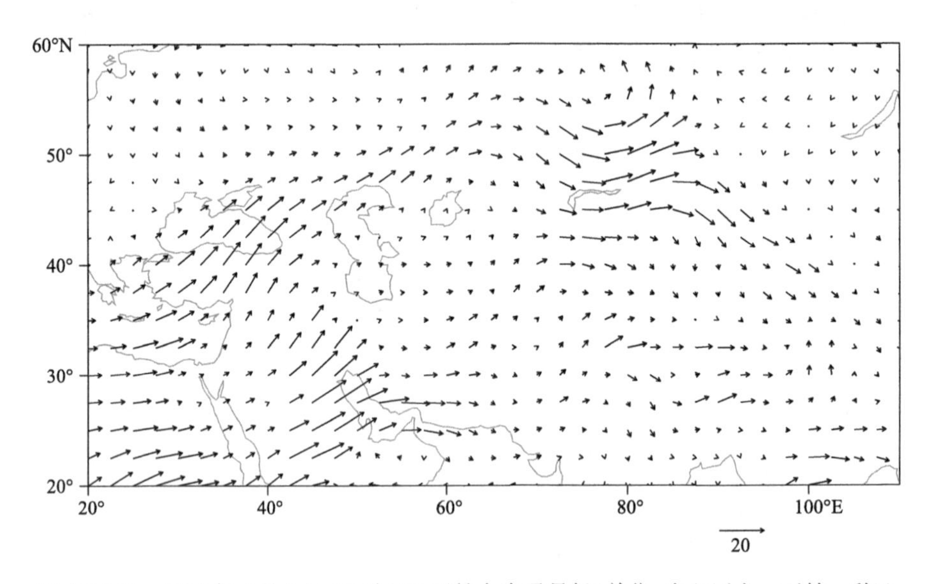

图 2-2-565　2006 年 2 月 6 日 20 时 700 百帕水汽通量场(单位:克/(厘米·百帕·秒))

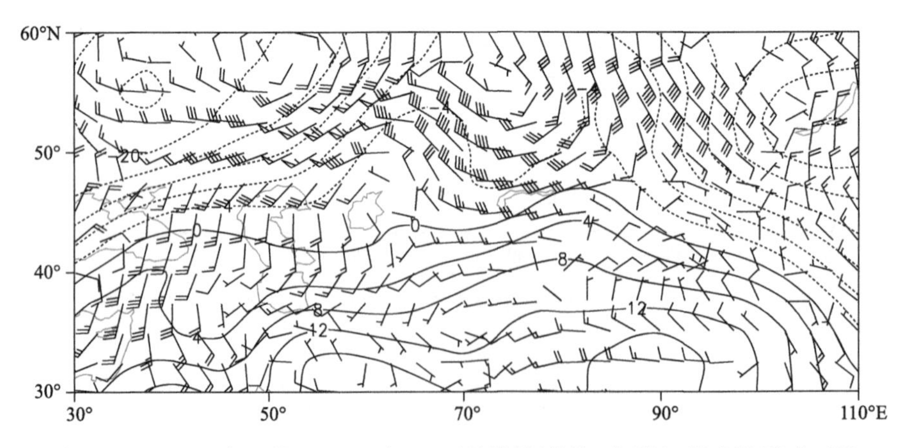

图 2-2-566　2006 年 2 月 6 日 20 时 850 百帕风场(单位:米/秒),温度场(单位:℃)

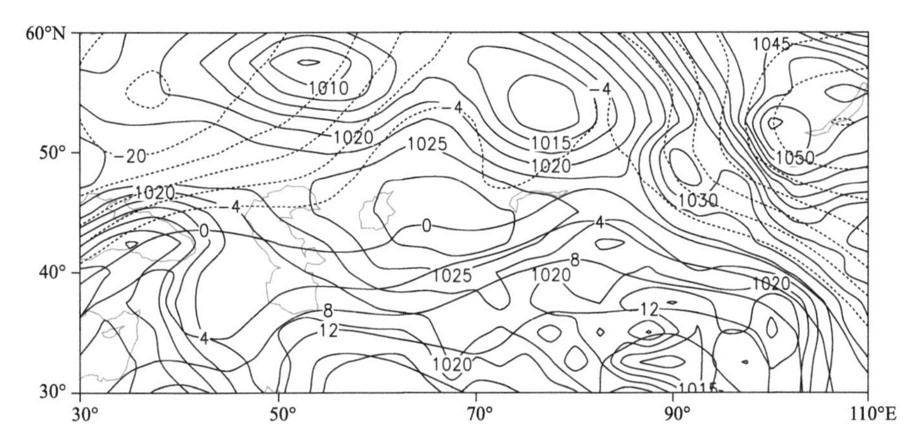

图 2-2-567　2006 年 2 月 6 日 20 时地面气压场(单位:百帕),850 百帕温度场(单位:℃)

2.2.82　博尔塔拉蒙古自治州、伊犁哈萨克自治州、乌鲁木齐市暴雪(2006-02-11)

【降雪实况】2006 年 2 月 11 日,博尔塔拉蒙古自治州阿拉山口市,伊犁哈萨克自治州霍城县、伊宁市、伊宁县,乌鲁木齐市出现暴雪,24 小时降雪量分别为 15.3 毫米、12.1 毫米、13.3 毫米、14.1 毫米、12.7 毫米(图 2-2-568)。

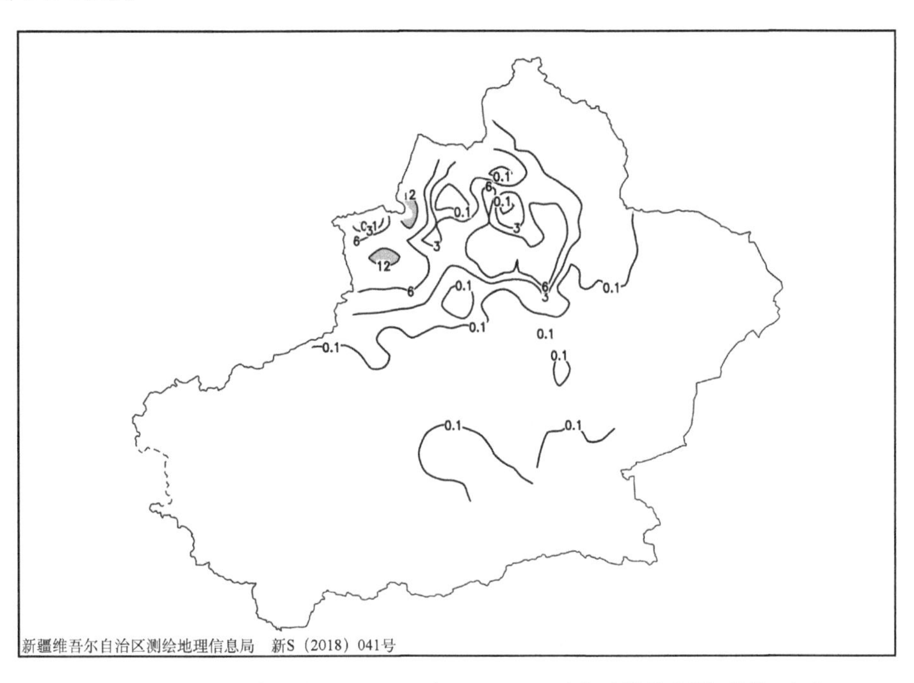

图 2-2-568　2006 年 2 月 10 日 20 时—11 日 20 时降雪量分布图(单位:毫米)

【天气形势】500 百帕环流场上,降雪前期位于乌拉尔山西部的低涡受欧洲高压脊的影响,沿 55°～65°N 纬度带东移(图 2-2-570)。中高纬度暖空气进入黑海上空低涡中,使低涡填塞,南部低槽东移过程中与低涡底部低槽在咸海—巴尔喀什湖之间叠加,锋区东移,在北疆沿天山一带产生暴雪天气。

200 百帕上,10 日 20 时,北疆受西北急流控制。11 日 08 时,转为西南急流,急流缓慢东移,北疆始终处于高空急流入口区右侧(图 2-2-569)。高空急流入口区右侧为辐散区,高层辐散抽吸作用有利于低层辐合上升运动的增强。对流层中低层 700 百帕和 850 百帕上,10 日 20 时—11 日 08 时,从中亚南部到北疆有一中心风速大于 24 米/秒的低空西南急流,低空西南急流把中亚南部的暖湿空气不断输送到北疆,受婆罗科努山阻挡,在其南坡的伊犁产生水汽辐合和强上升运动,首先在伊犁地区产生暴雪,由于低空急流较强,一部分暖湿空气通过赛里木湖,在阿拉套山东南部的迎风坡聚集,加之高空急流的辐散抽吸作用,加强了低层暖湿空气聚合及向上抬升(图 2-2-571,图 2-2-573)。急流轴缓慢东移,11 日 20

时,低空急流转为西北急流,急流出口指向乌鲁木齐地区,低空西北急流携带湿冷空气受天山北坡地形强迫抬升,与中高层西南急流叠加,加剧了风场辐合及垂直上升运动,有利于冷暖交汇与水汽的聚集。充沛的水汽输送是形成较大降水的必要条件。700 百帕水汽通量场上,地中海东部、乌拉尔山南部、红海北部三支水汽在中亚南部汇聚,水汽通量最大值达 40 克/(厘米·百帕·秒)。在低空急流引导下输送至暴雪区,持续的水汽输送和较强的低层水汽辐合,有利于强降雪的发生(图 2-2-572)。

地面图上,北疆地区首先受地面低压前部暖平流影响,随着里海上的冷高压东移,地面低压快速东移(图 2-2-574),11 日 08 时,冷锋已经压在巴尔喀什湖西部,北疆的降雪天气逐渐开始,地面冷锋继续东移,受天山山脉强迫抬升,使得锋面环流在乌鲁木齐地区增强,为乌鲁木齐市区暴雪的产生提供了有利的条件。

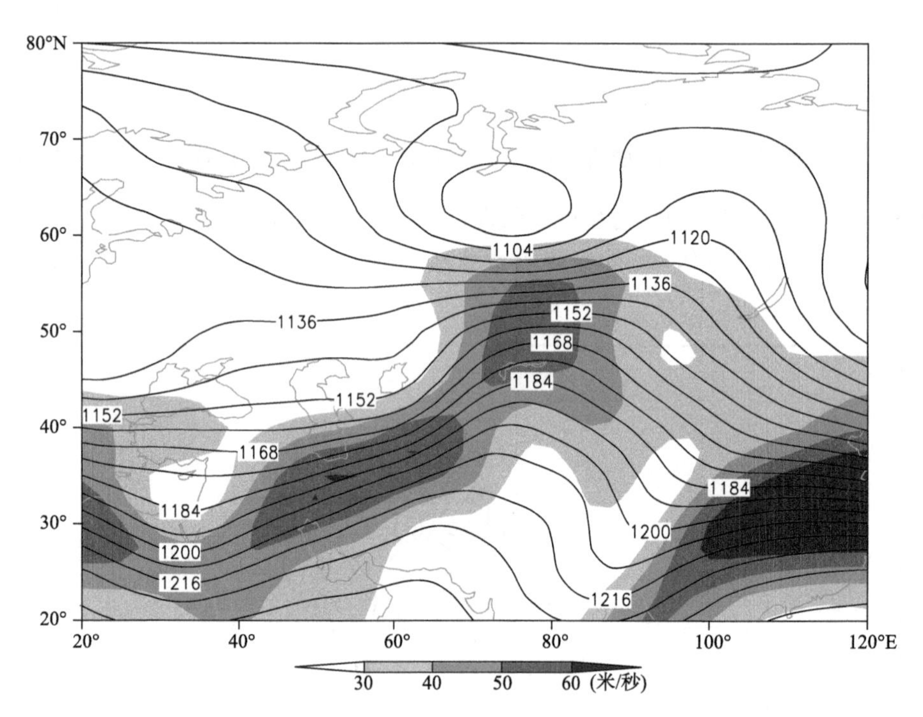

图 2-2-569　2006 年 2 月 10 日 20 时 200 百帕位势高度场(单位:位势什米),阴影表示风速大于 30 米/秒急流区

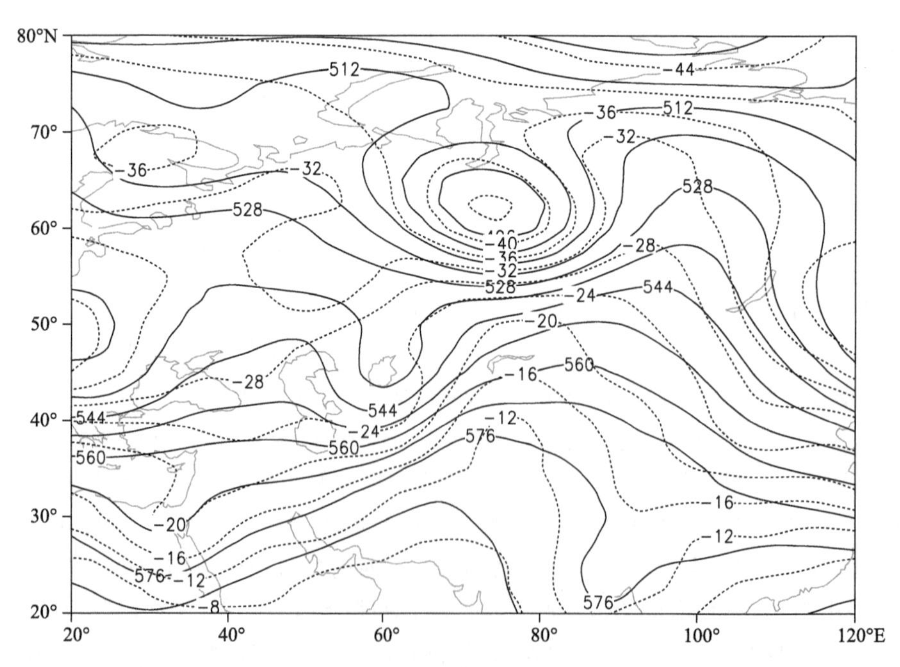

图 2-2-570　2006 年 2 月 10 日 20 时 500 百帕位势高度场(单位:位势什米),温度场(虚线,单位:℃)

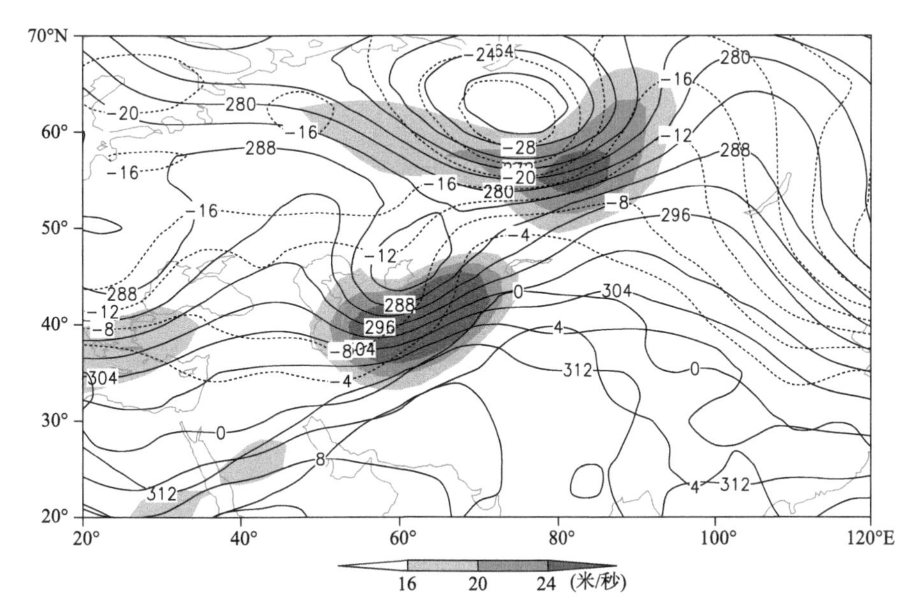

图 2-2-571　2006 年 2 月 10 日 20 时 700 百帕位势高度场(单位:位势什米),阴影表示风速大于 16 米/秒急流区

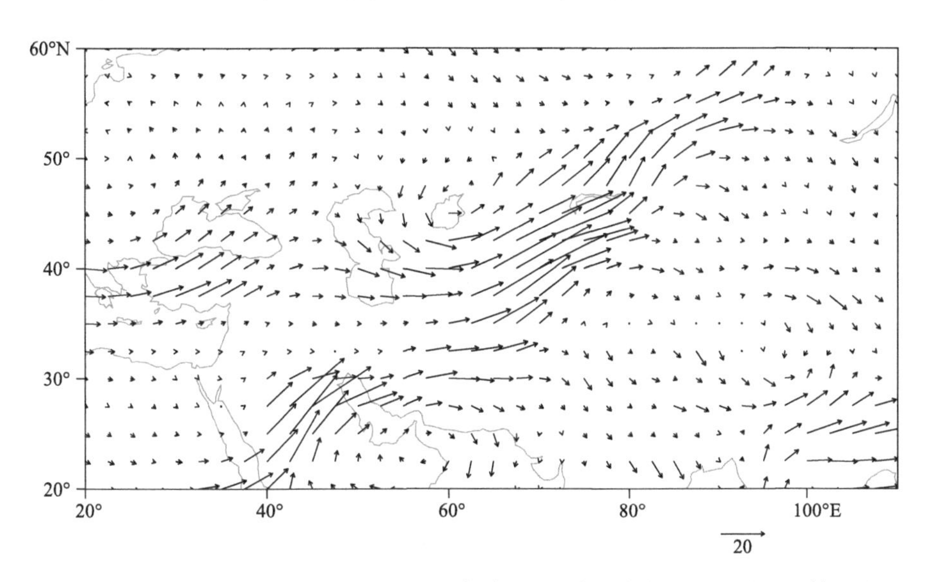

图 2-2-572　2006 年 2 月 10 日 20 时 700 百帕水汽通量场(单位:克/(厘米·百帕·秒))

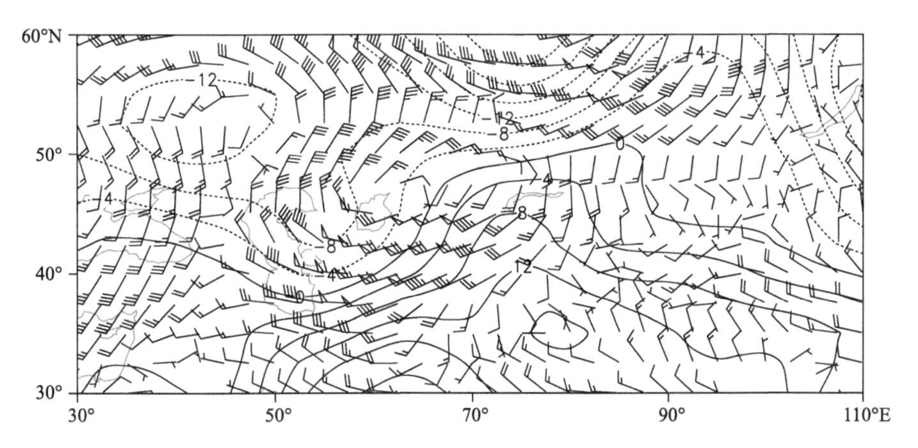

图 2-2-573　2006 年 2 月 10 日 20 时 850 百帕风场(单位:米/秒),温度场(单位:℃)

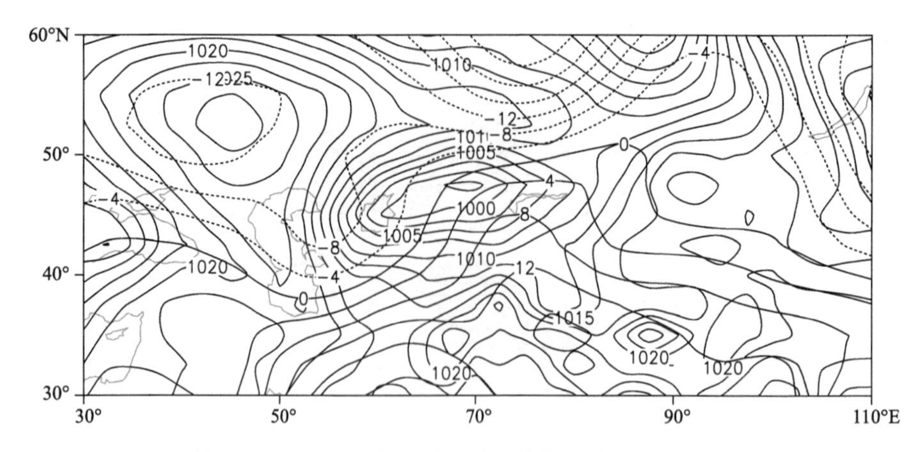

图 2-2-574　2006 年 2 月 10 日 20 时地面气压场(单位:百帕),850 百帕温度场(单位:℃)

2.2.83　昌吉回族自治州、乌鲁木齐市暴雪(2006-03-30)

【降雪实况】2006 年 3 月 30 日,昌吉回族自治州木垒县、天池,乌鲁木齐市小渠子站出现暴雪,24 小时降雪量分别为 16.7 毫米、13.3 毫米、14.2 毫米(图 2-2-575)。

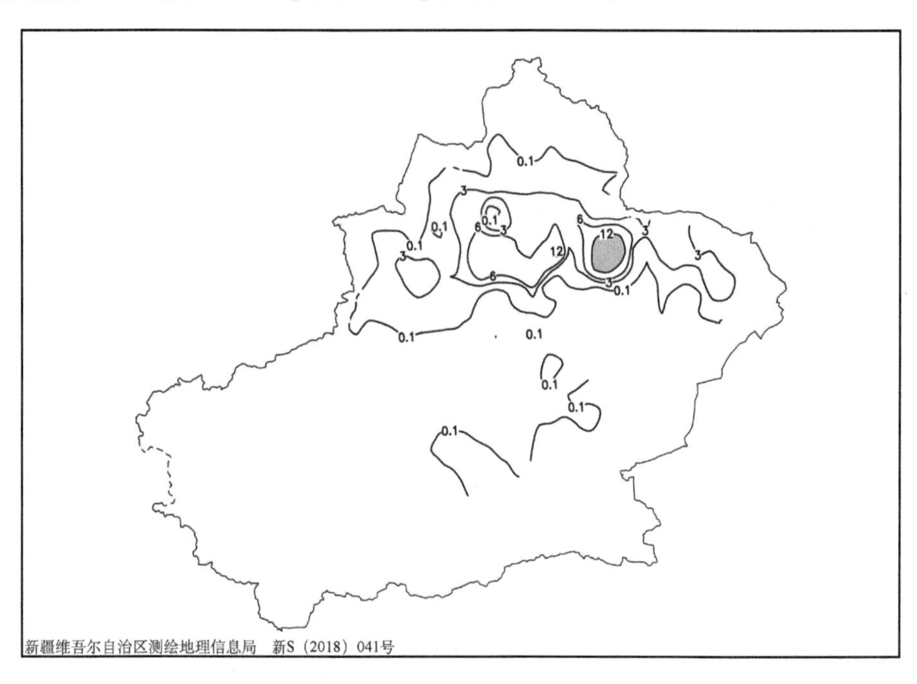

图 2-2-575　2006 年 3 月 29 日 20 时—30 日 20 时降雪量分布图(单位:毫米)

【天气形势】500 百帕环流场上,过程前期,欧亚中高纬度表现为北涡南槽的环流形势,极涡中心位于乌拉尔山东北部,并伴有−44℃的冷中心(图 2-2-577)。南部低槽位于地中海东部地区,槽前锋区比较活跃,已经北抬至 40°N 以北地区。极涡西退,极涡中的冷空气与斯堪的纳维亚上的冷空气合并,极涡底部锋区增强,并不断分裂短波槽东移。同时,南支锋区上不断有短波槽东移北上,南北两支锋区在巴尔喀什湖附近叠加,受槽前锋区影响,在北疆沿天山中部产生暴雪。

暴雪发生时,对流层上部的 200 百帕从中亚到北疆维持一支西北急流,暴雪区出现在西北急流入口区右侧的正涡度平流区,高层辐散抽吸作用加强了中低层系统的发展,有利于强降雪的产生(图 2-2-576)。700～850 百帕上,从哈萨克丘陵到北疆沿天山地区有一支西北急流,昌吉和乌鲁木齐处于低空西北急流前部,低空西北急流携带的暖湿空气受天山地形强迫抬升,加之高层的辐散抽吸作用,加剧了风场辐合和垂直上升运动(图 2-2-578,图 2-2-580)。700 百帕水汽通量场上,此次暴雪过程有两条水汽通道,一个是红海水汽沿西南路径经波斯湾、伊朗高原,输送至中亚,另一个是地中海水汽经黑海输送至乌拉尔山西侧，部分水汽翻越乌拉尔山后进入中亚，两支水汽由低空西北急流输送至暴雪区(图 2-2-579)。

地面图上，29 日 20 时，地面冷高压中心已经压在北疆西北部，昌吉和乌鲁木齐地区处在强锋区带上，地面冷锋过境，在昌吉和乌鲁木齐产生强降雪(图 2-2-581)。

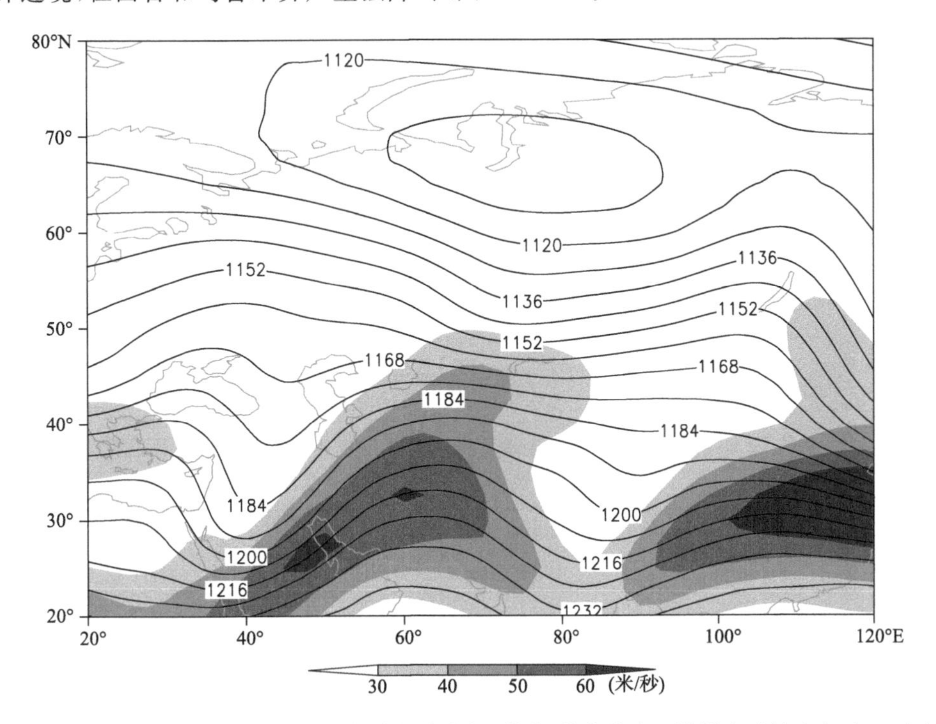

图 2-2-576　2006 年 3 月 29 日 20 时 200 百帕位势高度场(单位:位势什米)，阴影表示风速大于 30 米/秒急流区

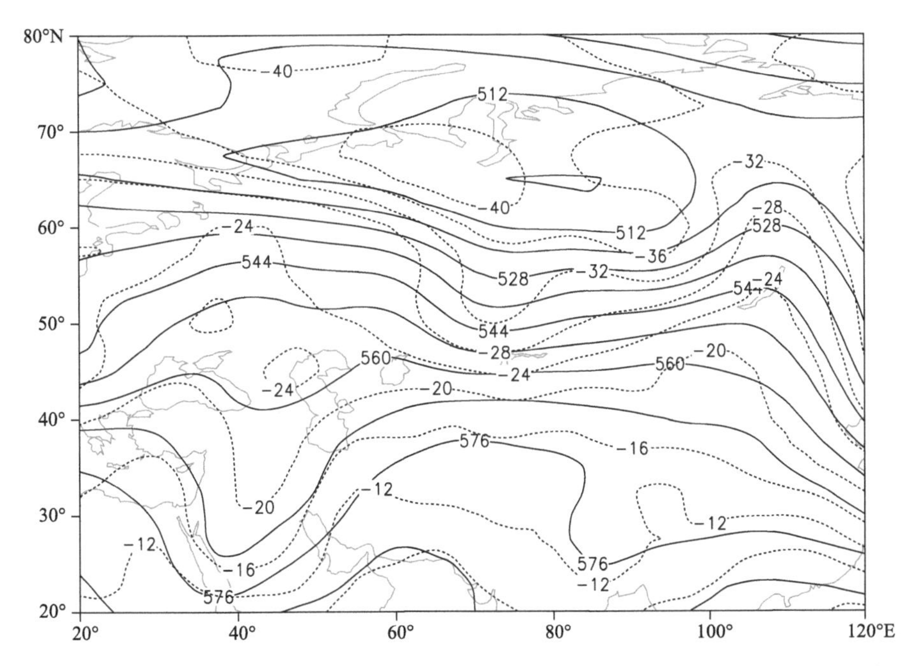

图 2-2-577　2006 年 3 月 29 日 20 时 500 百帕位势高度场(单位:位势什米)，温度场(虚线，单位:℃)

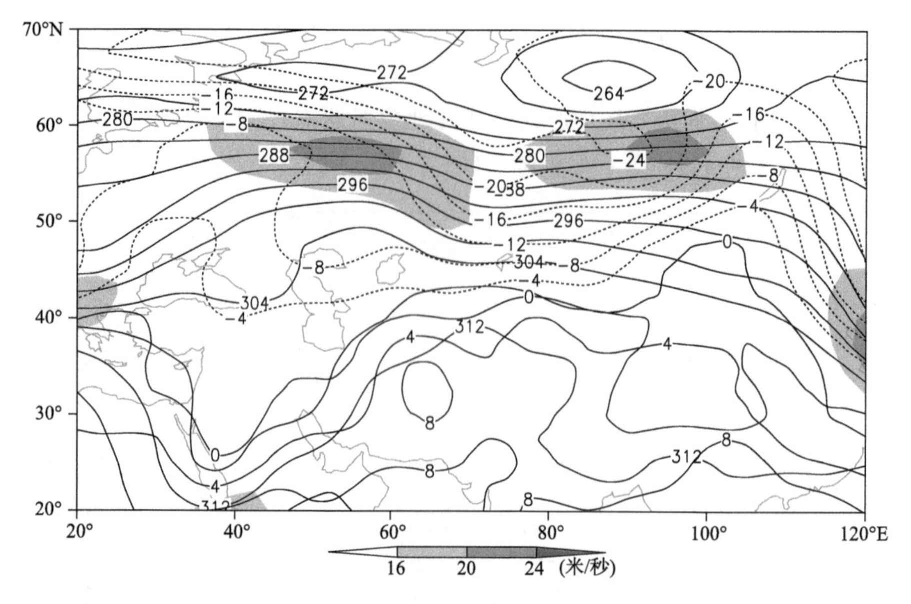

图 2-2-578　2006 年 3 月 29 日 20 时 700 百帕位势高度场(单位:位势什米),阴影表示风速大于 16 米/秒急流区

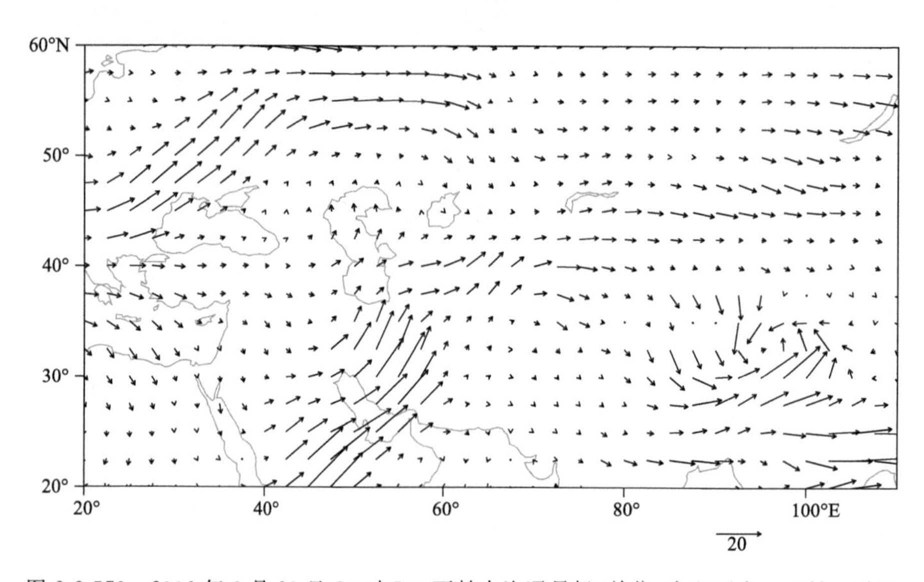

图 2-2-579　2006 年 3 月 29 日 20 时 700 百帕水汽通量场(单位:克/(厘米·百帕·秒))

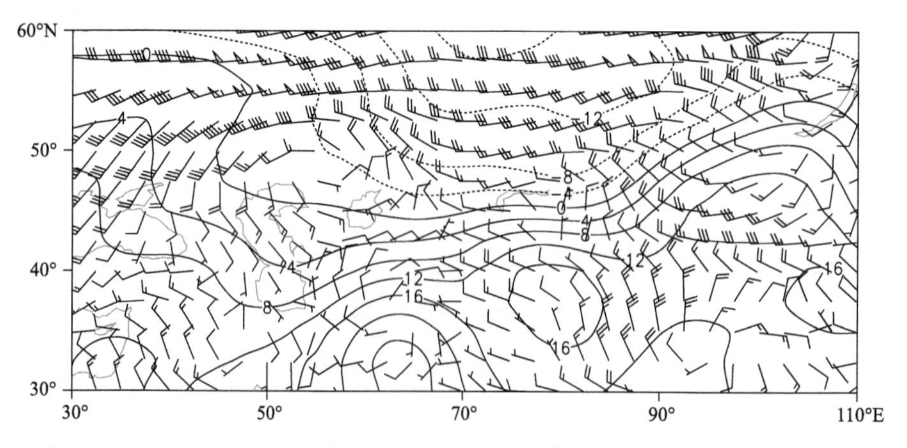

图 2-2-580　2006 年 3 月 29 日 20 时 850 百帕风场(单位:米/秒),温度场(单位:℃)

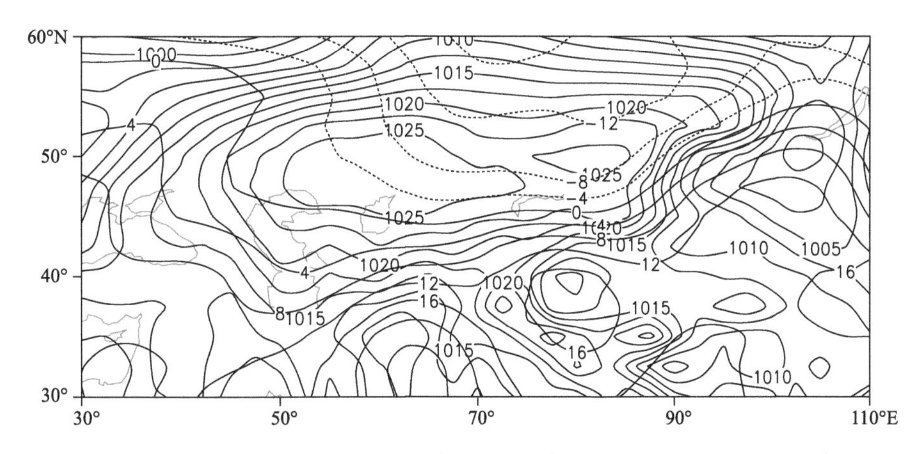

图 2-2-581　2006 年 3 月 29 日 20 时地面气压场(单位:百帕),850 百帕温度场(单位:℃)

2.2.84　乌鲁木齐市、博尔塔拉蒙古自治州暴雪(2006-11-22)

【降雪实况】2006 年 11 月 22 日,乌鲁木齐市,博尔塔拉蒙古自治州温泉县、博乐市出现暴雪,24 小时降雪量分别为 13.4 毫米、13.0 毫米、14.6 毫米(图 2-2-582)。

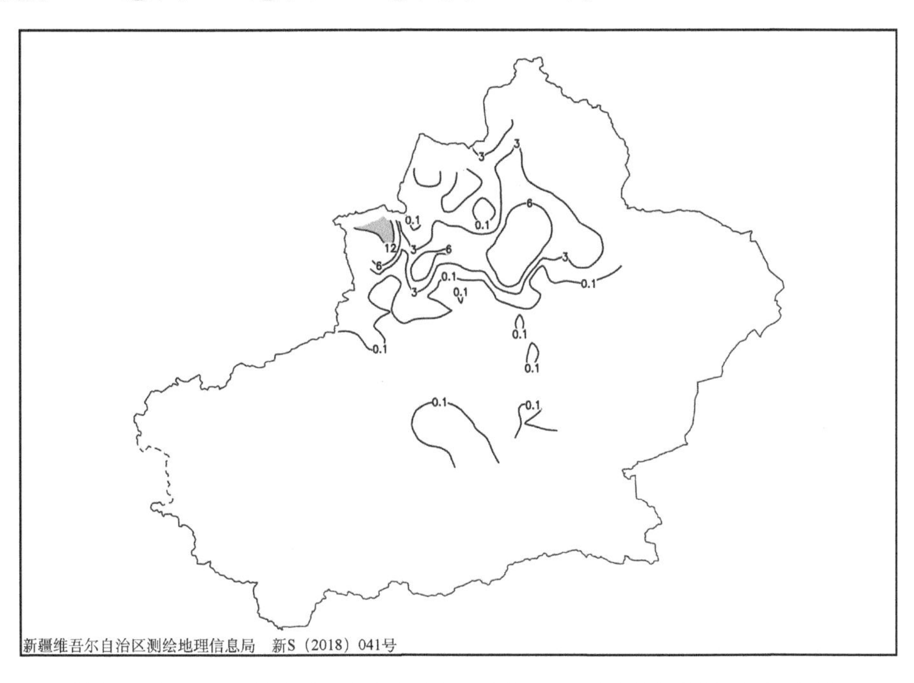

图 2-2-582　2000 年 11 月 21 日 20 时—22 日 20 时降雪量分布图(单位:毫米)

【天气形势】500 百帕环流场上,降雪开始前,欧亚中高纬度为两脊一槽的环流形势,即黑海和新疆为高压脊,中亚北部为低涡活动区,南支锋区在 40°N 以南(图 2-2-584)。黑海高压脊和乌拉尔山北部高压脊叠加,极地强冷空气沿脊前东北风带进入低涡,低涡增强南压,随着泰梅尔半岛上的极涡西退,新疆脊正变高南落,中亚低涡东移,南北两支锋区在中亚地区同位相叠加,造成博尔塔拉蒙古自治州和乌鲁木齐市暴雪天气。

200 百帕上,北疆受高空槽前西南急流控制,暴雪区位于高空西南急流入口区右侧正涡度平流区,强烈的高层辐散抽吸作用加强了中低层系统的强烈发展,有利于强降雪产生(图 2-2-583)。博尔塔拉蒙古自治州发生强降雪时,对流层中低层 700 百帕存在一支低空西南气流,强劲的低空西南急流穿过赛里木湖,把中亚地区的暖湿空气不断输送到博尔塔拉蒙古自治州上空,使位于急流轴前部的温泉县和博乐市产生明显的水汽辐合和强烈的上升运动,高空西南急流和低空西南急流持续耦合发展,为此次博尔塔拉蒙古自治州的暴雪天气提供有利的动力条件(图 2-2-585)。其中,西南急流带南部一部分暖湿空气沿天山北坡向东输送,乌鲁木齐受三面环山地形影响,西北气流前端在乌鲁木齐转为偏北风,与其南部天山地形近乎垂直,增强了地形强迫抬升。700 百帕水汽通量场上,源自地中海的水汽向北输送至波罗的海,再向东输送过程中受乌拉尔山阻挡,沿乌拉尔山西侧输送至里海,在通过西南急流向暴雪区输送过程中汇聚了翻过乌拉尔山到达中亚的水汽,为暴雪的产生提供了重要的物质基础(图 2-2-586)。

地面图上,21 日 20 时,冷高压中心位于里海北部,北疆受低压倒槽控制,巴尔喀什湖附近气压梯度较大,强冷锋位于北疆境外。随着冷锋东移过境,在博尔塔拉蒙古自治州和乌鲁木齐市产生暴雪天气(图 2-2-587,图 2-2-588)。

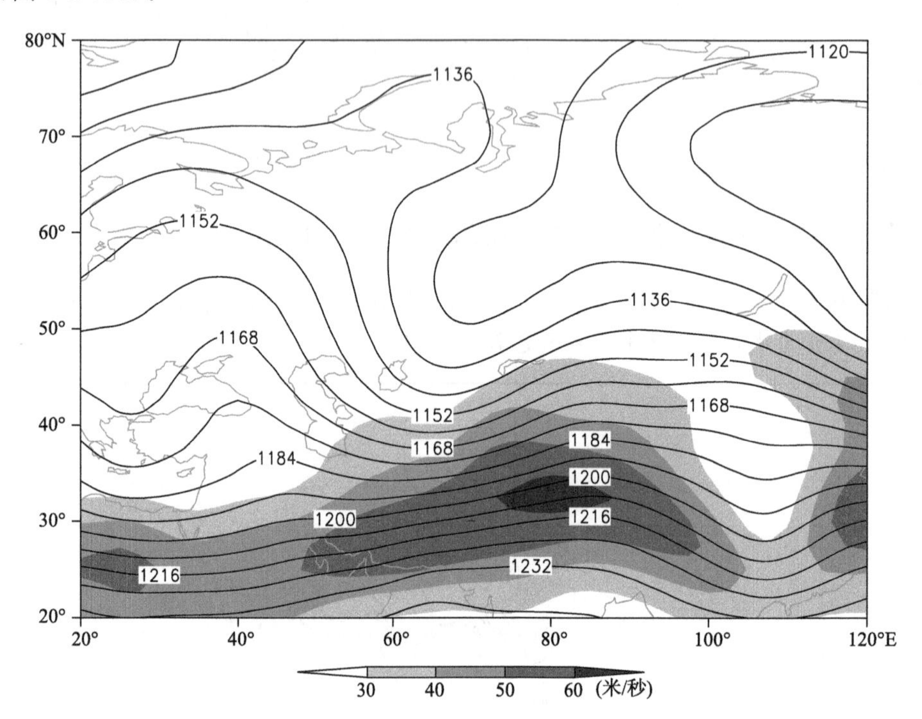

图 2-2-583　2000 年 11 月 21 日 20 时 200 百帕位势高度场(单位:位势什米),阴影表示风速大于 30 米/秒急流区

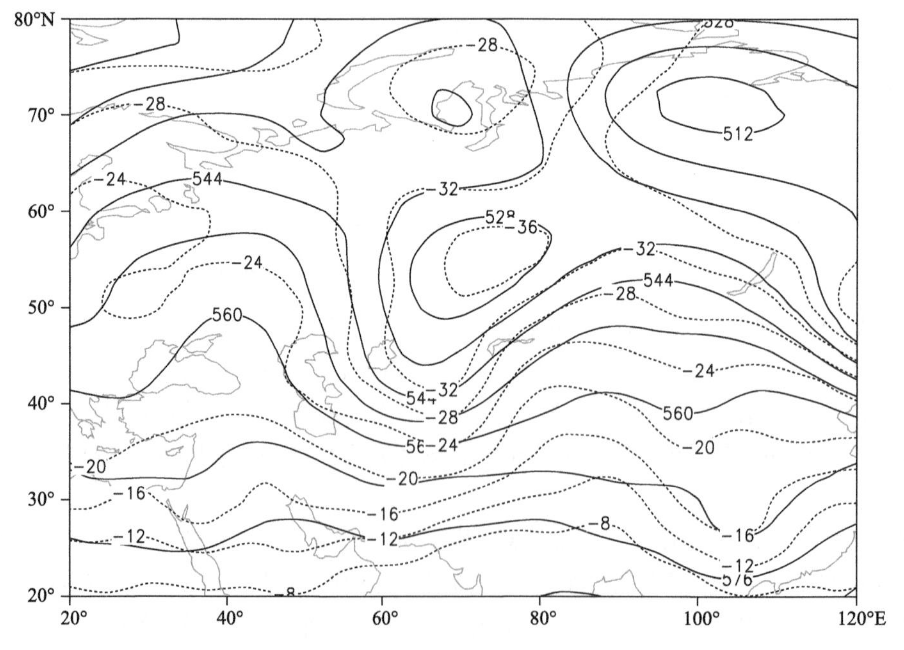

图 2-2-584　2000 年 11 月 21 日 20 时 500 百帕位势高度场(单位:位势什米),温度场(虚线,单位:℃)

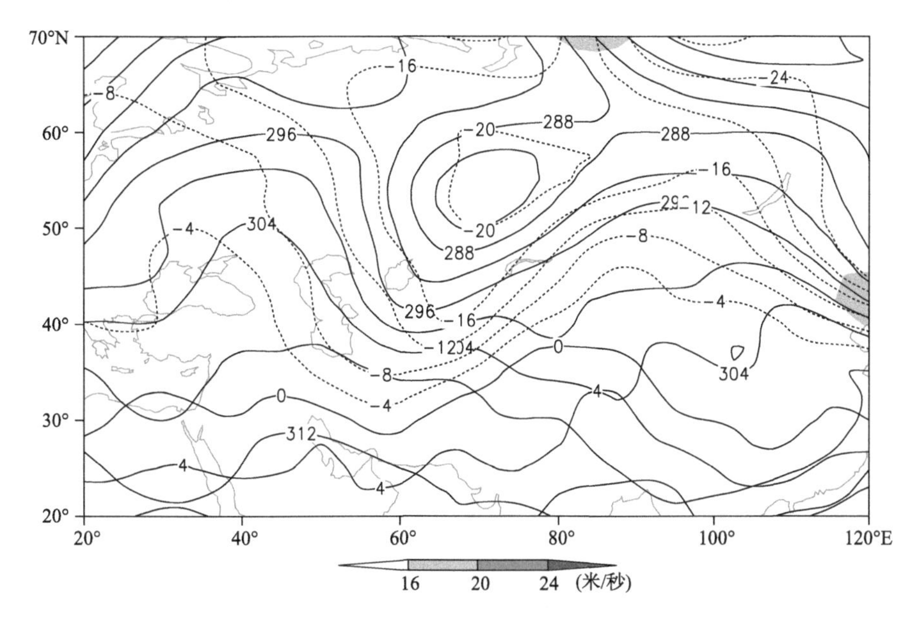

图 2-2-585　2000 年 11 月 21 日 20 时 700 百帕位势高度场(单位:位势什米),阴影表示风速大于 16 米/秒急流区

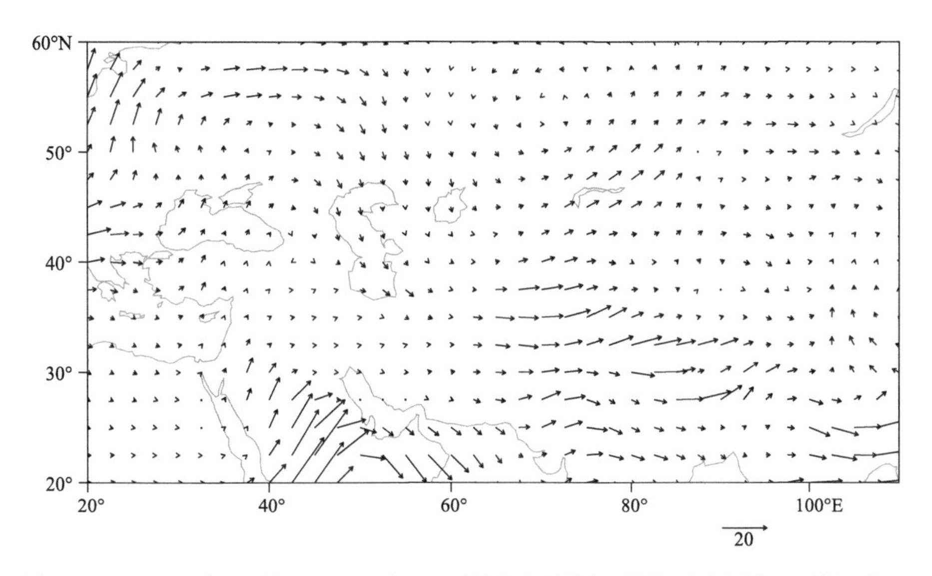

图 2-2-586　2000 年 11 月 21 日 20 时 700 百帕水汽通量场(单位:克/(厘米·百帕·秒))

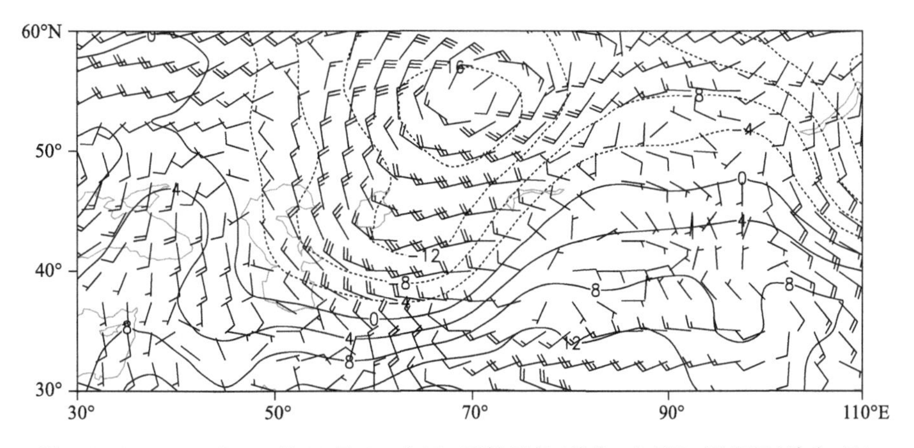

图 2-2-587　2000 年 11 月 21 日 20 时 850 百帕风场(单位:米/秒),温度场(单位:℃)

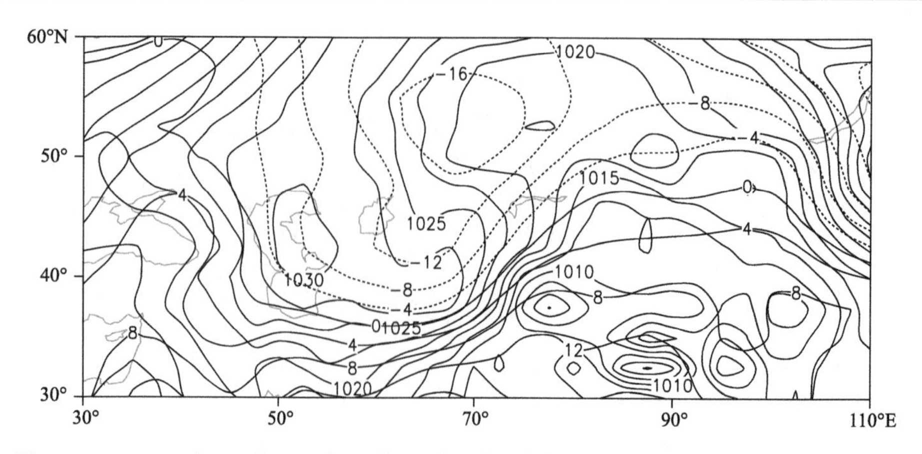

图 2-2-588　2000 年 11 月 21 日 20 时地面气压场(单位:百帕),850 百帕温度场(单位:℃)

2.2.85　伊犁哈萨克自治州暴雪(2007-03-21)

【降雪实况】2007 年 3 月 21 日,伊犁哈萨克自治州新源县、伊宁市、霍城县出现暴雪,24 小时降雪量分别为 13.4 毫米、16.2 毫米、20.7 毫米(图 2-2-589)。

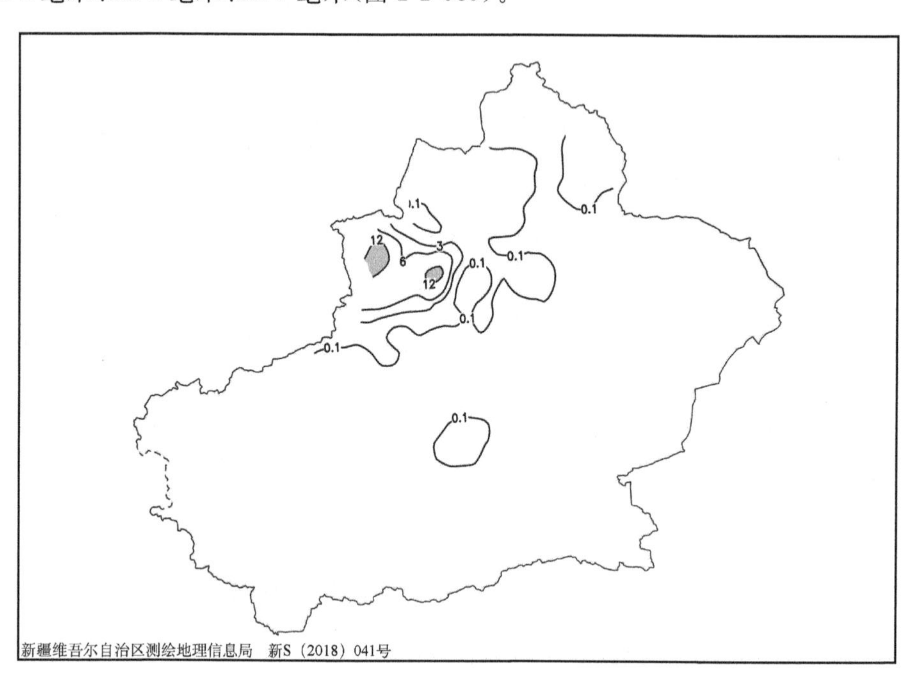

图 2-2-589　2007 年 3 月 20 日 20 时—21 日 20 时降雪量分布图(单位:毫米)

【天气形势】500 百帕环流场上,降雪开始前欧亚中纬度地区环流经向度较大,表现为两脊一槽的环流形势,即乌拉尔山西部和新疆为持续强盛的高压脊,北支槽主体位于乌拉尔山东部,槽呈东北—西南走向(图 2-2-591)。乌拉尔山西部脊东移北伸,不断引导乌拉尔山北部冷空气沿脊前北风带南下,使槽前锋区增强。低纬度地区多短波活动,南支锋区在对流层整层表现为一致的西南气流,暖湿空气随短波槽向东北输送,南北两支锋区在伊犁地区交汇,造成伊犁地区暴雪。

200 百帕上,从伊朗高原到新疆维持一支西南急流,高空急流的存在使得高层辐散加强,急流的“抽气”作用使低层辐合增强,有利于中低层出现强上升运动(图 2-2-590)。对流层中低层 700 百帕上,从伊朗高原到北疆存在着西南暖湿气流的输送,由于伊犁河谷向西开口的“喇叭口”地形,导致暴雪区处于迎风坡气流辐合区,有利于近地层空气的辐合抬升和降雪的持续(图 2-2-592,图 2-2-593)。

地面图上,里海北部地面冷高压发展强盛,在其外围反气旋环流作用下,地面冷锋逐步东移南压,21 日,强锋区压在伊犁地区,造成伊犁地区的强降雪天气(图 2-2-594,图 2-2-595)。

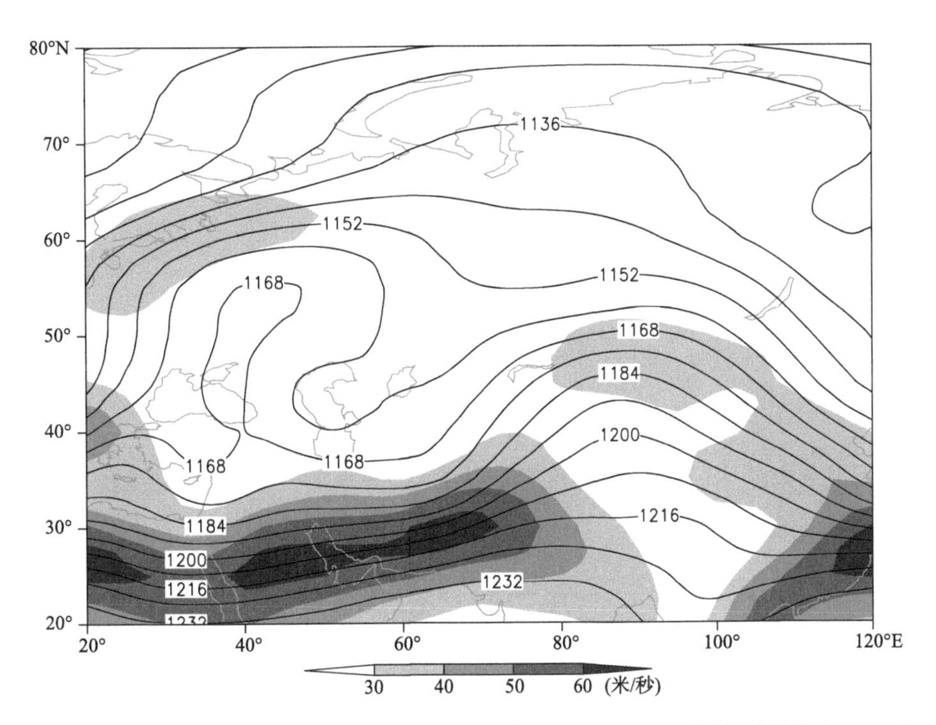

图 2-2-590　2007 年 3 月 20 日 20 时 200 百帕位势高度场(单位:位势什米),阴影表示风速大于 30 米/秒急流区

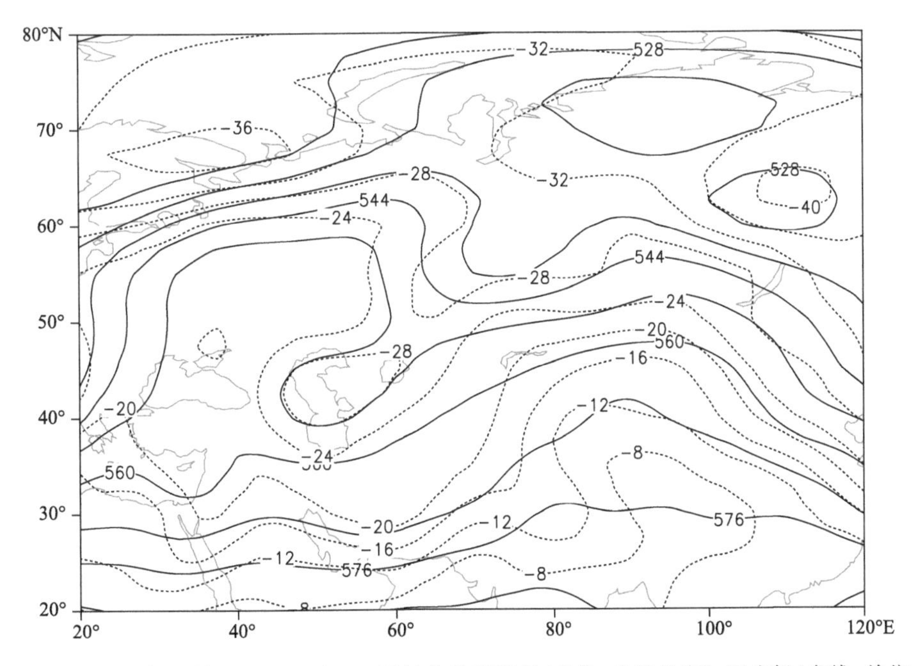

图 2-2-591　2007 年 3 月 20 日 20 时 500 百帕位势高度场(单位:位势什米),温度场(虚线,单位:℃)

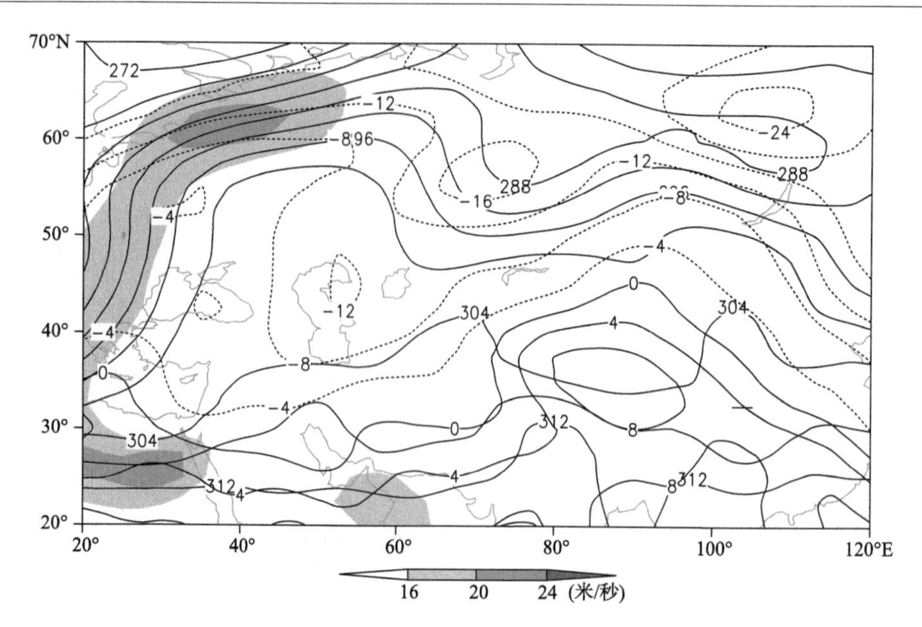

图 2-2-592　2007 年 3 月 20 日 20 时 700 百帕位势高度场(单位:位势什米),阴影表示风速大于 16 米/秒急流区

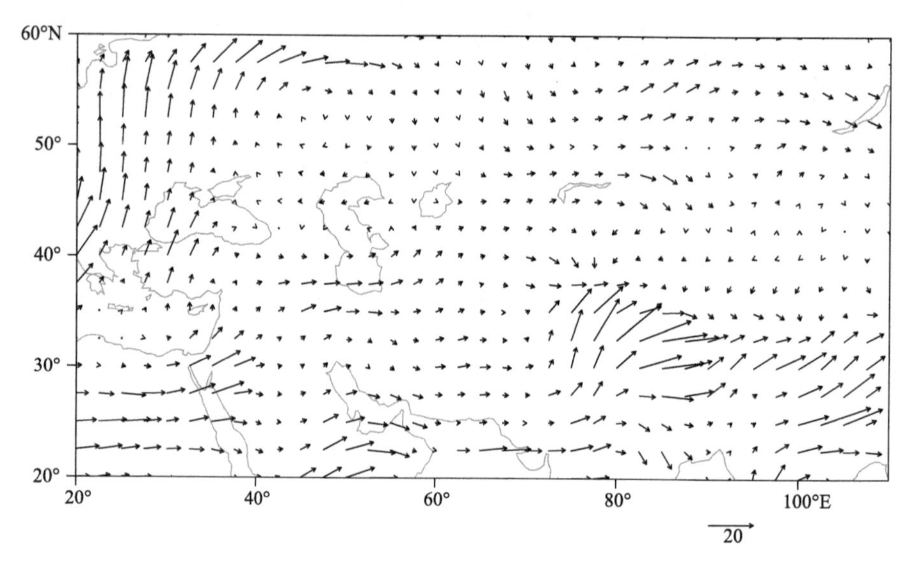

图 2-2-593　2007 年 3 月 20 日 20 时 700 百帕水汽通量场(单位:克/(厘米・百帕・秒))

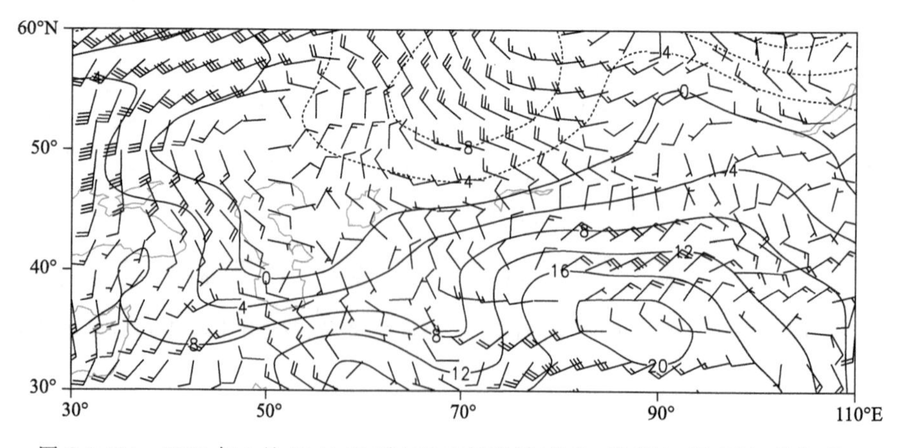

图 2-2-594　2007 年 3 月 20 日 20 时 850 百帕风场(单位:米/秒),温度场(单位:℃)

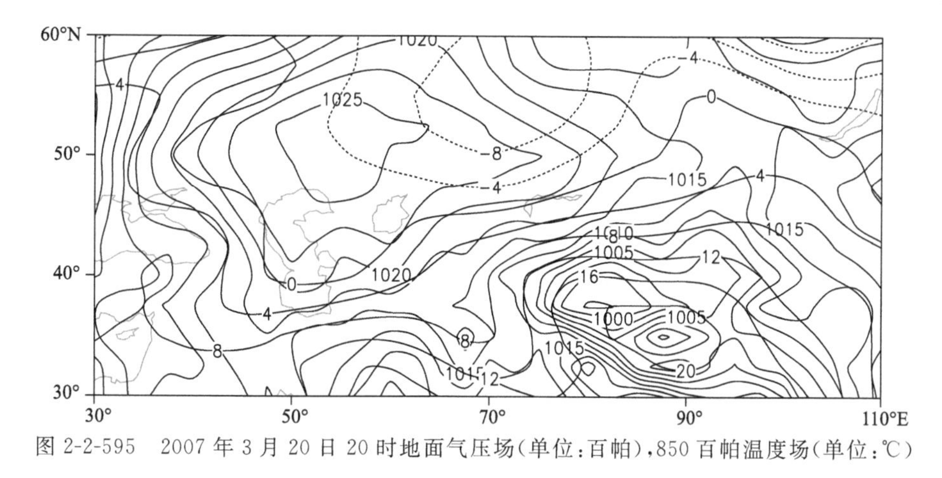

图 2-2-595　2007 年 3 月 20 日 20 时地面气压场(单位:百帕),850 百帕温度场(单位:℃)

2.2.86　伊犁哈萨克自治州、塔城地区、阿勒泰地区、昌吉回族自治州、石河子地区暴雪(2007-11-23)

【降雪实况】2007 年 11 月 23—24 日,伊犁哈萨克自治州、塔城地区、阿勒泰地区、昌吉回族自治州、石河子地区相继出现暴雪天气。23 日,伊犁哈萨克自治州尼勒克县,塔城地区额敏县、裕民县、塔城市,阿勒泰地区富蕴县、阿勒泰市、吉木乃县、哈巴河县 24 小时降雪量分别为 15.2 毫米、14.6 毫米、20.9 毫米、23.3 毫米、12.2 毫米、21.9 毫米、13.8 毫米、14.1 毫米。24 日,伊犁哈萨克自治州新源县,昌吉回族自治州玛纳斯县,石河子地区乌兰乌苏镇 24 小时降雪量分别为 14.3 毫米、14.0 毫米、12.1 毫米(图 2-2-596)。

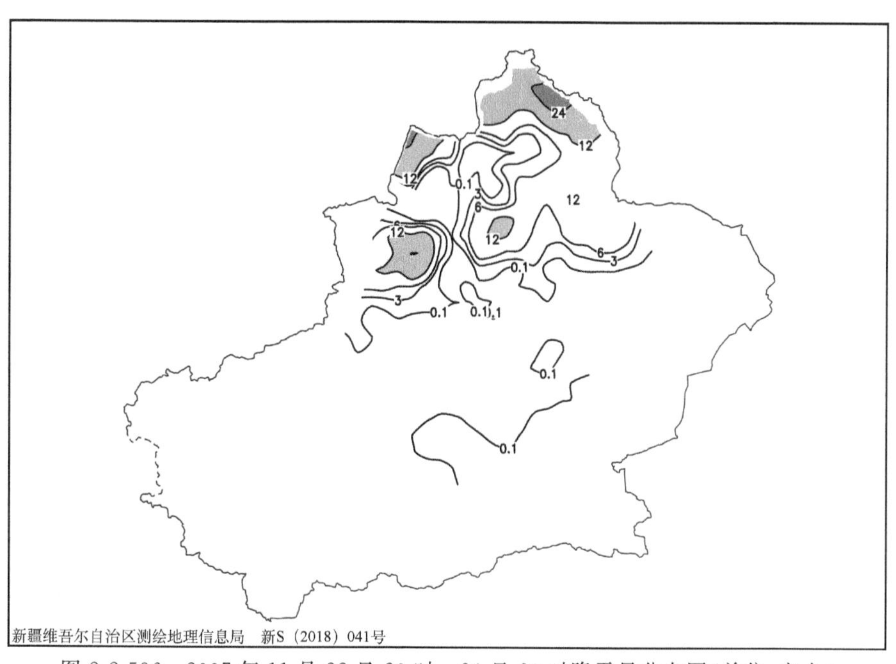

图 2-2-596　2007 年 11 月 22 日 20 时—24 日 20 时降雪量分布图(单位:毫米)

【天气形势】500 百帕环流场上,降雪开始前欧亚范围内中高纬度地区维持两脊一槽的环流形势,即欧洲北部和贝加尔湖地区为高压脊,两高之间为极涡活动区,极涡中心在 55°～65°N,60°～80°E 范围内缓慢移动(图 2-2-598)。21 日 20 时,发展强盛的欧洲高压脊引导斯堪的纳维亚半岛和白海冷空气进入极涡中,极涡底部低槽加深,22 日 08 时,贝加尔湖高压脊减弱东移,而欧洲北部高压脊不断向东北方向发展,23 日 08 时,北支槽前强锋区压在北疆西北部塔城和阿勒泰地区,与此同时,地中海有低槽向南发展,槽底南伸到 35°N,该槽不断分裂短波沿槽前西南暖湿气流东移北上,与北支槽在塔城和阿勒泰地区汇合,造成 23 日塔城和阿勒泰地区暖区暴雪。由于欧洲北部高压移过乌拉尔山后,脊前正变高南落,北支槽东移南下,北疆西部受槽前锋区影响,在伊犁和中天山产生冷锋暴雪。

200 百帕上(图 2-2-597),23 日,北疆北部受高空槽前偏西急流控制,24 日,转为西北急流,高空急流在高层起到了辐散抽吸作用,有利于低层辐合上升运动的增强,强降雪区位于高空急流入口区右侧。

低空急流将暖湿空气输送到降雪区，同时增加降雪区的不稳定度。700 百帕上，23—24 日，影响北疆的急流由偏西急流转为西北急流，强降雪区位于低空急流左前侧，该区域具有明显的水汽辐合和强的上升运动。源源不断的水汽输送是暴雪发生的重要原因(图 2-2-599)。从 700 百帕水汽通量可以看出，造成此次连续性暴雪天气过程的水汽是三支水汽汇聚的结果，一支是红海水汽经波斯湾、伊朗高原输送至巴尔喀什湖，第二支是里海水汽经中亚输送至巴尔喀什湖，第三支是高纬度水汽向南输送至咸海，再由咸海输送至巴尔喀什湖，三支水汽在巴尔喀什湖汇聚后输送至北疆，22 日 20 时，巴尔喀什湖上空的水汽通量最大值达到 40 克/(厘米·百帕·秒)。源源不断的水汽在暴雪区聚集并辐合，为暴雪的产生和维持提供了充足的水汽(图 2-2-600)。

地面图上，22 日 20 时，冷高压中心位于黑海北部和蒙古地区，巴尔喀什湖到北疆北部为低压活动区，北疆北部为负变压控制(图 2-2-601，图 2-2-602)。23 日 08 时，低压和蒙古高压开始减弱，北疆北部处于锋前暖区中，在塔城和阿勒泰地区产生暖区暴雪。23 日 20 时，冷高压中心移至巴尔喀什湖附近，

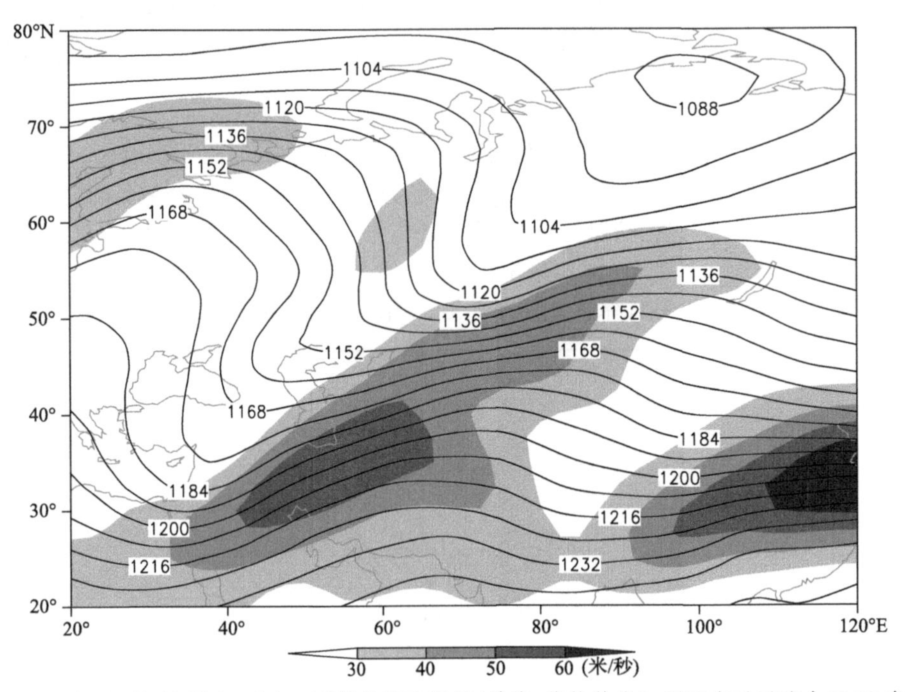

图 2-2-597　2007 年 11 月 22 日 20 时 200 百帕位势高度场(单位：位势什米)，阴影表示风速大于 30 米/秒急流区

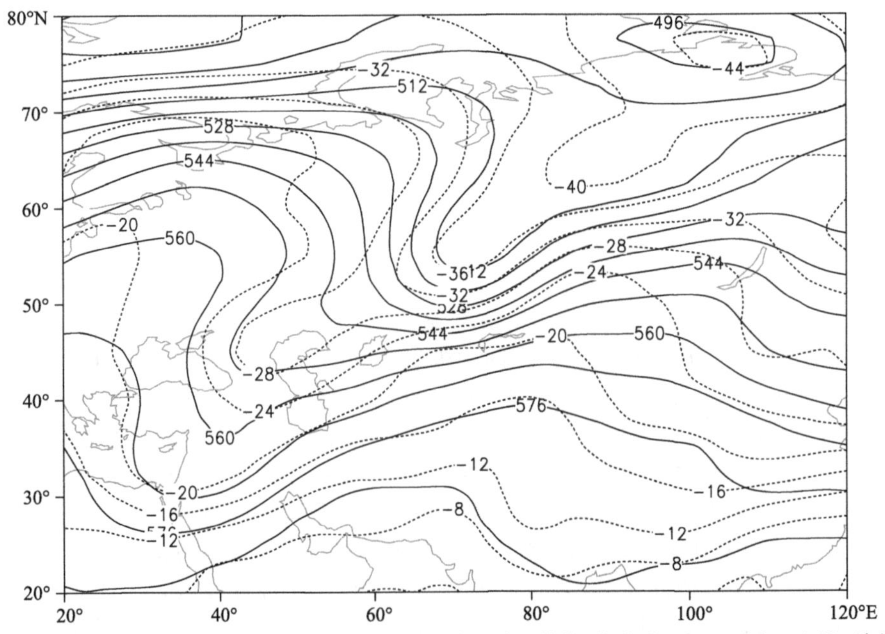

图 2-2-598　2007 年 11 月 22 日 20 时 500 百帕位势高度场(单位：位势什米)，温度场(虚线，单位：℃)

北疆转为正变压控制。24日08时开始，强锋区压在北疆沿天山一带，受地形影响，在降雪过程中处于迎风坡气流辐合，有利于近地层空气的辐合抬升，对降水产生明显的增强作用。

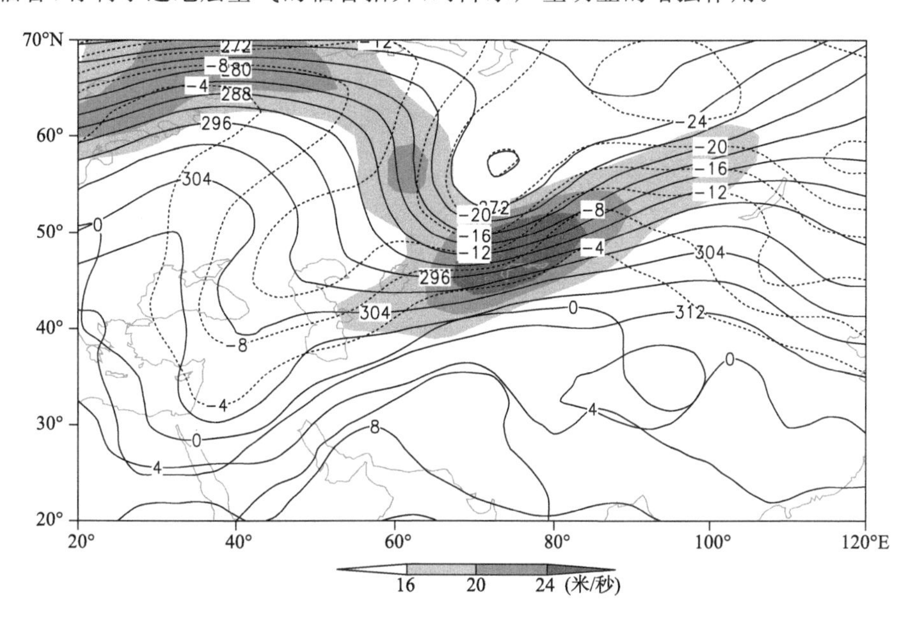

图 2-2-599　2007年11月22日20时700百帕位势高度场(单位:位势什米)，阴影表示风速大于16米/秒急流区

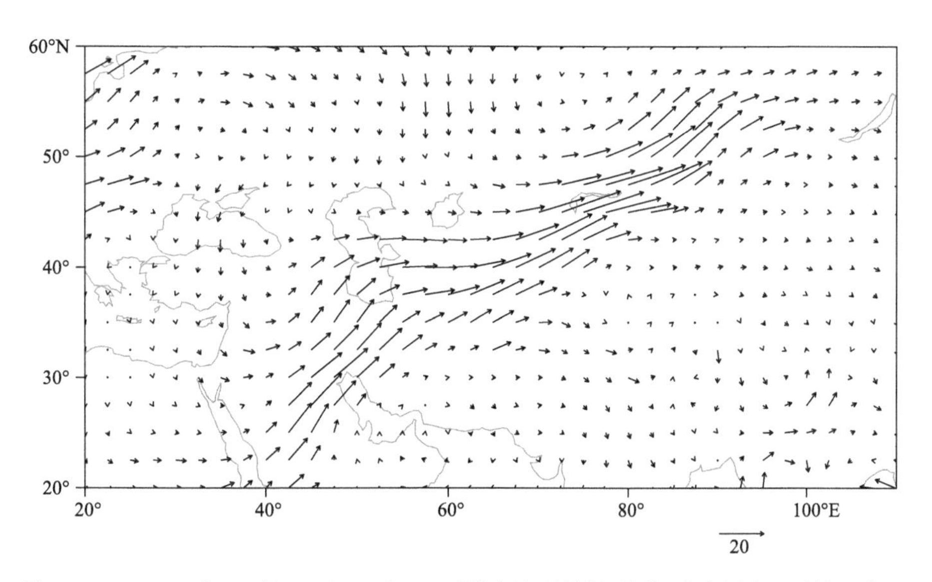

图 2-2-600　2007年11月22日20时700百帕水汽通量场(单位:克/(厘米·百帕·秒))

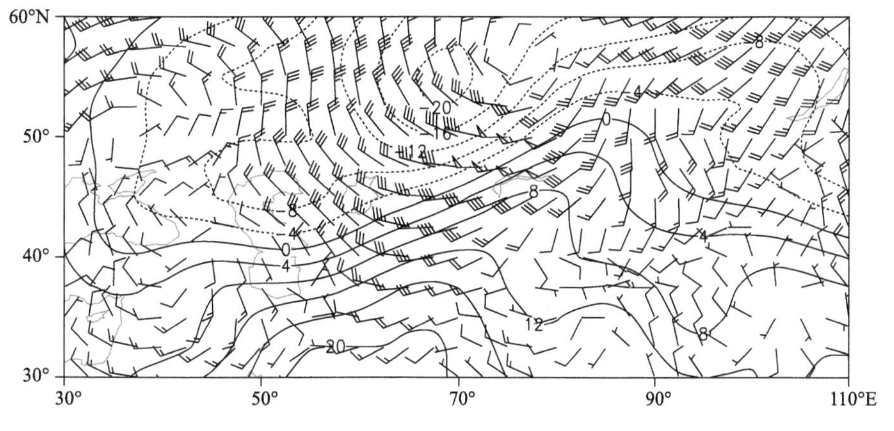

图 2-2-601　2007年11月22日20时850百帕风场(单位:米/秒)，温度场(单位:℃)

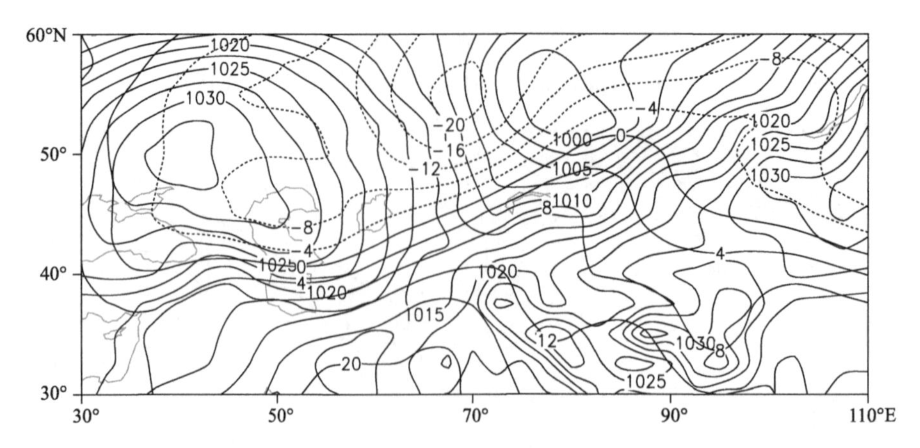

图 2-2-602　2007 年 11 月 22 日 20 时地面气压场(单位:百帕),850 百帕温度场(单位:℃)

2.2.87　石河子地区、塔城地区、博尔塔拉蒙古自治州暴雪(2007-12-08)

【降雪实况】2007 年 12 月 8 日,石河子市、乌兰乌苏镇,塔城地区沙湾县,博尔塔拉蒙古自治州温泉县出现暴雪,24 小时降雪量分别为 13.0 毫米、17.8 毫米、15.7 毫米、13.4 毫米(图 2-2-603)。

图 2-2-603　2007 年 12 月 7 日 20 时—8 日 20 时降雪量分布图(单位:毫米)

【天气形势】500 百帕环流场上,降雪开始前,欧亚范围内分为南、北两支锋区,南支锋区环流经向度较大,为两槽两脊的环流形势,即地中海东部和中亚为低槽,里海和新疆为高压脊(图 2-2-605)。北支锋区在 50°N 以北,表现为纬向环流。地中海东部的低槽不断加深,里海脊受槽前暖平流补充发展强盛,脊顶与北支锋区上的高压脊在乌拉尔山西部叠加,新地岛冷空气沿脊前西北风带快速南下,使得环流经向度不断加大,北支锋区上的低槽东移中向南加深,和中亚地区低槽同位相叠加,南北两支锋区在中亚地区汇合,造成北疆中天山地区的暴雪天气。

对流层高层的 200 百帕上,北疆受高空横槽前的西北急流控制,北疆中天山处于急流入口区右侧(图 2-2-604)。700 百帕上,从乌拉尔山南部到北疆中天山地区有一支西北急流,高空西北急流和低空西北急流持续耦合发展,使得整层大气的垂直上升运动增强,为暴雪天气提供了有利的动力条件(图 2-2-606)。从 700 百帕水汽通量场上可以看出,源自红海的水汽沿西南路径输送到中亚,再经西北急流输送到北疆中天山地区,持续的水汽输送且较强的低层水汽辐合,有利于暴雪的产生和维持(图 2-2-607)。

地面图上，随着西西伯利亚冷高压沿偏西路径不断加强东移，在冷锋东移过境的升压、降温区域产生暴雪天气(图 2-2-608，图 2-2-609)。

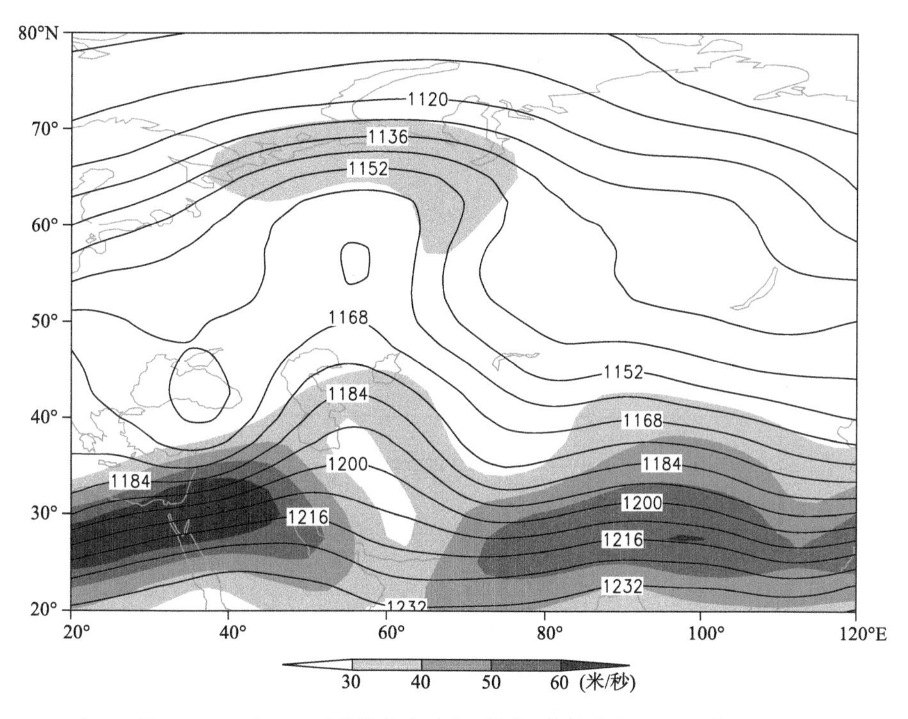

图 2-2-604　2007 年 12 月 7 日 20 时 200 百帕位势高度场(单位：位势什米)，阴影表示风速大于 30 米/秒急流区

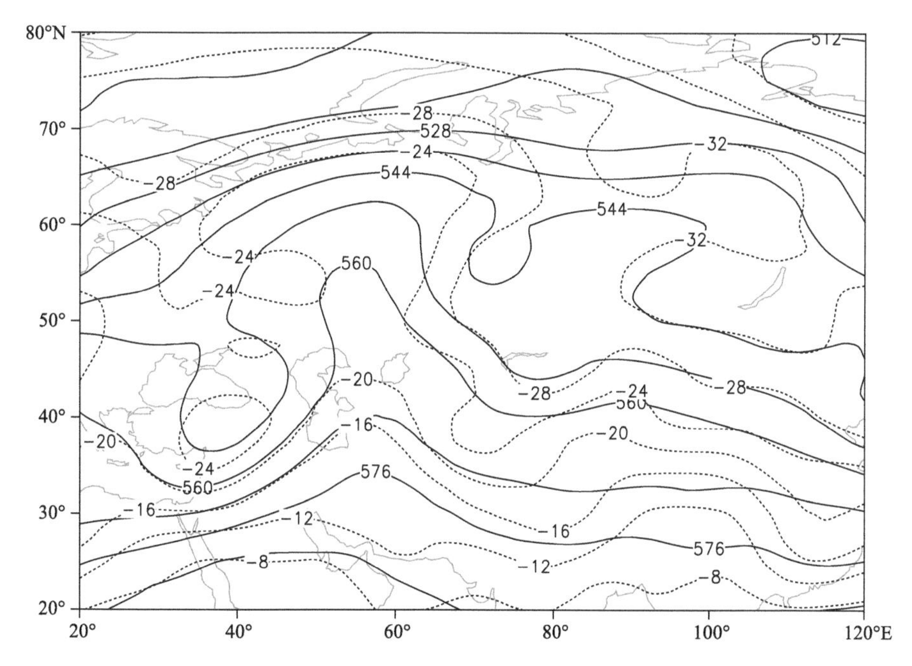

图 2-2-605　2007 年 12 月 7 日 20 时 500 百帕位势高度场(单位：位势什米)，温度场(虚线，单位：℃)

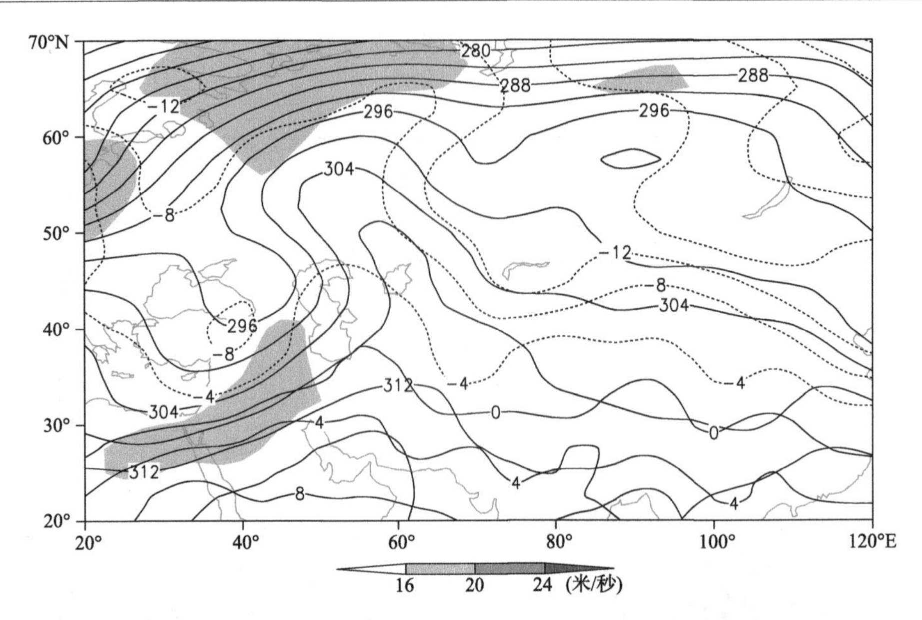

图 2-2-606　2007 年 12 月 7 日 20 时 700 百帕位势高度场(单位:位势什米),阴影表示风速大于 16 米/秒急流区

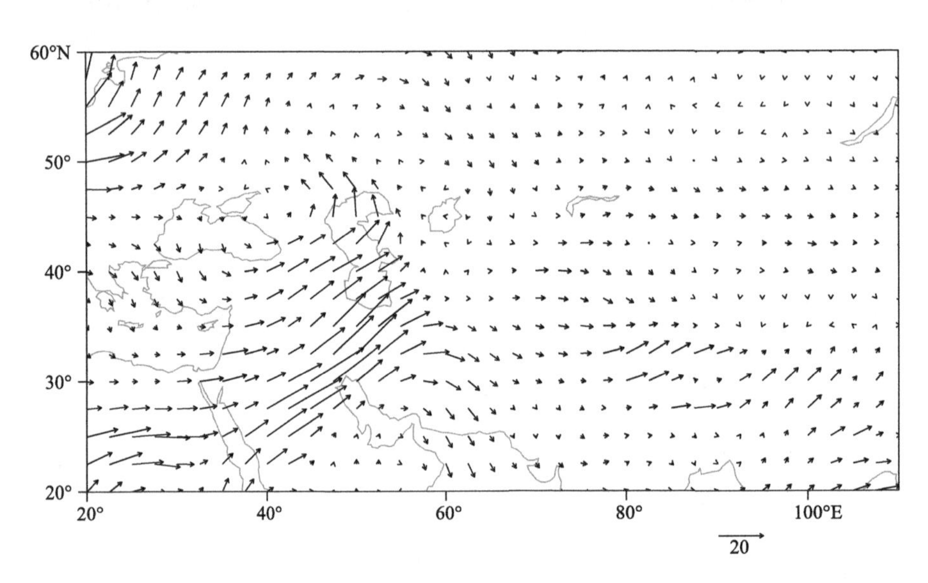

图 2-2-607　2007 年 12 月 7 日 20 时 700 百帕水汽通量场(单位:克/(厘米·百帕·秒))

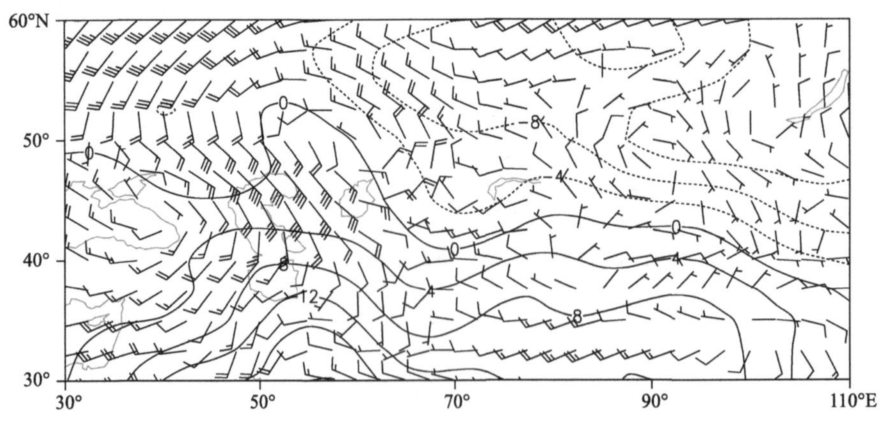

图 2-2-608　2007 年 12 月 7 日 20 时 850 百帕风场(单位:米/秒),温度场(单位:℃)

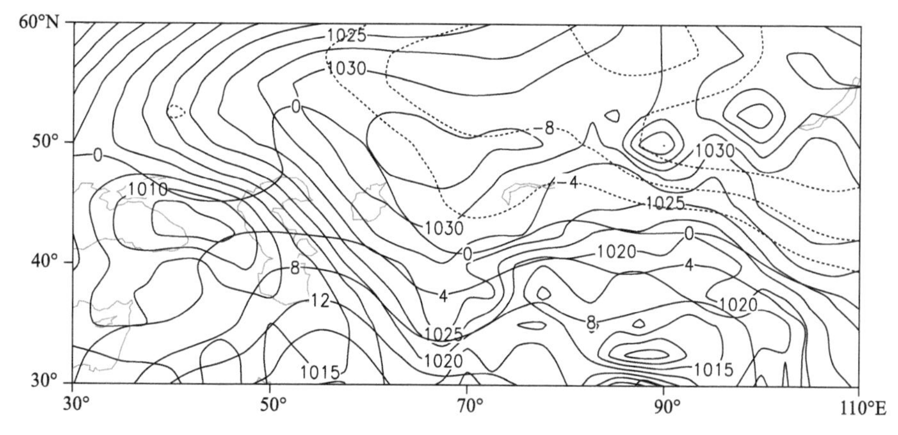

图 2-2-609 2007 年 12 月 7 日 20 时地面气压场(单位:百帕),850 百帕温度场(单位:℃)

2.2.88 昌吉回族自治州、乌鲁木齐市暴雪(2008-03-19)

【降雪实况】2008 年 3 月 19 日,昌吉回族自治州木垒县、天池、奇台县、吉木萨尔县,乌鲁木齐市、牧试站、小渠子站、米东区出现暴雪,24 小时降雪量分别为 15.6 毫米、17.1 毫米、14.2 毫米、12.6 毫米、12.1 毫米、16.7 毫米、20.5 毫米、14.8 毫米(图 2-2-610)。

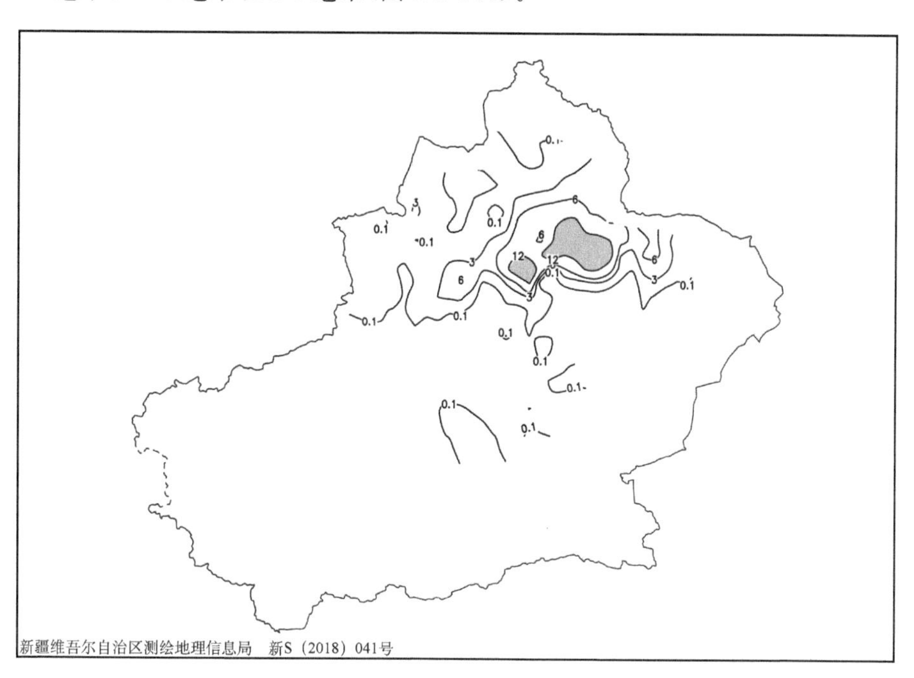

图 2-2-610 2008 年 3 月 18 日 20 时—19 日 20 时降雪量分布图(单位:毫米)

【天气形势】500 百帕环流场上,降雪前期欧亚范围环流经向度较大,中高纬地区维持两槽两脊的环流形势,即黑海地区和巴尔喀什湖—新疆为高压脊,低槽分别位于里海—咸海地区和贝加尔湖(图 2-2-612)。巴尔喀什湖—新疆高压脊受 60°~70°N 西风带的冲刷减弱东移,里海—咸海低槽随之东移影响北疆,给昌吉和乌鲁木齐地区带来暴雪天气。

高空急流出现在 200 百帕上,暴雪区位于高空西南急流核的入口区,高空的辐散有利于暴雪区上升运动的发展和维持,同时,也加强了中低层系统的发展,有利于强降雪产生(图 2-2-611)。700 百帕上,北疆中天山地区受南支锋区上弱脊前的西北急流控制,昌吉和乌鲁木齐地区处于急流前部。低空西北急流携带中亚地区的暖湿空气进入北疆中天山地区,受到天山地形强迫抬升,与中高层的西南急流叠加,加强了风场辐合及垂直上升运动,有利于冷暖空气的交汇与水汽的聚集。高空西南急流入口区右侧的强辐散区和低空西北急流出口区左侧的强辐合区在暴雪区上空叠加,使得整层大气的垂直上升运动增强,为暴雪天气提供了有利的动力条件(图 2-2-613)。700 百帕水汽通量场上,地中海上的水汽汇合了来自欧洲南部大西洋上的水汽输送至黑海,继续向东北方向输送时遇乌拉尔山阻挡,水汽沿西北路径从乌拉尔山南部输送至咸海附近,再接力输送到北疆暴雪区(图 2-2-614)。

地面图上,冷高压中心位于巴尔喀什湖南部,冷锋位于北疆西北部境外,冷高压沿西方路径增强东移,冷锋过境,造成昌吉和乌鲁木齐地区的暴雪天气(图 2-2-615,图 2-2-616)。

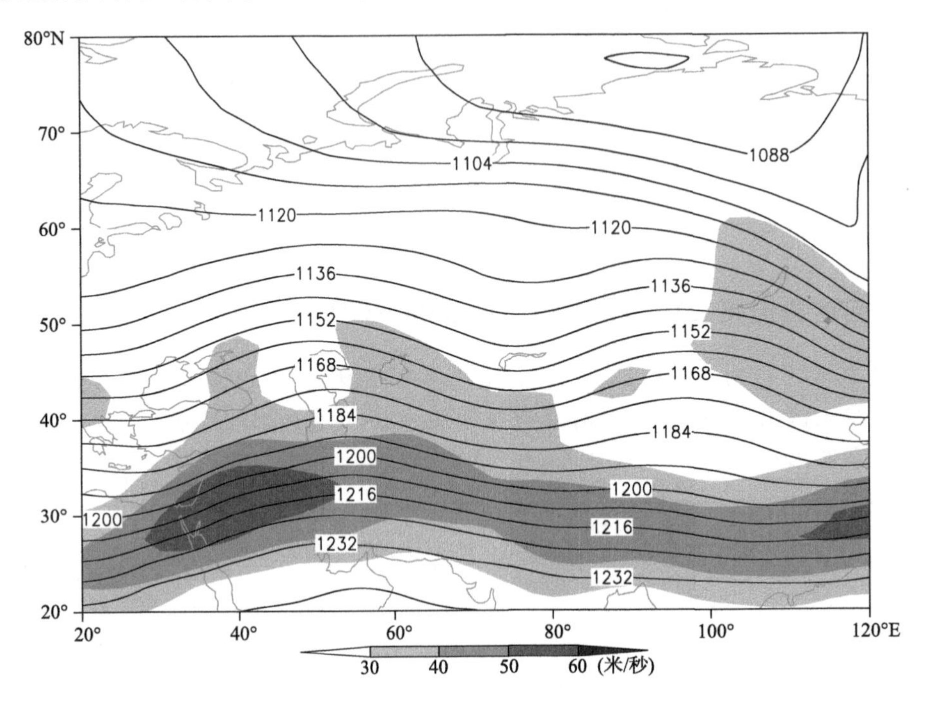

图 2-2-611　2008 年 3 月 18 日 20 时 200 百帕位势高度场(单位:位势什米),阴影表示风速大于 30 米/秒急流区

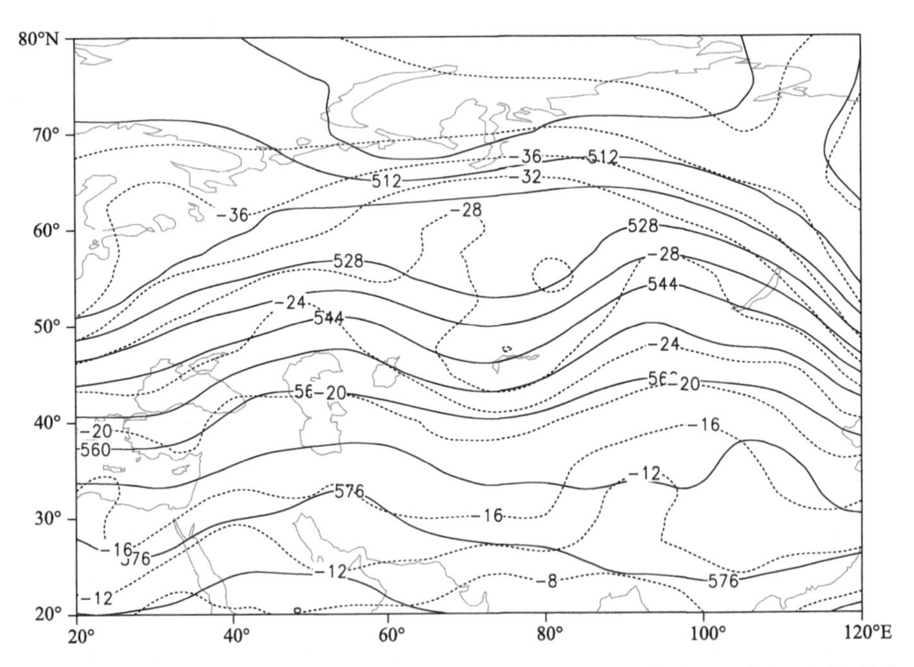

图 2-2-612　2008 年 3 月 18 日 20 时 500 百帕位势高度场(单位:位势什米),温度场(虚线,单位:℃)

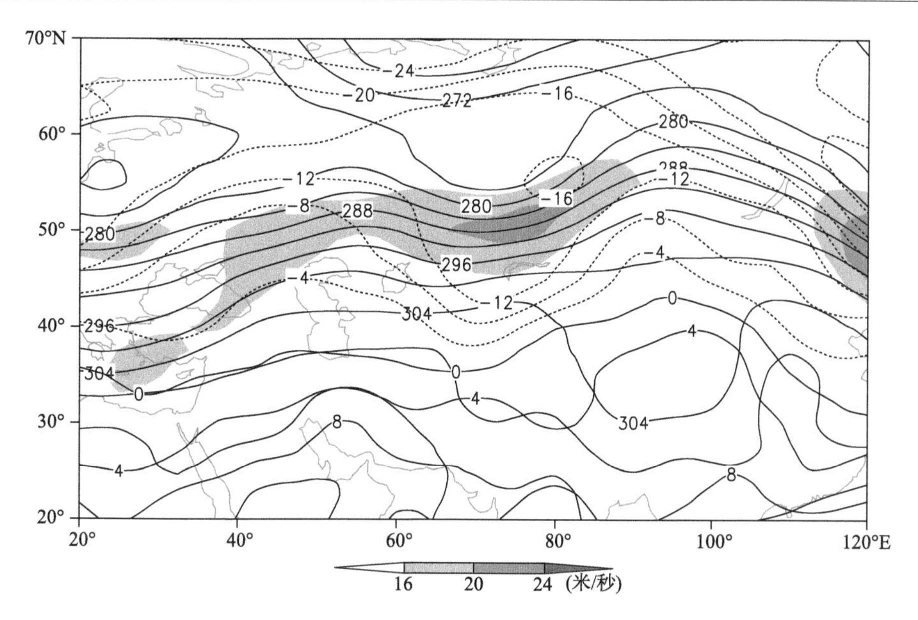

图 2-2-613　2008 年 3 月 18 日 20 时 700 百帕位势高度场(单位:位势什米),阴影表示风速大于 16 米/秒急流区

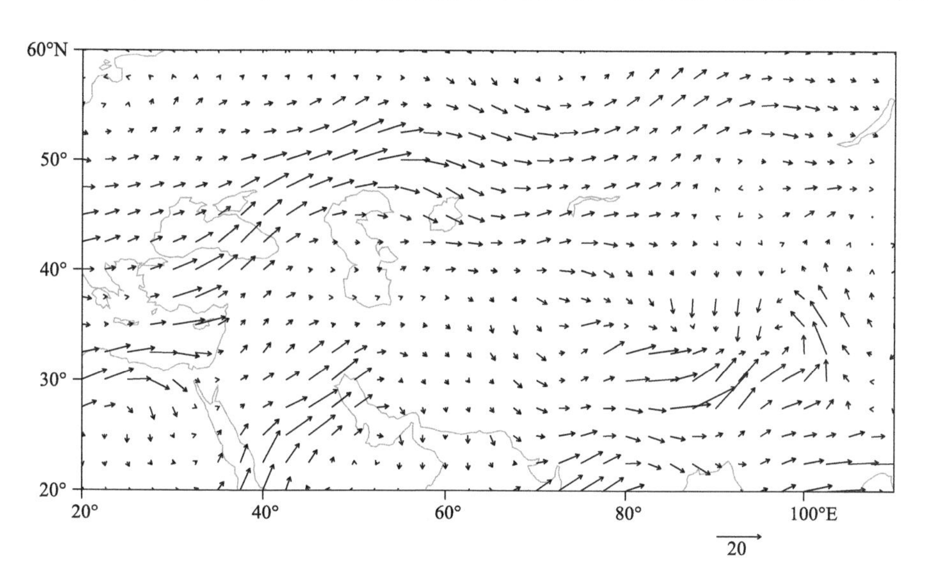

图 2-2-614　2008 年 3 月 18 日 20 时 700 百帕水汽通量场(单位:克/(厘米·百帕·秒))

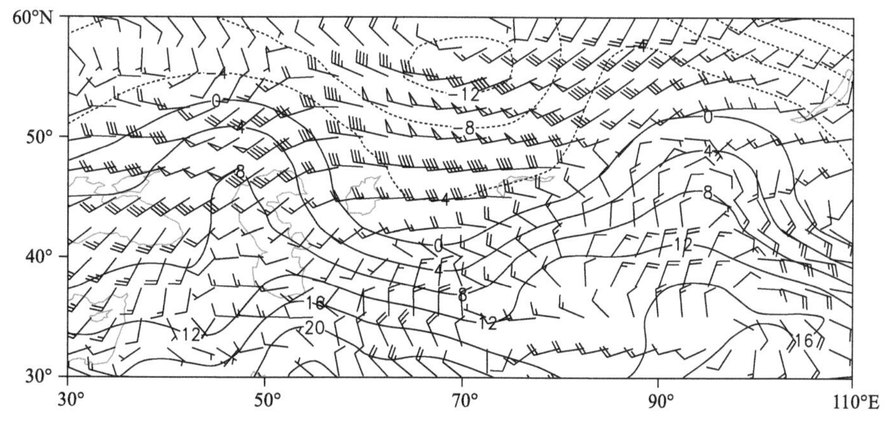

图 2-2-615　2008 年 3 月 18 日 20 时 850 百帕风场(单位:米/秒),温度场(单位:℃)

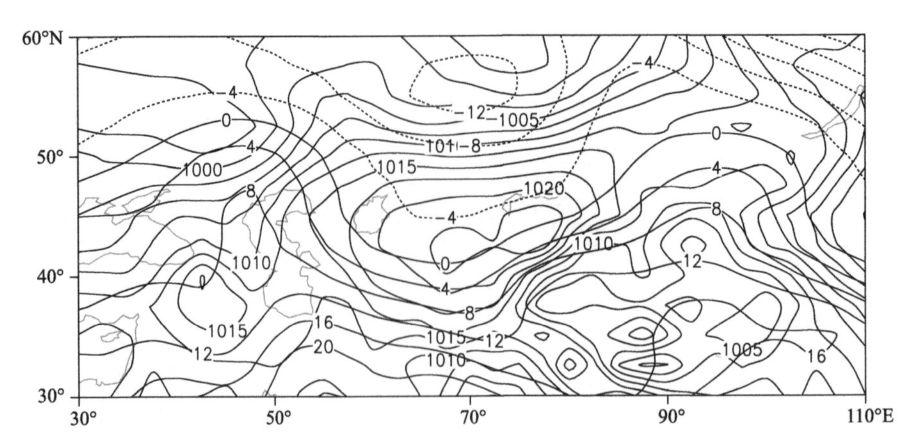

图 2-2-616 2008 年 3 月 18 日 20 时地面气压场(单位:百帕),850 百帕温度场(单位:℃)

2.2.89 伊犁哈萨克自治州暴雪(2008-11-09)

【降雪实况】2008 年 11 月 9 日,伊犁哈萨克自治州新源县、巩留县、伊宁县、伊宁市出现暴雪,24 小时降雪量分别为 12.1 毫米、12.2 毫米、15.6 毫米、12.8 毫米(图 2-2-617)。

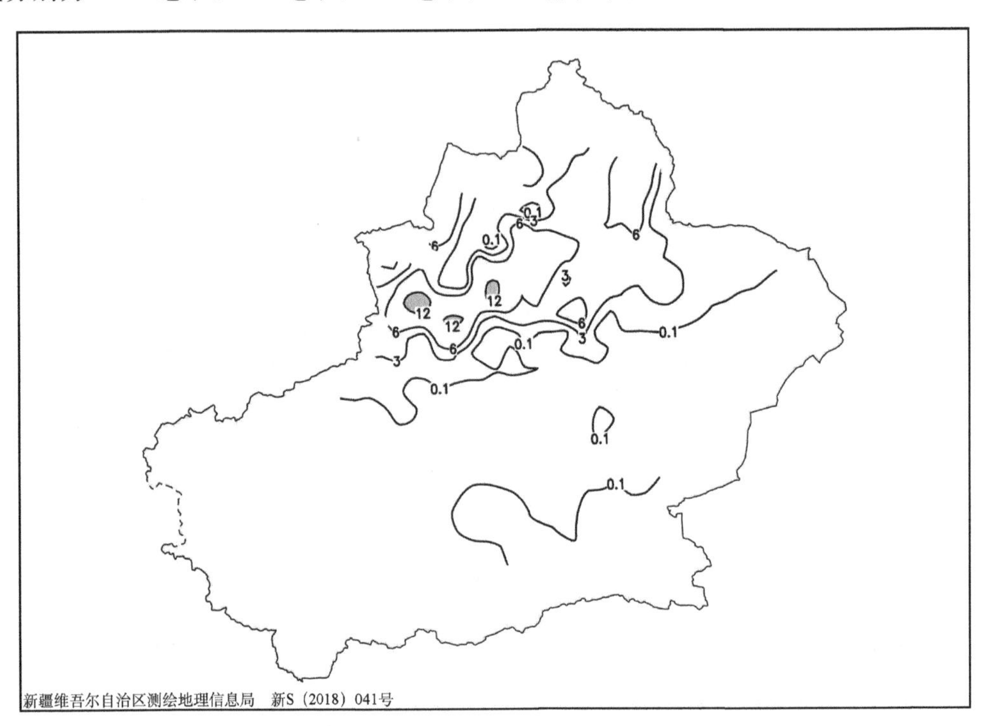

图 2-2-617 2008 年 11 月 8 日 20 时—9 日 20 时降雪量分布图(单位:毫米)

【天气形势】500 百帕环流场上,降雪开始前欧亚中高纬度分为南北两支锋区,其中北支锋区环流经向度较大,为两脊一槽的环流形势,即欧洲北部和贝加尔湖为高压脊,60°～100°E 为极涡活动区,极涡中心位于喀拉海(图 2-2-619)。欧洲北部高压脊发展强盛,新地岛西部强冷空气沿脊前北风带大举南下进入低槽,低槽加深,槽底伸至里海南部,由于新疆脊的阻塞作用,槽前锋区在哈萨克丘陵不断增强,随着新疆脊的减弱东移,乌拉尔槽东移和南部低槽在中亚地区叠加,造成伊犁地区的暴雪天气。

对流层高层 200 百帕上,高空槽前西南急流与南支锋区上的西南急流在中亚地区叠加,叠加后急流风速增强,急流核风速超过 60 米/秒,高空急流在高层起到了辐散抽吸作用,急流中心风速越大,辐散抽吸作用越强,越有利于低层辐合上升运动的加剧(图 2-2-618)。暴雪发生时,伊犁地区处于高空西南急流入口区右侧的强辐散区。700 百帕上,北疆受北支锋区底部的偏西急流控制,伊犁地区位于偏西急流的前部,低空偏西急流把中亚地区的暖湿空气不断输送到伊犁地区上空,使得急流前部的伊犁地区产生明显的水汽辐合和强烈的上升运动(图 2-2-620)。高层辐散、低层辐合的耦合形势建立,为暴雪的产生提供了有利的动力条件。700 百帕水汽通量场上,源自地中海西部的水汽先向北输送,而后沿西北路径输送至中亚南部,在中亚地区得到水汽补充后沿西南路径向暴雪区输送,为暴雪的产生提供了充沛的水汽(图 2-2-621)。

地面图上,地面冷高压自里海北部沿西方路径不断加强东移。冷锋东移过境,造成伊犁地区暴雪天气过程(图 2-2-622,图 2-2-623)。

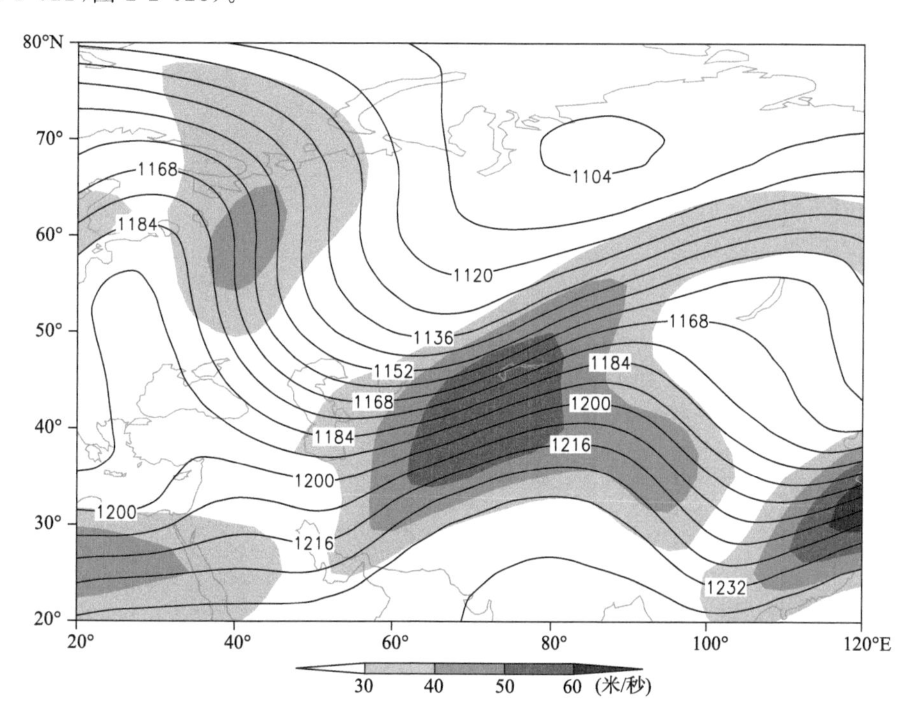

图 2-2-618　2008 年 11 月 8 日 20 时 200 百帕位势高度场(单位:位势什米),阴影表示风速大于 30 米/秒的急流区

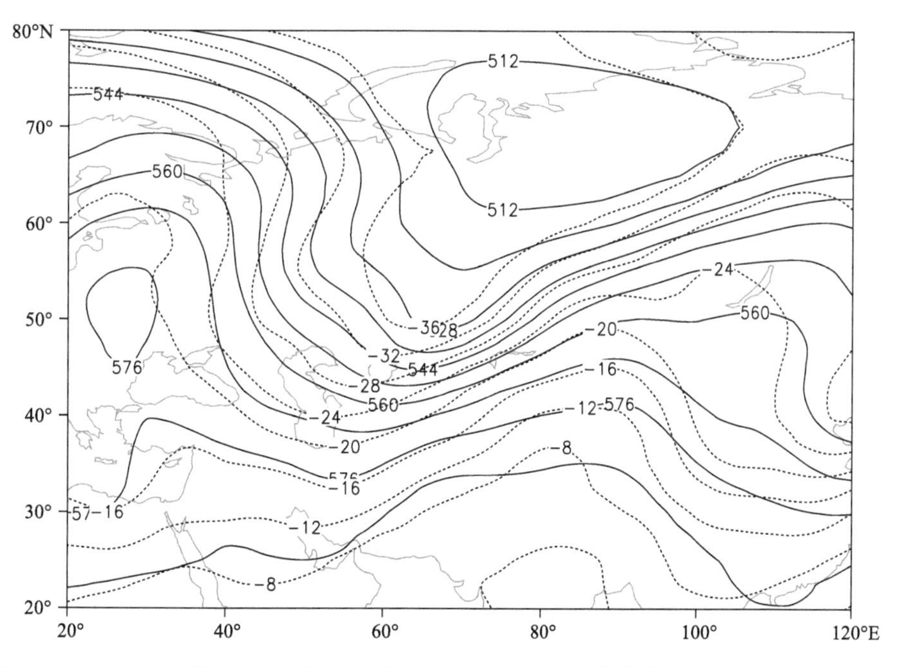

图 2-2-619　2008 年 11 月 8 日 20 时 500 百帕位势高度场(单位:位势什米),温度场(虚线,单位:℃)

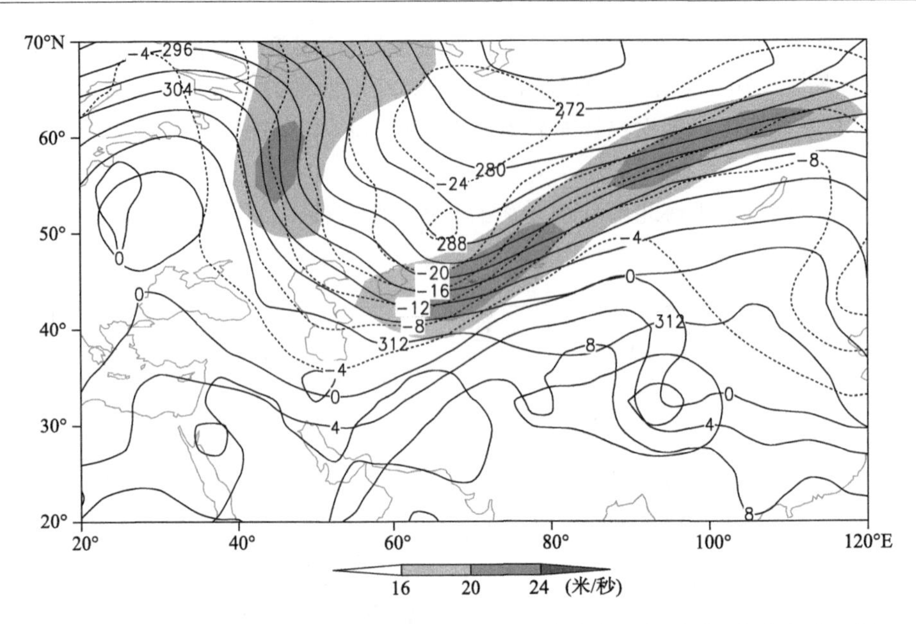

图 2-2-620　2008 年 11 月 8 日 20 时 700 百帕位势高度场(单位:位势什米)、温度场(单位:℃),阴影表示风速大于 16 米/秒的急流区

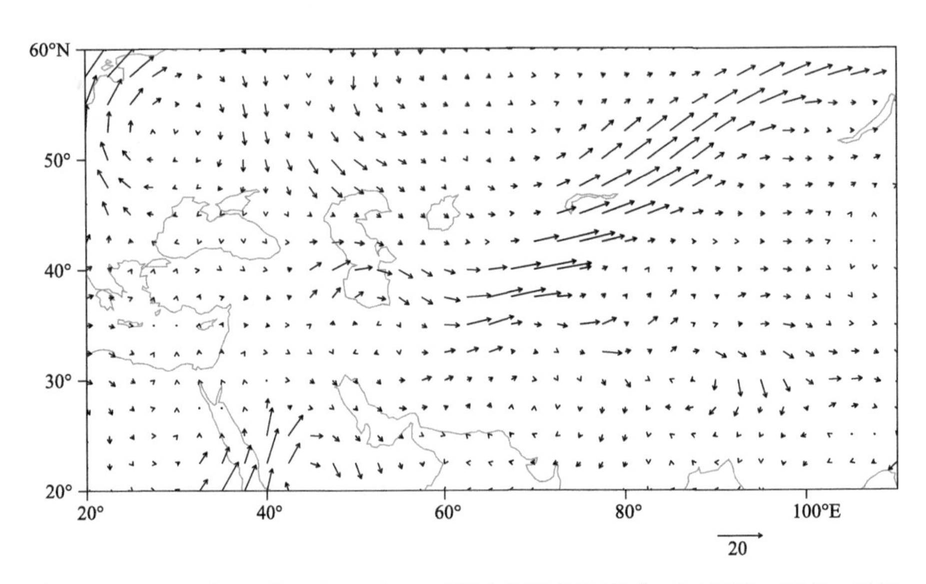

图 2-2-621　2008 年 11 月 8 日 20 时 700 百帕水汽通量场(单位:克/(厘米·百帕·秒))

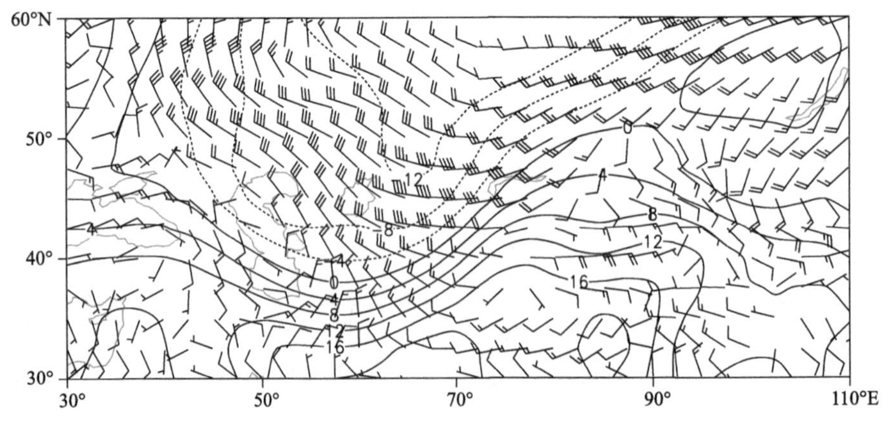

图 2-2-622　2008 年 11 月 8 日 20 时 850 百帕风场(单位:米/秒),温度场(单位:℃)

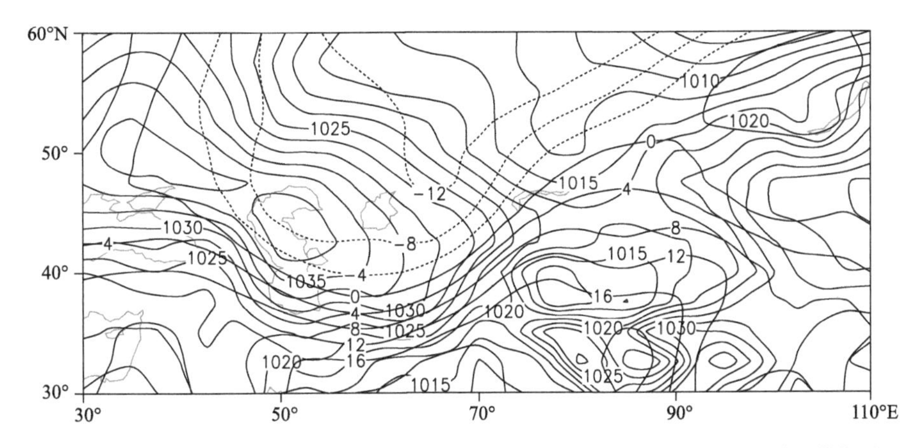

图 2-2-623　2008 年 11 月 8 日 20 时地面气压场(单位:百帕),850 百帕温度场(单位:℃)

2.2.90　阿勒泰地区、塔城地区暴雪(2009-01-16)

【降雪实况】2009 年 1 月 16 日,阿勒泰地区青河县、阿勒泰市,塔城地区裕民县、塔城市出现暴雪,24 小时降雪量分别为 12.3 毫米、12.3 毫米、14.6 毫米、19.4 毫米(图 2-2-624)。

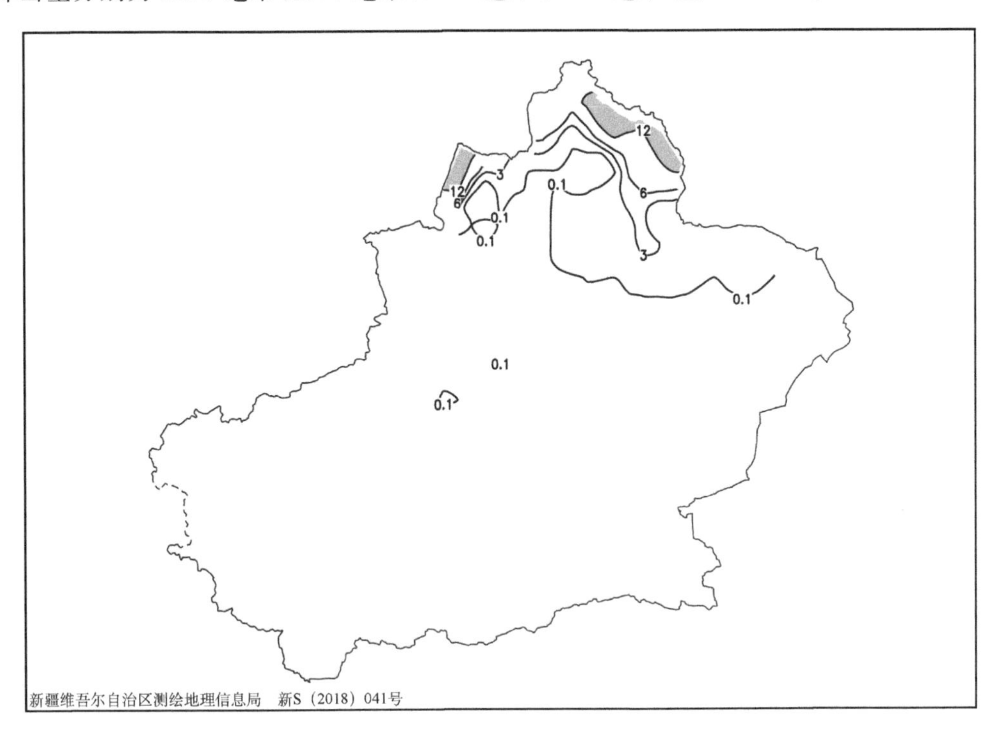

图 2-2-624　2009 年 1 月 15 日 20 时—16 日 20 时降雪量分布图(单位:毫米)

【天气形势】500 百帕环流场上,过程前期,极锋锋区位于 60°N 以北,为平直的纬向环流(图 2-2-626)。中低纬度环流经向度较大,表现为两脊一槽的环流形势,即欧洲中部到乌拉尔山和新疆为高压脊,中亚为低槽。地中海到黑海上的高压脊北伸与欧洲中部的高压脊叠加,叠加后的高压脊引导欧洲北部冷空气沿脊前西北风带南下进入中亚低槽,低槽加深并快速东移,脊前不断分裂短波东移南下,与南支锋区在北疆北部汇合,造成塔城和阿勒泰地区强降雪。

200 百帕上,从乌拉尔山南部到北疆存在一支风速大于 30 米/秒的西北急流,急流核位于西西伯利亚,强降雪发生时,塔城和阿勒泰地区位于急流入口区右侧(图 2-2-625)。700 百帕上,乌拉尔山南部的西北急流在巴尔喀什湖附近转为偏西急流,高空西北急流入口区右侧的强辐散区和低空偏西急流出口区左侧的强辐合区在暴雪区上空叠加,使得整层大气的垂直上升运动增强,为暴雪天气提供了有利的动力条件(图 2-2-627)。地面至低层 850 百帕风场上,在塔城和阿勒泰之间存在明显的西南风与东南风的暖式风向和风速的切变与辐合,有利于暴雪天气的发生(图 2-2-629)。从 700 百帕水汽通量场上可以看出,此次暴雪天气的水汽主要来自西北方向,来自欧洲西部大西洋沿岸的水汽翻过乌拉尔山南端,此时的高湿中心轴线与低空急流的走向一致,水汽通过急流大规模的输送到暴雪区(图 2-2-628)。

地面图上,15 日 20 时,里海、咸海和蒙古地区为高压活动区,中亚为低压活动区,北疆为负变压控制,在蒙古高压后部、中亚低压前部的减压升温区域产生暖区暴雪(图 2-2-630)。

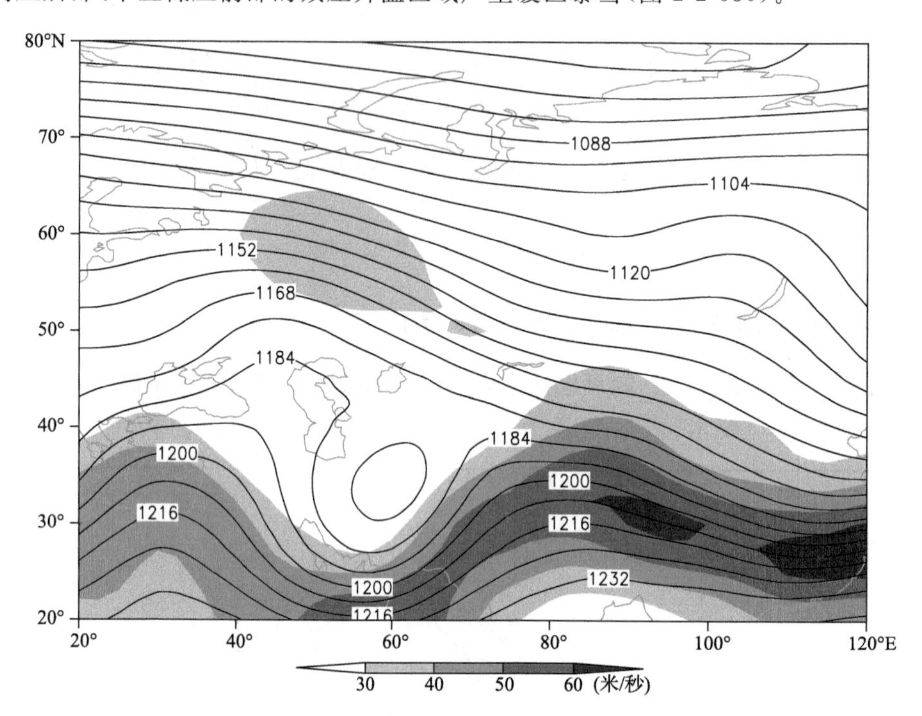

图 2-2-625 2009 年 1 月 15 日 20 时 200 百帕位势高度场(单位:位势什米),阴影表示风速大于 30 米/秒的急流区

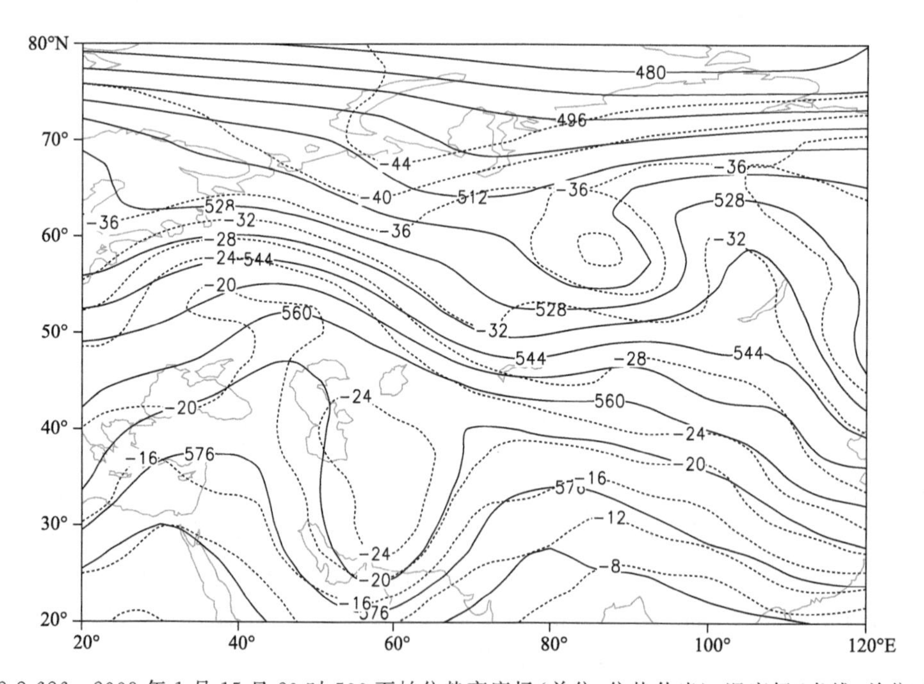

图 2-2-626 2009 年 1 月 15 日 20 时 500 百帕位势高度场(单位:位势什米),温度场(虚线,单位:℃)

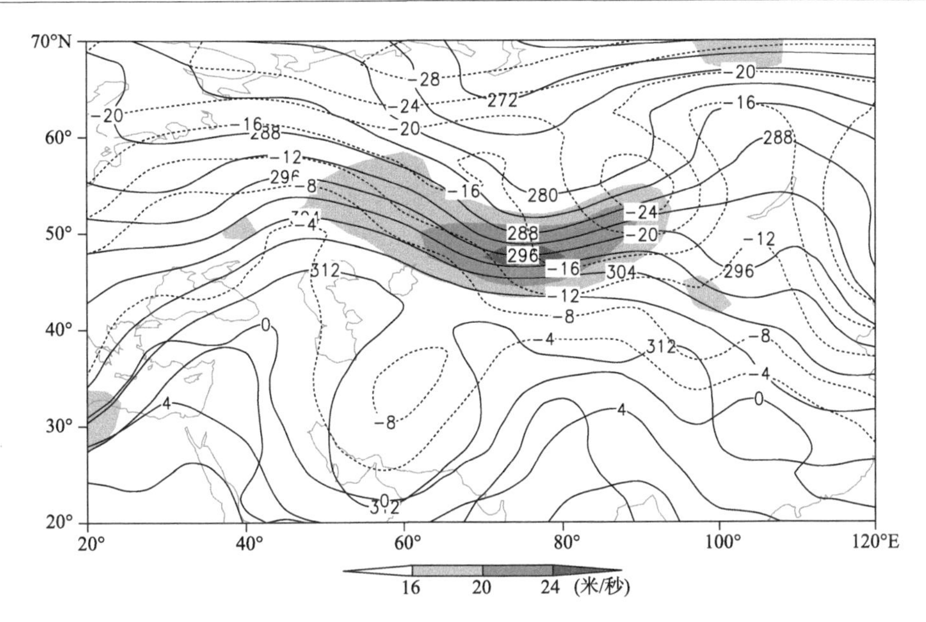

图 2-2-627　2009 年 1 月 15 日 20 时 700 百帕位势高度场(单位:位势什米)、温度场(单位:℃),阴影表示风速大于 16 米/秒的急流区

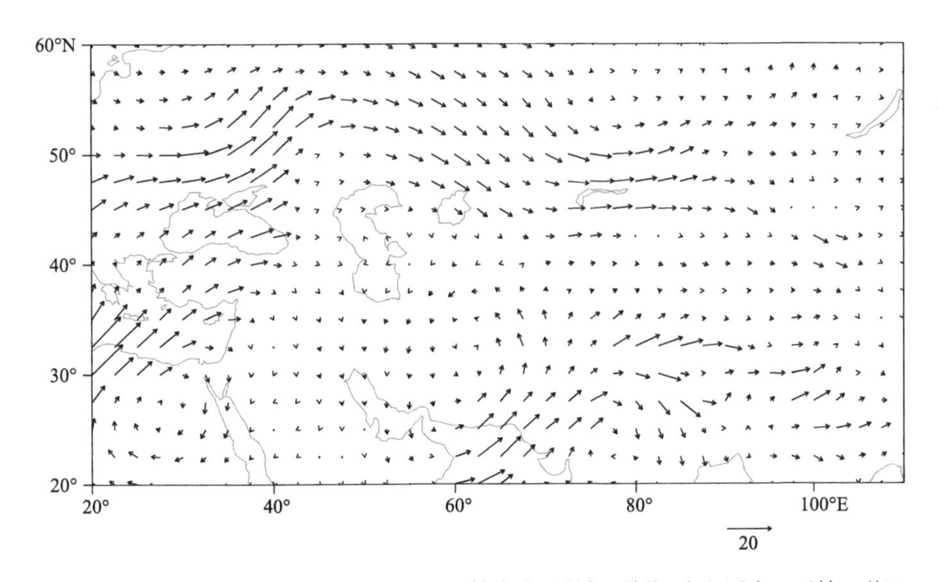

图 2-2-628　2009 年 1 月 15 日 20 时 700 百帕水汽通量场(单位:克/(厘米・百帕・秒))

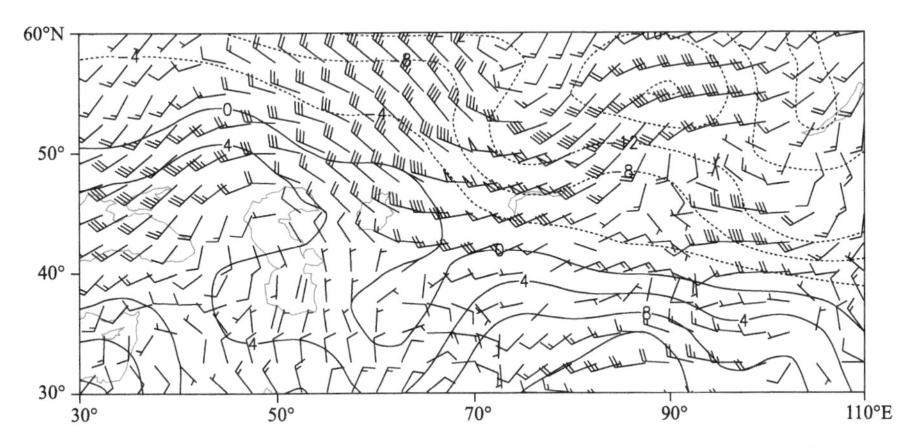

图 2-2-629　2009 年 1 月 15 日 20 时 850 百帕风场(单位:米/秒),温度场(单位:℃)

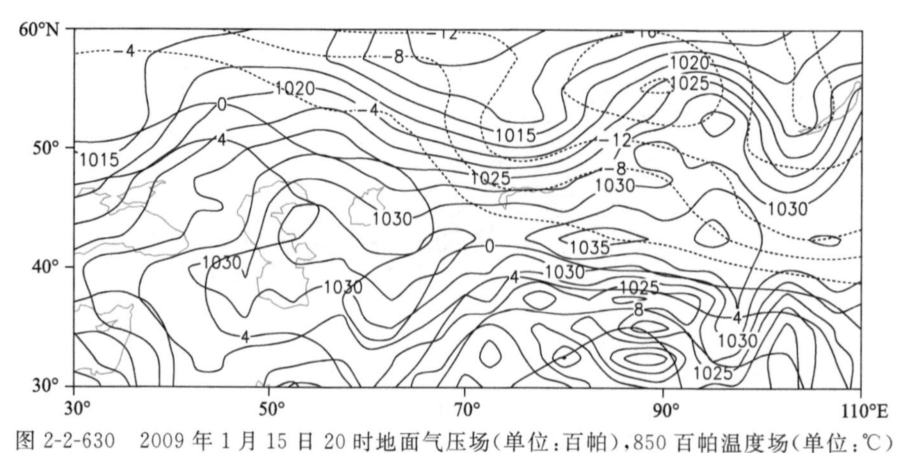

图 2-2-630 2009 年 1 月 15 日 20 时地面气压场(单位:百帕),850 百帕温度场(单位:℃)

2.2.91 伊犁哈萨克自治州、昌吉回族自治州、乌鲁木齐市、博尔塔拉蒙古自治州暴雪(2009-03-19)

【降雪实况】2009 年 3 月 19 日,伊犁哈萨克自治州新源县、伊宁县,塔城地区乌苏市出现暴雪,24 小时降雪量分别为 19.2 毫米、16.6 毫米、12.2 毫米。博尔塔拉蒙古自治州博乐市出现大暴雪,24 小时降雪量为 26.4 毫米。20 日,昌吉回族自治州木垒县,天池、奇台县、阜康市,牧试站、小渠子站、米东区出现暴雪,24 小时降雪量分别为 18.0 毫米、16.5 毫米、14.8 毫米、18.1 毫米、16.0 毫米、13.6 毫米、21.9 毫米。乌鲁木齐市出现大暴雪,24 小时降雪量为 27.5 毫米(图 2-2-631)。

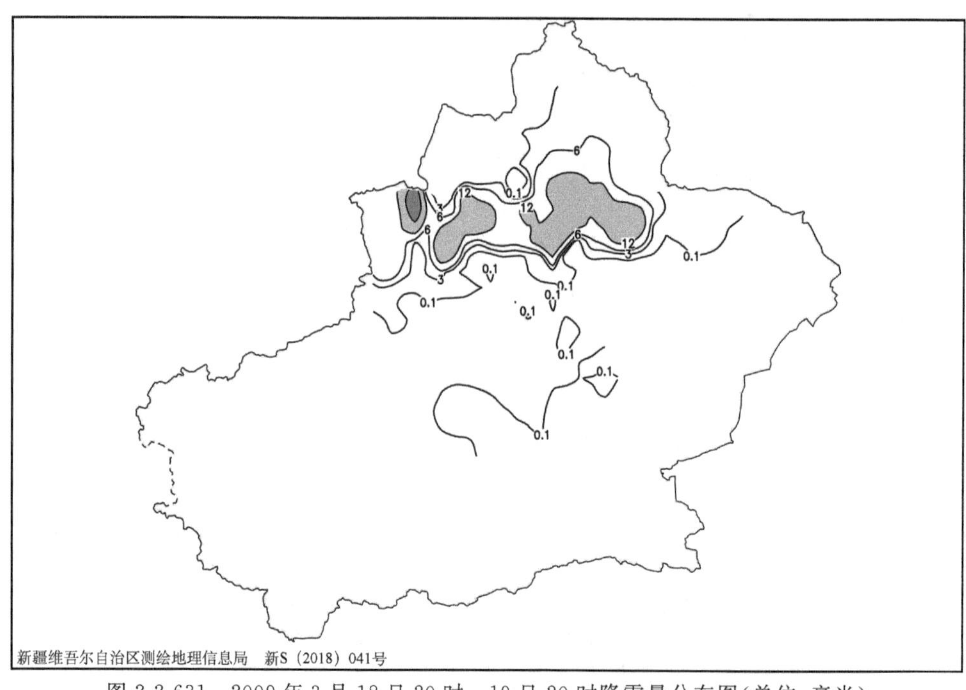

图 2-2-631 2009 年 3 月 18 日 20 时—19 日 20 时降雪量分布图(单位:毫米)

【天气形势】500 百帕环流场上,过程前期,极涡位于贝加尔湖北部,中心温度达−47℃,北疆北部受极涡底部锋区与南支锋区叠加后的强锋区控制(图 2-2-633)。之后,北支锋区北收,新疆受南支锋区控制,南支锋区上波动增强,18 日 20 时,在咸海附近低槽加深,低槽东移影响北疆西部地区,给伊犁哈萨克自治州、博尔塔拉蒙古自治州和塔城地区乌苏市带来强降雪天气。随着新疆脊的减弱,极涡后部横槽转竖,转竖的低槽与南支锋区上东移北上的短波槽在北疆中天山地区叠加,造成北疆中天山地区的强降雪天气。

在暴雪过程中,200 百帕上有一支西南急流维持在北疆地区,为暴雪的产生提供了较强的高空抽吸作用(图 2-2-632)。降雪明显的时段,北疆沿天山一带处于高空急流入口区右侧正涡度平流区,强烈的高层辐散抽吸作用加强了中低层系统强烈发展,有利于强降雪产生。700 百帕上,18 日 20 时—19 日 08 时,从中亚南部到北疆存在一支风速大于 16 米/秒的低空西南急流,伊犁哈萨克自治州和博尔塔拉蒙古自治州始终处于急流前部,受伊犁河谷向西开口的“喇叭口”地形影响,有利于水汽辐合及上升运动的加强，强劲的西南急流穿过赛里木湖，把中亚以南的暖湿空气不断输送到博尔塔拉蒙古自治州上空，在阿拉套山的迎风坡产生明显的水汽辐合和强烈的上升运动(图 2-2-634)。19 日 20 时开始，从乌拉尔山南部到北疆建立了西北急流，急流出口区指向北疆中天山地区，低空西北急流携带湿冷空气受天山地形强迫抬升，与中高层西南急流叠加，加强了垂直上升运动，有利于冷暖交汇与水汽的聚集，尤其是乌鲁木齐三面环山的特殊地形，西北急流前端在乌鲁木齐转为偏北风，与其南部天山地形近乎垂直，增强了地形强迫抬升。高层辐散、低层辐合的环流配置加强了暴雪区的上升运动，有利于次级环流的发展维持和水汽的抬升凝结，为强降雪的发生做出了重要贡献。700 百帕水汽通量场上，强降雪开始前，来自偏北和西南两个方向的水汽在咸海南部汇聚后，沿低空西南急流输送至北疆西部，为伊犁哈萨克自治州、博尔塔拉蒙古自治州和塔城地区的暴雪天气提供了充沛的水汽(图 2-2-635)。19 日 20 时开始，水汽输送变为西南路径，水汽输送强度有所减弱，水汽沿北疆天山北坡向东输送，在北疆中天山地区辐合，为乌鲁木齐和昌吉的强降雪提供了重要的物质基础。

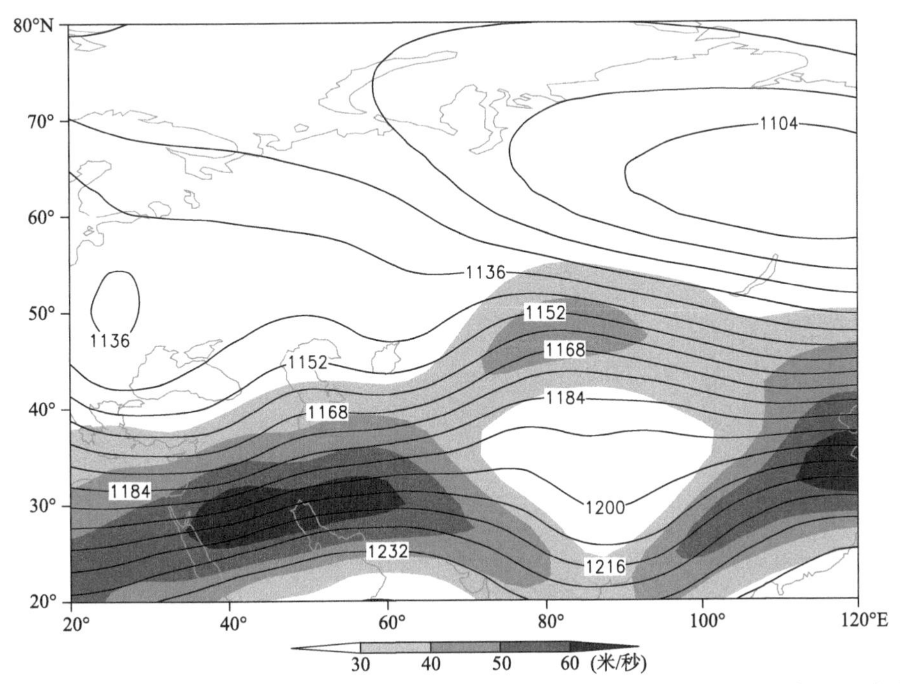

图 2-2-632　2009 年 3 月 18 日 20 时 200 百帕位势高度场(单位:位势什米)，阴影表示风速大于 30 米/秒的急流区

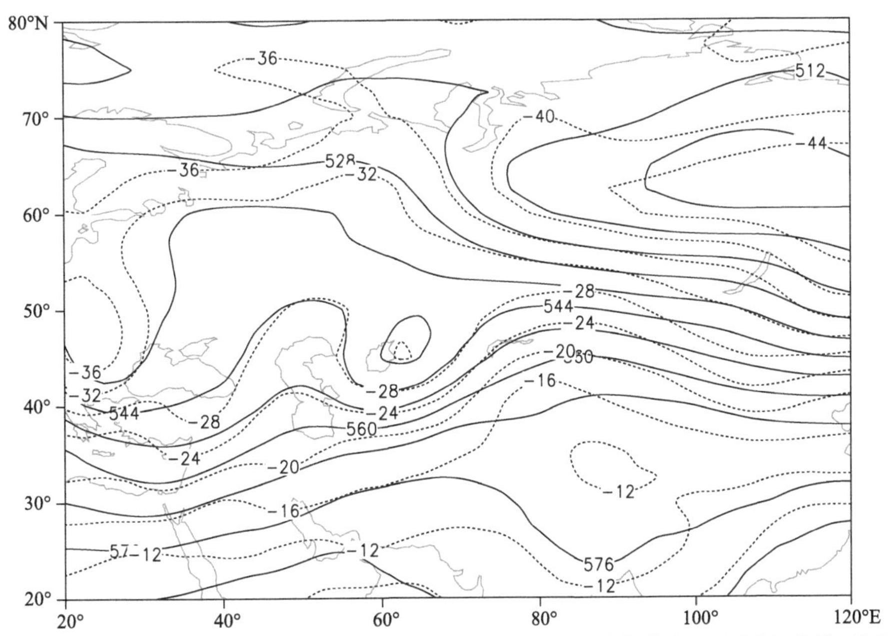

图 2-2-633　2009 年 3 月 18 日 20 时 500 百帕位势高度场(单位:位势什米)，温度场(虚线，单位:℃)

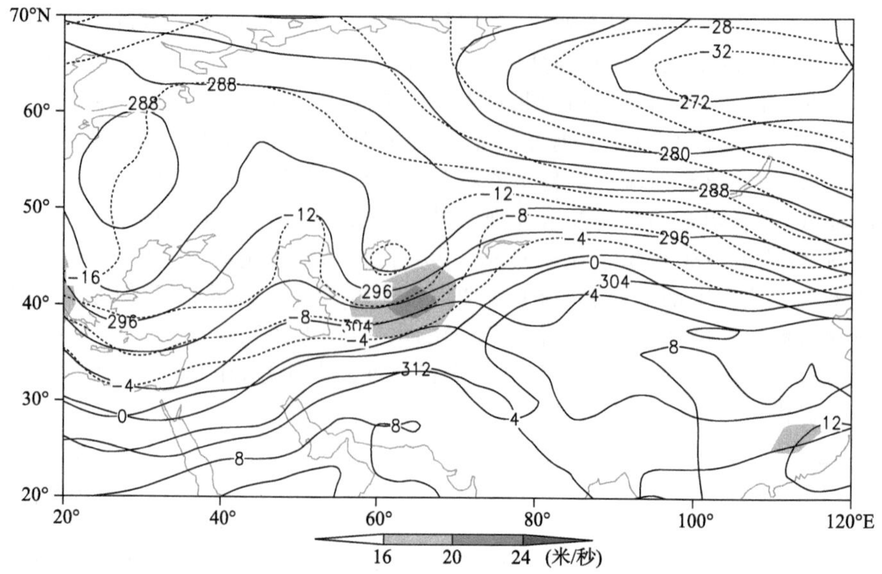

图 2-2-634　2009 年 3 月 18 日 20 时 700 百帕位势高度场(单位:位势什米)、温度场(单位:℃),阴影表示风速大于 16 米/秒的急流区

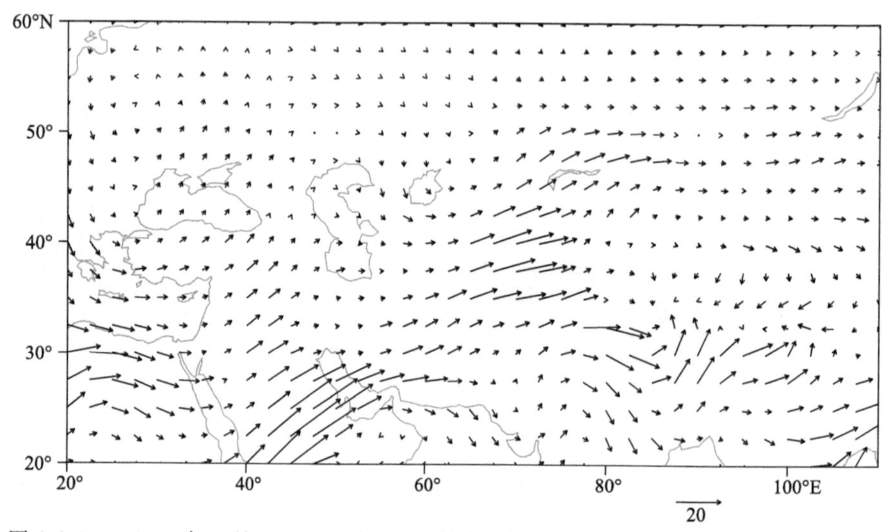

图 2-2-635　2009 年 3 月 18 日 20 时 700 百帕水汽通量场(单位:克/(厘米·百帕·秒))

地面图上,地面冷高压自中亚不断加强东移,18 日 20 时,冷锋已压至北疆西部,冷锋开始影响伊犁哈萨克自治州和博尔塔拉蒙古自治州(图 2-2-636,图 2-2-637)。冷锋持续向东推进,20 日 08 时,冷锋到达天山中部,受地形强迫环流与锋面环流相互作用,锋面强度在天山中部地区的迎风坡进一步增强,在昌吉和乌鲁木齐地区产生暴雪和大暴雪天气。

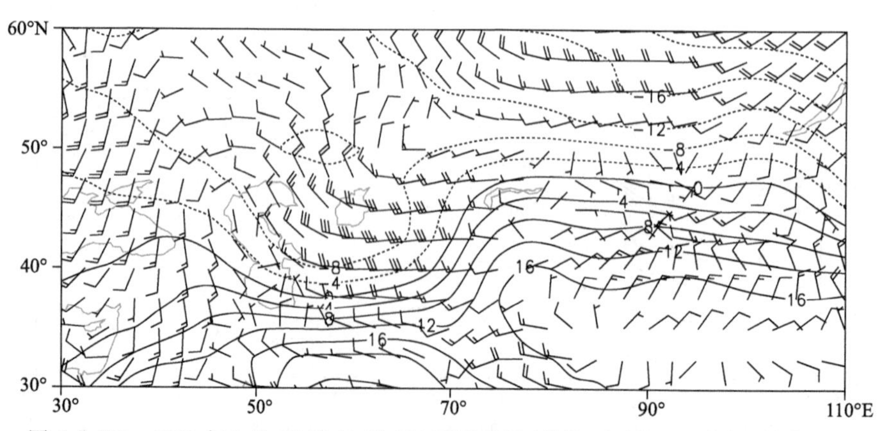

图 2-2-636　2009 年 3 月 18 日 20 时 850 百帕风场(单位:米/秒),温度场(单位:℃)

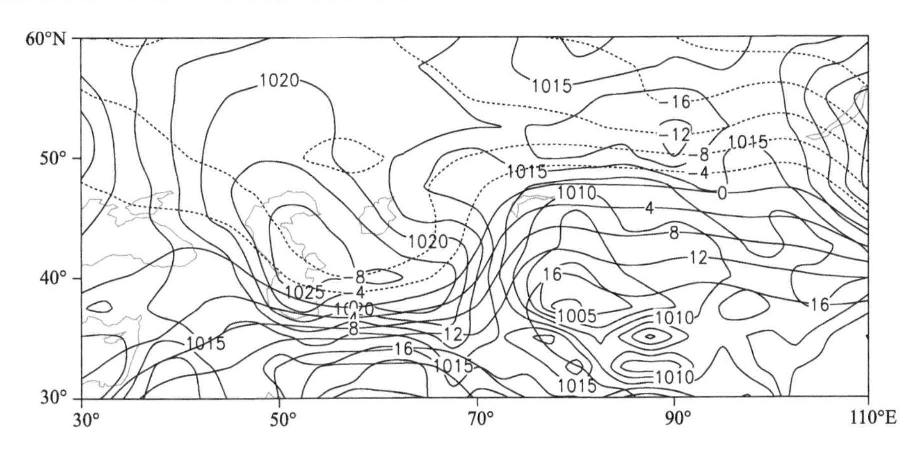

图 2-2-637　2009 年 3 月 18 日 20 时地面气压场(单位:百帕),850 百帕温度场(单位:℃)

2.2.92　阿勒泰地区、塔城地区、伊犁哈萨克自治州暴雪(2009-11-06)

【降雪实况】2009 年 11 月 6—8 日,阿勒泰地区、塔城地区和伊犁哈萨克自治州相继出现暴雪和大暴雪。6 日,青河县、富蕴县、哈巴河县,塔城地区额敏县、裕民县、塔城市 24 小时降雪量分别为 25.8 毫米、26.4 毫米、18.6 毫米、24.9 毫米、26.1 毫米、13.4 毫米。7 日,伊犁哈萨克自治州新源县、尼勒克县、伊宁市、察布查尔锡伯自治县 24 小时降雪量分别为 18.4 毫米、12.9 毫米、21.4 毫米、13.7 毫米。伊宁县出现大暴雪,24 小时降雪量为 32.7 毫米。8 日,伊犁哈萨克自治州伊宁县 24 小时降雪量 12.1 毫米(图 2-2-638)。

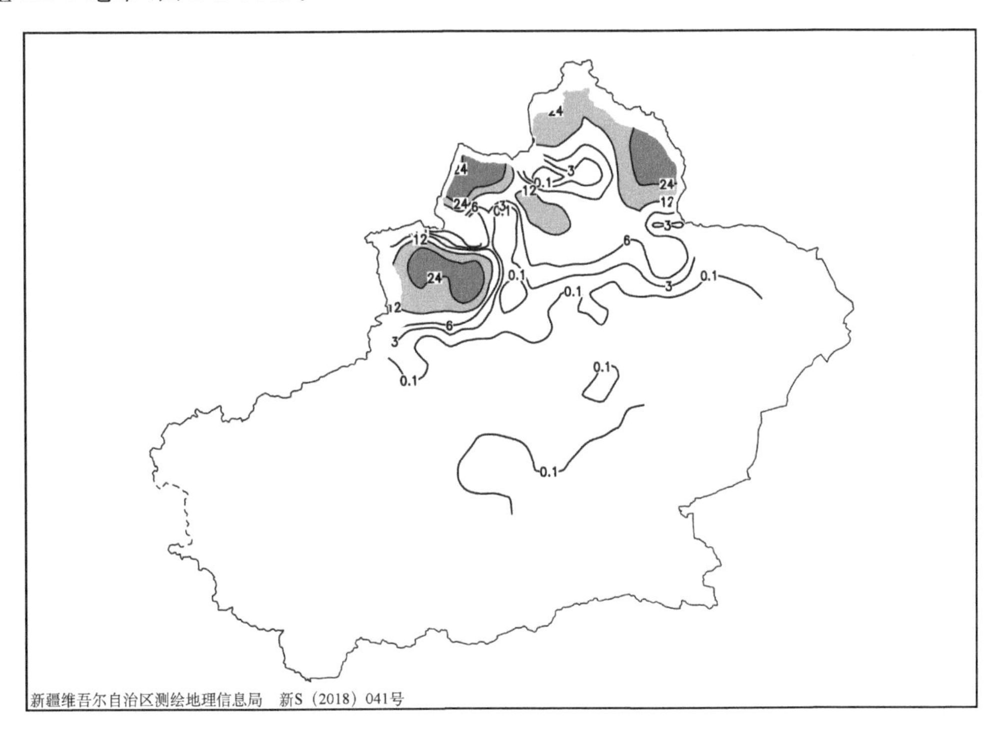

图 2-2-638　2009 年 11 月 5 日 20 时—8 日 20 时降雪量分布图(单位:毫米)

【天气形势】500 百帕环流场上,降雪开始前 60°～65°N,20°～50°E 范围内有一阻塞高压,亚洲北部为极涡活动区,阻塞高压引导新地岛西部强冷空气进入极涡,使极涡增强南下,极涡底部强锋区南压至北疆北部,此时南支锋区上多短波活动,并不断东移北上,南北两支锋区在巴尔喀什湖附近汇合形成强锋区,造成塔城和阿勒泰地区的暴雪天气(图 2-2-640)。6 日 20 时,阻塞高压东南下与里海—黑海脊打通,在 50°E 西侧形成长波脊,脊顶达到 75°N 以北,新地岛强冷空气沿脊前北风带进入中亚,南北两支锋区在咸海地区再次叠加,低纬度暖湿气流和高纬度干冷空气在伊犁地区交汇,增加了暴雪区上空的斜压性和不稳定性。随着长波脊的持续发展，其脊顶受高纬强冷空气侵袭，脊顶变得较为平直，新地岛北部强冷空气持续南下，在脊前形成东北风，在中亚北部切断成涡，低涡东移南下与南支锋区在咸海地区汇合，在伊犁地区产生暴雪天气过程。

200 百帕上，北疆始终处在高空锋区上的偏西急流控制中，为暴雪的产生提供了较强的高空抽吸作用(图 2-2-639)。700 百帕上，6 日，北支锋区上的西南急流和南支锋区上的西南急流在巴尔喀什湖附近叠加，急流强度增加，塔城、阿勒泰地区始终位于急流的前部，强盛的低空西南急流把巴尔喀什湖以南的暖湿空气不断输送到塔城、阿勒泰地区上空，在塔城、阿勒泰地区产生明显的水汽辐合和强烈的上升运动，200 百帕上的偏西干冷空气和 700 百帕上的暖湿空气在塔城、阿勒泰地区的聚集，增加了暴雪区上空的斜压性和不稳定性，为强降雪的发生创造了有利的条件。6 日 20 时开始，低压东移北收，北疆西部开始受稳定的中亚低压前部的偏西急流控制，偏西急流将中亚的暖湿空气输送到河谷地区，在地形作用下产生显著的水汽辐合及垂直上升运动，再加上高空急流的抽吸作用，增强了次级环流的发展维持和水汽的抬升凝结，为强降雪的发生做出了重要贡献(图 2-2-641)。从 700 百帕水汽通量场可以看出，造成塔城和阿勒泰地区暴雪的水汽来自喀拉海和里海、咸海，两支水汽在巴尔喀什湖汇聚后向东输送进入北疆北部，最大水汽通量达 20 克/(厘米 · 百帕 · 秒)。7—8 日，来自黑海的水汽经里海的水汽补充，从里海东南部到伊犁形成明显的水汽通道，为伊犁地区的暴雪和大暴雪提供了充沛的水汽(图 2-2-642)。

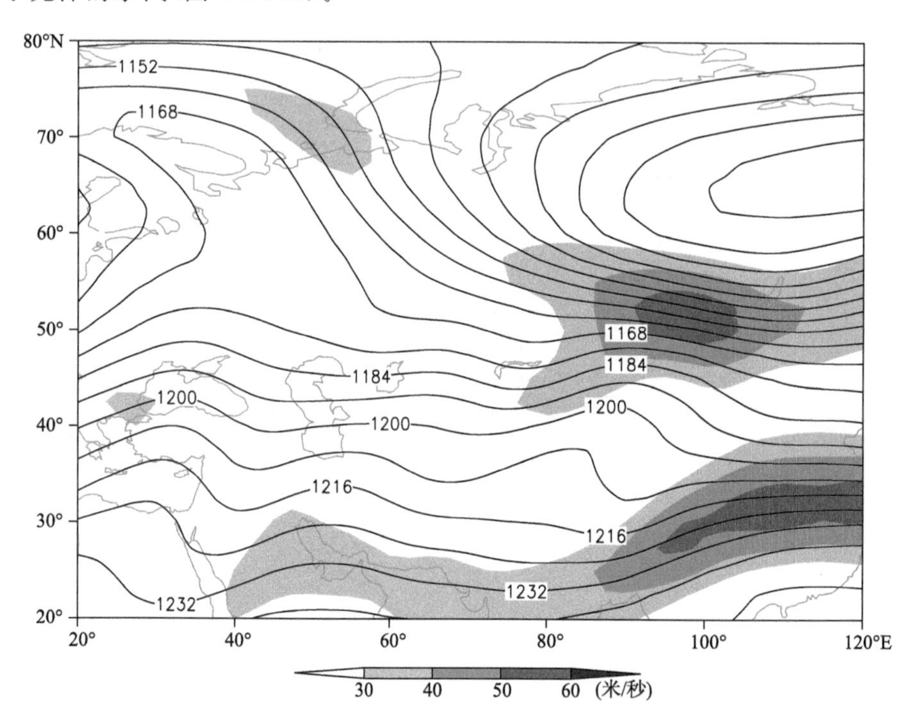

图 2-2-639　2009 年 11 月 5 日 20 时 200 百帕位势高度场(单位:位势什米)，阴影表示风速大于 30 米/秒的急流区

地面图上，塔城、阿勒泰地区处于锋面气旋前部的减压、升温区域，在塔城、阿勒泰地区产生暖区暴雪。随着气旋后部冷空气进入新疆，北疆地区开始受冷锋影响，由于锋面位于高空槽前，锋面坡度较小，冷锋移动缓慢，因此，在伊犁地区产生连续性降雪天气(图 2-2-643，图 2-2-644)。

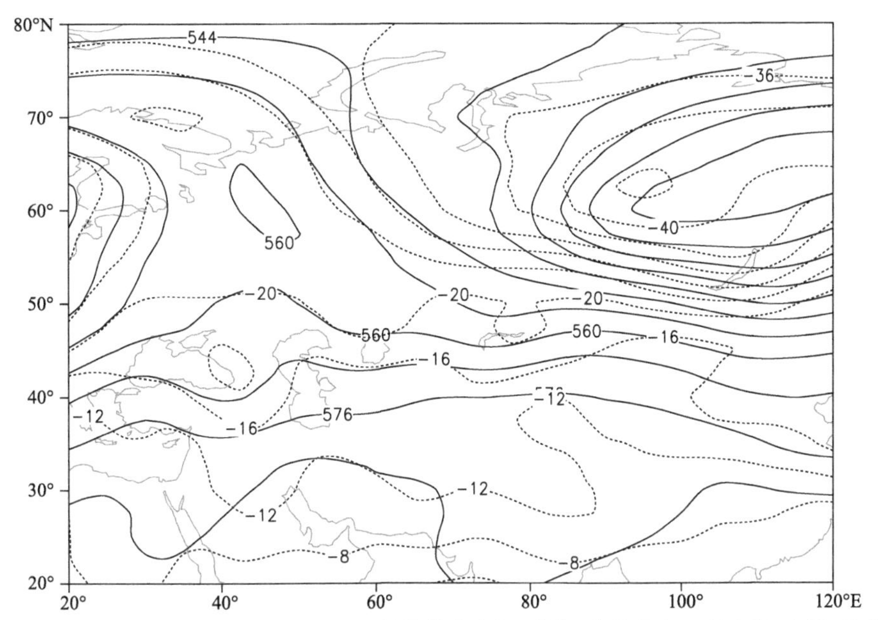

图 2-2-640　2009 年 11 月 5 日 20 时 500 百帕位势高度场(单位:位势什米),温度场(虚线,单位:℃)

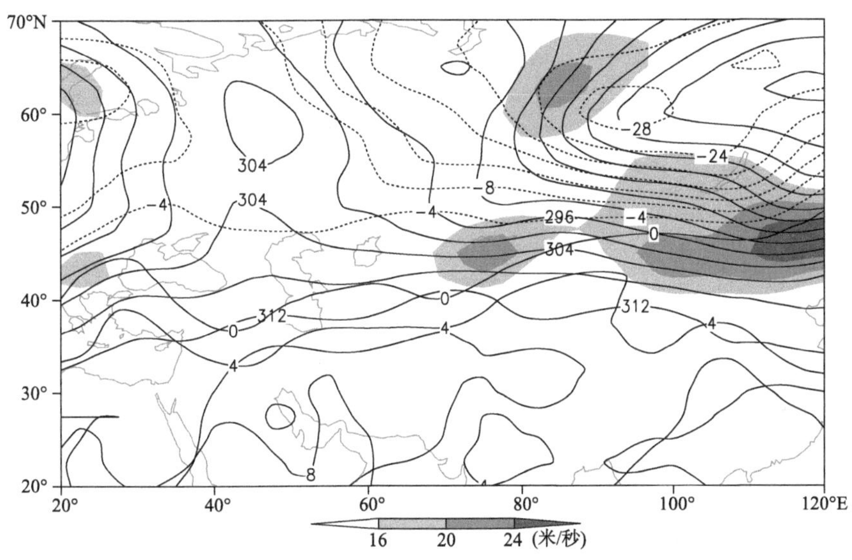

图 2-2-641　2009 年 11 月 5 日 20 时 700 百帕位势高度场(单位:位势什米)、温度场(单位:℃),阴影表示风速大于 16 米/秒的急流区

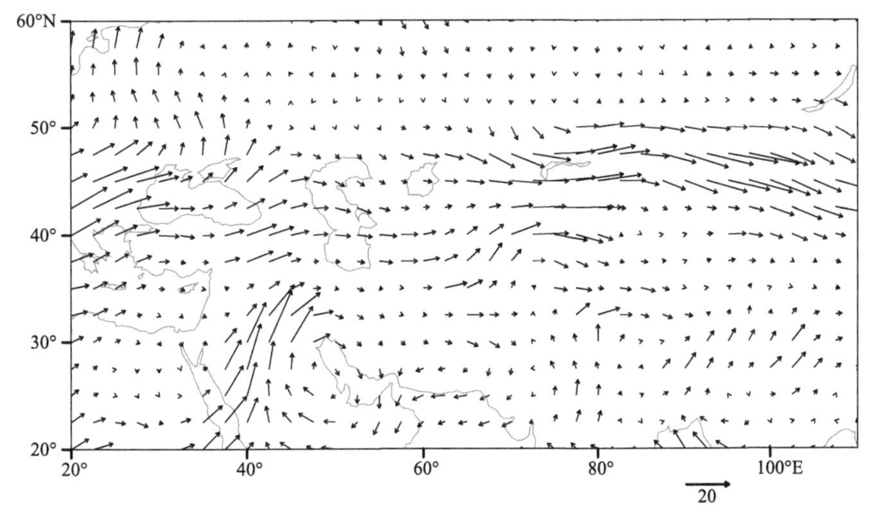

图 2-2-642　2009 年 11 月 5 日 20 时 700 百帕水汽通量场(单位:克/(厘米·百帕·秒))

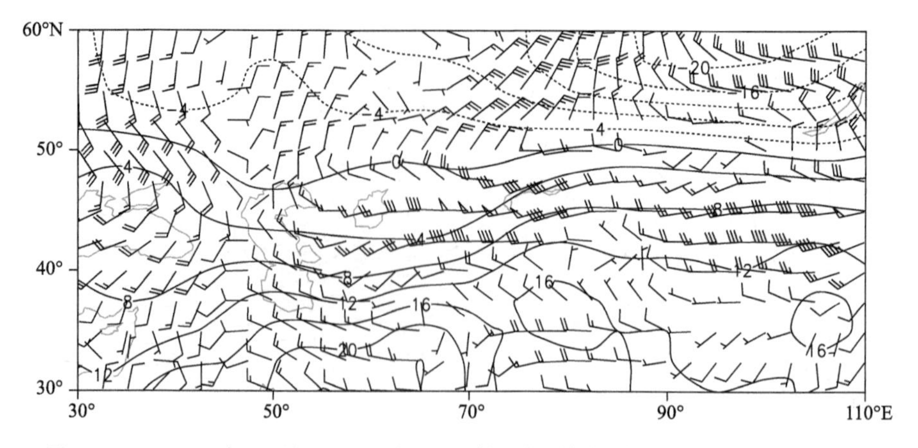

图 2-2-643　2009 年 11 月 5 日 20 时 850 百帕风场(单位:米/秒),温度场(单位:℃)

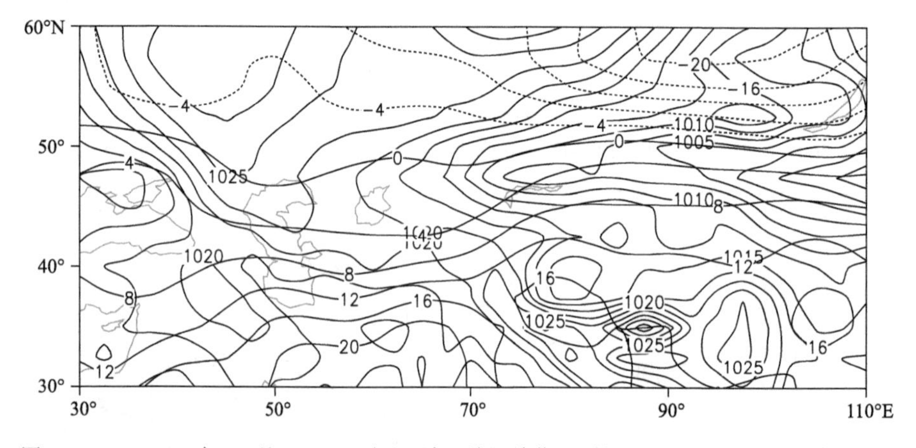

图 2-2-644　2009 年 11 月 5 日 20 时地面气压场(单位:百帕),850 百帕温度场(单位:℃)

2.2.93　阿勒泰地区、伊犁哈萨克自治州、乌鲁木齐市暴雪(2009-12-23)

【降雪实况】2009 年 12 月 23 日,北疆大部分地区、天山山区出现中到大雪,阿勒泰地区富蕴县、青河县、伊犁哈萨克自治州新源县,乌鲁木齐 4 个测站达到暴雪,其中乌鲁木齐市 23 日降雪量为 13.5 毫米,居历史同期(12 月)日降雪量第二位;北疆除克拉玛依地区以外的大部分地区都有 12～50 厘米的积雪覆盖,最厚的积雪出现在阿勒泰和青河等地。24 小时最大暴雪量 19.1 毫米。最大累计降雪 25.5 毫米,出现在阿勒泰地区富蕴站和青河站(图 2-2-645)。

【天气形势】500 百帕环流场上,降雪开始前欧洲北部地区和西西伯利亚为低涡活动区,两个低涡分别配有－36℃和－44℃的冷中心,乌拉尔山东部是脊区,21—22 日,黑海脊与欧洲北部脊合并加强并东移,乌拉尔山高压脊建立,新地岛附近极涡南压,横槽逐渐转竖,锋区南压,转竖的横槽与咸海东移的低槽合并加强,建立贝加尔湖大槽,贝加尔湖大槽东移,同时西西伯利亚的低涡增强并伴随－40℃的强冷中心旋转南下,位于欧洲地区的低涡发展东移,使高压脊部分东南垮,导致中高纬度强冷空气大举东南下,同时南部低槽东移北上和西西伯利亚底部的波动相结合后,有明显暖湿空气输送,共同影响北疆大部分地区,使该地区出现了一次暴雪天气过程(图 2-2-647)。

200 百帕上,从西西伯利亚北部到北疆有一支西北急流,急流缓慢东移南压,暴雪区位于急流入口区右侧的强辐散区(图 2-2-646)。700 百帕上,从乌拉尔山南部到北疆有一支风速大于 16 米/秒的西北急流,高空西北急流和低空西北急流持续耦合发展,为此次暴雪的产生提供有利的动力条件(图 2-2-648)。700 百帕水汽通量场上,来自中纬度大西洋上的水汽向东输送过程中受乌拉尔山阻挡,部分水汽翻过乌拉尔山向东南输送至中亚和巴尔喀什湖,水汽加强后输送至暴雪区(图 2-2-649)。

地面图上,北疆北部地区处在锋前暖区中,在减压、升温区域内产生暖区暴雪。随着中心位于西西伯利亚的冷高压不断东移,巴尔喀什湖附近气压梯度较大,并伴有 3 小时正变压,强冷锋东移过境,在北疆沿天山地区产生强降雪天气(图 2-2-650,图 2-2-651)。

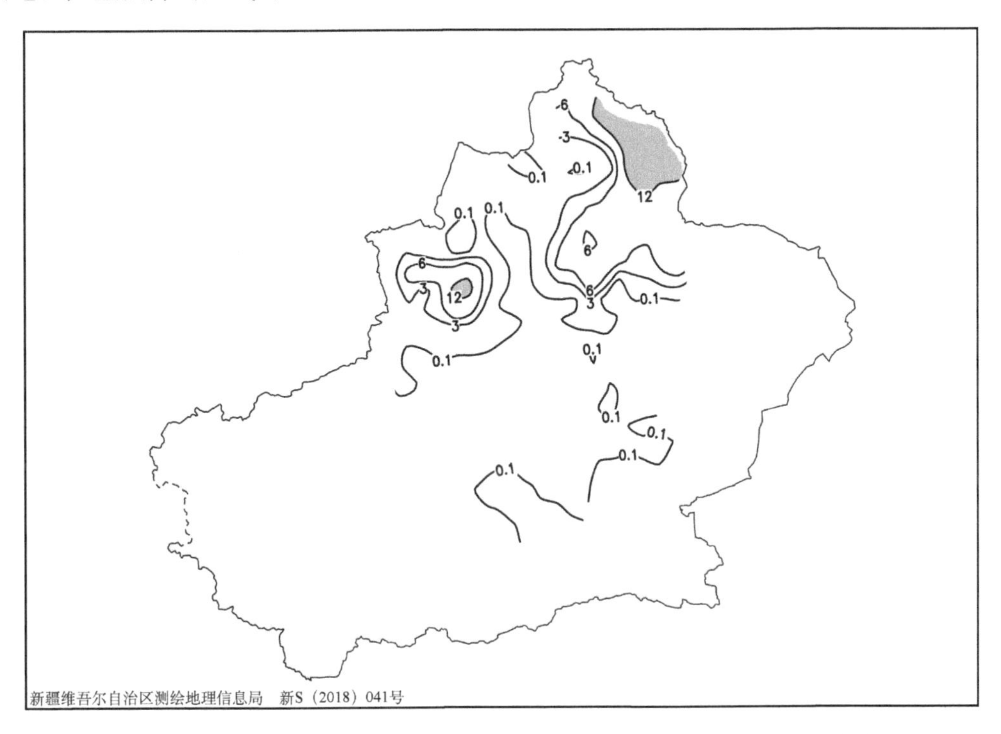

图 2-2-645　2009 年 12 月 22 日 20 时—23 日 20 时降雪量分布图(单位:毫米)

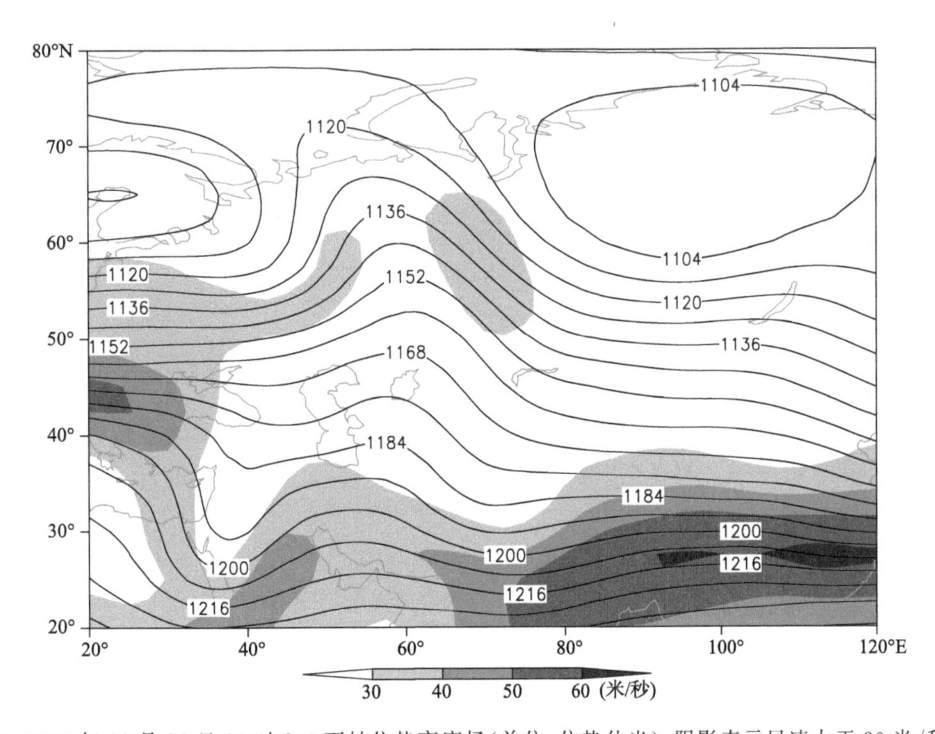

图 2-2-646　2009 年 12 月 22 日 20 时 200 百帕位势高度场(单位:位势什米),阴影表示风速大于 30 米/秒的急流区

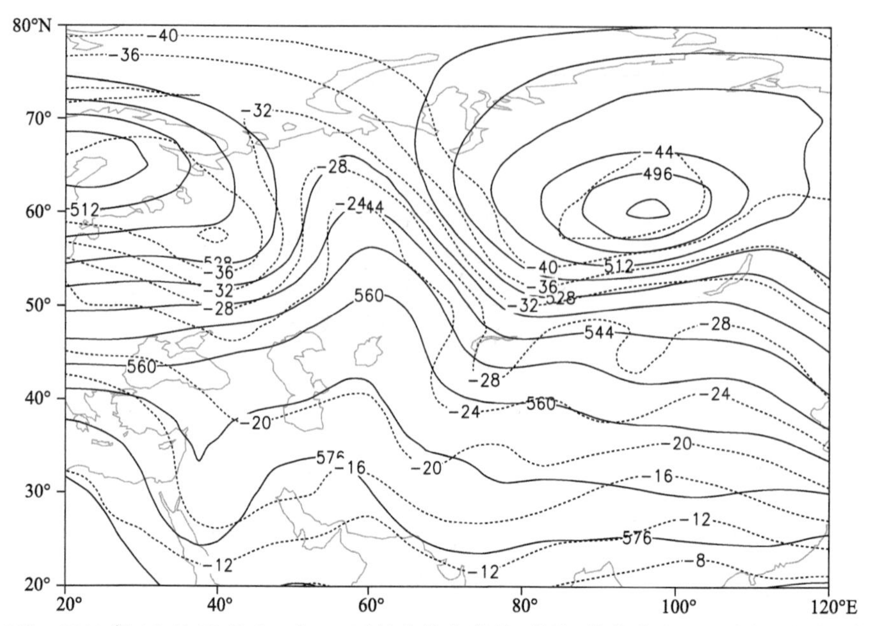

图 2-2-647　2009 年 12 月 22 日 20 时 500 百帕位势高度场(单位:位势什米),温度场(虚线,单位:℃)

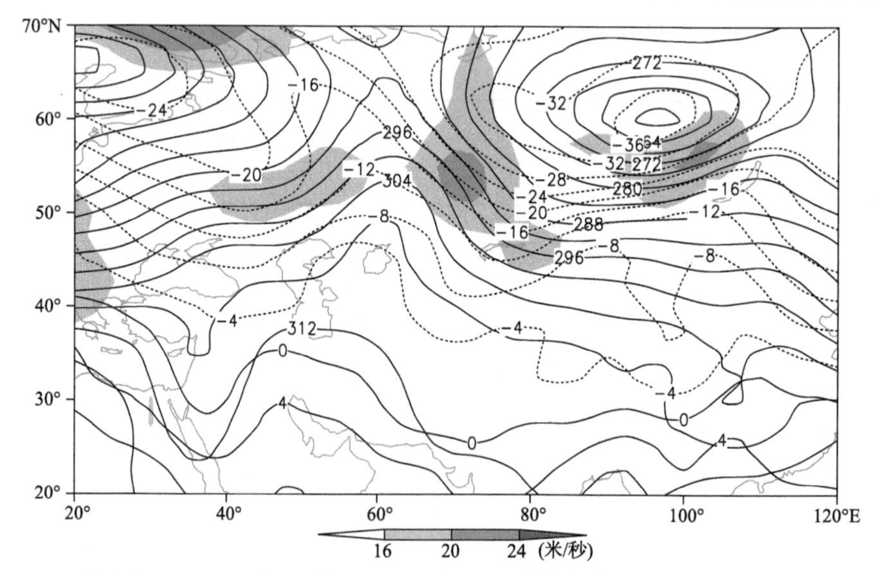

图 2-2-648　2009 年 12 月 22 日 20 时 700 百帕位势高度场(单位:位势什米)、温度场(单位:℃),阴影表示风速大于 16 米/秒的急流区

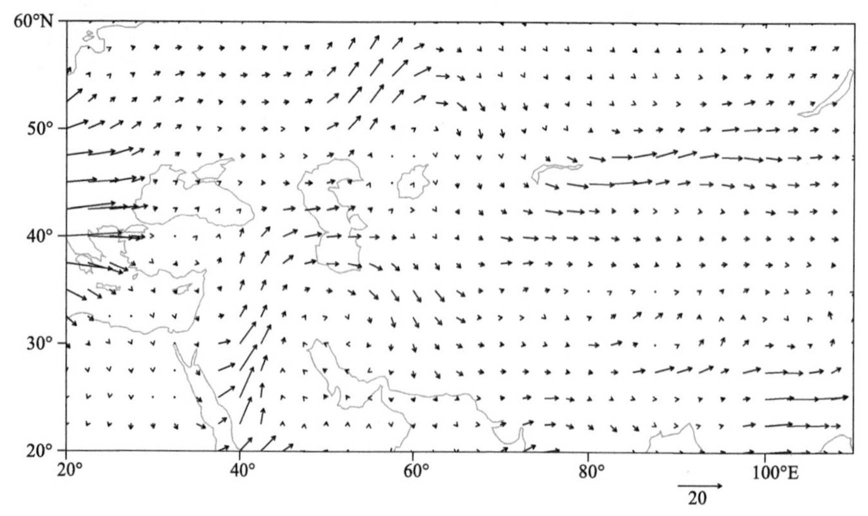

图 2-2-649　2009 年 12 月 22 日 20 时 700 百帕水汽通量场(单位:克/(厘米·百帕·秒))

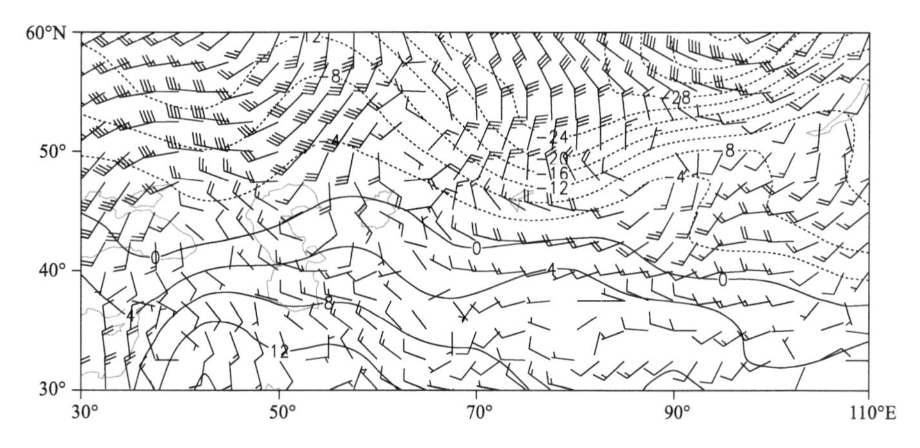

图 2-2-650　2009 年 12 月 22 日 20 时 850 百帕风场(单位:米/秒),温度场(单位:℃)

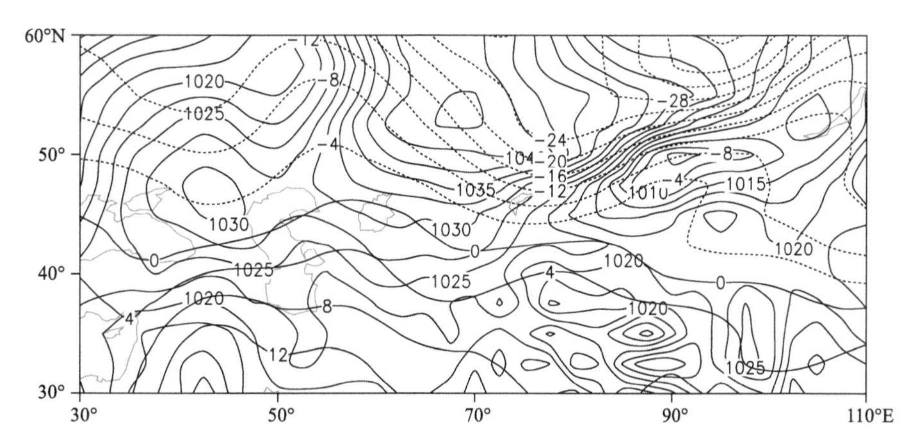

图 2-2-651　2009 年 12 月 22 日 20 时地面气压场(单位:百帕),850 百帕温度场(单位:℃)

2.2.94　阿勒泰地区、塔城地区暴雪(2010-01-06)

【降雪实况】2010 年 1 月 5 日,北疆各地、天山山区、哈密北部出现微到小量的雪,6 日,阿勒泰地区青河、富蕴两个测站出现暴雪。7 日,阿勒泰地区哈巴河、布尔津、福海、阿勒泰、富蕴、青河,塔城地区额敏、塔城八个测站出现暴雪,阿勒泰、塔城等地部分地区达到大暴雪。24 小时最大暴雪量 37.3 毫米(图 2-2-652)。最大累计降雪 54.4 毫米,出现在阿勒泰地区富蕴站。北疆风口风力为 6 级,东疆风口出现 9 级偏北风。

【天气形势】此次暴雪天气过程是由极涡西退所致。2009 年 12 月末,极涡南下至贝加尔湖西北方向,3 日,欧洲地区和贝加尔湖一带是低槽活动区,咸海和贝加尔湖之间是脊区,4 日,乌拉尔山至新疆长脊、北风带建立,沿北风带南下的冷空气补充到极涡里,使南下的极涡增强,5 日,极涡发生西退,阻挡脊的发展,阿勒泰地区处于偏西气流中,6 日,乌拉尔山东部阻塞高压建立并与鄂霍次克海阻塞高压合并,形成亚洲北部高压脊;贝加尔湖到日本海低压带西伸加强,贝加尔湖以西低涡切断,低涡南侧锋区南压到新疆北部地区并加强;咸海低槽沿锋区东移,与低涡转竖横槽合并东移(图 2-2-654)。高压被极涡切断,阿勒泰地区受南支气流和极涡底部冷空气共同影响,加之前期南支锋区活跃,该区气温相对较高,这样与极涡所携带的强冷空气交汇,产生了大到暴雪天气过程。

6 日 20 时—7 日 20 时,对流层上部的 200 百帕从里海南部到新疆北部有一西南急流带,急流核在伊犁及其西南部地区,急流核逐渐东移,阿勒泰地区位于高空急流入口区的右侧(图 2-2-653)。6 日 20 时,700 百帕上,从中亚南部到新疆北部有一中心风速大于 16 米/秒的低空急流,新疆位于急流前部,低空西南急流把中亚的暖湿空气不断输送到阿勒泰地区,为阿勒泰暴雪天气提供了充沛的水汽和上升运动(图 2-2-655)。从 700 百帕水汽通量场上可以看出,造成塔城和阿勒泰地区暴雪天气的水汽主要来自黑海和地中海,两支水汽在巴尔喀什湖汇聚后向东输送到塔城和阿勒泰地区(图 2-2-656)。

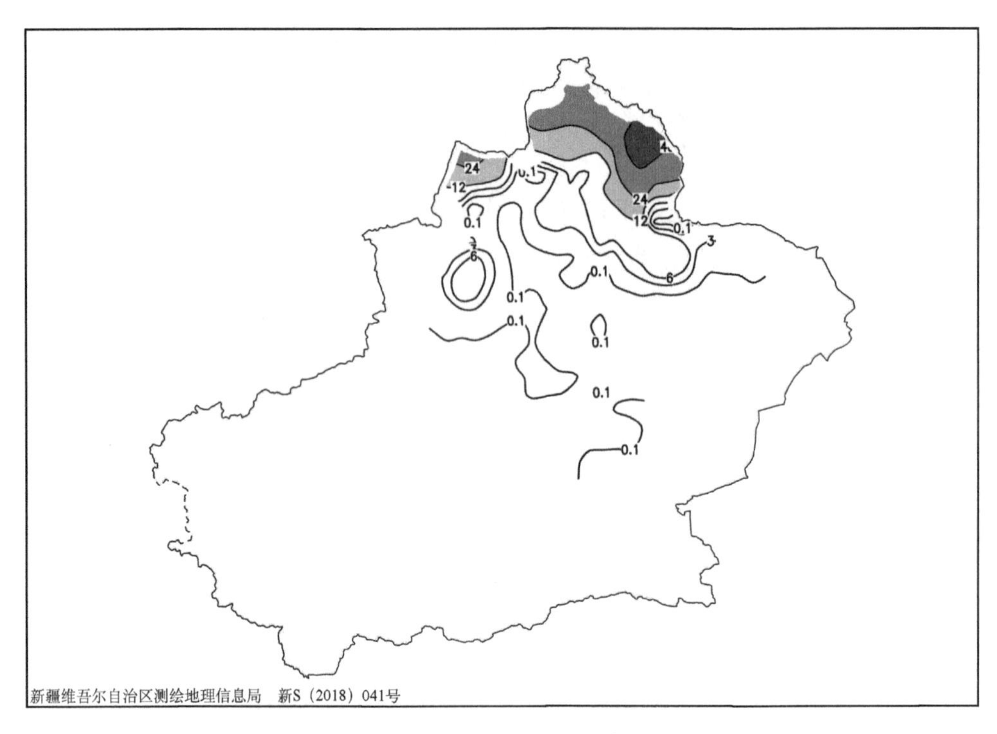

图 2-2-652　2010 年 1 月 5 日 20 时—7 日 20 时降雪量分布图(单位:毫米)

850 百帕上,降雪开始前冷空气在蒙古阿尔泰山脉北坡堆积,并形成闭合冷中心,强锋区压在中蒙边境线新疆东北部地区,泰梅尔半岛极涡不断将高纬度冷空气向南输送,使阿尔泰山北坡冷空气不断增强,其中一部分越过阿尔泰山与中亚低槽前西南暖湿空气在阿勒泰地区交汇,造成阿勒泰地区的强降雪。中亚低压增强东移与新疆北部新生成的低压合并,合并后的低压后部冷空气侵入北疆地区,冷暖空气主要在塔城和阿勒泰地区交汇,塔城和阿勒泰地区出现强降雪天气(图 2-2-657,图 2-2-658)。

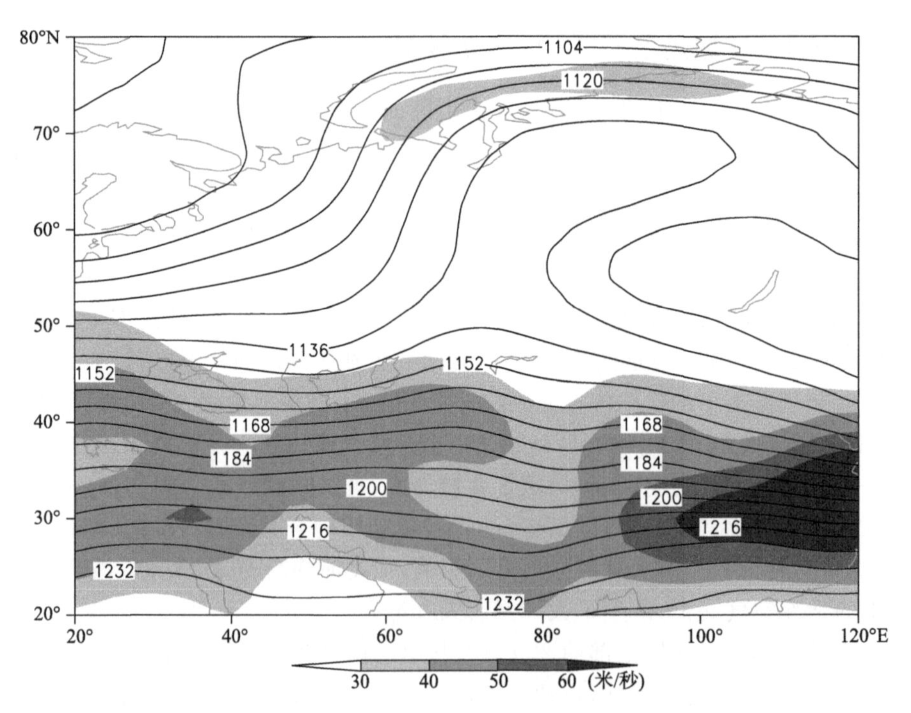

图 2-2-653　2010 年 1 月 5 日 20 时 200 百帕位势高度场(单位:位势什米),阴影表示风速大于 30 米/秒的急流区

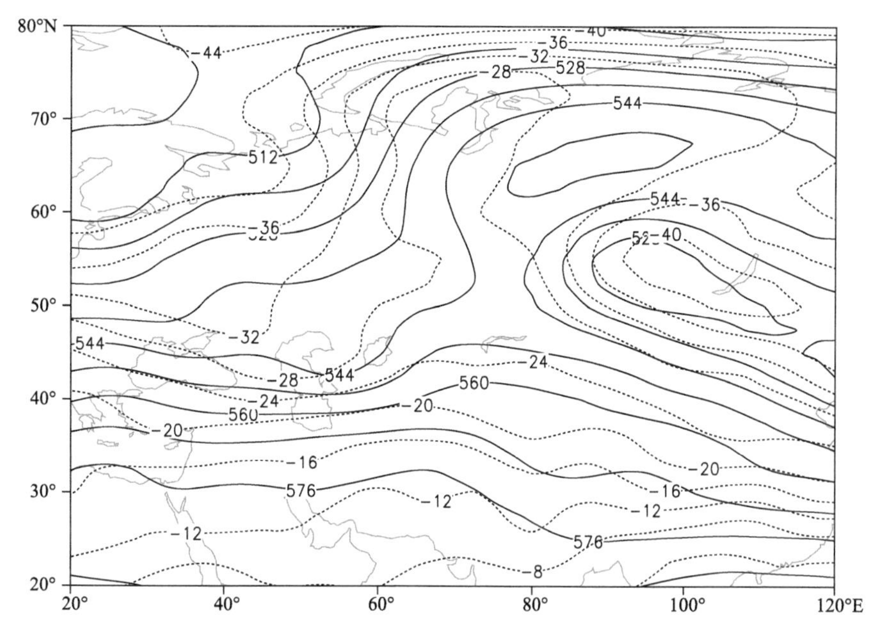

图 2-2-654　2010 年 1 月 5 日 20 时 500 百帕位势高度场(单位:位势什米),温度场(虚线,单位:℃)

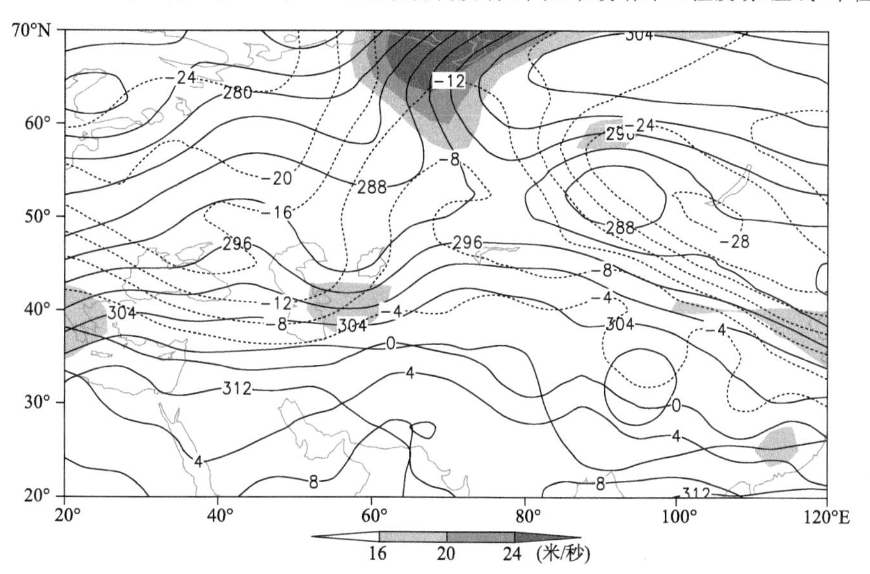

图 2-2-655　2010 年 1 月 5 日 20 时 700 百帕位势高度场(单位:位势什米)、温度场(单位:℃),阴影表示风速大于 16 米/秒的急流区

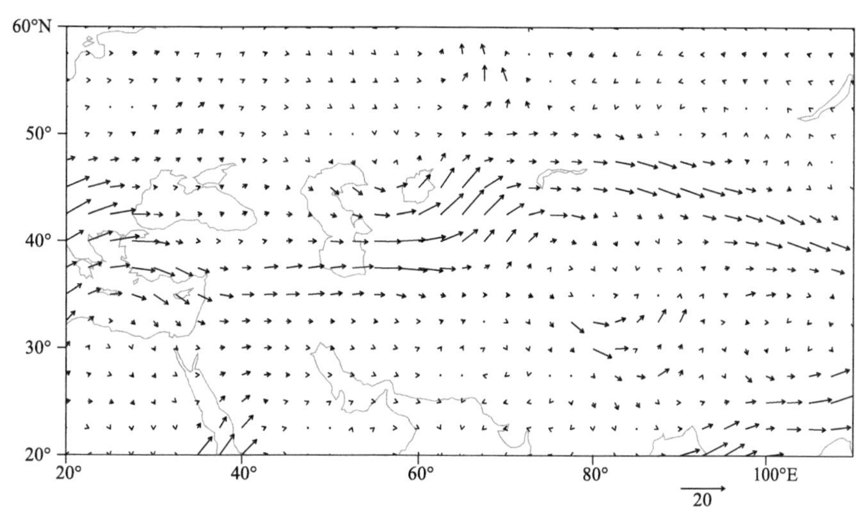

图 2-2-656　2010 年 1 月 5 日 20 时 700 百帕水汽通量场(单位:克/(厘米·百帕·秒))

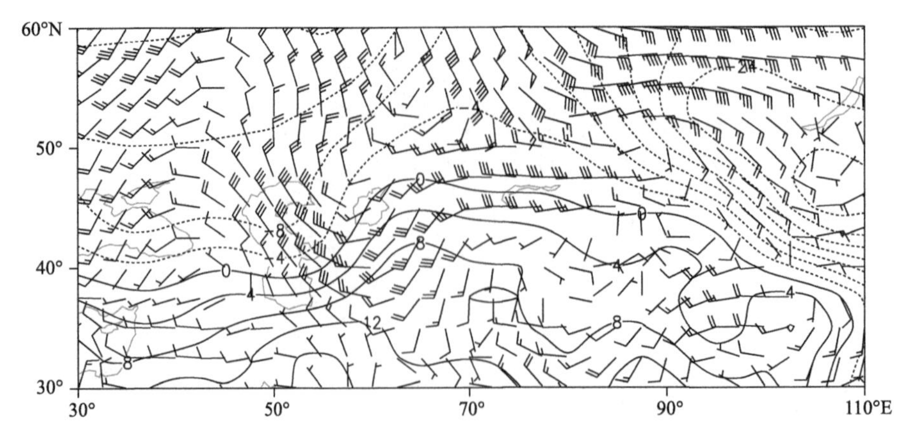

图 2-2-657　2010 年 1 月 5 日 20 时 850 百帕风场(单位:米/秒),温度场(单位:℃)

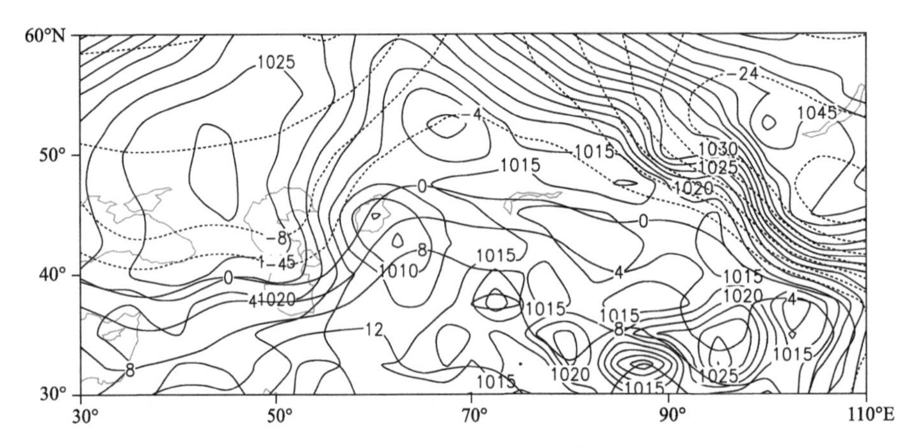

图 2-2-658　2010 年 1 月 5 日 20 时地面气压场(单位:百帕),850 百帕温度场(单位:℃)

2.2.95　伊犁哈萨克自治州、昌吉回族自治州、石河子地区暴雪(2010-02-23)

【降雪实况】2010 年 2 月 23 日,伊犁哈萨克自治州伊宁市、伊宁县、霍城县,石河子地区炮台镇、石河子市、乌兰乌苏镇,昌吉回族自治州玛纳斯县出现暴雪,24 小时降雪量分别为 14.0 毫米、15.1 毫米、12.4 毫米、14.7 毫米、18.2 毫米、18.7 毫米、13.8 毫米。伊犁哈萨克自治州新源县,塔城地区沙湾县、乌苏市出现大暴雪,24 小时降雪量分别为 26.8 毫米、24.7 毫米、40.2 毫米。24 日,伊犁哈萨克自治州新源县 24 小时降雪量 12.4 毫米(图 2-2-659)。

【天气形势】500 百帕环流场上,过程前期,极涡中心位于西西伯利亚,极涡中有－47℃的冷中心。北欧高压脊和黑海高压脊叠加,叠加后的高压脊东移北伸,新地岛上的强冷空气沿脊前偏北风带南下进入极涡,极涡增强,锋区南压与南支锋区在北疆汇合,造成北疆沿天山一带的强降雪天气(图 2-2-661)。

对流层高层的 200 百帕上,降雪过程中,从西西伯利亚到巴尔喀什湖维持一支西北急流,进入北疆前转为偏西急流,随着急流核东移,逐渐转为西北急流。高层急流的建立和维持,使得高层辐散加强,急流的"抽气"作用使低层辐合更强,从而使中低层出现强上升运动。强降雪区出现在高空急流入口区右侧(图 2-2-660)。对流层低层的 700 百帕上,同样维持一支西北急流,高空西北急流和低空西北急流持续耦合发展,使得整层大气的垂直上升运动增强,为暴雪天气过程提供了有利的动力条件(图 2-2-662)。700 百帕水汽通量场上,来自西南和西北两个方向的水汽持续不断地在北疆沿天山一带聚集并辐合,为暴雪的产生和维持提供了充足的水汽(图 2-2-663)。

地面图上,22 日 08 时,欧洲东部到西西伯利亚广大地区为冷高压控制,冷空气主体在 50°N 以北,伊犁河谷到阿拉山口一带有西南—东北向暖性低压倒槽发展,北疆盆地及沿天山处于暖性倒槽前的均压场;受低压倒槽阻挡,冷高压底前部冷空气在巴尔喀什湖附近逐渐堆积并缓慢向南渗透,22 日 20 时—23 日 02 时,伊犁河谷的暖性低压逐渐向北发展,在伊犁河谷、北疆西部及沿天山西部地区形成一个“Ω”型低压倒槽，弱冷空气不断从低压倒槽东、西两侧向南渗透影响伊犁河谷及沿天山西部的乌苏到玛纳斯一带，为上述地区带来持续降水(图 2-2-664，图 2-2-665)。23 日 20 时，“Ω”型低压倒槽西侧弯曲消失，东侧弯曲明显减弱，冷高压底部逐渐控制天山及以北地区，沿天山一带降水基本结束，此次局地暴雪天气过程北方冷空气主体偏北，冷高压底部冷空气逐渐向南渗透，伊犁河谷的暖性倒槽与南下弱冷空气的相互作用造成这次局地暴雪，局地暴雪的落区位于“Ω”型低压倒槽东、西两侧的弯曲区域。

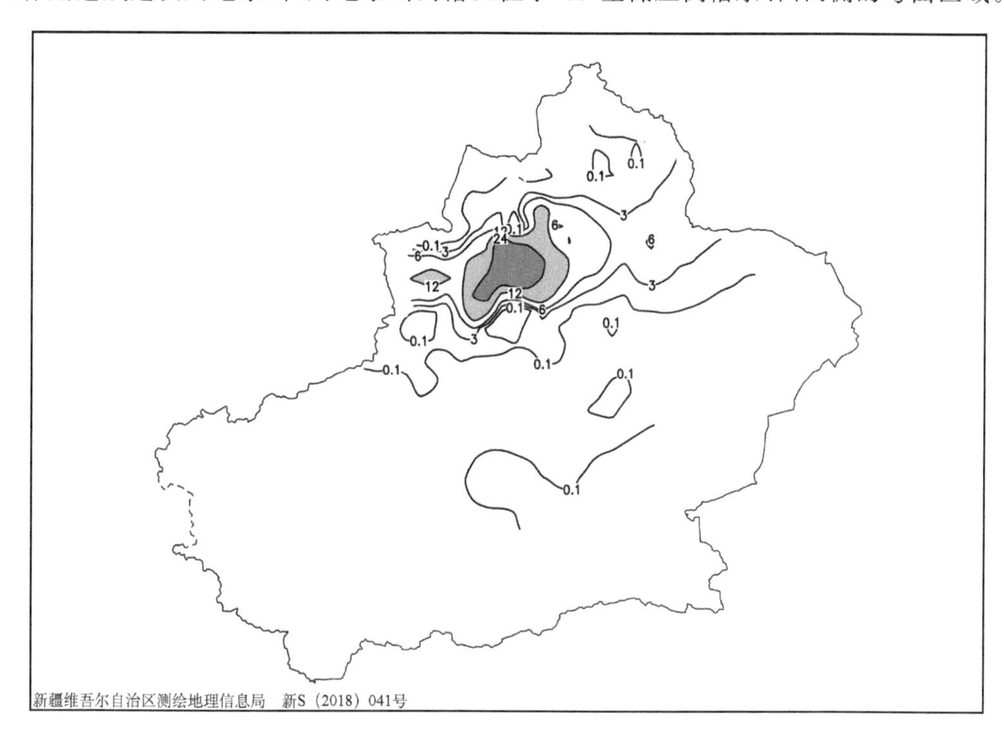

图 2-2-659　2010 年 2 月 22 日 20 时—23 日 20 时降雪量分布图(单位:毫米)

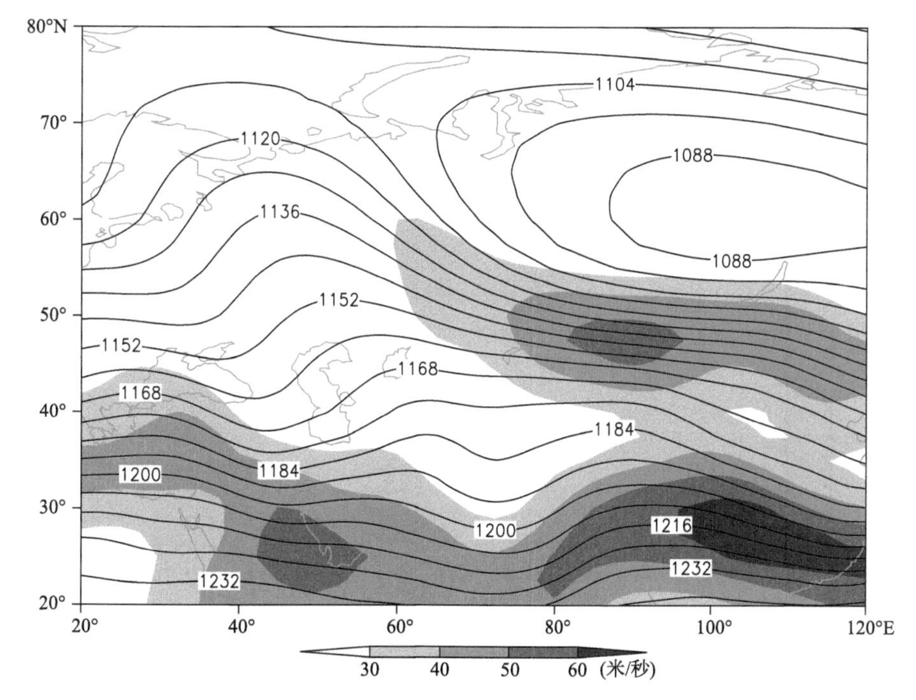

图 2-2-660　2010 年 2 月 22 日 20 时 200 百帕位势高度场(单位:位势什米)，阴影表示风速大于 30 米/秒的急流区

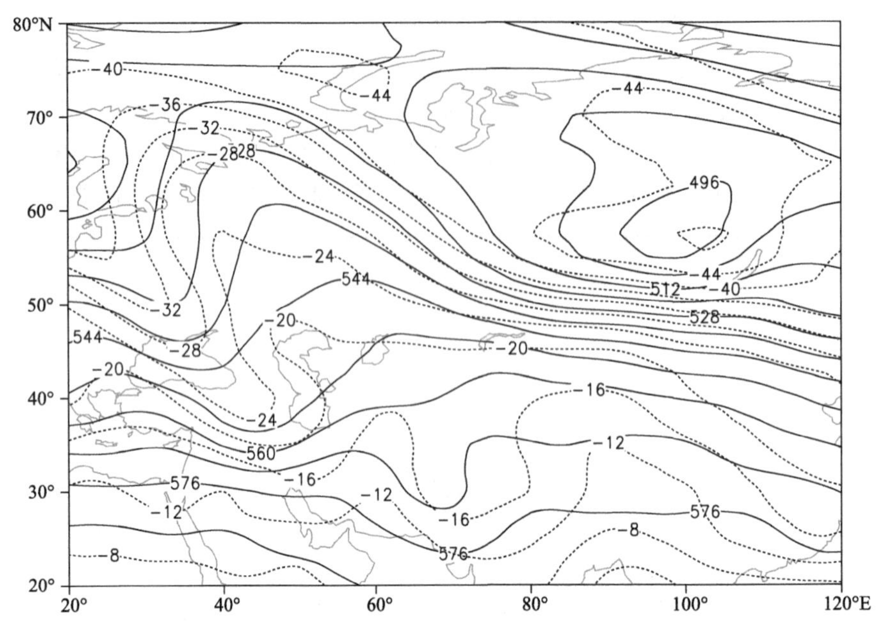

图 2-2-661　2010 年 2 月 22 日 20 时 500 百帕位势高度场(单位:位势什米),温度场(虚线,单位:℃)

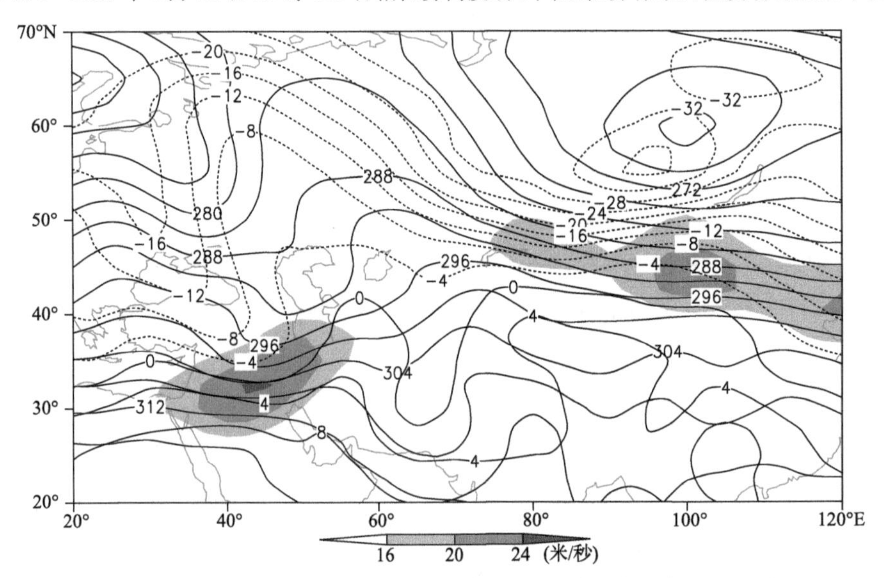

图 2-2-662　2010 年 2 月 22 日 20 时 700 百帕位势高度场(单位:位势什米)、温度场(单位:℃),阴影表示风速大于 16 米/秒的急流区

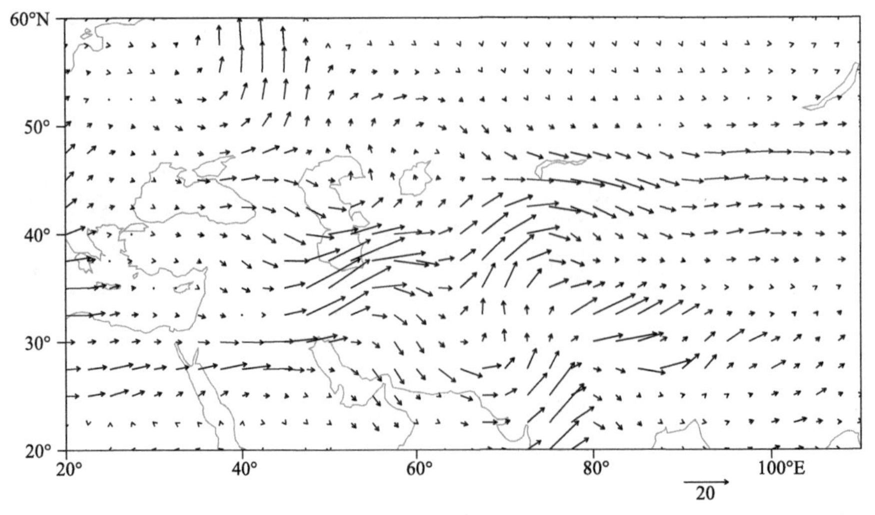

图 2-2-663　2010 年 2 月 22 日 20 时 700 百帕水汽通量场(单位:克/(厘米·百帕·秒))

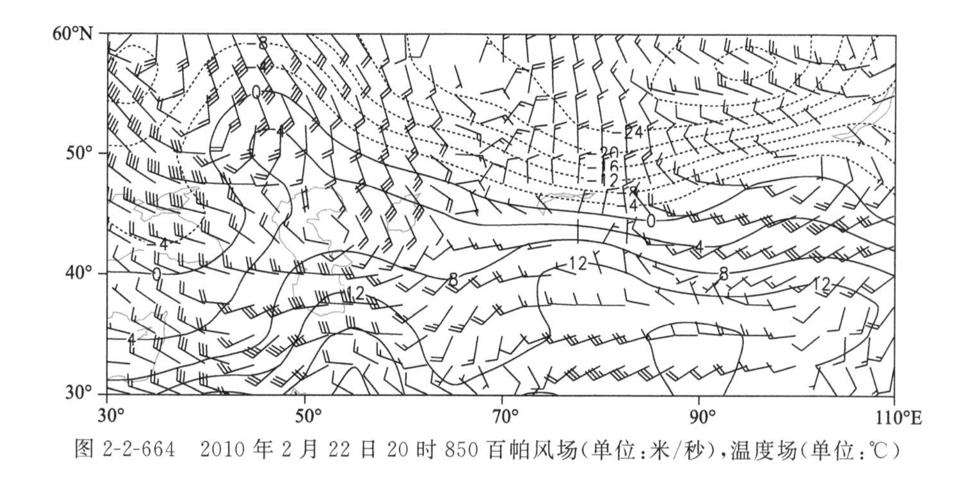

图 2-2-664　2010 年 2 月 22 日 20 时 850 百帕风场(单位:米/秒),温度场(单位:℃)

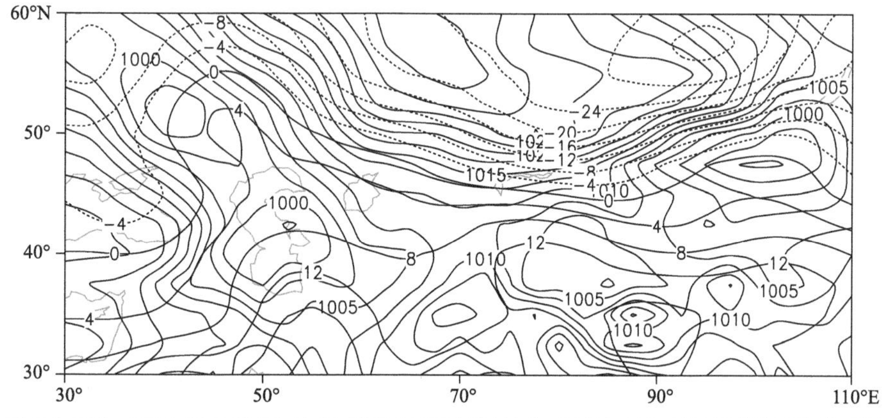

图 2-2-665　2010 年 2 月 22 日 20 时地面气压场(单位:百帕),850 百帕温度场(单位:℃)

2.2.96　伊犁哈萨克自治州、昌吉回族自治州、塔城地区暴雪(2010-03-10)

【降雪实况】2010 年 3 月 10—12 日,伊犁哈萨克自治州、昌吉回族自治州、塔城地区相继出现暴雪。其中,伊犁哈萨克自治州部分市、县出现大暴雪。10 日,伊犁哈萨克自治州霍尔果斯市、塔城地区额敏县、裕民县、塔城市 24 小时降雪量分别为 12.1 毫米、14.0 毫米、19.6 毫米、15.7 毫米。11 日,伊犁哈萨克自治州霍尔霍斯市、伊宁县、伊宁市、察布查尔锡伯自治县、霍城县 24 小时降雪量分别为 27.9 毫米、24.5 毫米、26.3 毫米、14.7 毫米、27.3 毫米。12 日,伊犁哈萨克自治州特克斯县、新源县,昌吉回族自治州天池 24 小时降雪量分别为 15.1 毫米、16.0 毫米、16.7 毫米(图 2-2-666)。

【天气形势】500 百帕环流场上,降雪开始前欧洲北部横槽东移转竖,与里海、黑海北部低涡合并形成新的槽,随着冷空气不断进入低槽,低槽底部在中亚北部切断形成低涡(图 2-2-668),9 日 08 时开始,低涡沿 55°N 线东移,10 日,低涡底部的强锋区压在北疆北部,10 日 20 时开始,低涡受上游弱暖平流侵入减弱形成浅槽,此时西伯利亚阻塞高压发展强盛,高压中心向北发展,高纬度冷空气沿高压脊南下使位于北疆地区的锋区进一步增强,11 日 08 时,在乌拉尔山西部形成低槽,低槽东移过程中与南部低槽叠加形成乌拉尔槽,随着乌拉尔槽东移,槽前强锋区逐渐开始影响北疆地区。

200 百帕上,10—11 日,北疆一直受平直的西风急流控制,急流核由中亚中部逐渐东移,12 日转为西南急流,暴雪区出现在急流入口区右侧(图 2-2-667)。700 百帕基本维持一致的西南急流,西南急流不断将低纬度暖湿空气向北疆地区输送。同时,两支急流在暴雪区叠加,使得整层大气的垂直上升运动增强,为暴雪天气提供了有利的动力条件(图 2-2-669)。700 百帕水汽通量场上(图 2-2-670),10 日发生在伊犁和塔城地区的暴雪分别是由偏西和西北路径输送的水汽造成的,来自欧洲南部的水汽经黑海输送至小亚细亚半岛,在中纬度西风带作用下,水汽通过接力的输送方式输送至伊犁河谷。来自西北方向的水汽持续不断地在塔城地区上空聚集并辐合,为暴雪的产生和维持提供了充足的水汽。11—12 日暴雪天气的水汽主要来自西南路径，源自地中海的水汽沿中纬度西风气流在里海加强后，以接力方式经中亚南部输送至北疆西部暴雪区。

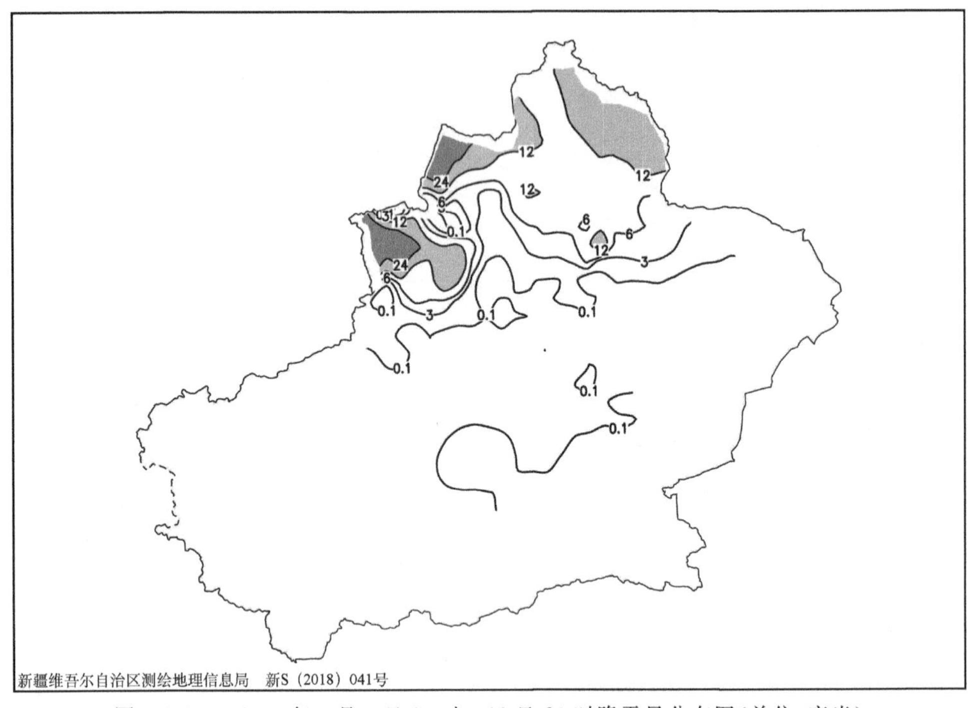

图 2-2-666 2010 年 3 月 9 日 20 时—12 日 20 时降雪量分布图(单位:毫米)

在地面图上，暴雪出现在西高东低的形势下，且有冷锋配合(图 2-2-671，图 2-2-672)。9 日 20 时，北疆西北部境外为弱冷锋，其后部为 1027.5 百帕的冷高压，北疆西北部为 3 小时正变压区。10 日 08 时，冷锋后高压增强，中心达 1035 百帕，在位于冷锋前部的塔城和伊犁地区产生暴雪天气。10 日 20 时，冷高压移至蒙古后呈准静止状态，11 日 08 时，中心强度达 1037.5 百帕，中亚地区开始受低压控制，伊犁地区出现 3 小时负变压，在蒙古高压后部，中亚低压前部的减压、升温区域产生暖区暴雪。12 日，高纬度冷高压再次南下，冷高压前部的冷锋影响北疆中、西部地区，造成伊犁哈萨克自治州和昌吉回族自治州的暴雪天气。

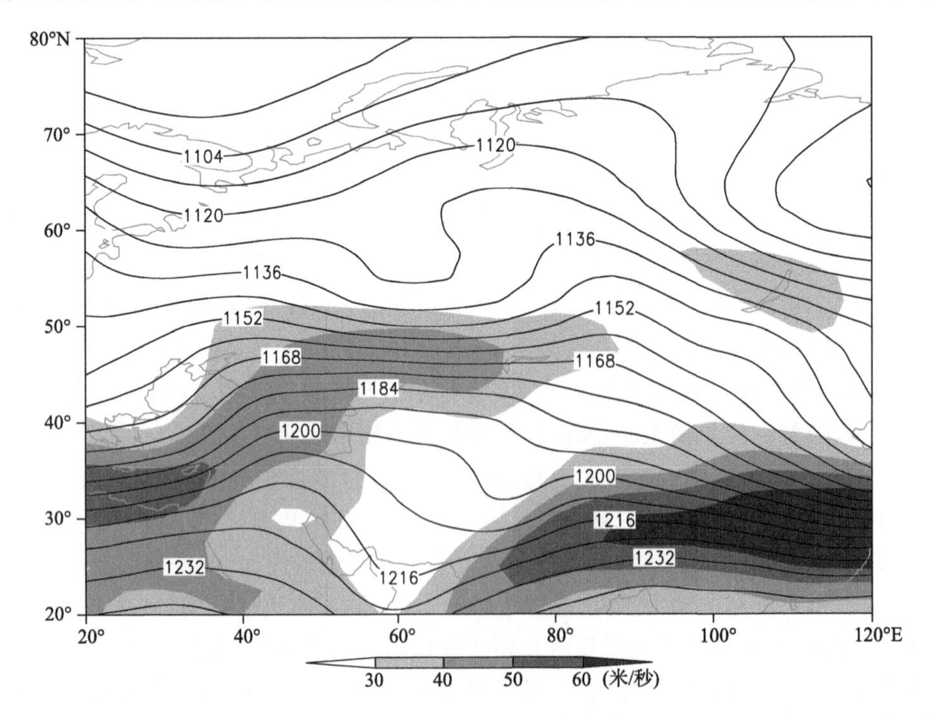

图 2-2-667 2010 年 3 月 9 日 20 时 200 百帕位势高度场(单位:位势什米)，阴影表示风速大于 30 米/秒的急流区

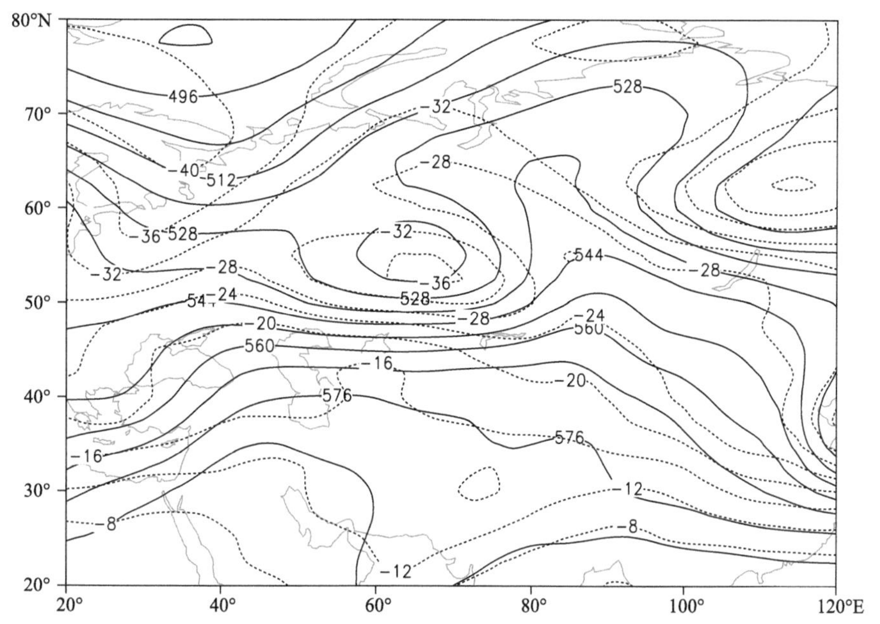

图2-2-668　2010年3月9日20时500百帕位势高度场(单位:位势什米),温度场(虚线,单位:℃)

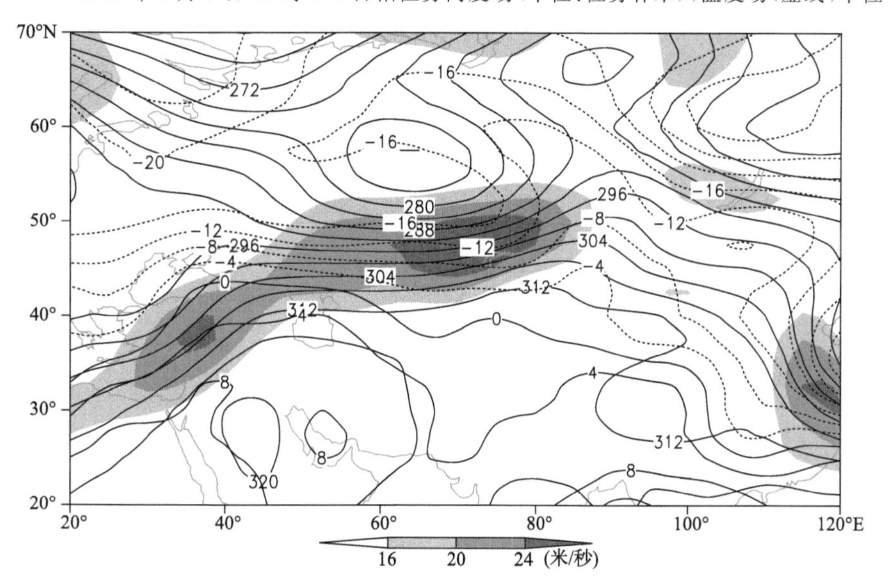

图2-2-669　2010年3月9日20时700百帕位势高度场(单位:位势什米)、温度场(单位:℃),阴影表示风速大于16米/秒的急流区

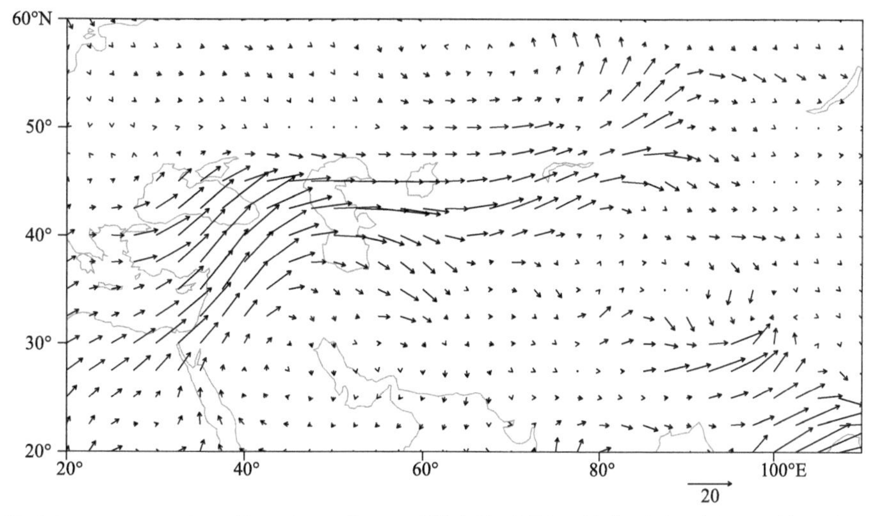

图2-2-670　2010年3月9日20时700百帕水汽通量场(单位:克/(厘米·百帕·秒))

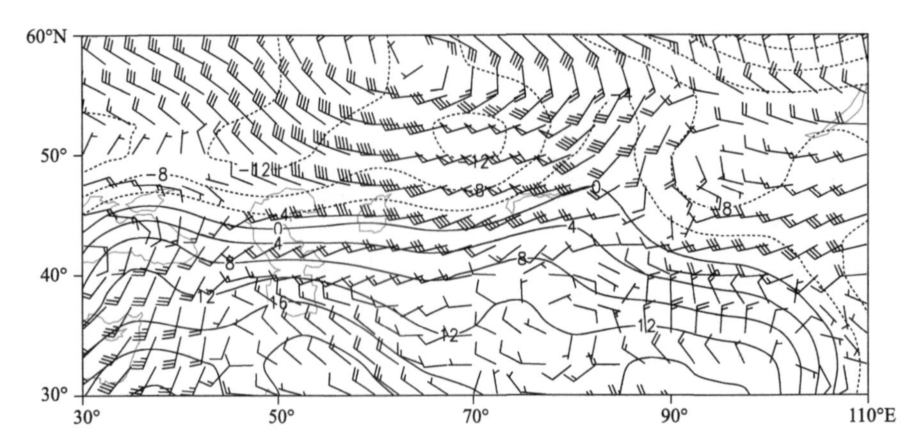

图 2-2-671 2010 年 3 月 9 日 20 时 850 百帕风场(单位:米/秒),温度场(单位:℃)

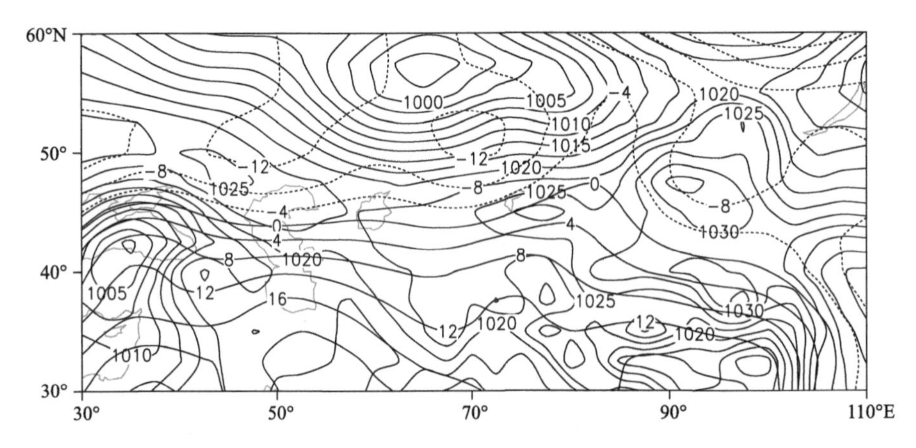

图 2-2-672 2010 年 3 月 9 日 20 时地面气压场(单位:百帕),850 百帕温度场(单位:℃)

2.2.97 阿勒泰地区暴雪(2010-03-17)

【降雪实况】2010 年 3 月 17 日,阿勒泰地区布尔津县、哈巴河县、阿勒泰市出现暴雪,24 小时降雪量分别为 15.0 毫米、15.5 毫米、14.5 毫米(图 2-2-673)。

【天气形势】500 百帕环流场上,降雪开始前伊朗高压发展旺盛,高压中心位于 20°～30°N,中亚和新疆受持续暖高压影响,此时,南支锋区较为活跃,已经北抬至 50°N,随着欧洲北部极涡南下,不断分裂短波东移,南北两支锋区叠加,强锋区压在阿勒泰地区,造成阿勒泰地区暴雪天气(图 2-2-675)。

200 百帕上,北疆北部地区受西南急流前部的西北急流控制,急流核位于西西伯利亚,急流核缓慢东移,阿勒泰地区处于西北急流入口区右侧,高层辐散抽吸作用加强了中低层系统的发展,有利于强降雪产生(图 2-2-674)。700 百帕上,16 日 20 时,北疆受南支锋区上的西南急流控制(图 2-2-676),17 日 08 时,南、北两支锋区在中亚交汇,急流轴风速增强,西南急流在进入北疆北部后受阿尔泰山脉阻挡,急流沿阿尔泰山脉流动,形成西北急流,强劲的低空西南急流把中亚及其南部的暖湿空气不断输送到阿勒泰地区,在阿尔泰山的迎风坡产生水汽辐合和强上升运动,为阿勒泰地区暴雪天气提供了充沛的水汽和上升运动。700 百帕水汽通量场可以看出,红海水汽经里海和咸海水汽的补充后输送到阿勒泰地区,水汽通量最大值达到 30 克/(厘米·百帕·秒),持续的水汽输送和较强的低层水汽辐合有利于暴雪的产生和维持(图 2-2-677)。

地面图上,16 日 20 时,冷高压中心位于蒙古地区,暖低压位于咸海南部,巴尔喀什湖附近气压梯度力较大。随着蒙古高压逐渐东移减弱,北疆北部开始受负变压控制,阿勒泰地区处于蒙古高压后部,低压前部的减压、升温区域,属于暖区暴雪(图 2-2-678,图 2-2-679)。

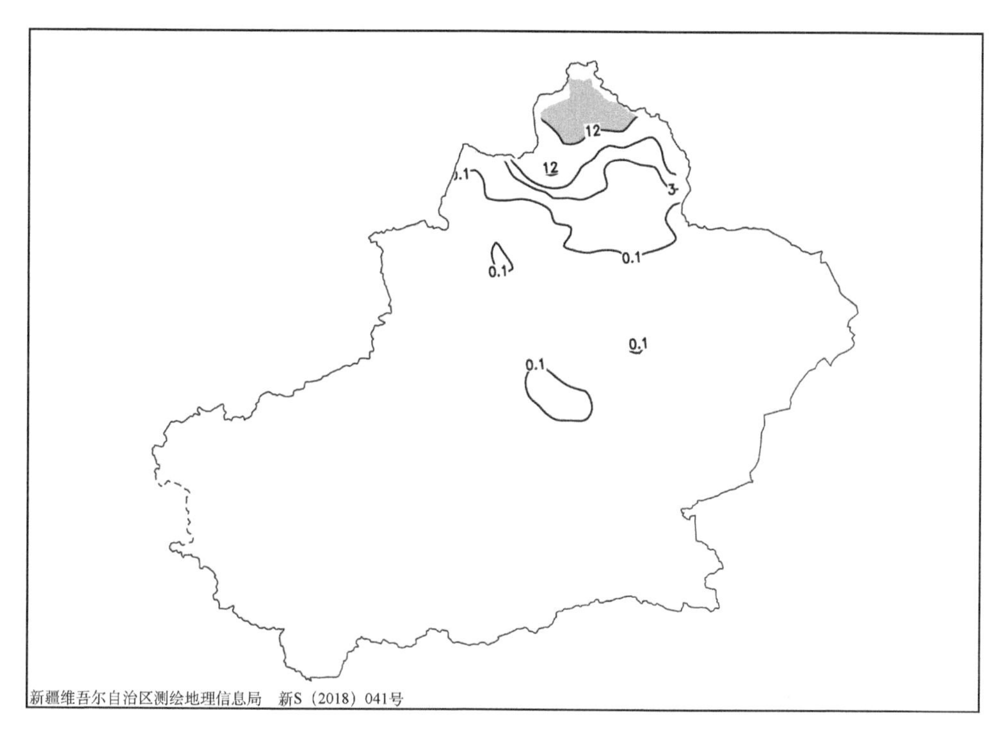

图 2-2-673　2010 年 3 月 16 日 20 时—17 日 20 时降雪量分布图(单位:毫米)

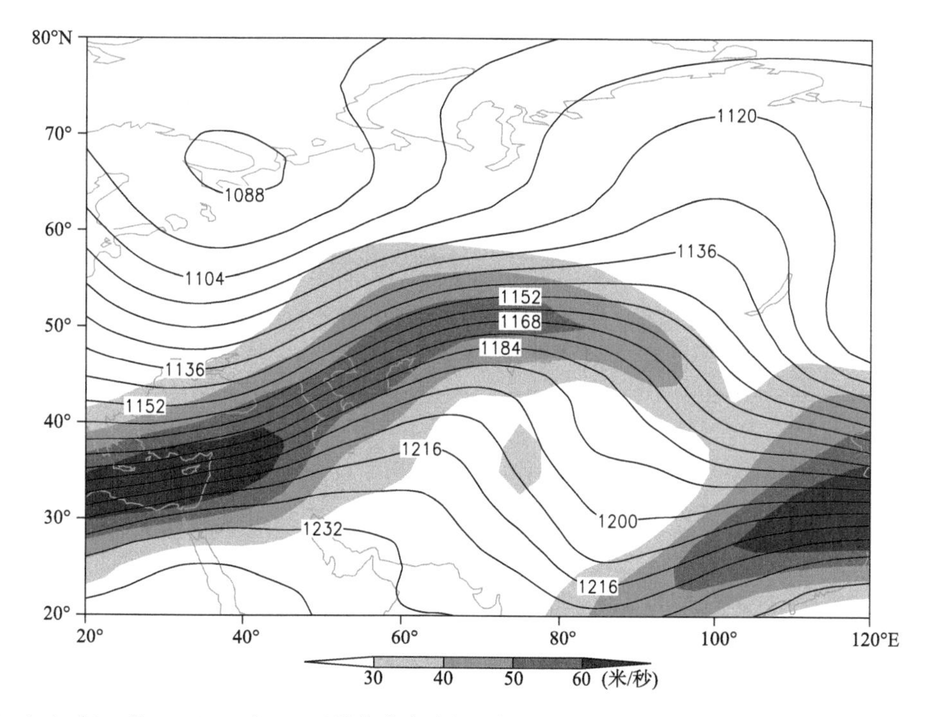

图 2-2-674　2010 年 3 月 16 日 20 时 200 百帕位势高度场(单位:位势什米),阴影表示风速大于 30 米/秒的急流区

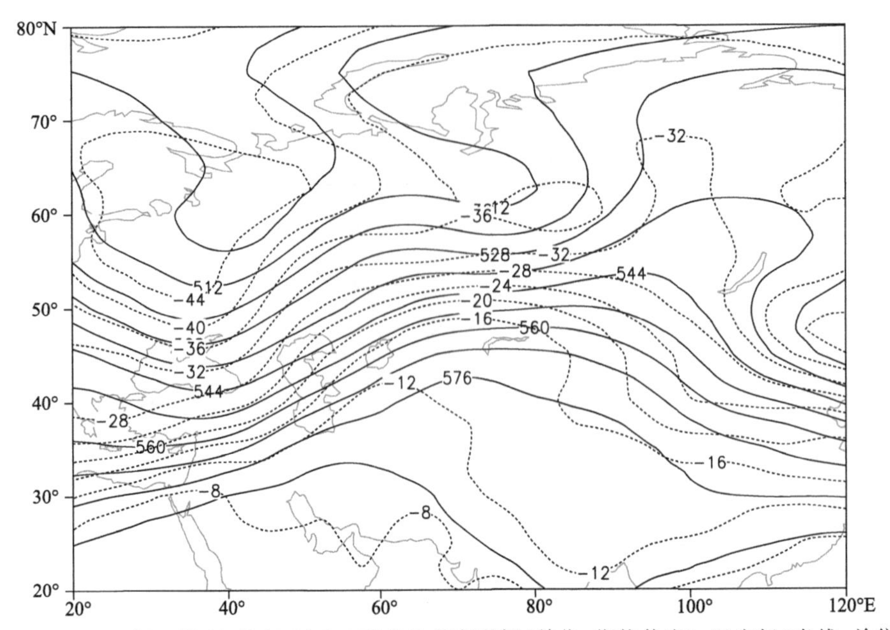

图 2-2-675　2010 年 3 月 16 日 20 时 500 百帕位势高度场(单位:位势什米),温度场(虚线,单位:℃)

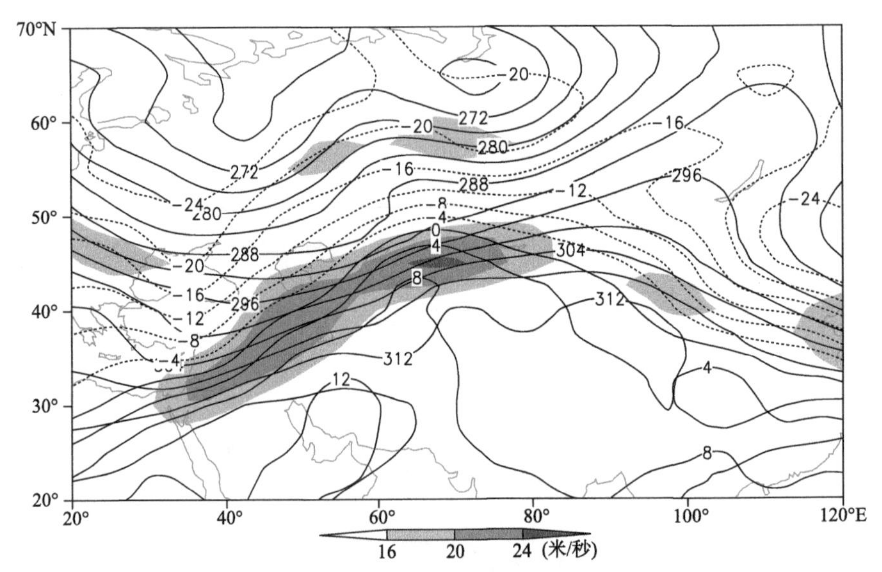

图 2-2-676　2010 年 3 月 16 日 20 时 700 百帕位势高度场(单位:位势什米)、温度场(单位:℃),阴影表示风速大于 16 米/秒的急流区

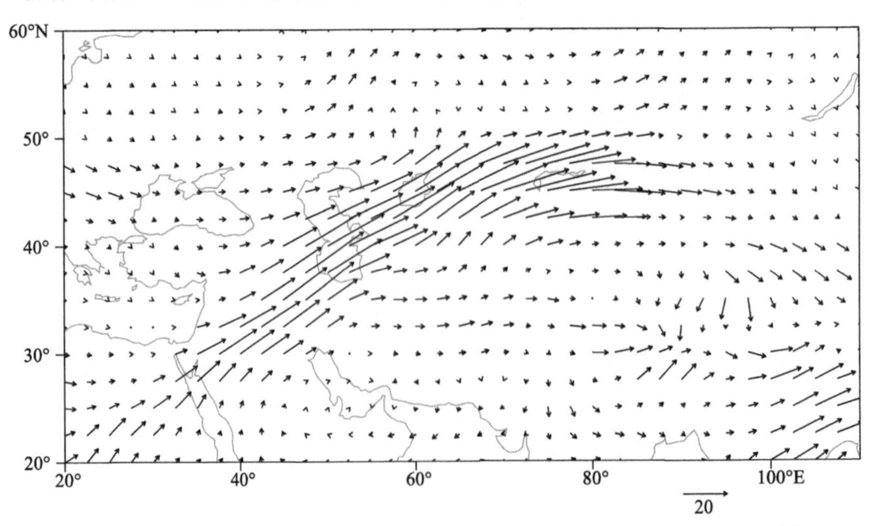

图 2-2-677　2010 年 3 月 16 日 20 时 700 百帕水汽通量场(单位:克/(厘米·百帕·秒))

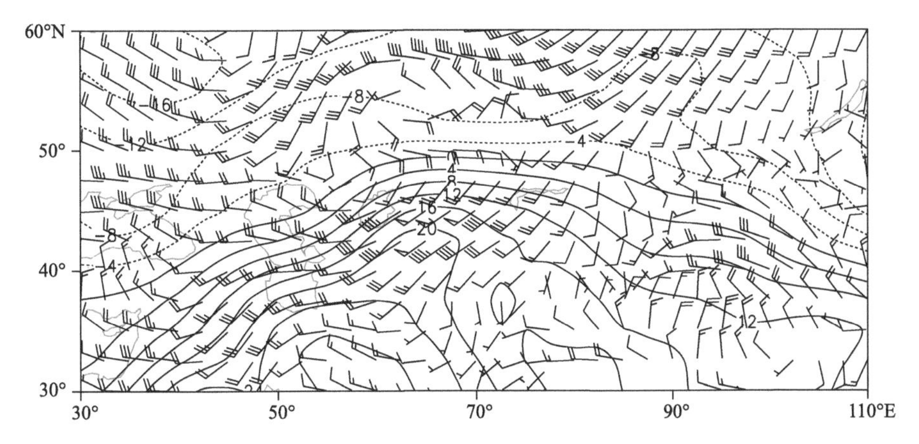

图 2-2-678　2010 年 3 月 16 日 20 时 850 百帕风场(单位:米/秒),温度场(单位:℃)

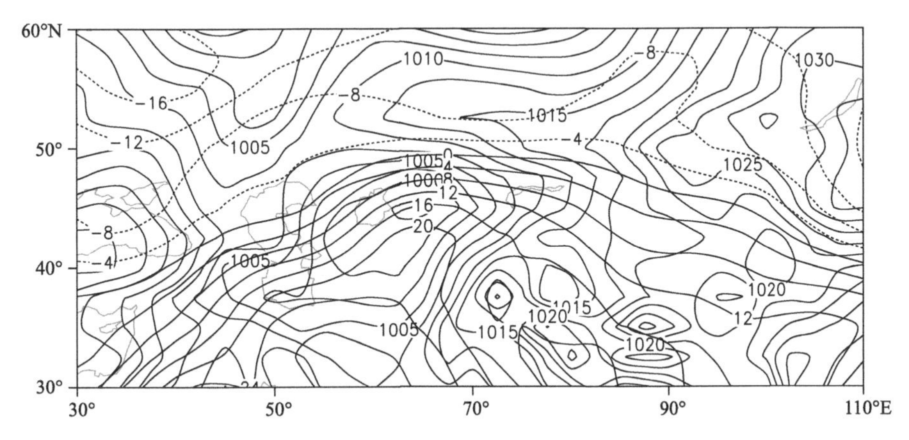

图 2-2-679　2010 年 3 月 16 日 20 时地面气压场(单位:百帕),850 百帕温度场(单位:℃)

2.2.98　伊犁哈萨克自治州、阿勒泰地区、塔城地区、昌吉回族自治州、乌鲁木齐市暴雪(2010-03-20)

【降雪实况】2010 年 3 月 20 日,伊犁哈萨克自治州伊宁市、伊宁县、尼勒克县、新源县、霍城县,阿勒泰地区青河县、阿勒泰市、布尔津县、哈巴河县,塔城地区裕民县、额敏县、塔城市出现暴雪,24 小时降雪量分别为 15.4 毫米、22.0 毫米、12.2 毫米、20.6 毫米、12.4 毫米、15.9 毫米、15.5 毫米、21.6 毫米、22.0 毫米、18.9 毫米、16.3 毫米、20.7 毫米。21 日,伊犁哈萨克自治州新源县,乌鲁木齐市、小渠子站,石河子市、乌兰乌苏镇,昌吉回族自治州玛纳斯县出现暴雪天气,24 小时降雪量分别为 15.9 毫米、13.4 毫米、15.2 毫米、16.7 毫米、15.6 毫米、19.1 毫米。城地区沙湾县出现大暴雪,24 小时降雪量 24.4 毫米(图 2-2-680)。

【天气形势】500 百帕环流场上,降雪开始前伊朗高压稳定维持,欧洲北部极涡携带强冷空气不断南下,南、北两支锋区在 40°~50°N,40°~90°E 范围内形成强的锋区带,此时,大西洋沿岸到欧洲高压发展强盛,高纬度地区强冷空气源源不断的南下在乌拉尔山附近堆积,当伊朗高压稍有所减弱,北支锋区快速南压(图 2-2-682),20 日 20 时,南北两支锋区合并,强锋区压在新疆西北部,给新疆西北部带来一次大范围强降雪天气过程。21 日,在伊朗阻高和北部极涡共同影响下,叠加后的锋区变得较为平直,有利于天山北坡暴雪天气的形成。

20 日 08 时,500 百帕上从里海南部到新疆北部建立了一支西南急流带,新疆西北部地区位于急流核入口区的右侧区域。21 日 08 时,高空急流转为东西向,天山中部地区处于急流入口区的右侧位置。700 百帕上,从里海南部到新疆基本维持西南急流,暴雪区处于急流出口区的左侧。高空入口区右侧的强辐散区和低空急流出口区左侧的强辐合区在暴雪区上空叠加,使得整层大气的垂直上升运动增强,为暴雪天气提供了有利的动力条件(图 2-2-683)。700 百帕水汽通量场,欧洲大西洋上水汽其中一支经黑海输送至里海，另一支经北非、红海输送至里海，汇合后的水汽以接力方式经巴尔喀什湖输送至北疆，持续不断的水汽在暴雪区聚集并辐合，为暴雪的产生和维持提供了充足的水汽(图 2-2-684)。

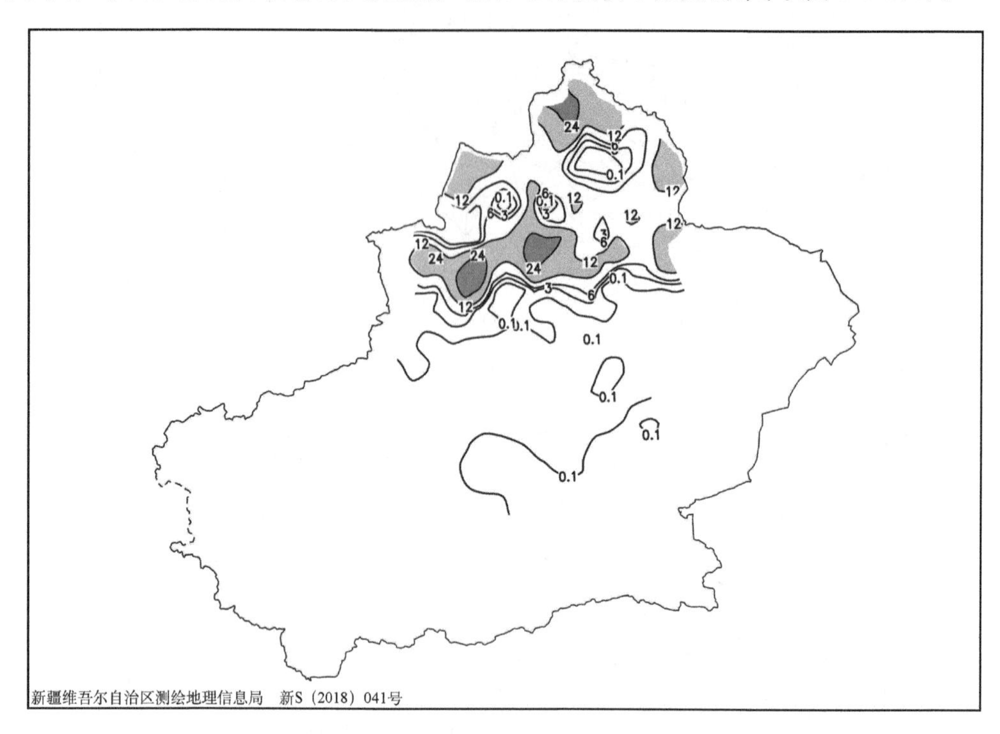

图 2-2-680　2010 年 3 月 19 日 20 时—20 日 20 时降雪量分布图(单位:毫米)

地面图上，20 日，北疆的降水由地面气旋前部的暖锋造成，属暖区降雪。21 日，地面至对流层低层的 850 百帕，受地面冷高压外围反气旋环流作用，地面冷锋逐渐影响中天山地区，地形强迫环流与锋面环流相互作用，使得锋面强度在迎风坡加强，进而在中天山地区产生暴雪天气过程(图 2-2-685，图 2-2-686)。

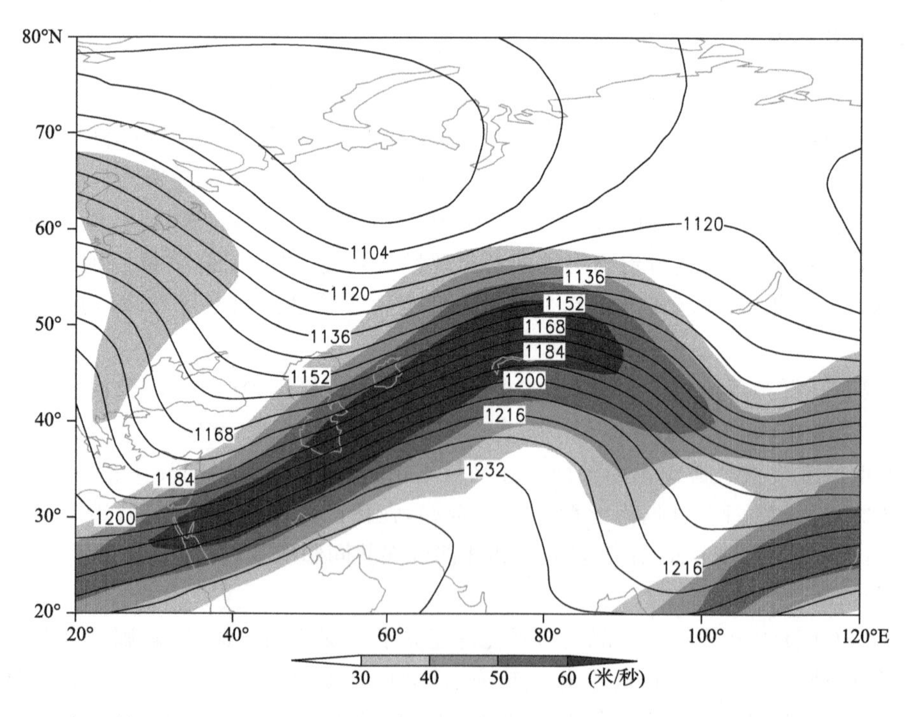

图 2-2-681　2010 年 3 月 19 日 20 时 200 百帕位势高度场(单位:位势什米)，阴影表示风速大于 30 米/秒的急流区

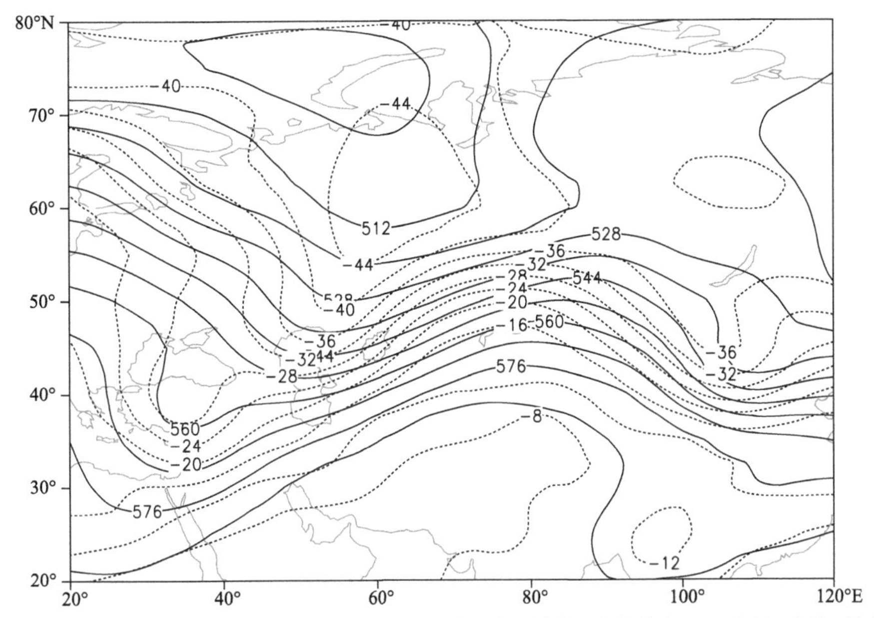

图 2-2-682　2010 年 3 月 19 日 20 时 500 百帕位势高度场(单位:位势什米),温度场(虚线,单位:℃)

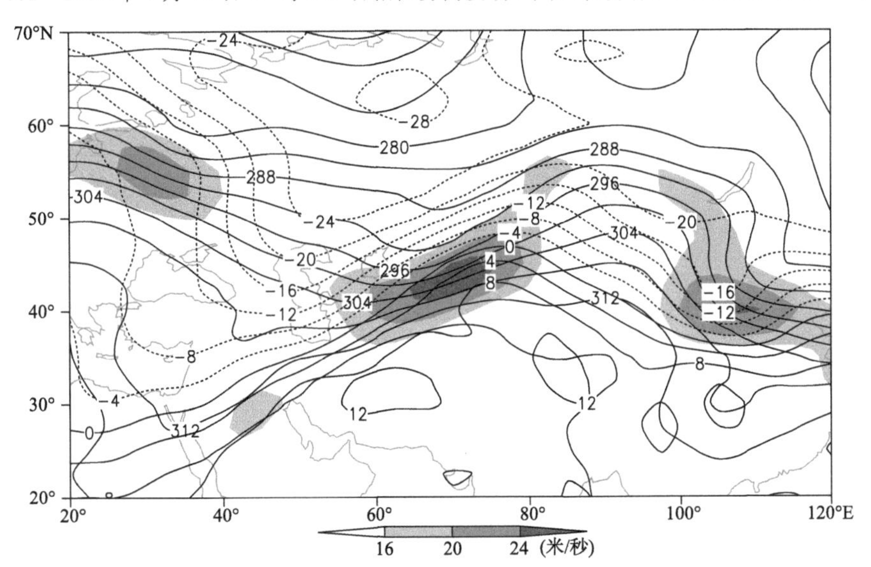

图 2-2-683　2010 年 3 月 19 日 20 时 700 百帕位势高度场(单位:位势什米)、温度场(单位:℃),阴影表示风速大于 16 米/秒的急流区

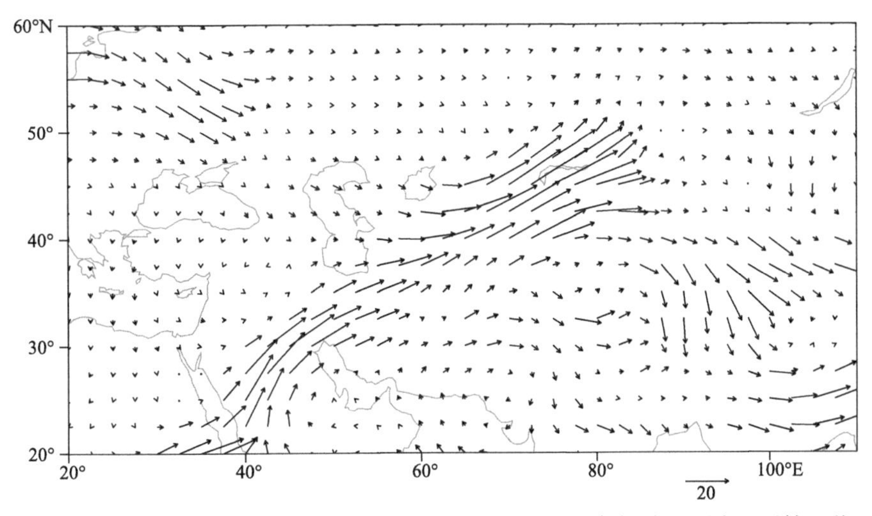

图 2-2-684　2010 年 3 月 19 日 20 时 700 百帕水汽通量场(单位:克/(厘米·百帕·秒))

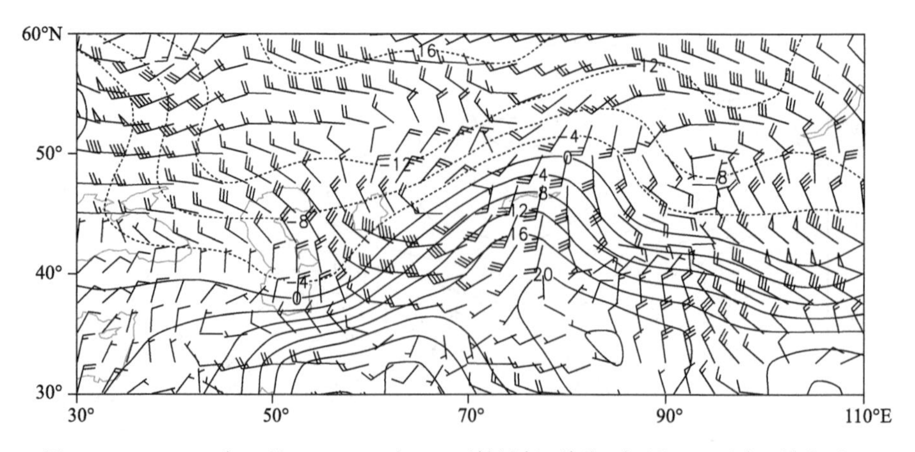

图 2-2-685　2010 年 3 月 19 日 20 时 850 百帕风场(单位:米/秒),温度场(单位:℃)

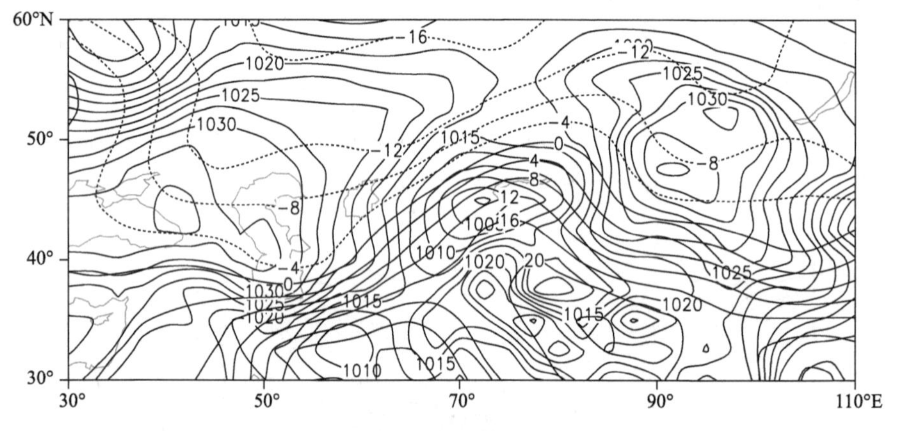

图 2-2-686　2010 年 3 月 19 日 20 时地面气压场(单位:百帕),850 百帕温度场(单位:℃)

2.2.99　伊犁哈萨克自治州、昌吉回族自治州、博尔塔拉蒙古自治州、塔城地区、乌鲁木齐市、石河子市暴雪(2010-03-28)

【降雪实况】2010 年 3 月 28 日,乌鲁木齐市、小渠子站、米东区,伊犁哈萨克自治州伊宁县、新源县,昌吉回族自治州玛纳斯县,石河子市,塔城地区乌苏站,博尔塔拉蒙古自治州博乐市出现暴雪,24 小时降雪量分别为 12.7 毫米、13.8 毫米、13.6 毫米、27.2 毫米、18.8 毫米、13.6 毫米、13.2 毫米、19.4 毫米、14.8 毫米。伊犁哈萨克自治州伊宁市出现大暴雪天气,24 小时降雪量为 23.7 毫米(图 2-2-687)。

【天气形势】500 百帕环流场上,降雪开始前欧亚中高纬度范围为两脊一槽的环流形势,即欧洲和贝加尔湖到新疆为高压脊,45°～80°N,30°～100°E 范围为极涡活动区(图 2-2-689)。欧洲高压脊发展强盛,斯堪的纳维亚半岛强冷空气沿脊前西北气流进入极涡底部,冷空气不断在中亚堆积,与此同时,地中海东部低涡稳定维持,涡前不断分裂短波槽东移北上,南、北两支锋区在巴尔喀什湖南部叠加后东移给北疆西部带来暴雪天气。

200 百帕上存在一支风速大于 40 米/秒的高空西南急流,急流核在巴尔喀什湖和新疆西北部之间,急流缓慢南压,急流核逐渐东移,强降雪区处于高空西南急流入口区右侧正涡度平流区,强烈的高层辐散加强了中低层系统强烈发展,有利于强降雪产生(图 2-2-688)。700 百帕上,27 日 20 时,北疆西部地区首先受中亚低槽前的西南急流控制(图 2-2-690),28 日 08 时,南北两支锋区在西西伯利亚地区交汇,形成强的西北急流,北疆沿天山一带处于低空西北急流出口区前部。伊犁河谷是典型向西开口的“喇叭口”地形。低空西南急流有利于形成伊犁河谷的水汽辐合及地形抬升产生的垂直运动。低空西北急流携带湿冷空气受天山地形强迫抬升,与中高层西南急流叠加,加剧和加强了风场辐合及垂直上升运动,有利于冷暖交汇与水汽的聚集,为北疆沿天山一带的强降雪提供有利的动力条件(图 2-2-691)。

地面图上，在里海形成地面冷高压，地面冷高压自西向东移动，27 日 20 时开始，冷锋进入北疆沿天山一带呈东北—西南向，降雪从伊犁到乌鲁木齐逐渐开始(图 2-2-692，图 2-2-693)。

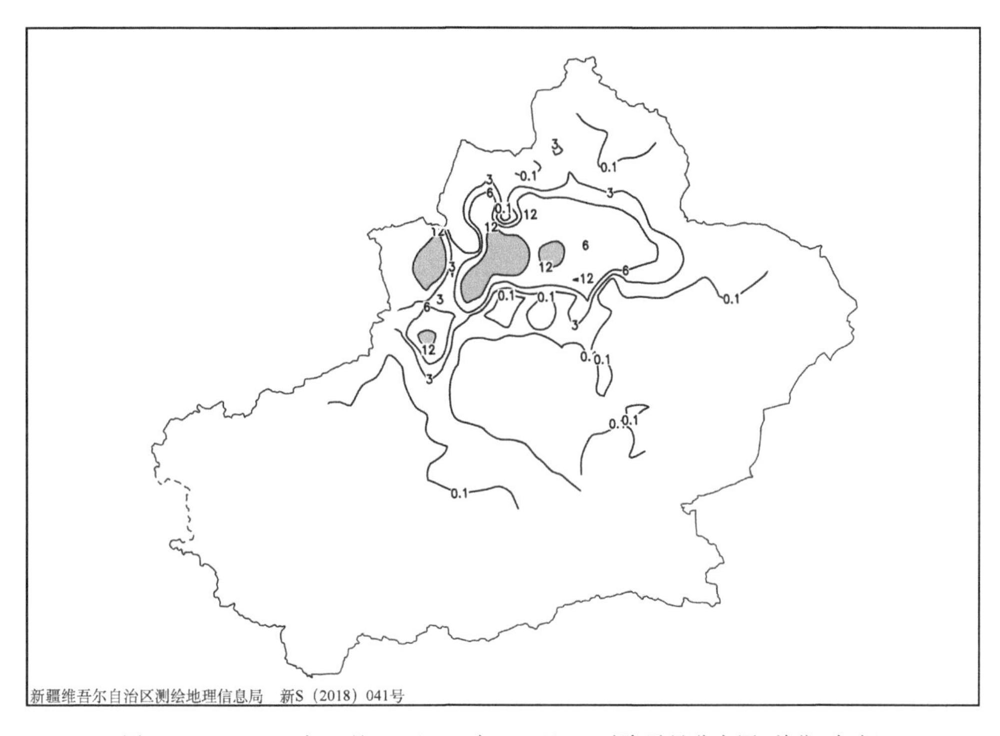

图 2-2-687　2010 年 3 月 27 日 20 时—28 日 20 时降雪量分布图(单位:毫米)

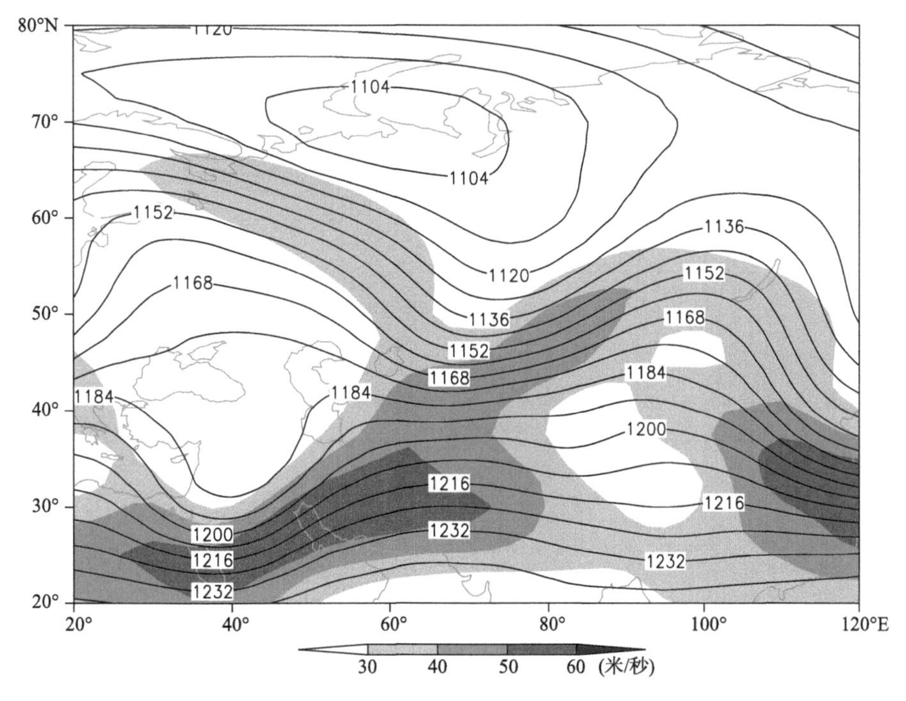

图 2-2-688　2010 年 3 月 27 日 20 时 200 百帕位势高度场(单位:位势什米)，阴影表示风速大于 30 米/秒的急流区

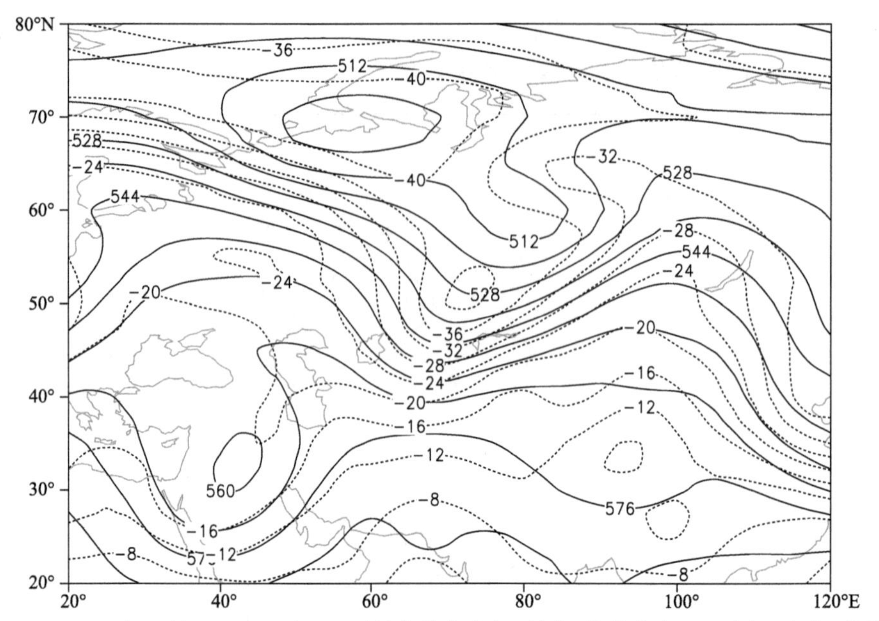

图 2-2-689　2010 年 3 月 27 日 20 时 500 百帕位势高度场(单位:位势什米),温度场(虚线,单位:℃)

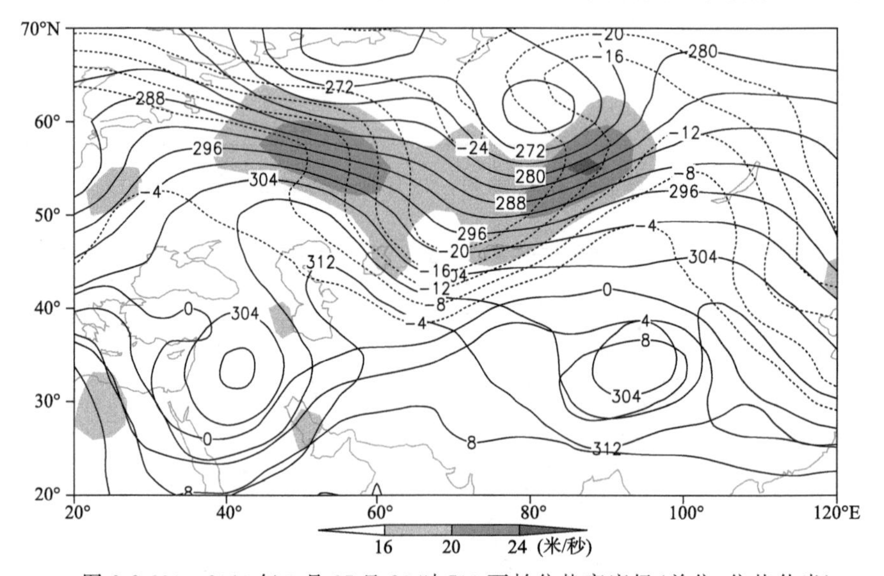

图 2-2-690　2010 年 3 月 27 日 20 时 700 百帕位势高度场(单位:位势什米)、温度场(单位:℃),阴影表示风速大于 16 米/秒的急流区

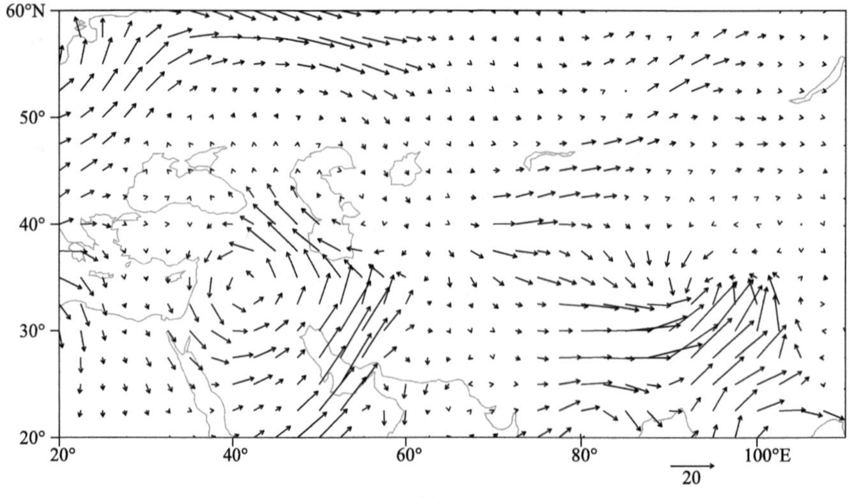

图 2-2-691　2010 年 3 月 27 日 20 时 700 百帕水汽通量场(单位:克/(厘米·百帕·秒))

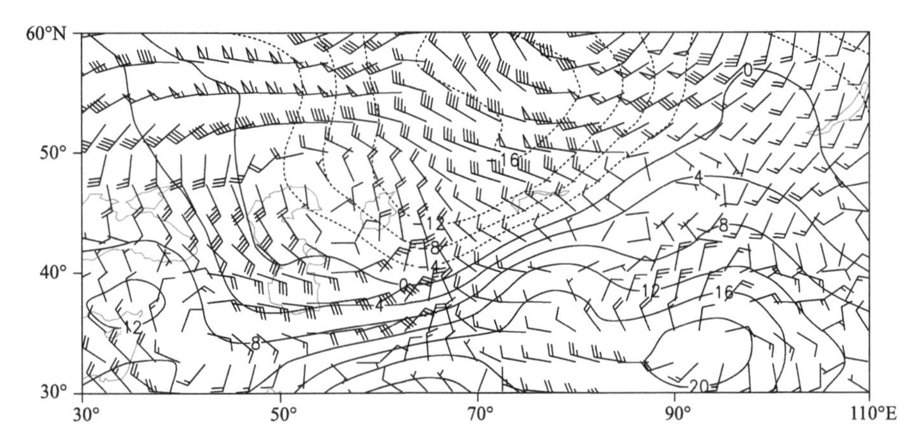

图 2-2-692　2010 年 3 月 27 日 20 时 850 百帕风场(单位:米/秒),温度场(单位:℃)

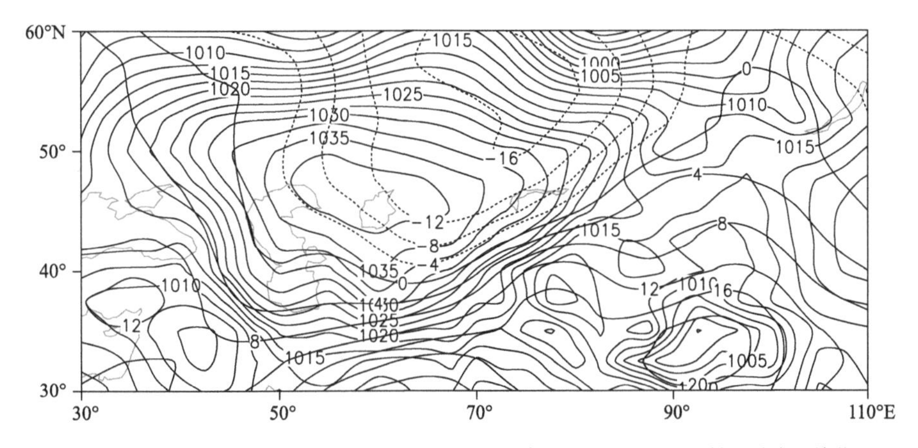

图 2-2-693　2010 年 3 月 27 日 20 时地面气压场(单位:百帕),850 百帕温度场(单位:℃)

2.2.100　伊犁哈萨克自治州、博尔塔拉蒙古自治州、塔城地区、昌吉回族自治州、乌鲁木齐市暴雪(2010-11-04)

【降雪实况】2010 年 11 月 4 日,伊犁哈萨克自治州昭苏县、新源县、巩留县、伊宁县、伊宁市,博尔塔拉蒙古自治州精河县、博乐市,塔城地区裕民县出现暴雪,24 小时降雪量分别为 12.4 毫米、22.1 毫米、13.8 毫米、19.4 毫米、12.2 毫米、12.7 毫米、13.2 毫米、12.7 毫米。5 日,昌吉回族自治州木垒县,乌鲁木齐市、小渠子站出现暴雪,24 小时降雪量分别为 12.2 毫米、13.6 毫米、13.2 毫米(图 2-2-694)。

【天气形势】500 百帕环流场上,降雪开始前黑海北部有一低涡,冷空气位于里海、咸海之间。地中海西部高压脊发展强盛,推动低涡东移,同时高纬度冷空气不断南下进入冷中心,使其稳定维持并向东移动,此时,伊朗高压北挺至 35°N 以北,冷空气不断在中亚地区堆积形成强锋区,低纬度暖平流不断向中亚地区输送,冷、暖空气主要在北疆西北部交汇,造成伊犁哈萨克自治州、博尔塔拉蒙古自治州和塔城地区的暴雪天气。后期北支锋区略有北收,由于南支锋区比较活跃,新疆持续受南支气流影响,当乌拉尔山北部冷空气沿高压脊再次南下时,在北疆沿天山中部地区产生暴雪天气(图 2-2-696)。

在暴雪过程中,200 百帕上,3 日 20 时—4 日 20 时,北疆受西南急流控制,急流核在伊朗高原,急流核逐渐东移(图 2-2-695),4 日 20 时开始,北疆转为西北急流控制。强降雪发生在高空急流入口区右侧的强辐散区。高空急流在高层起到了辐散抽吸作用,同时加强了中低层系统的发展,有利于强降雪产生。700 百帕上(图 2-2-697,图 2-2-698),4 日,北疆西部处于低空西南急流的前侧,低空西南急流将中亚地区暖湿空气输送到北疆西部,在北疆西部上空产生位势不稳定层结,有利于低层的水汽辐合和上升运动。5 日,西北急流出口指向北疆中天山地区,低空西北急流携带湿冷空气受天山地形强迫抬升,加强了风场辐合及垂直上升运动,高空西北急流和低空西北急流持续耦合发展,使得整层大气的垂直上升运动增强,为暴雪天气提供了有利的动力条件。

地面图上，里海地区的冷高压缓慢东移，冷高压前部的冷锋从伊犁地区开始逐渐影响北疆沿天山一带，在北疆沿天山一带产生冷锋暴雪(图 2-2-699，图 2-2-700)。

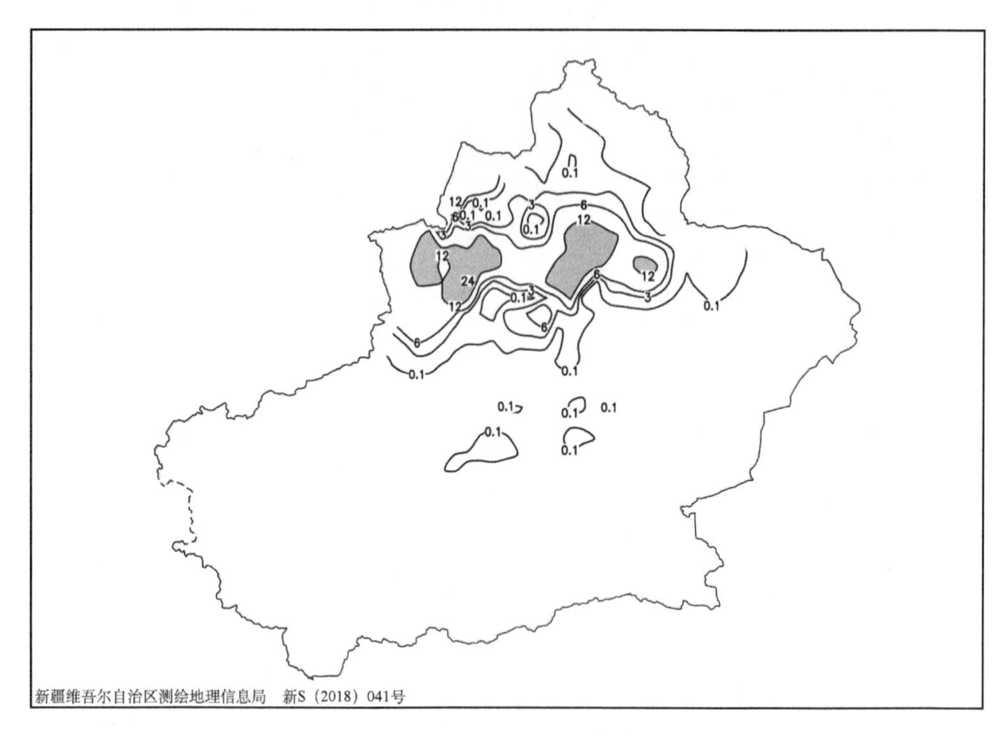

图 2-2-694　2010 年 11 月 3 日 20 时—4 日 20 时降雪量分布图(单位:毫米)

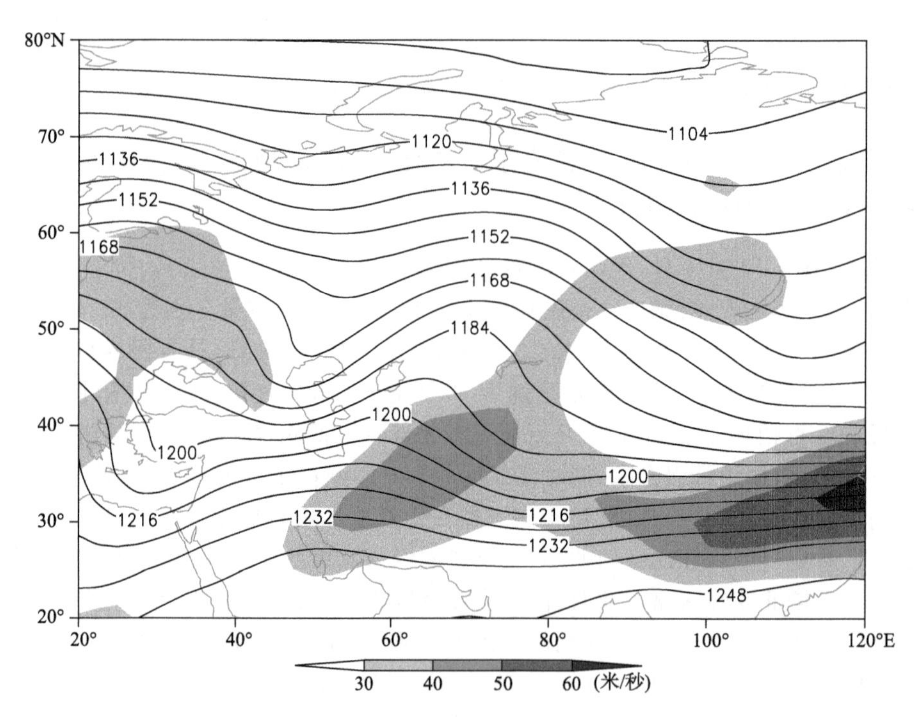

图 2-2-695　2010 年 11 月 3 日 20 时 200 百帕位势高度场(单位:位势什米)，阴影表示风速大于 30 米/秒的急流区

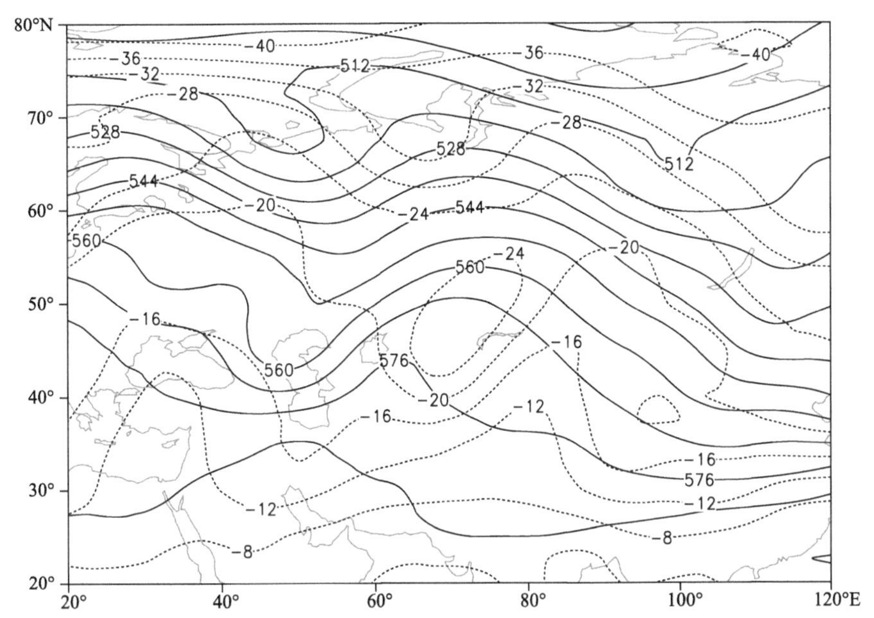

图 2-2-696　2010 年 11 月 3 日 20 时 500 百帕位势高度场(单位:位势什米),温度场(虚线,单位:℃)

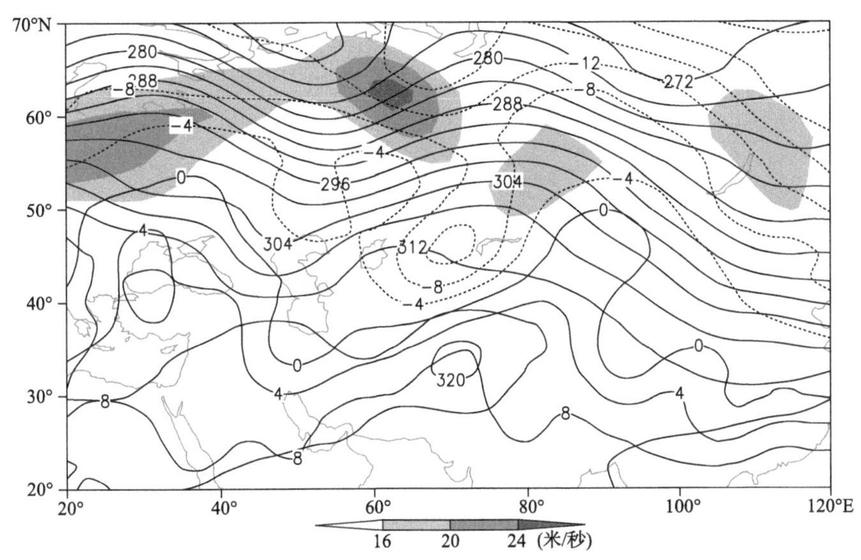

图 2-2-697　2010 年 11 月 3 日 20 时 700 百帕位势高度场(单位:位势什米)、温度场(单位:℃),阴影表示风速大于 16 米/秒的急流区

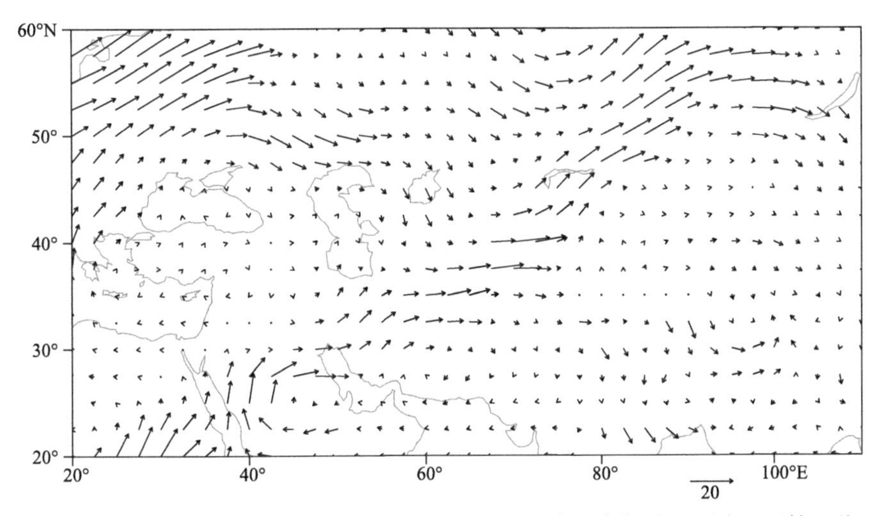

图 2-2-698　2010 年 11 月 3 日 20 时 700 百帕水汽通量场(单位:克/(厘米·百帕·秒))

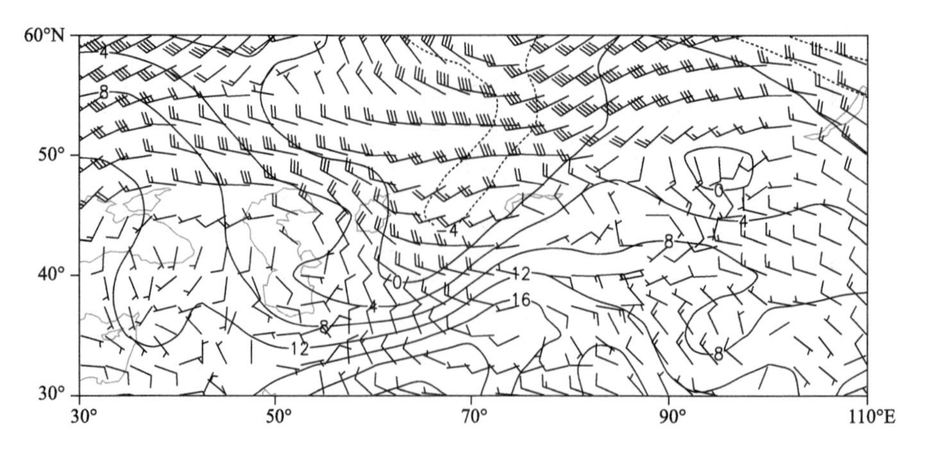

图 2-2-699　2010 年 11 月 3 日 20 时 850 百帕风场(单位:米/秒),温度场(单位:℃)

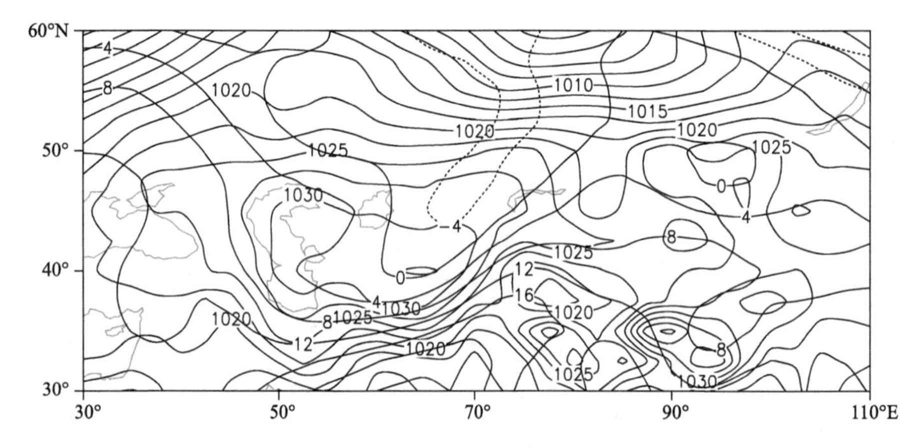

图 2-2-700　2010 年 11 月 3 日 20 时地面气压场(单位:百帕),850 百帕温度场(单位:℃)

2.2.101　巴音郭楞蒙古自治州、伊犁哈萨克自治州、塔城地区、阿勒泰地区暴雪(2010-11-17)

【降雪实况】2010 年 11 月 17—20 日,巴音郭楞蒙古自治州、伊犁哈萨克自治州、塔城地区、阿勒泰地区相继出现暴雪。17 日,巴音郭楞蒙古自治州巴音布鲁克,塔城地区托里县,阿勒泰地区富蕴县、吉木乃县 24 小时降雪量分别为 18.1 毫米、13.1 毫米、12.4 毫米、13.5 毫米。18 日,阿勒泰地区阿勒泰市、哈巴河县 24 小时降雪量分别为 16.6 毫米、15.8 毫米。19 日,塔城地区额敏县、裕民县、塔城市,阿勒泰地区富蕴县、青河县、布尔津县 24 小时降雪量分别为 18.5 毫米、21.8 毫米、18.6 毫米、16.9 毫米、13.2 毫米、14.1 毫米。20 日,塔城地区沙湾县和伊犁哈萨克自治州新源县 24 小时降雪量分别为 17.2 毫米、15.5 毫米(图 2-2-701)。

【天气形势】500 百帕环流场上,降雪开始前欧亚范围内环流经向度较大,中高纬地区维持两槽一脊的环流形势,即欧洲和贝加尔湖为槽区,新疆为高压脊(图 2-2-703)。贝加尔湖低槽加深东移,新疆脊前正变高南落,新地岛上的强冷空气不断在西伯利亚地区积聚并维持,当新疆脊减弱东移,强冷空气向南侵入北疆北部,相对更冷的冷空气与北疆北部的冷空气汇合,造成 17—18 日塔城、阿勒泰地区的暴雪天气。随着欧洲北部高压脊的东移北伸,乌拉尔山北部冷空气沿脊前西北风带大举南下进入低槽,使槽前锋区产生扰动,随着南北两支锋区不断地叠加东移进入新疆,在新疆北部地区产生连续性暴雪天气。

200 百帕上从乌拉尔山东侧到新疆北部有一支显著的西北急流,急流核在哈萨克丘陵,新疆北部处于高空急流的入口区,高空的辐散有利于暴雪区上升运动的发展和维持(图 2-2-702)。700 百帕上,从中亚北部到新疆北部有一支偏西急流,急流的出口区指向北疆地区,高层辐散、低层辐合的环流配置,使得整层大气的垂直上升运动增强,为暴雪天气的产生提供了有利的动力条件(图 2-2-704)。从 700 百帕上的水汽通量场可以看出,此次连续性暴雪过程的水汽路径主要是地中海上的水汽沿西南急流达到巴伦支海,然后沿西北急流进入中亚地区,增温后的水汽在偏西急流的引导下达到北疆(图 2-2-705)。

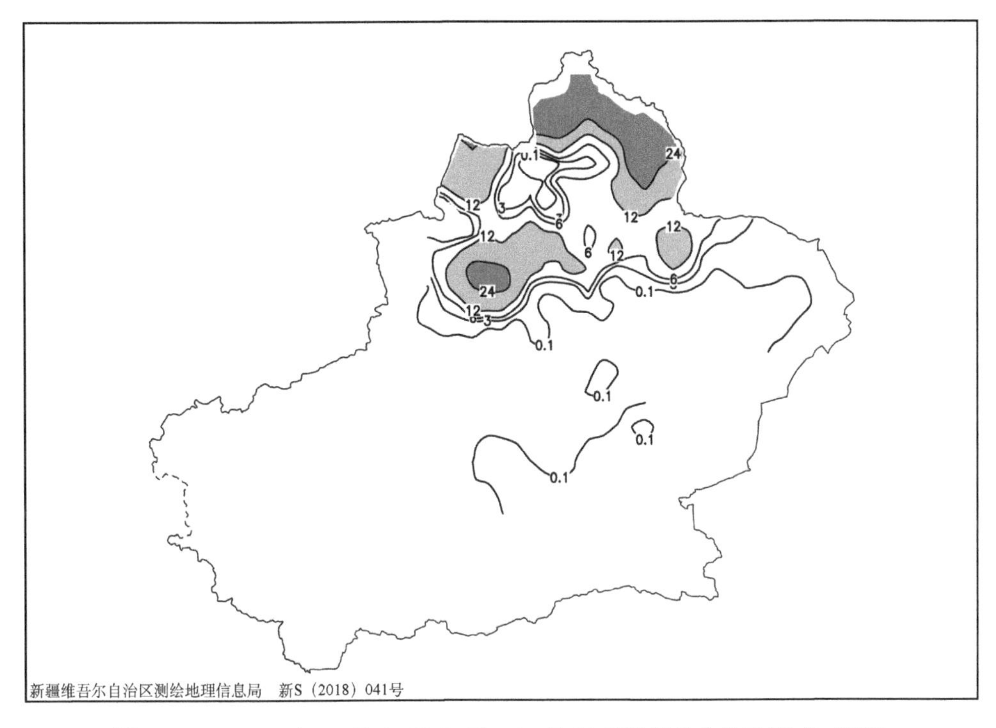

图 2-2-701　2010 年 11 月 16 日 20 时—20 日 20 时降雪量分布图(单位:毫米)

地面图上,17—19 日,巴音郭楞蒙古自治州、塔城地区、阿勒泰地区的降雪由地面气旋前部的暖锋造成,属暖区暴雪(图 2-2-706,图 2-2-707)。20 日,乌拉尔山北部冷高压向东移动,高压前部伴有冷锋入侵塔城和伊犁地区,冷暖空气主要在北疆天山中部交汇,造成沙湾县和新源县的强降雪。

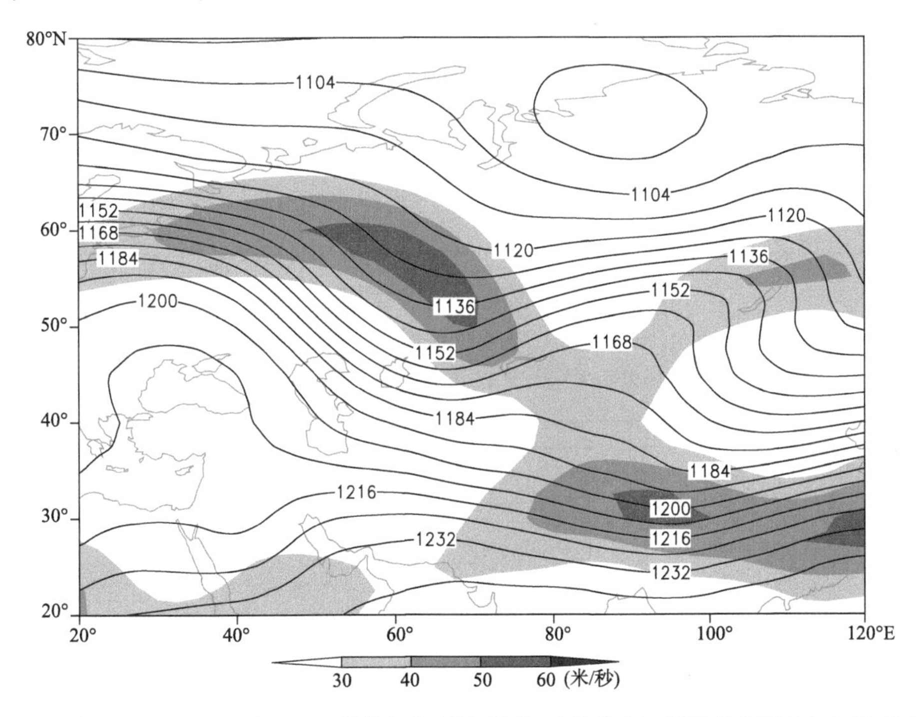

图 2-2-702　2010 年 11 月 16 日 20 时 200 百帕位势高度场(单位:位势什米),阴影表示风速大于 30 米/秒的急流区

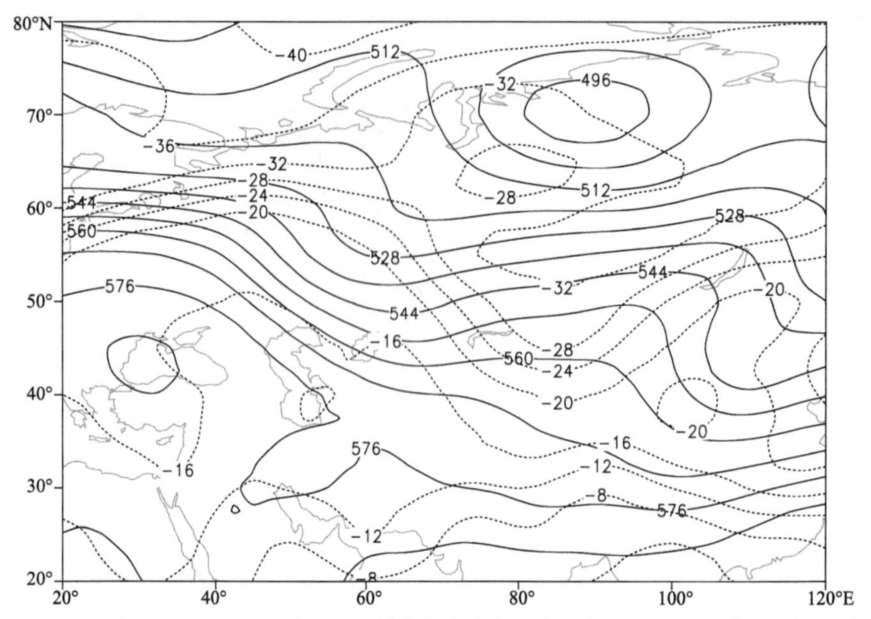

图 2-2-703　2010 年 11 月 16 日 20 时 500 百帕位势高度场(单位:位势什米),温度场(虚线,单位:℃)

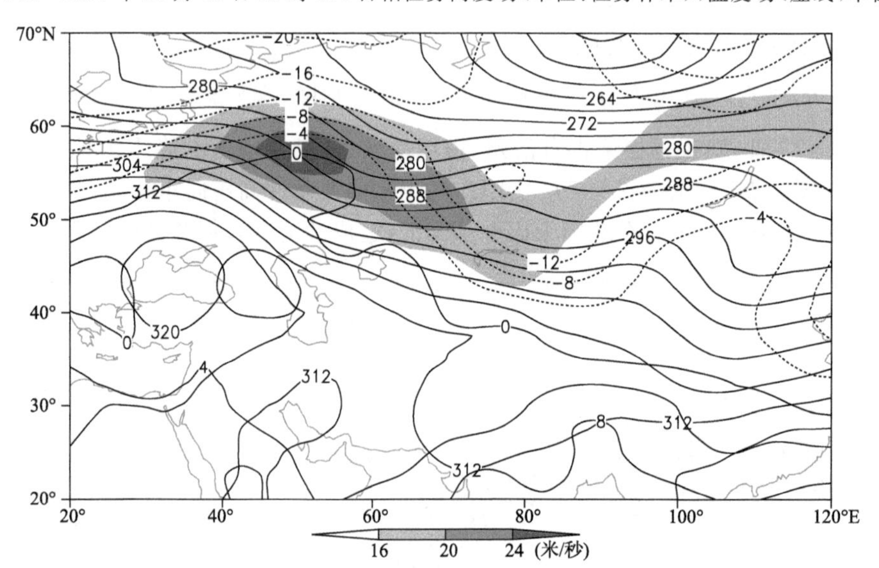

图 2-2-704　2010 年 11 月 16 日 20 时 700 百帕位势高度场(单位:位势什米)、温度场(单位:℃),阴影表示风速大于 16 米/秒的急流区

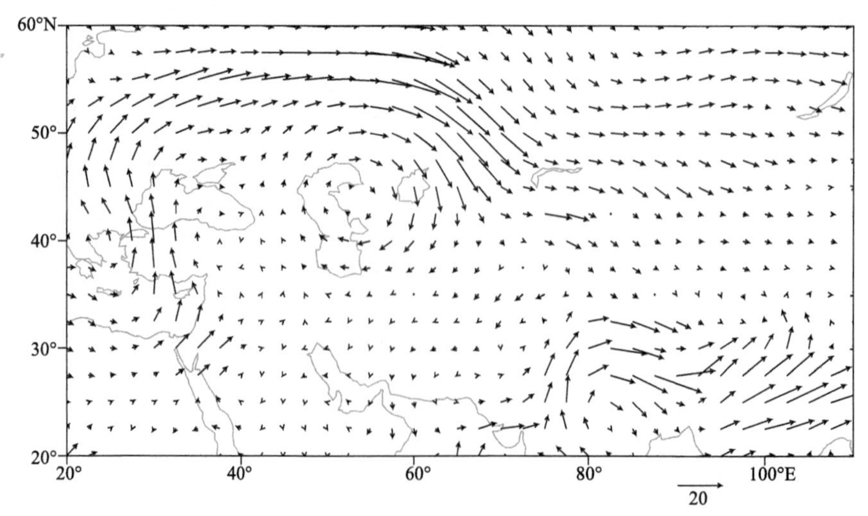

图 2-2-705　2010 年 11 月 16 日 20 时 700 百帕水汽通量场(单位:克/(厘米·百帕·秒))

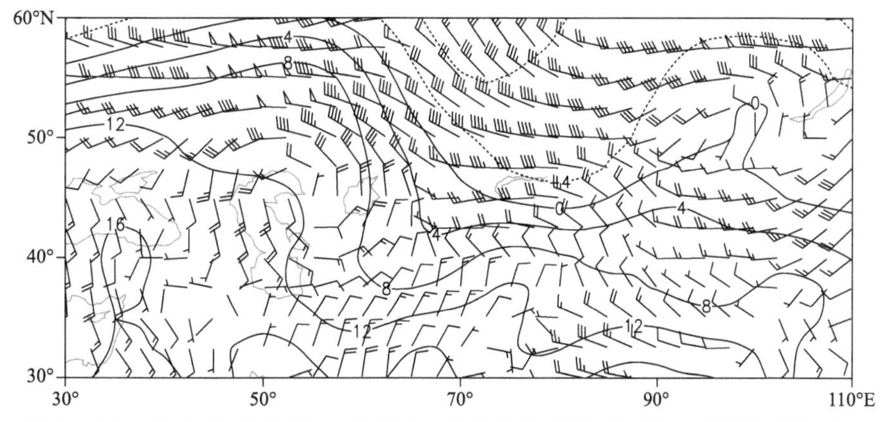

图 2-2-706　2010 年 11 月 16 日 20 时 850 百帕风场(单位:米/秒),温度场(单位:℃)

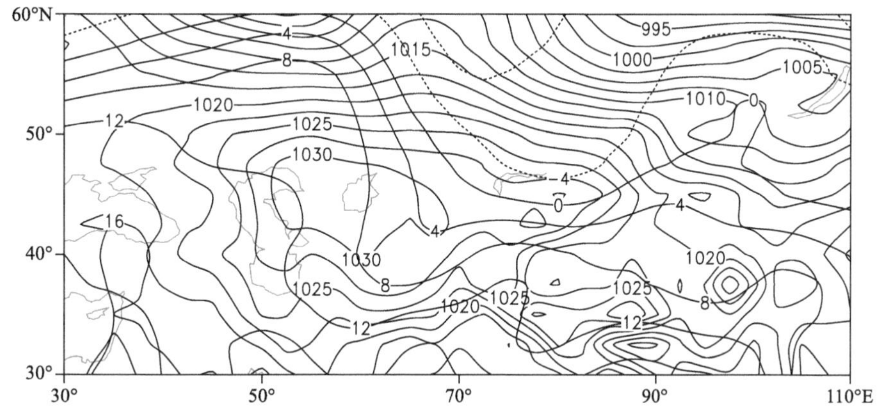

图 2-2-707　2010 年 11 月 16 日 20 时地面气压场(单位:百帕),850 百帕温度场(单位:℃)

2.2.102　阿勒泰地区、塔城地区、伊犁哈萨克自治州暴雪(2010-12-03)

【降雪实况】2010 年 12 月 3 日,阿勒泰地区青河县、富蕴县、阿勒泰市出现暴雪,24 小时降雪量分别为 14.4 毫米、21.3 毫米、13.0 毫米。塔城地区塔城市、额敏县、裕民县出现大暴雪,24 小时降雪量分别为 36.8 毫米、39.8 毫米、34.8 毫米,以上三个测站突破近 50 年日降雪量极值。4 日,伊犁哈萨克自治州新源县出现暴雪,24 小时降雪量 13.6 毫米(图 2-2-708)。

【天气形势】500 百帕环流场上,降雪开始前欧亚范围 60°N 以北为极涡活动区,极涡稳定维持,不断有冷空气向中纬度地区输送,使西风带上波动增强,随着大西洋沿岸到欧洲高压脊的东移北伸,新地岛冷空气沿脊前北风带南下形成长波槽,槽线呈东北—西南向,槽前从黑海到新疆西部形成强西风带,同时,地中海上暖湿空气随着西南急流与北支锋区在里海地区汇合,横槽东移,强锋区影响新疆西北部地区,在该地区产生暴雪和大暴雪(图 2-2-710)。4 日,欧洲高压受极涡外围冷空气影响减弱东移,30°E 附近与黑海脊叠加,使脊前横槽东移,锋区压至中亚南部地区,在伊犁地区产生暴雪天气。

2 日 20 时,500 百帕以上存在一支风速大于 40 米/秒的偏西急流,高空急流在 200 百帕上最强(图 2-2-709),急流核风速超过 60 米/秒,急流核位于 50°N 偏南中亚地区,急流核逐渐东移南压,塔城、阿勒泰地区处于急流入口区的右侧。3 日 20 时,急流核移到巴尔喀什湖南部,伊犁地区处于急流入口区的右侧。中低层里海、咸海上空西南气流强盛,700 百帕存在风速大于 20 米/秒的低空西南急流,暴雪区位于两支急流交汇区域,即高空急流入口区的右侧,低空急流左前侧。高空辐散区、低空强辐合的形势在暴雪区上空叠加,使得整层大气的垂直上升运动增强,为强降雪天气提供了有利的动力条件。源源不断的水汽输送是大范围、持续性大暴雪天气的重要物质基础(图 2-2-711)。700 百帕水汽通量场上,从欧洲中部到北疆 40°～50°N 范围有一支明显的水汽输送大值带,源自地中海上的水汽沿偏西和西南路径输送到里海和咸海附近,然后沿低空西南急流输送到巴尔喀什湖,再接力输送到北疆暴雪区。源源不断的水汽在北疆暴雪区上空聚集并辐合,为暴雪的产生和维持提供了充足的水汽(图 2-2-712)。

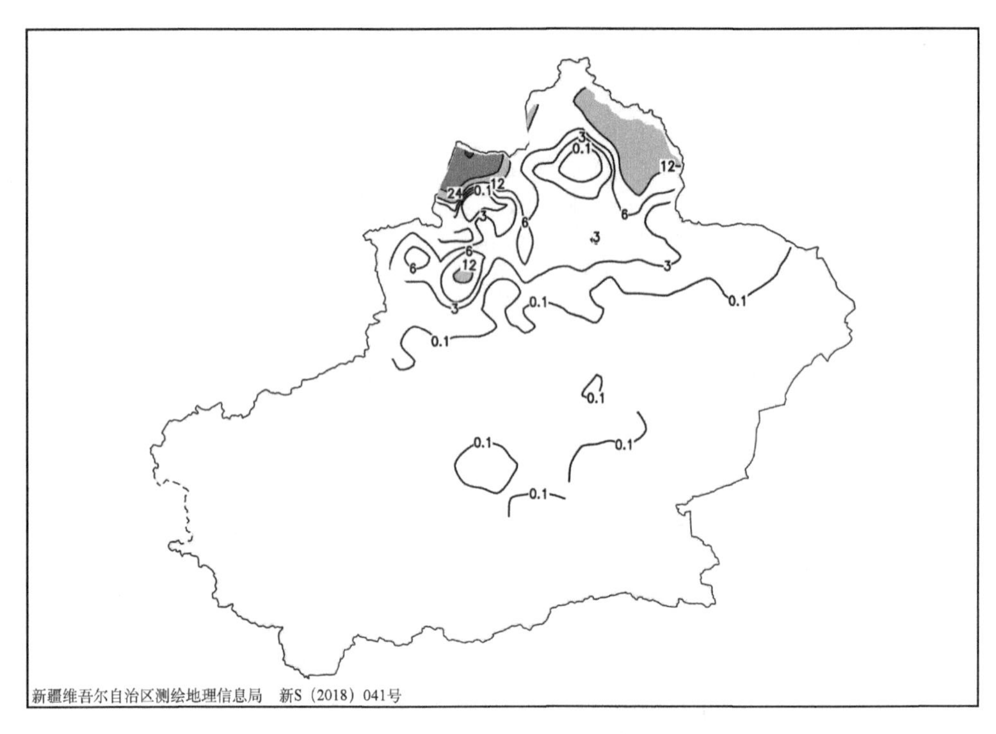

图 2-2-708　2010 年 12 月 2 日 20 时—3 日 20 时降雪量分布图(单位:毫米)

地面图上,2 日 20 时,冷高压中心位于欧洲中部地区,西西伯利亚地区深厚的低压东移南下,塔城和阿勒泰地区处于锋前暖区中(图 2-2-713,图 2-2-714),3 日在塔城和阿勒泰地区形成暖区暴雪。随着冷高压沿西方路径东移南下,冷锋前沿开始影响伊犁地区,造成伊犁地区的强降雪天气。

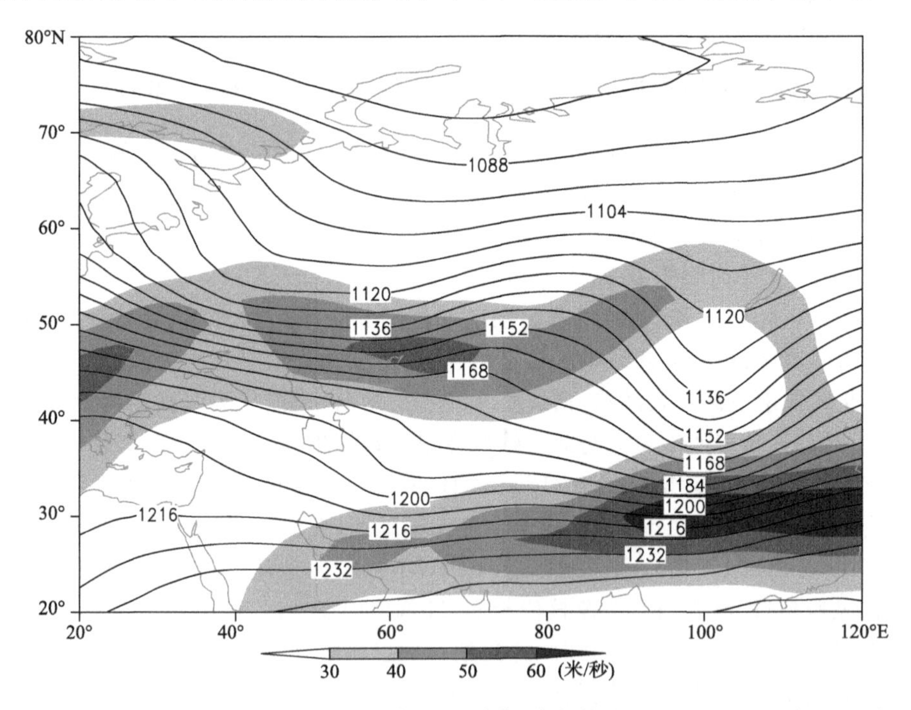

图 2-2-709　2010 年 12 月 2 日 20 时 200 百帕位势高度场(单位:位势什米),阴影表示风速大于 30 米/秒的急流区

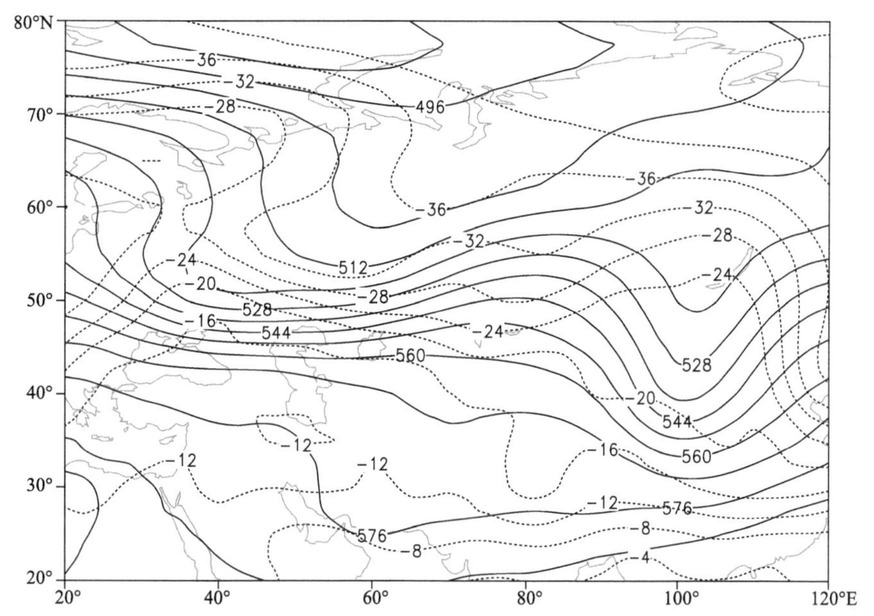

图 2-2-710　2010 年 12 月 2 日 20 时 500 百帕位势高度场(单位:位势什米),温度场(虚线,单位:℃)

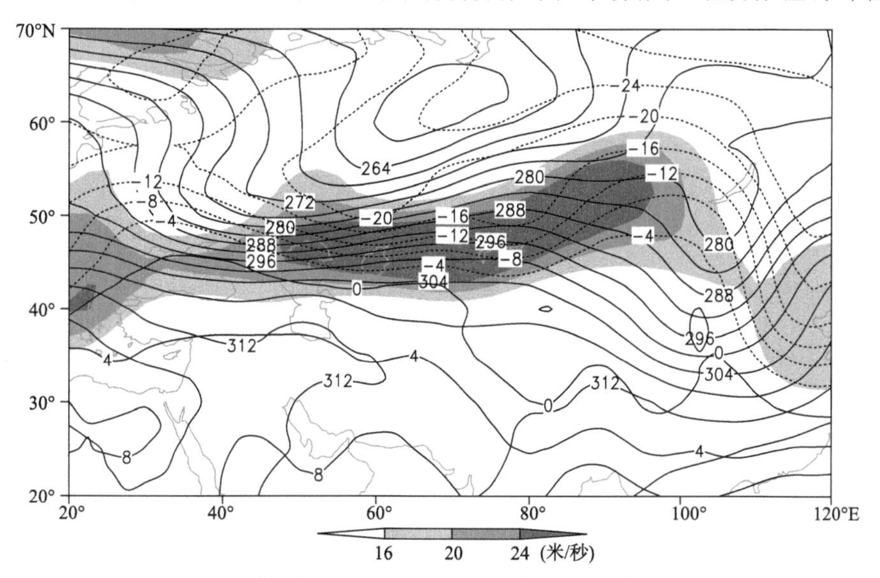

图 2-2-711　2010 年 12 月 2 日 20 时 700 百帕位势高度场(单位:位势什米)、温度场(单位:℃),阴影表示风速大于 16 米/秒的急流区

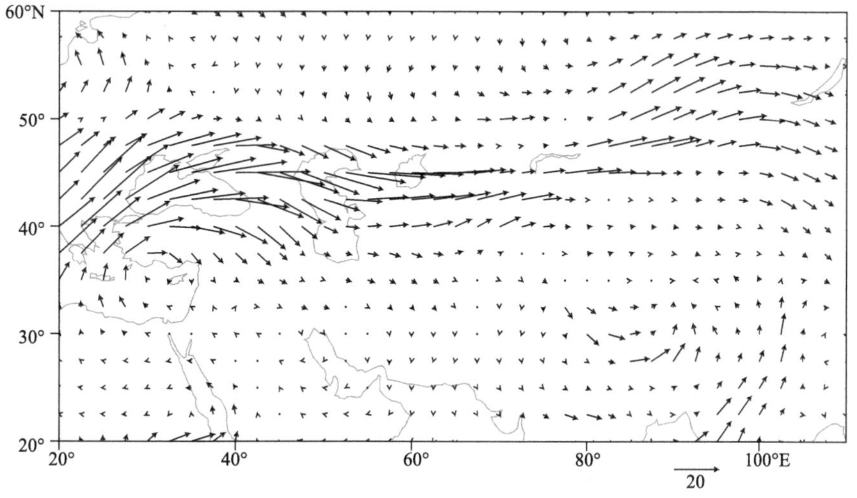

图 2-2-712　2010 年 12 月 2 日 20 时 700 百帕水汽通量场(单位:克/(厘米・百帕・秒))

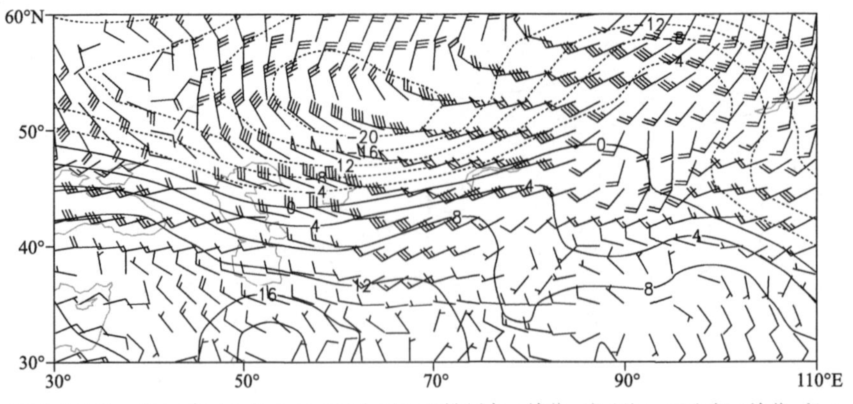

图 2-2-713　2010 年 12 月 2 日 20 时 850 百帕风场(单位:米/秒),温度场(单位:℃)

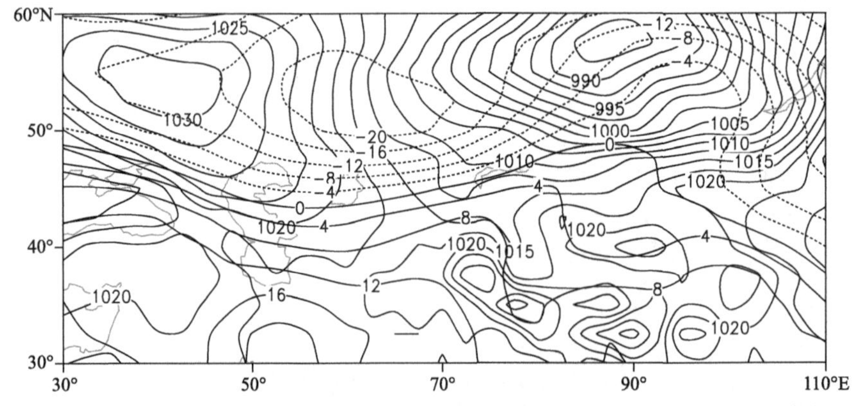

图 2-2-714　2010 年 12 月 2 日 20 时地面气压场(单位:百帕),850 百帕温度场(单位:℃)

2.2.103　塔城地区、伊犁哈萨克自治州暴雪(2010-12-21)

【降雪实况】2010 年 12 月 21 日,塔城地区塔城市、额敏县,伊犁哈萨克自治州新源县、尼勒克县出现暴雪,24 小时降雪量分别为 15.8 毫米、13.9 毫米、12.1 毫米、16.0 毫米。塔城地区裕民县出现大暴雪,24 小时降雪量 30.1 毫米(图 2-2-715)。

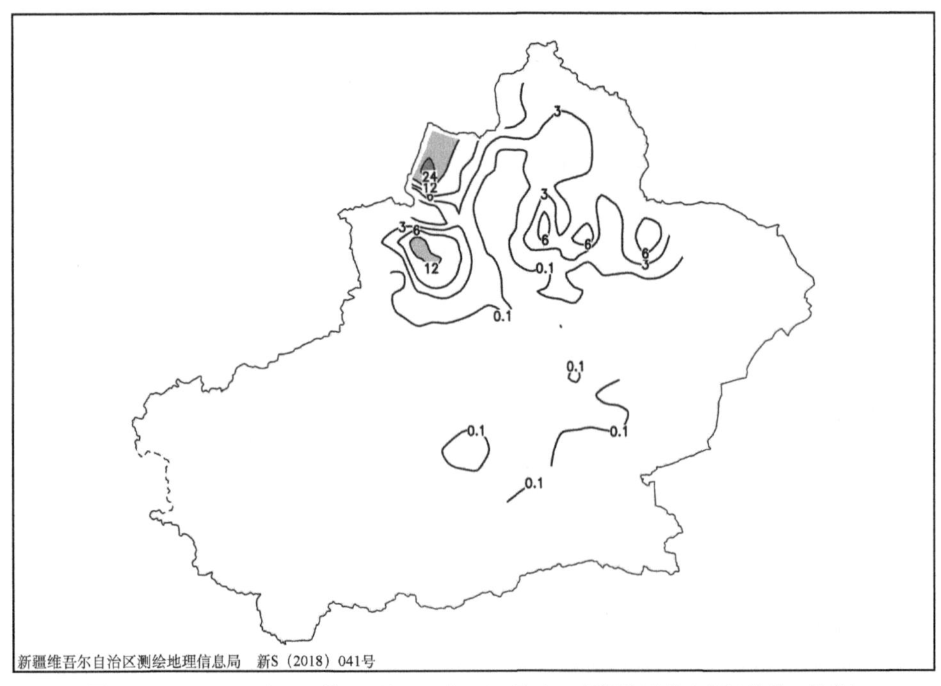

图 2-2-715　2010 年 12 月 20 日 20 时—21 日 20 时降雪量分布图(单位:毫米)

【天气形势】500百帕环流场上，降雪开始前欧亚范围中高纬度为一脊一槽的环流形势，高压脊位于欧洲北部，脊前是极涡西伸的一深厚横槽，槽底西伸到30°E，极涡中心在55°～75°N，80°～130°E范围内稳定维持，冷空气位于贝加尔湖北部(图2-2-717)。欧洲北部高压脊不断东移，新地岛北部冷空气沿脊前东北风带进入横槽，使横槽进一步加深，当欧洲高压脊减弱东南垮时，横槽转竖南下，横槽底部锋区压在塔城地区，造成塔城和伊犁地区的暴雪天气。

200百帕和700百帕上各有一支偏西急流影响北疆，两支急流持续耦合发展，为此次塔城和伊犁地区的暴雪提供有利的动力条件(图2-2-716，图2-2-718)。从700百帕水汽通量场上可以看出，来自黑海的水汽在偏西气流引导下，经里海和咸海水汽的补充主要输送到塔城和伊犁地区，为塔城和伊犁地区的强降雪提供了充沛的水汽条件(图2-2-719)。

地面图上，20日20时，冷高压中心位于西西伯利亚，北疆为低压控制，哈萨克丘陵附近气压梯度较大，强冷锋位于北疆北部境外(图2-2-720，图2-2-721)。冷高压沿西方路径逐步东移南压，21日08时，冷锋前沿基本压至塔城地区，暴雪发生时塔城和伊犁地区均处在强锋区带上。

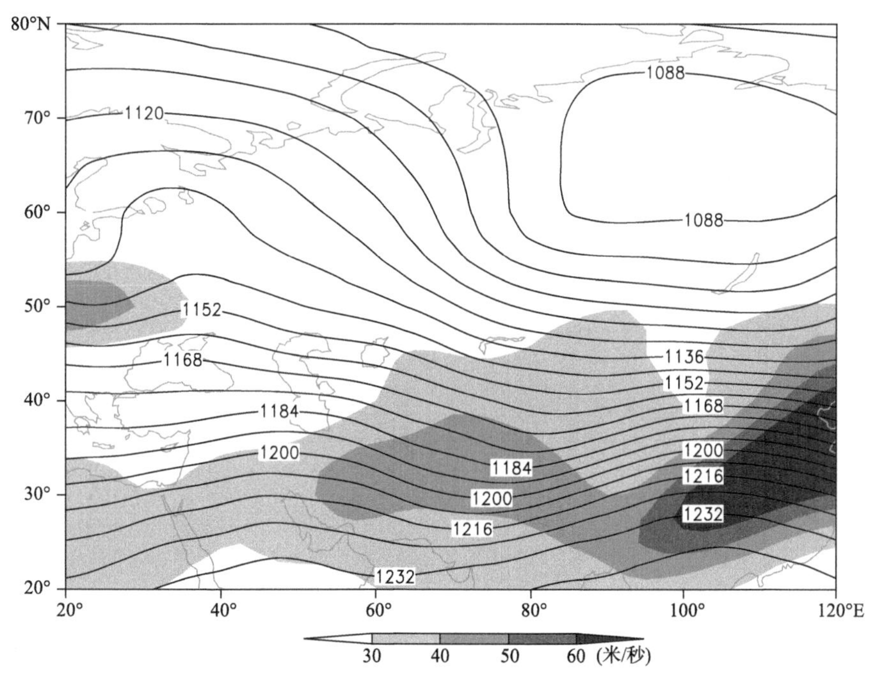

图2-2-716　2010年12月20日20时200百帕位势高度场(单位:位势什米)，阴影表示风速大于30米/秒的急流区

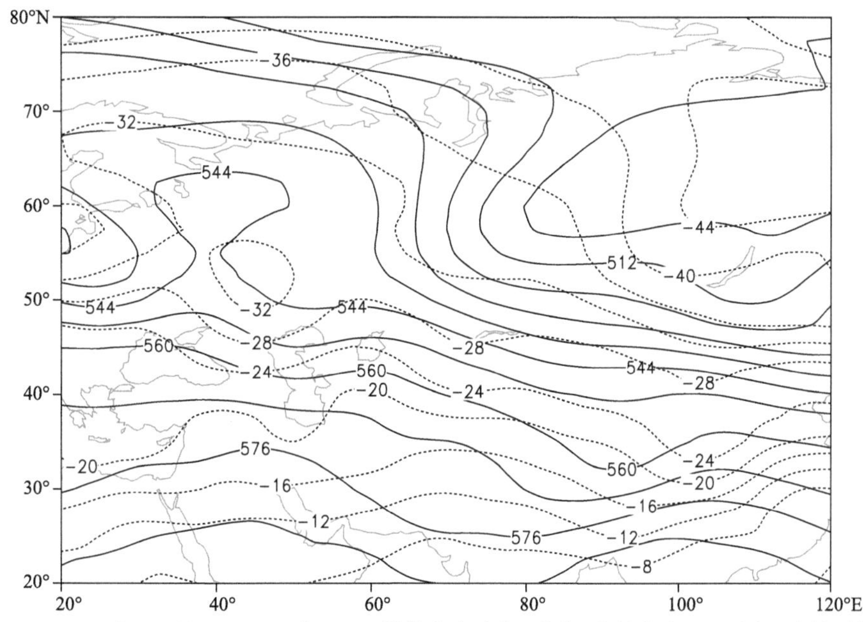

图2-2-717　2010年12月20日20时500百帕位势高度场(单位:位势什米)，温度场(虚线，单位:℃)

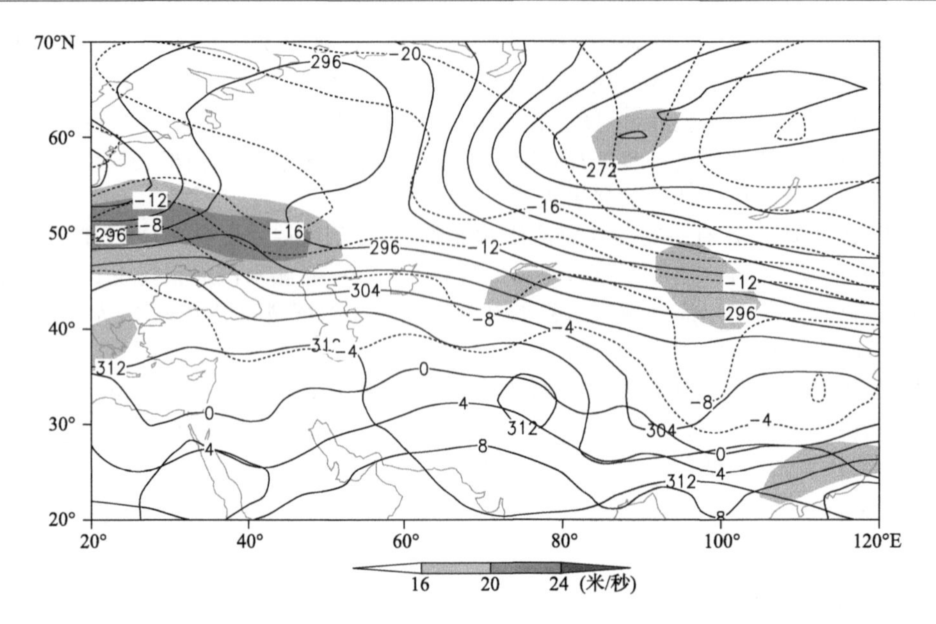

图 2-2-718　2010 年 12 月 20 日 20 时 700 百帕位势高度场(单位:位势什米)、温度场(单位:℃),阴影表示风速大于 16 米/秒的急流区

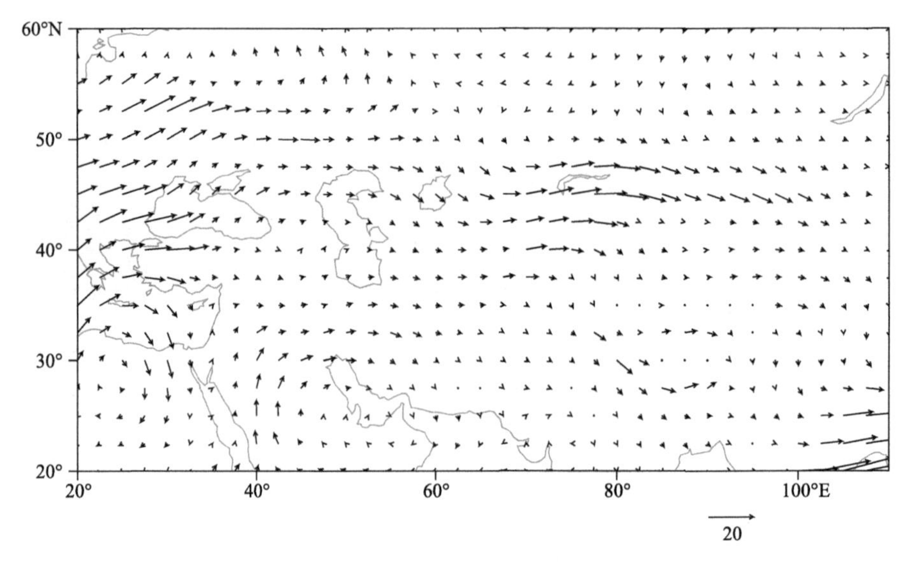

图 2-2-719　2010 年 12 月 20 日 20 时 700 百帕水汽通量场(单位:克/(厘米·百帕·秒))

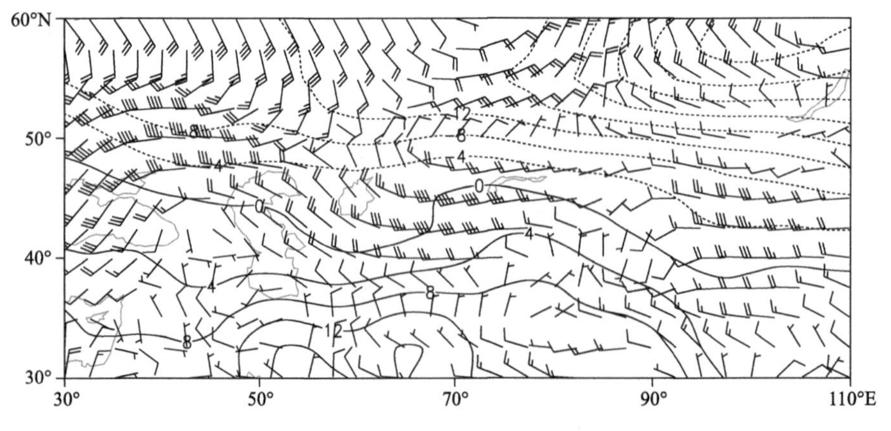

图 2-2-720　2010 年 12 月 20 日 20 时 850 百帕风场(单位:米/秒),温度场(单位:℃)

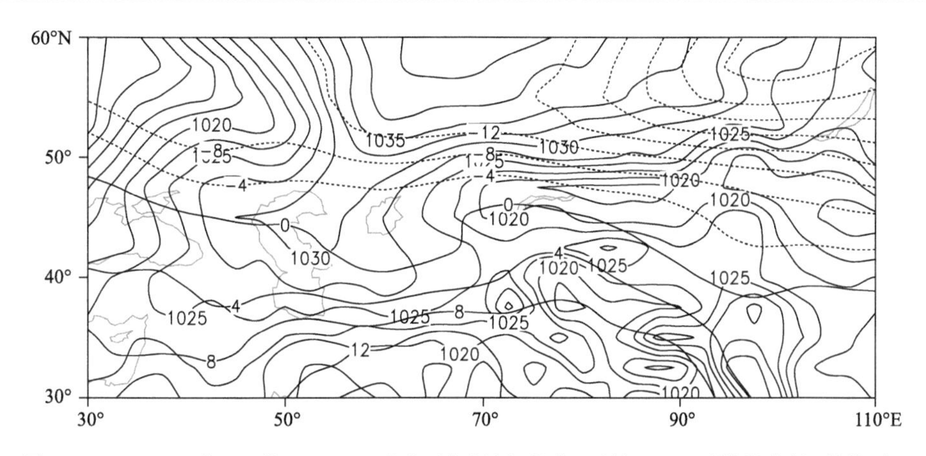

图 2-2-721　2010 年 12 月 20 日 20 时地面气压场(单位:百帕),850 百帕温度场(单位:℃)

2.2.104　伊犁哈萨克自治州、阿勒泰地区暴雪(2011-03-11)

【降雪实况】2011 年 3 月 11 日,伊犁哈萨克自治州伊宁县、尼勒克县,阿勒泰地区哈巴河县出现暴雪,24 小时降雪量分别为 13.2 毫米、16.5 毫米、12.6 毫米(图 2-2-722)。

图 2-2-722　2011 年 3 月 10 日 20 时—11 日 20 时降雪量分布图(单位:毫米)

【天气形势】500 百帕环流场上,降雪开始前欧亚范围环流经向度较大,中高纬地区维持两槽两脊的环流形势,即斯堪的纳维亚半岛和西西伯利亚地区为低槽,乌拉尔山西侧和贝加尔湖为高压脊。南支系统上黑海到地中海东部有一个深厚的低涡系统(图 2-2-724)。10 日 20 时,阿勒泰地区处于西西伯利亚地区横槽前的锋区底部,首先在阿勒泰地区产生暴雪天气。随着乌拉尔脊的东移,乌拉尔山北部冷空气沿高压脊前东北风气流带进入横槽,使横槽加深,槽前锋区逐渐南压,南北两支锋区在伊犁地区叠加形成强锋区,造成伊犁地区的暴雪天气过程。

从 200 百帕高度和急流场上可以看出,10 日,北疆北部受高空槽前的偏西急流影响,该支急流强风速中心在新地岛南部,急流核逐渐东移,随着高空槽东移减弱(图 2-2-723),11 日北疆开始受西北急流影响,急流核中心风速大于 40 米/秒,暴雪区位于高空急流核的入口区,高空辐散有利于暴雪区上升运动的发展和维持。700 百帕上,从地中海东部到北疆西北部有一支显著的西南急流,急流轴中心风速大于16米/秒,强大的低空急流把低纬度的暖湿空气不断输送到北疆。对流层高层的西北干冷空气和对流层中层的暖湿空气在伊犁和阿勒泰地区聚集,增加了暴雪区上空的斜压性和不稳定性,为暴雪的产生提供了有利的水汽条件和动力条件(图2-2-725,图2-2-726)。

地面图上,黑海冷高压沿西方路径逐渐东移,10日20时,冷高压中心移至巴尔喀什湖和北疆之间,冷空气逐渐开始影响北疆西部,北疆北部处在锋前暖区中,在阿勒泰地区产生暖区暴雪,随着冷锋的南下,给处于冷锋前部的伊犁地区带来暴雪天气(图2-2-727,图2-2-728)。

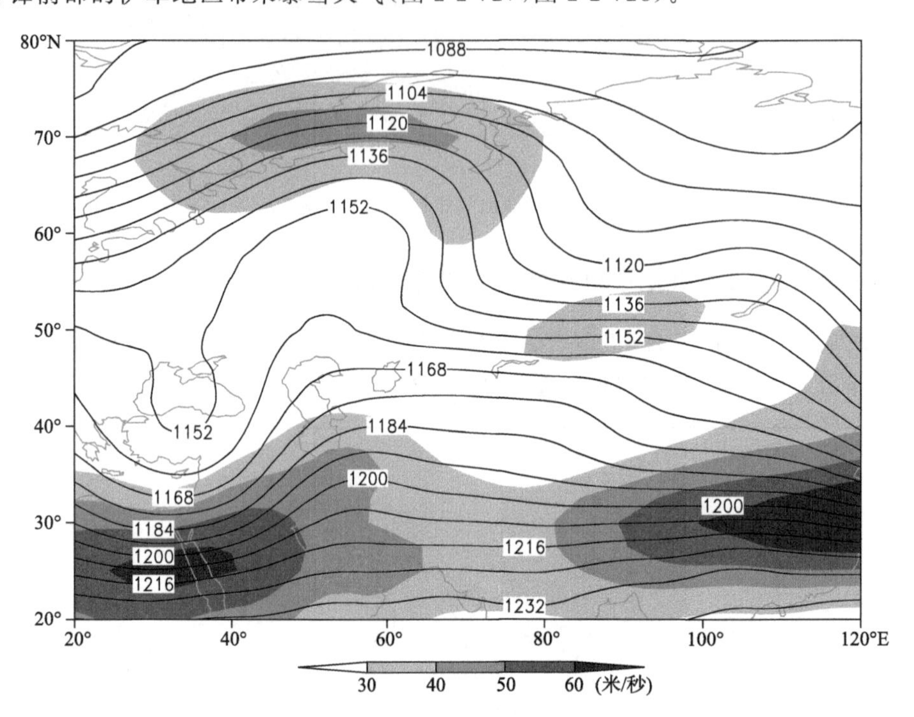

图2-2-723　2011年3月10日20时200百帕位势高度场(单位:位势什米),阴影表示风速大于30米/秒的急流区

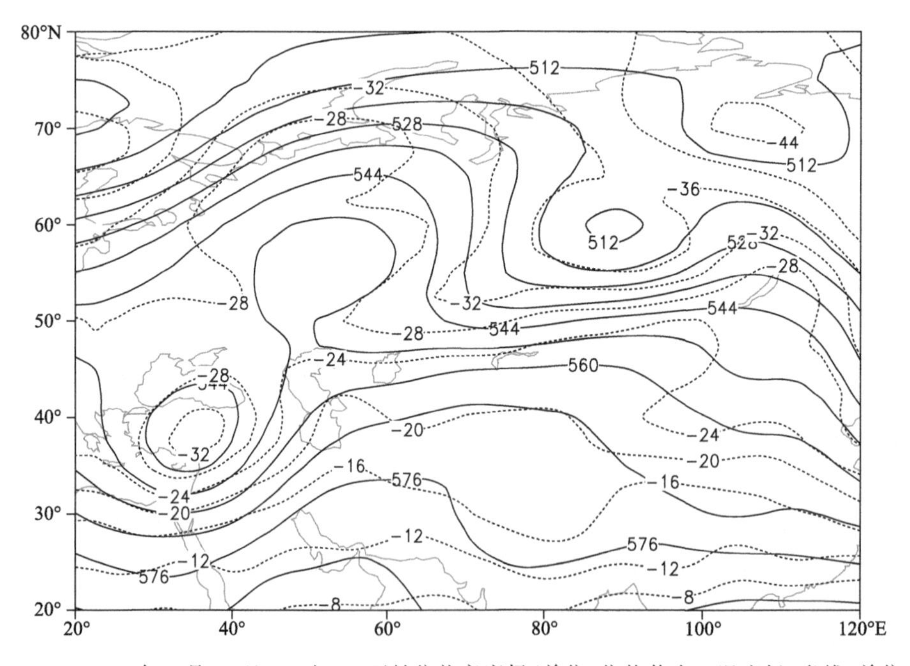

图2-2-724　2011年3月10日20时500百帕位势高度场(单位:位势什米),温度场(虚线,单位:℃)

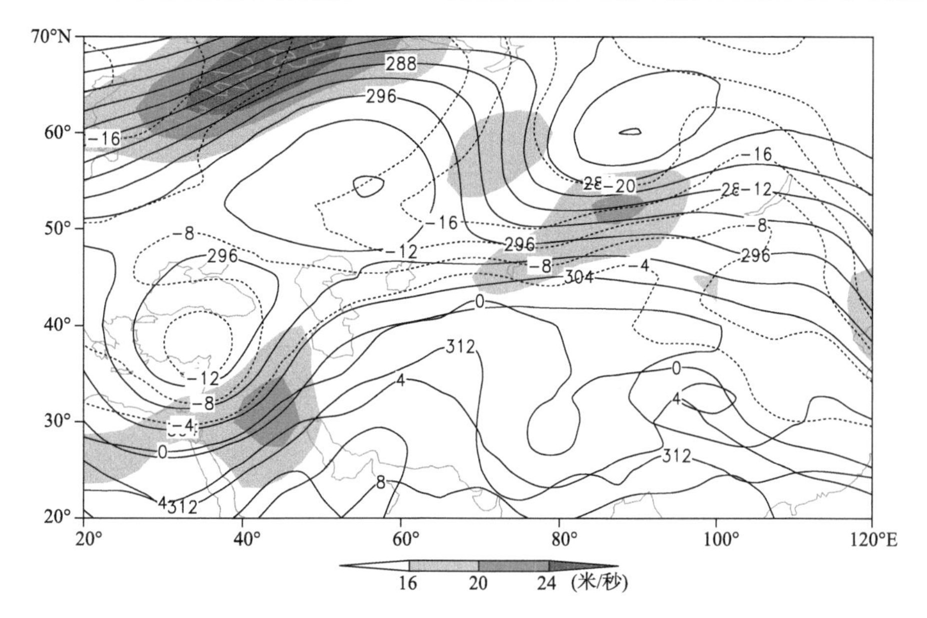

图 2-2-725　2011 年 3 月 10 日 20 时 700 百帕位势高度场(单位:位势什米)、温度场(单位:℃),阴影表示风速大于 16 米/秒的急流区

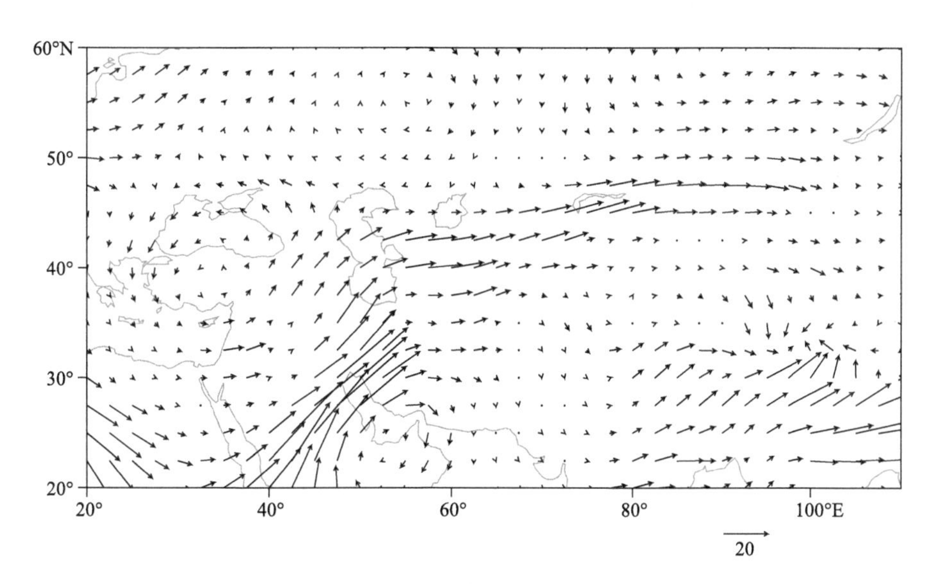

图 2-2-726　2011 年 3 月 10 日 20 时 700 百帕水汽通量场(单位:克/(厘米·百帕·秒))

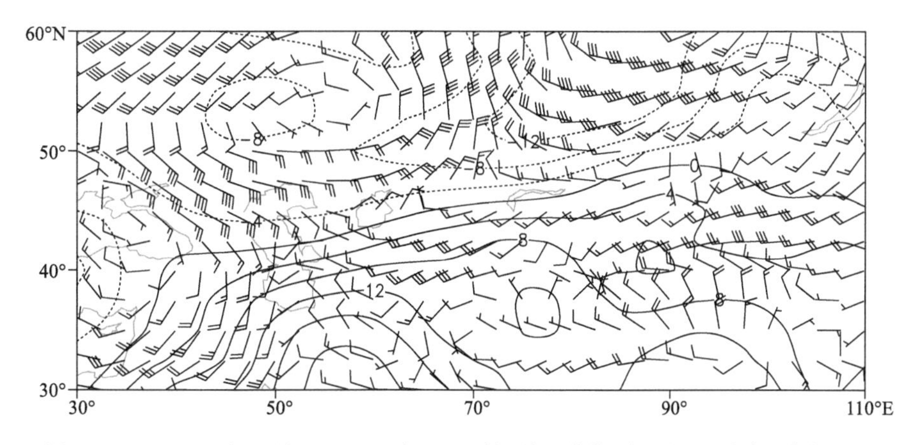

图 2-2-727　2011 年 3 月 10 日 20 时 850 百帕风场(单位:米/秒),温度场(单位:℃)

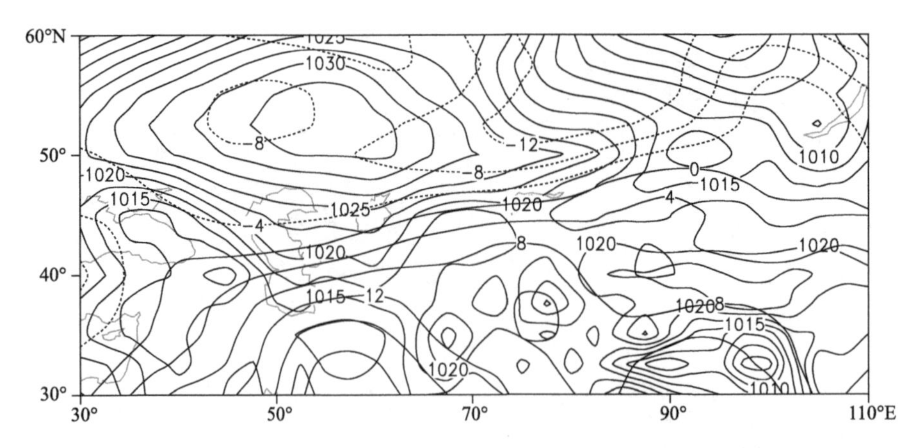

图 2-2-728　2011 年 3 月 10 日 20 时地面气压场(单位:百帕),850 百帕温度场(单位:℃)

2.2.105　伊犁哈萨克自治州、博尔塔拉蒙古自治州、塔城地区、乌鲁木齐市暴雪(2011-03-16)

【降雪实况】2011 年 3 月 16 日,伊犁哈萨克自治州伊宁县、伊宁市、霍城县,乌鲁木齐市、米东区,塔城地区乌苏市,博尔塔拉蒙古自治州博乐市出现暴雪天气,24 小时降雪量分别为 17.4 毫米、14.3 毫米、14.9 毫米、15.8 毫米、12.6 毫米、12.7 毫米、15.3 毫米(图 2-2-729)。

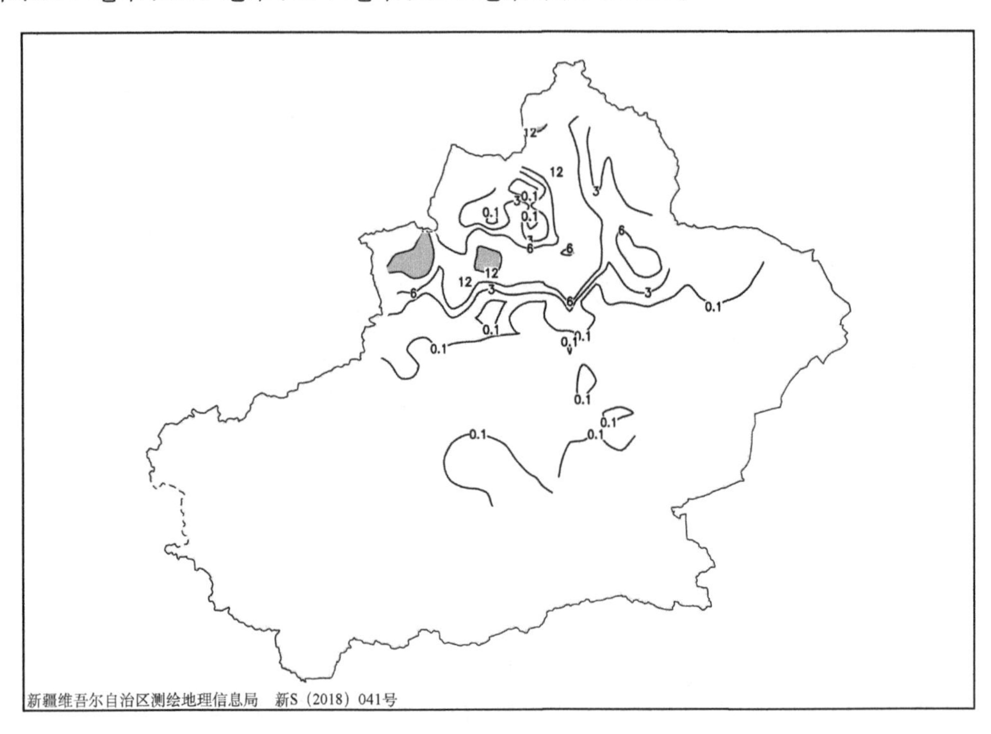

图 2-2-729　2011 年 3 月 15 日 20 时—16 日 20 时降雪量分布图(单位:毫米)

【天气形势】500 百帕环流场上,降雪过程前期欧亚范围内为两槽一脊的环流形势,环流经向度较大,即乌拉尔山和贝加尔湖东部为低槽活动区,西西伯利亚为高压脊区(图 2-2-731)。随着新地岛冷空气迅速南下,使得环流经向度不断加大,乌拉尔山低槽加深东移,在中亚地区与南支低槽同位相叠加,南北两支锋区在中亚地区汇合,造成北疆沿天山一带的暴雪天气。

200 百帕上,15 日 20 时,北疆受高空南支锋区上的西南急流控制,急流核在伊朗高原,中心风速大于 60 米/秒(图 2-2-730),16 日 08 时开始急流核逐渐南压,中高纬度上的高空槽开始影响北疆,急流方向由偏西方向转为西北方向,高空急流在高层起到了辐散抽吸作用,急流中心风速越大,辐散抽吸作用越强,暴雪发生时,北疆沿天山一带处于高空急流入口区右侧正涡度平流区,强烈的高层辐散抽吸作用有利于低层辐合上升运动的加剧。对流层中低层 700 百帕上,15 日 20 时,位于巴尔喀什湖附近的强锋区上，西南急流发展强盛(图2-2-732)，16日08时西伯利亚低压东移北收，北疆受中亚脊前西北急流控制，强盛的低空西南急流把中亚以南的暖湿空气不断输送到伊犁哈萨克自治州和博尔塔拉蒙古自治州，在急流前部的伊犁哈萨克自治州和博尔塔拉蒙古自治州产生明显的水汽辐合和强烈的上升运动。乌鲁木齐地处天山北坡，地势东南高、西北低，且从南到北为一谷口区，地形作用导致迎风坡气流辐合增强，有利于近地层空气的辐合抬升和降雪的持续。从700百帕水汽通量场上可以看出，造成此次北疆暴雪的水汽分为南北两个通道，其一是红海水汽经波斯湾向东北方向输送，其二是地中海西部水汽经黑海和里海北部向东输送，两支水汽在中亚汇聚后进入北疆，为北疆的暴雪天气提供了充沛的水汽(图2-2-733)。

地面图上，里海、黑海地面冷高压逐渐东移南压，16日08时，冷锋前沿压在伊犁哈萨克自治州、博尔塔拉蒙古自治州和塔城一线，在地面锋线附近产生暴雪，冷锋继续南移，受天山山脉阻挡，在天山迎风坡产生经向风场切变，地形强迫环流与锋面环流相互作用，使得锋面强度在迎风坡加强，在乌鲁木齐地区产生暴雪(图2-2-734，图2-2-735)。

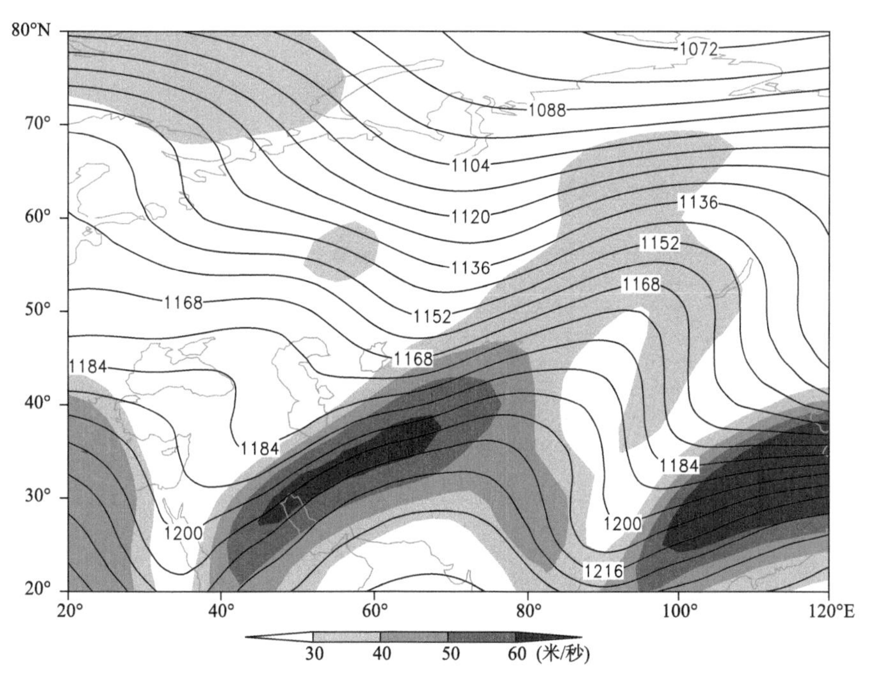

图2-2-730 2011年3月15日20时200百帕位势高度场(单位:位势什米)，阴影表示风速大于30米/秒的急流区

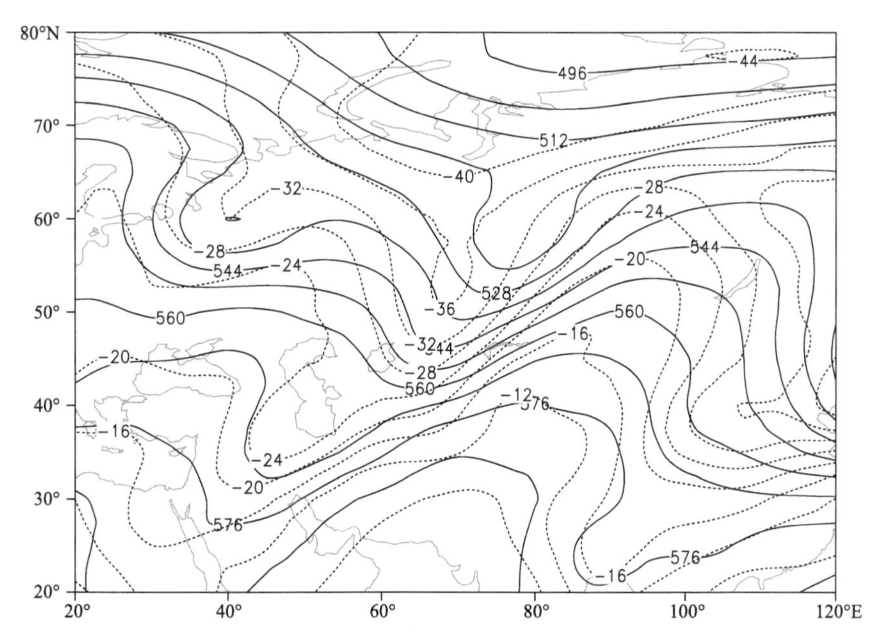

图2-2-731 2011年3月15日20时500百帕位势高度场(单位:位势什米)，温度场(虚线，单位:℃)

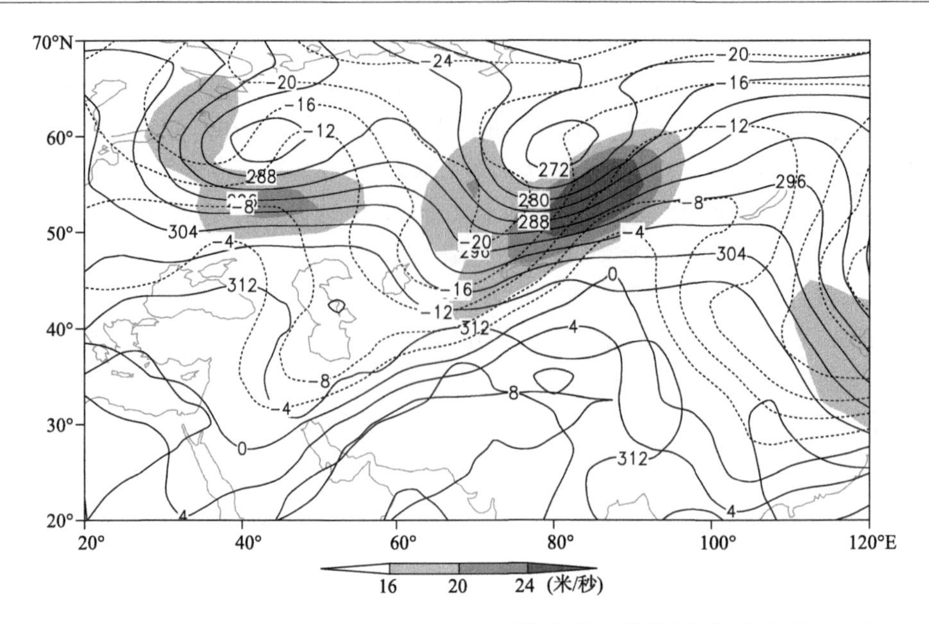

图 2-2-732　2011 年 3 月 15 日 20 时 700 百帕位势高度场(单位:位势什米)、温度场(单位:℃),阴影表示风速大于 16 米/秒的急流区

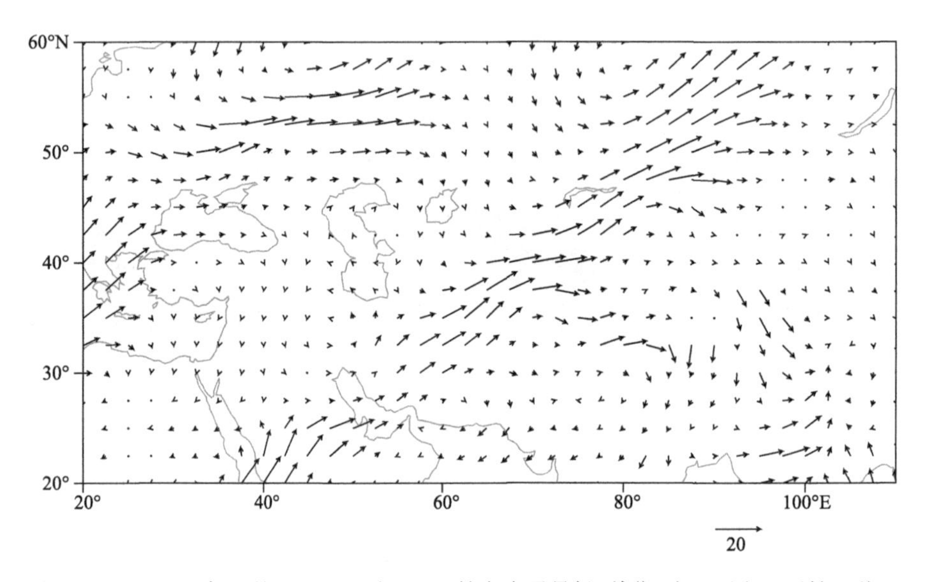

图 2-2-733　2011 年 3 月 15 日 20 时 700 百帕水汽通量场(单位:克/(厘米·百帕·秒))

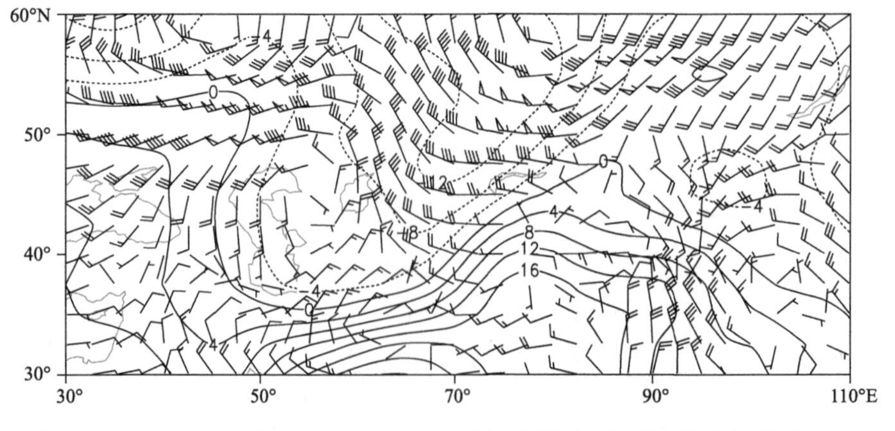

图 2-2-734　2011 年 3 月 15 日 20 时 850 百帕风场(单位:米/秒),温度场(单位:℃)

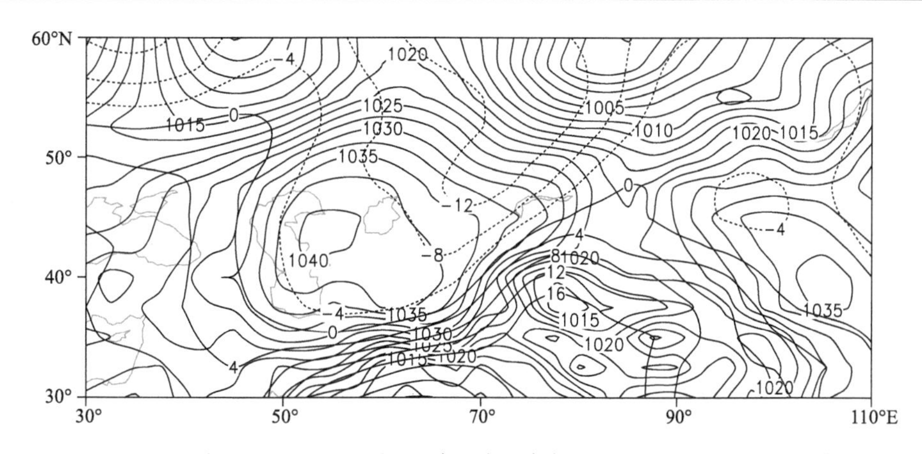

图 2-2-735　2011 年 3 月 15 日 20 时地面气压场(单位:百帕),850 百帕温度场(单位:℃)

2.2.106　伊犁哈萨克自治州暴雪(2011-11-15)

【降雪实况】2011 年 11 月 15 日,伊犁哈萨克自治州伊宁市、伊宁县、新源县出现暴雪,24 小时降雪量分别为 23.0 毫米、22.7 毫米、12.2 毫米(图 2-2-736)。

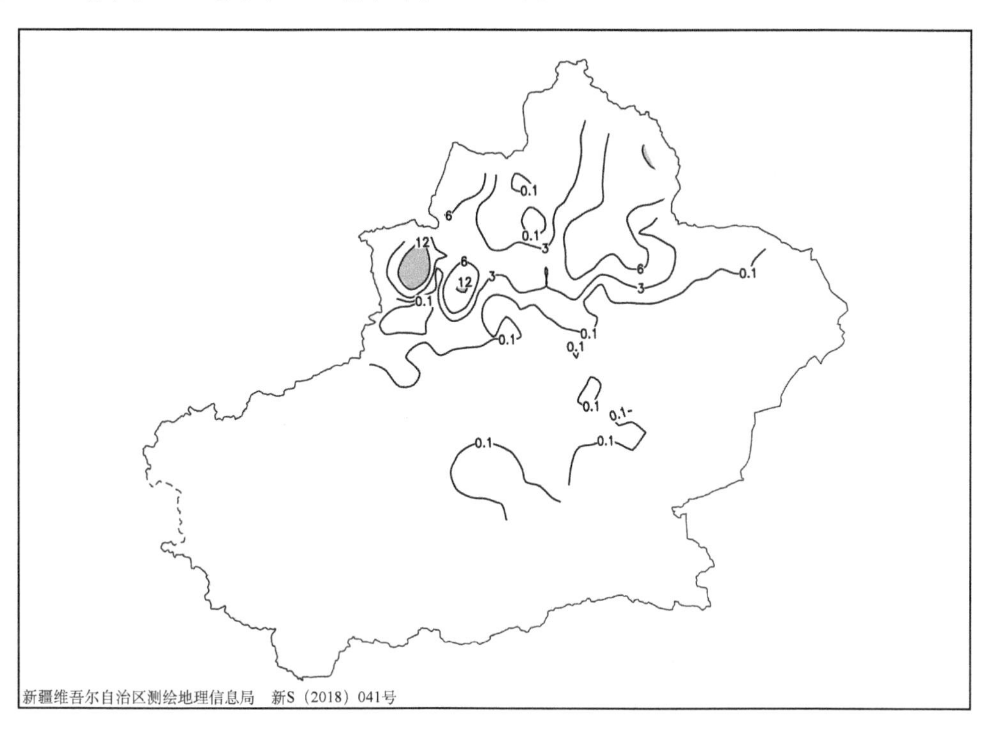

图 2-2-736　2011 年 11 月 14 日 20 时—15 日 20 时降雪量分布图(单位:毫米)

【天气形势】500 百帕环流场上,降雪开始前欧亚中高纬度有两个低值系统,一个位于乌拉尔山南部,并伴有−36℃的冷中心,一个位于地中海东部(图 2-2-738)。北欧高压脊向东北发展,泰梅尔半岛冷空气沿脊前东北风进入北部低涡,使低涡加强并逐渐东移,新疆受低涡底部冷平流控制,北部低涡气旋性旋转过程中部分南下与南部低涡合并,冷空气主体位于西西伯利亚,槽前西南气流控制伊犁地区,在伊犁产生暴雪。

200 百帕上,从阿拉伯半岛到伊犁地区有一支显著的西南急流,急流核中心风速大于 60 米/秒,急流核位于伊朗高原,急流核逐渐向东北方向移动,高层西南急流的建立有利于大尺度垂直上升运动的发展和维持,强降雪区位于高空急流入口区的右侧(图 2-2-737)。700 百帕上建立了一支西南急流,急流轴位置偏北,低空急流的存在有利于低层的水汽辐合和上升运动,高空西南急流和低空西南急流的持续耦合,使得整层大气的垂直上升运动增强,为暴雪天气提供了有利的动力条件(图 2-2-739)。从 700 百帕水汽通量场可以看出，造成此次暴雪的水汽为西南路径，波斯湾和阿拉伯海北部水汽向东北输送到巴尔喀什湖偏南地区，再由西风急流将水汽输送到伊犁地区，为暴雪提供了源源不断的水汽(图 2-2-740)。

地面图上，14 日 20 时，欧洲中部和蒙古地区为高压，低压中心位于西伯利亚，低压底部已经伸至中亚南部，北疆西部处于锋前暖区中，暴雪发生在蒙古高压后部、中亚南部低压前部的减压升温区域(图 2-2-741，图 2-2-742)。

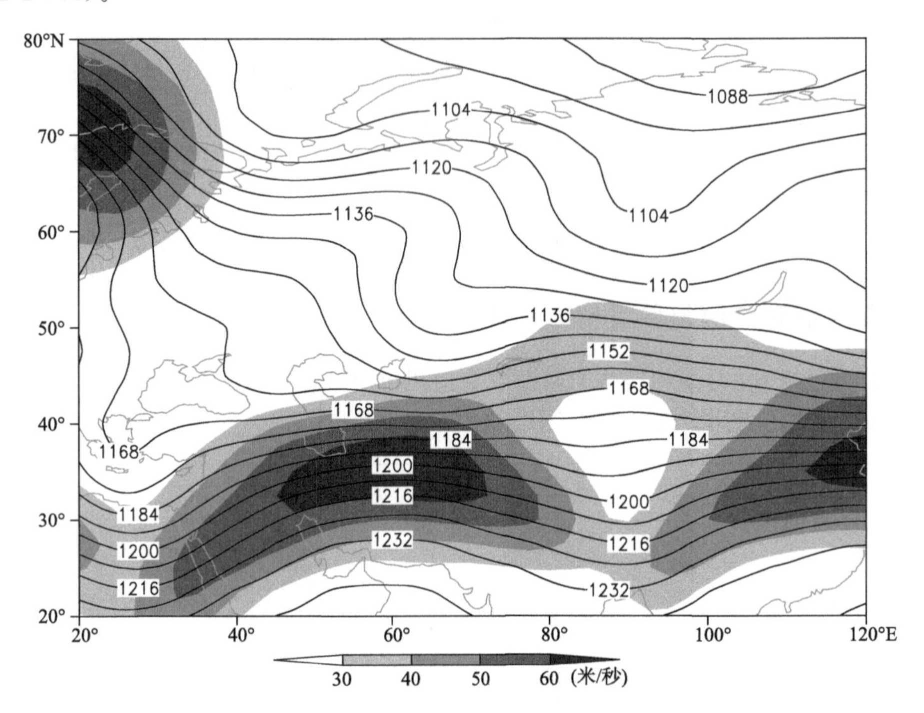

图 2-2-737　2011 年 11 月 14 日 20 时 200 百帕位势高度场(单位：位势什米)，阴影表示风速大于 30 米/秒的急流区

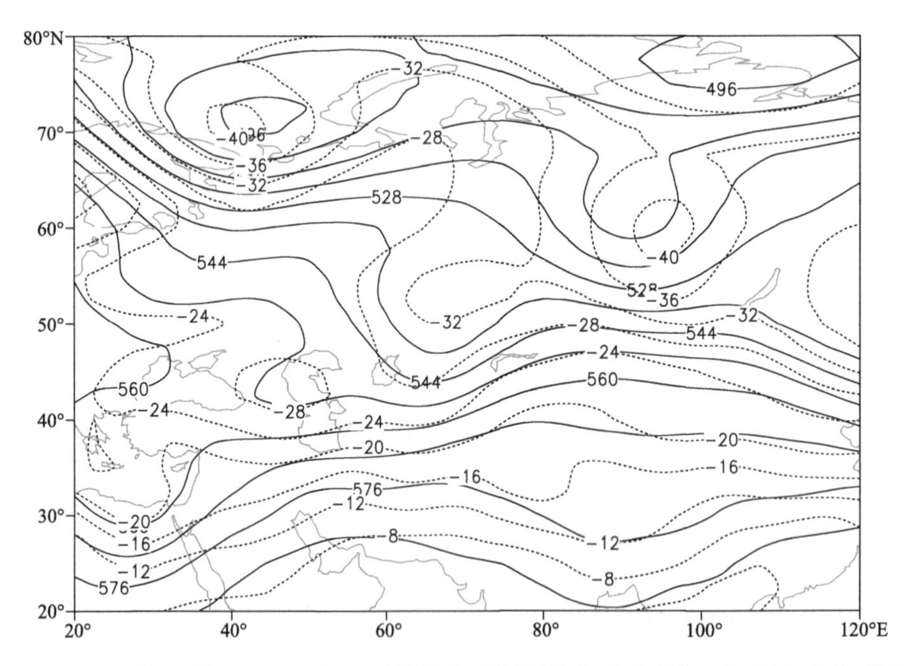

图 2-2-738　2011 年 11 月 14 日 20 时 500 百帕位势高度场(单位：位势什米)，温度场(虚线，单位：℃)

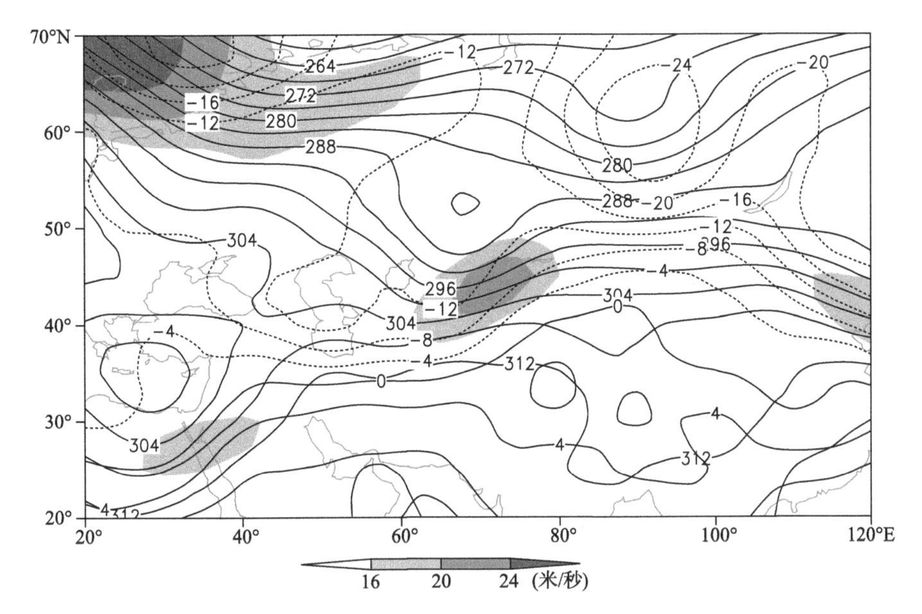

图 2-2-739　2011 年 11 月 14 日 20 时 700 百帕位势高度场(单位:位势什米)、温度场(单位:℃),阴影表示风速大于 16 米/秒的急流区

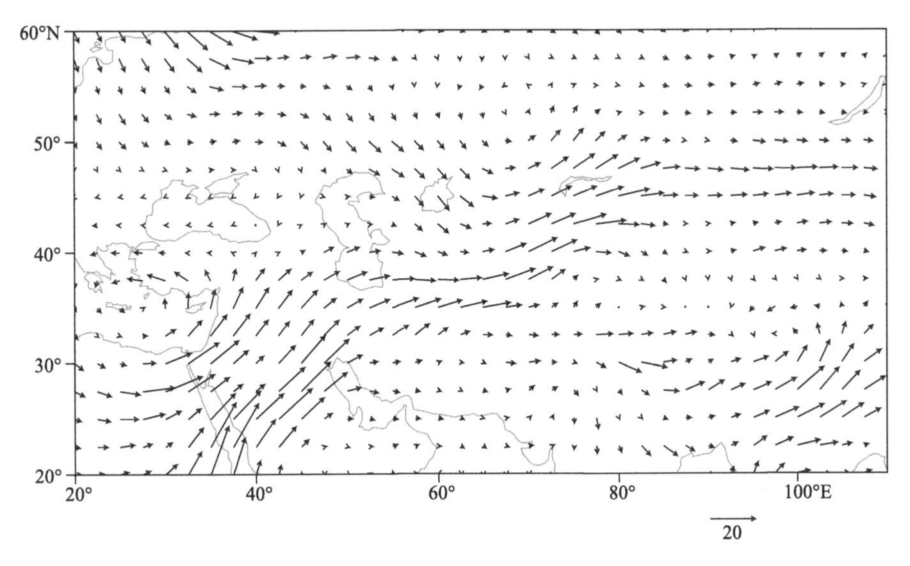

图 2-2-740　2011 年 11 月 14 日 20 时 700 百帕水汽通量场(单位:克/(厘米·百帕·秒))

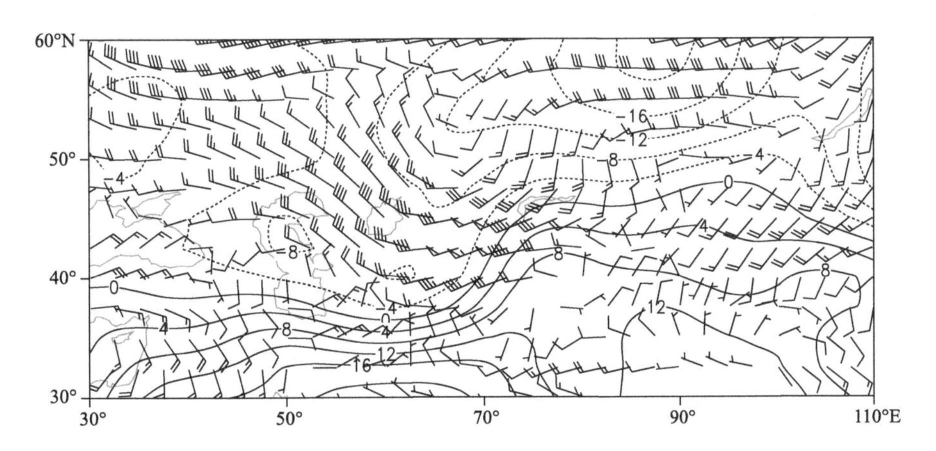

图 2-2-741　2011 年 11 月 14 日 20 时 850 百帕风场(单位:米/秒),温度场(单位:℃)

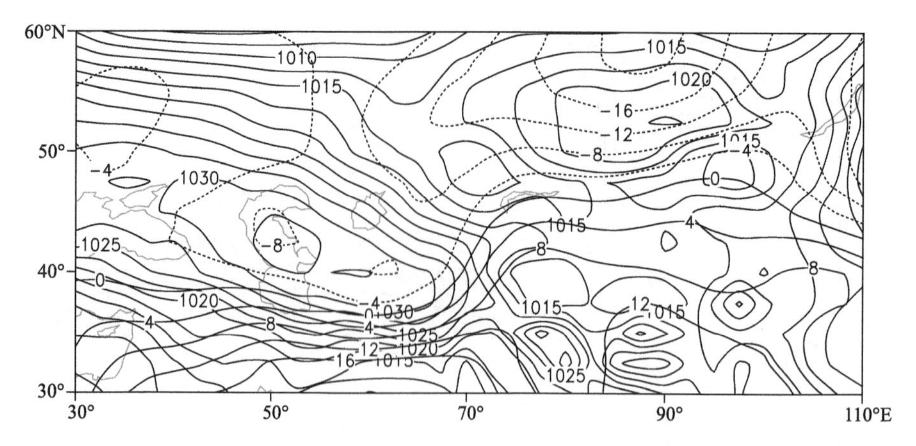

图 2-2-742　2011 年 11 月 14 日 20 时地面气压场(单位:百帕),850 百帕温度场(单位:℃)

2.2.107　喀什地区、克孜勒苏柯尔克孜自治州暴雪(2011-12-06)

【降雪实况】2011 年 12 月 6 日,喀什地区喀什市、英吉沙县,克孜勒苏柯尔克孜自治州乌恰县、阿克陶县、阿图什市出现暴雪,24 小时降雪量分别为 15.8 毫米、14.1 毫米、14.0 毫米、16.7 毫米、19.6 毫米(图 2-2-743)。

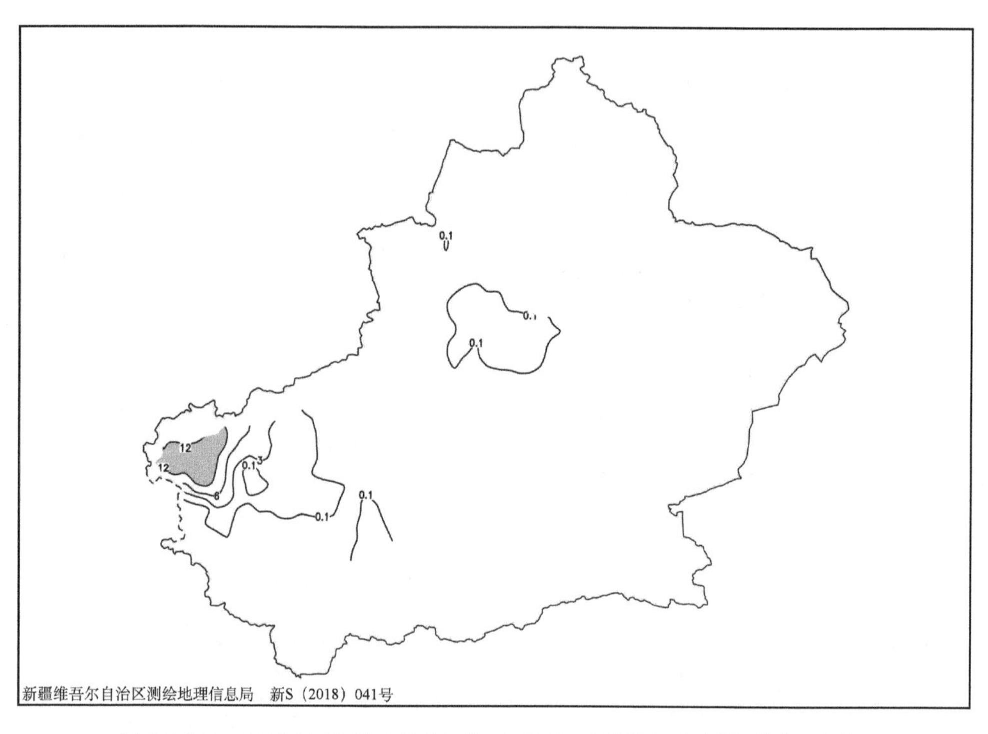

图 2-2-743　2011 年 12 月 5 日 20 时—6 日 20 时降雪量分布图(单位:毫米)

【天气形势】500 百帕环流场上,降雪开始前欧亚中高纬度为两槽一脊的环流形势,即欧洲西部和西伯利亚为低槽,乌拉尔山地区为高压脊区。南支系统上里海南部的低涡不断分裂短波槽东移北上,与西伯利亚低槽在中亚西部同位相叠加(图 2-2-745)。5 日 08 时,乌拉尔山高压脊受极地冷空气冲刷部分垮台,脊前强冷空气南下补充到低压槽中,低压槽加强并东移南压,而后分裂为南北两支,北支锋区上的低槽移动较快,5 日 20 时,移至北疆东侧沿天山一线,南部低槽位于中亚至南疆西部一带。此时北支槽的存在对低层偏东急流的建立和稳定维持十分有利,对南疆西部降水的维持起着至关重要的作用。

200 百帕上从北非大陆到南疆有一支显著的西南急流,急流核位于伊朗高原,急流核最大中心风速大于 60 米/秒,克孜勒苏柯尔克孜自治州和喀什地区位于急流核入口区的右侧,高空的强辐散对暴雪的形成极为有利(图 2-2-744)。对流层中低层如果没有偏东风的存在,冷空气翻越高原后会向盆地下滑而不能出现强降水，所以低空偏东气流起到垫高的作用，有利于低层空气的辐合上升运动及水汽的辐合(图 2-2-746)。700 百帕水汽通量场上，源自地中海上的水汽和偏东气流携带的水汽在南疆盆地西部聚集并辐合，为喀什和克孜勒苏柯尔克孜自治州暴雪的产生和维持提供了充足的水汽(图 2-2-747)。

地面图上，强降雪发生前高空冷空气东移南下，从西伯利亚至巴尔喀什湖有条冷锋东移南压，5 日 08 时冷锋已经移至北疆沿天山一带，由于受天山的阻挡，冷空气不断在北疆堆积，5 日 20 时冷空气翻越天山进入东疆，之后冷空气从塔里木盆地东口向南疆西部输送，形成“东灌”，东灌进来的冷空气和南部低槽携带的暖湿空气在南疆西部交汇，为暴雪产生提供了充足的水汽和不稳定能量(图 2-2-748，图 2-2-749)。

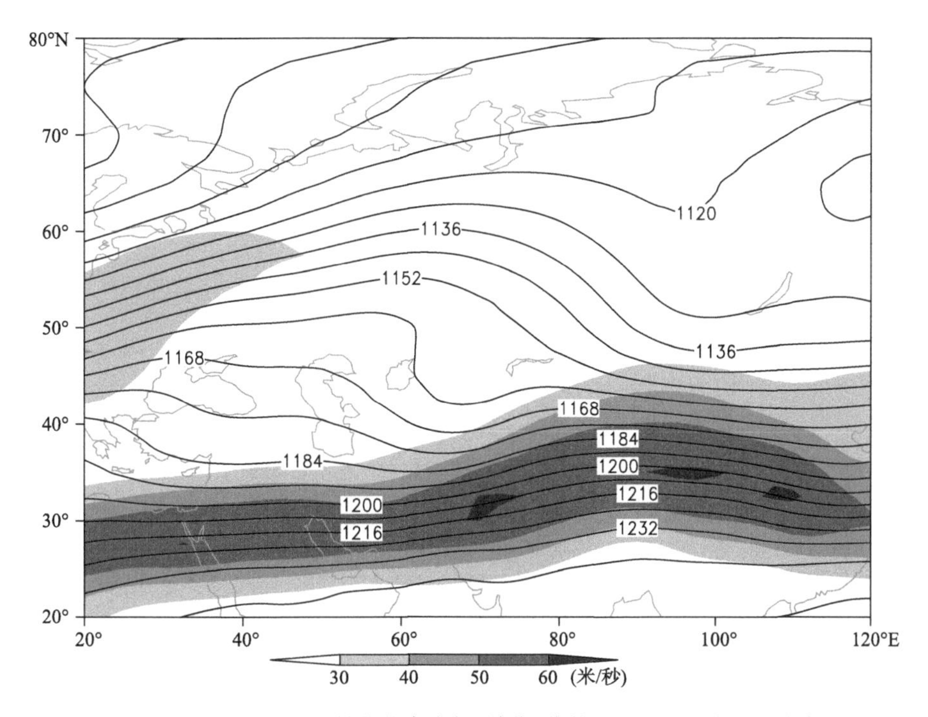

图 2-2-744　2011 年 12 月 5 日 20 时 200 百帕位势高度场(单位：位势什米)，阴影表示风速大于 30 米/秒的急流区

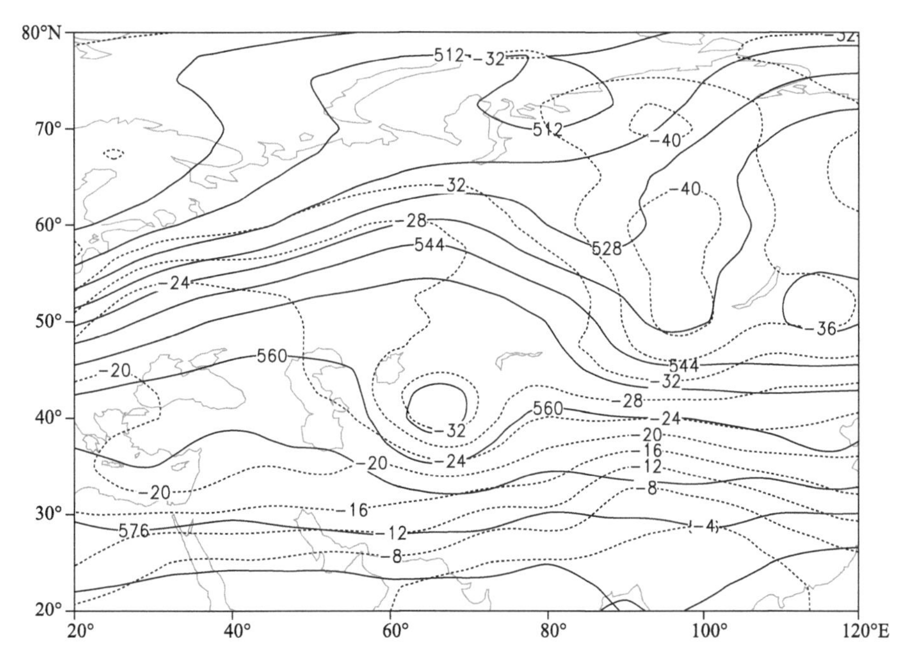

图 2-2-745　2011 年 12 月 5 日 20 时 500 百帕位势高度场(单位：位势什米)，温度场(虚线，单位：℃)

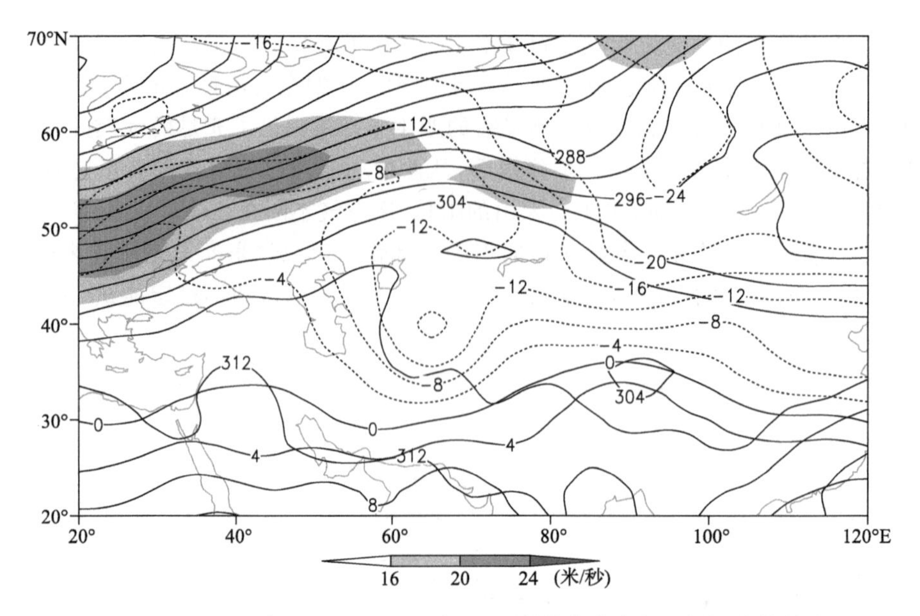

图 2-2-746　2011 年 12 月 5 日 20 时 700 百帕位势高度场(单位:位势什米)、温度场(单位:℃),阴影表示风速大于 16 米/秒的急流区

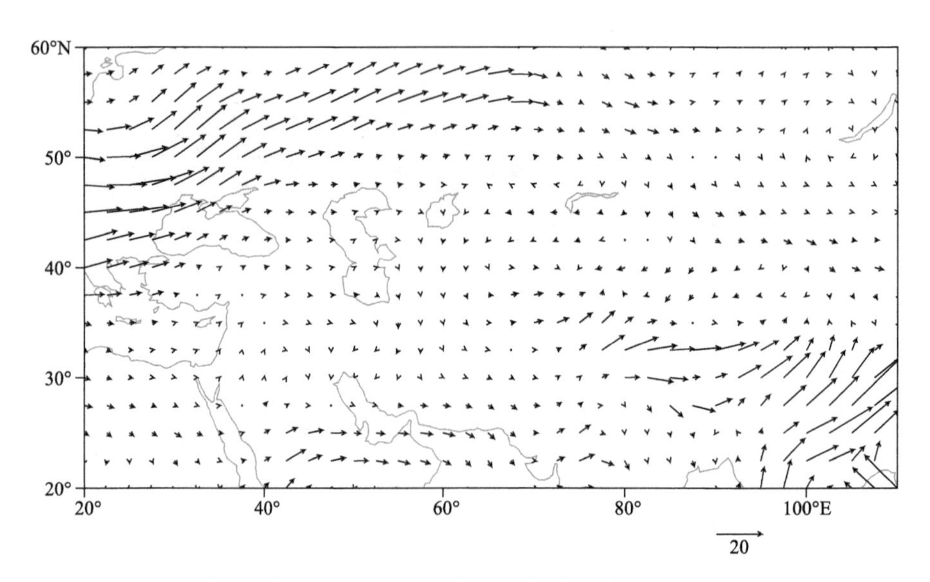

图 2-2-747　2011 年 12 月 5 日 20 时 700 百帕水汽通量场(单位:克/(厘米·百帕·秒))

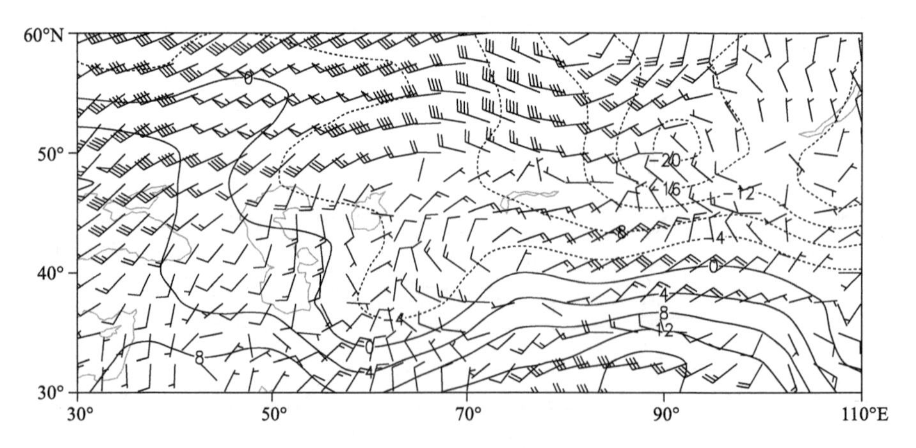

图 2-2-748　2011 年 12 月 5 日 20 时 850 百帕风场(单位:米/秒),温度场(单位:℃)

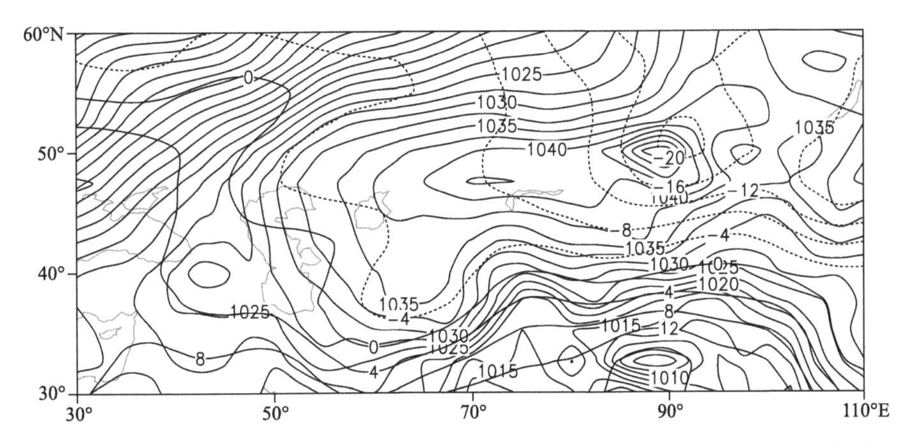

图 2-2-749　2011 年 12 月 5 日 20 时地面气压场(单位:百帕),850 百帕温度场(单位:℃)

2.2.108　石河子市、塔城地区暴雪(2012-11-08)

【降雪实况】2012 年 11 月 8 日,石河子市和乌兰乌苏镇出现暴雪天气,24 小时降雪量分别为 20.7 毫米、20.7 毫米。塔城地区沙湾县出现大暴雪,24 小时降雪量 24.3 毫米(图 2-2-750)。

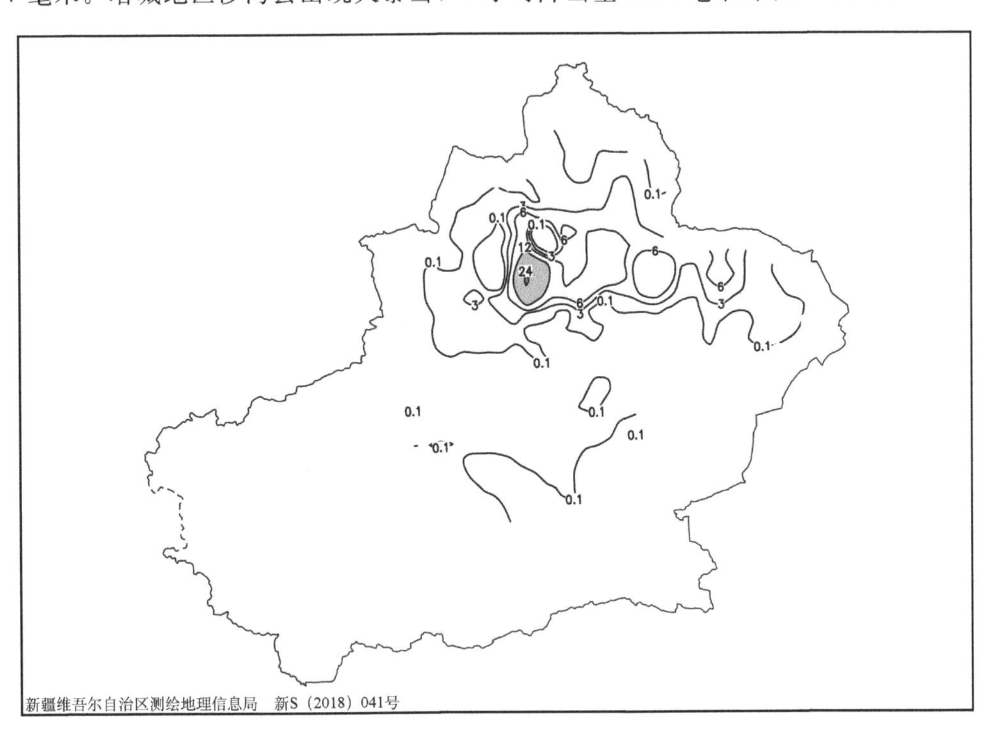

图 2-2-750　2012 年 11 月 7 日 20 时—8 日 20 时降雪量分布图(单位:毫米)

【天气形势】500 百帕环流场上,6 日 08 时,欧亚中高纬度为两槽一脊的环流形势,即欧洲、西伯利亚地区分别为低槽,高压脊区位于乌拉尔山,高压脊顶向东北方向伸至 110°E 附近,新疆为西北气流控制,西伯利亚低槽底部锋区位于巴尔喀什湖,呈西北—东南向(图 2-2-752)。由于欧洲低槽斜压不稳定发展,位于低槽前部的乌拉尔脊不断东移减弱。6 日 20 时开始高纬度冷空气沿脊前东北风带进入西伯利亚低槽中,7 日 08 时,低槽加深呈涡,冷中心与低涡中心基本重合,20 时,低涡南移,北疆沿天山一带处于强冷锋前部,从而造成石河子市和塔城地区的暴雪天气。

7 日 20 时,200 百帕上低涡底部锋区上存在一支风速大于 40 米/秒的西北急流,急流缓慢南压,塔城、石河子位于高空急流核的入口区,高空的辐散有利于暴雪区上升运动的发展和维持(图 2-2-751)。700 百帕上从哈萨克丘陵到塔城地区同样有一支西北急流。高、低空两支急流持续耦合发展,为暴雪的产生提供了有利的动力条件(图 2-2-753)。从 700 百帕水汽通量场可以看出,这次暴雪过程的水汽主要是由西西伯利亚低涡携带的干冷空气和巴尔喀什湖西部的水汽从西北向东南向东输送至北疆沿天山一带，并在石河子地区产生辐合，为暴雪提供了充沛的水汽条件(图 2-2-754)。

地面图上，位于新疆北部的强大低压在北疆产生气旋性冷锋，塔城和石河子处于强锋区带上，进而产生强降雪(图 2-2-755，图 2-2-756)。

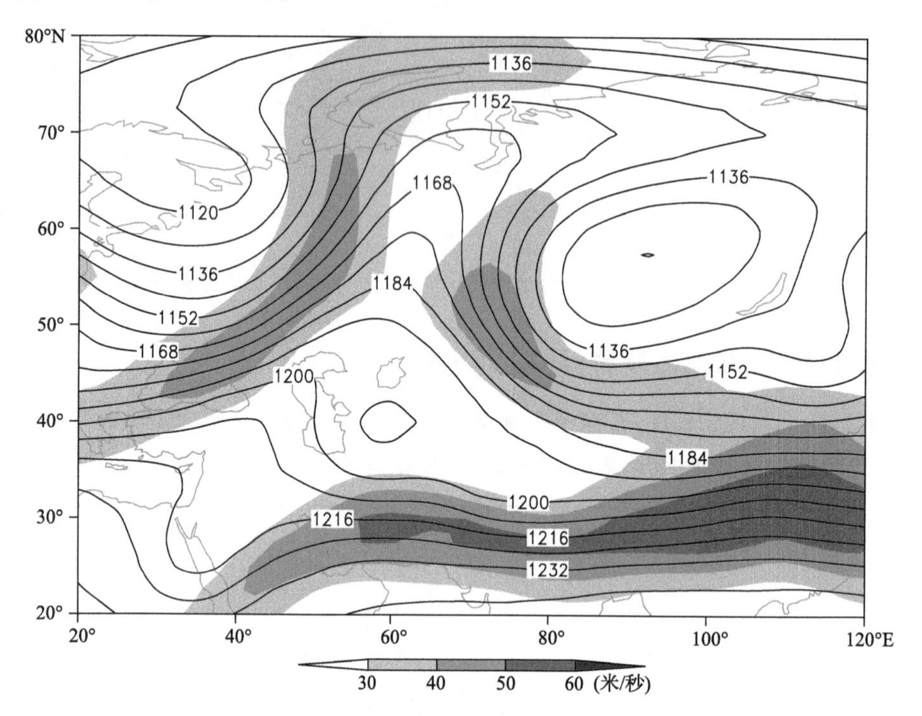

图 2-2-751　2012 年 11 月 7 日 20 时 200 百帕位势高度场(单位：位势什米)，阴影表示风速大于 30 米/秒的急流区

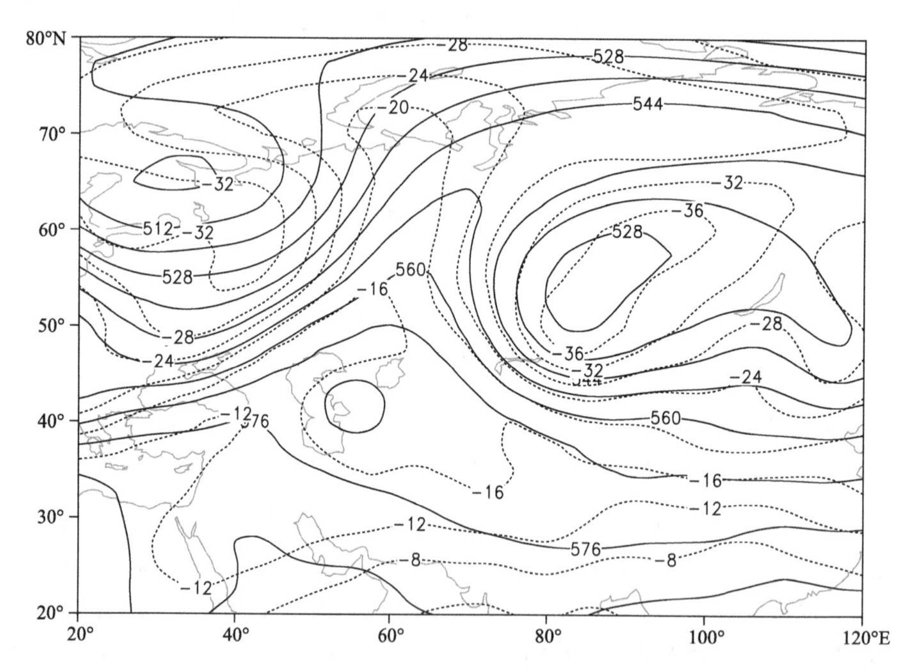

图 2-2-752　2012 年 11 月 7 日 20 时 500 百帕位势高度场(单位：位势什米)，温度场(虚线，单位：℃)

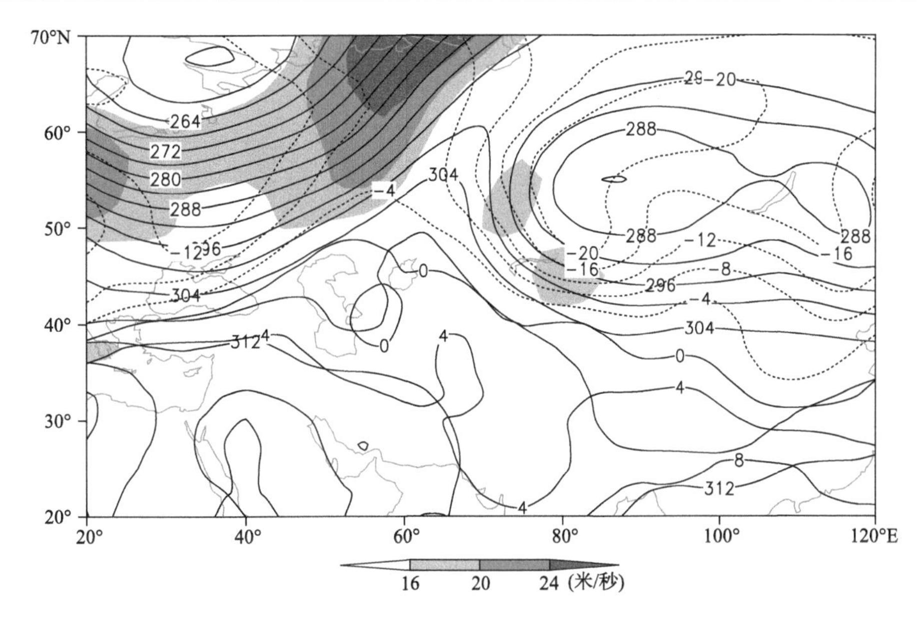

图2-2-753 2012年11月7日20时700百帕位势高度场(单位:位势什米)、温度场(单位:℃),阴影表示风速大于16米/秒的急流区

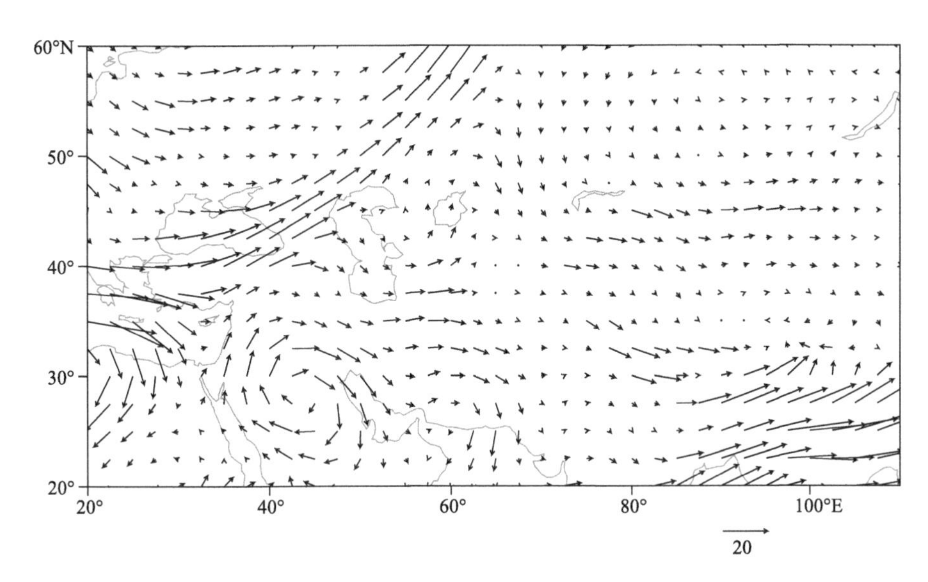

图2-2-754 2012年11月7日20时700百帕水汽通量场(单位:克/(厘米·百帕·秒))

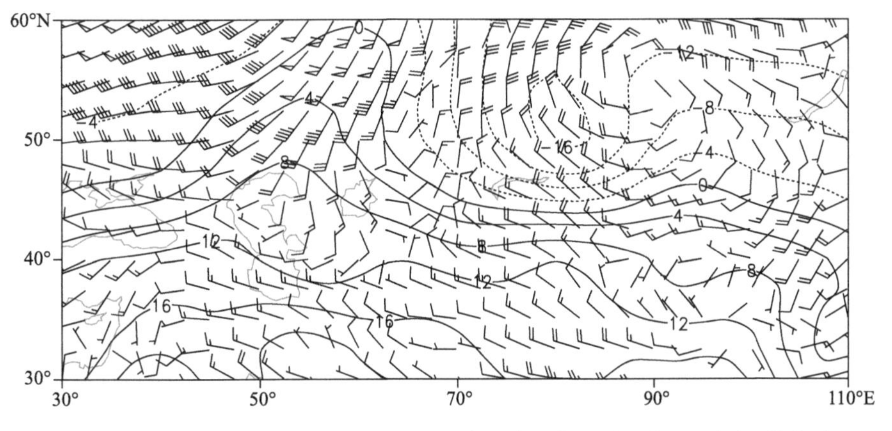

图2-2-755 2012年11月7日20时850百帕风场(单位:米/秒),温度场(单位:℃)

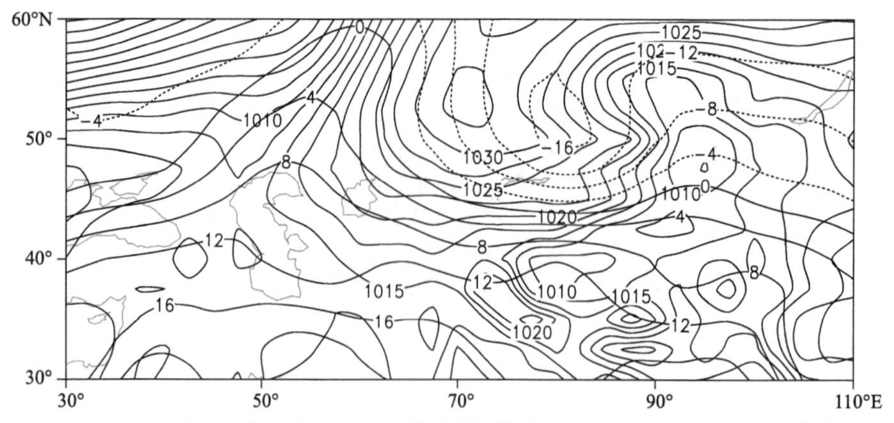

图 2-2-756　2012 年 11 月 7 日 20 时地面气压场(单位:百帕),850 百帕温度场(单位:℃)

2.2.109　伊犁哈萨克自治州、乌鲁木齐市暴雪(2012-11-30)

【降雪实况】2012 年 11 月 30 日—12 月 1 日,伊犁哈萨克自治州和乌鲁木齐市相继出现暴雪天气。30 日,伊犁哈萨克自治州特克斯县和乌鲁木齐牧试站 24 小时降雪量分别为 13.7 毫米、12.2 毫米。12 月 1 日,伊犁哈萨克自治州察布查尔锡伯自治县、伊宁市、尼勒克县、伊宁县 24 小时降雪量分别为 19.2 毫米、20.8 毫米、20.0 毫米、23.5 毫米(图 2-2-757)。

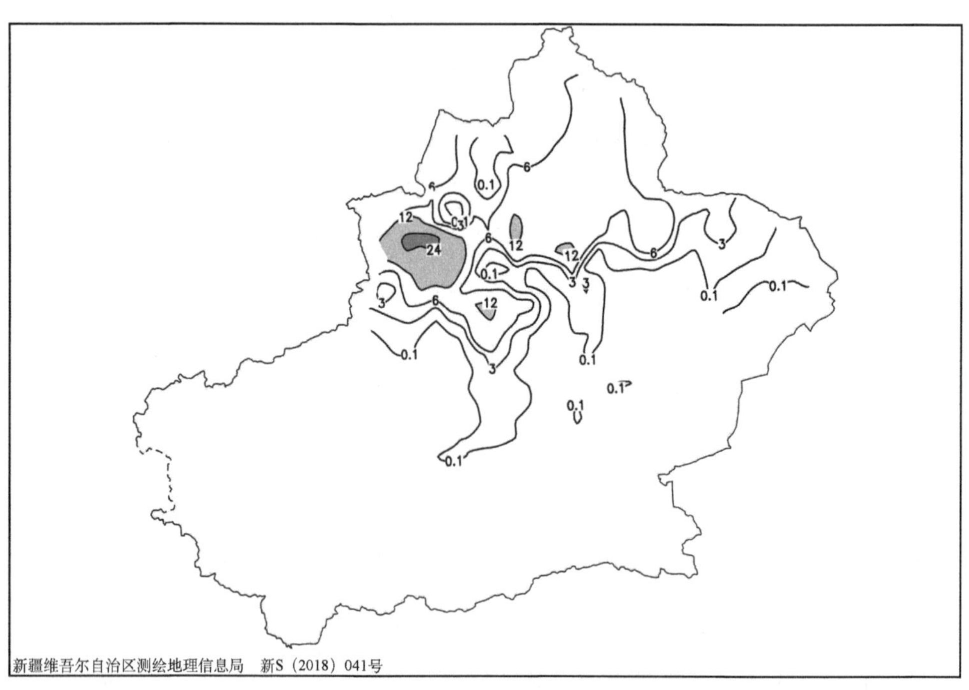

新疆维吾尔自治区测绘地理信息局　新S(2018)041号

图 2-2-757　2012 年 11 月 29 日 20 时—12 月 1 日 20 时降雪量分布图(单位:毫米)

【天气形势】500 百帕环流场上,降雪开始前欧亚中高纬为两槽两脊的经向环流,欧洲东部发展东移至黑海的高压脊较中亚至西西伯利亚的高压脊偏强,里海、咸海地区和西伯利亚中东部为低值区(图 2-2-759)。黑海高压脊在缓慢东移的过程中,脊顶向北发展,脊前偏北气流加强,引导冷空气南下进入低槽,低槽在里海、咸海地区加深。29 日 20 时,里海、咸海低槽移至咸海与巴尔喀什湖之间,并伴有一36℃的冷中心,槽前西南气流影响新疆西部,伊犁河谷地区出现明显降雪。30 日,西伯利亚低涡主体西退南掉,极锋锋区强烈发展、南压,与里海、黑海脊前西北气流在巴尔喀什湖附近汇合后影响新疆西北部,随着西伯利亚低涡的缓慢西退,冷空气不断补充南下,锋区明显加强,产生第二波暴雪,对应着强降雪时段锋区位置略偏北,北部降雪强于南部。

对流层高层 200 百帕上,29 日 20 时—30 日 08 时,北疆受高空槽前西南急流控制,高空槽东移,北疆开始受高压脊前持续的西北急流控制(图 2-2-758)。暴雪区位于高空急流入口区右侧正涡度平流区,高层辐散抽吸作用使低层辐合更强，从而使中、低空整层出现强上升运动。700 百帕上，低空急流和高空急流方向有较好的一致性，而且，整个暴雪天气过程低空急流的强度较大，急流轴平均风速大于 16 米/秒(图 2-2-760)。伊犁河谷是典型向西开口的“喇叭口”地形，低空偏西急流把中亚地区的暖湿空气不断输送至河谷地区，河谷地区产生明显的水汽辐合和强烈的上升运动。急流轴沿天山北坡逐渐东移，乌鲁木齐受三面环山的地形影响，在降雪过程中处于迎风坡气流辐合，有利于近地层空气的辐合抬升，对降雪产生明显的增强作用。高、低空急流促使高层辐散、低层辐合的耦合形势建立，有利于产生垂直上升气流。暴雪发生在高层辐散、低层辐合的垂直上升气流区。30 日，低空 850 百帕上北疆西部的偏西风与乌鲁木齐东部的东南风在伊犁到乌鲁木齐一线形成西风和东南风的风向切变辐合区。700 百帕水汽通量场上，29 日 20 时，源自地中海上的水汽向东北方向输送至 50°N 附近，在中纬度西风气流引导

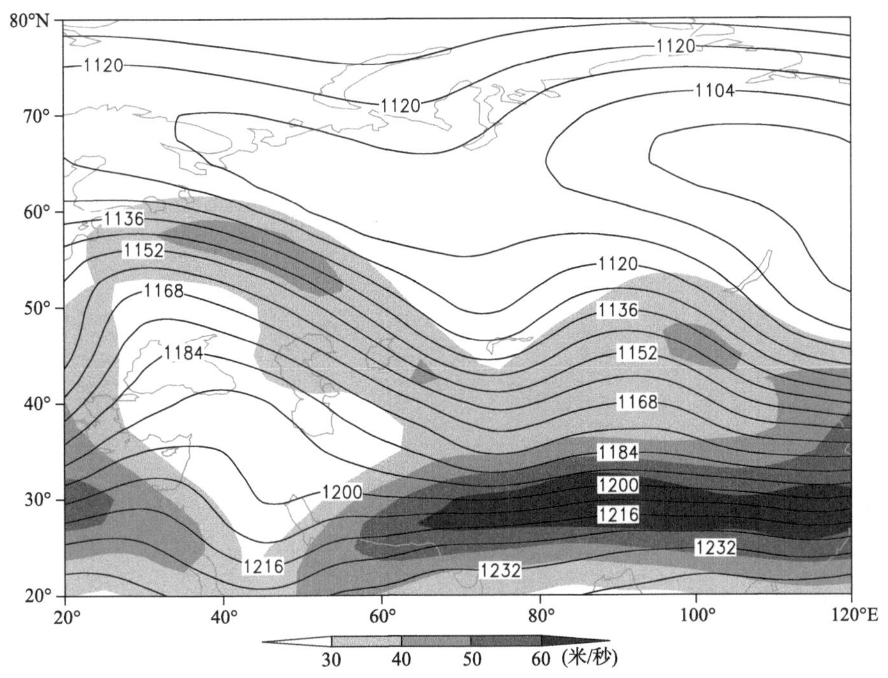

图 2-2-758　2012 年 11 月 29 日 20 时 200 百帕位势高度场(单位：位势什米)，阴影表示风速大于 30 米/秒的急流区

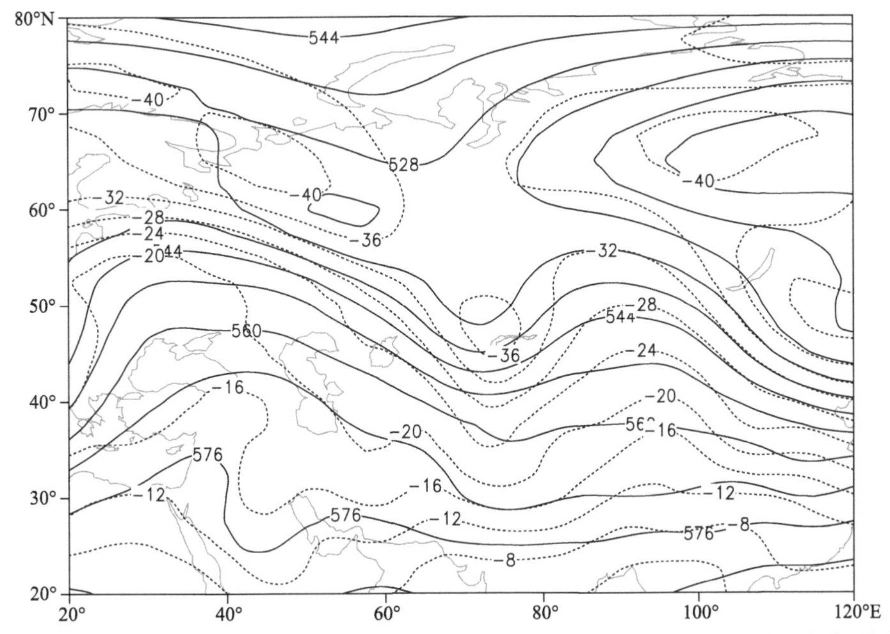

图 2-2-759　2012 年 11 月 29 日 20 时 500 百帕位势高度场(单位：位势什米)，温度场(虚线，单位：℃)

下输送至咸海北部,然后沿低空偏西急流输送到北疆暴雪区,为北疆沿天山一带暴雪的持续提供了充沛的水汽。30 日 20 时开始,地中海上的水汽通量大值带增强并逐渐东移,中亚地区的水汽通量大值带相应南压,为伊犁河谷地区的暴雪提供了源源不断的水汽供应(图 2-2-761)。

地面图上,29 日 20 时,冷高压中心移至伊朗高原,中心强度达 1040 百帕(图 2-2-762,图 2-2-763)。30 日 08 时,冷高压中心沿西南路径移至新疆西部,中心强度增至 1042.5 百帕,中尺度冷锋压在伊犁河谷地区,首先在伊犁地区产生暴雪。12 月 1 日 08 时,冷高压中心分别位于西西伯利亚和蒙古,中亚地区为低压,北疆为负变压控制,蒙古高压和中亚低压减弱,北疆处于锋前暖区中,可见,1 日伊犁地区的降雪是发生在蒙古高压后部、中亚低压前部的减压、升温区域内的暖区暴雪。

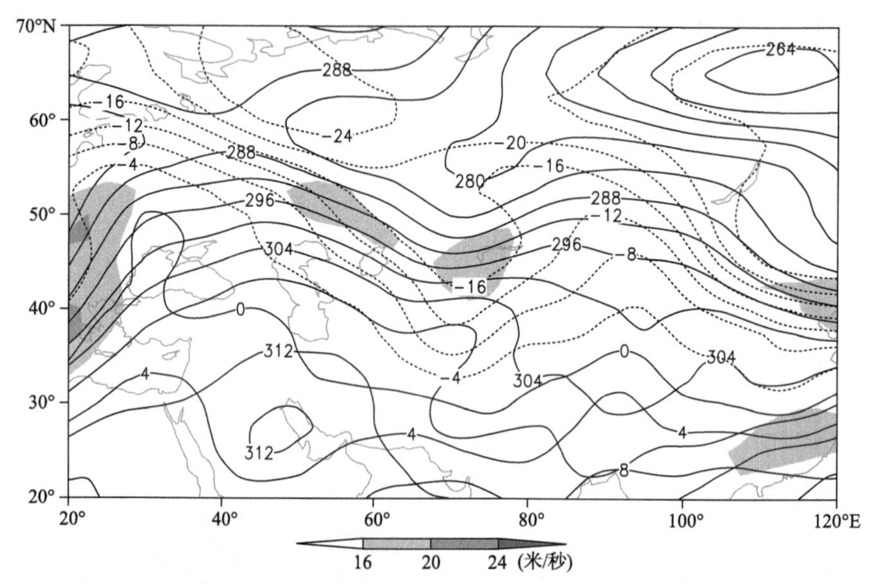

图 2-2-760　2012 年 11 月 29 日 20 时 700 百帕位势高度场(单位:位势什米)、温度场(单位:℃),阴影表示风速大于 16 米/秒的急流区

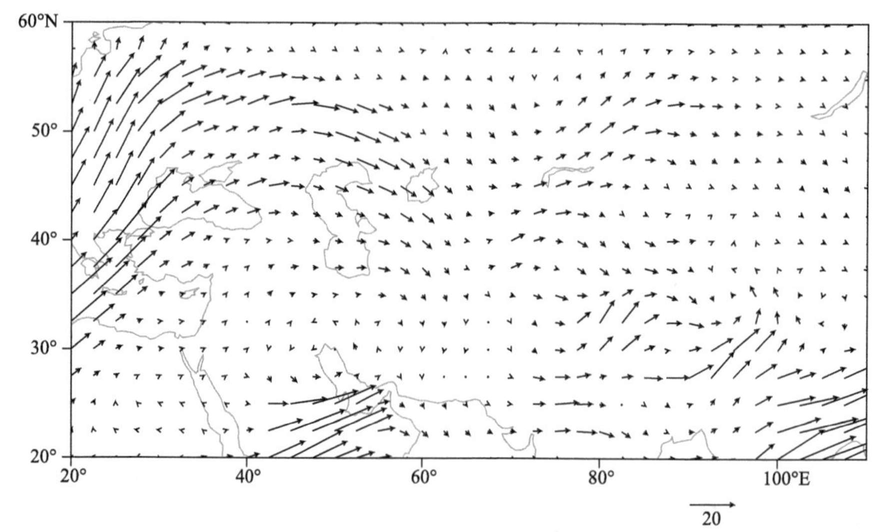

图 2-2-761　2012 年 11 月 29 日 20 时 700 百帕水汽通量场(单位:克/(厘米·百帕·秒))

2.2.110　昌吉回族自治州、乌鲁木齐市暴雪(2013-11-21)

【降雪实况】2013 年 11 月 21 日,昌吉回族自治州天池,乌鲁木齐市、小渠子站、牧试站出现暴雪,24 小时降雪量分别为 13.3 毫米、20.4 毫米、16.7 毫米、18.3 毫米(图 2-2-764)。

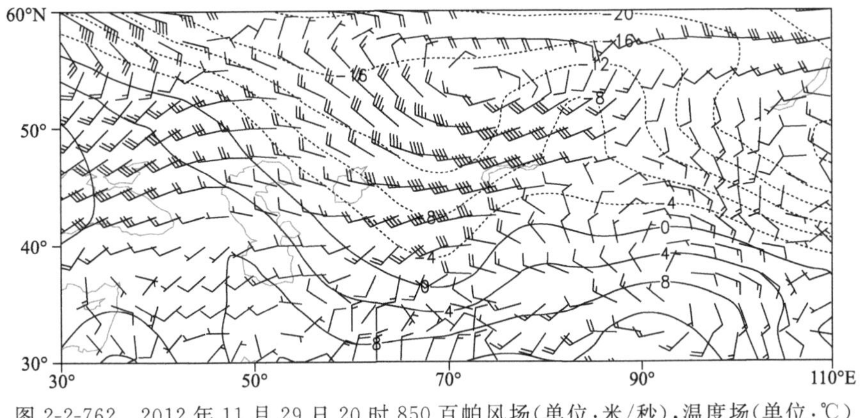

图 2-2-762　2012 年 11 月 29 日 20 时 850 百帕风场(单位:米/秒),温度场(单位:℃)

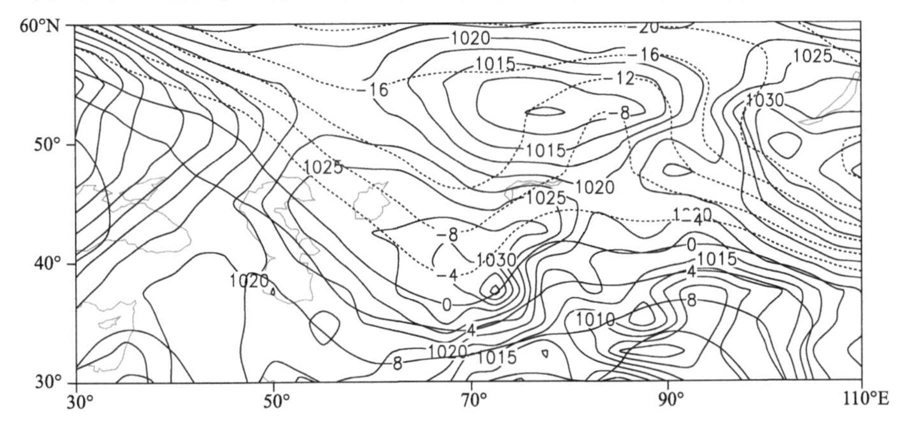

图 2-2-763　2012 年 11 月 29 日 20 时地面气压场(单位:百帕),850 百帕温度场(单位:℃)

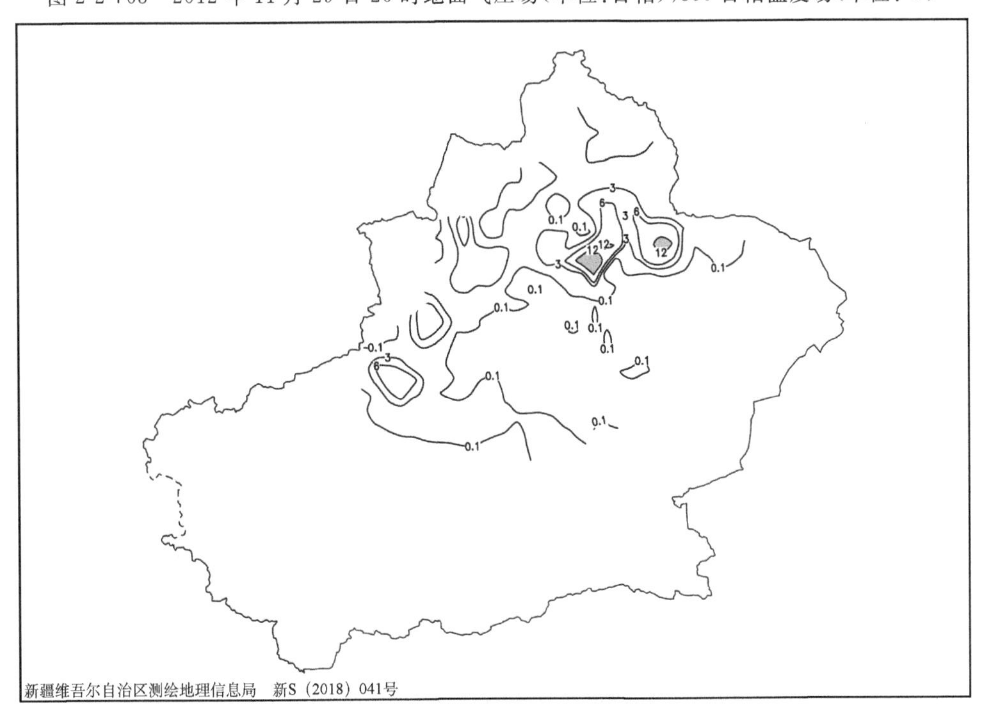

图 2-2-764　2013 年 11 月 20 日 20 时—21 日 20 时降雪量分布图(单位:毫米)

【天气形势】500 百帕环流场上,降雪开始前欧亚中高纬度为两脊一槽的环流形势,即欧洲北部和新疆是高压脊,乌拉尔山是低槽活动区。欧洲北部高压脊向东北方向发展,巴伦支海南部冷空气沿脊前西北风带进入低槽,低槽加深东移,20 日 20 时,低槽移至克孜勒苏柯尔克孜自治州西部,槽前锋区压在新疆西北边境线上,由于槽后暖平流进入低槽,低槽减弱,缓慢东移,锋区长时间影响昌吉和乌鲁木齐地区，在昌吉和乌鲁木齐产生暴雪(图 2-2-766)。

200 百帕上，北疆受高空槽前西南急流控制，暴雪出现在高空急流入口区右侧强辐散区(图 2-2-765)。700 百帕上的西北急流出口直指乌鲁木齐和昌吉，低空西北急流携带湿冷空气在天山地形强迫抬升作用下，与中高层西南急流叠加，加剧和加强了风场辐合及垂直上升运动，有利于冷暖交汇与水汽的聚集。高层辐散、低层辐合的形势在暴雪区上空叠加，使整层大气的垂直上升运动增强，为暴雪天气提供了有利的动力条件(图 2-2-767)。700 百帕水汽通量场上，源自地中海西部的水汽向北输送至 60°N 附近，而后沿中纬度西风气流输送至乌拉尔山南部，部分水汽翻过乌拉尔山南部后沿低空西北急流输送到巴尔喀什湖，再接力输送到北疆暴雪区(图 2-2-768)。

地面图上，里海北部冷高压沿西方路径东移，高压前部冷锋逐渐影响北疆，在乌鲁木齐东南高、西北低的地形作用下，冷锋在乌鲁木齐附近增强，进而产生暴雪(图 2-2-769，图 2-2-770)。

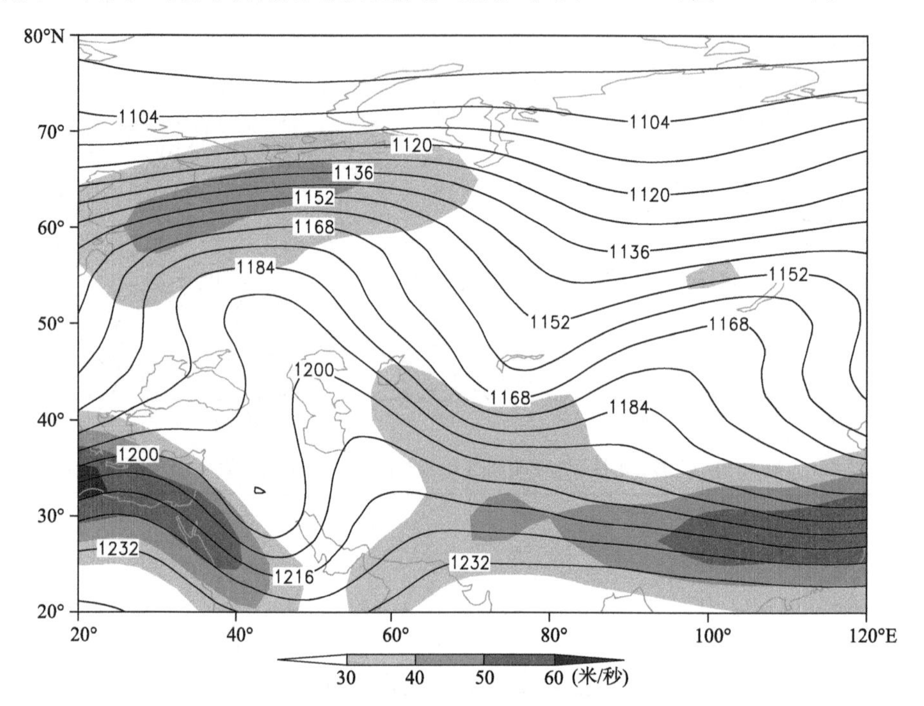

图 2-2-765　2013 年 11 月 20 日 20 时 200 百帕位势高度场(单位：位势什米)，阴影表示风速大于 30 米/秒的急流区

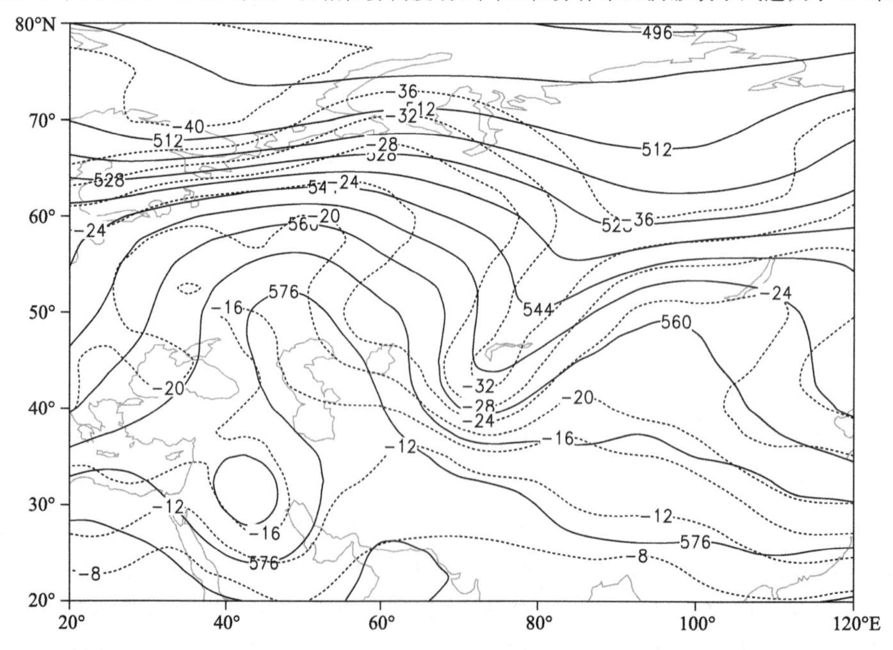

图 2-2-766　2013 年 11 月 20 日 20 时 500 百帕位势高度场(单位：位势什米)，温度场(虚线，单位：℃)

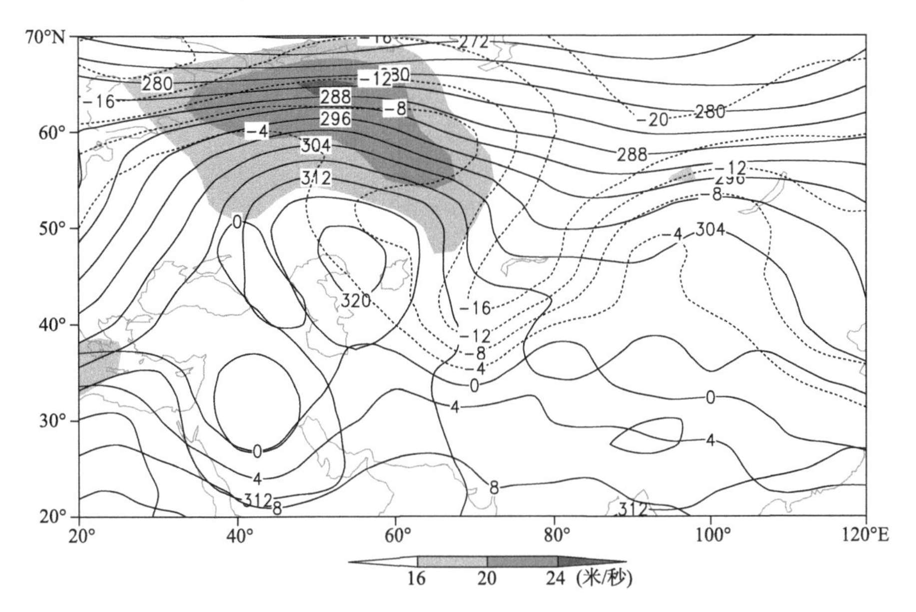

图 2-2-767　2013 年 11 月 20 日 20 时 700 百帕位势高度场(单位:位势什米)、温度场(单位:℃),阴影表示风速大于 16 米/秒的急流区

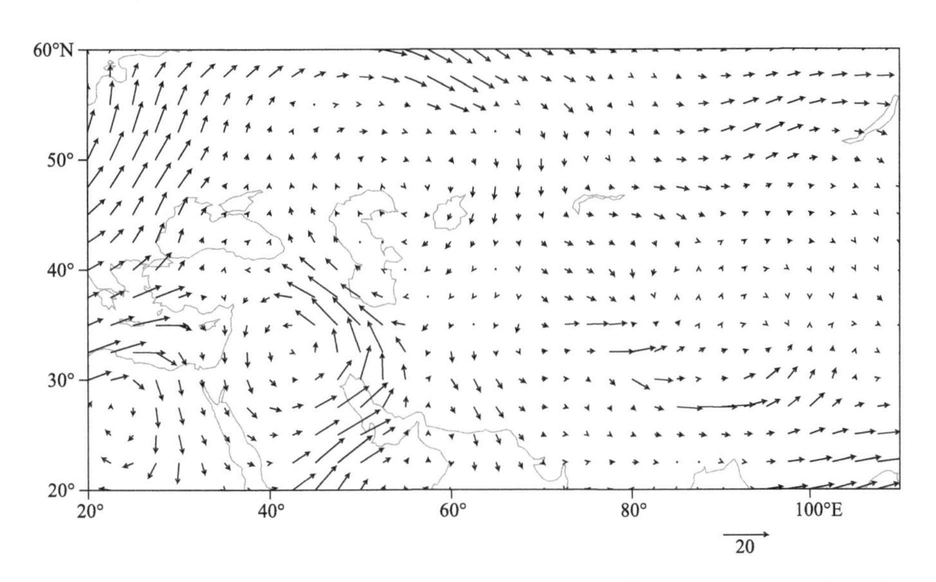

图 2-2-768　2013 年 11 月 20 日 20 时 700 百帕水汽通量场(单位:克/(厘米·百帕·秒))

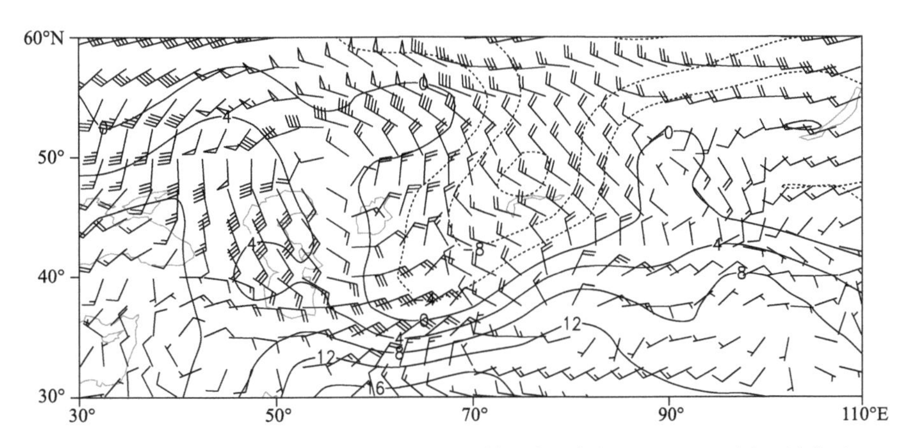

图 2-2-769　2013 年 11 月 20 日 20 时 850 百帕风场(单位:米/秒),温度场(单位:℃)

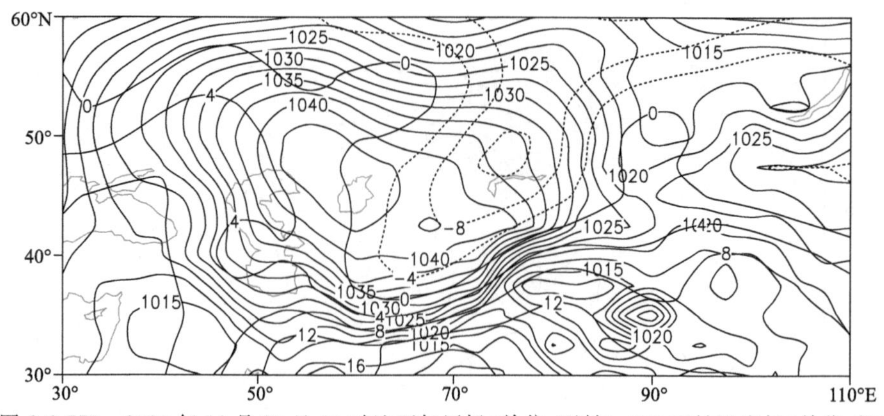

图 2-2-770　2013 年 11 月 20 日 20 时地面气压场(单位:百帕),850 百帕温度场(单位:℃)

2.2.111　伊犁哈萨克自治州、塔城地区、阿勒泰地区暴雪(2014-01-28)

【降雪实况】2014 年 1 月 28—31 日,伊犁哈萨克自治州、塔城地区、阿勒泰地区相继出现暴雪天气。28 日,伊犁哈萨克自治州霍尔果斯市、霍城县、察布查尔锡伯自治县、伊宁市 24 小时降雪量分别为 20.6 毫米、14.8 毫米、19.4 毫米、21.4 毫米。29 日,霍尔果斯市和霍城县 24 小时降雪量分别为 15.4 毫米、12.5 毫米。30 日,塔城地区塔城市、裕民县、额敏县,阿勒泰地区青河县 24 小时降雪量分别为 17.6 毫米、19.5 毫米、16.2 毫米、12.3 毫米。31 日,霍尔果斯市和霍城县 24 小时降雪量分别为 14.7 毫米、14.1 毫米(图 2-2-771)。

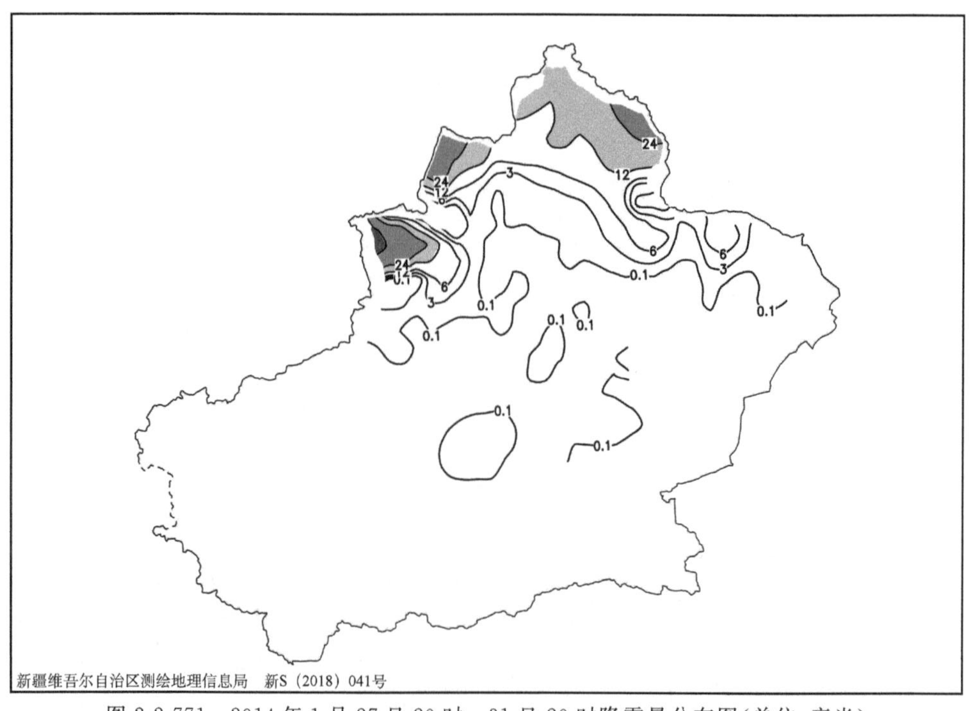

图 2-2-771　2014 年 1 月 27 日 20 时—31 日 20 时降雪量分布图(单位:毫米)

【天气形势】500 百帕环流场上,降雪开始前中高纬度欧亚范围为广阔的低值区,其中在哈萨克丘陵北部有一浅薄的低涡,北冰洋冷空气在偏东风引导下不断到达西西伯利亚地区,锋区位于中亚地区,呈东西向(图 2-2-773)。与此同时,地中海上低槽发展强盛,槽前不断分裂短波东移北上,南北两支锋区在中亚叠加。28 日 08 时,位于喀拉海南部和西西伯利亚的冷空气合并后不断南下,使位于中亚呈东西分布的锋区进一步增强,锋区东移,首先在伊犁地区产生暴雪天气。北冰洋冷空气在气旋性环流的引导下不断南下,在 50°N 附近堆积,使位于中亚的锋区得以维持,同时,欧洲北部高压脊发展强盛,环流经向度增大,脊前偏北急流引导格陵兰海冷空气南下进入中亚,中亚锋区得到加强,与南支锋区上不断分裂出的短波槽在伊犁北部汇合,造成伊犁北部的暴雪天气。30—31 日的暴雪天气是南、北两支锋区在不同位置汇合而产生的。

200 百帕上，西北急流和西南急流在里海、咸海地区汇合后形成偏西急流，急流核在 45°～50°N 之间摆动，暴雪区位于急流核的入口区，高空的强辐散有利于暴雪区上升运动的发展和维持（图 2-2-772）。700 百帕上，从红海到北疆建立了一支稳定的西南急流，西南急流的存在有利于增强低层空气的辐合上升运动及水汽的辐合（图 2-2-774）。700 百帕水汽通量场上（图 2-2-775），28 日 20 时—29 日 20 时，源自地中海的水汽在里海附近得到补充，汇合了来自红海的水汽后沿低空西南急流向暴雪区输送，水汽通量大值区位于中亚南部，最大值达 25 克/（厘米·百帕·秒），为伊犁地区暴雪的产生和维持提供了充足的水汽。30—31 日，只剩源自地中海上的一支水汽输送通道影响北疆，降雪强度有所减弱。

地面图上，27 日 20 时，冷高压中心位于咸海，高压前部冷锋压在巴尔喀什湖附近，冷高压中心增强东移，地面冷锋持续南压，伊犁地区处于强锋区带上（图 2-2-776，图 2-2-777），28 日，在伊犁地区产生冷锋暴雪。冷高压持续东移，移至蒙古地区后维持稳定，29 日 08 时—30 日 20 时，地面低压从咸海南部沿西南路径移动，北疆受负变压控制，从伊犁到阿勒泰地区的减压、升温区域产生暖区暴雪。30 日 20 时，中心位于欧洲北部的冷高压不断增强，高压前部冷锋压在巴尔喀什湖西北部，冷锋东移过境，再次在伊犁地区产生暴雪。

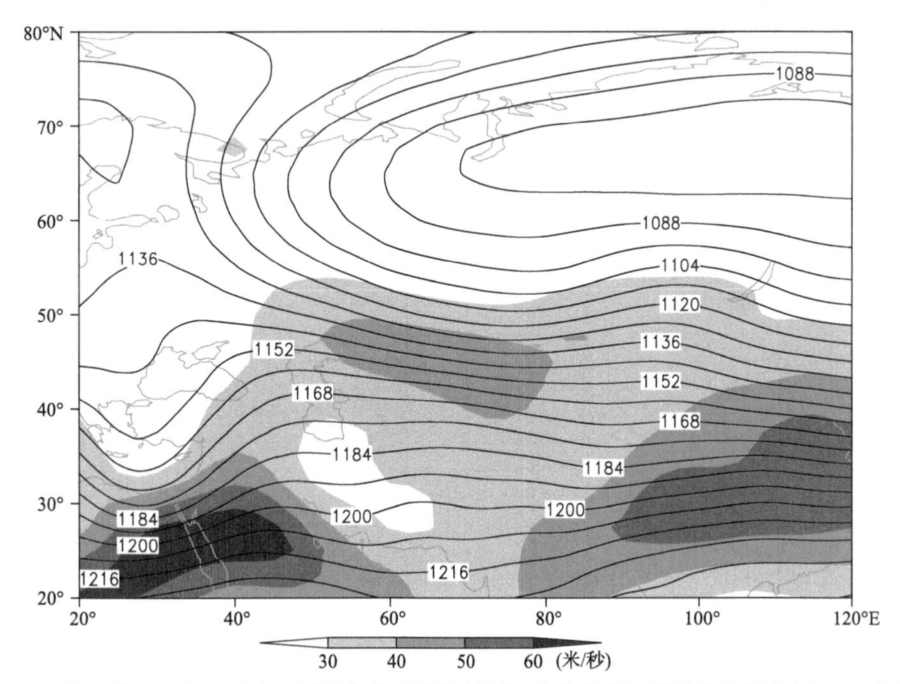

图 2-2-772　2014 年 1 月 27 日 20 时 200 百帕位势高度场（单位：位势什米），阴影表示风速大于 30 米/秒的急流区

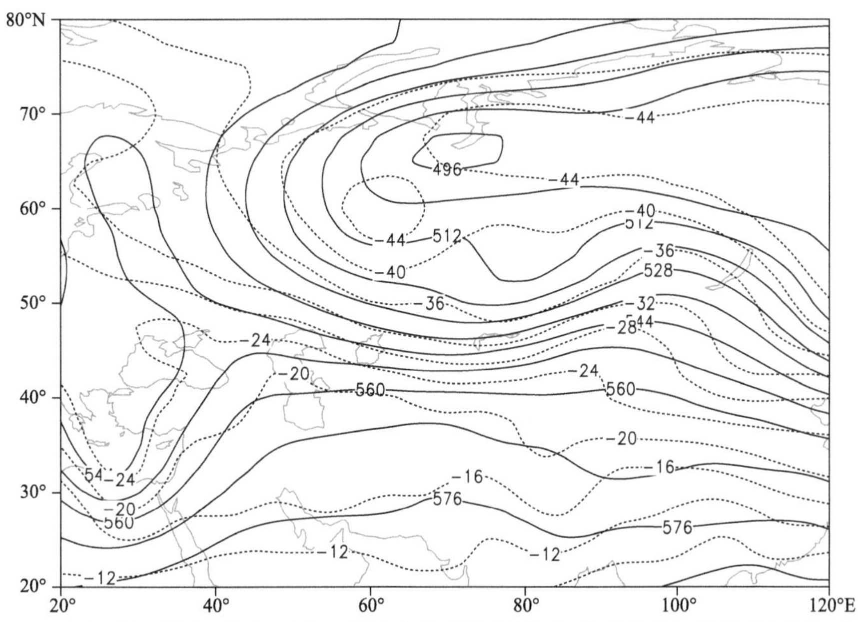

图 2-2-773　2014 年 1 月 27 日 20 时 500 百帕位势高度场（单位：位势什米），温度场（虚线，单位：℃）

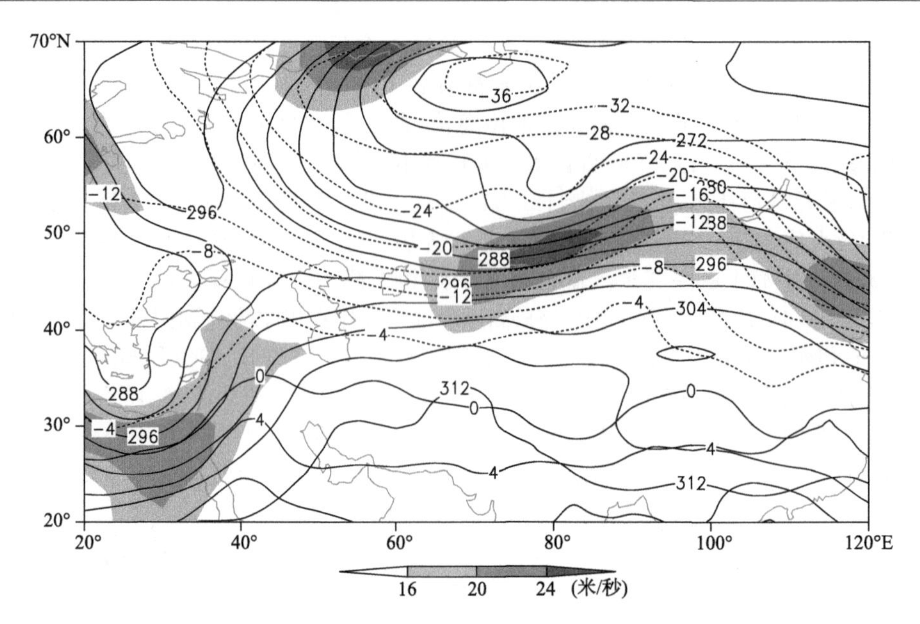

图 2-2-774　2014 年 1 月 27 日 20 时 700 百帕位势高度场(单位:位势什米)、温度场(单位:℃),阴影表示风速大于 16 米/秒的急流区

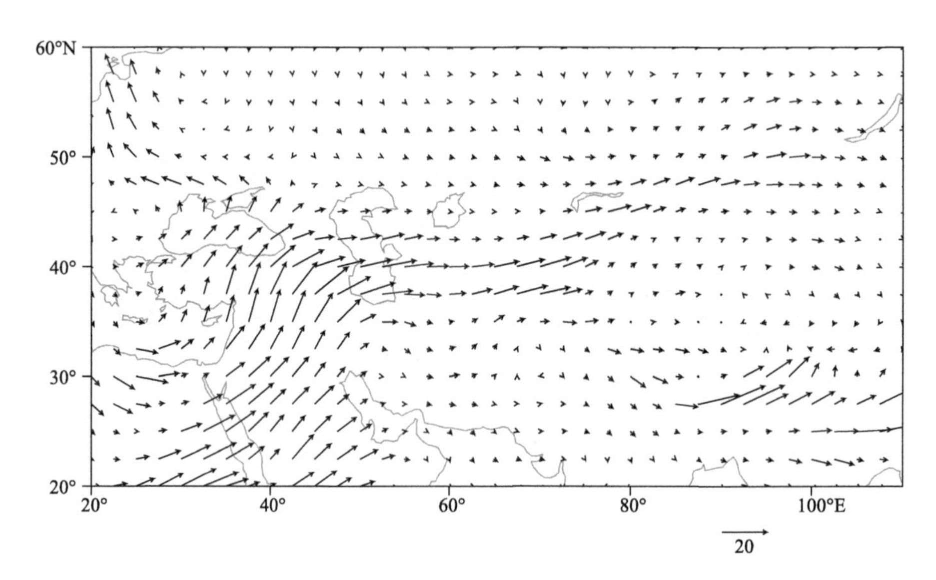

图 2-2-775　2014 年 1 月 27 日 20 时 700 百帕水汽通量场(单位:克/(厘米·百帕·秒))

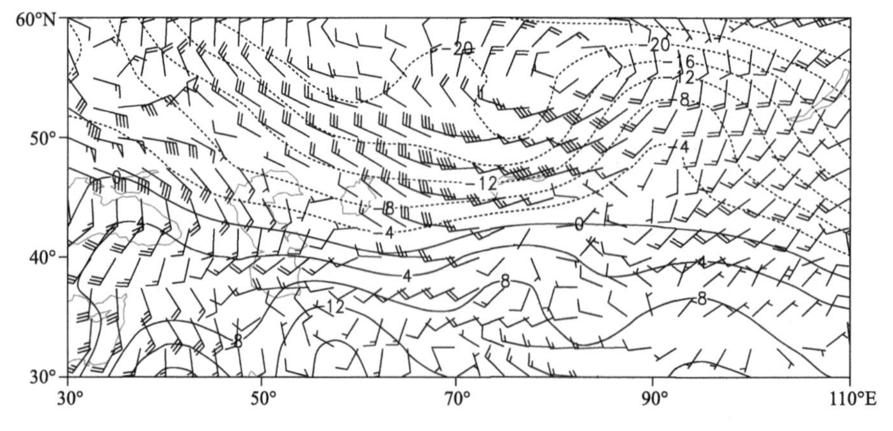

图 2-2-776　2014 年 1 月 27 日 20 时 850 百帕风场(单位:米/秒),温度场(单位:℃)

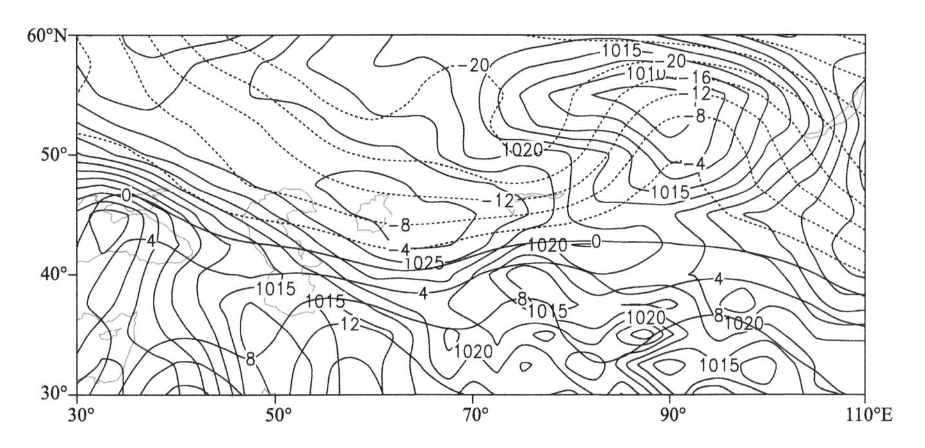

图 2-2-777　2014 年 1 月 27 日 20 时地面气压场(单位:百帕),850 百帕温度场(单位:℃)

2.2.112　博尔塔拉蒙古自治州、伊犁哈萨克自治州、乌鲁木齐市暴雪(2014-11-09)

【降雪实况】2014 年 11 月 9 日,博尔塔拉蒙古自治州博乐市、温泉县,伊犁哈萨克自治州伊宁市、伊宁县、新源县、霍尔果斯市、霍城县、察布查尔锡伯自治县、巩留县,乌鲁木齐市出现暴雪,24 小时降雪量分别为 16.1 毫米、13.8 毫米、19.1 毫米、18.5 毫米、12.1 毫米、12.7 毫米、13.2 毫米、14.8 毫米。13.2 毫米、18.4 毫米(图 2-2-778)。

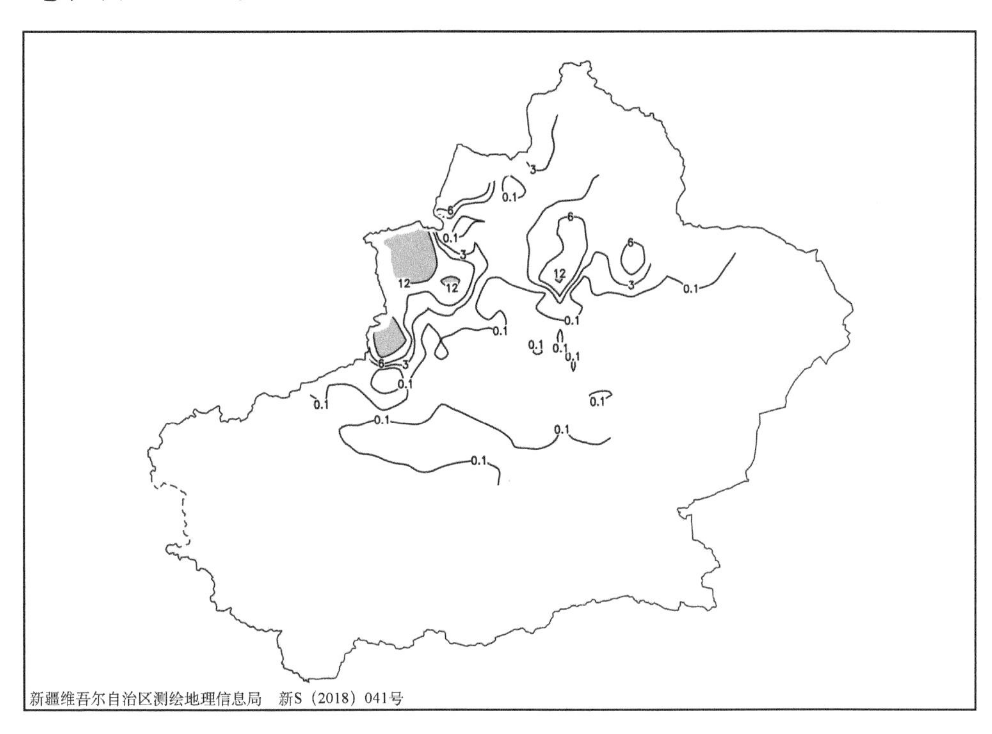

图 2-2-778　2014 年 11 月 8 日 20 时—9 日 20 时降雪量分布图(单位:毫米)

【天气形势】500 百帕环流场上,降雪开始前,欧亚中纬度为两脊一槽的环流形势,即欧洲南部和新疆为高压脊,中亚为低涡活动区(图 2-2-780)。极涡中心位于喀拉海上空,北支锋区上的低槽位于西西伯利亚。欧洲北部形成的低涡切断了欧洲中部高压脊后暖平流的输送,中亚低涡填塞东移。极涡东移,新地岛强冷空气南下进入西西伯利亚低槽,低槽加深东移过程中与中亚低槽在巴尔喀什湖附近同位相叠加,造成北疆沿天山一带的强降雪天气。

200 百帕上,北疆受南、北两支叠加锋区中的西南急流控制,急流核缓慢东移,北疆沿天山一带处于急流入口区的右侧,强的高层辐散,有利于中、低层辐合上升运动的加强(图 2-2-779)。700 百帕上,暴雪发生时北疆沿天山一带受西北急流控制,低空西北急流携带湿冷空气东南下,遇天山地形阻挡,强迫抬升作用显著,湿冷空气与中高层西南急流上的干暖空气在北疆沿天山一带交汇,加强了风场辐合及垂直上升运动增强,为北疆沿天山一带强降雪的发生和持续提供了有利的动力条件(图 2-2-781)。700 百帕水汽通量场上,源自北非的水汽在地中海加强后向北输送至欧洲中部,在中纬度西风气流的引导下到达乌拉尔山,水汽由乌拉尔山向东南输送至咸海,然后沿低空急流输送到巴尔喀什湖北部,再接力输送到北疆暴雪区(图 2-2-782)。

地面图上,8 日 20 时,中亚南部地面冷高压沿西方路径逐步东移南压,冷锋前沿压至北疆西北部,冷锋东移过境,北疆沿天山一带逐渐出现暴雪天气(图 2-2-783,图 2-2-784)。

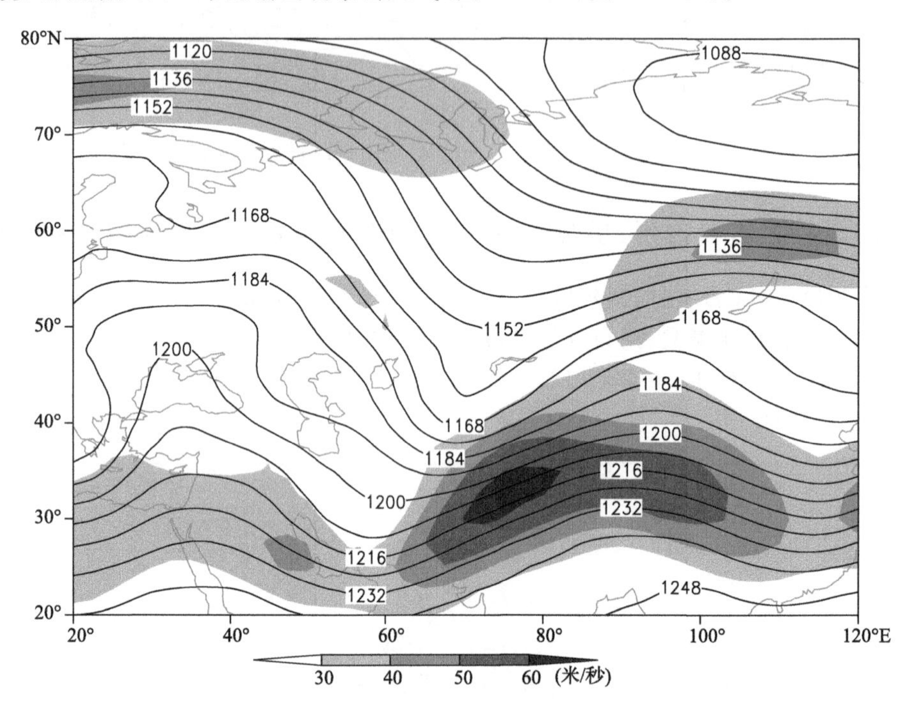

图 2-2-779　2014 年 11 月 8 日 20 时 200 百帕位势高度场(单位:位势什米),阴影表示风速大于 30 米/秒的急流区

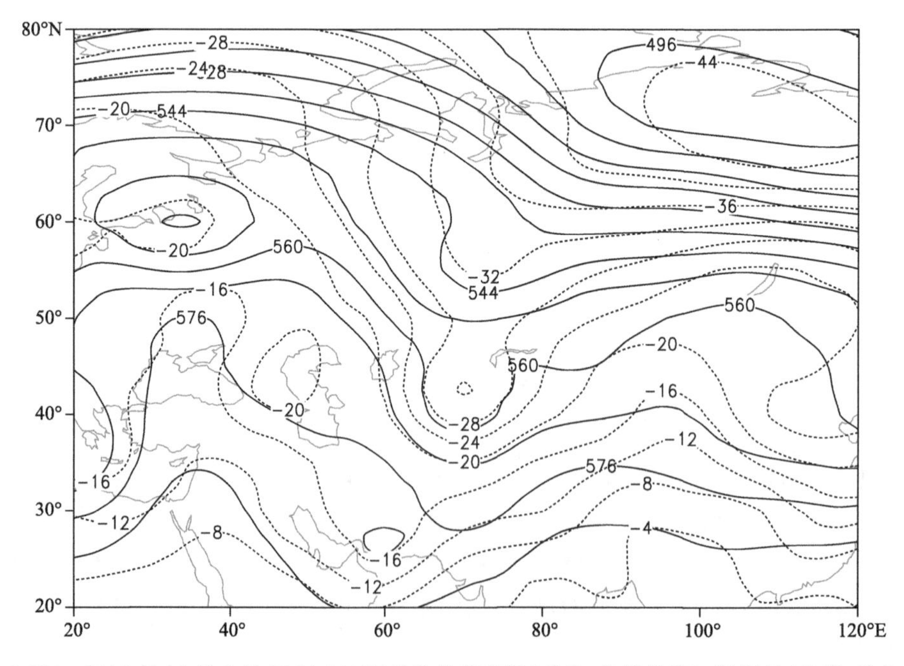

图 2-2-780　2014 年 11 月 8 日 20 时 500 百帕位势高度场(单位:位势什米),温度场(虚线,单位:℃)

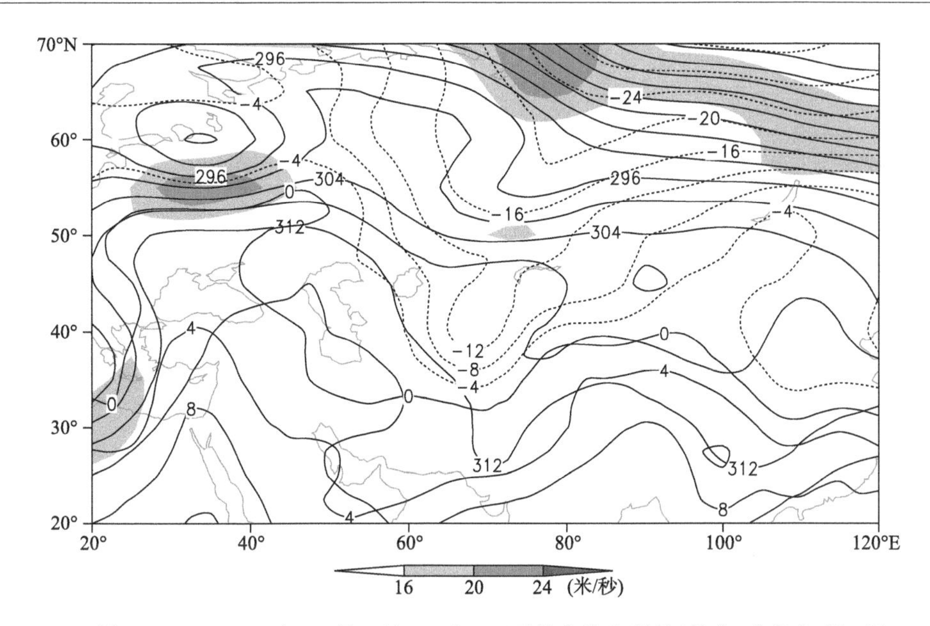

图 2-2-781　2014 年 11 月 8 日 20 时 700 百帕位势高度场(单位:位势什米)、温度场(单位:℃),阴影表示风速大于 16 米/秒的急流区

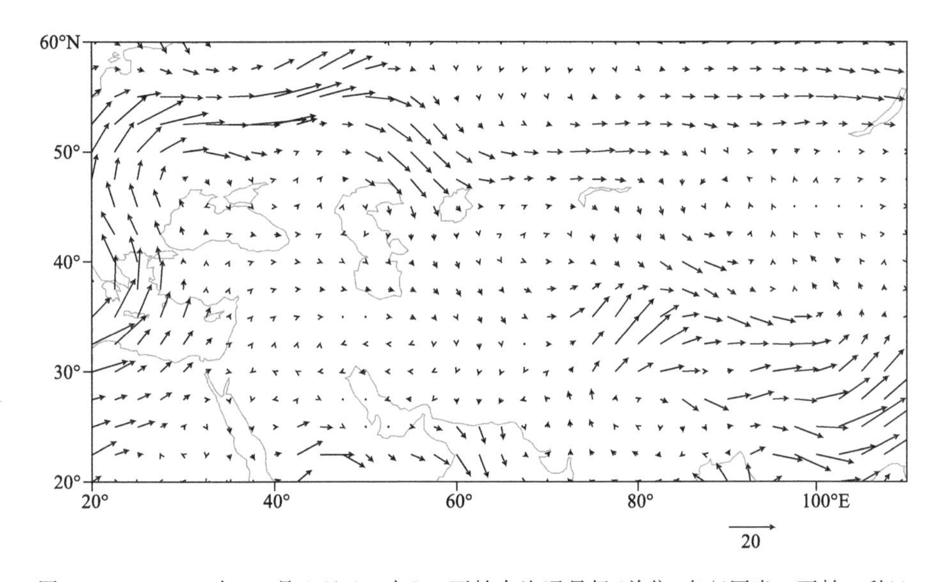

图 2-2-782　2014 年 11 月 8 日 20 时 700 百帕水汽通量场(单位:克/(厘米·百帕·秒))

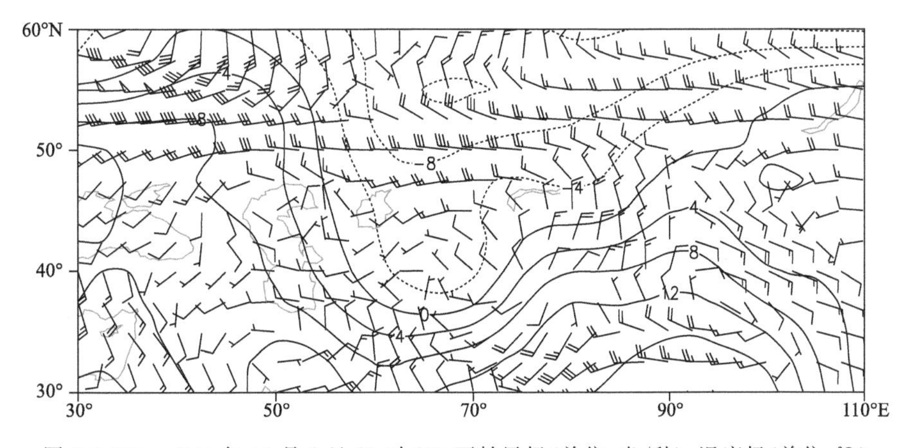

图 2-2-783　2014 年 11 月 8 日 20 时 850 百帕风场(单位:米/秒),温度场(单位:℃)

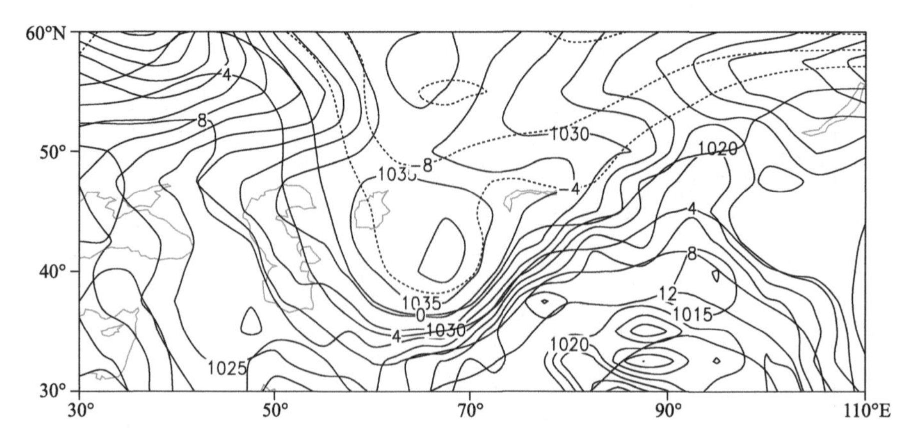

图 2-2-784　2014 年 11 月 8 日 20 时地面气压场(单位:百帕),850 百帕温度场(单位:℃)

2.2.113　伊犁哈萨克自治州、塔城地区暴雪(2014-11-25)

【降雪实况】2014 年 11 月 25 日,伊犁哈萨克自治州昭苏县、新源县、察布查尔锡伯自治县、尼勒克县、特克斯县,塔城地区额敏县出现暴雪,24 小时降雪量分别为 12.1 毫米、17.0 毫米、15.0 毫米、15.2 毫米、12.6 毫米、14.3 毫米。伊犁哈萨克自治州伊宁市和伊宁县出现大暴雪,24 小时降雪量分别为 24.6 毫米、28.0 毫米(图 2-2-785)。

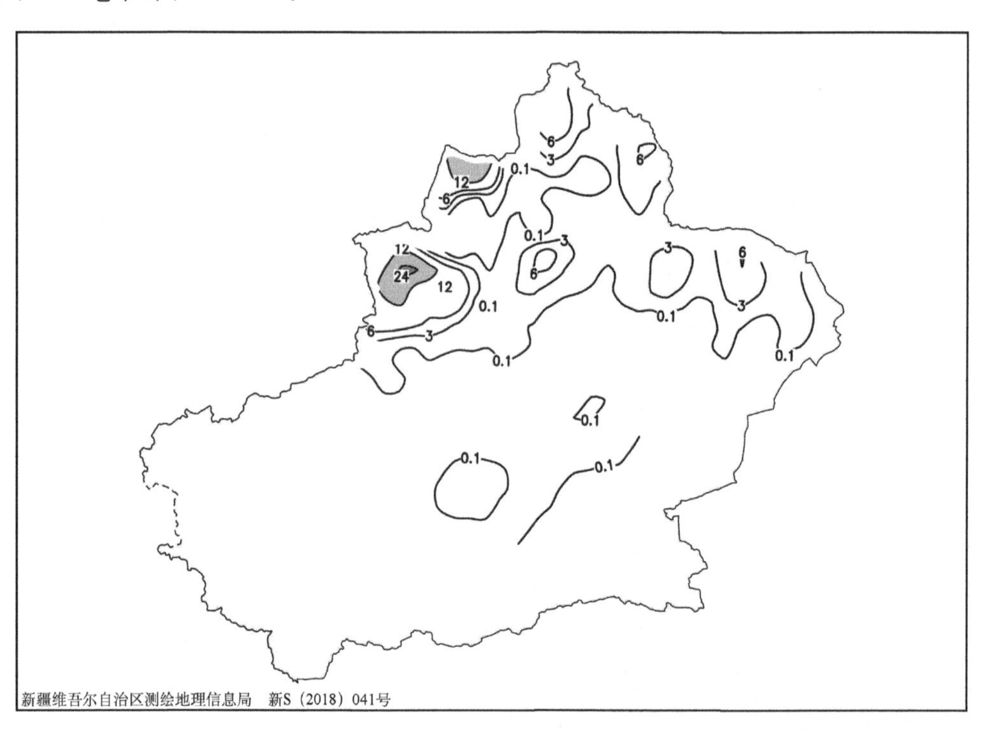

图 2-2-785　2014 年 11 月 24 日 20 时—25 日 20 时降雪量分布图(单位:毫米)

【天气形势】500 百帕环流场上,降雪开始前亚洲中高纬度为极涡活动区,极涡中心位于 60°～70°N,80°～110°E,并伴有低于－48℃的冷中心,极涡后部横槽伸至咸海,当北欧高压东移时,槽内东北逐渐转为偏北风,横槽转竖,槽前锋区南压到北疆,与此同时,地中海东部低槽发展强盛,槽前不断分裂出短波槽东移,南北两支锋区在咸海地区叠加,锋区沿西风带东移影响北疆,给伊犁和塔城地区带来暴雪和大暴雪天气(图 2-2-787)。

200 百帕上,北疆受高空横槽前的偏西急流控制,暴雪出现在高空偏西急流入口区右侧,高空急流为暴雪的产生提供了较强的高空抽吸作用,同时,有利于中低层系统的强烈发展(图 2-2-786)。700 百帕上,24 日 20 时,伊犁和塔城地区处于西南急流前部(图 2-2-788),25 日 08—20 时,塔城和伊犁逐渐受西北急流控制，由于塔城和伊犁河谷均是向西开口的“喇叭口”地形，受地形影响，在降雪过程中处于迎风坡气流辐合，有利于近地层空气的辐合抬升和降雪的持续。一般认为，地形的迎风坡具有动力及屏障作用，可以使气流绕地形流动和被迫爬升，并且暖湿气流容易在中尺度地形迎风坡造成气旋性辐合，地形作用在迎风坡上表现为水平辐合，对降水产生明显的增强作用。从 700 百帕水汽通量场可以看出，巴伦支海水汽沿乌拉尔山西侧向南输送到咸海，再经西风气流的引导进入北疆，该水汽在伊犁地区有明显的水汽辐合，24 日 20 时，最大水汽通量达到 30 克/(厘米 • 百帕 • 秒)，为伊犁地区的暴雪和大暴雪天气提供了充沛的水汽(图 2-2-789)。

地面图上，里海、黑海地面冷高压沿西方路径东移南下，冷锋从新疆西北边境线外逐渐向东南方向移动，冷锋过境，给伊犁和塔城地区带来强降雪天气(图 2-2-790，图 2-2-791)。

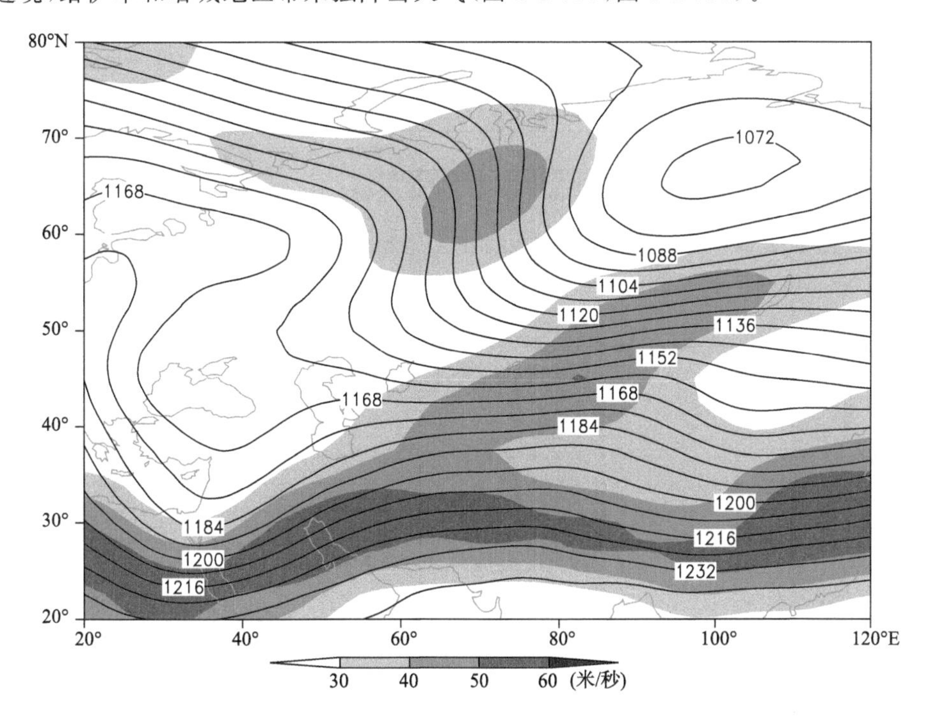

图 2-2-786　2014 年 11 月 24 日 20 时 200 百帕位势高度场(单位：位势什米)，阴影表示风速大于 30 米/秒的急流区

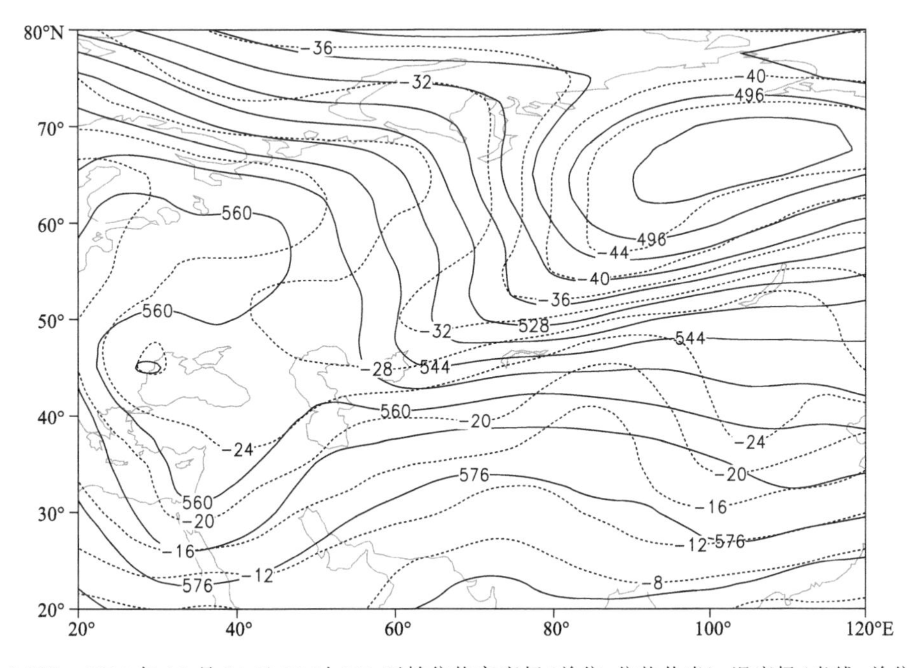

图 2-2-787　2014 年 11 月 24 日 20 时 500 百帕位势高度场(单位：位势什米)，温度场(虚线，单位：℃)

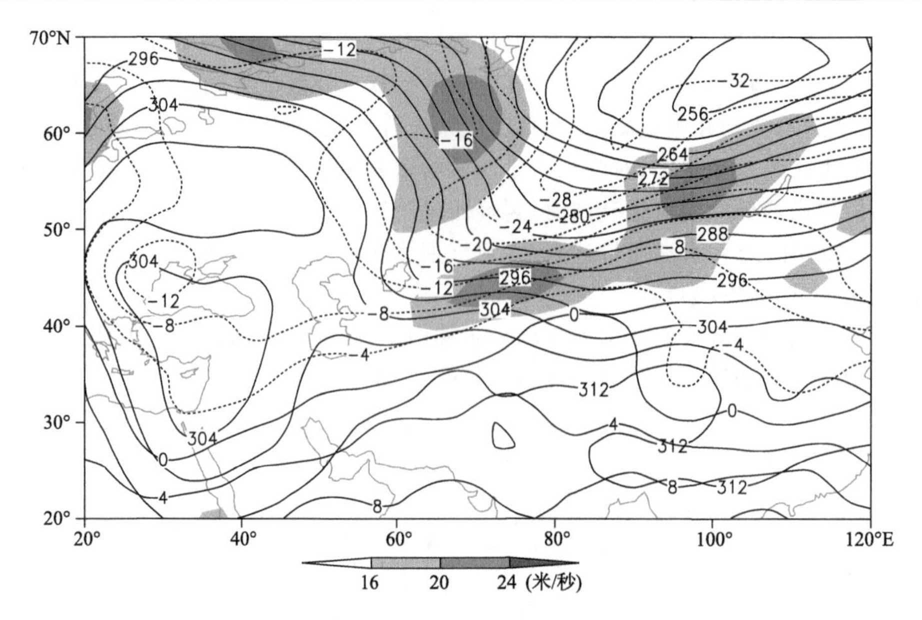

图 2-2-788　2014 年 11 月 24 日 20 时 700 百帕位势高度场(单位:位势什米)、温度场(单位:℃),阴影表示风速大于 16 米/秒的急流区

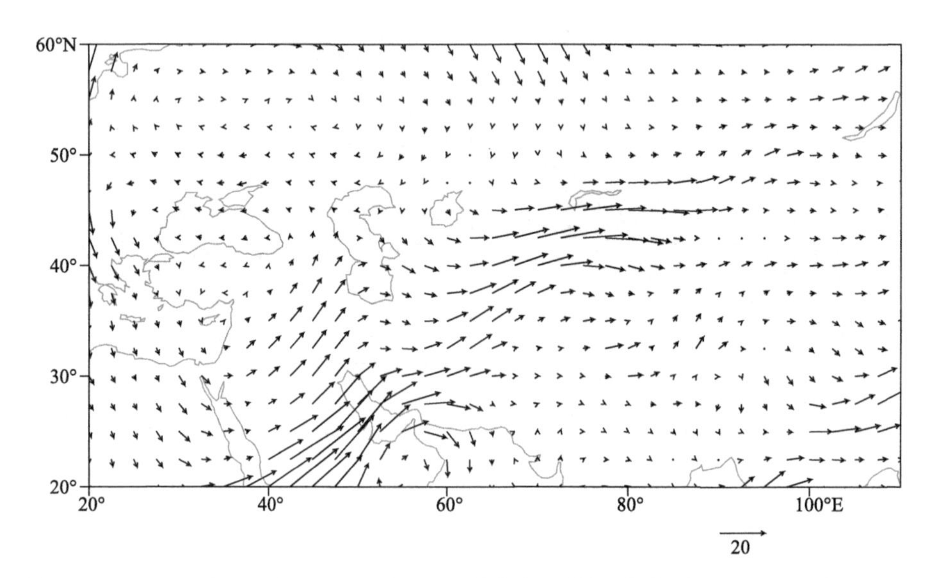

图 2-2-789　2014 年 11 月 24 日 20 时 700 百帕水汽通量场(单位:克/(厘米·百帕·秒))

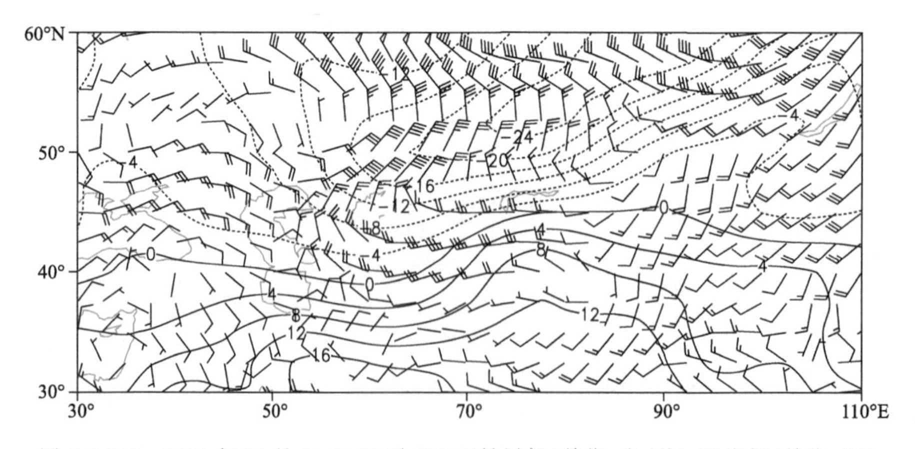

图 2-2-790　2014 年 11 月 24 日 20 时 850 百帕风场(单位:米/秒),温度场(单位:℃)

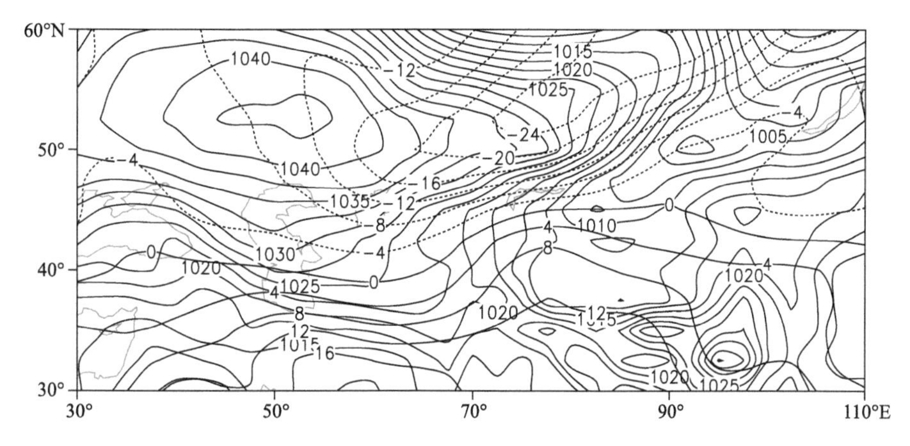

图 2-2-791　2014 年 11 月 24 日 20 时地面气压场(单位:百帕),850 百帕温度场(单位:℃)

2.2.114　昌吉回族自治州、伊犁哈萨克自治州、石河子市、乌鲁木齐市暴雪(2015-02-13)

【降雪实况】2015 年 2 月 13 日,昌吉回族自治州天池、木垒县、呼图壁县、昌吉市、玛纳斯县,伊犁哈萨克自治州新源县,石河子市,乌鲁木齐市、小渠子站出现暴雪,24 小时降雪量分别为 14.5 毫米、13.4 毫米、13.9 毫米、13.8 毫米、14.2 毫米、13.4 毫米、14.4 毫米、13.1 毫米、14.0 毫米(图 2-2-792)。

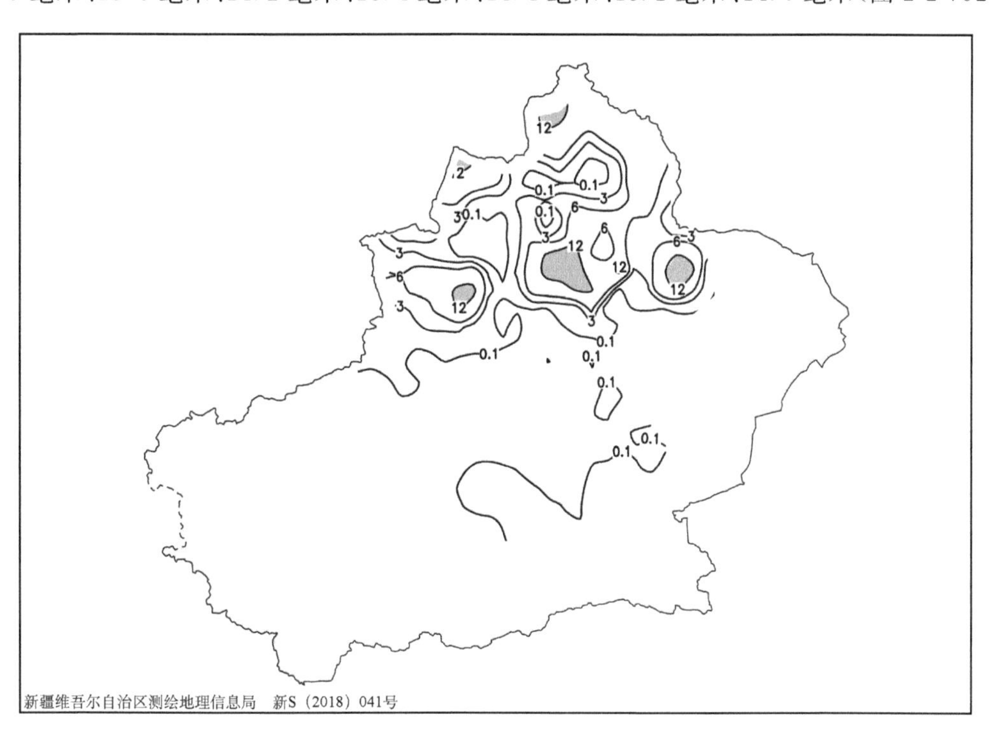

图 2-2-792　2015 年 2 月 12 日 20 时—13 日 20 时降雪量分布图(单位:毫米)

【天气形势】500 百帕环流场上,降雪开始前两天,欧亚范围内存在南北两支锋区,其中南支锋区比较活跃,已经北抬至 40°N 以北,北疆大部分地区受南支锋区控制(图 2-2-794)。11 日 20 时,北支锋区经向度增大,锋区上的低槽逐渐东移南压,当南压至 45°N 附近中亚地区时,与南支锋区上的短波同位相叠加,造成北疆沿天山一带的暴雪天气,随着锋区的移出,降雪逐渐减弱。

200 百帕上,高空锋区底部 45°～50°N 附近,存在一支高空西北急流,急流核在欧洲北部,急流核风速大于 50 米/秒,急流缓慢南压,急流核逐渐东移(图 2-2-793)。强降雪落区位于高空急流入口区右侧的强辐散区。700 百帕上,北疆西北部同样存在一支风速大于 16 米/秒的低空西北急流,高空西北急流和低空西北急流持续耦合发展,为此次暴雪的产生提供有利的动力条件(图 2-2-795)。700 百帕水汽通量场上,乌拉尔山南部的水汽输送至巴尔喀什湖,在巴尔喀什湖增强后输送至暴雪区,为暴雪的产生和维持提供了充足的水汽(图 2-2-796)。

地面图上,地面冷高压自里海、黑海不断加强东移,13 日 08 时,冷锋已压至新疆西北部,冷空气开始影响北疆,随着冷锋持续向南推进,受到天山山脉阻挡,地形强迫环流与锋面环流相互作用,使得锋面强度在迎风坡加强,进而在中天山产生暴雪(图 2-2-797,图 2-2-798)。

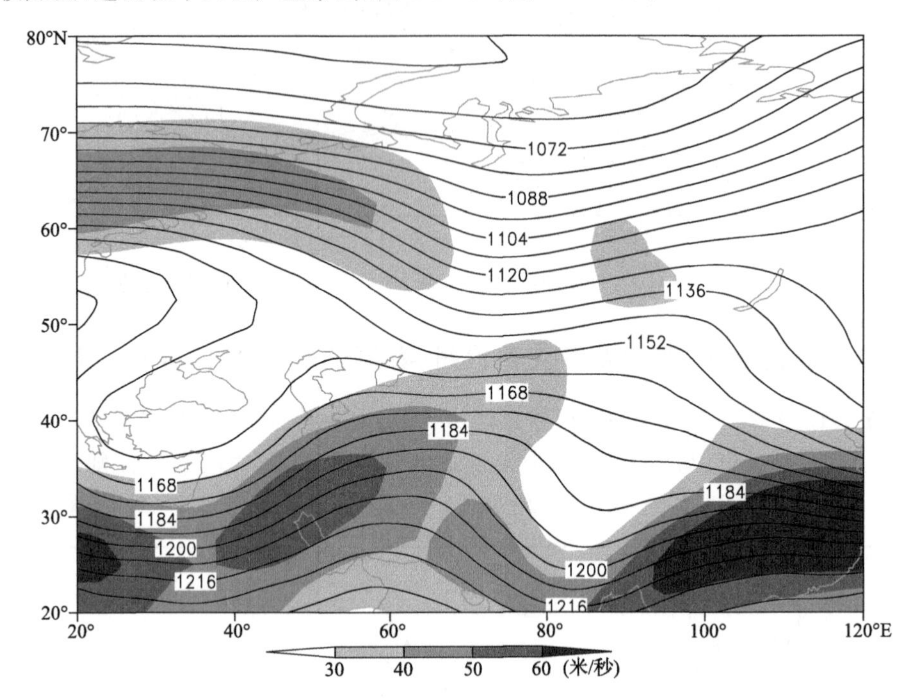

图 2-2-793　2015 年 2 月 12 日 20 时 200 百帕位势高度场(单位:位势什米),阴影表示风速大于 30 米/秒的急流区

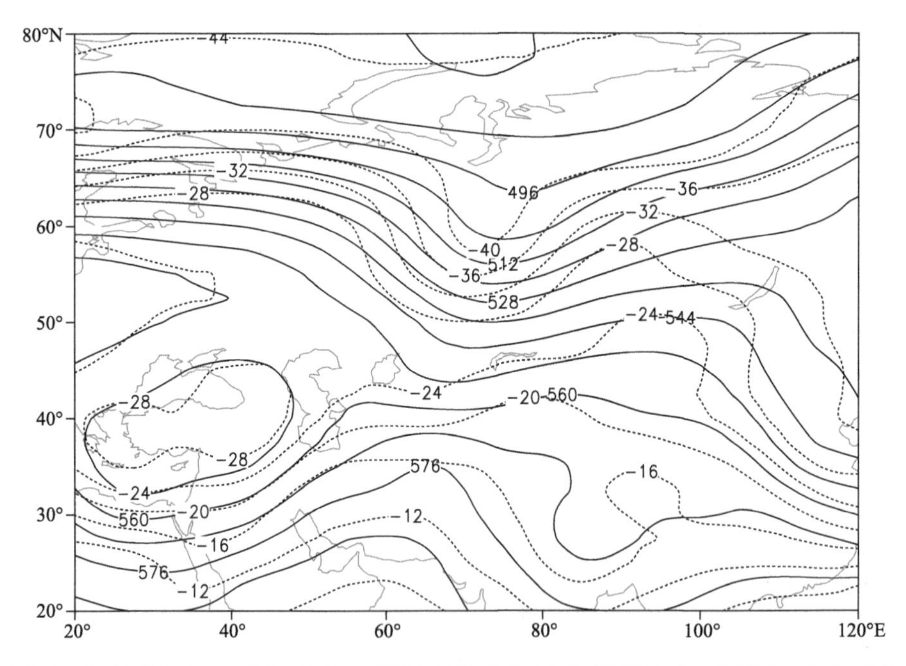

图 2-2-794　2015 年 2 月 12 日 20 时 500 百帕位势高度场(单位:位势什米),温度场(虚线,单位:℃)

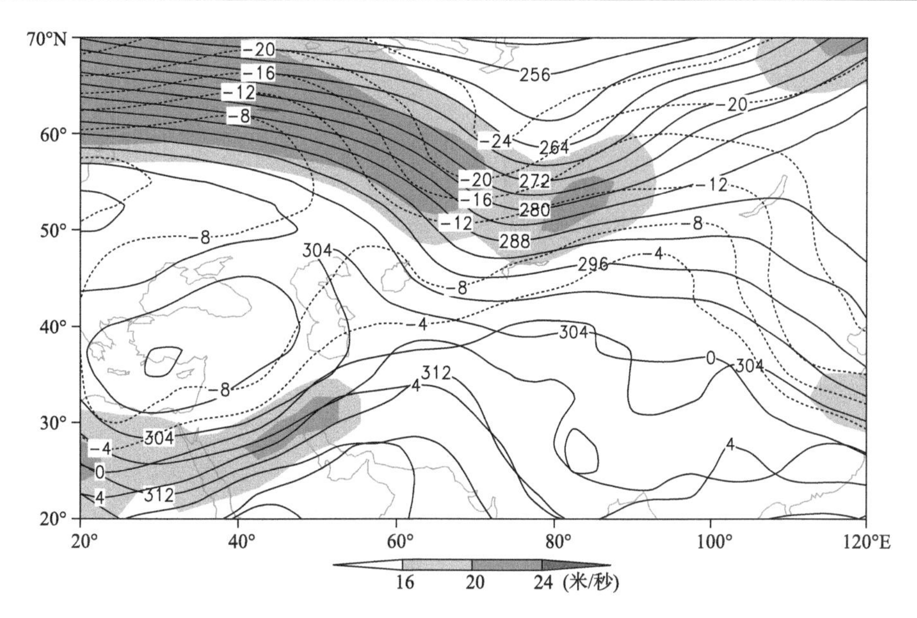

图 2-2-795　2015年2月12日20时700百帕位势高度场(单位:位势什米)、温度场(单位:℃),阴影表示风速大于16米/秒的急流区

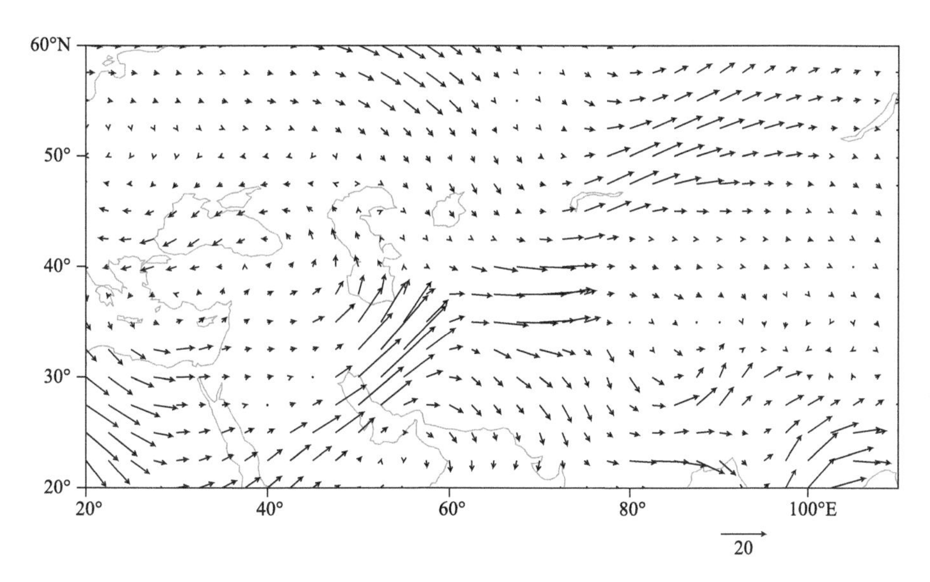

图 2-2-796　2015年2月12日20时700百帕水汽通量场(单位:克/(厘米·百帕·秒))

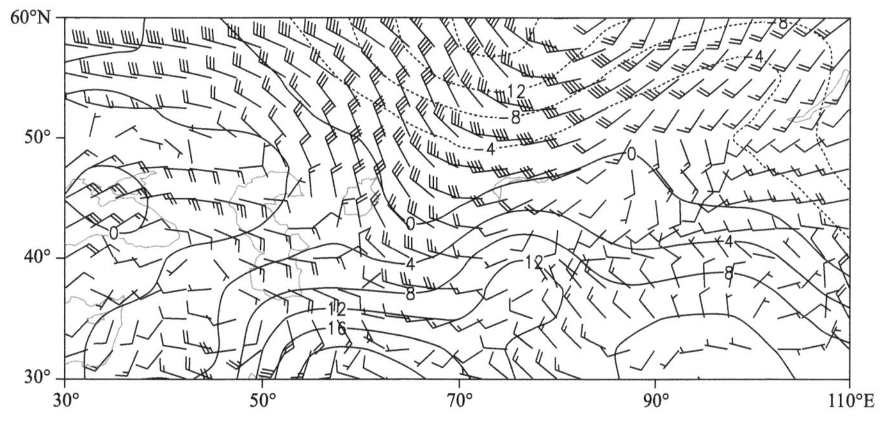

图 2-2-797　2015年2月12日20时850百帕风场(单位:米/秒),温度场(单位:℃)

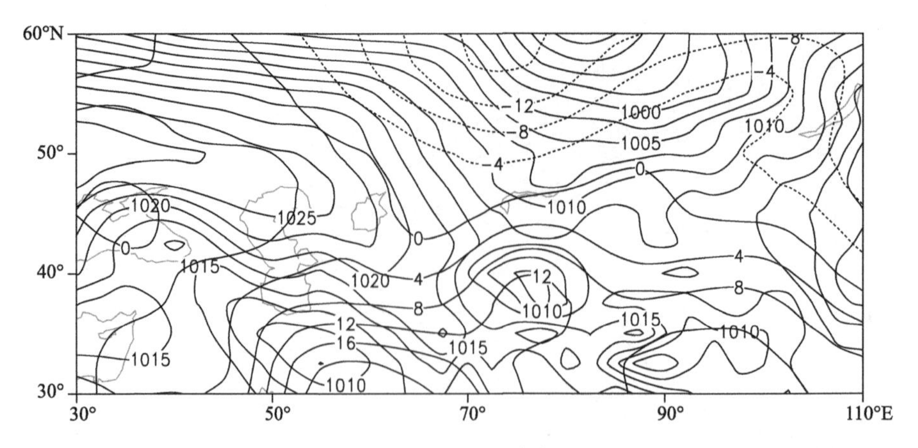

图 2-2-798　2015 年 2 月 12 日 20 时地面气压场(单位:百帕),850 百帕温度场(单位:℃)

2.2.115　博尔塔拉蒙古自治州、伊犁哈萨克自治州暴雪(2015-03-30)

【降雪实况】2015 年 3 月 30—31 日,博尔塔拉蒙古自治州和伊犁哈萨克自治州相继出现暴雪。30 日,博尔塔拉蒙古自治州阿拉山口市、博乐市、温泉县,伊犁哈萨克自治州伊宁县 24 小时降雪量分别为 16.4 毫米、22.0 毫米、20.6 毫米、14.0 毫米。31 日,伊犁哈萨克自治州巩留县 24 小时降雪量为 14.0 毫米(图 2-2-799)。

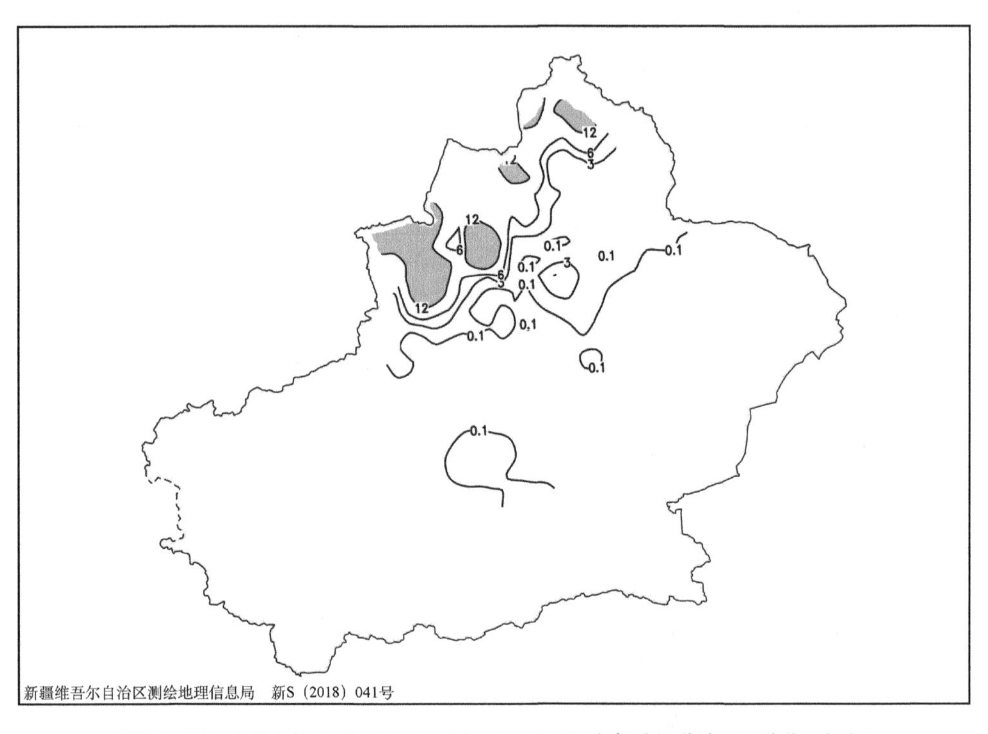

图 2-2-799　2015 年 3 月 29 日 20 时—31 日 20 时降雪量分布图(单位:毫米)

【天气形势】500 百帕环流场上,降雪开始前欧亚范围环流经向度较大,中高纬度为一脊一槽的环流形势,新疆处于横槽前的偏西风带中(图 2-2-801)。低纬度地区伊朗高压发展强盛,脊后西南气流不断向北输送,使高压脊伸至 60°N 以北,与欧洲高压脊叠加,使横槽后部东北气流增强,横槽前部被切断形成中亚冷涡,冷涡中心温度低于−40℃,里海高压脊东移推动中亚低涡向东南移动,低涡底部西北向的强锋区逐渐影响北疆,在里海高压和蒙古高压共同作用下,低涡在稳定维持,给博尔塔拉蒙古自治州和伊犁哈萨克自治州带来大范围的暴雪。30 日 20 时,里海高压脊与乌拉尔脊叠加,中亚低涡没有冷空气的持续补充处于消亡阶段,随着蒙古高压脊的衰退,低涡中心移到巴尔喀什湖,伊犁哈萨克自治州中部处于低涡底部的强锋区中,在巩留县产生暴雪。

中亚低涡底部 500 百帕上存在一支风速大于 40 米/秒的西南急流，急流随着中亚低涡的气旋性旋转而逐渐东移，博尔塔拉蒙古自治州和伊犁哈萨克自治州位于高空急流核入口区右侧，高空辐散有利于暴雪区上升运动的发展和维持。700 百帕上，中亚低涡底部同样建立和维持着一支强劲的西南急流，高、低空西南急流在新疆西北部持续耦合发展，使得整层大气的垂直上升运动增强，为暴雪天气提供了有利的动力条件(图 2-2-802，图 2-2-803)。

地面图上，29 日 20 时，冷高压中心为乌拉尔山南部，高压前部冷锋压在巴尔喀什湖附近，新疆受低压控制。冷高压缓慢东移，冷高压舌伸到新疆西部，新疆西部气压梯度较大，北疆转为正变压控制(图 2-2-804，图 2-2-805)。30 日 20 时，冷高压前部分裂出新的高压中心，北疆西北部开始受新生成的冷高压影响。地面冷锋移动缓慢，博尔塔拉蒙古自治州和伊犁哈萨克自治州长时间处于强锋区带上，造成博尔塔拉蒙古自治州和伊犁哈萨克自治州连续性暴雪天气。

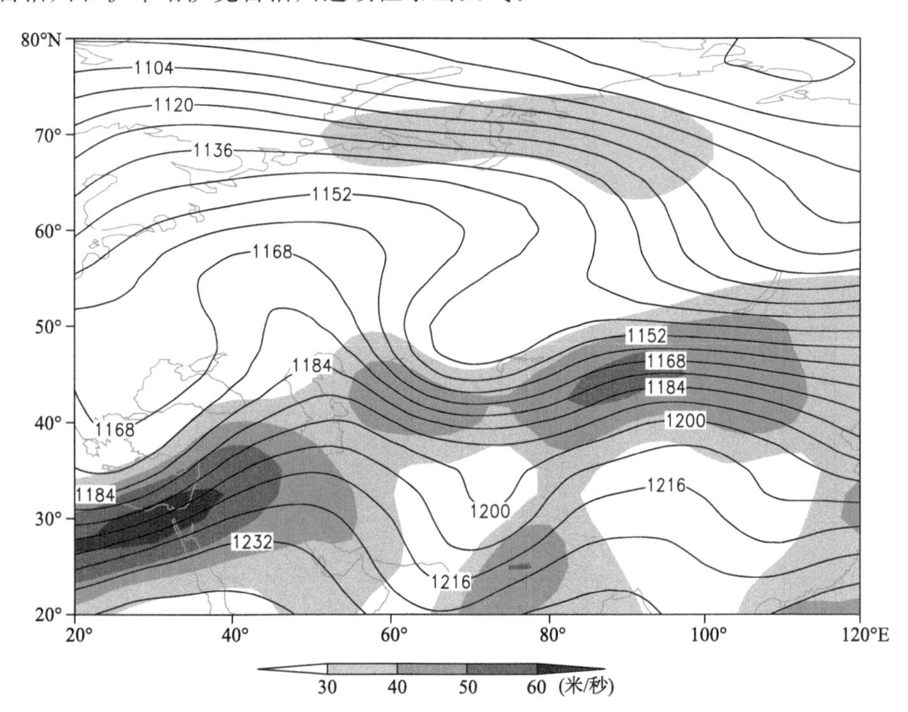

图 2-2-800　2015 年 3 月 29 日 20 时 200 百帕位势高度场(单位：位势什米)，阴影表示风速大于 30 米/秒的急流区

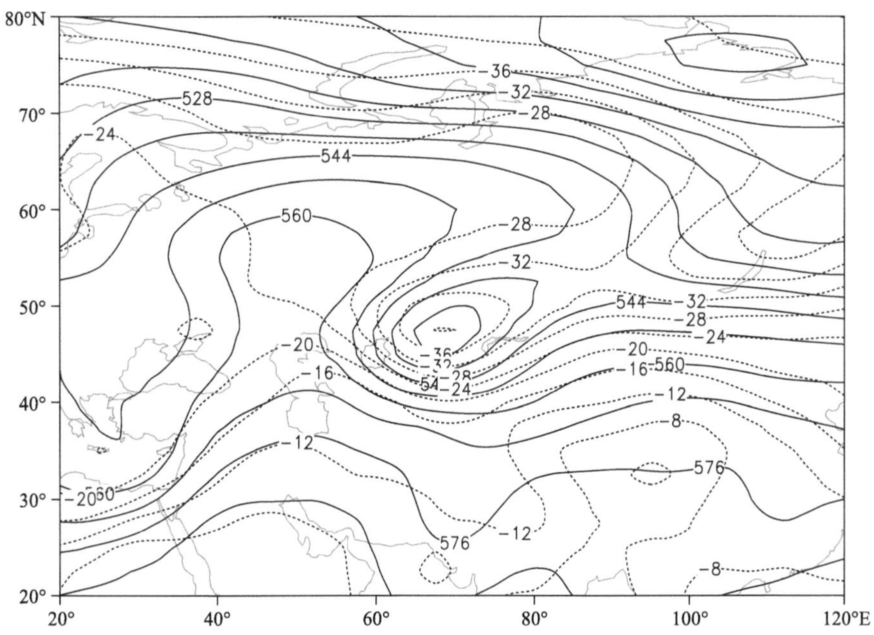

图 2-2-801　2015 年 3 月 29 日 20 时 500 百帕位势高度场(单位：位势什米)，温度场(虚线，单位：℃)

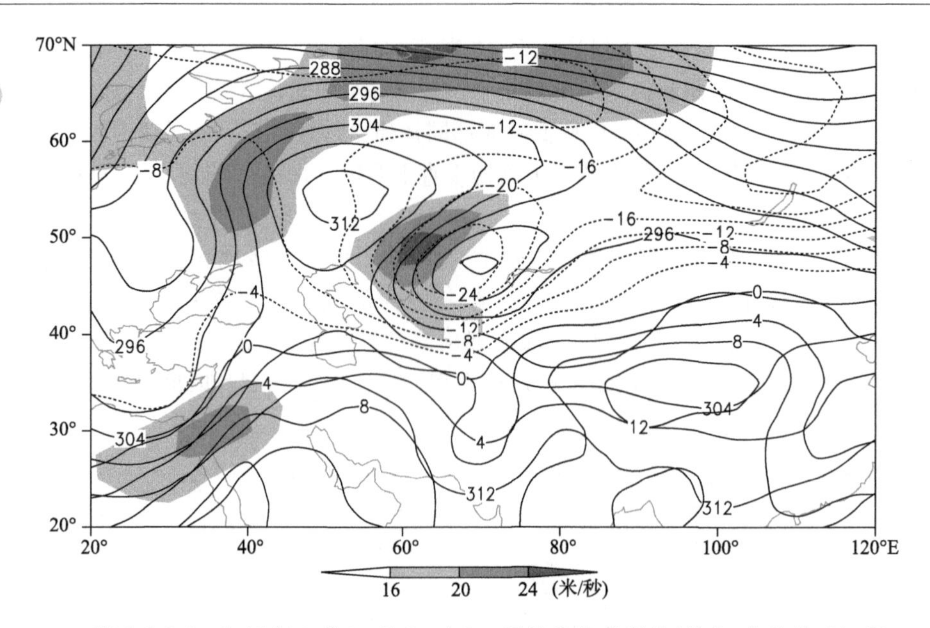

图 2-2-802　2015 年 3 月 29 日 20 时 700 百帕位势高度场(单位:位势什米)、温度场(单位:℃),阴影表示风速大于 16 米/秒的急流区

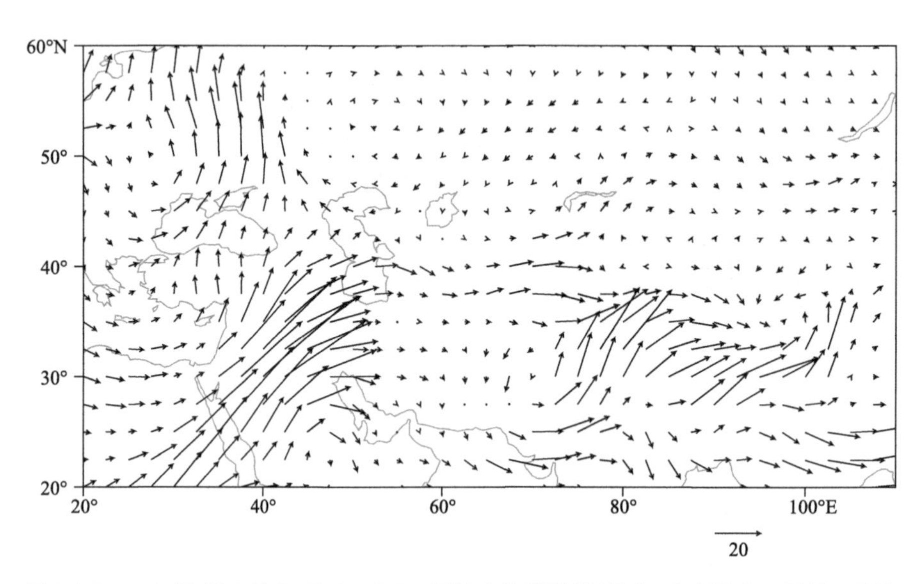

图 2-2-803　2015 年 3 月 29 日 20 时 700 百帕水汽通量场(单位:克/(厘米·百帕·秒))

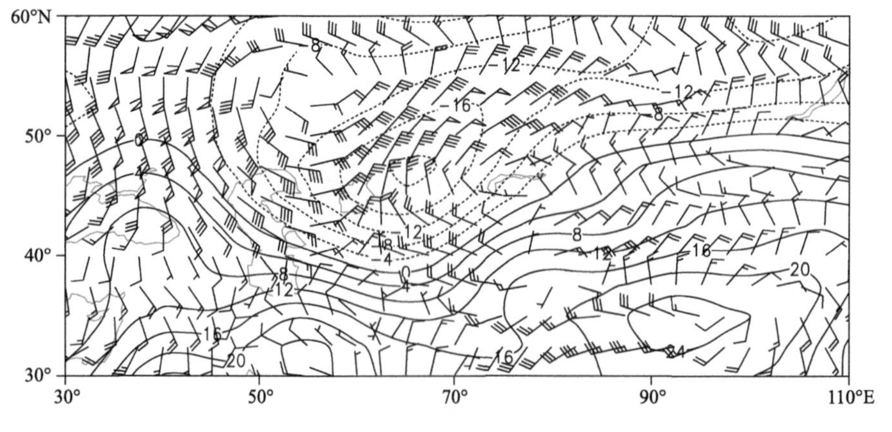

图 2-2-804　2015 年 3 月 29 日 20 时 850 百帕风场(单位:米/秒),温度场(单位:℃)

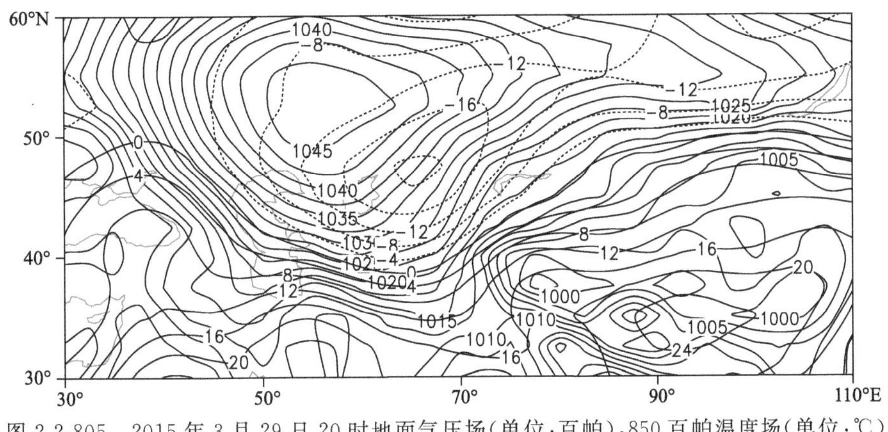

图 2-2-805　2015 年 3 月 29 日 20 时地面气压场(单位:百帕),850 百帕温度场(单位:℃)

2.2.116　阿勒泰地区、塔城地区、伊犁哈萨克自治州、昌吉回族自治州、石河子市暴雪(2015-11-02)

【降雪实况】2015 年 11 月 2 日,阿勒泰地区福海县、布尔津县,昌吉回族自治州玛纳斯县,伊犁哈萨克自治州伊宁市、新源县、霍城县、霍尔果斯市,伊宁县,石河子市、乌兰乌苏镇,塔城地区塔城市、额敏县、裕民县、沙湾县出现暴雪,24 小时降雪量分别为 13.5 毫米、12.1 毫米、13.3 毫米、17.7 毫米、22.3 毫米、14.9 毫米、23.5 毫米、19.8 毫米、14.7 毫米、13.9 毫米、12.3 毫米、14.1 毫米、15.3 毫米、16.7 毫米。博尔塔拉蒙古自治州博乐市出现大暴雪,24 小时降雪量为 25.1 毫米(图 2-2-806)。

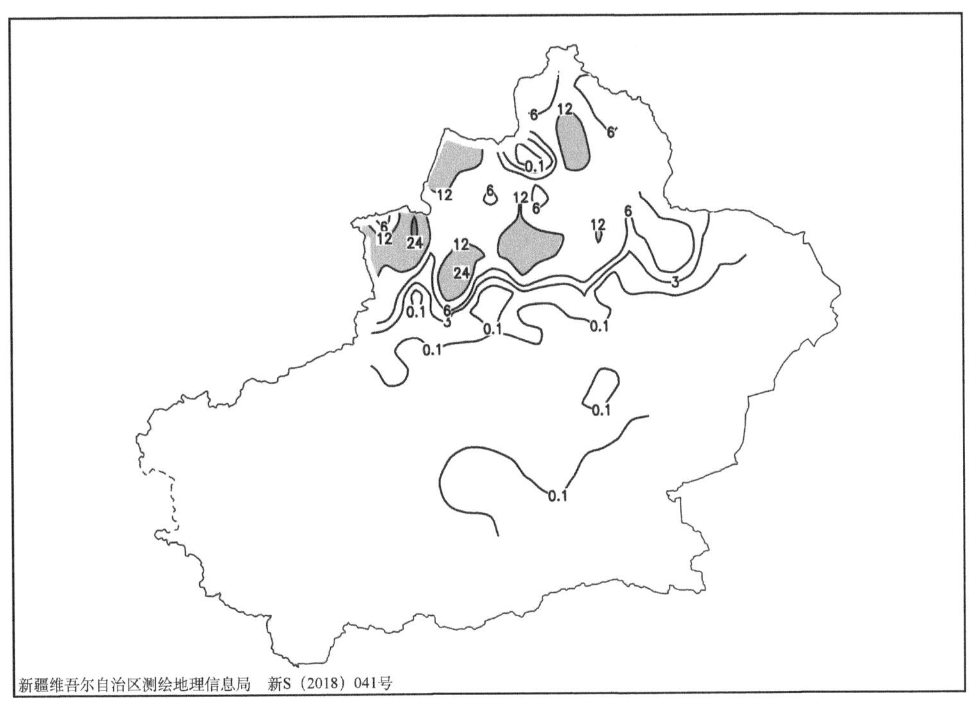

图 2-2-806　2015 年 11 月 1 日 20 时—2 日 20 时降雪量分布图(单位:毫米)

【天气形势】500 百帕环流场上,降雪开始前欧亚范围环流经向度较大,中高纬地区维持两脊一槽的环流形势,即欧洲北部和新疆为高压脊,乌拉尔山西部为呈东北—西南向的后倾槽,冷中心温度低于−41℃,位于乌拉尔山中部,极涡中心位于泰梅尔半岛北部,并配有一个低于−40℃的冷中心(图 2-2-808)。欧洲北部高压脊不断引导格陵兰海冷空气进入低槽中,低槽随着温度槽位置的前移而断续加深和发展,10 月 31 日 20 时开始极涡中心西伸,泰梅尔半岛冷空气进入低槽,1 日 20 时在中亚形成长波槽,中心温度低于−43℃的冷中心位于西西伯利亚,后倾槽结构被破坏。随着欧洲北部高压脊的衰退,中亚槽减弱持续东移,槽前锋区从北疆西部向东移动,为北疆大范围的暴雪天气提供了有利的环流背景。

降雪过程中,200 百帕上有一支中心风速大于 60 米/秒的西南急流,急流缓慢东移南压,暴雪出现在高空急流入口区右侧的辐散区,强烈的高空辐散有利于暴雪区上升运动的发展和维持(图 2-2-807)。700 百帕上,1 日 20 时,从里海、咸海北部到巴尔喀什湖有一中心风速大于 20 米/秒的西南急流,2 日转为偏西急流,北疆始终处于急流前部的强辐合区。高层辐散、低层辐合的形势在暴雪区上空叠加,使得整层大气的垂直上升运动增强,为暴雪天气提供了有利的动力条件(图 2-2-809)。700 百帕水汽通量场上,欧洲北部的水汽沿西北气流在中亚南部加强后,以接力方式经巴尔喀什湖输送至北疆。持续的水汽输送且较强的低层水汽辐合增加了降雪强度,提高了降雪效率(图 2-2-810)。

地面图上,1 日 20 时,冷高压中心位于巴尔喀什湖和新疆之间,中心强度达 1040 百帕,冷锋已经压至北疆西北部,呈东北—西南向分布,塔城和阿勒泰地区处于锋前暖区中,在塔城和阿勒泰地区产生暖区暴雪,随着冷锋移近,在北疆沿天山一带产生冷锋暴雪(图 2-2-811,图 2-2-812)。

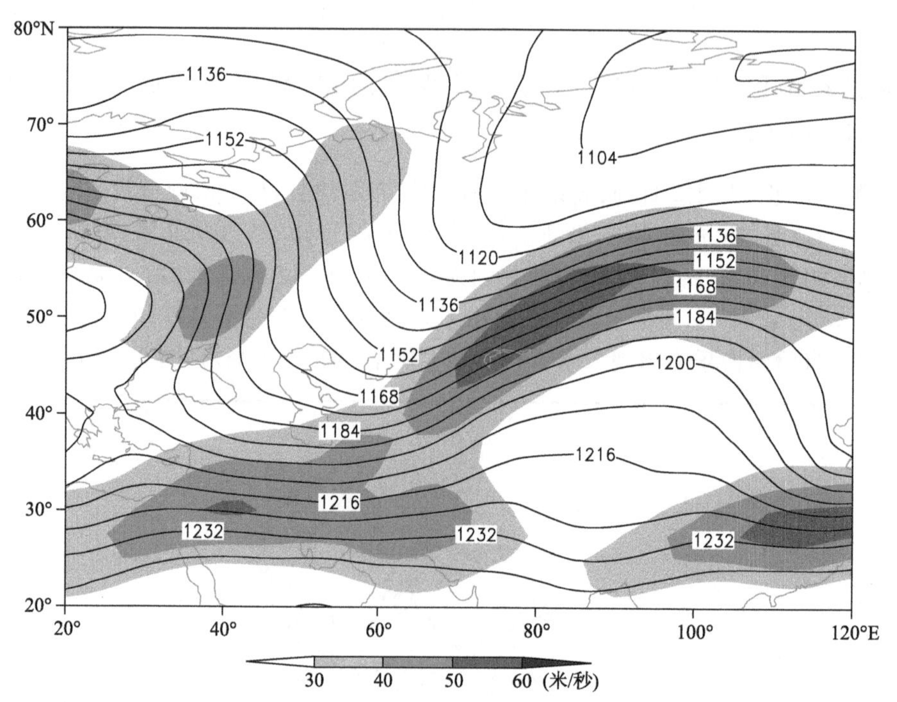

图 2-2-807　2015 年 11 月 1 日 20 时 200 百帕位势高度场(单位:位势什米),阴影表示风速大于 30 米/秒的急流区

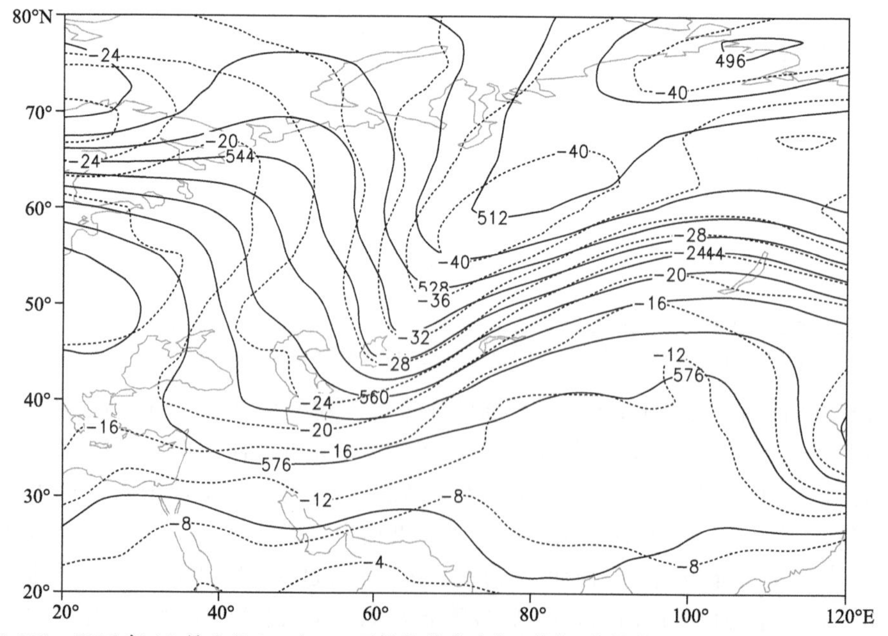

图 2-2-808　2015 年 11 月 1 日 20 时 500 百帕位势高度场(单位:位势什米),温度场(虚线,单位:℃)

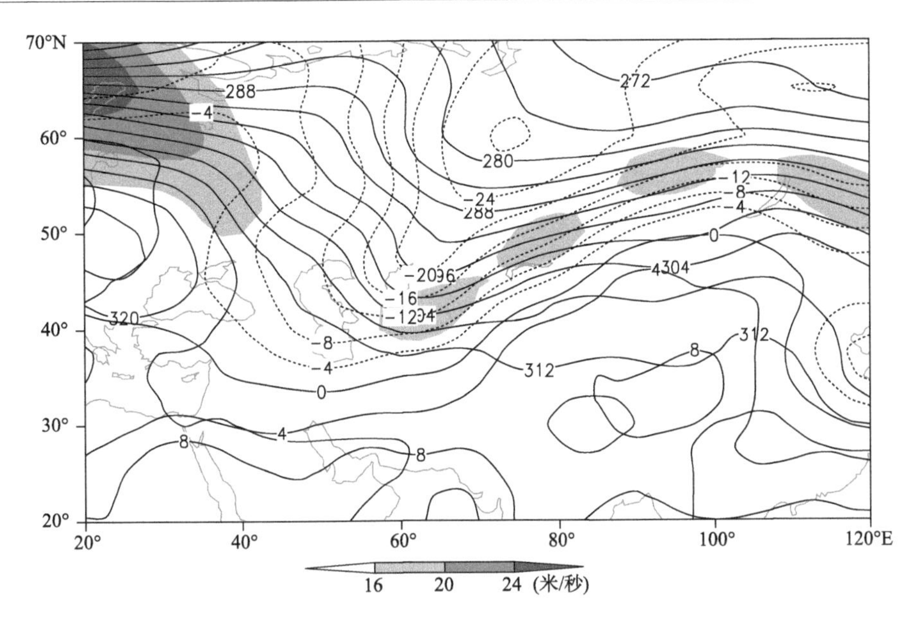

图2-2-809　2015年11月1日20时700百帕位势高度场(单位:位势什米)、温度场(单位:℃),阴影表示风速大于16米/秒的急流区

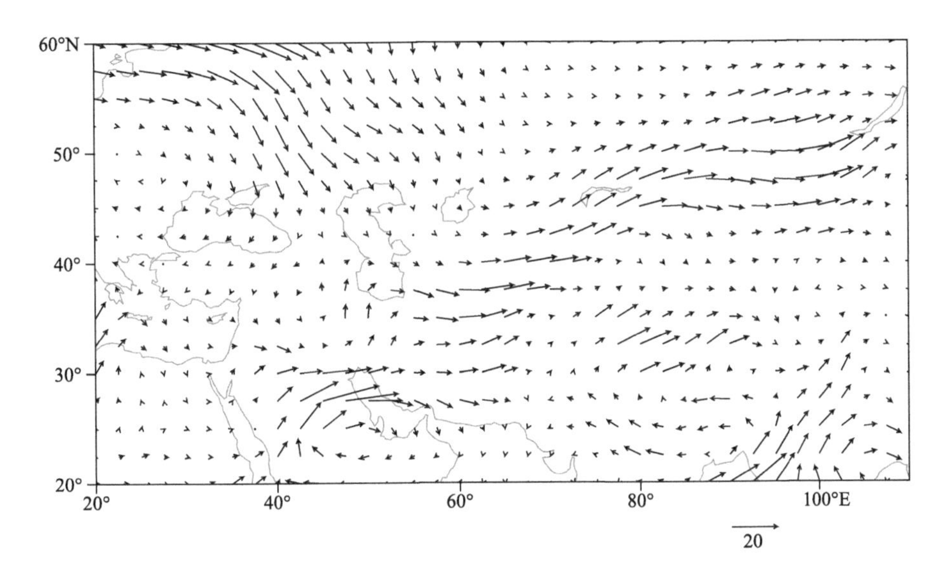

图2-2-810　2015年11月1日20时700百帕水汽通量场(单位:克/(厘米・百帕・秒))

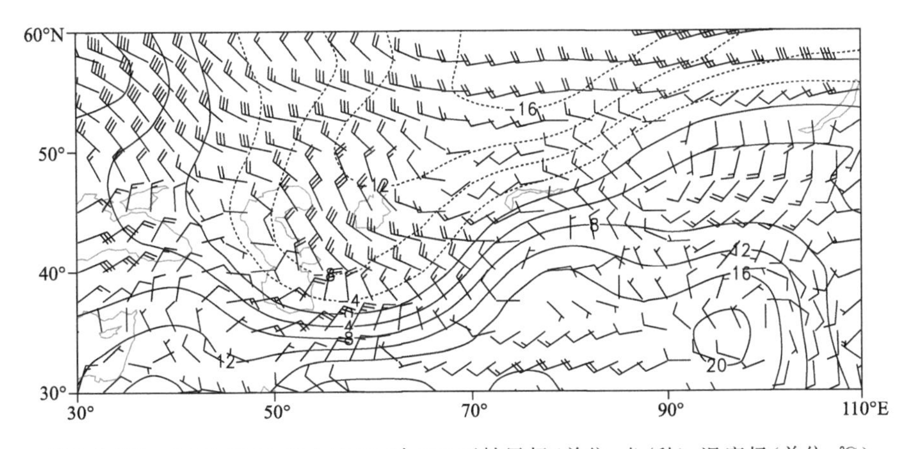

图2-2-811　2015年11月1日20时850百帕风场(单位:米/秒),温度场(单位:℃)

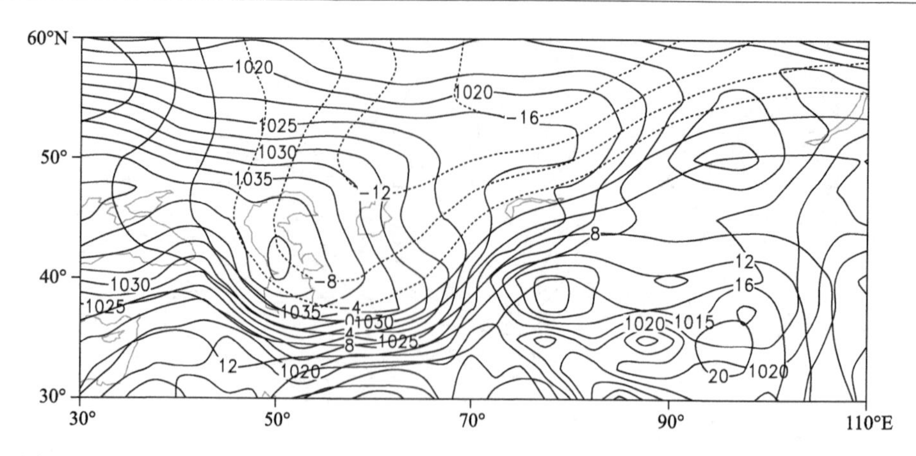

图 2-2-812 2015 年 11 月 1 日 20 时地面气压场(单位:百帕),850 百帕温度场(单位:℃)

2.2.117 博尔塔拉蒙古自治州、伊犁哈萨克自治州暴雪(2015-11-16)

【降雪实况】2015 年 11 月 16 日,博尔塔拉蒙古自治州博乐市,伊犁哈萨克自治州伊宁市、伊宁县出现暴雪,24 小时降雪量分别为 19.0 毫米、12.1 毫米、12.9 毫米(图 2-2-813)。

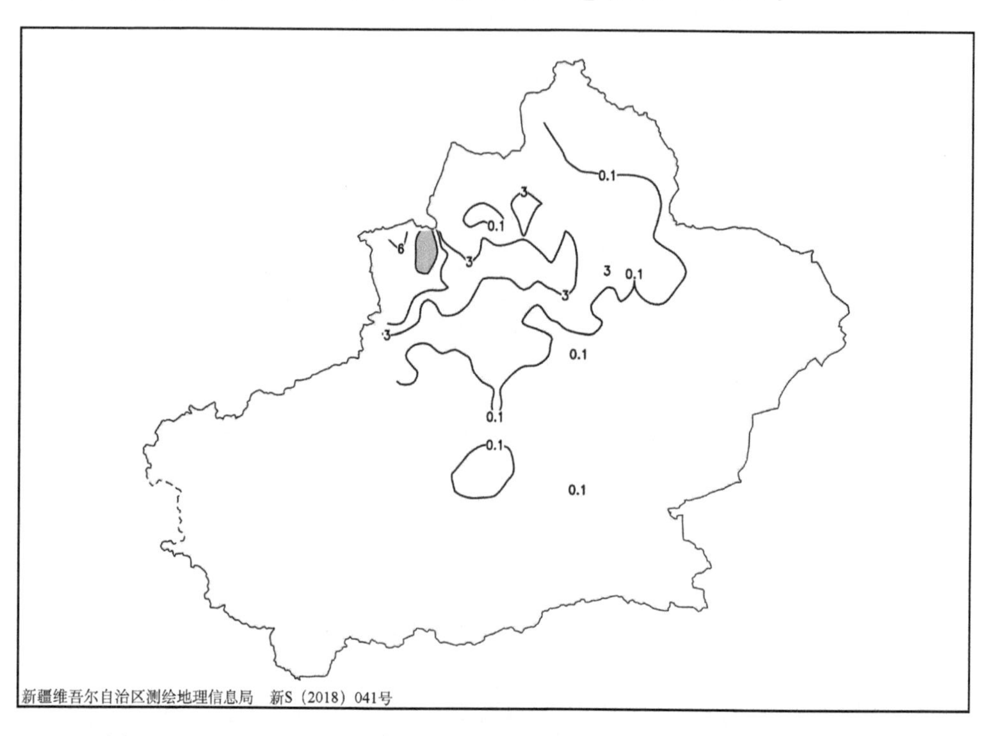

图 2-2-813 2015 年 11 月 15 日 20 时—16 日 20 时降雪量分布图(单位:毫米)

【天气形势】500 百帕环流场上,降雪开始前欧洲中部地区高压脊发展旺盛,引导白海冷空气南下,在里海地区形成低槽,欧洲高压脊受上游偏西急流冲刷减弱东移,脊后西南气流与槽前西南气流打通,在中亚地区形成低涡,低涡东移过程中给北疆西部带来暴雪天气(图 2-2-815)。

200 百帕上有一支西南高空急流,急流核逐渐东移,博尔塔拉蒙古自治州和伊犁哈萨克自治州处在高空急流入口区右侧的强辐散区(图 2-2-814)。700 百帕上从咸海南部到北疆存在一支风速大于 16 米/秒的低空西南急流,伊犁哈萨克自治州和博尔塔拉蒙古自治州位于急流的前部,强盛的低空西南急流把中亚以南的暖湿空气不断输送到伊犁哈萨克自治州和博尔塔拉蒙古自治州,在伊犁哈萨克自治州和博尔塔拉蒙古自治州产生明显的水汽辐合和强烈的上升运动(图 2-2-816)。高、低空西南急流持续耦合发展,使得整层大气的垂直上升运动增强,为此次暴雪的产生提供有利的动力条件。从 700 百帕水汽通量场可以看出,欧洲南部大西洋沿岸的水汽经黑海、里海和中亚源源不断地向北疆输送,为暴雪的产生提供了充沛的水汽(图 2-2-817)。

地面图上,新疆北部地面冷高压不断南下,高压底部锋区逐渐影响北疆,北疆出现大风、降温、降雪天气(图 2-2-818,图 2-2-819),16 日,博尔塔拉蒙古自治州和伊犁哈萨克自治州位于偏北风和偏西风的切变线上,造成伊犁哈萨克自治州和博尔塔拉蒙古自治州的暴雪。

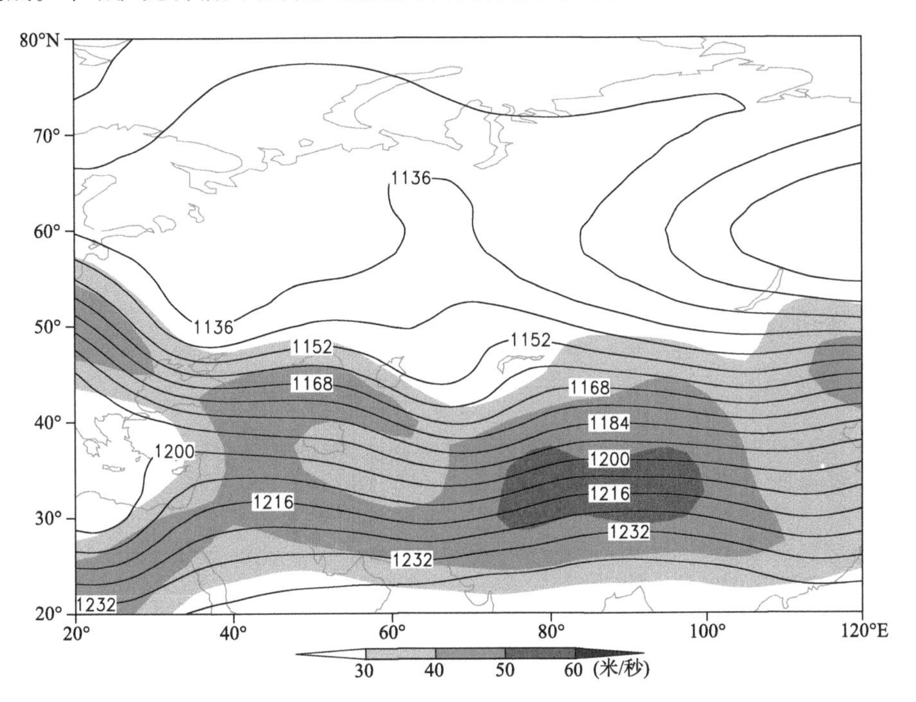

图 2-2-814　2015 年 11 月 15 日 20 时 200 百帕位势高度场(单位:位势什米),阴影表示风速大于 30 米/秒的急流区

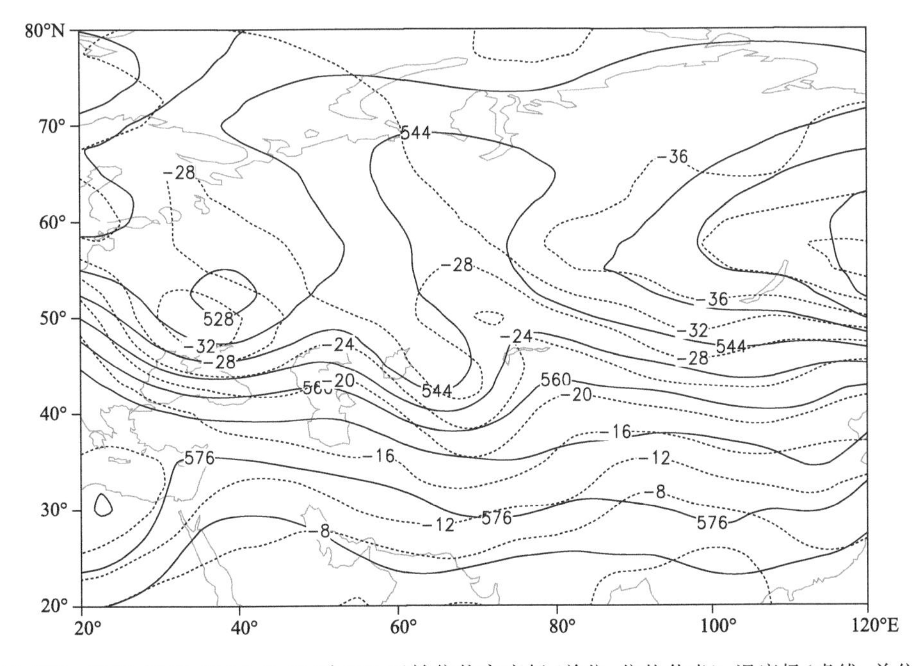

图 2-2-815　2015 年 11 月 15 日 20 时 500 百帕位势高度场(单位:位势什米),温度场(虚线,单位:℃)

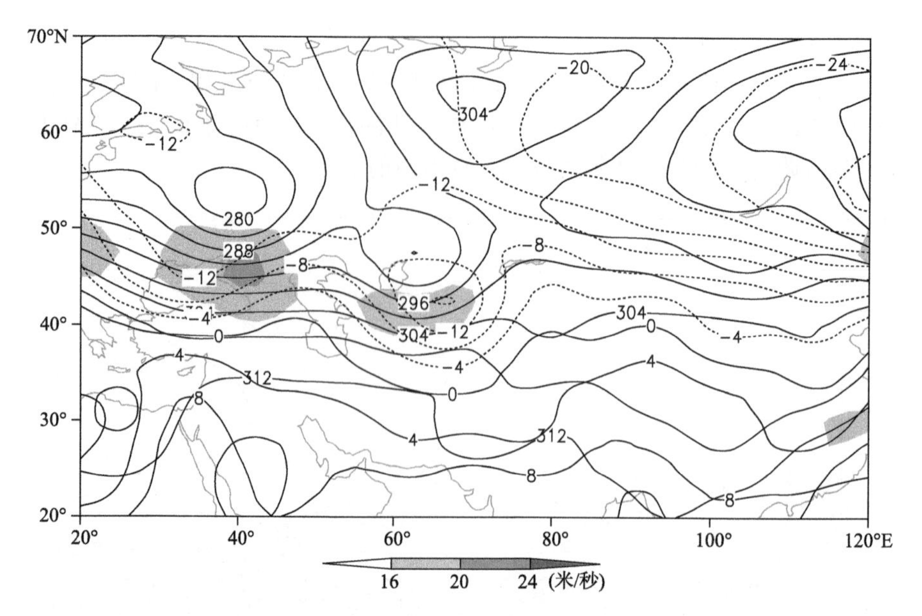

图 2-2-816　2015 年 11 月 15 日 20 时 700 百帕位势高度场(单位:位势什米)、温度场(单位:℃),阴影表示风速大于 16 米/秒的急流区

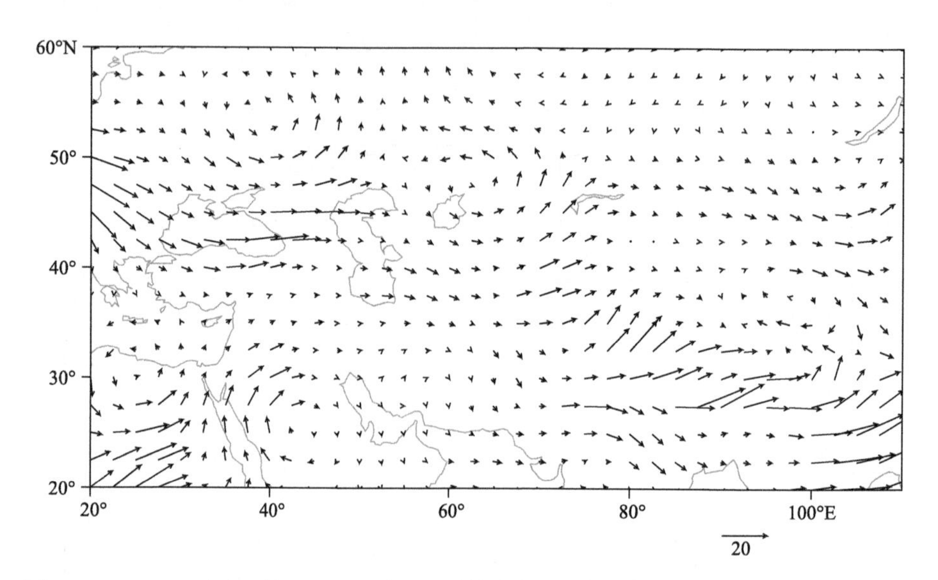

图 2-2-817　2015 年 11 月 15 日 20 时 700 百帕水汽通量场(单位:克/(厘米・百帕・秒))

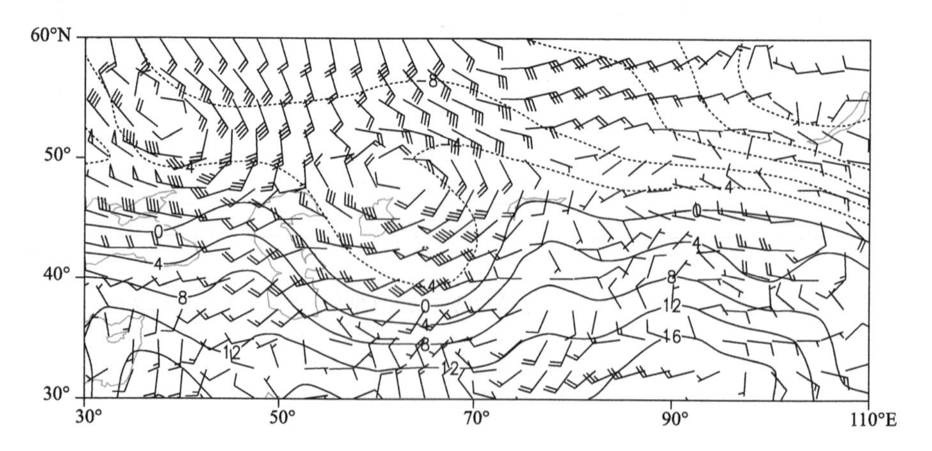

图 2-2-818　2015 年 11 月 15 日 20 时 850 百帕风场(单位:米/秒),温度场(单位:℃)

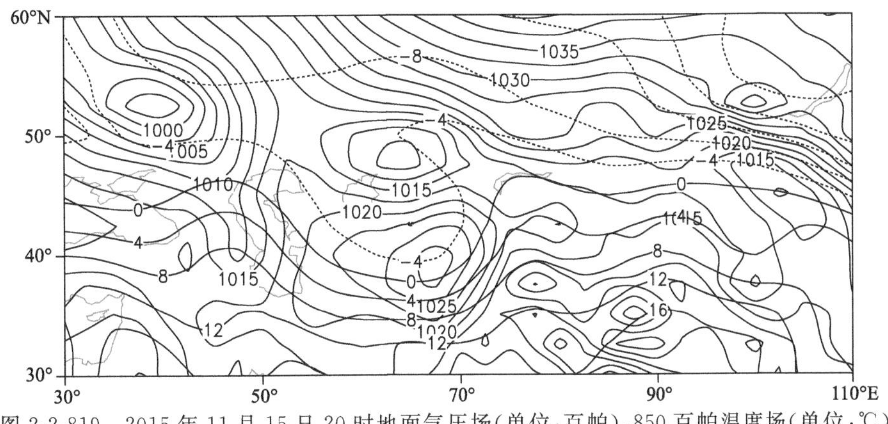

图 2-2-819 2015 年 11 月 15 日 20 时地面气压场(单位:百帕),850 百帕温度场(单位:℃)

2.2.118 伊犁哈萨克自治州、塔城地区暴雪(2015-11-18)

【降雪实况】2015 年 11 月 18—21 日,伊犁哈萨克自治州和塔城地区相继出现暴雪。18 日,伊犁哈萨克自治州伊宁市、伊宁县、尼勒克县 24 小时降雪量分别为 12.5 毫米、12.9 毫米、13.9 毫米。19 日,伊犁哈萨克自治州伊宁市、伊宁县、尼勒克县、霍城县、霍尔果斯市、察布查尔锡伯自治县 24 小时降雪量分别为 19.0 毫米、17.5 毫米、13.1 毫米、17.8 毫米、17.5 毫米、16.6 毫米。20 日,伊犁哈萨克自治州伊宁县、霍尔果斯市,塔城地区塔城市 24 小时降雪量分别为 14.9 毫米、19.2 毫米、12.5 毫米。21 日,伊犁哈萨克自治州伊宁市、伊宁县、霍城县、新源县、察布查尔锡伯自治县 24 小时降雪量分别为 16.3 毫米、17.0 毫米、12.1 毫米、12.5 毫米、15.4 毫米(图 2-2-820)。

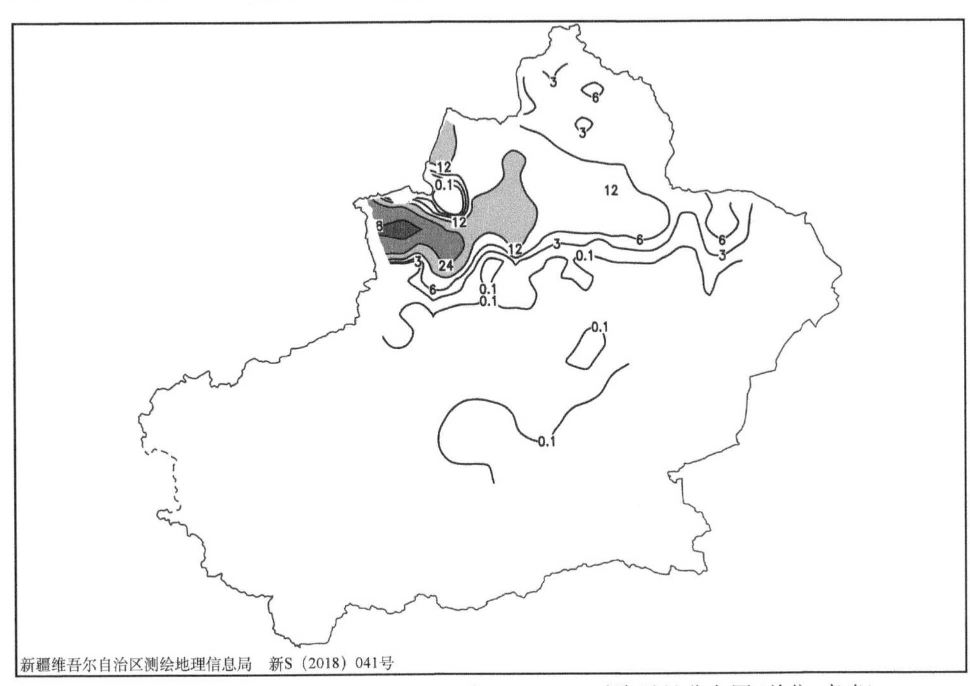

图 2-2-820 2015 年 11 月 17 日 20 时—21 日 20 时降雪量分布图(单位:毫米)

【天气形势】500 百帕环流场上,降雪开始前欧亚范围环流经向度较大,中高纬地区维持两槽一脊的环流形势,即 55°～85°E 范围为阻塞高压,黑海北部和贝加尔湖地区为低涡活动区,黑海北部低涡不断分裂短波东移影响新疆(图 2-2-822)。同时,贝加尔湖冷涡不断向西南移动,强冷空气越过婆罗科努山与中亚地区的暖湿空气在伊犁北部地区汇合,造成伊犁地区的暴雪。白海冷空气持续南下进入低槽,使槽加深并切断呈低涡,低涡前部西南气流与南支系统上的西南气流叠加后进入新疆,由于欧洲高压脊东移衰退,北冰洋冷空气进入脊前低涡,使低涡底部锋区进一步增强,锋区南压,在伊犁地区产生第二轮暴雪天气。中亚低涡东移与高压脊前横槽合并,横槽强锋区控制北疆地区,地中海东部低槽发展强盛,低槽不断分裂短波槽东移北上,南北两支锋区同位相叠加,造成伊犁和塔城地区的暴雪天气。

暴雪过程中 200 百帕上,从阿拉伯半岛到新疆始终有一支高空急流存在,急流核在伊朗高原,随着急流核的移动,急流方向由西北向逐渐转为西南向,暴雪区位于高空急流入口区的右侧,高空急流的建立有利于大尺度垂直上升运动的发展和维持(图 2-2-821)。700 百帕上,整个降雪过程低空西南急流持续稳定,西南急流将低纬度的暖湿空气不断输送到新疆,在伊犁地区产生位势不稳定层结,暖湿空气东北方向输送过程中受婆罗科努山阻挡,在其南坡产生明显的水汽辐合和强的上升运动,有利于强降雪天气的连续发展(图 2-2-823)。充沛的水汽和源源不断的水汽输送是形成新疆大降雪的必备条件。源自欧洲中部大西洋沿岸的水汽经黑海输送至里海南部,汇合了来自红海的一部分水汽后,沿低空西南急流输送至北疆暴雪区(图 2-2-824)。18 日 20 时,水汽通量大值区位于中亚东部,强度达 25 克/(厘米·百帕·秒)。持续的水汽输送且较强的低层水汽辐合增加了雪强,提高了降雪效率。

地面图上,此次连续性暴雪过程中,冷高压中心在蒙古地区稳定维持(图 2-2-825,图 2-2-826)。17 日 20 时,弱的冷高压中心位于黑海,地面低压位于里海附近,黑海冷高压增强东移,伊犁地区受东移的低压前部影响,转为负变压控制。随着低压的持续东移,冷锋与暖锋在伊犁地区呈准静止状态,在低压前部的升温、降压区域内产生暖区暴雪。20 日 20 时,西伯利亚冷高压南下,中尺度冷锋位于巴尔喀什湖附近,地面低压减弱东移,冷锋南下影响伊犁地区,造成伊犁地区的强降雪天气。

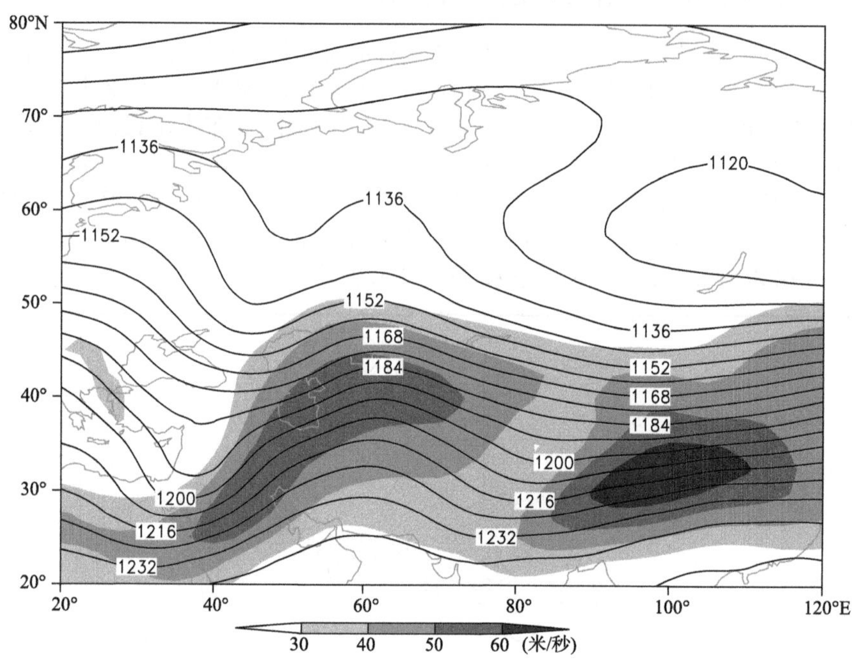

图 2-2-821　2015 年 11 月 17 日 20 时 200 百帕位势高度场(单位:位势什米),阴影表示风速大于 30 米/秒的急流区

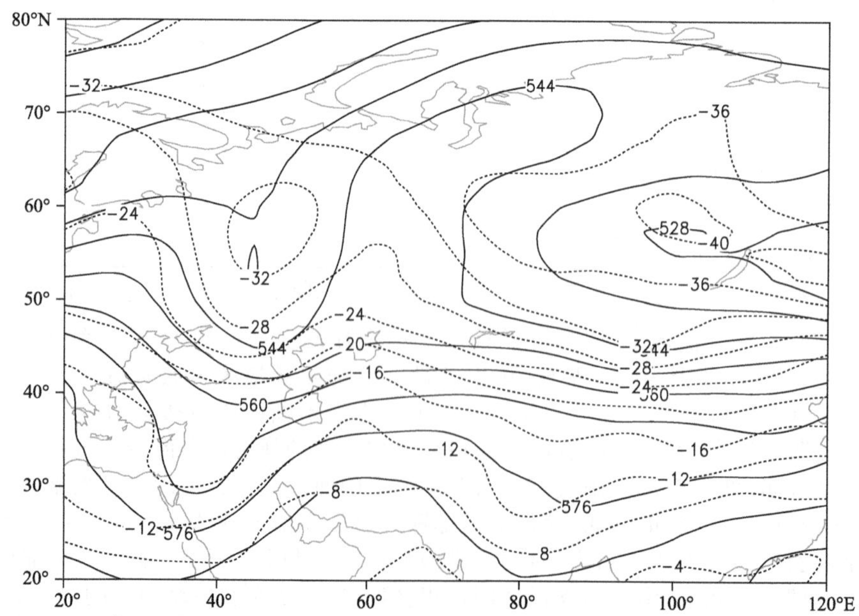

图 2-2-822　2015 年 11 月 17 日 20 时 500 百帕位势高度场(单位:位势什米),温度场(虚线,单位:℃)

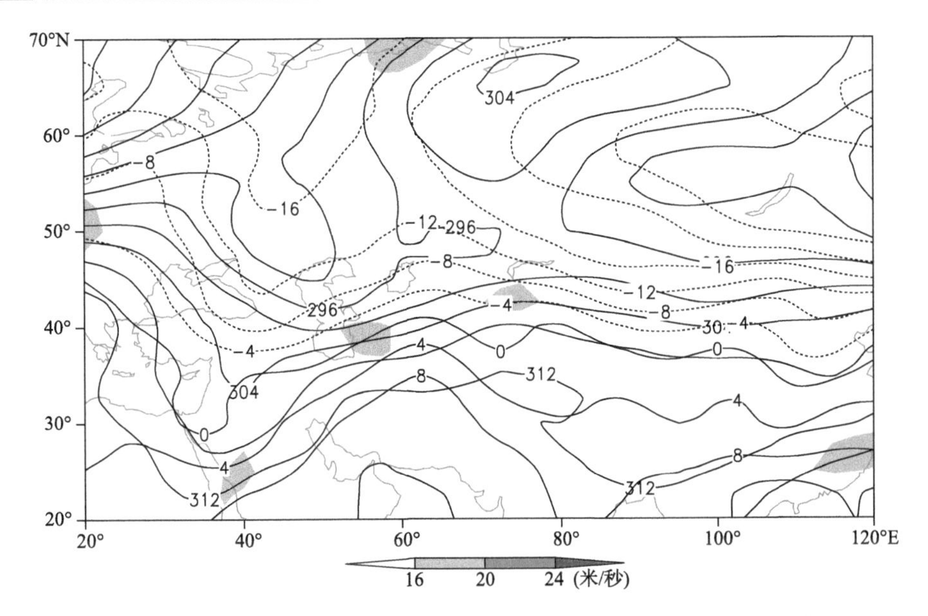

图 2-2-823　2015 年 11 月 17 日 20 时 700 百帕位势高度场(单位:位势什米)、温度场(单位:℃),阴影表示风速大于 16 米/秒的急流区

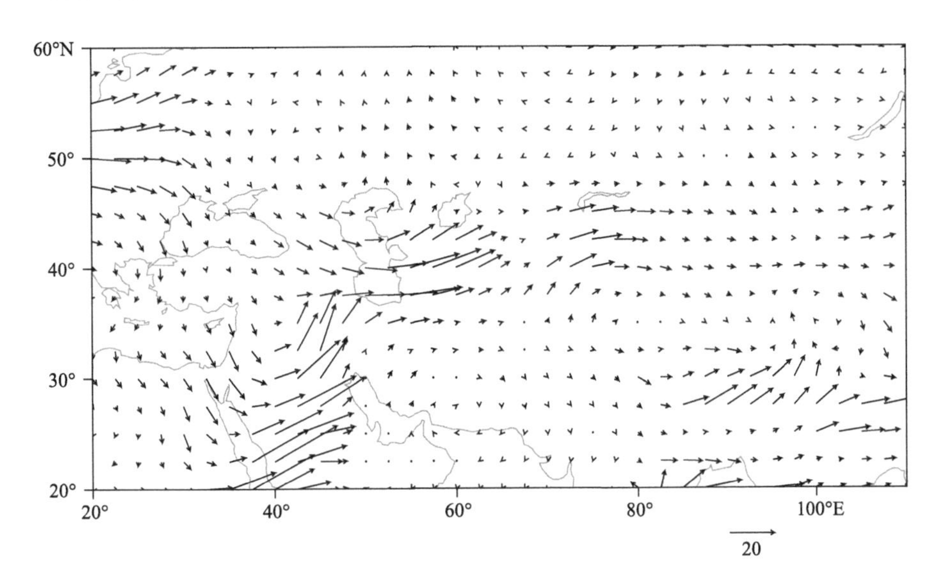

图 2-2-824　2015 年 11 月 17 日 20 时 700 百帕水汽通量场(单位:克/(厘米・百帕・秒))

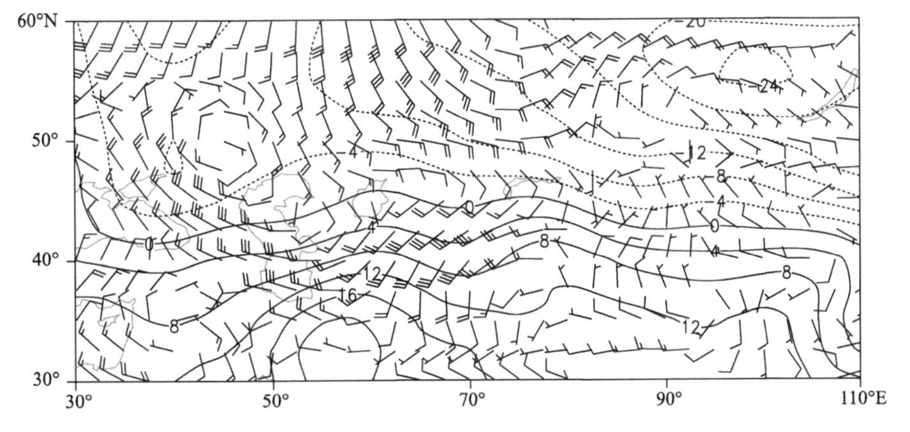

图 2-2-825　2015 年 11 月 17 日 20 时 850 百帕风场(单位:米/秒),温度场(单位:℃)

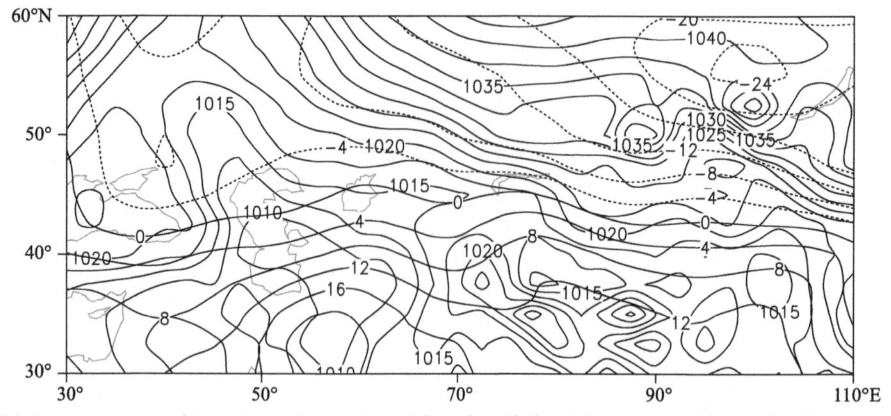

图 2-2-826 2015 年 11 月 17 日 20 时地面气压场(单位:百帕),850 百帕温度场(单位:℃)

2.2.119 伊犁哈萨克自治州、博尔塔拉蒙古自治州、昌吉回族自治州、石河子市、乌鲁木齐市、塔城地区暴雪(2015-12-11)

【降雪实况】2015 年 12 月 11 日全疆共有 15 个市、县出现暴雪天气,2 个地区出现大暴雪天气。博尔塔拉蒙古自治州温泉县,石河子市、乌兰乌苏镇,塔城地区乌苏市,昌吉回族自治州玛纳斯县、蔡家湖、昌吉市、阜康市、吉木萨尔县、奇台县、木垒县,伊犁哈萨克自治州新源县,小渠子站、牧试站 24 小时降雪量分别为 13.0 毫米、13.2 毫米、13.3 毫米、13.7 毫米、16.7 毫米、18.0 毫米、20.8 毫米、17.1 毫米、15.7 毫米、15.8 毫米、14.4 毫米、13.2 毫米、21.7 毫米、14.7 毫米。乌鲁木齐市和米东区出现大暴雪,24 小时降雪量为 35.9 毫米、27.4 毫米(图 2-2-827)。

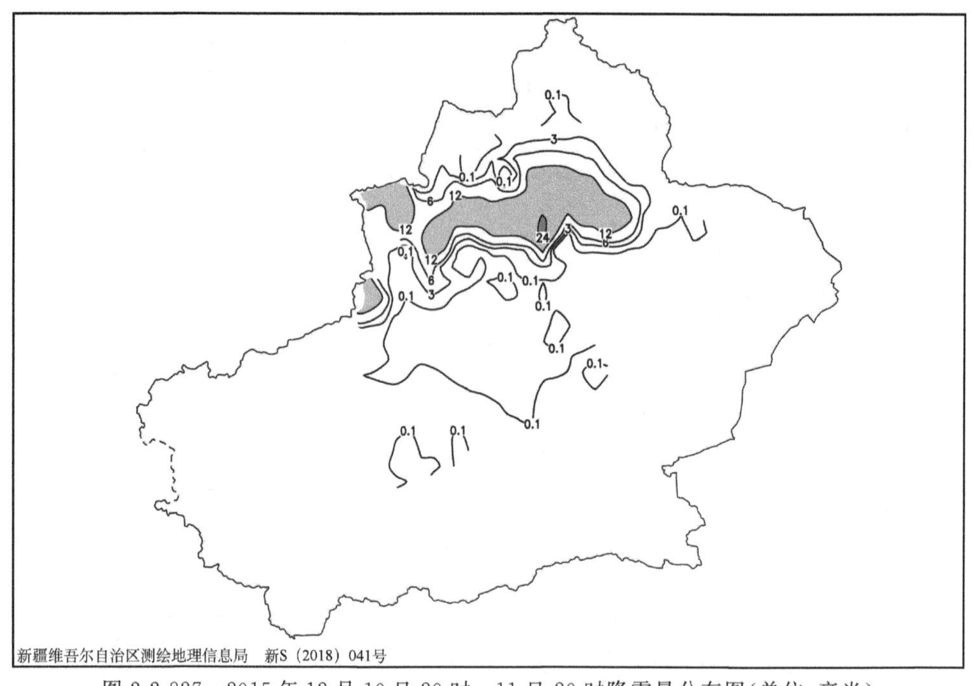

图 2-2-827 2015 年 12 月 10 日 20 时—11 日 20 时降雪量分布图(单位:毫米)

【天气形势】500 百帕环流场上,降雪开始前欧亚中高纬度环流经向度较大,表现为两脊一槽的环流形势,即大西洋沿岸欧洲地区和贝加尔湖为高压脊,乌拉尔山为长波槽(图 2-2-829)。欧洲脊向北发展,乌拉尔山长波槽向南加深,里海南部的低值系统与乌拉尔山大槽合并叠加,槽前的西南风伸至 30°N 以南,为典型的后倾槽形势。东欧高压脊顶受到冷平流侵袭,向东南方向衰退,推动乌拉尔山大槽东移南下,冷空气主体位于中亚。槽前副热带急流带上西南风明显增强,偏南风增强为偏南急流,高空槽前偏南急流逐渐东移,11 日,偏南急流东移至南疆,08 时,南疆盆地偏南风达 20 米/秒(出现在天山南麓巴音郭楞蒙古自治州境内的库尔勒站),为天山中部的暴雪和大暴雪提供了有利的大尺度环流背景。

对流层高层 200 百帕从伊朗高原北部到新疆有一支西南风急流带,高层西南急流的建立有利于大尺度垂直上升运动的发展和维持，强降雪区位于高空急流入口区的右侧(图 2-2-828)。700 百帕新疆西北部西北急流建立后维持，急流轴最大风速达 20 米/秒，北疆位于急流前部，低层的西北急流有利于低层的辐合抬升。11 日 08 时，对流层低层的 850 百帕建立了一支东北气流，700 百帕西北气流和 850 百帕东北气流南下后在天山北坡受山脉阻挡，地形强迫抬升作用明显，加强了风场的辐合及垂直上升运动，而乌鲁木齐附近多条冷式切变线的存在，进一步增强了该地区的水汽辐合与抬升，为乌鲁木齐大暴雪的产生提供了有利的条件(图 2-2-830，图 2-2-832)。从 700 百帕水汽通量场可以看出，造成此次暴雪和大暴雪天气的水汽为偏西路径，首先是欧洲北部水汽向东南输送到里海、咸海，水汽到达里海、咸海地区后继续向北疆输送，承担输送水汽的偏西气流进入北疆后转为西北风，为暴雪提供了源源不断的水汽，也是乌鲁木齐大暴雪形成的重要成因(图 2-2-831)。

地面图上，暴雪出现在西高东低的形势下，且有冷锋配合(图 2-2-833)。10 日 20 时，新疆西部境外为弱冷锋，其后部为 1040 百帕的冷高压，蒙古为弱低压，新疆西部为 3 小时正变压区。冷锋东移过境时，在北疆沿天山一带产生暴雪天气。

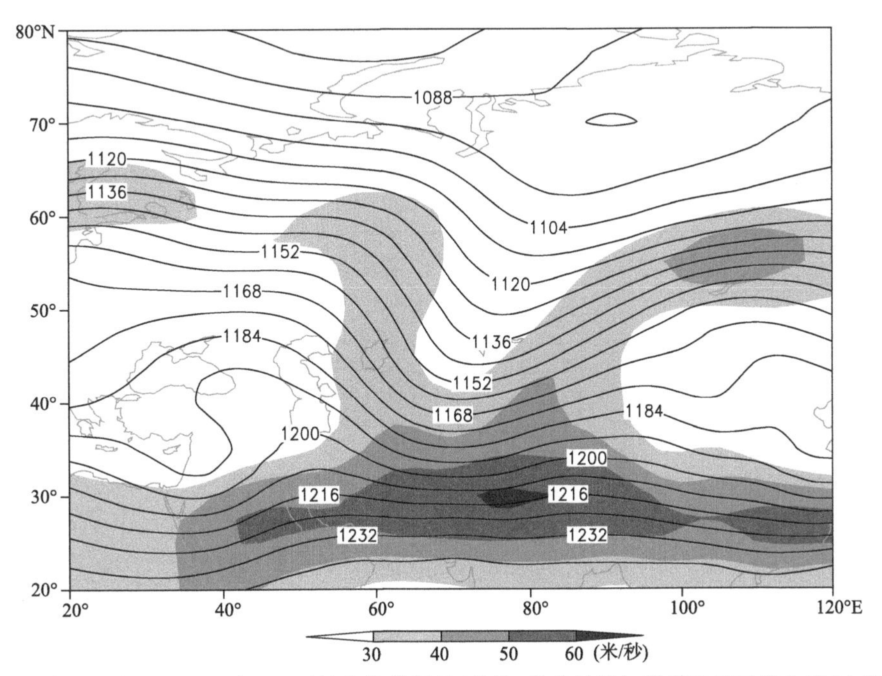

图 2-2-828　2015 年 12 月 10 日 20 时 200 百帕位势高度场(单位：位势什米)，阴影表示风速大于 30 米/秒的急流区

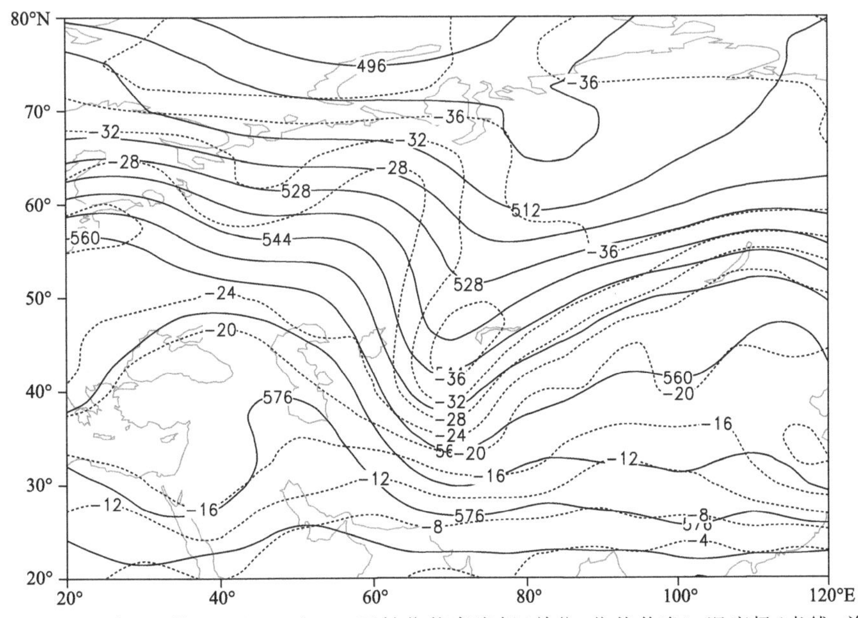

图 2-2-829　2015 年 12 月 10 日 20 时 500 百帕位势高度场(单位：位势什米)，温度场(虚线，单位：℃)

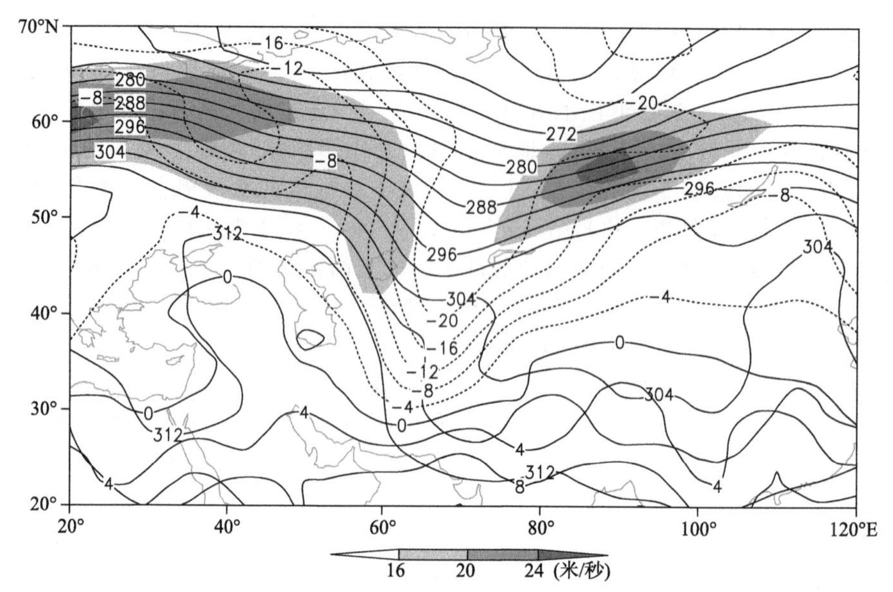

图 2-2-830　2015 年 12 月 10 日 20 时 700 百帕位势高度场(单位:位势什米)、温度场(单位:℃),阴影表示风速大于 16 米/秒的急流区

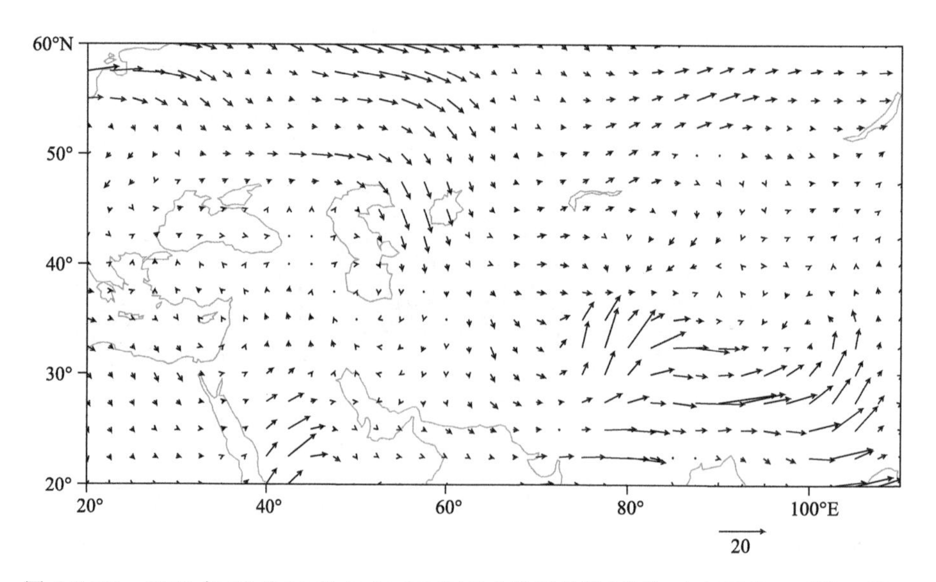

图 2-2-831　2015 年 12 月 10 日 20 时 700 百帕水汽通量场(单位:克/(厘米·百帕·秒))

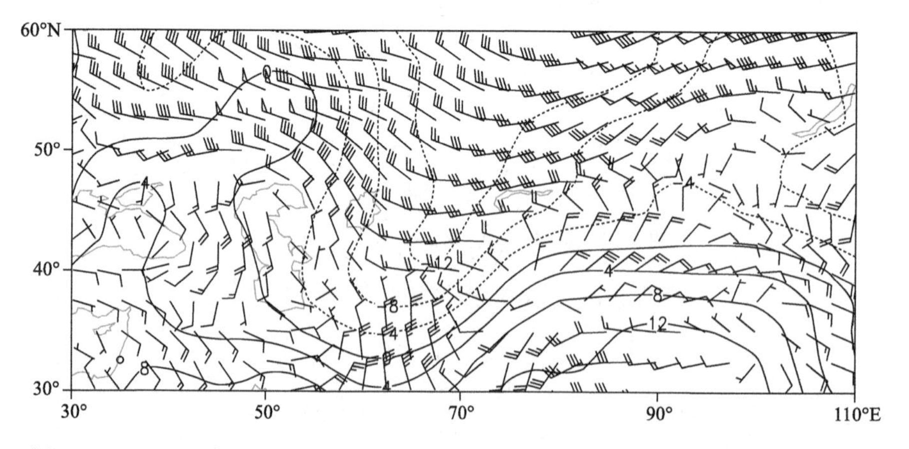

图 2-2-832　2015 年 12 月 10 日 20 时 850 百帕风场(单位:米/秒),温度场(单位:℃)

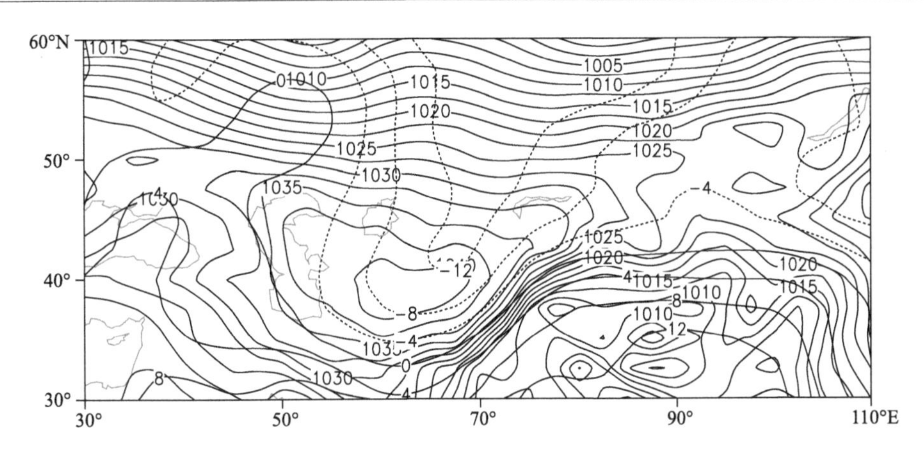

图 2-2-833　2015 年 12 月 10 日 20 时地面气压场(单位:百帕),850 百帕温度场(单位:℃)

2.2.120　昌吉回族自治州、石河子市、乌鲁木齐市暴雪(2016-03-03)

【降雪实况】2016 年 3 月 3 日,昌吉回族自治州北塔山、玛纳斯县、阜康市、木垒县,石河子市、乌兰乌苏镇,乌鲁木齐市小渠子站出现暴雪,24 小时降雪量分别为 12.8 毫米、14.3 毫米、14.8 毫米、12.2 毫米、12.3 毫米、13.0 毫米、12.3 毫米(图 2-2-834)。

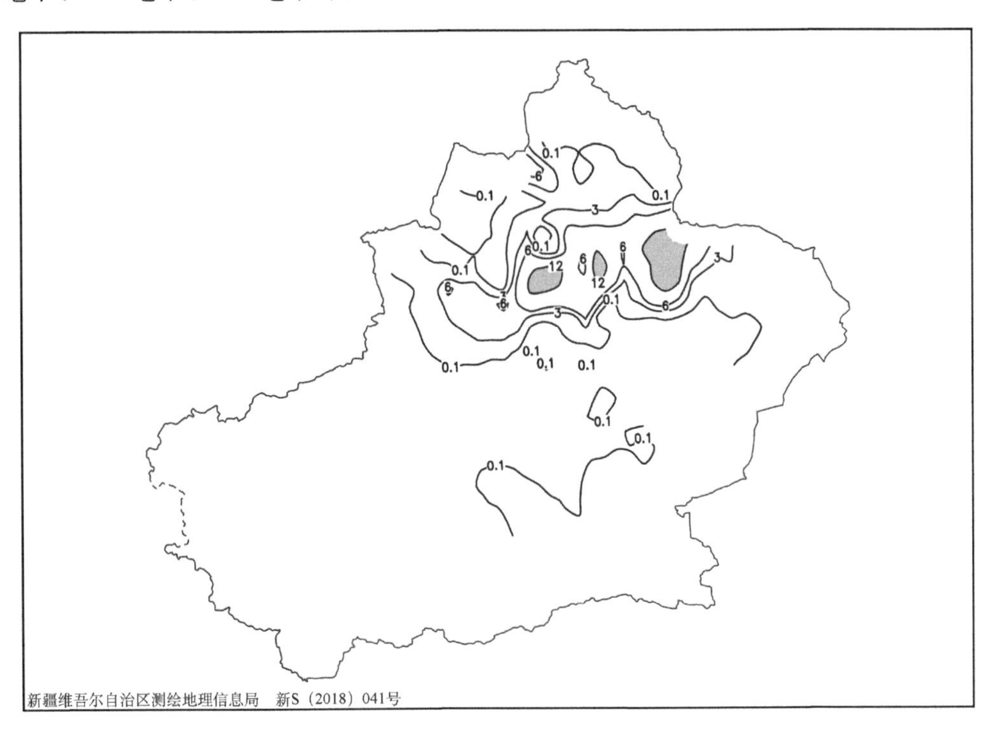

图 2-2-834　2016 年 3 月 2 日 20 时—3 日 20 时降雪量分布图(单位:毫米)

【天气形势】500 百帕环流场上,降雪开始前,欧亚中高纬度分为南、北两个系统,其中南支系统比较活跃,已经北抬至 40°N 以北地区,北疆在南支锋区控制中,北支锋区移速较快,受极涡后部冷空气的补充,北支锋区不断增强,2 日 20 时,南、北两支锋区在巴尔喀什湖北部叠加,强锋区东移南压,3 日,强锋区压在北疆沿天山地区,造成昌吉、石河子和乌鲁木齐的暴雪天气(图 2-2-836)。

200 百帕上从欧洲北部到北疆有一支风速大于 40 米/秒的西北急流,急流核在乌拉尔山南部,急流核不断东移南下,暴雪区位于高空急流核入口区右侧(图 2-2-835)。强降雪产生时段 700 百帕上同样有一支西北急流,低空西北急流出口区左侧的强辐合区和高空西北急流入口区右侧的强辐散区在暴雪区上空叠加,使得整层大气的垂直上升运动增强,为暴雪天气提供了有利的动力条件(图 2-2-837)。从 700 百帕水汽通量场可以看出,此次暴雪中存在两条水汽输送路径,分别是西南路径和偏西路径,西南路径的水汽主要来源于红海,红海南部的水汽经波斯湾输送到印度半岛西部,印度半岛至巴尔喀什湖南部西南风带里建立了水汽通道(图 2-2-838),2 日 20 时,水汽由偏西风向暴雪区输送。偏西路径的水汽主要来源于黑海,黑海水汽向东南输送至里海南部,水汽到达里海地区后继续向东北输送的过程中与西南路径的水汽在巴尔喀什湖南部汇聚,为暴雪的产生提供了源源不断的水汽。

地面图上,地面冷高压自咸海不断加强向东南移动(图 2-2-839,图 2-2-840)。2 日 20 时,冷锋已压至新疆西北部,之后冷锋快速东移至北疆天山中部地区,在昌吉、石河子和乌鲁木齐产生暴雪。

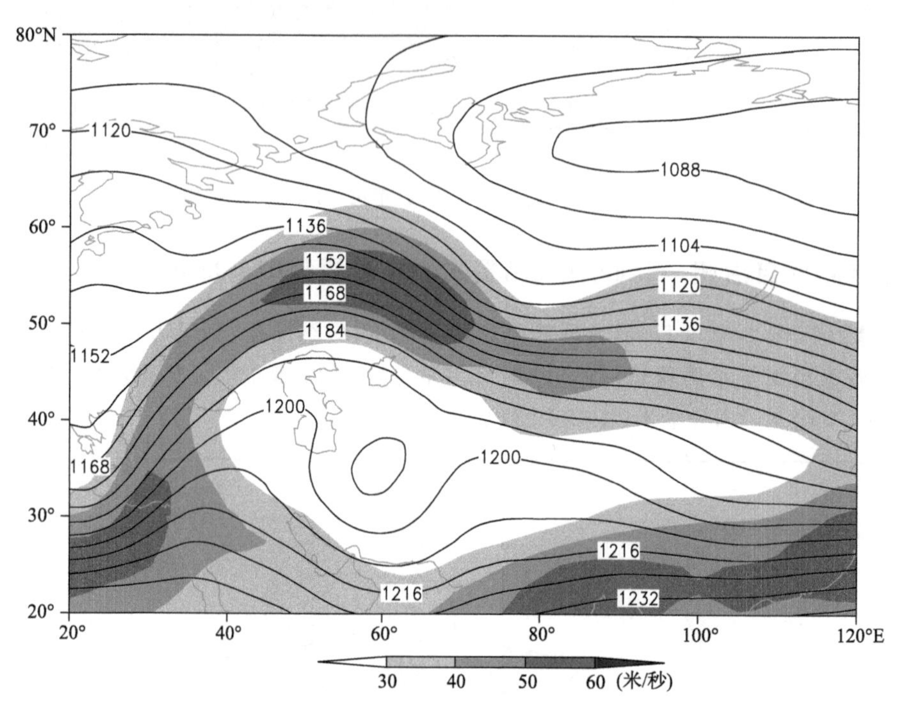

图 2-2-835　2016 年 3 月 2 日 20 时 200 百帕位势高度场(单位:位势什米),阴影表示风速大于 30 米/秒的急流区

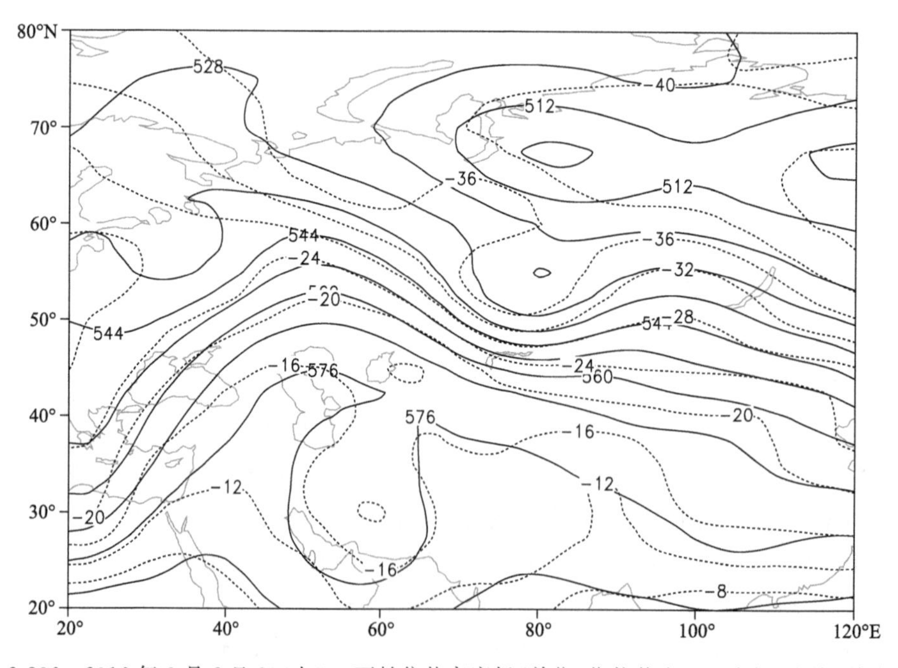

图 2-2-836　2016 年 3 月 2 日 20 时 500 百帕位势高度场(单位:位势什米),温度场(虚线,单位:℃)

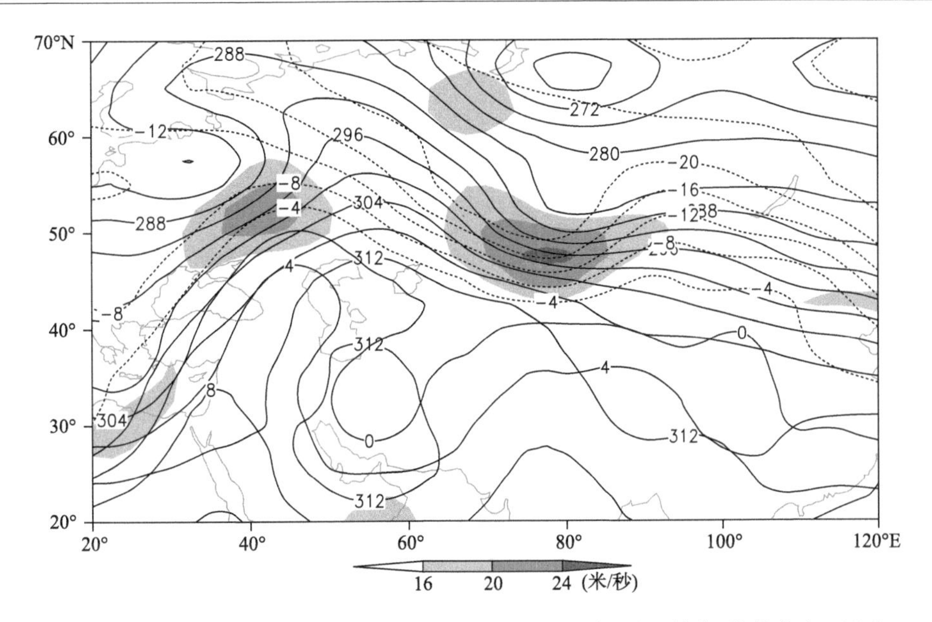

图 2-2-837　2016 年 3 月 2 日 20 时 700 百帕位势高度场(单位:位势什米)、温度场(单位:℃),阴影表示风速大于 16 米/秒的急流区

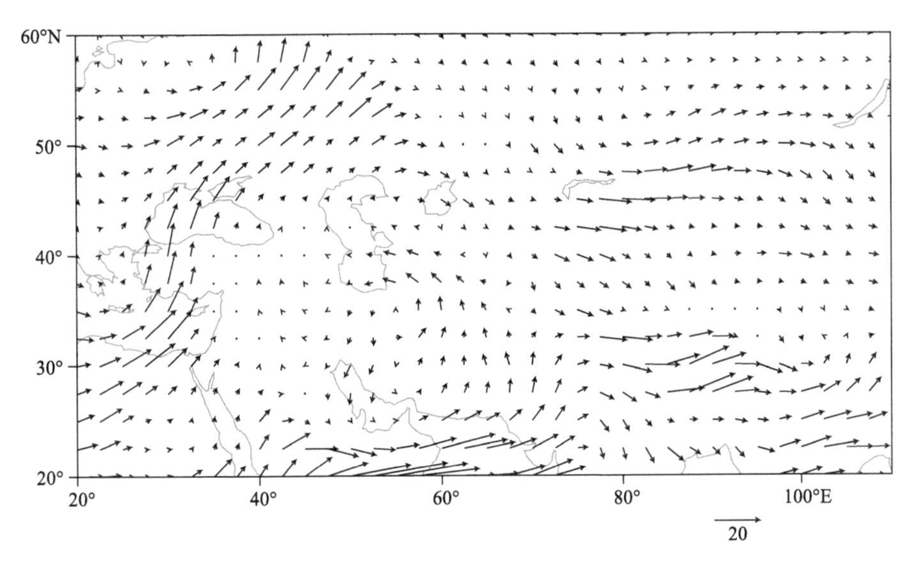

图 2-2-838　2016 年 3 月 2 日 20 时 700 百帕水汽通量场(单位:克/(厘米·百帕·秒))

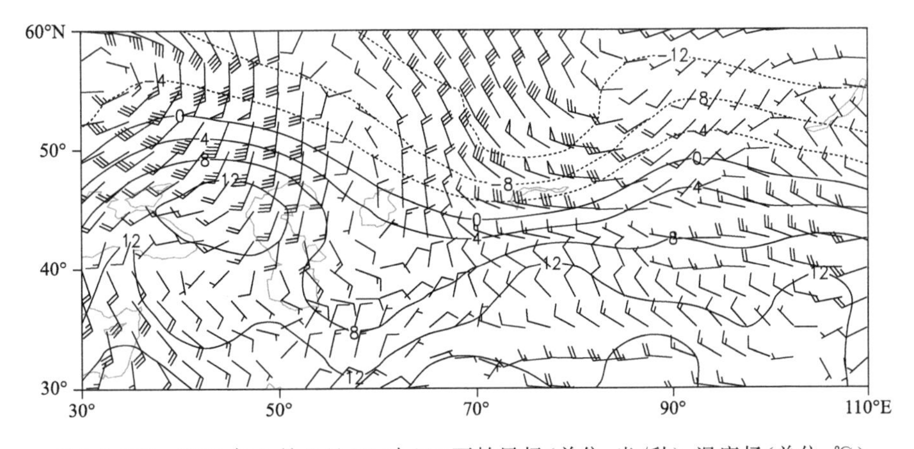

图 2-2-839　2016 年 3 月 2 日 20 时 850 百帕风场(单位:米/秒),温度场(单位:℃)

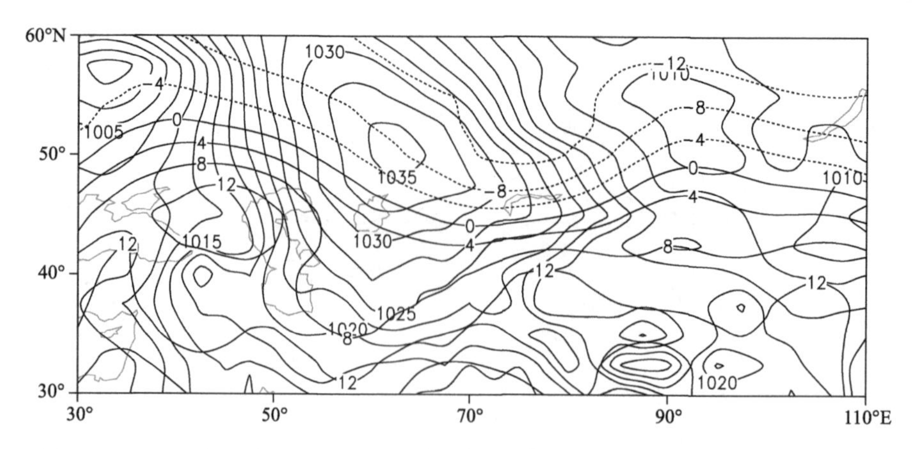

图 2-2-840　2016 年 3 月 2 日 20 时地面气压场(单位:百帕),850 百帕温度场(单位:℃)

2.2.121　阿勒泰地区、塔城地区暴雪(2016-03-30)

【降雪实况】2016 年 3 月 30 日,阿勒泰地区哈巴河县、布尔津县,塔城地区塔城市出现暴雪,24 小时降雪量分别为 12.2 毫米、16.3 毫米、15.2 毫米(图 2-2-841)。

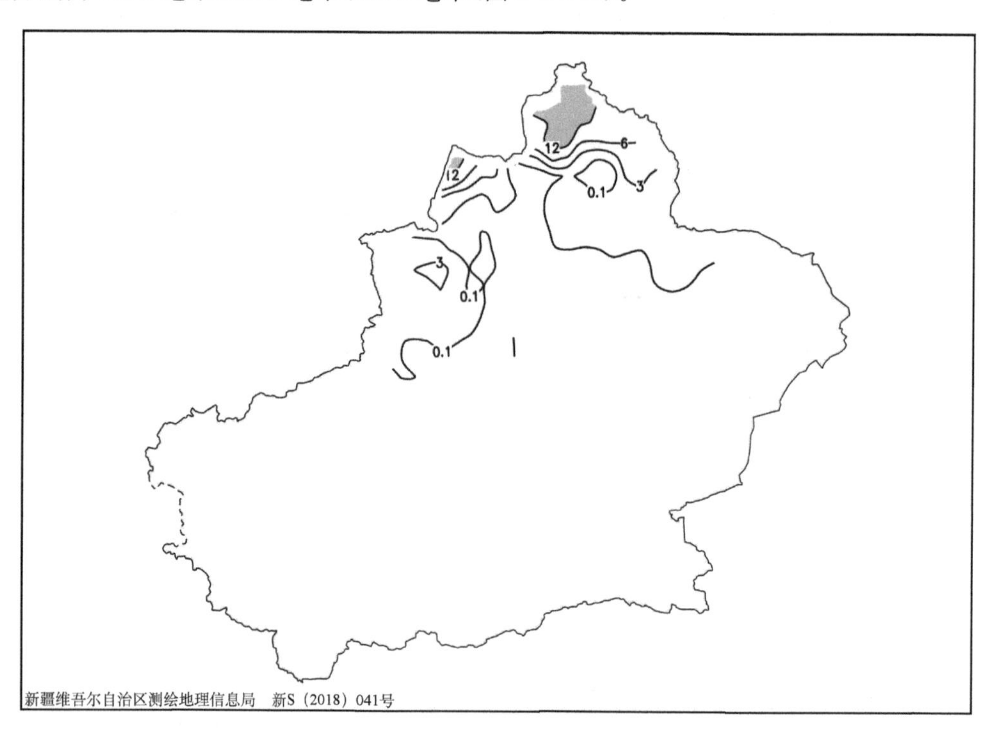

图 2-2-841　2016 年 3 月 29 日 20 时—30 日 20 时降雪量分布图(单位:毫米)

【天气形势】500 百帕环流场上,降雪开始前欧亚范围存在南、北两支锋区,其中,南支锋区比较活跃,已经北挺到 40°N 以北,新疆受持续的南支气流控制,贝加尔湖北部极涡不断增强,极涡中心东移南压,其底部锋区与南支锋区在北疆北部叠加,在阿勒泰和塔城地区产生暴雪(图 2-2-843)。

降雪过程中,200 百帕上北疆持续受偏西急流控制,阿勒泰和塔城地区处于急流入口区右侧,强烈的高层辐散有利于强降雪产生(图 2-2-842)。700 百帕上,里海南部低槽前西南气流强盛,塔城和阿勒泰处于西南急流的出口区,有利于形成水汽辐合和强烈的上升运动。高空偏西急流入口区右侧的强辐散区和低空西南急流出口区左侧的强辐合区在暴雪区上空叠加,使得整层大气的垂直上升运动增强,为此次暴雪天气提供了有利的动力条件(图 2-2-844)。850 百帕上,29 日 20 时,低压前部西南风与阿尔泰山西南部的东南风在阿勒泰地区形成暖式切变,强降雪发生在暖式切变线上(图 2-2-846)。700 百帕水汽通量场上,来自西西伯利亚的水汽向南输送至中亚地区,然后沿低空西南急流输送到巴尔喀什湖,再接力输送到北疆北部暴雪区，为暴雪的产生和维持提供了充足的水汽(图 2-2-845)。

地面图上，29 日 20 时，冷高压中心在乌拉尔山西南部，冷高轴线为西北—东南走向，蒙古地区为暖低压，低压西伸侵入冷高压区，形成尺度较小的暖锋，在塔城和阿勒泰地区产生暖区暴雪(图 2-2-847)。

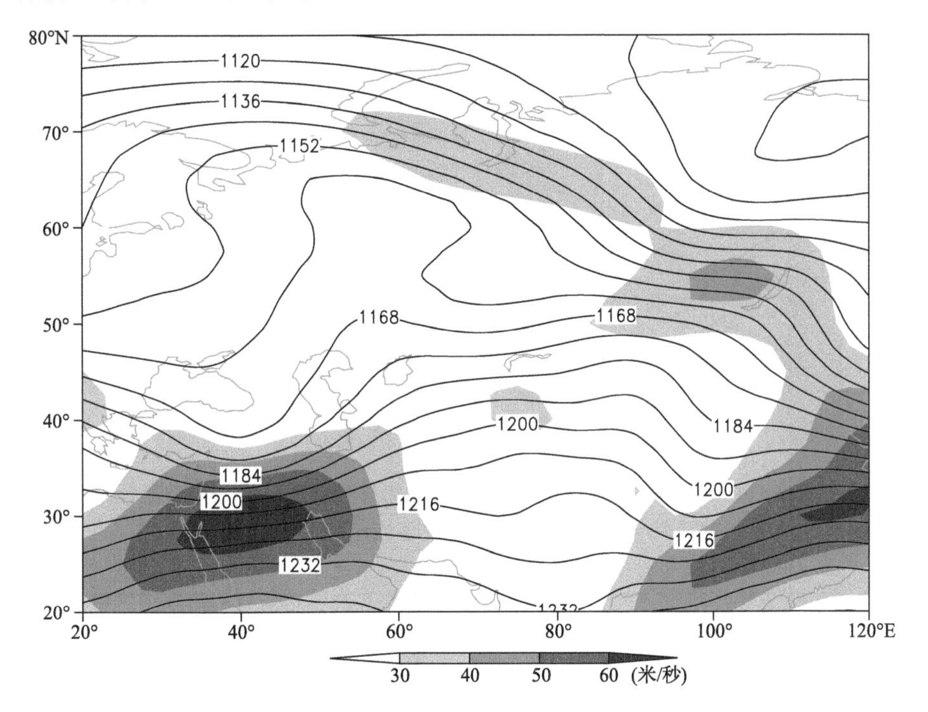

图 2-2-842 2016 年 3 月 29 日 20 时 200 百帕位势高度场(单位：位势什米)，阴影表示风速大于 30 米/秒的急流区

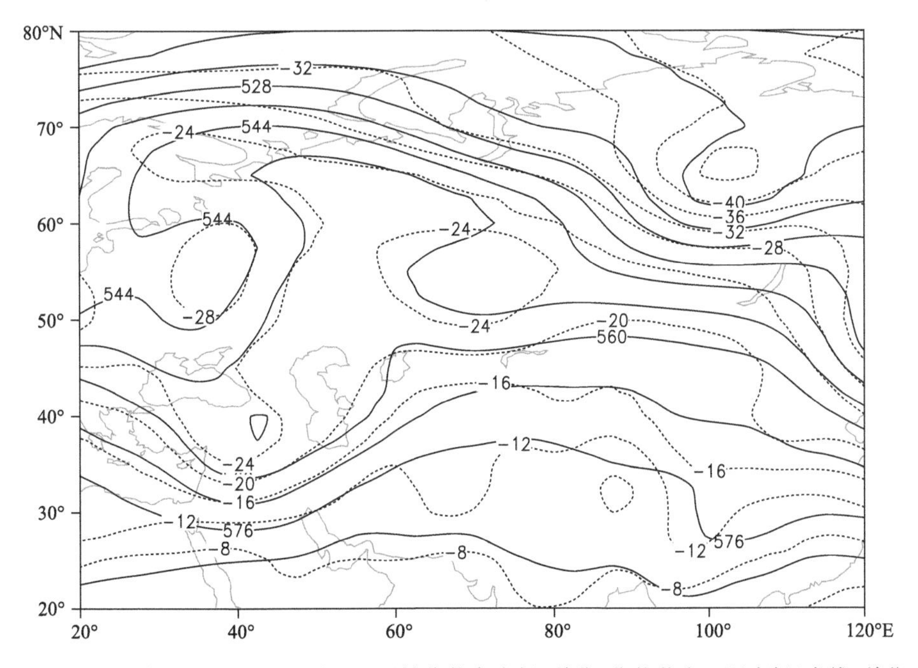

图 2-2-843 2016 年 3 月 29 日 20 时 500 百帕位势高度场(单位：位势什米)，温度场(虚线，单位：℃)

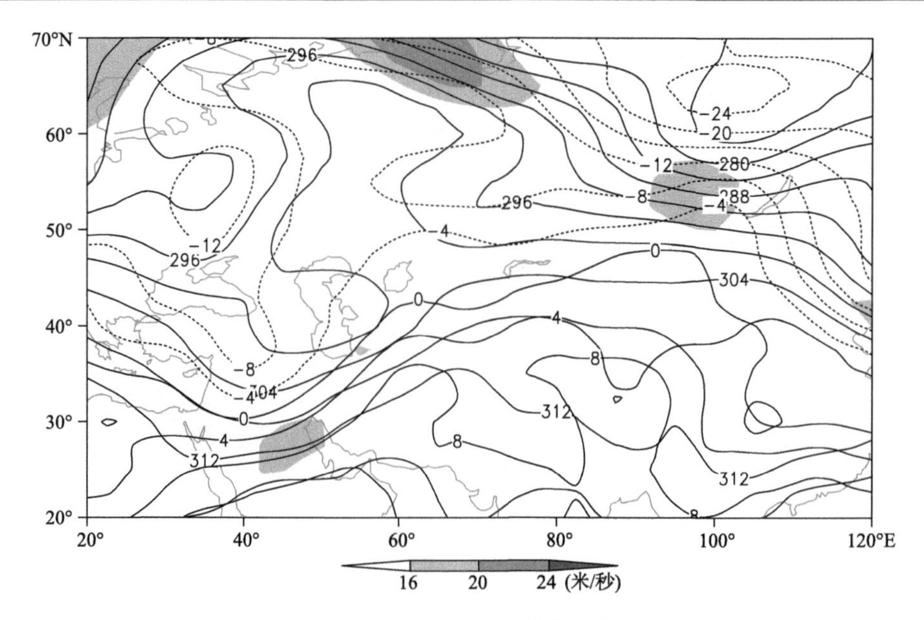

图 2-2-844　2016 年 3 月 29 日 20 时 700 百帕位势高度场(单位:位势什米)、温度场(单位:℃),阴影表示风速大于 16 米/秒的急流区

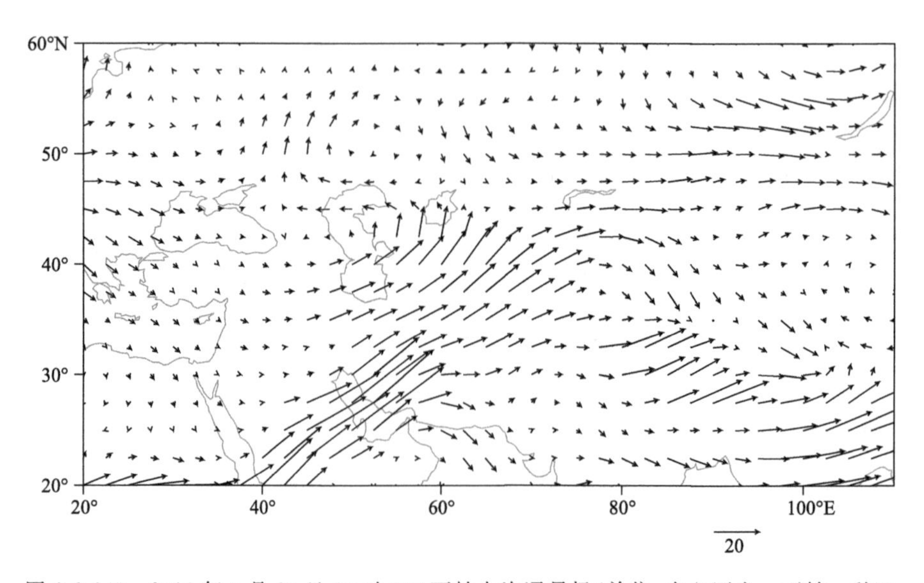

图 2-2-845　2016 年 3 月 29 日 20 时 700 百帕水汽通量场(单位:克/(厘米·百帕·秒))

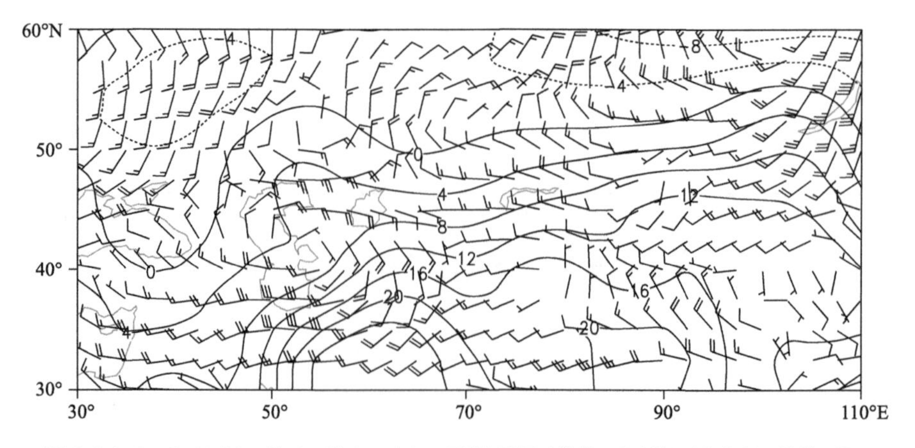

图 2-2-846　2016 年 3 月 29 日 20 时 850 百帕风场(单位:米/秒),温度场(单位:℃)

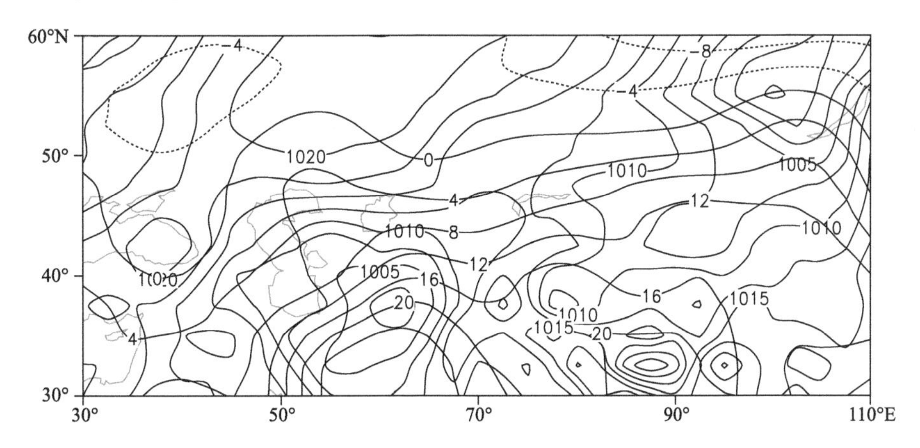

图 2-2-847　2016 年 3 月 29 日 20 时地面气压场(单位:百帕),850 百帕温度场(单位:℃)

2.2.122　伊犁哈萨克自治州、昌吉回族自治州、乌鲁木齐市暴雪(2016-11-04)

【降雪实况】2016 年 11 月 4—5 日全疆共有 7 个测站达到暴雪量级,其中,乌鲁木齐市小渠子站连续两日达到暴雪量级,1 个测站达到大暴雪量级。乌鲁木齐市、米东区、小渠子站、牧试站,昌吉回族自治州木垒县,伊犁哈萨克自治州新源县、特克斯县出现暴雪,24 小时降雪量分别为 13.6 毫米、15.4 毫米、22.1 毫米、22.7 毫米、15.0 毫米、14.7 毫米、17.1 毫米。昌吉回族自治州天池出现大暴雪,24 小时降雪量为 27.9 毫米(图 2-2-848)。

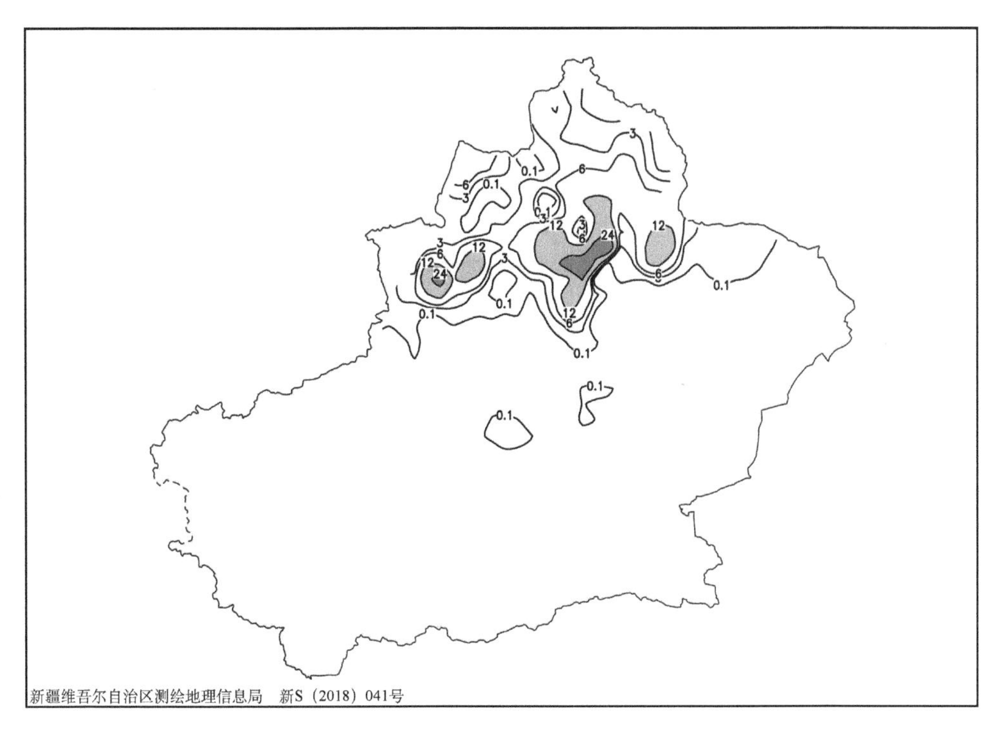

图 2-2-848　2016 年 11 月 3 日 20 时—5 日 20 时降雪量分布图(单位:毫米)

【天气形势】500 百帕环流场上,降雪开始前两天,欧亚范围中纬度地区为两脊一槽的环流形势,即黑海西部和新疆到贝加尔湖为高压脊,低槽位于黑海东部地区(图 2-2-850)。欧洲北部低涡发展东移,黑海西部的高压脊东移减弱,冷空气进入低槽,使低槽在里海—黑海地区加深,低槽东移,槽前锋区移到北疆西部,在伊犁地区产生暴雪。欧洲北部强大的低涡持续东移,推动中亚槽东移进入北疆西部,其前部强锋区压在北疆沿天山中部地区,在昌吉和乌鲁木齐产生暴雪天气过程。

200 百帕上,北疆受持续的西南急流影响,急流核位于巴尔喀什湖南部,急流缓慢东移南压,暴雪出现在高空急流核入口区的右侧,高空的辐散有利于暴雪区上升运动的发展和维持(图 2-2-849)。700 百帕上,4—5 日表现为一致的西北急流,在急流出口区有明显的水汽辐合上升运动,高空西南急流与低空西北急流在暴雪区上空叠加,垂直上升运动增强,为暴雪天气提供了有利的动力条件(图 2-2-851)。700 百帕水汽通量场上,降雪前期,源自地中海西部的水汽经黑海增强后输送至乌拉尔山南部,然后沿西北路径输送至中亚,再通过接力输送方式输送至北疆暴雪区,为北疆沿天山一带暴雪的产生和维持提供了充足的水汽。5 日 08 时开始,进入北疆的水汽逐渐减少,降雪强度减弱(图 2-2-852)。

地面图上,3 日 20 时,冷高压中心位于里海,中亚地区为深厚的气旋所控制,北疆西部处于中亚气旋前部的减压、升温区域,在北疆西部产生暖区暴雪(图 2-2-853,图 2-2-854)。4 日 20 时,中亚气旋减弱,中心移至内蒙古地区,冷高压中心移至中亚,冷锋压在新疆西北部境外,冷锋东移过境,造成北疆沿天山中部地区强降雪天气过程。

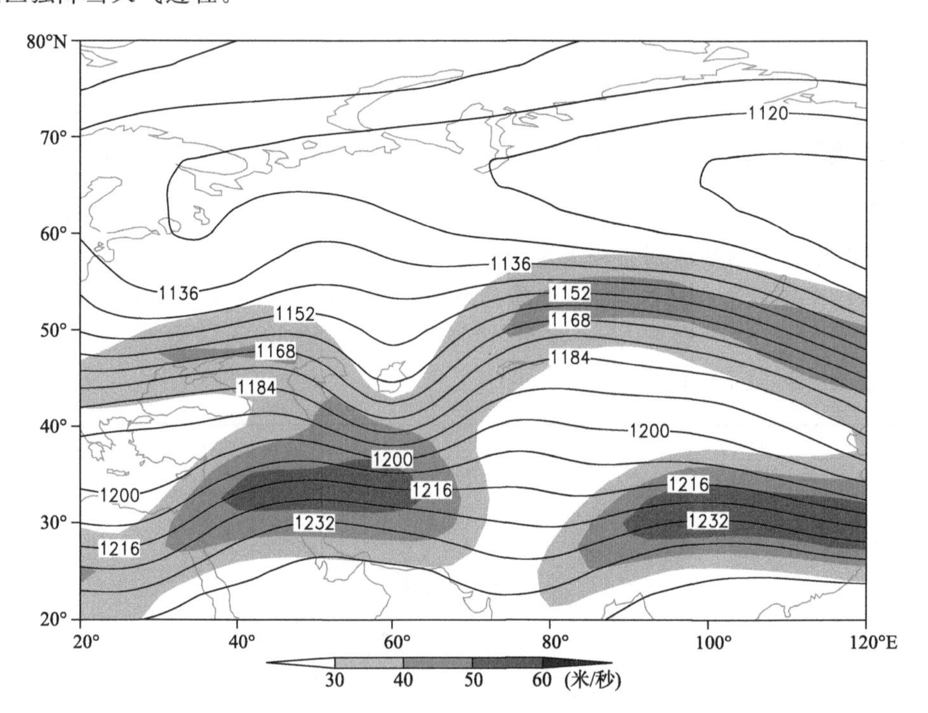

图 2-2-849　2016 年 11 月 3 日 20 时 200 百帕位势高度场(单位:位势什米),阴影表示风速大于 30 米/秒的急流区

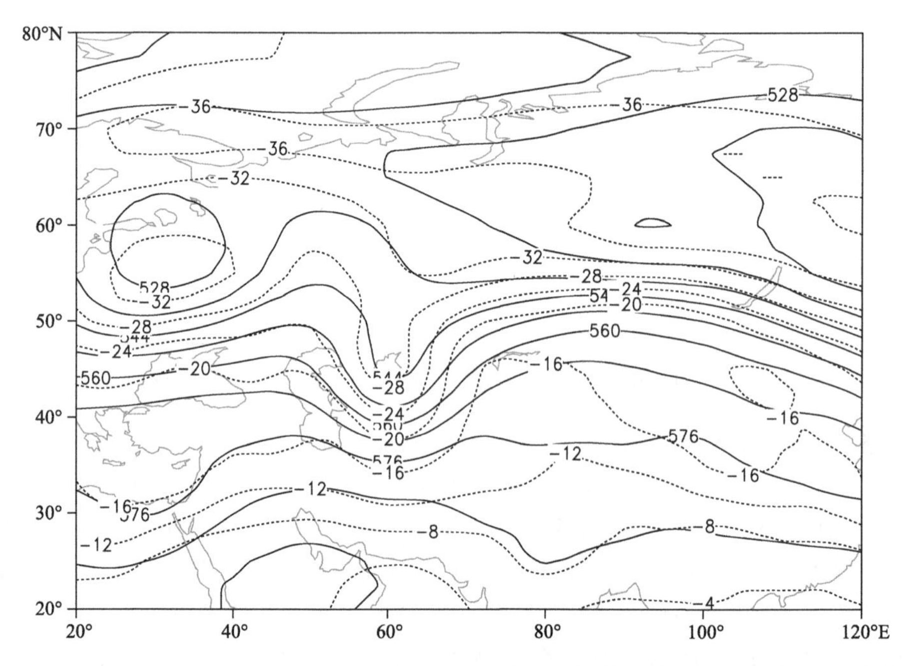

图 2-2-850　2016 年 11 月 3 日 20 时 500 百帕位势高度场(单位:位势什米),温度场(虚线,单位:℃)

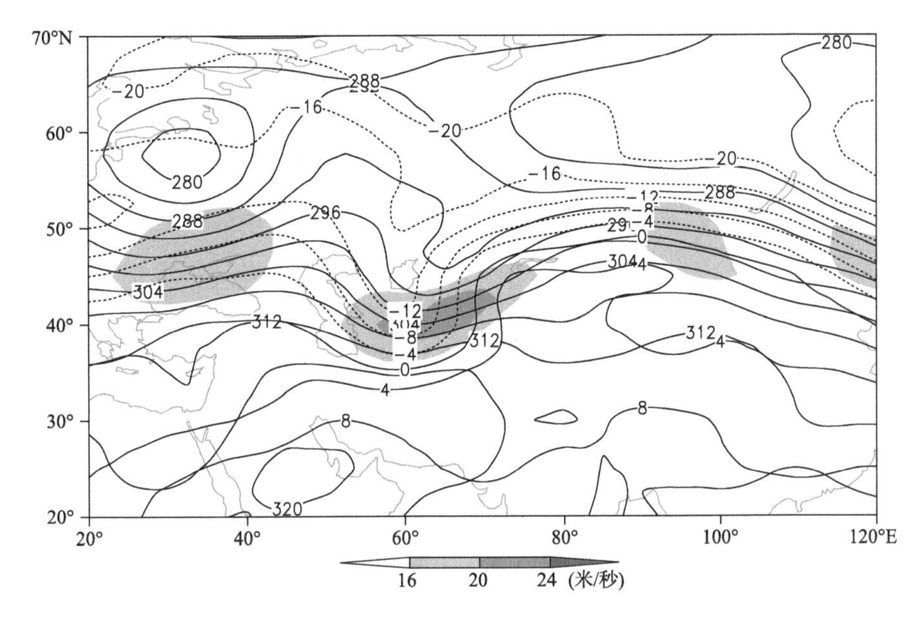

图 2-2-851　2016 年 11 月 3 日 20 时 700 百帕位势高度场(单位:位势什米)、温度场(单位:℃),阴影表示风速大于 16 米/秒的急流区

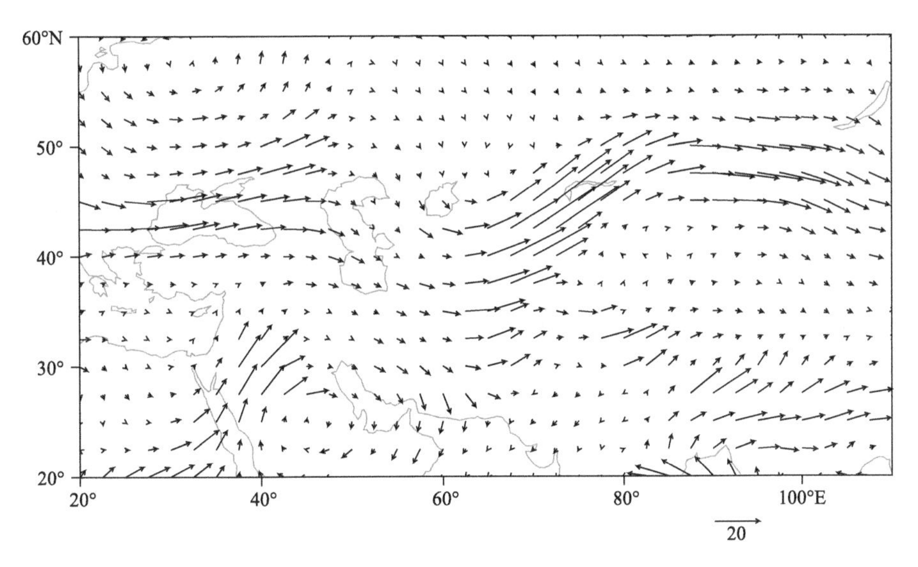

图 2-2-852　2016 年 11 月 3 日 20 时 700 百帕水汽通量场(单位:克/(厘米·百帕·秒))

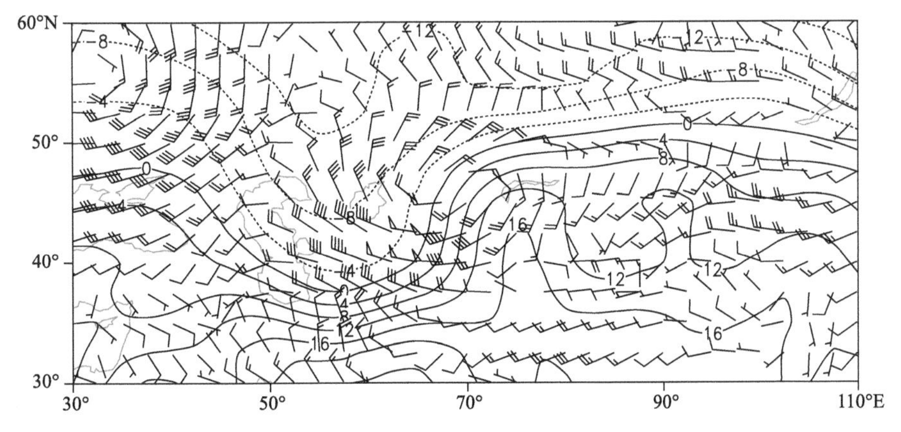

图 2-2-853　2016 年 11 月 3 日 20 时 850 百帕风场(单位:米/秒),温度场(单位:℃)

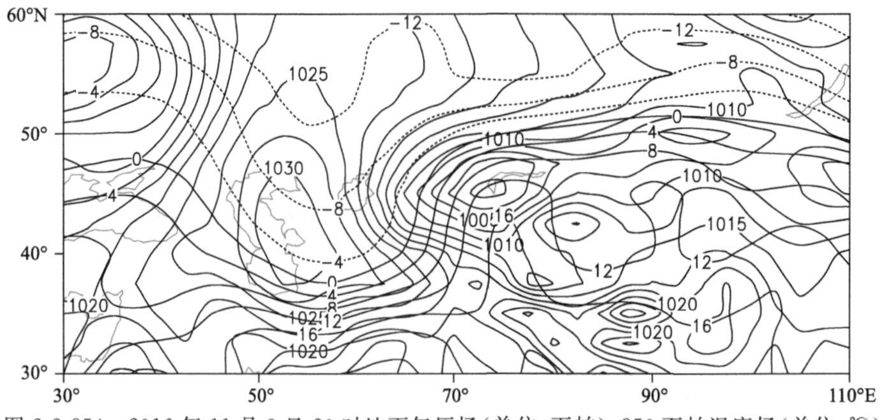

图 2-2-854　2016 年 11 月 3 日 20 时地面气压场(单位:百帕),850 百帕温度场(单位:℃)

2.2.123　伊犁哈萨克自治州、阿勒泰地区、塔城地区暴雪(2016-11-10)

【降雪实况】2016 年 11 月 10—13 日,全疆共有 9 个测站达到暴雪量级,2 个测站达到大暴雪量级。阿勒泰地区哈巴河县、吉木乃县、青河县,塔城地区塔城市、额敏县、托里县,伊犁哈萨克自治州伊宁市、尼勒克县、伊宁县出现暴雪,其中,阿勒泰地区哈巴河县 10 日和 11 日连续两天出现暴雪,塔城地区塔城市和伊犁哈萨克自治州伊宁县 12 日和 13 日连续两天出现暴雪,24 小时降雪量分别为 13.9 毫米、13.6 毫米、14.6 毫米、16.8 毫米、23.9 毫米、13.6 毫米、16.2 毫米、17.9 毫米、13.8 毫米、22.2 毫米、13.0 毫米、15.0 毫米。阿勒泰地区富蕴县和塔城地区裕民县出现大暴雪,24 小时降雪量分别为 25.2 毫米、41.4 毫米(图 2-2-855)。

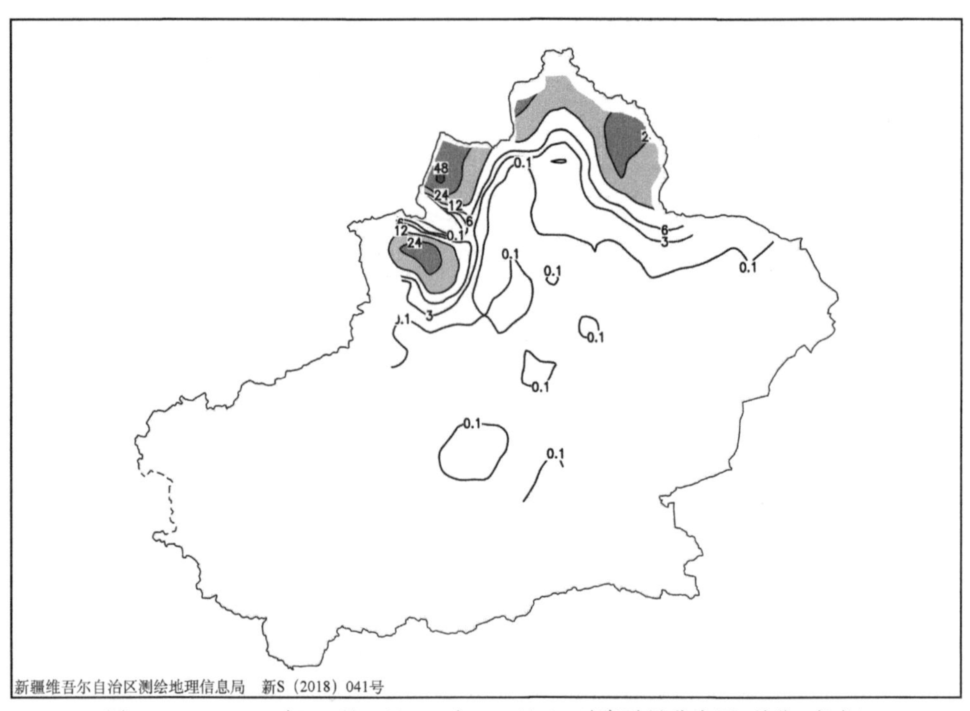

图 2-2-855　2016 年 11 月 9 日 20 时—13 日 20 时降雪量分布图(单位:毫米)

【天气形势】500 百帕环流场上,降雪开始前两天,欧亚范围中高纬度有两支锋区,南支锋区位于 50°N 附近,北疆北部受南支锋区控制,极涡中心位于喀拉海南部,整个西伯利亚地区受冷气团控制,−40℃的冷中心位于贝加尔湖西北部,锋区位于 55°N 附近(图 2-2-857)。随着格陵兰海上的冷高压东移北伸,巴伦支海上的强冷空气不断南下进入极涡,极涡增强,极涡中心温度低于−42℃,极涡底部锋区增强,9 日 20 时,南北两支锋区在北疆北部交汇,锋区呈西北—东南向,强降雪首先从阿勒泰西北部开始。极涡不断增强的同时,伊朗高原上的热低压在阿拉伯半岛暖高压的推动下不断东移,南支锋区维持稳定,12 日,极涡中心温度低于−43℃,极涡底部强锋区与南支锋区再次在北疆交汇,交汇位置比第一次偏南,造成阿勒泰、塔城和伊犁地区的暴雪天气。随着南支系统的强烈发展,锋区逐渐北移,在北疆北部再次产生暴雪，从以上的分析可以看出，造成此次北疆暴雪过程的主要因素是锋区位置不断变化。

200 百帕上存在显著的高空急流，10 日、13 日北疆受南支系统上的西北和偏西急流控制，11—12 日受极涡后部的西北急流控制，暴雪区出现在高空急流核入口区的右侧，入口区右侧的强辐散有利于暴雪区上升运动的发展和维持（图 2-2-856）。700 百帕上低空急流与高空急流持续耦合发展，为暴雪天气提供了有利的动力条件。暴雪区出现在低空急流轴左前方的正切变涡度区内（图 2-2-858）。从 12 日的 700 百帕水汽通量场可以看出，造成此次暴雪和大暴雪天气的水汽为西北路径，首先是地中海水汽经黑海输送到里海北部，之后沿西北路径继续向北疆输送，暴雪区位于水汽通量高值区附近，最大水汽通量大于 20 克/(厘米·百帕·秒)，水汽源源不断向暴雪区输送，是北疆暴雪和大暴雪形成的重要成因（图 2-2-859）。

地面图上，伊朗高压缓慢东移，9 日 20 时开始北疆出现明显的升温、降压，中亚的暖湿空气与西西伯利亚干冷空气在北疆北部交汇（图 2-2-860，图 2-2-861），10—11 日在阿勒泰和塔城地区产生暖锋暴雪。12—13 日西伯利亚冷空气在气旋性环流引导下不断南下，地面冷锋自北向南移动，在伊犁和塔城地区产生冷锋暴雪。

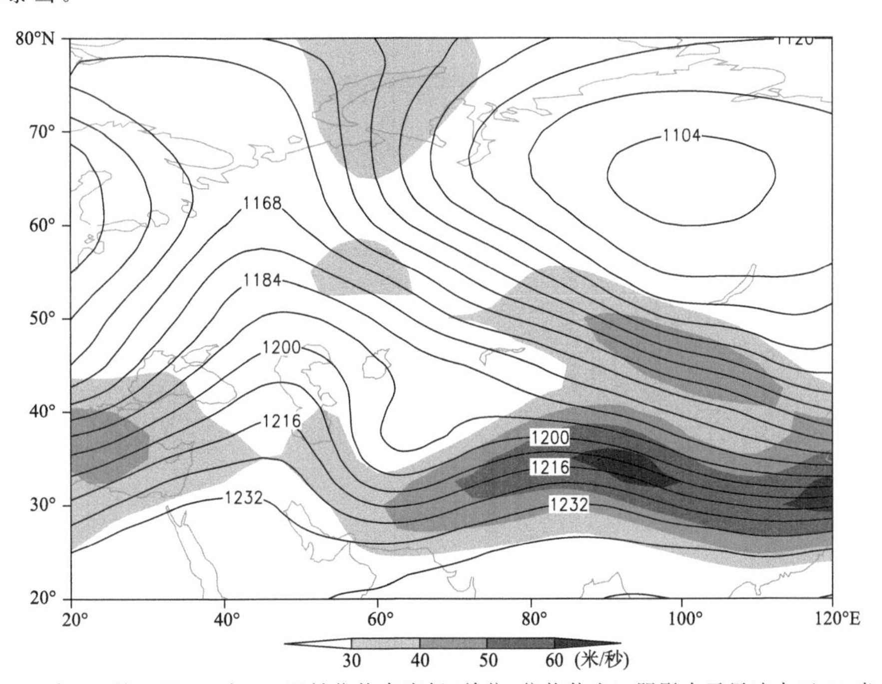

图 2-2-856　2016 年 11 月 9 日 20 时 200 百帕位势高度场（单位：位势什米），阴影表示风速大于 30 米/秒的急流区

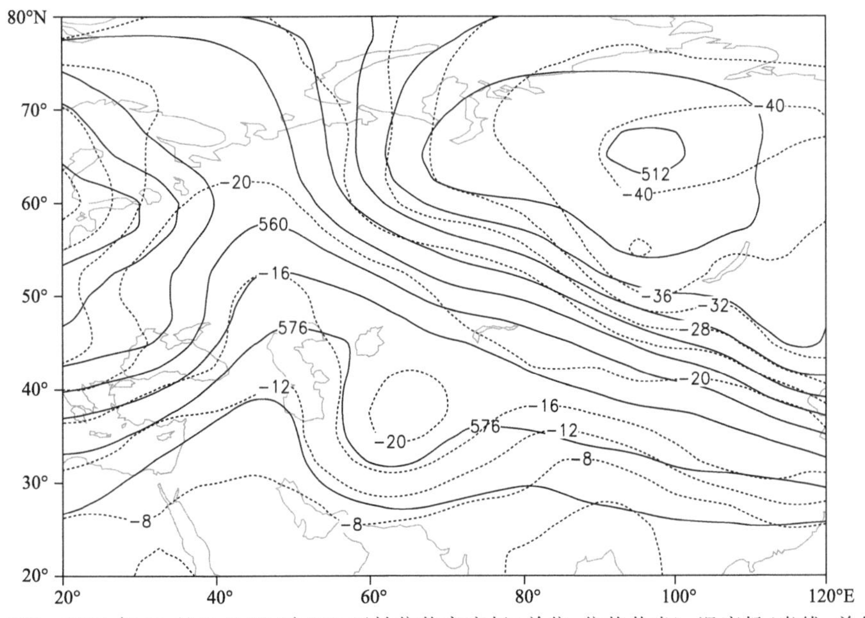

图 2-2-857　2016 年 11 月 9 日 20 时 500 百帕位势高度场（单位：位势什米），温度场（虚线，单位：℃）

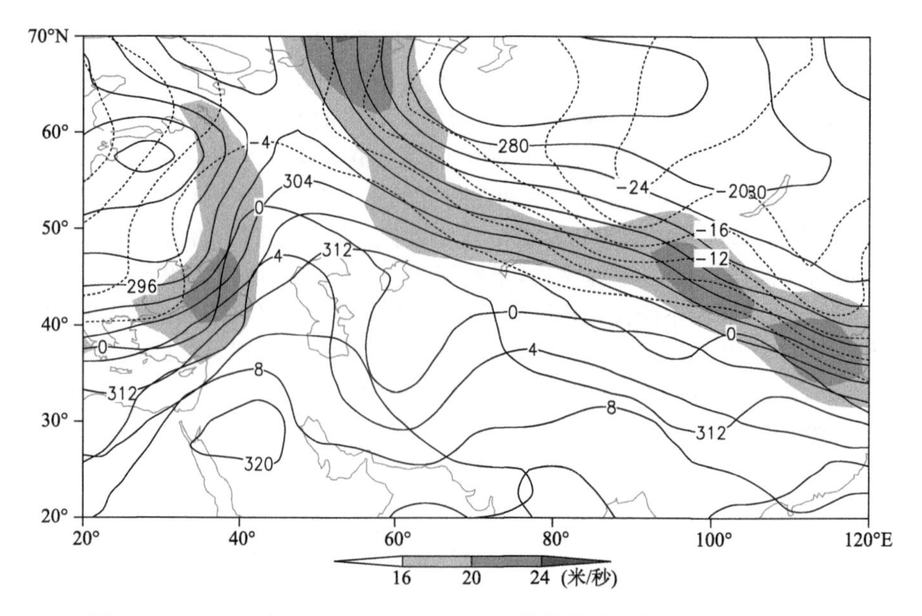

图 2-2-858　2016 年 11 月 9 日 20 时 700 百帕位势高度场(单位:位势什米)、温度场(单位:℃),阴影表示风速大于 16 米/秒的急流区

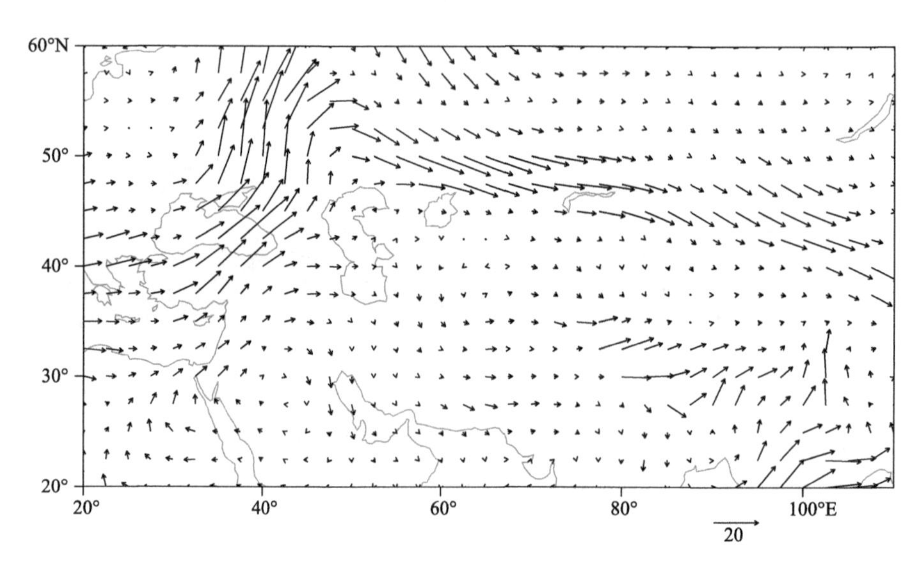

图 2-2-859　2016 年 11 月 9 日 20 时 700 百帕水汽通量场(单位:克/(厘米·百帕·秒))

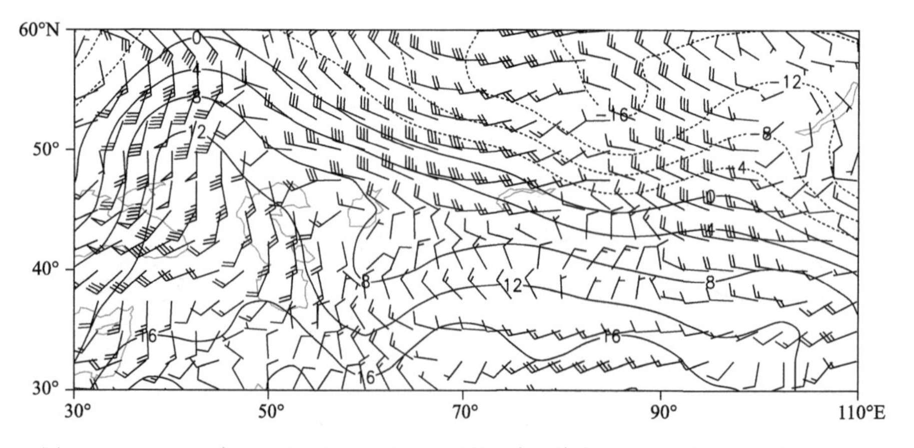

图 2-2-860　2016 年 11 月 9 日 20 时 850 百帕风场(单位:米/秒),温度场(单位:℃)

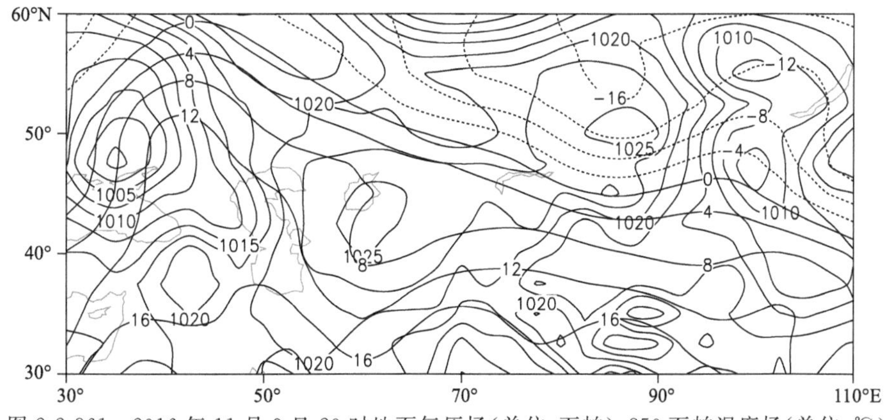

图 2-2-861 2016年11月9日20时地面气压场(单位:百帕),850百帕温度场(单位:℃)

2.2.124 伊犁哈萨克自治州、塔城地区、阿勒泰地区暴雪(2016-11-16)

【降雪实况】2016年11月16—17日,伊犁哈萨克自治州、阿勒泰地区、塔城地区相继出现暴雪。16日,阿勒泰地区富蕴县,伊犁哈萨克自治州霍尔果斯市、霍城县,塔城地区裕民县24小时降雪量分别为15.0毫米、23.2毫米、17.4毫米、13.3毫米。阿勒泰地区青河县出现大暴雪,24小时降雪量28.0毫米。17日,伊犁哈萨克自治州伊宁市、新源县、霍尔果斯市、霍城县、察布查尔锡伯自治县、伊宁县24小时降雪量分别为21.2毫米、13.8毫米、13.4毫米、17.6毫米、14.2毫米、21.0毫米(图2-2-862)。

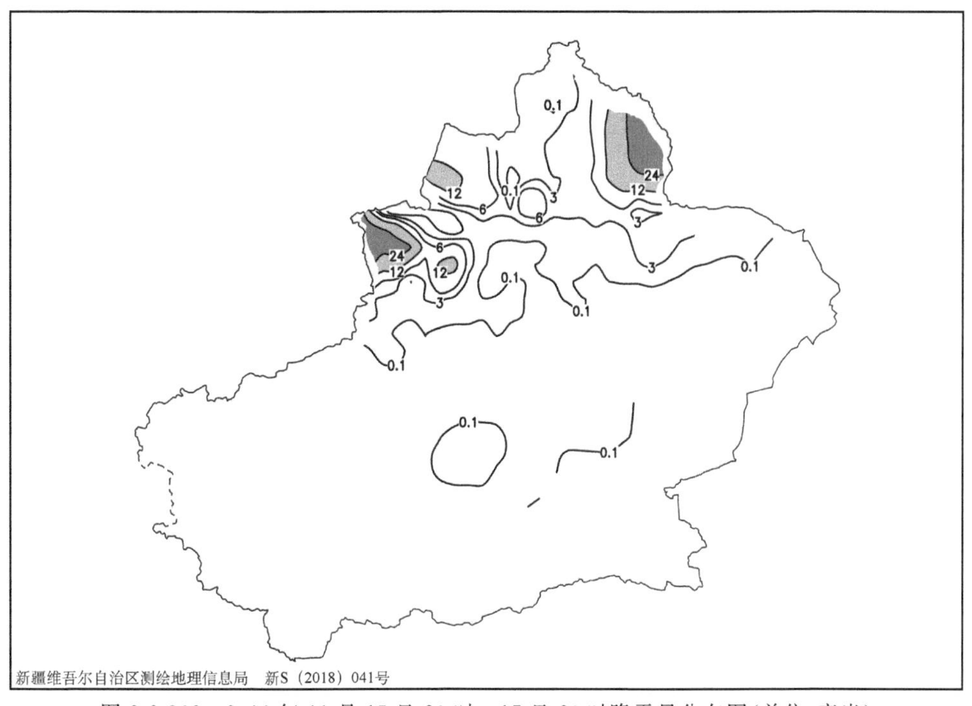

图 2-2-862 2016年11月15日20时—17日20时降雪量分布图(单位:毫米)

【天气形势】500百帕环流场上,降雪前期欧亚范围环流经向度较大,中高纬地区维持一脊一槽的环流形势,即黑海北部为阻塞高压,45°~70°N,50°~100°E范围为冷涡活动区,冷涡中心温度低于-44℃(图2-2-864)。北疆北部处于极涡底部的强锋区中。15日20时,极涡北部强盛的东北急流切断了高压脊后部的西南暖平流的补充,在泰梅尔半岛上形成阻塞高压。西西伯利亚冷涡在乌拉尔山北部冷空气和亚洲高纬度冷空气的补充下不断增强,16日20时,冷涡中心温度低于-46℃,南支锋区上不断分裂短波东移北上与北支锋区汇合,为北疆的持续暴雪提供了有利的环流背景。

200百帕上高空西南急流和极涡后部西北急流在咸海汇合形成偏西急流后进入北疆,合并后的急流核中心风速大于50米/秒,高层偏西急流的建立有利于大尺度垂直上升运动的发展和维持,强降雪区位于高空急流入口区的右侧(图 2-2-863)。中低层地中海东部南部低槽前西南气流强盛,700 百帕上存在风速大于 16 米/秒的低空西南急流,高、低空急流在暴雪区上空叠加,使得整层大气的垂直上升运动增强,为暴雪和大暴雪天气提供了有利的动力条件(图 2-2-865)。从 700 百帕水汽通量场可以看出,造成此次暴雪和大暴雪天气的水汽为偏西路径,地中海东部水汽向东北输送到里海,水汽到达里海地区后随偏西气流输送到北疆,为暴雪提供了源源不断的水汽,受阿尔泰山脉阻挡,水汽在阿尔泰山迎风坡产生水汽辐合,是青河县大暴雪形成的重要成因(图 2-2-866)。

地面图上,15 日 20 时,冷高压中心位于乌拉尔山南部,中心强度为 1035 百帕,冷高压舌伸到北疆西北部,蒙古地区为暖低压(图 2-2-867,图 2-2-868)。16 日 08 时,冷高压中心东移南下,冷锋开始影响北疆西北部,在塔城和伊犁地区产生冷锋暴雪。同时,蒙古地区的暖高压西伸侵入冷高压区,形成尺度较小的暖锋,造成阿勒泰地区东部的暴雪和大暴雪天气。16 日 20 时,蒙古低压减弱,冷高压前部冷锋压在伊犁地区,给伊犁地区带来强降雪天气。

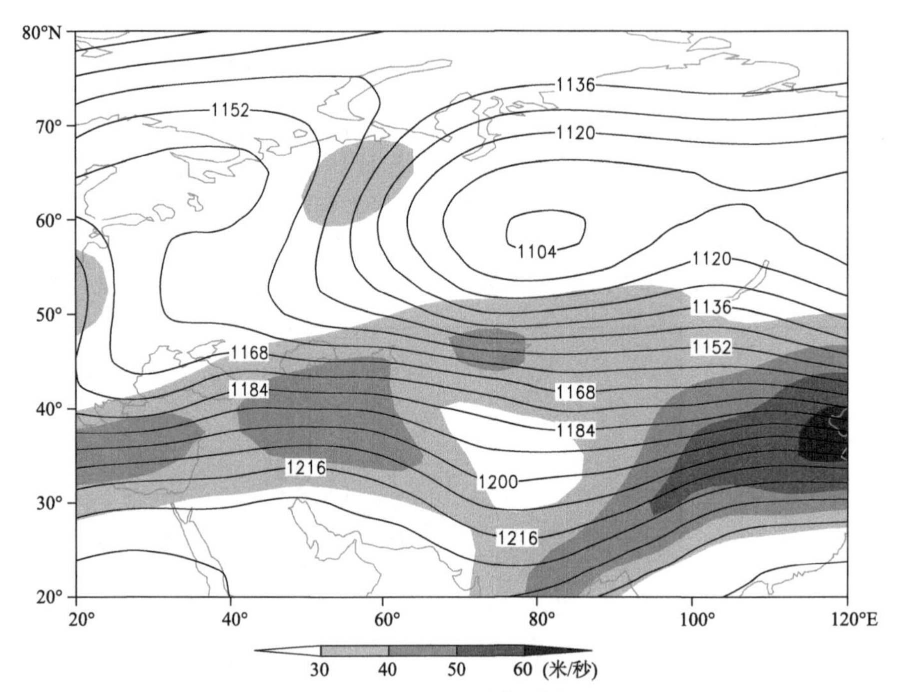

图 2-2-863　2016 年 11 月 15 日 20 时 200 百帕位势高度场(单位:位势什米),阴影表示风速大于 30 米/秒的急流区

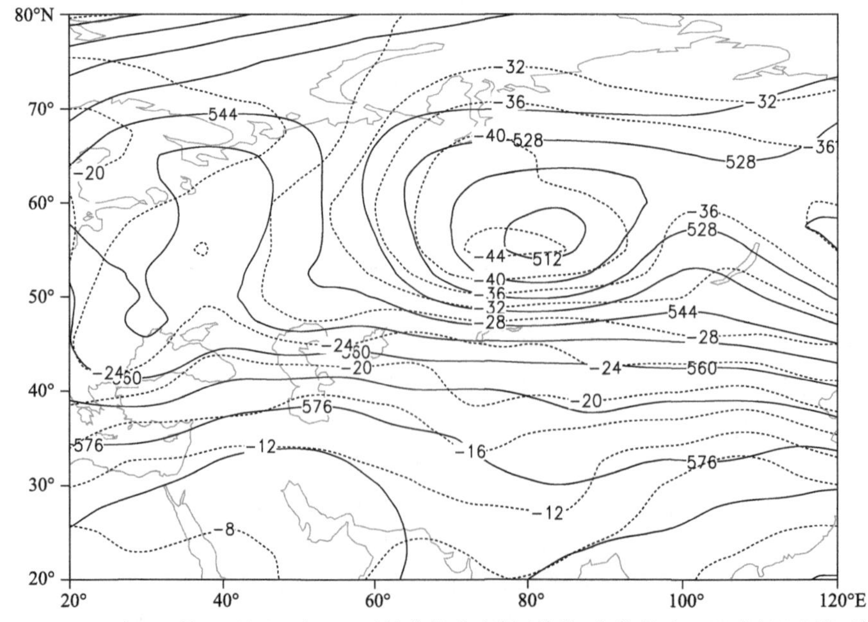

图 2-2-864　2016 年 11 月 15 日 20 时 500 百帕位势高度场(单位:位势什米),温度场(虚线,单位:℃)

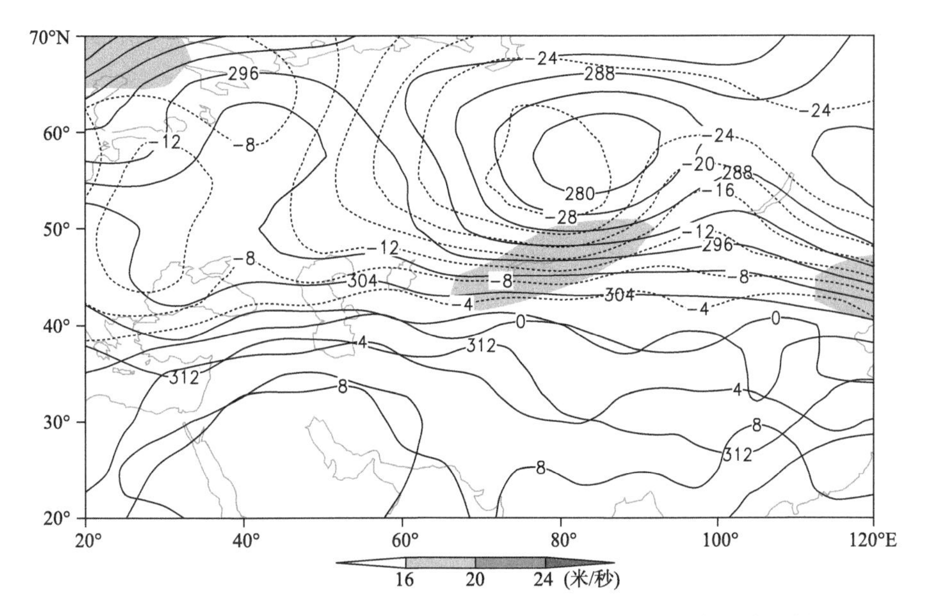

图 2-2-865　2016 年 11 月 15 日 20 时 700 百帕位势高度场(单位:位势什米)、温度场(单位:℃),阴影表示风速大于 16 米/秒的急流区

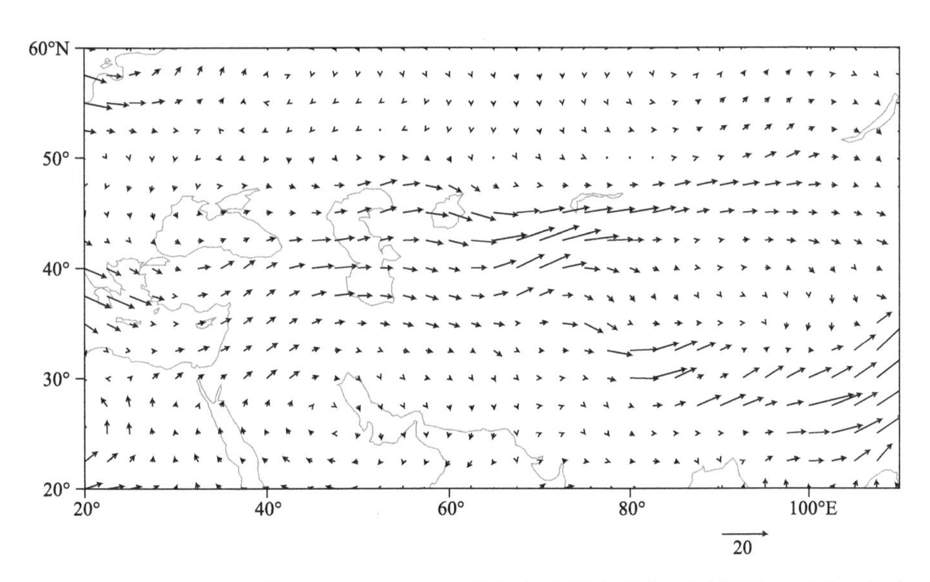

图 2-2-866　2016 年 11 月 15 日 20 时 700 百帕水汽通量场(单位:克/(厘米·百帕·秒))

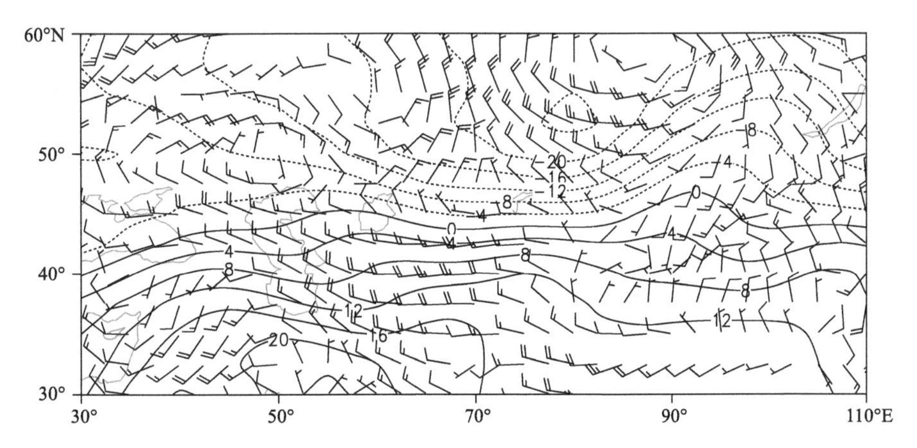

图 2-2-867　2016 年 11 月 15 日 20 时 850 百帕风场(单位:米/秒),温度场(单位:℃)

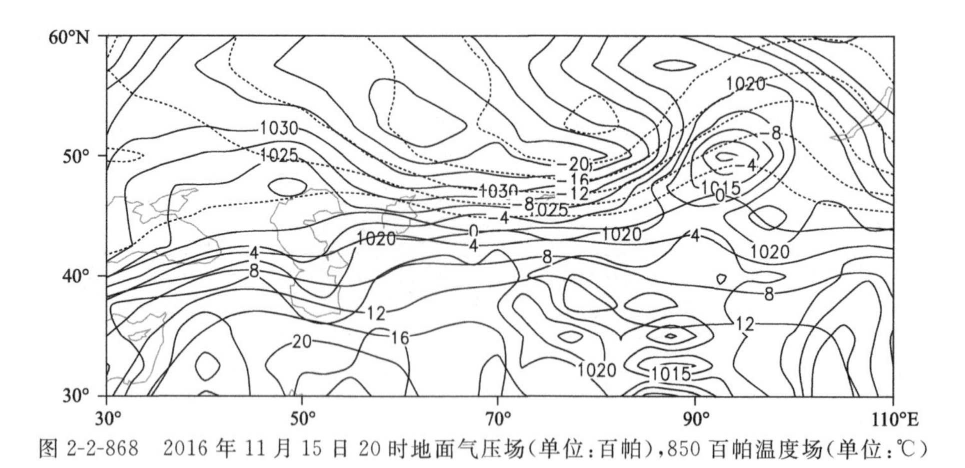

图 2-2-868　2016 年 11 月 15 日 20 时地面气压场(单位:百帕),850 百帕温度场(单位:℃)

2.2.125　伊犁哈萨克自治州、昌吉回族自治州、巴音郭楞蒙古自治州、乌鲁木齐市、阿克苏地区暴雪(2017-02-19)

【降雪实况】2017 年 2 月 19—20 日,伊犁哈萨克自治州、乌鲁木齐市、昌吉回族自治州、巴音郭楞蒙古自治州、阿克苏地区相继出现暴雪。19 日,伊犁哈萨克自治州伊宁县、巩留县、新源县,24 小时降雪量分别为 12.1 毫米、13.2 毫米、14.1 毫米。20 日,乌鲁木齐市、米东区,昌吉回族自治州奇台县、天池、木垒县,巴音郭楞蒙古自治州库尔勒市,24 小时降雪量分别为 17.4 毫米、14.8 毫米、12.3 毫米、12.2 毫米、13.1 毫米、13.6 毫米。其中,阿克苏地区沙雅县出现大暴雪,24 小时降雪量为 24.5 毫米(图 2-2-869)。

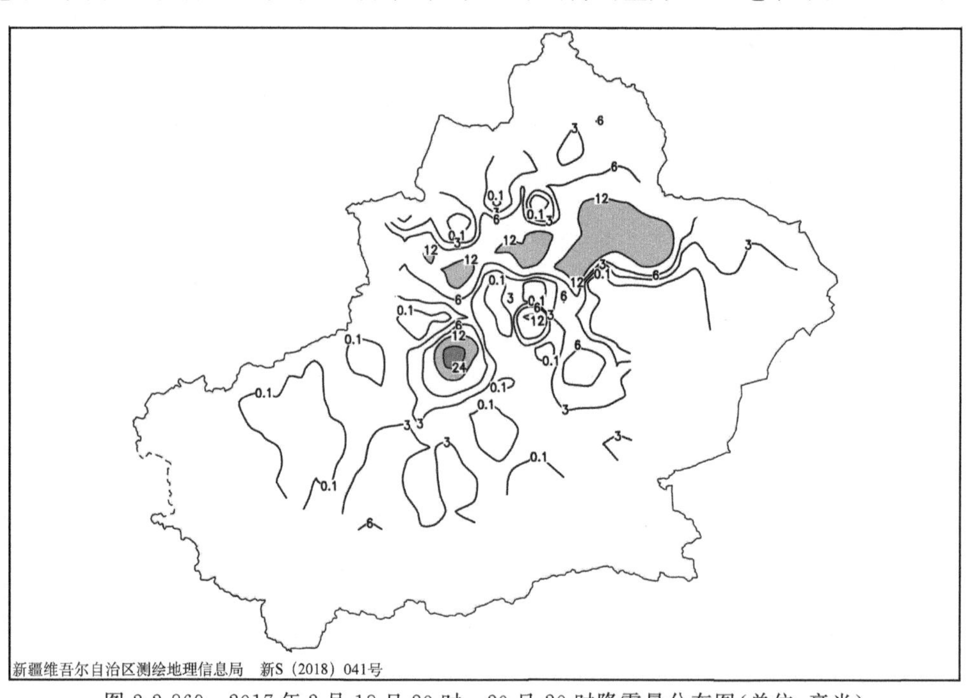

图 2-2-869　2017 年 2 月 18 日 20 时—20 日 20 时降雪量分布图(单位:毫米)

【天气形势】500 百帕环流场上,降雪开始前欧亚范围中低纬度地区为两脊一槽的环流形势,欧洲南部和新疆为高压脊控制,天气晴好(图 2-2-871)。低槽位于 35°～45°E,槽线呈东北—西南向,冷空气在乌拉尔山南部堆积。随着南欧高压脊东移,低槽随之东移,19 日 08 时,槽前强锋区已经压在伊犁地区,此时,斯堪的纳维亚半岛强冷空气沿北欧发展强盛的高压脊前西北带补充到低槽中,使得槽前锋区进一步增强,随着强锋区的不断东移,先后在伊犁地区和中天山地区产生强降温和暴雪天气,20 日 08 时以后,新疆转为西北风,冷空气完全控制北疆,降雪天气逐渐结束。

对流层上部的 200 百帕,从阿拉伯海北部到新疆有一条西南急流带,高空急流在高层起到了辐散抽吸作用,北疆始终处于高空急流入口区右侧的强辐散区,强烈的高层辐散抽吸作用加强了中低层系统强烈发展,有利于强降雪产生(图 2-2-870)。700 百帕上,从波罗的海到新疆北部存在风速大于 20 米/秒的低空偏西急流，由于伊犁河谷是典型向西开口的“喇叭口”地形，低空西风气流有利于形成伊犁河谷的水汽辐合及地形抬升产生的垂直运动(图 2-2-872)。随着急流轴东移，20 日，北疆转为西北急流控制，西北急流把波罗的海的湿冷空气不断输送到北疆沿天山中部，遇天山地形强迫抬升，与中高层西南急流叠加，加剧了风场辐合及垂直上升运动，有利于冷暖交汇与水汽的聚集，北疆沿天山中部强降雪持续提供了有利的动力条件。从 700 百帕水气通量场可以看出，此次暴雪天气过程有两条水汽输送通道，一个来自波罗的海，一个来自地中海，两支水汽在中亚地区汇合后进入新疆，为暴雪的产生提供了充沛的水汽(图 2-2-873)。

地面图上，18 日 20 时，地中海和蒙古地区为高压活动区，中心分别达 1035 百帕、1030 百帕，南疆盆地西部低压活动区，北疆为负变压控制(图 2-2-874，图 2-2-875)。19 日 08 时，地中海和蒙古地区的高压增强，地中海高压中分裂出的高压中心移至伊朗高原北部，南疆盆地上的低压开始减弱，北疆处于锋前暖区中，在伊犁地区产生暖区暴雪。19 日 20 时，蒙古地区高压减弱，地中海上的高压中心东移与前部的高压合并，北疆转为正变压控制，强锋区压在北疆沿天山中部地区，首先在昌吉和乌鲁木齐产生暴雪，20 日 08 时，冷空气翻过天山影响南疆盆地北部地区，造成阿克苏和巴音郭楞蒙古自治州的强降雪天气。

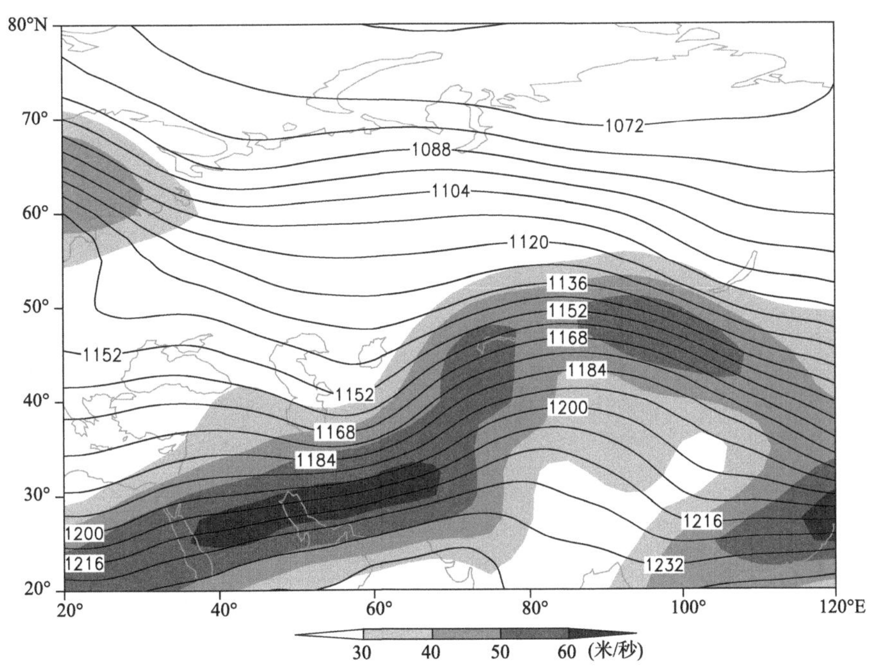

图 2-2-870　2017 年 2 月 18 日 20 时 200 百帕位势高度场(单位：位势什米)，阴影表示风速大于 30 米/秒的急流区

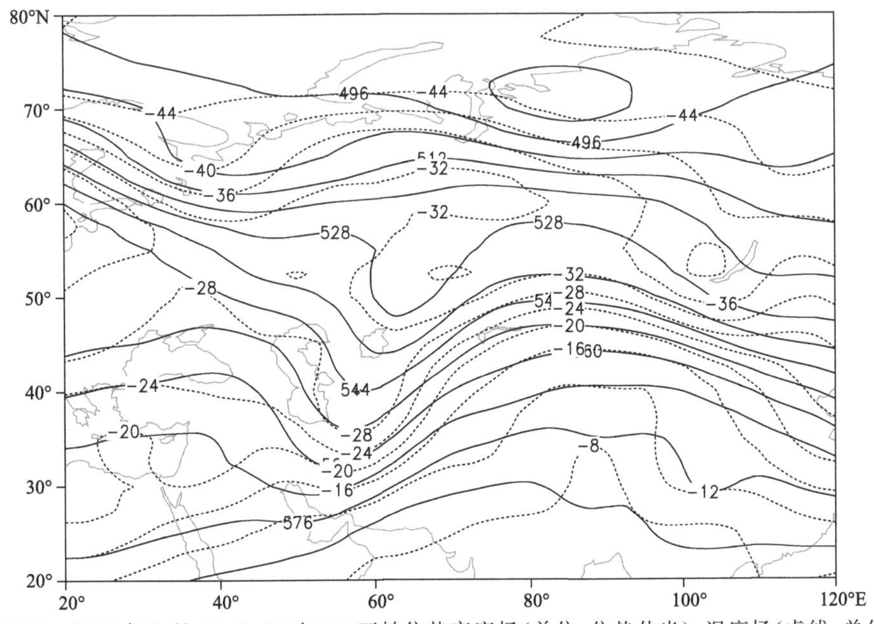

图 2-2-871　2017 年 2 月 18 日 20 时 500 百帕位势高度场(单位：位势什米)，温度场(虚线，单位：℃)

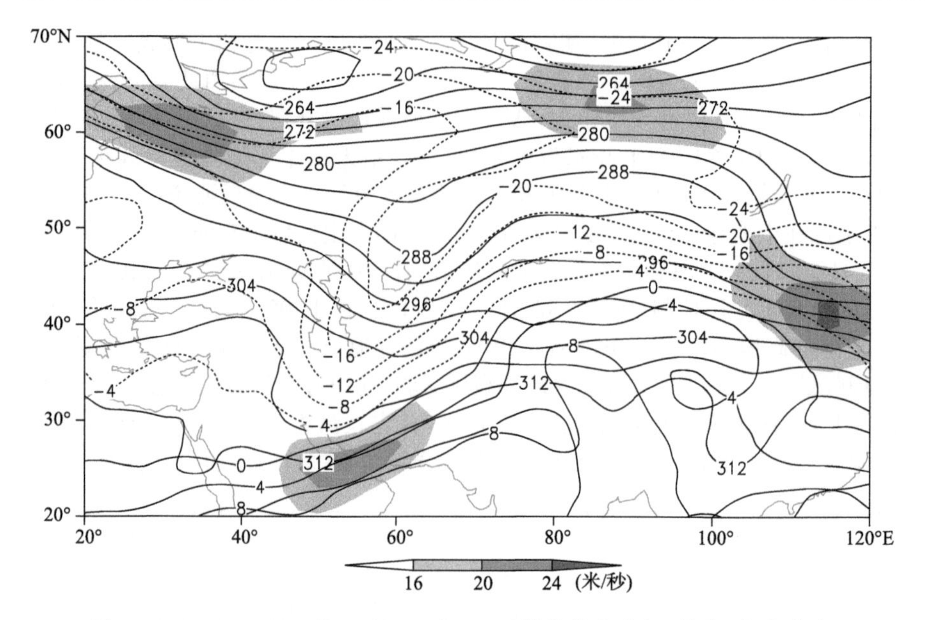

图 2-2-872　2017 年 2 月 18 日 20 时 700 百帕位势高度场(单位:位势什米)、温度场(单位:℃),阴影表示风速大于 16 米/秒的急流区

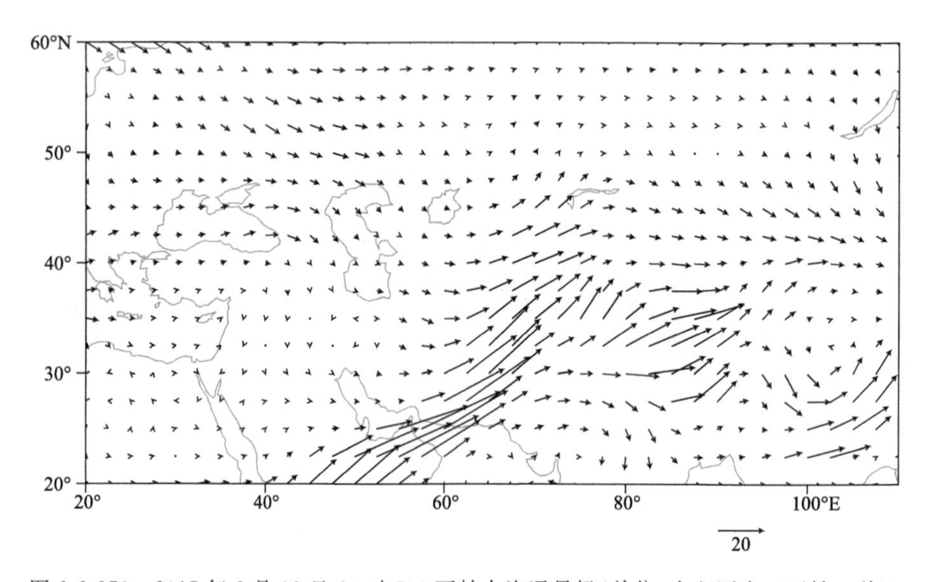

图 2-2-873　2017 年 2 月 18 日 20 时 700 百帕水汽通量场(单位:克/(厘米·百帕·秒))

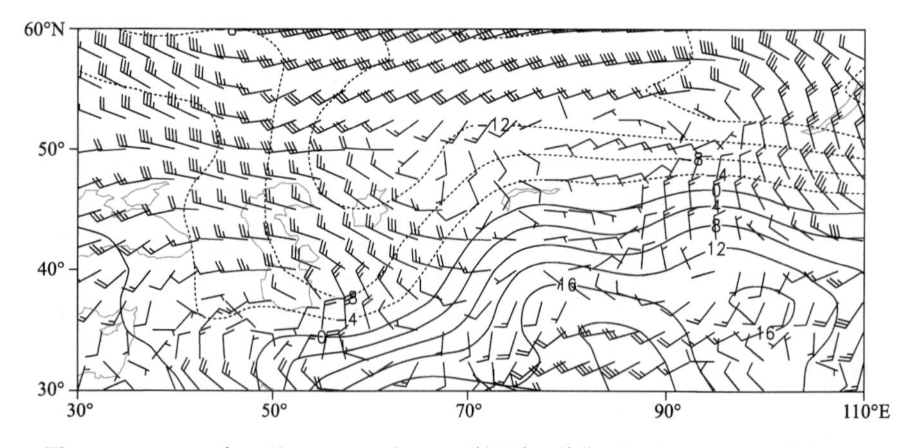

图 2-2-874　2017 年 2 月 18 日 20 时 850 百帕风场(单位:米/秒),温度场(单位:℃)

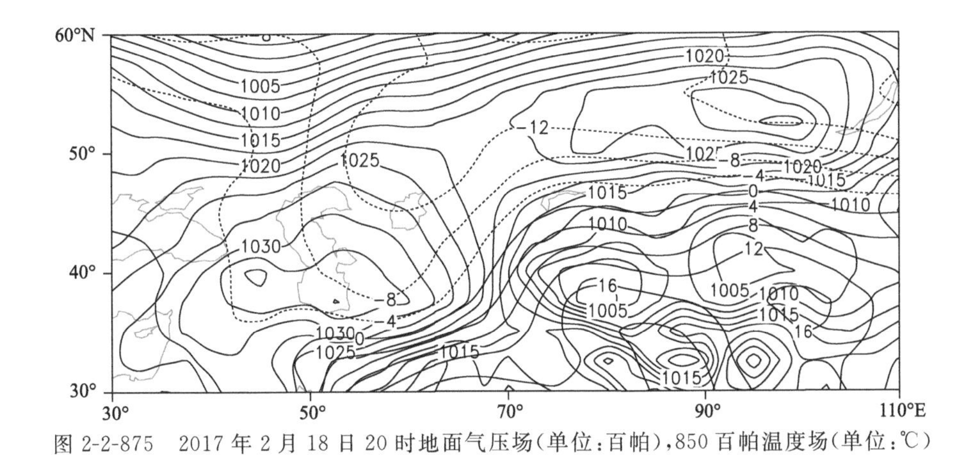

图2-2-875 2017年2月18日20时地面气压场(单位:百帕),850百帕温度场(单位:℃)

2.2.126 伊犁哈萨克自治州、昌吉回族自治州、乌鲁木齐市、塔城地区暴雪(2017-12-27)

【降雪实况】2017年12月27—28日,伊犁哈萨克自治州、昌吉回族自治州、乌鲁木齐市、塔城地区相继出现暴雪。27日08时—28日08时24小时降雪量伊犁哈萨克自治州特克斯县16.8毫米,塔城地区沙湾县14.0毫米,乌鲁木齐市小渠子站19.0毫米、牧试站17.4毫米、米东区13.2毫米,昌吉回族自治州吉木萨尔县11.8毫米、奇台县19.1毫米、木垒县17.2毫米。乌鲁木齐本站和昌吉市达到大暴雪量级,24小时降雪量分别为26.5毫米、26.4毫米(图2-2-876)。

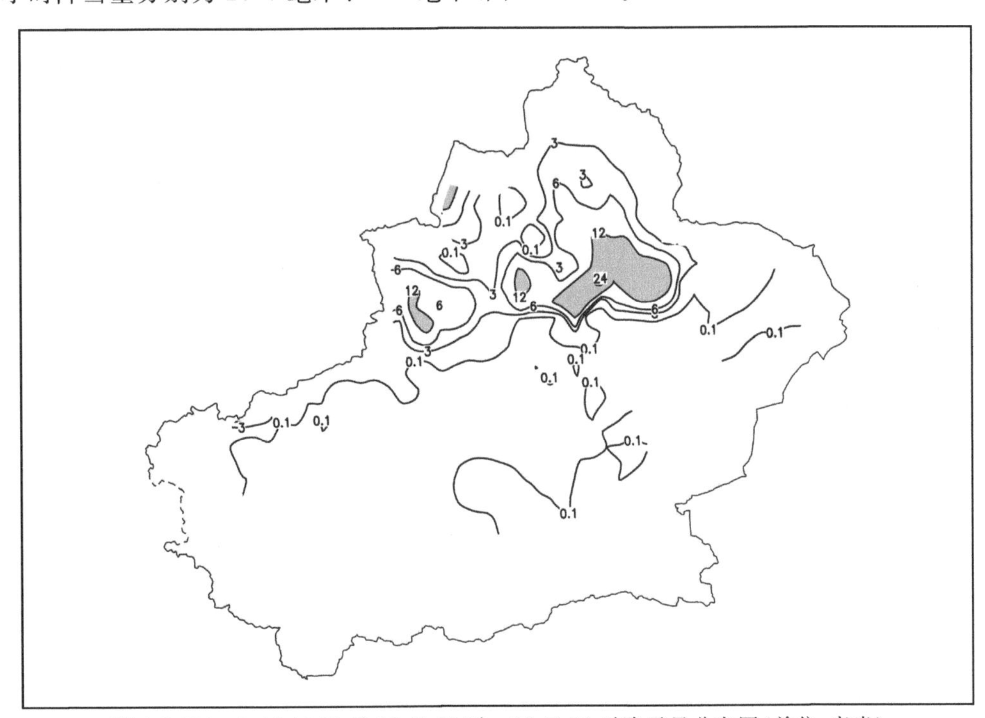

图2-2-876 2017年12月26日20时—28日20时降雪量分布图(单位:毫米)

【天气形势】500百帕环流场上,降雪过程开始前两天,欧亚范围中高纬度地区为两槽两脊的环流形势,欧洲东部和贝加尔湖东部为深厚的槽区,大西洋沿岸欧洲大陆和中亚到蒙古西部为持续强盛的高压脊控制(图2-2-878)。随着欧洲高压东移北伸,斯堪的纳维亚半岛东部的强冷空气沿脊前西北风带进入低槽,低槽加深东移,受新疆高压脊的阻塞影响,低槽移动缓慢,冷空气不断在中亚地区堆积。新疆高压脊顶受极地冷空气的冲刷减弱东南下,加之此时欧洲高压脊和南支系统同位相叠加,推动低槽东移影响新疆北部地区,北疆降雪逐渐开始。发展强盛的欧洲高压脊不断引导新地岛强冷空气进入低槽,使槽前锋区不断增强,锋区东移过程中在北疆天山西部和中部地区产生暴雪和大暴雪天气过程。

暴雪天气开始前两天,200百帕南、北两支锋区上各有一条急流带,两支急流在里海、咸海偏南地区合并成一支中心风速大于60米/秒的偏西风强急流带,暴雪出现在偏西急流入口区右侧的强辐散区(图2-2-877)。同时,对流层低层的700百帕上存在一支西南急流,该急流将里海、咸海暖湿气流输送到新疆北部地区,形成对流层不稳定层结,北疆沿天山一带处于低空急流左侧的上升运动区,高空辐散、低空辐合的配置有利于强天气发生(图 2-2-879)。700 百帕水汽通量场上,此次暴雪天气过程有三条水汽通道,一条是来自波斯湾的水汽向东北方向输送到中亚,在西南急流的引导下进入北疆地区,但该条水汽条件较差,对此次暴雪过程产生贡献较小,造成此次暴雪和大暴雪天气过程的水汽输送通道主要是波罗的海的水汽在西北急流引导下到达里海、咸海地区,再经西南急流的输送,到达伊犁河谷地区,同时,地中海和黑海上的水汽向东北方向输送至 60°N 附近与波罗的海向东南输送的水汽汇合后进入中亚,在西风气流的引导下沿北疆天山北坡到达北疆天山中部地区,充沛的水汽和源源不断的水汽输送为大范围、持续性暴雪天气的产生提供了重要物质基础(图 2-2-880)。

地面图上,此次暴雪过程是由冷锋过境产生,首先是位于西西伯利亚的低压东移北收,27 日 08 时,伊犁地区位于低压底部冷锋前沿,伊犁地区降雪天气开始,同时,位于里海、黑海上的冷高压发展强盛,并沿偏西路径快速东移(图 2-2-881,图 2-2-882),27 日 20 时,受贝加尔湖西部阻塞形势的影响,地面高压移速放缓,强锋区长时间影响天山中部,与强降雪时段有较好的对应关系。

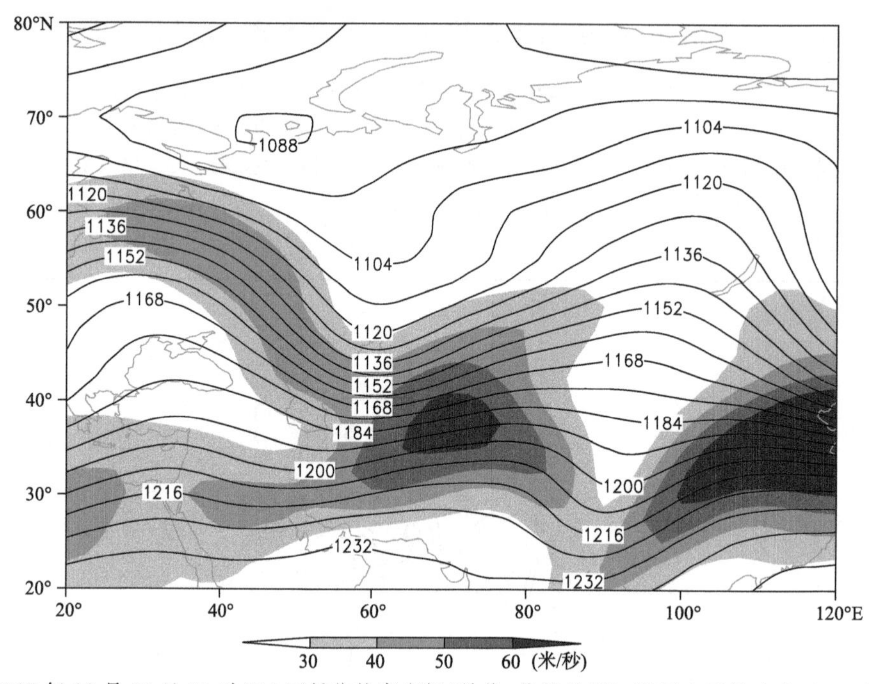

图 2-2-877　2017 年 12 月 26 日 20 时 200 百帕位势高度场(单位:位势什米),阴影表示风速大于 30 米/秒的急流区

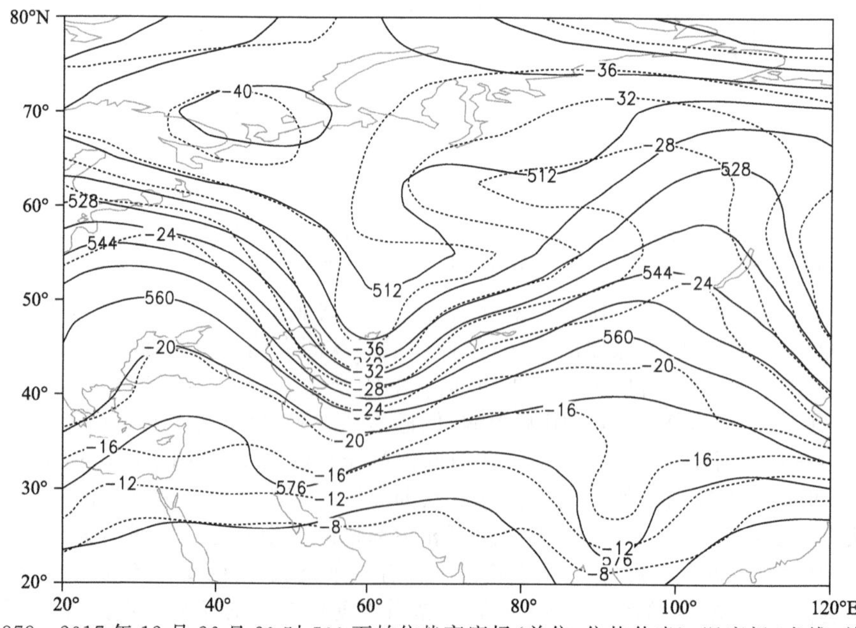

图 2-2-878　2017 年 12 月 26 日 20 时 500 百帕位势高度场(单位:位势什米),温度场(虚线,单位:℃)

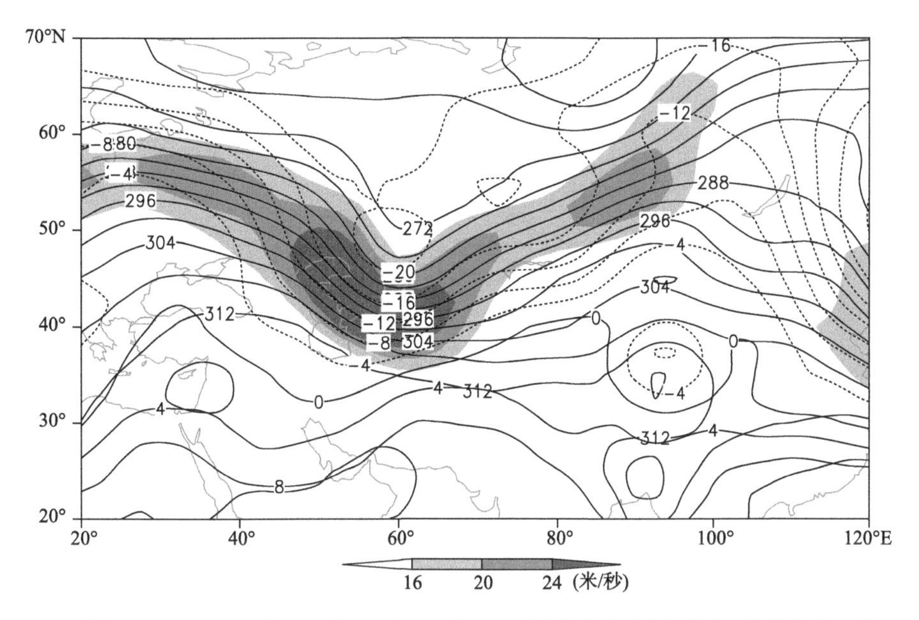

图 2-2-879　2017 年 12 月 26 日 20 时 700 百帕位势高度场(单位:位势什米)、温度场(单位:℃),阴影表示风速大于 16 米/秒的急流区

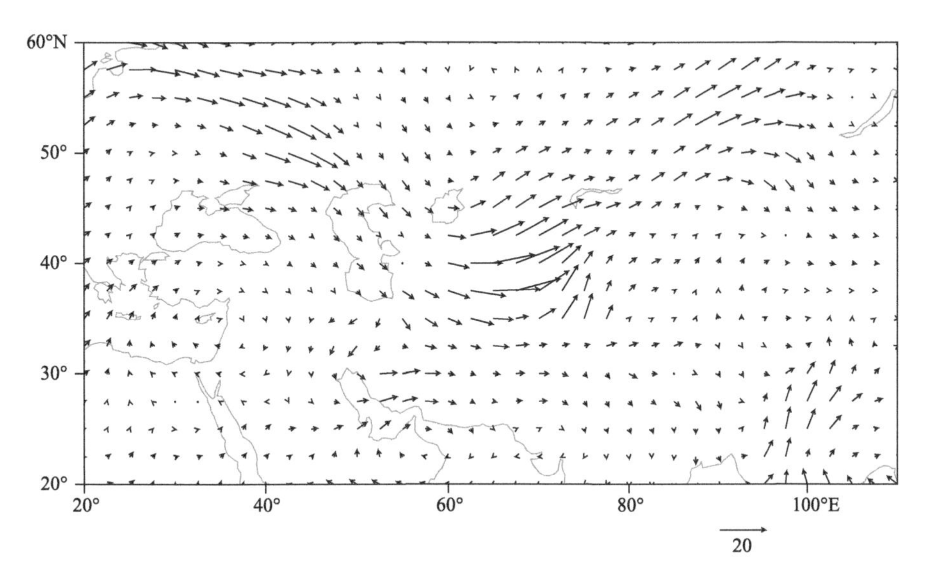

图 2-2-880　2017 年 12 月 26 日 20 时 700 百帕水汽通量场(单位:克/(厘米・百帕・秒))

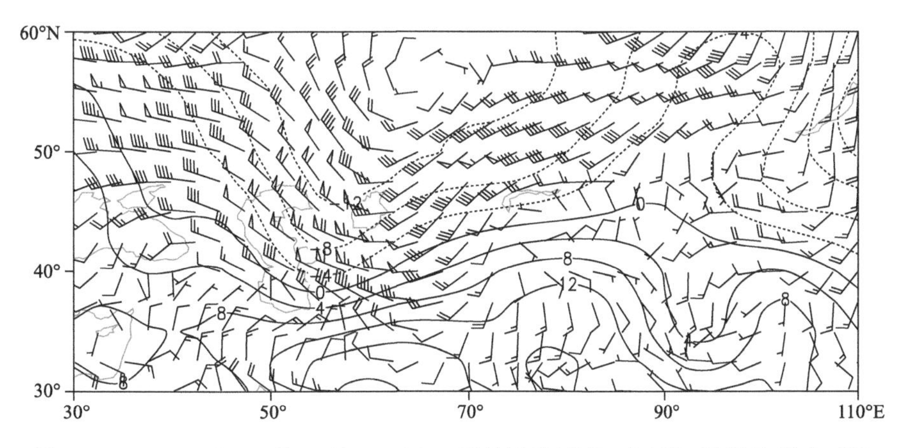

图 2-2-881　2017 年 12 月 26 日 20 时 850 百帕风场(单位:米/秒),温度场(单位:℃)

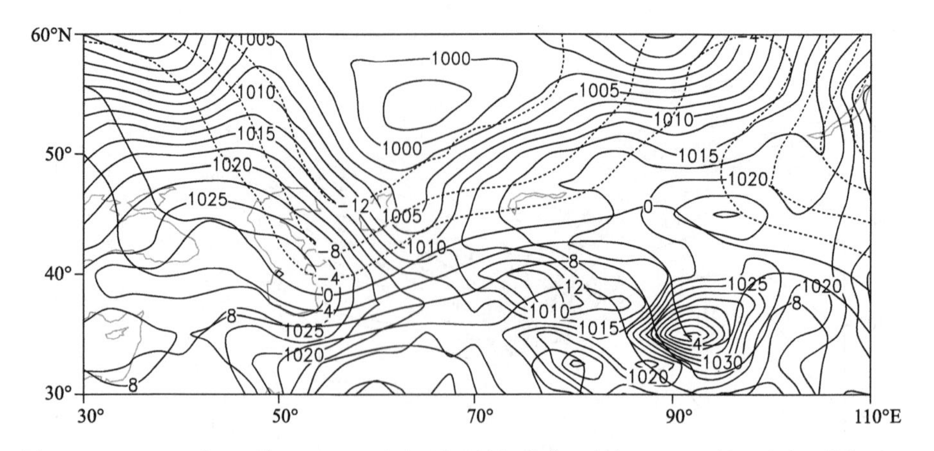

图 2-2-882 2017 年 12 月 26 日 20 时地面气压场(单位:百帕),850 百帕温度场(单位:℃)

第 3 章　持续性暴雪

3.1　持续性暴雪过程的客观定义与分类

应用 1964—2010 年天山山区及其以北地区(简称新疆北部)45 个气象观测站逐日降水资料。新疆降雪发生在 11 月—翌年 3 月，例如，1964 年冬季指 1964 年 11 月—1965 年 3 月。环流分析资料应用美国国家环境预报中心/美国国家大气研究中心(NECP/NCAR)逐日再分析资料(2.5°×2.5°)，空间层次为 1000～100 百帕，共 13 层。

由于新疆为干旱、半干旱气候，从多年预报、服务实践和概率统计方法提出了适合新疆气候特点的降水量级标准，新疆降水等级行业标准为：24 小时降水量 R，0.0<R≤0.2 毫米为微雪，0.3 毫米≤R≤3.0 毫米为小雪，3.1 毫米≤R≤6.0 毫米为中雪，6. 毫米 1≤R≤12.0 毫米为大雪，12.1 毫米≤R≤24.0 毫米为暴雪，24.1 毫米≤R≤48.0 毫米为大暴雪，R≥48.1 毫米为特大暴雪。

持续性暴雪过程定义满足以下条件：(1)45 个站中连续 4 天每天至少有 1 站出现 R≥3.1 毫米的降水(即中量降雪)；(2)每个过程至少有超过 12 个站出现 R≥12.1 毫米的降水，至少有 4 个站出现 R≥24.1 毫米的降水，即定义为一次持续性暴雪过程。根据这个定义，新疆 1964—2010 年共出现 36 次持续性暴雪过程，出现频次约为 0.77 次/年。36 次持续性暴雪过程根据暴雪落区可分为 4 种典型类型，分别为：北疆型、北疆西部北部型、北疆沿天山型和北疆西部型。图 3-1-1 为四种典型暴雪过程降水分布，北疆型：暴雪区位于天山以北的新疆地区(图 3-1-1a)；北疆西部北部型：暴雪区位于西天山、塔城地区和阿勒泰地区(图 3-1-1b)；北疆沿天山型：暴雪区位于天山山区北麓(图 3-1-1c)，北疆西部型：暴雪区位于天山西部地区(图 3-1-1d)。

表 3-1-1 为 4 种持续性暴雪过程的发生时间和持续时间，由表可见，北疆型出现 26 次，北疆西部北部型出现 9 次，北疆沿天山型和北疆西部型各出现 1 次，可见新疆以大范围持续性暴雪为主。

从时间分布看，11 月出现 18 次，3 月出现 8 次，12 月、1 月和 2 月分别出现 3 次、4 次和 3 次，表明初冬易出现持续性暴雪过程，其次为初春，隆冬出现次数较少。持续时间 5～9 天有 19 次，持续时间≥10 天有 15 次，最长达 18 天，出现在 1966 年 12 月 7—24 日，持续 4 天有 2 次，可见新疆持续性暴雪过程是一种典型的中期—延伸期时间尺度天气过程。

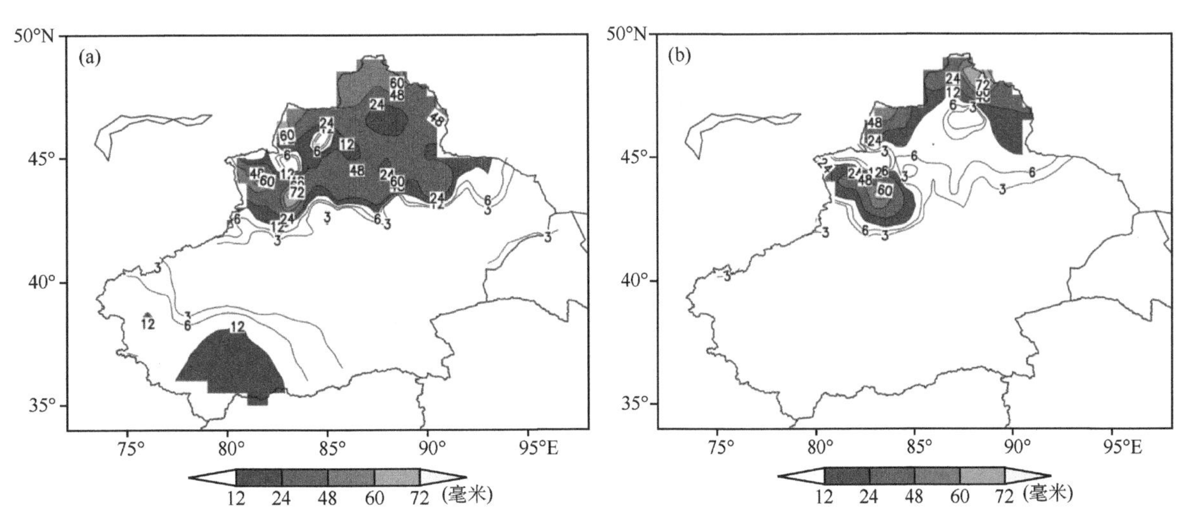

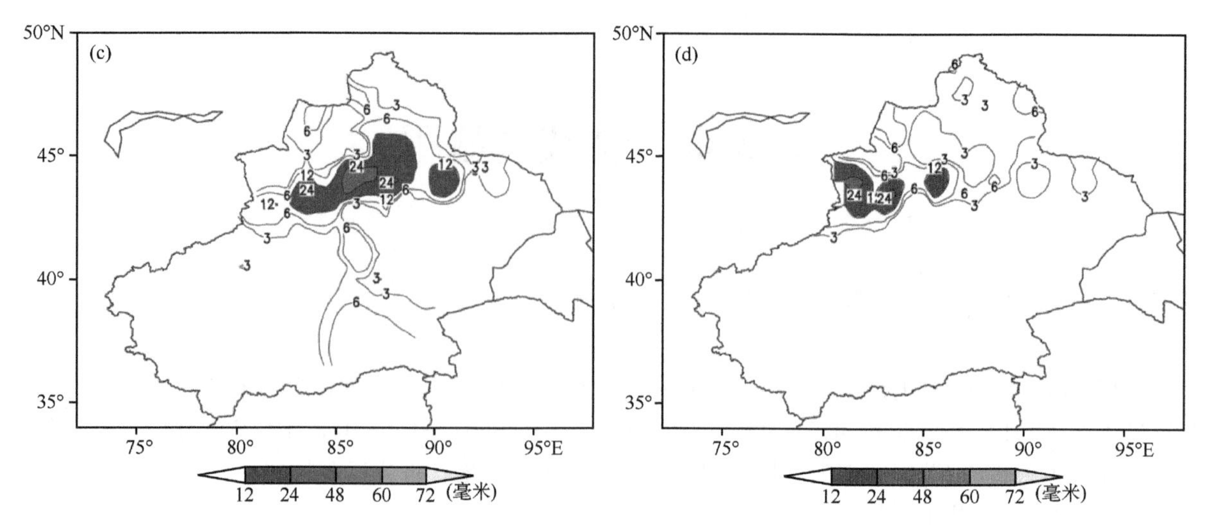

图 3-1-1 新疆持续性暴雪四种分布型(单位:毫米,阴影区为暴雪区)

(a)北疆型,1996 年 12 月 25 日—1997 年 1 月 2 日降水分布;(b)北疆西部北部型,2010 年 3 月 10—23 日降水分布;(c)北疆沿天山型,1974 年 3 月 2—24 日降水分布;(d)北疆西部型,2004 年 3 月 14—18 日降水分布

表 3-1-1 4 种持续性暴雪过程发生和持续时间(天)

类型	发生时间(年.月.日)	持续时间(天)	发生时间(年.月.日)	持续时间(天)
北疆型	1965.11.04—11.11	8	1966.02.24—03.05	10
	1966.12.07—12.24	18	1968.03.02—03.05	5
	1965.11.04—11.11	8	1972.11.06—11.13	8
	1976.11.01—11.08	8	1987.11.13—11.24	12
	1988.02.02—02.10	9	1990.11.03—11.07	5
	1993.11.11—11.18	8	1996.11.06—11.14	9
	1999.12.30—2000.01.03	5	2000.11.15—11.24	10
	2002.03.18—03.28	11	2002.11.15—11.22	8
	2004.11.01—11.08	8	2005.11.01—11.04	4
	2007.03.21—03.31	11	2008.03.10—03.20	11
	2009.11.05—11.10	6	2009.12.31—2010.01.09	10
	2010.02.19—02.28	10	2010.03.10—03.23	14
	2010.11.16—11.22	7	2010.12.18—12.28	11
北疆西部北部型	1968.11.16—11.25	10	1969.01.16—01.25	10
	1980.11.15—11.20	6	1980.11.23—11.30	8
	1985.11.18—11.22	5	1991.11.24—12.05	12
	1994.11.03—11.14	12	1996.12.25—1997.01.02	9
	2005.3.11—3.19	9		
北疆沿天山型	1974.3.20—3.24	5		
北疆西部型	2004.3.14—3.18	5		

3.2 大尺度环流、关键影响系统配置和水汽输送特征

3.2.1 北疆型

由表 3-1-1 可知北疆型暴雪共出现 26 次,11 月、12 月、1 月、2 月、3 月分别出现 14 次、2 次、2 次、3 次和 5 次,可见该型暴雪主要出现在初冬时期,且持续时间为 4～18 天,以 8～12 天为多。造成此类暴雪的环流可分为经向Ⅰ型、经向Ⅱ型和纬向型。

3.2.1.1 经向Ⅰ型

此型过程出现11次，又可分为2类。第一类北半球500百帕位势高度场上有两个极涡，一个位于加拿大北部或极区，另一个中心位于100°E以东的西伯利亚地区，此类出现七次。它们具有共同的环流特征：中高纬为三槽三脊环流型，即阿拉斯加脊—北美大槽—北大西洋脊—欧洲槽—东欧脊—西伯利亚长波槽，东脊向东北方向发展引导西西伯利亚槽南下影响新疆(图3-2-1a)。同时，中低纬地中海或咸海为长波槽，该槽不断分裂波动东移与西西伯利亚槽交汇造成新疆暴雪过程，来自北方冷空气与来自地中海中纬暖空气交汇剧烈形成强锋区，冷暖空气温差达8℃以上。500百帕新疆上空为风速大于或等于20米/秒的强西风气流，同时地面配合有冷锋锋面，这种冷锋和强动力条件是暴雪发生的关键因素。而新疆暴雨过程冷空气来自西北方向，暖空气来自西南方向伊朗高原或偏东方向河西走廊，冷暖交汇温差小于8℃。500百帕新疆上空风速小于20米/秒，地面冷锋较弱，同时，夏季温度高加之“三山夹两盆”的地形结构易产生强对流系统叠加于天气尺度系统中。300百帕极锋急流位于45°N附近新疆上空，同时中东副热带西风急流向东北方向发展与极锋急流汇合于新疆地区(图3-2-1b)，700百帕里海、咸海至新疆出现一支低空西风急流(图3-2-1c)。700百帕水汽通量矢量(图3-2-1d)表明中低纬地中海或咸海长波槽前西南气流将地中海、里海、咸海、红海水汽输送至新疆，西西伯利亚槽向新疆输送北方水汽较弱。

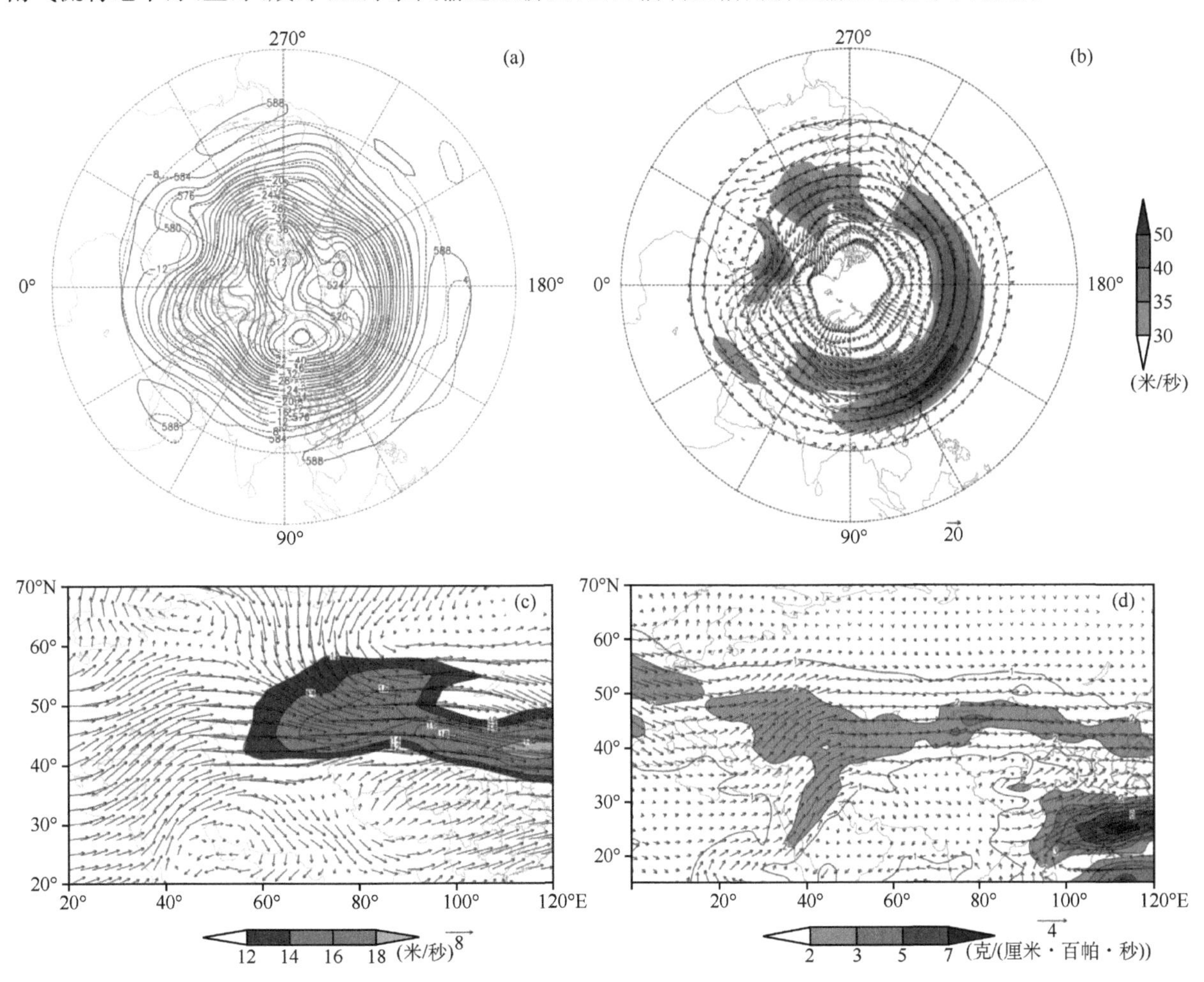

图3-2-1 经向Ⅰ型1987年11月13—24日环流形势

(a)500百帕位势高度场(实线，单位：位势什米)和温度场(虚线，单位：℃)；(b)300百帕风场，单位：米/秒，阴影表示风速大于或等于30米/秒；(c)700百帕风场，单位：米/秒，阴影表示风速大于或等于12米/秒；(d)700百帕水汽通量场，单位：克/(厘米·百帕·秒)

第二类北半球500百帕位势高度场有两个极涡，一个位于加拿大北部或极区，另一个中心位于120°E以东的东西伯利亚地区。此类出现四次，共同环流特征表现为中高纬为二槽二脊环流型，即阿拉斯加脊—北美大槽—东欧脊—西伯利亚超长波槽(图 3-2-2a)。由于东欧脊强烈向北发展导致西西伯利亚槽南伸至 40°N,西西伯利亚槽是造成新疆暴雪的关键影响系统,即冷空气向新疆南压过程造成暴雪,地面冷锋强。300 百帕极锋急流西退南压位于新疆上空(图 3-2-2b),500 百帕新疆上空为风速大于或等于 20 米/秒的强西风气流,700 百帕存在一支里海、咸海至新疆的低空西风急流(图 3-2-2c),暴雪区位于极锋急流入口区右侧高空辐散和低空急流出口区右侧辐合配置下,强劲的大尺度动力条件是暴雪发生的关键因素,这些与暴雨有较大差异。暴雨主要受副热带西风急流、南亚高压、伊朗地区副热带高压、中亚低槽等的影响。700 百帕水汽通量矢量(图 3-2-2d)主要表现为低空西风急流输送地中海、里海、咸海水汽以西风路径进入新疆。

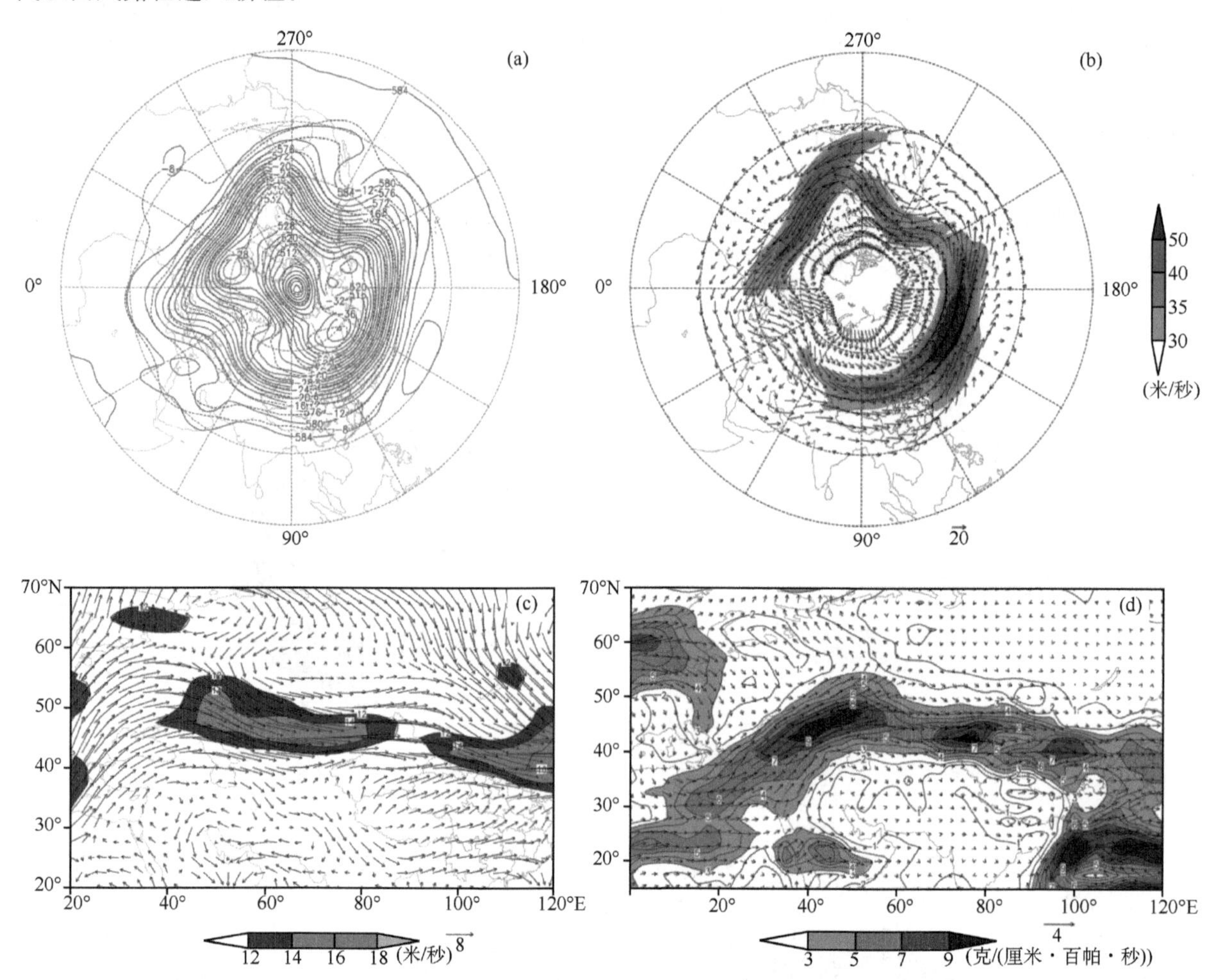

图 3-2-2　经向Ⅰ型 1976 年 11 月 1—8 日环流形势

(a)500 百帕位势高度场(实线,单位:位势什米)和温度场(虚线,单位:℃);(b)300 百帕风场,单位:米/秒,阴影表示风速大于或等于 30 米/秒;(c)700 百帕风场,单位:米/秒,阴影表示风速大于或等于 12 米/秒;(d)700 百帕水汽通量场,单位:克/(厘米·百帕·秒)

3.2.1.2 经向Ⅱ型

此类过程出现 12 次,又可分为两类,主要差别在于北半球 500 百帕位势高度场上极涡的分布,第一类出现两个极涡,一个位于加拿大北部或极区附近,另一个中心位于 90°E 附近的西西伯利亚地区,第二类出现一个极涡且位于极区,这两类中高纬均为二槽二脊环流型,即阿拉斯加脊—北美大槽—北大西洋或北欧脊—西伯利亚超长波槽(图 3-2-3a),同时,中低纬地中海东部或咸海维持长波槽,中纬强西风锋区引导该长波槽暖湿气流东移与稳定持续的西西伯利亚低涡引导南下冷空气交汇于新疆地区,冷暖空气温差达 8℃以上。500 百帕新疆上空为风速大于或等于 20 米/秒的强西风锋区,从而导致新疆大范围持续性暴雪过程,而暴雨过程冷暖交汇和锋区均比暴雪过程弱得多。300 百帕风场则表现为随西西伯利亚低槽稳定维持,极锋急流明显西退南压位于 45°N 附近新疆上空且风速达 40 米/秒以上,随地中海东部或咸海长波槽发展中东副热带西风急流向东北方向中亚增强伸展，这两支急流汇合于中亚至新疆上空(图 3-2-3b)。新疆处于极锋急流出口左侧或入口区右侧高空辐散区上升气流控制中，同时，700 百帕风场里海、咸海至中亚存在一支大于或等于 12 米/秒的西风或西南风低空急流(图 3-2-3c)，巴尔喀什湖附近风速可达 18 米/秒，新疆处于低空急流出口区右侧的辐合区，同时 500 百帕出现风速大于或等于 20 米/秒的强西风气流，暴雪发生时新疆上空存在高、中、低空三支强气流的配置，这种高空急流出口区左侧或入口区右侧和低空急流出口区右侧导致的低空辐合、高层辐散的配置非常利于产生暴雪。

700 百帕水汽通量矢量(图 3-2-3d)表明低空西风低空急流输送地中海、黑海、里海、咸海水汽至中亚和新疆地区，为暴雪发生提供了丰富的水汽，而西西伯利亚槽携带高纬水汽输送很弱。其中经向Ⅱ单极型有两次过程中低纬伊朗高原长波脊向北发展与欧洲脊叠加形成经向度很大的长波脊，导致西西伯利亚槽南伸至 40°N，中低纬无强西风锋区和长波槽配合，相应新疆位于 300 百帕西北风极锋急流出口区左侧辐散区，无副热带急流影响，700 百帕存在一支乌拉尔山—新疆风速大于或等于 16 米/秒的西北低空急流，新疆处于低空急流出口区右侧辐合区，500 百帕新疆上空存在风速大于或等于 20 米/秒西北风强锋区，700 百帕水汽通量矢量低空西北急流携带巴伦支海水汽以西北路径输送至新疆地区，基本无中低纬水汽向新疆输送。

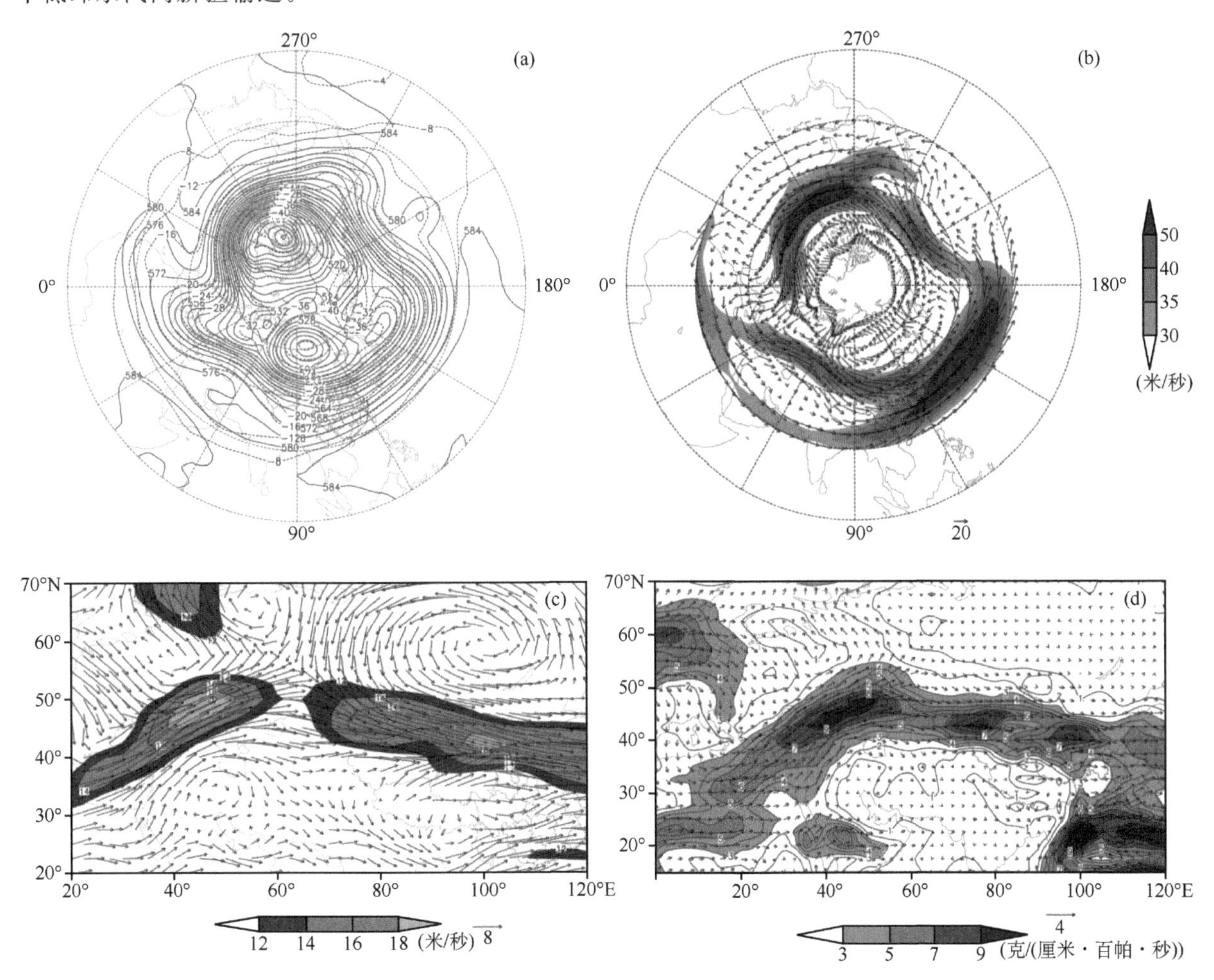

图 3-2-3　经向Ⅱ型 1999 年 12 月 30 日—2000 年 1 月 3 日环流形势

(a)500 百帕位势高度场(实线，单位：位势什米)和温度场(虚线，单位：℃)；(b)300 百帕风场，单位：米/秒，阴影表示风速大于或等于 30 米/秒；(c)700 百帕风场，单位：米/秒，阴影表示风速大于或等于 12 米/秒；(d)700 百帕水汽通量场，单位：克/(厘米·百帕·秒)

3.2.1.3　纬向型

此类过程仅有 2 次，出现在 1966 年 2 月 24 日—3 月 5 日和 1972 年 11 月 6—13 日。北半球 500 百帕位势高度场极区为切断高压，两个极涡分别位于加拿大北部和东西伯利亚地区(图 3-2-4a)。高、中、低纬环流经向度较小，同时欧亚范围为两支锋区，45°～60°N 为强极锋锋区，20°～40°N 为强副热带锋区，沿极锋锋区西西伯利亚地区为长波槽，沿副热带锋区里海、咸海为长波槽，它们共同作用造成新疆持续性暴雪过程，此类过程称之为两支锋区汇合型。随着极锋锋区南压，300 百帕极锋急流位于西伯利亚地区 45°N 附近(图 3-2-4b)，新疆位于极锋急流入口区右侧辐散区。同时，700 百帕中亚至新疆出现一支低空西风急流(图 3-2-4c)，500 百帕新疆上空也出现风速大于或等于 20 米/秒的强西风，700 百帕水汽通量矢量表明存在两支水汽输送路径(图 3-2-4d)，一支为中高纬强锋区输送来自北大西洋的水汽，一支为副热带西南风输送来自红海的水汽，南支水汽输送远大于北支，它们汇合于新疆地区。

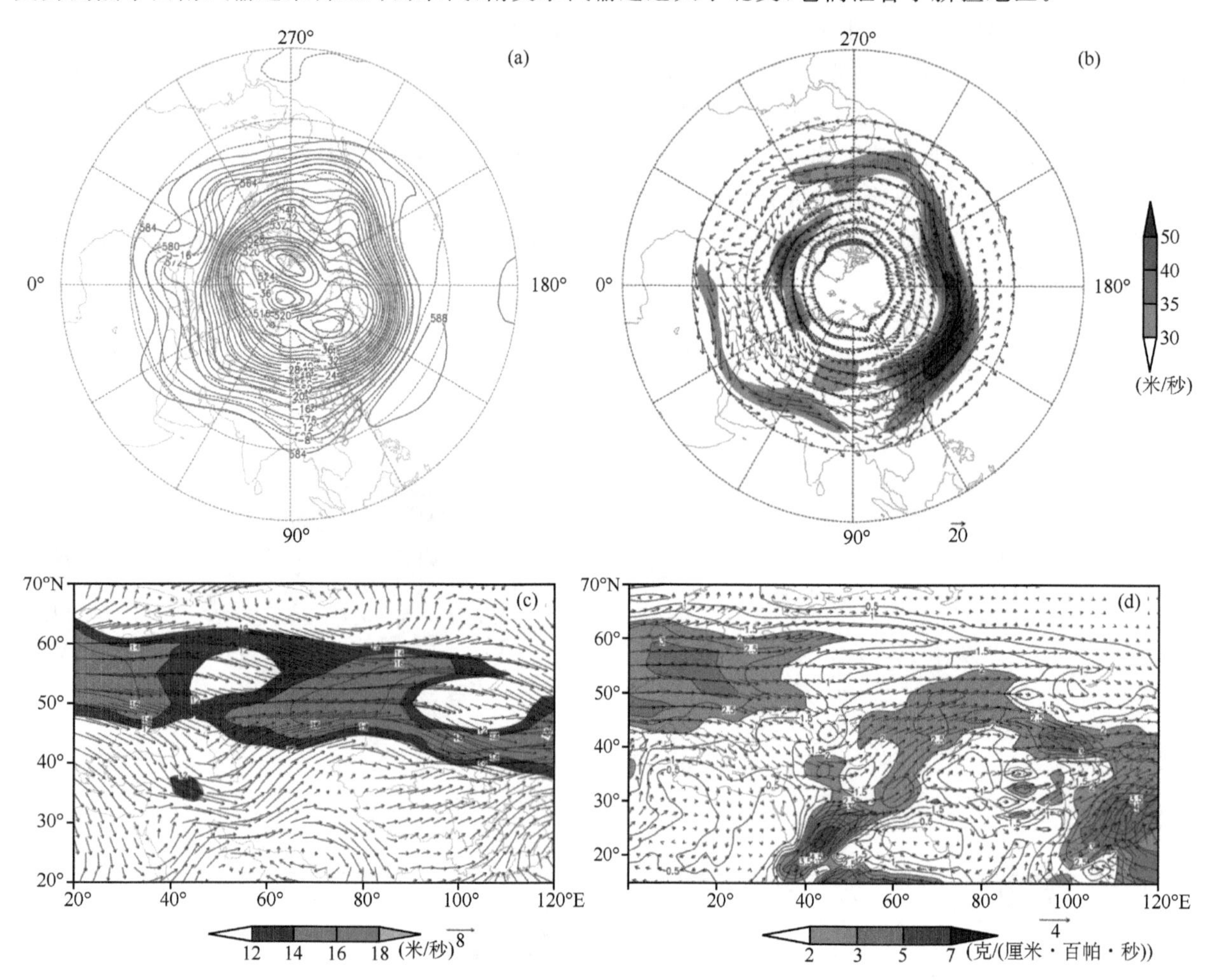

图 3-2-4　纬向型 1972 年 11 月 6—13 日环流形势

(a)500 百帕位势高度场(实线，单位：位势什米)和温度场(虚线，单位：℃)；(b)300 百帕风场，单位：米/秒，阴影表示风速大于或等于 30 米/秒；(c)700 百帕风场，单位：米/秒，阴影表示风速大于或等于 12 米/秒；(d)700 百帕水汽通量场，单位：克/(厘米·百帕·秒)

3.2.2　北疆西部北部型

由表 3-1-1 可知该型暴雪 11 月、12 月、1 月、3 月分别出现 6 次、1 次、1 次和 1 次，2 月从未出现，可见该型暴雪主要出现在初冬时期，且持续时间为 5～12 天。造成此类暴雪的环流形势分为经向型和纬向型。

3.2.2.1　经向型

此类过程出现 7 次，由于北半球 500 百帕位势高度场极涡分布不同又可分为两类，第一类出现两个极涡，阿拉斯加脊和北欧脊强盛发展形成阻塞并向极区伸展打通，导致极涡出现 2 个中心并向美洲和亚洲大陆北部南压，一个极涡位于加拿大北部，另一个极涡位于西西伯利亚地区(4 次)或东西伯利亚地区

(1 次),同时,中高纬为三槽三脊经向环流,欧亚范围为西西伯利亚长波槽和东亚大槽,东亚大槽东移至太平洋上空,西西伯利亚长波槽是导致新疆暴雪的一个关键影响系统。同时,中纬地中海—里海或里海—咸海为平均长波槽,槽前西南暖湿气流与东欧或西西伯利亚低槽南下冷空气剧烈交汇于中亚—新疆从而造成持续性暴雪过程(图 3-2-5a)。300 百帕风场(图 3-2-5b)极锋急流南压至 45°N 附近新疆上空且风速达 35 米/秒,最大达 40 米/秒,新疆位于极锋急流入口区右侧。700 百帕风场(图 3-2-5c)北欧—新疆或里海—新疆出现一支大尺度低空急流,新疆上空风速达 18～20 米/秒,新疆处于低空急流出口区右侧辐合区,同时 500 百帕新疆及其北侧也出现 24～28 米/秒的强西风带,暴雪过程新疆上空出现高、中、低空 3 支急流的配置,新疆西部北部处于极锋西风急流入口区右侧辐散和低空西风急流出口区右侧辐合区中,这种低层辐合、高层辐散的配置利于上升运动发展和暴雪的产生。700 百帕水汽通量矢量(图 3-2-5d)表现为北大西洋、巴伦支海水汽随低空急流输送至中亚—新疆地区,同时红海或地中海水汽随地中海—里海长波槽前西南气流向中亚—新疆输送,高纬和低纬两支水汽输送交汇于中亚—新疆,为新疆持续性暴雪提供充沛的水汽。

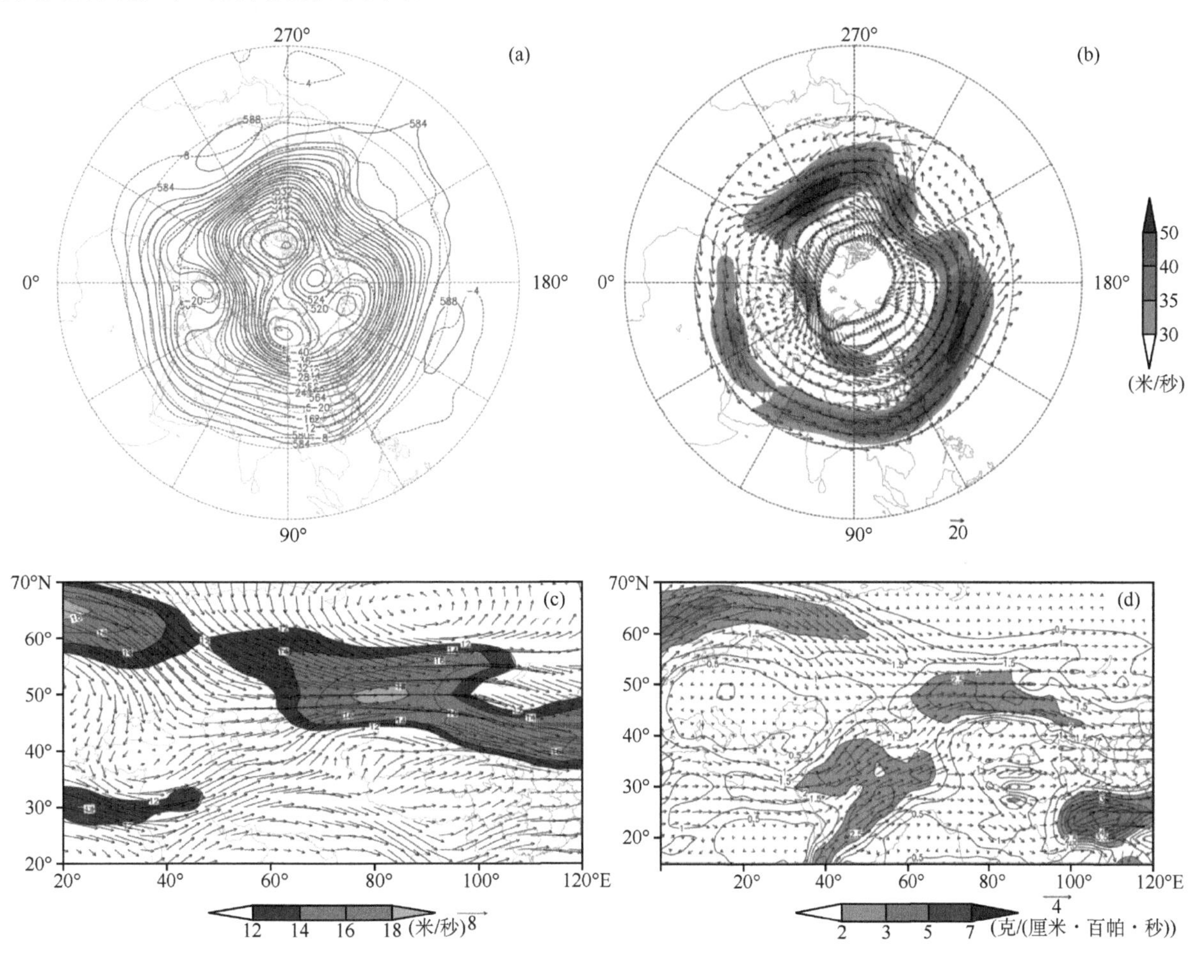

图 3-2-5 经向型 1991 年 11 月 24 日—12 月 5 日环流形势

(a)500 百帕位势高度场(实线,单位:位势什米)和温度场(虚线,单位:℃);(b)300 百帕风场,单位:米/秒,阴影表示风速大于或等于 30 米/秒;(c)700 百帕风场,单位:米/秒,阴影表示风速大于或等于 12 米/秒;(d)700 百帕水汽通量场,单位:克/(厘米·百帕·秒)

第二类出现一个极涡且偏于中西伯利亚—东西伯利亚地区(图 3-2-6a)。此类过程 2 次,即 1994 年 11 月 3—14 日和 2005 年 3 月 11—19 日,中高纬为三槽两脊经向环流,即北美大槽—欧洲沿岸脊—东欧槽—贝加尔湖脊—东亚大槽,东欧长波槽是导致新疆暴雪的一个关键影响系统。同时,中纬地中海东部至伊朗高原为中纬长波槽,长波槽前表现为一支强西南气流,槽前西南暖湿气流与东欧槽分裂东移的冷空气交汇于新疆西部北部引发持续性暴雪。300 百帕风场(图 3-2-6b),极锋急流位于新疆上空,同时中东副热带西风急流加强向东北向的中亚地区伸展，并与极锋急流汇合于中亚—新疆地区，急流强度达35～40 米/秒，新疆位于高空急流入口区右侧辐散区，同时 700 百帕乌拉尔山南部—新疆出现一支风速达 16 米/秒的低空冷西风急流(图 3-2-6c)与阿拉伯半岛温暖西南气流交汇于新疆，500 百帕新疆上空出现风速超过 20 米/秒的西风气流，新疆处于低空急流和中空急流出口区右侧的强辐合区，这种冷暖空气剧烈交汇，高、中、低空强急流的配合均是暴雨过程所达不到的。700 百帕水汽通量矢量(图 3-2-6d)表现为西北、西方和西南向到中亚—新疆的三支水汽输送路径，分别为北大西洋水汽随东欧槽西北气流输送至中亚，地中海和黑海水汽随中纬强西风气流输送至中亚，红海水汽随地中海东部至伊朗高原长波槽前西南气流输送至中亚。三支水汽输送在中亚地区交汇并继续随西风气流输送至新疆西部北部，西北和西方路径水汽输送相当，约为 1.5 克/(厘米·百帕·秒)，西南向水汽输送则可达 4～5 克/(厘米·百帕·秒)。

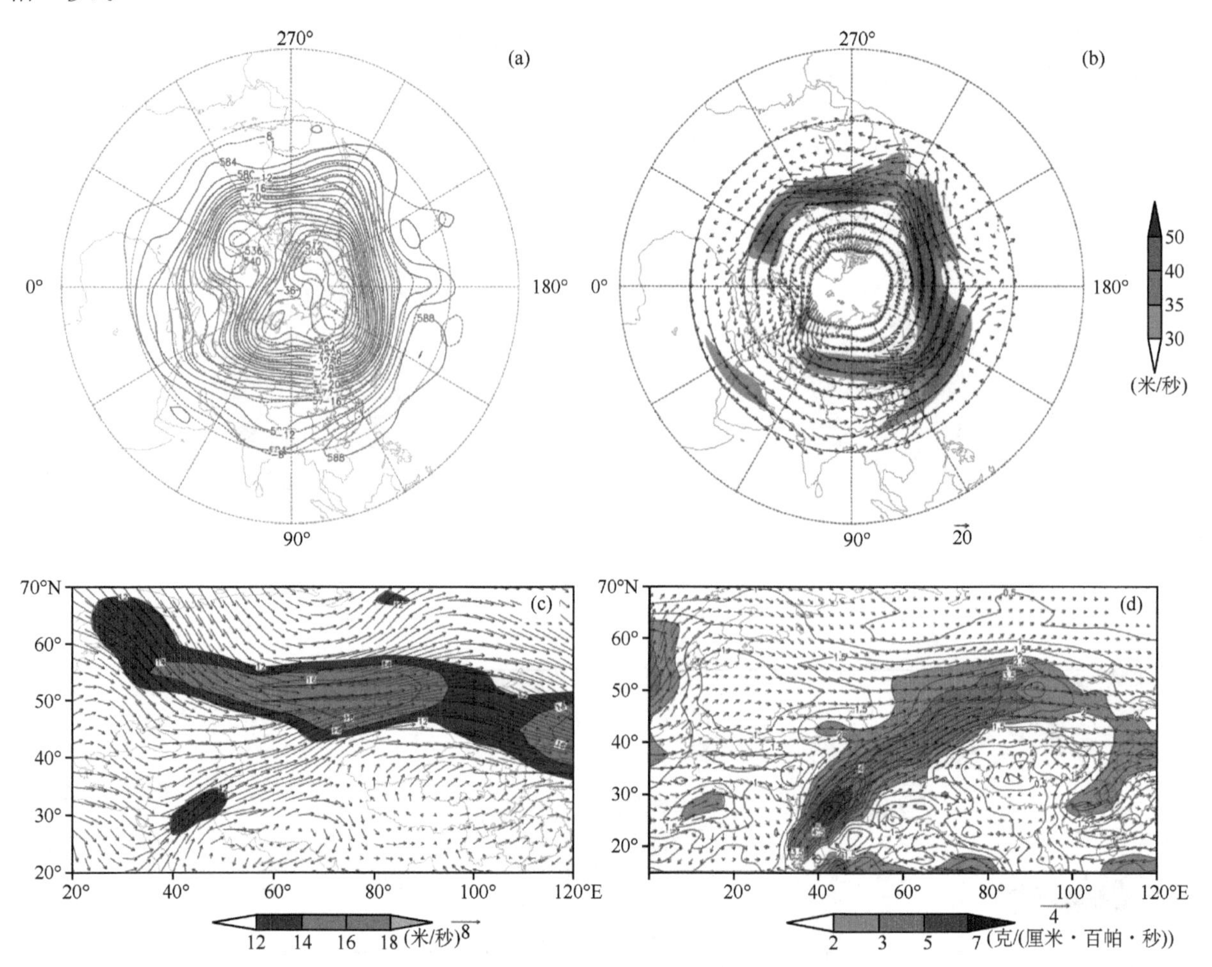

图 3-2-6　经向型 1994 年 11 月 3—14 日环流形势

(a)500 百帕位势高度场(实线，单位：位势什米)和温度场(虚线，单位：℃)；(b)300 百帕风场，单位：米/秒，阴影表示风速大于或等于 30 米/秒；(c)700 百帕风场，单位：米/秒，阴影表示风速大于或等于 12 米/秒；(d)700 百帕水汽通量场，单位：克/(厘米·百帕·秒)

3.2.2.2　纬向型

此型暴雪过程仅有 2 次，出现在 1980 年 11 月 15—20 日和 1980 年 11 月 23—30 日。北半球 500 百帕位势高度场，东西伯利亚海至极地为强盛的极地闭合高压，而极涡较弱主体位于 65°N 以北泰梅尔半岛附近，仅表现为一根闭合等值线，中高纬为纬向环流(图 3-2-7a)，极锋锋区和副热带锋区很强。同时，欧亚范围中低纬为大西洋至北非沿岸脊—北非至地中海槽—东北非脊—伊朗高原至里咸海长波槽的经向环流，里咸海长波槽前强锋区暖湿气流与极锋锋区冷空气剧烈交汇于新疆西部北部产生持续性暴雪过程。300 百帕风场(图 3-2-7b)则表现为极锋急流明显南压至西西伯利亚 55°N 附近且风速达 35

米/秒，随里海、咸海长波槽发展，中东副热带西风急流东侧增强并向中亚伸展。这两支急流汇合于中亚至新疆西部北部，新疆西部北部处于极锋急流入口区右侧高空辐散区上升气流控制中，利于暴雪过程的发生。700 百帕风场表明乌拉尔山南部至中亚存在大于或等于 12 米/秒的低空西风急流(图 3-2-7c)，新疆西部北部处于低空急流出口区右侧的辐合区，同时 500 百帕新疆上空出现风速大于或等于 20 米/秒的西风气流，暴雪发生时，新疆上空存在高、中、低空三支强气流的配置，这种高空急流入口区右侧和低空急流出口区右侧导致的低空辐合、高层辐散的配置非常利于产生暴雪。700 百帕水汽通量矢量(图 3-2-7d)表明大西洋—黑海—里海、咸海存在一支强西风水汽输送至中亚，为暴雪发生提供了丰富的水汽。

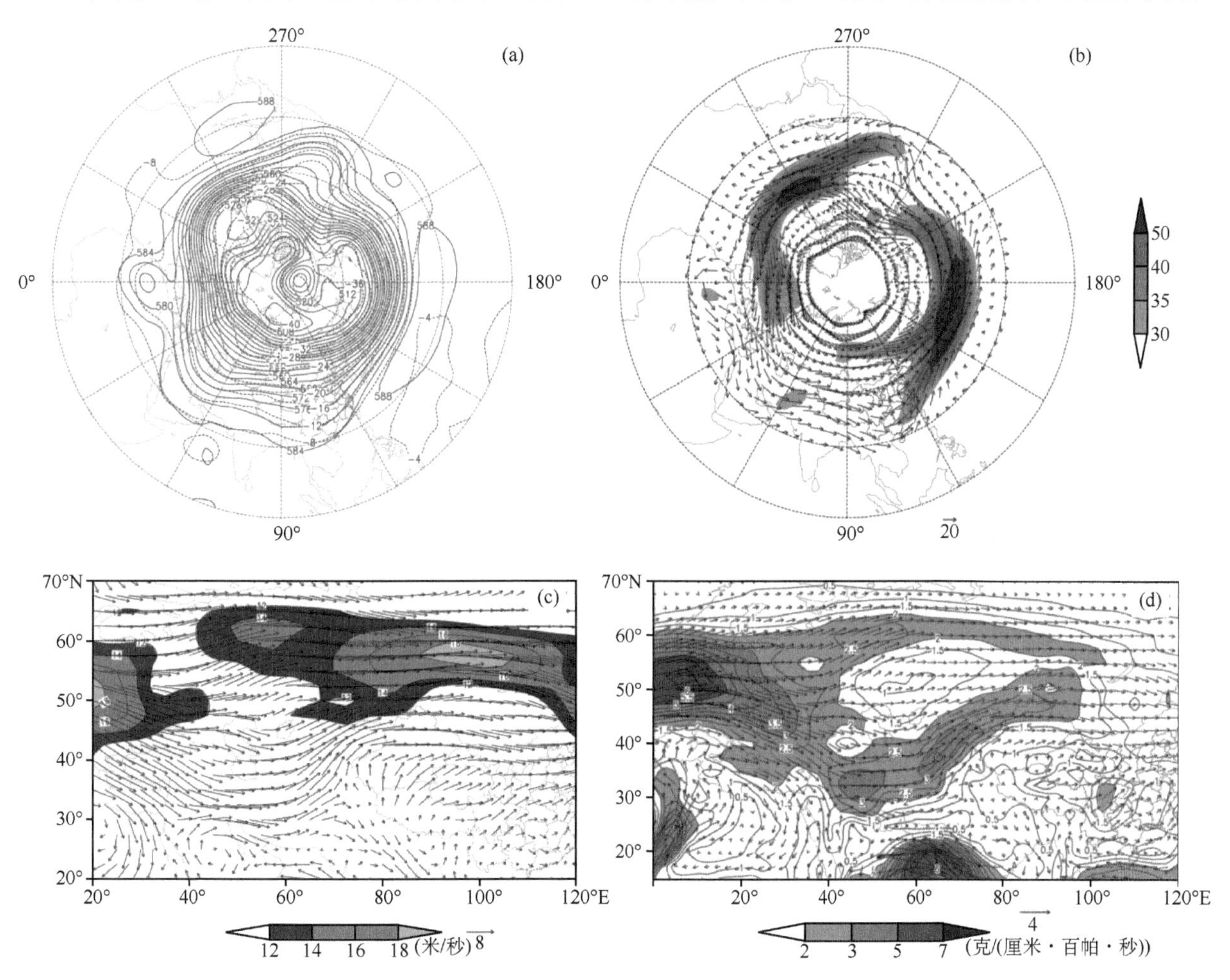

图 3-2-7　经向型 1980 年 11 月 15—20 日环流形势

(a)500 百帕位势高度场(实线，单位：位势什米)和温度场(虚线，单位：℃)；(b)300 百帕风场，单位：米/秒，阴影表示风速大于或等于 30 米/秒；(c)700 百帕风场，单位：米/秒，阴影表示风速大于或等于 12 米/秒；(d)700 百帕水汽通量场，单位：克/(厘米・百帕・秒)

第4章　重大暴雪事件

4.1　阿勒泰地区青河县、阿勒泰市(1966-02-27)

【降雪实况】1966年2月27日,阿勒泰地区青河县和阿勒泰市出现暴雪,24小时降雪量分别为15.3毫米、15.1毫米(图4-1-1)。

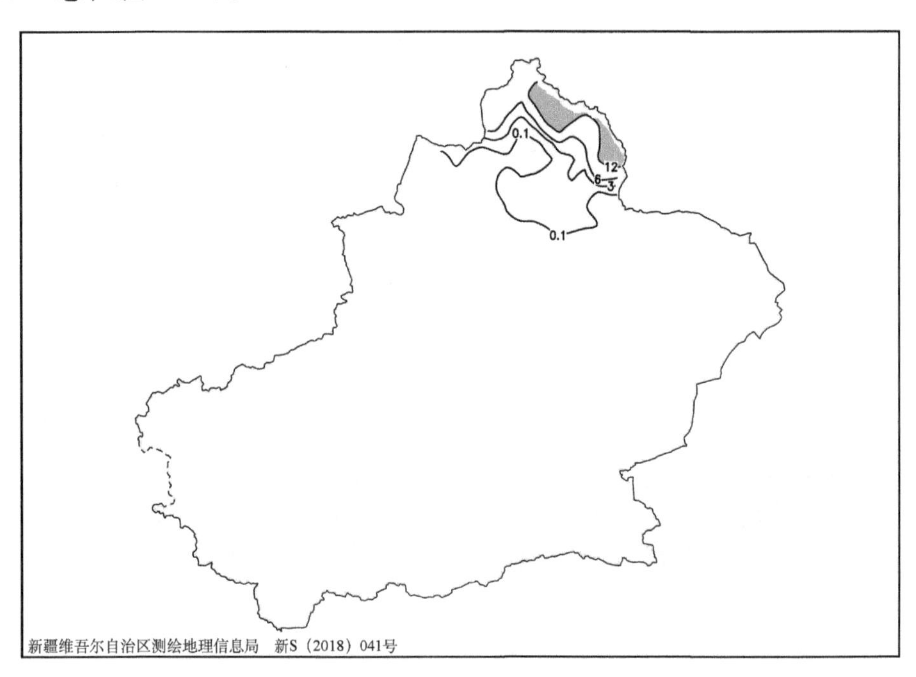

图4-1-1　1966年2月26日20时—27日20时降雪量分布图(单位:毫米)

【灾情】阿勒泰市连降大雪,平原地区积雪一般在100厘米以上,山区达200厘米以上,是1949年以来从未有过的,交通封阻,草牧场被大雪掩盖,由于气温高,上边一层雪化后封固,风吹不动,牲畜无法采草吃,特别是幼畜、瘦弱畜死亡严重(主要是青河、富蕴两个县)。雪崩压死6人,冻伤不少人。造成牲畜死亡13.82万头(只)。

4.2　博尔塔拉蒙古自治州博乐市、昌吉回族自治州天池(1986-12-07)

【降雪实况】1986年12月7日,博尔塔拉蒙古自治州博乐市和昌吉回族自治州天池出现暴雪,24小时降雪量分别为13.4毫米、13.6毫米(图4-2-1)。

【灾情】1986年12月6—7日博尔塔拉蒙古自治州博乐市乌图布拉格乡因灾死亡2人,受伤2人,被困人口3000人,转移安置人口3510人。农作物受灾面积117公顷。

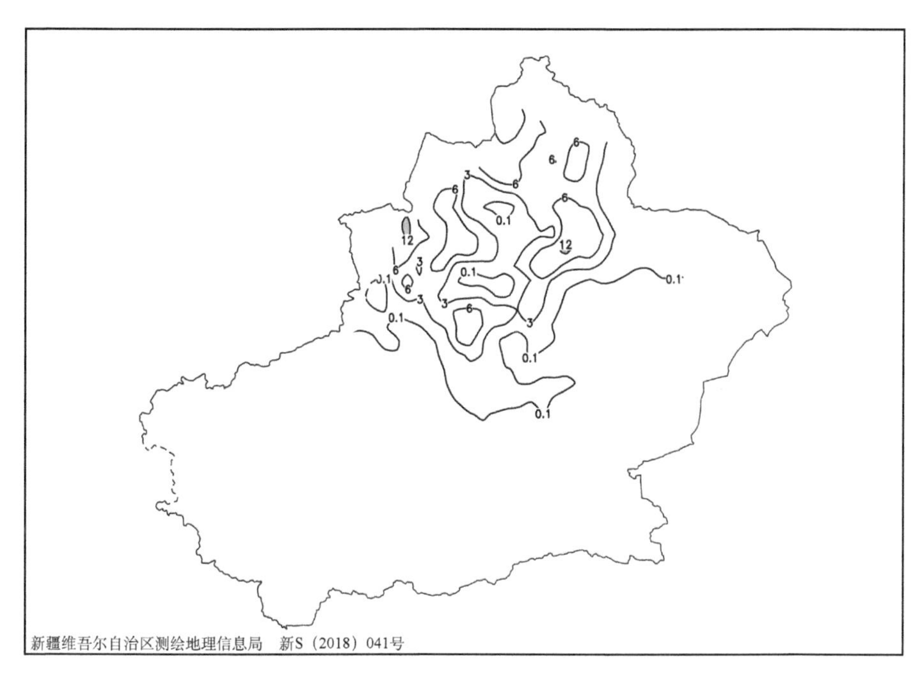

图 4-2-1　1968 年 12 月 6 日 20 时—7 日 20 时降雪量分布图(单位:毫米)

4.3　阿克苏地区乌什县(1993-02-18)

【降雪实况】1993 年 2 月 18 日,阿克苏地区乌什县出现暴雪,24 小时降雪量为 18.7 毫米(图 4-3-1)。

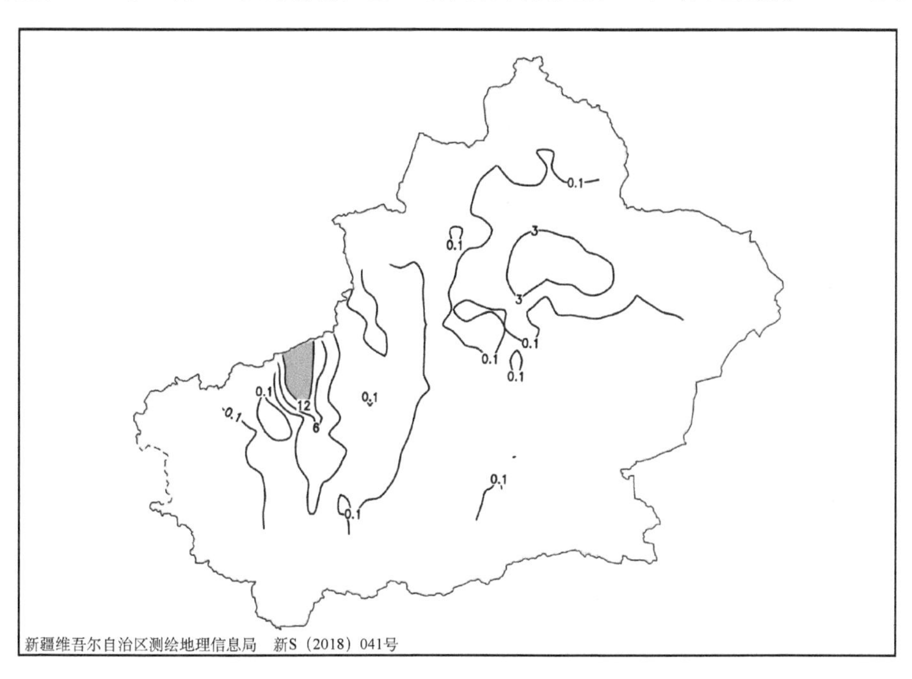

图 4-3-1　1993 年 2 月 17 日 20 时—18 日 20 时降雪量分布图(单位:毫米)

【灾情】阿克苏地区乌什县城区积雪厚度达 30 厘米,山区达 70～100 厘米。雪灾使乌什县死亡牲畜 3200 多头(只),倒塌民房 196 间,造成危房 2000 多间,小麦绝收面积 5.8 万亩,直接经济损失 1200 多万元。

4.4　塔城地区塔城市(1998-02-10)

【降雪实况】1998 年 2 月 10 日,塔城地区塔城市出现暴雪,24 小时降雪量为 12.6 毫米(图 4-4-1)。

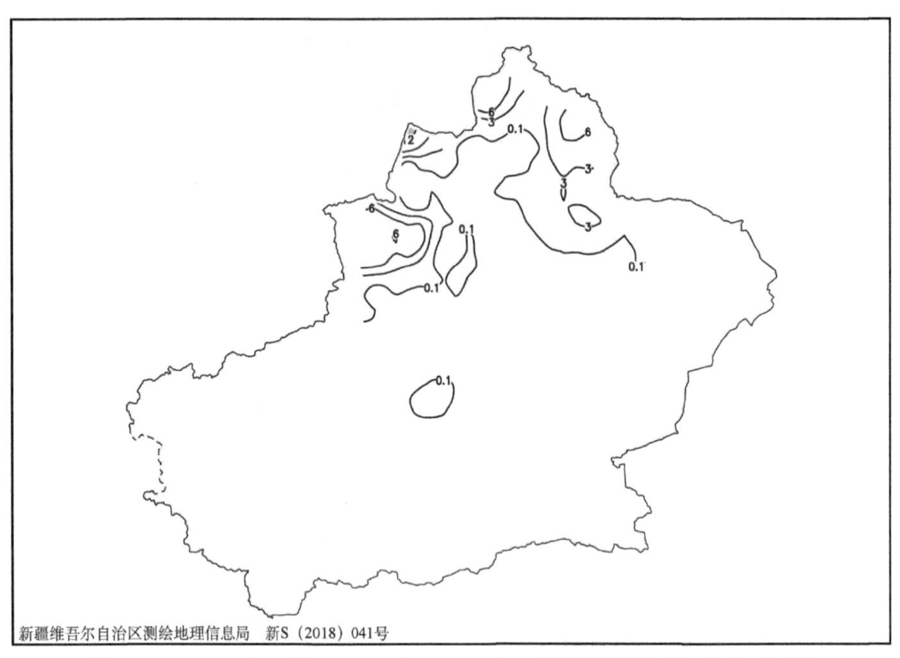

图 4-4-1　1998 年 2 月 9 日 20 时—10 日 20 时降雪量分布图(单位:毫米)

【灾情】1998 年 2 月 10—11 日,塔城地区普降大雪,积雪深度达 25～30 厘米,造成白灾。

4.5　巴音郭楞蒙古自治州和硕县(2000-02-22)

【降雪实况】2000 年 2 月 22 日,巴音郭楞蒙古自治州和硕县出现暴雪,24 小时降雪量为 13.1 毫米(图 4-5-1)。

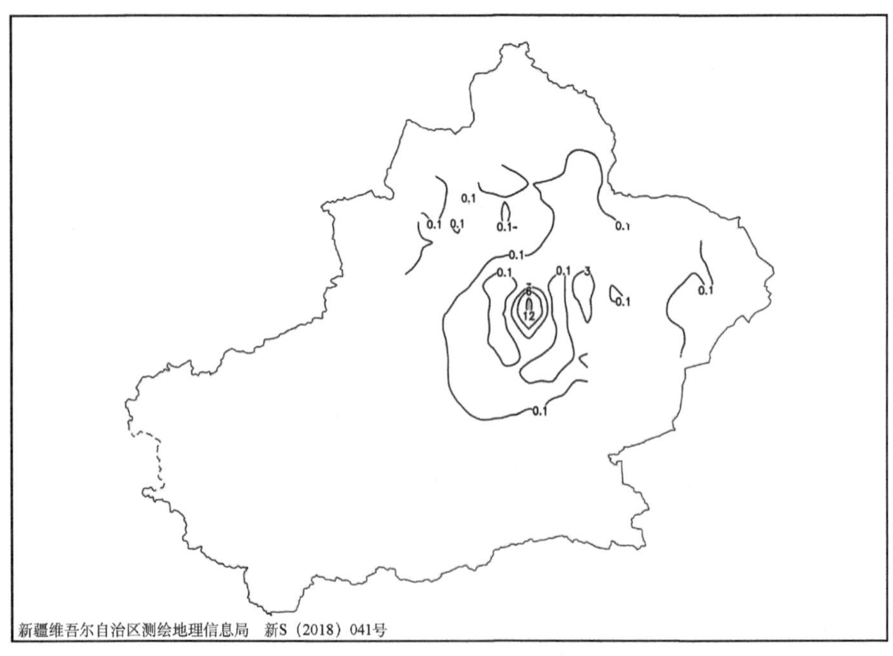

图 4-5-1　2000 年 2 月 21 日 20 时—22 日 20 时降雪量分布图(单位:毫米)

【灾情】巴音郭楞蒙古自治州出现了罕见的大雪天气，各地普遍有积雪，其中，和硕县积雪深度 20～60 厘米，和静县积雪厚度达 40 厘米以上。大雪造成交通受阻，并发生车辆相撞事故，4 人死亡。受灾牧民 870 户 3689 人，受灾牲畜 7 万头(只)，冻死牲畜 3830 头(只)，大雪压塌牧民房屋 56 间、棚圈 46 座，已播种的 1637 亩春麦、140 亩油葵均受雪灾。

4.6 博尔塔拉蒙古自治州、伊犁哈萨克自治州、乌鲁木齐市(2006-02-11)

【降雪实况】2006 年 2 月 11 日，博尔塔拉蒙古自治州阿拉山口市，伊犁哈萨克自治州霍城县、伊宁市、伊宁县，乌鲁木齐市出现暴雪，24 小时降雪量分别为 15.3 毫米、12.1 毫米、13.3 毫米、14.1 毫米、12.7 毫米(图 4-6-1)。

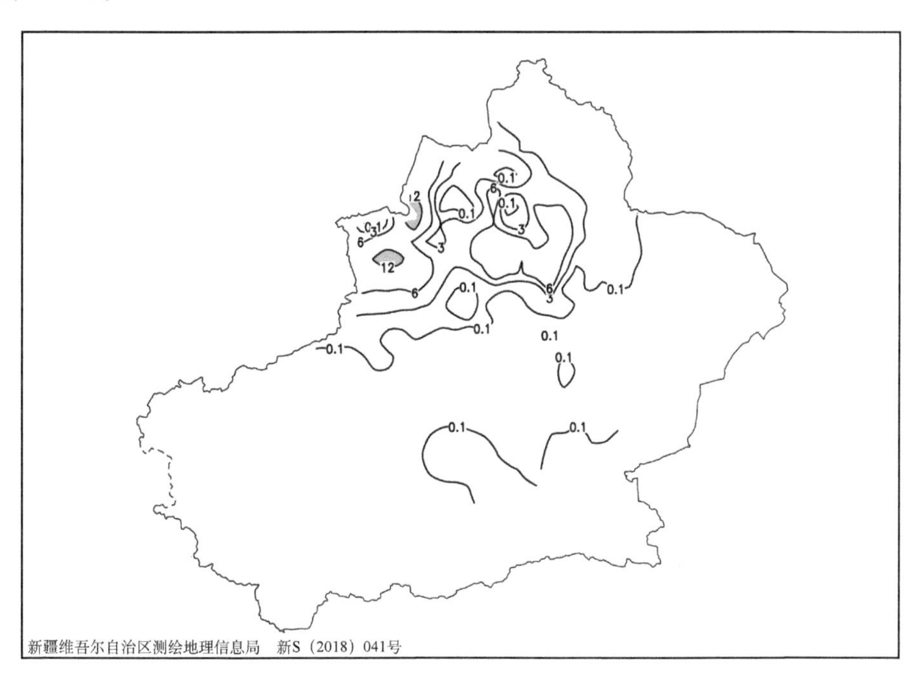

图 4-6-1 2006 年 2 月 10 日 20 时—11 日 20 时降雪量分布图(单位:毫米)

【灾情】伊犁哈萨克自治州伊宁县受灾人口 5324 人，转移安置 22 人，倒塌房屋 137 间，受损房屋 2861 间，直接经济损失 297.8 万元，农作物受灾面积 133.4 公顷。

4.7 阿勒泰地区、伊犁哈萨克自治州、乌鲁木齐市(2009-12-23)

【降雪实况】2009 年 12 月 23 日，北疆大部分地区、天山山区出现中到大雪，阿勒泰地区富蕴、青河、伊犁哈萨克自治州新源、乌鲁木齐 4 个测站达到暴雪，其中乌鲁木齐市 23 日降雪量为 13.5 毫米，居历史同期(12 月)日降雪量第二位；北疆除克拉玛依地区以外的大部分地区都有 12～50 厘米的积雪覆盖，最厚的积雪出现在阿勒泰和青河等地。24 小时最大暴雪量 19.1 毫米。最大累计降雪 25.5 毫米，出现在阿勒泰地区富蕴站和青河站(图 4-7-1)。

【灾情】阿勒泰地区阿勒泰市 4000 人受灾，受损房屋 360 间，直接经济损失 160 万元。

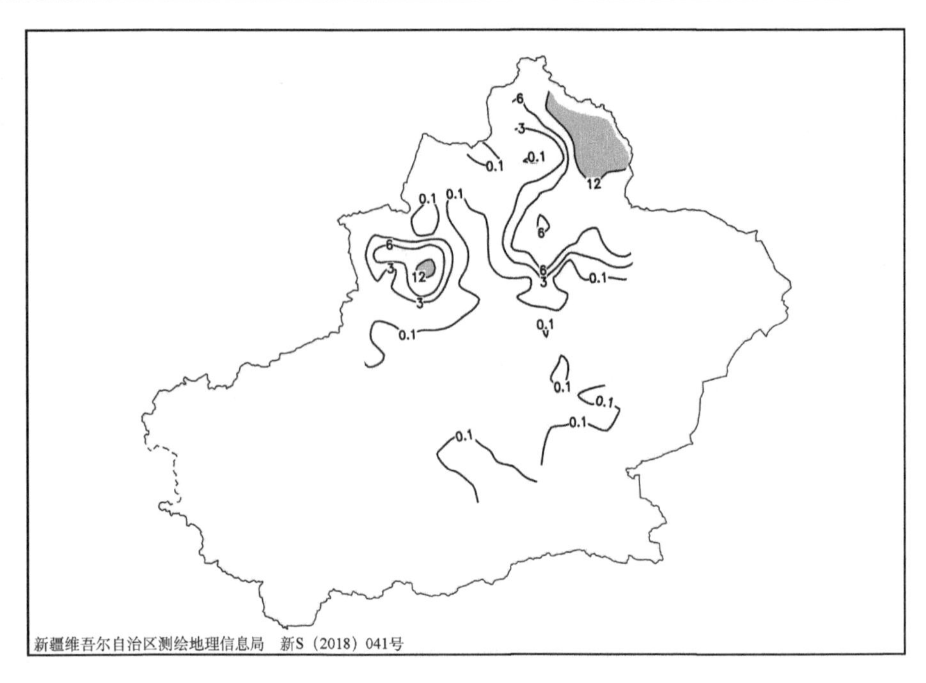

图 4-7-1　2009 年 12 月 22 日 20 时—23 日 20 时降雪量分布图(单位:毫米)

4.8　阿勒泰地区、塔城地区(2010-01-06)

【降雪实况】2010 年 1 月 6 日,北疆各地、天山山区、哈密北部出现微到小量的雪,阿勒泰地区青河、富蕴 2 个测站出现暴雪。7 日,阿勒泰地区哈巴河、布尔津、福海、阿勒泰、富蕴、青河,塔城地区额敏、塔城 8 个测站出现暴雪,阿勒泰、塔城等地部分地区达到大暴雪(图 4-8-1)。24 小时最大暴雪量 37.3 毫米。最大累计降雪 54.4 毫米,出现在阿勒泰地区富蕴站。北疆风口风力为 6 级,东疆风口出现 9 级偏北风。

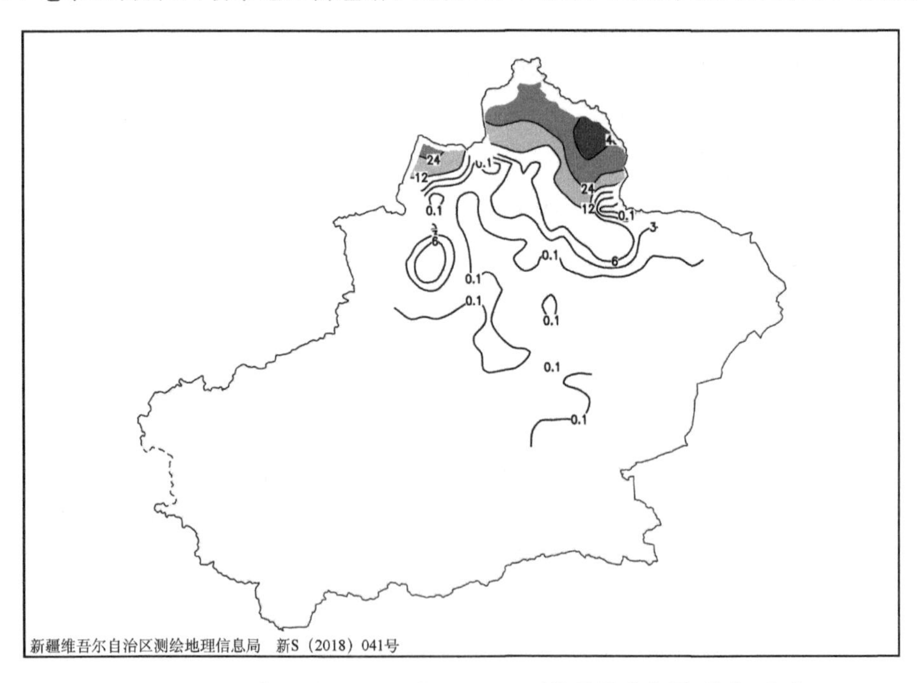

图 4-8-1　2010 年 1 月 5 日 20 时—7 日 20 时降雪量分布图(单位:毫米)

【灾情】阿勒泰地区:37.77 万人受灾,倒塌房屋 1303 间,损坏房屋 11622 间。221.7 万头(只)牲畜受灾,直接经济损失 15847 万元,吉木乃县 2335.6 万元。塔城地区:23 万人不同程度受灾,直接经济损失8000余万元，其中托里县损失3770余万元。哈密巴里坤花园乡3位牧民在进山寻找牦牛时遭遇雪崩被埋致死，直接经济损失达330万元。

4.9　阿勒泰地区富蕴县(2010-01-16)

【降雪实况】2010年1月16日，阿勒泰地区富蕴县出现暴雪，24小时降雪量为12.1毫米(图4-9-1)。

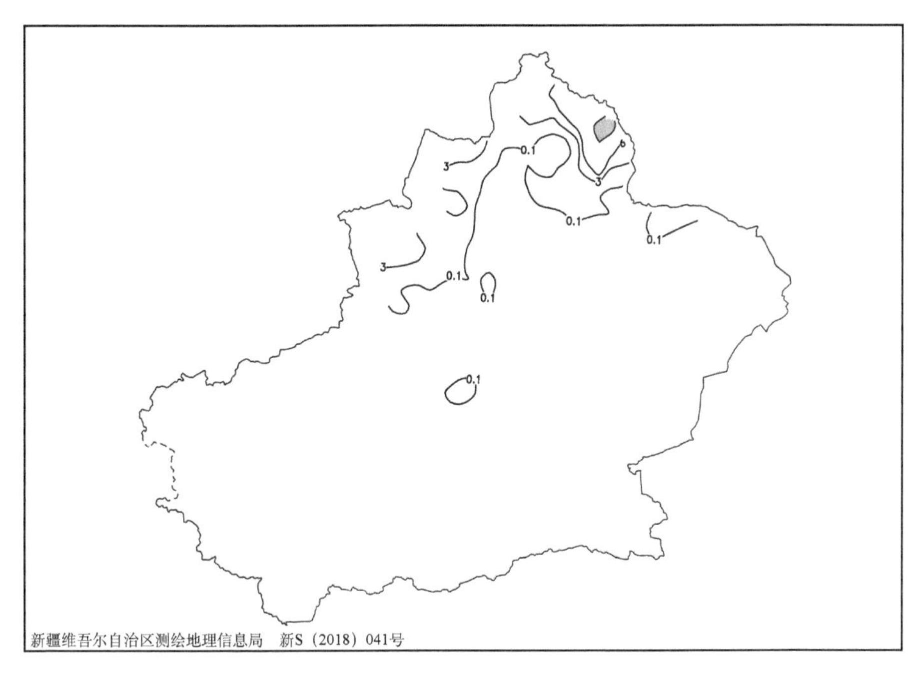

图4-9-1　2010年1月15日20时—16日20时降雪量分布图(单位:毫米)

【灾情】16日，阿勒泰地区富蕴县受连续性降雪影响，全县69895人受灾，受伤3人，受困1383人，转移安置1091人。受损房屋1391间，倒塌房屋32间，直接经济损失2152.4万元。蔬菜大棚损坏510座。17日，受连续性暴风雪影响，阿勒泰市18000人口受灾，因灾死亡1人，受伤13人，受困8394人，受损房屋1660间，倒塌房屋129间，直接经济损失4556万元。34座蔬菜大棚受损严重。18日，伊犁哈萨克自治州新源县坎苏乡、那拉提镇因暴雪引发雪崩，42624人受灾，因灾死亡7人，受伤2人，受困9人，转移安置9人。受损房屋398间，倒塌房屋13间，直接经济损失1977.22万元。94座农作物大棚受损严重。

4.10　伊犁哈萨克自治州、昌吉回族自治州、石河子地区(2010-02-23)

【降雪实况】2010年2月23日，伊犁哈萨克自治州伊宁市、伊宁县、霍城县，石河子地区炮台镇、石河子市、乌兰乌苏镇，昌吉回族自治州玛纳斯县出现暴雪，24小时降雪量分别为14.0毫米、15.1毫米、12.4毫米、14.7毫米、18.2毫米、18.7毫米、13.8毫米。伊犁哈萨克自治州新源县，塔城地区沙湾县、乌苏市出现大暴雪，24小时降雪量分别为26.8毫米、24.7毫米、40.2毫米。24日，伊犁哈萨克自治州新源县24小时降雪量12.4毫米(图4-10-1)。

【灾情】伊犁哈萨克自治州尼勒克县发生雪崩，5人死亡，2人失踪，转移4820人，直接经济损失5557.1万元；新源县境内发生雪崩，造成2人死亡；和静县巩乃斯山区雪崩，1人死亡，1人失踪；伊宁县直接经济损失2715.72万元。塔城地区沙湾县直接经济损失1078万元；乌苏市直接经济损失6078.06万元。

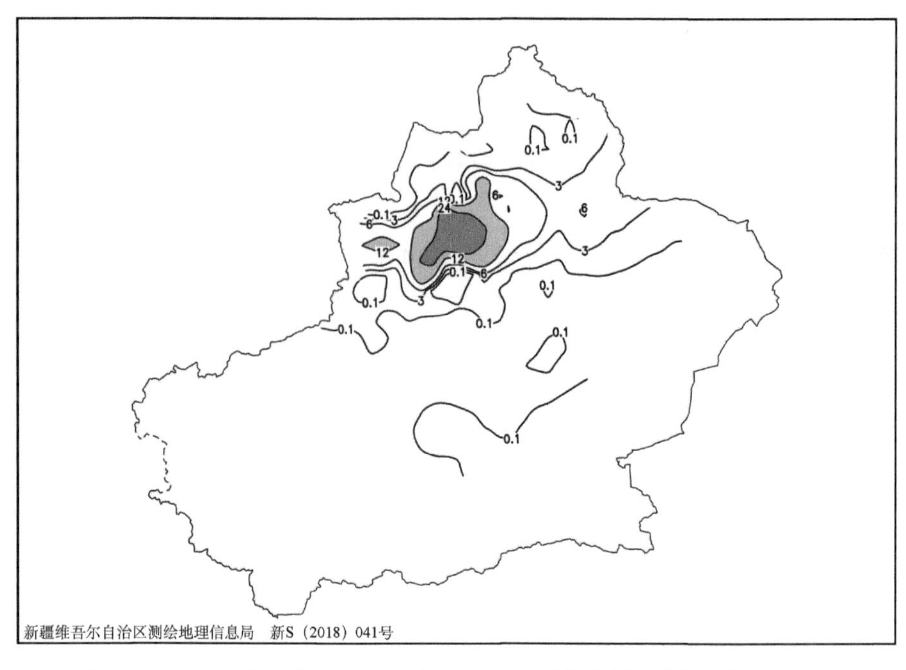

图 4-10-1　2010 年 2 月 22 日 20 时—23 日 20 时降雪量分布图(单位:毫米)

4.11　伊犁哈萨克自治州、阿勒泰地区、塔城地区、昌吉回族自治州、乌鲁木齐市(2010-03-20)

【降雪实况】2010 年 3 月 20 日,伊犁哈萨克自治州伊宁市、伊宁县、尼勒克县、新源县、霍城县,阿勒泰地区青河县、阿勒泰市、布尔津县、哈巴河县,塔城地区裕民县、额敏县、塔城市出现暴雪,24 小时降雪量分别为 15.4 毫米、22.0 毫米、12.2 毫米、20.6 毫米、12.4 毫米、15.9 毫米、15.5 毫米、21.6 毫米、22.0 毫米、18.9 毫米、16.3 毫米、20.7 毫米。21 日,伊犁哈萨克自治州新源县,乌鲁木齐市、小渠子站,石河子市、乌兰乌苏镇,昌吉回族自治州玛纳斯县出现暴雪天气,24 小时降雪量分别为 15.9 毫米、13.4 毫米、15.2 毫米、16.7 毫米、15.6 毫米、19.1 毫米。塔城地区沙湾县出现大暴雪,24 小时降雪量 24.4 毫米(图 4-11-1)。

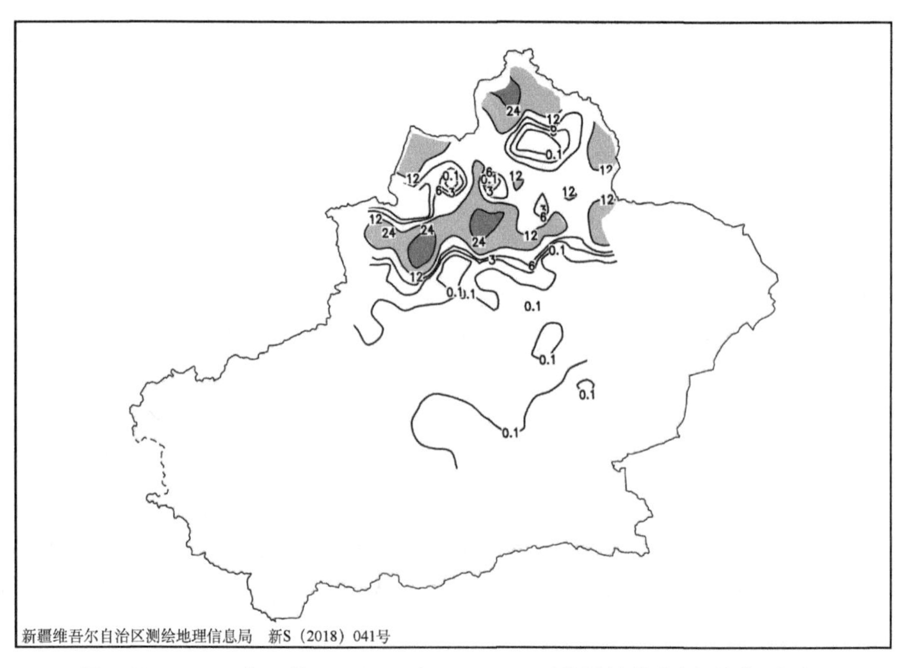

图 4-11-1　2010 年 3 月 19 日 20 时—20 日 20 时降雪量分布图(单位:毫米)

【灾情】伊犁哈萨克自治州昭苏县发生融雪性洪水，直接经济损失190.98万元；新源县直接经济损失达212.4万元；尼勒克县32272人受灾，因雪崩死亡5人，直接经济损失24848万元。塔城地区裕民县直接经济损失达5462.4万元；额敏县3926人受灾，转移安置2144人，直接经济损失600万元。

4.12 伊犁哈萨克自治州、昌吉回族自治州、博尔塔拉蒙古自治州、塔城地区、乌鲁木齐市(2010-03-28)

【降雪实况】2010年3月28日，乌鲁木齐市、小渠子站、米东区，伊犁哈萨克自治州伊宁县、新源县，昌吉回族自治州玛纳斯县，石河子市，塔城地区乌苏站，博尔塔拉蒙古自治州博乐市出现暴雪，24小时降雪量分别为12.7毫米、13.8毫米、13.6毫米、27.2毫米、18.8毫米、13.6毫米、13.2毫米、19.4毫米、14.8毫米。伊犁哈萨克自治州伊宁市出现大暴雪天气，24小时降雪量为23.7毫米(图4-12-1)。

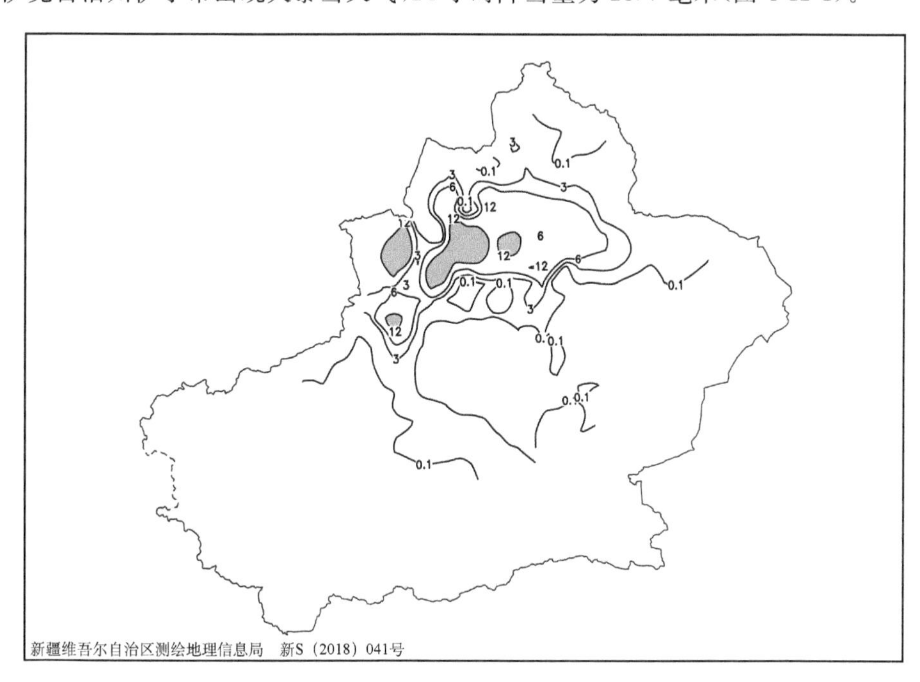

图4-12-1 2010年3月27日20时—28日20时降雪量分布图(单位：毫米)

【灾情】伊犁哈萨克自治州伊宁县受灾1402人，直接经济损失111.5万元，倒塌温室34座，直接经济损失93.1万元，883头(只)牲畜死亡(大畜32头，小畜851只)，死亡羊羔2180只，流产牲畜281头(只)，倒塌牲畜棚圈232座，受损棚圈364座，直接经济损失204.51万元。

4.13 阿勒泰地区、塔城地区、伊犁哈萨克自治州(2010-12-03)

【降雪实况】2010年12月3日，阿勒泰地区青河县、富蕴县、阿勒泰市出现暴雪，24小时降雪量分别为14.4毫米、21.3毫米、13.0毫米。塔城地区塔城市、额敏县、裕民县出现大暴雪，24小时降雪量分别为36.8毫米、39.8毫米、34.8毫米，以上三个测站突破近50年日降雪量极值。4日，伊犁哈萨克自治州新源县出现暴雪，24小时降雪量13.6毫米(图4-13-1)。

【灾情】塔城地区因暴雪造成城乡部分电力、交通中断，树木被压断，因停电造成部分区域居民停水和停暖，给城乡居民生产生活带来很大的困难。据统计：因大雪造成农牧区111434人受灾，被困33097人，生活困难96421人，直接经济损失1200余万元。

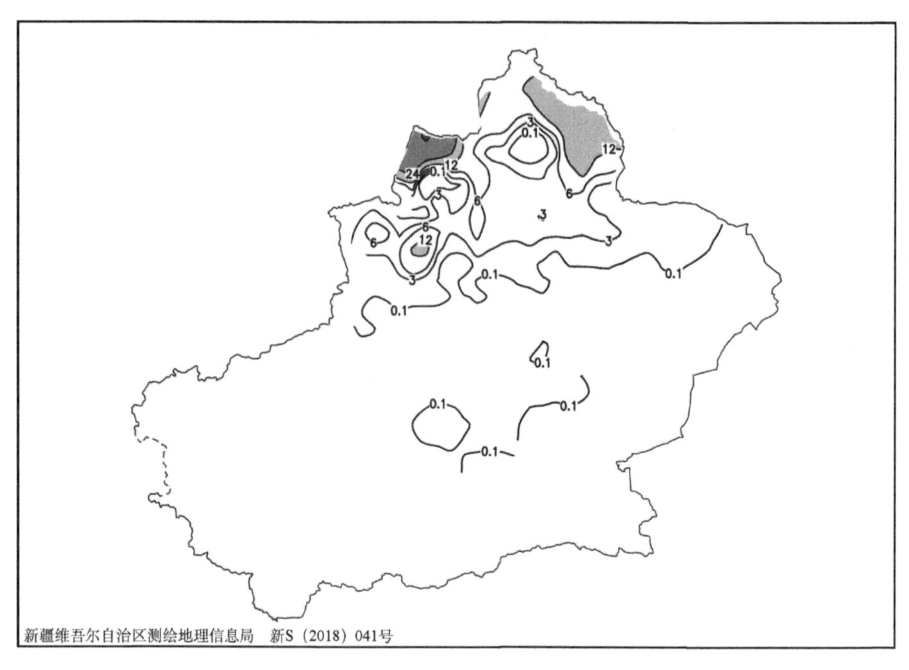

图 4-13-1 2010 年 12 月 2 日 20 时—3 日 20 时降雪量分布图(单位:毫米)

4.14 伊犁哈萨克自治州、博尔塔拉蒙古自治州、塔城地区、乌鲁木齐市(2011-03-16)

【降雪实况】2011 年 3 月 16 日,伊犁哈萨克自治州伊宁县、伊宁市、霍城县,乌鲁木齐市、米东区,塔城地区乌苏市,博尔塔拉蒙古自治州博乐市出现暴雪天气,24 小时降雪量分别为 17.4 毫米、14.3 毫米、14.9 毫米、15.8 毫米、12.6 毫米、12.7 毫米、15.3 毫米(图 4-14-1)。

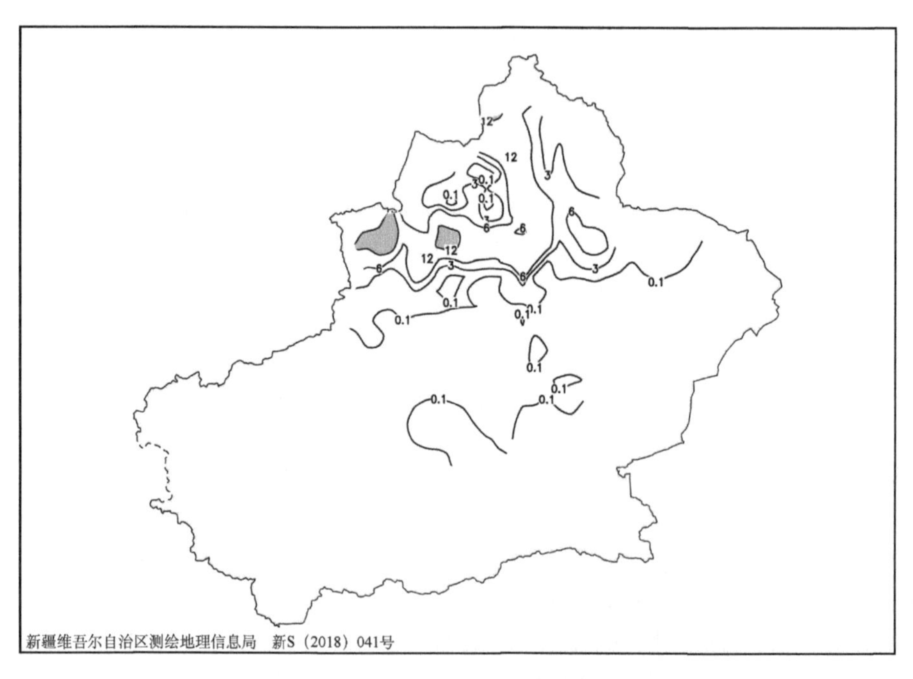

图 4-14-1 2011 年 3 月 15 日 20 时—16 日 20 时降雪量分布图(单位:毫米)

【灾情】伊犁哈萨克自治州察布查尔县 3 座大棚倒塌,387 座大棚不同程度的损坏,冻死大牲畜 13 头,预产羊 61 只,羊羔 516 只;尼勒克县 924 人受灾,直接经济损失 85.0 万元;特克斯县直接经济损失达到 60 万元。

4.15　石河子市、塔城地区(2012-11-08)

【降雪实况】2012 年 11 月 8 日，石河子市和乌兰乌苏镇出现暴雪天气，24 小时降雪量为 20.7 毫米、20.7 毫米。塔城地区沙湾县出现大暴雪，24 小时降雪量 24.3 毫米(图 4-15-1)。

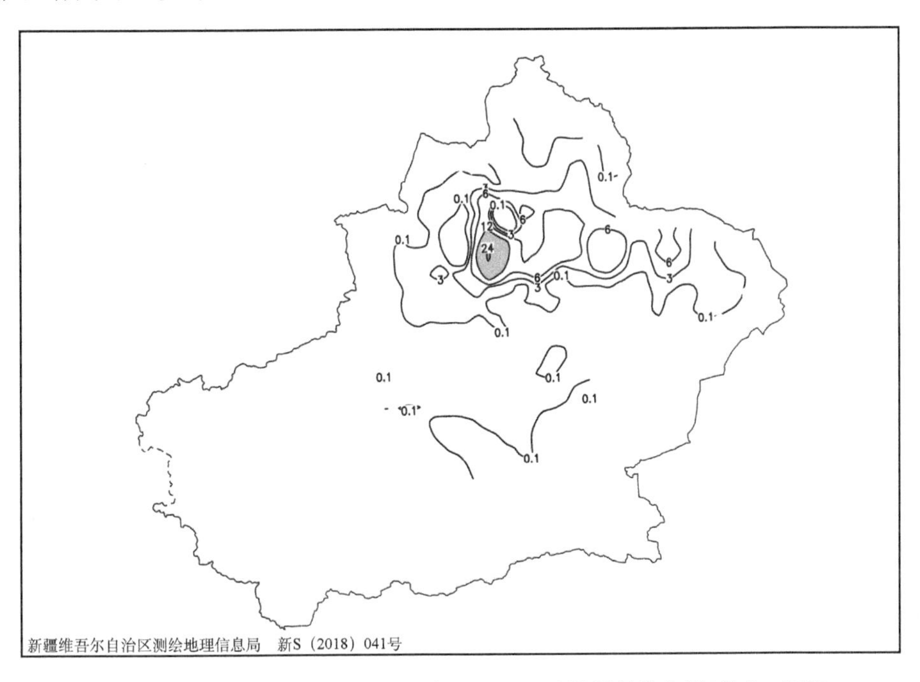

图 4-15-1　2012 年 11 月 7 日 20 时—8 日 20 时降雪量分布图(单位:毫米)

【灾情】石河子市区大面积停电、停暖。塔城地区铁厂沟—玛依塔斯风区一线出现风吹雪致使交通封锁。乌鲁木齐国际机场 43 个出港航班延误，5 个航班取消，一个国际入港航班备降喀什。阿勒泰机场 7 日、8 日关闭。

4.16　伊犁哈萨克自治州、乌鲁木齐市(2012-11-30)

【降雪实况】2012 年 11 月 30 日—12 月 1 日，伊犁哈萨克自治州和乌鲁木齐地区相继出现暴雪天气。30 日，伊犁哈萨克自治州特克斯县和乌鲁木齐市牧试站 24 小时降雪量分别为 13.7 毫米、12.2 毫米。12 月 1 日，伊犁哈萨克自治州察布查尔锡伯自治县、伊宁市、尼勒克县、伊宁县 24 小时降雪量分别为 19.2 毫米、20.8 毫米、20.0 毫米、23.5 毫米(图 4-16-1)。

【灾情】伊犁哈萨克自治州特克斯县农作物大棚损坏 5 座，直接经济损失 27 万元；尼勒克县 4630 人受灾，因灾死亡 1 人，转移安置 473 人，460 人出现饮用水困难，房屋倒塌 477 间，直接经济损失 1330.8 万元。冬小麦等农作物大面积绝产，经济损失 340 万元；伊宁市受灾 2185 人，转移安置 35 人，18 人出现饮用水困难，农作物大棚损坏 93 座，直接经济损失 1044 万元；伊宁县转移安置 300 人，直接经济损失 188 万元。

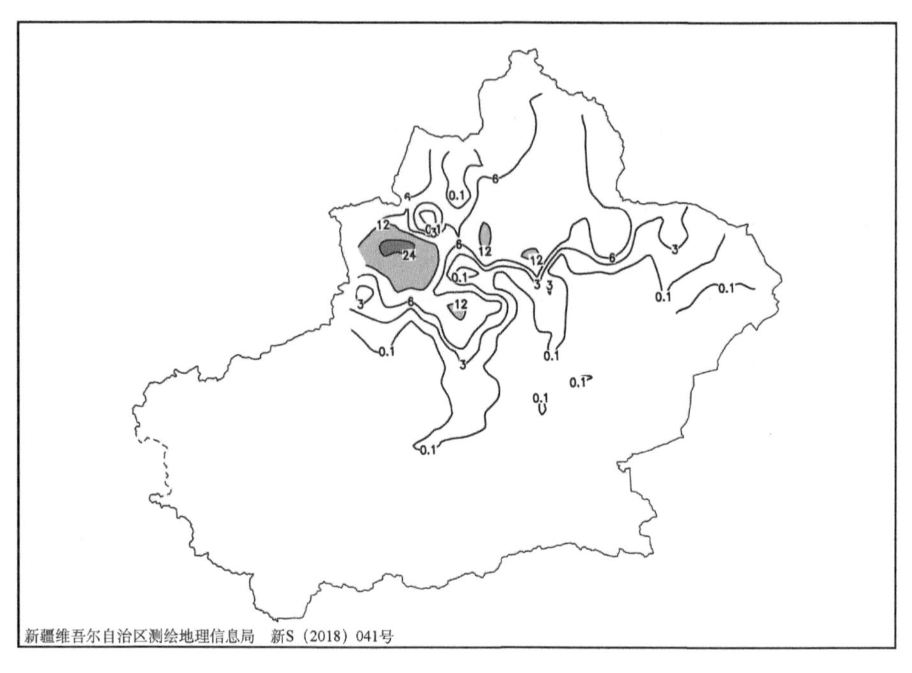

图 4-16-1　2012 年 11 月 29 日 20 时—12 月 1 日 20 时降雪量分布图(单位:毫米)

4.17　伊犁哈萨克自治州、塔城地区、阿勒泰地区(2014-01-28)

【降雪实况】2014 年 1 月 28—31 日,伊犁哈萨克自治州、塔城地区、阿勒泰地区相继出现暴雪天气。28 日,伊犁哈萨克自治州霍尔果斯市、霍城县、察布查尔锡伯自治县、伊宁市 24 小时降雪量分别为 20.6 毫米、14.8 毫米、19.4 毫米、21.4 毫米。29 日,霍尔果斯市和霍城县 24 小时降雪量分别为 15.4 毫米、12.5 毫米。30 日,塔城地区塔城市、裕民县、额敏县,阿勒泰地区青河县 24 小时降雪量分别为 17.6 毫米、19.5 毫米、16.2 毫米、12.3 毫米。31 日,霍尔果斯市和霍城县 24 小时降雪量分别为 14.7 毫米、14.1 毫米(图 4-17-1)。

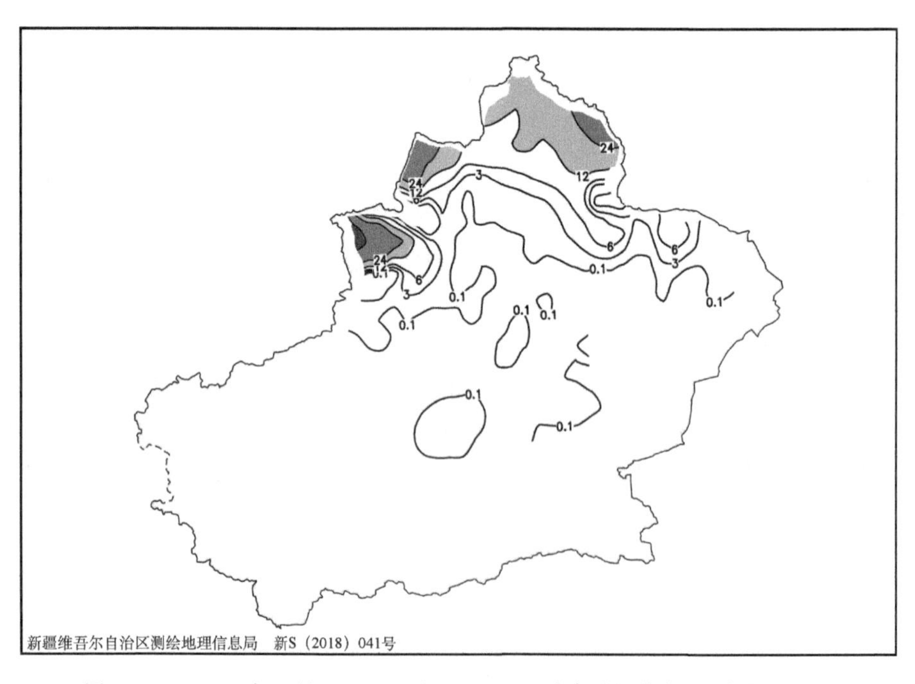

图 4-17-1　2014 年 1 月 27 日 20 时—31 日 20 时降雪量分布图(单位:毫米)

【灾情】伊犁哈萨克自治州伊宁县受灾5860人,转移安置196人,房屋倒塌24间,直接经济损失772.4万元。伊宁市英也尔乡、巴彦岱镇房屋倒塌157间。霍城县果子沟发生雪崩。

4.18 伊犁哈萨克自治州、塔城地区(2014-11-25)

【降雪实况】2014年11月25日,伊犁哈萨克自治州昭苏县、新源县、察布查尔锡伯自治县、尼勒克县、特克斯县,塔城地区额敏县出现暴雪,24小时降雪量分别为12.1毫米、17.0毫米、15.0毫米、15.2毫米、12.6毫米、14.3毫米。伊犁哈萨克自治州伊宁市和伊宁县出现大暴雪,24小时降雪量为24.6毫米、28.0毫米(图4-18-1)。

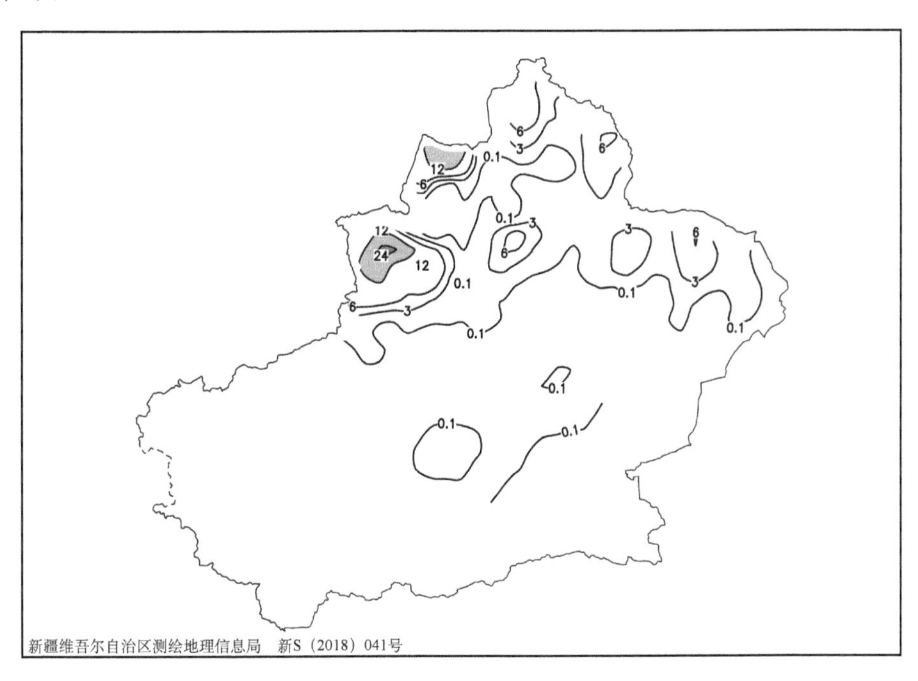

图4-18-1 2014年11月25日20时—7日20时降雪量分布图(单位:毫米)

【灾情】伊犁哈萨克自治州特克斯县呼吉尔特乡受灾57人,直接经济损失141.5万元。

4.19 伊犁哈萨克自治州、博尔塔拉蒙古自治州、昌吉回族自治州、石河子市、乌鲁木齐市、塔城地区(2015-12-11)

【降雪实况】2015年12月11日全疆共有15个市、县出现暴雪天气,2个地区出现大暴雪天气。博尔塔拉蒙古自治州温泉县,石河子市、乌兰乌苏镇,塔城地区乌苏市,昌吉回族自治州玛纳斯县、蔡家湖、昌吉市、阜康市、吉木萨尔县、奇台县、木垒县,伊犁哈萨克自治州新源县,小渠子站、牧试站出现24小时降雪量分别为13.0毫米、13.2毫米、13.3毫米、13.7毫米、16.7毫米、18.0毫米、20.8毫米、17.1毫米、15.7毫米、15.8毫米、14.4毫米、13.2毫米、21.7毫米、14.7毫米。乌鲁木齐市和米东区出现大暴雪,24小时降雪量分别为35.9毫米、27.4毫米(图4-19-1)。

【灾情】博尔塔拉蒙古自治州温泉县全县受灾,受灾2224人,转移安置1193人,直接经济损失640万元。昌吉回族自治州阜康市全市受灾,其中三工河乡、上户沟乡的山区、牧区等地受灾严重,受灾1137人,全部被困;木垒县东城镇东城口村、照壁山乡河坝沿村、西吉尔镇水磨沟村受灾严重。

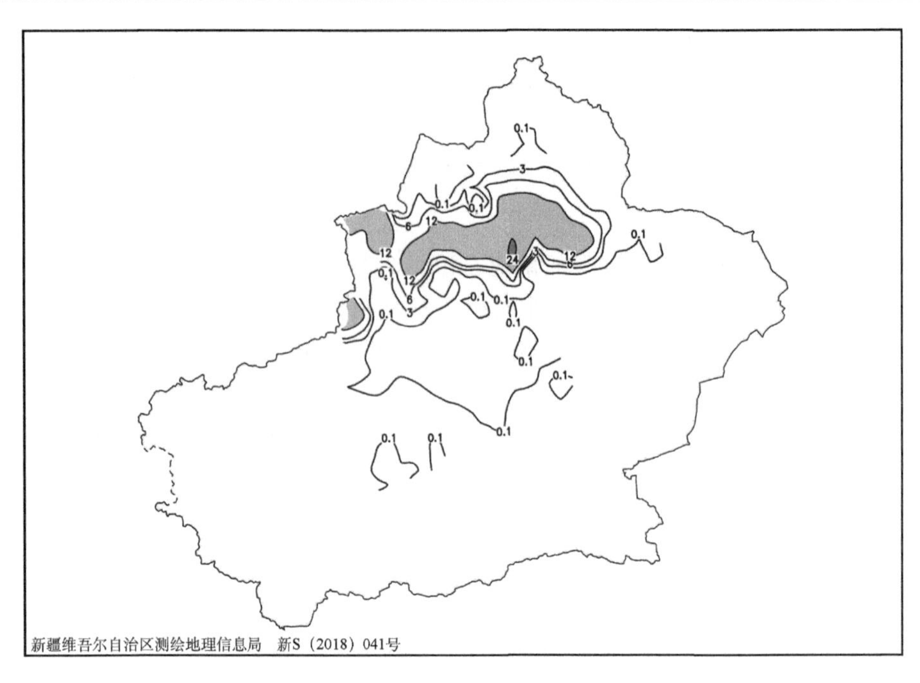

图 4-19-1　2015 年 12 月 10 日 20 时—11 日 20 时降雪量分布图(单位:毫米)

4.20　昌吉回族自治州、石河子市、乌鲁木齐市(2016-03-03)

【降雪实况】2016 年 3 月 3 日,昌吉回族自治州北塔山、玛纳斯县、阜康市、木垒县,石河子市、乌兰乌苏镇,乌鲁木齐市小渠子站出现暴雪,24 小时降雪量分别为 12.8 毫米、14.3 毫米、14.8 毫米、12.2 毫米、12.3 毫米、13.0 毫米、12.3 毫米(图 4-20-1)。

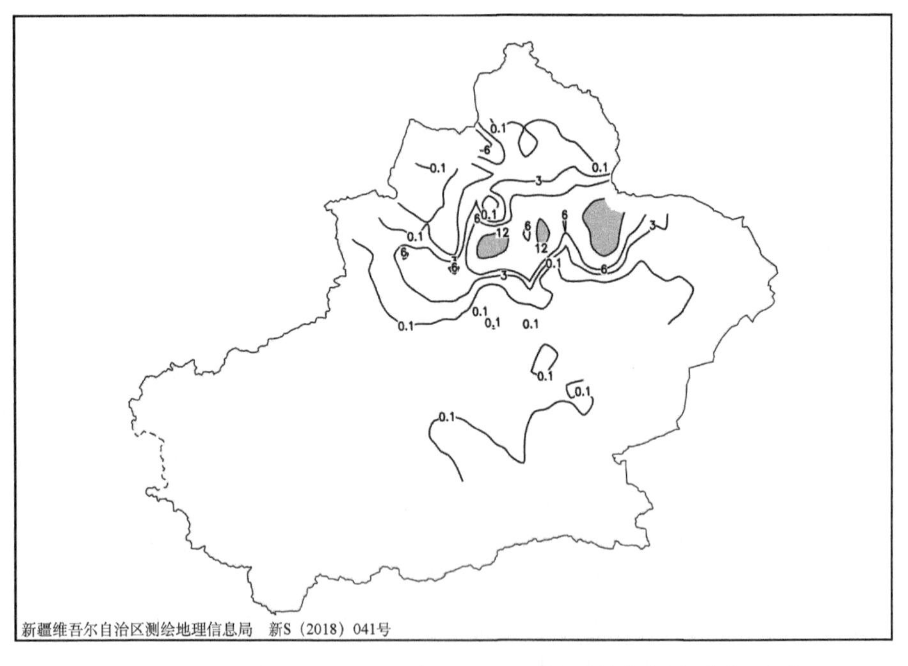

图 4-20-1　2016 年 3 月 2 日 20 时—3 日 20 时降雪量分布图(单位:毫米)

【灾情】乌鲁木齐城区由于暴雪引发吹雪,受灾 5000 人,全部被困。

4.21 伊犁哈萨克自治州、昌吉回族自治州、乌鲁木齐市(2016-11-04)

【降雪实况】2016年11月4—5日全疆共有7个测站达到暴雪量级,其中,乌鲁木齐市小渠子站连续两日达到暴雪量级,1个测站达到大暴雪量级。乌鲁木齐市、米东区、小渠子站、牧试站,昌吉回族自治州木垒县,伊犁哈萨克自治州新源县、特克斯县出现暴雪,24小时降雪量分别为13.6毫米、15.4毫米、22.1毫米、22.7毫米、15.0毫米、14.7毫米、17.1毫米。昌吉回族自治州天池出现大暴雪,24小时降雪量为27.9毫米(图4-21-1)。

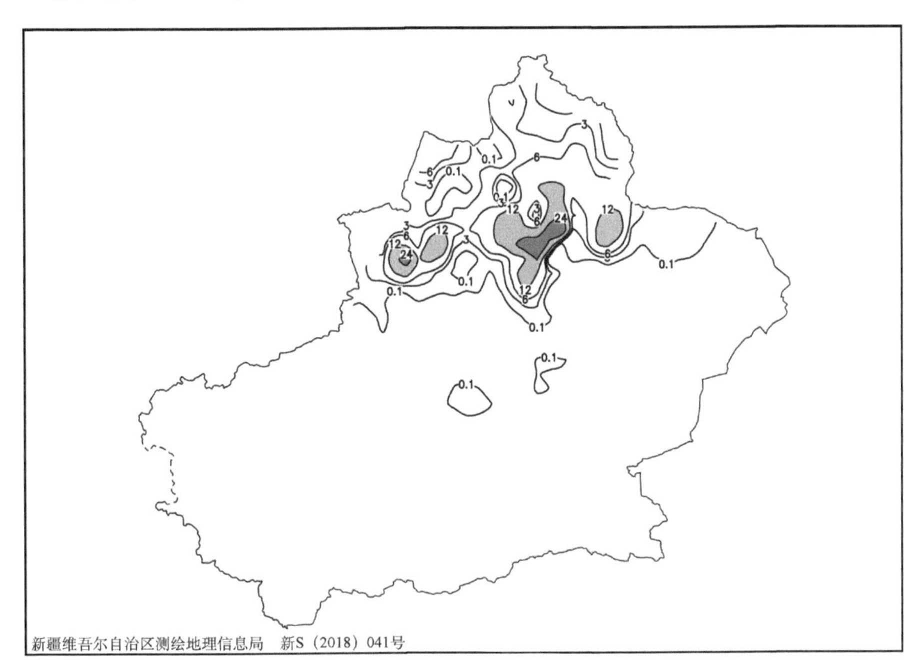

图4-21-1 2016年11月3日20时—5日20时降雪量分布图(单位:毫米)

【灾情】伊犁哈萨克自治州特克斯县全县受灾,受灾1698人,转移安置39人,房屋倒塌3间,直接经济损失888.14万元。农作物大棚损坏222座,经济损失888.44万元。

4.22 伊犁哈萨克自治州、阿勒泰地区、塔城地区(2016-11-10)

【降雪实况】2016年11月10—13日,全疆共有9个测站达到暴雪量级,2个测站达到大暴雪量级。阿勒泰地区哈巴河县、吉木乃县、青河县,塔城地区塔城市、额敏县、托里县,伊犁哈萨克自治州伊宁市、尼勒克县、伊宁县出现暴雪,其中,阿勒泰地区哈巴河县10日和11日连续两天出现暴雪,塔城地区塔城市和伊犁哈萨克自治州伊宁县12日和13日连续两天出现暴雪,24小时降雪量分别为13.9毫米、13.6毫米、14.6毫米、16.8毫米、23.9毫米、13.6毫米、16.2毫米、17.9毫米、13.8毫米、22.2毫米、13.0毫米、15.0毫米。阿勒泰地区富蕴县和塔城地区裕民县出现大暴雪,24小时降雪量分别为25.2毫米、41.4毫米(图4-22-1)。

【灾情】塔城地区托里县阿克别里斗乡、乌雪特乡受灾2279人,受损房屋699间,直接经济损失227.6万元。

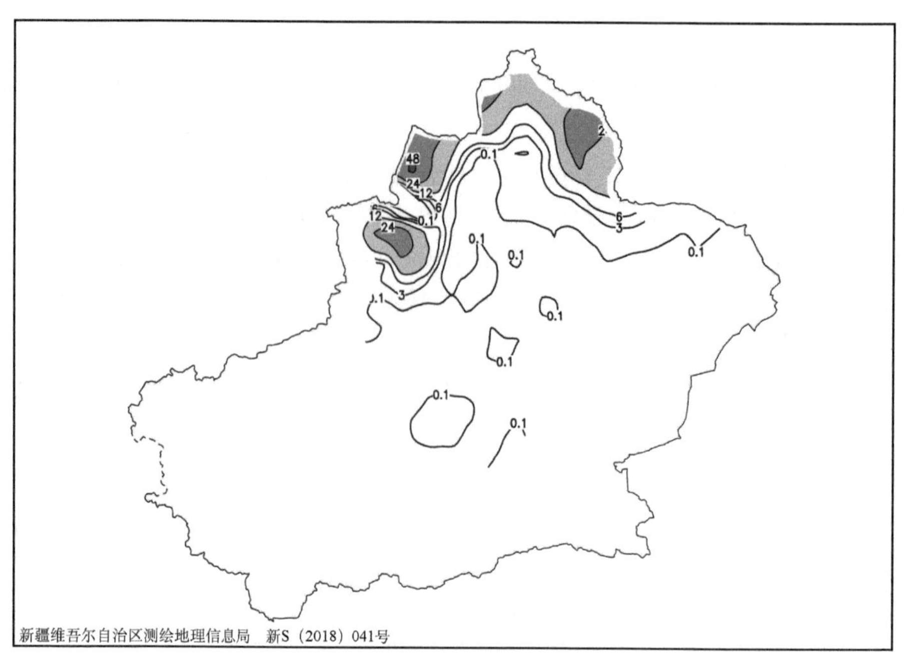

图 4-22-1　2016 年 11 月 9 日 20 时—13 日 20 时降雪量分布图(单位:毫米)

4.23　伊犁哈萨克自治州、阿勒泰地区、塔城地区(2016-11-16)

【降雪实况】2016 年 11 月 16—17 日,伊犁哈萨克自治州、阿勒泰地区、塔城地区相继出现暴雪。16 日,阿勒泰地区富蕴县,伊犁哈萨克自治州霍尔果斯市、霍城县,塔城地区裕民县 24 小时降雪量分别为 15.0 毫米、23.2 毫米、17.4 毫米、13.3 毫米。阿勒泰地区青河县出现大暴雪,24 小时降雪量 28.0 毫米。17 日,伊犁哈萨克自治州伊宁市、新源县、霍尔果斯市、霍城县、察布查尔锡伯自治县、伊宁县 24 小时降雪量分别为 21.2 毫米、13.8 毫米、13.4 毫米、17.6 毫米、14.2 毫米、21.0 毫米(图 4-23-1)。

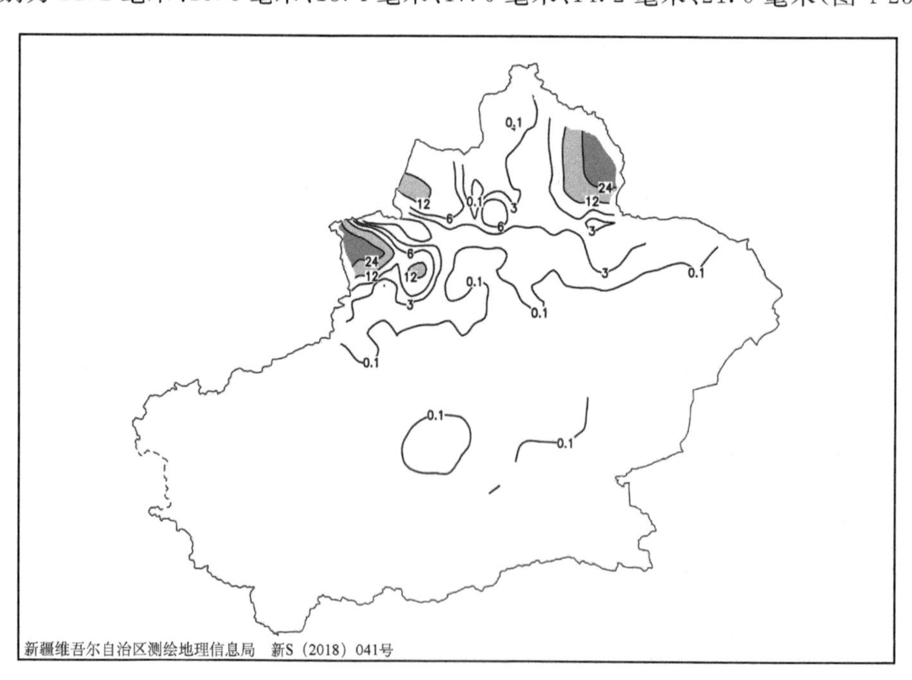

图 4-23-1　2016 年 11 月 15 日 20 时—17 日 20 时降雪量分布图(单位:毫米)

【灾情】伊犁哈萨克自治州特克斯县全县受灾,受灾 1698 人,转移安置 39 人,房屋倒塌 3 间,直接经济损失 888.14 万元。农作物大棚损坏 222 座,经济损失 888.44 万元。

参考文献

张家宝，1986.新疆短期天气预报指导手册[M].乌鲁木齐：新疆人民出版社：222-250.

杨莲梅，杨涛，贾丽红，2005.新疆大—暴雪过程气候特征及其水汽分析[J].冰川冻土，**27**(3)：389-396.

杨莲梅，史玉光，汤浩，2010.新疆北部冬季降水异常成因分析[J].应用气象学报，**21**(4)：491-499.

李如琦，唐冶，肉孜·阿基，2015.2010年新疆北部暴雪异常的环流和水汽特征分析[J].高原气象，**34**(1)：155-162.

杨莲梅，刘雯，2016.新疆北部持续性暴雪过程成因分析[J].高原气象，**35**(2)：507-519.

张俊兰，崔彩霞，陈春艳，2013.北疆典型暴雪天气的水汽特征研究[J].高原气象，**32**(4)：1115-1125.

刘惠云，崔彩霞，李如琦，2011.新疆北部一次持续暴雪天气过程分析[J].干旱区研究，**28**(2)：282-286.

庄晓翠，赵正波，张林梅，等，2010.新疆阿勒泰地区一次罕见暴雪天气过程分析[J].气象与环境学报，**26**(6)：24-30.

赵俊荣，2011.2010年1月新疆北部罕见连续性暖区大暴雪特征及成因分析[J].干旱区资源与环境，**25**(5)：117-123.

张书萍，祝从文，2011.2009年冬季新疆北部持续性暴雪环流特征及其成因分析[J].大气科学，**35**(5)：833-846.

陈涛，崔彩霞，2012."2010.1.6"新疆北部特大暴雪过程中的锋面结构及降水机制[J].气象，**38**(8)：921-931.

庄晓翠，赵俊荣，刘大锋，2004.阿勒泰地区一次暴雪天气过程分析[J].新疆气象，**27**(1)：11-13.

陈颖，江远安，毛炜峄，等，2011.气候变化背景下新疆北部2009/2010年冬季雪灾[J].气候变化研究进展，**7**(2)：104-109.

陈立英，1991.阿勒泰地区暴雪天气气特征分析[J].新疆气象，**14**(1)：20-23.

晋绿生，赵俊荣，2000.2000年阿勒泰区域性大—暴雪成因分析[J].新疆气象，**25**(2)：9-11.

李春芳，2001.2000年阿勒泰地区冬季大—暴雪天气分析[J].新疆气象，**24**(3)：18-20.

庄晓翠，李博渊，张林梅，等，2013.新疆阿勒泰地区冬季大到暴雪气候变化特征[J].干旱区地理，**36**(6)：1013-1022.

庄晓翠，崔彩霞，李博渊，等，2016.新疆北部暖区大降雪中尺度环境与落区分析[J].高原气象，**35**(1).

张云惠，钱文新，2005.南疆西部一次暴雪天气诊断分析[J].新疆气象，(S1)：21-23.

陈春艳，秦贺，唐冶，等，2014.2012年3月新疆大范围暴雨雪天气诊断分析[J].沙漠与绿洲气象，**8**(2)：12-18.

李圆圆，肖开提·多莱特，杨莲梅，等，2014.一次中亚低涡造成的新疆暴雪天气过程分析[J].气象科学，**34**(3)：299-304.

张俊兰，刘勇达，杨柳，等，2009.2008年初南疆持续性降雪天气过程水汽条件分析[J].气象，**35**(11)：56-63.

阿布力米提，向帆，玛依努尔，2004.克孜勒苏柯尔克孜自治州地区一场特大暴雪天气过程分析[J].新疆气象，**27**(6)：13-15.

张云惠，于碧馨，谭艳梅，等，2016.2011年两次中亚低涡影响南疆西部降雪机制分析[J].高原气象，**35**(5)：1307-1316.

张云惠，杨莲梅，肖开提·多莱特，等，2012.1971—2010年中亚低涡活动特征[J].应用气象学报，**23**(3)：312-321.

周雪松，杨成芳，孙兴池，2013.两次早春暴雪过程的对比分析[J].高原气象，**32**(4)：446-456.

赵俊荣，郭金强，2010.天山北坡中部一次罕见特大暴雪天气成因[J].干旱气象，**28**(4)：438-442.

于碧馨，张云惠，宋雅婷，2016.2012年前冬伊犁河谷持续性大暴雪成因分析[J].沙漠与绿洲气象，**10**(5)：44-51.

杨霞，崔彩霞，阿不力米提江·阿布力克木，2013.新疆暖区暴雪天气研究概述[J].沙漠与绿洲气象，**7**(4)：21-25.

隆霄，赵建华，王晖，等，2012.阿勒泰山脉对新疆北部地区强暴雪过程影响的数值模拟研究[J].沙漠与绿洲气象，**6**(6)：15-20.

方雯，吐莉尼沙，海丽曼，2015.新疆昌吉回族自治州一次大到暴雪天气过程诊断分析[J].天气预报，**7**(2)：11-14.

李如琦，唐冶，路光辉，等，2013.北疆暴雪过程的湿位涡诊断[J].沙漠与绿洲气象，**7**(5)：1-6.

庄晓翠，覃家秀，李博渊，2016.2014年新疆西部一次暴雪天气的中尺度特征[J].干旱气象，**34**(2)：326-334.

巴哈古力·买买提，2013.2011年春季新疆巴音郭楞蒙古自治州地区局地暴雪过程的分析[J].沙漠与绿洲气象，**7**(1)：28-32.

郭城，李博渊，杨森，等，2012.新疆阿勒泰大到暴雪天气气候特征[J].干旱气象，**30**(4)：604-608.

李如琦，马雷凯，2010.一次暴雪天气过程的螺旋度分析[J].沙漠与绿洲气象，**4**(2)：32-34.

吕新生，王莹，李圆圆，等，2012.湿位涡在一次北疆暴雪天气中的应用[J].沙漠与绿洲气象，**6**(5)：7-11.

史玉光，孙照渤，2008.新疆水汽输送的气候特征及其变化[J].高原气象，**27**(2)：310-319.

万瑜，窦新英，2013.新疆中天山一次城市暴雪过程诊断分析[J].气象与环境学报，**29**(6)：08-14.

万瑜，曹兴，窦新英，等，2014.中天山北坡一次区域暴雪气候背景分析[J].干旱区研究，**31**(5)：1-5.

庄晓翠，安冬亮，屈信军，等，2009.新疆阿勒泰地区一次寒潮暴雪天气过程分析[J].西藏气象，**35**(2)：93-96.

阿衣夏木，孔期，杨贵名，2007.2005年11月哈密暴雪天气过程的诊断分析[J].气象，**33**(6)：67-74.

黄海波,徐海容,2007.新疆一次秋季暴雪天气的诊断分析[J].高原气象,**26**(3):624-629.

王娇,任宜勇,2005.新疆降水与环流演变研究[J].干旱区研究,22(3):326-331.

王磊,彭擎宇,刘兰,2001.新疆北部一次罕见暴雪过程分析[J].新疆气象,**24**(4):11-12.

庄晓翠,李博渊,陈春艳,2016.新疆北部一次暖区与冷锋暴雪并存的天气过程分析[J].气候与环境研究,**21**(1):17-28.

杨莲梅,2003.新疆极端降水的气候变化[J].地理学报,**58**(4):577-583.

戴新刚,李维京,马柱国,2006.近十几年新疆水汽源地变化特征[J].自然科学进展,**16**(12):1651-1656.

廖菲,洪延超,郑国光,2007.地形对降水的影响研究概述[J].气象科技,**35**(3):309-316.

胥执强,李海花,刘大锋,等,2012.2009年12月21—24日阿勒泰寒潮暴雪天气过程分析[J].安徽农业科学,**40**(15):8650-8651,8669.

杨利鸿,周宏,玛依热·艾海提,等,2015.2011年2月喀什一次暴雪天气过程分析[J].沙漠与绿洲气象,**9**(5):69-74.

杨霞,张云惠,赵逸舟,等,2015.南疆西部一次罕见大暴雪过程分析[J].高原气象,**34**(5):1414-1423.

附录A 1953—2017年新疆各地州暴雪次数统计表

A.1 阿勒泰地区

表A.1 1953—2017年阿勒泰地区暴雪次数统计表

站名	站号	经度(E)	纬度(N)	暴雪次数
哈巴河	51053	86°24′	48°03′	22
阿克达拉	51058	87°58′	47°06′	0
吉木乃	51059	85°52′	47°26′	9
布尔津	51060	86°52′	47°42′	7
福海	51068	87°28′	47°07′	3
阿勒泰	51076	88°05′	47°44′	32
富蕴	51087	89°31′	46°59′	36
青河	51186	90°23′	46°40′	20

合计:129次

A.2 塔城地区

表A.2 1953—2017年塔城地区暴雪次数统计表

站名	站号	经度(E)	纬度(N)	暴雪次数
塔城	51133	82°58′48″	46°43′55″	73
裕民	51137	82°59′01″	46°12′15″	49
额敏	51145	83°39′21″	46°33′57″	35
和布克赛尔	51156	85°43′37″	46°47′28″	0
乌苏	51346	84°41′14″	44°25′43″	11
托里	51241	83°35′40″	45°56′15″	7
沙湾	51357	85°37′38″	44°19′40″	17

合计:192次

A.3 博尔塔拉蒙古自治州和克拉玛依市

表A.3 1953—2017年博尔塔拉蒙古自治州和克拉玛依市暴雪次数统计表

站名	站号	经度(E)	纬度(N)	暴雪次数
阿拉山口	51232	82°33′32″	45°10′14″	9
博乐	51238	82°02′30″	44°54′33″	18
温泉	51330	81°01′06″	44°58′07″	9

续表

站名	站号	经度(E)	纬度(N)	暴雪次数
精河	51334	82°53′57″	44°36′05″	4
克拉玛依	51243	84°51′	45°37′	1

合计:41 次

A.4　石河子市

表 A.4　1953—2017 年石河子市暴雪次数统计表

站名	站号	经度(E)	纬度(N)	暴雪次数
乌兰乌苏	51358	85°49′	44°17′	25
炮台	51352	85°15′	45°51′	6
莫索湾	51353	86°06′	45°01′	1
石河子市	51356	86°03′	44°19′	26

合计:58 次

A.5　昌吉回族自治州

表 A.5　1953—2017 年昌吉回族自治州暴雪次数统计表

站名	站号	经度(E)	纬度(N)	暴雪次数
天池	51470	88°07′00″	43°53′00″	22
玛纳斯	51359	86°12′00″	44°19′00″	23
蔡家湖	51365	87°32′00″	44°12′00″	1
呼图壁	51367	86°49′00″	44°08′00″	9
昌吉	51368	87°19′00″	44°07′00″	10
木垒	51482	90°17′00″	43°50′00″	23
阜康	51377	87°55′00″	44°10′00″	6
吉木萨尔	51378	89°10′00″	44°01′00″	4
奇台	51379	89°34′00″	44°01′00″	7
北塔山	51288	90°32′00″	45°22′00″	2

合计:107 次

A.6　伊犁哈萨克自治州

表 A.6　1953—2017 年伊犁哈萨克自治州暴雪次数统计表

站名	站号	经度(E)	纬度(N)	暴雪次数
察布查尔	51430	81°8′53″	43°49′54″	38
伊宁市	51431	81°19′35″	43°56′26″	86
尼勒克	51433	82°31′4″	43°47′33″	32

续表

站名	站号	经度(E)	纬度(N)	暴雪次数
伊宁县	51434	81°31′43″	43°58′21″	106
巩留	51435	82°13′30″	43°28′18″	16
新源	51436	83°15′25″	43°26′46″	98
昭苏	51437	81°7′32″	43°8′30″	8
霍尔果斯	51328	80°25′8″	44°11′53″	38
霍城	51329	80°50′46″	44°2′56″	41
特克斯	51438	81°50′19″	43°13′19″	18

合计:481次

A.7 阿克苏地区

表A.7 1953—2017年阿克苏地区暴雪次数统计表

站名	站号	经度(E)	纬度(N)	暴雪次数
柯坪	51720	79°02′07″	40°30′13″	1
阿拉尔	51730	81°16′03″	40°33′33″	1
库车	51644	82°58′13″	41°43′26″	1
乌什	51627	79°15′40″	41°13′13″	1
阿克苏	51628	80°14′05″	41°09′44″	1
温宿	51629	80°13′37″	41°16′26″	1
拜城	51633	81°54′12″	41°47′34″	2
沙雅	51639	82°47′07″	41°12′57″	1

合计:9次

A.8 喀什地区

表A.8 1953—2017年喀什地区暴雪次数统计表

站名	站号	经度(E)	纬度(N)	暴雪次数
英吉沙	51802	76°10′	38°56′	4
塔什库尔干	51804	75°14′	37°46′	2
吐尔尕特	51701	75°24′	40°31′	1
伽师	51707	76°44′	39°30′	1
喀什	51709	75°59′	39°28′	5
岳普湖	51717	76°47′	39°15′	1

合计:14次

A.9 和田地区

表 A.9　1953—2017 年和田地区暴雪次数统计表

站名	站号	经度(E)	纬度(N)	暴雪次数
皮山	51818	78°16′34″	37°36′56″	1
于田	51931	81°39′01″	36°51′26″	1

合计:2 次

A.10 哈密市

表 A.10　1953—2017 年哈密市暴雪次数统计表

站名	站号	经度(E)	纬度(N)	暴雪次数
巴里坤	52101	93°03′	43°36′	1
伊吾淖毛湖	52112	95°08′	43°46′	1
伊吾	52118	94°42′	43°16′	1
红柳河	52313	94°40′	41°32′	1

合计:4 次

A.11 巴音郭楞蒙古自治州

表 A.11　1953—2017 年巴音郭楞蒙古自治州暴雪次数统计表

站名	站号	经度(E)	纬度(N)	暴雪次数
巴音布鲁克	51542	84°08′58″	43°1′56″	2
和硕	51568	86°48′6″	42°15′58″	1
库尔勒	51656	86°7′14″	41°45′34″	1

合计:4 次

A.12 克孜勒苏柯尔克孜自治州

表 A.12　1953—2017 年克孜勒苏柯尔克孜自治州暴雪次数统计表

站名	站号	经度(E)	纬度(N)	暴雪次数
阿图什	51704	76°10′42″	39°43′13″	8
乌恰	51705	75°15′0″	39°43′6″	7
阿克陶	51708	75°56′7″	39°8′40″	3

合计:18 次

A.13 吐鲁番市

表 A.13 1953—2017年吐鲁番市暴雪次数统计表

站名	站号	经度(E)	纬度(N)	暴雪次数
吐鲁番市东坎	51572	89°15′00″	42°50′00″	1
吐鲁番市	51573	89°12′00″	42°56′00″	1

合计:2次

A.14 乌鲁木齐市

表 A.14 1953—2017年乌鲁木齐市暴雪次数统计表

站名	站号	经度(E)	纬度(N)	暴雪次数
乌鲁木齐站	51463	87°38′45″	43°47′20″	41
小渠子站	51465	87°06′29″	43°29′37″	24
牧试站	51469	87°11′19″	43°26′46″	8
米东区	51369			21

合计:94次

附录B　1953—2017年新疆各站最大日降雪量表

表B.1　1953—2017年新疆各站最大日降雪量

站名	站号	降雪量(毫米)	降雪日期
阿勒泰地区哈巴河	51053	22.0	2010年3月20日
阿勒泰地区阿克达拉	51058	8.8	2010年1月7日
阿勒泰地区吉木乃	51059	15.2	1971年3月15日
阿勒泰地区布尔津	51060	21.6	2010年3月20日
阿勒泰地区福海	51068	12.9	1971年3月15日
阿勒泰市	51076	25.2	1996年12月28日
阿勒泰地区富蕴	51087	37.3	2010年1月7日
塔城地区塔城	51133	52.3	1958年2月20日
塔城地区裕民	51137	41.4	2016年11月12日
塔城地区额敏	51145	39.8	2010年12月3日
塔城地区和布克赛尔	51156	11.1	2005年3月12日
阿勒泰地区青河	51186	32.9	1958年2月20日
博尔塔拉蒙古自治州阿拉山口	51232	33.1	1986年2月22日
博尔塔拉蒙古自治州博乐	51238	26.4	2009年3月19日
塔城地区托里	51241	17.9	2016年11月12日
克拉玛依市	51243	15.2	1993年3月29日
昌吉回族自治州北塔山	51288	17.4	1993年11月13日
伊犁哈萨克自治州霍尔果斯	51328	28.4	2003年11月12日
伊犁哈萨克自治州霍城	51329	33.6	2004年11月2日
博尔塔拉蒙古自治州温泉	51330	20.6	2015年3月30日
博尔塔拉蒙古自治州精河	51334	13.9	1994年11月12日
塔城地区乌苏	51346	40.2	2010年2月23日
石河子市炮台	51352	16.3	1958年1月20日
石河子市莫索湾	51353	14.7	1988年11月14日
石河子市	51356	26.8	1996年11月9日
塔城地区沙湾	51357	24.7	2010年2月23日
石河子市乌兰乌苏镇	51358	24.0	1974年3月23日
昌吉回族自治州玛纳斯	51359	23.3	1996年11月9日
昌吉回族自治州蔡家湖	51365	18.0	2015年12月11日
昌吉回族自治州呼图壁	51367	16.4	1984年3月29日
昌吉回族自治州昌吉	51368	20.8	2015年12月11日
乌鲁木齐市米东区	51369	31.1	1974年3月23日
昌吉回族自治州阜康	51377	18.3	2005年11月4日

续表

站名	站号	降雪量(毫米)	降雪日期
昌吉回族自治州吉木萨尔	51378	15.7	2015年12月11日
昌吉回族自治州奇台	51379	15.8	2015年12月11日
伊犁哈萨克自治州察布查尔	51430	24.2	2000年1月2日
伊犁哈萨克自治州伊宁市	51431	27.2	2010年3月28日
伊犁哈萨克自治州尼勒克	51433	25.7	1996年12月30日
伊犁哈萨克自治州伊宁县	51434	28.0	2014年11月25日
伊犁哈萨克自治州巩留	51435	17.8	1996年11月9日
伊犁哈萨克自治州新源	51436	34.6	1996年12月30日
伊犁哈萨克自治州昭苏	51437	21.7	1994年11月12日
伊犁哈萨克自治州特克斯	51438	23.1	1968年3月5日
乌鲁木齐市	51463	35.9	2015年12月11日
乌鲁木齐市小渠子	51465	22.1	2016年11月5日
巴音郭楞蒙古自治州巴仑台	51467	13.2	1961年3月23日
乌鲁木齐市天山大西沟	51468	9.2	2016年11月5日
乌鲁木齐市牧试	51469	22.7	2016年11月5日
昌吉回族自治州天池	51470	27.9	2016年11月5日
乌鲁木齐市达坂城	51477	3.8	1986年12月7日
昌吉回族自治州木垒	51482	18.0	2009年3月20日
吐鲁番市库米什	51526	5.7	1991年1月29日
巴音郭楞蒙古自治州巴音布鲁克	51542	18.1	2010年11月17日
巴音郭楞蒙古自治州和静	51559	22.3	1988年3月17日
巴音郭楞蒙古自治州焉耆	51567	17.6	1992年3月19日
巴音郭楞蒙古自治州和硕	51568	19.2	1992年3月19日
吐鲁番市托克逊	51571	1.0	1986年12月28日
吐鲁番市东坎	51572	12.7	1964年3月20日
吐鲁番市	51573	20.7	1964年3月20日
吐鲁番市鄯善	51581	20.4	1998年3月8日
阿克苏地区乌什	51627	20.1	1985年3月19日
阿克苏阿克苏市	51628	20.7	1993年3月18日
阿克苏地区温宿	51629	16.6	2015年12月11日
阿克苏地区拜城	51633	19.4	1973年2月28日
阿克苏地区和	51636	14.2	2006年11月25日
阿克苏地区沙雅	51639	17.7	2014年11月10日
巴音郭楞蒙古自治州轮台	51642	15.0	2006年11月25日
阿克苏地区库车	51644	16.6	1954年11月27日
巴音郭楞蒙古自治州尉犁	51655	10.5	1963年11月7日
巴音郭楞蒙古自治州库尔勒	51656	20.8	1987年2月13日
喀什地区吐尔尕特	51701	18.9	2016年11月19日

续表

站名	站号	降雪量(毫米)	降雪日期
克孜勒苏柯尔克孜自治州阿图什市	51704	34.9	1976年2月27日
克孜勒苏柯尔克孜自治州乌恰	51705	29.9	1969年3月20日
喀什地区伽师	51707	12.9	1993年2月19日
克孜勒苏柯尔克孜自治州阿克陶	51708	30.0	2003年3月2日
喀什地区喀什	51709	25.8	1976年2月27日
克孜勒苏柯尔克孜自治州阿合奇	51711	29.7	1982年11月21日
喀什地区巴楚	51716	12.5	1996年3月30日
喀什地区岳普湖	51717	13.4	1993年2月19日
阿克苏地区柯坪	51720	18.1	1993年2月18日
阿克苏地区阿瓦提	51722	10.1	1994年12月8日
阿克苏地区阿拉尔	51730	12.1	1994年12月8日
巴音郭楞蒙古自治州塔中	51747	0.1	1999年1月3日
巴音郭楞蒙古自治州铁干里克	51765	15.2	1964年3月20日
巴音郭楞蒙古自治州若羌	51777	4.3	1994年12月10日
喀什地区英吉沙	51802	24.6	1990年3月22日
喀什地区塔什库尔干	51804	15.9	2011年2月7日
喀什地区麦盖提	51810	16.3	1996年3月30日
喀什地区莎车	51811	17.1	1992年3月13日
喀什地区叶城	51814	19.8	1992年3月13日
喀什地区泽普	51815	17.9	1992年3月13日
和田地区皮山	51818	15.4	1967年2月21日
和田地区策勒	51826	14.1	1996年3月30日
和田地区墨玉	51827	14.8	1996年3月30日
和田地区和田	51828	15.7	2010年3月23日
和田地区洛浦	51829	18.9	2010年3月23日
和田地区民丰	51839	9.0	1957年1月27日
巴音郭楞蒙古自治州且末	51855	5.1	1954年11月27日
和田地区于田	51931	12.3	1957年1月27日
哈密市巴里坤	52101	13.5	2004年3月26日
哈密市伊吾淖毛湖	52112	16.9	2005年11月19日
哈密市伊吾	52118	22.2	1998年3月8日
哈密市	52203	19.1	2005年11月20日
哈密市红柳河	52313	14.0	1987年12月23日

附录C　1961—2017年新疆年降水量及月平均降水量

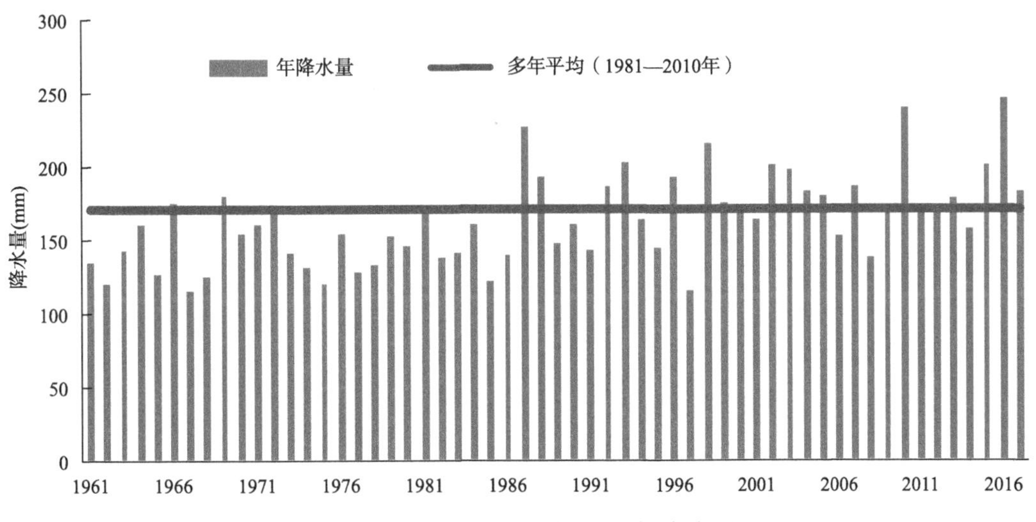

图C.1　1961—2017年新疆年降水量

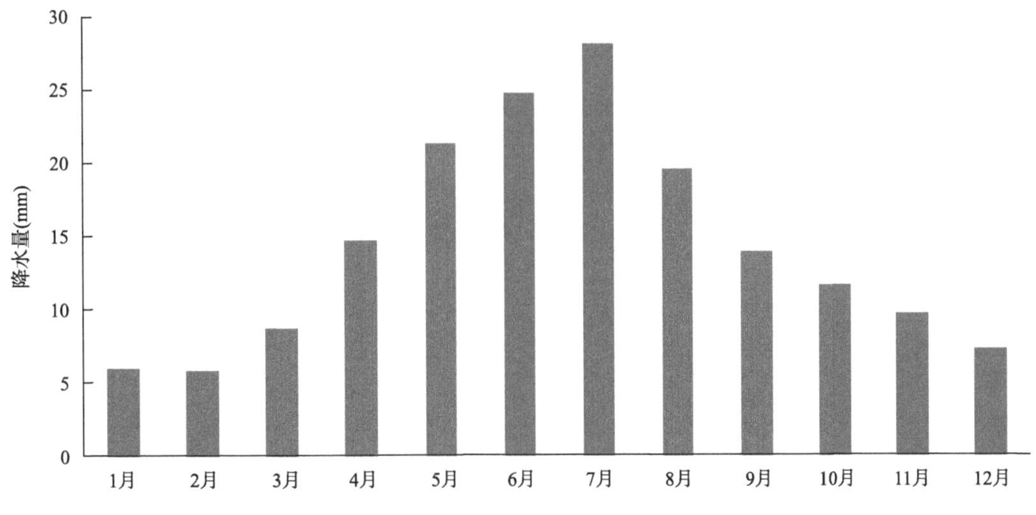

图C.2　1961—2017年新疆月平均降水量